MANUEL J. REIGOSA / NURIA PEDROL / LUÍS GONZÁLEZ

식물생존전략

Allelopathy: A Physiological Process with Ecological Implications

김백호, 김용재, 이경보, 이덕배

(주)바이오사이언스출판

이 도서의 국립중앙도서관 출판시 도서목록(CIP)는 e-CIP 홈페이지
(http://www.nl.go.kr/cip.php)에서 이용하실 수 있습니다.
(CIP 제어번호: CIP2017007749)

식물생존전략

초판 인쇄: 2017년 3월 20일
초판 발행: 2017년 3월 30일

저 자: MANUEL J. REIGOSA, NURIA PEDROL, LUÍS GONZÁLEZ
역 자: 김백호, 김용재, 이경보, 이덕배

발 행 인: 문정구
발 행 처: (주)바이오사이언스출판
주 소: 경기도 안양시 동안구 전파로 107(호계동)
전 화: (02)581-4057~8 팩스: (02)581-4059

이 메 일: inquiry@biosciencepub.com
홈페이지: http://www.biobooks.co.kr

I S B N: 978-89-6824-066-9 93480
등록번호: 제22-3079호

값 35,000원

저자 머리말

타감작용을 주제로 하는 좋은 책들은 서점에 많이 나와 있다. 우리가 처음 이 책의 개요를 설정할 때, 가능하면 종합적인 틀 안에서도 다양한 관점을 넣으려고 노력하였다. 타감작용은 분자수준에서부터 생태계까지, 그리고 유기화학, 토양학, 미생물학 등 여러 과학 분야의 정보와 함께 분자 생물학, 식물생화학, 식물생리학, 식물 생태 생리학 및 생태학적 관점에서 접근할 수 있다. 이 책은 타감작용 및 과정의 종합적인 관점을 포함하고 있다.

이 책은 크게 7개 부분으로 나뉜다. 첫 장에서는 과학으로서 타감작용의 국제적 개발 현황을 탐구하고 다음 절에서는 방법론적 측면을 다루며 실제 연구에서의 잠재적인 한계를 탐구한다. 세번째 절에서는 타감작용의 생리적 특성과 관련되었다. 많은 전문가들은 타감작용과 관련된 광합성, 세포주기, 해독과정, 비생물-생물적 스트레스, 그리고 식물의 이차대사산물 및 호흡에 관하여 집필하였다. 13장~16장까지는 미생물, 토양계, 그리고 잡초 발아 등 다양한 수준에서 식물 생태생리학적 특성에 대하여 심층적으로 다루고 있다. 16, 17장에서는 타감작용의 실험적 관찰과 이론적 분석을 바탕으로 한 기초생태학적 접근방법에 대하여 설명하고 있다. 이 장들에서는 독특한 전략을 보이는 진화의 가능요인에 대하여 언급하고 있다. '다양한 환경에서 타감작용'이라는 절에서는 해양 · 육수 · 삼림 · 농업생태계 문제를 다루고 있다. 마지막 절은 타감작용의 응용과 관련된 내용을 포함하고 있다.

다양한 주제에도 불구하고, 본문은 풍부한 연구결과를 정리하면서 생리학적 관점은 물론 분자생물학적 관점과 생태학적 관점까지 폭 넓게 타감작용을 다루고 있다. 또한 우리는 성공적인 타감작용의 연구와 응용에 가장 중요한 요점들을 포함시키기 위하여 노력하였다.

끝으로 이 책을 완성하는데 노력하였거나 협력해 주신 모든 분들에게 진심으로 감사드리며, 또한 책 홍보에 힘써주신 기존 편집위원들에게도 감사의 마음을 전하는 바이다.

역자 머리말

모든 생물들의 생활은 자기들이 서식하는 주변 환경의 시, 공간적 변화에 능동적으로 적응하려는 일련의 진화과정이다. 일반적으로 다양한 개체군이 모여서 형성된 생물군집에서 각 구성원들은 기본적으로 다양한 환경요인 – 물리적, 화학적 또는 생물학적 자원 경쟁에 의해 그들의 성장속도와 생물량이 결정된다.

타감작용(allelopathy)이란 말은 1937년 Hans Molisch 교수가 독일어로 작성한 저서 (Der Einfluss einer Pflanze auf die andere – Allelopathie)에서, 한 식물에 의해 이웃하는 다른 식물의 성장이 억제되는 생화학적 관계를 설명하는데 처음으로 사용되었다. 이후 많은 학자들은 타감작용을 1) 생물상호간의 화학적 관계로서 타감물질(allelochemicals), 2) 자연에서 한 식물이 다른 식물이나 미생물에 미치는 모든 부정적 또는 긍정적 영향, 3) 한 식물이 다른 식물에 미치는 타감물질에만 국한, 그리고 4) 동물상호 간의 작용(예, 산호-해면) 등 매우 폭넓게 범주로 사용하고 있다. 최근 타감작용은 합성농약이나 외래침입종에 의한 독성 및 생산성 감소 등을 극복하기 위한 작물생산이나 관리측면에서도 많은 관심이 집중되고 있다.

그동안 대학이나 농업관련 기관을 중심으로 특정 식물(예, 쑥)의 타감작용에 대한 연구가 집중적으로 진행되어 국제논문에 소개된 바가 있었으나 조류, 식물, 미생물, 균류 등 다양한 생물군에서 타감작용에 관한 연구를 시도하거나 소개된 사례는 흔치 않다. 이 책은 국내 전문적인 연구자를 포함한 정부, 지자체의 일반 행정가, 관심이 있는 예비 화학생태학자들에게 분자수준에서부터 생태계까지 폭 넓은 범주에서 타감작용 및 관련 물질에 대한 최신 연구동향을 소개하는데 그 목적이 있다고 하겠다.

이 책은 타감작용에 대해 국제적으로 저명한 전문가들이 오랫동안 연구해온 내용, 최신 연구동향 및 관련 연구의 어려운 점이나 한계점 등을 상세하게 서술하고 있어서 독자들은 이 책을 통하여 타감작용에 관한 국제동향을 보다 손쉽게 읽을 수 있을 것이다. 다만 이 책을 옮긴 번역자들의 전문성의 한계로 인하여 원본의 정확한 의미를 충분하게 전달하기에는 다소 부족하다는 점을 부인하기 어렵다. 다만 이번에 발간된 책은 금후 전문가들의 식견과 조언을 새롭게 보충하고 국내 연구자들에 의해 수행된 다양한 연구자료들을 포함시켜 진보된 내용으로 다시 발간되기를 희망한다.

끝으로 너무나 부족한 자료임에도 불구하고 책으로 출간하도록 동력을 부여해주신 (주)바이오사이언스출판사의 문정구사장님, 편집교정과 디자인에 애쓰신 강문희 편집부 대리를 비롯한 직원여러분, 연구실에서 궂은 일을 도맡아 해준 한양대학교 홍재준군, 이혜민양, 생물학 및 생태학적 용어설명에 큰 도움을 주신 경희대학교 박영석교수님을 비롯한 모든 분들에게 깊은 감사를 드립니다.

2017년 3월, 왕십리에서
대표역자 김 백 호

차 례

3 새로운 제초제를 찾는 단서 *55*

4 군집의 자원경쟁과 타감작용 *73*

5 타감작용에서 독성: 컴퓨터 프로그래밍 분석 *89*

6 광합성과 타감물질 *107*

14 토양에서 타감작용 *249*

15 미생물과 타감작용 *277*

16 타감작용의 생태학적 작용 *305*

24 지속가능한 생태농업과 타감작용 *439*

25 기생잡초와 타감작용 *463*

역자소개

김백호　한양대학교 생명과학과 교수, 이학박사, 환경생물학

김용재　대진대학교 생명과학과 교수, 이학박사, 수서생태학

이경보　농촌진흥청 국립식량과학원 농업연구관, 농학박사, 토양학

이덕배　농촌진흥청 국립농업과학원 농업연구관, 농학박사, 환경토양학

1

CHAPTER

타감작용의 소개

서론

아리스토텔레스의 제자였던 테오프라스토스 (Theophrastus, 371-287 BC)는 명아주(pigweed)의 알팔파(alfalfa) 생육억제 사례를 처음으로 보고하였다[1]. Yang과 Tang(1988)은 신농본초경(神農本草經)에 수록되었던 해충 방제에 쓰인 식물들을 광범위하게 검토한 결과[2] 267가지의 식물들이 살충효과를 갖는다고 하였으며 이 중 상당수 식물이 타감작용을 보인다고 주장하였다. 중국의 유명한 약리학자였던 Lee Shi-Jen(1518-1593, AD)은 유기체, 특히 인간에 대한 화학성분의 독성 및 영양 특성을 보여주는 중국 약초에 관하여 저술하였다. 그는 식물성분은 서식지에 의해 영향을 받을 수 있다고 주장하였다. 1832년 스위스 식물학자 De Candolle는 농업에서의 토양병이 작물의 분비물로 인해 발생될 것이라고 주장하였다[3]. 후에 Hoy와 Stickney는 주변 식물의 성장에 미치는 검은 호두나무의 유해효과에 대해 보고하였다[4]. Schreiner와 Reed[5, 6]는 식물 뿌리에서 토양으로 분비되어 일부 작물의 성장을 억제시키는 몇가지 유기산을 발견했다. 타감작용 (allelopathy)은 식물이 같은 서식지를 공유하면서 다른 식물들의 성장을 억제하기 위해 저해물질을 분비하는 자연현상을 표현하기 위하여 Molish[7]가 "상호 유해"를 뜻하는 두 그리스어 "allelo"와 "pathy"로부터 만들어낸 용어다. 게다가 Rice[3]는 타감작용이란 식물이 다른 식물과 미생물 생육에 미치는 촉진성이나 저해성 효과로 정의했다. 다른 여러 용어 중에서도 항생제는 미생물이 생산하여 타 미생물에 영향을 주는 화학물질을 가리키며, Marasmin은 미생물이 생산하여 고등식물에 대해 활성을 띠는 화학물질을 가리키고, 또 Koline은 고등식물이 생산하여 다른 고등식물에 영향을 미치는 화학물질들을 가리킨다[8]. 반면에, 자가중독은 식물체가 자신의 성장을 억제하기 위해 유해물질을 만들어내는 것을 뜻한다[9, 10]. 20세기 초에는 타감작용과 자가중독(autointoxication)이 농업 생산성에서 지속적인 단일작물재배로 인한 작물의 생

Chang-Hun Chou

Office of President, National Pintung University of Science and Technology
Neipu, Pingtung 912, Taiwan

산량이 감소되는 것으로 주목을 받았다[11, 12, 13, 14, 15].

1960년대 후반까지 타감작용의 개념은 식물의 우세(plant dominance), 천이(succession) 그리고 극상식생(climax formation) 등 식물간섭의 메커니즘을 설명하기 위해 식물생태학분야에서 널리 사용되었다[16]. 캘리포니아에서 서식하는 관목 *Salvia leucophylla*는 α-pinine, β-pinine, cineole, camphore 등의 모노테르펜(monoterpene)을 생산해 주위의 여러 초본식물의 성장을 조절한 결과 나지(裸地)와 저해구역, 그리고 정상구역이 형성되는 결과를 보였다[17]. 또한, Muller와 그의 제자들은 *Adenostoma fasciculatum*[18], *Arctostaphylos glandulosa* var. *zacaensis*[19]와 같은 주요 관목들을 찾는 데에 기여했다. Muller는 경쟁과 타감작용을 포함하는 식물간섭(plant interference)이라는 용어를 사용하였고 한 식물이 필요한 물질을 경쟁적으로 독점하여 같은 물질을 필요로 하는 다른 식물의 성장에 악영향을 미치는 것으로 정의했다. 한편, 타감작용은 같은 서식지를 공유하는 하나의 식물들이 다른 식물의 성장을 저해하기 위해 식물독성 화합물(phytotoxic compound)을 분비하는 과정이다. Whittaker과 Feeny는 "Allelochemics: chemical interaction between species"라는 제목의 논문에서 "화학물질은 종의 적응 그리고 군집 형성에 매우 주요하다"고 발표하였다[20]. 따라서 타감작용은 식물의 우세, 천이, 군락형성과 극상식생, 그리고 작물 생산성에 있어 중요한 역할을 한다[3, 10, 16, 21]. 또한, allelochemics(타감화학)로부터 유래한 용어 "allelochemical(타감물질)"은 Chou와 Waller에 의해 처음 사용되었고 유기체 간, 특히 식물-식물, 식물-곤충, 곤충-곤충, 식물-미생물, 그리고 미생물-미생물 간 화학적 상호작용 메커니즘을 다루는 농업과학에서 관심을 갖게 되었다[22]. 마지막으로 타감작용은 1996년 International Allelopathy Society에서 "식물, 조류, 세균, 그리고 균류의 이차대사산물이 관여하여 농업 그리고 생물학적 체계의 성장과 발전에 영향을 미치는 모든 과정"으로 정의되었다. 즉, 타감작용성 화합물은 식물성장과 발달을 포함한 광합성, 호흡, 증산, 생화학적 대사, 그리고 분자수준의 단백질과 핵산 합성까지 조절할 수 있는 능력을 가진 물질이다.

타감작용의 국제적 학문으로의 발전

1968년부터 10회 이상의 국제회의가 개최되었다. 회의 개요는 다음과 같다.

과학계 지도자들의 노력으로 앞서 언급한 타감작용 분야의 회의가 개최되었고 덕택에 타감작용이라는 새로운 학문분야도 설정되었다. 그 과정에서 C. H. Muller 교수와 E. L. Rice 교수와 같은 저명한 과학자들이 중요 논문들을 출판함으로써 과학자들과 학생들이 그들을 따라 연구를 수행할 수 있게 되어 타감작용의 기초가 튼튼하게 확립되었다[3, 17]. 생명과학 분야, 특히 농업에서의 타감작용은 인간의 삶을 이롭게 할 수 있는 과학기술에 커다란 공헌을 했다.

개최지		회의 의제
년도	장소 (주최자)	
1968 *(1971)	UC, Santa Barbara, USA **(C. H. Muller)	Biochemical Interactions Among Plants
1971 (1972)	Univ. of Reading, UK (J.B. Harborne)	Phytochemical Ecology
1982 (1983)	Academia Sinica, Taiwan (C.H. Chou and G. R. Waller)	Allelochemicals and Pheromones
1984 (1986)	Univ. Of Hawaii, USA (A. R. Putnam and C. S. Tang)	The Science of Allelopathy
1985 (1987)	Chicago, USA (G. R. Waller)[36]	Allelochemicals: Role in Agriculture and Forestry
1988 (1989)	Academia, Sinica, Taiwan (C. H. Chou and G. R. Waller)[37]	Phytochemical Ecology: Allelochemicals, Mycotoxins, and Insect Pheromones and Allomones
1996 (1999)	Univ. of Cadiz, Spain (F. A. Macias et al.)[38]	The 1st World Congress of Allelopathy ***(Recent Advances in Allelopathy, Volume 1)
1999	Lakehead Univ., Canada (N. A. B. Mallik)	The 2nd World Congress of Allelopathy
2002	Tsukuba, Japan (Y. Fujii)	The 3rd World Congress of Allelopathy
2004	India (G. L. Bensal)	International Workshop on “Protocols and Methodologies in Allelopathy”

* 논문이나 책 출판년도
** 회의주최자 혹은 의장을 맡았던 편집자
*** 회의 간행물 제목

타감물질의 특성

타감작용 화합물들은 휘발, 용탈, 뿌리침출, 그리고 식물잔유물의 분해를 통해 외부 환경으로 방출되는 식물 부산물이다. 과학자들은 그 구조와 생물학적 기능을 밝히기 위해 페놀(phenolics), 플라보노이드(flavonoids), 알칼로이드(alkaloids), 테르페노이드(terpenoids), 그리고 시아노제닉 글리코사이드(cyanogenic glycosides)와 같은 대사산물에 주목했다[23, 24].

Muller와 그의 동료는 South California의 반사막지대에 서식하며 독특한 타감작용 패턴을 보이는 *Salvia leucophylla*에 대해 보고하였다. 이 식물은 여름 건조한 기후를 견디기 위해 1,8-cineole, pinine, 그리고 camphor와 같은 휘발성 화합물들을 분비하였고 이로 인해 *S. leucophylla* 주위에 사는 초본식물들은 성장이 저해된다는 것을 알았다. 이 현상은 지중해 지역 식물에서도 관찰되었다. 반대로, 많은 천연물이 열대, 아열대 지역에서 발생하는 빗물을 통해 식물로부터 배출된다. 대부분의 타감작용성 화합물들은 페놀산, 알칼로이드, 플라보노이드 글리코사이드(flavonoid glycosides) 등과 같이 친수성이다. 여러 종류의 화합물이 다양한 생물들의 다양한 서식지에서 발견되었다[3, 10, 11, 23, 25, 26, 27].

작물 수확 후에 토양에 남아 있는 잔유물질은 미생물분해와 효소분해를 거치면서 토양으로 매우 다양한 화학물질들이 배출된다. 배출된 화합물들은 종자발아와 식물성장을 억제하고 많은 작물의 수량을 감소시키는 등 주요 생물학적 활동에 관여한다[9, 12, 28, 29, 30]. 토양미생물들, 특히 *Fusarium*, *Pseudomonas*와 *Thielaviopsis*는 토양 내 식물잔유물의 분해에 전적으로 참여한다. 이 과정에서 관여하는 타감물질은 짧은 사슬 지방산, 페놀산 또는 알칼로이드가 있다. 예를 들어, 토양 속 벼의 잔재가 분해되면서 만들어지는 o-hydroxyphenylacetic acid는 최소 25ppm의 농도에서 배뿌리 성장에 대하여 식물독성을 나타내었다[9]. 게다가 작물잔재 분해과정 중 유기화합물의 배출은 종종 환경 스트레스 조건으로 작용하기도 한다[10]. 배수가 좋지 않은 지역에서는 앞서 언급한 화합물들이 어느 수준까지 축적되면 작물성장에 악영향을 끼치고 수량은 감소되었다[9].

Rovira는 뿌리에서 분비되는 타감작용성 화합물을 고려하여 뿌리 분비물의 특성, 추출 방법, 분비에 영향을 미치는 요인, 삼출 메커니즘, 그리고 뿌리 분비물과 영양과 토양 미생물상 사이의 관계를 종합적으로 검토하였다[3]. Tang은 XAD-4 수지를 이용해 뿌리 분비물을 분리해내는 장치를 만들어내어 뿌리 분비물 속 친수성 화합물들을 추출했다[32]. Young은 그 장치를 이용하여 *Asparagus officinalis*의 뿌리 분비물을 추출해 그것이 *Asparagus* 묘의 성장을 저해한다는 것을 관찰할 수 있었다[33]. 여기에는 3,4-dihydroxy benzoic, 3,4-dimethoxy benzoic, 2,5-dihydroxy benzoic, 3,4-dihydroxyphenylacetic와 β-(m-hydroxyphenyl)-propionic acid, 그리고 3,4-dimethoxyacetophenone 등 20종 이상의 페놀 화합물들이 식물잔유물의 부패 과정이나 뿌리 분비물에서 발견되었다[10].

타감작용 연구의 전망

타감작용에 관한 이전의 조사는 자연과 농업 생태계에서의 타감작용 메커니즘을 밝혀내는 데에 집중했다. HPLC, 질량 분석기, NMR 등의 고성능 기기의 이용이 가능해지면서 연구가 이전보다 훨씬 수월해졌다. 게다가 생화학자, 분자생물학자, 천연물화학자, 생명공학자와 같은 다양한 분야의 과학자들은 종합적이고 통합적인 연구에 관심을 갖게 되었다. 앞으로는 다음과 같이 연구가 활성화 될 것으로 보인다:

1. 식물 및 근계 내의 타감물질의 분리와 식별에 관한 지속적 연구
   여러 생리활성 화합물들이 발견되었음에도 우리는 식물과 미생물로부터 새로운 화합물을 탐구해야 할 필요가 있다.
2. 농약으로 쓰이는 자연 발생 타감 물질에 관한 연구
   Agrostemma githago L.와 Neem plant(*Azadirachta indica*)에서 분리된 Agrostem은 제초제, 살충제, 살균제, 살선충제로 쓰이는 다양한 천연물질로 구성되어있다[10]. Biologically Active Natural Products라는 Agrochemicals에 대한 유용한 자료가 출판되었다[23].
3. 경쟁과 타감작용을 포함한 논란의 여지가 있는 식물간섭 문제의 해결
   많은 식물생태학자들은 근계 내에서의 상호작용을 밝히기 어렵다는 것을 이유로 자연과 농업 생태계의 타감 상호작용을 믿으려 않기에 이를 정확히 밝히기 위해서는 더 많은 고도의 기술이 필요하다.
4. 타감작용이 생물다양성에 중요한 역할
   타감작용은 우점종 밑에서 식물군락의 밀도와 생성을 조절하고 그와 관여된 종들을 제한할 수 있으나 대부분의 타감물질은 종자를 파괴하지는 않는다[10]. 그러므로 타감물질은 영향을 받은 종을 멸종시키지 않는 생물학적 조절제로 사용되어야 한다. 또한, 타감작용은 우점식물 아래에서 생존하기 위한 종의 진화전략으로서의 기능을 갖는다.
5. 식물성장에 대한 타감물질의 작용기작
   식물의 타감물질에는 여러 중요한 작용기작이 있다[3]. 예를 들어, (1) 세포의 분열, 신장, 미세구조에 대한 타감물질의 영향, (2) 호르몬 유도성 성장에 대한 성장 억제제의 영향, (3) 막 투과성에 대한 타감물질의 영향, (4) 무기물 흡

수에 대한 타감물질의 영향, (5) 광합성에 대한 영향, (6) 호흡에 대한 영향, (7) 단백질 합성, 지질대사, 유기산 물질대사에 대한 영향, (8) 특정 효소 활동에 대한 촉진과 저해, (9) 수분생리에 대한 영향, (10) DNA 또는 RNA 합성에 대한 영향이 있다. 그러나 이와 같은 작용기작들은 추후 정확하게 파악되어야 할 것이다.

6. 타감작용에 대한 생명공학자들의 도전
 타감물질들은 특정 유전자에 의해 조절된다고 알려져 있다. 장래 과학자들은 고도의 생명공학 기술을 이용하여 타감작용에 관여하는 유전자를 분리해 다른 식물로 이식할 수도 있을 것이다. 트립신 억제유전자, 에틸렌 조절유전자 등 여러 유전자가 성공적으로 한 식물에서 분리되어 다른 식물로 이식될 수 있었다[34, 35]. 환경파괴를 막기 위해 농약사용을 피하거나 줄이기 위해서는 많은 생명공학자들이 타감작용 유전자를 이식하기 위한 연구를 강화해야 할 것이다.

결론

타감작용 연구는 오늘날 많은 학자들의 주목을 받고 있으며 식물 다양성과 지속 가능한 농업을 위해 중요한 역할을 하고 있다[10]. 타감작용에 대한 정보가 많이 쌓이긴 했지만, 아직도 많은 문제가 해결되지 않았다. 예를 들어 (1) 타감물질들의 작용기작, (2) 근권에서의 타감 물질, (3) 농작물의 타감작용 법칙의 규명과 활용, (4) 분자생명공학을 이용한 타감작용 유전자의 이식, (5) 농업 실천을 위한 적절한 방법의 확립, 그리고 (6) 환경을 보전하기 위해 합성농약을 줄이기 위한 식물 및 미생물에서 자연발생하는 타감작용 물질에 관한 지속적 연구가 계속되어야 할 것이다.

참고문헌

1) Jelenic B (1987) *Agrostemin International Scientific Centre of Fertilizers*. 13-26.

2) Yang RZ, Tang CS (1988) Eco Bot 42: 376-406.

3) Rice EL (1984) *Allelopathy.* 2nd Ed.

4) Hoy PR, Stickney JS (1881) State Horti Soc 11: 166-167.

5) Schreiner O, Reed HS (1907) Bull Torrey Bot Club 34: 279-303.

6) Schreiner O, Reed HS (1908) Bot Gaz (Chicago) 45: 73-102.

7) Molisch H (1937) *Die gegenseitige Beeinflussung höherer Pflanzen – Allelopathie.*

8) Grummer G (1955) *Die gegenseitige Beeinflussung hoherer Pflanzen-allelopathie.*

9) Chou CH, Lin HJ (1976) J Chem Ecol 2: 353-367.

10) Chou CH (1999) Critical Rev Plant Sci 18:609-636.

11) Bode HR (1940) Planta 30: 567-589.

12) Börner H (1960) Bot Rev (Lancaster) 26: 393-424.

13) Evenari M (1949) Bot Rev 15: 153-194.

13) Muller CH (1966) Bull Torrey Bot Club 93: 332-351.

14) Havis L, Gilkeson AL (1974) Am Soc Hort Sci 50: 203-205.

15) Patrick ZA (1955) Can J Bot 33: 461-486.

16) Muller CH (1969) Vegetation 18: 348-357.

18) McPherson JK, Muller CH (1969) Ecol Monogr 39: 177-198.

19) Chou CH, Muller CH (1972) Am Midl Nat 88: 324-347.

20) Whittaker RH, Feeny PP (1971) Science 171: 757-770.

21) Rizvi SGH, Rizvi V (1992) *Allelopathy: Basic and Applied Aspects.*

22) Chou CH, Waller GR (1983) *Allelochemicals and Pheromone*s.

23) Cutler HG, Cutler SJ (1988) *Biologically Active Natural Products: Agrochemical.*

24) Rice EL (1995) *Biological Control of Weeds and Plant Diseases.*

25) del Moral R, Muller, CH (1969) Am Midl Nat 83: 254-282.

26) Kohli RK, Singh HP, Batish DR (2001) *Allelopathy in Agroecosystems.* 447.

27) Macias FA, Simonet AM, Galindo JCG (1997) J Chem Ecol 23: 1781-1803.

28) Chou CH, Patrick ZA (1976) J Chem Ecol 2: 369-387.

29) McCalla TM (1971) *Biochemical Interactions Among Plants*. 39-42.

30) Patrick ZA (1971) Soil Sci 111: 13-18.

31) Rovira AD (1971) *Plant root exudates.* 19-24.

32) Tang CS (1986) *The Science of Allelopathy.* 113-131.

33) Young CC (1986) *The Science of Allelopathy.* 102-112.

34) Yeh KW, Lin MI, Tuan SG, Chen YM, Lin CY, Kao SS (1997) Plant Cell Reports 16: 696-699.

35) Yang SF (1998) *Frontiers in Biology: The Challenges of Biodiversity, Biotechnology and Sustainable Agriculture.* 25-34.

36) Waller GR (1987) *Allelochemicals: Role in Agriculture and Forestry.*

37) Chou CH, Waller GR (1989) *Phytochemical Ecology: Allelochemicals Mycotoxins and Insect Pheromones and Allomones.*

38) Macias FA, Galindo JCG, Molinillo JMG, Horace GC (1999) *Advances in Allelopathy.*

2

CHAPTER

타감물질의 생성 경로

서론

타감작용은 식물과 균류간에서 화학적으로 유도된 상호작용으로 정의되며, 이것은 여러 종류의 화합물에 의해 매개되었다[1]. 최근 연구에서 이러한 상호작용의 실제 메커니즘들이 계속 밝혀지고 있다. 타감작용과 관련된 다양한 화합물들이 분리되기도 하고 그들의 특성이 규명되었는데 *in situ*에서 생성되는 것으로 밝혀졌다. 뿌리 분비물의 역할은 최근에 더욱 분명하게 이해되었다. 전체 광합성으로 고정되는 탄수화물 중 거의 5~21%가 식물의 근권으로 옮겨졌다[2]. 식물에 있어 뿌리나 미생물을 통한 상호작용은 긍정적이거나(착생식물, 뿌리균류, 질소고정 박테리아) 부정적일 수가(기생식물, 기생박테리아, 균류, 곤충류) 있다[3].

다른 연구에서는, 식물의 발달 및 성장 과정에서 알려진 화합물의 효과를 통해 화합물 연구가 활성을 띠어야 한다는 것이 제안되었다. 이것은 auxin, gibberellic acids, ethylene과 같은 여러 호르몬 물질 뿐만 아니라 jasmonic acid와 salicylic acid 같은 화합물에도 적용된다. 타감물질은 합성을 저해하거나, 축적되거나 혹은 지방산과 triacylglycerol과 같이 에너지가 높은 화합물을 이용함으로써 서로 교류할 수 있다. 이들 화합물에는 형성, 축적, 이동, 대사작용과 같은 수많은 단계가 포함되어 있다. 이들 화합물은 다른 유기체에 대하여 특정한 독성을 나타내기도 하고 토양기질을 변화시키거나 식물의 성장과 발달에 필요한 물질의 이용에도 관여한다.

비교적 간단히 경쟁효과와 타감작용에 의한 간섭을 구별하는 방법이 있다.[4, 5] 이 방법들은 실용성 때문만이 아니라 토양 내 화학물질들이 토양 속 모든 종에게 독성을 나타낼 필요가 없다는 것을 보여주기 때문에 중요하다.

여기에서는 타감작용을 하는 주요 화합물군 뿐만 아니라 최근까지 정황만 있거나 혹은 확실한 증거가 부족한 물질까지도 포함하여 그들의 기본적인 발생 경로를 정리하였다.

David S. Seigler

Department of Plant Biology, University of Illinois, Urbana, Illinois 61801, USA

Acetate 유도 화합물

지방산

지방산과 그들의 유도체들은 대부분의 식물체 지질 속에 흔히 존재한다. 지방산은 3개의 주요한 단계를 포함하는 복잡한 중간단계를 통하여 acetyl-CoA 및 malonyl-CoA로부터 유도된다. 첫번째는 malonyl-ACP와 acetyl-CoA의 조합이며, 두 번째에서는 palmitoyl-CoA를 만들어내는 일련의 반응을 포함하고, 마지막 단계에서는 stearoyl-CoA로의 전환을 포함한다. 이들 화합물은 식물체 세포질 내의 색소체, 소포체와 관련된 원핵세포 및 진핵세포의 복잡한 과정을 통해 triacylglycerol로 전환된다[6].

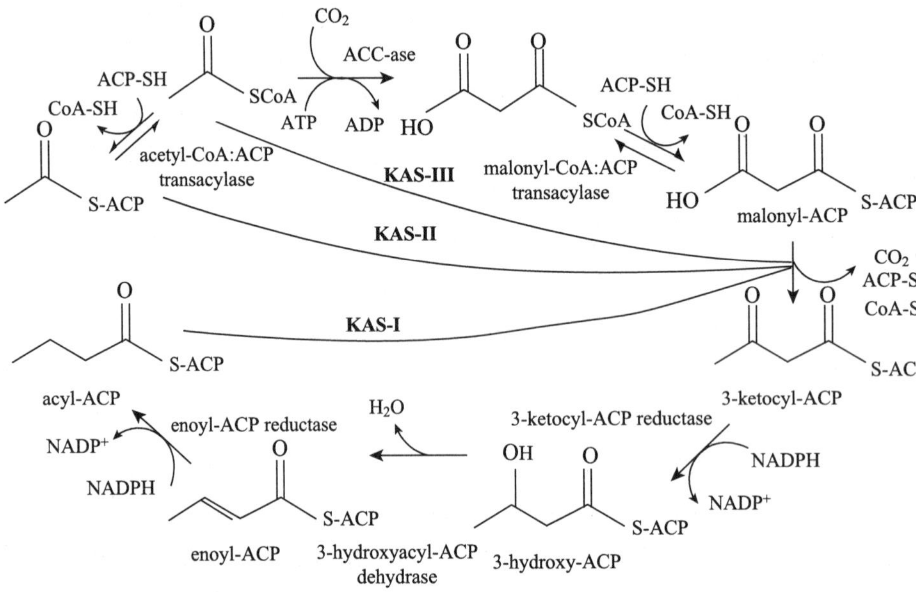

Triacylglycerol의 요소로서 지방산은 식물과 동물 모두에게 많은 에너지를 저장하게 한다. phosphate와 galactolipid의 중요 부분을 차지함으로써, 그들은 식물 막의 주요 구성요소가 된다[6]. 이들의 결합 형태와는 대조적으로, 유리 지방산은 식물세포 및 균류에 독성을 보인다. 낮은 분자량을 가진 지방산은 균류에 독성을 띈다. 이것은 부분적인 것으로서 그들은 pH를 변화시키지만 propionic acid는 유리산과 염으로서 박테리아와 균류의 성장을 제한한다. 젖산은 음식의 방부제로서 박테리아 군체에 중요하다. 이들 화합물은 요구르트나 김치와 같은 다양한 식품의 발효에 기여한다.

대사된 지방산은 곤충의 유인물질로도 사용된다[6]. Acetate와 propionate는 강한 항진균 효과를 가지고 있다고 알려졌다[7].

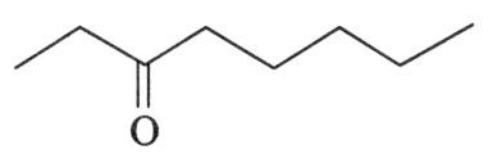

3-octanone

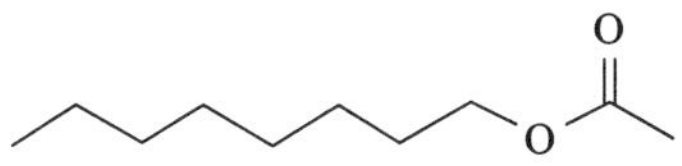

octyl acetate

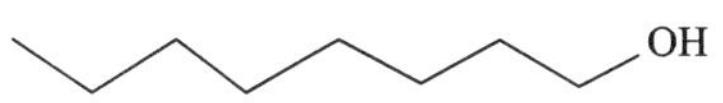

1-octanol

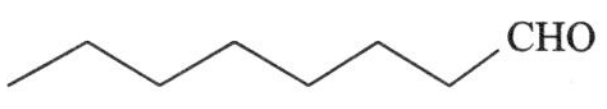

octanal

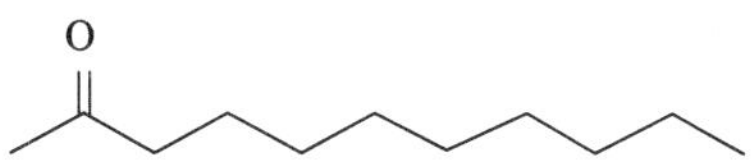

2-undecanone

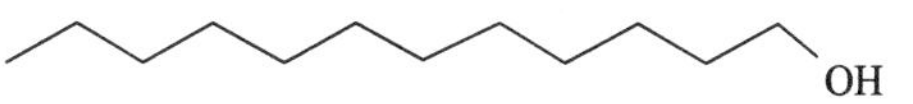

1-dodecanol

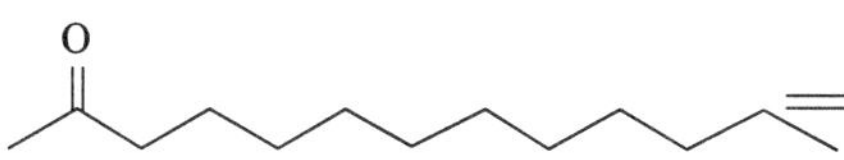

2-tridecanone(53)

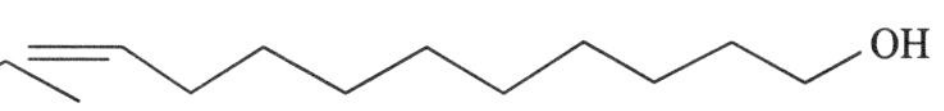

10-undecen-l-ol

지방산은 식물 내에서 여러 다른 생리활성 화합물로 전환된다. 식물성장 조절에 관여하는 jasmonic acid는 세포 내에서 2차 전달자이며, 식물과 식물 그리고 식물과 곤충 간에 신호물질이 된다[8, 10]. phosphatidylinositol은 형질변환의 신호물질로서 중요한 역할을 한다[6]. Jasmonate 역시 꽃가루 발달에 있어 중요한 신호물질이 된다.

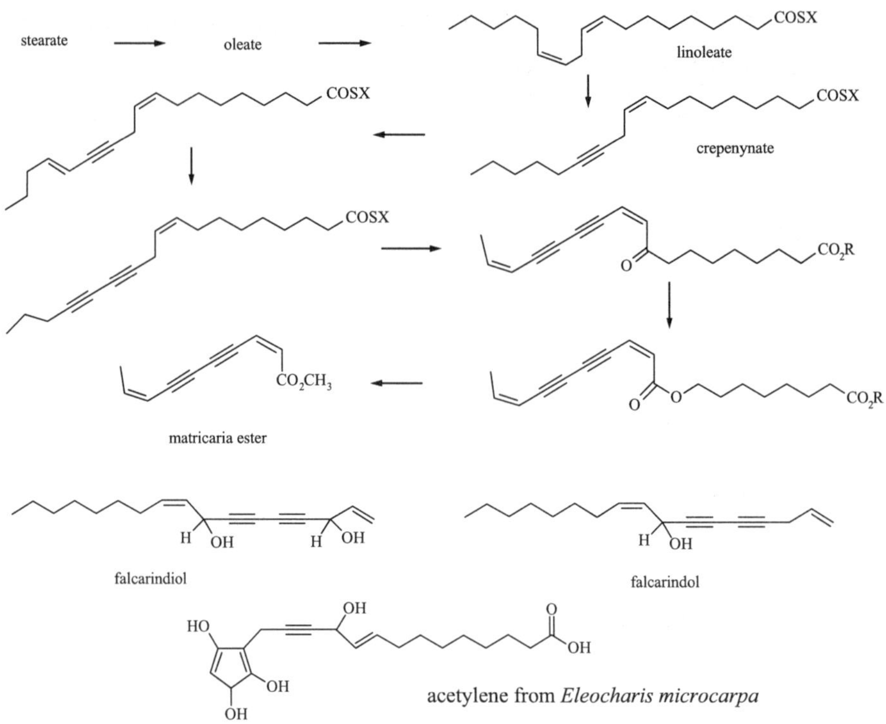

Acethylene 계열 화합물

대부분의 acethylene 화합물은 지방산으로부터 유도된다[7]. 몇몇 acethylene은 식물-조류 간 상호작용에 활성을 가진다. 예를 들어, *Berula erecta*로부터의 falcarindiol과 falcarindiol은 살조제(殺藻劑)이다[9]. *Eleocharis microcarpa*로부터의 acethylene지방산 역시 살조제로서의 가능성을 보여주었다[9]. 그들은 적은 수의 식물종으로 밖에 확산이 제한되기 때문에 일부에서만 중요하다. 그러나 많은 종류의 초목 중에서 Asteraceae(Compositae)와 Apiaceae (Umbelliferae) 두 종에 대해서는 흔히 나타난다.

Waxes

Waxes은 탄화수소, 알데하이드, 알코올, 산, 지방산으로부터 형성된 에스테르 등으로 이루어진 복잡한 혼합물이다. 수산화지방산의 복잡한 에스테르는 종종 페놀성 물질을 함유하며, 이들은 식물세포의 상피에 존재한다. 그들은 건조되는 것을 막아주고 균류, 박테리아의 공격으로부터 식물을 보호하는 데 중요한 역할을 한다. waxes 상피 코팅의 조성을 통해 많은 곤충이 그들의 숙주를 인지한다. 식물표면의 박테리아와 균류 결합 포자 또한 상피 표면 특징의 인지에 관여한다. 상피층의 페놀성 물질들은 해로운 UV광선으로부터 보호기능을 한다.

지방산 신장에 관여하는 효소 시스템은 다른 축합효소들과는 적은 유사성을 가진다[6].

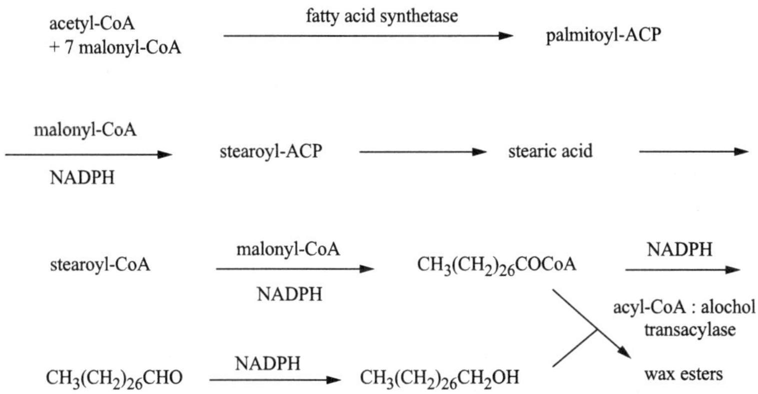

Polyketide

Polyketide는 균류와 이끼류에서 흔한 산물이지만, 고등 식물들로부터도 폭넓게 생산된다[11]. 많은 균류의 폴리케타이드는 균독성이 있다. 독성은 포유류에 작용하지만, tetracycline과 같은 물질은 인간에게 항생제로서 가치가 있다. polyketide는 식물독성으로서 균류가 식물을 공격할 때 사용된다. 이들 화합물은 종종 세포막을 붕괴시켜 균류가 숙주식물로부터 영양분을 흡수할 수 있도록 공격하게 해준다. Patulin과 같이 이들 화합물 중 몇몇은, 강력한 발암물질이자 균독성, 식물독성 그리고 타감작용제로서 동시에 작용한다[7, 11]. 여러 이끼류의 구성요소인 usnic acid는 카로티노이드 생합성에 주요한 효소로 *p*-hydroxyphenylpyruvate dioxygenase를 억제하고 식물독성을 가진다[12, 13]. (+)과 (-) usnic acid는 옥수수와 해바라기 어린 싹의 증산작용 및 산소방출과정을 억제한다. 여러 다른 이끼 대사산물이 고등생물을 대상으로 활성을 나타내는지 시험되었다[11]. 상대적으로 간단한 *Ceratocystis ulmi*의 polyketide가 이들 식물독성의 대표주자이다.

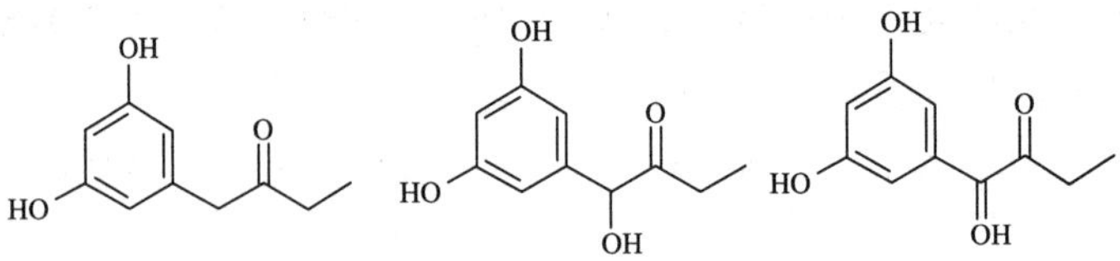

polyketide derived phytotoxins of *Ceratocystis ulmi*

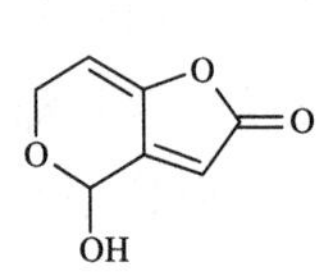

patulin

Jensenone, sideroxylonal A, torquatone(phloroglucinols)과 같은 식물로부터 생산된 polyketide는 *Eucalyptus* 종에 축적되고, 포유동물에 의한 초식(草食)을 제한하는 것으로 보인다[14]. 이들 화합물 중 알데하이드군은 활성에 영향을 끼친다. Torquatone은 일반적으로 비활성이다. 많은 *Eucalyptus* 종들이 타감작용을 나타내기 때문에, 이들 화합물의 타감작용성은 조사되어야 한다.[15]

한 가지 복잡한 상황에서는, *Penicillium damascenum*에 의한 전처리를 통해 병원균 *Pythium vexans*에 대한 *Picea glehnii* 묘목의 생존 가능성이 증가하였다는 것이다[16]. polyketide 항생제의 생성이 이러한 활동을 일으킨 것으로 생각된다.

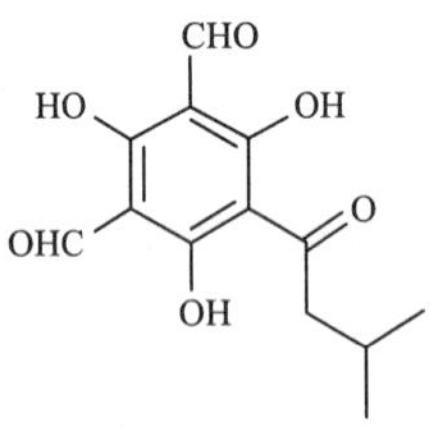

jensenone

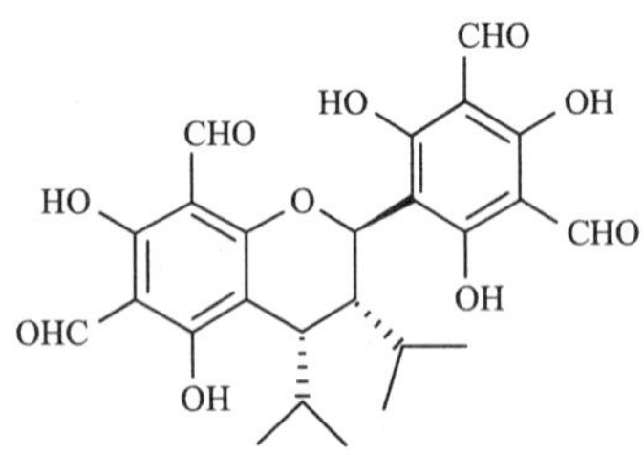

sideroxylonal A

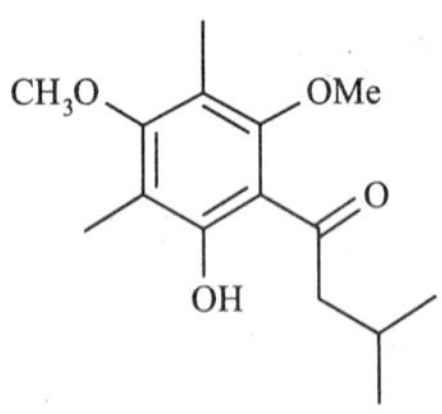

torquatone

Quinones, Naphthoquinones, Anthraquinones

Quinones

*Sorghum bicolor*으로부터 분리된 첫 발아 촉진제는 sorgoleone의 전구물질이었다[17]. 하이드로퀴논은 숙주식물의 뿌리털에서 방울 형태로 방출되며, 안정한 퀴노노이드 형태로 쉽게 산화된다. 환원된 형태는 국부적으로 뿌리 근처에서 나타나는데 이유는 기생균이 숙주로부터 적당한 거리에서 발아하게 하기 위함이다[17]. *S. bicolor* 혹은 다른 종류의 좋은 경쟁관계에 있는 잡초종들의 생장을 제한할 수 있다[18]. 분리된 sorgoleone은 고리화를 통한 시방산 선구물실의 확장으로부터 생합성된다. 이 화합물은 *S. bicolor* 및 관련 종 분비물 성분의 85%을 차지한다. 이 화합물은 고등식물의 광계 II 복합체의 Q_B-결합지역과 결합한다[19]. 토양 속으로 스며든 sorgoleone은 여러 종에 대해 활성을 갖는다. Sorgoleone은 최소 10μM의 농도에서 활엽 및 수경재배 되는 식물의 생장을 저해한다[20]. *Metopium brownii*(Anacardiaceae)로부터 유도된 Urushiol은 몇몇 토양 균류의 성장을 저해하고 이 식물의 타감작용에 관여하는 것으로 보여진다[21].

여러 식물군의 2차 화합물인 Quinone은 많이 알려져 있다[7]. 현삼과(Scorphylariaceae)의 기생식물은 숙주식물의 뿌리로부터 배출된 화학물질을 이

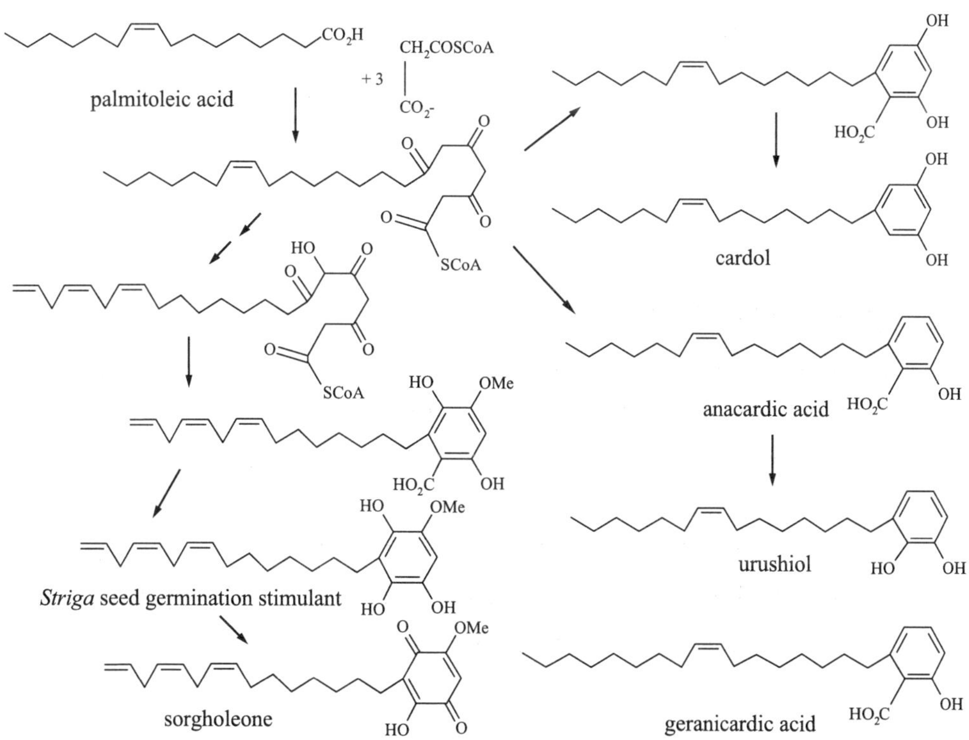

용하여 기생근을 형성할 수 있도록 성장과정 중의 신호로 사용한다. 반기생식물인 *Triphysaria versicolor*의 뿌리가 옥수수의 뿌리로부터 추출된 기생근 유도물질 2,6-dimethoxybenzoquinone(DMBQ)에 노출되었을 때, 수많은 전사가 상향조절된다[22]. 전사에 의해 암호화된 많은 단백질이 quinone 해독에 관여한다고 예상되는 반면, 다른 것들은 기생근 형성에 더 관련이 있을 것으로 생각된다. DMBQ 또한 멕시코 콩인 *Bowdichia nitida*에 발생하며 타감작용성을 갖는 것으로 알려졌다[23].

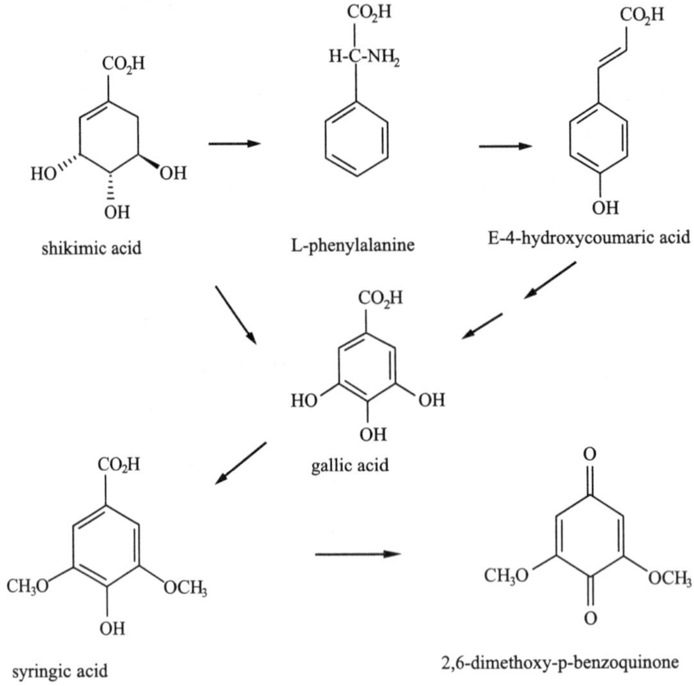

Naphthoquinones

Naphthoquinones은 가장 잘 알려진 타감물질 중 하나이다. 호두나무에 주로 존재하는 이 화합물은 주로 뿌리를 통하여 분비되며 여러 식물의 성장을 억제할 수 있다. 그리고 또한, 문제가 되는 식물의 잎이나 열매에 의해서도 배출된다[7].

Shikonin의 유색 유도체는 *Lithospermum erythrorhizon*의 뿌리세포로부터 생산된다[24]. 몇몇 균류 종 균사와의 접촉은 국부적인 색소를 생산하거나 *Rhizoctonia solani*에 의한 자극이 증가하여 shikonin 생산이 30배 이상 증가했으나 근균인 *Glomus intraradices*의 성장은 영향을 받지 않는다[25].

Anthraquinones

Anthraquinones은 균류나 이끼, 그리고 고등식물들에 흔히 존재한다. polyketide 경로를 통해 유도된 emodin은 anthraquinones 화합물 중에서 가장 흔하다[26]. 이들 화합물은 17개의 식물종으로부터 발견되었으나, 더 많은 종으로부터 발견될 것으로 예상된다. Emodin은 초식동물, 병원균, 경쟁자, 빛 등으로부터 식물을 보호한다. 이 화합물은 덜 익은 열매로부터 씨앗이 확산되는 것을 막고, 완벽하게 익은 성숙한 씨앗의 확산을 돕는다[27]. 10∼100 mg/L의 emodin은 *Helianthus annuus*와 옥수수의 성장을 저해한다. *Polygonum sachalinense*에서 생산된 emodin은 상추와 털비름(*Amaranthus viridis*), 큰조아재비(*Phleum pretense*)의 씨앗 성장을 저해한다. 상추 종자의 성장은 최소 50 mg/L의 emodin으로부터 심각하게 저해받는다[26]. Emodin은 토양 인의 가용성을 감소시켜 인을 필요로 하는 종들에게 불리하게 작용하는 것으로 보인다[28]. Emodin 유사체들은 발아와 주근형성을 저해하는 것으로 알려져 있다[13].

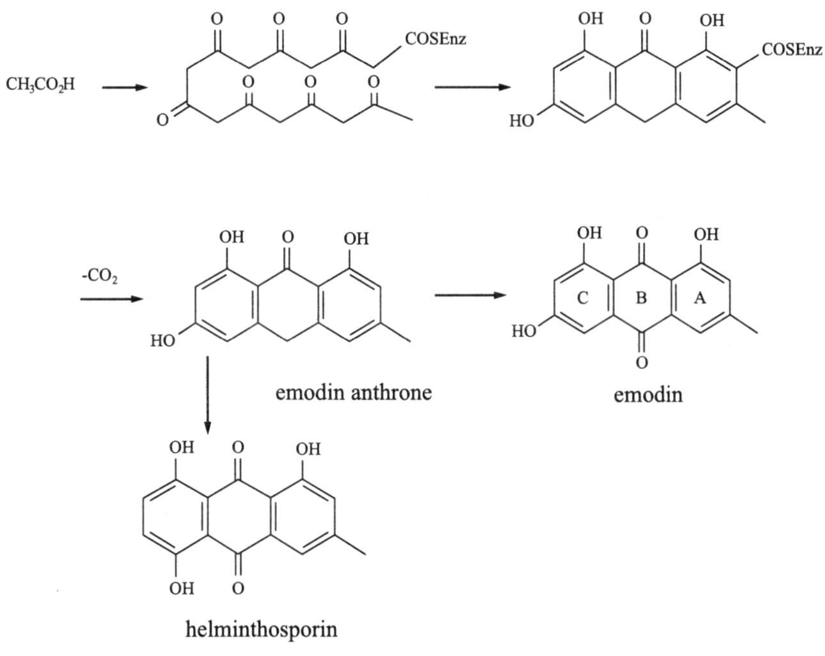

Shikimic acid

Shikimic acid은 수많은 박테리아, 균류, 식물의 2차 화합물 형성에 있어 중요한 중간산물이다[7]. 대부분은 phenylpropanoid로 존재하며, anthranilic acid와 tryptophan으로부터 나머지가 유도된다.

Benzoxazolinones

DIMBOA와 그 관련된 종들은 tryptophan으로부터 생합성되는 것으로 보인다. 이들 물질은 몇몇 식물 종인 Acanthaceae, Poaceae, Ranunculaceae, Scrophulariaceae 등에 제한되지만 아직 체계적인 연구는 이뤄지지 않았다[13]. 이들 화합물은 잘 분해되는데, 예로 DIMBOA glucoside는 DIMBOA와 MBOA로 분해된다. DIMBOA는 옥수수(*Zea mays*)와 밀(*Triticum aestivum*)에 대해 타감 활성을 보인다. 더 많은 화합물이 스펠트밀(*T. speltoides*)에서 발견되었고 모두 높은 농도의 DIMBOA를 함유하고 있다[30].

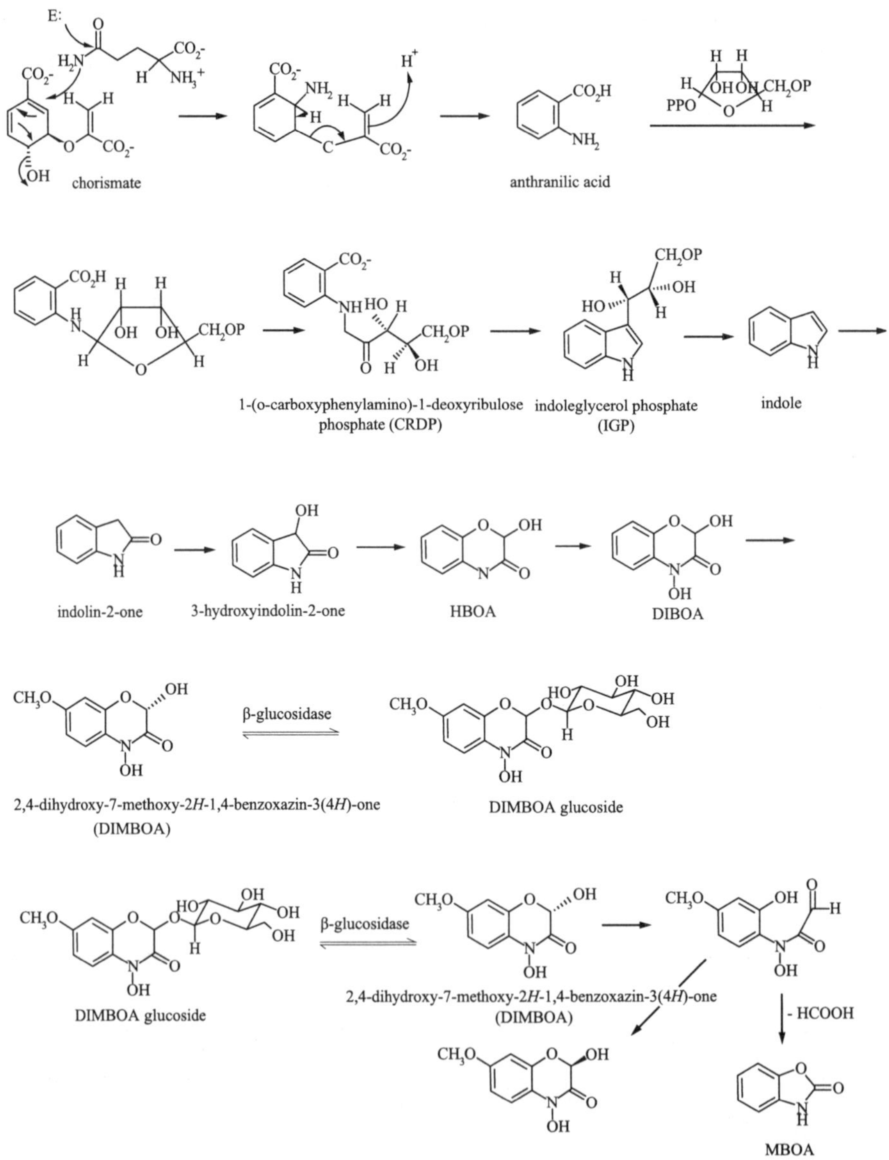

Phenylpropanoids

Cinnamic acid

비교적 간단한 신남산 유도체인 C_6C_3-화합물 혹은 phenylpropanoid는 식물과 토양에 널리 분포해 있다. 이들 화합물은 활성형으로 발생하고(일반적으로 양성자를 받은 산일 때), 식물이나 미생물에서 혹은 식물-미생물 상호관계에서 화학적 중재자가 되며, 농도가 식물이나 미생물의 반응(좋거나 혹은 나쁘거나)을 조절하기에 충분해야 기능성 타감물질로 작용할 수 있다. 이들 중에서 가장 잘 알려진 화합물에는 caffeic acid, ferulic acid, *p*-coumaric acid, protocatechuic acid, sinapic acid, vanillic acid가 있다[31]. 그들은 일반화된 경로를 통해 그 효과를 발휘하는 것으로 보인다. 그들은 세포막과 상호작용하며 이온 이동속도와 뿌리에서의 수리전도도를 변화시킨다[32]. 일반적으로, 이들 화합물은 수리전도도와 뿌리에서의 총 영양물질의 흡수를 감소시킨다. 이들의 영향은 phenolic acid가 제거되면 미생물의 작용 등을 통해 대부분 가역될 수 있다. 이러한 이유로, 미생물과의 상호작용은 이들 화합물군이 관여하는 타감작용 문제에서 중요하다[31]. 그러나 이러한 교란은 이온 균형, 식물-물 관계, 기공 기능 및 광합성과 호흡 속도의 변화로 이어진다[14].

Cinnamic acid은 guayule 및 *Parthenium argentatum*에 자가독성(autotoxicity)을

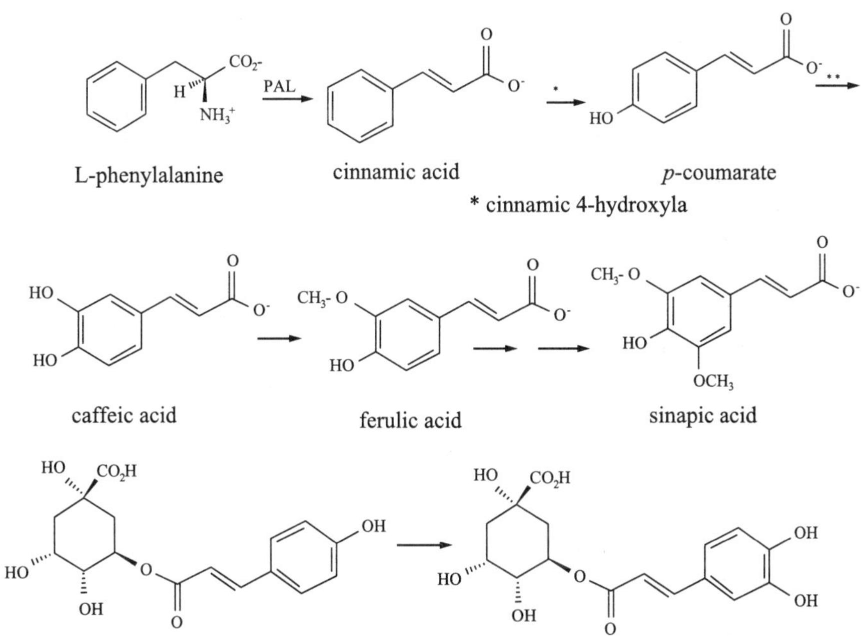

L-phenylalanine　cinnamic acid　*p*-coumarate

* cinnamic 4-hydroxyla

caffeic acid　ferulic acid　sinapic acid

E-5-*O*-(4-coumaryl)-D-quinate　*E*-5-*O*-(4-caffeoyl)-D-quinate

** These oxidations probably occur as quinic and shikimic esters not as the free acids

띈다고 알려져 있다[7]. Dihydrocinnamic acid는 씨앗의 발아와 수많은 Florida scrub의 성장을 억제한다[33].

C_6C_1-화합물

C_6C_1-화합물 역시 타감 활성을 갖는 것으로 알려져 있다[7]. C_6C_3-화합물과 C_6C_1-화합물은 *Arbutus* 종인 madrone 그리고 *Adenostoma fasciculatum*인 chamise로부터 분리되었다. 이들 화합물은 캘리포니아 수풀에 있는 다양한 식물의 성장과 발아를 억제한다. Vanillic acid, syringic acid와 같은 화합물은 일반적으로 C_6C_3-화합물과 같은 특성이 있다[32]. Salicylic acid는 때때로 타감작용성 페놀화합물의 성분이 된다[6, 7]. Salicyclic acid는 꽃잎의 노화를 지연시키며, 개화를 유도하고, 식물의 질병 저항력을 증대시킨다[34].

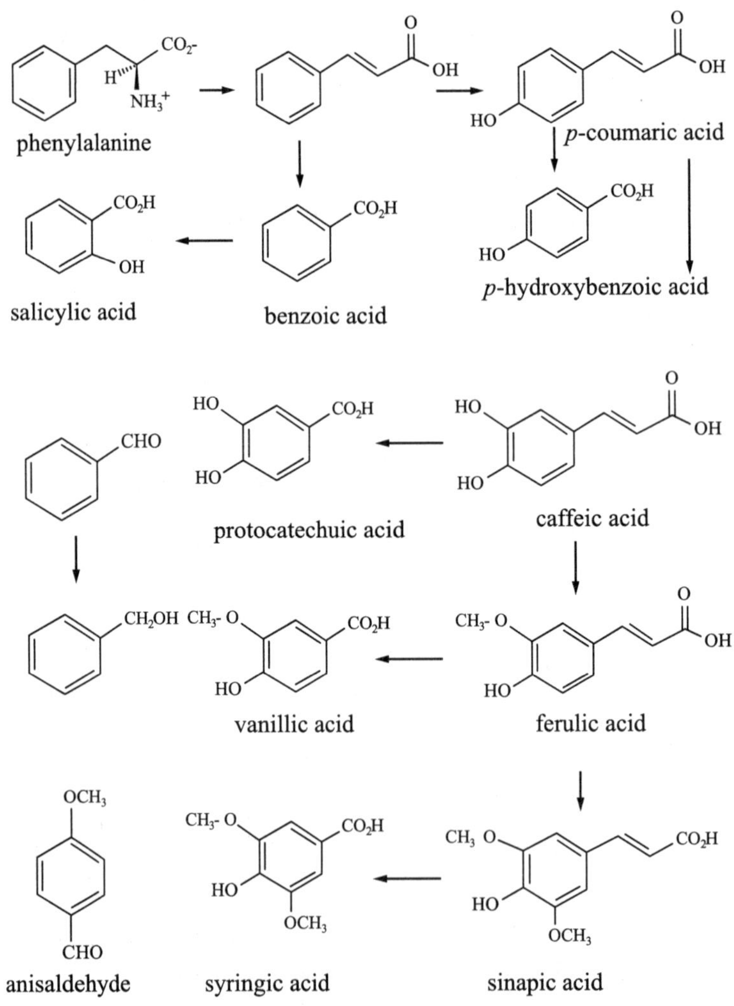

Allylbenzenes

휘발성의 phenylpropanoid 화합물인 알릴페놀은 타감작용을 한다. *Pimpinella* 종에서 나온 이들 화합물은 독보리(ryegrass)와 어저귀(velvetleaf) 씨앗의 발아를 강하게 제한한다[11].

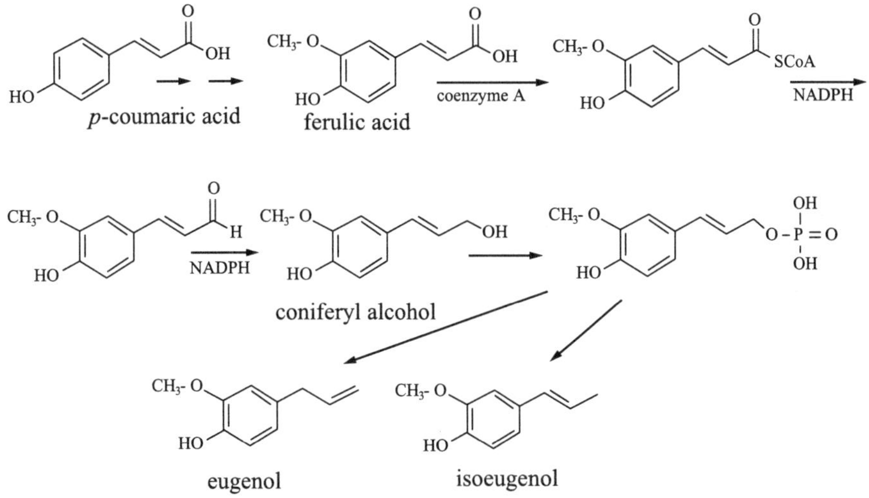

Coumarin

간단한 Coumarin은 식물에 폭넓게 존재하며, 대부분은 강한 활성을 띈다. coumarin은 긍정적이거나 부정적인 타감작용을 한다[35]. 25μM~1mM 범위에서, 쿠마린은 밀(*Triticum durum*) 뿌리의 발달 변화를 야기하는데, 그것은 질산염의 섭취 증가와 관련되어있다.

해바라기(*Helianthus annuus*)의 저항계통에서 7-hydroxylated 쿠마린(예, scopoletin과 glycoside scopolin)은 기생식물 *Orobanche cernua*의 씨앗 발아와 숙주로의 부착을 억제하는 방어적인 역할을 한다[36]. 숙주식물의 뿌리조직으로 침투, 관다발계로의 연결 혹은 뿌리 발달이 제한된다.

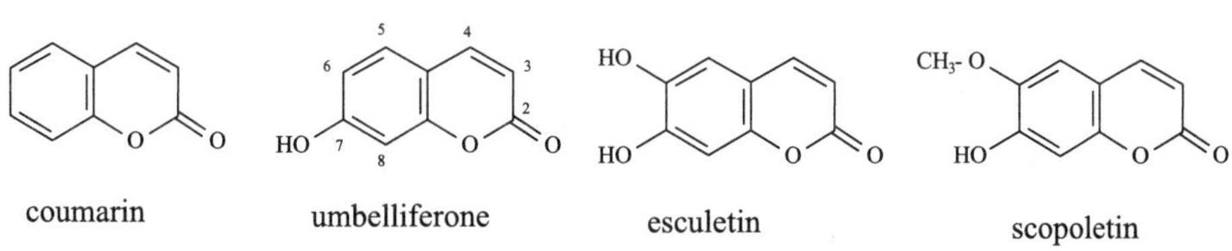

단위체의 첨가로 형성된 isopentenyl pyrophosphate로부터 유도된 furocoumarin 또한 타감작용성을 한다[37]. 선형의 furocoumarin은 DNA와 결합한다. 식물에서, 이러한 쿠마린은 무 종자(*Raphanus sativus* L.)의 수분 흡수, 종피와 내배유의 확장, 그리고 잔뿌리에서의 세포신장을 억제한다[37]. 5일 간격으로 5%의 루타 수액을 세 번 처리한 결과, *Portulaca oleracea*와 같은 잡초종의 성장이 억제 되었다. Psoralen, xanthotoxin, bergapten, marmesin은 루타에서 발견되는 furocoumarin이다. 또한, 이 종은 쿠마린, 단순 쿠마린, 여러 monoterpenes, 그리고 anthranilic acid로부터 유도된 알칼로이드를 가지고 있다[37].

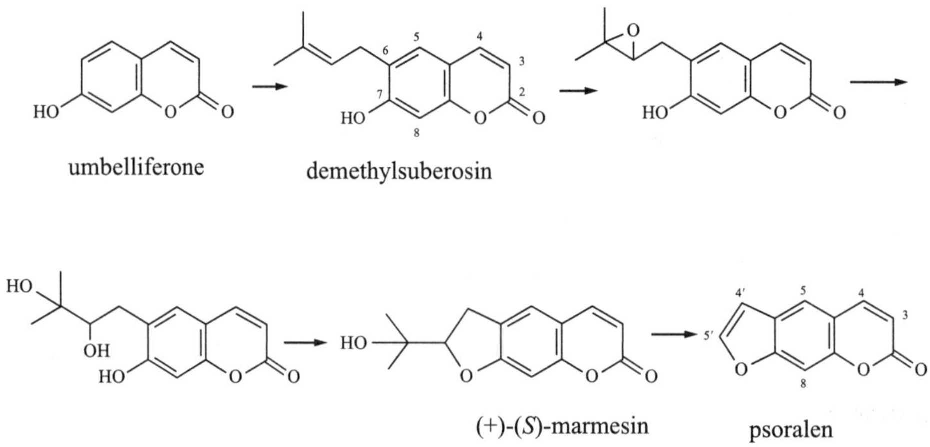

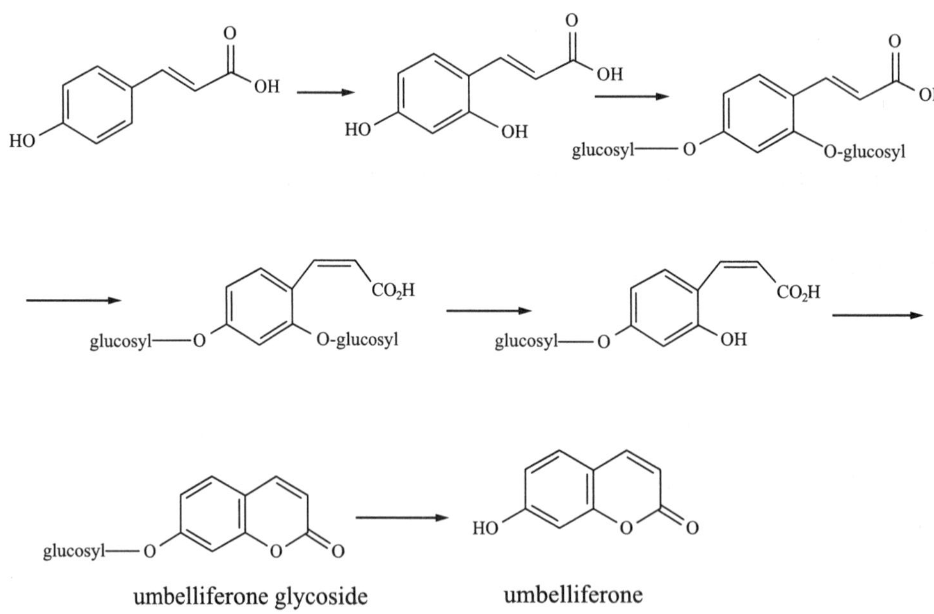

리그난과 리그닌

명아주(*Leucophyllum frutescens*)에서 나온 네 가지 종류의 식물독성인 리그난은 이 종이 나타내는 식물독성 활성화에 관여한다[38]. 그 중 세 화합물인 diayangambin, epiyangambin, diasesartemin은 전 주기에 걸쳐 양파 뿌리세포의 분화를 억제한다.

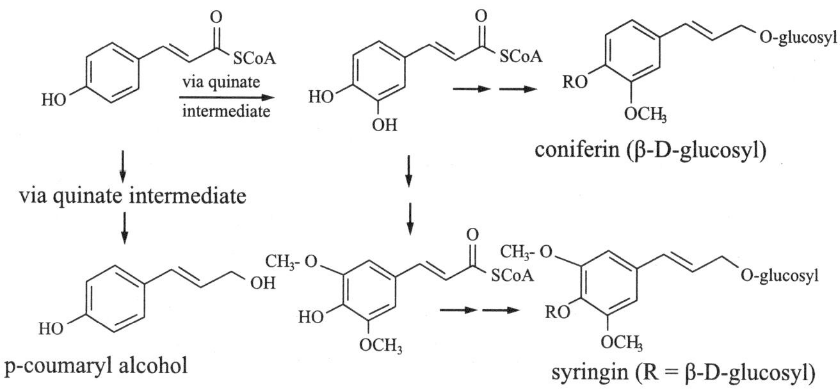

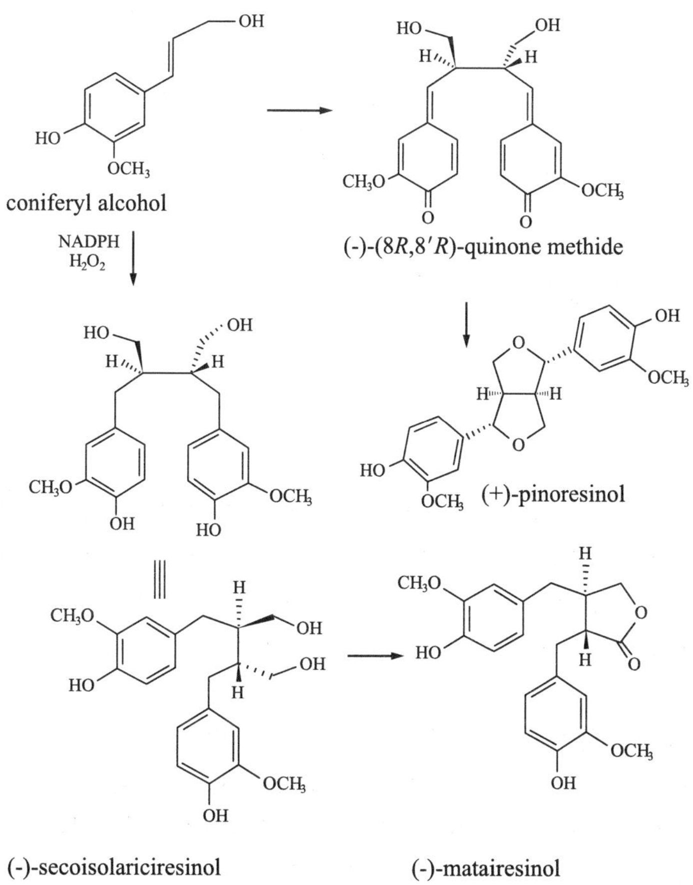

Acetate 사슬이 확장된 phenylpropanoids

세 개의 malonate 군으로부터 확장된 phenylpropanoids는 2개의 다른 메커니즘으로 요약될 수 있다. aldol 축합으로부터 생성된 산물은 stilbenes으로 알려져 있고, claisen 축합을 통해 만들어진 경우에는 flavonoid라 한다.

Stilbenes

Stilbenes은 비록 많은 식물군을 통해 충분히 연구되지 않았지만, 자연 속에 폭넓게 존재한다. 그들 중 대부분은 생물학적 활성이 있는 것으로 보인다. 그들 중 많은 수가 항진균성이며, 몇몇은 phytoalexin으로 유도된다. Lunularic acid와 *Hydrangea* 종으로부터 만들어진 구조적으로 유사한 stilbenes은 타감작용을 보인다[11]. *Scirpus maritimus*(Cyperaceae)로부터 나온 resveratrol과 piceatannol은 식물과 동물, 모두에 정량적인 활성을 보인다. Piceatannol은 개구리밥(*Lemna*)의 성장을 저해한다[11].

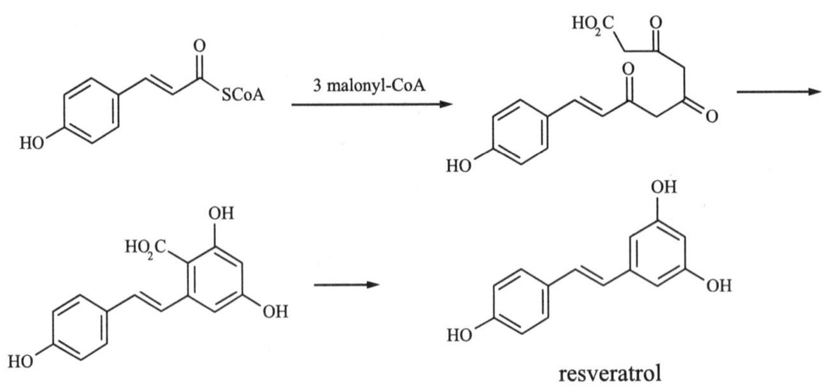

Flavonoids

Flavonoids는 3개의 malonate 단위와 함께 *p*-coumaryl CoA 전구물질의 확장을 통해 phenylpropanoid 대사로부터 유도된다. 이들 화합물은 거의 모든 식물에서 발견되며, 그들의 역할은 잘 알려져 있다. 다른 경우에서, flavonoids는 동물의 선호성이나 회피성에 중요한 작용을 한다. Flavonoids는 자외선을 걸러주어 식물의 민감한 부분을 보호하는 역할을 한다.

많은 flavonoids가 질소고정과 관련이 있는 것으로 보인다. 그것들은 *Rhizobium meliloti*에서 뿌리혹 과정을 담당하는 유전자 활성에 관여한다. 알팔파 종자 혹은 종피로부터 분비되는 flavone luteolin은 *R. meliloti*의 뿌리혹형성 유전자를 유도하는데 하나의 신호를 제공한다. 유사 화합물들은 소포낭-수지상체 근균 정착에 관여한다[3].

Flavonoids는 여러 식물의 뿌리에서 활발히 분비되며 잎 군락에서 배출된다. *Celaenodendron mexicanum*의 flavone은 *Amaranthus*, *Echinocloa* 종의 종자와 어린 싹의 성장을 저해하는 것으로 알려져 있다. *Tithonia diversifolia*의 flavonoids는 무, 오이(*Cucumis sativus*), 양파(*Allium cepa*) 씨앗의 발아를 저해한다[39]. flavonoids의 타감작용의 다양한 예가 본문중에 소개되어 있다.

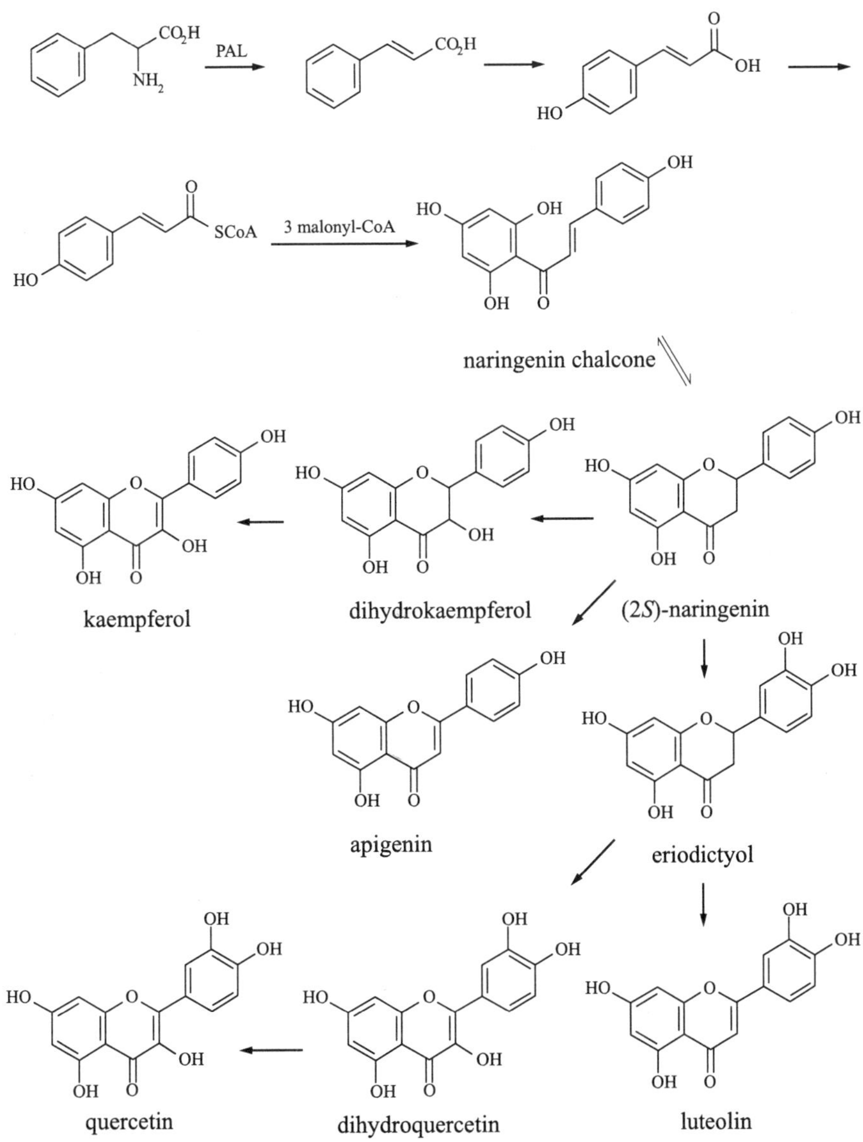

이소플라보노이드

여러 이소플라노이드 또한 타감작용을 보인다. 이들 화합물 중 일반적인 flavone이나 flavonol은 기본적인 경로를 통해 유도되나 Fabaceae나 Asteraceae 등의 소수 종에서만 발견된다. Flavonone, flavone, isoflavone glycoside는 *Pluchea lanceolata*에서 방출되며, 겨자뿌리와 어린 싹의 성장, 아스파라거스 유식물의 성장을 억제한다[39]. 붉은토끼풀(*Trifolium pretense*)에 의해 토양에 축적된 이소플라보노이드는 "적토끼풀병"으로 불리는 병 발생과 관련이 있다[39]. 알팔파의 medicarpin과 4-methoxymedicarpin은 무 종자의 발아를 저해한다[11].

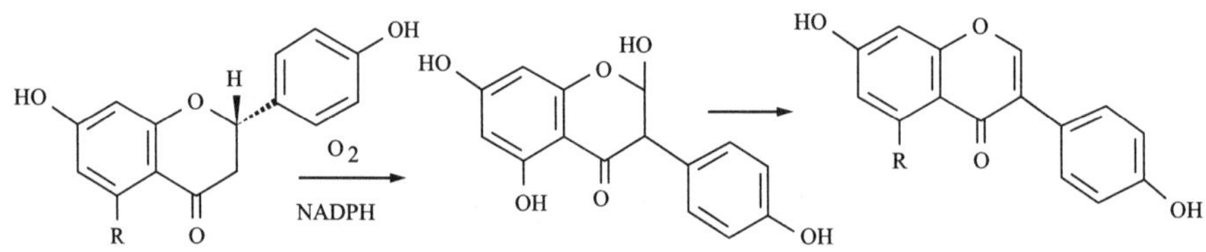

naringenin R = OH
liquiritigenin R = H

탄닌

가수분해성 탄닌

가수분해성 탄닌 또한 살조 특성을 가지는 것으로 보인다. 예로, *Myriophyllum spicatum*으로부터 생성된 tellimagrandin II가 있다. 다른 수중 식물인 *Trapa bicornis* 또한 이 화합물을 만들어낸다[9]. Tellimagrandin II는 조류에서 알칼리성 인산가수분해효소의 활성을 억제하는 것으로 보인다.

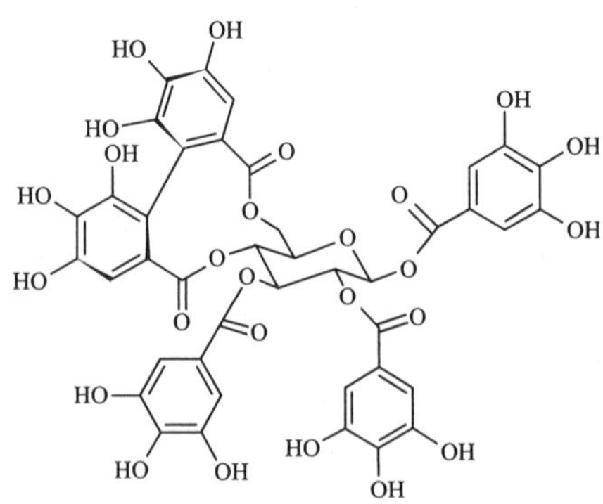

tellimagrandin 11

축합형 탄닌

Flaven-3-ols와 같은 축합형 탄닌을 구성하는 단량체 단위는 많은 계에서 무해한 것으로 고려된다. 수레국화, *Centaurea maculosa*에서 배출된 (−)-catechin은 부정적인 뿌리 간의 신호전달을 보인다[3, 40]. 그러나 (+)-catechin은 토양박테리아를 억제한다. 두 화합물의 혼합물이 식물 뿌리로부터 분비된다[40]. (−)-catechin 형성으로 이어지는 생합성 과정은 아직 알려져있지 않다.

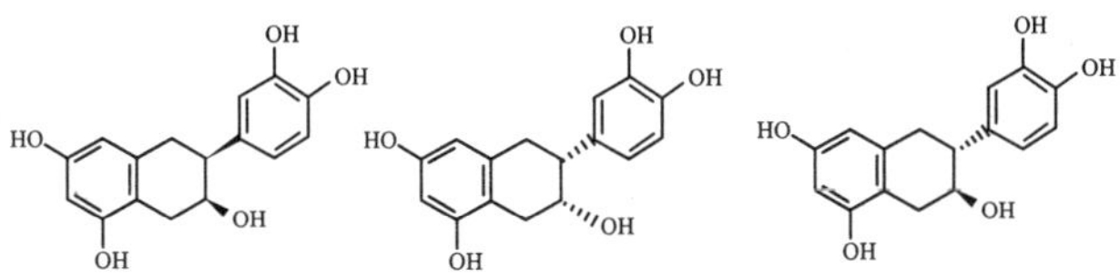

(+)-calechin (-)-calechin (-)-epicatechin

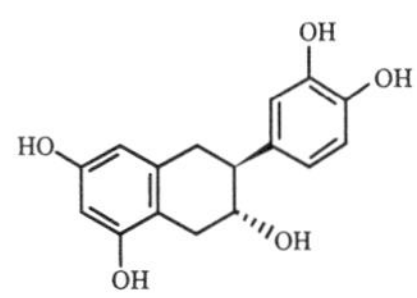

(+)-epicatechin

이합체 propelargonidin과 그와 상응하는 단량체 afzelachin은 벼의 성장을 억제하고, 복숭아 묘목의 성장을 억제하는 것으로 생각된다[41]. 복숭아(*Prunus persica*)의 이식과정에서 생기는 묘목의 생장억제제인 propelargonidin의 분비는 문제를 부분적으로 설명할 수 있을 것이다[41]. 흥미롭게도 (+)-catechin과 procyanidin은 다른 살구(*Prunus*) 종의 유합조직의 성장을 촉진한다[42].

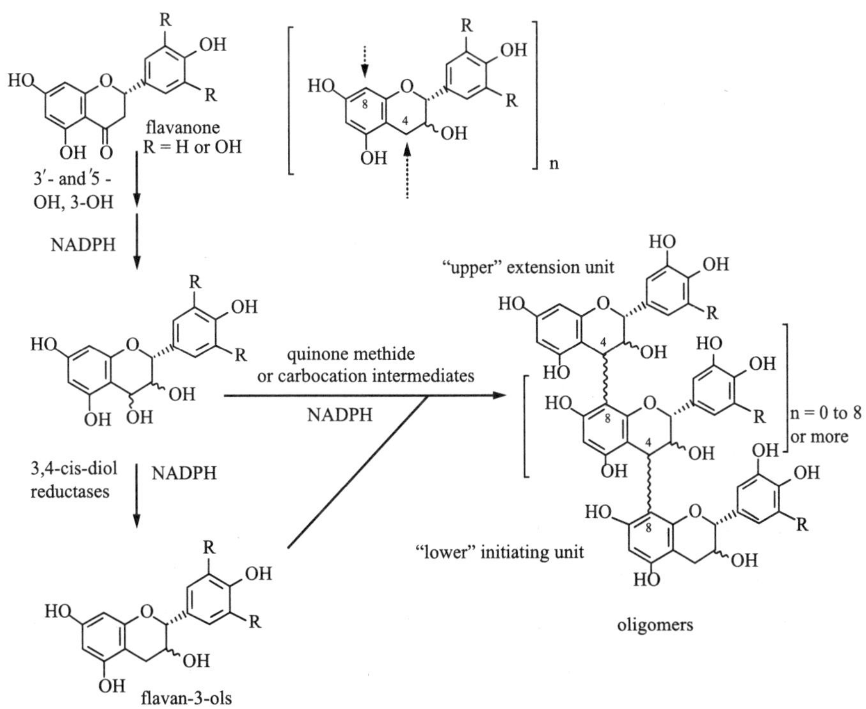

아미노산으로부터 유도된 질소화합물

비단백질 아미노산

약 300여 개의 비단백질 아미노산이 식물에서 발생되며, 이들의 생물학적 활성 스펙트럼은 넓고 많은 독성을 띠고 있다. 그 이유는 이 화합물들이 식물과 동물, 미생물의 다양한 합성과정 중에서 단백질 또는 아미노산을 대신하기 때문이다[7]. 이들 화합물은 Fabaceae, Hippocastanaceae, Aceraceae, Sapindaceae, Liliaceae, 그리고 Cucurbitaceae에서 가장 흔하다. (+)-nicotinamine 같은 화합물은 토마토(*Solanum esculentum*) 등의 식물에서 철 수송기능에 관여한다. Mugeneic acid, Avenic acid와 같은 유사 화합물은 벼과식물의 풀 뿌리에서 생산되며, 킬레이트로 사용된다. 이들 화합물은 환경으로부터 철을 활발히 포획하며, 다양한 서식지에서 풀이 무성하게 자라는 이유를 설명할 수 있는 하나의 요인이 된다[6]. 또한, 이들 식물 철포획체는 아연, 구리, 망간, 니켈, 코발트 등과 결합할 수 있다.

식물성 킬레이트 물질로 불리는 유사 화합물들은 철을 활발히 흡수하는 데에 관여하는 것으로 예상한다. 아연과 카드뮴을 섭취하는데 효과적인 몇몇 식물은 식물정화법의 용도로 사용된다. 박테리아의 킬레이트는 주로 펩타이드이다. 그들은 또한 미생물 단위에서 타감작용에 관여하는 것으로 보인다. 철과 다른 이온들을 매우 낮은 수준으로 감소시킬 수 있으며 이에 따라 다른 유기물의 성장을 억제할 수 있다.

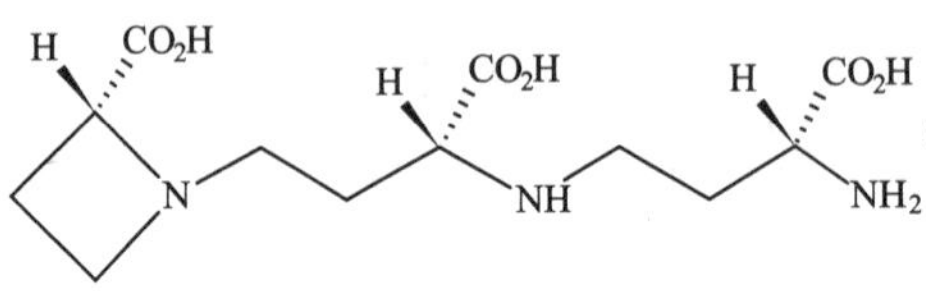
(+)-nicotianamine

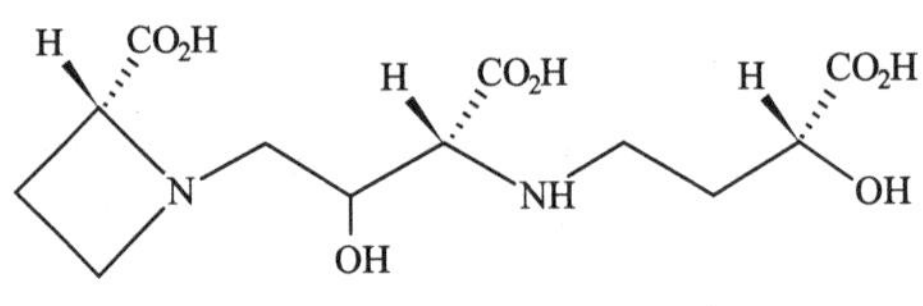
mugineic acid

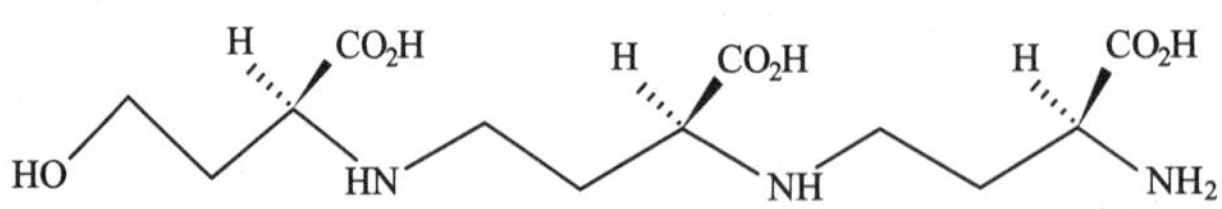
avenic acid

병원성 박테리아나 균류는 펩타이드와 다른 아미노산으로부터 유도된 물질들을 생성하며, 이들은 조직의 파괴나 숙주식물의 약화시킨다. 그들은 종종 분자량이 600 이상이 된다. 박테리아의 식물독소는 특이성을 보이지 않는 경향이 있다. 토마토에 대한 균류 *Fusarium oxysporum*의 공격에는 fusaric acid와 lycomarasmin이 관여한

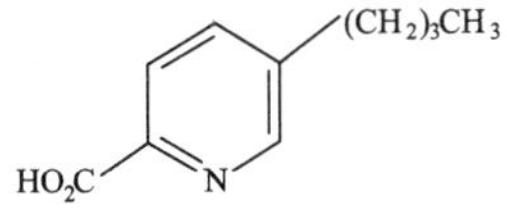

fusaric acid

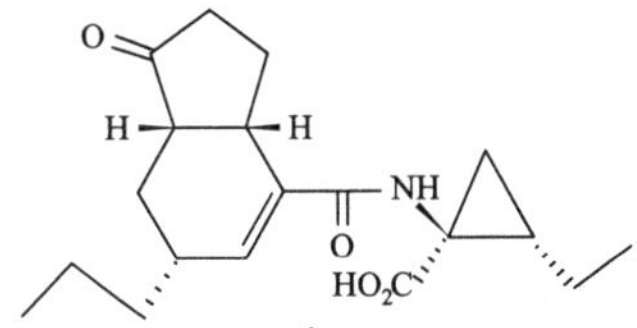

coronatine

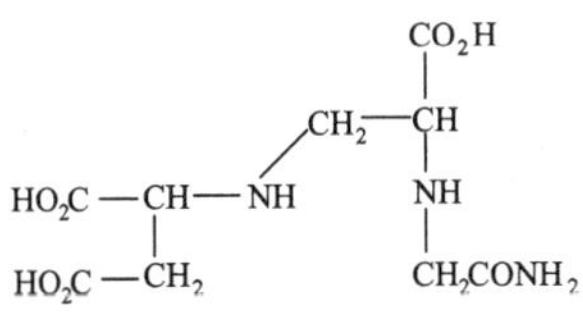

lycomarasmin

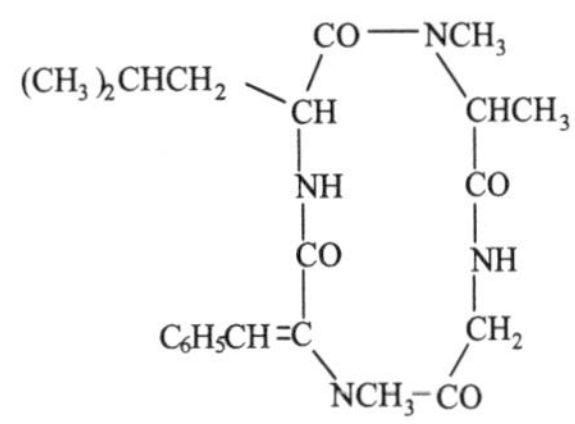

tentotoxin
alternaria tenuis, cotton chlorosis

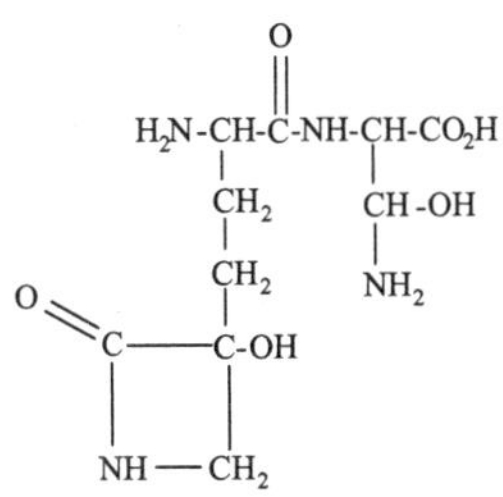

tabtoxin

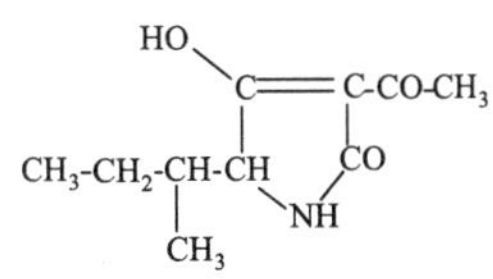

tenuazoic acid

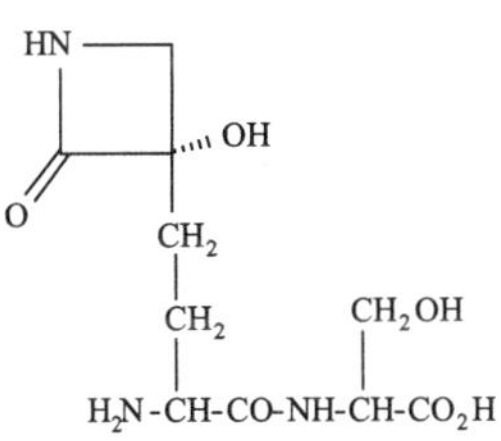

serine tabtoxin

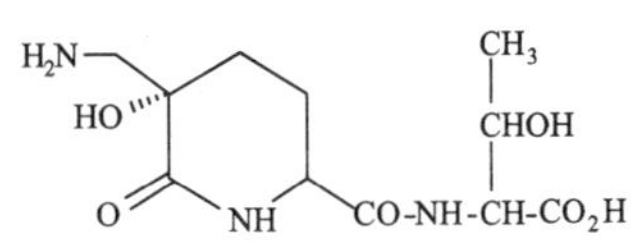

isotabtoxin

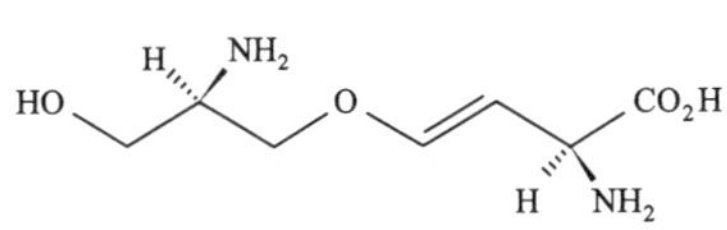

rhizobitoxin

다[7]. 전자는 금속이온의 킬레이트화 반응, 후자는 투수성에 관여한다.

Cyanogenic glycosides

Cyanogenic glycosides는 여러 단백질과 한 개의 비단백질 아미노산(2-Cyclopentyl-L-glycine)으로 부터 유도된다. 그들이 발생하는 식물이 피해를 보게 되면 이들 물질은 보통 글리코사이드 가수분해효소에 의해 분해되어 글루코스, 알데하이드, 케톤, 사이안화수소로 전환된다.

시아노제닉 글리코사이드 혹은 그들의 분해 산물은 이식을 하면서 생기는 문제

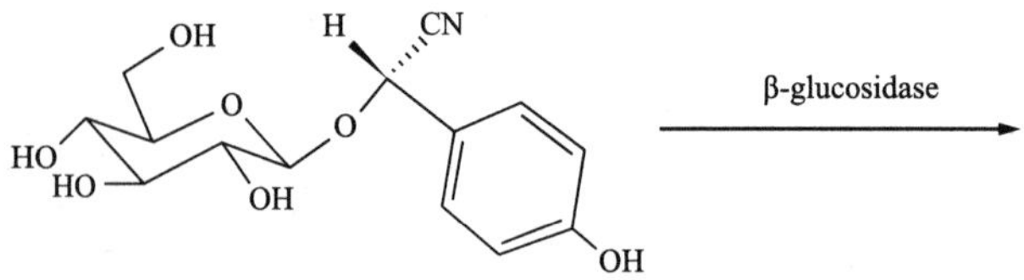

dhurrin

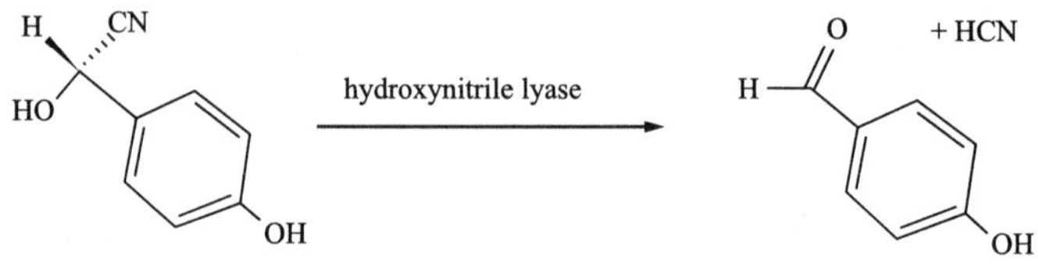

4-hydroxymandelonitrile

에 관여되어 있을 것으로 생각해왔다[43]. 수수는 많은 경쟁 종들의 생육을 다소 강하게 억제한다. 이 식물은 cyanogenic glycoside dhurrin을 가지고 있다[18]. Prunasin이라는 다른 화합물은 살구(*Prunus*) 종의 식물에 흔히 존재한다. 비록 시안화물 및 다른 생리활성 물질이 *Sorghum* 종의 타감작용에 관여하고 살구 및 다른 과일로 과수원을 재구성할 때 어려움을 주는 것으로 제안되어 왔지만, 실제로는 알데하이드(benzaldehyde or *p*-hydroxybenzaldehyde)가 적극적으로 관여하는 것일 수도 있다. 이들 문제는 cyanogenic 화합물이 아니라 타감작용 박테리아의 존재에 의해 나온 결과로 볼 수 있다[41]. 다른 연구자들은 축합형 탄닌으로 생겨났다고 제안해왔다[40]. 수수의 경우에, 대부분의 타감작용은 Sorgoleone에 기인했을 확률이 높다.

Glucosinolates

Glucosinolates는 다양한 단백질 아미노산으로부터 유도된다. 그들 중 많은 수는 종자발아 및 식물성장에 대하여 억제 효과를 나타내는 것이 입증되었다. 실제로 이러한 활성은 종종 글루코사이드의 분해를 통해 나온 isothiocyanate, thiocyanate, 그리고 nitrile에 기인한다. 이 화합물들은 Brassicaceae(Cruciferae)에 흔히 존재하기 때문에, 이 군에 속하는 많은 식물들이 타감작용을 한다.

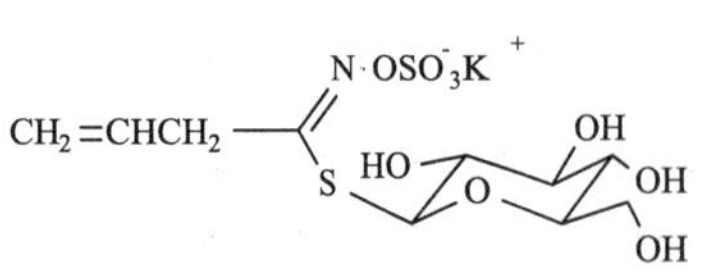

sinigrin

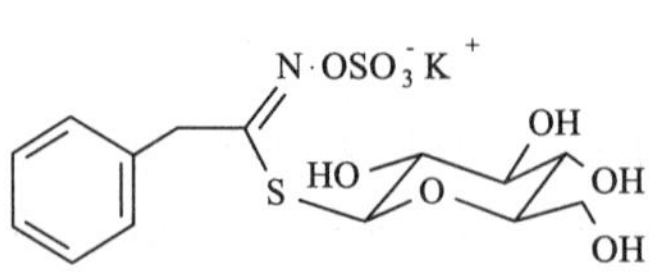

glucotropaeolin
benzylglucosinolate

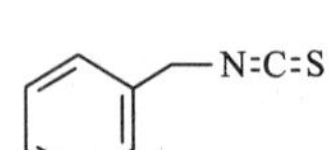

benzyl isothiocyanate
from glucotropaeolin

Rorippa indica 로부터 추출한 ethyl acetate 에는 isothiocyanates hirsutin, arabin, camelinin, 그리고 여러 글루코시놀레이트가 있다 . 이 화합물들은 0.01mM 혹은 그 이상의 농도에서 상추 (*Lactuca sativa*) 배축과 뿌리의 성장을 강하게 억제한다 [44].

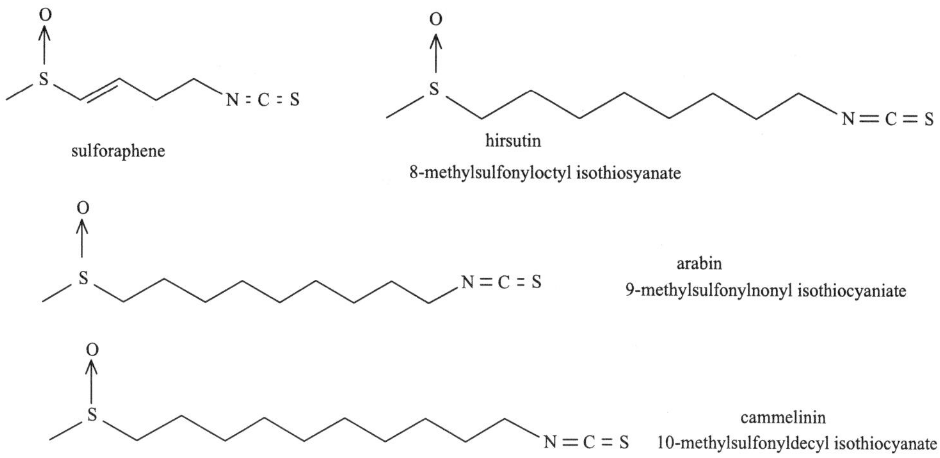

유채씨(*Brassica napus*)는 allyl isothiocyanate로 분해되는 글루코시놀레이트를 분비한다. Allyl isothiocyanate는 강한 항생물질의 특성을 갖는 것으로 알려졌다[45]. Allyl isothiocyanate를 생산하는 유채는 경쟁상대인 알팔파(*Medicago sativa*)의 성장을 억제한다. 순무(*Brassica rapa*)에서 나온 isothiocyanate가 잡초종의 종자발아를 억제하는 것도 보고되었다[46]. 배추과 식물의 물질을 기름과 섞음으로써 다양한 식물의 해충을 억제할 수 있다. 겨울철 유채씨가 함입되면 isothiocyanate 농도가 증가되고 이에 따라 벌레 개체수는 감소되었다[47].

Terpene

Terpene은 모든 식물 및 균류에서 가장 거대한 2차 대사산물이다. 모든 terpene은 두 개의 주요 중간체인 isopentenyl pyrophosphate(혹은 isopentenyl diphosphate, IPP) 또는 dimethylallyl pyrophosphate(혹은 dimethylallyl diphosphate, DMAPP)로부터 유도된다.

비록 IPP나 DMAPP는 하나의 전구물질(mevalonic acid, MVA)로부터 유도된다고 생각되어 왔지만, monoterpenes, 디테르펜, 테트라테르펜, 카로티노이드로 이어지는 식물 생합성 시스템에서의 IPP와 DMAPP가 식물 세포 내의 색소체와 관련된 다른 일련의 전구물질들로부터 유도된다는 것이 분명하게 되었다. MVA가 모든 종류의 terpene 형성에 관여하는 균류의 경우에서는 나타나지 않는다.

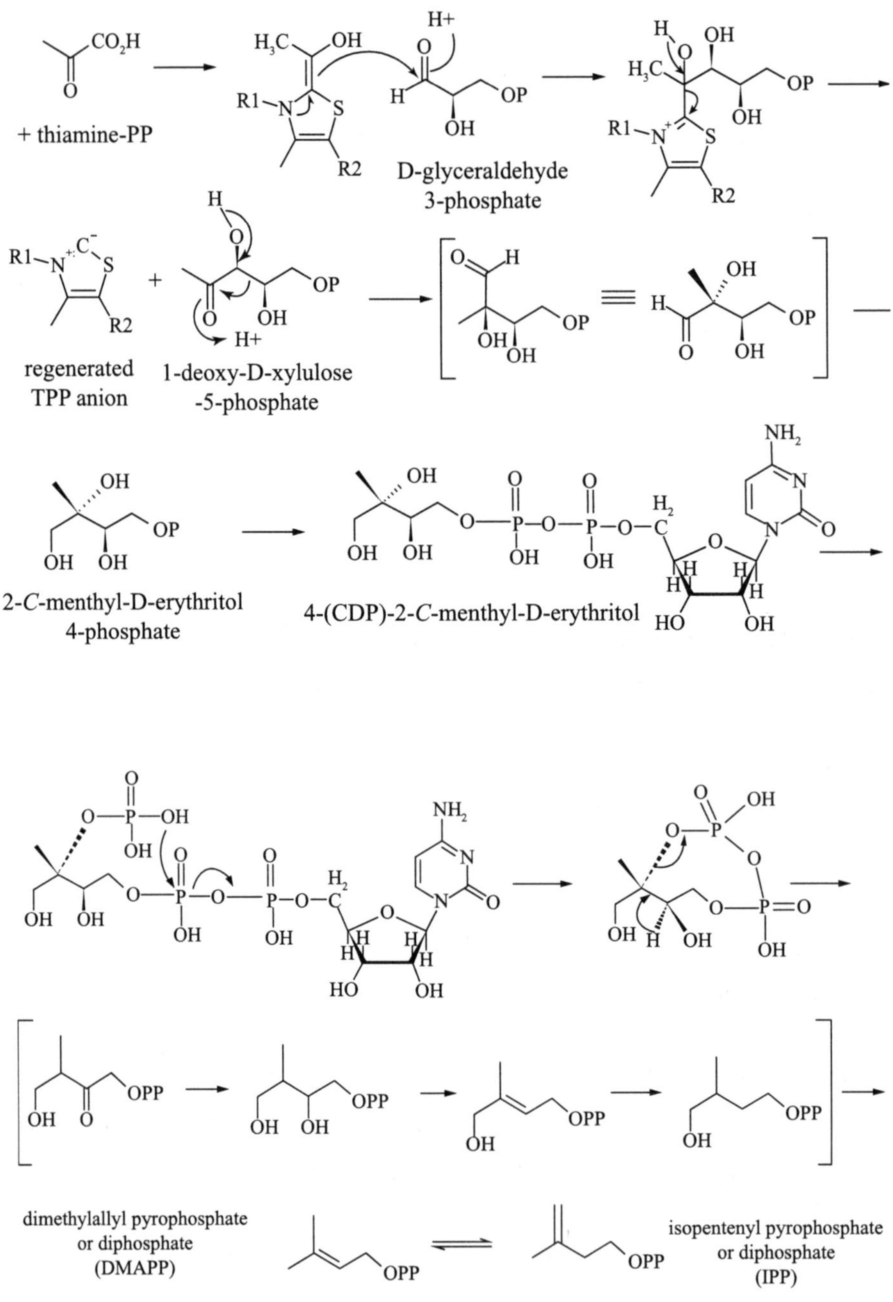

DOXP로부터 유도된 Terpenes

DOXP 경로의 발견으로 전구물질의 분류가 가능해졌고 식물 및 식물군 내에서의 terpenes이 분포하고 있다는 것이 분명해졌다. 색소체와 관련된 DOXP 경로에서의 IPP와 DMAPP는 monoterpenes, diterpenes, tetraterpenes의 형성에 관여한다.

Hemiterpenes

DMAPP의 한 단위체를 포함하는 작은 화합물군 혹은 IPP, hemiterpenes의 기원은 아직 잘 정립되지 않았다. 이들 화합물들은 생체활성을 가지며 곤충의 일반적인 발육에도 많이 관여 한다[7].

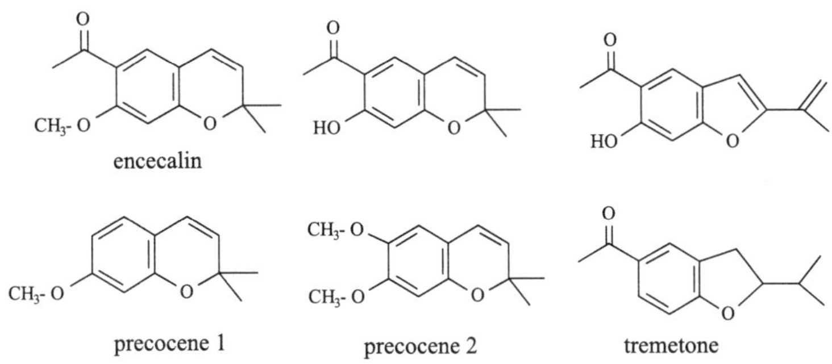

Monoterpenes

많은 monoterpenes은 식물독성를 가지며, 다양한 monoterpenes이 제초제의 기본 구조로 제안되어 왔다[48]. 상대적으로 높은 농도의 1,8-cineole은 분리한 세포 소기관인 미토콘드리아의 호흡을 저해한다. 1,8-cineole은 체세포분열의 모든 단계를 억제한다. 또한, 1,4-와 1,8-cineole은 강력한 생장 억제제이다. 1,4-cineole의 공격대상은 아스파라긴 합성효소로 알려져 있다. Camphore 또한 체세포분열과 호흡에 1,8-cineole과 유사한 영향을 미친다[48]. 많은 휘발성 monoterpenes은 종자발아를 억제시킨다. 이들 물질은 또한 묘목과 뿌리의 성장도 억제시킨다[7, 11]. 캘리포니아 수풀과 플로리다 관목, 그리고 *Eucalyptus* 관련 종에 대하여 monoterpenes에 관해서 많은 연구가 수행되었다. 이 화합물들이 휘발성을 갖으면서도 충분히 물에 잘 녹을 수 있다. 특히 ursolic acid가 존재했을 때, 더욱 효과적이다[49]. *Salvia leucophylla*에 대하여 가장 효율적으로 작용하는 독소는 α-pinene, β-pinene, camphene이다. Artemisia californica에 대하여 잘 작용하는 독소는 1,8-cineole과 camphor이다. Cineole과 α-pinene가 *Eucalyptus camaldulensis*에 대하여 가장 효과적이라는 사실이 입증되었다[7].

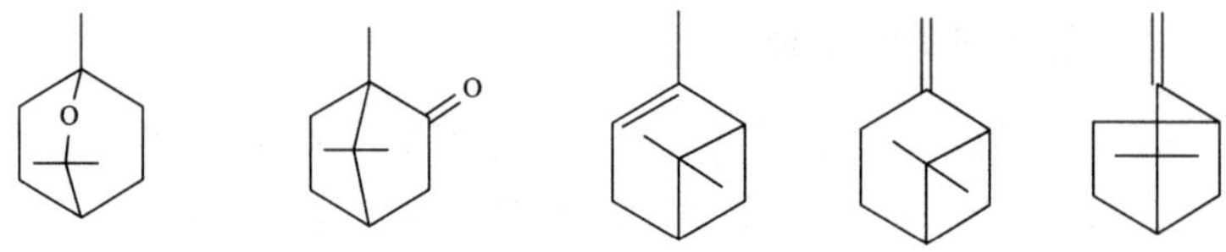

1,8-cinecole camphor α-pinene β-pinene camphene

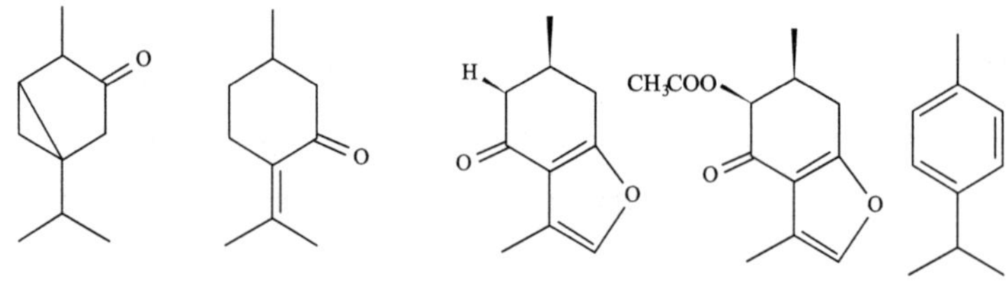

thujone (+)-pulegone epievodone caliminthone p-cymene

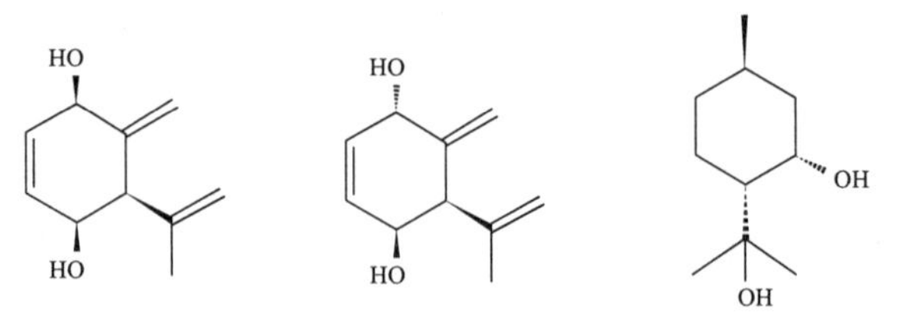

piquerol A piquerol B p-menthane-3,8-cis-diol

Iridoid monoterpenes

더 나아가, monoterpene으로부터 유도된 인돌 알칼로이드의 전구체인 secologanin은 DOXP 경로로부터 유도된다는 것이 입증되었다[50]. 이 발견으로 인해 대부분의 다른 iridoid monoterpenes도 이와 같은 경로를 통해 기원하였다는 것을 알게 되었다.

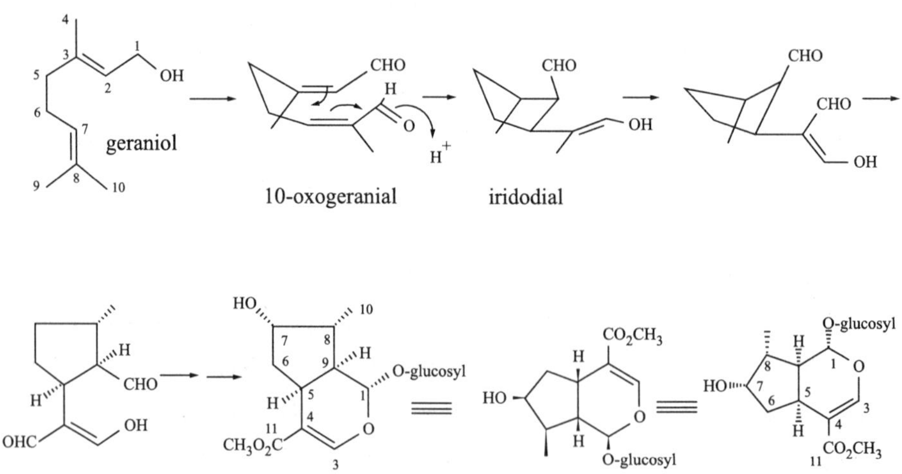

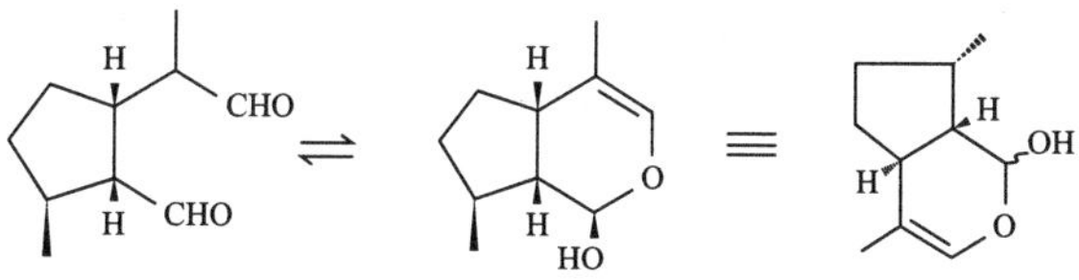

iridodial

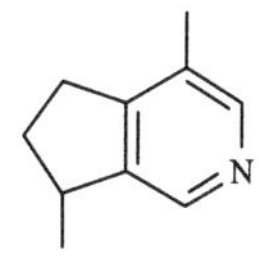

actinidine

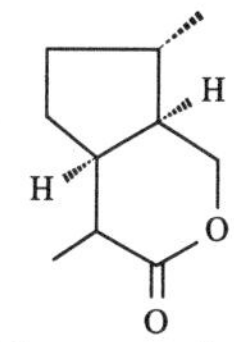

iridomyrmecin

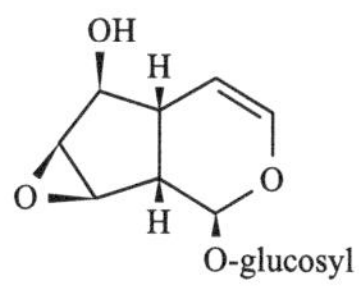

unedoside

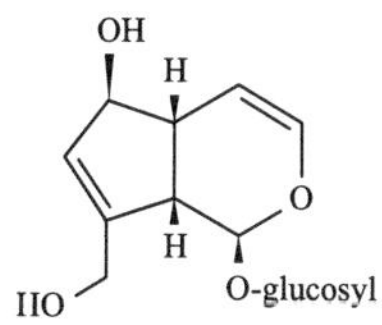

aucubin

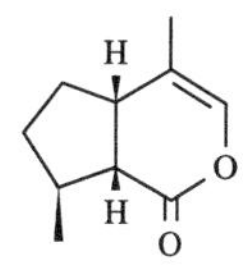

nepetalactone

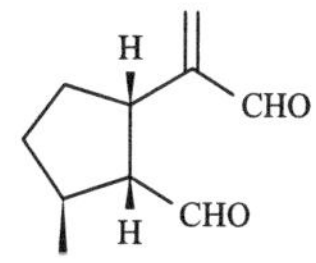

dolichodial

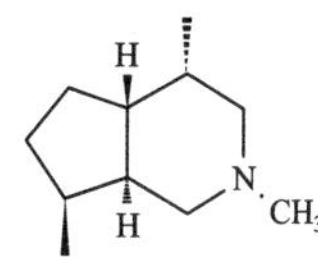

β-skytanthine

디테르펜

*Viguera tucumanensis*에서 나오는 디테르펜 clerodane은 *Sorghum halepense*와 *Chenopodium album*의 발아와 뿌리의 성장을 억제시킨다[51]. 다양한 디테르펜들은, 주로 *Potomageton natans*와 *Ruppia maritima*의 유도체인 *ent*-labdane은 다양한 동물에 독성을 보이고 또한 조류인 *Selenastrum capricornutum*에까지 독성을 보이는 것으로 나타났다[52]. Potomagetonin은 이들 중에서 가장 활성을 보이는 것으로 입증되었다. 담뱃잎의 duvatrienediol은 잡초인 *Echinocloa crusgalli*에 대하여 강한 식물 독성을 보였다[48].

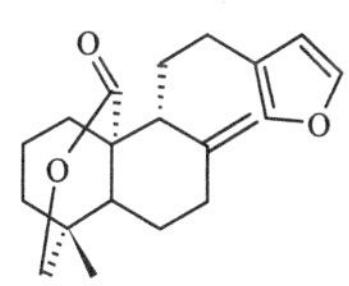

potomagetonin

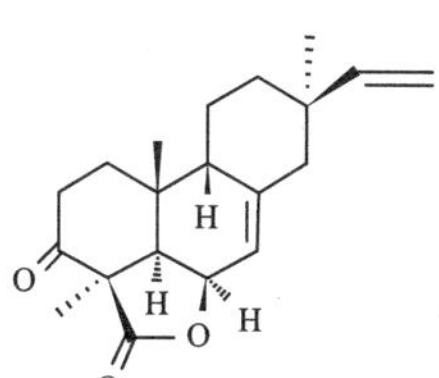

momilactone A

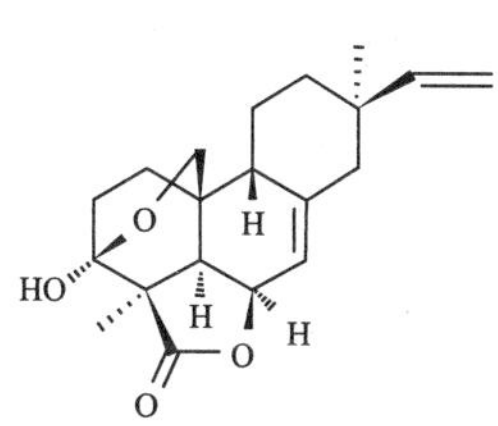

momilactone B

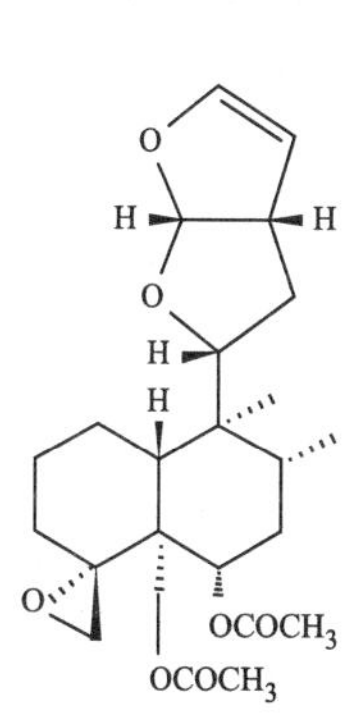

clerodin

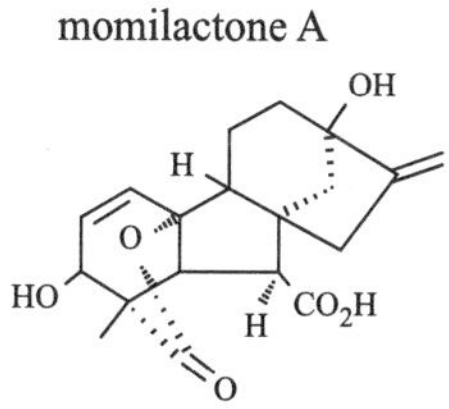

gibberellic acid A_3

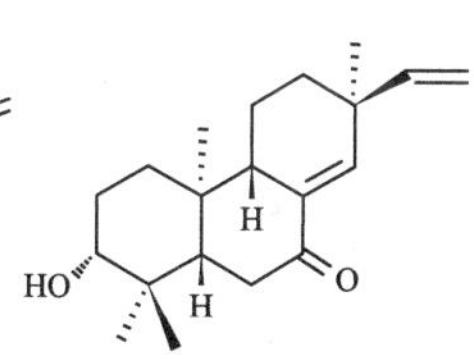

oryzalexin A

Gibberellin은 디테르펜 경로로부터 유도된다. 이들 식물 호르몬은 다양한 과정을 거친다. 그들은 잎과 열매의 노화를 지연시키고 종자의 발아를 촉진한다. 여러 균류들도 이러한 화합물을 만들어낼 수 있다[6].

테트라테르펜 혹은 카로티노이드

식물 호르몬인 abscisic acid는 많은 식물의 휴면에 관여하며 카로티노이드 경로로부터 유도되었다. 이들 화합물은 다양한 균류의 sesquiterpene으로 생산된다[7].

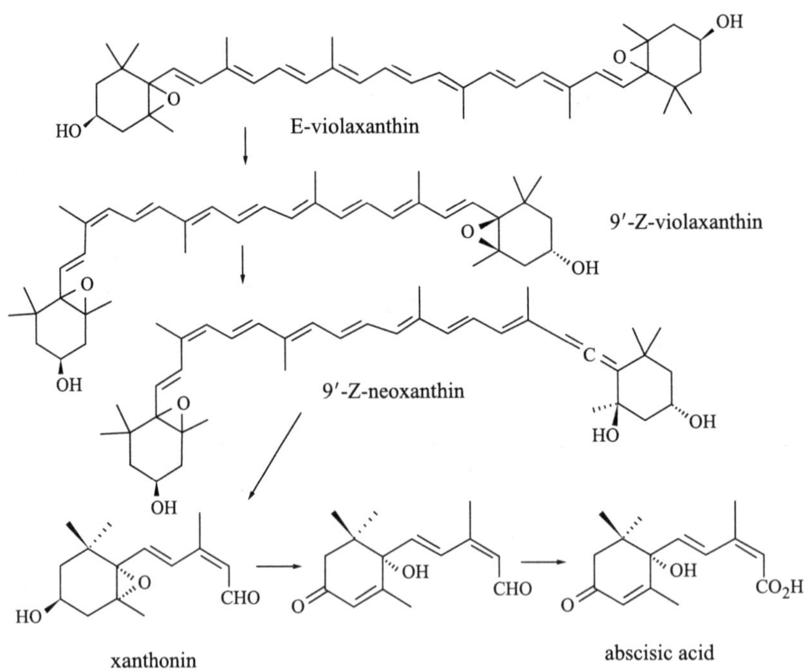

Mevalonic acid으로부터 유도된 terpene

다른 terpene군의 IPP와 DMAPP 전구물질, sesquiterpenes, 트리테르펜, 스테로이드, 이들의 배당체, Rutaceae, Meliaceae, Simaroubaceae에서 주로 발견되는 여러 트리테르펜, 그리고 폴리테르펜은 식물에서 메발론산으로부터 유도된다. 또한 이들의 합성은 세포질과 관련되어 있으며 특히 소포체와 관련이 있다.

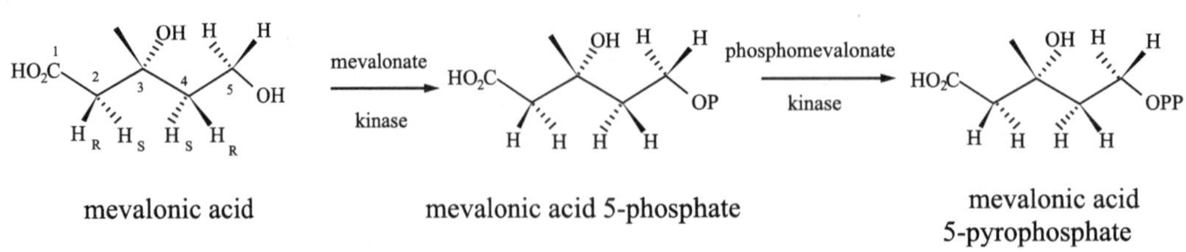

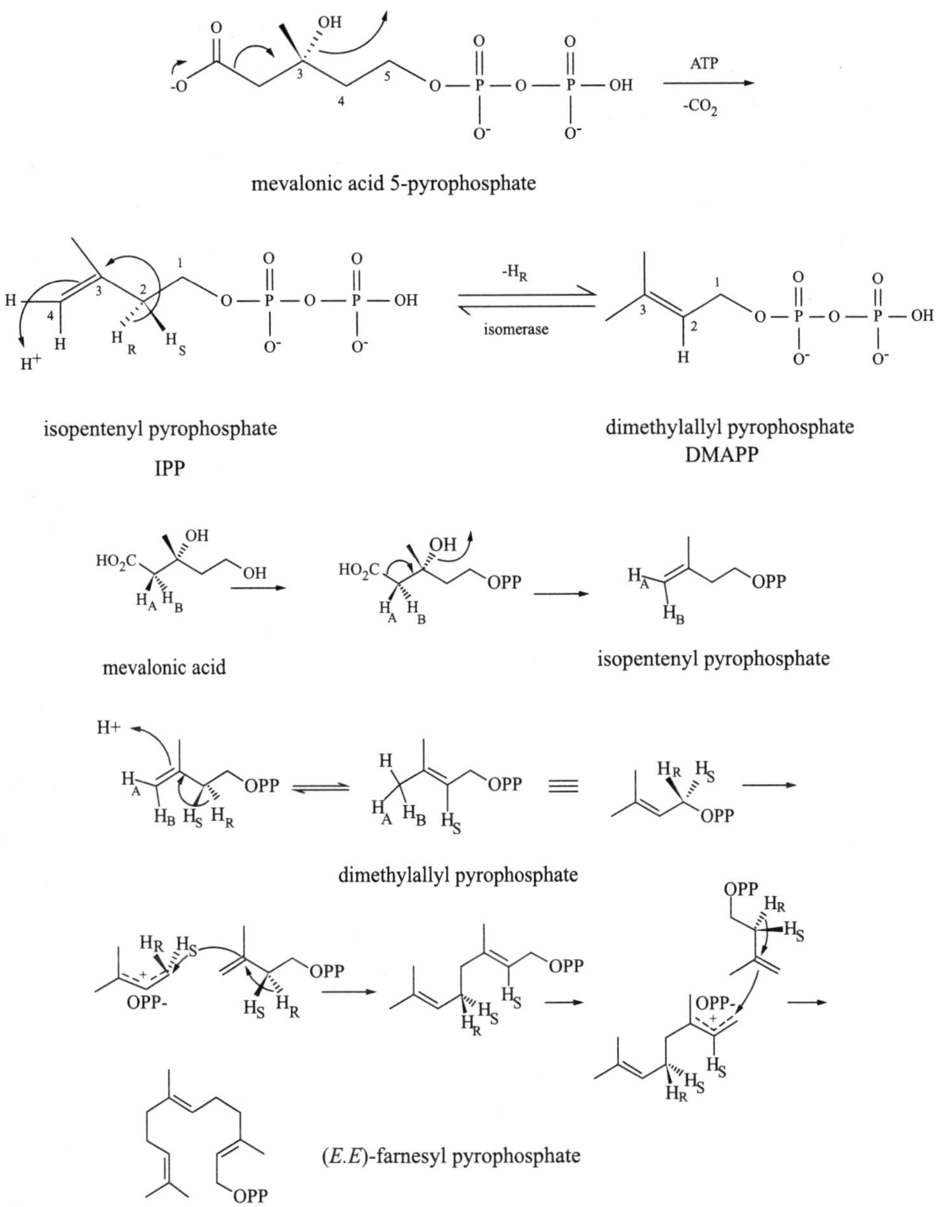

Sesquiterpenes

Sesquiterpenes은 가장 많은 2차 대사산물 중 하나이다. 이 화합물들은 아마도 모든 식물과, 대부분의 균류, 그리고 많은 동물에서 발생한다[7]. 이들 화합물은 종종 생리활성을 가진다[48]. *Callicarpa japonica*의 정유(essential oil)를 이루는 주요 구성물질이 바로 sesquiterpenes이다. 이 기름은 겨이삭과 상추 종자에 대하여 식물독성을 보인다[53]. 비록 식물독성이 이들 화합물의 영향으로 확신하기 어렵지만, sesquiterpenes이 성장을 억제한다는 것은 의심할 여지가 없다. *Ambrosia* *artemisiifolia*의 β-bisabolene, α-guaiene, α-bulnesene, β-patchoulin, 그리고 bergamotene을 혼합하여 만든 혼합물은 양파, 귀리, 호밀, *Amaranthus palmeri* 종자의 발아를 강하게 억제시켰다[64].

Helianthus annuus 및 해양 물질에서 나온 sesquiterpenes군인 heliannane은 분명한 식물독성 효과를 보인다[55]. 놀랍게도 이 화합물군은 오직 한 가지 근원으로부터 온다고 알려져 있는데, 바로 해바라기 품종이다. 이중에서 (−)-helliannuol A는 가장 높은 활성을 나타내었다.

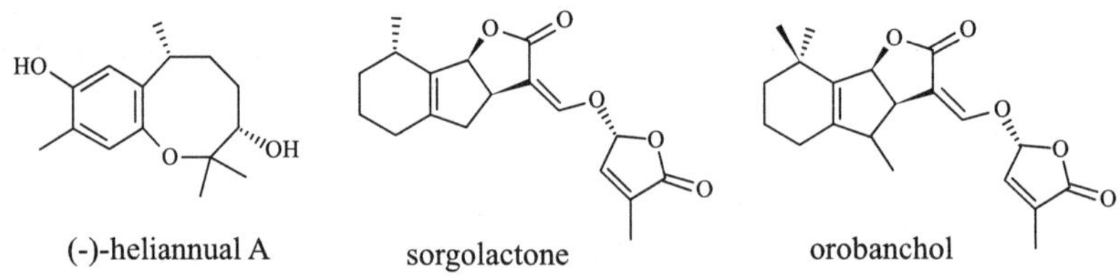

(-)-heliannual A　　sorgolactone　　orobanchol

뿌리기생 잡초인 *Striga*와 *Orobanche*의 첫 발아 촉진제였던 strigol은 목화(*Gossypium hirsutum*)로부터 분리되었다. 그 이후로 sorgholactone, orobanchol과 같은 유사 화합물이 기생충들의 숙주식물로부터 분리되었다[17].

다양한 테르페노이드 화합물이 진균 생식체 유인물질로서 사용된다. sesquiterpene sirenin은 *Allomyces macrogynus*의 웅성배우자를 배우자낭으로 유인하는데에 관여한다[7]. 비록 고등식물의 tetraterpenoids로부터 유도된 abscisic acid는 메발론산으로부터 형성되긴 하지만, 균류에서 나오는 세스퀴테르페노이드이기도 하다. 이 식물 호르몬은 강력한 생물학적 작용을 하며, 많은 식물들의 생육에 관여하며[7], 다양한 sesquiterpenes lactone 또한 *Striga asiatica* 종자의 발아를 유도할 수 있다. Germacranolide dihydroparthenolide와 eudesmanolides reynosin, santamarin은 특히 높은 활성을 보였다[17]. *Artemisia annua*로부터 생성된 artemisnin은 높은 활성을 가진 히드로과산화물(hydroperoxide)이다[48]. 항말라리아제로 잘 알려진 이 화합물은 *Lemna minor*의 호흡을 억제하고 양파 근단의 유사분열 과정을 억제시킨다.

Sesquiterpenes lactone을 생산하는 많은 식물들은 타감작용 특성을 보인다. 이들 화합물은 대부분 흔히 Asteraceae에 존재한다[7]. *Parthenium hysterophorus*의 parthenin과 coronopolin은 다양한 농작물에 영향을 끼친다. *Artemisia*의 arbusculin-A는 식물에게 다양한 타감작용 효과를 주는 것으로 보인다. Asteraceae의 다양한 종에서 생성된 alantolactone은 종자발아와 *Amaranthus retroflexus*, *Chenopodium strictum* var. *glaucophyllum*와 같은 흔한 잡초종의 성장을 억제시킨다[56]. Sesquiterpenes lactones burrodin, confertiflorin, desacetylconfertiflorin, dihydroparthenolide, parthenin, 7α-hydroxy-3-desoxyzaluzanin C는 16종의 쌍떡잎

종과 9종의 외떡잎종의 종자발아를 억제시키거나 반대로 촉진시키기도 한다[54).]

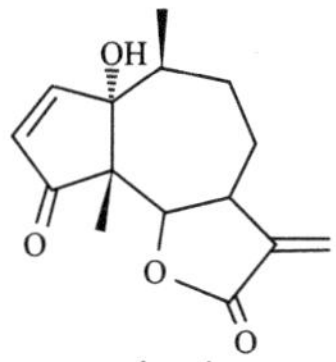
parthenin

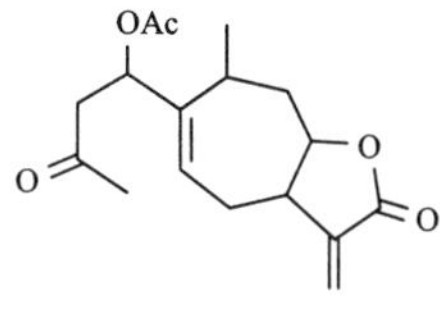
xanthinin

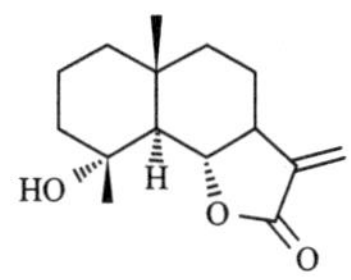
arbusculin-A

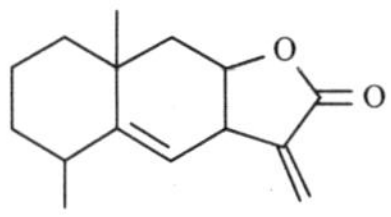
alantolactone

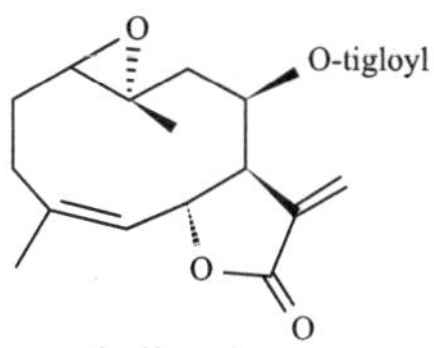
heliangin

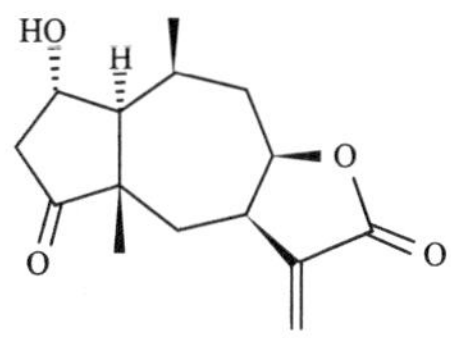
burrodin

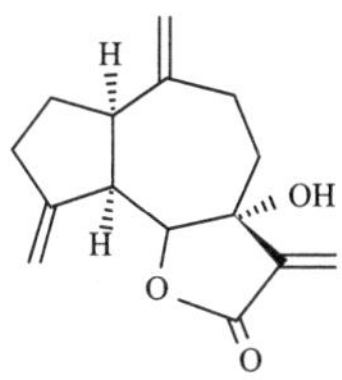
7α-hydroxy-3-desoxvzaluzanin C

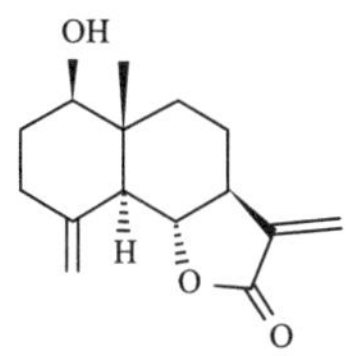
reynosin

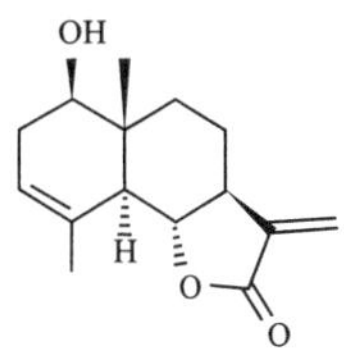
santamarin

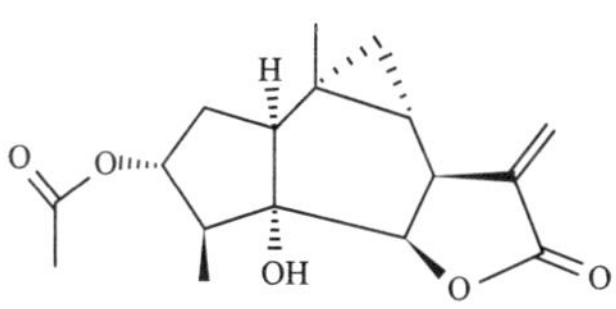
axivalin

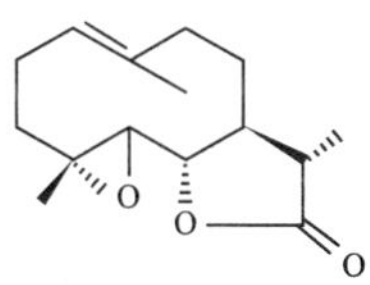
dihydroparthenolide

Triterpenes와 steroids

대부분의 triterpenes은 높은 식물독성을 보이지 않지만 몇몇 경우에서는 다른 생리활성 물질을 녹이는 역할을 한다. 타감작용성 monoterpenes은 휘발성이나 물에 충분히 잘 녹으며 특히 ursolic acid가 존재할 경우 효과적으로 타감작용을 발휘한다[49)].

스테롤은 식물 막에 흔히 존재하는 화합물이다[6)]. Brassinosteroid는 모든 식물에서 발견되나 미생물에서는 발견되지 않으며 40 종 이상이 알려져 있다. 이들 화합물은 화분관의 신장, 절간 신장, 잎 말림 방지, 풀잎의 구부러짐 등에 관여하며 생장조절제로서 역할을 한다[6)]. 그들은 campesterol로부터 유도된다. Antheridiol과

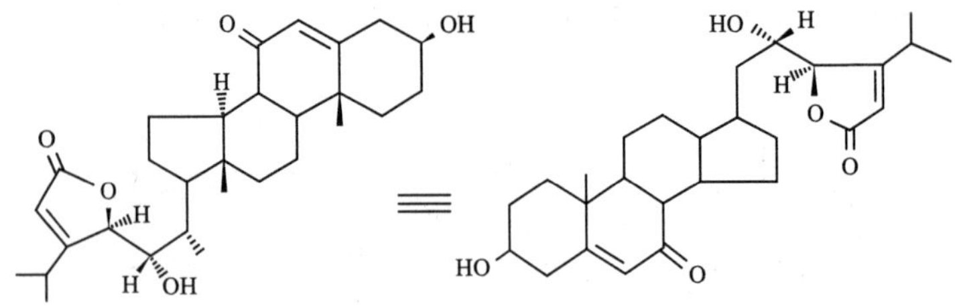

antheridiol

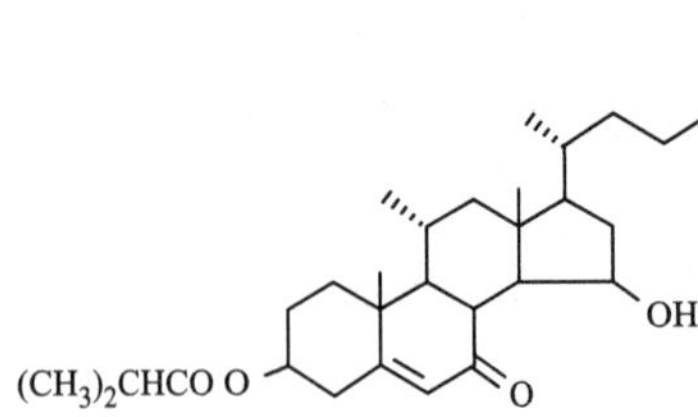

oogoniol-1

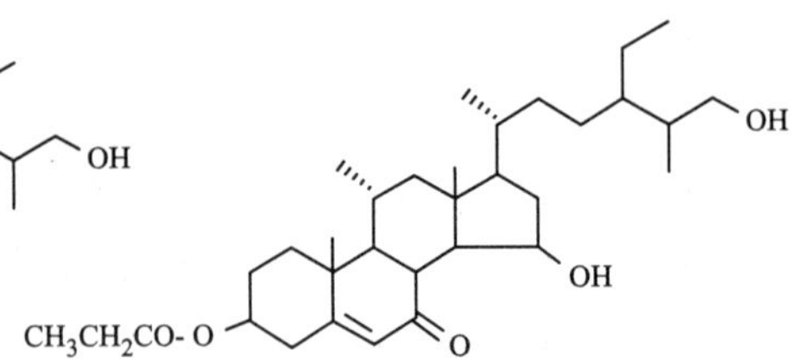

oogoniol-2

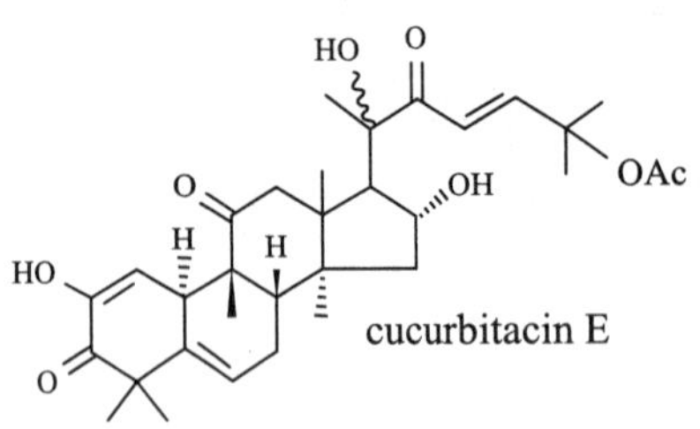

cucurbitacin E

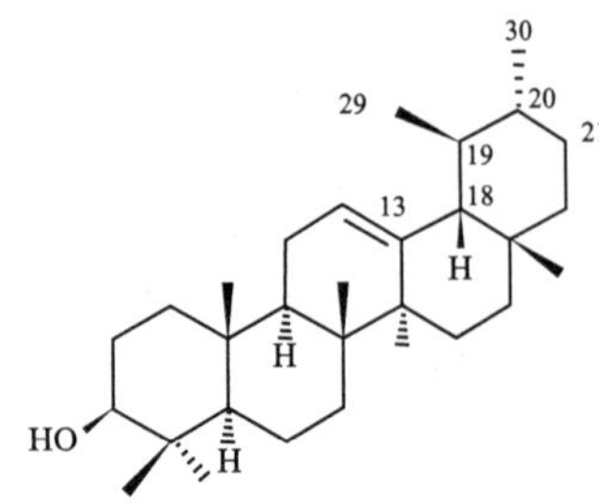

ursolic acid

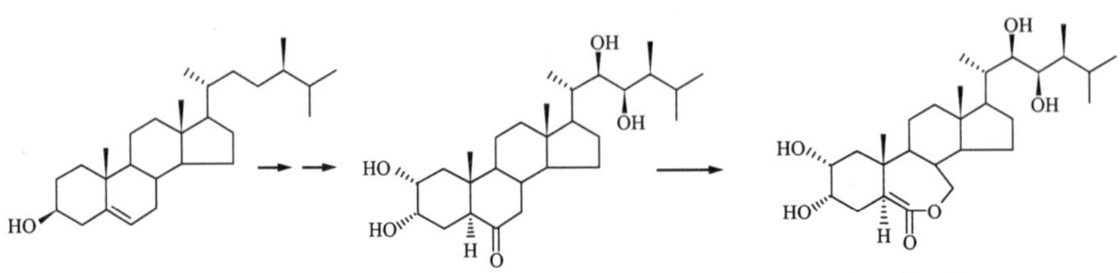

campesterol castasterone brassinolide

oogoniol은 Achlya 균류의 생식체 유인물질을 이루는 화합물이다[7].

Tetranortriterpenoids와 decanortriterpenoids

Tetranortriterpenoids와 decanortriterpenoids는 Rutaceae, Cneoraceae, Meliaceae, 그리고 Simaroubaceae와 유사종의 식물에서 발생된다. 이들 화합물중 대부분이 곤충에 대해 섭식저해 효과를 보이며 다양한 항말라리아 효과을 보인다. 이중 다양한 종이 타감작용성을 보인다. 그들 중 하나인 *Ailanthus altissima*, Simaroubaceae는 다양한 지역에서 발견되는 잡초다. 이 종에서 가장 강력한 식물독성 화합물은

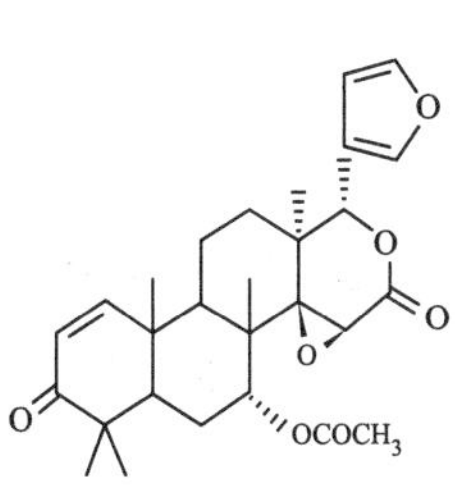

gedunin

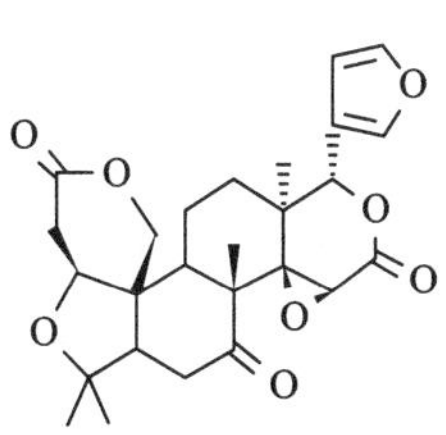

limonin

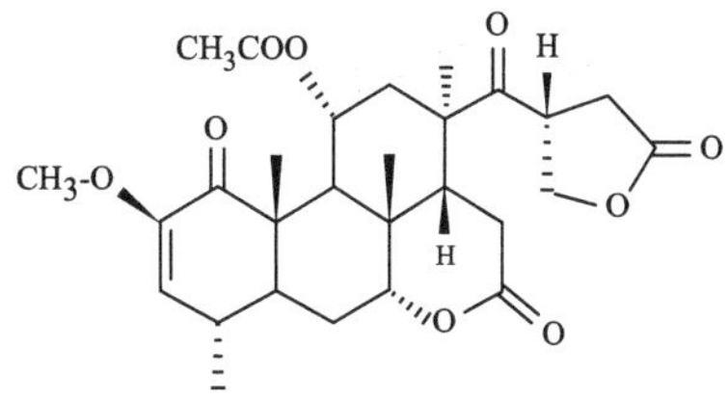

simarolide

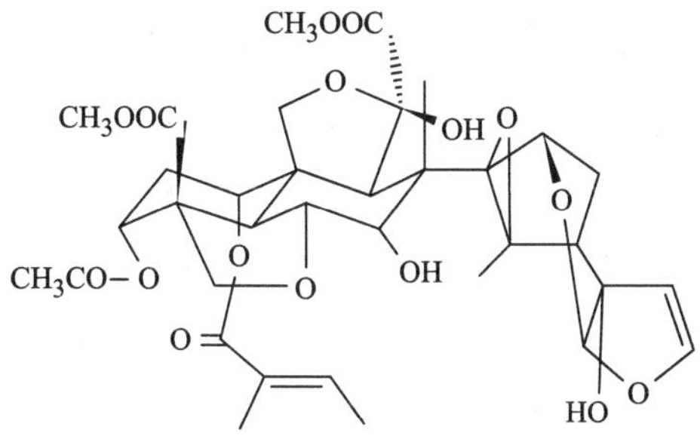

azadirachtin

quassinoid ailanthone이다[57].

Saponins

Saponins은 당사슬과 함께 다양한 카복실, 카보닐, 하이드록실기로 치환되어 있는 스테로이드 혹은 트리테르페노이드 화합물이다. 이들은 종종 막투과성의 변화 누출, 용혈과 관련이 있다. 이들 화합물은 식물에 폭넓게 존재한다. 몇몇 saponins은 종자의 발아와 뿌리, 어린싹의 발육을 촉진시키거나 억제시킨다[58]. Aglycones soyasapogenols B와 E는 기생식물 *Agalinus purpurea*의 흡수근 형성을 유도한다[58]. 소야사포게놀에 기초한 saponins은 밀의 성장을 촉진한다. 이들 화합물은 흔히 콩과(papilionoideae)에 관련된 많은 식물속에 존재한다.

타감작용에 관해 가장 폭넓게 연구된 saponins은 알팔파에 존재한다. 알팔파(*Medicago sativa*)의 saponins은 다양한 트리페노이드 핵에 기초한 적어도 30개의 글리코사이드로 구성되어 있다[58, 59]. 알팔파 뿌리에는 4~5% 이상의 saponins이 포함되어 있다. 이들 saponins은 mono-, bi-, tridesmoside로 구성되어 있으며 2~7개의 당분자가 붙어있다. 이들 saponins은 많은 알팔파의 항영향적 측면과 관련이 있으며, 또한 자가독성과 타감작용과도 관련이 있을 것으로 보인다[58]. 같은 밭에서 목화와 알팔파가 같이 자랄 때, 목화의 생산량은 급격히 감소한다. 다른 연구에서, 알팔파 뿌리의 saponins은 목화에 독성을 나타내는 것으로 보였다. 최소 10 ppm의 농도에서 알팔파 saponins은 돌피(*Echinocloa crusgalli*)와 귀리(*Bromus secalinus*)에 대해 독성을 갖는다. 그러나 토양 미생물은 알팔파 saponins을 빠르게 분해할 수 있다[58].

알칼로이드

알칼로이드군은 타감활성 면에서 완벽하게 조사되지 않았다. 그러나 많은 알칼로이드는 일련의 생물학적 검정을 통하여 이러한 연구에 적용될 수 있도록 평가되어왔다[60].

아민과 단순 알칼로이드, 폴리아민과 폴리아민 알칼로이드

아민과 단순 알칼로이드 중에 중요한 indole 3-acetic acid가 있다. 이 식물 호르몬 물질은 식물과 균류에 의해 각각 다른 경로를 통하여 생성된다. 보리밭에서 잡초가 잘 자라지 않는다는 점에서 보리의 hordenine과 gramine은 타감작용이 있다고 본다[7]. 실제 Gramine은 몇몇 식물들의 어린뿌리 성장을 억제한다[61]. 폴리아민은 상대적으로 간단하게 생합성된다. 이들 화합물은 식물세포에서 수없이 많은 기초적인 역할을 담당하는 것으로 보인다. 에틸렌 생산도 이에 포함된다. 폴리아민 알칼로이드 종류들도 이것들의 전구물질로부터 유도된다.

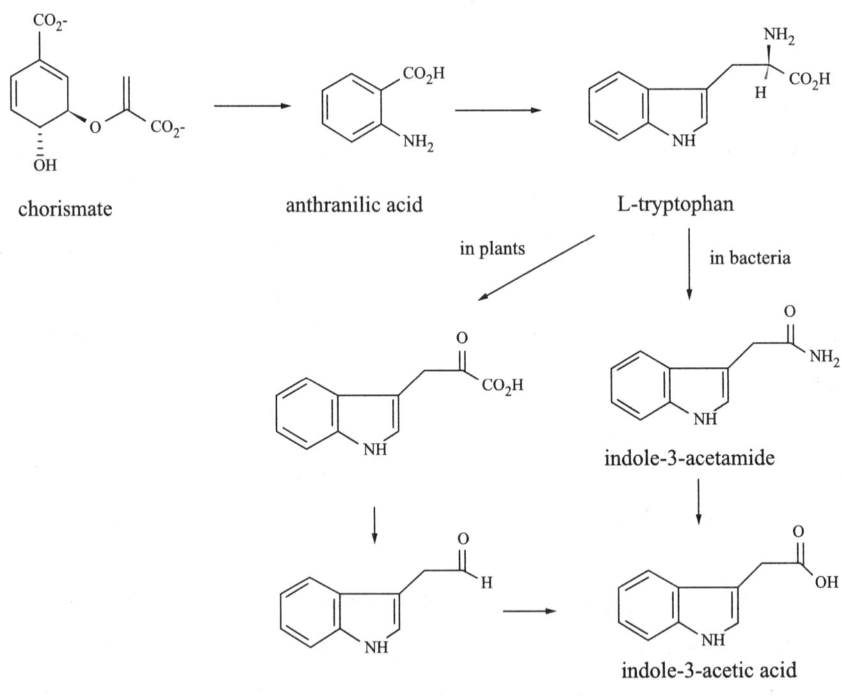

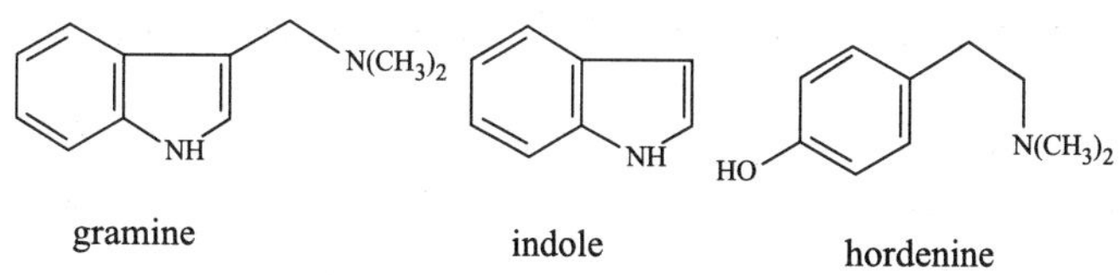

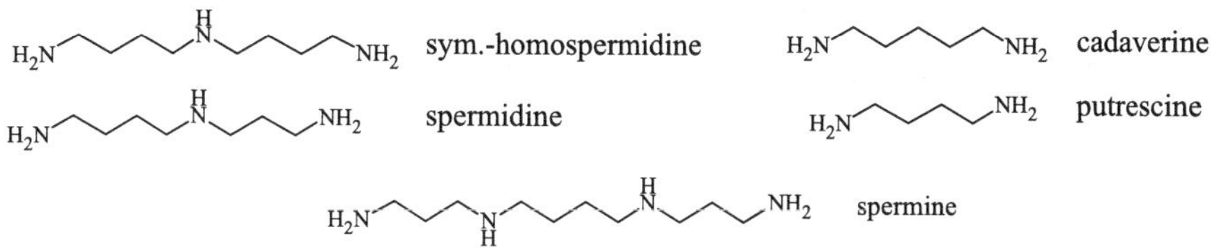

에틸렌은 비단백질 아미노산인 1-aminocyclopropane-1-carboxylic acid(ACC)로부터 유리되었는데, 이는 수많은 폴리아민으로 이어지는 동일한 일련의 경로를 통해 생성되었다[7].

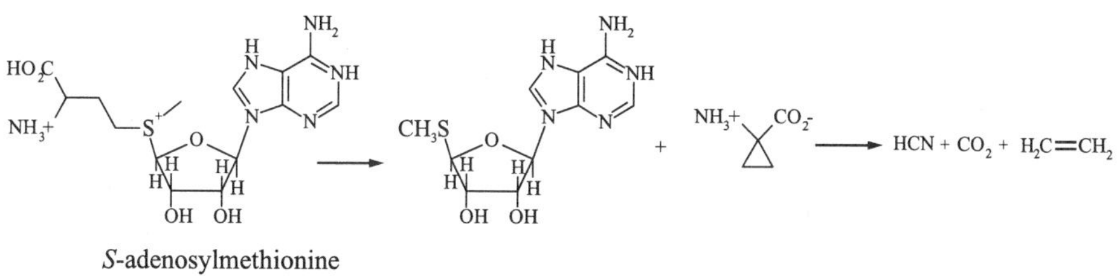

Pyridine 알칼로이드

Pyridine alkaloids인 nicotine은 *Lepidium*의 유근 성장을 억제하고 *Lemna*에 대해 독성이 있다[61]. 식물계에서 잘 알려진 trigonelline은 세포주기 중 G_2단계의 세포분열을 저지한다[7]. Salsoline은 단백질 합성을 약하게 억제한다[60].

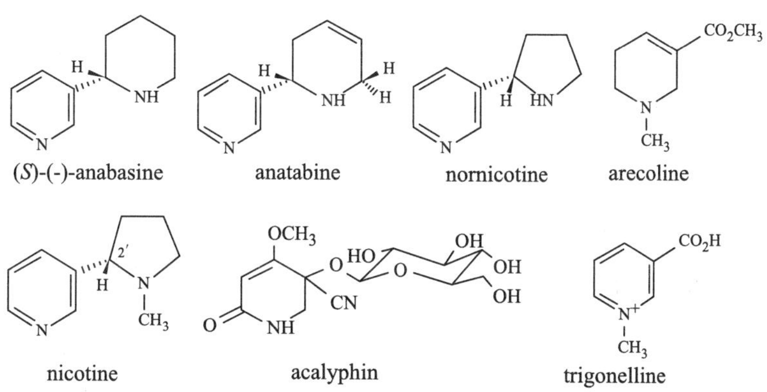

Pyrrolidine, piperidine 알칼로이드, tropane, pelletierine 알칼로이드

Pyrrolidine, piperidine 알칼로이드, tropane, pelletierine 알칼로이드는 전부 diamines putrescine 혹은 cadaverine으로부터 형성되었다. 피페리딘 알칼로이드인 fagomine은 메밀(*Fagopyrum esculentum*)로부터 분리된 타감작용성 알칼로이드 중 하나이다[62]. 이들 알칼로이드는 당 유사체이다. 이와 같은 많은 알칼로이드가 생각보다 훨씬 큰 생리활성도를 보인다[7]. 피페리딘 알칼로이드인 lobeline은 DNA 중합효소와 역전사효소의 활성, 그리고 단백질 합성을 억제한다[60].

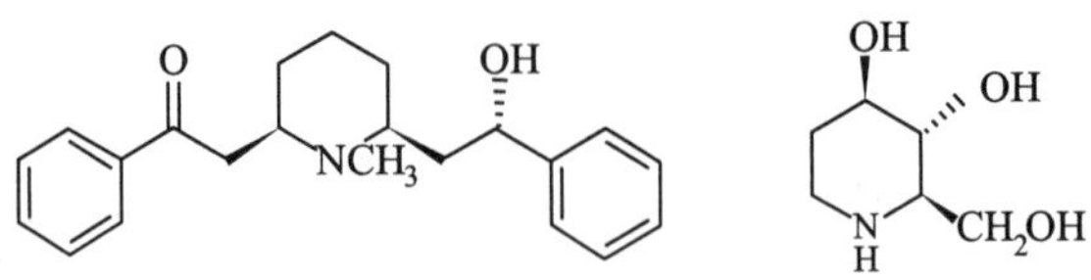

lobeline fagomine

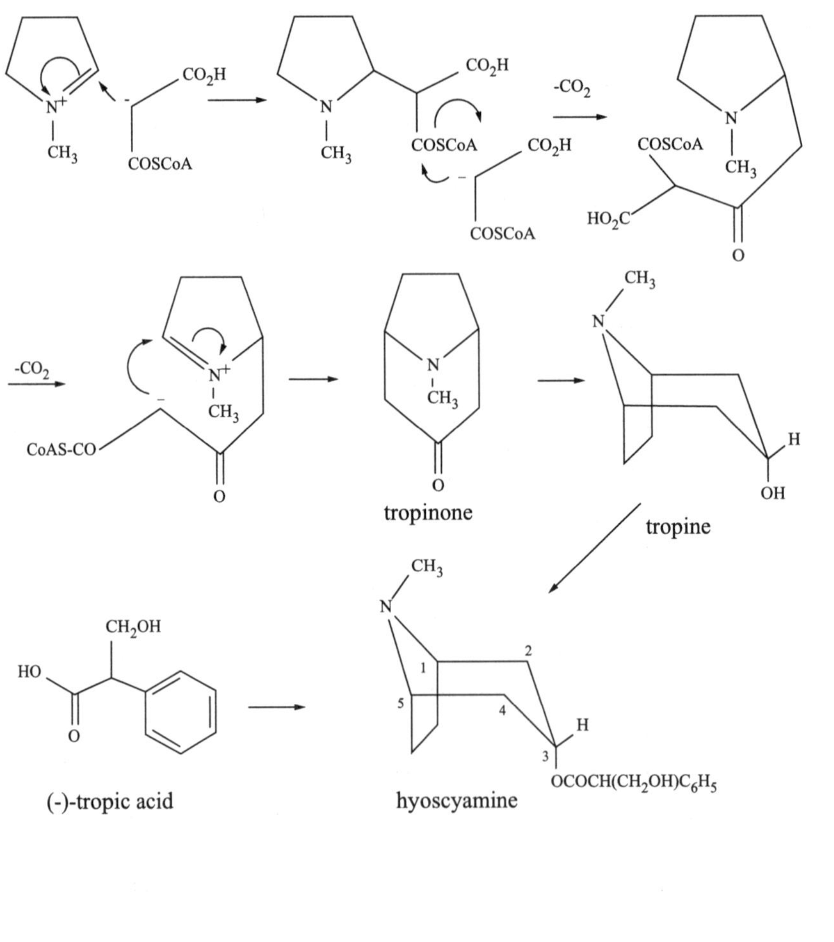

tropinone tropine

(-)-tropic acid hyoscyamine

Pyrrolizidine, quinolizidine, indolizidine 알칼로이드

Pyrrolizidine, quinolizidine, indolizidine 알칼로이드들은 식물에 제한되어 분포한다. 피롤리지딘 알칼로이드는 포유동물에 대해 간 독성을 보이고 많은 식물-곤충 간의 상호작용에도 관여한다. 이들 알칼로이드의 파생물은 특정 곤충들에게 최음제와 같이 작용한다. 이 화합물군의 타감작용에 대해서는 많이 보고되지 않았다. 인돌리지딘 알칼로이드 역시 오직 몇몇의 식물에서만 발견되었다. 그들은 대부분 *Astragalus*와 *Swainsona*와 같은 콩과 식물이었다. 이들 알칼로이드는 높은 생리활성을 가지고 있음에도 타감작용에 관련되지 않았다. 하지만 알칼로이드가 풍부하고 양이 적은 루핀을 조사해보면 퀴놀리지딘 알칼로이드가 자연환경에서 초식동물의 식이선호성을 제어하는 데에 중요한 요인이라는 것을 알게 되었다[63]. 퀴놀리지딘 알칼로이드는 특히 종자에 많았으며 전체 종자 무게의 8% 이상을 차지하였다. 이들 화합물은 또한 발아와 다른 식물의 성장을 억제할 수 있다[63].

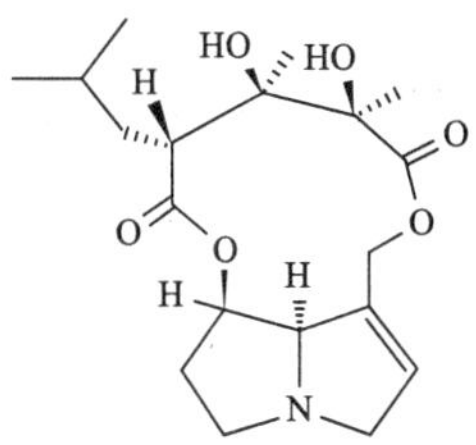
trichodesmine
(retronecine +
trichodesmic acid)

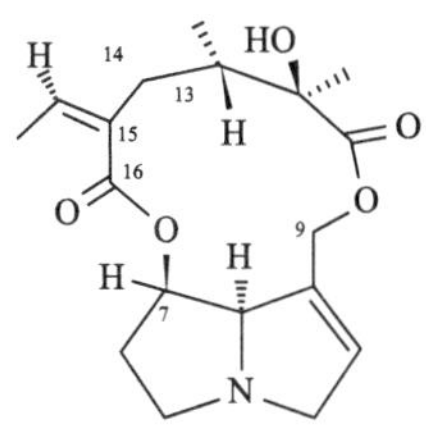
senecionine
(retronecine +
senecic acid)

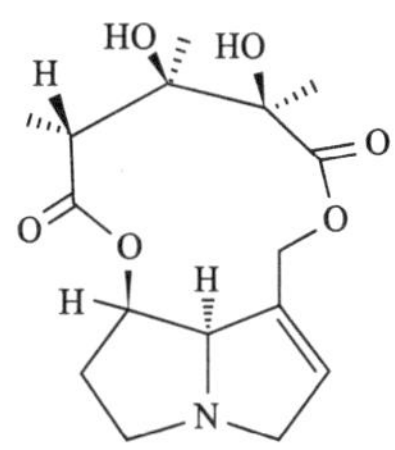
monocrotaline
(retronecine +
monocrotalic acid)

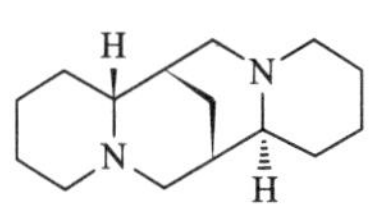
(-)-sparteine

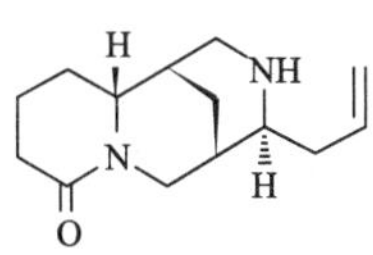
angustifoline

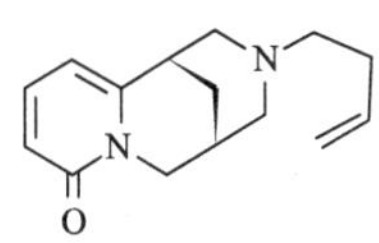
rhombifoline

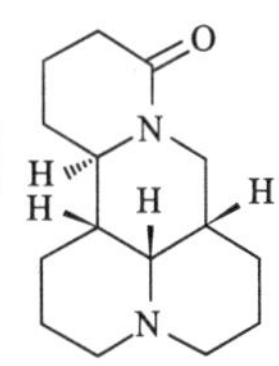
matrine

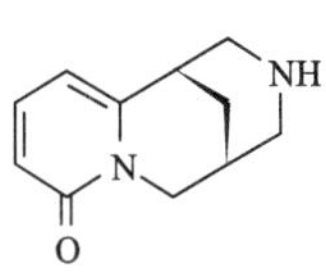
cytisine

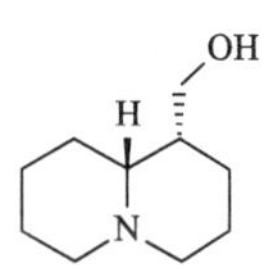
lupinine

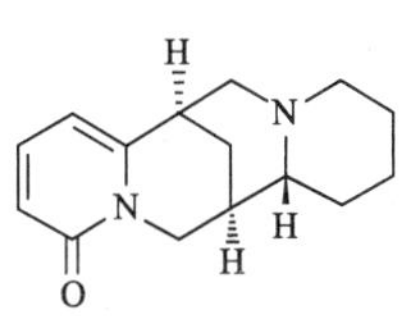
(-)-anagyrine

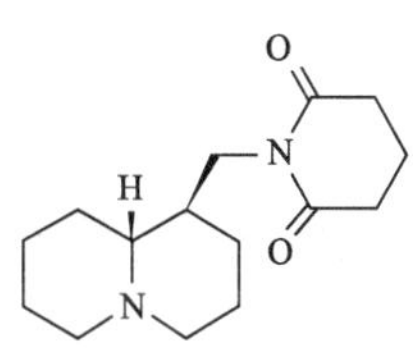
lamprobine

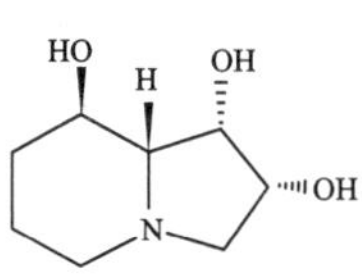
swainsonine

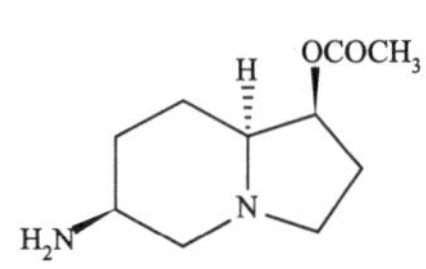
slaframine

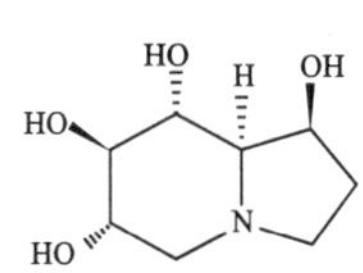
castanospermine

Anthranilic acid 알칼로이드

Anthranilic acid으로부터 유도된 알칼로이드는 루타(*Ruta graveolens*) 및 다른 Rutaceae 종에서 중요한 역할을 하나 다른 과에서는 흔히 발견되지 않는다. 이 중에서 타감작용과 관련되어 있을 화합물에는 arborine, rutacridone, skimminaine, 6-methoxydictamnine, γ-fagarine, 그리고 graveoline이 있다.

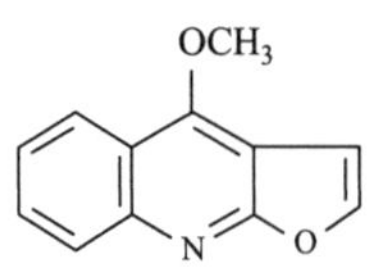

dictamnine

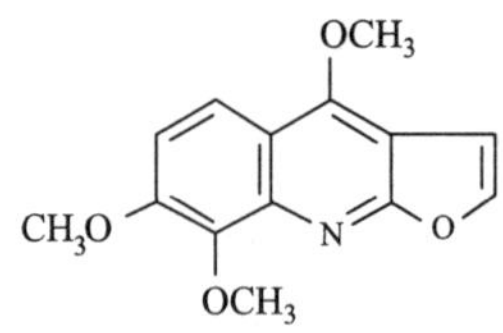

skimmianine

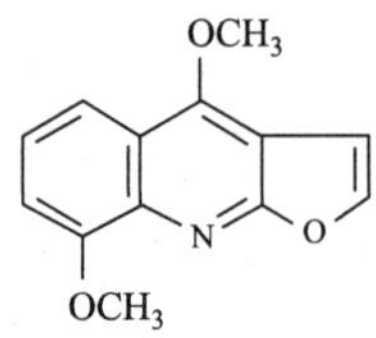

γ-fagarine

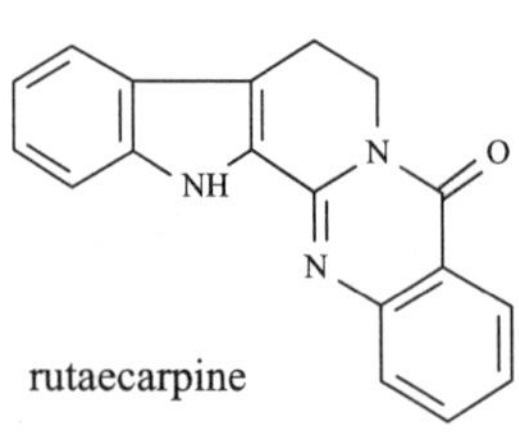

rutaecarpine

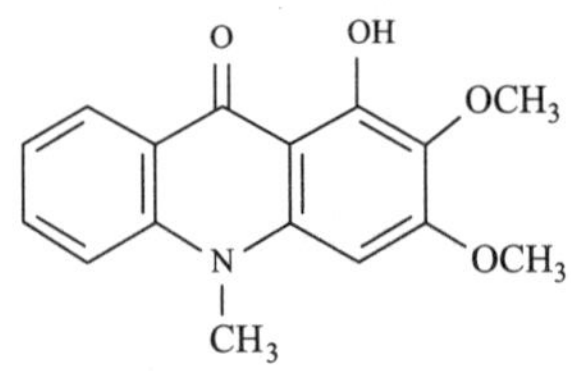

arborinine

Isoquinoline와 benzylisoquinoline 알칼로이드

Isoquinoline과 benzylisoquinoline 알칼로이드는 알칼로이드군 중에서 가장 중요하고 거대하다. Wink와 그의 동료에 의해 이 그룹의 몇몇 알칼로이드는 기본적인 대상 분자와 상호작용하는 것으로 밝혀졌다[60)]. Boldine, berbamine, berberine, sanguinarine은 DNA에 삽입된다. Sanguinarine, berberine, berbamine, boldine은 DNA 중합효소를 억제한다. Sanguinarine, berbamine, berberine, papaverine, boldine은 RNA 역전사효소를 억제한다. Papaverine, boldine, berberine은 단백질 합성을 저해한다.

Phenylalanine과 tyrosine 알칼로이드

다른 알칼로이드 종들은 페닐알라닌과 타이로신으로부터 유도되었다. 그 중 대표적인 colchicine은 세포분열을 저해한다. *Lycoris radiata*의 석산과 알칼로이드인 lycoricidinol과 lycoridicidine은 *Avena*의 초엽 부분에 대해 저해 효과를 보였다. 수선화의 narciclassine과 narciprimine은 식물에 항유사분열 효과를 보인다[7)].

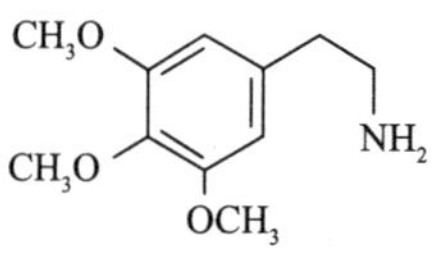

mescaline

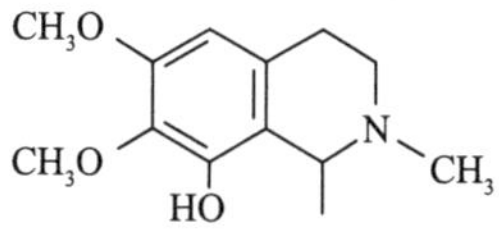

pellotine

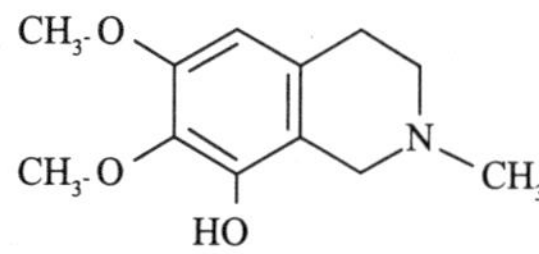

anhalidine

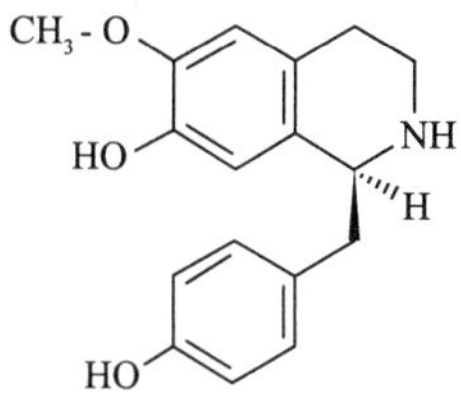

(*S*)-coclaurine

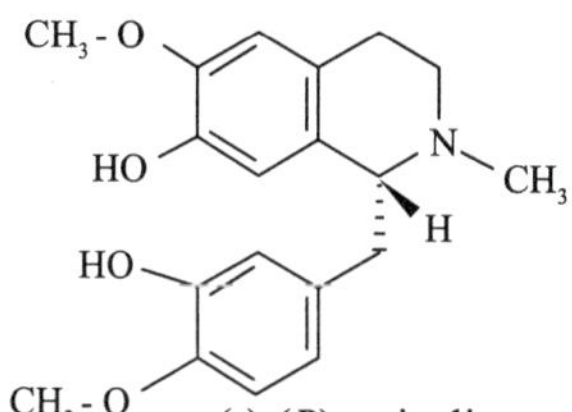

(-)-(*R*)-reticuline

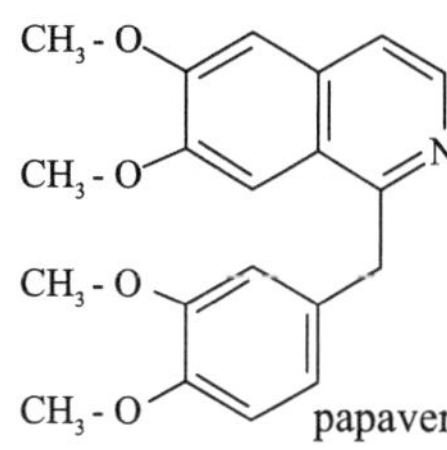

papaverine

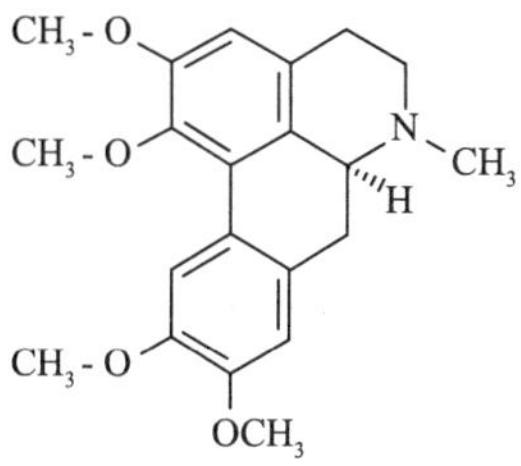

(+)-glaucine

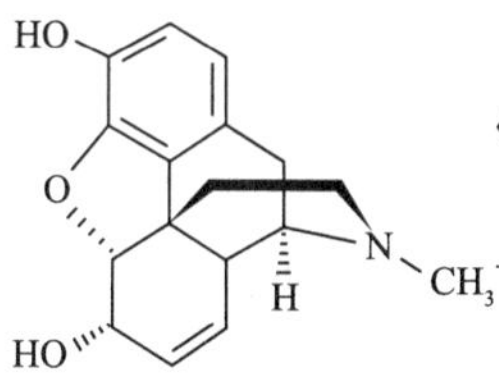

morphine

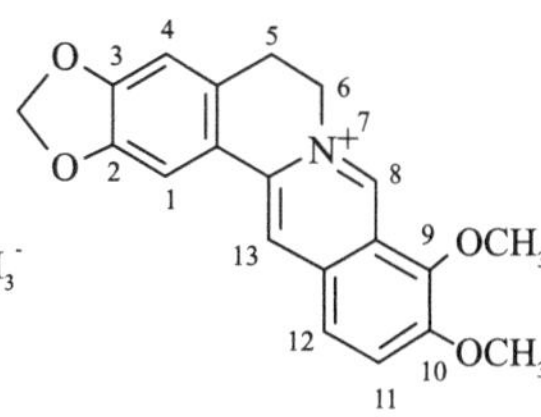

berberine

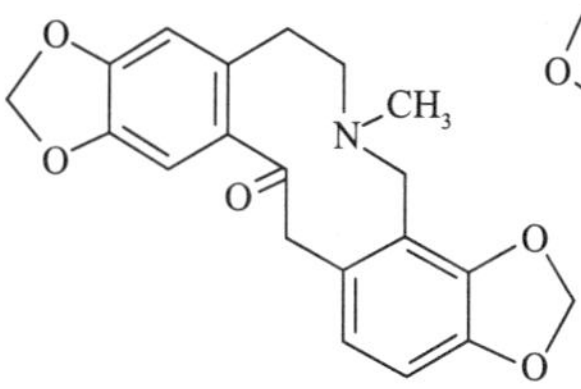

protopine

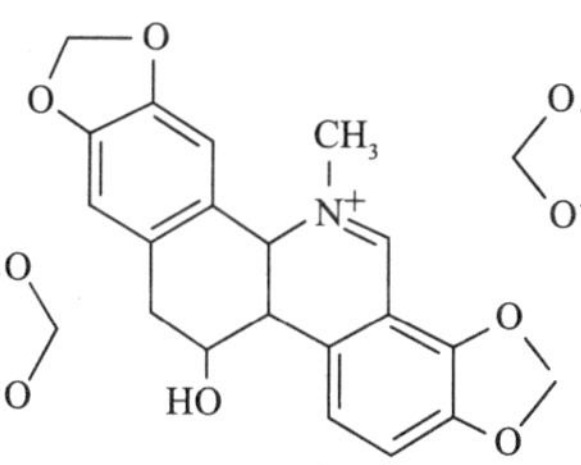

sanguinarine

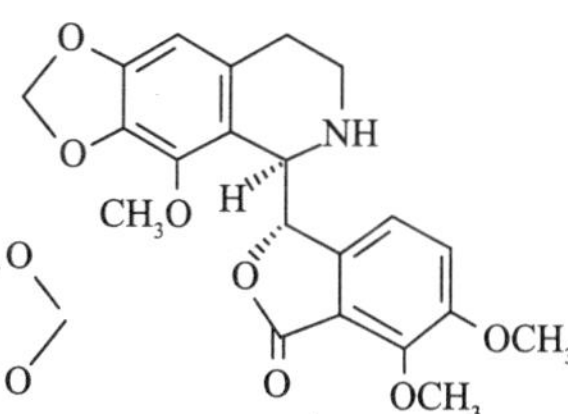

narcotine

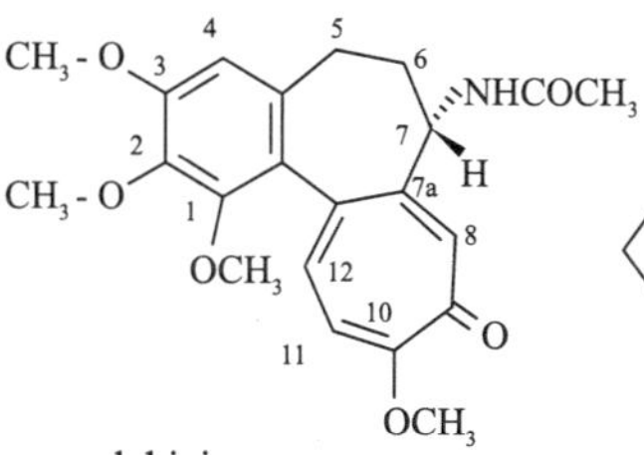

colchicine

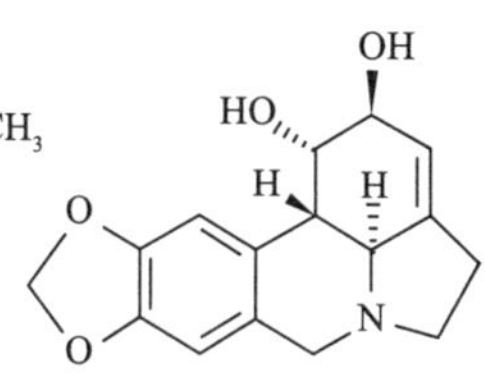

lycorine

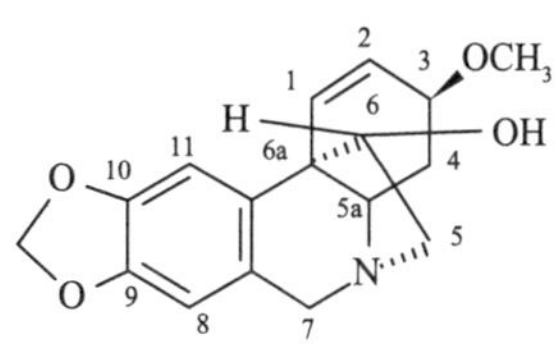

haemanthamine

Monoterpenes의 indole 알칼로이드

Monoterpenes으로 유도된 indole alkaloids의 전구체인 secologanin은 DOXP 경로로부터 분리된 것으로 보인다[50]. Ajmaline, cinchonine, cinchonidine, quinidine, quinine은 DNA와 함께 삽입된다. Cinchonine, cinchonidine, quinidine, quinine은 DNA 중합효소 I을 저해한다. Ajmalacin, cinchonine, cinchonidine, quinidine, quinine, strychnine은 RNA 역전사효소 활성을 저해한다. Ajmaline, cinchonidine, quinidine, quinine, yohimbine은 단백질 합성을 저해한다[60]. 이들 알칼로이드는 Apocynaceae, Loganiaceae, Rubiaceae에 제한되나 몇몇 다른 종에서도 발생한다[7].

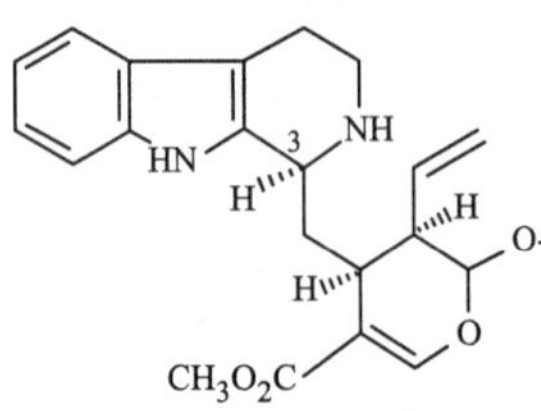
strictosidine

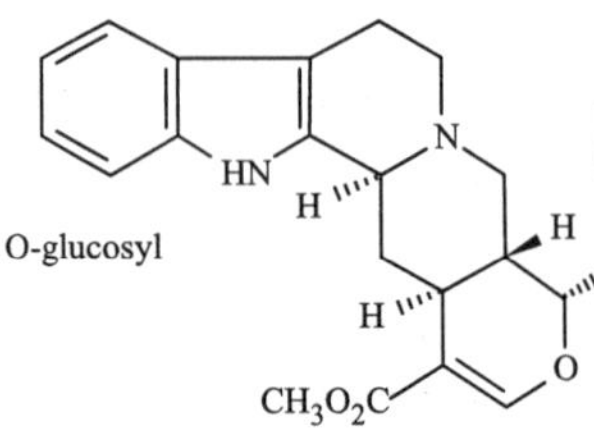
ajmalicine

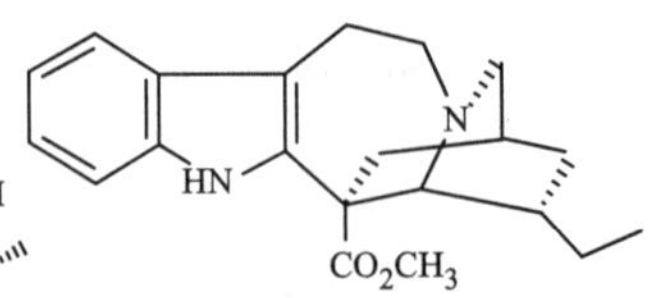
catharanthine

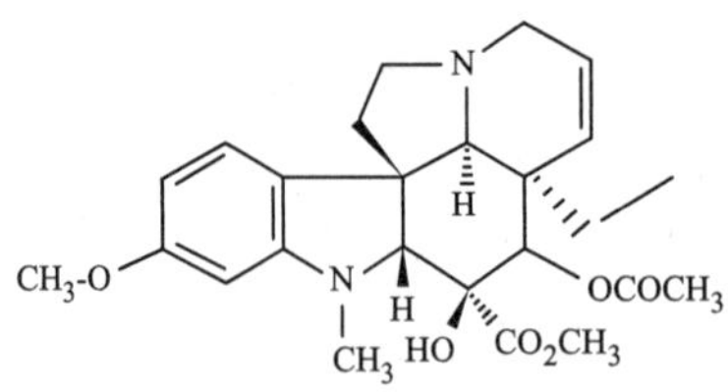
vindoline

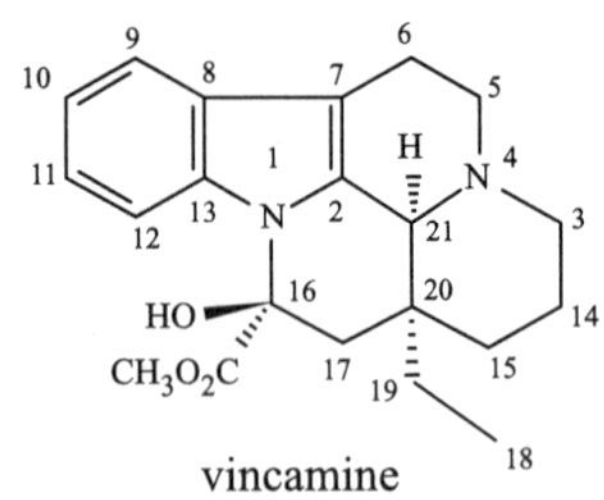
vincamine

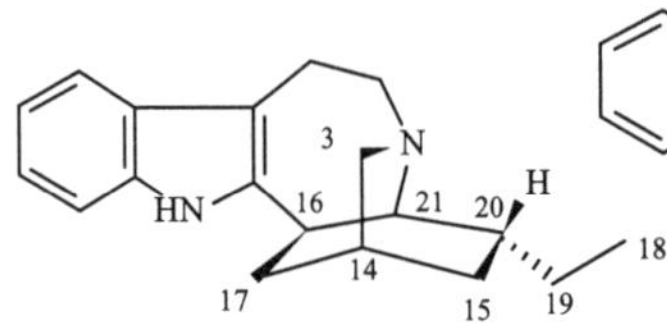
(+)-ibogamine

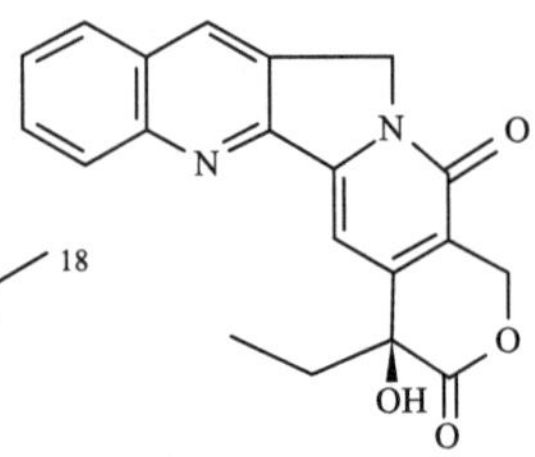
camptothecine

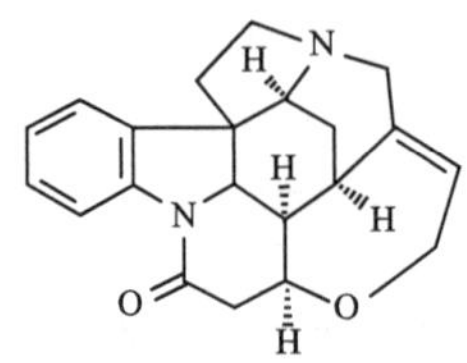
strychnine

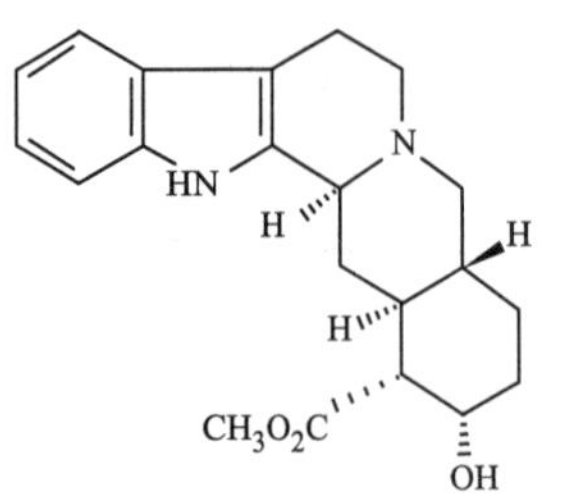
yohimbine

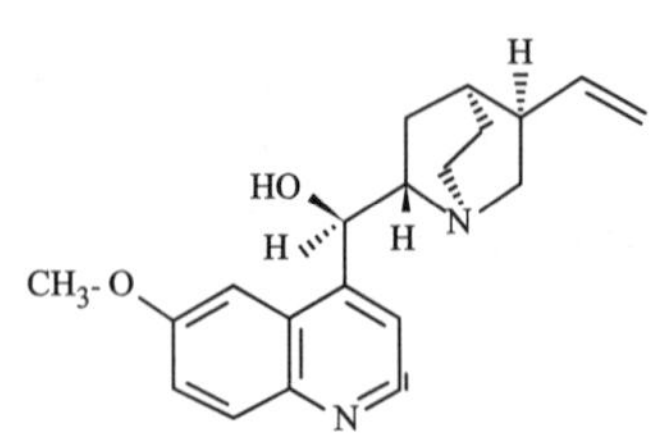
quinine

다른 indole 알칼로이드

Monoterpenes으로부터 유도된 인돌 alkaloids가 자연계에서 가장 흔하지만, 다른 인돌고리 구조를 가진 알칼로이드도 알려져 있다. 가장 흔히 발견되는 것 중 하나는 Claviceptaceae와 Convolvulaceae의 맥각 alkaloids이다[7]. Ergometrine, harmalin, harmin, norharman은 DNA와 함께 삽입된다. Harmalin, harmin, norharman은 DNA 중합효소 I의 활성을 저해한다. Ergometrine, harmalin, harmin, norharman은 RNA 역전사효소 활성을 저해한다. Harmaline, harmine, norharmane은 단백질 합성을 저해한다[60].

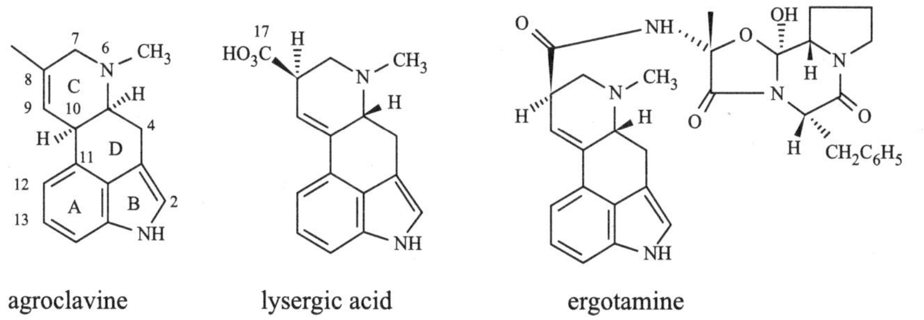

Harmine은 안데스괭이밥(*Oxalis tuberosa*)의 뿌리에서 생성되어 *Trichoplusia ni*에 대해 작용하는 곤충억제 화합물이다[3]. 이 화합물은 빛이 있으면 광활성화될 수 있다.

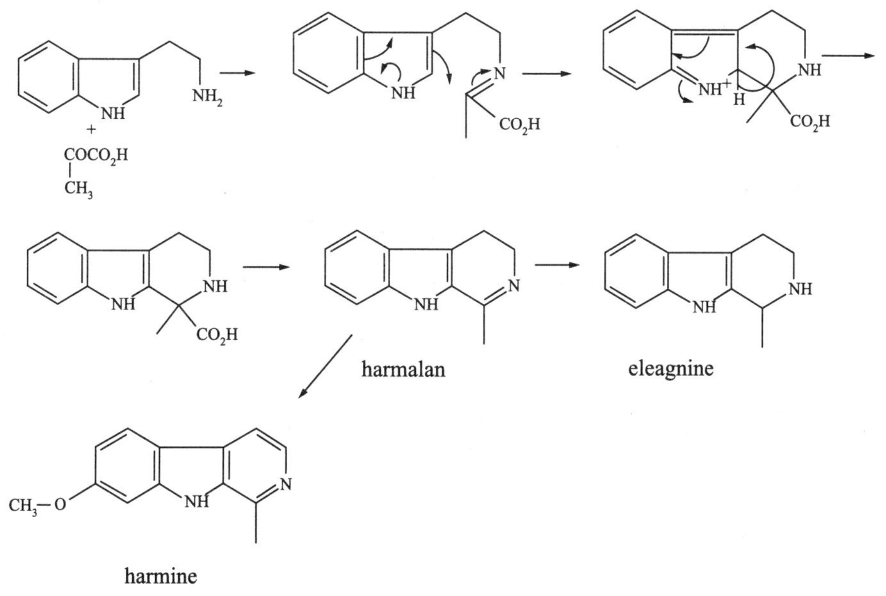

Terpene 알칼로이드

많은 수의 알칼로이드가 테르페노이드로부터 유도된다. 이 화합물의 대부분은 주요 Terpene 그룹에 포함된다. *Solanum* 알칼로이드인 solanine은 RNA 역전사효소, 단백질 합성을 억제하며 막에서의 용혈을 야기한다[60]. Caffein과 관련된 xanthine 알칼로이드는 타감작용 성질을 갖는 것으로 알려져 있다. Caffein은 *Coffea arabica* 묘목에 대해 자가독성이 있다. Caffein, theobromine, theophylline은 상추 유식물과 다른 식물의 성장을 저해시킨다[61].

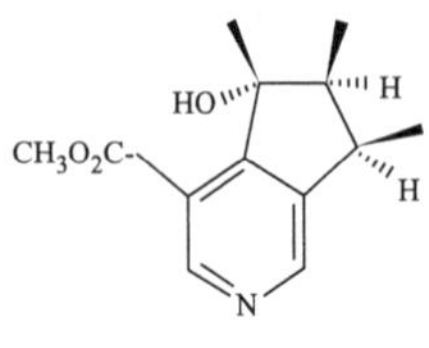

rhexifoline

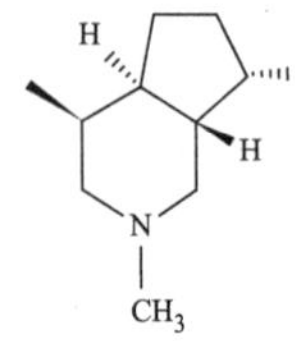

β-skytanthine

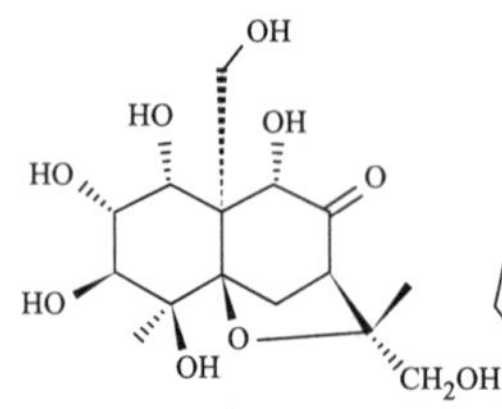

evoninol

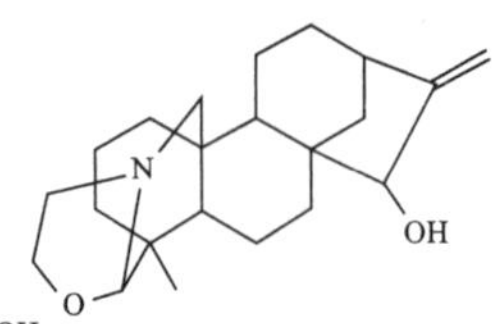

garryine

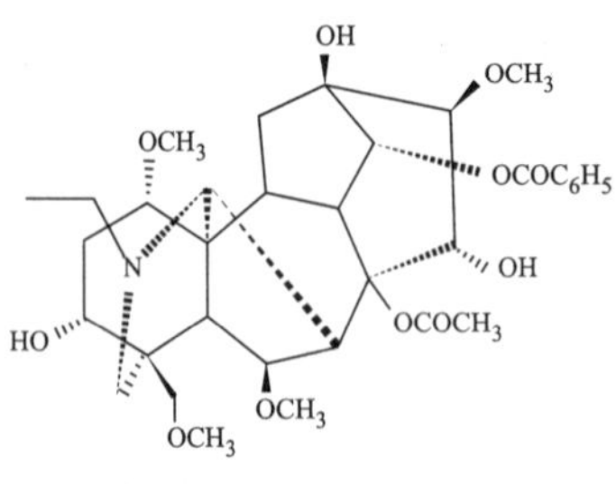

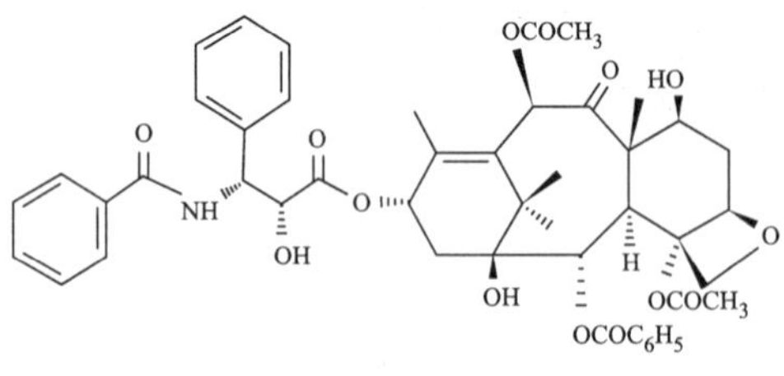

Betalains

타이로신이나 다른 아미노산으로부터 유도된 betalains 색소는 Caryophyllales의 10개 과에 제한되어 나타난다. 이들 색소는 식물의 모든 부위에서 발생한다.

이들과 관련된 50여 개의 화합물이 알려져 있다[7]. 비록 인간에게는 상대적으로 무해하지만, 이 화합물들은 때때로 알려진 것보다 강력한 활성을 보이기 때문에 타감물질로서의 작용을 검토할 필요가 있다.

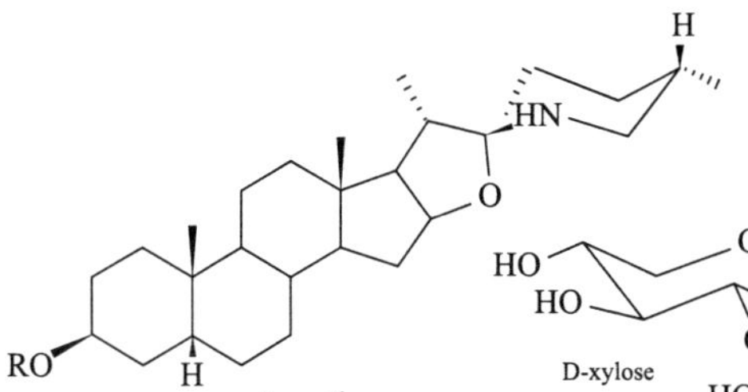

α-tomatine
R=β-lycotetraosyl

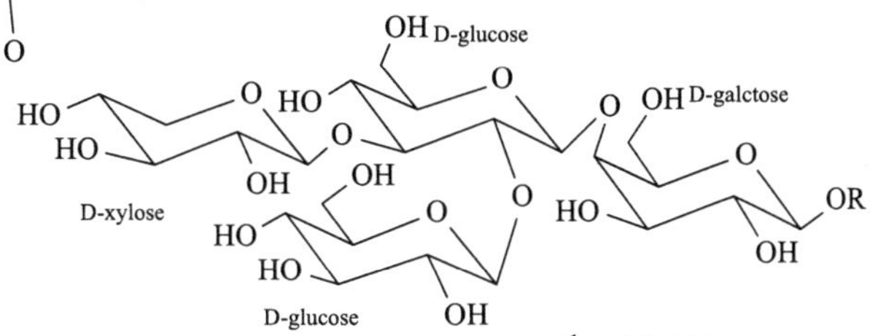

lycotetraose

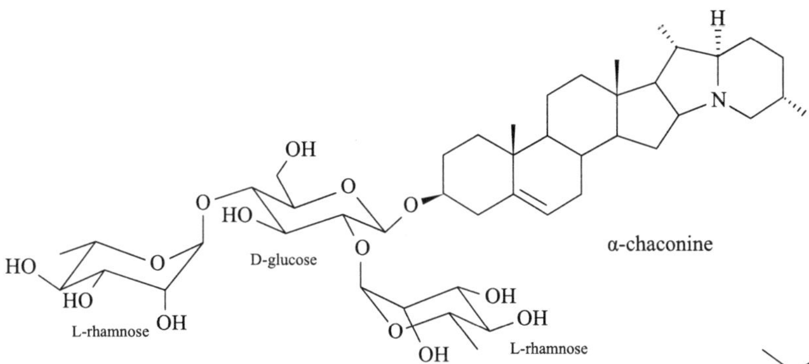

α-chaconine

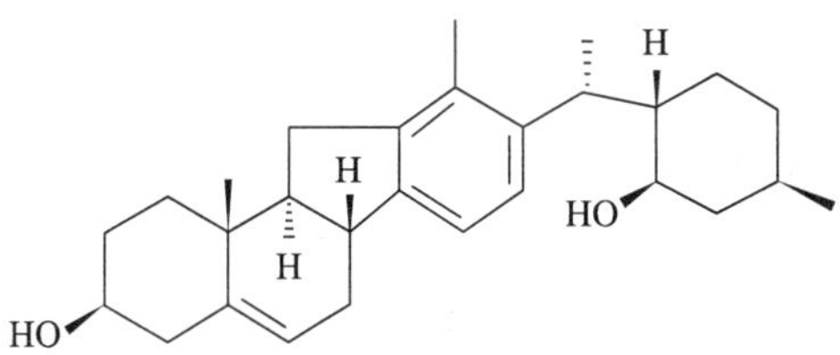

veratramine

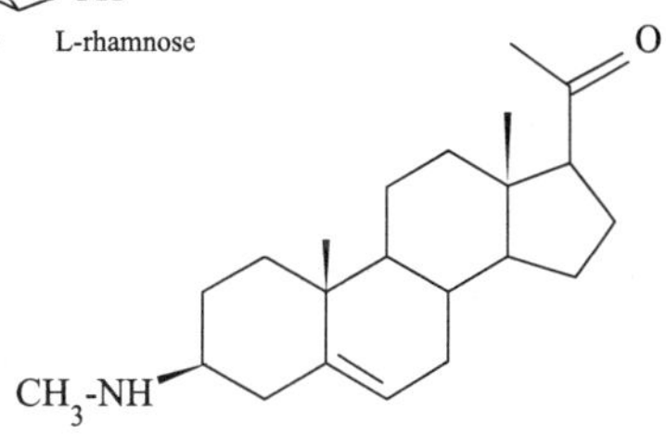

holaphylline

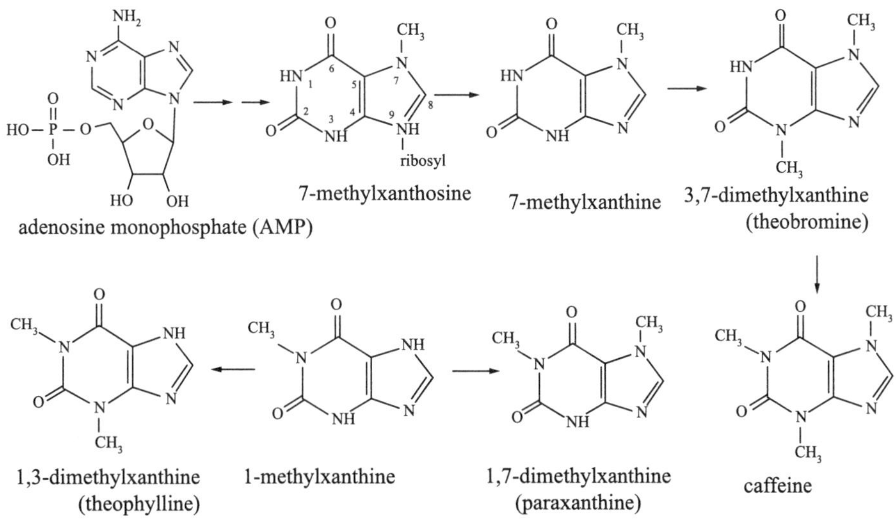

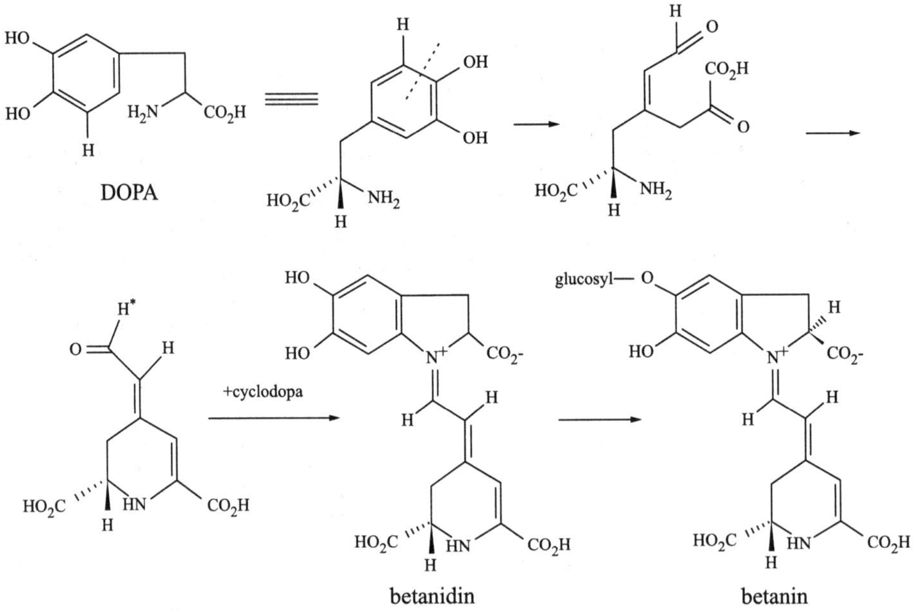

기타

많은 식물은 유기산을 방출하여 토양의 pH를 바꾸는 기능이 있다. 이것은 종종 알루미늄 내성과 관련이 있다[6, 65]. 알루미늄 내성종에는 citrate, malate, oxalate가 함유되어 있다. 메밀 잎, 수국, *Melastoma malabathricum* 등 몇몇 식물은 알루미늄을 축적할 수 있는 능력이 있다. 토양 내 알루미늄 독성을 해소하거나 다른 식물들이 그렇게 하는 것을 저해할 수 있는 능력은 군락의 형태와 타감작용 문제에 기여한다.

참고문헌

1) Seigler DS (1996) Agron J 88: 876-885.
2) Marschner H (1995) *Mineral Nutrition of Higher Plants*. 2nd ed.
3) Walker TS, Bais HP, Grotewald E, Vivanco JM (2003) Plant Physiol 132: 44-51.
4) Thijs H, Shann JR, Weidenhamer JD (1994) Ecology 75: 1959-1964.
5) Weidenhamer JD, Hartnett DC, Romeo JT (1989) J Appl Ecol 26: 613-624.
6) Buchanan BB, Gruissem W, Jones RL (2000) *Biochemistry and molecular biology of plants*.
7) Seigler DS (1998) *Plant secondary metabolism*.
8) Parchman S, Gundlach H, Mueller MJ (1997) Plant Physiol 115: 1057-1064.
9) Gross EM (1999) *Principles and Practices in Plant Ecology. Allelochemical Interactions*, 179-199.
10) Watanabe T, Seo S, Sakai S (2001) Plant Physiol Biochem 39: 121-127.
11) Cutler HG (1992) *Phytochemical Resources for Medicine and Agriculture*, 205-226.
12) Romagni JG, Meazza G, Nanayakkara NPD, Dayan FE (2000) FEBS Letters 480: 301-305.
13) Romagni JG, Rosell RC, Nanayakkara NPD, Dayan FE (2004) *Allelopathy. Chemistry and Mode of Action of Allelochemicals*, 13-33.
14) McLean S, Brandon S, Davies NW, Foley WJ, Muller HK (2004) J Chem Ecol 30: 19-36.
15) Willis R (1999) *Principles and Practices in Plant Ecology. Allelochemical Interactions*, 201-219.
16) Yamaji K, Fukushi Y, Hashidoko Y, Yoshida T, Tahara S (2001) New Phytol 152: 521-531.
17) Galindo JCG, Macias FA, Garcia-Diaz MD, Jorrin J (2004) *Allelopathy. Chemistry and Mode of Action of Allelochemicals*, 125-148.
18) Weston LA, Nimbal CI, Jeandet P (1999) *Principles and Practices in Plant Ecology. Allelochemical Interactions*, 467-477.
19) Czarnota, MA, Paul RN, Dayan FA, Nimbal CI, Weston LA (2001) Weed Technol 15: 813-825.
20) Rimando A, Dayan FE, Czarnota MA, Weston LA, Duke SO (1998) J Nat Prod 61: 927-930.
21) Anaya AL, Mata R, Rivero-Cruz F, Hernandez-Bautista BE, Chavez-Velasco D, Gómez-Pompa A (1999) J Chem Ecol 25: 141-156.
22) Matvienko M, Torres MJ, Yoder JI (2001) Plant Physiol 127: 272-282.
23) Fischer NH, Quijano L (1985) *The Chemistry of Allelopathy*. 268: 133-147.
24) Brigham L, Michaels PJ, Flores HE (1999) Plant Physiol 119: 417-428.
25) Flores HE, Vivanco JM, Loyola-Vargas VM (1999) Trends Plant Sci 4: 220-226.
26) Izhaki I (2002) New Phytol 155: 205-217.
27) Tsahar E, Friedman J, Izhaki I (2002) Oikos 99: 291-300
28) Inderjit, Nishimura H (1999) Ann Appl Biol 135: 425-429.
29) Sicker D, Hao H, Schulz M (2004) *Allelopathy. Chemistry and Mode of Action of Allelochemicals*, 77-102.
30) Quader M, Daggard G, Barrow R, Walker S, Sutherland MW (2001) J Chem Ecol 27: 747-760.
31) Blum U (2004) *Allelopathy. Chemistry and Mode of Action of Allelochemicals*, 57-76.
32) Einhellig F (2004) *Allelopathy. Chemistry and Mode of Action of Allelochemicals*, 217-238.
33) Fischer NH, Tanrisever N, Williamson GB (1988) *Biologically Active Natural Products: Potential in Agriculture*. 380, 233-249.

34) Raskin I (1995) *Salicylic acid.* In Davies PJ (ed.) *Plant Hormones: Physiology, Biochemistry.* 188-205.

35) Abenavoli De Santis MR, Sidari C, Sorgona M, Badiana AM, Cacco G (2001) New Phytol 150: 619-627.

36) Serghini K, Perez de Luque A, Castejon-Munoz M, Garcia-Torres L, Jorrin JV (2001) J Exp Biol 52: 2227-2234.

37) Aliotta, G Cafiero G (1999) *Allelochemical Interactions*, 551-563.

38) Rimando A, Dayan F, Mikell J, Moraes R (1999) J Nat Toxins 7: 39-43.

39) Berhow MA, Vaughn SF (1999) *Allelochemical Interactions*, 423-438.

40) Veluri R, Weir TL, Bais HP, Stermitz FR, Vivanco JM (2004) J Agr Food Chem 52: 1077-1082.

41) Ohigashi H, Minami S, Fukui H, Koshimizu K, Mizutani F, Sugiura A, Tomana KT (1982) Agr Biol Chem Tokio 46: 2555-2561.

42) Feucht W, Treutter D (1999) *Principles and Practices in Plant Ecology. Allelochemical Interactions*, 307-338.

43) Barazani O, Friedman J (1999) *Allelochemical Interactions*, pp. 149-163.

44) Choesin DN (1991) Am J Bot 78: 1083-1090.

45) Yamane A, Fujikura J, Ogawa H, Mizutani J (1992) J Chem Ecol 18: 1941-1954.

46) Petersen J, Belz R, Walker F, Hurle K (2001) Agron J 93: 37-43.

47) Brown PD, Morra MJ, McCaffrey JP, Auld DL, Williams III L (1991) J Chem Ecol 17: 2021-2034.

48) Duke SO, Oliva A (2002) *Allelopathy. Chemistry and Mode of Action of Allelochemicals*, 201-216.

49) Weidenhamer JD, Macias FA, Fischer NH, Williamson GB (1993) J Chem Ecol 19: 1799-1807.

50) Condin A, van der Heijden R, Lafeber AWM, Verpoorte R (1998) FEBS Letters 434: 413-416.

51) Vaccarini EE, Palacios SM, Meragelman KM, Sosa VE (1999) Phytochemistry 50: 227-230.

52) DellaGreca M, Fiorentino A, Isidori M (2004) *Allelopathy. Chemistry and Mode of Action of Allelochemicals*, 35-56.

53) Kobaisy M, Tellez MR, Dayan FE, Duke SO (2002) Phytochemistry 61: 37-40.

54) Fischer NH, Weidenhamer JD, Bradow JM (1989) J Chem Ecol 15: 1785-1793.

55) Macías FA, Molinillo JMG, Chinchilla D, Galindo JCG (2004) *Allelopathy. Chemistry and Mode of Action of Allelochemicals*, 103-124.

56) Picman AK (1986) Biochem Syst Ecol 14: 361-364.

57) Lin L, Peiser G, Ying B, Mathias K, Karasina F, Wang Z, Itatani J, Green L, Hwang Y (1995) J Agr Food Chem 43: 1708-1711.

58) Oleszek WA, Hoagland RE, Zablotowicz RM (1999) *Principles and Practices in Plant Ecology. Allelochemical Interactions*, 451-465.

59) Bialy Z, Jurzysta M, Oleszek W, Piacente S, Pizza C (1999) J Agr Food Chem 47: 3185-3192.

60) Wink M, Latz-Bruning B, Schmeller T (1999) *Principles and Practices in Plant Ecology. Allelochemical Interactions*, 411-438.

61) Wink M (1993) *The Alkaloids*, 43: 1-105.

62) Iqbal Z, Hiradate S, Noda A, Isojima S, Fujii Y (2002) Weed Biology and Management 2: 110-115.

63) Wink M (2004) *Allelochemical properties of quinolizidine alkaloids In* Macias FA, Galindo JCG, 125-148.

64) Fischer NH (1991) *Ecological Chemistry and Biochemistry of Plant Terpenoids*. 31: 377-398.

65) Ma JF, Ryan PR, Delhaize E (2001) Trends Plant Science 6: 273-278.

3 CHAPTER

새로운 제초제를 찾는 단서

서론

현대 농업의 잡초관리는 많은 부분이 화학적 합성 제초제에 의존하고 있다. 비료 사용과 함께, 잡초 방제 능력은 지난 50년간 엄청난 곡물 수확량의 증가를 가져온 '녹색 혁명'의 핵심요소 중 하나였다. 상업적으로 쓰이는 유효 화학성분은 그 수가 많은 데 비해, 상대적으로 적은 화학군에 해당하며 그중에서도 적은 수가 제초제로 작용되고 있다. 제초제의 성공적인 잡초 방제에도 불구하고, 결국 어떤 잡초 종들은 이 화합물들의 일부에 저항성을 나타내게 되었다. 어떤 경우에는, 특정 제초제에 대한 저항성의 발달이 매우 빠르게(2~3년) 일어나(예: ALS 억제제) 화학군 전체에 대한 교차 저항성을 초래하였으며, 이는 새로운 화학 물질과 새로운 사용법 개발이 지속적으로 필요함을 분명히 보여주었다.

생명공학을 기반으로 하여 제초제 저항성을 가진 형질전환 작물로 인해 생긴 새로운 패러다임이 기존의 제초제 시장을 동요시킴에 따라, 식물보호 산업은 빠른 변화를 겪고 있다. 이러한 기술의 이점은 대개 더 넓은 잡초의 스펙트럼과 더 적은 작물 피해, 그리고 더 단순하면서 비교적 더 경제적인 농법을 포함한다. 이 때문에 대부분의 회사는 새로운 선택적 제초제들을 개발하려는 노력을 급격히 줄여왔으며, 새로운 수준의 처리를 목적으로 하는 새로운 화학군 역시 거의 개발되고 있지 않은 상황이다. 또한, 살충제에 대한 대중적 우려는 미국의 식품 품질 보호법(Food Quality Protection Act)과 화학적 해충관리 방법에 대해 더욱 엄격한 등록 기준을 도입하였고 다른 나라들에서도 비슷한 법의 제정이 강력하게 추진되었다. 이 새로운 지침들은 농약 산업에 추가적인 압력을 가하였고, 기존의 제초제 개발에 대한 투자를 간접적으로 저해하게 되었다.

그러나 제초제는 미국내 농업에서 사용되는 합성농약의 60% 이상을 차지하고 있으며, 가까운 미래에도 계속해서 중요한 역할을 할 것이다. 제초제 산업은 생명과학이 준 타격으로부터 회복하고 있지만, 새로운 화학물질의 필요성은 아직 수면

Frank E. Dayan and Stephen O. Duke

USDA-ARS Natural Products Utilization Research Unit. University, MS 38677, USA

위로 부각되지 못하고 있다. 가장 유망한 분야로 촉망받은 컴퓨터 이용 설계와 결합적 접근법은 기대에 미치지 못했다. 몇몇 회사들이 기존의 합성 방법으로 회귀하고 있지만, 다른 회사들은 천연 합성물질 활용에 노력을 기울이고 있다.

천연물질은 역사적으로 많은 귀중한 농약 자원으로 여겨져 왔으며, 가공되지 않은 채로, 혹은 순수한 화합물로, 혹은 새로운 농약의 및 발굴을 구조적 단서로 사용되었다. 천연물질은 역사적으로 제초제보다 살균제와 살충제의 발전에 기여하였고[1], 천연물을 기반으로 하는 제초제의 잠재적인 혜택은 과소평가 되어왔다.

매우 다양한 식물, 미생물 그리고 동물의 천연물질들이 생물체 간의 경쟁 관계에서 공진화하여 거대한 구조적 다양성에 기여하였다[2]. 그래서 대부분의 이러한 이차 대사물질들은 생물학적으로 활성 상태에 있다. 그들의 본래 기능은 *Streptomyces hygroscopis*에 의해 만들어지는 phosphinothricin 같은 화합물이나[3], *Sorghum bicolor*에 의해 생산되는 타감물질인 sorgoleone[4, 5]과 마찬가지로 식물독소일 것이다. 그러나 이차 대사물질들은 많은 천연물질을 기반으로 하는 약품들과 마찬가지로 그들의 본래 기능과는 다른 목적으로 이용될 수 있다.

식물에서 유도한 대부분의 합성물이 상당한 식물독성을 가지지만 식물은 미생물보다 제초제로 쓰이는 선도물질의 원천으로서의 관심은 적은 편이다. 몇몇 예로는 cineoles 식물에 대한 농약 효과를 나타낸 cinmethylin(Cinch®)이나 식물 이차 대사물질 leptospermone으로부터 유도된 Zeneca사의 새로운 제초제인 triketones[6]이 있다. 식물에서 생산된 지방산인 pelargonic acid(nonanoic acid)는 잔디밭의 잡초 방제를 목적으로 판매되고 있다[7, 8, 9]. 천연물의 분리, 분석 그리고 실험을 용이하게 한 최근의 기술적 진보 덕분에 천연물질의 생물학적 활성에 대한 관심이 생겨나고 있다. 자연이 이미 매우 특정한 생물학적 활동을 선정하였다는 사실을 밝혀내고, 많은 천연물질이 아직도 발견되지 못했다는 점, 그리고 이미 알려진 천연물질에 대한 생물학적 활동이 아직 많이 밝혀지지 않았다는 이유 등이 천연물 농약 사용에 관한 관심을 유발시키고 있다.

앞서 언급했듯이, 상업용 농약의 작용 양식은 적은 표적 부위(target site)로 제한되어 있다(24장). 점점 더 많은 잡초 종이 특정 제초제에 대한 저항성을 갖게되며 잠재적으로 화학군 전체에 대한 교차 저항성을 만들어 감에 따라 새로운 분자적 표적 부위가 필요해지고 있다. 작용 양식에 대한 연구는 식물에 존재하는 수천 개로 추정되는 분자적 표적 부위 때문에 어려움을 겪고 있다. 천연물질의 행동 양상에 관한 연구의 장점 중 하나는 이 식물독소가 합성 농약에 영향을 받는 표적 부위들과는 다른 표적 부위를 억제하는 경향이 있다는 점이다[10, 11, 12]. 그러므로 천연물질의 작용 메커니즘 연구는 새로운 작용 메커니즘을 발견할 가능성을 높여줄 것이다.

이 장에서는 새로운 식물독성 화합물들을 연구하고 제초제를 위한 새로운 분자적 표적 부위를 찾는 방법들에 관해 논할 것이다. 이는 앞선 리뷰보다 더 최신의 것이다[13]. 제시된 방법들은 절대로 완전한 것은 아니지만, 구조와 작용 양식을 완전히 밝혀 줄 수 있고, 더욱 자세한 실험들을 고안해서 결과적으로, 중요한 정보를 생산하는 예비 연구를 계획하는 데에 도움을 주고자 한다.

생물검정법을 이용한 유도분리

생물검정에 의한 유도분리는 생물체의 화합물이 여러 분획으로 제거되는 단순하고 반복적 과정이며 그 분획은 생물 활성에 따라 생물검정(bioassay)이 된다. 활성물질의 분획을 통해 좀 더 분별되고 원하는 활성을 지니는 순수한 물질들이 발견된다. 행운이 따르면 새롭고 매우 높은 잠재력을 지니는 화합물도 발견될 수 있다. 그러나 조추출물(crude extraction)의 활성도는 고농도의 저활성 화합물에 기인한 것이거나 또는 이미 알려진 화합물일 수도 있다. 몇몇 경우에는 활성을 띄는 화합물이 화학적 변형 혹은 분해에 의해 분리과정 중 활성을 잃어버리거나, 활성을 위한 조추출물 내의 화합물의 상조적 필요조건으로 인해 상실되어 버린다. 그런데도, 활성 화합물을 생물검정에 의한 유도분리 방법은 현대 분석 과정과 연결되면서 더욱 간단한 과정으로 변화하고 있다.

분별, 분리 그리고 확인

전형적으로, 식물에서 모든 수용성 천연물질들은 여러 단계를 거쳐 추출될 수 있다. 수용성 천연물질은 가열 혹은 환류(예: Soxhlet)에 의해 추출이 촉진된다. 그러나 상온에서 추출하는 경우에는 인공적인 화학합성물이 생길 수 있지만, 이산화탄소가 들어있는 조건에서 유체 추출은 인공 합성적 추출이 덜 발생된다. 활성이 있는 부분들은 크로마토그래피에 의해 좀 더 분절화 될 수 있다. 분리와 분석이 결합한 현대 장비에는 GC/MS, LC/MS, 그리고 LC/MS/NMR이 있으며 이 기기들은 식물로부터 추출된 천연물질을 생물검정으로 유도하여 분리하고 확인하는 데 사용된다. 이러한 기술들을 이용하여 사용함으로써, 분별된 부분의 구성성분은 생물검정 과정 후 분석될 수 있다. 이와 같은 기술들을 이용하여 생리활성을 띄는 구성성분이 정제되고 시험되기 전에 추정하여 식별할 수 있다. 만약 그렇다면 이러한 과정은 시험하고 더 분별되어야 하는 소분획물을 생성할 필요 없이 정제하도록 간소화될 수 있다.

생물검정

생물검정의 선택

제초제는 표준화된 생물검정에 의해 발견되었다. 천연물질을 생물검정으로 유도분리하는 방법은 일반적으로 시험할 수 있는 화합물을 소량 만들어내기 때문에 생물검정의 간소화가 필요하다. 선택된 종은 쉽고 균일하게 발아해야 하며 짧은 시간에 데이터를 얻기 위해 비교적 빠르게 성장해야 한다. 일반적 식물로서 상추(*Lactuca sativa* L.)와 겨이삭(*Agrostis stolonifera* L.)은 쌍떡잎과 외떡잎 식물로서 시험하는 물질의 잠재적 선택성을 파악하기 위해 사용된다. 이밖의 여러 종들도 생물검정에 적합하다. 예를 들어, 좀개구리밥(*Lemna* spp.)은 작은 수생 식물로 빠른 성장과 비생체성분(xenobiotics)에 대해 상대적으로 민감하기 때문에 생물검정에 적합하다[14, 15]. *Aragidopisis thaliana*의 유전체에 대한 광범위한 지식과 그 작은 사이즈는 생물검정에 적합하나, 다른 시험 종들에게는 취약한 일부 식물독소에 대해 내성을 갖는다. 마찬가지로, 타감작용 식물이 생성한 화합물을 시험할 때, 다른 종에 대한 타감작용을 알면 표적 종을 쉽게 선택할 수 있다. 이러한 접근은 실험실에서 종종 고려되었다. 그래서 피(*Echinochloa cruss-galli* (L.) Beauv), gooseweed(*Sphenoclea zeylandica* Gaertn), 그리고 ducksalad(*Heteranthera limosa*(Sw.) Willd.)는 타감작용을 하는 벼 품종으로부터 분리된 식물독소의 검정에 종종 표적 종으로 선택된다. 이러한 종들은 발아율이 낮아서 이를 극복하기 위해서는 물리적 혹은 산에 의한 종피파상법(scarification), 빛, 삼투충격 또는 온도 처리와 같은 어떠한 자극이 필요하다.

생물검정은 여과지, 불활성인 물질(모래 또는 질석), 수경 또는 토양에서 수행될 수 있다. 시험되는 화합물의 양이 제한을 받기 때문에 수경재배나 토양재배는 잘 사용되지 않는다. 그러나 많은 사람들은 수경재배 환경에서 타감작용 식물의 수용 추출물(잎 또는 뿌리 추출물)이 사용되었다고 보고했고[16], 식물 조직이나 추출물을 토양에 투여해서 표적 잡초 종의 생육을 관찰하였다고 보고했다[17, 18].

생물검정을 개발하기 위해서는 고려해야할 여러 요인이 있다. 총 종자 무게와 화학물질 간의 비율은 식물독소의 효능을 평가할 때 주요 요인이다[19]. 식물독소의 특정 농도는 큰 종자보다 작은 종자에 더 효과적인 것처럼 보일 수 있다. 뿐만 아니라, 분석 중 종자의 수가 일정하지 않으면 화합물의 농도가 동일하여도 다른 반응을 나타낼 수 있다. 휘발성인 화합물을 시험할 때 구획 내에서 화합물을 시험하기 위해 특별한 조정이 필요하며 24-well plate의 사용은 바람직하지 않다[20]. 또한, 시험용액의 삼투압과 pH가 시험하는 화합물에 영향을 받지는 않는 지 확인을 해야 한다[21].

많은 천연 독소는 제한된 수용성을 갖기 때문에 종종 전이용매(transfer solvent)에서 제조된다. Acetone과 dimethylsulfoxide는 물을 제외한 가장 좋은 전이용매이며 분석할 때, 1% v/v 이하이면 다른 생리적 효과는 감지되지 않는다. 많은 천연물질이 이러한 용매 중 하나로 시험될 수 있다[22]. 그러나 정유와 같은 고도의 비극성 화합물은 대부분 불용성이다. Chloroform, pentane 또는 hexane 등의 비극성 transfer solvent를 사용하면 이러한 화합물을 녹일 수 있다[23]. 이 용매는 종자와 물을 첨가하기 전에 소실된다. 이러한 시스템은 비극성 화합물을 시험할 수 있게 하나, 실제 화합물의 농도가 정해져 있지 않기 때문에 이상적으로 수행되지 않는다.

용량-반응 곡선

초기의 실험은 한 가지 농도에서 시험되는 화합물들로 구성되어 있으며 이는 혼합물에서 1mg/ml이거나 순수 화합물에서 100 μM수준이었다. 그러나 그러한 실험으로부터 도출되는 결과는 활성/비활성 혹은 주관적 척도(예: 1 = 효과 없음, 또는 5 = 죽음) 정도로 제한되었다. 용량-반응 곡선 실험은 훨씬 더 의미 있으며 또한 시험하는 화합물에 관한 몇 가지 주요 매개 변수를 제공한다. $1 \cdot 10^{-9} \sim 1 \cdot 10^{-4}$ M의 반(半) 로그 곡선을 이용하면 200 μg 내지 1 mg의 화합물을 24-well plate에 완벽하게 복제된 용량-반응 곡선을 얻을 수 있다.

용량-반응 곡선에 의해 결정되는 중요 매개 변수에는 억제 임계치(inhibition threshold: 억제를 일으키기 위한 최저 농도), IC_{50}(inhibitor concentration causing 50% inhibition), 그리고 LCIC(lowest complete-inhibition concentration)이 있다(그림 1). 이와 같은 매개 변수는 계속되는 실험이 비교될 수 있는 참조사항의 틀을 만들기 때문에 중요하다. 두 개의 대조군은 항상 분석에 포함되어야 한다. 하나는 물만 가지고 실험을 해야 하며, 다른 하나는 잠재적 용매 효과를 측정하기 위해 시험 화합물 없이 물과 동일한 용량의 전이용매로 실험을 수행하여야 한다.

제초성 화합물은 매우 낮은 농도에서 오히려 식물의 성장을 촉진할 수 있다(그림 1). 이와 같은 현상(hormesis라고 부름)이 흔히 일어나지만 그 원인은 아직 파악되지 않았다. 종속 변수의 값(그림 1에 Biometric parameter라고 표시)은 대조군에 따라 증가하기 때문에 hormesis는 IC_{50}의 계산을 복잡하게 만들 수가 있다. 마지막으로 IC_{50} 값 주위에서 생기는 상당한 표준편차는 일반적인데 그 이유는 반응이 그 농도에서 최대로 변화하기 때문이다.

생체 매개변수의 선택

생물검정은 검사하는 화합물의 존재에 반응하는 매개 변수를 측정하는 능력에 기초한다. 전형적으로, 선택되는 매개 변수는 식물독소에 가장 민감하게 반응하는 것으로 해야 하나, 반드시 그렇지만은 않다. 뿌리와 줄기가 일반적으로 사용된다. Biomass(생물량)는 종종 사용되나 발아를 하면 신장 생장에 비해 민감하지 않다. 그

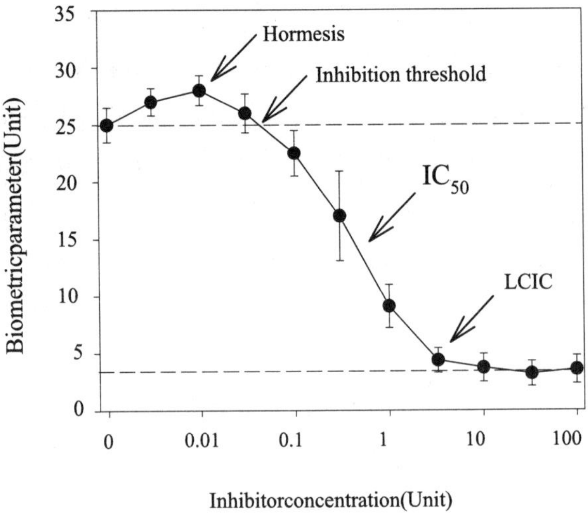

그림 1. 전형적인 용량-반응곡선. IC_{50}은 50% 억제를 보이는 농도. LCIC는 가장 낮은 억제농도임.

이유는 광합성 탄소 동화 작용이 biomass에 관여하기 전에 식물이 먼저 성장해야 하기 때문이다.

다양한 접근방법

서두에서 언급한 바와 같이 제초제에 대한 새로운 분자적 표적 부위의 발견은 제초제에 대한 저항성을 갖는 잡초 종에 관한 끊임없는 문제를 해결하기 위해 특히 중요하다. 전통적 혹은 산업적인 농약 연구의 한계 중 하나는 화학 연구를 통해 합성하기 쉽고 결정화하기 쉬운 값싼 화합물의 합성을 선호한다는 것이다. 또한, 업계에서 보이는 '나도' 정신은 이미 다른 회사에서 개발한 화합물의 파생물을 합성하게 하고 새로운 표적 부위를 발견할 가능성을 감소시킨다. 그러므로 상대적으로 적은 표적 부위가 현재 제초제에 사용되고 있다. 반면에 천연물질은 합성 화합물로부터 발견할 수 없는 표적 부위를 나타내게 하는 경향을 갖는다[10, 11, 24, 50].

천연 식물독소에 중점을 둔 작용 양식에 관한 연구는 새로운 표적 부위의 발견 확률을 높여주는 한편, 제초 화합물의 작용 양식의 확인은 다수의 잠재적인 분자적 표적 때문에 어렵다. 우리는 체계적으로 행동기작을 연구하는 방법을 고안하였으며 그것은 초기 단계를 간단히 하는 것을 목표로 한다. 우리 실험실에서는 구조와 생물학적 생리학적 증거들을 고려하여 단계적인 방법들로 신뢰도를 높인다.

구조적 증거

작용 양식 연구의 첫단계에서는 분자의 구조적 특징이 세심하게 연구되어야 한다. 분자의 골격이나 약물 분자 구조는 알려진 식물독소와 비슷할 것이며 그것은 잠재적인 분자 표적 부위를 제시할 것이다. 많은 기구들이 구조 분석에 이용될 수 있다. 원하는 화합물은 Dictionary of Natural Products, Bioactive Natural Products Database, 그리고 Available Chemical Directory 등의 데이터베이스를 통해 빠르게 검사될 수 있다. 이 단계는 실험을 요구하지 않기 때문에 비용이 거의 들지 않으며 추후에 해야 할 일의 양을 크게 줄여준다.

천연 생리활성 자원은 구조적으로 합성 제초제보다 복잡한 경우가 있는 반면에, 천연물질과 합성 물질 사이에서 구조적 유사성을 지니기도 한다. 이러한 분자는 간단한 분자 구조를 가지고 있으며 일반 천연물질과는 달리 구조적으로 복잡하지도 않다.

합성 제초제의 작용 양식이 알려졌을 때, 천연물질도 그러한 비슷한 양상을 보일 것이라 기대했었다. 하지만 그것은 사실이 아니었다. 예를 들어, 천연 독소 물질인 cyperine은 구조적으로 diphenyl ether와 비슷하다. 사실, 정량적 구조 활성 관계 분석은 protoporphyineogen oxidase에 대한 활성 억제가 예측된다[13]. 그러나 이 표적 부위의 억제 수준은 이러한 전체적인 식물독성을 설명하기에 충분하지 않으며[25], 그 메커니즘은 아직 밝혀지지 않은 채로 남아있다.

식물독소의 구조적 특징에 대한 포괄적인 분석은 이미 밝혀진 억제제와의 구조적 상동성을 확인을 하는 것 이상을 가져다준다. 초기 분석은 아마도 알려진 생물학적 성분의 상동성을 일치시키는 작업일 것이다. 이것은 매우 중요한데 그 이유는 연구 대상의 독소가 생물학적 성분과 반응 중간체와의 비슷함을 이용하여 경쟁적 억제제처럼 행동을 반응하기 때문이다(그림 2). Bialaphos는 *Streptomyces hygroscopies*에서 생산되는 천연 독소로 *in planta*에서 대사적으로 phosphinothricin으로 전환될 수 있다. 상업적으로 glufosinate로 사용되는 이 독소는 글루타민 합성 회로에서의 반응 중간체와 유사하다[3].

천연물질의 생물학적 활성은 보편적이기 때문에 구조 분석 중에 화합물의 대사적 변이를 고려하는 것이 중요하다. 일반적으로 생리활성 변화는 수산화, 인산화, 탈탄산화, 접합 등을 포함한다. 예를 들어, 2,5-anhydro-D-glucitol은 *Fusarium solani*의 분리에 의해 생산되는 식물독소이며 fructose와 구조적인 상동성을 보인다. 이러한 작용 메커니즘은 fructose-1,6-biphosphate의 결합자리와 경쟁하며 fructose-1,6-bisphosphate aldolase를 억제하는 biphosphate 대사물질을 형성하기 위해 식물의 당분해 인산화 효소의 의해 만들어진 화합물의 생리활성을 필요로 한다(그림 3)[26]. 비슷한 형식으로, *Streptomyces hygroscopicus*로부터 생산된 식물독소인 hydantocidin은 inosine monophosphate의 유사체를 생성하기 위해 식물에 의해

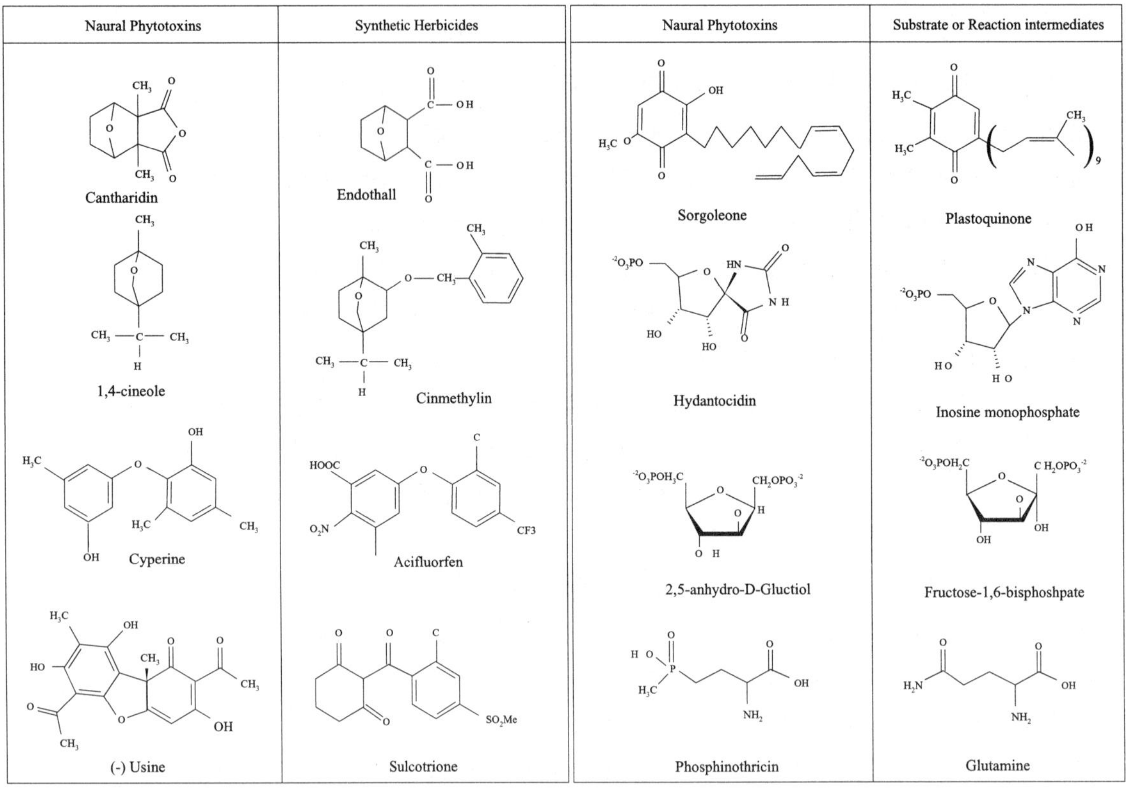

그림 2. 본문에서 자주 언급된 화합물들의 구조.

인산화된다. 이 생리활성 식물독소는 adenylosuccinate synthetase의 잠재적 억제제가 된다.

생물학적 단서

많은 양의 화합물을 분석하여 약품을 개발하는 프로그램과는 달리 우리는 생물에 대한 용량-반응 실험으로 접근한다. 이러한 실험은 식물독소의 효과를 평가하는 데 있어서 중요한 정량적이고 정성적인 정보를 제공해 준다. 발아를 잘 관찰하면 화합물의 반응 가능한 장소에 대해 여러 가지 정보를 제공해 줄 수 있다. 그러나 이러한 정보에 대해 과대해석을 하는 오류를 범해서는 안 되는데 그 이유는 식물이 반응하는 증상과 모습이 시험하는 화합물에 의한 생리적 과정과 직접적으로 연관되어 있지 않을 수 있기 때문이다. 대부분의 표현형(phenotype) 반응은 화합물에 대한 일차적 메커니즘에 의한 것이 아니라 이차적인 효과에 의한 결과이다. 시험하는 화합물의 작용 양식을 모른다면 일차적인 효과와 이차적인 효과를 구분하기 힘들 것이다. 대부분의 연구가 유기체 수준에서 시작하지만 몇 가지 예외가 있다. 특히, 시험하는

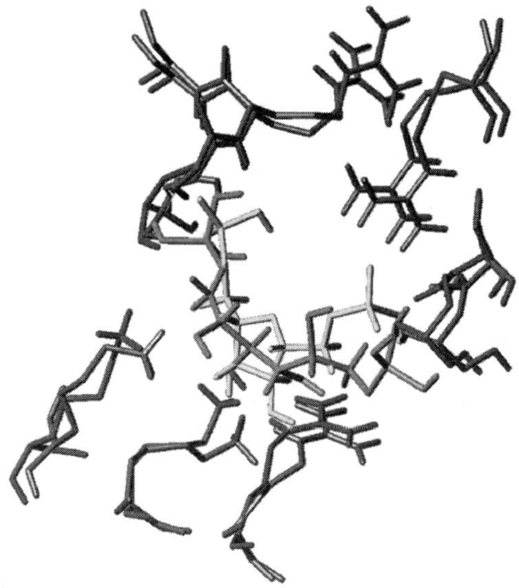

그림 3. 시금치 fructose-1,6-diphosphate aldolase의 homology와 AhBP의 촉매위치.

화합물의 구조 분석으로 비슷한 구조적 특징을 보이는 독소의 작용 양식이 밝혀진다. 이러한 상황에서, 이 화합물은 그 표적 부위에서의 억제 여부를 알아보기 위한 효소 분석을 바로 해볼 수 있다. Usnic acid의 경우, 구조에 대한 분석이 그 구조의 절반과 phydroxyphenylpyruvate dioxygenase 효소의 triketone 억제제와의 유사성을 밝혀냈다. 이 실험을 통해 usnic acid가 이 효소의 잠재적 억제제인 것을 알 수 있었다[27)]. 이러한 실험에 대한 주관적인 관찰로부터 뿌리와 새싹의 형태학과 식물독소 효과의 시각적 평가를 얻을 수 있었다. 그러나 객관적이고 정량적인 측정을 통해 식물의 길이와 무게를 계산할 수 있었고 엽록소의 농도에 대한 정보도 얻을 수 있었다. 뿌리의 성장 억제가 관찰될 때마다 양파 뿌리의 분열 지수를 측정함으로써 뿌리 세포의 분열에 미치는 추정 효과를 쉽고 상세하게 분석할 수 있다.

형태학적 단서

식물독소의 존재 하에 성장한 유식물을 통해서도 중요한 정보를 얻을 수 있다. 뿌리 길이의 감소는 종종 식물독소의 존재 하에 관찰되는데 이는 주로 이차 효과에 의한 결과이다. 그러나 'clubbing'이라 부르는 비정상적인 뿌리의 형성 상태는 식물독소가 미세소관 조립에 영향을 준다는 것을 보여준다. 비슷한 현상이 dinitroaniline 제초제를 처리할 때 관찰되었는데 이는 미세소관 조립의 억제제로 알려져 있다[28)]. 예를 들어, podophyllotoxin은 유사 분열에서의 미세소관형성(microtubular organizing center)에 영향을 주면서 뿌리의 성장을 억제한다[29)]. 앞서 언급했듯이, 이러한 정보를 통해 과도하게 해석을 해서는 안 되는데, 그 이유는 관찰된 증상이 항상 예상하는 작용 양식에 의해 일어나는 것이 아니기 때문이다. 곁뿌리의 성장을 촉진하는 반면에 주근에 대해서는 손상을 일으키는 증상은 호르몬의 균형이 붕괴된 결과에 기인한다. 때때로 유식물은 백화 현상을 보이는데 이미 알려진 다수의 표적 부위 중 하나로 인한 결과이거나 혹은 아직은 알 수 없는 더 많은 다른 부위에서의 결과일 수도 있다. 실제로, chlorosis는 엽록소 합성에 대한 억제로 직접적으로, 혹은 카로티노이드 경로를 억제함으로써 간접적으로, 또는 카로티노이드 경로를 유지하기 위한 plastoquinone 합성을 억제함으로써 일어날 수도 있다. 이는 아미노산 합성과 같이 관련이 없는 표적 부위에 대한 억제로 인한 결과일 수도 있으며 세포막 기능의 상실로 인한 반응일 수도 있다.

분열지수

뿌리의 생장과 발육에 영향을 주는 현상이 있다면 세포분열에 작용하는 식물독소의 효과를 측정해야 한다. 이것은 Armbuster 등[30]이 사용하였던 양파 뿌리 끝부분을 으깨는 방법으로 상대적으로 쉽게 수행할 수 있다. 사용하는 억제제의 농도는 이전에 언급된 용량-반응 곡선으로부터 결정할 수 있다. 양파의 뿌리 끝부분의 세포분열 시기를 관찰하며 여러 가지 세포분열 단계를 측정한다. 이러한 방법은 초기에 육안으로 관찰하여 정량적인 평가를 할 수 있도록 한다(그림 4). 더욱이 이러한 실험에서는 비정상적인 세포분열과 비정형적인 세포벽 형성을 관찰할 수 있으며 이를 통해 미세소관의 파괴[31, 32, 33] 혹은 세포벽의 생합성에 관련된 과정의 변화[34, 35]가 나타날 수 있다.

생리학적 단서

많은 생리학적 단서는 초기 실험에서 얻어질 수 있다. 특히, 엽록소, 카로티노이드, 그리고 다른 색소에 대한 농도 측정은 실험실에서 일반적으로 사용된다. 엽록소 농도를 측정하는 Hiscox와 Israelstam의 방법과 카로티노이드 농도를 측정하는 Sandmann의 방법은 5~10mg 조직 표본을 사용하면 된다.[36, 37]

세포막 보전의 상실

세포막을 불안정하게 하는 식물독소의 정도는 잎과 떡잎에서의 세포 누출을 측정하여 쉽게 정량화할 수 있다[38]. 이러한 방법의 장점 중 하나는 광-독립적 작용 양식과 광-의존적 작용양식을 구분할 수 있다는 것이다(그림 5).

광-의존적으로 세포막 보전의 상실은 광합성의 광계 I로부터 전자를 우회시키는 화합물(예: bipyridilium)과 관련이 있거나 혹은 광역학적 색소의 축적을 일으키는 화합물(예를 들어, protoporphyrinogen oxidase의 억제제와 같은)과 관련이 있을 수

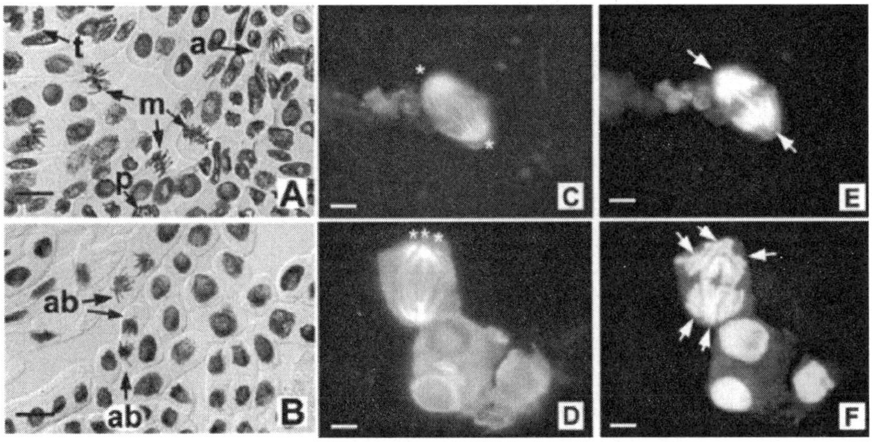

그림 4. 양파뿌리끝에 포도필로톡신 처리(B, 100mM)과 대조군(A)의 광학현미경 사진. A는 다양한 유사분열 단계를 보임. p = 전기, m = 중기, a = 후기, t = 말기 비정상유사분열(ab)은 포도필로톡신 처리군에서 나타남. Antibubulin (C, D)과 DAPI(E, F)으로 이중형광염색한 양파뿌리 말기세포. 비처리군에서는 미소관이 단일방추사로 부터 적도면으로 퍼지고 (C), 염색체들은 비대칭적으로 극으로 이동하거나 그들의 동원체는 방추사에 연결됨(E). 100μM 포도필로톡신을 처리한 군에서는 미세소관이 3극으로 다수방추사로부터 퍼져 별모양의 말기를 형성함. 비정상염색체(F)는 다수 극을 향한 방추사의 수축의 결과임.

가 있다. 한편, 광-독립적 세포막 보전의 상실은 세포막이나 세포 호흡을 표적으로 하는 식물독소와 연관이 있거나 혹은 광-독립적인 산화적 스트레스를 일으키는 식물독소와 연관이 있을 수가 있다.

복귀연구 및 보충연구

복귀연구는 식물독소의 억제 효과가 식물독소에 의한 생리적 결핍을 보완하는 생물학적 기질을 보충함으로서 완화될 수 있다는 전제에 기초한다. 이 개념은 순전히 생리적 기준으로 의미가 있으면서도 복귀는 필연적으로 발생하지는 않는다. 최적의 복귀는 LCIC 수준의 억제제가 적용이 되면 발생된다. 이는 식물독소의 효과를 복귀하기 위한 화학양론에 기인한다. 성장 억제의 복귀는 매우 고농도의 억제제가 사용이 되면 검출되지 않을 수 있는데 그 이유는 시험 화합물이 이차 부위에서 작용할 수 있기 때문이다. 따라서 연구하는 사람은 복귀연구 결과를 잘못 해석하지 않도록 주의해야 한다. 실험의 목표는 억제제의 존재에 의해 발생하는 생리적 불균형을 보완하는 생물학적 분자를 식별하는 것인데, 복귀는 결핍 혹은 불균형의 직접적인 회복이 아닐 수가 있다. 어떠한 경우에는, 선택된 기질이 억제제와 직접적으로 반응할 수도 있다. 예를 들어, 우리는 glutathione이 α, β-unsaturated ketone 작용기를 갖는

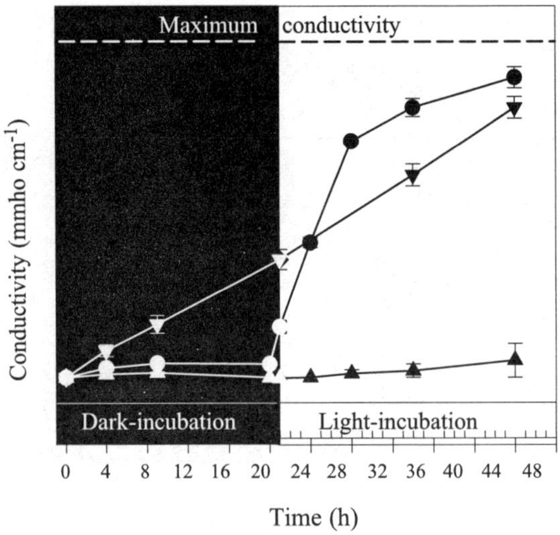

그림 5. 세포막의 완전성에서 대조군(▲) 대비 광의존성(●)과 광독립성(▼) 간의 차이를 증명하는 전형적인 전해질 누출 실험 결과

천연 식물독소와 반응한다는 것도 알아냈다[39].

광합성 효율

광합성 효율은 다양한 식물의 스트레스를 검출하기 위해 엽록소를 비파괴적 형광(chlorophyll fluorescence)법으로 측정할 수 있다. 조절된 엽록소 형광 측정기를 사용하면 직접적으로 전자의 흐름에 영향을 미치는 화합물과 간접적으로 광합성 효율을 감소시키는 화합물을 편리하게 구별할 수 있다[40].

어둠에 순응된 잎으로 측정된 PSII의 광화학적 효율은 짧은 시간 동안 광포화 상태에 도달한 후 바닥상태로 돌아가는 광계 조직체의 능력을 보여준다. D1 단백질에서 plastoquinone과 같은 결합 부위를 두고 경쟁하는 화합물은 일반적으로 광화학적 효율이 급격히 감소되는데 그 이유는 전자 흐름의 억제가 엽록소 분자들이 빠르게 바닥상태로 돌아가는 것을 방해하기 때문이다.

이산화탄소 교환

식물에 대한 억제제의 생리적 효과를 비파괴적으로 관찰하는 방법은 적외선 가스 분석기(infra-red gas analyzer: IRGA)를 이용하여 이산화탄소 교환을 관찰하는 것이다. 이 방법으로 순광합성과 암호흡을 고감도로 측정할 수 있다. 이 시스템의 기본 개념은 CO_2가 세 대역폭을 갖는 적외선을 잘 흡수한다는 것이다. 대부분의 현대

IRGA는 비분산적인 적외선 광원을 이용하고 CO_2 흡수만 감지하는 검출기를 사용한다. IRGA는 일반적으로 차등 방식(이 방식에서는 기기가 두 개의 셀 간 CO_2 농도 차이를 측정한다) 혹은 절대 방식(이 방식에서는 기준 셀이 CO_2가 없는 기체로 채워진다)으로 사용한다.

이러한 시스템에서는 온전한 식물이 개별 잎을 사용할 수도 있다. 이산화탄소 흐름은 데이터 기록기에 정보를 기록하면서 지속적으로 측정될 수 있고 혹은 고갈 기법(depletion technique)을 이용하여 측정할 수도 있다. 일반적으로 CO_2 분석기는 1 $\mu mol\ mol^{-1}$(1ppm)까지 측정할 정도로 정확하다. 따라서 광합성 전자 전달을 억제하거나(atrazine, bentazon, diuron), Rubisco, 미토콘드리아의 전자 전달을 억제하는(예: 2,4-dinitrophenol) 제초제는 이러한 방법을 통해 쉽게 식별될 수 있다. 식물에 첫 두 가지의 작용 양식을 갖는 화합물을 처리하면 CO_2 흡수는 감소된다. 이것은 차등 방식에서의 IRGA를 이용하면 쉽게 측정된다. 미토콘드리아의 전자 전달에 영향을 주는 화합물은 어둠에서는 CO_2 생산을 감소시켰다. IRGA는 소량의 조직에 대해 생물검정을 하도록 소형화될 수 있다[14].

방사성표지 결합과 펄스-변화에 대한 연구

총 결합률 혹은 펄스-변화 연구를 위한 방사능의 사용은 작용 양식을 밝히는 데 매우 유용하다. 식물 추출물에서 $^{14}CO_2$를 방출하도록 산화된 시료의 액체섬광계수에 의한 낮은 수준의 방사능을 쉽게 검출함으로써 수많은 기질/전구체에 대한 정량적 정보를 상업적으로 제공받을 수 있다. HPLC와 결합한 방사능 측정기를 이용하여 추출물을 분석하면 방사성표지 기질에 대해 보다 많은 정성적인 정보를 얻을 수 있다. 이러한 실험은 식물독소의 작용 양식에 관여하지 않은 많은 생리적 경로를 제거할 수 있으며 아미노산/단백질 합성, 핵산/DNA와 RNA 합성, 혹은 지질의 생합성 등의 구체적인 생리적 과정의 방해를 가리킬 수 있다[41, 42, 43, 44].

대사모형 해석법

Singh와 Shaner은 다양한 분자 표적부위를 억제하는 데에 관여하는 유리된 아미노산의 풀(pool)을 분석함으로서 작용 양식에 대한 지문법을 실시하는 방법을 개발했다[45]. 경로가 억제되고 유리된 아미노산의 풀 수준은 다른 경로에서의 아미노산 수준에 대한 효과가 강할 때 종종 조금 감소하였다. 예를 들어, acetolactate synthase(분지 사슬 아미노산의 주요 효소)의 억제제는 valine와 leucine의 수준을 작게 감소시켰지만 threonine, serine 그리고 alanine에 대해서는 비교적 큰 증가를 일으켰다. 방향족 아미노산 생합성의 억제제인 glyphosate와 histidine 생합성의 억제제인 amitrole 역시 이러한 아미노산을 크게 증가시켰다. 이러한 방법은 광합성 억제제나 지방산 합성 억제제와 같이 아미노산 생합성에 대해 직접적인 영향이 없는 제초제에서는 더 복잡해졌고 또한 아미노산 풀 수준에 대한 효과를 두드러지게 하였다. 식물독소의 이차 또는 삼차 효과에 대한 해석은 쉽지 않다. 이러한 형태의 대사모형 해석법(metabolic profiling)은 작용 양식을 인지할 때 잘 사용될 수도 있지만 아미노산 대사와 관련이 없는 아직 밝혀지지 못한 작용 양식을 알아낼 때에는 유용하지 않다.

모든 일차 대사산물을 포함하는 보다 포괄적인 방법의 대사모형 해석법은 이론적으로 더 탄탄해 질 것이다. 이것은 최근 다양한 제초제로 처리된 식물로부터의 조추출물에 대한 1H NMR 분석에서 시도되었다. 19가지 작용 양식을 나타내는 제초제로 처리된 1H NMR 스펙트럼의 식물은 제초제 작용 양식을 구별하기 위해 인공신경망 분석을 통해 분류되었다. 또한, 이 분석은 새로운 작용 양식을 알아냈다. 이러한 구체적 접근 방법은 주요 대사 중간체를 식별하고 정량화하는 데에 유용하지 못하다는 문제를 안고 있는 것이다.

유전자 돌연변이

유전자 돌연변이 방법은 식물독소에 대해 저항성을 갖는 돌연변이체를 찾거나, 혹은 생성한 후 저항의 생화학적 이유를 알아보거나, 또는 생화학적으로 비슷한 표현형을 갖는 돌연변이를 제초제의 것과 비교를 통한 작용양식을 알아보고자 할 때 사용될 수 있다. 첫번째 경우에는 돌연변이가 항상 분자적 표적 부위인 것은 아니다. 잡초 또한 대사적 분해의 향상, 생활성의 감소, 또는 흡수나 전좌의 감소, 구획화(compartmentalization)된 분자적 표적 부위에 대한 접근 제한을 통해 저항성을 상승시킬 수 있다. 이 접근법에 대한 큰 성공 스토리는 PSII 억제 제초제의 표적 부위의 발견이다. Pfister 등은 atrazine에 대한 저항성을 갖는 잡초가 변형된 32 kD 단백질(나중에 D1이라 불림)을 가졌다는 것을 알아냈다[46]. 분자적 표적 부위에서 진화된 저항성을 갖는 다른 경우에는, 잡초가 저항성을 진화시키기 전에 표적 부위가 알려졌다. 그렇지 않았다면 저항성 잡초는 작용 양식을 밝혀낼 때 유용한 도구였을 것이다. 다른 접근법은 Vaughn과 Duke에 의해 이용됐는데, 이들은 polyphenol oxidase가 없는 돌연변이의 표현형이 *Alternaria alternata*라는 식물 병원체에 의해 만들어져서 높은 식물독성을 갖는 cyclic tetrapeptide인 tentoxin을 처리한 식물의 것과 유사하다는 것에 주목했다[49]. Tentoxin은 효소를 활성화하기 위한 polyphenol oxidase의 후전사(posttransitional) 과정을 방해한다[48]. 비슷한 표현형을 가진 *Hosta* spp. 돌연변이의 조직에서 polyphenol oxidase의 활동도 없었다. 이 식물독소의 완전한 메커니즘을 아직 분명하지 않다. 하지만, polyphenol oxidase 활동이 결핍되면 대부분의 증상이 발생된다는 강력한 증거가 있다[10].

잘 특징화된 *Arabidospsis* 돌연변이들은 이용 가능하다. 이들은 식물독소에 의한 것과 유사한 표현형을 비교할 때도 도움이 될 수 있다. 그러나, 제초제로 처리된 식물의 최종적인 표현형은 죽은 식물이다. 그렇기 때문에 이용 가능한 돌연변이는 실패된 제초제로 처리되어야 할 것이다.

유전자 전사 해석법

이론적으로, 유전자 전사 해석법은 식물독소의 분자적 표적 부위를 확인할 때 도움을 줄 수 있고 또한 그 작용 양식에 관한 정보도 줄 수 있다. 이를 위해서는, 정상 조건에서나 다양한 스트레스 하에서 유기체가 갖는 cDNA의 단백질로부터의 유전자 칩 혹은 전체 게놈의 microarray를 가진 유전자칩으로 여러 분자적 표적 부위를 갖는 다양한 제초제에 대한 시험식물의 유전자 전사 반응을 확인을 한다. 이러한 정보들을 통해 알려진 표적 부위를 위해 유전자 전사 해석 도서관이 생성될 수 있다. 그러면 알려지지 않은 분자적 표적 부위를 갖는 식물독소의 유전자 전사 해석법은 알려진 작용 양식을 갖는지 확인하기 위한 도서관의 해석법과 비교될 수 있다. 그렇지 않을 경우, 양성으로 피드백 되거나 음성으로 피드백 되는 유전자의 분석이 작용 양식에 대한 단서를 제공할 것이다. 이 기법은 농약 산업에서의 살균제, 제초제 그리고 살충제에 함께 사용되나 아직 많이 알려지지는 않았다. 우리 연구실은 천연 살균제와 식물독소의 작용 양식을 확인하기 위해 이러한 접근법을 이용하고 있다[49].

작용양식을 확인하기 위한 유전자 전사 해석법을 사용하는 개념은 간단하지만 구현하기는 어렵다. 양질의 정보를 위해서는 다양하게 내부 통제되어 잘 설계된 DNA칩과 신중하게 고안된 실험이 있어야 한다. 모든 실험은 유사한 효과를 일으키는 식물독소의 용량(예: IC_{50})에 의한 영향을 유전자 전사 해석을 통해 조사되고 이차 및 삼차 효과가 결과를 혼동시키기 전에 실시되어야 한다. 모든 식물독소가 같은 조직에서 그리고 같은 속도로 작용되지 않는다는 사실이 실험을 더 복잡하게 만든다.

식물독소는 1) 스트레스 단백질과 효소, 2) 생체이물 해독 효소, 3) 분자적 표적 부위와 직접 연관된 단백질이라는 세 가지 형태의 단백질을 해석하는 유전자에 영향을 준다. 여러 다른 유전자는 치사량에서, 결국 영향을 받아야 하지만 초기 증상 발달 과정에서 세 종류의 유전자는 더욱 명확하게 인식될 수 있다. 식물독소가 대사 경로의 특정 효소를 억제하면 경로에서의 여러 효소가 양성적으로 피드백 될 수 있다. 따라서 이 방법은 작용 양식에 관여하는 특정 경로를 제안하는 데에만 사용될 수 있다. 다른 연구들(예: 경로에서의 유전적 손상을 가진 돌연변이, 보완 연구, 혹은 직접적인 효소학)이 경로에서의 표적 효소를 확인하기 위해 필요할 것이다.

결론

식물유래 화학물질은 여전히 새로운 화합물의 좋은 원천이고 제초제의 새로운 화학종을 만들어내는데 기여한다. 소형화된 생물검정 방법과 결합된 현대의 분리 그리고 분석기기는 생물검정에 의한 유도분리 방법과 이러한 화합물의 발견을 위한 시간을 감소시켰다. 분자적 표적 부위에 대한 지식은 식물독소를 제초제로 만들기 위해서는 매우 바람직하다. 분자적 표적 부위를 확인하기 위한 새로운 전략과 기술 또한 이 과정을 단순화시키고 있으나 식물독소의 발견만큼 간단하지는 않다.

참고문헌

1) Dayan FE, Rimando AM, Tellez MR, Scheffler BE, Roy T, Abbas HK, Duke SO (2002) Z Naturforsch C 57c: 645-653.
2) Henkel Brunne T, Müller RM, Reichel H F (1999) Angew Chem Inter Ed 38: 643-647.
3) Lydon J, Duke SO (1999) *Plant Amino Acids*. 445-464.
4) Netzly DH, Butler LG (1986) Crop Sci 26: 775-778.
5) Einhellig FA, Souza IF (1992) J Chem Ecol 18: 1-11.
6) Lee DL, Prisbylla MP, Cromartie TH, Dagarin DP, Howard SW, Provan WM, Ellis MK, Fraser T, Mutter LC (1997) Weed Sci 45: 601-609.
7) Bradley KW, Hagood ES (2002) Weed Technol 16: 164-170.
8) Irzyk GP, Zorner P, Kern A (1997) Weed Sci So Amer Abstr 37: 103.
9) Pline WA, Hatzios KK, Hagood ES (2000) Weed Technol 14:667-674.
10) Duke SO, Abbas HK, Amagasa T, Tanaka T (1996) *Crop Protection Agents from Nature, Natural Products and Analogues*, 82-113.
11) Duke SO, Dayan FE, Hernández A, Duke MV, Abbas HK (1997) *Proc Brighton Crop Protect Conf Weeds* 579-586.
12) Duke SO, Dayan FE, Rimando AM (2000a) *Herbicides and their Mechanisms of Action*, 105-133.
13) Dayan FE, Romagni JG, Duke SO (2000) J Chem Ecol 26: 2079-2094.
14) Amagasa T, Paul RN, Heitholt JJ, Duke SO (1994) Pestic Biochem Physiol 49: 37-52.
15) Michel A, Johnson RD, Duke SO, Scheffler BE (2004) Environ Toxicol Chem 23: 1074-1079.
16) Nimbal CI, Weston LA (1997) *Proc ^{2nd} Internat Weed Sci Congr* 863-868.
17) Lydon J, Teasdale JR, Chen PK (1997) Weed Sci 45: 807-811.
18) Dayan FE, Tellez MR (1999) Allelopathy J 6: 1-12.
19) Weidenhamer JD, Morton TC, Romeo JT (1987) J Chem Ecol 13: 1481-1491.
20) Romagni JG, Meazza G, Nanayakkara NPD, Dayan FE (2000) FEBS Letters 480: 301-305.
21) Duke SO, Williams RD, Markhart AH (1983) Ann Bot 52: 923-926.
22) Weidenhamer JD, Macias FA, Fischer NH, Williamson GB (1993) J Chem Ecol 19: 799-1807.
23) Dornbos DL Jr, Spencer GF (1990) J Chem Ecol 16: 339-352.
24) Duke MV (2000b) *Phytochemicals as Bioactive Agents,* 1-20.
25) Harrington PM, Singh BK, Szamosi IT, Birk JH (1995) J Agric Food Chem 43: 804-808.
26) Dayan, FE (2002) *Encyclopedia of Pest Management*, 521-525.
27) Romagni JG, Allen SN, Dayan FE (2000) J Chem Ecol 26: 303-313.
28) Vaughn KC, Lehnen LP (1991) Weed Sci 39: 450-457.
29) Oliva A, Moraes RM, Watson SB, Duke SO, Dayan FE (2002) Pestic Biochem Phys 72: 45-54.
30) Armbruster BL, Molin WT, Bugg MW (1991) Pestic Biochem Phys 39: 110-120.
31) Lehnen LP, Vaughan MA, Vaughn KC (1990) J Exp Bot 226: 537-546.
32) Lehnen LP, Jr, Vaughn KC (1992) Pestic Biochem Phys 44: 50-59.
33) Sherman TD, Vaughn KC (1992) *Target Assays for Modern Herbicides and Related Phytotoxic Compounds.* 221-215.
34) Vaughan MA, Vaughn KC (1990) Ann Bot 65:379-388.

35) Vaughn KC, Hoffman JC, Hahn MG, Staehelin LA (1996) Protoplasma 194: 117-132.
36) Hiscox JD, Israelstam GF (1979) Can J Bot 57: 1332-1334.
37) Sandmann G (1993) *Target Assays for Modern Herbicides and Related Phytotoxic Compounds*. 3-8.
38) Duke SO, Kenyon WH (1993) *Target Assays for Modern Herbicides and Related Phytotoxic Compounds*. 61-66.
39) Galindo JCG, Hernández A, Dayan FE, Tellez MR, Macías FA, Paul RN, Duke SO (1999) Phytochem 52: 805-813.
40) Krause GH, Weis E (1991) Ann Rev Plant Physiol Plant Mol Biol 42: 313-349.
41) Backman PA, DeVay JE (1971) Plant Pathol 1: 215-234.
42) Deal LM, Reeves JT, Larkins BA, Hess FD (1980) Weed Sci 28: 334-340.
43) Tranel PJ, Gealy DR, Irzyk GP (1933) Weed Sci 41: 483-489.
44) Turner JG (1985) Plant Physiol 80: 760-765.
45) Singh BK, Shaner DL (1995) Pestic Sci 43: 221-225.
46) Pfister K, Steinback KE, Gardner G, Arntzen CJ (1981) PNAS USA 78: 981-985.
47) Vaughn KC, Duke SO (1981) Physiol Plant 53: 421-428.
48) Vaughn KC, Duke SO (1984) Physiol Plant 60: 257-261.
49) BenešV, Muckenthaler M (2003) Trends Biotechnol 28: 244-249.
50) Dayan FE, Romagni JG, Tellez MR, Rimando AM, Duke SO (1999) Pestic Outlook 5: 185-188.

4

CHAPTER

군집의 자원경쟁과 타감작용

서론

식물군락에서 타감작용의 중요성

광의의 타감작용은 미생물을 포함한 모든 종류의 식물에서 일어나는 촉진 또는 억제시키는 생화학적 상호작용을 의미한다[1]. 지금까지 상당기간 동안 주변 생물에 대한 식물의 직접적이거나 간접적인 화학적 효과를 넘어 타감작용은 천이, 질소 순환, 군락동태 등의 군락수준에서의 과정에 대해 영향을 줄 수 있다[2, 3, 4, 5]. 식물군에서 대한 타감작용의 잠재적 중요성은 다음과 같이 요약할 수 있다.

> 생리학적 이론에 대한 타감작용의 중요성은 매우 크다. 소량의 독은 식물성장이나 수분 또는 무기영양염 흡수를 크게 감소시킬 수 있고 그렇기 때문에 미세기상(microclimate)에도 큰 영향을 미친다. 경쟁, 반응, 생물량(biomass) 비율, 에너지 흐름, 무기질 순환, 그리고 생태계 구성에 대한 전통적인 이론은 타감작용이 입증될 수 있는 부분에 대해서는 재평가될 필요가 있다.

타감 상호작용을 밝히는 것도 현실적인 관심사항이었다. 현상에 대한 이해는 새로운 제초제의 개발, 타감작용성 뿌리덮개(mulches)의 사용, 잡초방제를 위한 피복작물(cover crops)과 윤작(cropping rotation), 다양한 타감 작물개발, 그리고 자가중독성에 의한 토양병과 연작 문제에 대한 통제로 이어질 수 있다[6, 7, 8, 9, 10, 11].

생태학적 복잡성: 방법론적 중요성

자연과 농업 생태계의 이해를 통한 가시적인 이익에도 불구하고 타감작용은 포장조건에서 입증되기 쉽지않다. 다른 생리학적 상호작용과 마찬가지로, 타감작용도 복잡한 현상이다. 이러한 복잡성은 여러 학자에 의해 보고되었고[12, 13, 14, 15, 16], 실험설계에도 큰 영향을 미쳤다[16, 17]. 불행하게도, 기존문헌에는 이러한 생리학적 복잡

Jeffrey D. Weidenhamer

Department of Chemistry, Ashland University, Ashland, Ohio 44805, USA

성을 고려하지 못한 예들이 많다[18].

식물은 인접 식물과 다양한 방식으로 상호작용을 한다[19, 20, 21]. 식물은 영양소, 수분, 빛, 그리고 꽃가루 매개자 등의 자원을 두고 서로 경쟁한다(자원경쟁). 식물은 발아 혹은 성장을 억제하거나 촉진하는 화학 물질을 생성할 수도 있고 근균이나 *Rhizobium*의 공생을 억제하거나 촉진하여 간접적으로 이웃 식물의 성장에 영향을 줄 수도 있다. 초식동물에 대한 반응으로서 휘발성 화합물의 분비는 이웃 식물에게 감지되어 화학적 방어작용을 일으킬 수 있다[22]. 식물은 병원균 또는 초식동물을 품거나[23] 어떠한 방법으로 토질특성을 조정하여[24, 25] 간접적으로 이웃식물에 영향을 줄 수 있다.

이 보고서는 다른 식물-식물 상호작용의 메커니즘은 물론 식물성장에 영향을 주는 비생물적 요소(예: 토양 pH)로부터 타감작용을 구분하는 문제에 초점이 맞춰져 있다. 식물이 물리적, 화학적, 그리고 생물학적 환경을 한꺼번에 경험하고 또한 다양한 식물-식물 상호작용의 다양한 기전이 동시다발적이며, 연속적으로, 상호적으로 발생하기 때문에 이러한 시도는 매우 복잡해진다. Trenbath[26]는 유식물의 타감작용 효과는 과장되거나 역전될 수 있다는 것에 주목했다. 게다가 영양소 제한을 포함한 다양한 스트레스는 식물에 독성을 갖는 타감물질의 생성을 증가시킬 수 있다. 영양소 제한은 몇몇 타감물질의 독성을 증대시킬 수 있다[12, 16, 27, 28]. Blum 등은 영양분에 대한 경쟁이 타감 상호작용을 야기할 수 있다는 것을 지목했다. 식물의 타감 억제는 자원을 위한 경쟁의 효율을 낮출 것이라는 사실은 분명하다[29]. 이러한 여러 다른 상호작용이 이론적으로 가능하다. Nilsson[30]의 결과는 하나의 시스템에서 자원경쟁과 타감작용 간 상호작용의 규모에 대한 증거를 제공하기에 주목할 만하다.

여기서 중점은 식물-식물 상호작용의 기작을 '식별'하는 것이지 '분리'하는 것이 아니다[15, 23, 30, 31, 32]. 위에서의 이유로 주장될 수도 있지만, 자연계에서 자원경쟁으로부터 타감작용을 '분리'하는 것은 본질적으로 불가능하며[15], 조사자들은 타감작용이 과학적으로 타당한 가설이 되기 위해서는 식물-식물 상호작용의 다른 기전으로부터 타감작용을 구별하는 긍정적 증거를 반드시 식별할 수 있어야 한다. 경쟁으로부터 타감작용을 '분리'하는 것은 후자의 의미로는 불가능하지 않으며 매우 중요하다.

밀도의존적 식물성장

밀도와 식물성장

식물을 같이 재배하면, 총수량(열매 또는 종자의 수확량 혹은 총 생물량으로 계산된다)은 이웃 식물들이 자원을 두고 서로 경쟁하는 지점까지는 연속적으로 증가한다

(그림 1a). 특정 밀도에 도달하게 되면 개별 식물의 성장은 감소되나 단위 면적당 수확량은 넓은 범위의 밀도에서 일정하게 유지된다[33, 34, 35]. 한정된 양이 일정한 밀도의 범위에서 식물 중량의 로그 평균과 밀도의 로그는 –1의 기울기를 갖는 직선으로 나타내어진다(그림 1b). 자원 보유수준 등의 요인은 주어진 조건에서 최대 수확량을 변화시킬 수 있고 그에 따라 로그 중량-로그 밀도 직선의 절편을 변화시킬 수 있으나 예측된 기울기를 바꿀 수는 없다. 최종수량일정법칙(law of constant final yield)은 보편적이기 때문에[19, 36, 37, 38], 식물 생리학에서 두 개의 주요 '법칙' 중 하나로 간주된다[38, 39].

밀도의존 식물독성

밀도의존 식물독성 효과는 식물독성 물질을 포함한 다양한 밀도의 토양에서 자라는 식물로부터 관찰되는 억제의 규모의 차이로 정의될 수 있다. 유한한 양의 식물독소를 포함한 주어진 부피의 토양에서, 낮은 밀도에서 자라는 식물은 한 그루당 제공되는 독소의 양이 많아서 높은 밀도에서 성장하여 독소가 여러 식물을 통해 공유('희석')되어 비교적 적은 투여량을 받는 식물들보다 생육이 크게 감소된다. 이것은 낮

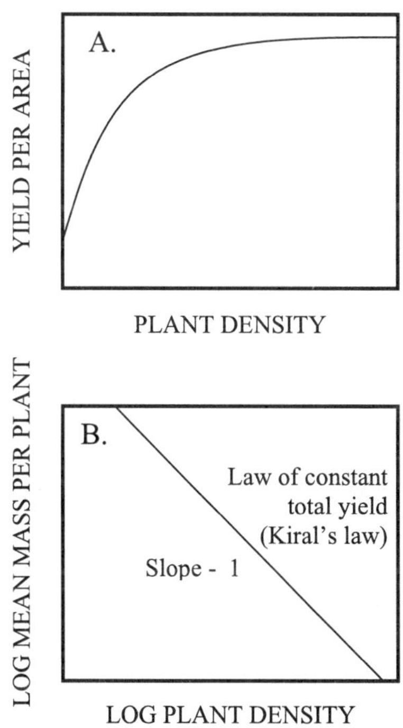

그림 1. 식물밀도-성장관계에서 식물독소의 영향.
(A) 증가하는 식물밀도에 따른 예상되는 식물성장. (B) 전체 식물성장이 일정할 때 식물밀도에 따른 로그성장과 식물체당 로그생물량 간의 예상된 관계

은 밀도에서 자라는 식물이 한 그루당 더 많은 양의 자원을 제공받을 수 있어서 그에 따라 결과적으로 성장이 증가되는 자원경쟁과는 대조된다.

이 상황을 이해하기 위한 다른 방법은 식물이 자원을 경쟁하는 것과 같이 식물독소에 대해서도 '경쟁'한다는 것을 깨닫는 것이다. 자원 경쟁에서 이긴 결과는 긍정적인 반면, 식물독소를 위한 경쟁에서 이긴 결과는 부정적이다. 이 반응의 차이는 타감작용으로부터 자원경쟁을 구별할 수 있는 방법을 제공해준다. Hoffman and Lavy[40]는 ^{14}C-표지된 atrazine을 이용한 실험을 통해 용기당 대두(soybean) 개체군의 생육이 1에서 6으로 증가하면서 한 그루당 atrazine 흡수량은 반대로 50% 감소되었다는 것을 보여 주어 식물이 제초제를 두고 경쟁한다는 주장을 뒷받침했다. 이것은 그림 2에 도식화되어 있다.

밀도의존성 식물독성은 제초제 작업으로 처음 보고되었다[30, 40~44]. Weidenhamer 등[31, 32, 44]은 천연 타감물질의 밀도의존성 효과에 대한 첫 조사를 보고했다. Weidenhamer 등[31, 32]은 (a) 통제된 토양과 비교했을 때, 성장 감소는 드물게 발생하고 높은 밀도에서 오히려 약화되며, 최대 개별 식물 중량은 예측된 로그 수확량-로그 밀도 직선의 기울기가 역전되는 중간 밀도에서 일어난 결과를 바탕으로 이는 자원경쟁에 대한 결과와는 다른 토양 내 독소 물질이 존재하는 것이라고 제안했다. 이러한 정보는 자원경쟁으로부터 타감작용을 구별하는 도구로서 식물밀도에 변화를 주는 실험의 유용성을 보완한다.

단일재배: 연구실과 온실실험

Weidenhamer 등[31, 32]은 흑호두나무(*Juglans nigra.*) 밑과 주변에서 채취한 토양과 일반토양을 다양하게 혼합하여 토마토(*Lycopersicon esculentum* Mill.)를 키웠다. 낮은 농도로 처리한 흑호두나무 토양에서 키운 토마토의 생육은 38% 감소되었

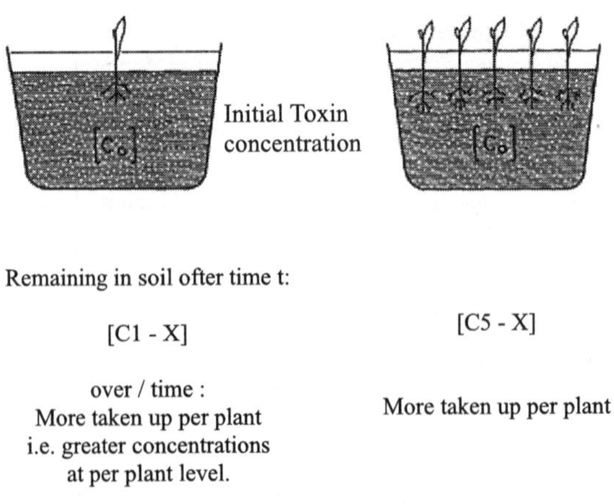

그림 2. 밀도의존적 식물독소의 영향

으나, 가장 높은 농도로 처리한 곳에서는 오히려 생육감소가 16%로 나타났다. 다른 실험에서는 Florida scrub 중 다년생 *Polygonella myriophylla*가 생산하는 것으로 추정되는 hydroquinone과 gallic acid를 처리한 토양에서 bihiagrass를 키웠다. Hydroquinone과 gallic acid를 400 :g/g으로 처리한 토양에서 8주간 키운 bihiagrass의 생물량은 용기당 2포기를 심었을 때에는 63%이었고 용기당 16포기를 심었을 때는 효과가 나타나지 않았다. 각 화합물을 100 :g/g으로 처리한 토양에서 5주간 키운 bihiagrass의 생육량은 용기당 2포기로 통제했을 때는 233%이었고 용기당 16포기이었을 때는 고작 139%에 불과하였다.

Choesin and Boerner[45)]은 토양에 첨가된 allyl isothicyanate에 대한 *Medicago sativa*의 반응을 검사했다. 5가지 밀도(용기당 2, 4, 8, 16, 또는 32포기)의 *M. sativa*는 *Brassica napus* 밑에서 대표적으로 발견되는 물질로 선택된 allyl isothiocyanate를 각기 다른 농도로 처리되었다. 어떠한 밀도에서도 *M. sativa*의 성장에 대한 억제는 관찰되지 않았다. 밀도의존성 식물독성 효과의 부재는 *B. napus*의 타감작용 잠재력에 대해 반대되는 증거로 사용되었다.

El-Khatib[46)]은 경운하고 방치된 땅에서 특이하게 독점하는 단일종인 *Alhagi graecorum*의 근권(rhizosphere)에서 가져온 토양을 채운 상자에 *Chenopodium murale*, *Glinus lotoides* 그리고 *Malva parviflora*의 종자를 심었다. 종자는 면적이 1480 cm^2인 상자에 상자당 50, 100, 그리고 150포기의 밀도로 심어졌다. 낮은 재식 밀도에서는 종의 생육이 감소되었으나 높은 재식 밀도에서는 그렇게 크지 않았다.

Humphry 등[29)]은 2,4-D amine의 살포에 대한 *Agrostemma githago*의 반응으로 나타나는 식물밀도의 효과를 조사했다. ED_{50}값(생중량을 바탕으로 식물이 제초제에 대해 50%의 반응을 보이는 투여량)은 높은 식물밀도에서 상당히 높았다. 높은 밀도와 낮은 밀도로 처리한 것의 차이는 15배이었다. ED_{50}은 높은 밀도(10 cm 지름 용기당 64포기)에서 유효 성분은 616 g ha^{-1}이었고 낮은 밀도(용기당 2포기)에서는 42 g ha^{-1}이었다. 투여량과 밀도를 통해 수학적 관계가 유도되었다. 높고 낮은 밀도에서 식물이 채집한 제초제의 양에 대한 실험적 측정은 2,4-D를 tartrazine 염료로 대신하면서 완수되었다. 살포 후, 염료는 잎으로부터 씻겨 나갔으며 분광광도법적으로 분석되었다. 높은 밀도의 식물에서는 잎의 단위 면적당 2.5배나 낮은 제초제를 받았고 한 그루당으로 측정했을 때에는 4배나 낮았다. Humphry 등은 용량을 계산하여 제초제에 대한 반응을 예측할 수 있다면 매우 흥미로울 것이라고 제안했다. 타감작용성 효과는 전형적으로 흡수에 의해서보다는 뿌리에 의해서 매개된다. 그러나 뿌리의 질량 또는 표면적을 바탕으로 측정한 용량에서의 유사한 차이점는 측정이 더 어려울 수 있겠지만 예측될 수 있을 것이다.

Tseng 등[47)]은 *Macaranga tanarius*의 타감작용 잠재력을 평가하였다. 이 나무는 빠르게 천이를 하며 초원을 침투하여 살 수 있고 하층에 상대적으로 적은 종이 살고 있다. *Macaranga*의 잎 분말을 토양에 투입하고 3단계의 밀도로 재배한 양배추(*Lactuca sativa* L.)와 *Alocasia macrorrhiza*을 분석하였다. 양배추는 민감하게 반응하였으며 *A. macrorrhiza*는 *M. tanarius*의 아래층에서 자랐다. 양배추의 성장 감소는 각각 낮은, 중간, 높은 밀도에서 68%, 55%, 23%로서 재식밀도에 따라 일정한 패턴을 나타내었다. *Alocasia*의 성장은 잎의 분말량이 많아질수록 감소되었으나 이 성장 감소는 밀도의존성은 아니었다. 이러한 실험은 타감 상호작용이 일어난다는 것을 증명하지는 못했지만 Rice의 유사한 실험에 대한 Harper[19]의 비판에 대해서는 답을 제공한다. Harper는 잎의 분말과 같이 미리 부패된 유기 물질을 이용함으로써 미생물 활동을 증폭시켜 질소 결핍을 일으킨다고 하였다. 그러나 *Macaranga*의 분말을 투여한 용기에서 일어난 질소 결핍은 *Alocasia*를 시험 종으로 썼던 것처럼 모든 밀도에서 동일할 것이다. 높은 밀도에서 성장 감소가 사라지는 것은 질소 결핍에 대한 가설과는 일치하지 않으나 잎의 분말에서 나온 독소에 의한 것이라는 것에는 일치하고 있다.

단일재배: 현장실험

밀도의존성 식물독성 효과는 여러 현장실험을 통해서도 관찰되었다. Hoffman and Lavy[40]는 높은 밀도의 식물 집단에서는 atrazine에 대해 민감하게 반응하지 않았다는 것을 발견했다. 1.1 kg ha^{-1}의 atrazine를 처리하면, 대두의 건조중량은 100 cm^2당 6주가 심어지면 97%의 생육을 나타냈으나 100 cm^2당 1주가 심어지면 대조군과 비교해 보았을 때 26% 수준의 생육을 나타냈다. 2년간의 현장연구를 통해 Andersen[42]은 다른 비율의 metribuzin을 처리한 4가지 농도의 밭에서 심은 대두의 밀도의존성 수확량 변화를 보고하였다. 이 자료는 밀도의존성 식물독성 효과를 분명하게 보여주었다. 연구를 시작한 지 2년째가 되었을 때, 높은 농도로 metribuzin을 처리한 조건에서 가장 높은 파종밀도에서 대두 수확량은 2280 kg ha^{-1}이었던 반면에, 낮은 농도에서의 수확량은 1070 kg ha^{-1}에 불과하였다.

Gentle과 Duggin[48]은 *Lantana camara L*의 타감작용을 조사하기 위해 자생 수종인 *Alectryon subcinereus*와 *Cryptocarya rigida*에 대한 현장실험을 수행하였다. *Lantana*는 물리적으로 제거되거나 태워지거나 또는 그대로 방치되었다. 분석하는 종의 종자는 덤불 속에서 발아되었으며 밀도를 m^2당 10, 20, 30그루밀도로 14개월 재배한 후 수확하였다. *Lantana*가 심어져 있던 곳에서는 두 종 모두 밀도가 증가함에 따라 작물의 생육량도 증가됨을 보여주었다. 처리별 유식물의 생육량은 *Cryptocarya rigida*의 경우, m^2당 10주 밀도에서는 1.75 g이었던 것이 m^2당 30주 밀도에서는 2.58 g으로 증가하였다. *Alectryon subcinereus*의 경우에는 m^2당 10주 재식에서는 1.95 g이었던 것이 m^2당 30주 재식에서는 2.53 g으로 증가하였다. 반면에 *Lantana*가 제거된 곳에서는 유식물의 밀도가 증가함에 따라 묘목 생물량이 감소하였으며, 이것은 자원 경쟁에 의한 반응이라고 예측할 수 있다(그림 3). *Lantana*가 있거나 없을 때의 반대되는 경향은 *Lantana*가 현장에서 타감작용 효과를 발휘하고 있다는 가설을 지지해 주는 것이다.

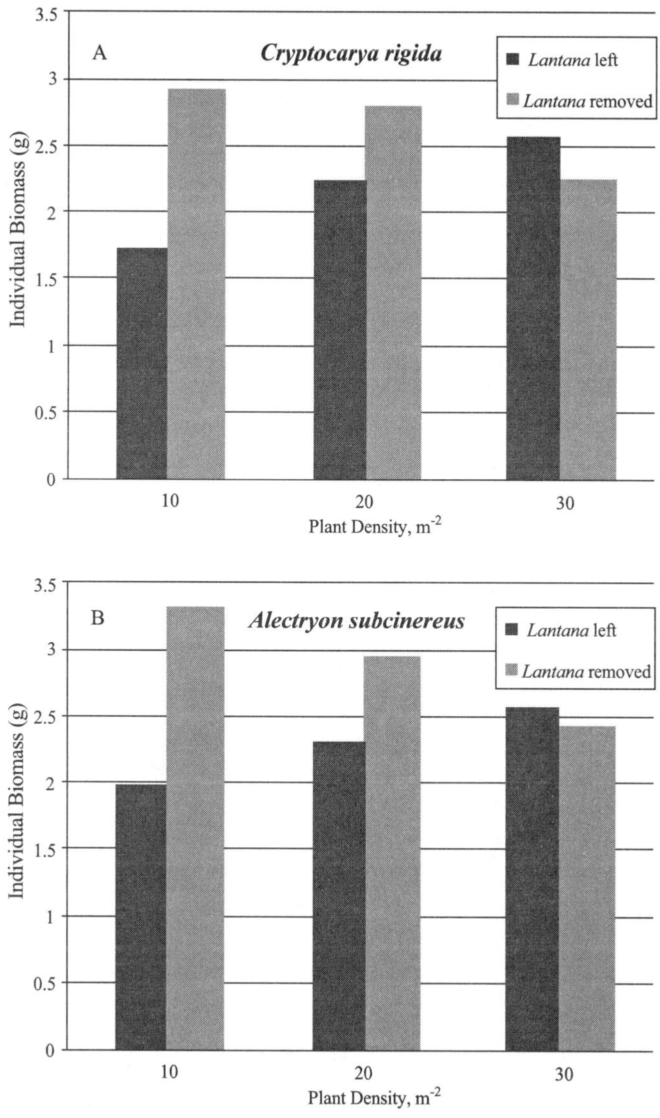

그림 3. *Cryptocarya rigida* (A)와 *Alectryon subcinereus* (B)를 다양한 밀도로 *Lantana camara*와 함께 심고 플롯에 방치하거나 제거할 경우 유묘의 생육량 비교

수확량-밀도 관계에 대한 밀도의 영향

Weidenhamer 등[31, 32]은 토양에서의 식물독소 농도가 수확량-밀도의 관계에 대해 영향을 준다고 하였다. 독소 농도와 재식 밀도에 따른 식물의 생육반응은 중간 밀도에서 최대 생육을 보인 반면 낮은 재식 밀도에서는 식물독소에 의해서, 그리고 높은 재식 밀도에서는 자원경쟁에 의해 생육이 크게 감소하였다(그림 4a).

이러한 결과는 자원경쟁과 반대되는 결과이므로 화학적 간섭에 대한 가설에 대한 강력한 증거가 될 수 있다. 흑호두나무 주위와 밑에서 수집된 토양에서 세 가지 다른 밀도로 재배한 토마토의 로그 수확량-로그밀도 선의 기울기는 주변 밭에서의 자란 토마토와 비교하여 감소되었다[31, 32](그림 4b). 잡초에 관한 자료를 재분석해 보면 여러 수준의 metribuzin 잔류물이 대두 종자 수량을 감소시켰고[42], atrazine에 대한 반응을 나타낸 대두의 수확률-밀도 직선과는 반대 양상을 보였다[40].

Choesin과 Boerner[45]의 연구에서, 수확량-밀도 분석(로그 식물 질량 평균-로그 식

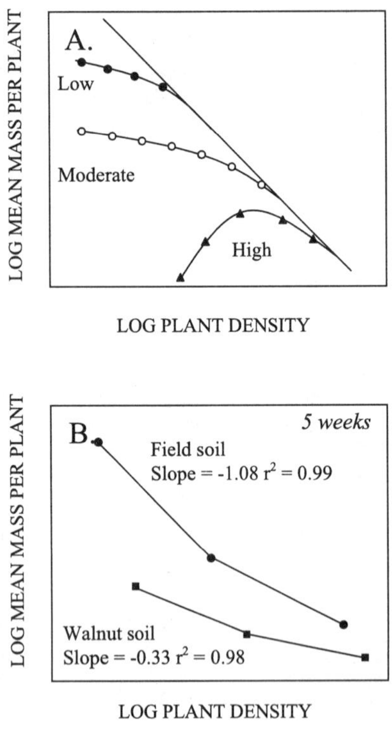

그림 4. 식물밀도-성장관계에서 식물독소의 영향.

(A) 저농도, 중농도, 고농도의 식물독소가 존재할때 로그 평균생체량 - 밀도간의 편차

(B) 5주 동안 온실에서 보통 흙과 검은호두조건에서 토마토의 평균 로그 생체량과 밀도간의 관계

물밀도 직선의 기울기 비교)으로 allyl isothiocyanate가 *Medicago sativa*의 성장에 어떠한 영향도 미치지 않았다는 것을 알게 되었고 이를 통해 이 연구 조건에서 식물독소는 관찰되지 않았음을 짐작할 수 있었다.

Gentle와 Duggin[48]은 *Lantana camara*의 유무를 바탕으로 유식물의 성장에 대한 자료를 그림 5a(*Cryptocarya rigida*)와 5b(*Alectryon subcinereus*)로 나타냈다. *Lantana*가 없을 때에는 로그 질량-로그 밀도 직선의 기울기는 음의 값이다. *Lantana*가 있을 때에는 로그 질량-로그 밀도 직선의 기울기는 역전된다. 이러한 결과는 자원경쟁과 일치하지는 않지만 *Lantana*에 독소가 있다는 사실을 뒷받침한다.

*Macaranga tanarius*의 타감작용 잠재성에 관한 Tseng 등[47]의 연구에서는 식물 한 그루당 로그 중량 평균과 로그 밀도 관계를 분석하였는데 Macaranga 잎의 분말이 처리된 토양에서 자란 양배추가 아무 것도 처리되지 않은 토양에서 자란 양배추

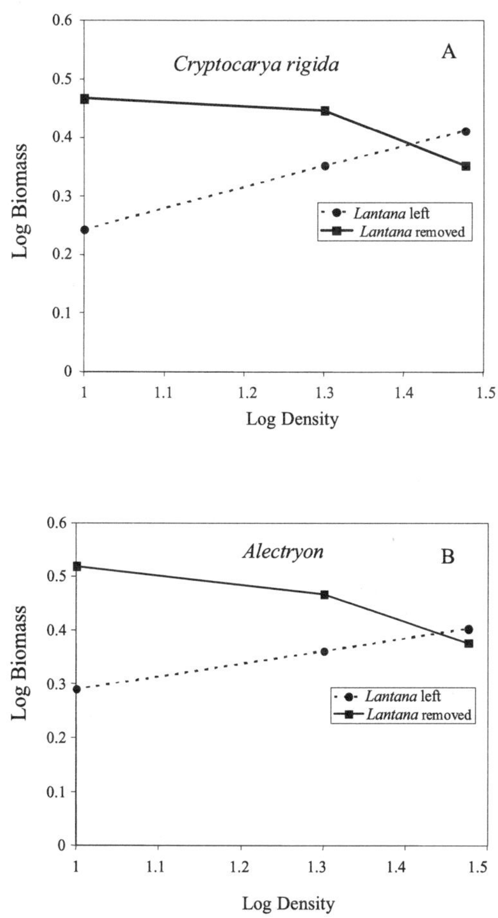

그림 5. *Cryptocarya rigida* (A)와 *Alectryon subcinereus* (B)를 다양한 밀도로 *Lantana camara*와 함께 심고 플롯에 방치하거나 제거한 다음 14개월후 생물체량 비교.

에 비해 현저하게 생육이 감소한 것으로 나타났다. 그러나 *Macaranga*에 의해 억제를 받지 않은 *Alocasia macrorrhiza* 그래프의 기울기는 일반 토양과 Macaranga 잎의 분말을 처리한 토양에서와 차이는 없었다.

혼합배양 실험

이종간 경쟁을 하며 자란 식물에 대해서도 밀도의존성 식물독소의 효과가 검증되었다[49]. Goldberg and Werner[50]에 의해 식물간 경쟁에 대한 연구를 수행하기 위해 옥수수와 대두를 같이 키우는 표적-이웃 방식(target-neighbor design)으로 실험을 하였다. 이 방식에서는 한 종이 다양한 밀도로 표적 식물 주변에 심어진다. 여러 농도에서의 경쟁 효과를 관찰하는 것이 이 방식에서는 가장 중요한 부분이기 때문에 식물독소 등으로부터 농도에 관한 경쟁효과를 관찰하기에 매우 적절하다. 광엽잡초의 제초제인 atrazine을 옥수수와 대두에 처리하였는데, 이는 독소에 대해 서로 다른 민감성을 나타내는 두 종이 제 3의 종과 혹은 화학물질이 나오는 잎더미와 함께 자라는 자연스러운 상황을 만들기 위해서였다.

타감작용성 나무나 덤불의 하층 혹은 작물잔유물로부터 방출되는 억제제가 예가 될 것이다. 3.0 mg/L의 농도로 atrazine을 처리하고 표적식물 대두만 심었을 때와 비교해서 대두 주위에 9~12 그루의 옥수수를 함께 심었을 때 대두의 건중량이 증가되었다[49]. 높은 밀도의 경쟁 식물들 사이에서 대두의 생육증가는 우리가 예상했던 자원경쟁과는 정반대였다. 이는 식물독소에 민감하지 않은 옥수수 어린싹이 atrazine을 흡수하여 대두에 피해가 될 수 있는 독소의 토양중 농도를 감소시켰기 때문이다.

Hegazy 등[51]은 벼의 생육에 대한 *Nymphaea lotus*의 효과를 연구하였다. 이 실험은 일정한 밀도(용기당 묘 3포기)의 벼를 표적으로 삼고 다양한 밀도(용기당 0, 3, 6, 9, 12포기)의 연의 뿌리줄기를 주변에 심었다. 모든 경우에서 연의 밀도가 증가할수록 벼의 성장은 감소되었다. 그러나 타감작용과 자원경쟁에 대한 뚜렷한 차이는 발견되지 않았다. 밀도가 증가할수록 타감작용을 일으키는 이웃 식물의 화학적 효과도 증가할 것이라고 예측되어지는 한편, 식물간 자원경쟁 역시 증가될 것이라고 예측된다. 이 실험의 결과를 설명하기 위해 타감작용과 경쟁의 상대적 기여도를 구분하거나 타감작용의 기여도를 유추할 수 있는 방법은 없다. 대안으로 추측되는 타감작용 종을 일정한 밀도로 심어 표적으로 하고 타감물질에 취약한 종을 이웃에 심는 방법이 있다. 이러한 설정에서는 이웃 식물의 밀도가 증가할수록 타감작용은 감소될 것이며 경쟁 효과는 증가될 것이다. 타감작용표적 종의 독성에 따라 이웃 식물의 평균 크기는 최저 밀도에서 감소될 수 있고 이웃 식물의 밀도가 증가할수록 독소의

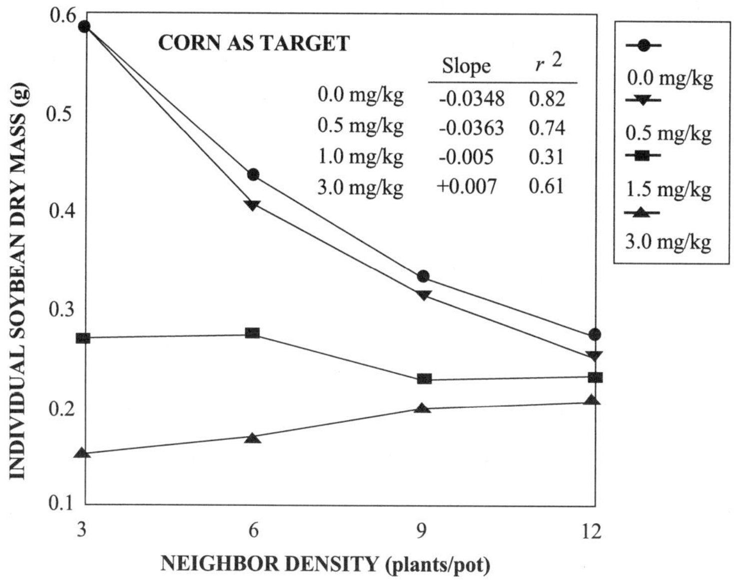

그림 6. 옥수수와 atrazine를 심은 포트에서 콩 건물중과 밀도 관계

양을 이웃 식물들과 공유하면서 평균은 커질 수도 있다. 이 실험의 결과는 예측되는 자원경쟁의 결과와 대조적일 것이어서 타감작용에 대한 강한 증거가 될 것이다. Thijs 등[49]이 실시한 실험에서는 atrazine을 처리한 용기에 옥수수(타감물질에 취약하지 않은 종)와 대두(타감물질에 취약한 종)를 심었는데 비슷한 결과가 관찰되었다(그림 6).

밀도와 용량-반응 관계

Sumna 등[52]은 몇몇 작물의 급속한 성장과 발아에 미치는 흑녹두(*Vigna mungo*)의 영향을 조사하였다. 밀, 옥수수, 녹두, 그리고 렌즈콩의 종자 10개를 0. 6, 12, 24개의 흑녹두 종자를 함께 페트리 디시에 심었다. 물은 경쟁을 막기 위해 잘 첨가되었다. 4가지 작물의 종자 발아는 흑녹두에 의해 억제되었으며 이들의 발아가 밀도의존성이라는 사실을 알게 되었다. 흑녹두 종자의 밀도가 증가할수록 억제의 정도 또한 증가되었다. 처음에 Weidenhamer 등[31, 32]이 제안한 것과는 달리 이 실험은 표적 종의 밀도에 따른 식물독성의 차이를 측정하지는 않는다. 대신, 타감작용을 일으키는 다양한 종을 통해 추정 독소의 용량-반응 관계를 알아볼 수 있다. 만약 자원경쟁을 제거해버리면 용량-반응 관계의 발견이 되는 독소 방출에 대한 가설을 보완할 수 있을 것이다. 만약 자원경쟁이 제거되지 않는다면 타감작용성 식물이 증가할수록 그에 따라 증가하는 자원경쟁으로 인해 타감작용 효과를 측정하기 어려울 것이다.

Belz와 Hurle[53)]은 밀 품종을 대상으로 수경재배를 통한 분석법(hydroponic bioassay)을 개발하였다. 이 방법에서는 추정 타감물질은 용기에 있는 밀을 다양한 밀도에 따라 다양한 용량으로 처리하지만, 시험 식물(*Sinapis alba*)은 일정 밀도로 유지된다. 어떠한 영양염도 수경 환경에 첨가되지 않으며 이에 따라 시험 종의 성장 억제가 밀의 뿌리로부터 추출된 화학물질에 의해 일어나는지 여부를 밝혀준다. Belz와 Hurle는 130개의 품종에 대해 각각의 ED_{50}(뿌리 길이를 50%로 억제시키는 식물밀도)을 알아보았다. Inderjit 등[64)]은 통제된 조건 하에서의 밀과 다년생 라이그래스(*Lolium perenne*)의 어린 식물간 상호작용을 연구했다. 5가지의 밀도(0~20개의 종자)에서의 다년생 라이그래스는 5가지 밀도(0~20개의 종자)의 밀과 함께 질석을 처리한 페트리 디시에 심어졌는데 다년생 라이그래스의 뿌리 길이가 짧아졌다. 어린 밀의 밀도가 증가할수록 다년생 라이그래스의 생육은 더욱 억제되었다. 이러한 결과는 밀의 뿌리로부터 유출된 타감물질의 농도 증가에 기인한다. 이는 Belz와 Hurle[53)]의 실험결과와도 유사하였다.

밀도의존 식물독성의 수학적 모델링

Sinkkonen[54)]은 Weidenhamer의 밀도의존성 모델을 통합하기 위해 An 등[55)]의 생물학적 반응 모델을 확장했다. 이 모델은 밀도의존성 식물독성을 수학적으로 예측을 할 수 있는 모델에 관한 문헌에서 정보를 찾아 성공적으로 적용시켰다. Sinkkonen[55)]은 An 등[57)]이 제안한 잔유물에 대한 타감작용 모델을 결합함으로써 분해되는 잔여물에 대한 밀도의존성 반응을 고려하여 자신의 작업을 더욱 확장했다. 완성된 모델을 통해 타감물질의 촉진적, 억제적 효과간의 균형은 관찰시간, 식물밀도, 화학물질 농도, 그리고 환경조건에 의존될 것이라고 예측한다. Sinkkonen은 대립되는 결과로 인해 식물에서의 화학적 간섭에 대한 지난 연구를 방해한 이유를 설명해줄 것이라고 하였다.

다른 결과

Horrman and Lavy(1978)는 식물이 제공받는 식물독소의 양적인 효과 때문에 용기의 부피가 식물독소 연구에 중요한 요소라는 것을 찾아냈다. 일정한 밀도에서, 큰 용기에 심어진 식물들은 많은 양의 독소로부터 영향을 받는다. Keith는 미사질양토가 담긴 용기에 대두 한 주를 기르며 관찰했는데 가장 작은 용기에 0.1 ppm으로 atrazine을 처리하면 성장 감소는 보이지 않았다. 한편, 450 g 용기와 900 g 용기에서는 성장이 25%와 70% 감소되었다. 종이 최저 밀도로 재배되거나, 최대 부피의 용기에서 키워졌을 때 억제효과가 크게 나타났다[17)]. 이러한 효과는 가끔 대립되는 타감작용에 대한 조사 결과를 설명해 줄 수 있다. 자원경쟁에서 예상되는 효과와 대조되는 밀도의존성 생육 반응을 일으키는 현상에 관여하는 것은 타감작용 뿐만이 아니라는 것을 알아야 한다. Jain and Singh[25]는 *Terminalia arjuna*를 3가지 밀도(ha 당 10,000, 20,000, 30,000 그루)로 심었다. 이들은 식물의 키, 직경, 그리고 생육량은 재식 밀도가 증가하면서 현저하게 증가되었다는 것을 알아냈다. 높은 식물밀도에서 성장이 증가한 이유는 토질 특성이 향상됐기 때문이다. 높은 식물밀도에서 토양용적밀도는 감소하고 공극률과 보수력이 증가되었기 때문이다. 또한 밀도가 증가하면 토양 pH와 교환성 나트륨 농도가 감소하였다. 특정 상황에서 연구할 때에 주의 깊은 실험과 관찰이 필요하다. 이것은 작물의 밀도의존성 생육 반응이 토양 내 독소에 의한 것인지 또는 다른 인자에 의한 것인지를 간파하기 위해서이다. 다른 가설은 항상 고려해 보아야 한다.

결론

밀도의존적 식물독성의 방법적 영향

타감작용은 복잡한 생태학적 현상이다. 식물군락과 생태학적 상호작용의 메커니즘의 복잡성을 이해하는 것은 bioassay를 통해 실질적인 결과를 이끌어 내게 한다. 이러한 어려움에도 불구하고, 실험적인 접근법은 현장에서 타감작용에 대한 증거를 제공한다. 재식밀도에 따른 식물의 생육차이는 타감물질을 두고 식물 간의 경쟁에 따라 생긴 결과다. 다만 경쟁을 하는 물질이 식물에 이롭지 않기 때문에 보다 많은 양을 요구하는 식물은 생육이 감소된다. 식물의 밀도가 증가되면 식물의 크기는 실제로 커질 수 있으며 이는 자원경쟁에 의한 결과로 예측되는 것과는 대조된다. 이러한 효과는 온실과 현장 실험, 그리고 동종, 타종간 실험을 통해서도 입증되었다. 다음 결과는 예상되는 자원경쟁에 의한 결과와는 대조되며 토양 내 존재하는 독소의 존재에 대한 두 가지 가설을 보완한다. 즉, 첫째는 통제된 토양과 비교했을 때, 성장 감소는 드물지만 높은 밀도조건에서 발생된 밀도에서 감소된다. 둘째는 독성 농도 중간 식재 밀도에서 식물생육이 가장 왕성하였는데, 이는 수확량-로그 밀도 직선의 기울기가 역전되었기 때문이다. 식물밀도를 다양화하여 실험하는 정량법은 타감작용을 연구하는데 좋은 도구가 될 것이다. 혼합재배되는 식물에 대해서는 표적-이웃 방식[49, 58]에서는 식물밀도의 변화가 가장 중요한 부분이기 때문에 타감 상호작용을 연구하는데 유의해야할 것이다. 위에서 언급했듯이, 식재밀도에 의존하는 식물독성은 다른 밀도에서 성장하는 표적 식물의 성장 차이를 통해 분명해질 것이다. 근원 식물의 밀도를 달리하는 것이 용량-반응 관계를 관찰하기 위한 실험에서 유용하나[53], 이것은 타감작용과 자원 경합의 경계를 모호하게 할 수 있다[52].

생태학적 영향

밀도에 의존하는 식물독성의 현상이 방법론적 근거가 될 수 있는 것처럼, 생태학적 적용 역시 중요하다[31, 32]. 예를 들어, 낮은 식재 밀도에서 식물독성 효과가 가장 크게 나타난다는 사실은 취약한 종의 종자 생산과 입묘가 늘어나도록 선택적 압박을 가할 수 있다는 것을 의미한다. 농업 환경에서 잡초의 유식물 밀도를 감소시킴으로써 남은 유식물의 생육은 또한 피복 작물간 혹은 피복 작물 그 자체에 의한 타감 상호작용을 통해 강하게 통제될 수 있다. 또 다른 문제는 전체 식물밀도가 환경 또는 다른 제약으로 인하여 본래부터 낮은 군락에서 타감 상호작용이 더 큰 비중을 차지하는 것 이다. Florida 관목지대의 군락에서 불에 민감한 덤불은 타감 간섭을 통해 모래언덕에서 자라는 화재에 취약한 풀과 소나무의 침입을 억제한다[28, 59, 60]. 낮은 식물밀도에서와 같이 관목지대에서는 혹독한 환경 조건과 영양염이 제한되어 결과적으로 타감작용이 증폭된다[28, 61~63]. 낮은 식물밀도와 혹독한 환경 조건은 이러한 군락에서의 타감작용의 효과를 증가시킬 수 있다.

참고문헌

1) Molisch H (1937) *Der Einfluss einer Pflanze auf die andere-Allelopathie*. Fischer, Jena
2) Muller CH (1966) Bull Torrey Bot Club 93: 332-351
3) Rice EL (1984) *Allelopathy*. 2nd ed.
4) White CS (1994) J Chem Ecol 20: 1381-1406
5) Wardle DA, Nilsson M-C, Gallet C (1998) Biol Rev 73: 305-319
6) Gliessman SR (1983) J Chem Ecol 9: 991-999
7) Duke SO, Lydon J (1988) Weed Technol 2: 122-126
8) Weston LA (1996) Agron J 88: 860-866
9) Olofsdotter M (1998) *Allelopathy in Rice*. International Rice Research Institute, Manila
10) Anaya AL (1999) Crit Rev Plant Sci 18(6): 697-739
11) Birkett MA, Chamberlain K, Hooper AM, Pickett JA (2001) Plant and Soil 232: 31-39
12) Einhellig FA (1987) *Allelochemicals: Role in Agriculture and Forestry*, ACS Symposium Series Vol. 330, 343-357.
13) Williamson GB (1990) *Perspectives on plant competition*, 143-161.
14) Weidenhamer JD (1996) Agron J 88: 866-875
15) Inderjit, del Moral R (1997) Bot Rev 63(3): 221-230
16) Blum U (1999) *Principles and Practices in Plant Ecology: Allelochemical Interactions*, 17-23.
17) Romeo J, Weidenhamer JD (1998) *Methods of Chemical Ecology, Vol 2: Bioassay Methods*, 179-211.
18) Romeo J (2000) J Chem Ecol 26: 2011-2014
19) Harper JL (1977) *Population Biology of Plants*. Academic Press, London
20) Fuerst EP, Putnam AR (1983) J Chem Ecol 9: 937-944
21) Bazzaz FA (1996) *Plants in Changing Environments*. Cambridge University Press, Cambridge
22) Baldwin IT, Schultz JC (1983) Science 221: 277-279
23) Sandfaer J (1970) Hereditas 64: 150-152
24) Inderjit, Mallik AU. (1997) Forest Ecol Managem 92: 11-18
25) Jain RK, Singh B (1998) Biomass and Bioenergy 15: 187-192
26) Trenbath BR (1974) Adv Agron 26: 177-210
27) Williamson GB, Obee EM, Weidenhamer JD (1992a) J Chem Ecol 18: 2095-2105.
28) Williamson GB, Richardson DR, Fischer NH (1992b) *Allelopathy: Basic and Applied Aspects*, 58-75.
29) Humphry RW, Mortimer M, Marrs RH (2001) J Appl Ecol 38: 1290-1302
30) Nilsson M-C (1994) Oecologia 98: 1-7
31) Weidenhamer JD, Hartnett DC, Romeo JT (1989) J Appl Ecol 26: 613-624
32) Weidenhamer JD, Romeo JT (1989) J Chem Ecol 15: 1957-1969
33) Kira T, Ogawa H, Sakazaki N (1953) J Inst Polytech Osaka City Univ D4: 1-16
34) Bednaz CW, Bridges DC Brown SM (2000) Agron J 92: 128-135
35) Bell MJ, Wright GC (1998) Expl Agric 34: 99-112
36) White J, Harper JL (1970) J Ecol 58: 467-485
37) Gorham E (1979) Nature 279: 148-150
38) White J (1980) *Demography and Evolution of Plant Populations*, 21-48

39) Harper JL (1982) *The Plant Community as a Working Mechanism*, 11-25
40) Hoffman DW, Lavy TL (1978) Weed Sci 26: 94-99
41) Skipper HD (1966) *Microbial degradation of atrazine in soils*. M.S. Thesis. Oregon State Univ., Corvallis
42) Andersen RN (1981) Weed Sci 29: 336-338
43) Winkle ME, Leavitt JRC, Burnside OC (1981) Weed Sci 29: 405-409
44) Weidenhamer JD, Morton TC, Romeo JT (1987) J Chem Ecol 13: 1481-1491
45) Choesin DN, Boerner REJ (1991) Am J Bot 78: 1083-1090
46) El-Khatib AA (2000) Biologia Plantarum 43: 427-431
47) Tseng M-H, Kuo Y-H, Chen Y-M, Chou C-H. (2003) J Chem Ecol 29: 1269-1286
48) Gentle CB, Duggin JA (1997) Plant Ecol 132: 85-95
49) Thijs H, Shann JR, Weidenhamer JD (1994) Ecology 75: 1959-1964.
50) Goldberg DE, Werner PA (1983) Am J Bot 70: 1098-1104
51) Hegazy AK, Amer WM, Khedr AA (2001) Hydrobiologia 464: 133-142
52) Suman A, Shahi HN, Pushpa S, Gaur A (2002) Plant Growth Regulation 38: 69-74
53) Belz R, Hurle K (2001) Proc Br Crop Prot Conf -Weeds 4D-4: 317-320
54) Sinkkonen A (2001) J Chem Ecol 27: 1513-1523
55) An M, Johnson IR, Lovett JV (1993) J Chem Ecol 19: 2379-2388
56) Sinkkonen A (2003) Plant and Soil 250: 315-322
57) An M, Johnson IR, Lovett JV (1996) Allelopathy J 3: 33-42
58) Gibson DJ, Connolly J, Hartnett DC, Weidenhamer JD (1999) J Ecol 87: 1-16
59) Richardson DR, Williamson GB (1988) For Sci 34: 592-605
60) Fischer NH, Williamson GB, Weidenhamer JD, Richardson DR (1994) J Chem Ecol 20: 1355-1380
61) Stowe LG, Osborn A (1980) Can J Bot 58: 1149-1153
62) Hall AB, Blum U, Fites RC (1982) Am J Bot 69: 776-783
63) Einhellig FA, Eckrich P (1984) J Chem Ecol 10: 161-170
64) Inderjit, Olofsdotter M, Streibig JC (2001) Weed Technology 15: 807-812

5

CHAPTER

타감작용에서 독성: 컴퓨터 프로그래밍 분석

서론

화학물질은 현대인의 생활에 막대한 영향을 끼친다. 매우 다양한 화학물질이 음식이나 에너지 생산 등 현대인의 삶과 관련있지만, 이러한 높은 관련성에도 불구하고 우리가 사용하는 화학물질들의 부작용이나 위험에 대한 정보파악은 매우 적다. 특히 타감물질 분야에서는 더욱 심각하다.

화학물질의 독성에 대한 실험은 많은 동물들을 대상으로 행해져 왔으나, 막대한 비용과 긴 연구시간으로 인해, 오늘날 대부분의 화학물질은 독성에 대한 충분한 정보 없이 사용되는 경우가 많다. 특히, 살아있는 동물을 대상으로 연구하는 경우, 그 비용은 천문학적인 수준이며 결국 최종결과물의 가격에도 지대한 영향을 미친다. 2001년 발행된 Commission of the European Communities[29]에서는 약 3만여 종의 물질을 시험하기 위해서는 약 21억 유로가 들어갈 것이라고 전망하였다. 게다가 생태학적 제약과 윤리성 및 대중 의견 등으로 인해 동물을 대상으로 한 실험은 큰 어려움에 직면해 있다[1]. 따라서 화학적 정보를 가지고 더 간편하고 효율적으로 생체내 기능을 알아낼 수 있는 방법이 필요하며 EU와 USA가 이를 적극 권장하고 있다[2].

이러한 체제에서 *in silico*(단백질 분석을 실제로 하지 않고 염기서열 혹은 아미노산서열 분석만으로 기능을 추정하거나 domain을 찾아내는 것) 방법은 많은 결점을 보완해 줄 수 있다. 이 방법은 생체요소들을 사용하지 않기 때문에 실험실 내에서 이뤄지는 *in vivo*나 *in vitro*와는 다르다. 이것은 각기 다른 과학 분야에서의 정보를 모아 컴퓨터로 종합하고 분석하는 방식이다. 이 방법을 통해 생체재료의 구조를 알 수 있고, 물리화학적 기능의 이해 및 예상, 그리고 용해도나 생물변환, 수용체 친화성, 독성 반응 등의 생물학적 특징도 알 수 있다. 요즘은 분자 생물학적 정보와 접목하여 생물학적 공정을 알아내는 일이 가속화되고 있으며 실험을 하지 않고도 작

Lo Piparo E, Fratev F, Mazzatorta P, Smiesko M and Benfenati E

Institute for Pharmaceutical Research "Mario Negri", via Eritrea 62, 20157, Milan, Italy

용 양식을 더욱 잘 이해할 수 있게 되고 있다.

분석방법

정량구조와 활성화관계(QSAR)

정량적 화학구조-작용 관련성(Quantitative structure-activity relationships, QSARs)은 화합물질의 화학적 구조와 성질의 관계를 알게 해준다. 컴퓨터 화학분야에서, 이러한 수학적 모델은 다른 화학물질의 특성을 예상하고 주어진 특징들을 가지고 새로운 물질을 만들게 해 주어, 특성 메커니즘을 나타내고 설명하는 역할을 한다. 특별히 독성 연구 분야에서, QSAR은 인간의 건강, 야생동물, 그리고 환경 등에 영향을 주는 화학물질에 대한 추론을 할 수 있기 때문에 더욱 중요하다.

물론 QSAR의 근본적 가정은 화합물질의 분자구조와 그것의 생물학적, 화학적, 물리적 성질간에 양적 관계가 있다는 것에서 시작된다. 그러므로 QSAR의 발전은 당연히 각 분야(생물학, 화학, 수학)의 숙련된 전문가들간의 상호협력으로 진행되어야 한다. 그림 1은 독성연구에 대한 QSAR의 주요 구성 요소를 도식화한 것이다:

- 한 그룹 화합물의 독성을 측정한 dataset
- 각 화합물질의 최소에너지 상태의 구조 평가와 그에 대한 수치적 기술어(descriptor)
- 위의 두 자료가 모이면 통계적 계산을 통해 물질 활동성에 대한 회귀모델(regression model)을 산출해 낸다. 이를 통해 생긴 QSAR 결과는 이것이 주어진 기술어와 화학적 범위 안에서 실제로 새로운 화합물의 독성을 정확히 예측하고 나타낼 수 있는지를 확증하고 나서 모델로 만들어 진다.

독성자료

QSAR의 첫 단계는 독성자료를 만드는 것이며, 정보의 신뢰도가 가장 중요하다. 사실상 표본화된 방법으로 독성에 대한 똑같은 실험을 하더라도 일률적인 결과를 얻기는 어렵다. 이는 각기 다른 실험 환경(피 실험체의 건강상태, 연령, 성격 등)이 실험 결과에 영향을 미치기 때문이다. 따라서 독성 수치는 일반적으로 여러 번 반복된 실험결과의 평균값으로 제공된다. QSAR을 통해 완벽한 수치적 결과는 절대 있을 수 없으며, 어느 정도의 불확실성은 인정된다. Dataset은 분자의 다양성을 보여주어야 하지만 그렇지 못한 경우가 대부분이다.

복잡한 분자의 독성에 대한 정보를 분석할 때, 이상점이 나타나게 된다. 이상점

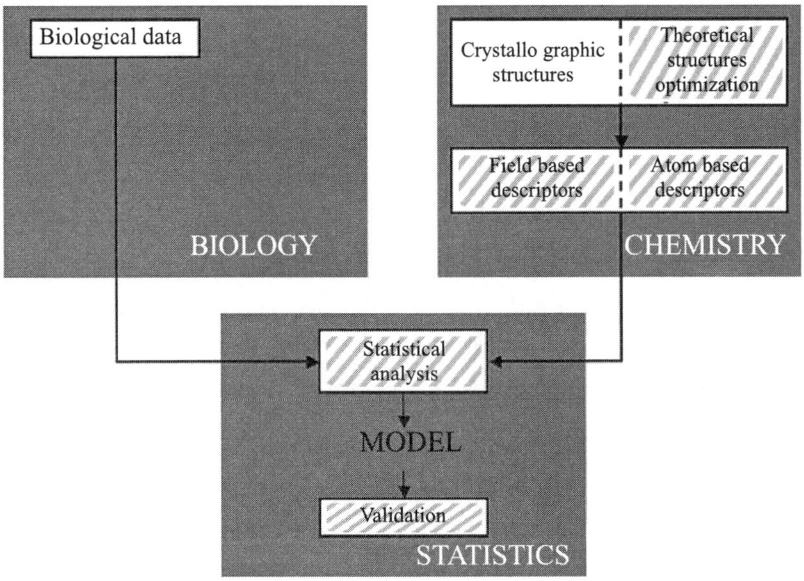

그림 1. QSAR에서 쓰이는 구성요소. 빗줄친 부분은 컴퓨터에 의해 수행되는 부분.

이란 확률적으로 나오기 힘든 값을 말하는데[3], 이것은 모델의 화학적 domain을 세우는 데 도움이 되므로 QSAR 분석에 유용하게 사용된다. 화학물질이 이상점을 나타낼 가능성 있는 이유가 몇 가지 있는데, 일반적으로 이런 화학물질들은 제대로 모델링된 화학물질과 다른 성격의 활성을 띄기 때문에 쉽게 알 수 있다. 이는 화학적 domain을 설정하는 데에 도움이 되기 때문에 이상점은 QSAR에서 유용하게 사용된다.

결정구조, 입체구조분석, 구조 최적화

화학물질은 2차원 구조로 생각되기 쉬우나 물질의 독성 효과는 3차원 구조로 설명된다. 생물체에서 대다수의 생체공정은 낮은 에너지 상태로 반응하게 된다. 단백질, 핵산, 다당류 등의 거대생체분자들과 펩티드나 호르몬 등의 작은 분자들도 역시 가장 낮은 에너지 상태로 존재하려 한다. QSAR 연구에서 제대로 분자의 3차원 구조와 전기적 특성을 설명하려면 가장 안정한 상태(최적화 상태)를 고려해야 한다.

유연적인 분자의 전반적인 최소 에너지 상태를 찾는 것은 결코 쉽지 않다. 몇 개의 회전 가능한 결합을 보유한 겨우 수십 개의 원자(비수소화합물)로 이루어진 분자도 높은 자유도를 가지며 결합신축, 결합각휨, 비틀림 각 회전 등을 포함한다.

수년에 걸친 QSAR과 모델링을 통해 화합물의 안정적 구조를 얻기 위한 다양한 기술이 발견되었고 사용되어오고 있다.

가) 실험적 방법

가장 신뢰할 수 있는 입체구조를 파악하는 방법은 X선 회절법이다. 이 방법은 분석된 결정체의 큰 분자의 3차원 구조를 실제 사진 형식으로 볼 수 있으며, 구조 결정에 적절한 양질의 결정체 정보를 얻고자 많이 사용되었다. 결정 속의 분자들은 여러 분자들이 모여져 있으며 같은 화합물이나 그들의 입체구조에 영향을 미칠 수 있는 용매내의 분자들에 의한 분자간 힘에 영향을 받는다. 그러나 분자간 힘은 보통 그리 크지 않고 결정안의 입체구조는 최소에너지 상태에 가깝다. X선 결정학은 실험적인 기술이기 때문에 밝혀진 구조가 특정한 경우에는 왜곡될 수도 있다. 이는 결정내의 불순물의 유무나 에너지적 다중 구조에 의해 발생하기도 한다. 이러한 경우, 분자 구조는 컴퓨터 화학에서 쓰이는 최적화 기법으로 조정될 수 있다. 단백질, 핵산 등의 거대생체분자의 결정구조는 Research Collaboratory for Structural Bioinformatics(RCSB) database(http://www.rcsb.org/)에 보관되어 있으며 Cambridge Crystal Database Centre(CCDC)에서는 작은 생체분자의 구조정보를 관리한다(http://www.ccdc.cam.ac.uk/).

나) 이론적 방법

입체구조분석에서의 이론-컴퓨터 접근방법은 분자 자유도의 다양함에 있다. 다양한 비틀림 각은 분자 에너지에 가장 큰 영향을 미치며 전반적인 분자의 형태를 결정하게 된다. 비틀림 각은 체계적으로 또는 임의로 달라질 수 있다.

가장 신뢰할 만한 결과는 구조적 초공간 샘플링이라고도 불리는 비틀림 각의 변화에 의해 얻어질 수 있으며, 이를 통해 국소적, 전체적 최소에너지를 구할 수 있다. 얻어진 결과의 품질은 사용할 수 있는 컴퓨터 자료의 수용량과 직접적 관련이 있는데, 이것은 얻어진 입체구조의 총 수가 분자의 비틀림 각과 비틀림 각의 변이 단계에 따라 결정되기 때문이다. 이러한 한계로 인해 체계적 구조적 검색은 회전 가능한 결합이 거의 없는 작은 분자에 주로 쓰인다.

무작위 검색 방법에서는 분자의 자유도가 임의적이다. 전형적인 반복을 통해 비틀림 각도 값과 최저 에너지 상태에 가까운 구조 최적화를 구한다. 만약 최적화된 구조가 특이하다면 이 자료는 따로 보관되어 새로운 반복 작업이 시작된다. 이 작업은 새로운 구조 값이 나오지 않을 때까지 반복된다. 무작위 검색 방법은 위 방법과 반대로 펩티드나 다당류와 같은 거대 분자용으로 사용된다.

다) 구조 최적화

X선 결정학이나 입체구조 연구방법을 통해 얻어진 구조는 절대적 결과는 아니며, 대부분의 경우에 최적화 작업이 더 필요하다. 최적화 작업의 중요한 목표는 최소 에너지 모델을 반복적으로 사용해서 최대 범위의 국지적, 전체적 최소 에너지를

구하는 것이며, 분자의 구조적 변화에 따른 에너지 변화도에 의해 결정된다. 변화도 값이 낮아지면, 구조적 최적화는 최소값을 얻게 된다.

최적화된 분자의 에너지는 컴퓨터 화학의 다양한 방법으로 구해질 수 있다[4]. 분자역학방법(예: MM2, MM+, AMBER)은 원자가 주어진 힘의 상수를 바탕으로 원자는 공에 의해, 결합은 스프링에 의해 근사적으로 구해진다는 고전적인 뉴턴 법칙에 기초를 두고 있다. 원자들에 대한 모든 힘의 상수 집합은 '힘의 장(force field)'라고 불리며, IR spectroscopy 등의 실험을 통해서나, 높은 레벨의 순이론적 계산을 통해서 얻을 수 있다. 분자역학적 계산은 매우 빠르기 때문에 수 천 개의 원자로 이루어진 분자구조분석에도 사용될 수 있다. CNDO, AM1, PM3, ZINDO 등의 반실험적 방법에서는, 컴퓨터상에서 양자화학 계산의 소모적인 부분을 완전히 무시하거나 실증적인 한도로 대체한다. 이 때문에 전체적 계산과 비교하는 작업이 추가로 필요하다. 이 방법은 모수화에 사용된 분자들과 비슷한 분자의 구조를 얻어내는 데 유용하다. 이 방법들은 그들의 좋은 기능때문에 QSAR에서 널리 사용되고 있다. 순이론적 양자화학 방법(물리학과 화학의 기초적 원리에 근거를 둔)은 계산적으로 소모적이지만 구조와 열역학적 특성을 정확히 제공할 수 있다.

화학적 기술어(記述語)

일단 분자가 최소에너지 상태에 있게 되면, 기술어를 얻는 것이 가능해지며 이를 사용해 분자를 수학적으로 특징지을 수 있다. 다양한 특징들이 구조-독성 모델링에 사용되어 왔지만, 화학적 기술어가 더욱 빈번히 사용되며 이것을 통해 지방 친화적, 전자적, 원자 배치의 입체적 성질을 알아낼 수 있다. 입체구조의 영향력은 설명하기 어렵지만, 단순한 분자량에서부터 복잡한 위상학적 지표까지 아주 다양한 기술어가 분자 입체구조 연구에 사용되어 왔다. 이 중에서 소수성, 전기적, 원자 배치의 한계와 양자화학적 특성 등의 물리화학적 기술어도 꾸준히 독성 모델링 분야에서 중요시 여겨지고 있다. 비록 분자 크기 등의 원자배치 기술어 중 일부는 3차원 구조를 암호화 하지만 분자 입체구조는 제외되어 왔다.

요즘에는 상업적 소프트웨어 패키지를 이용하여 단순한 입력으로도 크고 복잡한 분자 기술어들을 쉽게 계산해낼 수 있게 되었다.

기술어들은 일반적으로 두 가지로 분류할 수 있다 :

- 방향 선호도의 정보없이 특정 물리적 성질만을 설명하는 atom-based descriptors는 원자 자체, 분자조각이나 기능성 그룹과 같은 하부구조, 분자 가지의 자유도에 따른 위상학적 분자 지수, 원자적 특성, 기하학적 특성, 물리화학적 특성, 정전기적 특성 등을 포함한다.
- 분자를 둘러싼 미세환경을 설명하는 field-based descriptors는 Comparative Molecular Field Analysis(CoMFA)라고도 불리며, 분자를 3차원적 구조에

서 관찰하여 원자의 배치와 전기적 방향성의 정도를 나타낸다. 이 기술은 원자의 배치와 정전기적으로 상호작용하는 힘을 측정한다. 각 격자점에서 탐침(probe)과 분자간에서 입체적으로 정전기적으로 상호작용하는 힘이 측정되고 저장되어 상호작용하는 힘의 3차원적 상자를 만들게 된다. 이 수치들은 새로운 원자 배치적이며, 정전기적 기술어가 되어 QSAR에 사용된다. 분자 구조의 입체적 위치가 정확히 배치되는 것이 매우 중요하다.

전형적으로, 독성 예측을 위한 모델은 atom-based descriptors를 포함한 알고리즘을 사용하지만, 몇몇의 경우에는 분명한 한계가 있어 화합물을 쪼개야 하는 경우도 있다. 이런 종류의 기술어를 사용해서 더욱 일반적인 모델을 만들기 어려운 것은 기술어의 정의가 포괄적이기 때문이다. 이것은 화합물을 구분하며 잘 묘사되고 정의된 종을 통해 모델을 해석을 할 수 있다는 것을 의미한다. 이러한 어려움을 피하기 위해서는 CoMFA와 같은 3D-QSAR을 사용하면 된다. 이것은 "*in vivo*"에서의 정보가 물리-화학적, 그리고 생물학적 공정의 다양한 정보를 갖고있기에 가능한 것이며, 다른 화학물질 그룹들은 또 다른 생물학적 리간드의 복합 상호작용을 포함하게 될 것이다. 이러한 상호작용들의 기여도를 정확히 평가하기는 어렵지만, 실험 데이터를 통해 가능한 작용 양식을 밝힐 수는 있다. CoMFA는 분자 분야와 생물학적 활동성간의 관계를 예상하게끔 도와준다. 즉, 모델 내에서의 모든 변수의 기여도의 합과 활동성을 묘사하는 각 변수의 계수 값 크기를 통해 표현할 수 있다. 각각의 변수가 3차원 공간상의 정해진 점에서 상호작용 에너지의 변이를 나타내기 때문에, 회귀계수는 x, y, z 좌표위에 표시할 수 있으며, 3차원 회귀지도를 만들 수 있다. 그러므로 CoMFA 방법의 잇점은 첫째, 3차원으로 특성을 설명할 수 있다는 점과 둘째, 결과값을 3차원 공간상에 나타낼 수 있는 점, 셋째, 활동성 의존적인 공간 분포를 국부화할 수 있다는 점이다. 그러나 CoMFA의 가장 큰 문제점은 화합물의 정렬이며 이 때문에 서로 판이하게 다른 dataset을 가지고 연구하는 것은 어렵다.

더군다나 독성평가는 일반적으로 오차 발생률이 높다. 그러나 QSAR에서 쓰이는 descriptor 값 또한 변이범위가 크다는 것과 가능하다면 QSAR을 만드는 데 쓰이는 기술어에 대한 모델의 기술적 해석도 가능하다는 것도 알아야 한다.

수학접 접근

일단 생물학적 데이터가 수집되고 화학물질이 일정한 기술어와 관련되어지면, 모아진 수치 안에서 숨겨진 정보를 추출해 낸다. 오늘날 여러 기술이 사용되고 있으며 또한 발전되고 있다. 여기서 가장 보편적이고 확실한 방법 몇 가지에 대해 알아보도록 하겠다.

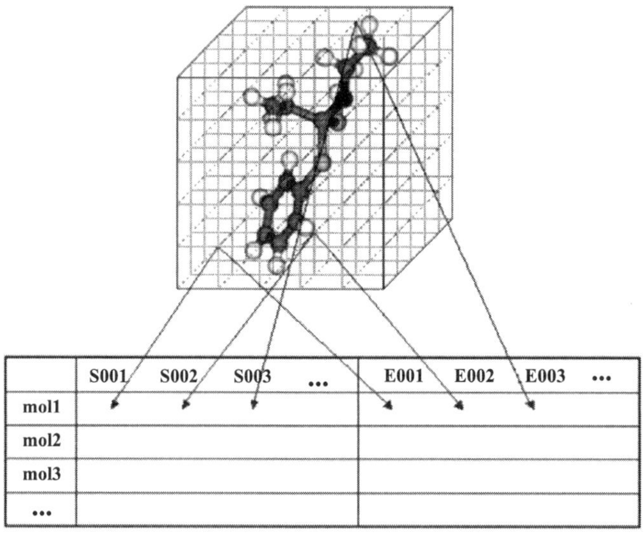

그림 2. 각 격자지점에서 probe와 각 분자들간의 입체적이고 정전상호작용 에너지 평가

가) 다중선형회귀분석

다중선형회귀분석(Multiple Linear Regression: MLR)은 정량 분석 화학분야에서 가장 먼저 그리고 널리 알려진 기법이며 특히 QSAR 연구에서 더욱 많이 쓰인다. MLR의 목적은 아래의 형태에 맞는 선형모델을 구하는 것이다:

$$y = b_0 + b_1 X_1 + b_2 X_2 + \ldots + b_k X_k + \varepsilon \qquad (1)$$

y는 종속 변수(활성도)이고 x는 독립변수(descriptors), ε는 불규칙 교란(random disturbance)을 나타낸다. b는 회귀계수를 나타내며 이것은 최소제곱해를 구하는 데이터로부터 추정된다. 즉, 회귀계수는 예상값과 실제값의 차이와 오류를 최소화하기 위해 사용된다. MLR은 a) 어떤 독립변수가 가장 큰 영향력을 가지는 지; b) 효과의 방향성(예를 들어, x 또는 y축 방향으로); c) 독립변수만 주어진 조건에서 활동성의 수치를 예견하기 위해 모델을 개발하기 위해 사용된다.

나) 부분최소자승법

부분최소자승법(Partial Least Square: PLS)은 Herman Wold가 쓴 사회과학[5]으로부터 유래되었으며, Herman의 아들 Svante에 의해 정량 분석이 화학분야에서도 유명세를 타고 있다[6, 7]. PLS은 특히 독립변수가 화합물의 수보다 많거나 비슷할 때 유효한데, 그 이유는 PLS가 안정적이고 정확한 예상모델을 얻을 수 있게 해주기 때문

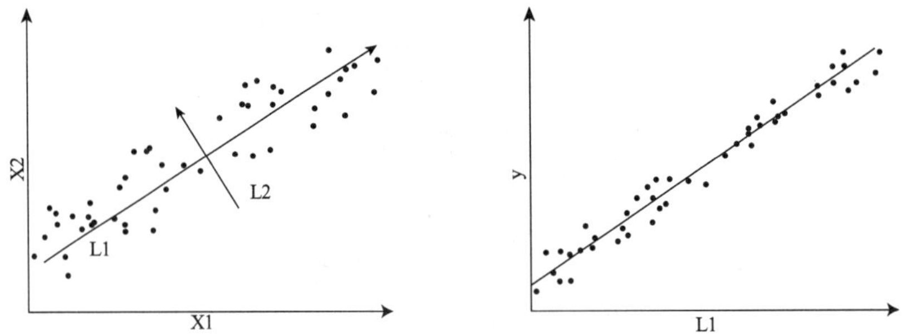

(a) Transformation of original descriptors to latent variables (L1, L2).

(b) Construction of activity model containing one PLS factor.

그림 3. PLS 분석. (a) 서술공간변화, (b) 모델구성

이다[8, 9].

PLS는 descriptor 공간의 1차 전환에 기초를 두고 있으며, 적은 수의 직교 인수(잠재변수)를 바탕으로 새로운 변수 공간을 만들어 상호간의 연관관계를 없앤다. 달리 말해, 인수들은 상호 독립적인 일차조합으로 새롭게 만들어 지는 것이다(그림 3a). 잠재변수 역시 이러한 방법에 의해 측정되며 종속변수와의 최대 상관을 제공해준다[10]. 따라서 PLS 모델은 가장 적은 필수적인 요인만을 포함하게 된다. 요인의 수가 증가함에 따라, PLS 모델은 보통 MLR값에 모이게 된다.

엄격히, 만약 y값이 종속변수이고 X가 예측변수라면, 이러한 종류의 데이터의 추출을 위한 요인을 사용하는 PLS 회귀식은 $T = XW$(W는 적절한 무게 행렬) 를 계산하게 되고, 그 다음에는 선형회귀분석식 $y = TQ + \varepsilon$(Q는 T에 대한 회귀변수의 행렬, ε는 오류상수)을 구하게 된다. 일단 Q 값들이 계산되어지면, 위의 회귀모델은 $B = WQ$일 때, $y = XB + \varepsilon$이라는 식을 얻게 된다. 이 식은 회귀예상모델링에 사용되어 진다.

다) 신경망(Neural Network)

인공신경망(artificial neural network: ANN)은 1940년대에 과학자들이 뉴런세포들을 연구하며 밝혀지게 되었다. 뉴런은 2진수를 계산해내는 도구로서 신경계에서의 근본적이고 활동적인 세포이다. 컴퓨터가 발달함에 따라 인간의 생각에 대한 학설들을 모델링하는 것이 가능해졌다.

ANN은 생물의 신경계를 모방한 것이며, 자연 상태에서 단순한 프로세싱 요소가 층을 이루어 작동한다. 네트워크 기능은 주어진 요소들 사이의 연결에 의해 크게 좌우된다. 층간 및 층 내에서의 연결이 ANN의 시스템 구성을 결정한다. ANN은 뉴런들 사이의 무게 값을 조절하는 특정 함수에 맞춰지도록 설정된다.

보통 ANN은 특정한 학습규칙을 통해 정해지기 때문에 특정 입력값을 통해 특정

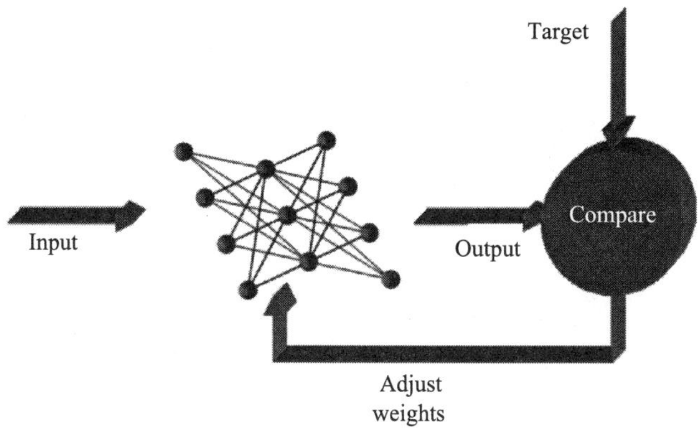

그림 4. 신경망의 학습지도

목표의 출력값을 얻게 된다. 그림 4는 학습지도(supervised learning)이라는 순환학습 과정을 나타낸다. 이러한 경우, ANN의 입력값은 출력값을 가지고도 알 수 있다. 따라서 출력값은 목표값과 비교되고 network weight는 결과값이 목표값과 같아질 때까지 조절된다. 반면에 체계화되지 않은 학습은 목표값이 필요하지 않다.

QSAR연구에서 쓰이는 가장 인기있는 ANN을 알아보면, multi-layer perceptron[11], back-propagation[12], self-organizing maps[6], radial basis[13] 등이 있다. 이것들은 각각 다른 시스템 구조를 가지기 때문에 각기 다른 특징과 성격을 가지지만, 비선형 관계식을 포함한 복잡하고 미묘한 데이터를 다루는 데 유용하다는 중요한 공통점을 가진다.

라) 유전 알고리즘

유전 알고리즘(Genetic algorithm: GA)은 다윈의 진화론에서 영감을 얻어 시작되었으며, 인공지능 분야에서 급격한 성장을 보이고 있는 진화적 컴퓨팅(evolutionary computing)의 중요한 부분을 차지한다. 이 방법들은 1960년대 초에 University of Michigan의 John Holland 의해 발명되었다. 첫 업적은 1975년, Adaptation in Natural and Artificial System의 발간이었다.

GA는 자연 생물학적 진화를 모방한 추계학적인 탐색법이다[14, 15]. GA는 잠재적인 해답의 모집단을 작업하여 해답의 근사치를 찾아낸다. 이 과정의 순서도가 그림 5에 나타나있다. 알고리즘은 모집단(population)이라 불리는 해답의 집합에서 시작된다. 각 세대에서 새로운 근사치의 집합은 문제에 대한 적절성에 따라 개별적으로 선택되고 자연적 유전학을 사용해 양육되는 공정에 의해 구해진다. 이러한 공정은 자연적 적응과 같이 진화적 개체를 구하게 되며 해답에 이르게 된다. 이것은 어떠한 조건이 만족될 때까지 반복되며 자연히 문제에 더 적절한 결과값으로 이어진다.

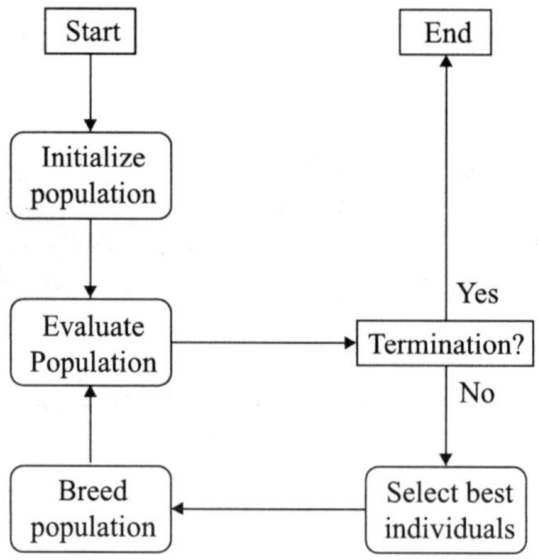

그림 5. 유전적 알고리즘과정에 대한 flow-chart

일반적으로 GA는 당면한 문제를 해결하는 데에 사용되며 그렇기 때문에 QSAR 분석의 몇 단계 작업에서만 사용될 수 있다. 이것은 연구의 변수(relevant variable)를 모으는 작업에서는 매우 유용하게 사용된다.

마) 타당성 검증

타당성 검증(validation) 모델은 동일한 종류의 미확인 개체에 대해 정확하게 예측 능력을 확인하는 과정이다. 위의 내용은 복잡한 모델의 경우, 과적합(overfitting)될 수 있기 때문에 부분적으로 적용된다[7]. 이 모델은 학습 데이터와는 잘 맞지만 미래 데이터에 대해서는 일반화될 수 없다.

최적의 타당성 검증 과정은 QSAR 발전과정 중 어떤 단계에서도 쓰인 적이 없는 외적 물질에 대한 실질적 테스트이다. 불행히도 대부분의 경우 연구자들은 정보를 얻기에는 턱없이 부족한 데이터를 다루게 된다. 더욱이, 데이터의 양이 많은 경우에도 그 데이터를 체계적으로 나누고 정렬하는 데에 어려움을 겪게 된다.

QSAR 연구에서 internal cross-validation을 사용하는 것은 매우 보편적인 일이다. *K*-fold cross-validation에서, 데이터는 동일한 크기의 *k* 부분집합으로 나뉘어진다. QSAR 모델은 매번 한 부분집합을 작업하며 계속 발전되었지만, 오로지 모델 수행을 계산하기 위해 발산된 부분집합을 사용할 때만 발전이 가능하다. 만약 *k* 값이 샘플 크기와 같다면, 이것은 교차 유효성 검사(leave-one-out cross-validation)이라 불린다. Leave-v-out은 더욱 정교하고 고가 버전의 cross-validation이며 가능한 모든 v 값의 부분집합을 구한다.

QSAR의 탄탄한 구실을 확실히 보여주는 데 널리 쓰이는 테스트는 y-randomization이다. 이 테스트에서 종속 변수는 무작위로 재배정되어 새로운 모델이 생겨나게 된다. 몇 차례 공정이 반복된 후에 나온 결과 모델은 낮은 수행력을 보일 것이라 예상된다. 만약 랜덤모델의 활동성 예측이 원래의 QSAR 모델에 견줄 만하다면, 다수의 관찰은 모델을 뒷받침하기에 충분치 않게 된다[16, 17].

타당성 검증은 연구자들 사이에서 여전히 이슈가 되고 있다[7, 18, 19]. 만약 어떠한 dataset이 training set와 test set의 명확한 정체를 보여주지 못한다면 모든 데이터를 사용하여 모델링을 하고 온전한 cross-validation을 통해 점검하는 것이 일반적으로 받아들여지고 있다.

생물화학적 분석

생체시스템에 관한 구조적 정보는 앞서 말한 방법 등을 통해 실험적으로 구해지거나(X선 결정학 또는 다차원 NMR), 이론적 접근할 수 있으며 컴퓨터를 이용한 시뮬레이션 또한 주요 대안이 될 수 있다. 생물화학적 분석의 역할은 생물학적 공정을 이해하고 분석하며 리간드와 결합부위 간의 상호작용, 또는 거대생체복합분자 형성 등을 모델링 하는 것이다. 그러므로 생체 활동성과 분자구조간의 관계를 밝히는 것은 인식공정이 일어나기 위한 입체적이고 전기적 특성을 알아내는 데 중요한 역할을 한다. 이러한 접근법은 리간드와 수용체 간의 인식과정이 상호간의 특정 성질에 따른 구조적 배치와 관련되어 있다는 가설에 그 기초를 두고 있다. 더욱이, 리간드의 보편적 특성은 수용체의 활성화 부위에 필요한 입체-전기적 조건에 대한 정보를 제공한다. 만약 생체표적의 3차원적 구조를 알고 있다면, 리간드 유사성의 정도는 결합 부위에 대한 크기, 형태, 전기적 특징의 구조적 상호보완성과 같은 절대 수치로 나타낼 수 있다. 물론 구조에 대한 정보가 없다면 상황은 훨씬 어려워진다. 이러한 경우, 구조적으로 다른 분자들을 분석해 가설을 세워야 하고, 서로 다른 화합물들의 활성과 비활성에 대한 설명을 위한 규칙을 찾아내야 한다.

도킹 방법론

도킹[20]은 거대생체고분자와 리간드 간의 최적의 결합을 찾기 위한 계산 방법이다. 분자의 도킹에서 리간드는 수용체 포켓 안쪽에 위치하게 되고 분자착물 결합부위의 자유에너지가 컴퓨터를 통해 측정된다.

오늘날 결정학과 NMR은 생체구조 연구에 막대한 공헌을 하고 있으며 생체고분자의 구조와 기능에 대한 많은 세부 정보를 제공해준다. 따라서 단백질의 3차원 구조가 주어진다면 수용체 내의 원자의 3차원 좌표도 알 수 있다. 달리 말해 상동성 모델(homology model: HM)이 만들어 진다. 표적단백질의 결정구조를 알 수 없을 때 일반적으로 사용되어지는 절차는 순차적 상동정렬을 한 뒤, 아미노산 잔기 치환, 삽입 및 삭제 마지막으로 에너지 최적화의 순서로 이루어진다.

그리고 나면 에너지적으로 가장 안정한 수용체-리간드 결합체의 모델을 구하는 것이 임무가 된다. 분자간 상호작용의 안정화는 각각의 분자에 대해 결정되어야 하며, 이를 통해 그 복합체 결합 부위의 자유에너지를 측정할 수 있게 된다[21].

GRID 방법론

GRID[22]는 가능한 결합 부위를 컴퓨터를 사용해 찾아내는 방법이며, 단백질 내의 리간드의 위치를 예측하는 데에 사용된다. 이 방법을 통해 각기 다른 프로브(alkyl hydroxyl, phenolic hydroxyl, ether oxygen, ketone oxygen, carboxy, phosphate 군 등)와 목표 분자간의 상호작용을 감지할 수 있다. 앞서 봤던 CoMFA 방법과 유사하지만, GRID 방법에서는 연구자가 리간드의 작용기를 모방한 다양한 프로브와의 상호작용을 분석할 수 있다.

에너지 수치를 시각적 정보로 나타내는 것은 간단한 번역이 가능하고 프로브가 표적을 끌거나 밀어내는 지역을 시각화할 수 있다. 따라서 GRID 지도를 사용함으로써 가능성 있는 3차원 효소구조의 결합부위를 인식할 수 있게 된다.

응용

타감물질은 천연화학물질이며, 밀이나 쌀 등의 일반적인 곡물에서 쉽게 찾을 수 있고, 대부분의 지역적 동물과 식물들에게 독성을 나타낸다[23]. 합성살충제에 함유된 독성의 평가는 잘 알려져 있지만 타감작용성 화합물의 독성효과는 거의 알려지지 않았다. 그렇기 때문에 우리는 규칙을 기반으로 밀에 있는 타감물질(예: cyclic hydroxamic acid 유도체와 lactam)을 합성살충제와 비교하여 확인할 수 있는 모델을 설계하기 위해 노력해왔다.

쥐 독성 예측 모델

가) 방법

비슷한 구조를 가진 73종의 합성살충제를 통해 dataset을 만들었다. 특히, 산소나 질소를 포함한 aromatic 혹은 heterocyclic ring 구조의 화합물을 사용했다. 합성살충제 중 52개의 자료는 training set으로 나머지 21개는 test set으로 무작위로 나뉘었다. 독성의 수치는 다음 출처를 통해 수집되었다: The Pesticide Manual[24], the U.S. EPA Ecotox database(http://www.epa.gov/ecotox/), 그리고 the CIRCA website(http://forum.europa.eu.int). End-point는 LD_{50}(50% lethal dose)로 설정되었다.

분자적 최적화는 반실험적 기법(semi-empirical methods: PM3)을 통해 이뤄졌으며 Hyperchem software module(HyperChem, Hypercube, inc.)을 이용한 분자역학 시뮬레이션을 통해 구조분석을 하였다.

Field-based descriptor는 ChemX software(Chem-X, Chemical Design Ltd.)을 사용해 계산되었다. 화합물을 정렬하기 위한 주형으로 phenyl ring이 사용되었다. 리간드는 Chem-X의 유연적 장착옵션을 통해 덧붙여졌고 PLS 분석은 숨겨진 정보를 추출해 내는 데에 사용되었다. CoMFA 모델링의 결과는 회귀지도로 나타내고 이를 통해 리간드의 서로 다른 부위가 어떻게 독성의 변화에 영향을 주는 지 알아보았다.

GRID와 도킹 방법 역시 CoMFA descriptor로 부터 얻어진 정보를 비교하고 추리하기 위해 사용되었다.

쥐에서 cytochrome P450 subtype CYP1A2는 화학물질의 대사작용 연구에 아주 중요한 역할을 한다. 그것의 상동 모델링은 RCSB protein databank로부터 열람할 수 있는 토끼의 cytochrome CYP2C5[25]의 결정구조를 사용함으로써 진행되었다. 화학적 구조와 효소의 잠재적 상호작용을 연구하기 위해, 연속적으로 GRID가 계산되었다. 그 목적은 살충제의 작용기에 상호보완적인 결합 부위를 찾기 위한 것이었다. 소수성 분자와 물분자, Csp^3, aromatic Csp^3 원자들은 프로브로 사용되었다. GRID 지도를 사용함으로써 연구하고 있는 효소의 가능한 결합 부위와 그것에 대한 가장 가능성 높은 상호작용을 알아내었다.

AutoDock 3.0 프로그램이 위에서 설명한 cytochrome CYP1A2 구조의 도킹[26]에 사용되었고 Larmarckian 유전 알고리즘(LGA)이 최적의 리간드-단백질 복합체를 찾는 데 사용되었다[20].

나) 결과

CoMFA descriptor를 사용한 QSAR 공정은 21개의 test set 화합물에 대해 높은 예측능력을 보이는 모델을 만들어냈다. 6개의 요소를 사용하여, cross-validated 계수

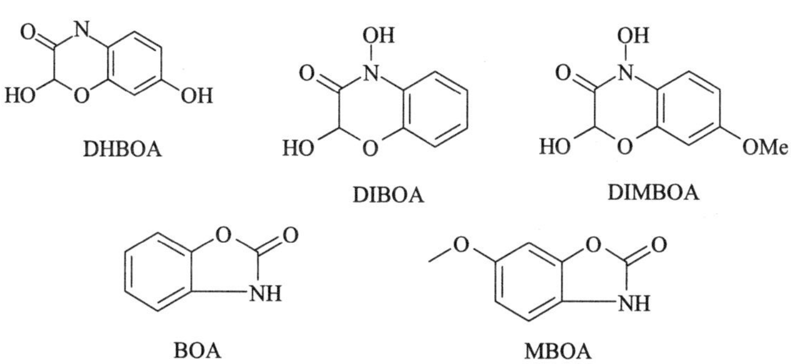

그림 6. Cyclic hydroxamic acids와 lactams

값으로 q^2 = 0.94를 얻었으며 이 수치는 높은 예측률을 나타내는 것이다. 그러므로 예측된 수치는 실제 실험을 통해 나온 결과값과 상당히 근사하다(그림 7-8). 정전기적, 입체구조적 모델의 비교는 이러한 상호작용의 높은 기여도를 반영하는 정전기적 방면에서 활용도가 더욱 좋다. 더욱이 정전기적, 입체구조적 방면을 통해 구해진 모델은 훌륭한 예측값을 보였으며, 다른 화합물에 대해서도 막대한 기여가 가능할 것이다.

결정계수 등고선도는 CoMFA 모델을 통해 얻어진 독성과 연관된 부분을 보여준다. 이 등고선도는 정전기적, 입체구조적 기여에 따른 독성의 변화에 중요한 영향을 미치는 구성물질과 반응부분을 정의할 수 있게 한다. 결과는 밑의 그림에 요약되어 있다.

Electrostatic contribution : 화합물이 phenyl ring과 겹쳐지는 데 기인한 높은 R^2 수치는 이 부분이 독성수치에 얼마나 큰 영향을 미치는가를 의미한다. 이는 그 분자들의 p-p 리간드-수용체 상호작용을 통해 설명이 가능하다. 높은 회귀값은 heterocyclic ring의 치환기에서 많이 나타난다.

Steric contribution : heterocyclic ring의 치환기에서는 더 큰 회귀값이 나타난다. 따라서 이 부분이 차지하는 공간의 차이는 넓은 범위의 독성 변화로 이어진다. 분자의 구조와 독성 수치에서의 차이는 반데르발스힘과 화학물질의 지정 부분의 입체구조적 상호작용에 따른 독성수치가 상승될 것이다. 두 개의 맵을 비교하면, 정전

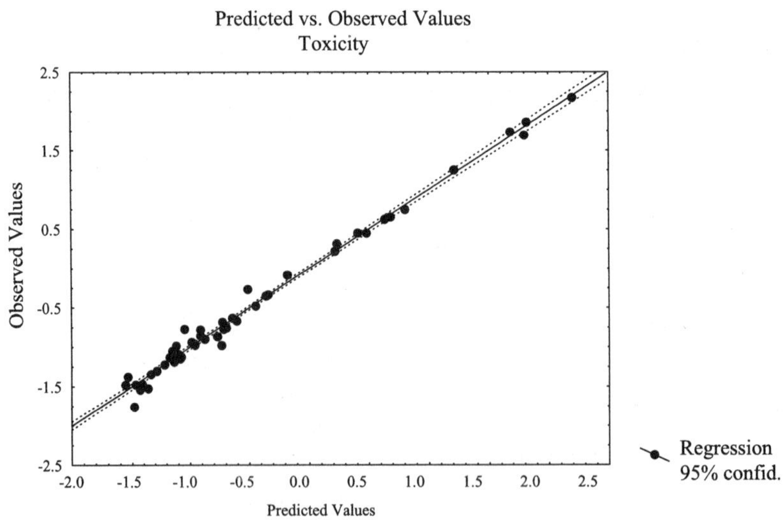

그림 7. 트레이닝 세트 화합물에 대한 새로 개발한 Co MFA 모델결과 로그 LD50 독성값의 실측치와 예측치

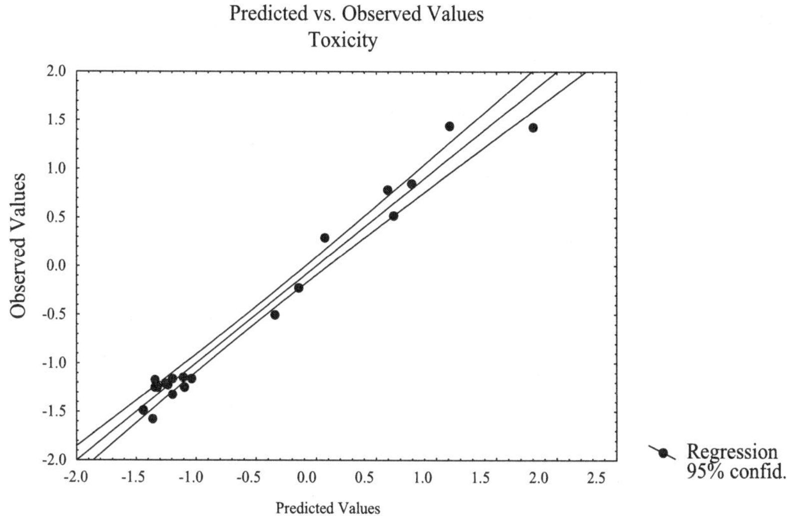

그림 8. 트레이닝 세트 화합물에 대한 새로 개발한 CoMFA 모델결과

기적, 입체 구조적 지역이 서로 겹치는 부분을 볼 수 있다.

CoMFA 지도는 최종 독성값에 기여하는 메커니즘을 연구할 수 있게 해준다. 첫 단계는 화학적 수송에 관련된 기작을 설명하는 것이다(logP값 예측). CoMFA 모델은 같은 descriptors를 사용한 dataset의 logP값을 예측할 수 있게 해준다. 독성과 logP맵 사이에는 어떠한 유사성도 없다. 그러므로 결론은 수송 기작이 중요한 게 아니라는 것이다. 우리는 phase I 효소들과 특히 cytochrome P450 family member CYP1A2의 대사기여도의 가능성에 대해 연구했다. 그러므로 CYP1A2 효소의 활성부에 관한 dataset에 포함된 몇몇 화합물의 도킹은 결합부위의 중요한 잔기와 산화부위를 찾기 위함이었다. 결과는 CoMFA와 일관성을 보인다. 왜냐하면 가장 중요한 상호작용은 heterocyclic ring 부근에서 이뤄졌기 때문이다.

GRID 지도는 aromatic Csp^2 원자를 프로브로 사용하여 리간드-효소 상호작용이 phenyl ring 근처의 헴(heme)에서 쉽게 일어난다는 것을 밝혀냈다. 더욱이 소수성 프로브를 사용하는 것은 소수성 상호작용에도 커다란 영향을 미침도 밝혀냈다.

결과를 통해, 선호되는 GRID 결합 부위는 높은 회귀계수를 갖는 CoMFA 지도의 겹침을 알 수 있으며, 이는 cytochrome CYP450이 최종 독성에 기여한다는 것을 보여준다.

결론

CoMFA 방법을 기초로 한 3D QSAR 모델은 GRID와 도킹 접근법을 통해 얻어진 결과 비교적 정확히 예측할 수 있는 능력을 보였다. CoMFA, GRID, 그리고 도킹 접근법은 독성을 이해하고 작용방식을 설명하는 중요한 정보를 제공할 수 있다. 이 방법들은 각각 다른 관점에서 독립적으로 분자에 대한 유용한 정보를 생성한다. CoMFA 모델은 독성예측에 훌륭한 능력을 보이며, 도킹기법은 대사작용에 대해 중요한 정보를, 그리고 GRID는 가능한 결합부위에 대한 예측을 가능케 한다. 지금까지 몇몇 예들을 가지고 알아본 structure-based 3D-QSAR을 통해 주어진 방법들을 잘 조합한다면 모델링의 효율을 극대화하고 또한 생체내 여러가지 기작들을 확실히 밝혀낼 수 있겠다[27, 28].

참고문헌

1) Omen GS (1995) Toxicology 102: 23-38.
2) Walker JD (2003) *QSARs for Toxicity Screening: Current Practices, chapter 5 QSARs for Pollution Prevention, Toxicity Screening, Risk Assessment, and Web Applications*. SETAC.
3) Egan WJ, Morgan SL (1998) Anal Chem 70: 2372-2379.
4) Cramer ChJ (2004) *Essentials of Computational Chemistry: Theories and Models.*
5) Herman W (1985) *Encyclopedia of Statistical Sciences*, Vol. 6, New York: Wiley. 581-591.
6) Kohonen T (1987) *Self-Organization and Associative Memory*, 2nd Ed, Berlin: Springer-Verlag.
7) Hawkins DM (2004) J Chem Inf Comput Sci 44: 1-12.
8) Naes MH (1989) *Multivariate Calibration.* Wiley Canada.
9) Eriksson L, Johansson E, Kettaneh-Wold N, Wold S (2001) *Multi- and megavariate data analysis: Principles and applications.*
10) Höskuldsson A (1988) J Chemometrics 2: 211-228.
11) Rosenblatt F (1961) *Principles of Neurodynamics*. Spartan Press. Washington D.C. USA.
12) Rumelhart DE, Hinton GE, Williams RJ (1986) *Parallel Data Processing*, Vol.1, Chapter 8, the M.I.T. Press, Cambridge, MA p. 318-362.
13) Chen S, Cowan CFN, Grant PM (1991) *IEEE Transactions on Neural Networks*, vol. 2, no. 2, pp. 302-309.
14) Holland J (1975) The University of Michigan Press: Ann Arbor.
15) Kinnear KE (1994) *Advances in Genetic Programming*; MIT Press: Cambridge, MA.
16) Topliss JG, Costello RJ (1972) J Med Chem 15: 1066-1068.
17) Topliss JG, Edwards RP (1979) J Med Chem 22: 1238-1244.
18) Golbraikh A, Tropsha A (2002) J Mol Graph Model 20: 269-276.
19) Tropsha A, Grammatica P, Gombar VK (2003) QSAR Comb Sci 22: 69-77.
20) Morris GM, Goodsell DS, Halliday RS, Huey R, Hart WE, Belew RK, Olson AJ (1998) J Comput Chem 19: 1639-1662.
21) Lengauer T, Rarey M (1996) Curr Opin Struc Biol 6: 402-406.
22) Goodford PJ (1985) GRID,. Molecular Discovery Ltd, University of Oxford. Oxford, UK.
23) Yeung PKK, Wong FTW, Wong JTY (2002) Appl Envir Microbiol 68(10): 5160-5163.
24) Tomlin CDS (2000) *The Pesticide Manual*. 12th Edition, British Crop Protection Council.
25) Williams PA, Cosme J, Sridhar V, Johnson EF, Mcree DE (2000) Mol Cell 5: 121-131.
26) Goodsell DS, Morris GM, Olson AJ (1996) J Mol Recognition 9: 1-5.
27) Sippl W (2002) J. Computer- Aided Mol Des 16: 825-830.
28) Martin YC, Kim KH, Liu CT (1996) *Str.-Property Relationships*. 1, 1-52. JAI Press.
29) Commission of the European Communities (2001) Bruxelles, 27 February 2001 COM88 final.

6

CHAPTER

광합성과 타감물질

서론

자연과 농업 생태계에서 타감작용은 타감물질이 다른 식물의 성장에 영향을 주어 농작물 수확량을 증가시켜 주기 때문에 관심을 받고 있다[1, 2, 3, 4]. 타감물질은 벤조산, 계피산, 알카로이드계, 테르핀계 물질 등과 같은 넓은 범위의 페놀산을 함유하고 있으며 뿌리 분비물, 잎 침출액, 뿌리와 여러 분해되는 식물 잔유물을 통해 많은 양이 환경으로 분비된다[1]. 이러한 혼합물들은 식물의 발아, 초기 유묘 성장을 포함한 식물의 생장과 발달에 모두 영향을 미치는 것으로 알려져 왔다.

타감물질은 식물의 생리적 작용을 변화시키기 때문에 일차 효과와 이차 효과를 구분하기 어렵다. 타감물질은 세포의 분열과 분화, 이온과 물의 흡수, 물의 상태, 식물호르몬 대사, 호흡, 광합성, 효소 활성, 신호전달과 유전자 발현에 대해 중요한 영향을 미친다[4, 5, 6, 40]. 타감물질은 식물의 성장을 억제하는 여러 세포 작용에 영향을 미칠 가능성이 높다. 그러나 특정 화합물이 식물의 성장에 독성 작용을 나타내는 생화학적 세부 기작은 잘 알려지지 않았다.

광합성은 식물, 조류, 그리고 광합성 박테리아가 빛 에너지를 이용하여 유기화합물을 합성하는 것으로, 식물 생장에 기초적인 물리화학적 과정이다. 광합성의 전체적인 화학식은 매우 간단하지만 탄수화물을 만들어 내기 위해 복잡한 물리, 화학적 반응들은 정교하게 순서대로 반응해야 한다(그림 1). 식물과 조류의 광합성 작용은 엽록체라 불리는 작은 세포 소기관 내에서 일어난다. 광합성은 크게 전자와 양자의 교환 작용이 일어나는 '명반응(light reaction)'과 이산화탄소로부터 탄수화물을 만들어내는 '암반응(dark reaction)'으로 나뉜다. 명반응은 단백질, 전자수송체, 엽록소, 그리고 지방으로 이루어진 복합 막 시스템(광합성 막)에서 일어난다. 명반응은 광계 I과 광계 II로 이루어진 두 개의 다른 반응 중심으로 이루어져 있으며, 두 개의 반응 중심은 동시에 반응하지만 순차적으로 작용된다. 그 결과로 물에서 전

Zhou YH and Yu JQ

Horticultural Department, Zhejiang University, Kaixuan Road 268,
Hangzhou 310029, PR China

자가 $NADP^+$로 이동하며 환원형인 NADPH를 생성하게 된다. 명반응에서 생성된 NADPH와 ATP는 캘빈 회로 또는 환원형 6탄당 인산 회로라고 불리는 탄소환원반응에서의 광합성을 위한 에너지를 제공한다. 캘빈 회로는 엽록체의 수용액(aqueous phase) 안에서 일어나며 일련의 효소 반응을 포함한다. 단백질인 Rubisco(Ribulose 1,5-bisphosphate carboxylase/oxygenase)는 먼저 기공을 통해 흡수된 이산화탄소를 5탄당 화합물에 결합시키는 것을 촉매하며 곧바로 3탄당의 화합물 두 분자를 생성한다. 그 다음의 생화학적 반응은 F-ATPase와 같은 다수의 효소가 작용하며 최종적으로 3인산 화합물(triose phosphate)이 생성된다[7].

광합성은 빛, 온도, 이산화탄소 농도, 물의 상태와 미생물 등의 자연 환경으로부터 크게 영향을 받는다. 최근 연구들에 의하면 타감물질도 광합성에 영향을 주는 중요한 요소임이 확인되었다. 일반적으로 타감물질을 많은 식물에 처리하면 이산화탄소의 동화 작용은 급격하게 감소된다. 이것은 타감물질이 광합성의 3개의 중요 과정인 기공의 이산화탄소 공급, 틸라코이드 전자수송(명반응), 탄소 환원 회로에 심각한 손상을 미칠 가능성을 시사해 준다. 그러나 타감물질에 의해 동화작용이 감소한다는 사실은 지금까지 많은 연구에서 밝혀졌음에도 불구하고 자세한 기작은 아직도 불분명하다.

엽록소 내용물

엽록소는 색소-단백질 복합체의 핵심 구성 물질이고 광합성 막에 박혀있으며, 광합성에서 중요한 역할을 수행한다. 엽록소 내용물의 변화는 광합성에도 영향을 준다. 타감물질이 처리된 식물에서 엽록소의 구성 물질이 감소하는 것이 종종 보고 되고 있다. Einhellig and Rasmussen[8]과 Patterson[9]은 콩과 식물에 페룰린산(ferulic), 쿠마린산(*p*-coumaric), 그리고 바닐산(vanillic acids)과 같은 페놀산을 처리했을 때, 잎의 엽록소 양이 현저하게 줄어드는 것을 확인하였다. *Phethenium hysterophorus*[10]과 *Cucumis sativus*[11]와 같은 종에서도 비슷한 결과가 보고되었다. 반면에 타감 물질에 의한 수수 유식물의 생장이 억제된 것은 엽록소 구성 물질의 감소로 인한 것이 아닌 경우도 보고되고 있다[12].

타감물질은 엽록소 합성 억제, 엽록소 분해 촉진, 그리고 두 가지를 모두 수행하여 엽록소 축적을 감소시킬 가능성이 있다. Rice[1]는 타감물질이 엽록소의 생합성 전구체(precursor)인 포피린(porphyrin)의 합성을 간섭할 수 있다는 점을 제기했다. 최근에 Yang 등[13]은 페놀산이 엽록소 농도와 세 가지 생합성적 포르피린 전구체(Proto, Mg-Proto와 Pchlide)에 대한 영향을 연구하여, Proto와 Pchlide는 농도에 따라 완전히 서로 다른 패턴으로 변화한 반면에 Mg-Proto의 몰 농도는 같은 패턴으로 반응하는 것을 확인하였다. 그들은 Proto가 Mg-Proto로 변할 수 있도록 돕는 효소인 Mg-킬레이트효소(Mg-chelatase)가 페놀산의 중요 표적일 수 있음을 제기하였다. 반면 타감물질에 의해 *Parthenium hysterophorus*의 사상체(trichomes)에서 엽록소 내용물이 줄어든 원인은 엽록소 분해가 촉진된 것에 기인한다고 보고하였다[10].

기공의 반응

타감물질에 의한 수분 손실

식물 뿌리는 타감물질에 1차적으로 노출될 가능성이 높은 조직이며, 타감물질이 이온과 물의 흡수과정을 방해한다는 보고가 많다[14, 15]. 이온 흡수의 억제는 주로 세포막의 작은 변화와 직접적인 연관이 있다. 많은 연구 결과에서 이온 흡수의 저해가 직접적으로 식물의 수분 균형에 영향을 미치거나 미네랄 결핍은 수분 균형에 간접적인 영향을 미치는 것으로 보고되어있다. 이들은 정상적인 세포막의 기능을 방해하고 능동수송을 저해하는 것으로 보고하고 있다[14, 16, 17]. 추가연구에서도 오이의 뿌리 분비물에서 발견되는 복합물인 계피산이 plasma H^+-ATPase, PPase의 활성을 상당히 억제시키는 것을 확인하였다. 또한, Hejl and Koster[18]에 의해 주글론(juglone)을 처리한 옥수수와 콩의 유식물에서도 비슷한 결과가 관찰되었다. 식물세포의 plasma H^+-ATPase와 막 단백질이 팽압 유지와 식물 생장을 위한 필수원소의 흡수에 결정적인 역할을 수행한다. 뿌리를 통해 이온과 수분 흡수의 감소와 함께 plasma H^+-ATPase의 일부 변화는 기공 폐쇄를 유도하고, 잎들의 세포 팽압을 감소시키고, 광합성과 같은 식물의 다른 필수 기능에 간접적인 영향을 미친다.

기공에 대한 타감물질의 영향

타감물질의 처리는 종종 잎의 팽압 감소와 함께 기공의 전도도를 감소시킨다. 오이에서 타감 물질을 처리할 경우 수 시간 안에 기공 전도도가 감소하였다[19]. 담뱃잎과 해바라기에서는 타감 물질의 효과가 며칠 동안 지속되었다[20]. 정확한 기작은 해석하기 어려울 정도로 복잡하지만 많은 요인들이 기공의 개폐 조절에 관련되어 있는 것은 분명하다.

현재, 기공과 비기공 인자들이 CO_2 동화의 감소를 가져올 수 있기 때문에 이렇게

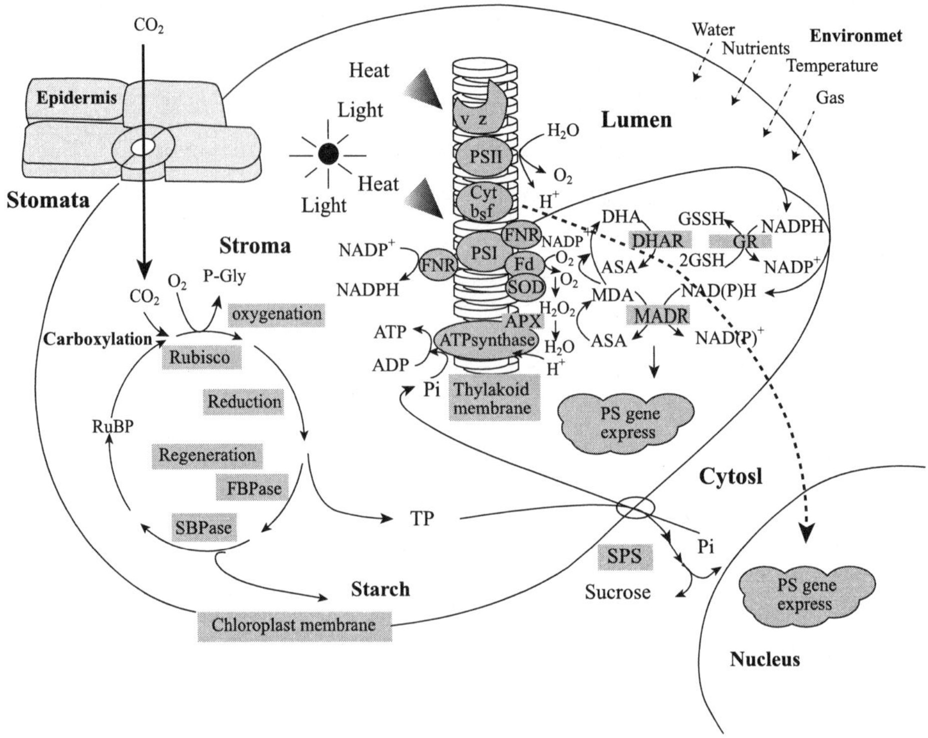

그림 1. 광합성 기작과 타감물질이 영향을 미칠 가능성 있는 장소

감소된 CO_2 동화가 기공전도에 감소로 이어질수 있다고 여겨지고 있다. 기공의 기능이 제한적인 상황에서, 일반적으로 기공 전도도의 감소는 세포내 CO_2 농도의 감소를 동반한다. 하지만 비-기공 요소의 제한은 기공 전도도 감소와 CO_2 농도 증가로 특징지어 진다[21]. CO_2 동화 속도와 세포 내 CO_2 농도를 통해 기공과 비기공에 의한 억제를 구분하는 것이 가능하다. 불행하게도 타감물질이 광합성에 미치는 영향에 대한 실험 결과는 CO_2 흡수 속도 변화와 CO_2 농도 변화를 같이 측정 해 둔 자료가 적기 때문에, 기공에 의한 효과인지 비-기공에 의한 효과인지를 구분하는 것은 불가능하다. 최근에 기공의 전도도 감소가 CO_2 동화 속도 감소, 세포 내 CO_2 농도 감소와 함께 일어나는 것이 관찰되었으며 이것은 타감물질이 광합성량을 줄이는 기작 중 기공의 폐쇄가 어느 정도 영향을 미치고 있음을 의미한다.

기공의 기능은 수분 상태, K 농도와 ABA 신호와 같은 많은 요인에 의해 영향을 받는다. 타감물질이 기공개구를 조절한다는 충분한 증거는 없다. 다만 타감물질이 수분상태, 호르몬 균형과 이온 흡수의 변화로 기공개구에 간접적인 영향을 미칠 가능성은 있다. 대부분의 경우에 뿌리가 타감물질과 접촉할 수 있는 첫 번째 기관이므로, 수분과 이온 흡수 기작 손상과 더불어 ABA 농도가 증가된 것이 주요 기작으로 보여진다. Rai 등[39]은 *Prinsepia utilis* L.로부터 분비되는 휘발성 정유 또는

Prinsepia utilis L의 잎이 기공 개구를 억제하고 기공 전도도를 감소시킨다는 것을 발견하였다. 게다가 그들은 공변세포에서 K농도가 정유에 의해 상당히 감소된다는 것을 밝혀냈다. 결국 기공 폐쇄는 공변세포내로 K이온의 유입 억제 정도와 직접적인 관계가 있는 것으로 결론지었다.

광계 II 기능손상과 전자수송

광계(photosystem, PS)는 빛 에너지를 이용하여 물의 산화와 플라스토퀴논(plastoquinone)의 환원이라는 두 가지 화학작용을 유도한다. 다양한 환경 스트레스는 입사된 광을 이용하기 위한 광합성 시스템 상의 기능을 저해하며 결과적으로 광저해(photoinhibition) 현상을 유도한다. 광합성 과정에서의 광저해는 광계 II의 광화학 반응에서 광양자 생성을 감소시키고 엽록소 형광 유도를 감소시키는 특징을 갖는다. 최근 엽록소 형광 물질 분석 방법의 발전은 최대 엽록소 형광량(Fv/Fm)을 측정함으로써 쉽게 광저해 정도를 밝혀 낼 수 있다.

Barkosky 등[17)]은 카페릭산(caffeic acid, CA)에 노출된 잎의 분산 저항성이 높아지고 증산 속도가 12 d로 높아지는 반면에 Fv/Fm은 28 d로 낮아진다고 보고했다. 등대풀(spurge) 잎에 하이드록시퀴논(hydroxyquinone)을 처리했을 때도 비슷한 결과가 나타났다[16)]. 연구자들은 식물에 물 공급을 억제시키는 것이 일차적인 생장 억제 기작이며 이용 가능한 CO_2의 만성적 감소와 수분 스트레스는 Fv/Fm 값을 감소시킨다는 결론을 내렸다. 실험에서 신남산(cinnamic acid) 처리로 인해 오이의 생장 후기 단계에서 Fv/Fm이 다소 감소되는 것을 관찰하였으나 광합성율과 식물 생장의 감소는 식물에 CA 처리한 것과 같은 결과가 나타나게 됨에 따라, 광저해가 CO_2 동화를 감소시키는 것과 관계가 없음을 밝혔다. 광저해와 상관없이 타감물질이 처리된 오이 유식물 등에서 광합성 전자전달(Φ_{PSII})은 적어졌다. Φ_{PSII}가 적어진 이유로 두 가지를 추정할 수 있는데, 첫째는 광저해에 의해 손상된 PSII 기능이며 다른 하나는 NADPH와 ATP 요구량의 감소, 즉 하향조절(down regulation) 메커니즘이다. 타감물질이 광저해를 유발한다는 충분한 근거가 없기 때문에, Φ_{PSII}의 감소는 CO_2 고정량이 감소했을 가능성도 있으며 이는 나중에 더 자세히 다룰 것이다.

고등 식물에 대한, 일부 연구에서는 남세균(cyanobacteria)와 조류의 타감물질 또는 식물화학물질(phytochemical)이 ATP 합성, 분리된 전자 전달과 광인산화 과정을 억제한다고 설명하였다. Hernandez-Terrones 등[22)]은 *Iostephane heterophylla*로 부터 추출한 화합물인 trachyoban-19-oic acid는 힐 반응(Hill reaction)의 억제제로 작용하며, 물로부터 분리된 PSII 전자를 DCPP로 전달을 억제하는 것을 발견하였고, 그들은 광수확복합체 II(LHC II) 단계에서 틸라코이드 내에 작은 변화가 발생한다고 결론을 내렸다. *Iostephane heterophylla*로부터 추출한 Xanthorrhizol[23]과 trachyoban-19-oic acid[22], *Sorghum bicolor*로부터 추출한 resorcinolic lipids[24]와 sorgoleone[25] 수생 식물인 *Myriophyllum spicatum*[3]로부터 추출한 폴리페놀계 타감물질들이 모두 효과적으로 PSII를 억제했다. 하지만 대부분의 실험이 식물 전체가 아닌 분리된 엽록체나 틸라코이드 막에서 시행하였기 때문에 식물 개체에 어떤 영향을 주는가에 대한 근거는 명확하지 못하다. 따라서 틸라코이드 막의 영향이 식물에 영향을 준다는 것도 연관을 짓기 힘들다. 사실 타감물질이 엽록체 혹은 잎에 어떤 영향을 주는지에 대한 정보가 거의 없다. 고등 식물의 경우 타감물질이 PSII 전자 전달 억제제로 작용하기 전에 반드시 뿌리를 통해 흡수되어 물관을 통해 엽록체로 수송되어야한다. PSII 전자 전달이 방해되는 것이 실험적 환경에서 보여지는 것은 타감작용이 식물의 광합성 저해의 일차적 또는 직접적인 기작은 아니라는 의미를 갖고 있다. 여전히 우리는 타감물질이 엽록체에 도달하고 임계치를 넘을 만큼 쌓여 있는가에 대한 자료가 부족하며, 또한 PSII 전자 전달에 대한 타감물질의 역할을 확신하기 전에 논의할 필요가 있다. 그러나 수생 생태계에서 일부 타감물질은 조류의 광합성 기구의 전자전달에 직접적인 영향을 미칠 수 있다.

탄수화물 대사

최근에 CO_2 동화 작용이 정교한 방법으로 조절된다는 사실이 상당히 밝혀졌으며 탄수화물 대사 작용 역시 CO_2 동화 작용과 연관이 있을 것으로 추정된다. 최종산물 저해, 기질 비스포스파타아제(bisphosphatase) 손상, 그리고 루비스코(rubisco)의 활동은 광합성 억제에 관련된 잠재적인 세 가지 요인이지만 타감물질이 이들 요소에 어떠한 영향을 미치는지 관련된 정보는 매우 부족하다.

CO_2 동화율의 증가는 환경에서부터 비광호흡 조건까지 연결시키는 반응으로 식물에서 잘 관찰되어진다. 어떤 경우에는 3인산의 축적으로 발생된 무기인산(Pi)이 엽록체로 충분히 유입되지 않음으로써 틸라코이드 ATPase 합성효소 활성의 제한이 일어나기 때문에 CO_2 동화율은 증가되지 않는다. 많은 타감물질이 인 흡수에는 유해한 영향을 미치는 것이 많이 보고되어있으나 인산 흡수 억제가 무기인산(Pi)을 제한하는지는 분명하지 않다. 또한 타감물질을 식물에 처리할 경우 탄수화물 내용물의 증가와 생장이 억제 되는 현상은 자주 관찰되었다. 다른 스트레스를 받는 식물에서 보고된 것과 같이 설탕과 같은 탄수화물 대사가 증가되면 CO_2 대사작용이 감소한다. 따라서 최종산물 제한이 타감물질에 의한 CO_2 동화 작용 감소로 나타난 결과

인지를 알기 위해서는 더 확실하고 체계적인 실험이 필요하다.

타감물질이 루비스코와 기질 이인산화효소에 영향을 미치는가에 대한 증거는 거의 없다. 최근에 우리 실험실에서 병원성 붉은곰팡이(*Fusarium*)를 접종하고 신남산(cinnamic acid)을 처리한 결과 오이 잎의 광합성량이 감소되는 것을 확인하였다. 이러한 감소는 카르복실화 효율성과 RuBP 재생의 저하를 동반했다. 하지만 카르복실화 효율성 감소가 루비스코 량의 감소에 의한 현상인지 또는 루비스코의 활성 감소에 의한 현상인지 혹은 두 가지 모두에 의해서인지 불분명하다. 식물의 생물적 혹은 비생물적 스트레스에 의한 루비스코 량과 활성의 감소는 학계에 많이 보고되어 있다[37].

광합성 산물에 대한 영향

식물의 생장과 생산성은 잎 총면적과 잎의 단위 면적당 광합성율과 연관되어 있다. 타감물질을 처리하면 엽면적 감소와 식물 생장 억제와 함께 식물의 생물량도 상당히 감소된다는 것은 잘 알려져 있다. 타감물질에 의한 단위 엽면적당 광합성량 감소 요인은 위에서 언급되었다. 더구나 타감물질은 세포 분열과 성장에도 해로운 효과가 있으며, 이는 엽면적의 감소를 유도한다. 따라서 타감물질에 의한 광합성이 가능한 빛 흡수량의 감소는 광합성 생산성의 감소 원인이 된다.

결론

식물들이 타감물질에 의해 전형적으로 영향을 받은 광합성의 중요 구성요소들은 위에서 언급하였으며 일부는 표 1에 제시하였다. 현재의 연구수준으로는 타감물질이 어떠한 기작으로 광합성에 관여하는지 정확하게 알 수는 없다. 하지만 예상컨대 뿌리주변의 타감물질은 뿌리 세포막을 방해함으로써 식물과 물의 관계를 변화시키고, 이런 변화로 유도된 수분 스트레스는 CO_2 동화율을 감소시킬 가능성이 크다. 하지만 일부 휘발성 복합물질이 기공의 기능을 변화시킴으로써 CO_2 동화율을 직접적으로 억제한다는 데 대한 상세한 기작 규명이 필요하다.

뿌리주변의 타감물질이 엽록체에 직접적으로 축적되는지는 알 수 없기 때문에 광합성 전자전달 과정 또는 탄수화물 대사작용에 직접적인 영향을 미치는 지도 알 수 없다. 하지만 수계 생태계에서 타감물질은 광합성 기관에 쉽게 침투할 수 있기 때문에 전자전달 과정 혹은 탄수화물 대사 작용을 억제하여 직접적으로 광합성을 저해할 가능성이 있다.

표 1. 광합성 구성요소에 대한 타감물질의 영향

Function	Allelopathic agents or allelochemical	Concent. mM	Species and material	Action
Chlorophyll content				
	Ferulic acid	0.5	Soybean	Decreased[8)]
	Monoterpenes	0.1	*Cassia* occid*entalis*	Decreased[28)]
	Secalonic acid	0.3	Sorghum	Decreased[29)]
	Microcystin-LR		*Ceratophyllum* demersum	Decreased[30)]
	Phenolic acids	0.2	Rice	Decreased[13)]
Root membrane function				
	Juglone	0.01-1	Corn soybean	Decreased[18)]
Stomatal conductance				
	Phenolic acids	0.25	Cucumber	Decreased[19)]
	Juglone	0.01-0.1	Soybean Corn	Decreased[31)]
	Prinsepia utilis	volatile oil	*Vicia faba*	Decreased
	Hydroxybenzoic acid	0.50	Soybean	Decreased[32)]
	Hydroquinone	0.25	*Leafy spurge*	Decreased[16)]
Carbohydrate metabolism				
	Cinnamic acid	0.25	Cucumber	Decreased
Water potential				
	Hydroxybenzoic acid	0.75	Soybean	Lowered[30)]
	Ferulic acid	0.25	Sorghum	Lowered
Electron transport				
	Prymnesium parvum		Baltic sea plankton	Inhibited[31)]
	Caffeic acid[)]	0.1-0.25	*Euphorbia esula*	Inhibited[17)]
			Sorgoleone	Inhibited[27, 35)]
	Trachyloban-19-oic acid[23)]		Spinach	Inhibited
	Resorcinolic lipids[25)]			
	Polyphenols[3)]		Spinach	Inhibited
	Myriophyllum[2)] spicatum		Phytoplankton	Inhibited
	Hydroxybenzoic acid[30)]	0.75	Soybean	Inhibited
	Fischerellin A[34)]			Inhibited

Tricolorin A[36]	20 μM	Spinach	Inhibited
Acetogenius[37]		Spinach	Inhibited
Xanthorrhizol[25]		Spinach	Inhibited
Hydroquinone[16]	0.25	*Leafy spurge*	Inhibited

참고문헌

1) Rice EL (1984) *Allelopathy*, 2nd Ed., Academic Press. London
2) Korner S, Nicklisch A (2002) J Phycol 38: 862-871.
3) Leu E, Krieger-Liszkay A, Goussias C, Gross EM (2002) Plant Physiology 130: 2011-2018.
4) Inderjit, Duke SO (2003) Planta 217: 529-539.
5) Singh NB, Thapar R (2003) Allelopathy J 12: 61-70.
6) Belz RG, Hurle K (2004) J Chem Ecol 3: 175-198.
7) Raghavendra AS (1998) *Photosynthesis, a Comprehensive Treatise*. Cambridge University Press.
8) Einhellig FA, Rasmussen JA (1979) J Chem Ecol 5: 815-824.
9) Patterson DT (1981) Weed Sci 29: 53-59.
10) Kanchan SD, Jayachandra (1980) New Phytol 84: 739-746.
11) Pramanik MHR, Asao T, Yamamoto T, Matsui Y (2001) Allelopathy J 8: 161-169.
12) Einhellig FA (1986) *The Sciences of Allelopathy* 171-188.
13) Yang CM, Lee CN, Zhou CH (2002) Bot Bull Acad Sin 43: 299-304.
14) Glass ADM (1974) Plant Physiol 54: 855-858.
15) Yu JQ, Matsui Y (1997) J Chem Ecol 23: 817-827.
16) Barkosky RR, Butler JL, Einhellig FA (1999) J Chem Ecol 25: 1611-1621.
17) Barkosky RR, Einhellig FA, Butler JL (2000) J Chem Ecol 26: 2095-2109.
18) Hejl AM, Koster KL (2004) J Chem Ecol 30: 453-471.
19) Yu JQ, Ye SF, Zhang MF, Hu WH (2003) Biochem System Ecol 31: 129-139.
20) Einhelig FA. Kuan L (1971) Torrey Bot Club 98: 155-162.
21) Farquhar GD, Sharkey TD (1982) Ann Rev Plant Physiol 33: 317-345.
22) Hernandez-Terrones MG, Aguilar MI, King-Diaz B, Lotina-Hennsen B (2003) Arch Biochem Biophysics 418: 93-97.
23) Gonzalez-Bernardo E, Aguilar MI, Delgado G, King-Diaz B, Lotina-Hennsen B (2003) Physiol Plant 119: 598-604.
24) Hernandez-Terrones MG, Aguilar MI, King-Diaz B, Lotina-Hennsen B (2003) Pesticide Biochem Physiol 77: 12-17.
25) Rimando AM, Dayan FE, Streibig JC (2003) J Natural Products 66: 42-45.
26) Rimando AM, Dayan FE, Czarnota MA, Weston LA, Duke SO (1998) J Natural Products 61: 927-930.
27) Gonzalez VM, Kazimir J, Nimbal C, Weston LA, Cheniae GM (1997) J Agric Food Chem 45: 1415-1421.
28) Singh HP, Batish DR, Kaur S, Ramezani H, Kohli RK (2002) Ann Applied Biol 14: 111-116.
29) Zeng RS, Luo SM, Shi YH, Shi MB Tu CY (2001) Agronomy J 93: 72-79.
30) Pflugmacher S (2002) Environmental Toxicity 17: 407-413.
31) Jose S, Gillespie AR (1998) Plant and Soil 203: 199-205.
32) Barkosky RR, Einhellig FA (2003) Bot Bull Acad Sinica 44: 53-58.
33) Fistarol GO, Legrand C, Graneli E (2003) Marine Ecol Progress Series 255: 115-125.
34) Srivastava A, Juttner F, Strasser RJ (1998) Biochim Biophys Acta 1364: 326-336.
35) Czarnota MA, Paul RN, Dayan FE, Nimbal CI, Weston LA (2001) Weed Technology 15:

813-825.
36) Achinine L, Pereda-Miranda R, Iglesias-Prieto R, Moreno-Sanchez R, Lotina-Hennsen B (1999) Physiol Plant 106: 246-252.
37) Chavez D, Iglesias-Prieto R, Lotina-Hennsen B (2001) Physiol Plant 111: 262-268.
38) Bais HP, Vepachedu R, Gilroy S, Callaway RM, Vivanco JM (2003) Science 301: 1377-1380.
39) Rai VK, Gupta SC, Singh B (2003) Biol Plant 46: 121-124.
40) Allen DJ, Ort DR (2001) Trends in Plant Sci 6: 36-42.

7

CHAPTER

식물의 성장억제와 세포주기

서론

세포분열은 세포성장을 위해 개체 내에서 발생하며 개체는 세포구성요소의 균등한 분열을 거쳐 균형 있게 성장을 한다. 이 과정은 생장과 발달의 기초가 되며, 모든 생명체의 유전과 진화의 주요 요인이다. 그러므로 생장을 변화시키는 작용 방식에 대한 정보는 스트레스 조건과 타감작용의 연구에 있어서 중요한 요소이다. 최근 타감물질이 개체의 다양한 생명활동에 관여하는 것으로 알려졌다. 식물의 생장에 미치는 타감물질의 영향에 대한 연구가 몇몇 광학 및 전자현미경을 이용하여 이루어졌으나[1)], 타감작용에 노출시킨 후 세포주기의 동태와 유사분열지수를 직접 측정한 자료는 아직 없다.

그러나 배양된 식물세포나 조직의 세포주기에 대한 운동적, 역학적, 비율적 특징은 여러 생리작용의 중요한 변수가 된다. 따라서 세포주기의 기본기작에 대한 연구(세포 증식과 비활성의 비율, 세포 부분들의 특징과 세포주기 길이 및 진행의 상태)뿐만 아니라 다른 조절 및 억제 추정인자의 영향(호르몬, 생장인자, 독소, 타감물질 등) 및 세포주기의 환경적 조건(스트레스를 포함하여) 규명 등은 연구를 통해 얻어야 할 중요한 정보이다[2, 3)].

식물의 스트레스에 대한 반응으로 발생하는 세포분열의 역할은 세포주기의 정량적 분석을 통해 규명되어야 한다. 이것은 일시적 또는 연속적 환경 조건에서 식물의 행동을 가늠하게 한다. 예를 들어, 대부분의 종에서 잎의 팽창 비율이 감소하는 것은 물, 빛 또는 영양소 결핍과 같은 환경적 자극에 대한 일차 반응이다[4)]. 세포주기는 잎의 생장을 결정하는 최종적이며 결정적인 요인은 아니지만, 조직의 팽창과 세포분열간의 상관관계를 통해 스트레스에 대한 식물반응을 알려주며, 그 작용결과에 따라 최종 엽면적이 결정된다. 이러한 방법으로 Tardieu and Granier[5)]는 물 또는 빛의 결핍이 G1기에 핵 형성을 부분적으로 방해하여 세포주기 기간을 증가시키고, 최

Sánchez-Moreiras AM[1], de la Peña TC[2] and Roger MJR[1]

[1]Universidade de Vigo, Edificio de Ciencias Experimentais, As Lagoas-Marcosende, Vigo, E-36310, Spain
[2]Dpto Fisiología y Bioquímica Vegetal, Centro de Ciencias Medioambientales, CSIC, Madrid, Spain

종 세포 수를 감소시켜 최종 엽면적을 감소시킨다는 것을 주장하였다. 이 효과는 식물에 자극이 주어지고 난 후 매우 빠르게 발견되며, 때때로 광합성률이 변하지 않고 탄소의 대사작용과는 독립적으로 일어난다.

일부 유사한 현상이 뿌리 발달 과정에서도 일어나며, 식물의 생장과 발달에서 주요 조절자로서 단백질 키나제(kinase)의 역할, 옥신 조절유전자 발현, 그리고 스트레스가 주어진 조직에서 세포주기율과 동태 측정의 연구에 관심이 집중되고 있다.

현재 진행되는 연구는 어떤 요소들이 세포주기 활동에 어떻게 영향을 주는지 조사하는 것들이다. 이에 대해서는 O'Really and Owens, Fielder and Owens[6, 7, 8]의 서리 저항성 연구, Chiatante 등[7]의 수분 스트레스 연구, Garrison의 저온 스트레스 연구 또는 F-Yu 등[10]의 미소중력(microgravity) 연구와 같은 많은 스트레스에 대한 식물반응에 대한 연구들이다. 오염물질[11] 또는 살충제[12] 등과 같은 화학물질 역시 연구되고 있다.

이차 대사물질에 노출된 식물의 유사분열의 활성을 측정하는 여러 연구들도 시행되었다. Wisniewska and Chelkowski[13], Packa[14]의 경우가 그 예이며 이들은 밀 세포의 붉은 곰팡이(*Fusarium*)의 진균독소(mycotoxins)가 유전독성일 가능성에 대해 연구하였다. 그들의 연구에서 이러한 독소들이 유사분열에 큰 영향을 주는 것을 발견하였다. 이러한 이차대사물질은 유사분열지수를 감소시키며, 전기 및 중기 염색체를 과도하게 응축시켜, 대조군에 비해 처리된 유식물과 종자에서 염색체 이상 세포의 비율이 상당히 증가하였다. 1998년 Packa는 이 진균독소가 잠두(*Vicia faba*)와 완두(*Pisum sativum*)의 근단세포(root tip cell)의 핵과 염색체에도 유사한 영향을 주는 것을 관찰하였다[42]. 같은 해에 Hemmerlin and Bach는 담배 세포의 세포주기 과정에 대한 메발론산의 중요성을 연구하기 위해 유사분열지수를 사용하였으며[40], 1999년에 Fernandez 등은 그것을 인용하여 듀럼밀(*Triticum durum* Desf)의 *in vitro* 세포배양에서 체세포배(somatic embryo)의 기원을 밝히기 위해 역시 유사분열지수를 사용하였다[38].

Rimando 등[15]은 이러한 화합물이 존재할 때 발아하는 양파근단에 있는 *Leucophyllum frutescens*(diayangambin, epiyangambin, dasesartemin)로부터 일부 리그난(lignan)의 유사분열지수를 연구하였으며, 다른 유사분열 단계에서 관찰된 전체 세포내에서 상당히 감소된 것을 관찰했다. 개똥쑥 [(*Artemisia annua*)(매해살이 쓴쑥(wormwood)]에 의해 형성되며 항-말라리아 약으로 널리 알려진 고도의 식물독성 화합물인 아르테미시닌(artemisinin)은 유사분열의 비정상적인 중기와 말기에 특성을 나타낸다는 것이 발견되었다[16].

천연화합물에 대한 연구를 계속적으로 진행해 온 Romagni 등[17]은 두 종류의 잡초에서 1,4-와 1,8-cineole [제초제 시메틸린(cinmethylin)이 유래된 천연 물질]의 효과를 비교하였다. 그들은 발아, 유사분열, 뿌리와 어린 싹의 생장, 클로로필 구성요소 그리고 광합성 효율을 모니터링하고, 두 휘발성 cineole이 뿌리 생장을 심하게 억제한다는 것을 발견하였다. 그러나 유사분열지수를 대조군과 비교할 때 1,8-cineole이 모든 유사분열 단계에서 심하게 감소된 반면($p < 0.001$) 1,4-cineole은 전기에서만 감소되었다($p < 0.05$). 식물독성 시험에 사용된 아릴테트라린(aryltetralin)이라는 식물 리그난은 유사분열의 모든 단계에서 대조군 보다 거의 50% 정도 더 억제되는 것이 관찰되었다[18]. 이러한 일부 리그난은 또한 비정상적인 별모양으로 말기 염색체를 배열시켰다. 이러한 정확한 작용 기작은 여전히 알려지지 않았으나, 일차적 효과는 미세소관 조직 중심체의 방추사 형성에서 변화를 가져와 결과적으로 여러 개의 방추사 봉이 형성되고 염색체의 비대칭적 배열을 유도하는 것으로 추측하였다.

2(*3H*)-benzoxazolinone(BOA)가 오이 뿌리 끝의 미세구조와 생장에 미치는 효과에 대한 연구결과가 발표되었다[19]. BOA가 측면생장을 억제하고 뿌리의 미세구조를 변화시킴으로써 뿌리 생장에 영향을 미친다고 주장하는 이 논문은 뿌리 생장 억제에 대한 BOA의 더 상세한 내용을 기술한 유일한 문헌이다. 저자들은 BOA가 '지질대사와 단백질 형성 및 운송 또는 분비능력을 감소시킴'으로써 뿌리 생장을 저해한다고 결론을 내렸다. 이와 같이 페트리디쉬 생물분석법을 이용하여 1mM BOA(2-benzoxazolinone; Aldrich Chem. Co., 15, 705-8)를 처치하고 6시간 정도 노출시켰을 때 상추(*Lactuca sativa*)의 뿌리 생장과 뿌리털 형성이 정지된다는 사실이 규명되었다. BOA에 24시간 노출시키면 뿌리가 두꺼워지고 노랗게 변하였으며 뿌리털이 없어지는 현상이 전자현미경하에서 관찰되었다. 이것은 BOA가 분열조직의 형태를 변화시키고 세포분열을 어렵게 하도록 영향을 미친다는 것을 나타내는 것이다. BOA 효과를 상세하게 평가하고, 뿌리분열조직에 대한 BOA의 효과를 알아내기 위한 방법론을 개발하기 위해서 우리 그룹에서는 유세포분석기(flow cytometry)과 유사분열지수를 이용해서 상추(*Lactuca sativa*) 유식물의 세포주기 변수를 측정하였다. 유동세포계수법은 높은 속도의 유체 내에 산재하는 입자를 측정하는 방법으로[20], 약이나 자외선이 미치는 영향이나 DNA 양과 배수성 결정, 다른 세포 변수, 다양한 항원 탐지와 연관되는 세포주기에 관한 많은 연구를 수행할 수 있게 하며, 심지어 세포소기관이나 염색체와 같은 입자들을 물리적 특징에 따라 구분할 수 있게 한다. 여기에 필요한 기술 개발에는 생리학, 세포학 그리고 면역학 지식이 매우 유용하다[21, 22, 23]. 이 방법을 통해 동시에 있지 않은 세포 집단들, 각각의 조직, 분열조직 그리고 세포 부유물 등을 분석할 수 있고, 각각의 세포주기 단계에서 세포들의 비율도 측정할 수 있다(그림 1). 이러한 간단한 경우(그림 1), 3개의 핵 그룹이 나누어 진다. 첫 번째(G0 + G1)는 2C 핵에 상응한다(G0, $G1_Q$ 미분화 G1 세포, 분화된 2C 세포). 두 번째 피크(G2)는 4C 핵에 상응한다(DNA 복제 후의 G2 사이클링 핵, $G2_Q$와 분화된 4C 세포, 세포 증식에 대한 비관여). 4C 피크의 형광 광도는 2C 피크의 2배 정도이다. 그리고 마지막으로 세 번째 그룹은(S, 두 피크 사이) DNA

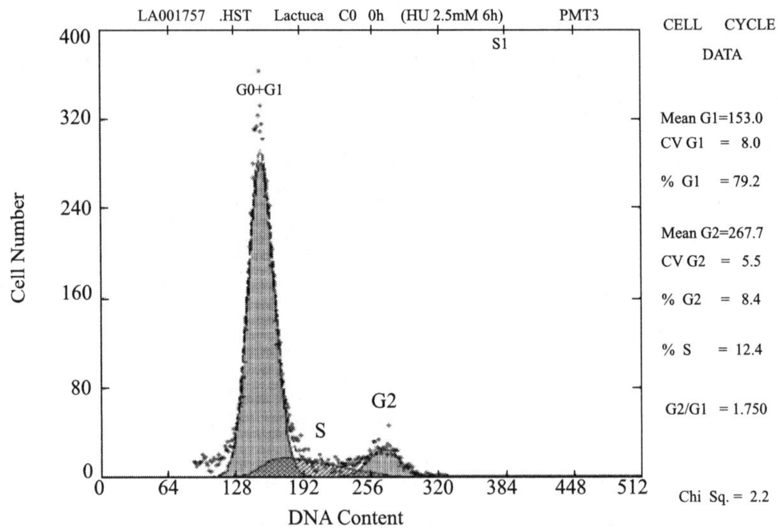

그림 1. 유세포분석기를 이용한 상추 뿌리의 분열조직 세포주기

복제의 각기 다른 단계에서의 S-상 핵으로 구성된다(사이클링 S와 비사이클링 S_Q 세포). 이러한 유동세포계수법을 이용한 단일 변수 분석법은 간단하고 유용한 세포주기 분석을 하는 것이다.

그러나 만약 세포주기 조정 인자의 영향을 평가하는데 관심을 둔다면, 이전의 동기화가 필요하다. 아피디콜린(aphidicolin)과 수산화요소(hydroxyurea)와 같은 특정 단계의 세포주기를 차단하거나 정지시키는 몇 가지 상업적으로 이용 가능한 억제제가 있다. 아피디콜린은 DNA 중합효소-α의 특이적이고 가역적 억제를 일으키는 것으로, G1/S 경계에서 차단된 세포주기의 제거를 유도한다[24]. 수산화요소(hydroxyurea)(HU)는 가역적으로 리보뉴클레오티드 환원효소(ribonucleotide reductase)를 억제하므로, deoxyribonucleotides가 생성된다. 이러한 억제제의 처리는 G1과 초기 S 단계에서 세포의 축적을 유도한다[25]. 주로 세포 현탁액 내에서 세포주기의 부분적 동기화를 유도하기 위해서는 결핍과 물리적 방법도 사용되지만, 화학물질이 보다 분명한 수단이다. 한번 억제인자가 첨가되면, 순환성 세포는 억제인자가 특정한 효과를 나타내는 단계까지 세포주기를 진행시키며, 모든 세포는 배양된 이후에 그 세포주기의 단계에 머무르게 된다. 얼마간의 시간이 흐른 뒤, 억제 인자를 물로 씻어내면 모든 순환성 세포군은 일제히 세포주기를 다시 시작하게 되며, 이 동기화된 세포군의 진행은 정확히 분석된다. 같은 방법으로 추측상의 세포주기 조절자의 특이적 효과가 상세하게 분석될 수 있다. 억제제를 제거한 후 다른 시간대에 이미 측정된 물질을 추가함으로써, 세포주기 단계와 하위단계의 특이적 효과를 탐지할 수 있다. Lee 등[26]은 수산화요소를 이용하여 옥수수에서 뿌리 끝을 동기화하여 중기 염색체를 분리했다.

최근 연구에서 상추(*Lactuca sativa*)뿌리의 분열조직은 수산화요소(hydroxyurea, HU)를 이용하여 동기화하였고 G1 단계에서 세포주기를 멈추게 하였다. 플라스틱 상자의 젖은 여과지에 놓아 둔 상추(*Lactuca sativa* cv. Great Lakis, California(Phyto))의 종자는 20시간의 암조건과 27°C에서 발아하였다. 그 후에 뿌리길이가 1 ~ 3 mm인 유식물은 5 ml의 2.5 mM 수산화요소(pH 6.0)로 적신 여과지가 담긴 페트리디쉬로 옮겨졌다. 20개의 유식물은 각각의 페트리디쉬에 옮겨져 27°C의 암조건에서 6시간 동안 배양되었다.

증류수(pH 6.0)로 두 번 씻어 HU를 제거한 후 약 30%의 동시 발생된 세포군 핵의 총량을 분석한 결과 S와 G2 단계로 진행되는 것이 탐지되었다. 이 데이터의 자세한 분석을 통해 특정 세포주기 단계에 세포가 축적되어 동기화가 이뤄진다는 것이 분명해보였다. 비슷하게 HU 억제인자가 제거된 즉시 측정된 핵의 79%가 G0+G1 단계에 있었으며, 8.4%가 G2 단계에, 그리고 12.4%가 S 단계에 있었다. HU의 노출은 G1 단계에 핵이 축적되고 세포주기 단계가 진행되는 것이 멈추도록 유도시켰다. S 단계의 동기화된 핵의 시작과 진행이(측정된 핵의 29.6%) 30분 뒤에 발견되었다. HU가 방출된 한 시간 후에 동기화된 핵 군은 G2 단계에 접어들었다. 동기화된 핵의 비율은 억제인자 방출 후 시간에 따라 감소하였다. 마지막으로 모든 동기화된 핵은 HU가 방출된 지 두 시간 후에 G2 단계에 접어들었다. G2군은 보통 비동기화된 분열조직의 10%에 달하나, 이 조건에서 약 25%까지 그 양이 증가하였다. 이 단계 이후에 유사분열이 시작되고 샘플에서 풍부한 중기 염색체가 나타났다. 이러한 특정 실험 시스템에서 새롭게 동기화된 G1 단계는 발견되지 않았다.

이렇게 동기화된 세포군에서 세포주가 진행됨에 있어 BOA의 약하거나 또는 강한 효과가 탐지되었으며, 수산화요소에 의한 동기화 처리 이후에 BOA의 처리효과를 분석하고 있다. HU를 물로 씻어낸 직후, 동기화된 유묘를 일련의 처리작업을 위해 다른 페트리디쉬로 옮겼다. 1 mM BOA가 상추 유묘 생장의 생물학적 정량에서 IC_{50}으로 나타났기 때문에[37] 이 실험에서 선택되었다.

이 유식물들은 1 mM BOA를 4 mL 적신 여과지에 놓거나(처리된 유묘), 증류수로 적신 여과지에 놓았다(대조군 유묘). 그리고 27°C의 암조건에서 배양되었다. 이 시점부터 BOA를 처리한 유묘 샘플과 상응되는 대조군을 유동세포계수법을 이용하여 동시에 분석하였다. BOA를 처리한 실험군 및 대조군 유묘 40 세트의 뿌리에 대해 분열조직의 정단 1 mm는 700 μl의 Galbraith nuclear 완충용액(45 mM $MgCl_2$, 30 mM sodium citrate, 20 mM MOPS pH 7.0, 0.1%(w/v) Triton X-100)에서 잘게 자른 뒤, 100%의 Tween과 100%의 beta-mercaptoethanol로 보충하였다. 얻어진 현탁액은 30 μm 나일론 필터로 두 번 여과한 뒤, 500 μL의 필터된 핵 현탁액을 eppendorf로 취했다. 취한 핵 현탁액에 핵 라벨링을 위해 핵산 특이적 염색약으로 5

μL의 1% RNase solution과 30 μL의 10 mg/mL Ethidium Bromide(EtBr)를 첨가하였다. 30분 배양 후 라벨된 식물의 핵 현탁액은 가시적인 여기 인자와 함께 488 nm의 여기 파장으로 구성되어 있는 유동세포 분석기 Coulter Elite를 이용하여 분석하였다. 세포주기 히스토그램은 BOA 처리 실험군과 대조군에 대해 2시간 간격으로 12~14시간까지 기록하였다. 적어도 각 샘플마다 10,000 핵이 유세포분석기로 분석되었다. 히스토그램 그래프는 컴퓨터 프로그램 Multicycle(Phoenix Flow Systems, San Diego)을 이용해 분석하였으며, BOA 처리 실험군과 대조군 유묘의 G0 + G1, S 그리고 G2 군집을 비교하여 측정하였다.

그러나 유사분열이 일어나면, 핵막이 사라지고 산재해 있던 염색체(각기 다른 크기와 약한 형광 세기)는 본 실험 과정에서 잔해로부터 탐지되지 않거나 또는 구분되지 않는다. 그 때문에 유사분열 세포는 없어지거나 이들 조건에서 유동 세포 분석기로 탐지되지 않았으며, 또한 이 그룹(M)은 히스토그램(histogram)으로도 기록되지 않았다. G2, M, G1의 길이를 정확히 측정하기 위해 반드시 유동 세포 분석기를 이용하여 유사분열지수(유사분열의 비율)를 상보적으로 측정해야 한다. 이 기술은 여러 실험 팀에서 다양한 연구를 위해 사용되었다[27, 28, 29)]. Cuq 등은 1995년에 옥수수 뿌리 분열조직의 세포계산 데이터를 확증하기 위해 이 기법을 사용하였다. 유동세포계수법과 유사분열지수를 적용하면 모든 세포주기 단계를 정확히 아는 것이 가능해졌다.

유세포분석기를 이용한 세포주기 분석을 위해 상추 뿌리는 아세트산:클로로포름:에탄올의 혼합물(6:3:1)과 미량의 철을 혼합한 혼합물로 2시간 간격으로 24시간까지 채취하여 고정하였다. 샘플은 20°C의 신선한 고정액에 최소한 3일 동안 저장하였다. 3일 간의 보관이 끝나면 샘플은 1N HCl로 60°C에서 25분간 가수분해 시켰다. 그 다음 Schiff's reagent에 10분간 노출시켜 염색하였으며, 염색체는 특유의 분홍색으로 염색되어 광학 현미경으로 관찰할 수 있다. Schiff's reagent를 가해준 후 분열조직을 잘라 아세트카민 몇 방울을 떨어뜨려 덮은 후 열을 가하였다. 핵분리를 위해 분열조직을 눌러 짓이긴 다음 광학현미경으로 검경하였다. 유사분열지수는 슬라이드별로 1000 세포씩 각각의 실험군마다 3 세트로 계산하였다.

결과 및 고찰

그림 2는 동기화된 상추 분열조직의 실험군(1mN BOA)과 대조군(증류수) 세포의 세포주기 진행을 나타낸 것이다. 이 그래프에서 상추 뿌리 분열조직에 미치는 BOA의 주요 효과는 타감물질에 노출 후 10시간이 지나기 전에 탐지되었다. 세포는 첫 4

시간 처리 내에 G0 + G1에서(HU는 G1/S 전환을 손상시키는 세포주기를 방해) S 단계로, S 단계에서 G2 단계로 진행된다. 4시간 후에 G2 단계에서 세포수는 대조군보다 실험군 분열조직에서 상당히 증가하였다. 다음 6시간 동안 대조군 분열조직은 정상적인 세포주기를 가졌으며, 점점 더 많은 세포들이 G2에서 G0 + G1 단계로 가면서 비동시적으로 새로운 분열을 시작하였다. 그러나 BOA를 처리한 분열조직에서 같은 6시간 동안 분열하는 더 많은 숫자의 세포들이 G2 단계에서 방해를 받았다. 세포주기는 이들 분열조직에서 매우 천천히 진행되어 BOA를 처리한 10시간 후 G2 단계의 세포 수가 대조군의 두 배가 되었다.

유동세포계수법을 통해서 G2/M 전환 상태에 있는 세포주기가 방해됨으로써 세포의 유사분열 진입이 지연되어 세포주기의 진행이 매 시간 더욱 분명하게 저지되고 있는 것을 알 수 있다. 처리된 뿌리 분열조직의 세포주기의 진행에 대한 이와 같은 효과는 BOA에 노출된 10시간 후에 매우 분명하게 나타났다(그림 2).

유동세포계수법에서 나타난 이러한 효과는 유사분열지수 측정 기술에서도 뚜렷하게 측정되었으며, 이것은 유동세포계수법이 세포주기 연구에서 우수한 상보적 기능을 발휘한다는 것을 보여주는 것이다. 유사분열지수(그림 3)는 유세포분석기의 결과를 분명하게 확인시켜주며, 대조군 분열조직에서보다 BOA를 처리한 분열조직에서 세포주기의 진행이 더 느리다는 것을 나타내었다. 그러나 세포분열이 제대로 이루어지지 않은 세포의 최대 수는 대조군의 분열조직보다(증류수에 노출된 후 4시간 뒤 36%) 실험군의 분열조직에서(BOA에 노출된 후 6시간 뒤 18%) 더 적고, 늦게 나타났다.

유세포분석기의 결과에서 우리는 유사분열 전에 처리된 분열조직에서 교착상태에 있음을 알게 되었지만, 유사분열지수의 결과에서는 14시간 처리 후에 대조군뿐만 아니라 BOA 처리된 세포에서도 세포분열이 다시 시작된다는 것을 알 수 있었다. BOA에 반응하는 세포주기 조절은 적응적 생장반응을 따르는 세포분열 활성에 영향을 주었다. 그러므로 우리는 상추의 세포주기 과정에서 BOA로 인해 본 식물 묘목의 생장 억제가 감지되기 전에 이 복합물의 중요한 작용기작에 의해 영향을 받은 것으로 결론을 내렸다.

이전에 얻은 광학현미경을 이용한 이미지(미발표 자료)[19]는 세포주기과정에 대한 영향을 미칠 것이라고 제시된 BOA 상태가 변화된 것을 보여주었다. 이와 같이 예측되는 효과는 이 분석으로 분명하게 설명되고 있다.

유사분열지수는 1 mM BOA 처리군과 대조군을 비교하였을 때 전기의 많은 세포들에서 유사분열의 모든 단계가 심하게 감소되는 것을 보여주고 있다. 유사분열지수 연구를 통해 염색체를 살펴본 결과, BOA를 처리한 분열조직에서 변형된 염색체는 발견되지 않았다. 중기와 말기의 배치 형태는 이전에는 이차적 화학물질에 의

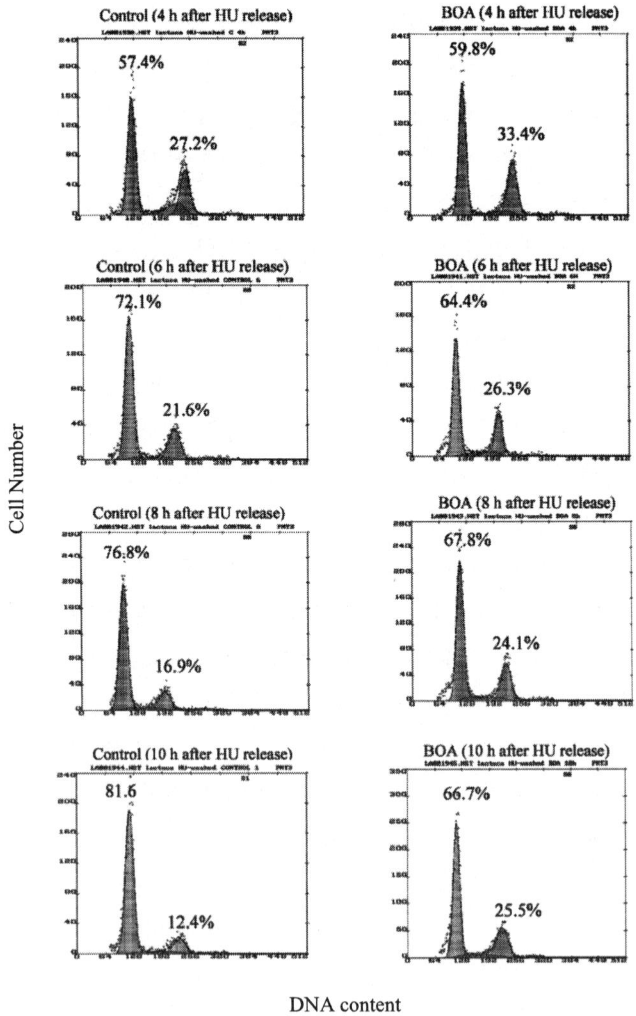

그림 2. 1 mM BOA처리 상추 분열조직에서 HU 방해를 받은 뿌리 분열조직 세포의 6시간 후 세포주기

해 영향을 받는 것으로 알려져 있었으나[16], 완전히 정상적인 모습을 보였으며, 중기와 말기에 정상적인 응축이 관찰되었다(그림 4). 따라서 유사분열 기작에는 직접적인 영향을 미치지 않는 것으로 보인다.

세포주기 진행과 세포수의 조절은 식물의 생장과 형태형성에 매우 중요하며, 이와 같은 일에 대한 정확한 시간과 순서의 변화는 식물의 발생에 중요한 영향을 미친다. 식물 내에서 세포분열 조절은 세포주기 조절인자(cyclin-dependent kinases, cyclins, CDK inhibitor genes)의 존재유무와 관련되어 있으나 식물호르몬과 발생조절인자 뿐만 아니라 세포벽 대사와 같은 식물특이적 과정들과도 상호작용이 있음을 보여준다[30].

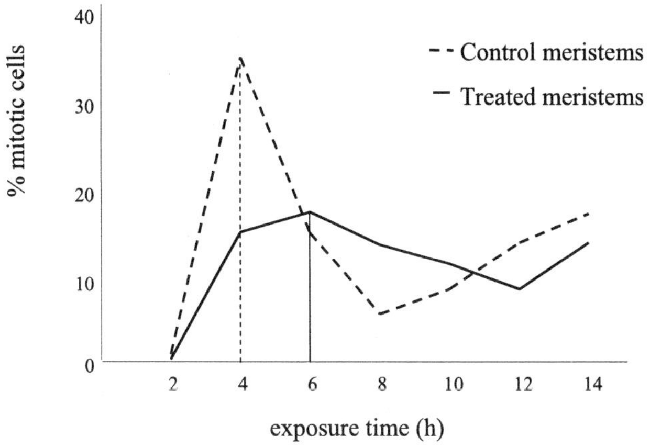

그림 3. 6시간 HU동기화 시킨 후 1 mM BOA와 증류수로 2-14시간 처리한 상추 분열조직 내의 근단 세포의 유사분열지수

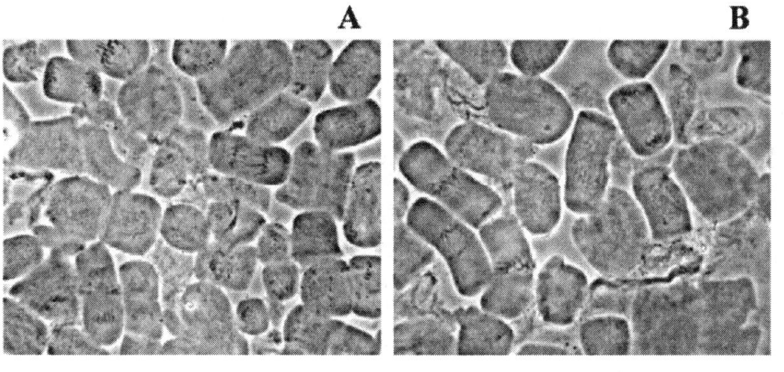

그림 4. 양상추 분열조직의 대조군(A)과 BOA 처리군(B)의 유사분열세포

많은 수의 식물 유전자들의 발현은 세포주기에 의존적인 조절을 보여주고 있으며, 세포주기 조절, 세포골격, 전사, 신호전달, 호르몬 반응 등과 같은 세포기작들도 관련되어 있다[30]. DNA복제를 지연시킴으로써 세포주기는 멈추게 되고, 유사분열 개시가 지연되는 것은 CDK와 세포주기 유전자 발현 그리고 스트레스 유전자(stress gene)의 활성 등과 관련되어 있다[31]. 세포주기 단계에서의 이러한 많은 상호작용들로 인해 G2/M전환에서 세포분열 지연과 억제의 복합적인 영향은 여러 작용기작과 연관성이 있다.

일부 결과는 세포주기 유전자와 산화방어 유전자의 발현을 조절하는 산화 스트레스에 대한 체크포인트 경로(checkpoint pathway)에 대해서도 설명한다. 이러한 관련성은 산화환원상태가 스트레스 조건에서 세포주기 과정의 조절에 중요한 역할을 한다는 것을 제시하고 있다. 이와 같은 관점에서 Reichheld 등[31)]은 환경 스트레스 조건에서 세포주기과정을 조절하고 하나 또는 더 많은 산화환원 감응시스템에 반응하는 산화성 스트레스 체크포인트 경로의 존재를 제시하였다.

이러한 방법으로, 잘 알려진 줄기와 뿌리에서 분열조직의 유사분열 활동이 멈춰지면서 발생된 스트레스 조건에서 식물의 생장 저해는 일종의 방어반응으로 대사에너지를 유도하는 결과를 가져올 수 있다. 활성산소(active oxygen species)은 이와 같은 경로에서의 이차적 물질이며, Gl에서 S기로 넘어가는 경로에서 세포주기를 막는 저항성 유전자를 활성화시키고, DNA 복제를 저해하며 또한 식물세포 배양에서 유사분열의 시작을 지연시킨다. 과산화수소(peroxide radical)는 스트레스에 대한 정확한 저항 방어 반응을 조직하기 위해 세포주기에서 중요하게 작용을 한다. Naderi 등[41)]은 휴지기와 산화억제 방어 사이의 연관성에 대해 설명한 첫 번째 논문을 발표하였다. 그들의 발견은 접촉 억제에 의한 세포주기의 멈춤 현상과 산화적 스트레스에 의해 유도된 세포사멸(apoptosis)에 대한 저항 간의 관련성에 대한 것이다. 1990년에 Pérez는 특히 BOA와 관련된 hydroxamic acids와 같은 자연 화합물이 옥신(auxin)과 함께 세포주기 수준에서 간섭한다고 주장했다. 1996년 Anai 등은 또한 4-Cl-6,7-dimethoxy-2-benzoxazolinone과 같은 새로운 auxin을 저해하는 물질에 대해 보고하였다[36)].

여러 천연화합물이 세포사멸을 유도하거나 방어기작을 활성화하는 신호의 작용을 도울 수 있는 자유라디칼을 축적시켜 산화성 손상이나 심지어는 산화성 스트레스를 수반하게 한다는 것은 잘 알려져 있다. 진핵생물의 스트레스, 세포주기 그리고 생장 조절과 같은 신호전달 기작을 조정하는 mitogen-activated protein kinase(MAPKs)는 대부분의 시스템에서 활성산소(reactive oxygen species: ROS)의 생산과 관련이 있다는 증거가 있다. ROS와 같은 자유라디칼의 축적이 증가함에 따라 H_2O_2는 유사분열 조절에 관련된 MAPK기작을 활성화시킬 수 있고, 그 결과 스트레스-유발 유전자의 유도뿐만 아니라 옥신-유도 유전자의 발현도 억제된다(그림 5).

세포성장, 주광성, 중력굴성 등과 같은 식물 대사물질에 영향을 주는 옥신은 정아우성의 조절, 곁뿌리 형성촉진, 잎의 낙하를 지연시키거나 또는 유관속 분화와 과실발달을 촉진시킨다.

옥신의 활성화로 인한 생화학적 산성화로 세포벽은 약화되어(acid growth hypothesis: 산성생장가설) 세포신장이 증가되고 이와 동시에 새로운 단백질의 생산과 더불어 식물 생장을 유도한다. 이와 같은 방법으로, 옥신은 유전자 발현 패턴을 변화시킴으로써 식물세포 신장과 분열을 조절하는 주요 요인으로 작용한다[32)].

세포분열시 다른 요인들이 세포주기를 조절할 수 있을 때에도 필수적인 두 checkpoint인 G1-5와 G2-M이 존재한다. G2-M 전환기에서 세포는 유사분열기에

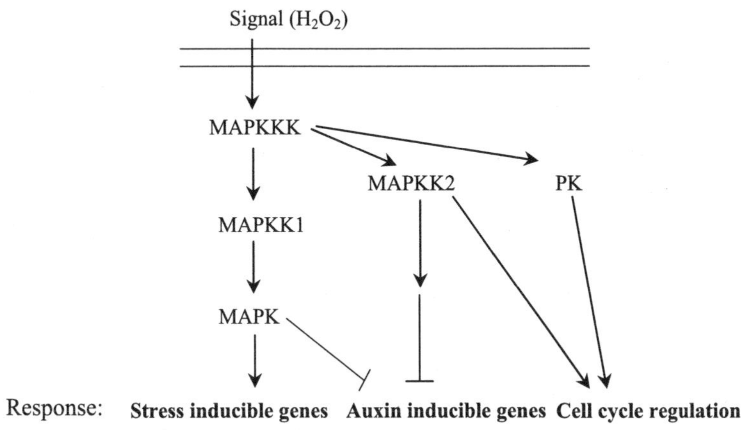

그림 5. 식물 MAPK 경로를 통한 산화스트레스, 옥신과 세포주기 조절

들어가기 전에 DNA 복제가 완성과 유사분열을 진행할 수 있을 만큼 충분한 세포 생장이라는 두 가지 중요한 상태를 이루어야 한다[33]. 만약 두 조건이 제대로 충족되지 않는다면, 세포는 분열되지 않는다. 그러므로 옥신 기능의 억제와 함께 수반되는 세포신장 억제는 유묘의 생장을 억제시킬 수 있다. 결론적으로 이 연구에서 밝혀진 BOA에 노출 후에 G2-M 전환기의 세포분열의 지연과 억제는 Hirt[34]에 의해 처음 제안되었으며, 산화스트레스와 옥신, 그리고 세포주기 제어 간의 관계를 설명하게 해주었다.

BOA의 존재 시 변화된 산화환원 상태를 갖는 것에 대한 정보는(Sánchez-Moreiras와 Reigosa, 미게재) 1990년에 Pérez에 의해 알려진 옥신간섭 가설을 보다 잘 지지하고 있으며, 이후에 1996년 Anai 등과 1997년 Friebe 등에 의해 보완되었다[36, 39].

그러나 식물호르몬 지베렐린(gibberellins), 시토키닌(cytokinins)과 옥신은 세포분열과 새로이 형성된 세포의 분화에 중요한 역할을 담당한다. 마찬가지로 CDK를 탈인산화시킴으로써 활성화시키는 Cdc-인산화효소 활성화에 의해 시토키닌은 세포주기의 G2-M 전환에 결정적인 역할을 한다[35]. 그러므로 1 mM BOA로 처리된 상추의 뿌리 분열조직에서 발견되는 변경된 세포주기과정을 해석할 때는 다른 요인들도 반드시 고려해야 한다. 심지어 일부 요인들은 동시발생이 가능하다.

결론적으로 이전에 뿌리 생장의 강력한 억제 작용을 조사한 이후, 뿌리 세포분열에 미치는 것으로 추정되는 영향을 자세히 규명하기 위해서는 세포주기의 비율과 진화에 대한 측정하는 것이 필요하다.

참고문헌

1) Aliotta G, Cafiero G, Forentino A, Strumia S (1993) J Chem Ecol 19: 175-183.
2) Galbraith DW (1989) Int Rev Cyt 116:165-228.
3) Gray JW, Dolbeare F, Pallavicini MG (1990) *In Flow Cytometry and Sorting*, 2nd ed.
4) Boyer JS (1982) Science 218: 443-448.
5) Tardieu F, Granier C (2000) Plant Mol Biol 43: 555-567.
6) O'eally C, Owens JN (1987) Can J For Res 17: 1421-1433.
7) Fielder P, Owens JN (1989) Can J For Res 19: 539-549.
8) Colombo SJ, Glerum SJ, Webb DP (1988) Physiol Plant 76: 1-9.
9) Chiatante D, Rocco M, Maiuro L, Scippa GS, Di Martino C, Bryant JA (1997) Plant Biosyst 131: 163-173.
10) F-Yu D, Driss-Ecole D, Rembur J, Legué V, Perbal G (1999) Physiol Plant 105: 171-178.
11) Wonisch A, Tausz M, Müller M, Weidner W, De Kok LJ, Grill D (1999) Water Air Soil Poll 116: 423-428.
12) Chauhan LKS, Saxena PN, Gupta SK (1999) Envir Exp Bot 42: 181-189.
13) Wisniewska H, Chelkowski J (1994) Acta Physiol 16: 159-162.
14) Packa D (1997) J Appl Genet 38: 259-272.
15) Rimando AM, Dayan FE, Mikell JR, Moraes RM (1999) J Nat Tox 7: 1-5.
16) Dayan FE, Hernández A, Allen SN, Moraes RM, Vroman JA, Avery MA, Duke SO (1999) Phytochemistry 50: 607-614.
17) Romagni JG, Allen SN, Dayan FE (2000) J Chem Ecol 26: 303-313.
18) Oliva A, Moraes RM, Watson SB, Duke SO, Dayan FE (2002) Physiol 72: 45-54.
19) Burgos NR, Talbert RE, Kim KS, Kuk YI (2004) J Chem Ecol 30: 671-689.
20) Haynes JL (1988) *Cytometry Supplement* III: 7-17.
21) Tiersch TR, Chandler RW, Wachtel SS, Elias S (1989) Cytometry 10: 706-710.
22) Steen HB (1990) *In Flow Cytometry and Sorting*, 2nd ed. 11-25.
23) Jayat C, Ratinaud MH (1993) Biol Cell 78: 15-25.
24) Cuq F, Brown SC, Petitprez M, Alibert G (1995) Plant Cell Rep 15: 138-142.
25) Doležl J, Cíhalíková J, Weiserová J, Lucretti S (1999) Meth Cell Sci 21: 95-107.
26) Lee JH. Arumuganathan K, Kaepler SM, Kaepler HF, Papa CM (1996) Genome 39: 697-703.
27) Quastler H, Sherman J (1959) Exp Cell Res 17: 420.
28) Wimber DE, Quastler H (1963) Exp Cell Res 30: 8.
29) Lavania UC (1996) Exp Biol 34: 773-775.
30) Menges M, Hennig L, Gruissem W, Murray JAH (2002) J Biol Chem 277: 41987-42002.
31) Reichheld JP, Vernoux T, Lardon F, Van Montagu M, Inzé D (1999) Plant J 17: 647.
32) Györgyey J, Németh K, Magyar Z, Kelemen Z, Alliotte T, Inzé D, Dudits D (1997) Plant Mol Biol 34: 593-602.
33) Nilsen ET, Orcutt DM (1996) *Physiology of Plants under Stress*. 689.
34) Hirt H (2000) PNAS 97: 2405-2407.
35) Frank M, Schmülling T (1999) Trends Plant Sci 4: 243-244.
36) Anai T, Aizawa H, Ohtake N, Kosemura S, Yamamura S, Hasegawa K (1996) Phytochemistry 42: 273-275.

37) Chiapusio G, Sánchez AM, Reigosa MJ, González L, Pellissier F (1997) J Chem Ecol 23: 2445-2453.
38) Fernández S, Michaux-Ferriere N, Coumans M (1999) Plant Growth Regul 28: 147-155.
39) Friebe A, Roth U, Kück P, Schnabl H, Schulz M (1997) Phytochemistry 44: 979-983.
39) Pérez FJ (1990) Phytochemistry 29: 773-776.
40) Hemmerlin A, Bach TJ (1998) Plant J 14: 65-74.
41) Naderi J, Hung M, Pandey S (2003) Apoptosis 8: 91-100.
42) Packa D (1998) J Appl Genet 39: 171-192.

8

CHAPTER

타감물질의 해독작용

서론

타감작용에서 해독작용에 대한 기작을 공부해야 하는 이유가 무엇일까? 이 질문은 중요해 보인다. 그러나 관련 문헌에서 타감물질에 의해 야기될 수 있는 해로운 영향을 축소하거나 회피하기 위해 식물이 갖는 해독작용 기작을 설명한 자료는 매우 드물다. 그 이유로는 실제 환경에서의 타감작용이 명백히 밝혀진 것이 아니므로 이를 타감작용에 대한 해독작용으로만 설명할 수 없다는 점이 있다. 누군가는 해독작용이 타감작용을 제거한다는 것에 대해 반대하고 또 누군가는 그 상호작용이 타감 작용에 의한 것인지의 여부에 대해서 의문을 갖는다. 그러나 합성물질의 사용을 대체하거나 또는 감소시킬 수 있는 타감물질을 지속가능한 농업에서 천연 제초제로 사용한다는 아이디어는 해독작용이 어떤 특정상황에서, 특히 해로운 잡초와의 작용에서 어떻게 나타나는지에 대해서는 더 많은 연구가 필요하다. 많은 합성 제초제가 수많은 작물과 잡초에 효과적인 해독작용을 나타내는 것으로 알려져 있다[1, 2)]. 타감물질도 이러한 메커니즘에 포함되면 안되는 것일까?

해독작용은 타감물질에 민감한 종이 나타내는 현상에 대해 설명할 수 있을 것이다[3)]. 단자엽식물보다 쌍자엽식물에서 높은 민감도가 흔히 관찰되고 있지만 분자생물학적인 기작은 정확히 밝혀지지 않았다. 종간 민감도의 차이는 주글론(juglone)과 벤즈옥사지노이드(benzoxazinoid)의 예시를 통해 잘 드러나며, 그 대표적인 예로는 DIBOA(2,4-dihydroxy-2*H*-1,4-benzoxazin-3(4*H*)-one), DIMBOA(2,4-dihydroxy-7-methoxy-2*H*-1,4-benzoxazolin-2(3*H*)-one), BOA(benzoxazolin-2(3*H*)-one)와 MBOA(6-methoxybenzoxazolin-2(3*H*)-one)[4, 5, 6)](그림 1)가 있다. 타감물질에 대한 종들의 저항성에서 해독작용 과정이 관여하며, 이들 경로의 발달은 공진화로 간주된다. 이론적으로는 민감하거나 저항성을 갖는 종에 대해 강한 타감작용을 가지고 있는 공격적인 신귀화식물(neophyte)이 침입을 할 때 식물군락 내의 종 조성은 변하

Schulz M[1], Knop M[1], Kant S[1], Dieter Sicker D[2], Voloshchuk N[3] and Gryganski A[3]

[1]Institut für Landwirtschaftliche Botanik, Universität Bonn, Karlrobert Kreiten Str. 13, 53115 Bonn, Germany
[2]Institut für Organische Chemie, Universität Leipzig, Johannisallee 29, Leipzig, Germany
[3]National University of Agriculture, Department of Phytopathology, Geroiv Oborony Str. 13, Kiew, Ukraine

지만, 다른 종에 대해 생리적으로 적응한 종이 있는 식물군락은 균형을 유지할 것이다. 다른 여러 요인 외에도 다른 식물에 대한 식물의 생리적, 생화학적 및 유전적 적응은 식물군락에서 중요한 역할을 한다는 것은 새로운 개념이 아니다[7].

자연환경에서의 해독작용 기작에 대한 연구는 적어도 명확한 실험적 개념이 주어지지 않아 어려우며, 그 예로는 몇 가지 알려지지 않은 타감물질이 식물세포 내에 흡수되고 상호작용할 수 있으며, 그에 관여된 미생물들의 역할 또한 애매하고, 식물의 구성물질이 단일하지 않아 명확히 평가할 수 없다는 점이 있다. 모델시스템으로 연구하는 것은 명확히 정해진 상황에서 연구할 수 있는 장점이 있으며, 그 예로 이미 정해진 수의 타감물질의 작용은 조절이 가능하며 대상 식물 물질이 동일한 발생단계에 있고, 토양 입자 또한 오염된 정도를 적게 하거나 제거할 수도 있다. 이는 해독작용 물질을 더 쉽게 분리하고 생화학적 연구를 더욱 용이하게 한다. 모델 시스템을 통해 식물의 해독 능력의 유연성을 해명할 수 있다. 그러나 자연 환경에서 기작이 발생하거나 또는 반응이 인지될 것인지는 또 다른 문제이지만 잠재성은 종들의 게놈 내에 이미 정해져 있다.

벤즈옥사지노이드

벤즈옥사지논(benzoxazinone: DIBOA, DIMBOA)은 벼과(Poaceae), 쥐고리망초과(Acanthaceae), 현삼과(Scrophulariaceae) 식물의 이차대사물질이다. DIBOA는 또한 미나리아재비과(Ranunculaceae) 중 하나인 *Consolida orientalis*에서 발견된다[8~15]. 이렇게 물질들이 식물계에서 산재하여 나타나는 이유는 아직까지 알려져 있지 않다. 벤즈옥사지노이드는 초식동물의 섭식으로 세포가 파괴되기전까지 액포에 배당체(glucoside) 형태로 저장되어 있다가 이후 특이적 포도당 가수분해효소(glucosidase)가 방출되며 당 부분이 가수분해된다. 아글리콘(aglycone) 역시 식물이 부패하는 동안 생산된다. 배당체는 비독성이지만 아글리콘은 강한 생물활성을 띠는 화합물이다. 여러 논문에서 벤즈옥사지노이드의 생합성과 생물활성에 대한 내용이 다루어 졌다[17~22, 34].

아글리콘 DIBOA와 DIMBOA는 짧은 기간 생존하며, 수용성 액체에서 불안정하지만, 벤즈옥사지노이드를 형성하는 자발적인 고리 수축 현상이 일어나며 포름산이 방출된다[23]. 반응 산물인 MBOA와 BOA가 생물활성 화합물이지만, 원래의 분자물질에 비해 상대적으로 낮은 독성을 갖는다.

반대로 벤즈옥사지노이드는 더욱 안정화되어 있다. 이들은 특정 잡초를 억제하는 것으로 알려져 있는데, 그 예로는 개피(barnyard grass), 왕바랭이(crabgrass),

또는 백합과 명아주(redroot pigweed) 등이 있다. 호밀의 식물독성은 여러 연구에서 조사되어왔다[5, 24, 25]. 3주가 지난 호밀의 경우 14~16 kg/ha의 DIBOA를 배출할 수 있는 잠재력을 가지고 있다. 호밀의 뿌리 덮개에서 나타나는 식물독성물질은 대부분 BOA 물질의 분해에 의한 것으로 보이며 시간이 지남에 따라 줄어들고 3개월 후 제거된다. 미생물은 독성을 없애는데 관여하는 것으로 보인다. 아시네토박터균(*Acinetobacter*)은 화합물을 분해하여 phenoxazinone의 산화성 이량체인 2-aminophenol을 형성한다[33]. 이러한 악티노마이신(actinomycin) 유사물도 HBOA(2-hydroxy-2*H*-1,4-benzoxazin-3(4*H*)-one, Blepharigenin)가 분해된 물질로 알려져 있다. 생체변환은 *Aphelandra tetragona*에서 발견되는 내부 기생 곰팡이인 *Chaetosphaeria* sp.에서 생성된[26] phenoxazinone는 토양 입자에 흡수되거나 생분해된다.

유럽의 들판에서 특징적인 쌍자엽식물계의 잡초는 호밀이나 밀과 공생한다. 이러한 잡초는 자연 상태에서 일어날 수 있는 농축된 벤즈옥사지노이드이나 일반 벤즈옥사지노이드에 민감하지 않으며 다른 잡초들 또한 마찬가지이다. 이는 BOA나 MBOA를 흡수하거나 적어도 제거하여 억제 효과를 보상하는 기작을 발달시킨 것으로 판단된다. 식물이 민감성을 줄이기 위해 발달시킨 몇 가지 가능한 방법이 있다. 대표적으로는 흡수를 회피하거나 흡수 후 해독시키거나 미생물과 공생하여 분해시키기도 한다. 돌연변이 등에 의한 효소나 수용체와 같은 세포적 표적을 변화시키는 것은 벤즈옥사지노이드가 단백질과 핵산 간에 상호작용하는 것에 비해 덜 중요해 보인다. 그러므로 해독작용 경로의 발달은 화합물이 흡수되는 경우와 같은 것으로 추정된다. 해독작용 기작에 대한 연구 목적을 위해 모델 시스템을 사용하는 것이 가장 효율적이다. 첫번째 접근법에서 잡초가 아닌 농작물은 해독작용 추정 물질의 발현과 흡수 상태를 밝히는 데 이용된다.

유럽산 잡초와 농작물의 해독작용

각각 6일간 배양된 귀리 유식물과 2주 된 콩을 100과 500 μM BOA에서 24시간 동안 수경재배를 통해 72시간 이상 뿌리에서 흡수된 것을 관찰하였고, 뿌리를 채취한 후 50% 메탄올로 BOA를 추출 처리하여 HPLC로 분석하였다[27].

귀리 뿌리에 100과 500 mM로 처리된 BOA로부터 추출한 물질을 분석한 결과 대조군에 존재하지 않는 세 가지 새로운 물질이 발견되었다. MS, ^{1}H-NMR, ^{13}C-NMR을 이용하여 분석한 결과 특이한 화학물질은 각각 BOA-6-OH(6-hydroxybenzoxazolin-2(3*H*)-one)와 BOA-5-O-glucoside(6-β-D-glucopyranosyl-

O-benzoxazolin-2(3f)-one)와 glucoside carbamate(1-(2-hydroxyphenylamino)-1-deoxy-β-D-glucoside 1,2-carbamate)이었다[28, 29]. 반면에 BOA-6-OH와 BOA-6-O-glucoside를 통한 해독작용은 구성효소에 의해 촉진되며, glucoside carbamate의 합성이 유도된다. 축적된 carbamate는 배양을 시작한 후 6~8시간 후에 관찰된다. BOA-6-OH와 glucoside carbamate는 24시간에서 48시간 후 배양액에서 나타나며 따라서 이들 중 적어도 어떤 부분이 스며 나오는 것으로 예상된다. 반대로 잠두(broad bean var. Alfred)는 glucoside carbamate를 형성하지 못하며 100μM BOA에서 배양 시 BOA-6-O-glucoside가 뿌리에서 발견된다. 유리된 BOA, 다량의 BOA-6-OH의 축적으로 높은 농도에서 해독작용은 멈추기 시작한다. 나아가 뿌리 말단은 48시간 후 검게 변하는데, 이는 세포의 사멸을 의미한다. 흥미로운 점은 해독작용 가능성은 다양한 요인에 의한 것으로 보인다. 귀리(*Vicia faba* var. Dreifach Weiβe) 등의 다른 종류의 배양물을 시험한 결과 배양 후 24시간 뒤에 적은 양의 glucoside carbamate가 생산되는 것이 발견되었다.

옥수수에서는 BOA-6-O-glucoside가 대조군 식물의 뿌리에서 매우 적은 양이 발견된다. 반면에 BOA를 접종하여 배양된 식물의 뿌리에서 BOA-6-O-glucoside가 초기 6시간동안 주요 해독물질로 존재한다. 이후 glucoside carbamate가 주요 화합물이 되고, BOA-6-O-glucoside는 더 이상 발견되지 않는다. 14~16시간 후 추가적인 물질이 발견된다. 정제한 화합물은 gentiobioside carbamate(1-(2-hydroxyphenylamino)-1-deoxy-O-gentiobioside 1,2-carbamate)로 알려졌고 지금까지 다른 종류는 발견되지 않았다. 식물의 연령과 생리학적 적합도는 해독 과정에 영향을 미치는 것으로 보인다. 14일 된 묘목에서 BOA-6-O-glucoside 합성이 먼저 일어나지만, 더 오래된 유묘의 경우 glucoside carbamate를 우선적으로 해독한다. 배양액에 salicylhydroxamic acid를 보충하면 peroxidase 활성 억제제는 glucoside carbamate의 합성을 자극한다. 해독물질은 명확히 뿌리 삼출에 의해 주위 환경으로 배출된다. 이들은 BOA 배양 후 식물이 옮겨진 수돗물에서도 탐지된다. 수돗물에서 발견된 화합물은 뿌리의 BOA 대사물질의 감소와 함께 나타난다.

메칠화된 BOA인 MBOA가 가해졌을 때, BOA-6-O-glucoside는 주요 해독물질이며, 탈메칠화는 MBOA의 해독작용의 첫번째 단계이고, 다음으로 BOA-6-OH를 형성하는 글루코실화(glucosylation)가 발생한다. BOA-6-O-glucoside는 최종 산물이 아니며 이후에도 변화된다. MBOA에서 배양을 통해 네 가지 해독물질이 생성된다(Schulz 미발표).

24시간 후 추출물에서 carbamate는 검출되지 않는다. 탈메칠화를 통한 MBOA의 해독과 다음단계인 BOA-6-OH를 형성하는 글루코실화는 지금까지 실험한 다른 종에서도 발견된다는 것을 실험을 통해 알 수 있었다(표 1).

Secalietea, Chenopodietea, *Artemisietea vulgaris*, Agrostletea stoloniferae,

Amarantho-Chenopodion 개체군에 속해있는 종들을 대상으로 해독능력을 테스트하였다(표 2). 모든 종들은 benzoxazolinone을 흡수할 수 있고 BOA-6-OH 형태로 복합물질을 해독시켜 BOA-5-O-glucoside를 형성한다. Glucoside carbamate는 대부분의 종에서 발견되며, 왕질경이(*Plantago major*) (*Agrostietea stolonifera*)를 제외한 종들은 BOA-6-O-glucoside에 비해 적은 양이 축적된다[30]. BOA-6-O-glucoside와 특히 glucose carbamate 축적의 속도 차이가 관찰되었다. 전자의 Secalietea 개체군 중 쌍떡잎식물 종은 전자의 Chenopodietea 개체군에 비해 더 높은 해독 능력을 보이는 데, 이것은 해독을 더 일찍 시작하고 해독물질을 더 빠르게 축적하기 때문이다. *Consolida orientalis*는 N-글루코실화(N-glucosylation)를 일으키지만, 놀랍게도 24시간 배양 후에 나타나는 주요 해독물질은 glucoside carbamate가 아닌 BOA-6-O-glucoside로 확인되었다. Amarantho-Chenopodion 개체군에 속하는 몇몇의 다른 종들을 실험해본 결과 바랭이(*Digitaria sanguinalis*)를 제외한 종들은 해독 능력이 낮게 나타났다. Secalietea 군집의 종과 다르게 *Consolida orientalis*와 같은 특정 종은 산재하여 분포함으로서 생산량이 적은 것과 같이 그들은 같은 타감작용의 범위 내에 있지 않다. Benzoxazlnones의 분비에 따른 benzoxazolinones의 생성양은 적어서 결국 *C. orientalis*의 타감 능력은 낮았다[31].

벼과(Poaceae), 곡류 그리고 야생 식물은 주로 glucoside carbamate를 생성함으로써 해독 작용을 한다. 냉이류(cress)의 생물검정에 따르면 glucoside carbamate는 1 mM의 농도에서는 독성을 보이지 않은 반면에, BOA-6-O-glucoside는 갓류 식물의 작은 뿌리의 생장이 약간 억제되었다. BOA-6-OH는 BOA에 비해 훨씬 강한 독성을 갖는다. 그러므로 glucoside carbamate 형성물에 의한 해독작용은 OA-6-O-glucoside 합성보다 더 효과적이다.

표 1. MBOA 해독과정을 테스트한 종

Family	Species	Major product of MBOA detoxification	Further products
Brassicaceae	*Arabidopsis thaliana*	BOA-6-O-glucoside	Not detectable
	Brassica oleracea	BOA-6-O-glucoside	n.d.
Asteraceae	*Galinsoga ciliata*	BOA-6-O-glucoside	n.d.
	Lactuca sativa	BOA-6-O-glucoside	n.d.
Poaceae	*Zea mays*	BOA-6-O-glucoside	Yes
	Hordeum vulgare	BOA-6-O-glucoside	Yes
	Avena sativa	BOA-6-O-glucoside	Yes
Caryophyllaceae	*Agrostemma githago*	BOA-6-O-glucoside	n.d.

표 2. 유묘 또는 성체의 식물(fully developed plants, fdp)에 24시간 동안 BOA-incubation을 수행한 후 뿌리 안의 BOA-6-O-glucoside, glucoside carbamate와 다른 생성물의 발현. □: Amarantho Chenopodion 군집; * Secalietea 군집; ☆ *Artemisietea vulgaris* 군집, ★ neophytes; ○ Chenopodietea 군집; ◎ *Agrostietea stolonifera* 군집; ▼ 독일 서부지역 멸종된 종; ◆ 위기종

Family	Species	BOA-6-O-glucoside	Carbamate	Further products
Amaranthaceae	*Amaranthus albus*□	Major product	-	Not identified
Apiaceae	*Coriandrum sativum**	Major product	Minor product	n.a.
	Daucus carota•	Major product	Minor product	n.a.
Asteraceae	*Centaurea cyanus**	Major product	Minor product	n. i.
	Galinsoga ciliata☆	Major product	-	-
	*Matricaria chamomilla**	Major product	Minor product	n.a.
	Helianthus annuus	Major product	-	-
	Carduus nutans•	Major product	Minor product	n.a.
	Lactuca sativa	Major product	Traces	n.a.
Brassicaceae	*Arabidopsis thaliana*○	Major product	Traces	-
	Brassica oleracea	Major product	-	-
	Raphanus sativus	Major product	Minor product (depends on cultivar)	n.a.
	Capsella bursa-pastoris○	Major productt	Traces	n.a.
	Diplotaxis tenuifolia...	Minor product	-	Major product: BOA-6-OH
Caryophyllaceae	*Agrostemma githago*◎	Major product	Minor product	n.a.
Campanulaceae	*Legousia speculum-veneris*▼	Major product	Traces	-
Chenopodiaceae	*Chenopodium album*★	Major product	Traces	-
Fabaceae	*Vicia faba*	Major product	Traces (depends on cultivar)	-
Papaveraceae	*Papaver rhoeas**	Major product	Minor product	-
Plantaginaceae	*Plantago major*◎	Minor product	Major product	n.a.
Portulacaceae	*Portulaca oleracea*□	Major product	traces	Further product
Poaceae	*Avena sativa*	Major product	Major product	n.a.
	Avena fatua	Major product	Major product	n.a.
	Hordeum vulgare	Major product	Major product	n.a.
	Lolium perenne	Minor product	Major product	n.a.
	Digitaria sanguinalis□	traces	Major product	n.a.
	Zea mays	traces	Major product	Gentiobioside Carbamate
	Triticum aestivum	Minor product	Major product	n.a.
Polygonaceae	*Polygonum aviculare*○	Major product	-	-
Ranunculaceae	*Consolida orientalis*□	Major product	Minor product	n.a.
	Consolida regalis▼	Major product	Minor product	-
Urticaceae	*Urtica urens*○	Major product	-	-

모든 식물종이 글루코실화를 위한 기질로 BOA-5-OH를 수용할 수 있는 글루코실전이효소(glucosyltransferase)를 가지고 있는지도 확인하였다. 일부 종에서 효소 활성은 확인되었다. 이 효소는 애기장대(*Arabidopsis thaliana*), 꽃양배추(*Brassica oleracea*), 갯무(*Raphanus sativus*), 선홍초(*Agrostemma girhago*), 옥수수(*Zea mays*), 여섯줄보리(*Hordeum vulgare*), 귀리(*Avena sativa*)의 뿌리에 포함되어 있는 것으로 밝혀졌다. 일부 종에서 BOA에 배양되는 식물은 효소 활성이 과도하게 조절된다. 털별꽃아재비(*Galinsoga ciliata*)는 BOA-6-OH 글루코실화를 위해 구성 글루코실전이효소를 가지고 있지 않지만, BOA와 MBOA를 유도한다. 구성 효소인 전이효소의 활성은 높았지만 BOA로 배양 후 활성이 낮아졌지만, 과하게 활성이 조절되며 BOA 유도 활성은 특정 식물의 강(class) 내의 다른 식물 그룹들의 해독 능력과 일치한다(Schulz 미발표).

그러므로 효과적인 해독작용과 해독 능력은 최소한 해독작용의 초기 단계에서 glucoside carbamate를 형성하는 능력이 우수하거나 BOA-6-OH 글루코실화를 위한 적절한 전이효소(transferase)의 분해가 빠르기 때문이다. 특히 MBOA가 이들 글루코실전이효소를 공격할 경우에 BOA-6-OH와 마찬가지로 상당히 중요하며, carbamate는 24시간 내에는 분명히 생성되지 않는다.

자연적으로 벤즈옥사지노이드와 벤즈옥사지노이드를 갖지 않는 종에서 글루코실전이효소가 BOA-6-OH 글루코실화를 유발하는지, 효소의 조절과 유도가 어떻게 조절되고, 유전적 및 생화학적 수준에서 어떤 차이가 있는지 등의 흥미로운 관심사항이 있다.

벤즈옥사지노이드를 포함하는 종은 특별한 글루코실전이효소를 지고 있지 않으며 BOA 해독작용에 관여된 원래의 효소 기능이 다른 화합물의 글루코실화라는 것을 배제하지 못할 것이다. 또한 glucoside carbamate의 형성과, BOA-6-OH glucosylation 간의 미세한 변환에 대하여, 해독작용 경로의 변화가 어떻게 조절되는지에 대해서도 의문점이 있다. 더구나 BOA-6-O-glucoside가 몇 종에서 최종적인 해독물질이 아니며 이후에 변화과정을 갖는다. 현재 몇몇 생성물질(부분적으로 불안정한)의 화학적 분석이 아직 완성되지 않았지만, 일부 효소가 BOA-5-OH를 통한 해독 경로의 일부분인 것은 분명하다.

해독물질의 운명

일부 종에서 최소한 일부 주요 물질은 일시적으로 축적되며 그 후 추가적으로 변형된다는 증거가 있다. 현재 변형된 물질이 최종적으로 추출할 수 없는 화합물로 전환된 것인지 또는 옥수수 뿌리로부터 적은 양의 BOA-6-OH와 상당한 양의 glucoside와 gentiobioside carbamates가 배출되는 것인지는 확실하지 않다. 그러나 유출된 화합물에는 무슨 일이 생긴 것일까? 그들이 토양 입자에 결합하고, 다른 종에 의해 흡수되거나 미생물에 의해서 전환되거나 분해된 것일까? 이미 언급한 것과 같이 많은 세균은 BOA의 heterocycle을 쪼개어 2-aminophenol과 phenoxazinones을 형성한다. 그러나 아시네토박터(*Acinetobacter*)는 BOA-5-OH를 분해할 수는 없다[32).

화합물의 이후의 동태를 설명하기 위한 첫번째 접근법으로, 우리는 곡류 근권에서 부생영양 균인 *Doratomyces stemonitis*의 밀도를 확인하였다. BOA, BOA-6-OH, glucoside carbamate 등에서 배양하였다(Voloshchuk 등 인쇄 중), 유도기(lag phase) 이후에 100 μM 이상의 농도인 BOA나 강한 독성을 갖는 BOA-6-OH도 계속 균류의 생장을 억제하지 못한다. 가장 긴 유도기는 glucoside carbamate에서 배양된 경우이며, 이는 예상하지 못한 결과이다. BOA-6-OH는 많은 중간대사물질로 축적되지 않고 소모되었다. 흥미롭게도 BOA는 배지에서 첫번째로 BOA-6-OH 생성과 함께 그 농도가 낮아졌다. 놀랍게도 glucoside carbamate는 즉시 대사되지 않았다. 대신에 BOA가 재생산되어 많은 양이 배지에서 분리되었다. 분명히 균류는 당의 일부를 잘라낼 가능성을 가지고 있으며, carbamate를 더 이상 이용할 수 없는 순간에도 BOA 대사작용을 시작할 수 있다. 물론 이것은 가설적인 내용이지만 비독성 대사물질인 glucoside carbamate를 원래의 식물독성물질로 재생산하는 균류의 활성에 의해 BOA 농도가 뿌리주변 토양에서 증가될 가능성이 있다. 또 다른 예측은 BOA는 뿌리 주변 토양에서 균류를 살 수 있게 '당 펌프(sugar pump)'로 작용하며, 재생된 BOA가 glucoside carbamate를 합성할 수 있는 식물뿌리에 의해 다시 흡수되어 배출된다는 것이다.

BOA 해독작용은 화합물이 미생물에 의해 최종적으로 소비될 때까지, 효소 유도와 전달 기작, 당과 같은 일차 대사물질의 사용, 에너지 유입 등을 통해 이루어진다. 다음의 그림은 BOA 해독, 변환, 소비에 관련된 식물과 세균, 그리고 균류간의 생태화학적 상호작용에 관련된 네트워크를 설명하는 것이다.

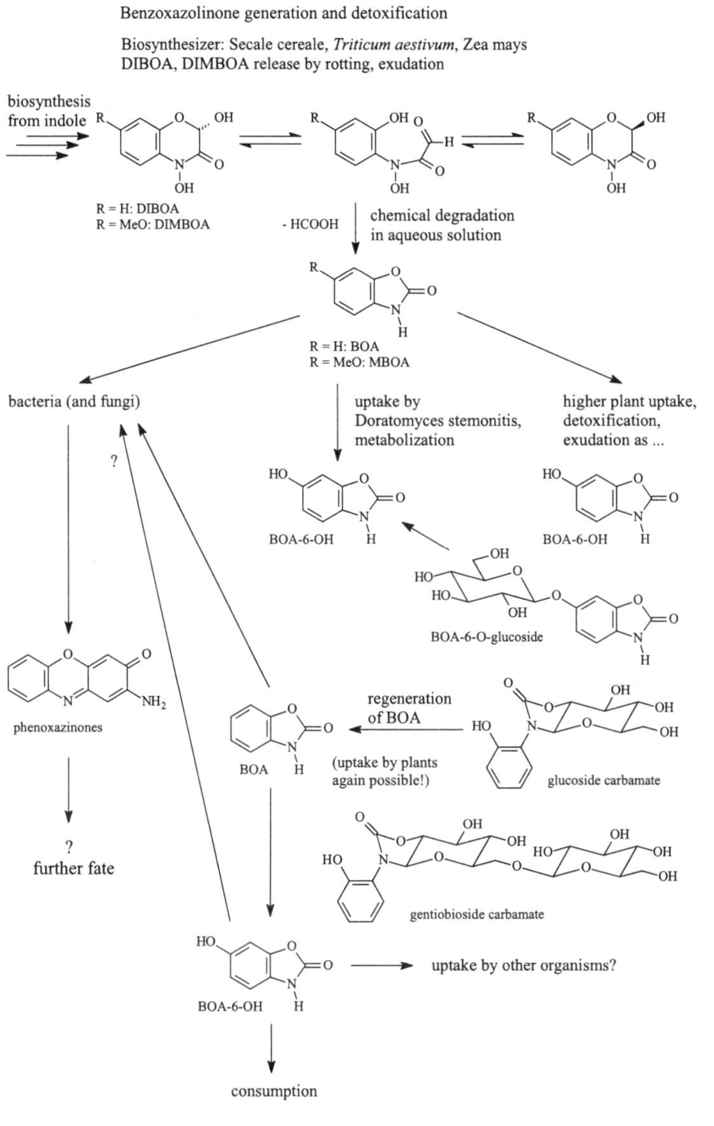

그림 1. BOA 해독, 전환과 소모의 생태화학적 네트워크

해독물질의 합성

아래에 기술한 것과 같이 해독물질을 합성하려는 연구에서 세 가지 주요 해독물질을 발견하였고, 그 밖의 화학적 특징도 찾아냈다.

첫째, BOA-6-OH는 붕소 3중 요오드화합물(boron triiodide)과 함께 MBOA의 에테르(ether)를 잘라냄으로써 형성된다. 그때 BOA-6-OH는 천연 해독물질의 특성을 가지고 있는 BOA-6-O-glucoside를 생성하기 위해 귀리의 뿌리에서 배양된 BOA로부터 UDP-glucose와 단백질 추출물과 함께 효소로 글리코실화하였다[27].

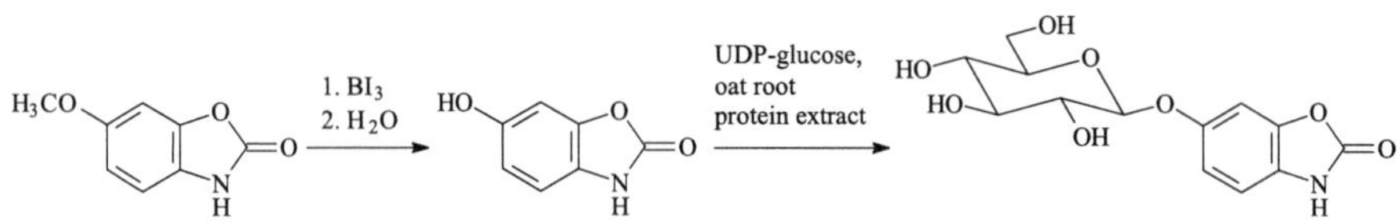

그림 2. BOA-6-O-glucoside의 화학적 합성

오직 glucoside carbamate(1-(hydroxyphenylamino)-10deoxy-β-D-glucoside 1,2-carbamate)를 합성하는 동안, 해독물질의 첫 번째 구조가 BOA-N-glucoside (3-β-D-glucopyranosyl-benzoxazolin-2(3*H*)-one)[28]와는 다르다는 것을 알게 되었다. 놀랍게도 합성을 시도하면서 BOA-N-glucoside만을 추적하는 물질을 포함한 glucoside carbamate내에 풍부하게 있는 혼합화합물을 전달해 주는 BOA-N-glucoside가 유도되었다. 사실 glucoside carbamate는 BOA-N-glucoside의 구조이성체(regioisomer)이다. 이 glucoside carbamate는 화학적 재배열이 이루어지고 곧 바로 BOA-N-glucoside는 용액 상태로 이용할 수 있도록 변화된다.

이 재배열은 당 단위에 부착하여 또 다른 하나를 생성하기 위해 BOA의 oxazoline ring을 열어 놓은 BOA-N-glucoside내에 있는 당 부분의 2-OH-group의 높은 친핵성도(nucleophilicity)에 의해 유도된 것이다. BOA-N-glucoside는 초기의 효소에 의한 식물의 해독물질이기 때문이다. 이것은 흔치 않은 식물의 N-glycosylation 물질에 속해 있다. 어떠한 효소가 이러한 BOA의 변성을 가능하게 하는지는 식물생화학자들에게 흥미로운 대상이다.

화학적 합성은 BOA-N-glucoside를 형성을 보호하는 아세틸을 유도한다. 그러나 약간의 보호 과정 동안, 주로 glucoside carbamate 용액을 취하게 되는 데, 그것은 천연 물질의 경우와 같이 원래의 BOA-N-glucoside와 같은 이성화반응에 의해 형성된 것이다. 최종적으로 이러한 복잡한 물질은 앞에서 언급한 BOA-N-glucoside의

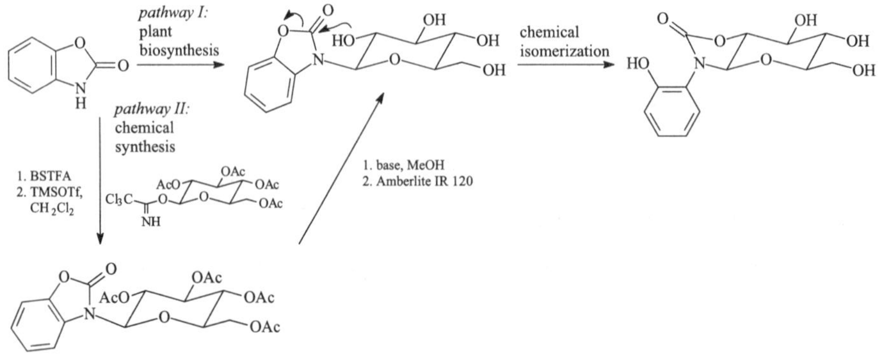

그림 3. 식물 glucose carbamate의 생합성과 화학적 합성

추적물질과 함께 주요 glucoside carbamate를 포함하는 합성 혼합물은 NMR 분석을 통해 동정이 가능하다[29].

결국, 타감물질의 증가와 감소에 대한 다자간 연구는 이성화(isomerization)를 억제하는 조건에서 BOA-N-glucoside를 유도하는 합성과정을 밝히기 위한 것으로 유기화학자에게 있어서 흥미롭게 새로운 도전과제가 될 것이다.

참고문헌

1) Coleman JOD, Blake-Kalff MMA, Davies TI (1997) Trends Plant Sci 2: 144-51.
2) Schulz M, Friebe A (1999) Boca Raton/FL: CRC Press LLC, 383-400.
3) Einhellig FA (1995) *Allelopathy: organisms, processes, and applications*, 1-24. Ser. 582.
4) Massey AB (1925) Phytopathology 15: 773-784.
5) Barnes JP, Putnam AR (1987) J Chem Ecol 13: 889-906.
6) De Scisciolo B, Leopold DJ, Walton DC (1990) J Chem Ecol 16: 1111-130.
7) Boas F (1935) *Berichte Deutsch Bot Gesell* 53, 495-511.
8) Baumeier A, Hesse M, Werner C (2000) Phytochemistry 53: 213-222.
9) Özden S, Özden T, Attila J, Kücükislamoglu M, Okatan A (1992) J Chromatogr 609: 402-406.
10) Wolf RB, Spencer GF, Plattner RD (1985) J Nat Prod 48: 59-62.
11) Kanchanapoom T, Kasai R, Picheansoonthon C, Yamasaki K (2001) Phytochemistry 58: 811-817.
12) Nagao T, Otsuka H, Kohda H, Sato T, Yamasaki K (1985) Phytochemistry 24: 2959-2962.
13) Hofman J, Masojidkova M (1973) Phytochemistry 12: 207-208.
14) Schulz M, Friebe A, Kück P, Seipel M, Schnabl H (1994) Angew Bot 68: 195-200.
15) Kumarasinghe NC, Wratten SD (1998) Sugar cane 5: 18-22.
16) Alipieva KI, Taskova RM, Eustakieva LN, Handjieva NV, Popov SS (2003) Phytochemistry 64: 1413-1417.
17) Frey M, Chomet P, Glawischnig E, Stetter C, Grün S, Winklmair A, Eisenreich W, Bacher A, Meeley RB, Briggs SP, Simcox K, Gierl A (1997) Science 277: 696-699.
18) Glawischnig E, Eisenreich W, Bacher A, Frey M, Gierl A (1997) Phytochemistry 45: 715-718.
19) Gierl A, Frey M (2001) Planta 213: 493-498.
20) Sicker D, Frey M, Schulz M, Gierl A (2000) Academic Press, San Diego, Vol. 198, pp. 319-346.
21) Sicker D, Schulz M (2002) Chemistry 27: 185-232.
22) Spiteller P, Glawischnig E, Gierl A, Steglich W (2001) Phytochemistry 57: 373-376.
23) Smissman EE, Corbett MD, Jenny NA, Kristiansen O (1972) J Org Chem 37: 1700-1704.
24) Barnes JP, Putnam AR, Burke BA (1986) *The Science of Allelopathy*, 271-286.
25) Yenish JP, Worsham AD, Chilton WS (1995) Weed Sci 43: 18-20.
26) Zikmundova M, Drandarov K, Hesse M, Werner C (2002) Z. Naturforsch. 57c, 660-665.
27) Wieland I, Friebe A, Kluge M, Sicker D, Schulz M (1999) Universidad de Cadiz, 47-56.
28) Wieland I, Kluge M, Schneider B, Schmidt J, Sicker D, Schulz M (1998) Phytochemistry 49: 719-722.
29) Sicker D, Schneider B, Hennig L, Knop M, Schulz M (2001) Phytochemistry 58: 819-825.
30) Schulz M, Wieland I (1999) Chemoecology 9: 133-141.
31) Weidenhamer JD, Hartnett DC, Romeo JT (1989) J Appl Evol 26: 613-624.
32) Burdziak A, Schulz M, Klemme JH (2001) *First European Allelopathy Symposium*.
33) Gerber NN, LeChevalier MP (1969) Biochemistry 3: 598-602.
34) Niemeyer HM (1989) J Plant Dis Prot 96: 535-553.

9

CHAPTER

타감작용과 비생물적 스트레스

서론

식물은 일반적으로 수분과 영양분의 흡수, 광합성, 호흡, 생장, 발생, 생식 등이 적정 생리적 요구비율 이하일 때, 식물은 스트레스를 받을 것이며[1, 2], 이에 따라 유전적 잠재력을 충분히 발현하지 못할 것으로 생각한다. 식물의 성장과 발달을 제한하는 데는 다양한 환경적 스트레스 요인이 있다. Levitt[3]는 이들을 생물과 비생물적 요인으로 나누었고, 각각은 생물적 스트레스와 비생물적 스트레스를 유발한다고 하였다.

식물 종들은 가뭄, 홍수, 극한 온도, 고염, 중금속, 강한 방사선, 타감물질 또는 병원균으로 부터의 감염과 같은 환경조건에 대해 꾸준히 대응한다. 이러한 이유로, 보통 생태학적 그들의 생리적 최적 범위가 아닌 조건(라이프사이클의 최소한 범위)에서도 서식한다[4, 5].

여기에서는 식물생태생리학에서 파생된 스트레스 생리학과 스트레스 분자생물학에 대해 종합적으로 검토해보고자 한다. 그리고 스트레스 요인으로서 타감작용에 대해 살펴보고, 타감작용과 비생물적 자극간의 상호작용의 예를 밝히고자 한다. 타감작용과 환경스트레스는 단지 식물에 대한 위협만이 아니라, 진화의 원동력이고 생물다양성의 실질적인 원인이 되는 것이다.

스트레스의 개념

가장 널리 받아들여지는 생물 스트레스의 개념은[6, 7] 두 가지 목적에 의해 발전했다. (i) 매일 작은 환경적 변동에 대한 반응으로서 식물 항상성 변화와 형성 촉진(*plastic*, 식물이 살아있는 기간 동안 영구적임) 또는 적응(유전적인)과 같은 스트레스에 대한 실제 반응을 구별하는 것, (ii) 스트레스 외부 요인과 식물에 대한 스트레

Pedrol N[1], González L[2] and Reigosa MJ[2]

[1]SERIDA (Servicio Regional de Investigación y Desarrollo Agroalimentario), Estación Experimental La Mata, Grado, Asturias, E-33820, Spain

[2]Universidade de Vigo, Edificio de Ciencias Experimentais, As Lagoas-Marcosende, Vigo. E-36310, Spain

표 1. 육상식물에 스트레스를 일으키는 자연적(생물 및 비생물적) 및 인위적 요인[6~9].

환경요인		사람관련 요인
비생물적 요인	생물적 요인	
• 온도 – 저온(냉온, 장-단기간 결빙) – 고온 • 물 – 수분 결핍(가뭄, 낮은 수분포텐셜) – 홍수(장기간의 우기, 침수) • 방사선(과잉 또는 결핍) – 적외선 – 가시광선(광억제, 광산화) – 자외선-A, 자외선-B – 이온화 • 화학물질 – 이온 – 염 – 미량원소 결핍 – 적당하지 않은 pH – 오존, 산소과잉 • 기타 – 상처, 바람, 압력, 소음, 자기장, 전자기장 등	• 병원성 – 바이러스 – 균류 – 박테리아 • 동물 – 초식성 – 섭식 – 곤충의 영향 • 기타 식물 – 기생 – **타감작용** – 경쟁	– 제초제, 살균제, 살충제 – 오염 – 오존과 광화학 스모그 – 반응산소 생성 – 광산화제 – 산성비와 안개 – 산성비와 토양 – 산성비 또는 토양 손실에 의한 용액화로 미량원소 결핍 – 중금속오염 – 질소 과잉 – 부영양화 – 자외선 증가 – CO_2 증가와 기후변화 – 염분 증가와 토양건조 – 소음 – 화재 – 토양압착

스로 유도되는 영향과 제한 간의 차이를 구분하는 것이다.

식물스트레스는 증가하는 외부요구가 식물기능의 불안정화로 이끌고 정상화 단계와 저항성 개선단계로 이어지는 상태라고 정의되었다. 만약 식물의 정항성 한계가 무너지거나 적응능력이상 외부요인이 작용하면 그결과는 식물체의 영구적 손실 혹은 식물이 죽을 수 있다[3]. Lichtenthaler[10]는 스트레스 요인이 제거되면, 재생될 가능성을 포함시켰다.

스트레스라는 것은, 이전의 관점에서는 동적인 과정이다. 그림 1은 장기간 동안의 스트레스의 효과를 보여주는 것이다. 첫번째 상태는 스트레스 요인이 작용하기 전으로서 스트레스로 고려되지 않는 변화하는 환경(예로 광합성의 진동을 생성하는 것)을 나타낸 것이다. 스트레스가 시작되면 수분, 수일 또는 수주동안 다소 빠르고 깊은 반응을 한다. 이후 스트레스 요인이 지속되면 순응이 시작된다. 순화는 식물이 스트레스 조건 아래에서 발생하는 내성과 식물의 기능적 향상을 얻는 중간적 과정이다. 이것은 유전적 기반(유전자형은 생리적 과정을 수행할 몇 가지 대체요인을 포함하며 스트레스 작용시 그들 중에 일부는 기능을 나타내는 것을 의미하고 있음)을 갖고 있으나 이것은 환경적으로 조정된다. 물론 스트레스 요인이 수세대에 걸쳐 지

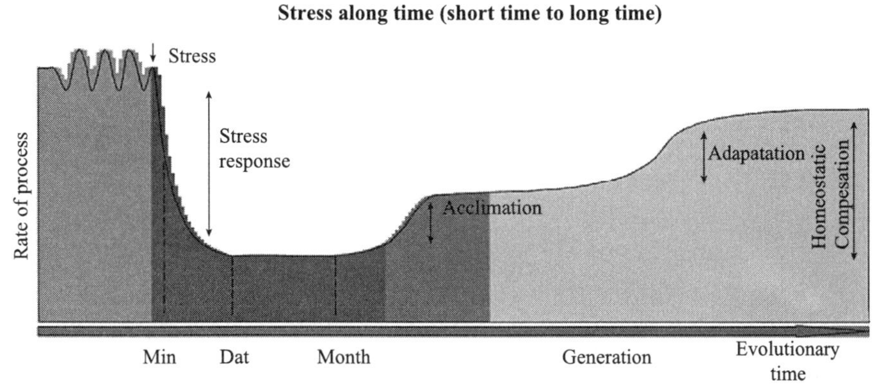

그림 1. 장기간 동안 부분적 복구가 가능한 스트레스 조건에 대한 반응[2)]

속된다면 적응이 일어나 적응된 개체군의 유전적 구성도 변화한다.

단기간 혹은 중기간의 식물의 스트레스에 대한 반응은 (1) 경고시기(alarm phase), 이화작용의 증가와 동화작용의 감소, 구조적 불안정화를 동반한 생리적 변화가 일어난다. (2) 저항과 순화의 시기(resistance or acclimation phase): 급성 손상으로 인해 식물이 죽지 않는다면, 내성을 가지고 순화하며 스트레스로 발생하는 문제를 해결한다. (3) 탈진시기(exhaustion phase): 스트레스 요인이 오래 지속되면 노화가 진행되어 만성적으로 세포 손상이 일어나고 식물은 죽게 된다. 결국 손상이 회복 가능하면 스트레스 요인은 작용을 멈추며 총체적 또는 부분적으로 재생되는 4차 단계가 나타날 수 있다. 간혹 이러한 최종 단계 이후의 생리적 기능은 스트레스를 받지 않은 식물에 비해 향상 될 수 있다.

스트레스 효과는 용량 의존적이므로[10)] 스트레스 요인이 작용하는 강도와 시간에 따라 달라진다. 그러나 그것은 역시 종, 변종과 개체 그리고 이전의 환경 조건에 대해 갖는 식물의 내성에 따라 달라진다. Lichtenthaler[10)]는 긍정적 스트레스(eu-stress)와 부정적 스트레스(dis-stress)를 구분하였는데, 전자는 자극과 활동 스트레스로 발달에 긍정적인 효과를 주는 반면에 후자는 생장을 저해하는 부정적인 영향을 미치고 심각한 손상을 주는 스트레스인 것이다.

스트레스의 유전자발현 조절

식물은 이동할 수 없으므로, 스트레스 조건하에 필수적으로 물질대사와 구조적 측면에서 적응을 해야 한다. 스트레스로 유도된 식물대사와 발달에서의 변화는 유전자발현을 변화시킨다. 스트레스에 대한 반응으로 일부 유전자는 과발현되고 다른 일부 유전자 작용은 억제된다. 스트레스로 유도된 유전자의 단백질 산물은 적합하지 않은 환경에 대한 반응으로 식물체 내에 축적된다. 스트레스 단백질(stress protein) 또는 스트레스 관련 전사요인(stress-related transcription factor)이라고 불리는 이러한 단백질의 기능과 이들의 발현을 위한 조절 메커니즘은 스트레스 생리학의 주요 화두가 되었다[18].

많은 스트레스 반응 유전자는 cDNA library을 통한 분화 스크리닝과 전기영동을 통한 단백질이 분리동정되었다[11, 14](수분 스트레스에 의해 발현되는 유전자와 생성물 참조). 분리된 유전자는 상응하는 뉴클레오티드/아미노산의 상동성을 통해 식별할 수 있다. 이러한 분석으로 대부분의 유전자가 상응하는 서열이 데이터베이스에서 발견되지 않을 때 신규 유전자를 나타낸다. 스트레스에 대한 반응으로 과발현되는 유전자의 기능을 밝혀내는데에는 더 많은 노력이 필요하다[11]. 게다가 스트레스에 대한 반응으로 식물유전자 발현을 변화시키는데 관여하는 것으로 예상되는 복잡한 신호전달 과정들은 아직 밝혀지지 않았다.

생태생리학적 관점에서 대부분의 전사조절 인자들은 (1) 식물의 생존을 돕거나 (2) 스트레스 요인의 영향을 최소화하는 역할을 한다[19]:

1) 스트레스 조건하에서 식물의 생존을 돕기 위해, 스트레스 단백질은 다음의 기능을 수행한다. (i) 스트레스를 받은 세포의 기초 대사를 유지시키고, (ii) 세포 구성물들을 스트레스로 인한 손상으로부터 보호하고, (iii) 손상된 세포 요소를 제거한다. 비록 스트레스받은 세포가 대사활동을 하지 않더라도, 스트레스 단백질은 세포를 사멸하지 않게 하고 스트레스 조건이 제거되면 식물이 회복할 수 있게 한다.
2) 스트레스 물질의 효과를 최소화 하는데 있어서, 스트레스 전사 인자는 아래와 같이 활동적인 기능을 가진다. 즉 (i) 스트레스 요인의 유입에 대한 물리적 방어, (ii) 스트레스 요인의 파괴, (iii) 생물적 스트레스 요인의 불능화이다(10장 참고).

좀 더 엄밀한 생리적 관점에서, Grover[11]와 Hasegawa 등[12]은 수분 스트레스(water stress)에 초점을 두고[13~15] 스트레스 내성에 대해 생리적 역할로 간주되는 수분 스트레스 연관 유전자를 분류하였다.

1) 스트레스 적응 효과인자 또는 대사 단백질로서, 수분 통로 단백질과 막통과 이온 전달 단백질: 효소는 다양한 삼투방어제의 생합성을 위해 필요하다. 대분자와 막을 보호하는 단백질은 LEA 단백질(배발생 후기에 풍부), HSPs(열충격 단백질(heat shock proteins), 오스모틴(osmotin), 보호인자(chaperons), 단백질 순환을 위한 단백질분해효소(proteases)와 해독 효소로는 글루타티온(glutathione) S-전이효소(S-transferase), 촉매효소(catalase), superoxide dismutase, ascorbate peroxidase 등이 포함되어 있다.
2) 스트레스 신호전달의 기능조절과 연관된 조절 분자 또는 유전물질은 위에 열

거된 스트레스 적응 효과자들을 조절하는 다양한 단백질 키나아제와 전사조절 인자를 포함하고 있다.

일반적인 적응 징후와 상호 스트레스

일부 특정 효과를 나타내는 많은 종류의 스트레스 인자들은 식물에서 비슷한 생리적 또는 분자적 반응을 나타낸다(그림 2). 스트레스 연관 전사 인자에 대한 지식은 식물의 GAS와 상호 스트레스[6, 10, 16]에 실제적 이론을 뒷받침한다. Leshem 등[17]은 다른 종류의 스트레스가 동일한 메커니즘을 유도하는 데에는 GAS(general adaptation syndrome)가 존재한다고 했다. 결과적으로 이것은 한 종류의 스트레스 저항이 다른 식물에 대해 상호 저항을 전달한다는 상호 스트레스 반응을 함축한다.

식물에서 스트레스에 대한 반응으로 보통 고려될 수 있는 몇 가지 반응들이 있다. 항산화물질은 폴리아민 합성 또는 분자청소부를 동반하는 활성산소(ROS, Reactive Oxygen Species)로 인한 손상을 방지하는 효과가 있다. 식물이 스트레스를 받을 때 삼투조절, ABA 증가, molybdenum 보조인자, jasmonate 합성, HSPs 합성, 페놀과 플라보노이드 합성, 그리고 에틸렌 농도가 증가된다. 식물이 강한 빛, 오존과 SO_2, 열, 저산소증, 홍수, 추위, 냉동, 가뭄과 염화, 제초제 노출, 중금속 독성, 필수 원소의 결핍, 상처와 병원균 감염과 같은 환경스트레스에 노출될 때 이것들은 모두 스트레스 상호 메커니즘과 깊이 연관된 것으로 보인다[11, 16, 18, 20~24].

세포질에서 저분자량의 유기화합물(베타인, 폴리올, 당, 프롤린, putrescine)의 합성을 통한 삼투조절은 GAS와 상호 스트레스의 한 가지 주요한 징후이다. 그들의 삼투조절 작용 이외에도, 화합 가능한 용질들은 단백질과 막의 안정화, 반응산소종

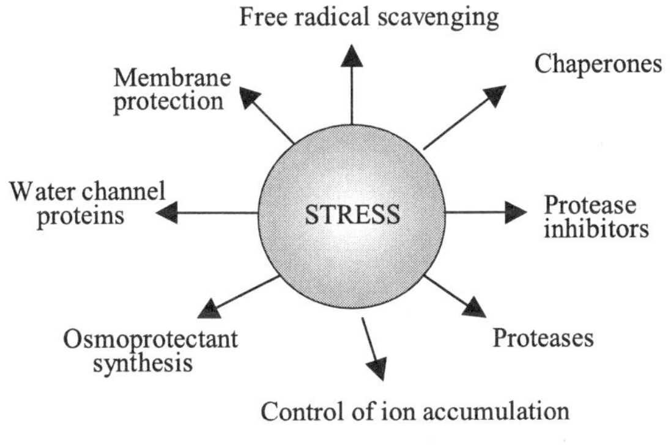

그림 2. 수분 스트레스에 의해 유도된 일부 스트레스 상호 메커니즘[25].
스트레스 단백질들은 수분부족, 염분, 추위, 삼투 문제, 또는 세포의 탈수와 같은 스트레스를 받고 있는 식물이 상호 스트레스 적응 역할을 담당하며, 세포구조와 방어 작용을 하는 것으로 알려진 이들 스트레스 유도 전사 요인들은 타감물질에 대한 반응으로 과발현된 것으로 보고됨[26~28].

(ROS) 제거와 같은 삼투보호 역할을 하고 있다. 많은 연구자들은 삼투 조절 과정 동안 수송 메커니즘과 연관된 다른 단백질을 제외하고는 몇몇 유전자의 과발현이 많은 다른 삼투조절자들의 생합성 경로의 효소를 암호화한다고 보고하였다[18].

또 다른 상호 스트레스(co-stress)의 일반적인 징후는 산화적 손상의 방지다. 산화적 스트레스는 초과산화물과 과산화수소와 같은 환원된 산소종의 유해한 효과로부터 발생된다. 수산화 라디컬은 지방의 과산화, 단백질 변성, DNA 돌연변이, 광합성 저해 등을 유발한다. 식물은 과산화물 제거효소, 카탈라아제 그리고 여러 가지 퍼옥시다아제에 의해 항산화 기작을 수행한다[29]. 활성산소(ROS) 제거자는 다른 종을 가해하는 화합물과 제초제 작용도 포함하는 모든 스트레스 반응유형과 연과되어 있다. 이것은 스트레스에 대한 명백한 일반적 적응기능이다[30].

또한 상호 스트레스에 대한 관점에서 모든 환경적 스트레스 처리 인자가 HSPs와 연관된 것은 아니다. HSP 중개 스트레스 처리는 다면발현성이고, mRNA 보호를 보호하며 효소 특이적 광합성-변성, 그리고 그들의 스트레스 유도 집합 후 스트레스 유비퀴틴과 샤페론 보조 수선을 예방한다[17, 31].

고유의 다중 자극 저항 메커니즘은 발생학적으로 유리하며 진화적 선택에 의해 다면발현적으로 암호화 되어있다는 것이 명백하다(즉 몇 개의 유전자에 의해 조절됨)[17]. 진화과정 동안 각각의 환경 변화에 대한 식물의 즉각적인 반응은 '환경적 신호 인지/전달' 과정에 의해 점진적으로 교체되어 스트레스를 적은 에너지로 더욱 효율적으로 극복시켜 식물 적합도를 증가시킨다[32].

스트레스 신호

녹색식물의 신호인지/전달 과정의 기원과 발달은 환경이 계속 바뀔 때, 자연에서의 식물 기능을 이해하는 기본적인 사항이다[32]. 유전 발현의 관점에서, 스트레스 인자 간의 긍정적, 부정적 상호작용이 모두 존재함이 밝혀졌다[24, 33]. 신호전달은 실험실에서의 활발한 연구의 재료이다.

Lichtenthaler[7]는 스트레스 신호를 다음과 같이 정의했다(그림 3). 모든 생물적 그리고 비생물적 스트레스 요인들은, 자연적이며 발생적 인자들은 외부 신호를 대표한다. 식물과 잎, 뿌리, 줄기, 꽃과 같은 기관의 신호 인지와 전달에는 다양한 형태가 있다. 그것은 (i) 직접적 대사 반응, (ii) 유전자발현의 활성화: 효소생성, 스트레스 호르몬, 스트레스 대사물질, 스트레스 단백질의 합성 등을 유도한다. 후자는 스트레스 조건하에서 식물의 대사반응을 변형시킨다. 즉, 유전자발현과 대사조절 반응 간의 피드백 조절과 원활한 전달자가 있다.

세포수준에서 식물이 스트레스를 어떻게 인식하는가는 거의 알려진 바가 없다. 스트레스 인식의 가장 좋은 근거는 낮은 삼투압과 같은 비생물적 스트레스에 대한 반응으로 신호전달을 시작하는 효모와 박테리아 단백질로부터 찾을 수 있다. 그러나, 식물에서 단백질의 위치와 기능에 대한 연구는 효모의 DNA로부터 얻어진 결과에 의존하지 않는다. 왜냐하면 식물세포는 단지 녹색 효모가 아니기 때문이다[34]. 식물은 유사한 단백질을 가지지만, 그 기능은 거의 밝혀지지 않았다. 신호전달 케스케이드의 증거가 단세포성 진핵생물에서 알려지지 않았지만 식물에서는 존재한다[12, 35].

유전자 수준에서 '상호 스트레스'의 증거에도 불구하고, 특히 세포 탈수를 일으키는 물질에 대한 최근의 다른 실험은 식물이 서로 다른 초기의 스트레스 잠재 원인들의 차이를 구별할 수 있다고 밝혔다. 스트레스는 식물의 적응에 대한 각기 다른 양상과 연관된 mRNA의 조직적인 유도를 유발한다. 이와 같은 의미에서 가뭄과 염분 같은 다양한 스트레스 유발자들이 여러 유전자에 대해 다양한 수준의 전사를 야기시킨다. 그래서 식물의 분자수준의 스트레스 반응은 다양한 신호로부터 유발된다[23, 38]. *Arabidopsis*의 전체 DNA 서열은 식물학자들이 식물 스트레스 신호에 성공적으로 접근할 수 있게 하였다[24, 26, 37, 38].

식물의 스트레스 반응의 조절은 Ca^{2+}과 같은 이차 전달자 외에도, 호르몬, 식물 성장 조절자, 특히 abscisic acid(ABA), 자스몬산(jasmonic acid), 에틸렌(ethylene)과

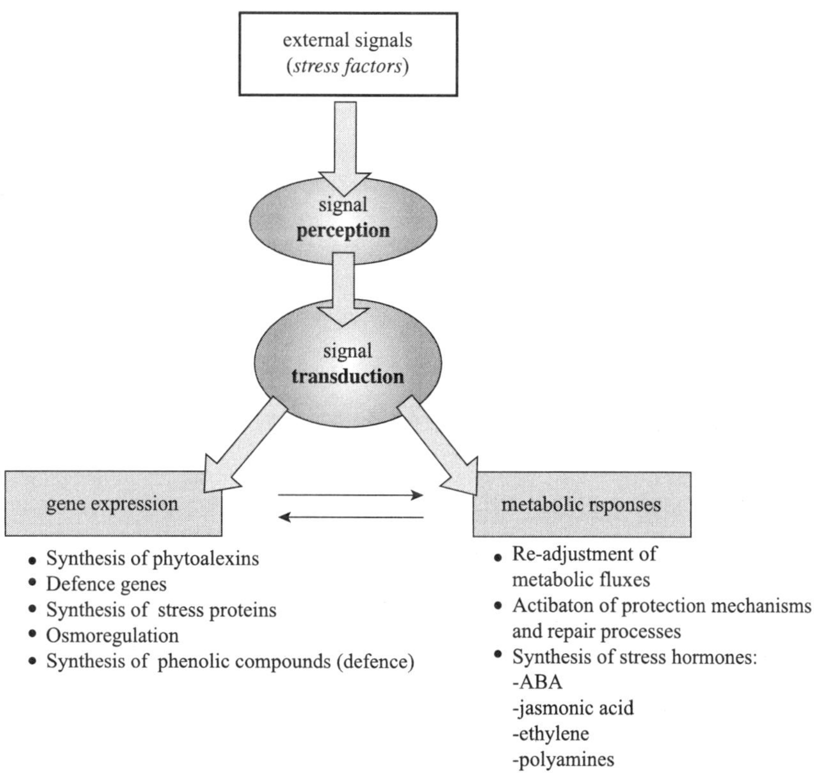

그림 3. 대사반응과 유전자발현 및 스트레스 유도반응을 유도하는 스트레스 신호인식과 전달 모식도(주로 ABA에 의해 조절됨)[7]

폴리아민(polyamines) 등과 관련이 있다는 증거들이 상당히 제시되었다[18, 39]. 최근에 발견된 것들은 스트레스 유도 ROS가 스트레스 신호전달의 주요한 역할을 한다는 것을 뒷받침한다[40, 41].

기공폐쇄를 유도하는 스트레스에 대한 초기반응으로서 ABA의 축적은 식물의 일반적인 특징이다[42]. 사실 각기 다른 스트레스 인자로부터 유도된 다수의 유전자들은 ABA의 외인성 적용으로부터 유도된다[15]. ABA는 다양한 환경적 스트레스 신호를 유전자발현으로 전환시키므로서 분명히 스트레스 징후에 주요한 역할을 하게 된다[23, 25, 43, 44]. 환경적 유해 자극은 식물 뿌리가 접촉하고 있는 구역(즉 건조한 토양에 있는 뿌리)에서 식물전체로 전달되고, 그 때 순화 기작이 유도된다(그림 3 참조). 세포수준의 신호 케스케이드 외에 ABA에 의해 중개되는 신호전달의 중간 반응(가역적 단백질 인산화, 세포내 pH와 칼슘 농도의 변화)은 비교적 잘 알려져 있으나[44] ABA 수용체의 본질은 아직 밝혀지지 않았다. Netting[45]은 ABA 전구체를 유리시키기 위해 세포질의 칼슘이온 농도를 증가시킨다고 설명했다. K^+-H^+ 공동수송에 의한 탈분극으로 pH가 증가하고 ABA 유리가 유도되는 데, 이것은 기공 폐쇄를 일으키고 스트레스 단백질을 포함하는 보상과정을 시작하는 것이다. 연관되어 있는 유전자발현은 전사수준에서 일차적으로 조절된다[14, 15, 46]. 스트레스 반응 유전자의 상위 조절은 상응하는 전사수준에서의 증가를 수반한다. 그러나 몇몇 스트레스 반응 유전자는 ABA에 의한 반응으로 유도되지 않으며, 특이적 유전자의 발현을 위한 ABA-의존과 ABA-독립 신호전달 경로의 존재로 유발된다[18, 24, 47]. 또한 실험실 환경에서 ABA에 의해 유도된 합성 경로는 이제까지 실험실 환경에서만 연구가 진행되었기 때문에 실제 환경이나[25, 48] 다중적 자극에서[33] 성공적으로 유도되지 않을 수 있다. 식물의 ABA 연관 상호 스트레스 징후는 최우선 연구의 분야이다.

스트레스 요인으로서의 타감작용

타감작용은 식물 스트레스 반응을 유도하는가?

타감작용은 스트레스와 비슷한 과정과 효과를 가진다. 타감작용의 겉으로 드러나는 생리적 작용은 씨앗 발아를 저해하거나 지연시키며 또는 유식물의 생장을 억제시키는 현상으로 자주 나타난다. 이것들은 광합성, 호흡, 세포분열, 색소 합성, 식물 호르몬 생산과 그 균형, 막 안정성과 투과성, 무기염류 섭취, 기공의 운동, 아미노산 합성, 질소 고정, 특정 효소 활성과 같은 초기 효과의 이차적 표현이다. 타감물질의 생리적 작용은 타감작용에 대해 가장 도전적인 이슈이고, 그 활성에 대한 방법에 대한 견해와 증거는 이 책의 다른 단원에서 자세히 논의되어 있다.

타감작용에 대한 식물의 생리적 반응은 특히 복잡한데, 단지 생물 스트레스 자체에 대한 적응을 반영하는 것이 아니라, 다양한 종류의 환경적 연관에 대한 공진화 세대의 결과를 반영하는 것이다. 결국 타감물질은 생리학적 과정에 대한 다양한 효과에 의해 식물생장과 발달을 변화시키며(2장 참조), 많은 화합물은 식물에 독성 효과를 나타낸다[49]. 이차대사물질의 특정한 성질 때문에 몇몇 타감물질의 효과는 특이적일 것으로 예상된다. Einhelling[49]은 막의 작은 변화는 페놀산 효과의 공통적인 시작점이지만 최근의 증거들은 대부분의 식물 타감물질 작용의 초기의 부분으로 범위를 국한하지 않는다고 하였다[50]. 아마 대부분의 화합물은 생장에 표적 부분 외에도 많은 부분에 대한 효과를 통해 영향을 미친다. 미래의 생명공학과 기능적 유전체의 발달은 많은 타감물질 작용의 특이적 메커니즘과 관련된 생리학적 정보 뿐 아니라 종간의 반응 차이에 대한 다양한 정보를 제공할 것이다.

최근의 지식 수준을 고려할 때, 원핵생물과 진핵생물 모두에서의 타감물질과 다른 생체이물에 대한 초기 반응은 탈독소 효소와 독성제거와 불활성을 용이하게 하는 전달자의 유도와 관련이 있으며 (i) 기능적 그룹의 산화적 변형, (ii) 글루코실(glucosyl), 글루타티온(glutathione), 마로닐 접합(malonyl conjugates) 등의 형성, (iii) 특정 막 통과를 통한 해독을 포함하는 연관된 대사작용, 액포 격리와 세포밖으로 배출 작용을 유도하고, 그리고 액포 내에서 효소적 변형, 세포벽 분해를 유도하는 대사과정을 포함한다(8장 참조).

해독 과정과 연관있는 효소는 초기에 산화적 변형을 수행한다. 식물 시토크롬 P450s 단백질(소포체에 위치한)의 큰 부류는 내부 또는 외부의 화합물을 해독 하기 위한 산화적 반응을 촉매한다. 많은 aldo-keto 산화효소와 과산화효소는 산화적 반응의 해독과 연관된다. 두 번째로 접합 반응(conjugation reaction)은 글루타티온 S-전이효소(glutathione S-transferase), 글루코실 전이효소(glucosyltransferase), NADP-의존 산화환원효소(NADP-dependent oxidoreductase)와 마로닐 전이효소(malonyl-transferase) 등에 의해 촉매되고 막 전달자에 의해 제거된 것으로 기질내의 독성을 전환시키는 것이다. 많은 이러한 전달자들은 카드뮴, 추위, 염 스트레스, 병원균 감염, 살리실산, 에틸렌, 메틸 자스몬산(jasmonates)에 의해 유도되는 반면 다른 것들은 병원균 방어와는 무관한 식물 독성 제거에 특이적 역할을 하는 것으로 보고되고 있다[28].

14-3-3 단백질은 비생물적 스트레스 반응과 연관이 있으며[51] 몇몇 경우에서는 여러 스트레스 요인에 순응하는 과정동안 생성되는 스트레스 내성을 키우는 것과 관련이 있다[52]. 이러한 단백질의 기능과 타감작용을 하는 식물의 역할은 아직 잘 알려지지 않았지만, Zhang 등[53]은 14-3-3 단백질의 상호작용은 phenyl-propanoid 대사와 연관이 있다고 밝혔다. 이 생합성의 산물은 타감작용과 관련이 있다[54]. 활성화 상태의 건강한 세포의 단백질간 상호작용의 역할은 효소의 존재로 입증된다. 그리고 필

수 효소의 활성을 조절하므로써 협동적 스트레스에 대한 대사 반응을 수행한다[51]. 타감물질에 의한 세포막의 방해는 잘 보고되어 있으며[27, 55, 56] 세포막의 H^+-ATPase 조절은 스트레스 동안 14-3-3 단백질에 의한 조절 작용의 표적이 되는 것으로 추정된다[51]. 더 나아가 H^+-ATPase는 스트레스 신호의 초기 전달에서 중요한 작용을 한다고 언급되고 있다[57]. 다른 스트레스 반응들 중에 타감작용에서 14-3-3 단백질의 많은 표적들은 동일하고 이들 상호작용의 생리학적 의미는 여러 경우에도 아주 중요하다[51].

RT-PCR를 이용하여 Baerson 등[28]은 통합 조절을 하는 총체적 화학물질을 나타내고, 광범위하면서도 특이적 방어 기작을 수행하는 특이적 유전자를 동정하였다. 이와 관련된 데이터들은 환경 독성에 대한 식물의 전사적 반응에 대한 초기의 연구를 확장시켰다. 또한 식물 생체이물 해독 과정과 타감물질 간의 다른 환경독성 즉 자연상태나 인간과 연관된 화학적 스트레스에 대해 식물이 생존하기 위해 나타내는 화학-감지 기작을 충분히 밝히기 위한 생화학적 유전적 실험의 기초자료를 제공하였다. 일부 유전자들은 물리적 손상, 식물 섭식, 병원균 감염, 추위와 탈수 하에서 생물의 전사반응을 중재하기 위해 발현된 것으로 보고되었다[58].

그러므로 스트레스 요인으로서의 타감작용이 식물에서 GAS와 상호 스트레스의 이론과 일치한다고 할 수 있으며 이를 통해 많은 타감물질에 대한 공통적인 일차적, 이차적 반응이 보고되었다. 밝혀진 연구체계 하에서, 타감작용 연구를 위한 고전적인 도구는 씨앗 발아의 생물학적 정량, 기체 교환 기술, 체내 클로로필 형광물질, HPLC, TLC, 방사성표지 등이 있으며[59] 이것은 최근에 인기 있는 타감물질을 찾기 위한 유용한 분자적 도구인[27, 28, 60] 유전체학과 단백질학[1]에 의해 매우 풍부한 정보를 보유하게 되었다[61~63].

타감작용의 신호전달

자연환경에서 자라는 식물은 그들의 환경을 인지하고 일련의 생화학적, 분자적 기작을 이용하므로서 변화에 적응한다[51]. 식물은 주변 식물에 신호를 전달할 수 있어 생물학적 반응을 이끌어낸다[38, 64]. 적절한 반응은 외부 환경에 대해 정보를 인지하고 식물 세포간의 정보 교환에 의한 결과이다.

다양한 타감물질(용해성 화학물질 배출 또는 휘발성 유기화합물 방출)을 배출하는 식물은 근처(육상식물)의 토양 미생물 군집을 조절할 수 있고, 초식동물로부터 방어하며, 유익한 공생을 유도하고, 주변 환경의 화학적 또는 물리학적 특성을 변화시키고, 직접적으로 경쟁생물종의 생장을 억제시킨다(10장 참조). 타감작용은 식물

1 프로테옴 분석은 세포나 조직 또는 유전체에 표현되는 총 단백질 모음을 분석하는 것임. 프로테오믹스는 고해상도 이차원전기영동, 이미지분석, 다차원액체크래마토그래피, 질량분석 및 생물정보학 등으로 구성된다. 기능프로테오믹스 기술은 효묘의 단백질-단백질 상호관계 시스템을 의미함[67].

이 주변 식물에게 스트레스를 주기 위해 어떻게 이차적 대사물질을 이용하는지를 보여준다. 대부분 실험이 완전한 자연 조건에서 수행되지 않지만[64] 토양 용액을 통한 식물간의 상호작용은 논쟁 중에 있다[65, 66]. 이러한 결과는 뿌리 분비 타감물질이 자연에서 식물-식물 군집간에 중요한 역할을 하는 결과를 만들어 낸다.

비생물학적 스트레스 또는 초식동물과 병원균에 의한 감염 신호전달의 분자적 또는 유전적 기반을 밝히는데 많은 노력이 있었지만, 타감작용 연구에 대해서 노력이 다소 부족했다. 전에 언급한 것과 같이 많은 스트레스 요인들이 특이적인 최종 반응을 유도해 내지만 많은 신호전달 중간자(ABA, ROS calcium 등)들은 여러 경로에서 공통적이다. 그러므로 식물은 다른 환경적 압력 하에서 타감적 상호작용에 대한 많은 반응을 통합 해야 하며, 중복되는 생리학적 효과의 신호전달 중간물질이나 반응 대사물질을 공유함으로써 더욱 통합을 해야 한다[24, 35].

아마도, 생체이물의 해독작용과 연관된 다양한 방어유전자의 발현과 관계되는 신호전달 경로는 매우 특이적인 것은 아니나, 환경의 구조적 다양성과 내생적 독성은 전형적으로 식물의 생활사와 마주치게 된다[68]. 그 대신에 이러한 유전자가 발현되는 양은 메커니즘을 감지하는 넓고-특이적인 생체이물의 작용을 통해 다양한 화학 물질에 대한 반응과 함께 증가하는 것으로 보인다[26, 28].

Bais 등[26]은 식물독성 (−)-catechin 개시자는 *Arabidopsis*의 뿌리 분열조직에서 ROS 파동을 유발을 일으키는 데 이것은 유전자발현에 큰 변화를 가져오는 칼슘이온 신호전달 연쇄반응을 일으키고 궁극적으로 뿌리 조직을 죽인다고 하였다. 이러한 활성 작용의 연관에 대한 설명은 뿌리에서 (−)-catechin을 배출함으로써 자생생물을 교체시키는 *Centaurea maculosa*의 침투 전략에 대한 설명을 가능하게 한다.

*Arabidopsis*의 타감물질 방어 반응[28]의 신호전달 경로와 관련해 최근 알려진 요인들은 생물적, 비생물적 스트레스[24] 뿐만 아니라 잎의 노화와 같은 생리학적 과정에서도 역할을 한다고 보고되었다[69, 70]. 미래의 분자 유전학과 생물 정보학에 기반한 접근은 타감물질에 노출됨으로써 부가되는 스트레스와 연관된 유전자발현 조절에 대한 해결의 실마리를 던져주었다.

타감작용 × 환경적 상호작용

종 분포와 종들의 공존에 있어서 생물적 vs. 비생물적 영향의 상대적 중요성은 오래전부터 논의되어져 왔다[71~74]. 타감작용의 강도와 방향 그리고, 일반적 식물의 상호작용은 시간이 지남에 따라 다양해지고, 비생물적 요인과도 연관되어 있다[75~77].

외부적 요인이 이차 대사 산물을 조절하는 방법은 알려지지 않았다. 페놀 화합물의 생산은 스트레스의 종류와 강도, 생물이 겪는 스트레스에 따라 다양하다. 또한 복합 스트레스는 식물의 페놀 화합물 축적에도 추가적인 영향을 미친다[78].

자원경쟁, 타감작용, 영양분 유지와 미생물 영향은 모두 평행하게 작용한다[79~81]. 다년생 종은 페놀 화합물 생산에서 넓은 온도 변동이 있는데 이것은 식물의 나이와 같은 내부적 요인과 생물적 요인 그리고 비생물적 요인 같은 외부적 요인들 간의 상호작용에 기인한다[82]. 이러한 변동은 생태계 기능에 대한 지속적 영향과 함께 다른 생물과 경쟁적 관계의 변화를 부분적으로 결정한다. 생태생리학적 관점에서 볼 때 모든 요인들의 복합적 영향을 고려해야할 필요성이 강조되고 있다[83].

다른 환경요소들간의 상호작용은 타감작용을 규명하는 데 중요한 역할을 담당하고 있다[84~86]. 그림 4에 요약된 것으로, 스트레스 요소는 공여종에 의한 타감물질 생산에 영향을 미칠 수 있고 표적식물에 대한 타감물질의 효과도 변화시킬 수 있다[83].

공여식물에 대한 비생물 스트레스의 영향

공여식물체의 타감물질 농도는 기온, 빛, 토양 구조와 영양 상태와 같은 환경적 조건에 영향을 받는다. 타감작용의 스트레스 가설(Stress hypothesis of Allelopathy)[8, 9]을 고려할 때 타감작용은 환경의 변화에 따라 나타날 수도 있거나 없어질 수도 있으므로 타감작용은 식물이 스트레스를 받는 장소와 시기가 훨씬 중요하다.

2차 대사산물에 대한 비생물적인 스트레스가 어떤 영향을 미치는지는 과거부터 많이 알려져 왔다[3, 87]. 전통적인 작업에 대한 일반적인 관점은 Rice[88]에서 볼 수 있다. Einhelling[78, 83]는 비생물 및 생물 스트레스에 의해 유발되는 타감작용을 검토하였다.

스트레스가 생장억제효과를 나타내는 것과 관련하여, 광합성을 위해 공급된 과잉 탄소는 탄수화물로 만들어져 조직에 축적된다[89, 90]. 하나의 일반적인 반응은 스트레스에 대한 반응으로써 세포벽을 경화시키거나 목질화하며 페놀계 중합체 목질소는 변형을 억제하고 투과를 막아준다[91, 92]. 게다가 이것은 병원체를 막아주는 물리적 장벽 역할도 수행한다. 식물은 조건 가용 영양염 농도가 높은 조건에서 생장할 때보다 가용 영양염이 낮거나 적당한 상태에서 생장할 때 타감물질의 농도는 보통 더 높게 나타낸다[81, 84, 93, 94]. 더 높은 농도의 타감물질은 식물 잔유물의 독성을 증가시키거나 공여식물체의 자연적 화합물의 배출 증가와 깊은 연관이 있다.

조직 내에서의 페놀 화합물의 증가는 pH와 전기전도도[95], 자외선[96~98], 빛의 질[99, 100], Cd의 처리 여부[101], 심지어 제초제 또는 타감물질[102, 103] 등과 같이 토양의 화학적 특성을 변화시키는 원인이 된다. 이런 모든 반응은 동종간, 타종간의 타감 간섭이나 스트레스 내성과 연관이 있다[78, 79].

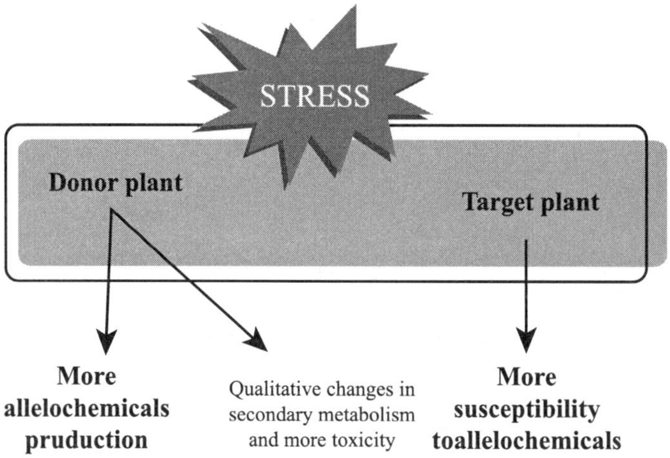

그림 4. 두 식물사이의 타감작용 관계를 생물학적과 비생물학적 스트레스에 의해 예상되는 효과. 자연적 스트레스 조건 아래서 스트레스는 타감작용의 효과를 증대시킴.

가뭄이나 삼투압에 의한 수분 스트레스는 모노테르펜류(monoterpenes)[104, 105], 클로로겐산(chlorogenic acid)[106], hydroxamic acids[107], camptothcin[108], 페놀산(phenolic acids) 등의 축적을 자극한다[85, 90, 109, 110]. 충분한 수분이 있는 토양에서 자라난 식물보다 물이 부족한 토양에서 생육한 식물이 강한 타감작용을 나타냈다. 야외에서 수분 스트레스를 받는 표적식물의 성장은 억제되지만 공여식물은 이러한 수분 스트레스가 없을 때 보다 단위 건조중량이 증가된다. 이것은 자연 상태에서 자가독성문제를 일으킨다[111].

온도가 타감물질의 농도에 영향을 미치며[112, 113] 식물 생장율을 증가시키는 것으로 충분히 이해된다[114]. 이런 사실에도 불구하고 온도와 식물성장과의 관계는 종에 따라 다양하며 변종과 품종에 따라 좀 더 특이적으로 발생한다. 타감작용의 정도는 일부 타감식물종류에 따라 결정되며[114] 다른 종에서는 온도에 따라 그 양이 결정된다[115]. 햇빛과 관련된 생리적 과정은 타감물질 생산에 영향을 미치며 특히 휘발성 타감물질을 저장하지 않는 종은 수분 또는 수 시간의 짧은 시간에 타감물질을 배출한다[116]. 이런 빛의존성은 타감물질 생합성 과정에서 광합성 물질을 필요로 한다.

자외선은 세포와 식물의 표면 모두에서 타감물질의 농도를 증가시킨다[117, 118]. 오존과 자외선-B 량이 증가되거나 고위도지역에서 스트레스의 결합 등은 cinnamyl alcohol 탈수소효소와, stilbene 합성효소 그리고 보호 페놀 화합물 합성에 관여하는 두 효소가 mRNA전사량에 영향을 미침으로써 Scott 소나무 묘목의 유전자발현량에 분명한 상호작용을 한다[119].

보통 물리적 손상은 휘발성 물질을 생산하게 하는 데, 이것은 기생충 등을 유도하여 초식 동물을 공격하거나 곤충을 퇴치하도록 손상 입은 식물이나 다른 식물에게 방어 반응을 나타내도록 도와준다[120]. Momilactone B는 벼의 타감작용에 중요한 역할을 하고, 겉껍질 처리로 발생하는 스트레스는 뿌리로 분비되는 momilactone B의 양을 증가시켜 잡초 제거율을 높인다고 Kato-Noguchi 등[121]은 발표하였다.

비록 자연상태의 스트레스 요인은 없지만, 일부 농사는 타감작용을 유발시킨다[122~124].

표적식물에 대한 생물적 스트레스의 영향

약한 스트레스에 노출된 표적식물은 민감도를 증가시키는 데, 이것은 표적식물의 스트레스 후 반응을 변화시킨다(예를 들면 타감작용의 증가). 반대로 타감 스트레스에 앞서 다른 스트레스들은 순화를 유도한다(i.e. 타감물질에 대한 순화). Lehman and Blum[125]은 오이 유묘가 물과 영양염류가 부족에 응한다는 것을 증명하였다. 여러 가지 전처리된 스트레스에 식물은 순응을 하기 때문에 페놀산에 대한 순응을 일반적인 스트레스에 대한 반응이라고 저자들은 주장한다. 자연 상태에서 식물들은 지속적으로 여러 가지 스트레스 요소에 직면하여 순화하므로, 실험실에서 자란 식물보다 타감물질에 대해 덜 민감하다.

식물에 영양염을 추가해 주면 타감작용은 극복되지만[126, 127] 영양염의 결핍은 타감작용 효과를 증가시킨다[128].

환경 역시 타감물질의 영향을 중재한다[125, 129]. 몇 가지가 결합된 동시 다발적인 스트레스 영향은 예측하기가 매우 어렵다[130]. 그림 5에서는 서로 다른 두 가지 타입의 스트레스 + 타감작용을 받은 식물을 대상으로 형광(Fv/Fm) 정도 (스트레스의 즉각적인 측정을 고려하여)를 측정하였다(BOA를 적용해서)[27]. 이 실험에서 흥미로운 것은 타감물질은 다른 스트레스가 없거나 수분 또는 염 스트레스와 결합하지 않고는 뚜렷한 효과를 나타내지 않는다는 것이다. 수분과 염 스트레스를 받고 있는 식물에 타감물질이 부가되는 것은 다중적 스트레스로 설명될 수 있다. 그러나 장기간의 실험결과는 상당히 다르다.

타감작용에 영향을 주는 다른 요인들

생태계에서 타감물질의 식물독성 활성은 상호작용하는 환경조건하에서 공여식물과 표적식물의 생리적, 생태적 특성과 타감물질의 거동간의 복합적으로 상호작용한다[86]. 타감물질의 생물적 활성은 매개체로 방출된 이후의 시간에 의존한다. 대부분의 경우에 식물 독성의 활성은 식물 잔유물 분해 초기 단계에서 가장 크게 나타난다[116]. 그러나 공여식물에서 배출된 물질의 식물독성은 일반적으로 배출 이후 시간에 의존적이며 미생물에 의해 대사 반응이 변화되어 질 수 있다[131, 132].

타감물질 농도의 계절적 변화는 자연 상태에서 타감 관계에 영향을 미칠 수 있는 중요한 요소들이다[116]. 그림 6은 상대적 타감물질 생성율에서 중요한 동시적인 변화를 나타낸 것이다[133]. 이 경우는 *Acacia dealbata*의 특이적인 자료는 식물독성을 최대로 생산하여 자생 음지성 종에 대해 더 큰 피해를 일으킨다. 이것은 대부분의 음지성 종의 발아시기이기 때문이다. 대발생 시기에 타감물질의 생산과 배출의 차이는 다른 종에서도 증명되었다[134]. 물론 공여식물 또는 제공식물과 수용식물간의 접점에서 대부분의 타감물질 농도는 식물의 발달시기와 유전자형에 의존된다[8, 135].

화학적 억제 역시 매우 중요하다[86]. 비록 수용액 내에 농도에 따른 식물독성 활성과의 관계는 명확하게 밝혀져 있지는 않지만[8] nmol(Nonomole) 수준 또는 더 낮은 수준으로 타감물질을 희석하는 것이 매우 중요하다[136]. 이들 모든 요인들은 생물 활성에 영향을 미치며, 짧은 시간 내에서도 역동적 과정을 나타낸다. 타감물질의 활성은 타감물질의 작용에 영향을 미치는 환경요소에 의해 주도되는 유기화학물질을 매개체로 전환시키는 자연 용액 내의 농도에 따라 유도된다[8]. 타감물질의 연속적인 배출은 몇 가지 연구에서 보여준 적이 있다[137]. 어떤 환경적 제한으로 분해가 천천히 진행된다면, 이들 타감물질은 토양 내에 효과적인 농도로 분포하며, 식물에 도달하여 영향을 미치게 된다.

토양과 물 생태계에서 식물에 의해 합성된 타감물질의 전달은 확산과 층상이류에 의존한다. 매개체 내의 타감물질의 양은 공여식물과의 거리에 따라 변화되는데[138, 139] 이것은 물리적 특징인 점성, 전단력, 물에서의 낮은 Reynolds계수 때문이다[136]. 다른 식물 종에 대해 식물독성을 나타내기 위해서 화학물질은 토양을 통해

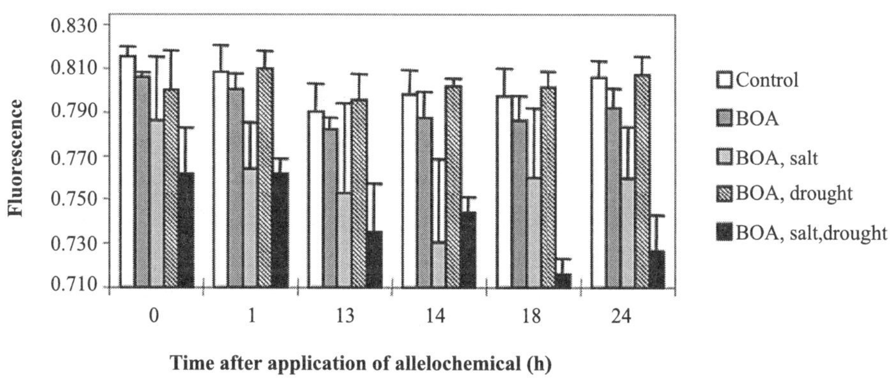

그림 5. 다중 스트레스의 상호작용 효과

본 실험에서 식물은 타감물질(hydroxamic acid BOA)과 두 가지 스트레스인 수분과 염 스트레스에 노출되었음. 세 가지 스트레스를 결합한 중합 스트레스는 Fv/Fm의 값을 현저하게 감소시켰고, 이 수치는 스트레스 측정 방법으로 고려된 것임. 하지만 스트레스를 주는 조건은 효과에 기인하는 것이 아니라 모든 스트레스의 결합으로 나타냄. 염과 수분 스트레스를 제거한 상태에서 BOA의 효과 실험에서 사용된 농도에서 BOA의 타감작용 능력이 없었다는 잘못된 결론이 도출됨[27].

표적식물의 뿌리까지 이동해야 한다. 그러나 이동과정 중 비생물적(물리적, 화학적) 및 생물적(미생물의) 토양 장벽은 상해를 일으키는 수준의 식물 독성 화학물질의 질적 및 양적인 전달을 제한할 수 있다. 토양 중 유기물질, 반응 무기물질 표면, 이온교환능, 무기이온들과 생물 및 비생물적 요인들은 타감물질의 활성에 상당히 영향을 미친다[80].

타감작용은 상승작용으로 몇 가지 생리과정을 방해하는 유기분자 그룹의 중합작용으로 억제된다[83]. 토양에 유기물질을 축적하거나 분해를 방해하는 비생물적 과정은 식물의 화학적 특성을 변화시키는 결과를 초래한다.

습도, pH, 유기물의 함량, 염류농도와 같은 토양의 요소들은 타감물질의 생활성에 영향을 주거나 토양의 효소 활성을 변화시킨다[140]. 타감효과의 감소와 매개에서 미생물의 중요한 역할이 많은 연구자들부터 강조되어 왔으며, 그 결과들은 타감작용을 활성화시키거나 억제시키고 있다[141]. 그래서 높은 온도, 영양염 부족, 주기적인 수분 스트레스 등을 포함하는 열악한 환경조건은 매개체에 대한 미생물의 산화 또는 산화적 변화에 영향을 미치며 새로운 타감물질을 만들어낸다[142].

비록 대부분의 시간을 미생물은 해독작용에 사용하기는 하지만 미생물들은 그들 스스로 타감 효과를 생성할 수 있으며 우점 식물들이 배출하는 분자물질에 의해 미생물의 종류와 밀도가 영향을 받을 수 있고 해독 능력과 질화작용과 같은 미생물의 일반 작용도 영향을 받을 수 있다[143]. 또한 외생근균 곰팡이 군집의 변화는 고등 식물의 생육에도 매우 중요한 영향을 미칠 수 있다[144].

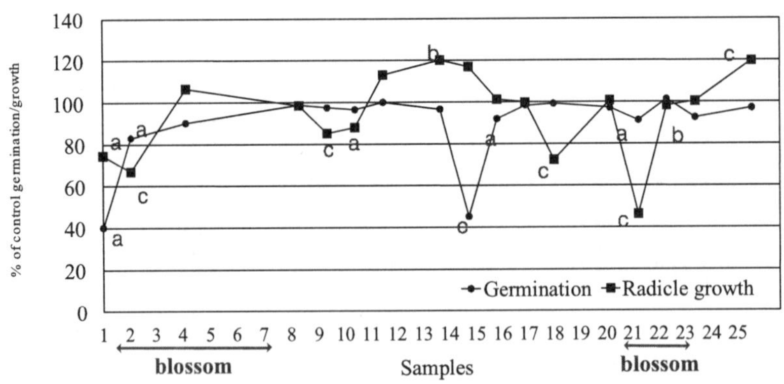

그림 6. 다른 종을 저해하는 화합물 분비 시점의 중요도.

Acacia dealbata 식물로부터 1년간 자연 상태에서 누출액을 채집 후 실험실에서 누출액의 영향와 식물 독성을 분석하였음. 개화 시기에 누출액(수관과 표토 누출액으로서)은 발아와 유묘 생장을 상당히 억제하는 생물학적 활성을 나타냄. Galicia(NW Spain)는 외래 종이 꽃이 피는 시기에는 흔하지 않았지만 자생종이 개화 할 때만 타감물질을 배출하였음[133]. 서로 다른 알파벳은 조절이 상당히 다르다는 것을 의미함(a: 99%; b: 99.9%; c: 99.99%).

환경변화와 타감작용

환경 요소들은 지역에 따라 다양하지만 시간과 생태적 범위 내에서 거의 일정하거나 또는 특이적 지역에서 느린 변화를 하며 이것은 환경 변화도로 분류될 수 있다. 다차원적으로 많은 비생물적 및 생물적 환경 요소들은 식물 종간 경쟁에 영향을 미칠 수 있으며, 이것은 일부 예측 가능한 식물 군집구조에도 영향을 미친다[145~148].

물의 이용도, 염류농도, 광, 영양염 이용도, 중금속 농도 등은 특이적 비생물적 스트레스 요인들에 속한다. 어떤 경우에 생물학적 스트레스는 환경적인 변화로 간주되는 생태적 시간적 범위에서 상당히 지속될 것으로 추정되며 다른 식물의 비생물적 환경에 영향을 받는다. 가령 빛을 차단하는 나무 밑에서 서식하는 초본식물은 빛에 대한 영향을 받는다[148]. 식물간의 상호경쟁작용에서 환경 영향의 예측은 기계론적 식물 모델로 예측되는 데[149~151] 다른 식물들은 다른 생활사(또는 식물의 전략)로 인해 제한 자원에 따라 다른 생장율을 나타낸다. 모델들은 종내 식물경쟁 상호작용에 대해 환경 변화도의 영향을 설명하고 있지만 전체적으로 타감작용을 설명하기에는 부족하다.

다양한 증상과 타감작용

유전적 요인 외에도 환경적 요인은 표현형을 변화시킨다. 사실 표현형은 관찰 가능한 자연선택에 해당된다[152]. 비생물적인 스트레스 요소에 대한 식물 표현형 변화 연구는 1990년대 이후에 꾸준히 증가했으나 이후 경쟁자, 포식자, 오염자등을 포함한 표현형에 영향을 주는 생물학적 환경요인에 대해 과학자들이 주목하고 있다. 이런 가소적 반응에 대한 연구는 유전자 조절, 생리적 기작, 형태학적 가소성과의 연계성은 등을 면밀히 조사하고 있지만, 더 많은 연구가 진행되어야 할 것이다[152].

표현형 가소성이나 순화능력은 환경적 조건에 대한 반응으로써 하나의 대체가능한 형태학적 또는 행동학적 반응보다 더 많은 유전학적 생산 기능을 가진다. 따라서 대립요소간의 균형은 식물이 환경의 변화에 대해 최대한의 적응성을 가질 수 있도록 하는 가소적 징후로부터 선택되어 진다[153, 201]. 표현형 가소성은 각 개체의 생장율과 스트레스에 대한 취약성을 변화시킴으로써 종간 상호작용에도 큰 영향을 미친다[154]. 생리생태학적 관점에서 볼 때 가소성은 비용적 측면을 효과적으로 설명할 수 있기에, 식물은 가소성이 요구되는 유전적, 세포적인 기작(유전자와 효소)을 유지해야 한다.

환경적 변화와 물리적 변화 모두에 영향을 받는 식물[155, 156] 또는 다른 재배 식물[137, 157~159]의 적응적 표현형 가소성과 2차 대사 산물과의 연관성이 조사되었다. 식물의 개체군은 그들의 생화학적인 반응에 따라 다양한 생태형이 나타난다[9]. 표현형적 가소성의 진화는 생태적으로 변화하는 환경에서 나타나는 자연선택의 다양한 결과이다[160]. 그래서 일부 타감물질의 생산은 그들의 생산력과 가소성의 비용 그리고 유전적 연관성에 의해 제한될 수 있다[154, 155].

타감작용의 생태생리적 비용

식물생산성은 영양 결핍과 같은 하나의 스트레스가 해소될 때 생산력이 증가하고, 빛차단과 같은 또 다른 스트레스에 의해서도 밀접하에 영향을 받는다. 일반적으로 빈영양(낮은 생산성)의 환경조건에서는 비생물적인 스트레스가 우세하고 반대로 부영양(높은 생산성)의 환경조건에서는 생물적인 스트레스가 우세하다.

진화, 타감물질의 분포와 다양성을 설명하기 위해 식물 생태생학자들은 저항 또는 방어를 위한 자원의 전환은 생장이라는 대립되는 요소들과 균형을 맞춘다고 가정하였다[156, 157]. 식물과 스트레스 요인간 유도된 반응에 상당히 다양할 수 있지만, 많은 복합물과 물리적 구조물을 생산한다.

비록 고농도의 2차대사산물은 더 높은 저항력 있는 식물에서 생산되지만, 2차대사 산물의 생산은 식물을 위한 비용이라고 추측된다[158~162]. 식물의 타감작용 비용의 계량화는 논란의 대상으로 남아 있다[162~164]. 지금까지 연구 결과들은 생물 시스템에 의존하고 있고 입증을 하지 못하고 있기 때문에 우리는 야외에서 얻어진 많은 실험을 이해하지 못했다[165, 166]. 식물방어 수준에 대한 가설들은 즉, 왜 어떤 식물은 방어를 잘하고, 다른 식물은 그렇지 않은 가에 관한 설명들이 문헌에 통상적으로 있다는 것이다. 이들 가설들은 최적의 방어, 탄소와 영양염 간의 균형, 생장률과 생장 분화 균형을 포함한다. 그러나 실험 설계에서 가정을 확인하고 시험하는데 실패한 것, 가설과 예측을 혼란스럽게 하는 것 그리고 시험을 위해 적절하지 못할 수 있는 하위체제(즉, 식물 나이 또는 부분)를 선택하는 것과 같은 부적절한 접근법에 기인하여 생태적 식물 방어 가설을 진행하는 것은 한 가지 문제를 안고 있다[167].

상식적으로, 우리는 스트레스가 많은 환경에서 방어 비용이 증가할 것이라고 생각한다. 그렇지 않으면 외적 스트레스 요인들은 타감 상해에 대해 유리하게 반응하는 식물의 능력을 소극적으로 제한할 수 있다. 그래서 스트레스 요인과 타감 상해에 대한 가소적 반응은 적응도와 상호작용을 할 것이다[168]. 그럼에도 불구하고 환경요소와 타감작용의 변화는 일부 식물 개체군내에서 같은 시기에 존재한다[8]. 그래서 스트레스에 대해 식물의 2차 대사산물의 유도는 비용 절감 기작으로 설명될 수 있는데, 그것은 방어물질로 유도되고 타감물질로 사용되기 때문이다[169, 170]. 스트레스 가설[8]에 따르면, 유도될 수 있는 방어물질은 여러 가지 위협이 동시다발적으로 일어날 수 있는 상황에서 특히 유리하며[171, 172], 스트레스 요인들에 의해 영향을 받는 경쟁자들은 그 민감성을 증가시킨다. 최근의 연구결과에서 타감 활성[65, 173~177]은 영양염의 부족, 가뭄 등과 같은 특이한 스트레스가 많은 식물에 작용한다는 선택적 잇점을 실험적 자료를 보여주고 있다[178].

유도될 수 있는 화학적 경쟁의 비용과 이점을 이해하기 위해서, 이들 식물화학물질로 중재되는 모든 관계를 통합적으로 연구할 필요가 있다. 이것은 식물들, 식물과 초식동물, 식물과 다른 식물 그리고 식물과 비생물적 요인들과의 관계를 말한다. 연구는 식물과 식물의 타감작용이 더 높은 영양단계(초식성 포식자)까지 확대될 수 있다는 것을 보여준다[179](10장 참조). 이들 상호작용의 4그룹은 다른 그룹에 속하는 다른 종들의 개체들 사이에 상호작용의 범위를 비교할 수 있다. 사실 식물화학물질이 배출되면, 식물은 더 이상 화학물질에 영향을 받지 않는다[180]. 환경 내에서 어떤 생물은 강하게 영향을 받을 수 있다. 그림 7은 식물 화학물질로 간주되는 식물과 환경 관계의 비용간의 균형 망을 요약한 것이다. 비생물적 스트레스 저항과 그들의 다중적 상호작용간의 균형을 포함하는 간섭과 자원경쟁, 직접 또는 간접적 활동적 방어와 수동적 경쟁을 나타내고 있다.

생물-계절적 상태에서 공여식물은 역시 타감물질 생산을 유도하고 식물에 비용을 지불하는 데 직접적인 영향을 받는다. Hoballah 등[70]은 옥수수의 2차 대사산물 유도와 같은 비용이 스트레스 노출 후 즉시 어린 식물이나 가장 어린 식물 잎에서 탐지될 수 있다고 하였다. 성숙과정 동안 처리된 식물은 초기 생장단계에서 대사적 투자로 보상을 하게 된다. 이런 의미에서 유도된 2차대사 산물의 대사비용은 타감작용과의 상호관계를 분명히 포함하고 있지만 이런 비용은 식물의 삶 전체로 보았을 때 적응도의 개념으로는 수용이 가능하다. 최근 개발된 기계론적 모델[181]은 식물 나이와 식물 스트레스에 의해 결정되는 2종류의 타감물질의 생산원인을 제시하였으며, 그들은 환경에서 상호 동적 작용을 반영하고 있다. 일반적으로 식물은 나이가 들어감에 따라 식물체 내의 타감물질이 감소되는 반면에 주기적으로 타감물질을 생산하는 것은 특별한 경우에 속한다.

타감작용 × 비생물적 스트레스

타감작용의 상호작용은 화학적 간섭을 통한 민감한 식물종의 감소와, 타감물질을 억제하기 위한 식물 개체들의 저항으로 인해 식물군집의 진화에 큰 영향을 미친다고 한다[64, 182]. 식물의 2차 대사산물이 종들간의 상호작용과 생태계의 변화과정을 결정함에도 불구하고, 생물 다양성을 유지시키는 역할은 거의 주목을 받지 못하고 있다.

경쟁의 강도와 촉진 모두가 환경적 스트레스에 따라 변화함으로써 식물 상호작

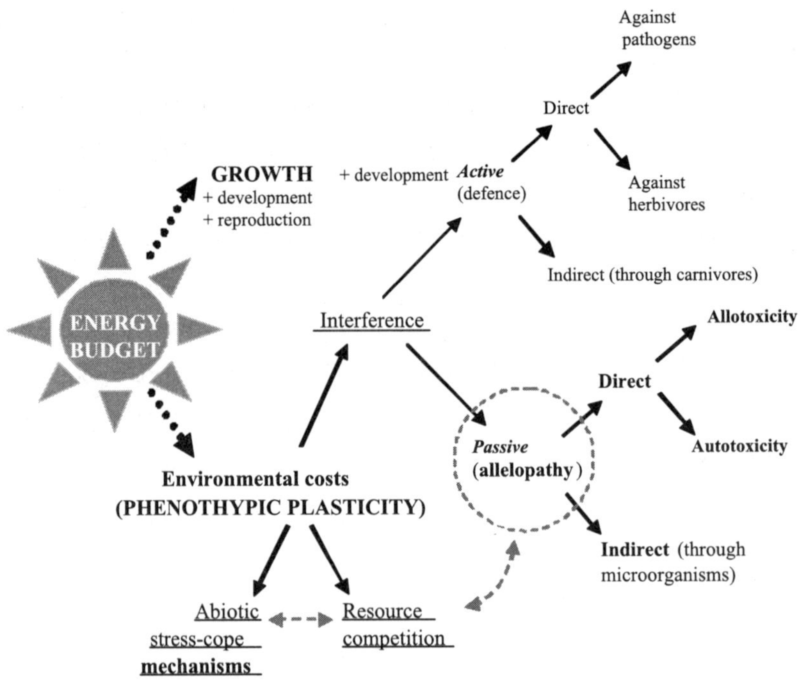

그림 7. 환경스트레스에 대한 성장과 다양한 현상과의 거래

용은 동적관계이며, 결과적으로 비생물적 조건에 따라 결정되고 있다[75, 183, 184, 185]. 비생물적 조건에서 종들 간에 촉진현상은 강력한 타감물질인 페놀화합물의 양적 변화가 수반된다는 것이 관찰되었다[156]. 수분 스트레스(물 부족, 염분 또는 두 가지 모두에 의해 발생되는 것)가 증가될 때 자원 경합은 심해지며 식물의 생산성은 감소되는 반면에 식물종은 풍부해진다(그림 8).

Iason 등[186]은 자연생태계에서 화학물질과 생물의 다양성간의 관계를 조사하였다. 그들은 스콧 소나무의 다양한 화학물질이 지표 식물의 종 풍부성에 영향을 미친다고 생각하였다. 스콧 소나무들의 2차 대사산물의 그룹인 모노테르펜 농도는 유전적으로 결정되는 구성요소로 작용하여 각 개체들 사이에 큰 변화를 야기시켰다. 나무의 모노테르펜을 각 개체별로 평가하면 지표면 식물상의 종 풍부성과 상관관계를 도출할 수 없다. 그러나 각 나무유래 모노테르펜의 화학물질의 다양성은 각 나무 밑에 서식하는 지표식생의 종 풍부성과는 높은 정의 상관관계가 있다. 이런 관계는 생태계 내의 우점종에서 화학적 다양성은 관련된 식물군집의 생물 다양성을 유지하도록 하는 중요한 역할을 하고 있음을 나타내고 있다.

앞서 말한 바와 같이, 2차 대사산물은 식물의 생존과 생식의 적합도와 깊이 관련되어 있다. 그러므로 그들은 진화하는 동안 자연선택을 하면서 적응을 한다. 2차 대

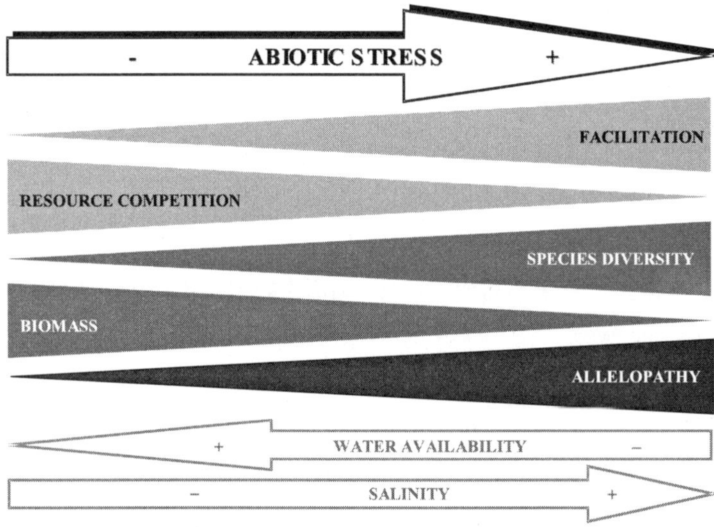

그림 8. 자연에서 수분이용과 염분 등의 환경 변화에 따른 초본군집의 변화.
수분 스트레스(물의 고갈, 염분, 또는 두 요소에 의해 발생)가 증가할 때, 자원경쟁은 심화되는 반면 생산성은 감소함, 종 풍부성은 증가한다. *Holcus lanatus*와 *Dactylis glomerata*이 페놀 화합물을 포함한 2차 대사 산물의 질적 및 양적 증가를 수반하는 스트레스 조건에 따른 종들 사이에 촉진현상[56)]이 있고, 타감작용은 스트레스가 있는 환경에서 더 중요하고, 식물 군집 구조와 종 다양성에 중요한 역할을 함.

사산물로 분류되는 그룹들은 상당한 질적 차이를 나타낸다. 어떤 특이적인 2차 대사산물은 그것의 합성을 조절하기 위해 특별한 유전자와 결합하여 특이한 대사 경로를 나타낸다. 사실 보편적인 2차 대사 패턴은 수렴진화라고 할 수 있는 형태적 및 생리적 유사성보다도 종들 사이에서 명확한 진화적 증거를 제공한다. 특히 페놀 화합물은 복합물의 변이성을 결정하는 진화과정을 분명하게 밝힐 수 있는 매우 가치있는 분류 수단으로 사용되고 있다[187~191)].

Wink[192)]는 콩과(Fabaceae), 가지과(Solanaceae), 꿀풀과(Lamiaceae)의 분자에 따른 대표적인 몇 가지 주요 방어 화합물의 분포를 해석하고 지도작성에 필요한 식물과 화합물은, 콩과 식물의 퀴놀리지딘 알칼로이드(quinolizidine-alkaloids)와 비 단백질성 아미노산(none-protein amino acid), 가지과의 트로펜(tropane)과 스테로이드성 알칼로이드, 광대나물과(Labiates)의 이리도이드(iridoides)와 정유이다. 거의 대부분의 대표적인 화합물질의 분포를 보면 계통적이고 생태적인 구성요소에 의해 상호 배타적으로 출현하였다. 그러나 더욱 면밀히 조사해보면, 비록 모든 이웃 종과 선조 종들이 특별한 특성을 표현하거나 또는 표현하지 않지만 어떤 대사산물은 이들 종들에 각각 없거나 또는 있을 수도 있는 등 예외적인 경우도 관찰될 수 있다. 이들 패턴이 식물진화에 있어 더 일찍 진화된 대립 유전자의 차등 발현을 반영한 것이라 주장도 있다. 내용이 다른 대사산물은 화학인자의 계통 값을 전통적인 형태학적 표지(marker)와 같은 방법으로 해석한 결과 때문으로 보여진다. 그래서 2차 대사산물의 분포는 어떤 분류 값을 가지지만 그들의 출현은 주어진 계통적 체계에 포함된 적응과 특별한 생존 전략을 반영한다[192].

타감물질은 일종의 부산물로서 비기능적으로 우연히 배출될 가능성이 있다[180]. 비록 타감물질이 우연히 배출되지만, 그들은 생태적으로 영향을 미치며, 공여식물은 환경에 타감물질을 배출하여 이익을 최적화하기 위해 자연선택을 해야 한다[194]. Winter and Weis[195]는 식물의 진화는 저항성 다형현상을 유지하기 위한 새로운 기작을 작동하는 것이라 주장하였다. 이들에 따르면, 진화는 환경스트레스로 인한 세대간의 변화는 동류 교배를 통한 스트레스에 저항하면서 용이하게 진행되는 것으로 볼 수 있다. 스트레스는 저항 표현형으로부터 생식시기를 분리시키시고, 민감한 표현형의 성숙을 지연시킨다. 동종교배는 유전적 변이를 높여 자연선택을 할 수 있도록 개체군의 민감성을 높여주는 것이다. 그러므로 긍정적 자연선택과 유전적 변이의 증가는 스트레스가 있는 환경에서 진화를 강력히 촉진한다. 반대로 스트레스가 없는 온화한 환경에서는 표현형은 분리되지 않으며 표현형들 간의 무작위적인 교배는 유전적 변이를 감소시킴으로써 저항에 대항하는 자연선택을 약화시킨다고 추측하고 있다. 환경이 온화한 상태에서 스트레스가 주어지는 상태까지 무작위로 변할 때 개체군은 비대칭적으로 긍정적이나 부정적 반응을 나타낸다. 이러한 비대칭성이라는 것은 (1) 만약 저항(스트레스를 받는 세대의 빈도가 더 높음)이 일반적으로 우세하다면, 저항 대립인자의 고정화가 촉진되지만, 저항이 우세하지 않는다면(스트레스를 받지 않는 세대빈도가 높음) 대리인자의 감소를 지연시킨다. (2) 장기간 비용이 이익을 다소 초과할 때에도 고정화를 위한 저항 대립인자를 촉진할 수 있는 것이다. 저항 대립인자가 교배를 다면발현으로 지연할 때, 무작위 교배를 유도하는 스트레스는 보상효과를 나타낸다. 일련의 스트레스인자의 자기상관은 이들 효과를 높여준다. 이들 기작은 스트레스가 있는 환경에서 오히려 타감작용이 일어나고 있고, 환경 변화에 따라 타감작용을 유도하기 위한 가소성을 유지하고 있다는 것도 어느 정도 설명하고 있다(스트레스 가설)[56].

Emodin은 식물 2차 대사산물 중에 잠재적인 화학물질의 다중 기능을 간과하고 있다고 설명하였다[196]. 안트라퀴논 에모딘(anthraquinone emodin)은 전 세계에 분포하는 식물 17종에서 분리, 동정된 것으로, 많은 생물적 활성을 가지고 있으며 식물과 그들 환경간에 생물적 또는 비생물적 상호작용을 중재함으로써 넓은 생태적 영향의 스펙트럼가지고 있어 식물의 생존과 생식에 직, 간접적인 영향을 미친다. 식물의 기관에 분포하는 에모딘(Emodin)은 초식동물, 병원체, 경쟁자, 외부의 비생물적 요소(즉 높은 광도)로부터 식물을 보호하도록 도와준다. 덜 익은 과육속에 있는 에모딘은 동물의 포식을 막아 미성숙한 과일을 보호하는 반면에, 성숙한 과육속의 에

모딘은 동물이 섭식한 종자를 조상 식물체 아래에서 배설을 할 수 없게 함으로써 결과적으로 종자가 분산되도록 해 준다. 또한 에모딘은 소화관을 통해 종자의 통과를 촉진시키며 잠재적으로 분산거리를 줄이고 분산된 종자의 생존능력을 증가시켜 준다. 자연은 다기능을 갖는 2차 대사산물을 우세하게 하는데 그들은 예측할 수 없는 생물적 및 비생물적 환경 변화에 대해 식물을 보호하기 때문이다. 이와 같은 대사산물은 역시 기작의 변화를 통해 포식자들에게 특이적인 다른 분자 표적을 사용함으로써 식물의 방어력을 높여준다[196].

식물이 동물보다 더 다양하고 많은 2차 대사산물을 생산하는 것은 화학적 방어로 스트레스 회피 기작을 대신함으로써, 물리적 비이동성의 한계를 이겨내기 때문이다. 일부 대사물질은 대사산물을 합성하는 종은 새로운 복합물 합성으로 자연 선택을 하게하여 변이를 유발시키며 종의 다양한 진화를 가능하게 하는 등 서식처에서 경쟁력을 높여 주는 것 등의 몇 가지 선택적 이점을 준다는 등의 가정이 있다. 이러한 의미에서, 경쟁과 환경 변화 사이의 상호작용은 지위 다양성의 주요 원천이며, 특이적 2차 대사산물의 합성과 배출의 의미로써 타감작용의 관계는 특이적 다양성의 원천이라 할 수 있다. 어떤 경우에 생물적 및 비생물적 선택력의 상호작용은 환경스트레스에 대처하기 위해 다른 능력 즉 기능적 다양성의 고정화를 높여준다. 타감작용의 경우에 특이적 화학 무기를 장착하는 천이의 보증 즉, 유리한 특성을 선택하고 고정시킬 수 있다는 것이다. 새로운 생화학 무기는 새로운 식물-토양 미생물과의 상호작용에 대한 매개자로서 작용을 할 수 있다[197]. 더구나 적절한 식생의 변화는 토양 pH를 장기간에 걸쳐 변화시켜 동일 종과 외래종의 재 침입을 촉진시키는 것 같다[198].

외부종의 토양에 미치는 영향에 따른 외부 식물의 침입과 토종 군집의 복원을 고려해야 한다. Mallik[199]는 북쪽과 온대 삼림에서 밀집된 철쭉과 식물이 덮고 있는 곳에서 침엽수림의 재생이 실패하는 것을 관찰하였다(삼림 수확에 의한 수관부가 제거됨에 따라 나타난 결과). 이러한 사실은 타감작용, 토양 영양염류의 경쟁 스트레스 등의 다중 영향으로 볼 수 있다. 새로운 핵심 철쭉과의 종은 폴리페놀이 풍부한 부식질의 빠른 축적에 의한 상당히 장기간에 걸쳐 서식처를 변화시킨다. 철쭉과의 페놀 화합물은 침엽수의 종자 발아와 묘목 생장을 억제하며, 단백질-페놀 복합물을 생성함으로써 이미 영양분에 의한 스트레스를 받고 있는 서식지의 가용 질소를 감소시킨다. 페놀 화합물의 낮은 pH 조건은 금속이온을 용탈시키고 단단한 철반을 생성해서 토양수 이동을 저해시킨다. 철쭉과의 부식질 내의 페놀성 타감물질은 많은 침엽수의 외생근균을 억제한다. 즉 다시 말해 철쭉과 식물은 그들의 스트레스 내성 전략뿐만 아니라 진달래과의 근균을 통해 영양염을 획득하여 군집 내에서 지속적으로 유지시킨다[199].

이런 증거를 통해서 환경스트레스의 다른 유형들과의 상호작용 외에 타감작용은 진화의 강력한 엔진으로 고려될 수 있으며 끝 없는 생물다양성의 원천으로 고려될 수 있다. 결국 토지 이용에 있어 농업생태계의 보존, 파괴와 변화의 관점에서 생물다양성은 감소되고, 가치있는 천연상품의 손실도 가져온다. 생물 자원 관리를 위한 전략으로서 새롭게 타감물질을 생산·활용해야 한다. 천연 살충제와 약품과 같은 여러 종류의 유용한 상품은 타감작용 연구로부터 생산될 수 있기 때문이다[200].

참고문헌

1) Salisbury FB, Ross CW (1992) *Grupo Editorial Iberoamericana.*
2) Lambers H, Chapin III FS, Pons TL (1998) *Plant Physiological Ecology*.
3) Levitt J (1980) *Responses of Plants to Environmental Stresses* (2 vol.).
4) Vrba ES, Gould SJ (1986) Paleobiology 12: 217-228.
5) Osmond CB, Austin MP, Berry JA, Billings WD, Boyer JS, Dacey JWH, Nobel PS, Smith SD, Winner WE (1987) Bioscience 37: 38-49.
6) Larcher W (1995) *Physiological Plant Ecology*. 3rd ed.
7) Lichtenthaler HK (1998) Ann NY Acad Sci 851: 187-198.
8) Reigosa MJ, Sánchez-Moreiras A, González L(1999) Crit Rev Plant Sci 18: 577-608.
9) Reigosa MJ, Pedrol N (eds) (2002) Scientific Publishers Inc., Enfield, NH.
10) Lichtenthaler HK (1996) J Plant Physiol 148: 4-14.
11) Grover A (2000) *Probing photosynthesis. Mechanisms, regulation and adaptation*, 398-409.
12) Hasegawa PM, Bressan RA, Zhu J-K, Bohnert HJ (2000) Annu Rev Plant Phys 51: 463-499.
13) Bray EA (1997) Trends Plant Sci 2: 48-54.
14) Ingram J, Bartels D (1996) Ann Rev Plant Phys 47: 377-403.
15) Shinozaki K, Yamaguchi-Shinozaki K (1997) Plant Physiol 115: 327-334.
16) Prasad MNV (ed.) (1997) *Plant Ecophysiology*. John Wiley, New York.
17) Leshem YY, Kuiper PJC, Erdei L, Lurie S, Perl-Treves R (1998) Ann NY Acad Sci 851: 199-208.
18) Bray E, Bailey-Serres J, Weretilnyk E (2000) *Biochemistry and Molecular Biology of Plants*, 1158-1203.
19) Ho T-HD, Sachs MM (1989) *Plants under stress. Biochemistry, Physiology and Ecology and their application to plant improvement.*
20) Leshem YY, Kuiper PJC (1996) Biol plantarum 38: 1-18.
21) Heiser I, Elstner EF (1998) Ann NY Acad Sci 851: 224-232.
22) Thomashow MF (1999) Ann Rev Plant Phys 50: 571-599.
23) Jin S, Chen CCS, Plant AL (2000) Plant Cell Environ 23: 51-60.
24) Chen W, Provart NJ, Glazebrook J, Katagiri F, Chang HS, Eulgem T, Mauch F, Luan S, Zou G, Whitham SA, Budworth PR, Tao Y, Xie Z, Chen X, Lam S, Kreps JA, Harper JF, Si-Ammour A, Mauch-Mani B, Heinlein M, Kobayashi K, Hohn T, Dangl JL, Wang X, Zhu T (2002) Plant Cell 14: 559-574.
25) Bray EA (1993) Plant Physiol 103: 1035-1040.
26) Bais HP, Ramarao V, Gilroy S, Callaway RM, Vivanco JM (2003) Science 301: 1377-1380.
27) Sánchez-Moreiras A (2004) *Whole plant stress response after BOA exposition.*
28) Baerson SR, Sánchez A, Pedrol N, Schulz M, Kagan IA, Agarwal AK, Reigosa MJ, Duke SO (2005) J Biol Chem (*in press*).
29) Allen RD (1995) Plant Physiol 107:1049-1054.
30) Sen Raychaudhuri S, Wang Deng X (2000) Bot Rev 66: 89-98.
31) Heldt HW (1997) *Plant biochemistry and molecular biology*.
32) Kuiper PJC (1998) Ann NY Acad Sci 851: 209-215.
33) Xiong L, Ishitani M, Zhu JK (1999) Plant Physiol 119: 205-211.

34) Bassham DC Raikhel NV (2000) Plant Physiol 122: 999-1001.
35) Knight H, Knight MR (2001) Trends Plant Sci 6: 262-267.
36) Tabaei-Aghdaei SR, Harrison P, Pearce RS (2000) Plant Cell Environ 23: 561-571.
37) Glazebrook J (2001) Curr Opin Plant Biol 4: 301-308.
38) Pickett JA, Rasmussen HB, Woodcock CM, Matthes M, Napier JA (2003) *Plant stress signalling: understanding and exploiting plant-plant interactions*. Biochem Soc T 31: 123-127.
39) Tiburcio AF, Altabella T, Masgrau M (2001) *Plant Hormone Research.*
40) Laloi C, Apel K, Danon A (2004) Curr Opin Plant Biol 7: 323-328.
41) Weir TL, Sang-Wook P, Vivanco JM (2004) Curr Opin Plant Biol 7: 472-479.
42) Hsiao TC (1973) Ann Rev Plant Physiol 24: 519-570.
43) Chandler PM, Robertson M (1994) Ann Rev Plant Physiol, Plant Mol Biol 45: 113-141.
44) Leung J, Giraudat J (1998) Ann Rev Plant Phys 49: 99-222.
45) Netting AG (2000) J Exp Bot 51: 147-158.
46) Zhu J-K (2000) Plant Physiol 124: 941-948.
47) Shinozaki K, Yamaguchi-Shinozaki K (2000) Curr Opin Plant Biol 3: 217-223.
48) Thompson S, Wilkinson S, Bacon MA, Davies WJ (1997) Physiol Plantarum 100: 303-313.
49) Einhellig FA (2002) *Allelopathy from molecules to ecosystems*, 1-23.
50) Inderjit, Keating KI (1999) Adv Agron 67: 141-231.
51) Roberts MR, Salinas J, Collinge DB (2002) Plant Mol Biol 1031: 1031-1039.
52) Jarillo JA, Capel J, Levya A, Martínez-Zapater JM, Salinas J (1994) Plant Mol Biol 25: 693-704.
53) Zhang H, Wang J, Goodman HM (1997) Biochem Biophys Acta 1353: 199-202.
54) Rama Devi S, Pellissier F, Prasad MNV (1997) *Plant ecophysiology*, 253-304.
55) Einhellig FA (1993) *Allelopathy. Organisms, processes and applications*, 97-116.
56) Reigosa MJ, Pedrol N, Sánchez-Moreiras A, González L (2002) *Allelopathy from molecules to ecosystems*, 231-256. Science Publisher Inc. Enfield, NH.
57) Schaller A, Frasson D (2001) Planta 212: 431-435.
58) Hegedus DD, Yu M, Baldwin D, Gruber M, Sharpe A, Parkin I, Whitwill S, Lydiate D (2003) Plant Mol Biol 53: 383-397.
59) Reigosa MJ (2001) *Handbook of Plant Ecophysiology Techniques*.
60) Cruz-Ortega R, Ayala-Cordero G, Anaya AL (2002) Physiol Plantarum 116: 20-27.
61) Berenbaum, MR (2002) J Chem Ecol 28: 873-896.
62) Wullschleger SD, Difazio SP (2003) Comp Funct Genom 4: 216-224.
63) Edmeades GO, McMaster GS, White JW, Campos H (2004) Field Crop Res 90: 5-18.
64) Bais HP, Park S-W, Weir TL, Callaway RM, Vivanco JM (2004) Trends Plant Sci 9: 26-32.
65) Callaway RM, Aschehoug ET (2000) Science 290: 521-523.
66) Sánchez-Moreiras A, González L, Reigosa MJ (2003) Allelopathy J 11: 185-194.
67) Sánchez-Moreiras A, Pedrol N (2001) *Two-dimensional electrophoresis. Stress proteins*. In Reigosa MJ (2001) *Handbook of Plant Ecophysiology Techniques*, 297-333.
68) Sandermann H (2004) Trend Plant Sci 9: 406-413.
69) Eulgem T, Rushton PJ, Robatzek S, Somssich IE (2000) Trends Plant Sci 5: 199-206.
70) Buchanan-Wollaston V, Earl S, Harrison E, Mathas E, Navabpour S, Page T, Pink D (2003) Plant Biotechnol J 1: 3-22.
71) Darwin C (1859) *The origin of species by means of natural selection.*

72) Clements FE (1916) *Plant succession: an analysis of the development of vegetation.* Publication number 242.
73) Gleason HA (1917) Torrey Bot Club Bull 43: 463–481.
74) Gleason HA (1926) Torrey Bot Club Bull 53: 7–6.
75) Callaway RM, Walker LR (1997) Ecology 78: 1958-1965.
76) Goldberg D, Novoplansky A (1997) J Ecol 85: 409–418.
77) Schenk HJ, Holzapfel C, Hamilton JG, Mahall BE (2003) J Ecol 91: 383-395.
78) Einhellig FA (1999) *Principles and Practices in Plant Ecology: Allelochemical Interactions*, 479-494.
79) Inderjit, del Moral R (1997) Bot Rev 63: 221-230.
80) Inderjit (2001) Agron J 93: 79-4.
81) Bhowmik PC, Inderjit (2003) Crop Prot 22: 661-671.
82) Nilsson MC, Gallet C, Wallstedt A (1998) Oikos 81: 6-16.
83) Einhellig FA (1996) Agron J 88: 886-893.
84) Gershenzon J (1984) Recent Adv Phytochem 18: 273-320.
85) Tang C-S, Cai W-F, Kohl K, Nishimoto RK (1995) *Allelopathy: organisms, processes and applications*, 142-157.
86) Kobayashi K (2004) Weed Biol Manage 4: 1-7.
87) Timmermann BN, Steelink C, Loewus FA (eds) (1984) *Recent Advances in Phytochemistry.* Vol. 18. Plenum Press, New York.
88) Rice EL (1984) *Allelopathy* II Ed. Academic Press, Orlando.
89) Bryant JP, Chapin III FS, Klein DR (1983) Oikos 40: 357-368.
90) Estiarte M, Filella I, Serra J, Peñuelas J (1994) Oecologia 99: 387-391.
91) Artlip TS, Funkhouser EA (1995) *Handbook of plant and crop physiology*, 627-644.
92) Whetten RW, MacKay JJ, Sederoff RR (1998) Ann Rev Plant Phys 49: 585-609.
93) Dustin CD, Cooper-Driver GA (1992) Biochem Syst Ecol 20: 99-106.
94) Mwaja VN, Masiunas JB, Weston LA (1995) J Chem Ecol 21: 81-96.
95) Batish DR, Singh HP, Pandher JK, Arora V, Kohli RK (2002) Weed Biol Manage 2: 73-78.
96) Ormond DP, Beverley AH (1995) *Handbook of plant and crop physiology*, 761-770.
97) Zobel AM, Silva C, Lynch J, Brown SA, Koryza M, Miazga A, Glowniak K, Furmanowa M, Wierzchowska-Renke K, Kuras M, Bialonska D (2002) *Allelopathy from Molecules to Ecosystems*, 59-69.
98) Schmitz-Hoerner R, Weissenböck G (2003) Phytochemistry 64: 243-255.
99) Dudt JF, Shure DJ (1994) Ecology 75: 86-98.
100) Johnson JD, Tognetti R, Michelozzi M, Pinzauti S, Minotta G, Borghetti M (1997) Physiol Plantarum 101: 124-134.
101) Zheng Z, Wu M (2004) Plant Sci 166: 507-514.
102) Gubbiga NG, Worsham AD, Corbin FT (1996) Weed Sci 44: 640-644.
103) Santosh TR, Balasubrahamanian KK, Latitha K (1999) J Agr Food Chem 47: 462-467.
104) Gilmore AR (1977) J Chem Ecol 3:667-676.
105) Kainulainen P, Oksanen J, Palomaki V, Hokopainen JK, Hokopainen T (1992) Can J Bot 70: 1613-1616.
106) del Moral R (1972) Oecologia 9: 289-300.
107) Richardson MD, Bacon CW (1993) J Chem Ecol 19: 1613-1624.

108) Liu Z (2000) Physiol Plantarum 110: 483-488.
109) Kumar SS, Nalwad UG, Basarkar PW (1991) Geobios 18: 165-168.
110) Karageorgou P, levizou E, Manetas Y (2002) Flora 197: 285-289.
111) Tongma S, Kobayashi K, Usui K (2001) Weed Biol Manage 1: 115-119.
112) Hanson AD, Dietz KM, Singletary GW, Leland TJ (1983) Plant Physiol 71: 896-904.
113) Lovett JV, Hoult AHC, Christen O (1994) J Chem Ecol 20: 1945-1954.
114) Gianoli E, Niemeyer HM (1997) J Chem Ecol 23:543-551.
115) Corcuera LJ (1993) Phytochemistry 33:741-747.
116) Peñuelas J, Llusià J (1999) Physiol Plantarum 105: 641-647.
117) Zobel AM, Lynch JM (1997) Allelopathy J 4: 269-276.
118) Zobel AM, Clarke PA (1999) Allelopathy J 6: 21-34.
119) Zinser C, Jungblut T, Heller W, Seidlitz HK, Schnitzler J-P, Ernst D, Sandermann H Jr (2000) Plant Cell Environ 23: 975-982.
120) Takabayashi J, Dicke M (1996) Trend Plant Sci 1: 109-113.
121) Kato-Noguchi H, Ino T, Sata N, Yamamura S (2002) Physiol Plant 115: 401-405.
122) Inderjit Kaur S, Dakshini KMM (1996) Can J Botany 74: 1445-1450.
123) Miller DA (1996) Agron J 88: 654-859.
124) Weston LA (1996) Agron J 88: 860-866.
125) Lehman ME, Blum U (1999) J Chem Ecol 25: 1517-1529.
126) Kalburtji KL, Gagianas A (1997) J Agron Crop Sci 178: 59-63.
127) Kalburtji KL, Mosjidis JA, Mamolos AP (2001) Allelopathy J 8: 41-50.
128) Xu T, Kon CH, Hu F (1999) Chin J Appl Eco 10: 738-750.
129) Lehman ME, Blum U (1997) Allelopathy J 4: 69-88.
130) Chapin III FS, Bloom AJ, Field CB, Waring RH (1997) BioScience 37: 49-57.
131) Souto XC, González L, Reigosa MJ (1994) J Chem Ecol 20: 3005-3015.
132) Mandal S (2001) Weed Biol Manag 1: 170-175.
133) Carballeira A, Reigosa MJ (1999) Bot Bull Acad Sinica 40: 87-92.
134) Ahmed M, Wardle DA (1994) Plant Soil. 164: 61-68.
135) Wu H, Pratley J, Lemerle D, Haig T (1999) Weed Res 39: 171-180.
136) Legrand C, Rengefors K, Fistarol GO, Granéli E (2003) Phycologia 42(4): 406-419.
137) González L, Souto XC, Reigosa MJ (1997) Allelopathy J 4: 101-110.
138) Jose S, Gillespie A (1998) Plant Soil 203: 191-197.
139) Sene M, Dore T, Pellissier F (2000) J Chem Ecol 26: 625-637.
140) Al-Turki AI, DickWA (2003) Soil Sci Soc Am J 67: 139-145.
141) Weidenhamer JD, Romeo JT (2004) J Chem Ecol 30: 1067-1082.
142) Premasthira CU, Zungsontiporn S (1996) Weed Res 41: 101-106.
143) Ward BB, Courtney KJ, Langenheim JH (1997) J Chem Ecol 24: 2583-2598.
144) Koide RT, Suomi L, Stevens CM, McCormic L (1998) New Phytol 140: 539-547.
145) Tilman D (1988) *Dynamics and structure of plant communities*.
146) Bazzaz FA (1996) *Plants in changing environments. Linking physiological, population and community ecology*.
147) Grime P (2001) *Plant strategies, vegetation processes, and ecosystem properties*. II ed.
148) Damgaard C (2003) Ecol Modell 170: 45–3.
149) Austin MP (1990) *Perspectives on Plant Competition*, 215-238.

150) Pacala S, Canham C, Saponara J, Silander J, Kobe R, Ribbens E (1996) Ecol Monogr 66: 1-44.
151) Cernusca A, Tappeiner U, Bayfield N (1999) Blackwell Wissenshafts-Verlag, Berlin.
152) Schlichting AD (2002) Plant Species Biology 17: 85-88.
153) Aerts R (1999) J Exp Bot 50: 29-37.
154) Agrawal A (2001) Science 294: 321-326.
155) Relyea RA (2002) Am Nat 159: 272-282.
155) Schmitt J (1997) Plant Cell Environ 20: 826-830.
156) Herms DA, Mattson WJ (1992) Q Rev Biol 67: 283-335.
156) Pedrol N (2000) *Ecophysiological characterisation of grasses. Competition and water stress* (In Spanish). PhD Thesis, University of Vigo, Spain.
157) Cipollini D (2004) Ecology 85: 28-37.
157) Wu H, Pratley J, Lemerle D, Haig T (2000) Aust J Agr Res 51: 259-266.
158) Bergelson J, Purrington CB (1996) Am Nat 148: 536-588.
158) Olofsdotter M, Navarez D, Rebulanan M, Streibig JC (1999) Weed Res 39: 441-454.
159) Olofsdotter M, Jensen LB, Courtois B (2002) Plant Breeding 121: 1-9.
159) Rausher M (1996) Trends Genet 12: 212-217.
160) Agrawal A, Conner JK, Johnson MTJ, Walsgrove R (2002) Evolution 56: 2206-2213.
160) Stotz HU, Kroymann J, Mitchell-Olds T (1999) Curr Opin Plant Biol 2: 268-272.
161) Gershenzon J (2002) *Plant Physiology.* 3rd ed 283-308.
162) Baldwin IT, Keßler A, Halitschke R (2002) Curr Opin Plant Biol 5: 351-354.
163) Heil M (2002) Curr Opin Plant Biol 5: 345-350.
164) Heil M, Baldwin IT (2002) Trends Plant Sci 7: 61-67.
165) Zangerl AR, Arntz AM, Berenbaum MR (1997) Oecologia 109: 433-441.
166) Heil M, Hilpert A, Kaiser W (2000) J Ecol 88:645-654.
167) Stamp N (2003) Oikos 102: 672-678.
168) Callaway RM (2002) Trends Ecol Evol 17: 104-105.
169) Siemens DH, Garner SH, Mitchell-Olds T, Callaway RM (2002) Ecology 83: 505-517.
170) Hoballah ME, Köllner TG, Degenhardt J, Turlings CJ (2004) Oikos 105: 168-180.
171) Gouinguené SP, Turlings TCJ (2002) Plant Physiol 129: 1296-1307.
172) Hansson L-A (2004) Ecology 85: 1005-1016.
173) Ridenour WM, Callaway RM (2001) Oecologia 126: 445-450.
174) Hunter ME, Menges ES (2002) Am J Bot 89: 1113-1118.
175) Inderjit Mallik AU (2002) For Ecol Manage 160: 75-84.
176) Oliva A, Lahoz E, Contillo R, Aliotta G (2002) Ann Appl Biol 141: 87-91.
177) Florentine SK (2003) Allelopathy J 11: 77-84.
178) Kong CH, Hu F, Xu XH (2002) J Chem Ecol 28: 1173-1182.
179) Glinwood R, Ninkovic V, Pettersson J, Ahmed E (2004) Ecol Entomol 29: 188-195.
180) Dicke M, van Poecke RMP, de Boer JG (2003) Basic Appl Ecol 4: 27-42.
181) An M, Liu DL, Johnson IR, Lovett JV (2003) Ecol Model 161: 53-66.
182) Schulz M, Wieland I (1999) Chemoecology 9: 133-141.
183) Brooker RW, Callaghan TV (1998) Oikos 81: 196-207.
184) Parker ED, Forbes VE, Nielsen SL, Ritter C, Barata C, Baird DJ, Admiraal W, Levin L, Loeschke V, Lyytikäinen-Saarenmaa P, Hogh-Jensen H, Calow P, Ripley BJ (1999) Oikos 86: 179-184.

185) Pugnaire FI, Luque MT (2001) Oikos 93: 42-49.
186) Iason GR, Lennon JJ, Pakeman RJ, Thoss V, Beaton JK, Sim DA, Elston DA (2005) Ecol Lett 8: 364-369.
187) Bell EA (1980) *Secondary Plant Products. Encyclopedia of Plant Physiology*, New Series. Vol. 8, 11-21.
188) Van Sumere CF (1989) *Phenols and phenolic acids*. In Harborne JB (ed.) *Methods in Plant Biochemistry*. Vol. 1. *Plant Phenolics*, 29-73.
189) Ardouin P, Fiasson JF, Jay M (1988) Taxon 37: 272 281.
190) Jay M, Lumaret R (1995) Biochem Syst Ecol 23: 523-531.
191) de Ramón MI (1995) *Características ecofisiológicas de Dactylis glomerata L. de la costa de Galicia Portugal.* PhD Thesis.
192) Wink M (2003) Phytochemistry 64: 3-19.
193) Pedrol N, Ramos P, Reigosa MJ (2000) J Plant Physiol 157: 383-393.
194) Jansen A, Sabelis MW, Bruin J (2002) Oikos 97:134-138.
195) Winterer J, Weis AE (2004) Ecology Letters 7: 785-793.
196) Izhaki I (2002) New Phytol 155: 205-217.
197) Callaway RM, Ridenour WM (2004) Front Ecol Environ 2: 436-443.
198) Kourtev PS, Ehrenfeld JG, Haggblom M (2003) Soil Biol Biochem 35: 895-905.
199) Mallik AU (2003) Crit Rev Plant Sci 22: 341-366.
200) Anaya A (1999) Crit Rev Plant Sci 18: 697-739.
201) Sultan SE (2000) Trends Plant Sci 5: 537-542.

CHAPTER 10

타감작용과 생물적 스트레스

서론

모든 환경 스트레스는 자연에서 타감작용을 변화시키는 중요한 요인이다[1~10)]. Einhellig[2, 4)], Chou[11)], Inderjit and Nayyar[10)], Reigosa 등[8)]은 타감작용은 극심한 환경적 스트레스를 받을 경우 수용시기가 더 중요하다고 제시하였다. 그러므로 타감작용은 진화를 통한 식물의 적응과정과 관련이 있고, 식물이 좋지 못한 환경에서 내성/저항을 증가시키는 데 긍정적인 영향을 준다. 다른 한편으로는 타감작용의 영향으로 왕성한 생장을 하지 못하는 식물들은 타감작용을 포함한 다른 환경 스트레스에 대한 내성이 감소한다[8, 12)]. 환경 스트레스는 변동성이 있지만, 보통 표적 식물에 대한 타감효과를 높여준다. 또한 효과가 미치는 곳에서 타감물질의 농도를 높이거나 타감물질 농도의 역치를 낮추기도 한다[3)]. 병원성 미생물, 초식동물, 작은 동물 등 생물 스트레스에 노출된 식물들은 2차 대사산물 중에 방어의 작용을 위해 새로운 분자를 합성하거나 탄소골격을 가진 식물 대사산물을 더 많이 생산함으로써 유사한 방어기작을 가지고 대응한다. 식물은 탄소사슬 생산의 농도를 높이거나 방어를 위해 2차 대사산물 등의 새로운 물질을 합성한다. 이 대사물질들은 잘 알려진 2차 대사산물의 다기능성에 의해 타감활성에도 영향을 준다[13~16)]. 생물적 스트레스에 노출된 식물들은 더 높은 타감물질의 농도뿐만 아니라 이들 복합물의 적절한 구성 및 농도 그리고 더 넓은 스펙트럼에 의해 잠재적으로 높은 타감활성을 가지게 된다.

스트레스와 타감작용의 상호작용은 적어도 세 가지 관점에서 고려되어야 한다.

1. 스트레스가 식물의 잠재적 타감작용에 어떠한 영향을 주는가?
2. 생물적 스트레스의 결과로 나온 타감작용으로 인해 다른 식물에 어떠한 나쁜 영향을 주는가?
3. 농업과 생태계의 생물학적 다양성과 화학적 요소와의 상호작용에 의해 일어나

Gawronska H and Golisz A

Department of Pomology and Basic Natural Sciences in Horticulture, Faculty of Horticulture and Landscape Architecture, Warsaw Agricultural University, Nowoursynowska 166, 02-787 Warsaw, Poland

는 효과는 무엇인가?

식물독성의 활성인 타감작용은 수용(수신자, 표적 또는 피해를 입는) 식물에게는 생물적 스트레스로 작용된다. 현상으로서의 타감작용은 이 책의 다른 장에서 다루어지고 있다. 이 장에서 생물적 스트레스는 타감작용 외에 후속적인 결과를 유도하는 신호전달경로와 관련된 숙주와 생물들에게 직접 또는 간접적으로 스트레스를 주는 생물적 요인들을 포함하는 모든 것을 의미한다. 그러나 본 장에 포함된 것 같이, 다른 생물적 스트레스를 유발하는 자가타감물질(자가독성물질)과 같은 예외적인 경우도 있다.

이 장에서는 타감작용과 병원, 토양 미생물 스트레스를 포함한 타감식물의 잔유물, 자가독성, 초식동물의 침입, 경쟁, 외래 잡초의 침입에 의한 스트레스, 기생 잡초, 스트레스 신호-타감작용의 새로운 작용과 같은 생물학적 스트레스간의 상호작용에 대해 초점을 두고 다루어진다.

질병의 발생

병원성 생물에 노출된 식물은 방어기작으로 생산성을 증가시키고, 복합물의 분해를 촉진한다. 또한 타감작용의 활성으로 나타나는 방어작용으로 새로운 2차 대사산물을 합성한다. 이와 같은 식물은 타감물질의 농도가 높은 식물의 부산물이나 뿌리를 가지고 있으며, 타감물질이 환경으로 배출될 때 더 높은 타감작용 활성을 나타낸다[4]. 그러나 이 논리는 단지 고농도의 타감물질이 공여식물의 타감잠재력을 증가시킨다는 가정에 기초를 두고 있는 것이다. 자가독성을 제외한 숙주 식물의 타감작용 활성에 대한 병원체의 효과는 엄밀하게 조사되었으며, 이런 목적으로 실험을 한 2편의 논문이 있다. Sutherland 등[67]은 흰토끼풀에 내부기생 균류(*Neothypodium lolii*=*Acremonium lolii*)에 감염된 다년생 호밀(*Lolium perenne*)의 타감효과에 대한 연구에서 내부기생을 하지 않은 균의 추출물에 비해 내부기생을 한 *L. perenne*의 액상 추출물에 의해 흰토끼풀의 생육이 상당히 억제된다는 결과를 제시하였다. *N. lolii* 숙주에 대한 억제 정도(11-47%)는 호밀 품종에 따라 다르고, 농도 의존적 특징을 나타내었다. 이와 같은 타감작용의 활성이 호밀, 내부기생 기원 또는 둘 다인지는 분명하지 않다. 비록 그들은 이들 실험에서 호밀/내부기생 관련 배양균들에서 알칼로이드 생산이 달랐다는 것을 발견하였다. 알칼로이드 화합물은 페라민(peramine), 에르고발린(ergovaline)과 로리트렘 B(lolitrem B)가 있다. 그리고 이들 화합물은 어느 것도 단독으로는 흰토끼풀의 생장은 억제되지 않았다.

스트레스는 감염된 식물의 타감작용 활성을 증가시킨다는[2, 4, 8] 일반적 의견에 대해 Kong 등[53)]은 반대의 결과를 제시하였다. 연구자들은 토마토 흰가루병(*Erysiphe cichoracearum*) 감염을 포함한 몇 가지 요인에 의해 스트레스를 받은 빼꾸기 엉컹퀴(*Ageratum conyzoides*)가 감염되지 않은 빼꾸기 엉컹퀴(*A. conyzoides*)와 비교해 볼 때, 모든 시험종인 땅콩(*Arachis hypogaea*), 백합과 비름속(*Amaranthus retoflexus*), 오이(*Cucumis sativus*)와 호밀(*Lolium multiforum*) 등에 대한 식물의 억제효과가 감소된다고 하였다. 흥미있는 사실은 비록 실험된 식물 종들은 억제 효과가 없었지만, 휘발성 화학물질 24종류 중에 18종류는 상당해 높은 농도로 환경으로 배출되었다는 것이다. 이러한 타감물질들은 잎집무늬마름병(*Rhizoctonica soloni*), 중국양상추균핵병(*Sclerotina sclerotiorum*), 오이 잿빛곰팡이병(*Botrytis cinerea*)와 같은 3종의 균류의 성장을 억제하는 효과가 있었다.

농작물과 잡초 잔유물

농작물, 잡초 그리고 자연 초목 등 식물의 잔유물은 토양 미생물들과 작용을 해서 다양한 방법으로 새로 자라나는 식물들에게 생물학적 스트레스를 야기시킬 수 있다.

미생물들은 잔유물을 분해하는 동안 에너지, 미량원소, 물과 산소를 소모하는데 만약 토양속에 이와 같은 요소들이 충분하지 않는다면, 한정된 자원에 대한 경쟁에 따른 생물 스트레스를 유발시킨다.

분해된 잔유물의 일부 산물은 새로운 식물에 대해 영양적 가치는 있지만, 일부 다른 것은 토양 미생물과 새로 자라나는 식물과 함께 식물 독성이 되고 타감작용으로 간섭하게 된다. 초목이 환경 스트레스를 받고 있는 동안 식물로부터 생성된 잔유물에 더 심각한 문제가 있을 수 있다. 왜냐하면 그들은 더 높은 농도의 타감물질을 생산하고[4)], 그 후에 환경으로 배출하면 잠재적으로 표적식물에 대해 더 높은 타감작용을 나타내기 때문이다. 더구나, Inderjit and Duke[47)]는 타감물질이 풍부한 토양은 화학적 스트레스를 생성하여 영향을 받는 식물들은 타감작용스트레스를 받아 새롭게 생성하거나 그것들을 흡수한 식물들의 체내에 높은 양의 타감물질을 가지게 한다고 주장하였다.

Inderjit and Dakshimi[46)]는 *Pluchea lanceolata*가 없는 토양에 비해 *P. lanceolata*가 감염되어 있는 토양에서 자라는 아스파라거스 콩(*Vigna unguiculata* var. *sesqupedalis*)은 더욱 높은 농도의 페놀화합물을 생산한다고 발표하였다.

토양에서 잔유물이 분해되는 동안 배출되는 타감물질은 오랜 전에 알려진바와 같이 발병을 증가시킨다[12)]. Katz 등[50)]은 주변에 서식하는 일년생 식물들을 공격하는 얼룩지중해타임(*Cordidothymus capitatus* L.)의 생물형에 따른 타감 잠재력을 연구한 결과, 얼룩지중해타임의 새싹이 발아하는 토양에서 방선균(*Actinomycetes*)의 수가 증가된다는 결과를 보여주었다. 비록 토양 속에 얼룩지중해타임의 2가지 생물형(일년생이 없는 초목 벨트로 둘러쌓여 있음)이 서식하고 있지만, 공격적 생물형이 4배 이상 증가하였다. 저자들은 얼룩지중해타임과 방선균의 식물 독성 활성에 의해서 타감작용이 공동상승하여 억제 효과가 있었다고 하였다.

토양속의 타감물질은 소포성 내생근균(VAM)을 통해서 수용 식물에게 간접적으로 또다른 생물학적 스트레스를 일으킨다. 소포성 내생근균은 식물의 건강이나 생산뿐 아니라 토양의 구조에 이익을 준다. 7 종류의 콩과 식물(완두콩(*Lathyrus aphaca*), 개자리(*Medicago denticulata*), 전동싸리(*Melilotus parviflora*), 덩굴강낭콩(*Phaseolus vulgaris*), 페르시안 클로버(*Trifolium resupinatum*), 살갈퀴(*Vicia sativa*)와 녹두(*Vigna radiata*)와 관련된 소포성 내생근균에 대한 공격적 다년생 초본인 띠(*Imperata cylindrica*) 새싹의 액상 추출물과 뿌리 누출액의 효과에 관한 연구에서 띠(*I. cylindrica*)의 타감물질이 모든 실험종에서 소포성 내생근균의 집단화를 감소시킨다는 것을 명확하게 설명하고 있다[19, 24]. 현미경으로 관찰한 결과 뿌리에 균사체(mycelial)와 수지상균근(arbuscular)의 감염은 5종의 식물인, 완두콩(*L. apaca*), 개자리(*M. denticulata*), 전동싸리(*M. parviflora*), 페르시안 클로버(*T. resupinatum*), 살갈퀴(*V. sativa*)의 뿌리에서 감소되었다. 소낭성 감염은 완두콩과 살칼퀴에 영향을 주지 않은 반면에 다른 3종에 있어 소포의 수는 증가하였다[24]. 위의 내용에 추가하여 덩굴강낭콩(*P. vulgaris*)과 녹두(*V. radiata*)에 대한 연구는 띠(*I. cylindrica*)의 새싹 액상 추출물에 포함된 타감물질은 역시 식물 생장, 생산과 근류 형성을 상당히 감소시킨다는 결과를 보여주었다[19]. 타감물질은 엉컹퀴(*Dicanthium annulatum*(Forssk) Stapt.)와 함께 서식하는 11종의 일년생과 3종의 다년생 잡초 뿌리에서 소포성 내생근균 감염의 변화와 연관되어 있고[49] 비록 반응은 다양하지만 일반적으로 일년생 종들이 더욱 민감하다. 종종 일부는 반응이 없거나 집단화가 증가되는 경우도 있지만, 대부분의 경우에는 위의 연구와 유사하게 감소된다.

타감물질의 직접적인 독성 효과 이외에도 물과 양분 흡수의 감소에 의한 소포성 내성근균의 억제로 인해 넝쿨강낭콩과 녹두의 성장이 억제되거나 생산량이 감소되었다. 이것은 소포성 내성근균인 *Glomus fascilatum*과 *G. macrocarpum*의 2종을 사과나무 묘목에 접종한 결과 소포성 내성근균에 의한 근균 미생물 조성의 변화 때문에 묘목 생장량이 증가한다는 것을 보여준 Catska[28]의 연구결과를 지지하는 것이다. 또한 Bajwa 등[23]과 Javaid and Bajwa[48]는 소포성 내성근균 접종은 옥수수 잎에서 추출한 *Melia arietinum*과 cheackpea(*Cicer arietinum* L.)에서 추출한 *Syzygium cumini*에 의해 발생하는 타감작용 스트레스의 부정적인 영향을 감소시킨다고 설명하였다. 유사하게 *Imperata cylindrica*에 의해 생성된 타감작용 스트레스하에, 2종의 소포성 내생근균인 *G. mosseae*와 *G. fasciculatum*을 접종한 결과 겨울 밀의 생장과 생산량이 증가되었다. 그러나 이와 같은 효과는 소포성 내성근균과 모든 생장 요소에서 일괄적으로 적용되지 않는다[22].

타감작용의 부정적 영향의 개선과 근권 미생물에 의한 숙주의 이익은 외생근균인 진균(ECM) 때문이라고 볼 수 있다. Hanson and Dixon[37]는 갈라진 양치식물 엽상체의 침출액에 함유되어 있는 타감물질에 노출된 북가시나무(red oak) 묘목에 비단그물버섯(*Suillus luteus* L.)을 접종하면 생존율과 생장량이 증가된다고 보고하였다. 비단그물버섯에 대한 외생근균 진균에 관한 연구[29]는 일종의 화학 스트레스인 아연 독성에 대한 진화적 적응을 증명하였고, Adriaensen 등[18]은 황소비단그물버섯(*Suillus bovinus*(Fr.) 아연 적응 균류는 아연 스트레스로부터 소나무를 보호한다고 하였다. 수용식물에 대한 타감작용 스트레스는 화학적 특성에 의한 것으로, 비단 그물 버섯을 접종한 북가시나무(red oak)의 생존과 성장이 증가하는 것은 동일하거나 유사한 보호기작이 작동하는 것으로 추정할 수 있다.

자가독성

자가타감작용(자가독성, 자가중독, 종내 타감작용 간섭)은 같은 종의 식물들에게 유해한 타감물질로 생물학적 스트레스가 자연과 농업생태계에서 발생되며, 과수류(복숭아, 사과, 살구, 체리, 감귤류), 관목과 다년생 목본식물(포도, 아스파라거스, 커피, 차, 자주개자리), 일년생 농작물을 매년 연작하면 심각한 문제가 발생한다[64, 78].

생물학적 스트레스는 자가독성 이외에도, 다시심기는 식물 잔유물에서 환경으로 배출된 타감물질의 직접적인 영향뿐만 아니라 식물질병이라는 생물적 스트레스의 출현과 병발생 증가와 같은 문제를 일으킨다. 이것은 아스파라거스(*Asparagus officinalis* L.)의 자가독성에 대한 연구에서 분명히 밝혀져 있다. 아스파라거스의 발생 억제와 생장 감소에 관련된 타감물질은 아스파라거스 조직으로부터 유래된다. 아스파라거스 식물에 미치는 자가독성의 특징과 그 분리된 물질은 잘 알려져 있다[39, 40, 41. 58, 77]. 추가적으로, Hartung과 Stephens[41]은 아스파라거스 조직에 노출되어진 *Fusarium moniliforme* 균류와 아스파라거스 시드름병원균(*F. oxysporum* f. *asparagii*)에 의해 뿌리가 급격하게 부패되며 동시에 아스파라거스 유묘의 건중량도 급격하게 감소된다는 것을 보고하였다.

또한 Peirce and Colby[58]는 아스파라거스 뿌리 여과액이 존재할 때 아스파라거스 발육이 감소하고 아스파라거스 시드름병균의 감염이 증가된다는 것을 관찰하였다. 이러한 결과로 보아 아스파라거스에서 기원한 자가독성과 붉은곰팡이 감염사이의 공동 상승적 상호작용은 아스파라거스 농장에서 감소하는 원인이라는 것이 분명히 밝혀졌다. 유사하게 사탕수수에서 연작재배한 식물의 뿌리주변에 있는 시드름병균의 개체군이 처녀지에 재배된 사탕수수 뿌리 또는 식물이 없는 토양보다 훨씬 더 컸다[11, 76]. 녹두의 단일 연속재배에서 생산성이 감소하는 것은 역시 타감작용의 공동 상승 간섭과 토양성 식물 병원균 때문이었다[11, 72]. Turco 등[70]은 장기간 연속적으로 단일 재배한 옥수수의 생육이 저조한 것은 초기생장 단계에 옥수수 뿌리의 활기를 감소시킨 높은 박테리아의 잠재력 때문이며, 발병의 기회를 높여 준다고 보고하였다. 더구나 그들의 결과를 기초로 하고 Fredrickson and Elliott[33]의 연구 결과를 바탕으로 저자들은 옥수수와 밀의 생육이 저조한 것은 뿌리 주변 잔유물이 있는 곳에서 미생물 작용이 활발하기 때문이라고 제안하였다. 자가독성에 대한 검토에서 Singh 등[64]은 타감작용외에도 미생물, 병원균과 선충류 등이 중요한 역할을 담당하고 있다고 지적하였다.

경쟁

경쟁은 또 하나의 생물학적 스트레스로서 식물의 타감물질을 야기하거나 변화시킨다. 영양염, 물, 산소 또는 좋지 못한 빛 조건과 같은 제한 자원에 대한 경쟁을 하면서 식물은 타감물질의 생합성을 증가시킴으로써 표적식물에 대한 타감물질의 가해효과를 더욱 증가시킨다[4]. 실제 Kong 등[53]은 등골나물아재비가 울산도깨비바늘과 경쟁을 할 때 타감작용의 활성이 증가한다는 것을 실험적으로 보여주었다.

저자들은 생물학적 정량을 이용하여 경쟁하에서 자란 식물에서 방출된 휘발성 물질은 땅콩, 명아주, 백합과의 색비름, 독보리와 오이 등 실험에 사용된 모든 종에 대해 타감작용이 상당히 억제됨을 관찰했다. 연구자들은 경쟁을 하면서 생장한 등골나물아재비에 의해 생산된 휘발성 물질의 총량은 비경쟁 식물체보다 상당히 증가하였음을 보여주었다. 이것은 분석된 24개의 화합물 중 9~17가지에서 나타났다.

그러나 식물이 고밀도에서 자라면 식물독성의 희석 효과에 의해 침출액, 휘발성 물질, 삼출액뿐만 아니라 찌꺼기, 뿌리덮개 그리고 잔유물의 타감작용 능력은 줄어든다. 이것은 Thijs 등[68]에 의해 표적-이웃, 콩-옥수수 모델로 잘 설명되었으며, Weidenhamer[74]가 검토하였고 이것은 8장에서 자세히 소개되어 있다.

농작물 밀도를 최적화함으로써 타감작용의 활성을 낮추는 효과는 잡초 억제와 유기농업을 관리하는데 실용적으로 사용될 수 있다.

외래종 침입

자연과 농업 생태계의 생물적 스트레스를 유발하는 경쟁의 특별한 사례는 외래식물 침입으로 이는 생물 다양성뿐만 아니라 생산량에 심각한 위협을 주는 것이다. 수레국화(*Centaurea*)는 북미에서 가장 파괴적인 외래침입종중의 하나이며 타감작용을 통해 자생식물을 빠르게 대체하고 있다[21, 27, 44]. Bais 등[16]은 얼룩무늬 수레국화에서 식물독성이 있는 (-)카테킨과 항미생물 활성이 있는 (+)카테킨과 함께 라세미산 카테킨이 분비된다고 하였다. 또 연구자들은 (-)카테킨의 농도가 유럽보다 북아메리카에서 2배 이상 높고, 유럽산의 잔디가 북아메리카의 잔디보다 (-)카테킨에 대한 내성이 더 크다는 것도 보여주었다[21]. 외래종의 성공적인 침입 기작으로서 타감작용은 중요한 요인이다. Hierro and Callaway[44]에 따르면 자생종이 원래 존재하던 군집에서 배출되는 타감물질보다는 외래종과 함께 공진화를 하지 않았고, 외래종이 배출한 타감물질을 경험하지 않아 피해가 더 심각하기 때문이다. 외래종 침입에 대한 자생종의 경쟁을 높이고, 침입종을 제거하거나 감소시키는 무기로서 생물학적 살충제가 매력적이다. 그러나 그린 생태계/농업 관리를 제외하고, 생물학적 방제인 초식동류들은 문젯거리가 되기도 한다. Callaway 등[27]은 생물학적 방제인 초식동물은 타감작용의 관계를 통해 자생종에 대한 침입종의 경쟁을 높이도록 유도하는 것 같다라고 보고하였다.

연구자들은 자생종인 블루번치잔디(*Fectuca idahoensis*)와 함께 자란 수레국화(*C. malucosa*)의 가는잎말이 나방(*Agapeta zoegana*)과 양배추은무늬 나방(*Trichoplusia ni*)에 대한 생물학적 방제효과를 시험했다. 결과는 예측과는 반대로 수레국화(*C. malucosa*)가 경쟁에서 자생종을 밀어내는 대신에 수레국화(*C. malucosa*)에 가는잎말이 나방(*Agapeta zoegana*)이 많이 서식할 때 자생 블루번치잔디(*Fectuca idahoensis*)의 서식 잠재력은 감소되었다. 또한 블루번치잔디(*Fectuca idahoensis*)는 양배추은무늬 나방(*Trichoplusia ni*)이 많이 서식하는 수레국화(*C. malucosa*)와 함께 자랄 때 상당히 더 작은 근계를 형성하였다. 이들 두 가지 효과는 결과적으로 수레국화(*C. malucosa*)의 침입 자재력을 증가시켰다.

요약하면 초식동물류는 자생종에 대한 수레국화(*C. malucosa*)의 부정적 영향을 간접적으로 높여주었으며, 그러므로 이러한 생물학적 방제기술의 사용은 예상했던 결과와 반대의 효과가 있을 수 있기 때문에 사용하기전에 신중히 고려되어야 한다.

기생

기생 또는 반기생 식물로 집단화한 식물들은 숙주 식물로부터 에너지, 영양염과 물 공급을 전부 또는 부분적으로 의존하고, 미생물환경의 생태적 화학물질에 의해 영향을 받기 때문에 또 다른 생물적 스트레스를 받는다. 100종 이상의 초종용(*Orobanche* spp.)과 28종 악마의 풀 스트리가(*Striga* spp.) 중에 수종은 농작물(곡류, 콩류, 십자화과 식물, 토마토, 해바라기, 삼, 담배) 재배지에 집단 서식하여 세계의 일부지역에서 농업에 심각한 위협을 주고 있다. 일부 기생 단계는 숙주식물에 의해 자극을 받고, 다른 숙주식물은 방어반응을 나타내며, 이러한 수용성과 저항성 사이에 관련되는 유전자형이 본질적으로 차이가 있다.

숙주-기생식물의 상호작용은 일부 타감작용 활성 물질로 알려진 2차 대사산물에 의해 이루어진다[42, 43]. 그러므로 기생 스트레스는 숙주의 타감작용의 특징을 바꾸고, 2차 대사산물에 탄소 골격의 배당을 높인다는 것이 여러 종에서 발견되었다. Goldwasser 등[35]은 초종용(*Orobanche aegyptiaca*)과 함께 재배한 저항성인 살갈퀴(purple vetch cv. Popan)와 수용형인 야생완두(vetch cv. Yovel)의 비교 연구에서, 감염되지 않은 대조군에 비해 결합 또는 유리 페놀, 리그닌(lignin)의 저항성 유전자형이 증가하였고 과산화물 효소의 활성은 각 8배, 4배, 2배로 증가하는 것을 입증했다. 비록 수용성 유전자형 Yovel의 침입에 대한 반응에서 페놀, 리그닌과 PAL과 과산화효소의 활성이 약간 증가하였다. 저자들은 초종용에 대한 반응으로 2차 대사산물의 생화학적 차이는 침입 기생생물에 대한 기계적, 화학적 장벽을 만드는 저항성 살갈퀴(Popany cv.)의 방어기작의 일부라고 결론을 내렸다.

이와 유사하게 해바라기에 초종이 기생하는 경우 수용성보다 저항성 유전자형에서 쿠마린을 더 많이 축적하고 뿌리에서 더 많은 분비액을 배출한다고 보고되었다[63]. Tsanuo 등[69]에 의하면 스트리가(*Striga hermonthica*)에 대한 도둑놈갈고리류(*Desmidium unicinatum*)의 방어기작은 도둑놈갈고리의 타감작용을 하는 뿌리 삼출물속에 들어 있는 이소플라본이 관여하고 있다. 그러나 삼출물은 발아자극과 급진적 생장억제 물질을 모두 함유함으로써 연구자들은 스트리가를 발아자살로 이끈다는 Khan[51] 등의 연구를 통해 이와 같은 조합물이 스트리가에 대한 방어의 기작으로 작용한다고 가정하였다.

2차 대사산물의 화학적 변화에도 불구하고 이들은 기생에 대한 1차적 방어기작이며, 타감작용의 본질이다. 숙주식물의 타감작용 특성의 변화는 숙주의 2차 대사산물의 풀을 변화시키는 간접적인 영향에 의해서도 가능하다. Adler[17]는 반기생인 카스틸레자(*Castilleja indivisa*)가 숙주인 리피너스로(*Lupinus texensis*)와 백단목(*L. albus*)으로부터 알칼로이드를 흡수해서 알칼로이드의 양을 줄인다고 발표하였다.

초식동물의 침입

식물들은 초식동물에 의해 침입을 받으면 방어기작을 활성화시킨다. 이러한 기작에는 여러 가지가 있는데 그중 하나가 페놀화합물을 함유하는 2차 대사산물의 농도를 높이는 것이다[30]. 이러한 페놀화합물은 몇 가지 타감물질중의 하나로 간주된다[5, 32, 45]. 식물들은 진딧물, 진드기, 곤충의 애벌레 등이 섭식을 함으로써 페놀뿐만 아니라 다른 방어적 2차 대사산물의 생합성을 변화시키는 것에 관련된 문헌은 많다. 그러나 침입당한 식물이 높은 페놀화합물의 농도를 가지고서 이를 환경으로 방출했을 때[4] 더 높은 타감작용 활성을 나타낼 것이라는 가설이 종종 세워졌지만, 몇 가지 사례가 이를 입증하고 있다. 자작나무(*Betula pendula*)의 잎들은 나방(*Apocheinine pilosari*) 유충에 의해 섭식될 때, 페놀산 농도와 페닐알라닌 암모니아분해효소의 활성이 증가되었다[38]. 아스파라거스 진딧물[(*Brachycorynella asparagi*(Mordvilko)]과 복숭아 혹진딧물(*Myzus persicae*)에 의해 섭식된 아스파라거스(*Asparagus officinalis*)[55]와 기장테두리 진딧물(*Rhopalospihum padi* L.)과 보리 수염진딧물(*Sitobion avenae* F.)에 의해 섭식된 겨울 밀에서[54, 56] 페놀화합물의 양이 증가되었다는 것이 밝혀졌다. Walters 등[73]은 펠라르고니윰(*Pelargonium xortorum)*에서 아나카딕산(anacardic acids)의 농도가 높다고 보고하였고 이것은 제라늄의 작은 해충에 저항하기 위한 가장 중요한 요소 중 하나라고 결론을 내렸다. 양황생 거미 진드기(*Tetranyhus cinnabarinus*)에 대한 토마토(*Lycopersicon esculentum* Mill.)의 높은 내성 역시 유리 페놀성 물질의 농도를 증가시키는 원인된다는 것이다[52].

Walker 등[71]은 최근 애기장대(*Arabidopsis thaliana*) 뿌리 분비물의 대사물질 연구에서, 삼출물을 처리한 후 뿌리에서 분비된 10종류의 복합물 중에 6종류가 타감작용 활성이 있다는 것을 알아냈다. 해충에 피해 받은 식물이 타감물질 농도를 증가시켜 더 높은 타감활성을 나타낸다는 사실은 Stamp 등[65]이 노린재류(*Podisus maculiventrist*)가 피식자 박각시나방(*Manduca sexta*)의 애벌레를 섭식하는 연구에서 밝힌 것으로, 곤충 피식자와 포식자 사이의 동시 발생에도 영향을 미칠 수 있다는 결과를 제시하였다. 연구자들에 따르면 포식자에게 피해를 주지 못하는 해충들에 대해 식물이 저항성을 발달시키거나 포식자에게도 이로우면서 곤충을 가해하는 타감물질들이 식물 저항성을 발달시킬 가능성이 있다고 하였다.

현재까지의 연구결과를 살펴볼 때 오직 하나의 논문만이 초식동물의 침입과 타감작용간의 상호작용에 대한 연구 결과를 보고하였다[53]. 그러나 이 연구에서 연구자들은 등골나물아재비(*A. conyzoides*)가 *Aphiis gossipi*의 섭식에 의해 생물학적 스트레스를 받으면, 등골나물아재비가 생성하는 휘발성 물질의 타감작용이 감소될 것이라는 일반적인 예측과는 대조적인 결과가 나타났다. 타감작용 활성이 감소하는 것은 낙화생(*Arachis hypohaea*), 붉은 뿌리 아마란스(*Amaranthis retroflexus*), 오이

(*Cucumis sativus*), 독보리(*Lolium multiflorum*)와 같이 실험에 사용된 모든 종에서 나타났다. 이러한 결과는 분석된 24종류의 화학물질 중에 20종류가 대조군에 비해서 스트레스를 받은 식물이 더 높은 농도를 배출함에도 일어난 것이다. 스트레스를 받은 등골나물아재비에서 나온 휘발물질들은 다른 3 종류(밀가루 벌레(*Tribolum confusum*)의 성충, 나비목(*Mythimna separata*)의 3번째 유충, 지하집 모기(*Culex pipiens*)의 4번째 유충)의 곤충에 억제효과를 나타내었다.

스트레스 신호전달

스트레스 요소들은 식물의 타감물질의 특성을 변화시키는 것 이외에도 신호전달 경로에도 관여한다. 비록 타감물질을 포함한 2차 대사산물의 생합성, 축적, 배출이 종종 표적식물의 신호 인식에 의해 조직화되지만, 신호전달 캐스캐이드 다음의 새로운 역할은 타감물질-신호전달로 여겨진다. 이것은 직접적으로 작용을 하기보다는 환경으로 배출될 때 일어난다. 수용식물에 대한 타감물질(생리학적, 생화학적 형태로 작용)은 신호의 본성으로서 반화학적 또는 화학적 신호라고 한다. 공격받은 식물과 공격받지 않은 식물들 사이, 식물과 식물-초식동물, 초식류-포식자 또는 기생자와 같은 다음 영양단계에서 발생된 변화를 의미하는 신호전달이 생태계 내에서 발생된다는 증거가 있다[34, 61]. 초식동물의 공격, 병원균의 감염, 기생 잡초의 침입에 대한 반응으로 숙주식물이 합성한 신호화학물질에 질적, 양적 변화가 있다는 것이 증명되었다. 숙주식물은 휘발성 물질 또는 뿌리 삼출액과 같은 신호화학물질을 초기단계의 신호전달 캐스케이드에 의해 손상을 입은 기관뿐만 아니라 공격을 받지 않은 기관으로부터 분비할 수 있다[61, 62]. 휘발성 물질은 식물을 둘러싸고, 해충감염 조절을 유도하는 신호를 전달하는 한편 숙주의 특이성을 높여준다. 주변에 피해를 입지 않은 식물에 감지된 신호들은 2차 메시지를 방출하는 등의 방어기작을 유도하며, 다음단계의 신호는 초식성 곤충과 그들의 기생생물에 의해 감지될 수 있다[61].

3종 곡류(보리, 밀, 귀리), 3종 진딧물(*Rhopalosiphum padi*, *Metolopodium dirhodum*, *Sitobium avenae*) 그리고 흰가루병 병균(*Erysiphe graminum*)에 관한 연구에서 Pettersson 등[60]은 감염된 식물은 감염되지 않은 식물들내에 있는 진딧물과 흰가루병 병균에 대해 휘발성 물질과 방어기작을 작동시킨다는 것을 제시하였다. 그러나 곡류와 진딧물 종에 따라 의존성에 차이가 있다. Pettersson 등[59]은 진딧물(*Rhopalosiphum padi*)의 비선호성에 대한 곡물류의 휘발성 물질의 영향에 관한 연구에서, 진딧물 공격을 받은 일부 보리는 휘발성 물질을 방출하고, 공격을 받지 않은 이웃 보리에게 방어기작을 유도하고 결과적으로 진딧물 침입을 낮춘다고 보고하였다. 이와 유사하게 초식동물을 유도하는 휘발성 물질 연구에서 Pare and Tumlinson[57]은 2차와 3차 영양단계 사이의 상호작용을 중재하는 활성 식물에 대한 증거를 제시하였으며, 연구자들은 초식동물로 부터 피해를 입은 이와 같은 특이적인 식물의 반응은 주변의 숙주에게 초식동물과 같은 자연의 적에 대한 믿을 만한 신호이다 라고 지적하였다.

유사하게 근권을 경유하여 신호가 전달될 수 있다[16, 25, 61]. Glinwood 등[34]은 보리가 소파 잔디(*Elitry repens* = *Elymus repens* = *Agropyron repens*)의 뿌리 삼출액에 노출되면 보리에 침입한 기장테두리진딧물(*Rhopalosiphum padi*)가 상당히 감소된다는 것을 제시하였다. 숙주식물에 정착 및 주거하는 기생성 잡초는 에너지, 물, 영양분 등에 의존적이기도 하지만, 숙주식물과 침입식물사이의 타감물질 신호전달에도 의존한다[26]. 식물, 초식류, 기생 사이의 3단계 영양화학적 상호작용에 대한 결과들은 직접적인 생리학적, 생화학적 작용뿐만 아니라 신호전달을 통해 타감작용에 대한 최근의 새로운 분야를 열어주었다. 초식동물의 공격을 받은 숙주식물이 배출한 신호화학물질은 포식자와 기생자간의 잠재적인 숙주 신호가 된다.

Pickett 등[61]은 (1) 곡물 유전 형질전환, (2) 공격받은 식물의 외적 화학물질의 모방물질은 해충에 대한 방어 신호 캐스캐이드를 유도 (3) 유전적으로 조합된(종, 품종) 재배와 수용식물 개체군 분야에서 농업생태계의 새로운 생물조절 전략을 개발할 수 있는 기회가 있다는 것으로 결론을 내렸다.

결론

생물학적 스트레스와 타감작용의 상호작용은 비생물학적 스트레스에 비해 상대적으로 주목을 덜 받았다. 생물학적 스트레스에 의한 타감작용의 변화에 대한 연구는 아직도 초기단계이다. 이것은 스트레스를 받은 숙주식물과 침입종간의 복잡한 상호작용 외에도, 복잡한 환경 요인, 역동성 그리고 다른 변수에 의해 영향을 받고 있다. 이들의 상호작용에 대해서는 깊이 있고, 목적이 분명하면서, 철저한 연구가 필요하다. 이와 동시에 잘 발달된 유전체학, 단백질학, 대사체학 그리고 생물공학 등 잘 발달된 분자생물학과 마이크로 어레이와 같은 강력한 분석기를 함께 이용하면 복잡한 상호작용을 보다 현실적으로 구명할 수 있을 것이다. 더욱이 2차 대사산물 생합성에 관련된 유전자를 연관시키기 위한 유전체학적 접근도 가능하며 그들의 조성을 변화시키거나 그들의 생산을 증가시키기 위해 유전공학을 활용할 수도 있다[31, 36, 47, 65, 66, 75].

따라서 그것의 성취가 쉽지는 않겠지만, 타감작용은 과학자들에게 새롭게 도전할만한 연구분야인 것이다.

모든 영양단계 영향을 미치는 타감적 간섭의 케스케이드를 시작하는 타감작용과 생물 스트레스 상호작용에 관한 연구 결과는 생태계 조절, 복원과 관리뿐만 아니라 유기농업 또는 농업에 유입되는 낮은 화학물질 농도를 정교한 생물 조절인자와 같은 것을 실제 적용시킬 기회를 갖게 해 줄 것이다.

참고문헌

1) Einhellig FA (1984) *Handbook of Natural Pesticides: Methods*, vol. 1. In Mandava HB (ed.) 161-200.
2) Einhellig FA (1987) *ACS Symposium Series* Vol. 330, 343-357.
3) Einhellig FA (1996) Agron J 88: 886-893.
4) Einhellig FA (1999) *Principles and practices in plant ecology allelochemical interactions*. 479-494.
5) Einhellig FA (2004) *Allelopathy chemistry and mode of action of allelochemicals*. 217-238.
6) Anaya AL (1999) Crit Rev Plant Sci 18: 697-739.
7) Reigosa MJ, Sánchez-Moreiras A, González L (1999) Crit Rev Plant Sci 18: 577-608.
8) Reigosa MJ, Pedrol N, Sánchez-Moreiras A, González L (2002) *Allelopathy from molecules to ecosystems*, 231-256.
9) Inderjit Keating KJ (1999) Advan Agron 67: 142-206.
10) Inderjit Nayyar H (2002) *Chemical Ecology of Plants: Allelopathy in Aquatic and Terrestrial Ecosystems*. 199-218.
11) Chou CH (1999) Crit Rev Plant Sci 18: 609-636.
12) Patrick ZA, Toussoun TA, Koch LW (1964) Annu Rev Phytopathol 2: 267-292.
13) Swain T (1977) Ann Rev Plant Physiol 28: 479-501.
14) Rhodes MJC (1994) Plant Mol Biol 24: 1-20.
15) Klepzig KD, Smalley EB, Raffa KF (1996) J Chem Ecol 22: 1367-1388.
16) Bais HP, Park SW, Weir TL, Callaway RM, Vivanco JM (2004) Trends Plant Sci 9: 26-32.
17) Adler LS (2000) Am Nat 156: 92-99.
18) Adriaensen K, Lelie D, Laere AV, Vangronsveld J, Colpaert JV (2003) New Phytologist 161: 549-555.
19) Afzal B, Bajwa R, Javaid A (2000) Pak J Biol Sci 3: 1926-1928.
20) Anaya AL, Mata R, Rivero-Cruz F Hernandez-Bautista BE, Chavez-Velasco D, Gomez-Pompa A (1999) J Chem Ecol 25: 141-156.
21) Bais HP, Vepachedu R, Gilroy S, Callaway RM, Vivanco JM (2003) Science 30: 1377-1380.
22) Bajwa R, Afzal B, Javaid A (2000) Pak J Biol Sci 3: 485-487.
23) Bajwa R, Javaid A, Haneef B (1999) Pak J Phytopathol 11: 140-144.
24) Bajwa R, Javaid A, Tasneem Z, Nasim G (1996) Pak J Phytopathol 8: 25-27.
25) Bertin C, Yang X, Weston LA (2003) Plant and Soil 256: 67-83.
26) Bouwmeester HJ, Matusova R, Zhongkui S, Beale MH (2003) Curr Opin Plant Biol 6: 358-364.
27) Callaway RM, DeLuca TH, Belliveau WM (1999) Ecology 80: 1196-1201.
28) Čatská V (1994) Biol Plantarum 36: 99-104.
29) Colpaert JV, Muller LAH, Lambaerts M, Adriaensen K, Vangronsveld J (2004) New Phytologist 162: 549-559.
30) Dalton BR (1999) *Principle and Practices in Plant Ecology Allelochemical Interactions*. 57-74.
31) Dixon RA (2001) Nature 411: 843-847.
32) Einhellig FA (1985) *ACS Symposium series no*. 276: 109-129.
33) Fredrickson JK, Elliott LF (1985) Plant and Soil 83: 399-409.

34) Glinwood R, Pettersson J. Ahmed E, Ninkovic V, Birkett M, Pickett J (2003) J Chem Ecol 29: 261-274.
35) Goldwasser Y, Hershenhorn J, Plakhine D, Kleifeld Y, Rubin B (1999) Physiol Mol Plant Pathol 54: 87-96.
36) Gressel J (2000) Transgenic Research 9: 355-382.
37) Hanson PJ, Dixon RK (1987) Plant and Soil 98: 43-51.
38) Hartley SE, Firn RD (1989) J Chem Ecol 15: 275-283.
39) Hartung AC, Nair MG, Putnam AR (1990) J Chem Ecol 16: 1707-1718.
40) Hartung AC, Putnam AR, Stephens CT (1989) J Amer Soc Hort Sci 114: 144-148.
41) Hartung AC, Stephens CT (1983) J Chem Ecol 9: 1163-1174.
42) Hegazy AK (1999) *Allelopathy update volumne 2 basic and applied aspects*. 163-175.
43) Hegazy AK, Fahmy GM (1999) *Recent advances in allelopathy volume I a science for the future*. 301-312.
44) Hierro JL, Callaway RM (2003) Plant and Soil 256: 29-39.
45) Inderjit (1996) The Botanical Review 62 2: 186-202.
46) Inderjit Dakshini KMM (1992) Am J Bot 79: 977-981.
47) Inderjit Duke SO (2003) Planta 217: 529-539.
48) Javaid A Bajwa R (1999) Pak J Phytopathol 11: 70-73.
49) Javaid A Bajwa R, Tasneem Z, Nasim G (1996) Pak J Phytopathol 8: 103-106.
50) Katz DA, Sneh B, Friedman J (1987) Plant and Soil 98: 53-66.
51) Khan ZR, Hassanali A, Overholt W, Khamis TM, Hooper AM, Pickett JA, Wadhams LJ, Woodcock CM (2002) J Chem Ecol 28: 1871-1885.
52) Kielkiewicz-Szaniawska M (2003) *Treatises and Monographs*. 1-147.
53) Kong Ch, Hu F, Xu X (2002) J Chem Ecol 28: 1173-1182.
54) Leszczynski B (1985) Zeitschrift für angewandte Entomologie 4: 343-348.
55) Leszczynski B, Cone WW, Wright LC (1990) Zeszyty Problemowe Postężpów Nauk Rolniczych 392: 247-257.
56) Niraz S, Urbanska A, Marciniuk M, Matok H, Bakowski T, Zielinska M, Leszczynski B (1988) Materiał'y XXVIII Sesji Naukowej IOR pp.25-29.
57) Paré PW, Tumlinson JH (1997) Nature 385: 30-31.
58) Peirce LC, Colby LW (1987) J Amer Soc Hort Sci 112: 35-40.
59) Pettersson J, Ninkovic V, Ahmed E (1999) Acta Agric Scand Sect B Soil and Plant Sci 49: 152-157.
60) Pettersson J, Quiroz A, Fahad AE (1996) Acta Agric Scand, Sect B, Soil and Plant Sci 46: 135-140.
61) Pickett JA, Rasmussen HB, Woodcock CM, Matthest M, Napiert JA (2003) Biochem Soc Trans 31: 123-127.
62) Röse USR, Manukian A, Heath RR, Tumlinson JH (1996) Plant Physiol 111: 487-495.
63) Serghini K, Pérez de Luque A, Castejón-Muñoz M, Garcia-Torres L, Jorrin JV (2001) J Exp Bot 52: 2227-2234.
64) Singh HP, Batish DR, Kohli RK (1999) Crit Rev Plant Sci 18: 757-772.
65) Stamp NE, Yang Y, Osier TL (1997) Ecology 78: 203-214.
66) Sturz AV, Christie BR (2003) Soil and Tillage Research 72: 107-123.
67) Sutherland BL, Hume DE, Tapper BA (1999) New Zealand J Agricul Res 42: 19-26.

68) Thijs H, Shann JR, Weidenhamer JD (1994) Ecology 75: 1959-1964.
69) Tsanuo MK, Hassanali A, Hooper AM, Khan Z, Kaberia F, Pickett JA, Wadhams LJ (2003) Phytochem 64: 265-273.
70) Turco RF, Bischoff M, Breakwell DP, Griffith DR (1990) Plant and Soil 122: 115-120.
71) Walker TS, Bais HP, Halligan KM, Stermitz FR, Vivanco JM (2003) J Agric Food Chem 51: 2548-2554.
72) Waller GR, Cheng CS, Chou CH, Kim D, Yang CF, Hung SC, Huang Lin YF (1995) In: *Allelopathy: Organisms, Processes and Application*. 242-259. ACS Symposium Series 582.
73) Walters DS, Grossman H, Craig R, Mumma RO (1989) J Chem Ecol 15: 357-372.
74) Weidenhamer JD (1996) Agron J 88: 866-875.
75) Wu H, Pratley J, Lemerle D, Haig T (1999) Weed Re 39: 171-180.
76) Wu MMH, Liu CL, Chao CC, Shieh SW, Lin MS (1976) J Agric Assoc China 96: 16-37.
77) Young Ch (1986) Autointoxication of *Asparagus officinalis* L. *In* Putnam AR, Tang CS (eds.), *The science of allelopathy,* 101-110.
78) Yu JQ (1999) *Allelopathy update volume 2 basic and applied aspects*. 47-162.

11 CHAPTER

2차 대사산물 : 타감작용의 표적과 기작

서론

타감작용은 보통 식물이나 미생물에 의해 환경으로 배출되는 화학 합성물에 직접 또는 간접적인 자극이나 억제를 받는 것으로 정의 된다[47)]. 2차 대사물질이라고 불리는 이러한 화학물질들은 타감물질로 자연 생성물이거나 식물 생장 억제제이며, 이들은 식물 상호작용의 구조를 조절하는데 주요한 요인이 된다[49)]. 타감물질은 잎으로부터 증발, 뿌리로부터 분비, 낙엽과 잔가지로부터 걸러짐 등 다양한 기작을 통해 배출된다[44)].

식물들간의 화학적 상호작용은 Molish[37)]가 타감작용이라는 말을 사용하기 이전인 수천 년 동안 알려져 왔다. Pliny는 호두나무(*Juglans nigra & J. regia*)의 타감작용 영향에 대해서 처음으로 기록했다. 호두나무는 가장 잘 알려진 타감 식물이며, 주변의 많은 작물이나 다른 식물들을 시들게 하거나 죽게 한다. 이 식물의 잎, 뿌리, 열매는 하이드로퀴논(hydroquinone)(1)을 생성하며, 자연환경에서 주글론(juglone)(2)으로 산화되고, 다른 식물에 독성으로 작용한다[28)].

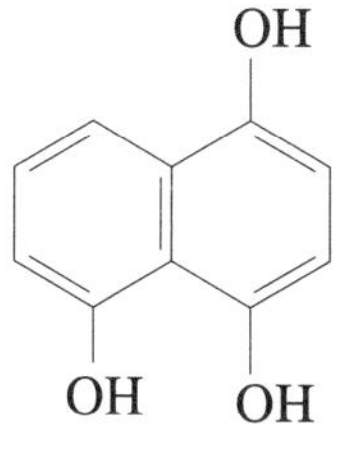

(1)

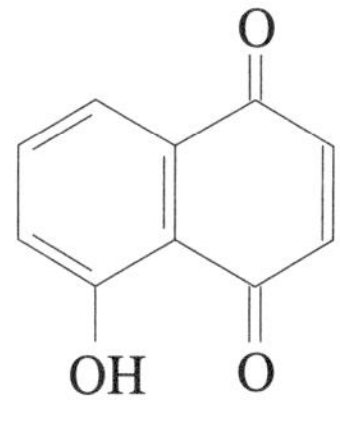

(2)

Lotina-Hennsen B[1], King-Diaz B[1], Aguilar MI[2] and Terrones MGH[3]

[1]Departamento de Bioquimica
[2]Departamento de Farmacia, Facultad de Quimica, Universidad Nacional Autonoma de Mexico, Ciudad Universitaria Circuito de la Investigacion , CP 04510, Mexico D. F., Mexico.
[3]Instituto de Química, Universidade Federal de Uberlandia, Uberlandia-MG, Brasil.

2차 대사물질

Whittaker[52], Whittaker와 Finney[53]에 따르면 대부분의 타감물질들은 2차 대사물질이다. 모든 살아있는 생물체에서 나타나는 것은 아니지만 산발적으로 나타나기도 한다. 타감물질의 생성은 생물학적 및 비생물학적 스트레스에 의해 유발된다. 타감물질들은 탄수화물, 지방, 아미노산의 주요 대사회로에서 파생되어 나온 회로에 의해 생기기 때문에 2차 대사물질이라 한다. Whittaker와 Finneysms[53]는 다음의 몇 가지 주요 그룹으로 나누어 목록을 작성하였다: 페놀산, 플라보노이드, 다른 방향족 화합물, 테르페노이드 물질, 스테로이드, 알칼로이드, 그리고 유기 시안화물 등이 이에 해당된다. Rice[47]는 기타 그룹을 더하고 14개의 화학 카테고리를 포함하는 분류 체계를 제시했다. 대부분의 타감물질들은 아세트산염이나 안식향산(시킴산, shikimic acid) 회로에 관여하는 아미노산으로부터 유래한다. Rice[47]가 다음의 14 범주를 제안하였다: (1) 신남산 유도체, (2) 쿠마린, (3) 단순 페놀 또는 벤조산 유도체, (4) 플라보노이드, (5) 농축된 가수분해성 탄닌, (6) 테르페노이드 및 스테로이드, (7) 수용성 유기산, 직선 지방산, (10) 나프토퀴논, 안트라퀴논, 복합퀴논, (11) 아미노산 및 폴리펩타이드, (12) 알카로이드 및 시안히드린, (13) 황화겨자유배당체, 그리고 (14) 푸린 및 뉴글레오티드. 이러한 타감물질의 구조적 다양성은 타감작용이 하나 이상의 작용 기작, 시너지 패턴, 그리고 다양한 표적을 가진다는 것을 분명하게 나타내준다. 따라서 다양한 입자들이 타감물질이 될 수는 있지만 Rice의 분류체계에 속한 각각의 모든 화합물이 타감 물질인 것은 아니다. 게다가 화합물들은 타감작용을 하는 대신에 많은 식물을 초식동물, 세균감염으로부터 보호하는 역할을 하거나, 꽃가루 매개자와 씨앗을 퍼뜨려주는 동물의 유인물질로 작용한다.

보통 민감한 식물을 통해 타감물질의 역치 농도를 결정한다. 타감작용은 농도 의존적 현상이며, 다른 많은 2차 대사물질들과 함께 유입된다. 따라서 시너지 효과는 관찰되는 반응을 증대시킬 수 있다[45]. 타감물질의 역학적인 활동 또한 연구되었다. 현재 타감작용 연구는 학제간 학문으로, 중요한 발전을 위하여 농학자, 생물학자, 생화학자, 생태학자, 유기화학자, 생리학자, 토양 과학자, 그리고 이론 화학자의 기여가 필요하다.

특정 타감작용이 잠정적으로 확인이 될 때에도 식물간 상호작용에서 어떤 역할을 하는지를 증명해 내는 것은 대단히 어려운 일이다. 특히 어려운 것은 최초로 작용하는 지점과 기작을 밝히고, 그것을 두 번째로 작용하는 부분과 활동 기작으로 구분짓는 것이다. 분비되고 흡수되는 타감물질의 양을 측정하는 것은 각기 다른 유형의 토양과 상호작용하는 분자에 의해, 그리고 미생물에 의한 화합물의 분해와 변화에 의해 매우 복잡하다. 종종 극소량의 활성물질만이 천연자원으로부터 정제된다. 휘발성 천연물이 식물-식물 상호작용에 관여하는 것은 보다 쉽게 설명될 수 있으며 구조의 분석도 마찬가지다.

생물검정

타감물질을 위해 가장 광범위하게 사용되는 생물학적 분석법은 씨앗 발아와 유식물 성장 반응 연구이다. 가장 단순한 형태의 이러한 분석에서, 선택된 식물종의 씨앗은 여과지나 페트리 접시의 한천 위에 혹은 작은 조직 배양기에 놓여진다. 그리고 타감물질로 의심되는 용액을 다양한 농도로 처리한다. 발아율과 묘목 성장(뿌리와 줄기 길이)은 처리표본과 대조표본을 비교하여 관찰한다. 타감작용 연구를 위한 생물검정을 선택하고 개발하는 데 있어서 가장 중요하게 고려해야 할 점은 타감물질의 잠재적 선택성을 확인하기 위해서 외떡잎식물과 쌍떡잎식물로부터 모두 목표 종을 선택하는 것이다. 잡초로 가장 많이 이용되는 모델 종은 상추(*Lactuca savita* L.)이다. 상추는 빠른 발아와 높은 선택성 때문에 시험 생물로 가장 광범위하게 이용되어 왔다[46]. *Lemna* sp.(개구리밥)은 종종 수생 환경에서의 식물 간 상호작용을 실험하는 데에 사용되며[17], barnyard grass, gooseweed, ducksalad는 벼의 타감작용 연구에 더 적절하다. 초기 검사는 10^{-4}~10^{-9} M 범위의 타감물질 농도에 대한 용량-반응 곡선을 이용하여 진행할 수 있다.

타감물질 작용표적과 기작

모든 타감물질의 생리학적 작용이 같을 것이라는 것은 순진한 생각이다. 수많은 조사에서 공통적으로 나타난 타감작용의 해로운 작용은 발아 감소 또는 지연, 그리고 민감한 식물들의 성장을 방해하는 것으로 나타났다. 타감물질은 수많은 생리학적 진행과정을 변화시킬 수 있으며, 종자 발아나 식물 성장에 대한 식물 독소의 영향을 해석할 때 일차적인 관계를 이차적인 관계로부터 분리하는 것은 어렵다. 보다 복잡한 것은 수많은 타감물질들이 서로 다른 기작을 통하여 억제할 수 있다는 것이다. 이차적인 효과로부터 일차적인 영향을 분리하는 것은 화합물의 작용 방식이 전혀 알려져 있지 않을 때에는 더욱 어려운 과정일 수 있다.

타감물질이 있는 곳에서 성장한 묘목의 형태 또한 중요한 정보가 될 수 있다. 특히 곤봉지와 같은 비정상적인 뿌리 형성은 미세소관 조립 억제제인 화합물들의 작용 방식을 나타내 줄 수 있다. 일차근을 해롭게 하는 곁뿌리 성장의 자극 또한 호르몬 균형을 파괴하였다. 뿌리 세포분열에 예상되는 영향을 조사하기 위해서는 식물 뿌리의 유사분열 지수에 대한 화합물의 영향을 측정하여야 한다. 주관적인 생물학적 관찰은 뿌리와 줄기 형태, 식물독소 영향의 시각적 평가 등이 있다. 객관적인 정량적 측정은 식물 부위별 길이, 무게 측정 등으로 할 수 있다. 잎면적 측정은 식물 발육 저해와 관련된 정보를 제공해 줄 수 있다.

따라서, 2차 대사물질 잠재 표적의 생리학적, 생화학적 역할에 대한 연구는 다음과 같다: 막구조와 모든 수송 수용체의 변형 대 신호전달, 세포 형태의 변형된 특성, 세포 순환(복제, 단백질 합성, 유사분열)에 의한 추론, 식물호르몬 활성의 변형, 에너지 대사 교란(호흡과 광합성), 기공 기능과 수분 균형의 변형, 색소 합성 및 분해의 억제, 그리고 많은 효소(주로 조절 효소)를 위한 기능 장애.

타감물질 표적으로서 막구조와 수송

세포막은 인지질 이중막과 연관된 단백질들로 구성된다. 대부분의 세포막에서는 지질과 단백질이 막의 대부분을 차지한다. 지질은 인지질, galactosylglyceride, glucocerebroside 그리고 스테롤로 이루어진 여러 층으로 되어 있다. 이들 물질들은 중요한 물리화학적 특성을 공유하며, 이들은 양쪽성이고, 소수성과 친수성 영역을 모두 포함한다. 물과 접촉하면 이들 분자들은 자연적으로 고차원 구조로 모인다. 친수성의 머리 집단은 물 분자들과의 접촉을 최대화시키는 반면에 소수성 꼬리들은 서로 뭉치게 되어서 친수성 공간과의 노출을 최소화시킨다. 대부분의 막 지질에서 이중막의 구조는 최소-에너지 자기조립 구조이다. 이러한 구조에서 극성 부분은 많은 물과 결합을 형성하며, 소수성 그룹은 내부에 격리된다. 이중막에서 인지질의 움직임에 대한 연구를 통해 각각의 인지질이 측면으로 확산할 수 있고, 회전할 수 있고, 소수성 꼬리를 풀수 있으며, 아래 위로 까닥거릴 수 있으며, 방향전환할 수 있다는 것이 증명되었다. 막 지질은 젤과 유체의 두 가지 상태로 존재한다. 이러한 상태 변화를 상전이(phase transition)라고 한다. 젤은 막의 활동성을 줄이고 투과성을 증가시킨다.

많은 식물들은 날씨가 기본적으로 30°C를 오르내리는 날에도 생존할 수 있다. 어떻게 생물들이 변화가 심한 환경에서 적응할수 있도록 그들의 막유동성을 조절할 것인가? 막 스테롤은 막 유동성을 위한 완충제로 낮은 온도에서도 유동성을 증가시켜 인지질이 굳어지는 것을 억제하며, 높은 온도에서는 지질 꼬리가 휘는 움직임을 억제함으로써 유동성을 떨어뜨린다. 모든 세포성 물질과 같이 지질막은 수명이 한정되어 있고, 주기적으로 교체되어야 한다. 이러한 교체는 또한 식물 세포들이 대기 온도에서 계절에 따른 온도 변화에 반응하여 그들의 막 지질 구성성분을 조절하도록 해 준다. 세제의 특징을 갖는 타감물질은 인지질을 녹이고 스테롤 유사 행동으로 막 기능을 교란시키며, 이로 인해 성장억제를 야기한다. 타감물질은 또한 막 유동성을 변화시킴으로서 유동성이 필요한 수송 과정을 변화시킬 수 있다. 수송자와 수송 억제를 야기하는 이차대사물질 사이의 상호작용에 직접적인 억제가 있을 수 있다.

막단백질은 지질 이중막과 관련이 있다. 유동모자이크 막 모델은 두 가지 타입의 막단백질(외재성 단백질과 막관통 단백질)을 포함하였으며, 최근 연구에서 추가적으로 4개의 막단백질(지방산 단백질, 프레닐 그룹 단백질, phosphatidylinositol 단백질, 그리고 콜레스테롤 단백질)이 밝혀졌으며, 이들은 모두 지질 꼬리에 의해 이중막과 붙어 있다. 외재성 단백질은 물에 녹을 수 있으며 물 또는 지질 이중막을 파괴하지 않는 염 또는 산성 용액에서 막을 씻어서 제거될 수 있다. 외재성 단백질은 염다리, 전기적 상호작용, 수소결합, 또는 이들의 조합을 통해 막관통 단백질 또는 지질과 결합한다. 몇몇 외재성 단백질은 또한 막과 세포골격계 사이에 결합을 제공하기도 한다. 이와는 반대로 관통 단백질은 물에 녹지 않는다. 그 이유는 최소 한 개 이상의 영역이 이중막의 소수성 내부에 박혀 있기 때문이다. 막관통 단백질은 이중막을 분해해주는 세제 또는 유기 용매에 의해서만 제거되어 분해될 수 있다.

지방산 연계 단백질과 프레닐 그룹 연계 단백질은 모두 막의 세포질 표면에 붙어서 막의 활성을 조절하는 것을 도울 수 있다. 대부분의 경우 GTP/GDP 결합 사이클이 막 결합 또는 자유 상태 사이의 주기를 매개해 준다.

막 유동성

막 유동성은 지질 분자뿐만 아니라 이중막을 가로지르는 막관통 단백질의 움직임, 그리고 다양한 형태의 표면 연계 막단백질의 움직임을 포함한다. 충돌 상호작용은 많은 막결합 효소들 사이의 기질 수송과 엽록체와 미토콘드리아의 전자전달계 구성요소들 사이의 전자 통로를 위해 필수적이다. 이러한 움직임들은 또한 다단백질 막복합체의 결합에도 필수적이다. 게다가 많은 신호전달 경로는 막관통 단백질과 외재성 단백질 또는 지질연계 단백질의 정해진 그룹들 사이의 일시적인 상호작용에 의존적이다. 이러한 다단백질 결합은 타감물질에 의해 변경될 수 있으며, 일반적인 막 과정을 억제한다.

매어 놓는 구조는 막단백질의 이동을 조절하고 제한한다. 그리고 종종 그들의 분포를 정의된 막 영역으로 제한하기도 한다. 이러한 속박은 세포골격과 세포벽 연결, 연관된 막관통 단백질 사이의 다리 또는 인접한 막에 있는 단백질들 사이의 접합형 상호작용을 포함한다. 접합형 상호작용의 대표적인 예는 엽록체 막에 있는 수많은 그라나 안에서 볼 수 있다. 스택(stack) 형성은 틸라코이드 막 내에서 모든 주요 단백질 복합체의 측면 분포에 영향을 미치고, 광합성 반응 중심과 PSII(광계 2)와 PSI(광계 1)의 광합성 전자전달계에서의 다른 구성요소들의 기능을 조절하기도 한다. PSII 복합체에서 측면 분포의 조절은 광합성에서 전자전달율에 영향을 미칠 수 있다.

멕시코 Morelos 주에서는 후작 사탕수수를 심기에 앞서 잡초를 제거하기 위해서 타감작용 성질이 있는 *Ipomoea tricolor*를 피복작물(타감작용 식물을 찾기 위한 다른 방법)로 사용한다. 생물검정법에 따라 *I. tricolor*을 분석하면 강한 식물성장 억제 활성이 있는 tricolorin A(3)를 추출할 수 있다. 또한 이러한 매크로락톤 올리고당은 항생물질이며 항암 활성이 있다[42]. 혼합물의 몇몇 소수 구성물들인 tricolorin B-E

는 FAB-질량분석법과 고해상도 NMR 분석으로 밝혀졌다[5]. 또한 배당체 혼합물에 의한 원형질막의 H^+-ATPase 억제에 대한 연구는 tricolorin A가 억제 화합물이라는 것도 밝혀졌다. petri dish bioassay와 온실 실험의 결합은 잡초를 억제하는 활성이 *I. tricolor*에서 비에 의해 타감물질이 흘려지고, 식물 물질의 부패에 의해 타감물질이 방출되어 생긴다고 밝혀졌다[7]. 온실실험과 같이 수행된 페트리 디쉬 생물검정은 *I. tricolor*의 잡초 억제 활성은 비에 의해 살아있는 식물로부터 타감물질의 침출과 부식하는 식물체로부터 타감물질의 방출이 관여된다는 것을 제시해주었다[4]. 추가적인 연구는 tricolorin A(3)가 시금치 엽록체에서 결합 해제 물질(U_{50} = 330 nM)로 작용한다는 것을 보였다. 왜냐하면 tricolorin A는 H^+-흡수와 ATP 합성을 억제하며, 기본적 및 인산화 전자 흐름을 자극한다. 보다 높은 tricolorin A(3) 농도에서 광계 II 전자전달의 억제가 Q_B(I_{50}=5 μM) 수준에서 일어난다. 이 결과에는 엽록소 *a* 형광분석이 사용되었으며 매코로락톤은 이 활성을 위해 구조적 요구조건이다[2]. 따라서 타감물질로서 tricolorin A (3)이 활성화되면 광인산화를 결합 해제하고 원형질막 H^+-ATPase에 작용하는 것이다. tricolorins의 새로운 매크로락톤구조는 합성 화학자의 관심을 받았다[29, 33].

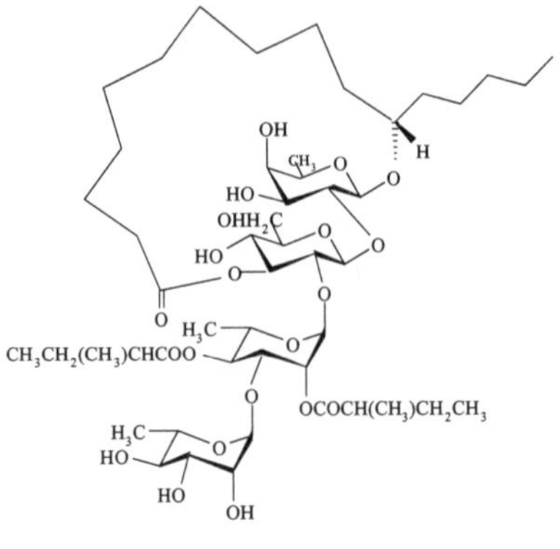

(3)

Iostephane heterophylla(Cav) Hemsl.(Asteracea)는 멕시코 북부지역 Chihuahua 주와 Sinaloa 주에서부터 남부지역 Oaxaca 주까지 전국에 널리 분포한다. 이 식물의 뿌리에서 비사보란겔론 유형의 세스퀴테르펜인 잔토리졸(Xanthorrhizol; 4)이 추출되었다[3, 34]. 이와 함께 다른 세스퀴테르펜, diterpenes, 8-hydroxyl-6-acetyl-2, 2-dimethylchromene 그리고 scopoletin이 추출되었다. 잔토리졸은 *Spodoptera littoralis*의 신생 유충을 죽이는 효과가 있다[41]. González-Bernaro 등[22]은 APT 합성과 전자흐름(I_{50} = 31 μM)을 억제함으로서 광합성에 대한 잔토리졸의 광독성 영향을 발견하였다. 억제부위는 P_{680}에서 QA와 PQ의 범위에 있다. 잔토리졸의 아세틸화는 OH기가 틸라코이드 내에서 전자전달계와 상호작용을 위해 필수적이라는 것을

제시해 준다. 왜냐하면 1-O-acetyl-12,13-dihydro-xanthorrhizol(5)는 거의 비활성이기 때문이다. 또한 $C_{12\text{-}13}$ 이중결합의 환원은 표적 산화환원반응 전자전달계와 상호작용을 촉진하거나 상호작용 부위로 투과를 촉진한다. 이것은 지질상태에서 분자가 보다 잘 용해될 수 있도록 함으로써 이루어지며, 이는 이 물질이 가장 활성적인 파생물임을 설명해준다. 환원된 잔토리졸은 또한 H^+-ATPase를 억제한다. *Iostephane heterophylla*의 생체 유도된 분류는 Q_B(I_{50} = 25 μM) 수준에서 PS II를 억제하고 LHC II의 교란을 억제하는 화합물인 trachyloban-19-oic acid(6)의 분리를 유도하였다. 엽록소 형광연구는 이러한 diterpene의 행동을 확인시켜준다[24)]. 그 구조의 어느 부위가 억제에 중요한 가를 이해하기 위하여, methyl trachyloban-19-oate ester(7)이 휘발성 디아조메탄과 같이 trachyloban-19-oic acid로부터 준비되었다[25)]. 이 파생물은 에너지 전이 억제제로 작용하고 엽록체의 CF_0 채널 차단(I_{50} = 10 μM)을 함으로서 상호작용의 새로운 부위를 나타냈다. 왜냐하면 methyl trachyloban-19-oate ester의 농도 증가는 광의존성 pH 증가를 EDTA 세척된 엽록체의 정지로 환원하기 때문이다.

Methyl trachyloban-19-oate ester(7)는 잘 알려진 에너지 전이 억제자 DCCD와 triphenyltin에 비경쟁 억제자이다. 따라서 이는 CF_0 채널에서 특이적인 상호작용 부위를 가진다.

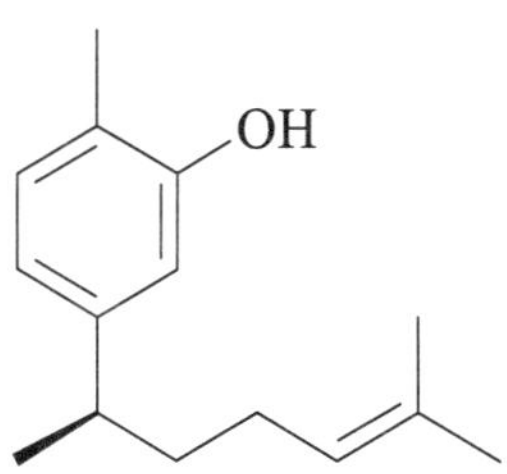

(4)

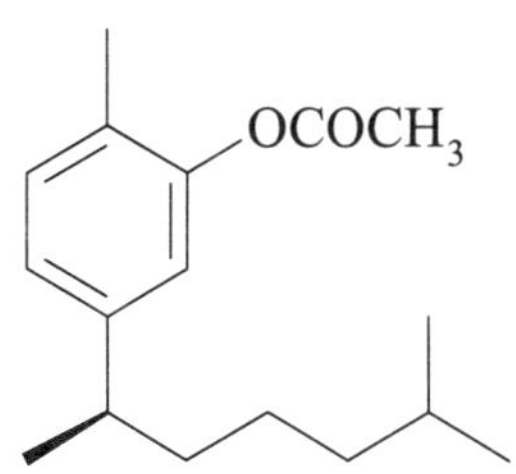

(5)

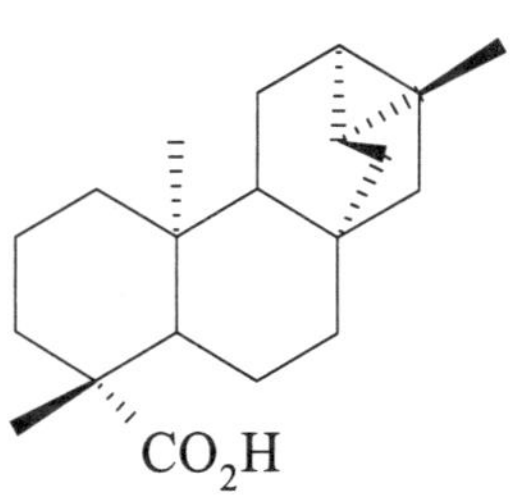

(6)

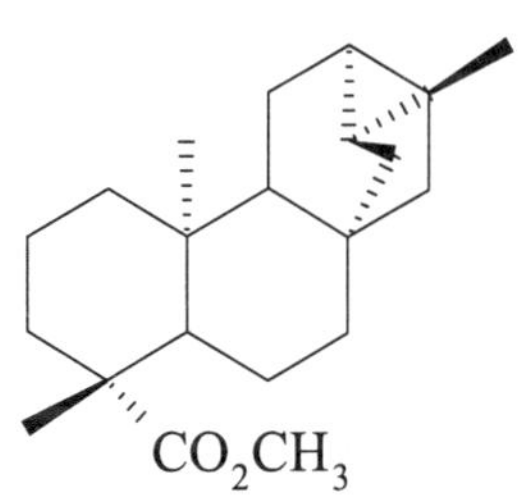

(7)

*Parathenium hysterophorus*는 공격적이고, 북회귀선 이남의 신열대구 구성 잡초로서, 전세계로 매우 빨리 확산되었다. 이 종은 농업, 축산업, 생태학, 그리고 환경에 부정적인 영향을 미친다[18)]. 이 종의 타감작용 성질은 잡초의 다양한 부위에서 발

견된 pseudoguayanolide 성질의 세스퀴테르펜 락톤인 parthenin(8)으로 밝혀졌다[15]. Parthenin는 많은 식물에 독성을 띠는 것으로 알려져 있다[6]. 이 화합물은 모든 식물을 덮고 있는 털에서 분리된다[43]. *Avena fatua*와 *Bidens pilosa*의 발아는 parthenin에 의해 감소되었다(각각 I_{50} = 625 μM 및 700 μM). 또한, parthenin은 뿌리와 줄기 길이와 묘목 건조 중량에 있어서 두 잡초의 성장을 억제하였으며 뿌리성장의 억제가 줄기성장의 억제보다 더 컸다. 또한 parthenin은 잡초 종에서 엽록소 양의 감소와 수분 손실을 야기하였다. 하지만 상호작용 부위와 작용기작은 아직 알려지지 않았다.

멕시코 식물로부터 분리된 2차 대사물질 encecalin(9), demethylencecalin(10)[9], cacalol(11), cacalol methyl ether(12), cacalol acetate(13), 2-acetylcacalol acetate(14)[31], ivalin(19), zaluzanin C(20), isoalloalantolactone(21)[32], odoratol(22), α-photogedunin acetate(23), β-photogedunin acetate(24)[11], 그리고 phenylpropanoid 1,2,3,4-tetramethoxy-5-(2-propenyl)benzene(25), 3,4-dihydroxy-trans-cinnamic acid의 methyl-ester(26)이 엽록체 내에서 Hill 반응 억제자로 작용하는 것이 밝혀졌다. 왜냐하면 이들은 전자흐름(기저, 인산화, 분리된), 양자 흡수, 그리고 ATP 합성을 억제하기 때문이다. 광합성 부분 산화환원 반응에 대한 폴라로그래피적 분석으로 분리된 PS I 전자흐름과 3중 세척된 티라코이드의 DPC에서 DCPIP로 분리된 PS II 전자수송은 cacalol(11), ivalin(19), zaluzanin C(20), odoratol(22)[1] 그리고 3,4-dihydroxy-trans-cinnamic acid의 methyl-ester(26)에 영향을 받지 않는다는 것이 밝혀졌다. 그러나 이들은 물로부터 SiMo 또는 DAD로, 그리고 같은 의미로 H_2O로부터 DCPIP로 측정된 것처럼 분리된 PS II 전자흐름을 억제하였다. 이러한 결과는 이들 화합물을 위한 표적부위가 물 분리효소에 있다는 것을 암시하고 있다.

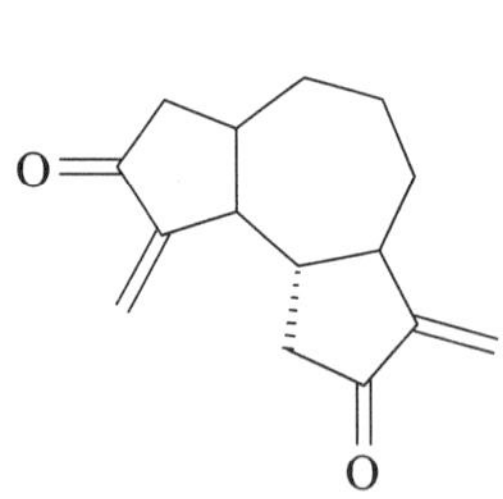

(8)

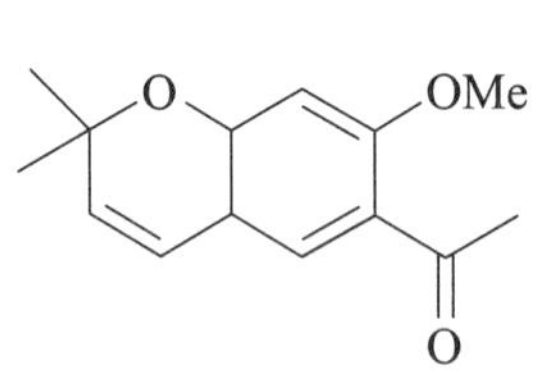

(9): R = Me
(10): R = OH

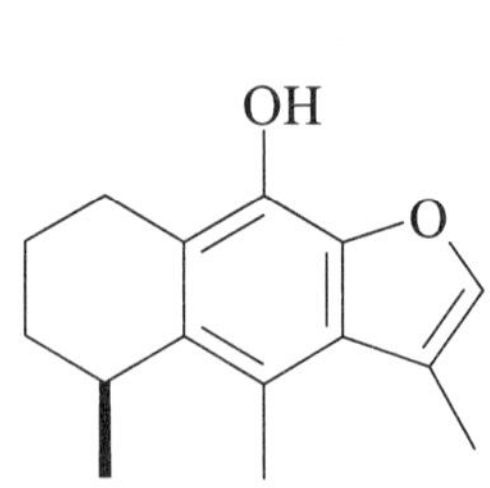

(11)

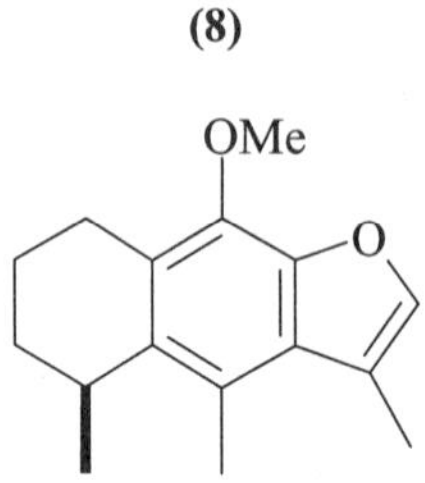

(12)

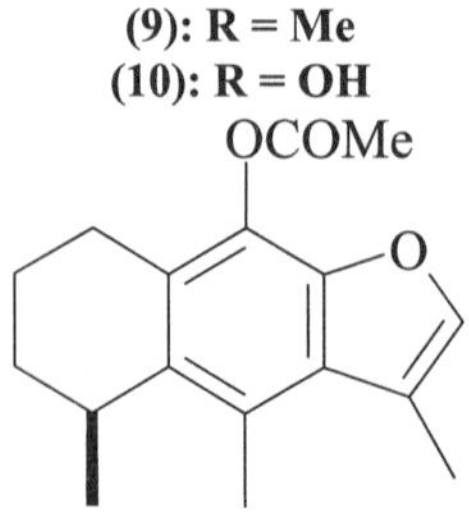

(13)

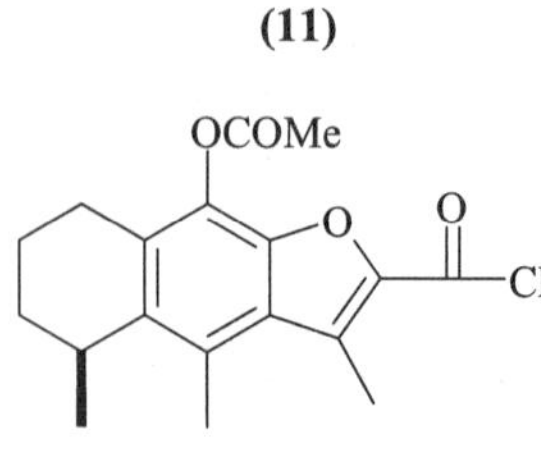

(14)

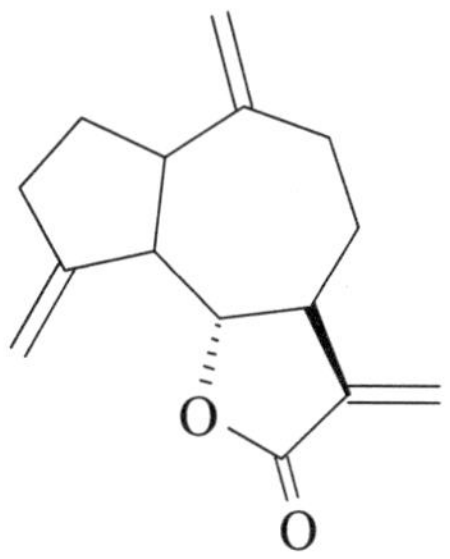

(19)

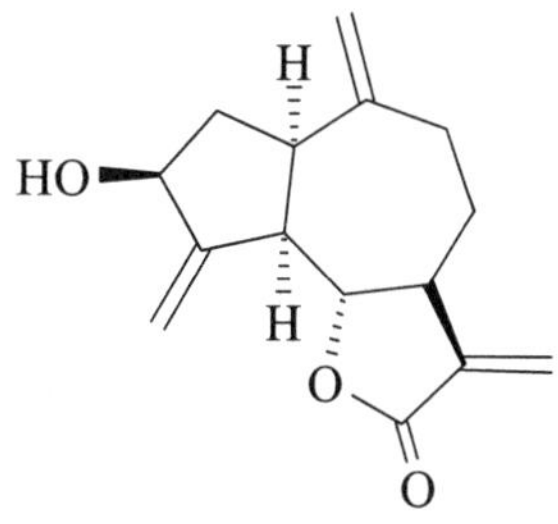

(20)

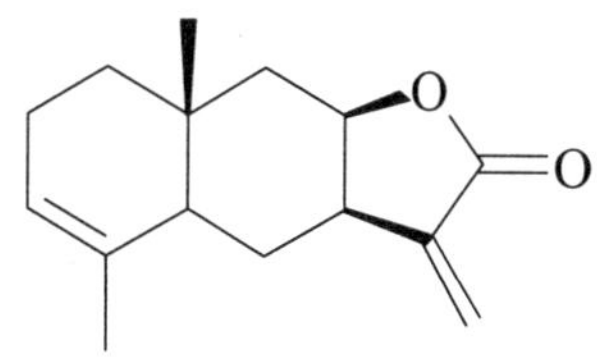

(21)

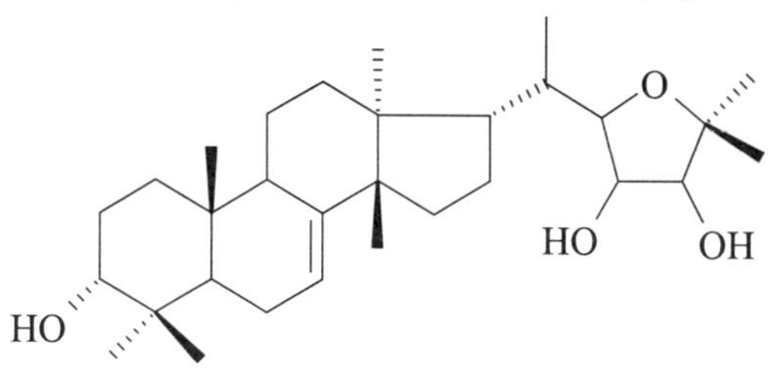

(22)

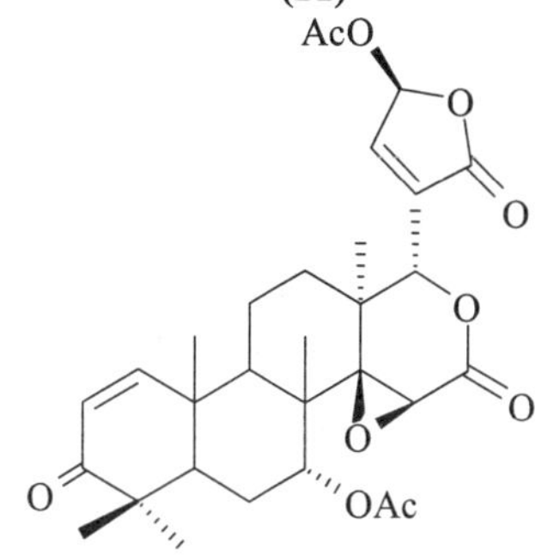

(23)

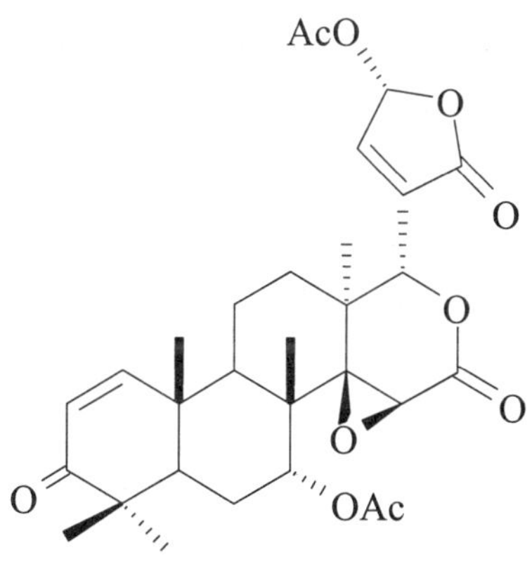

(24)

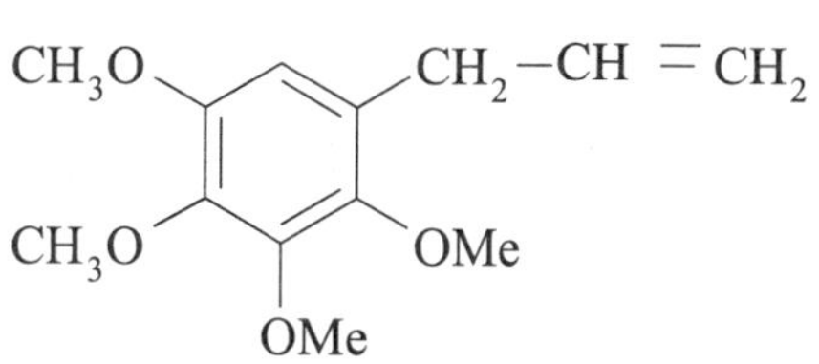

(25)

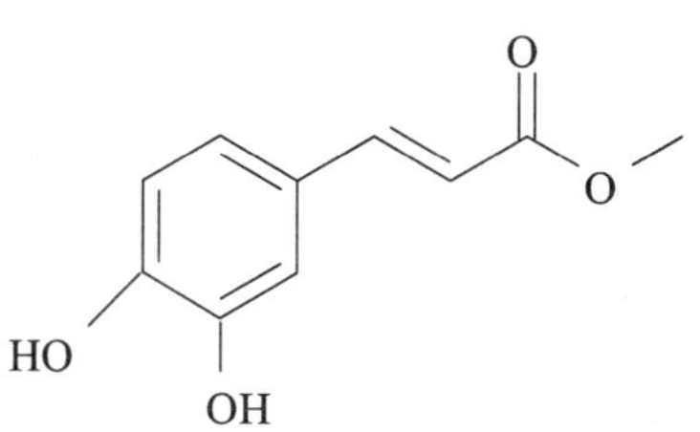

(26)

Odoratal(22)에 대한 가장 중요한 발견은 다음과 같다. (1) 자연산물이 산소 진화의 저해제로 발견되었다는 것이며, (2) 위치 23과 24에서 diol moiety는 (22) 억제 활성을 위한 중요한 구조적 요구조건이다. (3) 엽록소 a 형광 측정은 hydroxylamine

과 3중 처리 결과로 얻어진 것과 유사한 유형을 보였다. 둘다 잘 알려진 물 분리효소의 억제자이다. 위 그림에서 (22)가 있으면 0.8과 1.0 사이에 빠른 전이 'K'의 형성과 0.8 ms 이후 퀀처(역주: 어떤 현상이 약간의 이물혼입에 의해 억제되는 것) 형성을 야기한다. 이러한 자료는 폴라로그래피 측정으로 얻어진 결과들을 확증해 준다.

Cacalol 저해 부위에 대한 더 확실한 증거를 얻기 위해서 cacalol의 산화환원 행동과 그것의 반합성 부수물들이 순환적 전압전류법을 이용하여 연구되었다. 양성자 용매 내의 전압곡선은 페놀계의 화학전자적으로 비가역적인 산화를 나타낸다. 반양성자 용매에서의 혼합물 11-14의 전자산화는 비슷한 산화 패턴과 비가역적이며 양성자 용매에서 보다 더 복잡하지만, 비슷한 산화 패턴을 나타낸다. 비치환적인 페놀계를 포함하는 혼합물은 Epa = +0.824V(V vs NHE)의 산화환원 전위를 나타내는데, 이것은 틸라코이드 막의 물분해 효소의 전위와 유사하다. 이러한 결과는 왜 cacalol이 물 분해 효소 복합체를 저해하는지 보여준다.

한편, encecalin(9), demethelencecalin(10)[9], cacalol(11), cacalol methyl ether(12), cacalol acetate(13), 2-acetylcacalol acetate(14), isoalloalantolactone(21), 그리고 1,2,3,4-tetramethoxy-5-(2-propenyl)benzene(25)와 같은 Hill 반응 억제자로 작용하는 화합물의 상호작용 부위는 틸라코이드의 비순환적 전자전달계인 P_{680}부터 QA에 퍼져있다[26]. 게다가, 물에서 DCPIP(또는 DAD)로, 물에서 SiMo, 그리고 DPC에서 DCPIP로 분리된 전자전달은 이들 혼합물들과 동일한 연장선상에서 억제된다. 그러나, $DCPIP_{red}$부터 MV로 분리된 PS I 전자전달은 이들 대사물질에 의해 영향을 받지 않는다. 혼합물 25에 의해 나타낸 활성 정도(IC_{50} = 2.7 μM)는 다른 Hill 반응 억제자와 비교해 주목할 만하다. 따라서 이 단순한 페닐프로파노이드는 새로운 녹색 제초제 물질의 발달을 이끄는데 중요하다.

혼합물 27, 28, 29 그리고 30에 의해 유도된 ATP 합성에 대한 억제 효과를 비교해 보면, isoalloalantolactone의 $\Delta^{3,4}$ 중 0이 광인산화 억제효과를 발휘하기 위해 필수적인 구조적 요구조건이라는 것을 명확히 보여주고 있다. 그러나, α-methyl-γ-lactone의 일부분은 ATP합성의 저해에 중요하지만, 필수적이지는 않다.

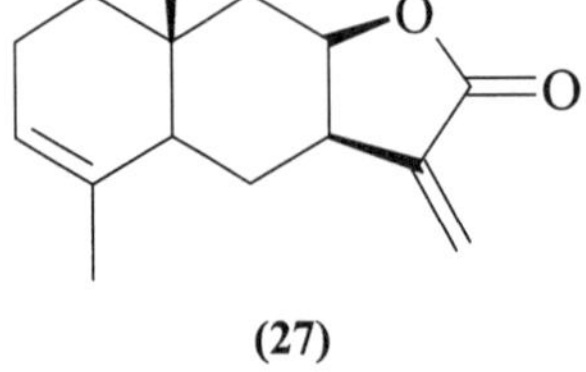

(27)

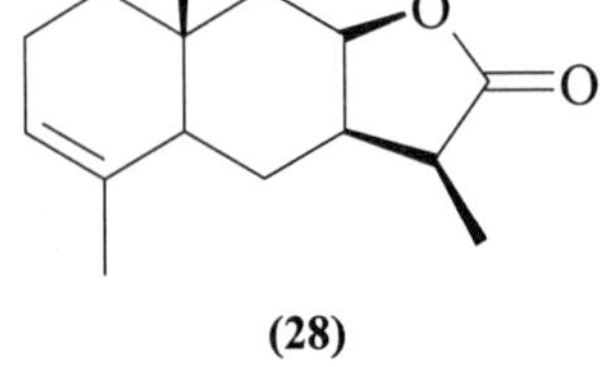

(28)

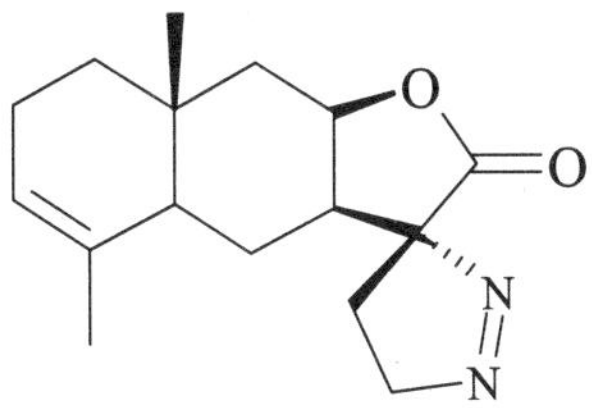

(29)

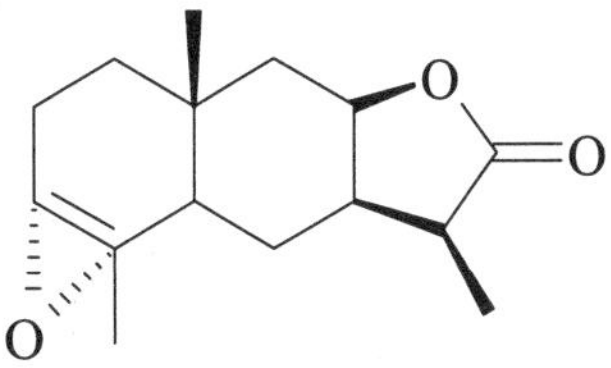

(30)

α-Photogedunin acetate(23)는 물로부터 DCBQ로의 PS II 전자전달을 억제한다. 그러나 $DCPIP_{red}$에서 MV로의 PSI 전자전달과 물에서 SiMo로 PS II 전자흐름에는 영향을 주지 않는다. 따라서, α-Photogedunin acetate(23)의 표적은 Q_B 수준으로 제한된다. 그러나, β-photogedunin acetate(24)는 $DCPIP_{red}$에서 MV로 그리고 PMS_{red}에서 MV로 PS I 전자흐름을 부분적으로, 그리고 유사한 억제력으로 억제한다. $TMQH_2$에서 MV로의 전자흐름 억제는 DCPIP에서 MV로의 전자흐름 억제와 유사하다. 따라서 이는 화합물 24가 b_6f 복합체와 P_{700}에서 F_x 범위에서 상호작용한다는 것을 제시해준다. 전체적인 결과는 C-23에서 입체화학이 틸라코이드 전자전달계에서의 상호작용표적 부위를 결정한다는 것을 제시한다. 또한 분석매체를 화학광선으로 3분간 전조명할 때 photogedunin 23과 24가 틸라코이드 막에서 산화환원 효소를 억제하기만 한다는 것을 인지하는 것이 중요하다.

결합해체물질

천연물 4-phenylcoumarins 31-38[8]과 이들의 몇몇 반합성 유도물질, sesquiterpene lactones dehidrocostuslactone 39, 그리고 costunolide 40은 시금치 엽록체에서 결합해체 물질로 작용한다.

glycoside 5-O-β-D-glucopyranosyl-7-methoxy-3′,4′-dihydroxy-4-phenylcoumarin 35과 7-methoxy-5,3′,3′-trihydroxy-4-phenylcoumarin 33은 ATP합성과 양성자 흡수를 억제한다. 한편 이러한 물질들은 기저 및 인산화 전자전달을 촉진한다. 광활성화된 Mg^{2+}-ATPase는 coumarins 32와 33에 의해 약하게 활성화된다. 추가로, 알카리성 pH에서 화합물 32는 물부터 methylviologen으로 기저 전자전달을 자극하지만, pH 6.0-7.5의 범위에서는 coumarin의 영향이 없었다. 4개의 자유 페놀성 수산기가 있는 혼합물 32는 가장 활동적인 결합 해체 물질이다. C-3′, C-4′, C-5의 페놀그룹에서 36과 37의 메틸화반응은 결합 해체 활성의 감소 또는 소실의 결과로 나타난다. 그러므로 페놀레이트 음이온은 4-phenylcoumarin의 결합 해체 행동에 중요한 활성형일 것이다.

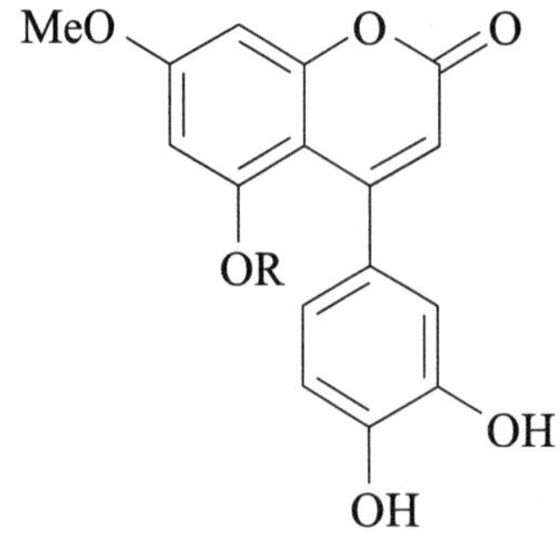

(31): R = -β-D-galactopyranosyl
(33): R = H
(35): R = - β-D-glucopyranosyl

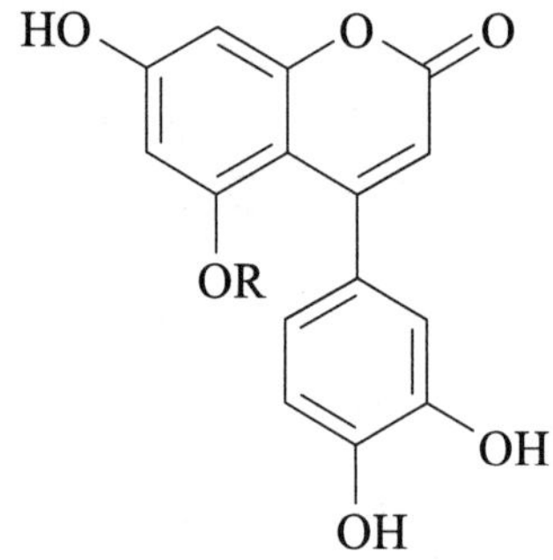

(32): R = H
(34): R = - β-D-glucopyranosyl

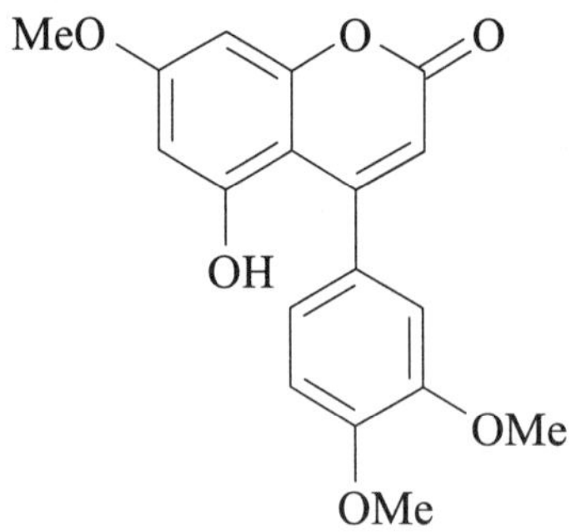

(36)

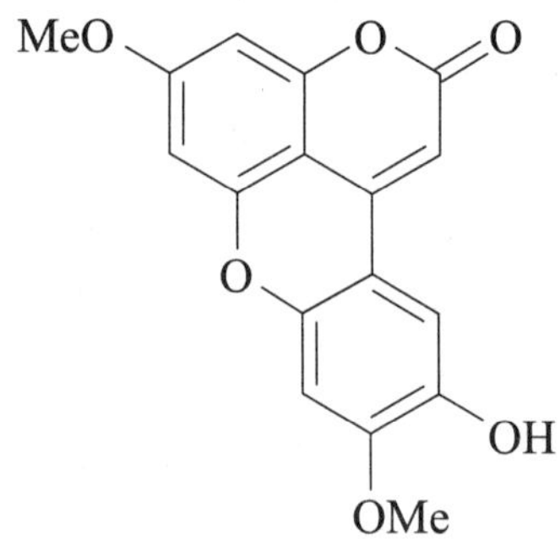

(37)

원형질막

원형질막은 살아있는 세포의 가장 바깥 경계를 형성하며 세포와 그 환경 사이의 능동적인 접점 기능을 한다. 원형질막은 분자들을 세포 안과 밖으로 수송하는 것을 조절하며, 환경으로부터 세포 내부로 신호를 전달하고, 세포벽 분자의 합성과 조립에 참여하고, 세포골격의 구성요소와 세포외 기질 사이의 물리적 연결을 제공한다. ER의 특수화된 부위와 결합에서 원형질막은 원형질연락사를 생성한다. 원형질연락사는 세포벽을 가로질러 인접한 세포의 사이에서 연락을 하는 직접 채널을 제공하는 막 관(구멍)이다. 이러한 원형질연락 연결의 결과로 각 식물의 대부분의 모든 살아있는 식물세포들은 물리적으로 연결된 원형질막을 공유한다.

식물의 원형질막에서 지질 종류의 비율은 한 식물 내에서는 기관에 따라 그리고 다양한 식물 종류에 따라 동일한 종류의 기관들 사이에서 매우 다양하다. 보리 뿌리 세포에서 원형질막은 인지질보다 자유 스테롤 분자를 두 배 이상 함유하고 있다. 보리 잎 원형질막에서는 인지질 대 자유 스테롤의 비율이 1:3:1인 반면 시금치에서는 9:1이다.

수송과 신호전달과 같은 막을 통과하여 생기는 활성, 세포골격 요소들이 세포벽

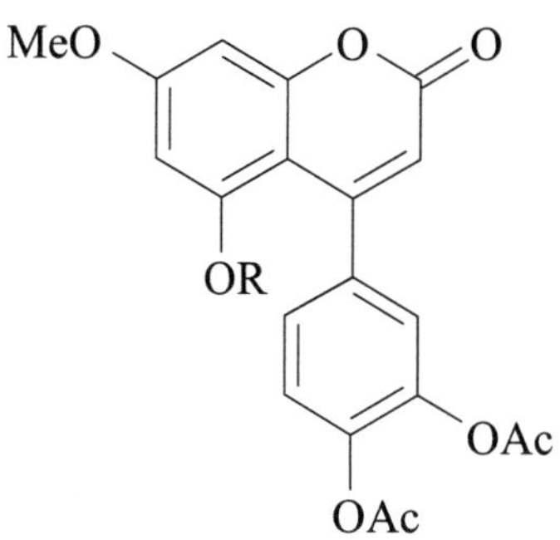

(38): R = tetra-acetyl-β-D-galactopyranosyl

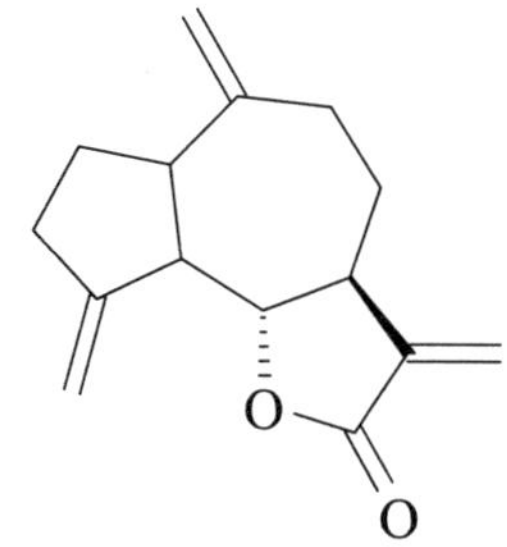

(39)

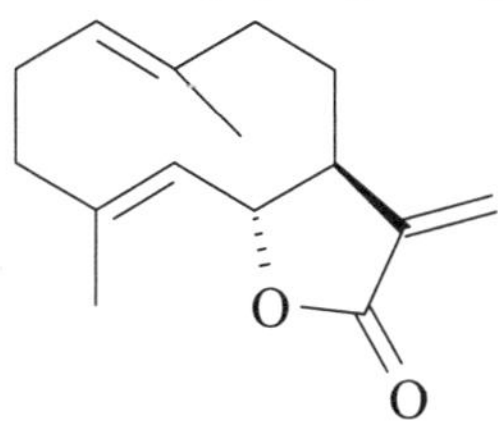

(40)

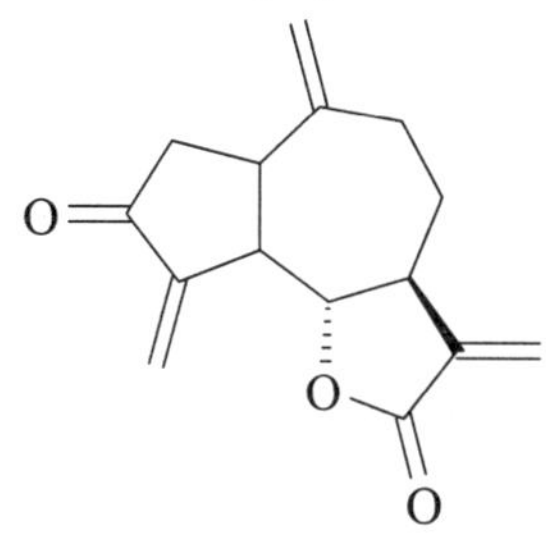

(41)

분자에 고정, 그리고 세포기질로부터 셀룰로오스 섬유소 조합에 관여하는 대부분의 원형질막 단백질들은 막내재성 유형이다. 그러나 이들 단백질은 종종 외재성 단백질과 보다 큰 복합체를 형성한다. 많은 내재성 단백질의 세포외 부위는 글리코실화되어 N-과 O- 결합된 올리고당을 생성한다.

원형질막 H^+-ATPase (P-type H^+-ATPase)는 식물세포의 주요 일차활성수송계이다. 예를 들어, 두 식물세포계가 성장과 삼투압조절에 필요한 K^+ 흡수를 조절한다. 한 계는 낮은 친화력 K^+ 흡수 채널에 관여하고 두 번째는 높은 친화력 H^+ 구배 의존성 K^+ 흡수 촉진에 관여한다. dehydrozaluzanin C(41)은 세스퀴테페놀인데, 이들은 다양한 국화과 식물들의 뿌리에서 추출된 구아이안 골격을 갖는다. 이 물질은 식물의 뿌리성장과 발아를 억제한다. 상추 뿌리 성장을 위한 I_{50} 값은 500 μM이다[21]. (41)은 오이 자엽 잎에 빠른 원형질 막 누출을 야기하며 50 μM에서 보다 활성화 된다. 이 활성을 위한 농도는 10배 미만이며 광의존성이다. 뿌리에 미치는 이들의 영향은 히스티딘과 글리신과 함께 다양한 아미노산을 추가함으로서 되돌릴 수 있으며 약 40%를 역전환시킨다. 그러나 강한 역전환 영향은 감소된 글루타티온으로 얻어졌다. (41)에 의한 총 활성화의 결과로, 광합성, 호흡, 유사분열과정, 그리고 NADH 산화활성에는 영향이 없다. 따라서 (41)은 적어도 두 개의 다른 기작을 통하여 식물에 영향을 가한다. 그 하나는 원형질막 기능의 붕괴와 관련이 있다. Dehydrozaluzanin C가 원형질막 기능에 미치는 영향은 여전히 밝혀져야 한다. 아마도 아미노산과 (41)을 이용한 원형질막 누출에 대한 경쟁실험이 어떤 단서를 줄 것이다. 식물세포 원형질막은 또한 물 채널을 형성하는 qauarin이라는 단백질을 포함한다.

흰대극(*Euohorbia esula*)은 많은 자생식물을 대체하고 있다. 자생 다년생식물은 작은 떡쑥(*Antennaria microphylla*)이 흰대극에 타감작용이 있는 것으로 밝혀졌다. 작은 떡쑥으로부터 얻은 타감물질에서는 hydroquinone, 단순 페놀 복합체, arbutin, hydroquinone monoglucocide, 그리고 페놀산인 커피산(42) 등이 있다. hydroquinone과 (42)는 흰대극의 종자발아, 뿌리신장, 유합조직배양 성장 등을 억제한다. 실험결과는 흰대극이 12일 동안 (42)에 노출된 후 대조군 식물들보다 잎의 생장이 현저히 억제된 것이었다. 대조구에 비해 처리구 식물들은 높은 증산율을 보였다. 250μM(42)로 처리된 흰대극 기공의 부분 폐쇄되면 안정탄소동위원소 비(^{13}C ^{12}C)는 대조구 보다 높았다. 이러한 자료는 식물수분 관계의 파괴가 식물성장억제의 주요 기작이라는 것을 보여준다.

호르몬, 올리고당, 펩티드, 그리고 독소에 결합하는 몇몇 원형질막 수용체는 낮은 농도에서 존재한다. 따라서 식별과 생리학적 특성을 구명하기가 어렵다. 따라서 많은 연구자들은 수용체-단백질(receptor-protein) 유전자를 찾고 분리하기 위해 유전적 접근법을 사용한다.

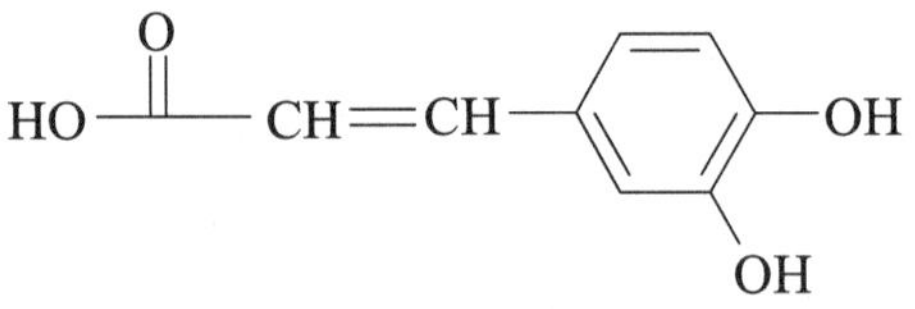

(42)

수송은 지질 이중막 내에서 막 신장 단백질에 의해 이루어진다. 수송계는(공간에서 크기와 방향으로 결정되는) 벡터라는 중요한 것을 제외하고는 거의 모든 면에서 전통적인 효소로 간주될 수 있다. 효소와 같이 모든 수송계는 어느 정도의 기질 특이성을 보이며 수송을 위해 필요한 활성에너지를 낮춤으로서 작동한다. 모든 식물세포에서, 막 수송은 다음과 같은 광범위한 필수적인 과정을 뒷받침한다:

식물의 세포벽은 팽압(정압)을 조절하게 해 준다. 팽압조절은 염을 축적하여 이루어진다. 모든 식물의 성숙한 세포에서 K^+는 세포질과 중심의 큰 액포에 축적된다. 양이온은 전기적 중성을 이루기 위해 사용하는 음이온 농도에 의해 균형이 맞춰져야 한다. 액포에서 주요 음이온은 말산염이다.

식물은 무기질로부터 유기분자를 합성한다. 이러한 것은 동화작용을 위하여 뿌리에 의해 토양으로부터 아미노산과 NH_4^+, NO_3^-, H_2PO_4, SO_4^{2-}, 미량 원소인 붕소, 아연, 구리, 철 등이 흡수된다. 그리고 이것들 각각은 특정한 수송 시스템을 필요로 한다. 물질대사는 세포질로부터 버려져야 하는 배설물, 즉, H^+, HCO_3^-의 동화작용 동안 생성된 OH^-, 그리고 유기화합물로 되는 NO_3^- 등을 조절한다. 수소 이온을 배출하기 위해서 식물은 수소 펌프를 갖는다. 이것은 액포와 원형질막에 모두 존재한다. 미토콘드리아 기질에서 ADP/ATP 그리고 NADH/NAD^+ 비율은 세포질보다 더 크다. 이러한 가능성은 특정 carrier 또는 transporter들과 막 구획화에 의한 것이다. 이것은 기질/생산물의 비율에 영향을 미친다. 그것은 호흡 작용, 전자흐름과 ADP의 인산화의 커플링 작용에 영향을 준다. 그리고 산소의 환원에 의한 물의 생성에도 영향을 미친다. 타감물질은 아마 이러한 과정에 영향을 미칠 것이다.

에너지 전환

막 수송은 자유에너지에서 생물학적으로 사용가능한 형태로 바뀌는 과정의 중심에 놓여있다. 빛에너지는 광합성의 전자 전달 과정에서 수소이온이 틸라코이드 루멘으로 펌핑되어 들어가는 것을 자극한다. 비슷하게 미토콘드리아에 의해 이루어지는 NADH의 산화는 기질로부터 막 중심공간으로의 수소이온 펌핑을 위한 에너지를 제공한다. 이러한 경우에 수소이온의 바깥쪽 흐름과 거슬러 들어가는 것에 의해 ATP가 생성되는 과정은 동시에 일어난다. 빛에 의해 그리고 고에너지 전자에 의해 일어나는 메커니즘을 이해하면 ADP의 인산과정을 이해할 수 있다. 그래서 막 수송의 이해가 필요한 것이다. 에너지 생산은 타감작용의 주요한 결과이다.

*ACG*는 상업적으로 착취되는 구아바와 같은 열대과일의 씨앗에 있다. *ACG*는 잠재적인 활성을 갖는데 이것은 살충제, 진드기 구충제, 살균제, 항기생충제, 제초제 그리고 종양세포 성장의 저해제이다. 이러한 합성물들은 다양한 그룹의 자연생산물에 속하는데 Annonaceae 종의 여러 종류로부터는 격리되어있다. 이것은 250 분자보다 더 많은 것을 포함하고 다양한 화학적 구조를 갖는다[54), 55)]. ACG의 활성모드는 미토콘드리아의 NADH의 주요한 타켓이다. Ubiquinon oxidoreductase 또한 호흡 복합체 1로 알려져 있다[19, 54, 55)]. 복합체 1은 NADH로부터 uboquinone으로 전자를 전달시키고 이러한 과정에서 ATP를 합성하는데 필요한 전기적인 구배차, 즉 원동력을 만든다. 복합체 1의 저해는 새로운 항암제의 개발에 큰 도움을 주었다. 대부분의 *ACG*에 대한 연구는 인간 종양 세포 라인을 위한 그들의 세포독성로부터 결정되었다[39, 40)]. 그럼에도 불구하고 종양 세포의 생장 저해는 세포사이의 분포나 생물막의 교차와 같은 그 외의 요소에 의해 영향을 받는다. 타겟 효소에 대한 연구는 이러한 분자들의 활동모드에 대한 더 많은 이해를 필요로 한다.

Tormo 등[51)]은 mono THF의 SAR을 확립하였다. 그것은 미토콘드리아의 NADH에 대한 저해제를 구현하기 위함이었다. Ubiquinon oxidoreductase 그리고 NADH 산화제 활동은 복합체 1을 이용하고 있기 때문이다.

여섯 개의 mono-THF acetogenins은 32 C α-α′-dihydroxylated THF system과 하나의 불포화 메틸-γ-lactone(methyl-γ-lactone) 잔기를 가진 일반적인 32C 골격을 나타낸다. 그것들은 단지 락톤 및 THF에 연결된 지방족 사슬의 수산기나 카르보닐기의 수가 다르다.

복합체 I이 생리조건 하에서(NADH 옥시다제 활성) 작동할 때 전자전달억제는 가장 강력한 bis-THF ACG와 동일한 범위에 있다. 그러나 그것들은 NADH를 억제하기에 덜 효과적이었다: ubiquinone 산화환원 효소의 활성은 인공 전자수용체인 decylubiquinone을 이용해서 측정되었다. 모든 mono-THF acetogenins은 NADH의 혐기적 산화에 대해서 rolliniastatins-I(43(0.6 nM)과 rotenone(5.0 nM)의 값을 보였다. 더욱이 annonacinone(44)은 rolliniastatin-I 값과 매우 가까운 억제력을 보였다[38]. rolliniastatin-I은 일종의 ACG로서 threo/cis/threo/cis/erythro를 가지고 있는 bis-THF이다. 여섯 개의 mono-THF acetogenins은 모두 이러한 변위(displacement)를 확인하는 비경쟁적 억제제(noncompetitive inhibitors) 역할을 한다. 대부분의 ACG는 이러한 기능에 속하는 억제제이다[36, 54, 55]. 그러나 몇몇 acetogenin은 비경쟁적인 패턴(uncompetitive pattern)을 보였다[19, 20]. 그러나 모든 annonaceous acetogenins가 미토콘드리아나 엽록체의 기능에 미치는 영향에 대해 하나의 연구결과가 있다. Chávez et al.[12], bis-tetrahydrofuran annonaceous acetogenins (squamocin (45), bullatacin (46), motrilin (47))는 힐 반응 억제제(Hill reaction inhibitors)의 uncoupler로 작용하며, 높은 농도에서 그 화합물은 안테나 복합체들의 상화작용을 방해하거나, PSII와 상호작용한다.

신호전달

식물성장과 발달에서 세포질의 자유 칼슘이온의 농도를 칼슘이온 농도구배 ATPase와 칼슘이온 투과성 채널을 통해 증가시키는 방법을 이용해서 반응을 야기시켜 생

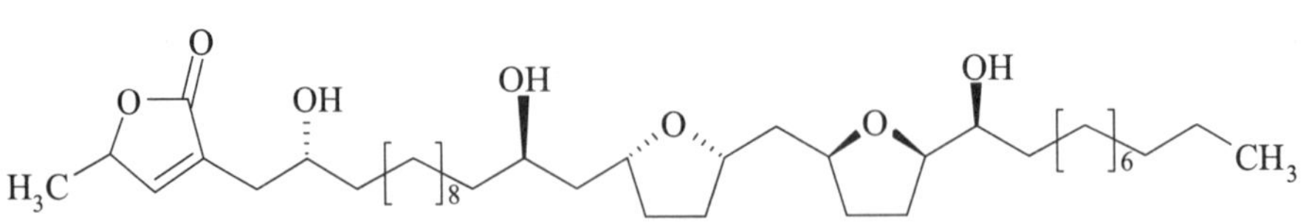

(43)

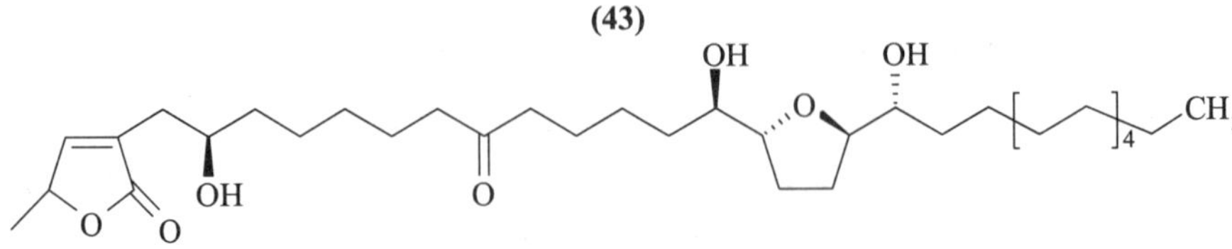

(44)

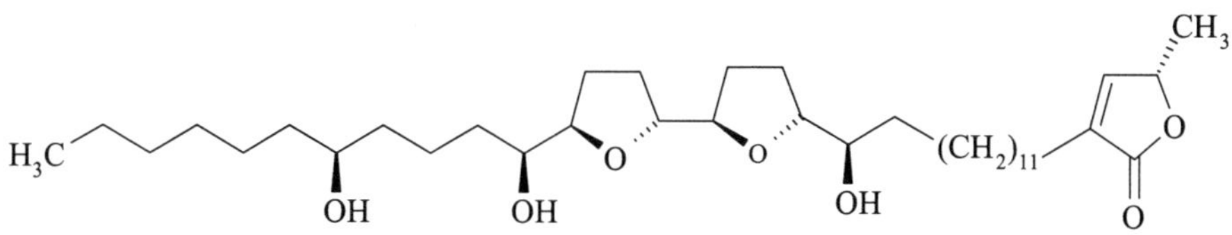

(45)

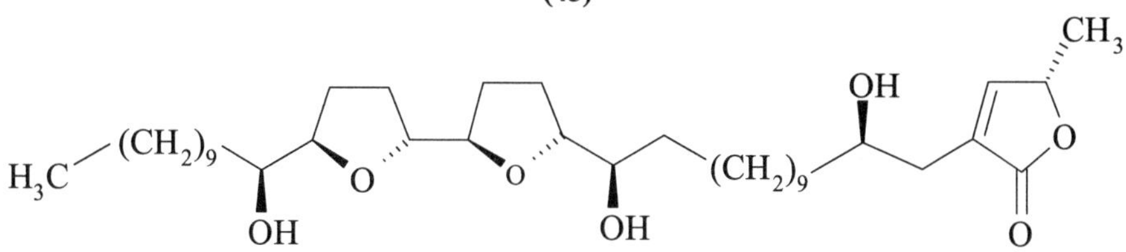

(46)

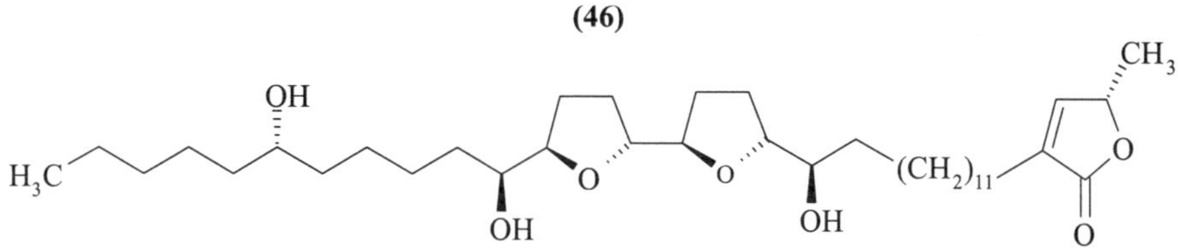

(47)

물학적 그리고 비생물학적 신호를 전달한다.

원형질막의 수송기구

Proton(H^+)은 식물 세포 내에서의 주요 에너지 흐름의 한 측면을 담당한다. mitochondria 내막과 틸라코이드 막에서 H^+ 농도구배는 ATP의 합성과 같은 에너지를 발생시킨다.

세포 내의 모든 다른 막에서 H^+펌프는 ATP를 가수분해해서 proton을 세포질 밖으로 수송해서 막 안팎으로 전기화학적 전위를 발생시킨다. 이러한 결과 H^+의 농도구배에 따른 전위는 다른 이온과 물질의 이동에 사용되게 한다. 세포질의 pH는 전형적으로 7.5이고, apoplastic pH는 거의 5.5인데, 이러한 막전위의 차이는 -150mV을 나타내게 된다. 이러한 특별한 조건 아래에서 결과로 나타나는 pmf는 -268mV를 나타낸다. 식물 세포에서 이 값은 보통 -200mV에서 -300mV를 나타낸다.

물질을 막의 한쪽으로 축적시키는 결과를 가져오는 것이 능동수송이다. 능동수송은 열역학적으로 불리한 반응이고 이것은 오로지 태양광의 흡수와 같은 흡열반응, 산화반응, 그리고 ATP의 분해에 의한 부수적인 흐름에 의해 일어나 화학적으로 농도구배를 일으킨다.

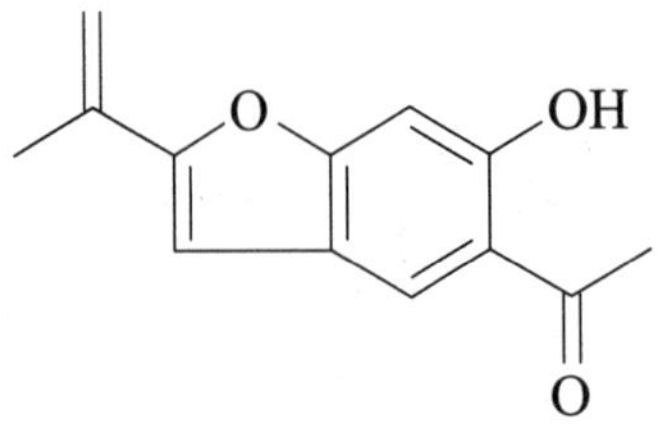

(48)

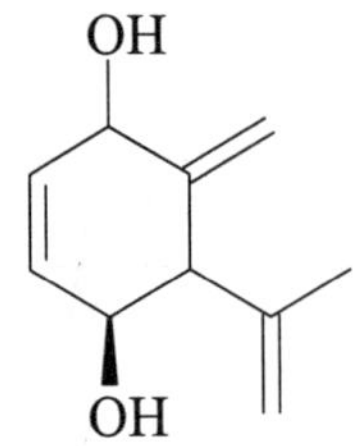

(49)

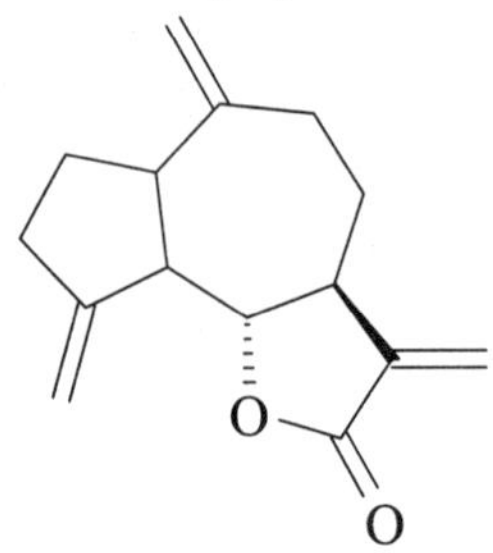

(50)

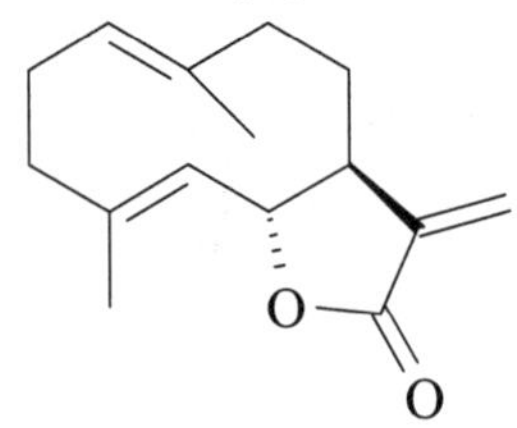

(51)

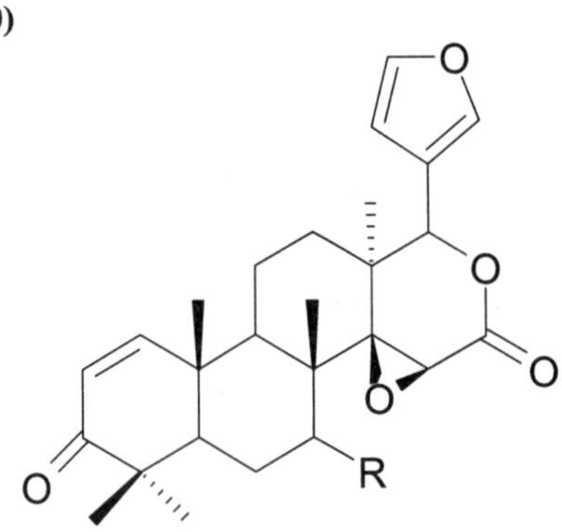

(52): R = O
(53): R = OAc

운반체

특별한 동시수송체(symporter)와 역수송체(antiporter)는 수소이온 또는 나트륨 이온과 같은 이온들을 농도구배에 따라 이동시키면서 무기물들과 물질들을 carrier를 통해 농도에 역행하여 운반시키는 시스템이다. Transporter는 물질의 흐름과 수소이온 또는 나트륨 이온의 운반 반응이 같은 것이 symporter이다. Carrier는 또한 운송과정을 거치면서 구조적 변화를 겪는다. 용해 가능한 물질들과의 long-range interaction은 일어나지 않으며, pump들보다 전도되는 속도는 굉장히 빠르다. 세포질로부터의 분배는 antiporter에 의해 수행되는데, 이들은 보통 물질들을 proton과 맞바꾼다. Symporter과 antiporter 모두 pmf를 흩뜨리는 경향이 있고, 이러한 에너지는 특별한 물질들을 위한 전기화학적 전위에 의해 형성된다.

펌프

이들은 긴 polypeptide 또는 polypeptide들의 집단으로 확장되기 때문에 long-range 그리고 복잡한 구조적 변화를 겪는다. 이러한 움직임은 물질대사의 반응과 짝지어져서 운송에 포함된다. Pump의 전도속도는 초당 100개의 분자를 수송한다. Pump는 작은 전도 숫자를 가지고 있고, symporter 그리고 antiporter의 배열에서 pmf를 발생시킨다. 평방 마이크로미터의 막은 보통 1개에서 10개의 channel을 가지고 있는 와중에 몇백에서 몇천개의 pump 단백질을 가지고 있다. Channel의 급격한 전도 비율과 확산소고는 하나의 channel molecule의 전기생리적 분석에 편의성을 더한다. Vacuolar과 원형질막의 proton pump는 전기 발생적이다. 이들은 세포질이 양전하를 띠기 때문에 이온들을 제거하면서 전류를 발생시킨다. 그러므로 이러한 H^+ -pumping ATPase는 pmf의 화학적 구성물을 직접적으로 구성하게 해주지 않을뿐더러 Vm이 더 음성적으로 되도록 전위적 구성물을 만들어내는 경향이 있다.

K^+, Ca^{2+} 그리고 음이온 채널

채널을 통한 이온 흐름의 순방향(net direction)은 ion에 작용하는 전기화학적 힘에 의해 홀로 수행되어 결정된다. Channel들은 pump, carrier들과 대조적으로 운송 중간에 구조적 변화를 겪지 않으며, $10^6 \sim 10^8\ S^{-1}$의 속도로 이온 흐름을 촉진할 수 있다. acetylcholine receptor 이온 채널을 통한 나트륨이온의 이동은 외부 나트륨이온의 농도에 비례한다.

F-type H^+-pumping ATPases

이러한 두 가지 종류의 막들은 산화환원 전위와 빛 에너지에 의해 생성된 proton-pumping 전자 전달계가 포함된다. pmf는 전자전달계가 작용한 결과 나간 H^+가 F-type ATPase를 통해 되돌아오면서 ATP의 합성되면서 생성된다. F-type ATPase의 한 구역은 식물의 미토콘드리아에서는 F_0라고 불리고, 식물의 엽록체에서는 CF_0라고 불리는데, 이들은 막을 가로질러서 H^+가 지나는 통로로 작용한다. 효소의 또다른 부위는 미토콘드리아에서는 F_1, 엽록체에서는 CF_1이라고 불린다. 이들은 transmembrane 부위와는 따로 분리되어 있고 adenine nucleotide결합 부위가 포함되어 있고 ATP를 실험관상에서 가수분해할 수 있다. F_0를 통한 H^+의 흐름은 긴 기간 동안의 구조적 변화를 통해 F_1으로 하여금 ATP를 생성하도록 한다. F_1부위의 Crystallographic 연구들은 $\alpha_3\beta_3\gamma_3$ 복합체를 이루고 이들은 각각 독특한 구조를 이루고 있다. 주어진 일정 시간에 하나의 결합자리가 열린 구조라면, 또다른 부위는 nucleotide와 느슨하게 결합되어 있고 세 번째 자리는 nucleotide와 세게 결합되어 있다. 그러면 proton driven ATP합성을 위한 구조적인 모델이 회전 촉매를 통해서 F-type ATPase에서 ATP를 생성하게 된다[30)]. 구조적 모델에 따르면 ADP와 무기질 phosphate는 우선 열린 nucleotide 결합자리에 붙게 된다. proton이 F_0부위를 통해 들어오게 되면 중앙의 F_1 subunit이 회전하고 모든 세 개의 nucleotide 결합자리의 구조는 변화하게 된다. 강하게 결합된 자리가 열리고 ATP를 친수성의 중앙으로 방출하면 열린 자리는 느슨한 자리로 바뀌고, 느슨한 자리는 강한 곳으로 바뀌면서 ATP가 자연적으로 생성되게 된다. 전체적인 과정에서 보면 총 세 개 또는 네 개의 proton이 F_0부위를 통해 들어오면서 각각의 ATP가 생성이 된다.

에너지 전달억제제

F-type H^+-pumping ATPase는 타감물질과의 상호관계에 있어서 좋은 반응대상이기 때문에 이차대사산물인 euparin 48, piquerol A 49, dehidrocostus lactone 50, costunolide 51, 7-oxo-7-deacetoxygedunin 52, gedunin 53, 그리고 5-O-β-D-galactopyranosyl-7-methoxy-3′,4′-dihydroxy-4-phenylcoumarin 31이 에너지 전달의 억제제로 작용하는데, 이 말은 F-type H^+-pumping ATPase 억제자로 작용한다는 뜻이다. 이 모든 구성 물질들은 틸라코이드 막에 붙어있는 Mg^{2+}-ATPase 활성을 억제한다. 타겟은 52, 53, 35의 경우와 마찬가지로 CF_0에 위치해 있는데 이것은 proton을 받아들이는 것이 assay medium안에서 억제자의 농도가 증가하고 있었기 때문이다. Tetranortriterpenoid 52의 경우에는 ketone 그룹이 C-7에서 발견되었는데 이것은 H^+-ATPase효소에서 중요한 억제자 작용할 때 중요한 구조적 필요성을 느끼게 하는 그룹이었다.

Limonoids 22, 23, 24에 의해 전시된 type의 활성을 비교하여 알려진 바로는 자연의 C-17의 heterocyclic ring이 이러한 type의 물질들의 타겟과 메커니즘을 결정한다. C-17의 furan ring을 포함하는 gedunin type의 경우 에너지 전달 억제의 작용을 하는 것으로 관찰되었다. 하지만, 23과 24는 Hill 반응의 억제자의 작용을 하는 것들과 같은 자리에 ketal ring을 포함한다.

ATP　H^+　ADP

E_1 ⟶ E_1-P$[H^+]_i$

↑↓

E_2 ⟷ →E_2-P$[H^+]_0$

H_0　Pi

P-type ATPase

ATP와 촉매적 H^+ 수송에 둘다 결합하는 단일 polypeptide는 대략 100KD이고 이것은 arabidopsis와 tobacco에 있는 10개의 gene으로부터 encode된다. P-type H^+ ATPase의 이성질체는 독특한 기능을 수행하는 것으로 보이고, 특별한 조직과 발달과정에서 특별한 시기에 서로 다르게 발현되는 것으로 보인다.

pmf는 원형질막의 P-type ATPase에 의한 수송에서 진행되며, 많은 carrier들을 통해 수행된다. 그것은 또한 Vm의 충격을 주는 방법으로 이온 채널 활성에 영향을 준다. 세포벽의 산성화를 결정하는 것은 expansin의 활성에 의한 것과 세포벽과 허용된 turgor-generated 성장 내에서의 수소결합을 약화시키는 단백질에 의해서이다. 그것은 또한 원형질막을 두고 전자화학적 농도구배를 형성시킨다. 전자화학적 농도구배는 전기적 전위와 H^+농도구배로 구성된다. 많은 물질대사적 기작은 H^+의 전체적인 생산에 의해 결정되고, 일부는 세포질의 산성화를 막기 위해 제거해야하므로 생성된다. 이러한 것은 원형질막의 H^+-ATPase에 의해 수행되었다. 원형질막 ATPase는 하나의 H^+를 세포 밖으로 내보내면서 각각의 MgATP를 가수분해하였다. 가수분해하는 동안 ATP의 γ-phosphtate는 일시적이지만, 공유적으로 효소의 aspartyl residue와 결합한다. acyl-phosphate 결합의 가수분해는 반응 cycle을 위한 driving force를 제공한다. 결합한 H^+를 apoplast에 노출하게 되는 구조적인 변화는 추가적인 구조적 변이에 의해 더 낮은 결합자리의 친화도와 연결되어 H^+의 해리를 허용하게 된다. 이러한 P-type 효소들은 곰팡이 원형질막의 H^+-ATPase, Na^+/K^+ - 교환 ATPase, 동물의 원형질막의 Ca^{2+} ATPase, H^+/K^+ 교환 ATPase와 한 집단이다.

모든 P-type ATPase는 E-P 전환 상태와 반응회로를 막는 orthovanadate에 의해 저해된다. 토마토와 담배에서 AHA3와 같은 조직 특이적인 H^+-ATPase는 체관부의 반세포들에 의해 선별적으로 발현된다. 이와는 대조적으로 AHA10은 주리 발전하는 씨앗에서 발현되는데, 특별히 tegument가 둘러싼 배(胚)에서 발현한다. 효모변종에서와 같은 발현 연구에서 원래의 원형질막에 있는 H^+-ATPase의 활성을 잃어버린 AHA1, AHA2와 같은 것에 대해 ATP의 Km값은 대략 0.15mM로 알려져 있지만, AHA3와 같은 경우 Km값이 10배는 높다. Orthovanadate에 대한 감수성 역시 각각 다르다. 원형질막의 H^+ ATPase의 조절은 주로 낮아진 세포질 pH에 대한 반응에 의해 활성화된다. 더 심오한 것은 효소의 C-terminus 세포질 지역이 자연적으로 억제하는 도메인을 만들어내고, 그것은 또한 다른 tryptic 절단 또는 유전적 변형에 의한 H^+ATPase의 활성화를 일으키는 기능을 하는 것이기 때문이다. H^+-ATPase억제에서의 C-terminal로의 비틀림은 fusicoccin과 함께 발견되었다. Fusicoccin은 원형질막의 H^+-ATPase를 자극한다. fusicoccin과 원형질막의 H^+-ATPase의 trypsin-유도 활성화는 비슷한 동적 특성을 보여주고, 추가적이지 않은 자동적인 억제를 보여준다. H^+-ATPase에 의한 활성화의 분리된 기작은 auxin 유도 자극에 의한 양성자 수송과

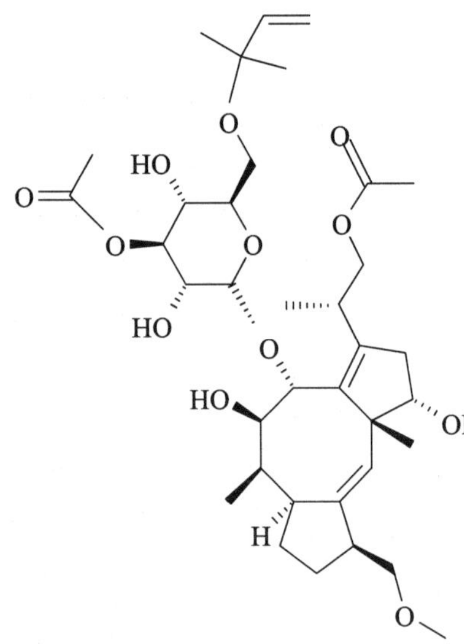

(54)

연관되어 있다.

칼슘 수송 ATPases

이들은 원형질막, ER, 엽록체 내막, 공포막에 분포되어 있다. 이 효소들은 칼슘이온을 세포질 밖으로 내보내서 세포질의 자유 칼슘이온 농도를 대략 0.2μm으로 유지하게 해준다. 이러한 낮은 농도의 자유 칼슘이온은 세포에서 일정하게 유지되어 인의 침전을 방지한다. 진핵생물에서 모든 칼슘이온 ATPase는 P-type ion motive ATPase이다. Arabidopsis는 ER-type 칼슘이온 ATPase를 갖고 있다. 원형질막에서는 CA^{2+} ATPase 활성이 calmodulin에 의해 촉진된다. Cacuolar Ca^{2+} ATPase는 calmodulin 결합 도메인을 N terminus에 갖고 있다. 원형질막 너머로의 칼슘이온의 전자 화학적 전위의 차이는 대략 -60kJ/mol인데, 이것은 실제로 ATP의 가수분해로부터 가능한 자유 에너지이다. 또한 Ca^{2+}/H^+의 교환을 촉매시키기도 한다.

V-type H^+ ATPase

식물의 액포는 pH5.5의 높은 산성 용액을 포함한다. 대략 2, 3단위 낮은 용액이 세포질에 존재한다. 액포 내로의 양성자 수송은 막수송체의 수송에 의한 에너지 생산뿐만 아니라 protease, glucosidase, phophatase, nucleotidase와 같은 산성 pH를 필요로 하는 것들이 있어서 낮은 pH를 유지하는 것이다. Proton pumping은 V-type H^+ ATPase에 의해 촉매된다. 서열 분석을 통해서 이러한 효소들이 일정 거리에 있는 F-type H^+ATPase들과 비슷하다는 것이 증명되었다. ATP 가수분해에 따른 H^+ 이동

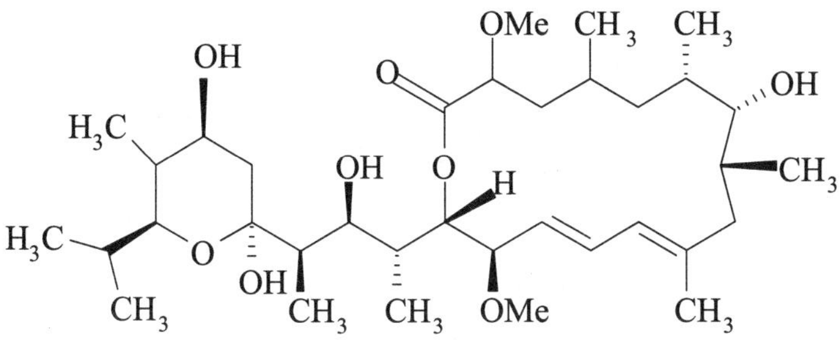

(55)

은 내강의 pH보다 아래에 있을 때 낮다. V-type 효소는 용해성의 F_1 부위와 유사한 V_1 부위와 F_0 부위와 유사한 V_0부위로 나눌 수 있다. V-type H^+ ATPase는 특별히 항생 bafilomycin A_1에 의해 억제된다. 모든 세포성 소기관의 산성 내강 pH에서 소낭의 물질들은 단백질을 향해서 분비된다. 그러므로 V-type H^+ ATPase는 타감물질 상호작용의 좋은 후보물질로 쓰일 수 있다. 식물들의 액포막에 존재하는 H^+-pumping inorganic pyrophosphatase (H^+-ATPase) 또한 타감물질 상호작용의 좋은 후보물질이 될 수 있다.

튜블린 및 미세소관

튜블린 및 미세소관은 생물현상 즉 유사분열의 방추사 형성, 세포골격, 축사 이동 등에 관여하기 때문에, 이들 시스템과 상호작용을 할 수 있는 모든 물질들은 세포복제의 잠재적 억제제로 이용될 수 있다. 특히 이것은 식물로부터 유래한 항암물질을 찾는데 중요한 표적이 될 수 있다.

Roux 등[48]은 Garcina pyrifera 과일로 부터 분리된, polyisoprenylated benzophenones xanthochymol(56) guttiferone E(57) 등 미세소관의 분리억제 특성을 밝혀왔다. 특히 전자현미경으로 혼합물 1(56+57) 하에서 조합된 미세소관과 0℃로 온도가 떨어졌을 때 미세소관이 클래식 패턴을 형성하는 것과 온도가 떨어졌을 때 미세소관이 클래식 패턴을 형성하는 것을 관찰했다. 이 마지막 관찰은 paclitaxel이 보여준 것과 상반된다. 즉 0℃ 온도 조건에서는 튜블린 조립을 조장하지 않았다는 것이다. IC_{50} 값은 혼합물1에 대해 2μM였다. 구조활성 관계 연구는 메틸레이션에 의한 enol의 에테르화 또는 고리화 반응(cyclization)에 의해 튜블린의 활동이 완전히 상실되는 것을 확인했다. C-13과 C-14의 두 수산기가 메틸화 또는 산화(58 및 59)된다면 마찬가지다. 그러나 C-13과 C-14에서 단 하나의 수산기가 메틸화 (화합물 60과 61이 Roux 등[48]에 인용됨), 에틸화 또는 글루코실화 된다면 일부 활동이 유지된다. 이중결합(화합물 64)의 수소화는 전체 활성을 완전히 상실하게 했다. 그러므로 그 분자의 catechol 및 enol 부분은 전적으로 생물학적 활성을 책임지는

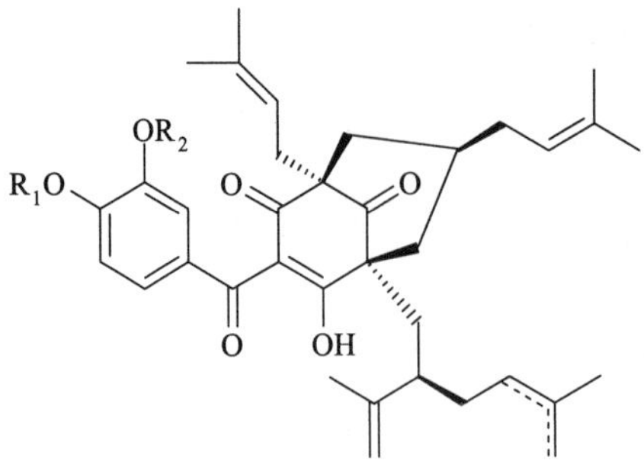

(56) : $R_1 = R_2 = H, \Delta^{36}$
(57) : $R_1 = R_2 = H, \Delta^{35}$
+**(58)** : $R_1 = R_2 = Me$
(60) : $R_1 = Me, R_2 = H$
(61) : $R_1 = H, R_2 = Me$
(62) : $R_1 = Et, R_2 = H$
(63) : $R_1 = \beta\text{-D-Glc}, R_2 = H$

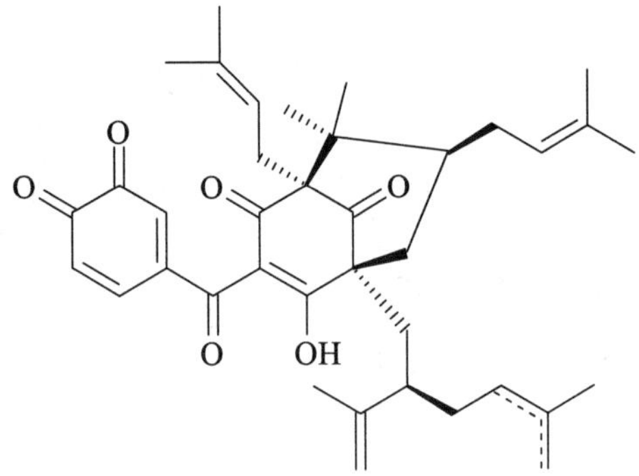

(59)

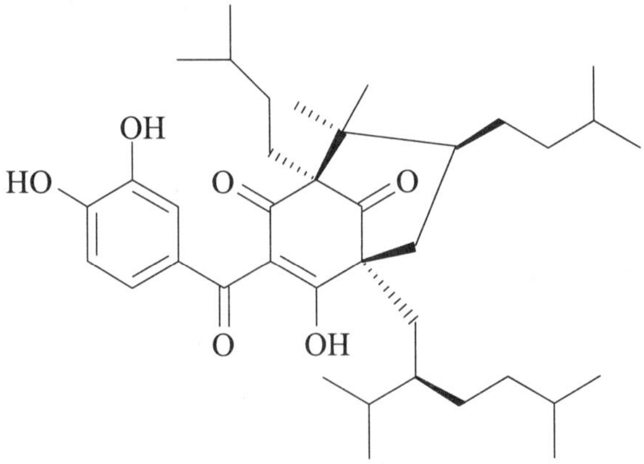

(64)

pharmacophore는 아니다. 비록 catechol 및 enol 부분이 변형되지 않았더라도 옥타유도체(64)가 비활성이기 때문에 불포화 프레닐 사슬(prenyl chains)을 포함하고 있는 친유성 도메인은 필수적인 요소이다.

그러나 모든 세포발달 억제제(KB 세포에 대한 세포독성)의 IC_{50} 값은 연구된 모든 화합물에 있어서 비슷하다. 세포독성은 세포내에서 튜블린과 그 산물과의 상호작용과는 아무런 관계가 없는 듯하다. 튜블린 및 미세소관은 결합 혹은 분리가 항암타감물질에 대한 선호되는 표적(target)이다.

크산틴 산화 효소(Xanthine oxidase, XO)는 퓨린과 하이포크산틴으로부터 요산을 형성하는데 촉매역할을 하고 통풍(gout)과 같은 건강상태와 관계가 있다. 통풍은

혈액 내에 요산농도가 높아지면 관절에 염증이 형성될 때 발생된다. XO를 억제하면 통풍 진통이 경감된다[13]. 또한 XO는 염증, 동맥 경화, 암, 노화와 같은 많은 병질환 발생에 관계하는 산소 유래 활성산소(oxygen-derived free radicals)의 생물학적 원천으로서 중요한 역할을 한다[13, 14]. 그래서 체외 생물검정(*in vitro* bioassay) 방법들이 XO를 억제할 수 있는 시험물질들을 검사하는데 사용된다. 즉 XO 억제 물질들은 통풍이나, XO로 인해 유발되는 질병을 치료하는데 사용될 수 있다[23]. Sweeney 등[50]은 호주에 자생하는 식물들의 추출물에 대해서 XO 억제 물질을 찾기 위해서 연구했다. Benth는 50 µg/mL 이하의 IC_{50} 값들을 나타냈으며, 그 중 활성이 가장 강력한 나무는 *Clerodendrum floribundum* R. Br이며, 추출물 E3는 6.00µg/mL을 보였다. 이러한 나무는 통풍 치료나, XO로 인해 유발되는 질병을 치료하는데 효과적인 생물학적 활성이 높은 천연 산물을 포함할 수 있다는 것이다. 이러한 알려지지 않은 allelochemicals의 표적(target)은 아마도 XO가 될 수 있다.

단일항산소와 유리화

단일항산소는 많은 타감물질과 엽록체에서의 광화학적 반응의 산물로, 모든 생명체들에게 유해한 물질이다. 어떻게 이것은 구조를 형성하고 식물들 사이에서 $^1O_2$를 조정하는 것일까? 식물방어에 있어서 역할을 할 수 있기는 하는 것일까?

산소분자의 바닥상태에서는 두 개의 개별적인 전자들이 평행한 스핀과 함께 존재한다. 그 삼중항 상태는 분자의 바닥상태에서 드물다. 그리고 같은 궤도에서 발생되는 전자는 반드시 반대로 돌기 때문에(Pauli exclusion 원리) 그 대부분의 본질에서 바닥상태에 있는 산소의 반응은 제한적이다. 이 산소의 활동에는 이 반응을 위해 이 스핀을 제한하도록 극복하는 것도 포함한다. $^1O_2$ 감소는 잠재적으로 독성물질 과산화물 음이온과, 과산화수소, 그리고 히드록실라디칼을 유발시킨다. 스핀 도치를 포함한 산소분자에서의 전자 방출은 단일항 형태인 산소로 만들어진 상태로 반대방향 스핀과 함께 들뜬상태를 초래한다. 그러나 그 첫번째 단일 상태는 0, 98eV의 방출 에너지를 가지고 있고, 그것은 화학적 반응을 허락할 만큼 충분한 활성을 가지고 있다. 그러므로 그 첫 번째 들뜬 단일 상태의 산소분자는 특정 광독성, 광역동 그리고 생물학적 과정에 관여되어 있는 것이다. 생물학적 시스템에서 $^1O_2$ 형성에 주된 메커니즘은 광에 의해 들뜬 합성물로부터 에너지 이동으로 인한 것이다. 그러한 감광물질로 인한 한 광자의 흡수는 아주 짧은 생명(10^{-6}~10^{-8}sec)을 가진 들뜬 단일체 상태를 유도한다.

$$S \rightarrow {}^1S$$

스핀 도치를 포함시킨 항간교차로 인해 이루어진 이것은 삼중항 상태로(Ca 10^{-3} sec) 보다 긴 생명을 가지며 안정을 취하게 된다.

$$^1S \rightarrow {}^3S$$

스핀을 제한하는 작용이 아닌 상황에서 산소분자는 에너지 전환으로 인해 $^1O_2$와 바닥상태의 갱생 증감제를 초래하며 트리플 상태를 풀 수 있다.

$$^3S + {}^3O_2 \rightarrow S + {}^1O_2$$

첫 번째 들뜬 단일체 상태보다 비교적 낮은 흥분에너지는 $^1O_2$가 다양한 합성물의 삼중항 상태를 푸는 것을 허락한다. 감광성의 합성물질들은 트리플 상태를 효율적으로 만들 수 있고, 다양한 기원과 구조의 하나가 될 수 있고, UV와 가까운 것부터(시각적으로), 적외선 가까운 것까지 전자기의 스펙트럼 범위에서 활동이 이루어진다[27]. 비록 예민하게 흥분되는 직접적인 작용이(타입 1 반응) 기질과 함께 발생될 수는 있지만, 단일체 산소는 내생적이나 외생적으로 생물학적 시스템에 있어서 예민하게 만드는 타입2 광역동 작용을 맡고 있다[27].

단일항 산소는 H_2O에 있는 2~4μsec부터 무극성 용액에 있는 25~100μsec까지 다양한 $^1O_2$ 중 준안정 원자의 독립체이다[27]. 그러므로 $^1O_2$는 잠정적으로 타감물질로부터 만들어진 막성분에 손상을 일으키는 물질이다. 이것에 대한 증거로 세포의 친수성 환경에 관련되어 있는 막성분의 소수성 내부에서 $^1O_2$의 수명이 증가되고 있는 것을 지목해왔다. 비록 $^1O_2$는 반응에 회전제한을 갖고 있지 않지만 분별없이 마구잡이로 반응하는 것은 아니다. 그것은 친전자적인 자연스러운 결과로 강한 이중결합 대체물이거나 하나의 전자인데 아주 기능적인 것인 복합물과 함께 나타내는 화학적인 반응을 의미한다. 추가적으로 $^1O_2$는 아마도 물질의 다양성으로 인해 바닥상태에서 물리적으로 억제될 것이다. 아주 중요한 것은 이것들이 정확한 $^1O_2$의 작용을 위한 목표세포인 생체분자를 선택한다는 것이다. 특별한 아미노산, 거의 모든 중요한 히스티딘, 메티오닌과 트리토판은 가능한 비활성화되있는 효소의 중요한 역할과 함께 $^1O_2$에 의해서 산화될 수 있다. 막의 파괴, 흔한 광역동 반응의 형태는 불포화 화합물의 지방산과 함께 $^1O_2$의 반응으로부터 히드로퍼옥시드의 형태에서부터 시작되는 지질성 독성물질 때문이라고 볼 수 있다. 핵산의 구아닌은 부분적으로 $^1O_2$로 공격하는데 예민하다. 다른 복합물의 종류들은 아마도 산소와 함께 반응하는 것과 같이 억제 될 것이다. 예를 들면 페놀, α-tocopherol(비타민 E), 카로티노이드, 그리고 특정 아민들이 있을 것이다. 아스코르산염은 과산화물, 히드록실라디칼, 그리고 $^1O_2$의 효과적인 억제 물질로써 활동할 것이다[27]. 이 복합물들은 산소의 손상작용으로부터 세포를 보호한다.

특정 방어적인 타감물질들은 그들의 자체 방어를 위해 썼던 광에너지를 산소로 전환시키는 능력을 포함하여 감광성을 주는 반응을 가능하게 해준다. 다른 2차 식물 생산물질[27] 들은 아마도 흥분되어 있는 단일항 상태의 산소를 억제함으로써 손상을 주는 광역동 반응에 대응하여 식물을 지키기 위해 생리적인 역할을 가지고 있을 것이다. 여기에서는 $^1O_2$의 생산에 관여하는 2차 대사물질들에 대해 서술되어질 것이다.

퀴논

물레나물속에서 발생되는 *Hypericins*(항우울제 성분과 흡사한)은 (St John's Wort) 초식동물이 이 식물을 삼킬 때 발생하는 광감작성의 원인이 된다. 극심한 피부염 상태는 Hypercism이라고 알려져 있다. Hypercism은 분비모샘으로 특별화되어져 있는 데에 포함되어 있고, 짐작컨대 자가 독성에 대하여 보호하는 것으로써, 꽃이나 줄기, 잎사귀에 위치하고 있다. Hypericin은 *Hypericum hirsutum*의 꽃받침으로부터 분리되어서, $^1O_2$(일중항산소) 생산을 할 수 있고 이로 인해 지질 과산화를 발생시키는 능력을 갖고 있는 것으로 알려져 왔다. Hypericins의 광역학 반응들은 500-600nm의 파장의 가시광선으로부터 주로 촉진된다. Hypericin(65)는 아데스모기의 애벌레에 광독성이 있다고 보여져 왔다. hypericin의 파생물 Fagopyrin(66)은 메밀의 꽃에서 생긴다. 그리고 이것은 hypericin과 비교할만한 것으로 초식동물에서 발광 조건이 생기게 한다. Cercosporin(67)은 균류에 의한 독소로, 광대한 범위에 걸쳐 식물의 경제적 중요성에 영향을 미치는 반점병을 유발하는 균류를 포함하는 Cerocospora종류의 막성분에서부터 생산된다. 이 독소에 의한 광역학 반응은 지질층에 예비산화를 초래하고 병원체와 비슷하게 막성분에 손상을 초래한다. 증거들은 67이 이 이차 대사산물에 의하여 $^1O_2$의 광화학적 발생이 가능할 수 도있다는 것을 나타낸다.

Rutaceae와 Apiaceae의 특징의 Furanocoumarins(68)은 포유류 피부에서 광민감성 반응을 보인다. 이 광민감성 반응은 그들의 능력에서 발생하여 피리미딘 계열의 DNA로 포토바인드 하도록 하고, 그 결과, 산소분자를 포함하지 않는 이 활동에서 320-400nm의 UV의 짧은 파장을 방사시켰을 때 교차결합을 하게 된다. 그러나 Furanocoumarins가 또한 산소를 포함하는 광역학적인 반응이 가능하다는 것을 명백하게 해준다. 그들은 모든 종류의 식물에서 찾아냈으며, 그것들은 주로 지방분비선과 관에 그리고 종피와 잎 표면의 wax에 위치하여 있었다.

흥미롭게도 angular furanocoumarins는 DNA에 결합할 수 있는 교차결합을 유도하는 것이 불가능 함에도 불구하고, linear furanocoumarins 보다 $^1O_2$ 발생에 대해 더욱 효율적이라는 것을 알아냈다.

폴리아세틸렌과 thiophene derivatives는 대게 국화과에서 발생하는 혼합물의 다양한 종류이다. 이 혼합물들은 또한 320-400nm의 UV에 의해 활성화되지만, DNA

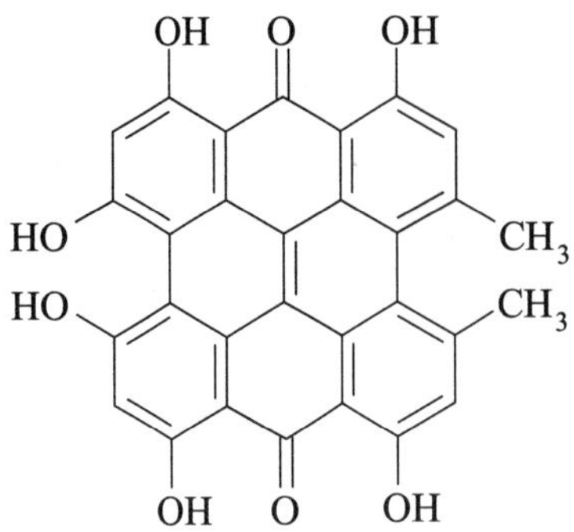

(65)

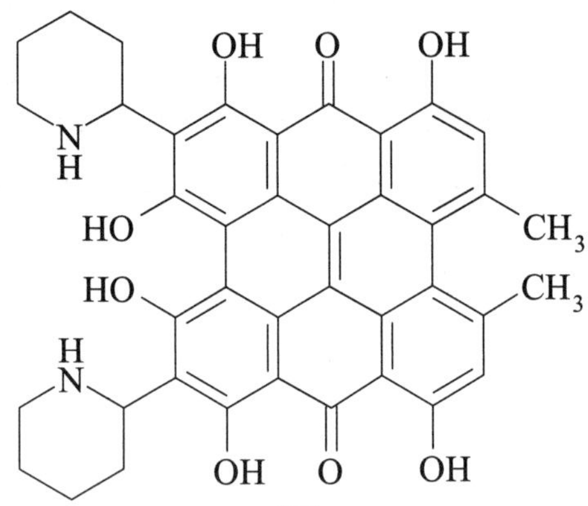

(66)

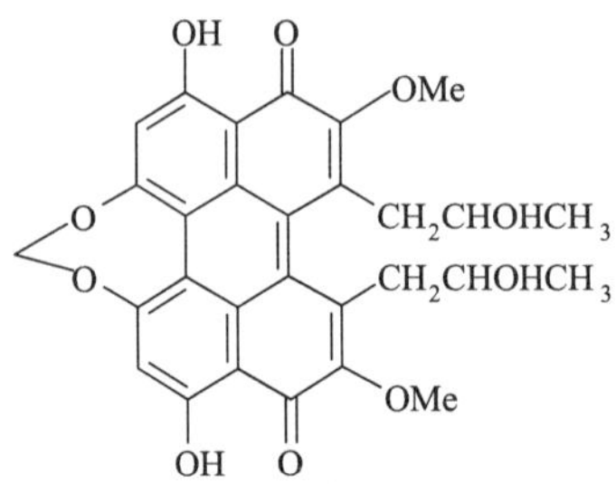

(67)

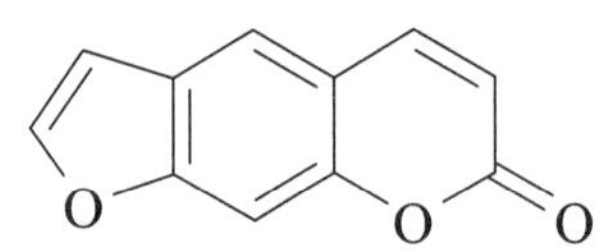

(68)

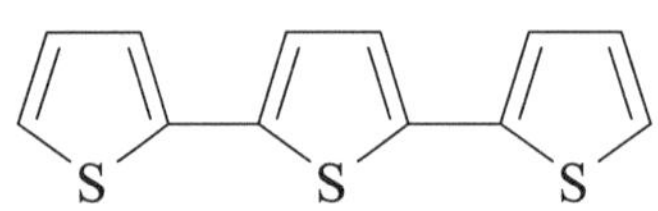

(69)

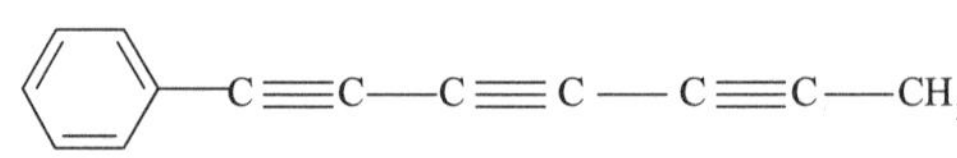

(70)

와 상호작용 할 수 없는 furanocoumarins와는 다르다. Polycetylenes는 큐티클을 포함하여 모든 종류의 식물에서 발견된다. 그러나 종종 뿌리와 같은 특정 조직에서는 제한되어있다. 분리된 α-Terthienyl(69)는 marginol(매리골드)의 뿌리에서 분리된 것이다. 그것의 선충구제적인 반응은 빛에 의해 크게 향상되었음이 증명되었고, α-Terthienyl은 효율적인 $^1O_2$의 발생자임도 증명되었다. 그리고 이 작용의 주 메케니즘은 광역학적인 막의 붕괴이다. 미생물, 곤충, 식물에 대한 약해는 입증되어 왔다. 그러므로 아마 그것은 하나의 가능한 제초제와 함께 타감작용의 매개체이다. 가장 많이 연구된 polyacetylene phenylheptatriyne(70)은 *Bidens pilosa*의 잎에서 발견되었다. 그리고 이것은 광독성 반응과 섭식 저해 물질 활성 또한 보여준다.

이와 반대로 (70)과 같이 링구조로 안정화된 polyacetylene과 직선사슬을 포함하는 광민감성은 무산소 환경에서 대개 광역동적이지 않다는 것을 보여준다. 광범위한 유기체에 맞서서 이루어지는 이러한 2차 대사물질들의 생물학적 작용은 그들이 특히 포식자 곤충에 맞서서 식물들 내에서 보호하기 위한 시스템을 가지고 있다는 것을 암시한다.

Dictamine(71)과 같은 furanoquinoline alkaloids들은 미생물과 모기 유충에 대항하는 광독성이다. 몇몇 harmaline(72)와 isoquinoline(73)과 같은 β-carboline alkaloids와 berberine(74)와 같은 alkaloid 또한 광독성 물질이다. Encelia의 종으로부터 온 benzofuran과 chromene은 광독성 반응을 만들어 낼 수 있는 능력을 가지고 있다. isoflavivoid phytolexin의 범위의 UV light에 의한 광반응은 자유 라디칼(with $^1O_2$)를 포함하고 있다고 밝혀져 왔다. 타닌산의 자가산화반응 동안 발생되는 $^1O_2$는 그들의 균 발육 저지와 방해 효과를 통하여 보호역할을 가질 것이라고 제안되었다.

다양한 생물학적 기원이 있는 식물의 2차 대사물질을 보호용으로써 그리고 방어용으로써 강한 독성의 매개물의 광범위한 사용을 도모하는 $^1O_2$의 광발생을 가능하게 한다. 그것은 또한 지나친 빛과 제한된 수분 제초제와 같은 식물의 스트레스 컨디션을 수반하여 $^1O_2$에 의한 손상을 가능하게 할 수 있다. $^1O_2$를 발생시키는 특정한 타감작용은 특정하지 않은 식물성장 독성을 피하기 위해 요구된다.

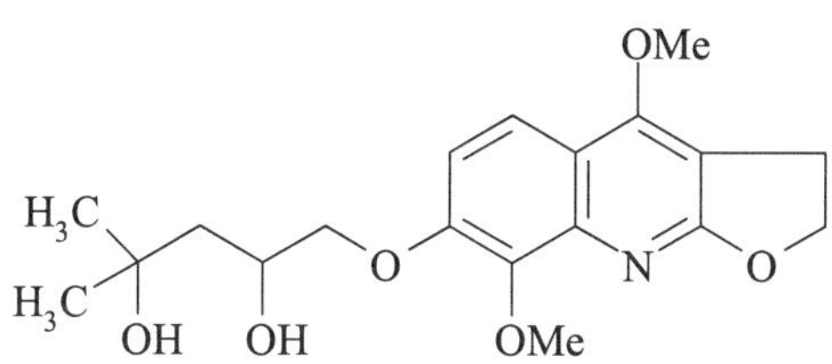

(71)

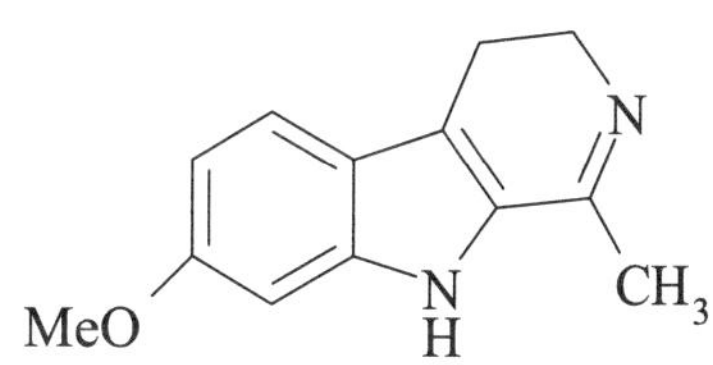

(72)

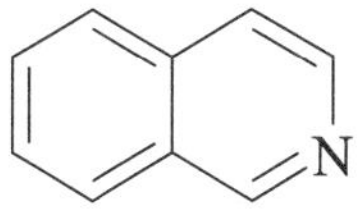

(73)

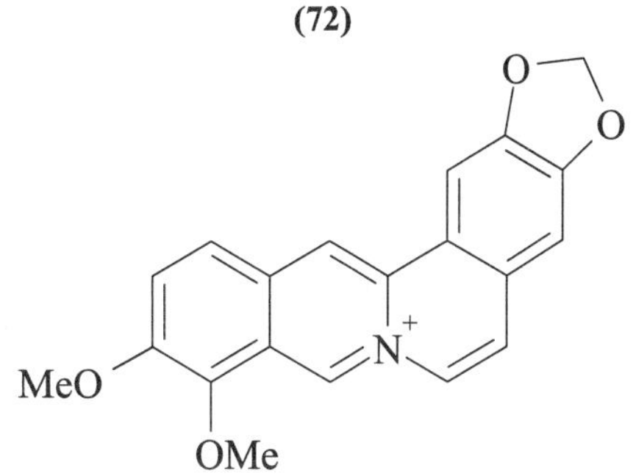

(74)

참고문헌

1) Achnine L, Mata R, Iglesias-Prieto R, Lotina-Hennsen B (1998) J Agric Food Chem 46: 5313-5317.
2) Achnine L, Pereda-Miranda R, Iglesias-Prieto R, Moreno-Sanchez R, Lotina-Hennsen B (1999) Physiologia Plantarum 106: 246-252.
3) Aguilar MI, Delgado G, Bye R, Linares E (1993) Phytochem 33(5): 1161-1163.
4) Anaya AL, Sabourin JD, Hernandez-Bautista BE, Mendez I (1995) J Chem Ecol 21 (8): 1085-1102.
5) Bah M, Pereda-Miranda R (1996) Tetrahedron 52: 13063-13080.
6) Batish DR, Singh HP, Kohli RK, Saxena DB, Kaur S (2002) Environ Exp Bot 47: 149-155.
7) Calera MR, Anaya AL, Gavilanes- Ruíz M (1995) J Chem Ecol 21: 289-297.
8) Calera MR, Mata R, Lotina-Hennsen B, Anaya AL (1996) J Agric Food Chem 44(10): 2966-2969.
9) Castañeda P, Gómez L, Mata R, Lotina-Hennsen B, Anaya AL, Bye R (1996) J Nat Prod 59: 323-326.
10) Castañeda P, Mata R, Lotina-Hennsen B (1998) J Sci Food Agric 78: 102-108.
11) Céspedes CL, Calderón JS, King-Díaz B, Lotina-Hennsen B (1998) J Agric Food Chem 46: 2810-2816.
12) Cháves D, Mata R, Iglesias-Prieto R, Lotina-Hennsen B (2001) Physiol Plantarum 111: 262-268.
13) Chiang HC, Lo YJ, Lu FJ (1994) J Enzym Inhib 8(1): 61-71.
14) Cos P, Ying L, Calomme M, Hu JP, Cimanga K, Van PB, Pieters L, Ulietnck AJ, Binghe DV (1998) J Nat Prod 61(1): 71-76.
15) De la Fuente JR, Uriburu ML, Burton G, Sosa VE (2000) Phytochemistry 55: 769-772.
16) Dilday RH, Mattice JD, Moldenhauer K, Yan W (2001) J Crop Prod 4: 287-302.
17) Elakovich SD (1999) CRC, Boca Raton, FL, 45-56.
18) Evans HC (1997) Biocontrol News Inform 18: 389-398.
19) Esposti DM, Ghelli A, Ratta M, Cortes D, Estornell E (1994) The Biochem 301(1): 161-167.
20) Estornell E, Tormo JR, Cortes D (1997) Biochim Biophys Res Commun 240: 234-238.
21) Galindo JCG, Hernández A, Dayan FE, Tellez MR, Macías FA, Paul NR, Duke SO (1999) Phytochemistry 52: 805-813.
22) González-Bernardo E, Aguilar MI, Delgado G, King-Díaz B, Lotina-Hennsen, B (2003) Physiol Plantarum 119: 598-604.
23) Goodman LS, Hardman JG, Limbird LE, Gilman AG (2001). *Goodman & Gilman's the Pharmacological Basis of Therapeutics*. McGraw-Hill Medical Pub. Division. 2148 pp.
24) Hernández-Terrones MG, Aguilar MI, King-Díaz B, Lotina-Hennsen B (2003a) Pesticide Biochem, Physiol 77:12-17.
25) Hernández-Terrones MG, Aguilar MI, King-Díaz B, Lotina-Hennsen B (2003b) Arch Biochem Biophysics 418: 93-97.
26) Jiménez A, Mata R, Lotina-Hennsen B, Anaya AL (1998) Z Naturforsch 53C: 55-59.
27) Knox JP, Dodge AD (1985) Phytochemistry 5: 889-896.
28) Kocacaliskan I, Terzi I (2001) J Hort Sci Biotech 76: 436-440.

29) Larson DP, Heathcock CH (1997) A J Org Chem 62: 8406-8418.
30) Lores Arnaiz GR (1998) Medicina 58(1): 107-109.
31) Lotina-Hennsen B, Roque-Resendíz JL, Jiménez M, Aguilar M (1991) Z Naturforsch 46C: 777-780.
32) Lotina-Hennsen B, Bernal-Morales E, Romo de Vivar A, Pérez CA, Castro RA, Aguilar MM (1992) J Chem Ecol 18(11): 1891-2000.
33) Lu SF, O'yang Q, Guo ZW, Yu B, Hui YZ (1997) A J Org Chem 62: 8400-8405.
34) Mata R, Martínez E, Bye R, Morales G, Singh MP, Janso JE, Maiese WM, Timmermann B (2001) J Nat Prod 64(7): 911-914.
35) Méndoza JL, Jimenez M, Lotina-Hennsen B (1994) Pestc Sci 40: 37-40.
36) Miyoshy H, Ohshima M, Shimada H, Akagi T, Iwamura H, McLaughlin JL (1998) Biochem Biophys Acta 1365(3): 443-452.
37) Molish H (1937) *Der Einfluss einer pflane auf die andere-Allelopathie*. Fisscher, Jena.
38) Morre DJ, de Cabo R, Farley C, Oberlies NH, McLaughlin JL (1995) Life Sci 56(5): 343-348.
39) Oberlies NH, Jones JL, Corbett TH, Fotopoulos SS, McLaughlin JL (1995) Cancer Letters 96(1): 55-62.
40) Oberlies NH, Chang JL, McLaughlin JL (1997) J Med Chem 40: 2102-2106.
41) Pandji C, Grimm C, Wray V, Witte L, Proksch P (1993) Phytochemistry 34(2): 415-419.
42) Pereda-Miranda R, Mata R, Anaya AL, Wickramaratne MDB, Pezzuto JM, Kinghorn DA (1993) J Nat Prod 56: 574-582.
43) Picman J, Picman AK (1984) Biochem Syst Ecol 12: 287-292.
44) Putnam AR (1983) Chem Eng News 61 (14): 34-35.
45) Putnam AR, Tang CS (1986) *In the Science of allelopathy*. Putnam AR, Tang CS, eds, Wiley, New York, p. 1-22.
46) Rasmussen JA, Einhellig, FA (1979) Plant Sci Letters 14: 69-74.
47) Rice EL (1984) Allelopathy 2e.
48) Roux D, Hadi HA, Thoret S, Guenard, D, Thoison O, Pais M, Sevenet T (2000) J Nat Prod 63:1070-1076.
49) Smith AE, Martin LD (1994) Agron J 86: 243-246.
50) Sweeney AP, Wyllie SG, Shalliker RA, Markham JL (2001) J Ethopharmacol 75: 273-277.
51) Tormo JR, Gallardo T, Aragon R, Cortes D, Estornell E (1999) Chemico-Biological Interactions 122: 171-183.
52) Whittaker RH (1970) *Chemical Ecology*, In Sondheimer E, Simeone JB (Eds), 43-70.
53) Whittaker RH, Finney PP (1971) Science 171: 757-770.
54) Zafra-Polo MC, Gonzalez MC, Tormo JR, Estornell E, Cortes D (1996a) J Nat Prod 59(10): 913-916.
55) Zafra-Polo MC, Gonzalez MC, Estornell E, Sahpaz S, Cortes D (1996b) Phytochemistry 42: 253-271.

12

CHAPTER

타감물질 작용장소 : 미토콘드리아

서론

종자 발아는 대부분 작물의 번식과 재배에서 중요한 단계이다. 빛, 온도, 산소, 화학물질과 같은 다양한 환경적 요인은 발아율과 능력을 조절할 수 있다. 한편, 성공적인 발아는 물, 이온, 용질의 이동, 단백질, RNA 합성, 호흡과 같은 기본적인 세포활동에 의존한다. 마지막에 언급된 세포호흡은 많은 세포 과정에서 반응물로 사용되는 ATP를 생성한다. 따라서 ATP 생성을 방해하는 것은 ATP를 요구하는 활동들에 폭 넓은 영향을 미칠 것이며 종자발아와 식물성장을 저해할 것이다. 일반적으로, 미토콘드리아의 산화적 인산화가 초기 단계의 흡수 과정과 발아의 나중 단계에서 ATP를 제공한다고 알려져 있다[38]. 따라서 미토콘드리아는 타감물질이 영향을 미칠 가능성 있는 장소라고 여길 수 있다. 미토콘드리아가 타감물질 작용의 제 1의, 혹은 제 2의 장소인지에 대한 의문은 이 물질들의 작용 특징과 기작을 알 수 있다면 해결할 수 있을 것이다. 이 장에서는 유식물에서 분리된 미토콘드리아와 완전한 조직의 호흡활동에 있어서 몇몇의 타감물질의 효과들을 평가하는 실험들을 설명할 것이다.

호흡 측정

미토콘드리아의 기능에 대한 연구는 미토콘드리아와 미토콘드리아 부속물들이 포함된 배지의 산소 농도의 변화를 연속적인 방법으로 측정하는 것이 가능해지면서 많은 진전을 보이게 되었다. 이는 '산소전극'이라고 하는 전기분해 자가장치 덕분에 이러한 기술이 가능해졌다[11]. 가장 많이 사용되는 산소전극은 전해질 용액(주로 KCl)에 의해 은 양극으로부터 분리된 백금 음극이 있는 클라크(Clark) 타입이다. 백금 전극은 약 0.7볼트로 극성을 띄고 있다. 백금의 표면에서 산소는 환원되면서 작은 전류를 양극 방향으로 생성한다. 일정한 한계 내에서 이 전류는 백금 전극 표면의 산소 농도에 비례한다. 실질적인 적용 방법으로, 결합된 백금-은 전극을 유리나

Ishii-Iwamoto EL[1], Abrahim D[1], Sert MA[2], Bonato CM[2], Kelmer-Bracht AM[1] and Bracht A[1]

[1]Department of Biochemistry, University of Maringá, Pr, Brazil
[2]Department of Biology, University of Maringá, Pr, Brazil

플렉시글라스로 만들어진 중심을 공유하는 두 개의 방이 있는 장치에 넣는다. 안쪽 구역에는 미토콘드리아의 현탁액이나 다른 물질들이 적절한 반응 배지에 놓여있다. 바깥쪽 구역은 온도를 조절하기 위해 자동으로 물이 순환되게끔 사용된다. 전극은 테프론막으로 덮어진 끝 부분이 배양계와 만나도록 위치를 잡는다. 안쪽 구역은 밀봉한 배지 내의 산소가 균질하게 분포되도록 하기 위해 교반기를 사용한다[9]. 이 장치는 미토콘드리아, 미토콘드리아 부속물, 분리된 세포, 조직조각과 미생물들의 산소 소비를 측정하는데 이용할 수 있다.

산소전극은 전자가 산소로 전달되는 현상과 같은 단일반응의 비율만을 측정한다. 그럼에도 불구하고 배양 조건들의 변화로 개별적인 과정에서 호흡이 제한되는 단계가 되도록 해서 다양한 미토콘드리아 작용들에 대한 정보를 얻을 수 있다. 기질, 보조인자의 종류와 농도를 바꾸고, 특정 억제자를 첨가함으로써 다양한 과정들이 측정될 수 있다. 알아낼 수 있는 정보에는 호흡회로의 구성요소와 부분들의 활동, ATP합성 활동, 막의 양성자 투과성, 막을 통과하는 아데닌-뉴클레오타이드 수송, 다양한 탈 수소효소 활동, 막을 통한 기질들의 수송 등이 포함된다[43].

식물조직을 이용한 호흡의 측정은 상대적으로 쉬운 일이다. 배양계에 조직 단편들이 더해지면, 주로 탄수화물인 내생의 기질을 소비하며 호흡한다. 어떤 계에서는 몇몇의 인자들이 호흡을 조절할 수 있다. 이 인자들은 당 보존물의 크기 그리고 해당과정과 같은 몇 개의 대사과정, 오탄당 1인산염 경로, NADH와 숙신산을 호흡 회로에 제공하는 글리옥실산 회로와 같은 물질대사가 보존물으로부터 당을 가져 올 수 있는 속도와 같은 인자들이다. 더불어 미토콘드리아의 호흡이 거의 조직의 전체 호흡을 나타내더라도 다른 산소 소비반응들이 기여하고 있을 수 있다. 이 기여는 조직에 따라 다양하며 주로 광호흡, 퍼옥시다아제, 리폭시게나아제를 포함한다. 완전한 조직에서 미토콘드리아의 산화 활동을 측정하는 것의 분명한 이점은 완전한 조직이 생체 내 상태와 필요들에 정확히 결정된다는 것을 알아낼 수 있다는 것이다. 그러나 식물의 조직의 복잡성은 정확한 해석에 심각한 방해물이 되기 쉽다. 따라서 미토콘드리아의 호흡계가 타감물질 작용과 생리학적으로 연관이 있는 장소인지 아닌지 찾아내기 위해서는 분리된 미토콘드리아와 완전한 조직을 가지고 실험을 수행하는 것이 바람직하다.

미토콘드리아 분리

미토콘드리아는 잎, 감자의 덩이줄기, 콩의 하배축, 배젖, 배아와 같은 다양한 식물 재료들로부터 분리할 수 있다. 일반적으로 사용되는 방식은 Bonner의 전통적인 방법에 따른다[6]. 신선한 재료를 그들의 구조를 유지하기 위해 만니톨, 자당, 소르비톨 등의 삼투조절제, 완충제(pH 7.0-7.5)와 EDTA, 시스테인, 탈지 혈청알부민 등의 물질 등이 기본적으로 첨가된 냉각된 배지에 잘라서 넣어진다. 생화학적, 생리학적으로 완전한 상태를 보이는 미토콘드리아 조각을 준비하는 것은 쉽지 않다. 전체 과정에서 가장 중요한 점은 재료의 분쇄이다. 분쇄 과정에서 이용되는 힘과 시간은 미토콘드리아 막의 과대한 파열을 피하기 위해 각각의 재료에 맞게 최적화 되어야 한다. 이러한 과정을 통해서도 전체 미토콘드리아의 1~3%에 해당하는 적은 양의 미토콘드리아만을 얻을 수 있다. 충분한 양의 미토콘드리아 현탁액을 만들기 위해서는 많은 부피의 신선한 재료가 필요하기 때문에 이것은 심한 어려움으로 작용한다. 예를 들어, 일차근으로부터 질 좋은 미토콘드리아의 많은 양을 확보하려면 거의 500개의 옥수수 유식물(3일된)이 필요하다. 또 다른 어려운 점은 분쇄하는 동안 유출된 미토콘드리아 외적 구성 물질에 의한 표본이 오염된다는 것이다. 분쇄 과정 동안 매우 다양한 해로운 물질들이 배출되는데 특히 액포 내용물들과 특정 효소들의 생성물들은 오염 요소로 작용한다. 가수분해효소의 작용으로 방출되는 리놀레산과 리놀렌산 같은 유리지방산들은 식물의 미토콘드리아 표본에서 가장 문제가 많은 오염물질들이다[14, 35)]. 이 물질들의 효과를 최소화하기 위한 전략들은 다음과 같다: a) 조직/추출 배지 비율을 낮게 유지; b) 분쇄 후에 신속한 pH 조정; c) 세포 조직 현탁액의 가용성 성분으로부터 세포 기관의 신속한 분쇄; d) 시스테인, 아스코르브산염과 같은 항 산화물질의 첨가; e) 음이온과 지질을 효과적으로 결합시키는 탈지 혈청 알부민(0.1-1%w/v)의 첨가; f) Ca^{2+} 의존성 리파아제의 활동을 저해하는 EDTA의 첨가. 조직을 분쇄한 후에, 세포분쇄 액의 pH를 신속하게 7.2로 조정하고, 1차 저속 원심분리(거의 1000g) 후에 미토콘드리아는 더 높은 원심력(10000-20000g)에 의해 침전된다. 침전물은 곧이어 현탁과 침전의 반복을 거쳐 세척한다. 이러한 과정의 결과인 미토콘드리아 표본을 가리켜 세척된 미토콘드리아라고 부른다.

세척된 미토콘드리아 표본은 고도의 완전성과 기능성을 가지고 있는 미토콘드리아들로 구성되어 있다. 그러나 조직의 종류에 따라 미소체, 녹말체, 틸라코이드, 퍼옥시좀과 같은 준세포기관뿐만 아니라 가용성의 효소(액포성 proteinases, 지질성 효소, 아실 가수분해효소, catalases, lipoxygenases)들도 표본을 오염시킨다[5)]. 이러한 효소들의 작용으로 인한 미토콘드리아 막의 빠른 악화를 제외하면 리폭시게나아제와 카탈라아제와 같이 산소를 소비하는 반응들을 촉진하는 효소들은 특히 호흡활동을 측정하는 데에서 중요하다. 따라서 미토콘드리아 부유물을 추가적으로 정제하는 것이 필수적인 과정이다.

감자의 덩이줄기, 콩의 배축, 완두콩 잎을 포함하는 다양한 미토콘드리아 원류에 슈크로스 밀도 구배 원심분리법을 이용한 정제가 적용되어 왔다[15)]. 그러나 슈크로스 밀도 구배 방법보다 더 빠르고 나은 이점들을 갖고 있는 무독성의 실리카졸(Percoll) 방법이 개발되었다. 등장성과 저점성이 있고, 세척된 미토콘드리아를 Percoll 밀도 구배에 통하여 미토콘드리아 외막 뿐 아니라 오염된 효소들도 제거시킬 수 있다[42)]. 연속적인 자가생성 구배나 불연속적인 구배도 사용될 수 있다[24)]. 불연속적인 구배의 이점은 낮은 원심력이 요구된다는 것이다. 연속적인 기울기의 40,000g과 비교해서 7,000g이면 가능하며 고속 원심분리기가 필요하지 않다. 우리는 지금까지 배아와 유묘의 조직에서 미토콘드리아를 정제하는 데 Percoll 불연속 기울기를 성공적으로 사용하고 있다[1, 2, 3, 56, 60].

호흡을 방해하는 타감물질

페놀릭산, quinones, coumarins, terpenoids, flavonoids에서 유래한 타감물질들은 완전한 식물 세포와 분리된 미토콘드리아의 호흡활동에 영향을 주는 것으로 나타났다. 분리된 미토콘드리아에서 타감물질 작용의 세기는 매우 다양하게 나타났다. 하지만 여러 연구자들에 의한 다양한 실험 조건들 때문에 그들의 비교는 정확하지 않다. 더욱이 미토콘드리아가 다른 조직과 종에서 분리되었고, 다른 배지와 기질을 사용하기 때문이다. 그러나 일반적으로, 거의 1.0μM의 농도로 분리된 미토콘드리아에 효과적인 quinones sorgoleone과 juglone이 가장 효과적인 물질들이라고 결론지을 수 있다[21, 28, 48]. 플라보노이드는 20~1000μM의 농도 범위에서 효과적이며[49~52, 58, 60] 페놀릭산은 millimolar범위에서 상대적으로 높은 농도에서 미토콘드리아의 물질대사에 영향을 준다[3, 13, 56, 63]. 반면, 모노테르펜들의 효능은 두 가지 크기에서 다양하였다(50-5,000uM)[1, 2]. 타감물질들의 작용의 기작은 매우 다양한 것이 확실하며 대부분의 것들은 다양한 작용 위치를 갖고 있다. 그림 1은 미토콘드리아 안에서 몇몇 타감물질들의 작용 위치를 보여준다. 소골리온은 b-c_1복합체에서 미토콘드리아의 전자 흐름을 억제하는 것으로 나타났고[48] 주글론은 산소 환원으로의 대체경로를 유도한다[21]. 다양한 플라보노이드로 연구한 결과 분리작용[49, 52, 60], 산화적 인산화의 억제[29], 제I[51]과 II복합체의[60] 수준에서 전자의 흐름을 막고, 인산염 흡수의 억제[60], 외인성의 NADH-탈수소효소 작용의 억제를 나타냈다[50, 52]. 페놀릭산 역시 전자흐름의 억제, 인산염과 칼슘이온 수송의 억제[13], L-말산염 산화의 억제를 포함한 다양한 단계에서 미토콘드리아의 물질대사를 방해하는 것으로 나타났다[56]. 살리실산은 저농도(<1.0mM)에서 공역방지제로 행동하며 ADP-제한 전자 수송을 촉진한다. 그러나 고농도에서는 탈수소효소와 유비퀴논 풀로부터의 전자 흐름을 방해한다[44]. Abrahim 등[1, 2]은 모노테르펜이 분리 작용을 통해 호흡을 촉진시키며 호흡 작용에 문제를 일으킨다는 것을 보여주었다.

표1은 다양한 단계의 미토콘드리아 호흡 매개변수에 대한 몇몇 타감물질들의 작용 형태와 효과를 비교하였다. 자료들은 옥수수(*Zea mays* L.) 뿌리와 콩(*glycine mas* L. Merril)의 하배축[1, 2, 3, 56, 60]으로부터 분리되어 정제된 미토콘드리아를 가지고

우리 실험실에서 실행한 실험으로부터 얻어졌다. 이 실험들에서는 기질들의 혼합물(L-말산염, 숙신산, L-글루타메이트, NADH)이 사용되었다. 이 기질들의 존재할 때 미토콘드리아가 최대한의 산화 수용력을 얻는 것으로 믿어진다[12].

온전한 조직 호흡에 타감물질의 작용

식물체에서의 식물독성 효과가 미토콘드리아의 직접적 작용인지 아닌지는 대부분의 타감물질에서 여전히 불확실하게 남아있다. 미토콘드리아에 부정적인 효과는 타감물질이 미토콘드리아에 접근하는지에 달려있으므로 화합물이 식물세포막에 투과성을 가지는가와 세포 내에서 화학적 변환이 가능한가에 달려있다. 대부분의 타감물질에서 이 주제에 대한 자료는 부족하다. 그렇지만 분리된 미토콘드리아에 효과적인 성분들이 세포 안에서 활성되는 농도에 도달할 수 없기 때문에 중요하다. 이것은 아마 분리된 미토콘드리아에서 부정적인 효과를 야기하는 페룰산, 바닐락산, 쿠마르산, 카페인, 루틴, 모노테르펜 장뇌, 유칼리프톨, 리모넨과 같은 타감물질들에 대해 오직 상대적으로 높은 농도(millimolar 범위)에서만 일어나기 때문이다. 그러나 최근에 살리실산으로 보여준 것처럼 조직의 농도가 배지의 농도보다 높아야 한다는 점은 고려해야 한다[44]. 살리실산은 배양된 담배세포 안으로 외부적에 적용된 농도의 1~10배까지 축적된다.

타감물질이 존재하는 곳에서 자란 조직의 호흡 분석은 미토콘드리아에 대한 역효과가 온전한 조직에서 나타나는지 아닌지에 대한 정보를 제공할 것이다. 그러나 온전한 조직의 호흡변화를 해석하기가 더 어렵다. 미토콘드리아의 외적 과정의 영향뿐 아니라 온전한 식물의 호흡은 종종 미토콘드리아-대체-산화효소(AOX)가 있다는 것을 말해주는 시안화물에 저항성이 있다[4]. 따라서 ATP 합성의 효율을 변화시키는 호흡율의 변화범위는 시트크롬 산화효소 경로(COX)와 전자수송의 대안 변형된 전자전달 경로 사이에 전자 유동의 분배에 의존한다. 열대식물에서 AOX의 역할이 잘 알려져 있지만[36] 비열대성 식물은 잘 알려져 있지 않다. 그래도 AOX는 ADP가 제한될 때 시트르산 회로를 통한 탄소유동으로 그것 때문에 다른 세포과정을 위한 탄소 골격을 제공하거나 호흡사슬에 의한 활성산소(ROS)의 생산을 최소화한다[62]. 건강한 식물 조직의 COX와 AOX 사이의 분할은 시트크롬대사억제자인 시안화칼륨(KCN)과 대체 산화효소 억제자인 살리실하이드로사믹산(SHAM)을 이용함으로 추정할 수 있다. 최근, ^{18}O-구별방법은 안정한 상태에서 체내에서 진행되는 대안적 산화효소를 측정하는데 사용되어 왔다[55]. 그러나 이 방법은 고도로 복잡한 장치를 필요로 한다.

온전한 조직에서 호흡의 다양한 과정의 영향 때문에 분리된 미토콘드리아와 온전한 조직에서의 효과를 비교할 때 비일관성이 자주 발견된다. 예를 들어 주글론의 경우 분리된 미토콘드리아에서는 호흡의 촉진이 관찰된 반면, 다양한 식물종의 잎

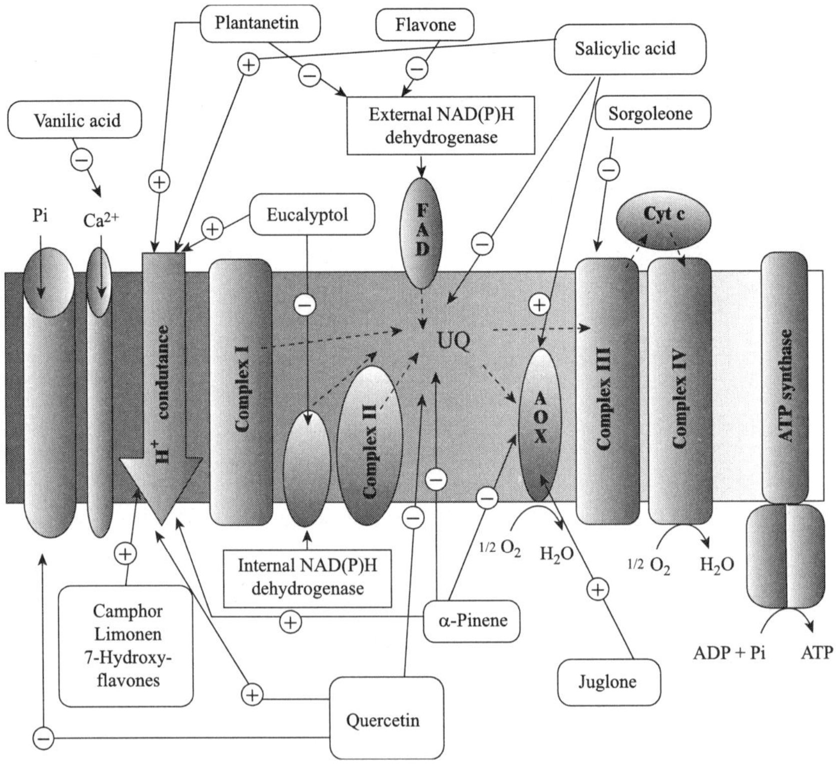

그림 1. 식물미토콘드리아에서 배타물질의 주요 작용부위. 활성 +, 억제 – 표시.

과 잘려진 뿌리에서는 호흡의 억제가 보고되었다[21, 27, 28, 41, 46]. 살리실산은 적용된 농도에 따라 담배세포의 호흡 촉진과 억제를 유도한다[44]. 분리된 미토콘드리아에서 관찰된 분리시키는 작용과 전자 유동의 억제는 이 효과들의 설명이 될 수 있겠지만, 살리살산은 온전한 조직에서 호흡 속도에 영향을 주는 것으로 추정되는 대체 경로 호흡을 촉진하는 것으로 나타났다[53].

모노테르펜 α-파이닌의 영향

미토콘드리아에 대한 작용이 어떻게 온전한 조직 내의 호흡에 영향을 미치는 지와 유식물의 생장에 대한 중요성을 조사하기 위해 실험실에서 시험한 타감물질 중 가장 활동적인 화합물인 모노테르펜 α-파이닌을 가지고 종합적으로 분석하였다(표 1). α-파이닌은 미국과[18] 지중해 식물의[34] 삼림목 종류를 포함한 몇몇의 방향족의 정유를 구성하는 주요 물질 중 하나다. 이것은 많은 지역에서 배출되는 전체 모노테르펜의 약 50%를 차지한다[18]. 따라서 α-파이닌과 다양한 식물 종들과의 상호작용은 자연에서 매우 일어나기 쉬운 사건이다. 모노테르펜이 식물 호흡을 방해한다

표 1. 분리된 미토콘드리아의 호흡관련 인자에 미치는 타감물질의 영향

Compound	Altered parameter	Active concentration (μM)
Coumaric acid	Reduction of respiratory control[a]	≥ 5000
Ferulic acid	–	NS
Vanilic acid	–	NS
Camphor	Stimulation of state IV respiration	> 5000
Eucalyptol	Stimulation of state IV respiration	≥ 5000
Limonene	Stimulation of state IV respiration and Inhibition of state III respiration	≥ 1000
α-Pinene	Stimulation of state IV respiration and Inhibition of state III respiration	≥ 50
Caffeine	–	
Coumarin	Reduction of ADP/O ratio[a]	NS[a]
Quercetin	Stimulation of state IV respiration Inhibition of FCCP-uncoupled respiration and of NADH- and succinate-oxidase	≥ 5000 > 500
Rutin	–	NS
Flavone	Inhibition of state III and IV respiration	> 250

[a] = maize root mitochondria; NS = no significant.

는 증거는 이미 Muller 등에 의해 발표되었다[39, 40]. 이 저자들은 퍼플 세이지(*Salvia leucophylla*) 잎의 분비물에 오이(*Cucumis sativus*)를 노출시키면 유식물과 적출된 뿌리에서 산소 흡수가 감소한다는 것을 설명하고 있다.

우리는 α-파이닌이 옥수수 유식물로부터 분리된 미토콘드리아의 ATP 생성 능력에 심각한 손상을 일으킨다는 것을 발견했다(그림 2). 자엽초와 뿌리로부터 분리된 미토콘드리아에서 각각의 ID_{50}는 80.2 ± 5.5와 62.9 ± 5.4μM이다.

α-파이닌에 의해 유도된 호흡매개변수의 변화들은 산화적 인산화의 짝풀림과 전자 전달의 억제 현상은 ATP 생산 억제의 주요 이유라는 결론을 뒷받침한다. 50~500μM 농도 범위의 α-파이닌은 미토콘드리아(옥수수 자엽초나 1차뿌리)나 기질(L-말산염, 숙신산이나 NADH)의 존재에 상관없이 산소 소비에서 비슷한 효과를 발휘한다. 그림 3에서 전형적인 실험결과로 표현된 것과 같이, 투여량-반응 곡선에서 적어도 두 개의 운동단계로 구별될 수 있다[2]. 250μM 이하의 농도에서, α-파이닌은 IV상태에서 호흡을 촉진시켰고 III상태에서는 호흡을 억제시켰다. 250μM 이상의 농도에서, α-파이닌의 효과는 III상태와 IV상태에서 호흡을 억제시키는 것이다. 100μM 이상의 농도에서 호흡 조절 비율의 완전한 억제는 명백하고 50μM의 α-파이닌이 있을 때 ADP/O비율의 낮은 값에 대한 경향은 분명하다(그림 3에 삽입된 도표). 짝풀림 효과는 또한 활력이 있는 미토콘드리아와 결합하는 사프라닌의 변화로 나타난 α-파이닌에 의해 야기된 막전달 전위의 감소로 설명된다[2].

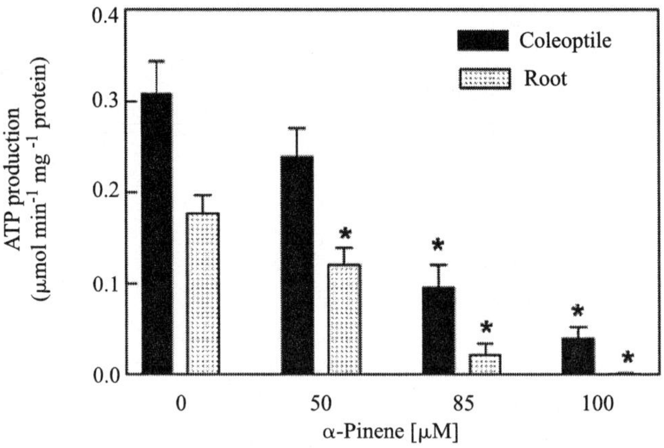

그림 2. 옥수수 자엽초와 1차근에서 분리한 미토콘드리아의 ATP생성에 미치는 α-pinene의 영향

전자전달 억제는 짝풀림인자인 카르보닐 시안화물 p-trifluoromethoxyphenyhyd razone(FCCP)이 존재할 때, α-파이닌이 호흡 억제를 일으킨다는 관찰을 통해 설명된다(그림 3). α-파이닌이 L-말산염 탈수소효소와 숙신산 탈수소효소의 활동에 영향을 주지 않는다는 것과 그것이 기질에 상관없이 산소 소비를 억제한다는 것이 α-파이닌이 퀴논 풀과 산소 사이의 특정 지점에서 전자전달을 수행한다는 것에 높은 가능성을 갖게 한다.

만약 분리된 미토콘드리아에서 관찰된 활동들이 온전한 조직에서도 일어난다면, 우리는 조직 호흡에서의 변화들뿐만 아니라 식물의 생장과 발달의 손상도 예상할 수 있다. α-파이닌이 존재하지 않는 것과 250μM이 들어간 액체 영양배지에서 6, 12, 24, 48시간 동안 처리된 다음 3일된 식물을 통한 실험결과로 볼 때, α-파이닌이 옥수수의 생장에 영향을 미치는 것으로 나타났다. 그림 4에서 보여준 것과 같이, 뿌리 길이는 처리 후 6시간이 지나자 마자 줄어들었고 24시간 후에는 주근과 자엽초의 생중량이 감소하였다. 6시간의 처리에서 뿌리의 길이는 약 60%로 줄었고 48시간에는 87% 감소했다. 1차근과 자엽의 생체 무게는 처리 48시간 후에 약 30%로서 최대 저해됨을 발견했다.

α-파이닌에 노출된 다음 옥수수 유식물의 호흡율이 확연하게 변한 실험결과가 그림 5에 잘 나타나고 있다. 100μM의 α-파이닌에 노출된 경우 α-파이닌에 노출되지 않은 식물에 비해 6시간 동안 전체 산소 소비량이 거의 25% 감소하였으며 12시간 후에는 60%의 큰 감소율을 보였다(그림 5). 250μM의 α-파이닌에 6시간, 12시간 노출된 경우 각각 35%, 50% 감소했다. α-파이닌 100이나 250μM에 24시간이나 48시간에 노출된 뿌리에서는 더 이상의 감소는 나타나지 않았다. 시안화 칼륨이 있을 때 측정된 산소 소비량을 통해 시토크롬 산화효소 경로(COX) 능력(시안화칼륨-

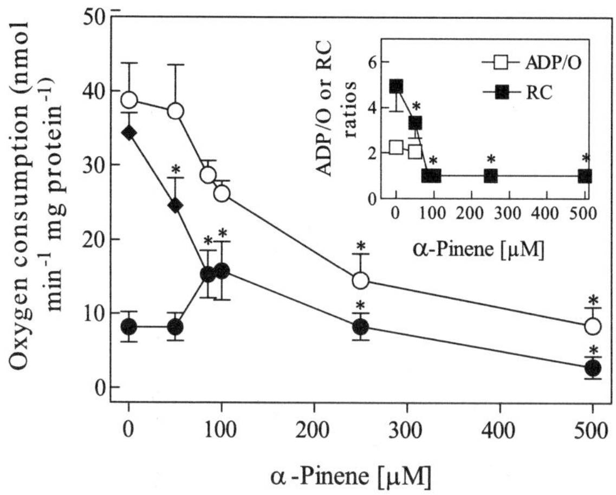

그림 3. 옥수수 1차근에서 분리한 미토콘드리아의 호흡율에 대한 α-pinene의 영향

감수성 호흡, 그림 5B)과 미토콘드리아의 산화효소와 미토콘드리아의 대체 산화효소(시안화칼륨-불감수성 호흡, 그림 5C)의 수용력을 추정할 수 있다. 시토크롬 산화효소 경로의 억제량은 총 호흡량보다 더 높다. 예를 들어 100μM의 α-파이닌을 6시간 동안 처리하면 시안화칼륨-감수성 호흡에서 73%가 억제된 반면, 총 산소 소비는 26% 억제되었다. 이 차이는 α-파이닌이 시안화칼륨-불감수성 호흡에 촉진 효과를 가하였기 때문에 나타난다(그림 5C). 촉진 효과는 6시간째에서 더 나타나지만, 모든 처리 과정에서도 효과가 있다. 이 효과가 미토콘드리아의 대체 산화효소활동 증가 때문이라는 것이 옳지 않은 이유는 분리된 미토콘드리아에서 α-파이닌이 사이안화-불감수성 호흡이 증가되지 않기 때문이다. α-파이닌은 오히려 억제 효과를 촉진한다. 예를 들어 α-파이닌이 100μM이 있을 때 시안화칼륨-불감수성 호흡은 86% 억제된다. 반면 뿌리끝 추출물에서의 리폭시게나아제 활동성 증가는 이 효소가 적어도 시안화칼륨-감성 호흡을 촉진 한다는 것을 나타낸다. 예를 들어, α-파이닌 85μM에서 6시간 동안 처리된 식물의 뿌리 추출물에서 리폭시게나아제 활동은 거의 54%에 증가를 보였다.

따라서 온전한 조직의 호흡에서 α-파이닌의 억제효과는 미토콘드리아에 미치는 영향의 결과라고 볼 수 있다. 근단은 활발한 대사 능력을 가진 조직으로 이루어져있다. 미토콘드리아의 호흡은 분리된 미토콘드리아의 III상태와 동등한 상태인 아데닐레이트 농도에 의해 제한된다. III상태 호흡은 α-파이닌 일정 농도범위(50-250μM)에서 조직의 호흡과 식물 성장이 방해 되는 것과 비슷하게 강력하게 억제된다. 따라서 미토콘드리아가 α-파이닌 타감물질 활동의 장소라고 볼 수 있다.

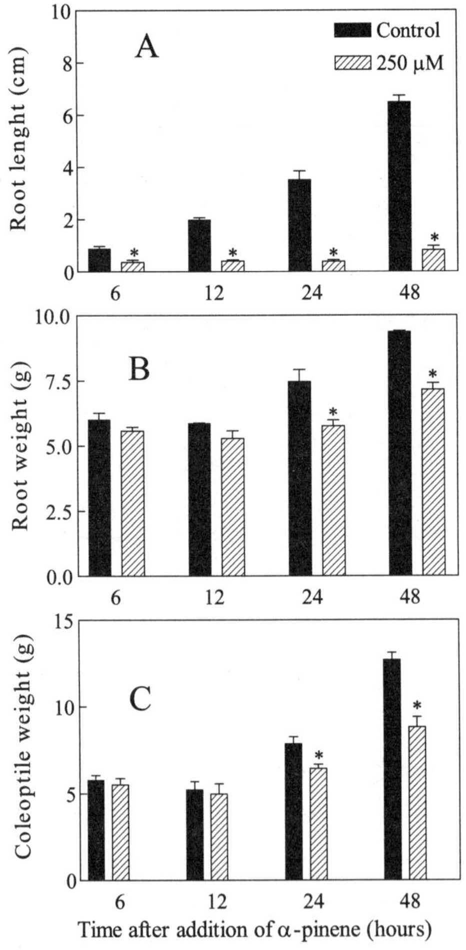

그림 4. 옥수수 1차근의 길이 (A), 생체량(B), 그리고 자엽초의 생체량(C)에 대한 α-pinene의 영향.

타감물질의 활동에서 미토콘드리아의 역할

세포 내의 에너지생성 과정에서 미토콘드리아의 필수적인 기능과는 별도로 미토콘드리아는 산화 스트레스와 세포예정사와 같은 복잡한 과정들과 관여되어 있다. 활성산소(ROS)는 식물에서 무생물과 생물적인 스트레스와 관련이 있고[31], 미토콘드리아는 활성산소의 주요한 생성장소이다. 미토콘드리아에서 활성산소가 생성되는 주요기작은 복합체 I과 III에서 슈퍼옥사이드를 형성하고 후속적으로 과산화수소수로 되는 호흡회로이다[7, 30]. 식물 미토콘드리아는 또한 외부의 NADH 탈수소효소의 플라빈-세미퀴논의 자가산화로 활성산소를 만든다[54]. 일반적으로 활성산소는 분해되거나 또는 그들의 과산화 생성물들은 카탈라아제, 과산화효소, 과산화물제거효소, 글루타티온 과산화효소와 같이 특성화된 효소들로 구성된 자연적 방어 체계에 의해

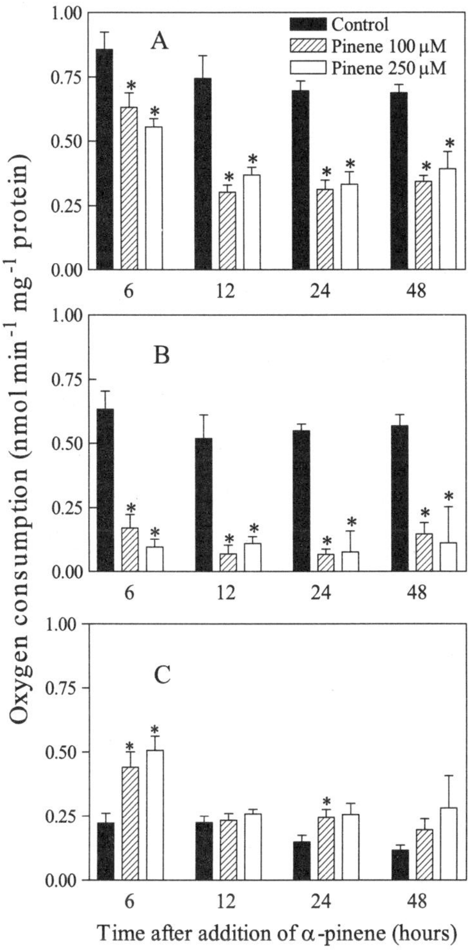

그림 5. 분리한 옥수수 뿌리 정단부의 호흡에 α-pinene의 영향

중화된다. 그러나, 활성산소 생성이 증가된 상태에서 그들은 축적될 수 있고, 막지질의 과산화, 단백질과 DNA에 산화적 손상을[20] 포함하는 세포에 손상을 주는 작용들을 가하고, 세포자살과 연관된 미토콘드리아 투과공의 열림이 발생한다[16, 19]. 식물의 세포자살에 있어서 미토콘드리아의 정확한 기작은 충분히 설명되어지고 있지 않다[45]. 그러나 활성산소종이 막 여과성 변환 유도(MPT), 막전위의 감소[23], 칼슘이온 유입과 연결된 ATP의 감소[26, 61], 미토콘드리아 내 칼슘이온 농도의 상승[33] 과정들과 같은 몇몇의 요인들이 과정을 촉진한다고 설명되었다. 비슷한 신호기작들은 괴사와 세포자살과 연관되어있다. 왜냐하면 어떤 타감물질들은 미토콘드리아와 상호작용해서 산화적 스트레스를 촉진하고 괴사와 세포자살을 유도함으로써 직간접적으로 작용할 것이라는 가능성이 고려되었기 때문이다. α-파이넌이 옥수수 뿌리에서 산화적 스트레스를 야기한다는 증거들이 있다. 그것은 온전한 조직에서 시안화칼륨-불

감수성 호흡을 활성시키고, 분리된 미토콘드리아에서는 ATP합성으로부터 전자 전달을 막아서 막전위의 감소와 대체 산화효소 경로의 억제를 이끈다. 이 모든 작용들은 활성산소 생성을 유도한다고 설명되었고[47], 또한 몇몇 세포자살을 유도하는 인자의 일반적인 특징으로도 설명되었다[23]. 온전한 뿌리에서 관찰되는 리폭시게나아제의 증가된 활성 역시 이러한 해석을 뒷받침 한다. 과산화 공격은 막에 손상을 주며 고도불포화지방산을 포함하는 lipoxygenases를 위한 기질의 배출을 초래할 것이다[22]. lipoxygenases 활성과 세포성 증식, 괴사와 세포자살 사이의 연결점들은 잘 설명되어있다[57].

요약하면, 우리는 몇몇의 타감물질들이 미토콘드리아에서 작용함에 따라 산화적 스트레스, 괴사와 세포자살을 유도하여 식물이나 미생물에게 유독할 것이라는 가정을 한다. 분명하게, 타감작용에서 정확한 기작들의 작용과 같은 현상들을 확립하기 위해서는 특정한 실험들이 필요하다. 이러한 실험들은 형태학적 연구[37] 뿐만 아니라 미토콘드리아 활성산소 생성물의 측정[10], 과산화생성물의 농도[8, 25], 투과성 전이공의 개방[17], 시토크롬c 방출도[59] 포함되어야 한다.

참고문헌

1) Abrahim D, Braguini WL, Kelmer-Bracht AM, Ishii-Iwamoto EL (2000) J Chem Ecol 26: 611-624.

2) Abrahim D, Francisquini AC, Pergo EM, Bracht AM, Ishii-Iwamoto EL (2003a) Plant Physiol Biochem 41: 986-991.

3) Abrahim D, Takahashi L, Kelmer-Bracht AM, Ishii-Iwamoto EL (2003b) Allelopathy J 11: 21-30.

4) Bendall DS, Bonner WJ Jr (1971) Plant Physiol 47: 236-245.

5) Bligny R, Douce R (1977) Plant Physiol 60: 675-679.

6) Bonner WD (1967) *Methods in Enzymology*, Vol 10, pp. 126-133.

7) Braidot E, Petrussa E, Vianello A, Macri F (1999) FEBS Lett 451: 347-350.

8) Buege JA, Aust SD (1978) *Methods in Enzymology*, Vol 52C, 302-310.

9) Bracht A, Ishii-Iwamoto EL, Salgueiro-Pagadigorria CL (2003) *Métodos de Laboratório em Bioquímica*, 227-247.

10) Cathcart R, Schwiers E, Ames BN (1983) Anal Biochem 134: 111-116.

11) Chance B, Williams GR (1955) Nature 175:1120-1121.

12) Day DA, Moore AL, Dry IB, Wiskin J, Azcon-Bieto J (1988) Physiol 86: 1199-1204.

13) Demos K, Woolwine M, Wilson RH, McMillan C (1975) Amer J Bot 62: 97-102.

14) Douce R (1985) *Mitochondria in Higher Plants. Structure, Function and Biogenesis*.

15) Douce R, Christensen EL, Bonner WD (1972) Biochim Biophys Acta 275: 148-160.

16) Ellis RE, Yuan J, Horvitz HR (1991) Ann Rev Cell Biol 7: 663-698.

17) Fortes F, Castilho RF, Catisti R, Carnieri EGS, Vercesi AE (2001) J Bioenerg Biomembr 330: 115-120.

18) Geron C, Rasmussen R, Arnts RR, Guenter A (2000) Atmos Environ 34: 1761-1781.

19) Green DR, Reed JC (1998) Science 281: 1309-1312.

20) Halliwell B, Gutteridge JMC (1984) Biochem J 219: 1-14.

21) Hejl AM, Einhellig FA, Rasmussen JA (1993) J Chem Ecol 19: 559-568.

22) Hildebrand DA (1989) Physiol Plant 76: 249-253.

23) Jabs T (1999) Biochem Pharmacol 57: 231-245.

24) Jackson C, Dench, JE, Hall DO, Moore AL (1979) Plant Physiol 64: 150-153.

25) Jocelyn PC (1987) *Methods in Enzymology*, Vol 143, 44-67.

26) Jones A (2000) Trends Plant Sci 5: 225-230.

27) Jose S, Gillespie R (1998) Plant and Soil 203: 199-205.

28) Koeppe DE (1972) Physiol Plant 27: 89-94.

29) Koeppe DE, Miller RJ (1974) Plant Physiol 54: 374-378.

30) Kowaltowski AJ, Vercesi AE (1999) Free Radic Biol Med 26: 463-471.

31) Lamb C, Dixon RA (1997) Ann Rev Plant Physiol Plant Mol Biol 48: 251-275.

32) Lamprecht W, Trautschold I (1974) *Methods of Enzymatic Analysis*, Vol 4, 2101-2110.

33) Levine A, Pennel R, Alvarez M, Palmer R, Lamb CJ (1996) Curr Biol 6: 427-437.

34) Llusià J, Peñuelas J (2000) Am J Bot 87: 133-140.

35) Loomis WD (1974) *Methods in Enzymology*, Vol 31, 528-544.

36) Meeuse BJD (1975) Annu Rev Plant Physiol 26: 117-126.

37) Mittler R, Simon L, Lam E (1997) J Cell Sci 110: 1333-1344.
38) Morohashi Y, Suguimoto M (1988) Plant Cell Physiol 29: 893-898.
39) Muller WH, Lorber P, Haley B (1968) Bull Torrey Bot Club 95: 415-422.
40) Muller WH, Lorber P, Haley B, Johnson K (1969) Bull Torrey Bot Club 96: 89-95.
41) Neave IA, Dawson JO (1989) J Chem Ecol 15: 1823-1989.
42) Neuburger M, Journet EP, Bligny R, Carde JP, Douce R (1982) Arch Biochem Biophys 217: 312-323.
43) Nicholls DG, Ferguson SJ (1992) *Bioenergetics* 2nd ED.
44) Norman C, Howell KA, Harvey Millar A, Whelan JM, Day DA (2004) Plant Physiol 134: 492-501.
45) Pennell RI, Lamb C (1997) Plant Cell 9: 1157-1168.
46) Perry SF (1967) Bull Torrey Bot Club 94: 26-30.
47) Popov VN, Simoniah RA, Skulachev VP, Starkov AA (1997) FEBS Lett 415: 87-90.
48) Rasmussen JA, Hejl AM, Einhellig JA, Thomas JA (1992) J Chem Ecol 18: 197-207.
49) Ravanel P (1986) Phytochemistry 25: 1015-1020.
50) Ravanel P, Creuzet S, Tissut M (1990) Phytochemistry 29: 441-445.
51) Ravanel P, Tissut M, Douce R (1981) Phytochemistry 20: 2103-2113.
52) Ravanel P, Tissut M, Douce R (1986) Plant Physiol 80: 500-504.
53) Rhoads DM, McIntosh L (1993) Plant Physiol 103: 877-883.
54) Rich PR, Bonner WD Jr (1978) Arch Biochem Biophys 188: 206-213.
55) Robinson SA, Ribas-Carbo M, Yakir D, Giles L, Reuvenil Y, Berry JA (1995) Aus J Plant Physiol 22: 487-496.
56) Sert MA, Ferraresi MLL, Bernadelli YR, Kelmer-Bracht AM, Bracht A, Ishii-Iwamoto EL (1998) Biol Plantar 40:345-350.
57) Spiteller G (2003) Physiol Plant 119: 5-18.
58) Stenlid G (1970) Phytochemistry 9: 2251-2256.
59) Sun YL, Zhao Y, Hong X, Zhai ZH (1999) FEBS Lett 462: 317-321.
60) Takahashi L, Sert MA, Kelmer-Bracht AM, Bracht A, Ishii-Iwamoto EL (1998) Plant Physiol Biochem 36: 495-501.
61) Tiwari BS, Belenghi B, Levine A (2002) Plant Physiol 128: 1271-1281.
62) Wagner AM, Moore AL (1997) Biosci Rep 17: 319-333.
63) Van Sumere CF, Cottenic J, De Greef J, Kint J (1972) Recent Adv Phytochem 4: 165-186.

13

CHAPTER

타감작용: 잡초발아와 식물성장

서론

과학계에서 타감작용의 패러다임에 대한 질문은 최근까지 논란이 되고 있다[15, 18, 23]. 비록 1937년에 식물 생리학자 Hans Molisch가 타감작용이라는 용어를 처음 만들었으나, 그의 실질적인 업적은 인정받지 못했다. 실제로 그는 원예분야에 몰두하였다. Molisch는 조숙성 사과와 배를, 만숙성 품종과 같이 보관했을 때 과일을 빨리 익도록 유도하는 원인물질이 에틸렌이라는 것을 입증했다. 그는 또한 몇 개의 사과와 함께 항아리에서 종자들을 발아시킬 때, 살갈퀴(*Vicia sativa* L.)와 완두콩(*Pisum sativum* L.)의 뿌리 성장이 억제된다는 것을 입증했다. Molisch는 자신의 책에 이렇게 기술했다:

> 한 식물이 다른 식물에 영향을 줄 수 있는 현상은 생리학에서 중요한 역할을 하며, 그래서 그것은 적절한 단어로서 가치가 있다. 이런 이유로 나는 그리스 언어 'allelon(상호적인 그리고 연민을 불러내는 힘을 뜻함)'으로부터 allelopathy라는 용어를 만들었으며 이는 손상 또는 보살핌을 의미한다. 약어인 allopathie는 유사한 의미이지만 동종요법(homeopathy)라는 단어의 반대의미로써 문학에 존재한다[22].

계속해서 Molisch의 정의는 학계에서 타감작용의 역할을 입증한 식물학자 Elroy Rice에 의해 여러 관점에서 사용되었다. 그 용어의 정의는 '한 식물에 의해 환경으로 배출된 화학물질의 생산을 통해 다른 식물에(미생물을 포함하여) 어떤 직접적 또는 간접적으로 해롭거나 이로운 영향이다[24].' 이런 패러다임의 변화는 유기체들 사이의 연관성이 있는 역동적인 먹이사슬이 모든 규모에서 존재하여 생태계에서 타감작용을 규명하기 위한 연구의 복잡성이 증가되고 있는 것을 함축한다. 실제로 타감작용란 용어는 다른 전문분야에 종사하는 연구자들이 다르게 인식하고 있으며 그들

Aliotta G[1], Cafiero G[2] and Otero AM[3]

[1]Dipartimento di Scienze della Vita, Seconda Università degli Studi di Napoli, Caserta, Italy
[2]Centro Interdipartimentale di Servizio per la Microscopia Elettronica, Napoli, Italy
[3]Dpto Biologia Vexetal e Ciencia do Solo, Universidade de Vigo, Spain

의 세계관에서의 차이점으로 인해 많은 혼란을 야기해왔다. 예를 들면, 생태학자의 타감작용에 대한 관점은 천연물 화학자, 생화학자, 식물 생리학자, 농경학자, 잡초학자, 미생물학자, 실험 식물학자의 관점과는 매우 다르다[18]. 불행하게도 이런 다양한 전문적인 인재들은 실험프로그램에서 결집하는 것은 드물다. 들판에서의 타감작용에 대한 결론적인 증거들은 조금 밖에 없으며 관련된 분야에서 사용되는 생물학적 검정이 정기적으로 요청되고 있다[15].

종자 발아는 타감작용에서 가장 널리 사용되는 생물학적 검정이며, 생물학적 검정의 사용과 그것의 종들 간의 타감작용을 결정하는 데에 있어서의 적합성을 적용하는 문헌이 Leather, Einhellig[17], Inderjit[14], 그리고 Romeo and Weidenhamer[25]에 의해 검토되었다. 이런 저자들은 종자 발아의 생물학적 정량을 관리하는 표준화는 거의 없다고 지적했다. 대부분의 연구가 소수의 식물들에 집중되어 있으며 특히 종자 발아의 생화학적, 생리학적인 관점을 발견하기 위한 작물들에 집중되어 있다. 이것은 인간의 선택에 종속되어 왔던 종자들을 통해 실험실에서 얻은 결과들이 들판에서의 야생 식물들에게까지 확장할 수 있는가에 대한 질문을 야기한다.

여기에서는 세 가지 주요한 잡초: 쇠비름(*Portulaca olercea* L.), 명아주(*Chenopodium album* L.), 털비름(*Amarathus retroflexus* L.)의 생물학적 특성과 발아 반응들을 다루며, 그들의 생식적인 전략이 타감작용에 의해 치명적인 영향을 받는지에 대해 초점을 둘 것이다. 또한 우리 실험실에서 얻어진 출간되지 않은 실험 자료들을 포함했다.

식물학적 관점에서 잡초

잡초는 인간중심의 관점에서 벗어나 있는 식물이라 정의된다. 농업에서 잡초관리에 대한 근본적인 바탕이 되는 것은 아래와 같이 알려져 있다:

a) 존재하는 종과 우점하여 해를 입히는 정도; 종의 존재와 출현 수준
b) 우점종에 대한 생물학과 생태학
c) 우점하는 잡초 종의 간섭
d) 기술적으로 유용하고 경제적으로 실용적이며, 환경적으로 안전한 통제 방법[16]

표 1은 농작물의 분포와 우세를 기초로 하여 세계적으로 가장 심각한 잡초로 여겨지는 14종들을 나열했다. 식물학적인 관점(예, 형태학적, 생물 계절학적, 혹은 분류학적인)으로만 잡초를 분류하는 것은 어려운 일이지만, 분류 및 문화적인 증거를 가지고 표를 보면 주요 잡초와 농작물들이 밀접한 연관성이 있으며, 공통

표 1. 세계적으로 잘 알려진 잡초목록

Rank	Species	Taxa and Biological Form
1	*Cyperus rotundus* L. (Purple nutsedge)	Monocot., Cyperales, Cyperaceae, Geophyte
2	*Cynodon dactylon* (L.) Pers. (Bermuda grass)	Monocot., Graminales, Gramineae, Geophyte
3	*Echinochloa crus-galli* (L.) Beauv. (Barnyard grass)	Monocot., Graminales, Gramineae- Therophyte
4	*Echinochloa colonum* (L.) Link. (Jungle rice)	Monocot., Graminales, Gramineae, Therophyte
5	*Eleusine indica* (L.) Gaertner (Goosegrass)	Monocot., Graminales, Gramineae, Therophyte
6	*Eichhornia crassipes* (Mart.) Sol-ms. (Water hyacinth)	Monocot., Liliiflorae, Pontederiaceae, Hydrophyte
7	*Portulaca oleracea* L. (Purslane)	Dicot., Centrospermae, Portulacaceae, Therophyte
8	*Chenopodium album* L. (Lambsquarter)	Dicot., Centrospermae, Chenopodiaceae, Therophyte
9	*Digitaria sanguinalis* (L.) Scop. (Crabgrass)	Monocot., Graminales, Gramineae, Therophyte
10	*Convolvulus arvensis* L. (Field bindweed)	Dicot., Tubiflorae, Convolvulaceae, Hemicryptophyte
11	*Sorghum halepense* (L.) Pers. (Johnson grass)	Monocot., Graminales, Gramineae, Geophyte
12	*Imperata cylindrica* (L.) Beauv. (Cogon grass)	Monocot., Graminales, Gramineae, Geophyte
13	*Avena fatua* L. (Wild oat)	Monocot., Graminales, Gramineae, Therophyte
14	*Amaranthus retroflexus* L. (Redroot pigweed)	Dicot., Centrospermae, Amaranthaceae, Therophyte

Legend: Geophyte: 토양에 깊숙히 박혀있는 다년생 식물
Hemicryptophyte: 토양표면에 눈을 가지고 있으며 눈, 낙엽, 껍질 등으로 보호받는 식물
Hydrophyte: 진흙에 뿌리내리거나 떠 있는 수생식물
Therophyte: 종자가 월동구조만 갖고 있는 1년생 식물

조상으로부터 기원한다는 것을 알 수 있다(예, *Avena fatua*와 *A. sativa*; *Sorghum halepense*와 *S. vulgare*). 또한 돌피(Barnyard grass), 갈퀴덩굴(Goosegrass), 명아주(Lambsquarter), 털비름(Redroot pigweed)과 같은 몇몇 잡초 종자는 과거에 중

요한 식료품이었다. 대부분의 외떡잎 농작물과 잡초는 벼과 식물이며 그것의 종자들만이 겨울을 버틸 수 있다. 두 가지 가장 나쁜 잡초인 향부자(Purple nutsedge)와 우산잔디(Bermuda grass)는 지중식물이다. 마지막으로 쇠비름(Purslane), 명아주(Lambsquarter), 털비름(Redroot pigweed)과 같은 쌍떡잎 잡초들은 분류학적으로 같은 중심자목(Centrospermae)에 속하는 연관성을 갖는다.

잡초의 번식전략

종자의 분산과 발아는 식물의 생활환에서 중요한 단계이다. 이 기간 동안에는 자연선택의 힘이 식물들에게 가장 큰 영향력을 행사 할 수 있는 기회를 갖게 된다. 이와 관련하여 세 가지 일년생 잡초—쇠비름, 명아주, 털비름 등이 좋은 예이다.

쇠비름(*Portulaca oleracea* L.)

쇠비름은 즙이 많은 초본으로, 빛 조건에 따라 줄기가 직립하거나 포복형으로 자라며 세계적으로 농경지에서 군락화한 가장 성공한 잡초 중의 하나다[5]. 이 식물은 81개국에서 45종류의 농작물에 큰 피해를 입히는 잡초이며, 옥수수와 같이 경작한 땅에서 쟁기질이 가능한 층에 제곱 미터 당 22만 개의 쇠비름 종자가 들어있다. 쇠비름 열매는 포자낭(pyxidium)과 갓(calyptra)과 같은 단순 구조로 된 캡슐이다. 실제로 그것의 내부 구조는 효과적인 종자 분산을 위해 고안된 장치를 드러내며, 이것은 경작지에 잡초가 무성해 지는 것에 기여한다. 그림 1은 쇠비름 열매의 형태-기능적인 측면들을 보여준다. 씨방 공간은 두 개의 방으로 나뉘며, 하부실은 넓으며 꽃밥이나 열매가 저절로 열리며, 많은 종자들을 포함하고 있다(50-70개). 상부실은 작으며 구형이고 소수의 종자를 포함하고 있다. 열매가 익는 동안 이 작은 방은 씨방의 꼭대기를 꽉 조이며 가로지르는 것을 통해 유두 모양의 선개(蘚蓋)에 포함된다. 더운 날에 선개가 떨어지고 꽃받침과 마른 꽃잎들, 수술, 암술대와 함께 안에 있던 2-4개 정도의 종자를 포함하는 포자낭이 벗겨지게 된다. 게다가 시들고 있는 꽃잎들, 수술들, 암술대들은 접착제 같은 물질을 생산하며 선개는 절대적으로 열개하지 않는 열매로 바뀐다. 이 현상은 이탈리아 식물학자 Federico Delpino에 의해 발견되었으며, 그는 Heteromericarpia라는 용어로 정의했으며, 가장 널리 퍼져있는 10종의 잡초 중의 하나가 열매를 이용하여 효과적으로 종자를 퍼뜨린다는 증거를 제공했다[11]. 실제로 두 방속의 종자들은 비슷하지만 그들의 운명은 다르다. 선개가 종자를 갖고 날아갈 동안 포자낭의 넓은 방에서의 종자들은 식물 주변으로 서서히 퍼져나간다. 역설적으로 대부분 경작지에서 가장 해로운 잡초 종자들은 명확한 분산도구가

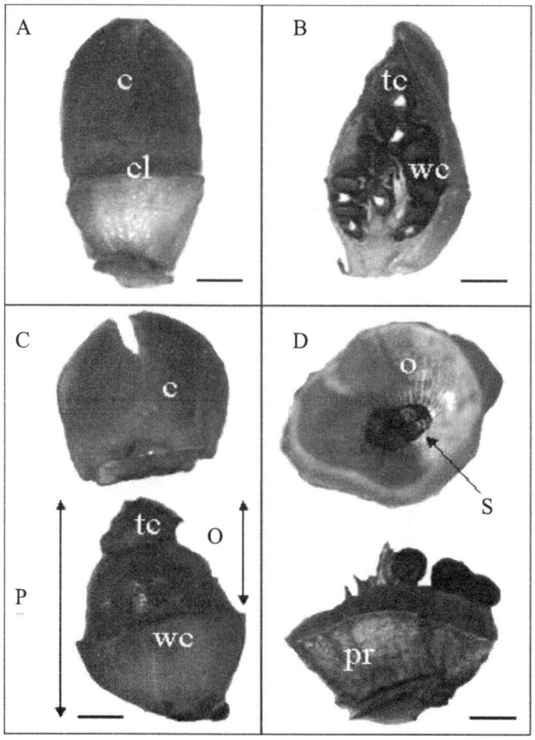

그림 1. SEM으로 본 쇠비름 종실의 형태 및 기능적 특성
A) 내피막(c)과 경계선(cl)을 갖고 있는 종실, B) 위쪽은 몇개 안 되는 씨앗을 갖는 작은 방(tc), 아래쪽은 넓고 많은 씨앗을 갖는 방 (wc)의 종실의 종단면, C) 내피막을 가지고 있는 덜 익은 종실, D) 소수의 종자(s)가 들어있는 삭개(o)와 포자낭(pr), Bar길이는 는 1mm임

없다[29].

주사전자현미경을 이용하여 쇠비름 종자의 실험실내에서의 발아를 분류학적이고 초미세구조적인 측면에서 관찰했다(그림 2). 건조하며 정지하고 있는 쇠비름 열매가 수분을 머금었을 때의 연속적인 변화를 여기서 기술하였다. 종자의 바깥 껍질은 stellulae와 죽은 세포로 형성되어 있다(그림 2A). 외종피의 바깥 면은 열려있다. 주공(micropyle)과 태반(placenta)의 씨자루(funiculus) 잔류물이 엘라이오솜(elaiosome)으로 작용하며 먹을 수 있는 종자 개미에 의해 분산된다. 놀랍게도 수분이 있는 종자의 주공에서 뻗어 나온 첫 번째 구조물은 어린뿌리가 아니라 다른 종들의 종자에서 생기는 것과 같은 배젖(endosperm)이다(그림 2B). 발아가 더 진행될 때, 어린뿌리는 배젖을 깨뜨리고 뚫게 되며 주로 초기 단계의 주요한 구조(뿌리털과 배축신장) 발달이 완성되도록 한다(그림 2C). 보통 이 세 단계에는 각각 25, 30, 40 시간이 걸린다. 쇠비름 종자의 방사형 부분은 얇은 배젖 층에 의해 둘러싸여 있고 딱딱한 배젖 전분 주변으로 휘어있는 배아를 보여준다(그림 2D).

잡초 학자는 배젖 돌출을 알지 못했다. 아마도 그 현상을 간과한 이유는 그들이 오직 눈으로 확인 가능한 발아의 끝단계인 어린뿌리가 나타나는 때를 기록했기 때문일 것이다. 쇠비름의 발아 과정에서 형태적인 한 단계씩의 관찰이 배유돌출을 밝혀내었다[1].

명아주(*Chenopodium album* L.)

흰명아주는 가장 성공적으로 군락을 형성하는 종 중 하나로 알려져 있다. 흰명아주는 단단하고 똑바로 서서 자라며 옅은 초록색을 띈 약초로서 2미터 가량까지 자랄 수 있으며 습기 있는 땅에서 자라고, 강한 주근을 갖는다. 온화한 구역에서 16시간에서 18시간 가량의 장일 동안 식물은 빠르게 자라나 최대 생장을 하며, 단일 시기에 개화가 유도된다. 그 식물은 특별한 종자 분산 체계가 없어 종자의 대부분은 모체 식물 근처에 묻힌다. 이런 퇴적은 그 식물이 농작물들 속에서 부분적으로 자라게끔 만든다. 종자는 농작물 종자들 속에서 보통 군데군데 분산된다. 명아주는 모든 유형의 토양에서 번성하지만 그것은 질소가 풍부한 비옥한 토양에서 최대 생장을 한다. 열매는 소낭이며 종자는 얇은 종이 같은 과피로 감싸있다. 명아주(*Chenopodium album* L.)의 증식은 항상 종자로 이루어진다. 종자 안에는 상당한 이형들이 존재한다. 한 식물 속의 그들의 색깔은 검은색, 밝은색, 갈색, 갈색 같은 녹색일 것이다. 종자의 휴면 상태 기간과 잎의 색깔에는 상호연관성이 있을 것이라 여겨진다[13]. 종자의 주공 부분에서 종자 껍질을 바늘로 구멍을 뚫어 주면 그들의 휴면 상태를 끝나게 한다[4]. 그림 3은 명아주 종자의 형상과 종피처리 이후의 그들의 발아를

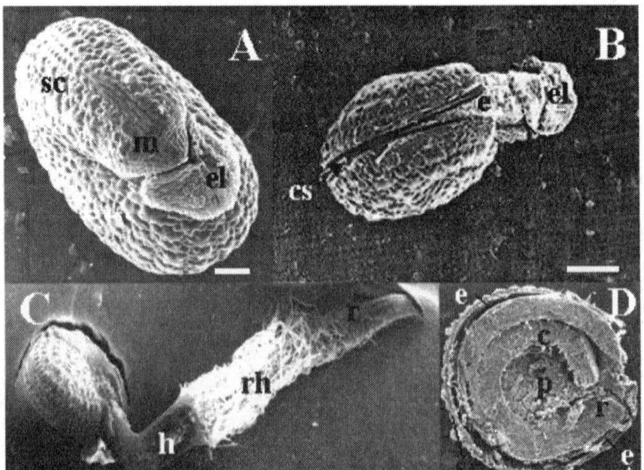

그림 2. 쇠비름의 SEM 사진 (A). 배젖발아(B), 유묘성장(C), 횡단절단(D)

sc, seed coat; m, micropyle; el, elaiosome; e, endosperm; cs, circumscission line; h, hypocotyl; r, radicle; rc, root cap; c, cotyledons; p, perisperm; rh, root hairs

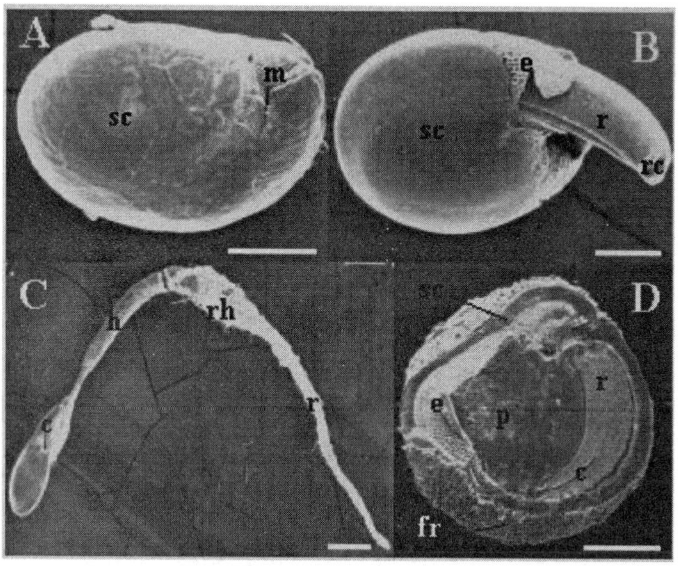

그림 3. 명아주 씨앗의 SEM 사진 (A). 배젖과 잔뿌리 발아 (B). 발아성장(C). 횡단절단(D)
m, micropyle; e, endosperm; fr, fruit residue; h, hypocotyl; r, radicle; rc, root cap; c, cotyledons; p, perisperm; rh, root hairs; s, seed coat.

보여준다. 발아는 24시간의 습윤으로 시작되고 종자 주공에서 뻗어나 온 첫 구조물은 어린뿌리를 감싸는 배젖층이다. 발아가 계속 진행될 때 어린뿌리는 배젖을 깨고 돌출하게 된다. 96시간 이후에 어린묘는 잘 발달된다.

털비름(*Amaranthus retroflexus L.*)

털비름(*Amaranthus*) 속에서 몇몇 종들은 세계적으로 심각한 잡초에 해당되며, *Amaranthus retroflexus, A. spinosus, A. viridis, A. hybridus, A. lividus, A. blitoides*가 그것들이다. *A. spinosus, A. retroflexus, A. viridis*는 최악의 잡초들 중에 속하며 *A. retroflexus*와 *A. spinosus*는 목장, 농경지, 거리에서 다른 잡초들과 경쟁한다. *A. retroflexus*는 가장 널리 퍼져 있는 종이다. Triazine 제초제에 저항성을 보이며 환경에 저항하는 생물형으로 발전하기 때문에 1990년대부터 생물학적 그리고 타감작용적으로의 특성이 심도 깊게 연구되었다[27]. *A. retroflexus*는 자웅동체이며 직립하여 자라며 가느다란 털이 많으며, 자유롭게 분지하며, 일 년 동안 2m 까지 자랄 수 있다. 직근은 분홍 또는 빨간색이며 토양 특징에 따라 뿌리의 깊이는 다르다. 잎은 번갈아가며 생기고 달걀모양으로 10cm 길이이다. 꽃들은 작고 많으며 뭉뚝한 못 모양으로 밀집해서 자라며 1~5cm 가량이고 말단부의 원추꽃차례는 5~20cm가량으로 빽빽이 모여 있다. 화피조각은 열매보다 길며 하나의 암술과 5개의 수술로 이루어져 있다. 암술대 가지는 직립하거나 약간 뒤로 구부러진다. 열매는 과낭이며 막이 있고

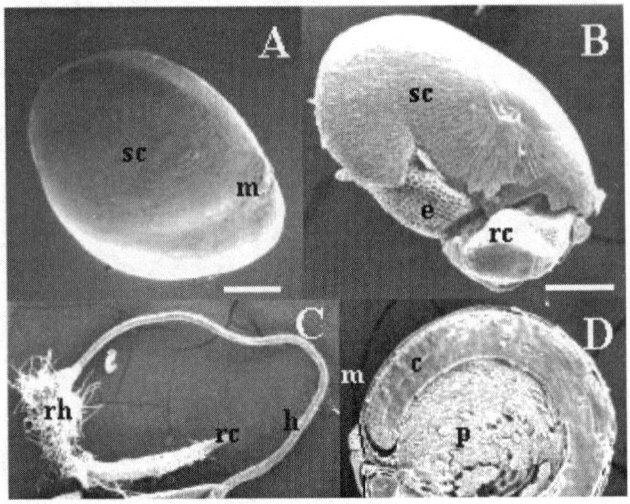

그림 4. 털비름 종자 전체의 주사전자현미경(SEM) 사진(A), Bar = 250 μm. 배유와 어린뿌리돌기(B), Bar = 250 μm. 유식물 성장 (C), Bar = 300 μm. 방사형 단면 (D), Bar =100 μm.m, micropyle; e, endosperm; h, hypocotyl; r, radicle; rc, root cap; c, cotyledons, p, perisperm; rh, root hairs; s, seed coat.

부풀어있고 1.5~2mm이고 중앙 부분에서 가로선에 의해 열개한다. 종자는 타원형에서 달걀모양까지 있으며 다소 팽창되어 있고 끝부분이 좁은 부분에서 톱니 모양이고 1~1.2mm이고 밝은 검정 또는 어두운 적갈색이다. 그림 4는 털비름 종자의 형태와 밭고르기 이후의 발아를 보여준다.

세 가지 잡초들의 배 발생이 동일하다는 것에 유의하여야 한다. 실제로 종자들은 볼록렌즈 모양이며, 종자 껍질은 대부분 검정이고 그것의 바깥 면은 주공을 향해 열려있다. 배아는 전분의 딱딱한 외배유 주변으로 구부러져있으며 얇은 내배유에 의해 감싸있다. 배젖의 역할은 흥미로운데, 발아기간 동안에 어린뿌리를 감싸면서 돌출한다는 것이다. 최근에 올리브 오일 공장폐수의 페놀계 화학물질과 Rue(*Ruta graveolens* L.)의 수용성 추출물이 쇠비름, 명아주, 털비름의 세포 활성을 지연시키고 변형시키고 멈추게 한다는 것이 밝혀졌다. 우리의 연구는 가장 바깥의 종자의 살아있는 구조(예, 종자껍질 또는 배젖)가 타감물질의 주요한 대상이라는 것을 제안한다[2, 3, 4].

타감작용과 잡초관리

세 가지 잡초들의 종자와 성장 척도가 표 2에 정리되어 있다. 표에서는 최종 취약점

표 2. 해바라기의 3가지 주요 잡초와 성장인자

Parameters	*Portulaca oleracea* L.	*Chenopodium album* L.	*Amaranthus retroflexus* L.	*Heilanthus annuus* L.
Seed weight (mg)	0,12±0.01	0.38±0.02	0.37±0.03	61±2.3
Number seeds m^{-2}	120000	4000	68000	-
Seedlings m^{-2}	420±15	90±5	300±10	-
Seedling type	Epigeal	Epigeal	Epigeal	Epigeal
RGR*	0.461	0.298	0.349	0.197
LAR*	180	224	198	140
NAR*	0.220	0.254	0.298	0.241
LWR*	0.430	0.674	0.597	0.495

Notes: RGR: relative growth rate = g increase in plant weight g^{-1} plant weight day^{-1}
LAR: leaf area ratio = cm^2 leaf area g^{-1} plant weight
NAR: net assimilation rate = g increase in plant weight dm^{-2} leaf area day^{-1}
LWR: leaf weight ratio = g leaf weight g^{-1} plant weight
*Correlation with ln (seed weight), significant at $p < 0.05$ level
Sources: From Aliotta et al. 2001; [26, 29)]

에 대해 언급하였다. 쇠비름, 명아주, 털비름의 종자 크기와 무게는 매우 작으며 수많은 유식물들이 깊이 0.5~1mm에서 가장 잘 자라났다. 대조적으로 대부분의 농작물은 훨씬 더 큰 종자를 가지며 대부분 3~5cm 깊이에서 주로 심어진다. 농작물과 잡초의 출현 깊이의 차이와 종자 크기 차이는 자연적 잡초관리를 위한 타감작용의 수행이 가능하도록 해준다[21)]. 농작물은 물리적 특징을 이용한 타감물질 도포를 통한 선택적인 잡초관리의 가능성을 제공한다. 식물들이 식품 혹은 오일로 가공되고 남은 찌꺼기 산물을 이용하는 훌륭한 접근법이 활용되고 있다[8, 12)].

작은 종자인 잡초를 타감물질로 억제하는 것은 두 가지 과정의 결과일 것이다. 첫째, 적어도 발아부터 출현까지 작은 종자 식물의 표면적-부피 비율이 항상 크며 따라서 타감물질에 대한 단위 질량당 노출이 크다. 둘째, 잔류물은 뿌리 덮개로 이용될 때 타감 독소가 토양 표면으로 배출되며, 땅속 깊이까지 확산되지 않는다[21)]. Barnes와 Putnam[6)]은 종자를 호밀 잔류물에서 분리시킨 토양층에서는 몇몇 종들의 발아와 뿌리 신장이 15mm에서 0mm로 감소한다. 발생하기 위한 가능성을 갖기 위해 작은 종자를 가지는 잡초 또는 농작물은 토양 표면 근처에서 발아가 이루어져야 하지만 타감작용적 뿌리덮개 영향이 있는 곳에선 독소가 가장 집중되어 있는 곳이기도 하다. 반대로 큰 종자를 갖는 식물들은 더 깊은 곳에 심기며 발아와 초기 뿌리 형성도 독성이 적은 환경에서 이루어진다. 두 가정 모두 정밀한 실험에 의한 검증이 요구된다[21].

일단 작은 종자를 가지는 잡초들이 들판에서 발아하고 출현하면 농작물-잡초 간섭이 시작된다. 표 2에서 보는 바와 같이 쇠비름, 명아주, 털비름은 상대생장율(RGR), 엽면적 비율(LAR)이 해바라기보다 높았다. 전체 동화작용 비율(NAR)은 거의 동일하다. 즉, 종자가 크기 때문에 성장비율이 다른 것은 생리학적 이유가 아닌 형태학적 이유 때문이다. 왜냐하면 작은 종자를 갖는 잡초는 큰 종자를 갖는 작물보다 높은 상대생장율(RGR)을 가지므로 결국에는 다른 식물의 크기를 따라잡는 경향이 있다. 극단적인 예로써 처음의 500배 차이나는 옥수수 종자 크기와 털비름의 크기 차이는 경쟁 없이 자라는 것이 허용되어진다면 성숙 단계에서 2배 정도의 차이로 줄어들 것이다[20]. 입모 당시 농작물은 더 큰 잎의 영역을 가지며 잡초보다 더 많은 뿌리계를 갖게 된다. 그러므로 농작물의 성장률은 처음에 커지고 보통 적어도 몇 주 동안은 큰 상태로 유지된다[28].

상대적으로 큰 사이즈와 고도로 절대적인 높은 생장률로 인한 농작물에 주어진 초기의 이점을 이용하는 것은 생태적으로 잡초관리를 하는 주요 개념이다. 대부분의 일년생 작물들의 주요한 전략은 농작물 계를 고안해보고 농작물과 잡초가 물리적인 접촉에 다다를 때까지 자라면서 초기 크기의 이점을 유지하는 것이다. 몇 가지 예외가 있지만, 농작물과 잡초 모두 열린 서식처에서 살며 그늘에 취약하다[7]. 결과적으로 농작물이 상위에 존재한다면 그것은 잡초의 성장을 억압할 것이고, 반대로 잡초가 농작물 덮개를 침범하면서까지 자랄 정도라면 농작물의 생산량 감소는 현저할 것이다.

최근에 타감작용적 농작물 잔류물, 자연 화합물, 잡초를 억제하는 재배 변종 식물들의 역할 뿐만 아니라 상위 식물들을 포함하는 근원과의 상호작용에 대해 조사가 이루어졌다[8, 9, 12]. 결과는 타감작용이 실용적인 잡초관리에 대한 현실적 대안을 제공 가능하다는 점이다.

참고문헌

1) Aliotta G, Cafiero G, De Feo V, Palumbo AD, Strumia S (1996) Allelopathy J 3: 207.

2) Aliotta G and Cafiero G (1999) *Biological properties of rue (Ruta graveolens L.). Potential use in sustainable agricultural systems. In: Principles and Practices in Plant Ecology*. Inderjit KMM Dakshini, CL Foy eds.

3) Aliotta G, Cafiero G, De Feo V, Di Blasio B, Iacovino R, Oliva A (2000) Current Topics in Phytochemistry 3: 167.

4) Aliotta G, Cafiero G, Fiorentino (2002) Plymouth, UK: Science Publishers, Inc.

5) Allard R (1965) *Genetic systems associated with colonizing ability in predominantly self-pollinated species. In: The Genetics of Colonizing Species*. Baker H, Stobbins G, eds.

6) Barnes JP, Putnam AR (1986) Weed Sci 34: 384.

7) Bello LA, Owen MDK, Hatterman-Valenti M (1995) Weed Techn 9: 452.

8) Bhownik PC, Inderjit (2003) Crop Protection 22: 261.

9) Birkett MA, Chamberlain K, Hooper AM, Pickett JA (2001) Plant and Soil 232: 31.

10) Danin A, Baker I, Baker HG (1978) Israel J Bot 27: 177.

11) Delpino F (1903) Bull Orto Bot Napoli 1(4): 425.

12) Duke SO, Dayan FE, Rimando AM, Schrader KK, Aliotta G, Oliva A, Romagni JG (2002) Weed Sci 50: 138.

13) Holm LG, Plucknett DL, Pancho JV, Herberger JP (1977) *The World' Worst Weeds Distribution and Biology*.

14) Inderjit (1995) Bot Rev 61:28.

15) Inderjit (2002) Multifaceted approach to study allelochemicals in an ecosystem. In *Allelopathy from Molecules to Ecosystems*. Reigosa MJ, Pedrol N, eds. Plymouth.

16) Labrada R, Parker C (1993) *Weed Control in the context of integrated pest management*. In: *Weed management for developing countries*. FAO Series Plant Production and Protection n.120.

17) Leather GR, Einhellig F (1986) *The Science of Allelopathy*. Putnam AR, Tang C.

18) Mallik AU (2002) In *Allelopathy from Molecules to Ecosystems*. Reigosa MJ, Pedrol N. eds. Plymouth.

19) Matt L, Mohler CL, Staver CP (2001) *Ecological Management of Agricultural Weeds*.

20) Mohler CL (1996) J Prod Agr 9:468.

21) Mohler CL (2001) *Ecological Management of Agricultural Weeds*. Matt L, Mohler CL, Staver CP eds.

22) Molisch H (1937) *Der Einfluss einer Pflanze auf die andere Allelopathie*. Jena: Verlag G.Fisher (English version by Narwal SS, Jodhpur, India: Scientific Publishers, 2001).

23) Reigosa MJ, Sanchez-Moreiras AM, González L (1999) Crit Rev Pl Sci 18: 577.

24) Rice EL (1984) *Allelopathy*. 2nd ed.

25) Romeo JT, Weidenhamer JD (1998) *Methods in Chemical Ecology*. KF Haynes, JG Millar, eds, Norwell MA.

26) Seibert AC, Pearce RD (1993) Weed Sci 41:52.

27) Suma S, Ambika SR, Kazinczi G, Narwal SS (2002) Allelopathy J 10(1):1.

28) Zimdahl RL (1980) *Weed-Crop Competition: A Review*.

29) Zimmerman CA (1976) Ecology 57: 964-974.

30) Zimmerman CA (1977) Ecology 58: 860-868.

14

CHAPTER

토양에서 타감작용

서론

토양은 매우 다양한 성분(예, 무기질, 진흙, 유기물질, 수분, 영양분)으로 구성되어 있다. 어떤 토양은 산성 또는 알칼리성이고 어떤 것은 환원되거나 산화되어 있다. 또한 토양은 다양한 살아있는 유기체와 식물기관(뿌리, 뿌리줄기, 덩이줄기, 구근)을 포함한다. 그러므로 만약 우리가 토양안에 과정, 예를 들면 타감작용을 이해하길 바란다면 그 과정은 토양의 특정 환경 조건에서 이해되고 나타난 것이다. 이것은 어떤 다른 토양으로부터 본질적으로 독특한 토양을 만든다. 단일 토양보다 큰 스케일로 일반화하기 위해 타감작용의 메커니즘을 연구하는 연구자들은 어떻게 타감물질의 작용이 비슷하거나 일치하는 토양의 특성에 의해 어떤 영향을 받는지에 초점을 두었다. 그러므로 예를 들면, 그들은 어떻게 타감물질이 점토[40, 41, 63, 92, 169)], 토양미생물[13, 19, 145)], 그리고 뿌리와 같이 토양입자나 특별한 토양의 구성성분과 상호작용하는지에 대해 많이 밝혀왔다[18, 57, 71)]. 이런 환원법에 의한 접근방식은 유용하지만 다양한 토양 구성성분의 상호작용을 배제하기 때문에 제한적이다. 그러나 현재 개별적인 토양 구성성분, 특히 더 복잡한 토양의 환경에서 유기산의 역할을 이해하기 위한 환원법적 접근의 가치를 결정하기 위해 단순한 페놀산의 상호작용에 대한 데이터가 충분하다. 동시에 거기엔 토양분야에서 페놀산과 타감물질과 같은 유기산의 중요성에 대해 불확실하게 표현되었기 때문에 특별한 연관성이 있다[13, 145)].

이 장에서는 토양시스템의 특징을 설명하고 어떻게 수용성 타감물질들, 특히 유기산이 토양시스템의 특징에 의해 영향을 받는 지를 논의한다. 주제의 복잡성 때문에 여기서 다루는 범위는 세계의 온대지역의 무기질 토양과 단순유기산으로 제한할 뿐만 아니라 페놀산 관련 문헌정보에 의지한다. 왜냐하면 이것은 대부분 포괄적이고 토양에서 페놀산의 행동은 다른 acetic acid, butyric acids, citric acid, formic

Udo Blum

Emeritus Professor of Botany, Department of Botany, North Carolina State University, Raleigh, North Carolina 27695-7612, USA acid, fumaric acid, lactic acid, malonic acid, propionic acid, tannic acids 그리고 tartaric acid와 같은 잠재적 식물독소 유기산 거동의 좋은 지표이기 때문이다[113, 127].

무기질 토양

무기질 토양의 특성

토양은 암석과 다른 침전물과는 구별되는 구조적, 생물학적 특징을 가진다. 그들은 식물, 물, 영양분 그리고 공기, 살아있는 유기체에 의해 생산되는 재순환 유기물질들을 포함한 동물상과 미생물의 개체까지도 포함하는 동적인 시스템이다. 모든 시공간적 범주에서 토양 내 환경에 한정된 주요 영향은 그들 구성성분의 물리, 화학적 그리고 표면특성(예, 무기질, 유기물질, 물, 가스, 살아있는 유기체)과 그들의 공간적 분포에 의존한다[87].

궁극적으로 토양의 기원은 화성암(예, 화강암, 섬록암), 퇴적암(예, 석회석, 사암)과 변성암(예, 점판암, 대리석)의 풍화작용으로 생성됨을 알 수 있다. 암석의 풍화는 주로 무기질의 고운 입자로 구성된다.

암석의 무기물은 거의 대부분 산소, 규소, 알루미늄이고 나머지는 철, 칼륨, 나트륨, 칼슘, 마그네슘 등의 금속류로 구성되어 있다. 예를 들면, 이 8가지 요소는 98%가 화성암이고 미량 요소(티타늄, 망간)는 일반적으로 1%이다[65]. 산화규소는 화성암에서 가장 풍부한 무기물이지만 다른 6가지 요소는 화성암의 무기물 구성성분과는 다르다. 석회암, 사암, 점판암과 대리석의 주된 성분은 각각 방해석, 석영, 점토이다[26].

입자크기의 분포는 토성, 입자 밀도 그리고 용적밀도를 결정한다. 무기질 토양의 체적 밀도는 1에서 1.8g/cm^{3}이다. 유기물질이 큰 다공성이고 분자밀도가 1.2에서 1.5g/cm^{3}이며, 무기질토양에서 유기물질의 혼합은 일반적으로 분자와 체적밀도 둘 다 감소시킬 것이다. 전형적인 무기질 토양은 45%가 무기질, 5%가 유기물질 그리고 50%가 공극이다[72].

토양을 구성하는 고운 입자성 무기물을 형성하는데 오랜 시간이 걸린다. 이 물질 대부분은 물, 바람, 경사진 곳의 중력에 의해서 운반되고 토양층위를 발달하기 위해 충분한 깊이의 토양이 퇴적된다. 토양 맨 위층의 유기물질의 축적과 혼합, 유기물질의 분해, 물리화학적 풍화에 의한 토양 무기물의 변성, 위층에서 아래층으로의 수용성물질의 이동으로 토양층위가 형성된다[53]. 모든 토양은 대부분 이 5가지 토양층위 모두를 갖고 있을 것이다. 주요 층위는 다음과 같다.

a) O층 - 분해되지 않고 무기질 토양의 맨 윗부분을 형성하는 부분적으로 분해된 유기층
b) A층 - 부식유기물질을 포함하는 맨 위 층
c) E층 - 점토, 철, 산화알루미늄이 최대 용탈되고 그리고 수정이 일으키는 것과 같은 저항성 무기물이 밀집되는 A층 바로 아래 부분
d) B층 - 철과 산화알루미늄, 규산염 점토와 같은 물질이 최대로 축적된 지역
e) C층 - 굳지 않는 부분[26], 대부분 타감작용을 포함하는 생물학적 활동이 O와 A층의 경계면에서 발생한다.

토양의 pH

일부 토양의 중요한 특성은 pH이다[26]. 산성 토양은 pH가 7 이하이고 알칼리성 토양은 pH7 이상이다. 무기질 토양의 pH는 전형적으로 3.5에서 8.5사이이다. 유기토양은 낮은 pH를 갖는다. pH6 이하일 때, 알루미늄은 토양의 양이온 교환에 중요한 부분을 차지하지만 더 높은 pH에서는 치환성 염기가 중요한 부분이다. pH8과 8.5사이의 토양은 방해석을 포함한다. pH9 이상의 높은 수준에서는 수용성 염분, 특히 나트륨이 매우 건조한 지대에서 발생한다. 그러므로 일반적으로 염기의 포화는 감소하고 pH가 낮아질 때 산성 이온(알루미늄이온과 수소이온)과 포화는 증가한다. 토양 pH를 낮게하고 토양산성화를 증가시키데 기여하는 양성자의 성분들은 H_2SO_4와 HNO_3와 같은 대기의 성분을 포함한다. H_2CO_3는 대기 중 이산화탄소의 분해와 생물학적으로 생성된 이산화탄소, 생물학적 활동으로부터 생산된다. 토양산성화의 속도는 투입되는 산성의 속도 대 토양의 완충능력과 관련된다. 토양의 pH는 방해석과 다른 탄산염의 용해, 수소이온과 알루미늄이온의 양이온 교환, Al-함유한 광물의 용해와 Fe-함유한 광물을 완화시킨다[74, 156]. 단순유기산의 식물독성은 유기산이 양성자로 되는 조건, 즉 전하적으로 중립적일 때 산성조건에서 단순유기산의 식물독성이 명확해진다. 하지만 유기산이 음하전되는 조건에서 분리되면 식물독성을 상실하게 된다.[12, 14, 71, 90, 138].

양이온과 음이온 교환능력, 표면전하, 흡착

토양 콜로이드와 산화물은 유기물과 무기물 둘 다 이온의 범위에 있는 표면에서 양전하와 음전하의 혼합이다[87]. 대부분의 음전하 토양에서는 순음전하가 우세하다. 이 전하는 토양에서 양이온과 음이온 교환 능력을 결정하기 때문에 식물에 있어 상당히 중요하다. 무기질 토양의 유기물질은 20~80% 사이의 양이온 교환능력을 제공한다[158]. 순수 유기물질은 240 centimole(+)kg의 CEC와 1 centimole(-)kg의 AEC를 가진다[72]. 순수 smectite와 kaolinite, 점토광물은 7-118의 CEC와 1-4의 AEC를 가진

다. 토양은 다양한 점토, 모래, 유기물질로 구성되며, CEC와 AEC의 값은 토양마다 다양하다.

토양유기물질에서 음전하의 75%가 pH 의존적이다. 이것은 부분적으로 phenolic, enolic, 부식의 유기산의 해리로부터 기원한다[26]. 점토 광물은 음전하의 몇 가지 종류를 가진다. 점토 분자의 끝에서 hydroxide radicals은 중성에서 높은 pH로 해리된다. 게다가 음전하는 마그네슘(Mg^{2+})과 철(Fe^{2+})와 같은 다른 2가 양이온에 의해 알루미늄(Al^{3+})의 동형대체되거나 또는 알루미늄(Al^{3+})에 의한 규소의 대체 결과로 일어난다.[26]. Smectitie와 kaolinite 5%와 음전하의 57%는 각각 pH의존적이다.

토양유기물에서 $-OH_2^+$와 $-NH_3^+$ 같은 양성자 그룹은 양전자의 양은 보다 적지만 토양유기물의 전반적인 전하는 음전하이다[23]. 점토 무기물은 몇 종류의 양전하를 가진다. 규산질점토, 산화알루미늄과 철의 표면에 수산기의 양성자 첨가로 양전하가 발생한다. AEC결과는 토양 pH와 반대이다[53]. 그러므로 같은 장소는 음전하, 중성, 양전하의 pH의존적임에 틀림없다[26]. 그러나 점토의 전하부분과 유기물이 양이온이나 음이온의 적절한 균형을 맞추기 때문에 토양은 전기적 중성이다.

'흡수과정' 특히, 미량 금속양이온과 음이온과 같은 화학흡착된 이온은 CEC와 AEC를 필요로 하지 않지만 점토 표면의 화학반응의 결과이다[30, 75]. 많은 흡수는 금속이온의 농도, 토양 용액, pH, 경쟁 이온의 이온친화력에 의존한다.

마지막으로, 토양에서 단순유기산의 흡착과 탈착과 그들의 타감물질로써의 잠재적 역할은 양이온과 음이온의 주요 교환방법, 표면의 전하, 화학흡착에 의해 영향을 받는다.

토양의 통기

토양의 공기는 질소, 탄소, 산소, 수증기 등 많은 가스들을 포함한다. 산소는 토양유기물과 뿌리에 특히 중요하다. 산소는 호기성 동물, 미생물 그리고 뿌리의 산화환원 반응과 토양에서 화학요소의 산화, 환원 상태에 관여한다. 토양에서 산소의 농도는 기공공간에서 산소의 양, 생물과 관련된 것과 관련없는 것에서의 산소수요, 산소 확산 속도에 의해 결정된다. 토양이 깊으면 산소농도는 감소한다. 토양 중 산소함량이 낮은 것은 다음 요인과 관련되어 있다.

a) 분해자와 뿌리에 의한 높은 산소소모
b) 비온 후 잘 건조되지 않은 토양이나 잘 건조된 토양
c) 제한된 공간을 가지고 있는 토양(응축된 토양이거나, 빈약한 토양구조)
d) 낮은 산소 확산 속도

토양에서 탄산가스 포화도를 측정하는 가장 좋은 방법은 산소 확산 속도를 측정하

는 것이다[26]. 이는 토양에서 산소가 얼마나 빠르게 공급되는 지를 보여준다. 그 속도는 대부분 공기(대기중 21%가 산소)와 토양공극 사이에 산소성분 밀집도에 의해 결정되거나 토양 사이에서 한 지역에서 다른 지역 사이에 있는 산소성분에 의해 결정되고, 공기나 물을 채우고 있는 기공공간의 부피나 종류(소, 대공극)에 따라서도 결정된다. 일반적으로 산소 확산 속도가 20g $O_2 \times 10^{-8}/cm^2/minute$로 감소할 때 뿌리의 성장은 멈춘다[26]. 줄기의 정상적인 성장은 대략 30~40g $O_2 \times 10^{-8}/cm^2/minute$의 산소확산 속도를 필요로 한다.

토양과 공기에서 산소와 이산화탄소 사이에는 역 관계가 있다. 이산화탄소 농도는 보통 공기보다 토양에서 높은데 그들은 미생물과 뿌리 호흡의 생산물이다[26]. 이산화탄소는 물에서 탄산으로 용해되고, 이산화탄소의 수준은 토양용액 pH, 토양 무기물과 유기물의 수용성, 유기산의 독성에 영향을 준다.

마지막으로 산소의 존재 여부는 극적으로 최종 분해산물을 변경한다. Greenwood[67]는 산소농도가 3×10^{-6} M보다 낮으면 호기성 미생물 활동이 억제되는 것을 알았다. 토양유기물의 호기적 분해는 산화된 원소를 생성하고 혐기성 분해는 환원원소를 생산한다. 게다가 혐기성 조건에서 ethylene, lactic acid, butyric acid, formic acid, benzoic, cinnamic 그리고 파생물들, 아민, 많은 다른 토양유기물질의 중간 분해 산물은 토양에서 생성되고 축적된다[26, 113].

토양유기물의 특성

살아 있는 유기체들은 다양한 유기물질과 토양내에서 유기물을 재순환한다. 예를 들면, 고등식물에 의해 유기물이 추가되는 것은 다음의 결과이다.

a) 잎, 가지, 줄기, 꽃과 열매가 토양에 떨어짐
b) 잎, 가지, 줄기, 꽃과 열매가 토양의 위와 속에서 분해, 침출과 혼합됨
c) 뿌리 삼출물, 분비물과 용해물
d) 뿌리에서 나오는 점액성 물질의 생산
e) 근권 미생물과 관련된 뿌리세포의 탈락과 죽음
f) 중력수와 모세관수에 의해 뿌리, 근경, 구경과 열매의 분해와 침출

추정한 자료에 의하면 침엽수와 혼합림은 2000~7000kg/ha, 낙엽수와 활엽수는 5000~7000kg/ha, 그리고 목초지는 500~7000kg/ha 범위이다[129]. 경작된 땅의 정보는 만약 1차 생산물을 측정값으로 사용한다면 1000~3500kg/ha 범위이다[168].

고등식물에 의해 토양에 더해진 수용성 유기물질의 일부는 기능적인 뿌리에 의해 흡수되지만, 수용성이고 불용성인 이 유기물질 대부분은 토양동물상과 미생물에 의해 에너지, 성장, 발달, 생식에 필요한 영양물로 이용된다. 반면에 이용된 이런 유

기물은 다양한 새로운 유기물로 바뀐다. 그러므로 토양은 유기물의 복잡한 혼합을 포함한다. 그 예는 지질, 지방산, 왁스, 수용성 탄수화물, 헤미셀룰로오스, 셀룰로오스, ployuronides, 유기산, 멜라닌, phenolic acids, 리그닌, 단백질, 아미노산, DNA, RNA, 핵산, 비타민, 탄닌, 탄화수소, 케라닌, 키틴, humic acid, fulvic acid와 humin이다[51, 87, 114]. 때문에 이러한 유기물은 각기 다른 안정성과 전환율을 가진다. 얼마간 토양유기물에서 준안정 상태에 도달하고, 더 안정한 물질들은 유기물 구성성분이 우세해지기 시작한다[158]. 잘 건조된 무기질 토양은 무게에 1~10% 범위의 유기물을 포함한다[26].

토양유기물의 기능

토양의 구조는 인접한 토양입자보다 각각의 토양입자들이 응집할 때 형성되고, 토양 덩어리를 만든다. 토양 입단의 계층구조는 미소입단이나 거대입단으로 분류된다. 유기물의 교질 형태는 식물, 미생물, 동물, 철과 알루미늄의 산화물로부터 유래되고 고도로 무질서한 규산염 점토 무기질은 응집을 유도한다[87]. 반면에, 더 큰 거대입단은 대개 작은 뿌리, 뿌리수염, 균근의 균사, 부생성 진균의 균사 등 3차원에 의해 유지된다. 입단은 토양 기반을 통해 물, 용질, 가스의 이동과 여과를 하는 서로 연결된 공극에 의해 둘러싸인다. 토양 다공성과 관련된 뿌리 성장에 대한 저항력이 낮으면 더 빠른 뿌리성장을 이끈다[6, 66, 153]. 토양의 입단화는 뿌리성장에 중요할 뿐 아니라 동물과 미생물의 활동, 토양유기물질의 생산량에 가장 중요한 것 중 하나이다. 대부분의 토양유기물은 바깥 표면에 존재하는 유기물질과의 공극을 포함한다[114]. 입구의 크기는 기공 접근성을 결정한다. 점유는 또한 기공의 수분함량에 의해 결정된다.

영양분 보유에서 양이온과 음이온 교환의 중요성은 이전에 설명했다. 유기물은 이차적으로 O층과 A층의 근권으로부터 급속한 양분 고갈을 감소시킴으로써 유기성 양분을 보전한다. 사실 토양유기물은 거의 인 50~80%, 황 80%, 대부분의 붕소와 몰리브덴 그리고 식물에 의해 흡수되는 거의 모든 질소를 공급한다[23, 26]. 토양유기물은 구리이온, 망간이온, 아연이온과 고등식물에서 미량원소 이용성이 증가되도록 안정한 복합체를 형성한다[151].

유기물은 토양을 검게 하고, 태양복사열을 흡수하여 평균 토양 온도를 증가시킨다. 평균 토양온도의 증가는 더 큰 물질대사, 성장, 그리고 식물생육 기간 동안 토양 미생물과 뿌리의 성장을 촉진한다.

유기물은 약산, 중성, 알칼리 범위의 토양 pH를 일정하게 완충시킨다[151]. 이것은 유기산의 식물독성을 포함하는 많은 토양 과정이 pH 의존적이기 때문에 중요하다.

마지막으로 농도에 의존하는 토양 용액, 용해성 유기 이온, 분자, 혼합물들은 식물, 동물, 미생물의 성장을 억제하거나 촉진하는 역할을 한다. 물론 연구의 주 관점은 타감작용이다.

유기물과 식물 뿌리의 분포

유기물은 토양 표면과 근권에 분포한다. 온대 지역에서 대부분 가을에 퇴비가 유입된다. 이 퇴비의 생산은 환경, 식물종과 조직의 특이성에 의해 조절되고 상당히 다양하지만 대부분 봄과 이른 여름에 발생한다. 땅 위 퇴비의 수평적 분포는 식물 종, 밀집도, 분포, 낙엽 유입, 이동, 파편, 토양과 혼합 및 분해에 의해 결정된다.

1차 생산력의 40~85%가 고등식물이기 때문에 지면 아래에서 발생하고[52] 여기서 새로운 물질이 합성되고 뿌리의 분포는 토양의 유기물 분포를 결정하는데 중요하다. 뿌리의 잔유물과 생산은 매우 다양하지만 가뭄, 강수와 밀접하게 관련된다. 대부분의 뿌리는 토양의 30cm 위에 위치하고 뿌리의 수와 생물량은 그 후에 더 빨리 감소한다[22, 86]. 그러나 이것으로 뿌리가 상당한 깊이에 도달하지 않는다고 말할 수는 없다. 예를 들면, 옥수수, 콩, 사탕수수, 밀 같은 작물의 뿌리는 2m 깊이에 쉽게 도달할 수 있다[22, 86, 123]. 미국 서부지역에서 야초지 종의 뿌리는 쉽게 2~3m 깊이에 도달하고[162, 163] 수령이 4~181년된 전나무는 1.8~3m 깊이의 뿌리를 가진다[137]. 뿌리의 수평적 분포는 잔디로 덮혀있는 시스템에서 연속되고 규칙적이지만 옥수수와 콩 같은 단일재배 작물은 이랑 또는 이랑사이에서 뭉쳐있거나 또는 전체 식물밀도와 자연군집에 따라 뭉쳐있는 것이 연속될 수 있다.

토양에서 타감작용 매개물의 방출과 생산은 유기물의 분포와 밀접하게 관련된다. 또한 식물잎 잔유물의 식물독성이 뿌리 잔유물보다 적거나 많기 때문에[17, 89, 150] 그들의 기능적인 독성과 수평, 수직분포는 잠재적인 타감물질의 위치와 공급원에 대해 상당한 관점을 제공한다.

토양용액

근권의 토양수분함량은 동적이며 강수에서 땅위의 빗물, 배수, 증발을 뺀 값이다[84]. 지하수의 몇몇 예 또한 중요하다. 토양수에는 3가지 액체형태가 있다.

a) 토양 유기체나 뿌리가 이용할 수 없는 흡착수나 결합수
b) 토양 유기체나 뿌리가 이용할 수 있는 모세관 수
c) 중력수, 토양미생물과 뿌리가 이동성 때문에 제한된 것인 포장 용수량보다 많은 물. 불포화 토양에서 중력수는 중력에 의해 수직적 그리고 모세현상에 의해 수평적으로 이동한다.

이 물의 3가지 형태의 비율은 토성, 구조 그리고 수분함유량에 의해서 결정된다. 토양에서 수분의 이동은 다양한 크기와 모양을 가진 복잡한 공극을 통해서 일어난다. 때문에 미소공극은 더 많은 수분을 보유한다[78]. 토양 단면은 물의 이동이 제한되

고 달라지는 암반층이나 경반층에 의해 방해될 때 특히 중요하다. 너무 많은 물은 물의 포화, 혐기성, 높은 환원토양 환경을 만든다. 너무 적은 모세관 수는 산화와 가뭄을 이끈다.

토양용액은 무기물과 유기물의 다양한 농도와 토양 공극내 위치한 가스를 포함하는 물로써 정의된다[1)66)]. 공극의 다양한 크기와 위치 때문에 토양용액은 연속적이거나 비연속적이다. 토양조성과 공극구조가 다양하기 때문에 여러 위치에서 토양용액은 매우 다른 양의 용해물질을 포함한다. 용존물질의 농도는 근원물질, 유입된 것, 토양용액의 물리화학적 특성, 손실에 의해 결정된다. 토양용액의 어떤 지점에서는 오직 유기물질, 무기물질의 소량만 포함한다[26)]. 그러나 토양은 용해된 양이온, 음이온, 중성물질이 토양용액으로부터 제거된다는 점에서 눈에 띄는 시스템이다. 그들은 토양 용액화학이 극적으로 변화하지 않고 적당한 자원이 존재하는 한 이러한 물질들에 의해 대체된다. 식물의 관점에서 이런 대체는 대부분의 토양에서 영양성분이 식물 성장에 필요한 것보다 훨씬 못 미치기 때문에 특히 중요하다. 이런 대체는 또한 타감작용 효과 표현에 매우 중요하다. 그러나 용해물질의 농도는 가뭄 스트레스, 염분 스트레스, 독성 등을 유발한다.

토양용액의 또 다른 중요한 성질은 산성, 중성, 알칼리성이다. 이런 상태는 보통 pH와 관련된다. 용액 pH는 유기, 무기물질의 용해성과 이온상태를 결정한다. 다음 4가지 예는 이런 용액 특성의 중요성을 증명한다.

a) pH값 5 이하에서 알루미늄, 철, 마그네슘은 식물이 성장하기 위해 충분한 농도로 녹을 수 있다[53, 108)].

b) 토양 인은 식물 뿌리에서 즉시 이용할 수 없지만 일반적으로 약 pH6.5 범위에서 이용할 수 있다[26)].

c) ferulic acid와 같은 같은 단순 식물 독성 phenolic acid는 대략 4.5의 pKa값은 갖는다[12)]. pH3.5에서 ferulic acid는 90%가 양성자로 되었고 10%는 음전화 상태를 의미한다. pH4.5값의 비율은 50/50, pH5.5값의 비율은 10/90 그리고 pH6.5 비율은 1/99이다. 모든 지표는 ferulic acid같은 phenolic acid의 흡수와 뿌리 접촉은 분자가 양성화 상태일 때와 음성화 상태에서 흡수하지 않거나 방출할 때 일어난다[14, 71, 90, 138)]. 뿌리나 미생물에 있는 페놀산 독에서 용액의 pH 영향은 중요하다.

d) 대부분 토양미생물은 선택된 pH범위를 가진다[114)]. 예를 들면, 박테리아는 일반적으로 중성 pH를 선호하는 반면에 곰팡이는 산성범위를 선호한다. 반면에 방사선균은 산성조건에서 잘 견디지 못한다. 지렁이는 거의 중성 pH범위를 선호하고 절지동물은 산성을 더 선호한다[87)]. 그러므로 용액 pH는 토양에서 유기물의 생산율에 영향을 미친다. 식물 종은 그들이 잘 자라고 잘 견딜 수 있는 pH범위에 의해 나누어진다. 예를 들면, 알파파와 클로버는 산성

에서 약알칼리성에서 잘 자라고 블루베리와 철쭉은 강산성에서 잘 자란다[26].

수용성 유기물의 흡탈착

토양의 무기 및 유기화합물은 효소를 포함한 무기이온과 수용성 유기물들을 기역적 또는 비가역적으로흡수할 수 있다. 수용성 유기물질과 효소는 확산이나 중력, '중산견인'에 의해 유도된 모세현상에 의해 도달한다. 예를 들면, 점토나 부식질의 물질로 흡수된 유기물질과 효소는 토양 효소에 의해 가수분해와 미생물이용으로부터 보호된다[87]. 이런 유기분자의 가역적 및 비가역적 흡수는 토양솔루션 화학과 타감작용에 영향을 준다. 흡착과정의 종류와 길이는 분자 크기, 극성, 유기물질의 이온화에 의존한다. 비극성, 극성이온과 유기 전해질은 일반적으로 점토나 부식질 표면에 흡착한다[143].

토양용액 내 수용성 유기 전해질의 상태는 그들의 흡착을 위한 포텐셜 즉, pK 값이 그들의 화학적 구성성분에 의존한다. 토양표면에서 양이온, 음이온 형태는 마이너스극이거나 플러스극이다[63, 64, 92, 104, 161]. 다원자가 양이온은 마이너스 극 부위의 음이온을 움직일 수 없게 한다[63, 64]. 양자 형태는 토양유기물질[37, 73]이나 중합된 부식물질에 의해 흡착된다[69, 101, 102, 140, 160]. 흡착은 또한 반데르발스 힘과 수소결합을 통해 일어난다[63, 64]. 결합력은 매우 복잡하다. 몇몇 복합체는 다른 물질의 리간드 교환, 산화반응에 의해 쉽게 교란된다. 분명히 흡착/탈착은 타감작용의 토양용액 농도를 결정하는데 주요한 요인이다.

마지막으로 흡착/탈착은 유기, 무기이온만 제한하지 않는다. 전형적인 토양 pH값에서 미생물의 표면은 마이너스 극이 우세하고 토양의 흡착/탈착과정과 비슷한 경험을 한다[72]. 이것은 펙틴과 같은 세포벽의 물질과 많은 xylan 그리고 아라비노갈락탄이 산성과 마이너스 극을 만들기 때문에 주된 뿌리 표면에 있어서도 마찬가지이다[55]. 미생물과 뿌리표면에서의 흡착/탈착이 얼마나 타감작용에 중요한 지는 알 수 없다. 하지만 저자는 물질의 중요성을 잘 알고 있다.

토양생물

토양동물

토양에는 미소동물, 대형동물, 중형동물의 다양한 범위의 동물 상이 있다[26, 53, 87, 143]. 그들은 성장, 발달, 생식과는 별개로 미생물개체의 조절, 유기물질의 이용과 혼합, 탄산가스, 영양분 순환, 탄소와 질소 비율 조정 등 다양한 기능을 한다. 그러므로 토양 동물상은 분해를 촉진하고 잠재적 타감물질을 배출하거나 손실을 일으킬뿐만 아니라 미생물과 식물 뿌리와 자원을 경쟁한다.

전형적인 토양에서 선충류와 원생동물을 제외하고 추정된 생물수는 총 1.5million/m^2이다[81]. 선충류 개체수는 유럽 목초지 토양에서 1.8~120million/m^2이고[81] 산림 토양에선 1.7~6.3million/m^2이다[147]. Macfadyen은 다양한 연구를 근거로 평균적으로 토양은 평방 미터당 백만개의 원생동물이 존재한다고 주장하였다[100].

토양미생물

미생물의 종은 매우 다양한 범위의 물질대사 능력을 가진다. 물리화학적 특성인 촉매반응은 유기물질을 분해하고 잠재적인 타감물질을 합성, 손실, 방출한다[2, 13, 26, 53, 87, 143, 145]. 박테리아는 가장 풍부한 종이 10^8/g soil이고 다른 종은 10^4~10^6/g soil 범위이다[172]. 조류와 남세균은 토양 표면근처나 바로 아래에 위치하며 각각 10^3~10^8/g soil 범위이다. 방선균과 균류는 각각 10^6~10^7와 10^4~10^6/g soil이다. 미생물 종들의 상대 개체군 밀도는 포식자와 다른 유기체와의 경쟁과 생식능력, 기관의 상태, 최소한으로 필요한 생존구조에 의해서 결정된다. 휴면상태로 오랜 시간 토양에서 생존할 수 있고 자원의 최소요구량을 초과하면 곧바로 다시활동을 한다. 실제로 미생물은 단지 생존을 위해 살아간다. 예를 들면, 토양내 박테리아는 30년 중 3년 정도 활동한다[87]. 토양의 물리적, 화학적, 생물학적 특성은 계속해서 변하고 있다. 토양의 특성이 변함에 따라 미생물종의 활동도 변한다.

또 다른 토양의 생물학적 실체는 바이러스로서 비옥한 농경지 토양에 10^{11} viruses/g 존재한다는 것이다[3]. 바이러스는 박테리아, 균류, 곤충, 식물이나 동물과 같은 살아있는 숙주를 필요로 하고 토양에서 질병과 유전자 전달 같은 기능 수행을 한다.

분해

일련의 산화환원 반응인 분해는 동시적이지만 상보적인 과정으로서 무기물화와 부식화를 포함한다. 두 과정들은 동물과 미생물 활동의 결과이다. 무기물화는 유기물이 질산염, 암모늄, 인산염과 황산염과 같은 무기형태로 전환되는 이화작용이다. 반면에 부식화는 유기물질에 의한 동화작용이다. 전자는 뿌리, 미생물과 동물군 행동, 토양용액의 화학작용, 타감물질의 억제 또는 촉진농도의 형성과 손실에 영향을 주고, 그리고 토양 유기체와 뿌리에 이용가능한 이온의 유동성을 조절하는 반면에 후자는 토양에서 유기물의 안정화의 축적을 조절함으로써, 토양 생산성에 있어서 중요하다.

대부분 자연 군집은 결국 퇴비의 손실과 투입사이에서 안정상태에 도달한다. 안정된 상태에서 낙엽 회전율은 다음에 의해서 계산될 수 있다: 평균 낙엽생산을 연간 낙엽유입량을 나눈다. 식물 종류에 따라 다양하여 회전율은 활엽수림 낙엽은 1.6~5년, 침엽수림 낙엽은 16~20년, 초지낙엽은 0.8~1.5년 소요된다.

혐기성 호기성 조건에서 식물 잔유물의 분해는 더 잘게 쪼개진 단순 유기물질의 형태를 경유하는 과정이다. 이 성분은 혐기성 조건에서 토양으로부터 빠르게 사라진다. 그러나 산소가 부족할 때 이 유기물질은 독성을 축적하는 경향이 있다. 이런 조건에서 메탄, 황화수소, 에틸렌, 벤젠, butyric acid, lactic acid, 아미노산 등 많은 다른 중간 산물이 생성된다. 혐기성 토양 환경은 무겁고, 척박한 토양, 비가 많은 토양에서 조성된다[26, 113]. 혐기성 조건 지역은 특히 점토와 유기입자 또는 점토 유기 물질이 응집된 곳에서 발견된다. Greenwood[67]는 수용성 포화 토양이 직경 3mm보다 크게 응집하고 산소 농도는 호기성 미생물 활동을 제한하는 3×10^{-6}M보다 적다는 것을 발견하였다. 공기보다 물에서 산소확산은 약 10,000배 빠르고[67] 습한 호기성 토양에서 산소농도는 매우 다양하다. 식물독성 물질의 농도 또한 산소 농도와 관련되어 있기 때문에 토양마다 다양하다.

뿌리

뿌리와 근계

뿌리를 구성하는 것을 정의하는 것은 특화된 뿌리 종류가 다양하기 때문에 쉽지 않다. 여기에서는 평범한 뿌리 종류, 목본성과 비목본성, 수염뿌리와 부정근에 초점을 두었다[48, 49]. 그러한 뿌리는 일반적으로 땅 아래에 있고 잎 기관이나 눈이 없고 마디나 절이 없으며 대개 기공과 2차 성장도 없다. 결국, 뿌리 지름과 표면 특성은 종과 종사이에서 다양하다.

뿌리의 최초 발달은 그 근원이 무엇이든 간에, 다음에 분류된 근권에 따라 분류될 수 있다.

a) 배아부위 - 뿌리골무로 덮인 정단 분열조직의 위치
b) 신장부위 - 세포의 신장과 분화가 시작되는 곳
c) 뿌리털 부위 - 1차조직이 충분히 성숙해 있고 뿌리털이 표피세포에 잘 발달되어 있어 뿌리 흡수가 가장 활발한 부위
d) 코르크화 부위 - 왁스와 같은 물질인 코르크질이 외부 표면인 표피를 덮고 있어 뿌리 흡수가 감소하는 부위이지만 그것을 제거하지 않는다: 측근이 있

는 뿌리 부위는 내초로부터 생성된다.

e) 피층의 부패부위(표피, 피층, 그리고 내피)와 2차 조직(2차 물관부, 체관부, 주피)이 발달되는 존이 있다.

배아와 관련된 부위는 뿌리성장에 관여되는 4가지 일시적 분열조직이다.

a) 3가지의 일시적인 분열조직을 생산하는 원뿌리

b) 표피를 생산하는 전표피

c) 유관속조직을 형성하는 전형성층(주로 물관부와 체관부)

d) 기본조직을 생성하는 기본 분열조직(쌍자엽 식물의 뿌리에 있는 피층과 단자엽 식물 뿌리의 피층 그리고/또는 속

2차 성장은 2차 물관부와 체관부를 생산하는 유관속 형성층에 의존하고 내초는 측근 뿐 아니라 외부에 코르크 세포를 생산하고 내부에 코르크 유조직을 생성하는 주피에서 기원한다. 유관속 형성층, 체관과 주피는 껍질을 생성한다. 대부분의 뿌리 분열조직은 오랫동안 미분화 조직을 생성하고 뿌리 축을 따라 점차 성숙해진다. 각 뿌리는 발달정도가 각각 다른 결과를 가져온다.

단자엽식물의 뿌리 시스템은 1차 뿌리와 배아의 마디에서 발생한 뿌리로 구성된 종자근(씨뿌리)과 후속적인 줄기마디에서 왕관상으로 생성된 관근으로 구성되어 있다.[83, 86, 109, 123]. 종자 뿌리의 몇몇이나 전체는 관근 시스템이 생산될 때 죽는다. 종자와 부정근의 빈도는 몇몇 알려지지 않는 범위 중 하나이다. 뿌리 시스템의 결과는 수염 뿌리시스템으로 된다.

초본성 쌍떡잎 식물 뿌리 시스템은 많은 분지상 측근으로 되어 있는 곧은 원뿌리를 형성하는 1차 뿌리로부터 유래된다. 뿌리시스템은 곧은 원뿌리에서 위축성과 분지한 측근으로 나뉜다. 그러나 결국, 곧은 뿌리의 주된 것은 일반적으로 대부분의 뿌리를 잃고 곁뿌리의 형태가 된다는 것이다[83, 86, 109, 123]. 뿌리시스템의 깊이는 뿌리 분기의 양에 의해 결정된다.

다년쌍자엽식물 종은 뿌리시스템이 초본식물 종처럼 발달하지만 2차성장은 오랜 시간이 소요된다. 이런 잔뿌리나 실뿌리로 언급되는 곁뿌리와 우발적인 뿌리의 형태는 토양의 위층에서 분포한다[36, 96, 109]. 잔뿌리는 일반적으로 목질 뿌리보다 짧은 생을 산다. 잔뿌리는 죽거나 비근균 뿌리를 목질 뿌리로 바꾼다[9]. 그러므로 뿌리시스템의 결과는 뿌리의 나이와 다른 형태의 혼합을 구성한다. 주어진 계속되는 종류들을 위한 뿌리의 나이와 뿌리의 종류의 균형은 식물의 나이와 계절 그리고 토양환경과 함께 다양해진다. 그러나 뿌리 종류와 나이와 관련없이 적절한 잔뿌리 시스템은 생존에 필수적이다.

다른 종이 갖는 다른 뿌리 종류, 시스템의 중요 포인트는 수평적, 수직적 분포이

다. 이러한 차이점을 아는 것은 중요한데 이는 토양 자원의 종의 착취-경쟁 특성의 관점과 서로간의 화학적 상호작용을 이해하게 해주기 때문이다.

뿌리형태, 근권 그리고 근표면권

정상적인 근단은 중력의 탐지 부위이자 뿌리 분열조직을 보호하는 뿌리골무에 둘러싸여 있다[141]. 뿌리의 바깥 표면은 뿌리수염을 생산하는 표피이다[76]. 뿌리의 표면은 근면이라고 하고 뿌리를 둘러싸고 있는 것은 근권이라고 한다[35, 80, 115]. 근면과 근권은 모두 박테리아, 균류, 방선균류, 동물상과 관련된다[80, 87]. 이 유기체는 뿌리에 의해 생산되는 무기, 유기물의 분비, 삼출액, 용출과 점액물질에 의해 지탱된다[110, 135].

근권은 뿌리 주변에서 토양물질로 구성된다[80, 87, 134, 135]. 이것은 습도 높은 토양, pH, 유기물, 영양분, 미생물, 동물상, 토양 가스 등의 특성을 갖는다. 예로 근권과 벌크 흙은 뿌리의 활동에 의해 구별된다. 토양의 습도, 산소와 영양농도는 벌크 흙 보다 근권이 낮다. 유기물질, 미생물, 동물상과 이산화탄소 수준은 일반적으로 근권에서 더 높다. pH 변화는 근권과 벌크 흙사이에 관련이 없다[77]. 뿌리는 중성 전자상태를 유지한다.

박테리아, 곰팡이, 원생동물 수는 뿌리표면(근면)에 많고 뿌리에서 멀어질수록 급격히 줄어든다[39, 112]. Rouatt와 Katznelson[132]은 뿌리표면에 뿌리건조중량당 박테리아가 10^9cfu이었고, 근권내에서 10^8~10cfu 범위였다는 것을 알았다. 토양 cfu에 대한 근권 비율은 붉은 토끼풀 24, 귀리와 밀 6, 옥수수와 보리는 3이다. Rouatt 등[133]은 밀 근권에서 박테리아 24, 곰팡이 112, 원생동물 2, 암모니아균 125, 탈질균 1260의 비율을 알았다. 밀 근권에서 박테리아, 곰팡이, 원생동물의 수는 각각 10^9, 10^6 그리고 10^3 cfu이었다.

토양미생물들은 근권에서 많은 기능을 한다.

a) 유기잔유물의 분해와 잠재적 타감물질의 생산과 이용
b) 식물호르몬의 생산을 통한 식물성장 향상
c) 영양분 이용증가
d) 영양염 이용의 효율성 향상
e) 식물뿌리 병원체와 가능한 식물독성에 대한 보호

미생물과 관련된 일부종은 질병을 일으키는 반면에 다른 종은 식물뿌리와 공생관계를 형성한다. 몇몇 외생균근과 내생균근인 1차 뿌리를 제외한 대부분의 식물 종은 균류와 뿌리사이에 공생관계를 형성한다[170]. 외생균근은 뿌리에 물리화학적 장벽, 뿌리 병원체에 대항해 보호하는 맨틀을 제공함으로써 유용하다. 외, 내생균근은 영양분과 물을 끌어들여 토양의 부피를 증가시키는 균사시스템과 관련이 있다. 공

생관계의 또 다른 예는 Leguminosae 또는 Ulmaceae, Betulaceae Casuarinaceae에 의해 질소고정을 형성하는 것이다[157]. 1차 뿌리는 성장과 이동 기간, 물, 영양분의 섭취와 손실, 수용성 유기물질, 미생물과 동물의 활동의 관점에서 가장 생물학적인 활동이다.

일반적으로 2차 성장의 뿌리는 목질 뿌리나 지속되는 뿌리시스템보다 오래 생존한다. 잔뿌리는 1차 뿌리이기에 생물학적으로 매우 활성적이다. 목질뿌리 대신에 주피의 코르크 세포는 토양환경으로부터 이러한 뿌리의 살아있는 세포를 고립시켜 생물학적 활동을 줄인다. 그러나 영양분, 물, 유기물질을 섭취하거나 손실하는 그들의 역할은 주피가 갈라지게 하거나, 틈이 나게 하거나, 피목(皮目)을 포함하기 때문에 완전히 무시된다[38, 85].

뿌리표면 모양의 특징은 분명히 타감작용의 결과에 영향을 받는다. 때문에 이런 표면 특성은 근권과 근표면권의 특성과 타감물질과 뿌리표면사이의 유사성을 결정한다. 벌크 토양과 근표면권, 근면 사이의 차이는 벌크 토양의 물리화학적 특성이 타감작용의 존재 여부를 결정하는 근거로 충분하지 않다는 것을 설명한다.

뿌리의 성장

초본식물의 뿌리 성장은 주로 줄기의 성장기간과 식물성장의 생식기간 동안 빠르게 감소한다. 콩의 경우, 꼬투리를 채우는 동안의 성장속도는 식물성장기간 동안의 속도에 절반이다[123]. 뿌리 시스템은 매우 예민하다. 모든 뿌리시스템의 성장이 매우 비규칙적이고 에너지, 탄소 공급에 의해 조절되며 토양환경 주변에서 조절된다. 토양조건은 구조, 온도, 수분함유량, pH, 산소공급, 이용 가능한 영양물 공급, 병원체 등이다. 이런 토양 요인은 자발적이고 상호적으로 작동된다[83]. 뿌리는 일반적으로 토양조건이 좋으면 빠르게 증식한다[28, 29, 50]. 뿌리시스템의 가소성은 식물에 적당한 고정수단이고 지원의 최대 이용을 보장하는 뿌리의 특성이다.

식물 성장은 식물 생존에 필수적이다. 왜냐하면 새로운 뿌리는 계속해서 뿌리 축을 따라 조직이 성숙되고 생산된다. 인과 같은 자원은 뿌리주변에서 빠르게 고갈되고 뿌리 성장은 계속해서 이러한 자원을 필요로 한다. 성장은 뿌리 이동과 초식성을 보장하는데 필요하다. 그러므로 타감작용을 포함한 식물성장의 영향은 식물의 실패나 성공에 영향을 준다.

여러 경우에서 다년생 식물종의 발근과 뿌리 성장은 이른 봄에 줄기 성장보다 일찍 일어나며 줄기성장이 끝난 가을에 마무리를 한다[96]. 하지만 침엽수와 같은 일부 종에서는 토양 환경만 적절하다면 발근과 뿌리 성장이 일 년 내내 일어난다. 그러므로 발근과 뿌리 성장은 적절한 양의 에너지와 탄소만 있다면 토양 환경에 의해 크게 좌우되기 때문에 시간의 흐름에 대해 매우 불규칙적이며 해마다 상당한 변화를 겪는다. 뿌리가 보상적 성장을 하는 것과 자원이 풍부한 땅을 개척하는 잔뿌리의 능력은 흔하게 발견된다.

다음의 이유로 뿌리의 성장이 식물의 생존성에 필수적임을 알 수 있다.

a) 물과 양분의 활발한 흡수를 위해 새로운 뿌리 영역(뿌리털)은 뿌리축의 조직이 성숙함에 따라 반드시 지속적으로 생성되어야 한다. (즉, 뿌리털은 결국 잔뿌리를 잃게 되며 코르크화되거나 주피에 의해 쌓이게 된다)
b) 인과 같이 토양 내에서 이동성이 거의 없는 양분들은 뿌리 주변에서 빠르게 고갈되기 때문에 이러한 양분들의 흡수를 위해서는 뿌리가 성장해야 한다.
c) 초식동물의 섭식 등에 의한 뿌리의 손실을 보상하기 위해 뿌리는 성장해야 한다. 그러므로 타감물질과 같이 뿌리의 성장에 영향을 미치는 모든 물질은 식물의 생존에 영향을 줄 것이다.

뿌리의 수명

모든 식물기관과 같이 뿌리는 생성과 사멸을 거치게 된다. 그러므로 뿌리시스템의 크기와 개체구조는 각 뿌리의 생성과 사멸의 비율에 의해 결정된다. 뿌리에서 수분 흡수와 줄기로부터 공급되는 양분 흡수가 최대가 될 때 모든 식물의 성장은 최대가 된다[47]. 그러므로 만약 뿌리가 가장 좋은 토양에서 출현했더라도 더 이상의 충분한 물과 양분을 공급받을 수 없을 때에는 활력이 약해지거거나, 시들게 되는데 그때는 식물의 생육이 최대 정체된다. 영양 물질을 효과적으로 흡수하고 이용하는 근계의 능력은 뿌리 생육, 뿌리의 전환(개별 뿌리의 발생-사멸), 뿌리 분포, 공간적 시간적 수분 차이, 토양 산소 및 영양분에 의존한다. 또한 근계의 능력은 뿌리 나이, 에너지 및 탄소 공급, 온도 및 물질 이용성에 변화를 보이는 뿌리시스템에 포함되어 있는 개개 뿌리의 생리적 활성에도 의존한다. 이러한 뿌리 수명의 비용 편익적 분석은 식물이 그들 뿌리 수명을 조절하고 다룰 외적 요소, 즉 병해충 피해 또는 토양 속 혹은 지상부의 초식동물의 채식을 배제한다는 것을 암시한다. 실제로 이러한 요소는 뿌리 수명을 결정짓는 역할을 지니고 있다. 보통 뿌리의 수명은 수일에서 수년까지 차이가 크다. 그리고 식물을 가지고 실험적인 환경조건의 보통범위에 대해서는 뿌리 수명의 변이의 근본원인은 잘 밝혀져 있지 않다. 예로 들어, 콩과 같은 고등식물 뿌리의 평균적인 기능상의 수명 기간은 대략 10에서 20일 정도이다[123]. 나무에서 가장 미세한 뿌리의 평균 수명은 20일 이내(빨리 자라는 나무)에서 1년 이상(천천히 자라는 나무)에 이를 수 있다[46]. 뿌리 직경 또한 중요한데 예를 들어, 사과나무에서는 뿌리 직경이 0.1~0.2mm이며 평균 수명은 대략 40일 정도인 반면 0.5~1.1mm의 직경이면 평균 수명은 240일 이상이다[166].

각각의 뿌리의 수명과 앞서 말한 뿌리 분포가 타감물질에 대해 어떻게 식물의 반응에 영향을 미칠 지는 잘 알려지지 않다. 따라서 이러한 분야는 특히 장단기적 연구를 규명할만한 가치가 있다.

뿌리의 흡수 영역

뿌리는 다양한 기능을 한다. 식물의 고정장치, 탄소와 에너지 저장소, 성장 조절 물질(예, abscisic acid, cytokinins, auxins)의 합성과 상호변환(예, gibberellic acid), 합성활동(예, 질소고정, 무기 질소의 아미노산으로의 변환, 유기산의 합성)과 양분 또는 수분의 흡수가 일어나는 장소로서 기능한다. 여기서 우리는 흡수 기관으로서 식물의 뿌리의 역할을 중점적으로 알아보고자 한다.

균근이 없는 1차 뿌리에서는 뿌리골무(근관)의 존재, 조밀한 원형질에 의한 강한 저항력, 그리고 그 장소로부터 물질을 수송하는 목질부 조직의 결핍에 의해 적은 양의 수분과 양분, 유기물질만 들어오게 된다. 뿌리털 지역을 벗어나면 물관조직은 기능을 하지만 내피, 하피 그리고 표피(존재한다면)의 코르크화 또는 목질화에 의해 수분, 무기질, 그리고 유기 물질의 유입은 현저히 낮아질 것이다. 흡수가 최대로 일어나는 장소는 뿌리털 지역이다[84]. 그러나 이는 코르크화된 뿌리가 수분, 양분, 또는 유기물질을 흡수하지 못한다는 뜻이 아니다. Chung and Kramer[38]은 1년생 소나무의 묘목에서 코르크화 되지 않은 뿌리를 제거함으로써 뿌리의 표면적은 42%, 물 흡수율은 23%, 그리고 32P의 흡수율은 23% 그리고 32P의 흡수율은 47%나 감소된다는 것을 알 수 있다. 이를 보면 상당한 양의 흡수가 코르크화된 뿌리에서 일어났음을 알 수 있다.

내생균근의 균사는 외떡잎과 쌍떡잎초본류 뿌리의 표면을 따라 발견되며 뿌리 표면에서 주변 토양으로 직접적으로 뻗어나간다. 다년생 종에서 발견되는 내생/외생균근의 균사는 오직 목본류의 실뿌리 또는 잔뿌리에만 위치한다. (즉 주근, 주피가 없는 뿌리) 2차 성장을 하는 뿌리는 표피가 있을 경우 수분, 양분 및 유기물질의 흡수를 현저히 저해한다. 그러한 Kramer and Bullock[85]은 목본류 뿌리에 균열, 틈, 그리고 껍질 눈이 있기 때문에 일부 수분과 양분이 목본류 뿌리를 통해 흡수될 수도 있다고 제안하였다.

수분과 양분, 그리고 유기물질이 1차뿌리(주근)로 유입될 수 있는 경로에는 세 가지가 있다. 첫째로는 세포간극을 통한 경로가 있다. 그러나 세포간극의 일부는 물에 의해 완전히 침윤되지 않았을 경우 비정상적인 성장을 일으키기 때문에 기체로 채워져 있다[33, 34]. 수분, 양분 그리고 유기물질의 이동은 내피의 세포들을 둘러싸는 카스파리선이 내피의 세포간극을 봉쇄하기 때문이다. 둘째 경로는 뿌리가 있거나 없는 표피의 피층 어디에서나 또는 내피에서 개시될 수 있다. 수분과 양분 그리고 유기물질은 세포막을 지나 원형질 연락사를 통해 세포에서 세포로 수송된다. 이는 symplastic movement와 apoplastic movement의 조합이다. 균사는 세포질을 침투하지 않고 뿌리 피층에서 멈춰있기 때문에 수분과 양분 그리고 유기물질은 뿌리의 관다발 조직으로 움직이기 위해서는 균사를 떠나 피층의 세포간극으로 유입된 후 피층 또는 내피의 세포막을 지나야 한다. 외생균주의 균사는 피층의 세포간극에도 위치하고 있으나 균사는 여러 장소에서 세포벽을 침투하여 세포벽과 세포막 사이에 알부스클(arbuscle)을 형성한다[146)].

식물의 영양, 수분관계 및 식물생리의 여러 방면에서의 균근의 영향[12, 116, 146)]은 마이코리자가 타감물질에 대한 식물반응에 상당한 영향을 줄 것이다. 그러나 아직 타감물질의 유무 및 균근의 유무에 따른 수분과 양분의 흡수의 직접적 비교에 대해서는 파악되지 않았다.

세포막

세포막은 무기물과 유기물에 높은 투과성을 지니지만 탄화수소와 산소, 물과 이산화탄소와 같은 작은 전극화되지 않은 극성 분자들은 막 구멍을 통해 확산한다[109, 152)]. 그러나 확산은 막을 지나는 물의 이동 속도에 관해 설명할 수 없다. 아쿠아포린, 즉 물 통로의 발견은 여기서 발견되었다. 물의 이동은 인산화에 의해 조절된다[4)]. 큰 분자와 이온은 채널을 필요로 하고 단백질은 막을 통해 이동한다[99)]. 채널은 유기산의 운반을 포함할지라도 특별한 이온과 물의 이동을 포함하여 나타난다[159)]. 운반체는 또한 특별한 이온을 이동하지만 막을 가로지르는 유기분자가 이동하기도 한다[152)]. 예를 들면, 슈크로오스, 아미노산, 다양한 대사물질들은 공동수송에 의해 섭취된다. 플라보노이드, 안토시아닌 물질대사 산물과 같은 큰 물질은 ATP 결합 카트리지에 의해 운송된다[103, 152, 159)]. ABC 운반체는 플라즈마 막에서 발견된다[111, 154)]. ABC 운반체에 의한 운반은 ATP를 소모한다.

어떻게 타감작용 매개체가 막 작용에 직접적으로 제한하는지에 대한 것은 더 관심이 필요하다[60)].

뿌리와 뿌리의 연결

일반적으로 개개의 식물체 뿌리시스템은 독립적인 개체로 생각하는 경향이 있었지만 사실과 다른 것으로 판명되었다. 단자엽 또는 쌍자엽 초본류의 뿌리와 주근(primary root)은 다양한 쌍자엽의 목본류 뿌리와 중근과 연관된 균사에 의해 상호연결되어 있을 수 있다. 이러한 형태의 연결은 흔히 종 특이적인 것은 아니다[54, 142, 146)]. 또한 이러한 연결들은 수분, 영양분, 탄수화물을 전달하는 것으로 밝혀졌다[31, 54, 120, 142)]. 목본류들은 또 다른 전달기작 즉 뿌리 접목이 있으며, 이것 역시 종 특이성인 것은 아니다[62)]. 이 경우 목본류 뿌리의 2차적 생육이 목본류의 뿌리가 서로 나란히 자라는 것을 억누를 때 주로 발생하며, 지속적인 2차적 생육은 결국 그 2차 유관속 조직(secondary vascular tissues)이 연결되게 한다. 그 유관속 조직들이 연결된 후에는 물관과 체관을 통해 이동하는 물질들은 유기물을 포함해 모두 이동하게 된다. 균사(hyphae)나 접목연결(graft connections)에 의한 수분이나 탄소화합물의 이동방향은 source-sink 상하관계에 의해 결정된다. 뿌리연결과 유해한 유기물질(예, 잠재적 타감적 물질)들의 이동에 관한 그 어떤 연구도 알고 있지 않지만 두 개체사이에서 뿌리와 뿌리를 통한 이동 형태는 타감적 상호작용(allelopathic interaction)을 대체할 수는 없을 것이다.

토양시스템에서 유기산

타감작용

Molisch[106)]는 환경을 통해 조절되는 식물과 미생물의 양전하와 음전하 간의 화학적 상호작용을 설명하여 타감작용의 관점을 바꾸었다[107, 171)]. 그러나 Molisch 정의의 한계는 '환경을 통해 매개되는 화학적 상호작용'의 포함은 유기물질의 추가로 인해 토양의 물리화학적 변형의 효과는 배재된다는 것이며[8, 124~127, 167, 171)], 게다가 물질은 오직 영양물, 탄소, 에너지의 자원으로만 사용되고[167)] 식물사이 직접적으로 전달되는 물질은 배재된다는 것이었다.

식물반응

유기산, 특히 페놀산의 기능 메커니즘을 밝히는 좋은 연구들이 있다[42~44, 117, 127)]. 이 경우에 기능의 주된 부위는 뿌리의 세포막부위에서 나타나는데 궁극적으로 단계적 연쇄반응을 통해 이 뿌리세포막의 동요는 식물영양, 수분과의 관계, 에너지 고정을 파괴시킨다[8, 12, 24, 42~44, 60, 71, 117)]. 그러므로 다른 환경적 스트레스의 다양성과 비교할 때 타감작용의 매개체의 억제농도가 반응하는 식물에 독특한 것은 아무것도 없다. 타감작용 매개체의 자극적인 농도에 대한 논문은 일반적으로 부족하다. 그러나 식물의 영양, 수분과의 관계, 에너지 고정의 영향에 대한 부분은 긍정적으로 기대할 수 있다[128)]. 한편 토양용액에서 다양한 유기물질의 농도가 어떻게 억제, 중재, 자극하는 지에 대한 데이터는 부족하다.

페놀산이 실제로 뿌리에 의해 흡수되고 식물의 다른 부위에서 분포되기 때문에 이행성 제초제와 같이 억제작용을 하는 지에 대해 논의하고자 한다[57, 71, 90, 138)]. 이행성 매개물은 뿌리에서 흡수되고 잎 부위로 이동된다. 그러므로 매개물의 독성과 농도가 충분하면 뿌리시스템의 어떤 부분이 접촉하여 완전한 식물의 성장을 감소시킨다. 그러나 실제 식물반응의 관점에서 이것은 단순 페놀산과 같은 타감작용 매개체의 억제농도가 이행성 매개물보다 본래 매개체와 같이 행동한다. 이것은 다음과 같은 관찰에 기초한다.

a) 페놀산의 억제 농도와 식물의 생육 억제 사이에는 유의한 관계가 있으나, 페놀산 흡수와 식물억제 사이에는 관계가 없다[82, 90, 91, 97].
b) 페놀산 농도는 부분적으로 apoplast에서 가장 높기 때문에 뿌리에서 가장 높고 일반적으로 잎조직에서는 낮다[139].
c) 식물은 쉽게 이용되고, 불활성화되며, 격리되고 페놀산같은 타감작용 매개체가 희석되고 그들은 뿌리에 들어간다[5, 7, 61, 70, 139]. 이 토양용액의 페놀산은 뿌리에 의해 흡수되고 순차적으로 식물의 시스템 활동에 영향을 준다.

이것은 뿌리 포식, 뿌리 질병과 경쟁같은 요인이 타감작용의 원인이 되는 매개물에 인식되기 전에 제거가 필요하다[12, 165, 171]. 비록 이것은 아무것도 문제되지 않지만 논문에서는 물, 영양분, 탄소의 두 종 사이에 전달과 인프라가 고려된다[31, 54, 120, 142]. 분명히 이것은 관심가질 만한 가치가 있다. 다른 것이 없을 지라도 이것은 어떤 물질에 의해 뿌리에서 뿌리로 전달됨으로써 나타난다. 타감작용의 정의는 균근이 토양환경을 지나가기 때문에 타감작용으로의 자격이 없음을 통해 종간, 이종 간 뿌리에서 뿌리로의 전달을 의미한다.

토양유기물

분해성 미립자인 토양유기물질은 유기이온, 분자, 화합물, 중합체의 넓은 범위를 포함하여 매우 복잡하다. 추가로 유기물질은 흙의 구조, 탄산가스포화, 물 보유 능력, 미생물과 동물상의 활동, 무기질 영양분, 토양솔루션 화학, 수평적 발달, 온도를 변화할 수 있다. 이러한 모든 변화는 토양유기물질이 뿌리계의 분포와 크기, 식물성장, 발달, 생식에 필요한 자원을 포획하는 능력의 차이에 기인된다. 그러므로 유기물질은 오직 뿌리의 성장과 활성에 영향을 미치는 토양 시스템 중 하나인 타감작용과 연관된다. 다만 연구자들이 타감작용의 특징을 생물학적으로 정량하는데 어려움이 있다[12, 89].

수용성 타감작용 매개물

첫째로, 모든 수용성 유기, 무기물질, 동물상과 미생물에 의한 수정은 이론적으로 자극, 중립이거나 그들의 농도에 의존하는 억제자이다[125]. 분명히 몇몇 물질들은 토양환경에서의 다른 물질보다 낮은 농도에서 더 효과적으로 제거된다. 예를 들면, 오이의 성장은 portsmouth B층 토양에서 *p*-coumaric acid보다 0.5μmol/g 토양 페룰산에 의해 억제되지만[56] 페룰산이 오이성장에 영향을 주지 않는 Cecil A층 토양에서는 반대로 일어난다.

a) 식물과 식물 잔유물 배출/손실은 수용성 유기, 무기물질의 혼합으로 매우 복잡하다.
b) *p*-coumaric acid는 글루코오스가 없을 때에는 저항적이지 않은 농도에서도 나팔꽃 어린묘의 성장이 억제된다[118].
c) 토양 질소농도가 증가하면 *p*-coumaric acid의 억제 효과는 감소하지만 메티오닌의 나팔꽃 묘 억제효과는 증가한다[16].
d) Phenolic acid의 토양 농도나 식물 잔해는 변함없이 독성농도 아래에 있지만 phenolic acid의 효과는 토양 농도에서 부가적일 수 있다[10, 16, 18, 97, 118].
e) 오이 묘목 잎의 확장과 영양분과 물의 섭취의 억제 농도는 직접적으로 뿌리 시스템의 비율과 관련된다[82, 91, 97]. 이것은 유기산과 같은 비슷한 구성성분 아래 타감작용이 의심스런 활동이다. 무엇보다도 관찰된 식물효과의 결과는 촉진자와 억제자의 기능적인 비율에 의해 결정된다. 그러므로 연구를 통해 토양용액에서 촉진제와 억제제의 영향과, 촉진제와 억제제 활동성에 있어서 중성물질들의 영향들이 뿌리과정들에 어떻게 영향을 주는지를 이해하는 것이 필요하다.

타감작용 화합물의 분포

유기물질의 분포와 타감물질 혼합의 분포는 식물반응에 중요하다.

그 이유는:

a) 유기산과 같은 수용성 타감작용 매개물의 효과는 자연 상태에서 나타난다. 그러므로 뿌리계의 많은 부분은 지상에서 관찰되는 억제효과의 영향을 받는다[82, 91, 97].
b) 뿌리들, 퇴비들과 유기물, 타감물질의 주요자원은 보통 토양에서 수평, 수직적으로 불균등하게 분포한다.
c) 최초 생성 후에 식물 뿌리 성장과 분포는 보통 토양 환경에 의해 조절된다.

뿌리는 토양이 전혀 없거나 성장 조건이 척박한 곳에서도 자라지만 일반적으로 토양조건이 적당하고 성장에 좋은 곳에서 더 잘 자란다. 비옥한 토양에서 식물성장의 자극과 억제토양에서 뿌리의 억제 또는 회피는 비료, 살충제, 그리고 알루미늄을 사용하는 토양 배양기술을 이식함으로써 발생된다[94, 95, 121]. 목질 뿌리종은 그들의 주피의 보호와 새로운 1차 뿌리의 생산능력 때문에 타감물질과 최소한으로 상호작용하는 능력이 더 크다. 종자발아와 입모는 타감물질이 불균등하게 분포할 때 보다도 수용성의 타감물질에서 더 잘 자란다. 씨앗과 어린묘목은 가깝게 인접한 타감작용을 피하는 능력이 제한되어있다. 그러나 식물의 크기나 종류는 문제 되지 않는다.

안정성, 생산율, 그리고 흡수원

타감작용 연구의 초점은 주로 용해가능하고, 생화학적인 활성 물질 그 이상이었다. 그러한 물질이 호기성에서 빠른 생산율과 영양분이 풍부한 토양환경을 갖고, 때때로 뿌리부분 이하로 쉽게 도달된다. 용탈율은 대개 강수량, 토양 다공성, 토양용액의 pH, 그리고 중력수 양에 의해 결정된다. 그러나 유기물질은 혐기성 조건이나 들판 토양에서 자주 발견되는 혐기성 토양층 아래에 축적된다[113]. 대부분의 뿌리는 혐기성 토양지역에서는 잘 성장하지 못하기 때문에, 타감물질은 토양용액의 거대한 흐름에 의한 뿌리를 통해 전달되었어야 한다.

생산율이나 생화학적 활성물질의 손실은 흡수, 중합, 산화환원 속도, 토양동물, 미생물, 뿌리의 속도에 의해 결정된다. 그러한 손실은 호기성 토양에서 가장 크고, 흡수원은 집단과 근권 토양용액으로부터 수용성 유기물질을 제거하고 경쟁한다. 개개의 뿌리는 이런 물질과 경쟁한다[144, 155, 165]. 토양과정과 흡수원과 뿌리사이의 그런 경쟁은 타감작용에 중요하다. 어떻게 이런 경쟁 환경이 유기산, 미생물, 점토, 유기물질과 같은 타감물질과 상호작용을 할까? 표면의 견지, 진흙, 유기물질과 토양미생물은 타감물질과 관계될 때가 더 많다. 더불어 타감물질이 도달하면 탄소와 에너지 자원으로 이용된다. 그러나 많은 유기체에 의해 본래의 특성을 발휘하지 못한다. 예를 들면, 많은 벌크 흙 미생물은 뿌리표면이 박테리아에 의해 덮어질 때 불활성화된다. 8개 식물종의 뿌리에 덮힌 박테리아 4~10%이다[134]. 균류는 Lolium과 Plantago를 3% 덮는다. *Pinus radiata* 뿌리에서 박테리아는 1~16%를 덮는다[25]. 그럼에도 불구하고 어떤 조건이나 메커니즘이 단순 유기산과 같은 타감작용 매개물이 독성 농도에 도달할 때 존재한다. 그러한 잠재적인 조건과 메커니즘은 다음과 같다.

a) 토양 표면의 흡착은 포화상태인 안정상태에서 필요하다. 이 안정상태는 농도 의존적이다[21]. 흡착 상태나 토양 흡수원의 포화는 부패 유기분자 주변이나 분해된 퇴비층 바로 아래에서 즉시 일어난다. 그러한 조건은 또한 퇴비층 바로 아래 위 땅인 습한 토양에서 일어난다. 이런 토양은 유기분자가 동물, 미생물, 뿌리활동이 제한되어있는 많은 혐기성 부위를 가지기 쉽다. 증산작용의 결과, 집단류는 혐기성 부위에서 호기성 부위로 물질을 가져온다. 그러므로 토양수의 적절한 공급과 식물에 의한 증발 속도는 뿌리계에서 타감작용 매개물의 이동을 결정하는데 상당히 중요하다.

b) 토양 입단의 조성은 또한 타감작용 매개물과 관련된 뿌리 접촉을 강화한다. 물과 수용물질의 이동은 다양한 크기와 모양의 구멍을 통해 일어난다. 때문에 다른 크기의 구멍은 다른 농도, 팽창력에서 용액을 붙잡는다[78]. 미세공은 중공극이나 대공극 보다 용액을 더 잘 보유한다. Jardine 등[79]은 마그네슘이온, 암모늄이온과 같은 토양반응의 중요한 농도와 용해된 유기탄소가 강수

후에 수분포화에 의해 흡수되지 않는다는 것을 설명했다. 이러한 경우는 반응성 추적자인 질산이온과 브롬이온의 행동을 설명하기도 한다. 포화된 토양의 용액 이동은 대개 선택적 흐름에 의해 조절된다. 증산작용의 결과인 그러한 순환은 뿌리의 고농도 부위로부터 타감작용 매개물을 빠르게 가져오고 근권과 근면에서 이러한 매개물은 생물농축을 이끈다.

c) 뿌리 시스템은 타감물질에 밀접한 균근-균사 시스템으로 연결된다. 균류가 일반적으로 산성환경을 선호하기 때문에 유기산의 존재는 균근과 균사 성장을 촉진한다. 이 균사는 촉진자보다 억제자를 뿌리로 더 잘 옮긴다. 균사에 의해 수송물질은 세포막이 그들과 결합하기 전에 피질의 세포 내 공간으로 방출된다. 이 경우에서 균사는 운송시스템이다.

d) 균사 막은 페놀산의 억제 농도에 의해 영향을 받고 다른 유기산[149]은 뿌리 세포막에서 관찰된다. 이 경우 균사에 의해 흡수되는 물과 영양분의 환원은 실제로 타감물질에 의한 뿌리표면 접촉과 함께 식물성장에 이용된다.

e) 촉진자보다 억제자는 뿌리표면으로 운반되고 억제자는 근권이나 근면을 발생시킨다. 토양은 흡착과 탈착에 의해 개개의 무기, 유기물질의 이동속도를 조정한다. 예를 들면, 점토나 유기분자는 유기산도가 더 높은 친화력을 가진 물질들은 독성농도와 유기산의 흡착을 막는다. 근권과 근면에 관련된 미생물들은 비독성 물질을 독성으로 바꾸지만 대체적으로 독성에서 비독성 물질을 보인다[11, 13, 93].

결론

복잡한 토양시스템에서 butyric acid, citric acid과 같은 단순 유기산의 농도로 타감작용을 설명하는 것은 어렵다. 좋은 조건 아래, 트랩과 침투계는 각 각 동시간대에 뿌리 반응을 테스트하기 때문에 토양용액의 특성을 기술하고 모으는데 사용된다[40, 148, 164]. 이것은 오직 특별한 근계 중의 토양용액에 모든 유기, 무기 이온, 분자 그리고 혼합물은 식물성장에 있어서 억제자, 중립자 또는 촉진자인가에 대한 질문과 대답을 위한 적절한 방법으로 증명하는데 이용된다.

참고문헌

1) Adams F (1974) *The Plant Root and its Environment.* 441-481.
2) Albrecht SL (1998) *Principles and Applications of Soil Microbiology*. 94-113.
3) Angel JC, Gagliardi, JV (1998) *Principles and Applications of Soil Microbiology*. 132-148.
4) Assmann SM, Haubrick LL (1996) Current Opinion Cell Biol 8:548-467.
5) Balke NE, Davis MP, Lee CC (1987) *Allelochemicals: Role in Agriculture and Forestry*. ACS Symposium Series 330:214-227.
6) Barely KP (1962) J Exp Bot 13:95-110.
7) Bates-Smith EC (1956) Proc R Dublin Sci Soc 27:165-176.
8) Bergmark CL, Jackson WA, Volk RJ, Blum U (1992) J Plant Physiol 98:639-645.
9) Bloomfield J, Vogt K, Wargo PM (1996) *Plant Roots the Hidden Half.* 2nd ed. pp. 363-396.
10) Blum U (1996) J Nematology 28:259-267.
11) Blum U (1998) J Chem Ecol 24:685-708.
12) Blum U (1999) *Principles and Practices in Plant Ecology: Allelochemical Interactions*. 17-23.
13) Blum U (2003) *Allelopathy: Chemistry and Mode of Action of Allelochemicals*. 55-72.
14) Blum U, Dalton BR, Shann JR (1985) J Chem Ecol 11:1567-1582.
15) Blum U, Gerig TM, Weed SB (1989) J Chem Ecol 15:2413-2413.
16) Blum U, Gerig TM, Worsham AD, King LD (1993) J Chem Ecol 19:2791-2811.
17) Blum U, King LD, Brownie C (2002) Allelopathy J 9:159-176.
18) Blum U, Rebbeck J (1989) J Chem Ecol 15:917-928.
19) Blum U, Shafer SR (1988) Soil Bio Biochem 20:793-800.
20) Blum U, Shafer SR, Lehman M (1999) Crit Rev Plant Sci 18: 673-693.
21) Blum U, Worsham AD, King LD, Gerig TM (1994) J Chem Ecol 20:341-359.
22) Böhm W (1979) *Methods of studying root systems*.
23) Bohn HL, McNeal BL, O'onnor GA (1985) *Soil chemistry*.
24) Booker FD, Blum U, Fiscus EL (1992) J Exp Bot 43:649-655.
25) Bowem GD, Theodorou C (1973) *Ectomycorrhizae-Their Ecology and Physiology.* 107-150.
26) Brady NC (1984) *The nature and properties of soils*. 9th ed.
27) Brimecombe MJ, Leij FA, Lynch JM (2001) *The rhizosphere: Biochemistry and Organic Substances at the Soil-plant Interface*. 95-140.
28) Brouwer R (1981) Plant and Soil 63:65-72.
29) Brouwer R (1983) Neth J Agric Sci 31:335-348.
30) Brown Jr GE, Parks GA (2001) Geology Rev 43:963-1073.
31) Brownlee C, Duddridge JA, Malibari A, Read DJ (1983) Plant and Soil 71:433-443.
32) Buol SW, Hole FD, McCracken RJ, Southard RJ (1997) 4th ed. Iowa State Press, Ames.
33) Burström H (1959) Physiol Plant 12:371-385.
34) Burström H (1965) *Ecology of Soil-borne Plant Pathogens*. 154-159.
35) Campbell R, Greaves MP (1990) *The Rhizosphere*. 11-34.
36) Charlton WA (1996) *Plant Roots the Hidden Half.* 2nd ed. 149-174.
37) Chiou CT (1989) *Reactions and Movements of Organic Chemicals in Soils.* SSSA Special Publication 22. 1-29.
38) Chung H-H, Kramer PJ (1975) Can J For Res 5:229-235.

39) Curl EA, Harper JD (1990) *The Rhizosphere*. 369-388.
40) Dalton BR (1999) *Principles and Practices in Plant Ecology: Alleochemical Interactions*. 57-74. CRC Press, Boca Raton.
41) Dao TH (1987) *Allelochemicals: Role in Agriculture and Forestry*. 358-370. ACS Symposium Series 330.
42) Einhellig FA (1986) *The Science of Allelopathy*. 171-188.
43) Einhellig FA (1995) *Allelopathy: Organisms, Processes, and Applications*. ACS Symposium Series 582. 96-116.
44) Einhellig FA (2002) *Allelopathy: From Molecules to Ecosystems*. 1-24.
45) Einhellig FA, Muth MS, Schon MK (1985) *The Chemistry of Allelopathy*. 179-195.
46) Eissenstat DM, Yanai RD (1997) Adv Ecol Res 27:1-62.
47) Eissenstat DM, Yanai RD (2002) *Plant Roots the Hidden Half*. 3rd ed. 221-238.
48) Esau K (1965) *Plant Anatomy*. 2nd ed.
49) Fahn A (1982) *Plant Anatomy*. 3rd ed.
50) Fitter A (2002) *Plant Roots the Hidden Half*. 3rd ed. 15-32.
51) Flaig W (1971) Soil Sci 111:19-33
52) Fogel R (1985) *Ecological Interactions in Soil. Plants, Microbes, and Animals*. 23-36.
53) Foth HD (1990) *Fundamentals of soil science*, 8th ed.
54) Francis R, Read DJ (1984) Nature 307:53-56.
55) Fry SC (1988) *The growing plant cell wall: Chemical and metabolic analysis*.
56) Gerig TM, Blum U (1991) J Chem Ecol 17:29-40.
57) Glass ADM, Böhm BA (1971) Planta 100:93-105.
58) Glass ADM (1973) Plant Physiol 51:1037-1041.
59) Glass ADM (1974) J Exp Bot 25:1104-1113.
60) Glass ADM, Dunlop J (1974) Plant Physiol 54:855-858.
61) Goodwin TW, Mercer EI (1983) *Introduction to plant biochemistry*. 2rd ed.
62) Graham Jr NF, Bormann FH (1966) Bot Rev 32:255-292.
63) Greenland DJ (1965) Soil Fertil 28:415-425.
64) Greenland DJ (1971) Soil Sci 111:34-41.
65) Greenland DJ, Hayes MHB (1978) *The Chemistry of Soil Constituents*. 1-27.
66) Greenland DJ, Hayes MHB (1981) *The Chemistry of Soil Processes*. 1-35.
67) Greenwood DJ (1961) Plant and Soil 14:360-376.
68) Grodzinsky AM (1971) *Biochemical Interactions Among Plants*. 44-51.
69) Haider K, Martin JP, Rietz E (1977) Soil Sci Am J 41:556-562.
70) Harborne JB (1982) *Secondary Plant Products*.
71) Harper JR, Balke NE (1981) Plant Physiol 68:1349-1553.
72) Hartel PG (1998) *Principles and Applications of Soil Microbiology*. 21-43.
73) Hasset JJ, Banwart WL (1989) *Reactions and Movements of Organic Chemicals in Soils*. SSSA Special Publication 22. 31-44.
74) Hesterberg D (1993) Land Degradation and Rehab. 4:257-267.
75) Hesterberg D (2002) *Encyclopedia of soil science*.
76) Hofer, R-M (1996) *Plant Roots the Hidden Half*. 2nd ed. 111-126.
77) Jaillard B, Ruiz L, Arvieu JC (1996) Plant and Soil 183:85-95.
78) Jardine PM, Wilson GV, Luxmore RJ (1990) Geoderma 46:103-118.

79) Jardine PM, Wilson GV, Luxmore RJ, McCarthy JF (1989) Soil Sci Soc Am J 53:317-323.

80) Kennedy AC (1998) *Principles and Applications of Soil Microbiology*. 389-407.

81) Kevan, DK McE (1965) *Ecology of Soil-borne Plant Pathogens: Prelude to Biological Control*. 33-50.

82) Klein K, Blum U (1990) J Chem Ecol 16:455-463.

83) Klepper B (1987) *Root Development and Function*. 103-124. Society for Experimental Biology Seminar Series 30.

84) Kramer PJ, Boyer JS (1995) *Water relations of plants and soils*.

85) Kramer PJ, Bullock HC (1966) Amer J Bot 53:200-204.

86) Kutschera L (1960) *Wurtzelatlas: Mitteleuropaischer Ackerunkraute und Kulturpflanzen*.

87) Lavelle P, Spain AV (2001) *Soil ecology*. Kluwer Academic Pub. Dordrecht

88) Lefebvre DD, Glass ADM (1982) Physiol Plant 54:199-206.

89) Lehman ME, Blum U (1997) Allelopathy J 4:69-88.

90) Lehman ME, Blum U (1999) J Chem Ecol 25:2585-2600.

91) Lehman ME, Blum U, Gerig TM (1994) J Chem Ecol 20:1773-1781.

92) Lehman RG, Cheng HH, Harsh JB (1987) Soc Amer J 51:352-356.

93) Liebl RA, Worsham AD (1983) J Chem Ecol 9:1027-1043.

94) Lin Z, Myrhre DL (1990) Soil Sci Soc Am J 54:1340-1344.

95) Lund ZF, Pearson RW, Buchanan GA (1970) Weed Sci 18:279-281.

96) Lyr H, Hoffman G (1967) Intern Rev For Res 2:181-236.

97) Lyu S-W, Blum U (1990) J Chem Ecol 16:2429-2439.

98) Lyu S-W, Blum U, Gerig TM, Brien TE (1990) J Chem Ecol 16:2559-2567.

99) Maathius FJM, Sanders D (1992) Current Opinion Cell Biol 4:661-669.

100) Macfadyen A (1968) *The Ecology of Soil Bacteria*. 66-76.

101) Martin JP, Haider K (1976) Soil Sci Am J 40:377-380.

102) Martin JP, Haider K, Wolf D (1972) Soil Sci Am Proc 36:311-315.

103) Martinoia E, Klein M, Geisler M, Bovet L, Forestier C, Kolukisaogula U, Muller-Rober B, Schultz B (2002) Planta 214:345-355.

104) McBride MB (1987) Soil Sci Soc Amer J 51:1466-1472.

105) McClure PR, Gross HD, Jackson WA (1978) Can J Bot 56:764-767.

106) Molisch H (1937) *Der Einfluss einer Pflanze auf die andere - Allelopathie, Fisher, Jena*

107) Molish H (2001) *The influence of one plant on another: Allelopathy*. Narwal SS (ed) LaFleur LJ and Mallik MAB (translators; German). Scientific Publishers (India), Jodhpur

108) Moore DP (1974) *The Plant Root and Its Environment*. 134-151.

109) Moore R, Clark WD, Vodopich DS (1998) *Botany* 2nd ed.

110) Neumann G, Rohmheld V (2001) *The Rhizosphere: Biochemistry and Organic Substances at the Soil-plant Interface*. 41-93.

111) Nikaido H, Hall JA (1998) *Methods of Enzymology* 292:3-20.

112) Papavizas GC, Davey CB (1961) Plant and Soil 14:215-236.

113) Patrick ZA (1971) Soil Sci 111:13-18.

114) Paul EA, Clark FE (1989) *Soil microbiology and biochemistry*.

115) Pinton R, Varanini Z, Nannipieri P (2001) *The Rhizosphere: Biochemical and Organic Substances at the Soil-plant Interface*. 1-18.

116) Pfleger FL, Lindermann RG (1994) *Mycorrhizae and plant health*.

117) Prasad MNV, Devi SR (2002) *Allelopathy: From Molecules to Ecosystems*. 25-43.

118) Pue KJ, Blum U, Gerig TM, Shafer SR (1995) J Chem Ecol 21:833-847.

119) Putnam AR, Tang C-S (1986) *The Science of Allelopathy*. 1-19.

120) Read D (1997) Nature 388:517-518.

121) Rechcigl JE, Edmisten KL, Wolf DD, Reneau Jr RB (1987) Agron J 79:926-928.

122) Reich PB (2002) *Plant Roots the Hidden Half.* 3rd ed. 205-220.

123) Rendig VV, Taylor HM (1989) *Principles of plant-soil-plant interrelationships.*

124) Rice EL (1974) *Allelopathy*. Academic Press, Orlando.

125) Rice EL (1979) Bot Rev 45: 15-109.

126) Rice EL (1983). *Pest control with nature' chemicals: Allelochemics and pheromones in gardening and agriculture.*

127) Rice EL (1984) *Allelopathy*. Academic Press, Orlando

128) Rice EL (1986) *Allelopathic growth stimulation.* In Putnam AR, Tang C-S (eds) The Science of Allelopathy. pp 23-42. John Wiley & Sons, New York

129) Rodin LE, Bazilevich NI (1968a) *Production and mineral cycling in terrestrial vegetation.*

130) Rodin LE, Bazilevich NI (1968b) *Functioning of Terrestrial Ecosystems at the Primary Production Level.* Proceedings of the Copenhagen Symposium. 45-52.

131) Romeo JT, Weidenhamer JD (1998) *Methods in Chemical Ecology: Bioassay Methods.* 179-211.

132) Rouatt JW, Katznelson H (1961) J Appl Bact 24:164-171.

133) Rouatt JW, Katznelson H, Payne TMB (1960) Soil Sci Soc Amer Proc 24:271-271.

134) Rovira AD, Davey CB (1974) *Biology of the Rhizosphere.* In Carson EW (ed) *The Plant Root and Its Environment.* pp. 153-203. University Press of Virginia, Charlottsville.

135) Rovira AD, Foster RC, Martin JK (1979) *Note on terminology: origin, nature, and nomenclature of organic materials in the rhizosphere.* In Harley JL, Russell RS (eds) *The Soil-root Interface.* Academic Press, London

136) Rovira AD, Newman EI, Bowen HJ, Campbell R (1974) Soil Biol Biochem 6:211-216.

137) Schultz JD (1978) *Proceedings of the Root Form of Planted Trees. Symposium Joint Report* No. 8. pp. 44.

138) Shann JR, Blum U (1987a) Phytochem 26:2959-2694.

139) Shann JR, Blum U (1987b) Phytochem 26:2977-2982.

140) Shindo H, Huang PM (1984) Soil Sci Soc Amer J 48:927-934.

141) Sievers A, Braun M (1996) *Plant Roots the Hidden Half.* 2nd ed. 31-50.

142) Simard SW, Perry DA, Jones MD, Myrolds DD, Durall DM, Molina R (1997) Nature 388:579-582.

143) Singer MJ, Munns DN (1999) *Soils: An Introduction.* 4th ed.

144) Sinkkonen A (2001) J Chem Ecol 27:1513-1523.

145) Smith SK, Ley RE (1999) *Principles and Practices in Plant Ecology: Alleochemical Interactions*. 339-351.

146) Smith SE, Read DJ (1997) *Mycorrhizal symbiosis*. 2nd ed.

147) Sohlenius B (1980) Oikos 34:186-194.

148) Soon YK, Warren CJ (1993) *Soil solution.* In Carter MR (ed) *Soil Sampling and Methods of Analysis*. pp. 147-159. Lewis Publishing, Boca Raton.

149) Sposito G (1989) *The chemistry of soils*. Oxford University Press, New York.

150) Staman K, Blum U, Louws F, Robertson D (2001) J Chem Ecol 27:807-829.
151) Stevenson FJ (1982) *Humus chemistry*. John Wiley and Sons, New York.
152) Taiz L, Zeiger E (2002) *Plant physiology*. 2nd ed.
153) Taylor HM (1971) *Root behavior as affected by soil structure and strength*. In Carson EW (ed) *The Plant Root and Its Environment*. pp. 271-291. University Press of Virginia, Charlottsville.
154) Theodoulou FL (2000) Biochim Biophys Acta 1465:79-103.
155) Thijs H, Shann JR, Weidenhamer JD (1994) Ecology 75:1959-1964.
156) Van Breemen N, Mulder J, Driscoll CT (1983) Plant and Soil 75:283-308.
157) Vance CP (1996) *Plant Roots the Hidden Half*. 2nd ed. 723-756.
158) Wagner GH, Wolf DC (1998) *Principles and Applications of Soil Microbiology*. 218-258.
159) Walker TS, Bais HP, Grotewold E, Vivanco JM (2003) Plant Physiol 132:44-51.
160) Wang TSC, Huang PM, Chou C-H, Chen J-H (1986) *Interactions of Soil Minerals with Natural Organics and Microbes*. SSSA Special Publication 17. 251-281.
161) Watson JR, Posner AM, Quirk JP (1973) J Soil Sci 24:503-511.
162) Weaver JE (1920) *Root development in grassland formation*. A correlation of the root systems of native vegetation and crop plants. Carnegie Institution of Washington, Washington.
163) Weaver JE (1926) *Root development of field crops*. McGraw-Hill Book Company Inc., New York.
164) Weidenhamer JD (1996) Agron J 88:866-875.
165) Weidenhamer JD, Hartnett DC, Romeo JT (1989) J Appl Ecol 26:613-624.
166) Wells CE, Eissenstat DM (2001) Ecology 82:882-892.
167) Whittaker RH, Feeny PP (1971) Science 171: 757-770.
168) Whittaker RH, Likens GE (1975) *Primary Productivity of the Biosphere* 305-328. Springer-Verlag Ecological Studies Vol. 14.
169) Whitehead DC, Dibb H, Hartley RD (1983) Biochem. 15-133-136.
170) Wilcox HE (1996) *Mycorrjizae*. In Waisel Y, Eshel A, Kafkafi U (eds) *Plant Roots the Hidden Half*. 2nd ed. pp. 689-722. Marcel Dekker Inc., New York.
171) Willis RJ (1985) J History Biol 18:71-102.
172) Wollum II AG (1998) *Introduction and historical perspective*. In Sylvia DM, Fuhrmann JJ, Hartel PG, Zuberer DA (eds) *Principles and Applications of Soil Microbiology*. pp. 1-20. Prentice Hall Inc., New Jersey.

15

CHAPTER

미생물과 타감작용

서론

식물과 미생물의 상호작용은 생명을 유지할 수 있는 조건을 결정한다. 이 상호작용은 복잡하고 다양한 특징을 가지고 있으며 생태계 기능에 있어서 아주 중요하다.[1] 이러한 작용은 자연적 또는 인공적으로 일어난다. Rice[77)]에 따르면, 타감작용과 관련한 두드러진 특징은 그 효과가 환경에 부가되는 화합물(주로 2차 대사산물)에 의존한다는 것이다. 이것은 같은 서식지에서 종내 또는 종간에 요구되는 환경인자를 제거하거나 감소시킴으로써 타감작용과 경쟁을 구별하는데 중요한 단서가 된다. 이러한 분석은 서로 부정적 효과에 대한 근본적 차이를 이해시켜 준다. 위에서 언급한 부정적 효과는 다음과 같다. 타감작용은 무력전쟁과 같고, 경쟁은 경제전쟁과 같다. 식물-미생물 타감작용의 경우에는, 타감작용 매개체는 식물일수도, 미생물일수도 있다. 많은 미생물, 많은 2차 대사산물, 상호작용하는 두 매개체가 함께 서식하는 많은 서식처와 그들에게서 일어나는 많은 과정들이 주어지지만, 우리는 여기에서 다룰수 있는 범위만큼 줄여야 한다. 그러므로 우리는 전체의 범위를 다루는 것이 아니라, 이들의 특성의 상호작용들을 다루는데 한정할 것이다.

- 육상환경에서 1차적으로 자연/반자연 생태계들
- 고등 식물과 미생물들 관계
- 타감물질 기여식물

그러므로, 우리는 '식물이 생산한 2차 대사물질에 의한 상호작용들'에 대해서만 한정해서 다룰 것이고, 특별한 경우에만 미생물에 의한 경우를 다룰 것이다. 사실 이는 생태계와 관련이 있다. 여기에서 우리의 주된 논의와 이러한 상호작용의 현상을 다루는 것은 생태계의 기능적인 측면에서 아주 의미가 있다.

Vokou D[1], Chalkos D[1] and Karamanoli K[2]

[1]Department of Ecology, School of Biology, Aristotle University, Thessaloniki, Greece
[2]Laboratory of Agricultural Chemistry, School of Agriculture, Aristotle University, Thessaloniki, Greece

---

1 타감작용이란 정의는 다양하다. 여기서는 식물과 미생물을 포함하여 긍정적 또는 부정적 영향을 포괄적으로 적용하였다.[77)].

우리는 미생물들을 포함한 다양한 경우의 타감작용을 [i] 분해와 영양염 순환에 직 · 간접적으로 관련 있는 것들, [ii] 식물의 방어와 관련 있는 것들로 분류하였다. 먼저 우리의 주제는 식물 타감물질이 미생물의 성장과 그 미생물 군집구조에 미치는 직접적인 영향에 관련된 것이다. 물론 분해, 질소순환, 식물의 영양이용도 다룰 것이다. 우리는 다른 물질에 나타나는 여러 가지 효과의 결과들도 논의할 것이고, 근균의 일차 효과로 인한 조림이나 천연재생의 실패와 같은 생태적 측면에 대해서도 논의할 것이다. 식물의 방어와 관련하여 우리는 구성물질, 유도물질과 신호물질에 대하여 논의할 것이고, 그리고 여기에 포함되는 비용까지 우리의 논의를 넓힐 것이다. 우리는 방어 전략과 다른 식물에 관련된 화학물질들을 고려하여 사례들을 보여줄 것이고, 또한 식물-미생물 상호작용에 의해 매개되는 식물-동물(반추의 초식동물) 상호작용도 다룰 것이다.

타감물질의 전달시스템[2]

정의상, 모든 타감작용은 적어도 하나의 타감화합물질을 포함한다. 우리가 실험한 특별한 경우에 있어서, 식물 공여자의 잠재 타감물질은 민감성 미생물 표적을 접촉하는 것이 필요하다. 이러한 화학물질들은 살아있는 식물이나 식물체가 부패함으로써 휘발, 용탈, 뿌리의 삼출 또는 식물 잔유물의 분해를 통해 배출되며, 더불어 미생물과 그들이 포함하고 있는 생리적 과정에 대해 긍정적 또는 부정적 영향을 미친다. 일반적으로 뿌리가 지상부보다 더 중요한 생성원이다. 식물뿌리에서 배출된 유기화합물은 Inderjit와 Duke가 검토하였다[26], 토양 속에서 이러한 화합물들은 토양입자에 흡착됨으로써 이동이 제한된다. 그들은 활성이 더 커지거나, 활성이 더 약해지거나 또는 완전히 불활성 화합물로 변화될 수 있다. 그들의 활성 유지는 타감작용에 관련된 중요한 쟁점중의 하나이다.

분해와 영양염 순환

질소순환과 관련된 과정들

a. 질소고정

많은 연구들에서 식물 추출물과 같은 식물 2차대사산물이 질소고정 미생물, 공생 또는 독립생물의 생장을 직접적 억제활성하는 것을 보여주었다. Rice[75]는 많은 식물들이 뿌리혹박테리아(*Rhizobium strain*)의 생장을 억제한다고 보고하였다. 억제

[2] 타감물질이라는 물질은 정의된 바 없다. 여기서는 Reese[73]의 의견을 따르며, 한 생물이 다른 생물의 성장, 건강, 행동에 영향을 주는 비영양성 화학물질로 규정하였다.

식물은 작은쇄풀(*Adrospogon scoparius*), 돼지풀(*Ambrosira elatior*), 대극속의 종(*Euphorbia corollata*), 샌드부르류(*Cenchrus pauciflorus*), 주걱개망초(*Erigeron strigosus*) 등이 있으며, 식물의 다른 부분보다 뿌리가 더 강한 억제제를 가지고 있다. 인도북서지역에서 우점하고 있는 초본류 *Astritida adscensionis*의 수용성 추출물은 뿌리혹박테리아(*Rhizobium*)의 생장을 억제하였으며, 보통의 초본과 연관있는 *Indigofera cordifolia*로부터 분리하였다[55]. 많은 잡초 종들은 독립영양생물인 *Azotobacter*와 질소고정 남세균인 *Anabaena*, *Nostoc*과 *Schizothrix* 등을 화학적으로 억제를 한다[77].

Oklahoma의 오래된 경작지에서 천이의 2단계에서 발견되는 *Andropogon viginicus*와 다른 종들로부터 추출한 화합물은 *Rhizobium leguminosarum*, *Azotobacter chroococum* 그리고 *A. vinelandii*의 생장을 억제하였다[76, 79, 80]. Dawson과 Seymour[11]은 *in vitro* 배양에서 juglone에 의해서 *Rhizobium japonicum*과 *Frankia*를 억제한다고 발표했다. Gallotannins, chlorogenic 그리고 isochlorogenis 산과 같은 페놀 화합물은 이런 억제 상호작용에 관여하고 있다.

질소고정 미생물에 대한 효과는 항상 억제될 수는 없다. 콩류의 2차 대사산물에 의한 질소고정자의 촉진은 실험하기에 타당한 가설이다. 그 활성에 대한 증거는 Gitte 등에 의해 1978년에, Nutman에 의해 1965년에 발표되었다. *Rhus glabra*와 *Chenopodium album*은 역시 *Anabaena*의 생장을 활발하게 촉진시키며, *C. album*과 *Sertaria viridis*의 수용성 추출액은 *Bradyrhizobium japonicum*의 성장을 촉진하였다[51].

2차 대사산물이 질소고정 생물의 생장에 대해 직접적으로 미치는 영향을 제외하고, 질소고정 그 자체와 관련된 과정에 대한 정보가 많이 있다. 그러나, 생성된 효과가 식물의 2차 대사산물과 미생물간의 상호작용으로부터 나온 결과인지 분명하지 않으며, 다른 중요한 인자들간의 상호작용에 의한 것도 아니다. 예를 들어 고등식물(*Ambrosia plisostachya, Aristida oligantha, Bromus japonicus, Digitaria sanguinalis, Euphorbia supina, Helianthus annuus*)은 질소고정 박테리아를 매우 억제하며, 또한 콩과식물의 뿌리혹 형성과 질소고정을 억제를 한다[77]. 비슷하게 벼(*Argopyron repens, Parthenium hysterophorus, Imperata cylindrica, Hemarthria altissima, Ipomoea lacunosa, Pluchea lanceolata*)는 뿌리혹 형성이나 질소고정 과정을 감소시킨다[55]. 뿌리혹 생김 현상과 질소 고정에 대한 영향은 질소고정 박테리아의 성장이 억제될 때 유도될 수 있다. 그러나, 뿌리혹 형성과 질소고정에 대한 영향이 질소고정 박테리아의 생장억제로부터 유도된다[105].

척박한 토양에서 질소고정의 비율은 사용가능한 질소의 양을 결정한다. 질소고정 미생물의 물질대사나 생존에 영향을 미치는 요인등은 질소요구 식물들간의 경쟁에 영향을 미치며[77], 식물과 식물간의 간접적 상호작용에도 관여한다.

b. 질화작용

1930년대 중반에 Richardson[81]은 영국의 초지 토양에서 암모늄-질소 수준이 질산염-질소 수준보다 현저하게 높다는 것을 발견했다. 그리고 질산성 질소에 대한 암모늄의 비율이 초지의 연수에 따라 증가한다는 것을 발견했다. 그는 또한 풀과 다른 식물들은 암모니아태 질소를 질산염처럼 쉽게 흡수한다고 보고했다. Theron는 1951년 남 아프리카에서 황폐화된 토양 복원에서 풀을 이용하였으며, 풀은 초기단계에 왕성한 생장을 했지만 실패하였다. 수많은 실험 후에 그는 토양의 질산염 농도가 낮은 것을 발견했다. 그는 다년생초본과 다른 식물들은 질화작용을 억제하고, 이런 억제는 아마도 살아있는 뿌리의 박테리아 발육억제 배출물 때문일 것이라고 결론지었다.

Neal은 1969년에 캐나다 엘버타주의 초지에서 천이과정 동안 다른 단계에서 출현하는 14개의 초본과 광엽초본류의 뿌리 추출물이 *Nitrosomonas*(암모늄 질소를 질산염으로 산화시킴)와 *Nitrobacter*(아질산염을 질산염으로 산화)에 끼치는 영향에 대해 연구했다. 초기단계 종의 추출물은 두 박테리아에 모두 억제능력이 있다고 증명되었지만, 반면에 오직 극상종(*Stipa comata*)은 이들 박테리아를 분명하게 억제하였다. 초지에서 질산염 농도가 낮다는 증거와 천이의 진행에 따른 질화작용의 억제가 증가한다는 것은 여러 지역에서 나타나며 이것은 널리퍼진 현상이다[77]. 따라서 폐경지 천이의 후기 단계에서 질화작용의 강한 억제는 사용 가능한 질소(암모니아태-질소의 종류)의 조성을 도와주고, 최종적으로 더 많은 질소를 요구하는 극상종이 침입할 수 있도록 해준다.

몇몇의 연구를 기초로 하여 Rice는 1974년에 폐경지와 방목장에서의 천이과정을 설명해줄 수 있는 내용을 제안했다. 이것은 질소 보존의 측면에서 의미가 있었고, 2단계의 타감작용 간섭(식물 → 미생물 → 식물)을 의미하였으며, 식생 패턴을 결정지었다. 이 내용은 토양 중 암모늄태 질소와 질산성 질소 사이에서 존재하는 뚜렷한 역의 상호관계를 기초로 하고 있다. 암모니아태 질소는 첫번째 천이단계에서 낮은 농도이지만 극상상태에서 높은 농도로 증가한다. 그러나 질산성 질소는 정확하게 반대되는 양상을 띈다. 이와 동시에 질화세균은 첫번 째 천이단계에서 많으며, 극상단계에서 적다. 토양검사는 극상단계에서 낮은 질화작용의 비율이 pH, 토성 또는 유기물 함량의 차이 때문이 아님을 보여준다. 두 질소 이온의 상반된 경향은 그들의 물리화학적 특성의 결과로 설명될 수 있다. 암모늄 이온은 양전하를 띄고, 음전하를 띄는 콜로이드 미셸에 흡수된다. 따라서 이것은 뿌리 아래로 용탈되는 것을 막는다. 질산염 이온은 음전하를 띄며, 이들은 토양의 콜로이드 미셸에 의해 밀려나 뿌리 아래나 표면 배수에 의해 용탈된다. 이런 모든 결과들의 결합은 아마도 질화작용의 억제가 질소를 보존하게 한다는 것을 의미할 것이다. 질산염에서 암모늄으로의 환원은 에너지를 요구하지만, 질화작용의 억제는 에너지를 보존한다. 주어진 증거들에서 많은 종이 암모니아태 질소를 질산성 질소보다 더 효과적으로 사용할 수 있었기 때문에, 질소와 에너지의 보존은 천이(식물군집의 변화)를 위한 원동력이 될 것이고 질화작용을 억제하는 방향으로 진행할 것이다[77].

최근에 폰데로사 소나무(*Pinus poderosa*) 삼림에서 질화작용의 비율이 낮은 것은 소나무 낙엽에서 배출된 모노테르펜에 의해 직접 억제되기 때문인 것으로 보고하였다[106]. Bremner와 McCarty[9]는 낮은 질화작용 비율은 타감작용 효과가 아니라 페놀류, 탄닌류, 모노테르펜과 같은 물질들의 존재 때문인 것이라고 주장했다. 이러한 물질들은 암모늄이온의 종속 영양적 유기화작용을 시작하고, 질화세균을 위한 사용가능한 암모늄이온의 감소를 초래하여 질화작용 속도를 감소시킨다. 모노페르텐을 첨가한 이후에 미생물 호흡은 증가되었고 질화작용은 감소되었으며, 이와 같은 이론은 Norway spruce(*Picea abies*) 숲에서 토양연구를 통해 확인되었다. 질화작용의 타감작용 억제에 대한 증거는 1997년에 Ward 등에 의해서 제공 되었다. 그는 질화작용 억제는 종속영양 경쟁의 가능성을 배제하기 위한 것처럼 보이는 글루코스가 아니라 미국 삼나무(*Sequoia sempervirens*)의 모노테르펜이 있는 상태에서 질화세균의 순수배양을 통해 발견했다[42]. 그러나 Strauss와 Lamberti가 2002년에 질화작용 속도는 탄소 농도가 증가함에 따라 감소함을 발견하였다(이들은 용존 유기탄소의 미생물 분해를 연구하였고, 글루코스와 온대삼림에서 18종의 나무잎 삼출액을 포함한 각각의 다른 탄소원에 의해 질화작용이 어떤 영향을 받는지 조사를 하였다). 글루코스와 스트로브소나무(*Pinus strobus*) 삼출액들은 강하게 질화작용을 억제한다. 이런 두 가지 탄소원이 비슷한 질화작용 속도를 갖는다는 사실은 종속영양 경쟁 이론과 타감작용 가설 모두와 일치하지 않는다. 만약 탄소의 질이 단독으로 질화작용을 변화시킨다면(종속영양적 경쟁가설), 스트로브소나무의 삼출액을 처리한 것보다 글루코스를 처치한 곳에서 질화작용이 훨씬 더 낮아야 한다. 만약 화학억제 단독으로 질화작용을 변화시킨다면(타감작용 가설), 글루코스를 처리한 것보다 스트로브소나무 삼출액(매우 높은 모노테르펜 농도 때문에)을 처리한 것이 질화작용이 훨씬 더 낮아야한다. 저자는 두 개의 매카니즘 모두 동시에 작용하고 있다고 주장한다. 양질의 탄소는 NH_4^+때문에 종속영양과 질화세균 사이에 경쟁을 유도하고, 질화세균의 일부 기능은 낙엽 삼출액의 몇가지 화합물의 직접적인 타감작용에 의하여 방해 받는다.

다른 연구에서 Thevathasa 등은 1998년에 토양의 암모니아 생성과 질화작용에 대한 유글론(juglone)의 영향을 조사하였다. 간작 시스템으로 재배된 호두가 유글론 때문에 질화작용 억제에 의해 영향을 받는지에 대해 관심이 집중되었다. 억제작용 효과는 실험실과 야외조건에서 모두 없었다.

자연계에서의 영양염 순환에 대한 연구는 100년 이상 걸린다. 초기에는 식물과 토양 영양염 풀과, 낙엽에서, 식물로부터 토양으로 영양염이 되돌아가는 것을 측정하는 것이 주된 관심사였다. 후기에 대부분의 관심은 영양염 순환 과정에 집중되었고, 특히 영양염의 공급을 유지하는 것에 맞춰졌다. 질소에 대해서 생각해 볼 때, 질화작용 속도의 다양성은 타감작용을 포함한 다양한 방법으로 해석된다. 하지만 그것의 중요성은 여전히 불확실하게 남아있다[110]. 질화작용 조절에 있어 타감작용의 영향을 정확하게 이해하기 위해서는 매우 많은 연구가 필요하다. 질화작용과 다른 대량영양염에 대한 연구는 전체의 범주를 포함하여 진행할 필요가 있다.

토양미생물 군집과 분해 관련 과정들

미생물은 2차 대사산물을 탄소원과 에너지원으로 전환, 합성, 제거, 해독 또는 활용하는데 탁월한 능력을 갖고 있다. 그들은 군집내에서 종종 자원의 양과 질의 변화에 반응하여 효소 유도, 변이, 전환을 통해 대사산물들을 빠르고 효과적으로 이용한다.

일부 화합물은 토양속에서 빠르게 변형되는 반면에 다른 것들은 오랫동안 변화되지 않고 남아있는다. 타감물질의 활성 수명은 토양-기후의 상태에 달려 있다. 화합물들과 토양미생물들과의 상호작용은 토양-기후때문에 중요하다. 분해물질들은 그들의 원래 분자와 비교하여 증가하거나 감소되거나 또는 전혀 활성이 없다. 잔유물 효과 또는 다른 식물에 대해 여러 식물공급원의 분해물질을 조사하는 많은 실험 연구가 있다. 그런 식물-식물 상호작용은 여러 단계의 분해과정에 미생물의 매개도 포함된다. 다양한 농작물의 토양 질병문제는 생물질이나 식물 잔유물에서 생성되어 토양에 축적된 독성물질로부터 발생되는 데, 이때도 미생물의 매개체가 포함된다. 우리는 그런 간접적인 타감작용 효과들에 대한 예는 다루지 않을 것이다. 대신에 우리는 토양 미생물 군집의 변화와 그 활성에 중점을 둘 것이다. 그리고 이것들이 식물의 2차 대사산물에 의해 유도되기 때문에, 우리가 이미 깊게 공부한 정유와 모노테르페노이드에 초점을 맞출 것이다.

방향성 식물은 지중해의 중요한 식생과 식물상을 이루고 있다. 방향성 식물들 사이에서 매우 일반적인 것은 Lamiaceae(꿀풀과)이다. 이런 환경에서 분해는 기온과 강우량에 따라 제한된다. 만약 토양 미생물에게 정유의 항균활성이 작용한다면, 분해는 매우 심각하게 영향을 받게 된다. 생물적 제한인자(미생물을 억제하는 정유)는 물리적인 압박(기후)보다 먼저 작용하기 때문이다. 그러므로 우리 연구의 주된 목표는 향균활성이 있는 정유가 어떻게 토양 미생물과 수반되는 분해과정에 영향을 미치는가를 이해하는데 있었다.

토양호흡은 *Coridothymus capitatus*와 *Satureja thymbra*의 정유들이 존재할 때 활성화 되고, 이런 증가는 1차 효과였다. 이런 정유는 일부 미생물을 죽이지 않으므로 제공되는 물질이 쉽게 분해되며, 토양 박테리아를 직접적으로 활성화시킨다. 우리는 더 나아가 어떻게 정유의 수많은 각각의 구성성분이 토양의 호흡에 영향을 미쳤는지 조사했다. 모든 구성성분이 토양 시료로부터 CO_2 방출량이 증가하는 비슷한 반응을 유도하였다. 일부 구성 성분은 즉각적으로 활성화 되었고, 다른 일부 성분은 약간의 지연 후에 활성화되었다. 이러한 주어진 반응에서 서식처가 다른 방향성 식물로부터 화학적 구성이 크게 다른 정유들의 효과를 조사했다. 검사된 정유들은 카르바크롤과 티몰이라는 두 가지 모두 혹은 한 가지에서만 풍부했고, carbonedihydrocarvone, 1,8 cineol-camphor과 linalool-linalyl acetate에서 풍부했다. 토양시료는 관목이 없는 공터, 야생 방향성 식물 아래뿐만 아니라 정유가 배출된적이 없는 경작지에서 채취하였다. 그들의 다른 화학적 구성에도 불구하고, 모든 정유는 비교 가능할 정도로 토양 호흡을 활성화 시켰다. 또한, 이전에 한 번도 노출된 적이 없던 토양은 방향성 식물이 자라고 있는 토양과 비슷한 반응을 보였다. 또한 *Lavandula stoechas*의 fenchone이 풍부한 정유를 조사했다. 정유나 fenchone이 있을 때 토양 호흡이 활성화 되는 것은 토양 박테리아 개체군이 매우 증가할 때나 3 종류의 규모가 비슷할 때에도 활성화 된다. 그러므로 증가된 토양 호흡은 토양 박테리아 개체군의 증가와 그것에 수반되는 활성때문이다. 박테리아 개체군은 크기와 조성도 변화된다. *Aeromonas hydrophila*로 동정된 박테리아 종은 접종된 토양에서 압도적으로 증가하였다. 이 종은 70% 이상인 반면에 대조군의 종은 15% 이하였다. 이 종은 항균검정에서 매우 내성이 높았다. 이 종은 모노테르펜을 탄소원과 에너지원으로 사용할 수 있는 분명한 증거가 있다. 이와 같은 결과는 토양내에서 미생물 균형이 내성이 있고 모노테르펜을 분해시킬 수 있는 특별한 미생물로 변화된다는 것을 설명하고 있다.

앞선 연구의 최종 결과는 정유와 각각의 테르페노이드의 항생 활성이 토양 미생물 군집에 나타나지 않는다는 것이다. 정유나 테르페노이드가 있고 일부 박테리아가 이들을 이용할 때 토양의 대사작용은 증가한다. 첨가시킨 모노테르펜-탄소의 64%가 호흡에 사용되었고, 36%는 토양 유기물 함량을 높이는데 사용되었다[101]. 이것은 Lynch가 1979년에 예측한 소비된 물질 0.35mg dry weight mg^{-1}의 평균생산계수와 일치한다. 우리는 이들 화합물의 분해율은 습도와 온도 등의 좋은 조건에서 1.7g m^{-2} day^{-1}정도 되는 것으로 추정하여하였다. 이와 같은 비율은 빠르게 분해를 하도록 하기 때문에 해충관리에 테르페노이드를 사용할 때에도 잔류 문제가 없을 것이다.[47].

우리가 얻은 반응으로부터 정유가 방향성 식물의 낙엽이 분해되는 과정동안 천이단계를 결정한다고 증명할 수 있다. 정유를 이용할 수 있는 박테리아(*A. hydrophilia*)는 이런 식물들의 정유가 많은 낙엽에서 초기 개척자들 중 하나인 것이 분명하다. 건조한 지중해성 여름 다음에 첫 번째 강우이후 가을에 이들은 활성화되고, 이들은 모노테르페노이드를 탄소원과 에너지원으로 사용하여 성장한다. 많은 미생물 기질로서 독성에 의해 억제되는 박테리아들은 후기 개척자가 된다. 그들은 초기 개척자가 정유를 소비하고 분해한 후에 낙엽에서 자리를 잡을 수 있다.

토양에서 미생물 활성 증가, 빠른 이용도, 미생물 군집 균형의 변화 등은 다른 타감화학물질로 보고되었다. 만약 영양염, 수분, pH, 기온 모두가 적절하다면, 탄소가 제한된 환경에 *p*-coumaric acid를 첨가하면 화합물에 대한 미생물 이용도가 빠르게 증가한다. 고농도를 사용하는 것은 효과적이지만 인공적인 미생물 활성을 촉진하는 *p*-coumaric acid의 선택을 유도할 것이다. 식물생장과 발아에 대해 페놀화합물의 억제 활성과 이것을 연관시켜, 연구자들은 자연에서 지나치게 높은 페놀산의 농도가 유식물(seedling)의 생육을 억제시킨다고 제안했다. 그러나 Blum 등은 1999년에 다른 연구를 통해 각각의 저농도의 페놀산 혼합물이 고농도의 단일 페놀산보다 식물생장 억제 인자로서 더 높은 활성이 있는다는 증거를 제공했다. 하지만 그들 또한 단일 페놀산을 고농도로 갖는 특이한 토양환경은 자연과 확연히 다르기 때문에 그런 특이한 조건하의 관찰에 기초한 결론은 일반화하기 어렵다고 주장했다.

근균

대부분의 고등식물은 근균을 가지지 않는다. 오직 몇몇의 예외가 있는데 대표적인 것으로 십자화과 식물은 근균을 가지고 있다. 이들은 뿌리와 균류가 연관성을 가지고 소포성 내생근균이나 내초 바깥의 외생근균을 형성한다. 균류는 1차적으로 숙주에 무기영양분을 공급한다. 외생근균은 숙주내로 생장한 균사를 통해 인, 질소, 칼슘을 공급한다[22]. 소포성 내생근균은 인 흡수를 촉진한다. 그러나 Newsham 등은 1994년 연구에서 내생근균이 일년생 초본류 *Vulpia ciliata*에게 주는 중요한 혜택은 인 흡수가 아니라 뿌리 병원성 균으로부터 보호해주는 사실을 발견했다.

식물과 식물간의 타감 상호작용들은 종종 숲의 자연 재생이나 산림 조성 실패의 원인으로 가정되곤 한다. 이러한 상호작용들은 직접적일수도 간접적(미생물의 중재)일 수도 있다. 근균이 형성되어 숙주식물에게 제공되는 이로운 점은, 산림 조성시 사용되는 나무 묘목을 위한 접종원으로써 사용될 수 있다는 점을 고려한 실질적인 연구조사가 필요하다.

*Kalmia angustifolia*는 철쭉과의 관목으로 중앙 Newfoundland에서 빈번히 가문비나무군락(*Picea mariana*)의 개벌지를 침범한다. *K. angustifolia*가 자라는 많은 장소에서 가문비나무 묘목들은 백화되고 성장이 억제된다. *K. angustifolia*의 타감물질은 가문비나무 군락의 성장과 발달에 영향을 미칠 뿐 아니라, 이들 나무와 공생을 하는 외생근균의 성장에도 영향을 미친다는 것이 밝혀졌다. Mallik와 Zhu는 1995년에 *Kalmia* 잎의 추출물과 부식토 뿐만 아니라 이들 나무에서 추출한 8종류의 페놀산이 가문비나무의 뿌리 생장에 미치는 영향에 대해 연구했다. 그 효과는 항상 억제적으로 작용했다. 반면에, 외생근균의 몇 가지 추출물은 *Kalmia* 잎 추출물에 대해 내성이 있었으며, 4 종류는 촉진하였다. 이런 근균 추출물로 접종된 가문비나무

묘목은 *Kalmia*가 있더라도 대조식물보다 더 좋은 성장을 했다. 이러한 결과로 보아, Inderjit과 Mallik은 가문비나무에 대한 *Kalmia*의 방해기작과 같은 식물-식물간 타감작용을 지지할만한 어떠한 설득력 강한 직접적인 증거가 없다고 주장했다. 또한 *Kalmi*가 토양으로 분비한 유기분자들이 토양 무기물화, 근균, 영양염 동태학과 미생물 생태학에 영향을 미치는 것과 같이 생태적 요인들의 상승작용이 방해기작을 설명하는 데 더 좋을 것이라고 주장했다.

아고산대 가문비나무(*Picea abies*) 산림에서 관찰된 자연 재생의 실패도 조사되었다. *Vaccinium myrtillus, Ahtyrium filix-femina, Pices abies*(알프스의 가문비나무 산림의 우점종)에 의해 생산되고 부식 용액에 존재하는 페놀류 화합물(catechol, protocatechuic acid, *p*-hydroxybenzoic acid, *p*-hydroxyacetophenone)은 2가지 가문비나무 근균인 *Cecococcum graniforme*과 *Laccaria laccata*의 호흡에 미치는 영향에 대해 조사되었다. 그들은 매우 낮은 농도에서도 생물학적 활성을 갖는 것으로 밝혀졌다. 이것은 이들 식물들이 근균의 타감작용 억제에 얼마나 기여하는지를 설명해주고 있다. 부식질 용액에 존재하는 페놀류들은 *Hymenoscyphus ericae* (*V. mytillus*의 공생자)와 *Hebeloma crustuliniforme*(*P. abies*의 공생자)에 대해서도 검사되었다. *H. ericae*가 *H. crustuliniforme*보다 더 좋은 반응을 하였기 때문에, *V. myrtillus*가 하층식생 중에서 우점한다는 것으로 결론지어진다. Horton 등은 1999년에 캘리포니아의 *Adenostoma*가 우점하는 관목수풀이 아닌 *Arctostaphylos*가 우점하는 숲에서 *Pseudotsuga menziesii*가 우점할 수 있는 것은 *Arctostaphylos*와 연관된 외생근균 때문이라는 증거를 제공했다.

철쭉과의 식물은 침엽수의 재생을 억제하는 것으로 잘 알려져 있다. 이런 식물들은 많은 양의 폴리페놀류의 물질들을 생산해 내는데, 이것은 calcitrant 단백질-페놀 복합체와 같이 토양의 유기질소를 결합할 수 있다. 그들은 또한 다양한 근균과 공생관계에 있는 것으로 알려져 있고, 영양분이 부족한 서식처에서 특별히 잘 적응한 일부 식물들은 탄닌산과 복합물을 이루는 단백질- 질소를 이용하거나 탄닌을 탄소원으로 이용할 할 수 있다 (대부분의 다른 근균은 이용불가능함). 그러므로 이것은 철쭉과의 식물들은 침엽수보다 환경의 유·무기물 자원을 이용하는데 더 적응했다는 것을 보여준다. 작동하는 다른 기작 중에, 철쭉과와 근균의 상호작용은 영양염 순환을 결정하는 데 중요한 역할을 하고, 나아가 식생의 변화를 결정하는 역할을 한다는 것이다.

철쭉과 식물외의 다른 대표 종들도 역시 침엽수의 성장을 억제한다. Fennoscandian 식물 군집은 키 작은 상록관목인 *Empetrum hermaphroditum*에 우세하게 되는데, 이 군집은 산림의 재생에 부정적인 영향을 준다 한다. *E. hermaphroditum*의 잎 액상 추출물은 스코틀랜드 소나무의 뿌리와 근균(*Paxillus involutus* Batsch)을 통한 질소 흡수와 발달에 대해 검사되었다. *E. hermaphroditum*추출물을 저치하지 않은 묘목

중에서, 근균 공생식물은 비근균 공생식물보다 더 잘 성장했고, 줄기보다 비율이 더 높았으며 질소 흡수도가 3배나 높았다. *E. hermaphroditum*추출물의 낮은 농도 조건에서는 질소 흡수에 있어서 일치하지 않았다. 그것은 근균에서 1/3 그리고 비근균에서 1/10 각각 감소하였다. 또한 *P. involutus*의 성장을 억제하였다. 씨앗발아와 어린 뿌리의 성장에서보다 뿌리와 근균에 의한 영양분흡수 그리고 근균 감염의 확산에서 추출물에 대한 민감성이 더 높았다.

아마도 식물-근균 상호작용으로 유도될 수 있는 성장 저해에 대한 다른 예는 북가시나무(*Quercus rubra*)의 경우에서 볼 수 있을 것이다. 북가시나무가 심어진 많은 산성토양에서 초본류인 *Molinia caerulea*의 공격적 성향 때문에 묘목들은 정착할 수 없다. Timbal 등은 1990년에 그들의 실험에서 *Molinia*는 북가시나무의 성장을 감소시킨 것 뿐만 아니라 뿌리의 근균의 상태 변화에 대한 원인이라고 주장했으며, 이에 외생근균 공생체를 포함하는 간접적인 타감작용의 효과를 볼 수 있을 것이라고 주장했다.

근균의 광범위한 출현으로 식물과 공생자간의 밀접한 관계를 가지며, 그들간에 상호 이익을 주는 것을 고려해 보았을 때, 식물의 타감물질과 같이 그들의 생장과 대사에 영향을 주는 요인들은 식생구조와 토양의 도태에 심각한 영향을 미칠 수 있다. 우리는 이것이 좋은 결과물을 가져올 가능성이 높은 타감작용 연구에 바람직한 방향이라고 믿고 있다.

식물방어

만약 식물이 면역계가 결핍되더라도, 식물은 질병에 놀라운 저항성을 갖는다. 이들은 여러 메카니즘을 동원하여 방어 능력을 갖는데, 항생인자의 축적과 생산으로부터 세포예정사 또는 체계적 면역계의 유도까지 다양한 과정을 갖고 있다.

식물종들이 갖는 화학적 화합물의 거대한 다양성은 종종 그들에게 영향을 미치는 생물적 혹은 무생물적 인자들로 설명되어진다. 식물은 많은 종류의 다른 식물이나, 목초지의 동물, 곤충, 미생물, 선충류, 그리고 다른 생명체에의 존재아래서 진화해 왔다. 이들은 더 좋은 환경으로 이동할 수 없기 때문에, 종종 그들에게 유익하도록 상호작용에 영향을 미치는 화학물질을 생산해 냄으로써 환경압박에 반응해왔다. 이와 같은 식물화학물질은 종종 다양한 저항성을 제공하는데, 이것은 식물들에게 영향을 미치는 생물학적 과정이 특정 종이나 어떤 종의 그룹에 한정되어있지 않기 때문이다. 이와 같은 일반적 활성 때문에 식물화학물질들은 만드는 식물에게도 독성을 보일지 모른다. 그러므로 이 물질들은 반드시 격리되거나 지속적으로 배출되어야 자가중독을 피할 수 있다. 분비선(Glands), 송진관(Resin ducts), 고유 아세포(Idioblast) 또는 특화된 세포막은 자가중독 산물을 포함하는 2차 화합물을 위한 가장 유리한 자원(Source)인 것처럼 보인다.

병원균의 성공적인 침입은 식물의 방어 화학물질을 피하거나, 앞지를 수 있는 능력에 달려있다. *Stagonspora avenae*라는 식물-병원성 균은 *Avena sativa*의 스테로이드성 독성 사포닌을 해독 시킬 수도 있고 감염 시킬 수 있다. 피하기 위한 방어 전략은 발아할 수 있으며 식물 조직에 비활동적으로 남아있는 몇몇 균에 의해 예증되었다. 이런 균들은 항균성 화합물들이 조직에 독성이 없는 수준으로 감소할 때까지 비활동적으로 남아 있다가 그 후에 침투식의 성장을 시작한다[65].

많은 2차 대사물질의 집합체는 그들의 항균활성을 고려하여 검사되었는데 주로 시험관에서 연구검사되었다. 식물 정유들과 다양한 페놀류 화합물에 있어서는 위와 같은 검사가 진행되어 왔다. 1987~2001년 사이에만도, 식물 정유와 세균과 균에 대항한 이들의 구성물질의 항균성에 대한 연구가 500건 안팍이었다. 이것은 그들의 항생 산물이 여러 세기동안 이만큼 알려져 왔다는 사실에 의해 설명된다. 즉, 왜 식물 정유들이 고전적 약물, 음식에서 광범위하게 응용되는지를 말해주고 있다. 미생물에 대항한 식물의 방어에서, 2차 대사산물의 다른 종류의 기여를 고려한 연구는 많지 않다. 어느 정도 범위로 주제를 다루는 경우에 대하여 알칼로이드를 연구한 경우는 다음과 같다. Biavatti 등은 2002년에 남 브라질 풍토성 식물인 *Raulinoa echinata*로부터의 furonoquinoline alkaloids는 잎을 자르는 개미와 공생관계의 균류인 *Leucoagaricus gongylophorus*에 항균활성을 보였다. Park과 Choi는 1999년에 베르베린이 풍부한 코르크나무(*Phellodendron amurense*)의 살균성에 대해 연구했

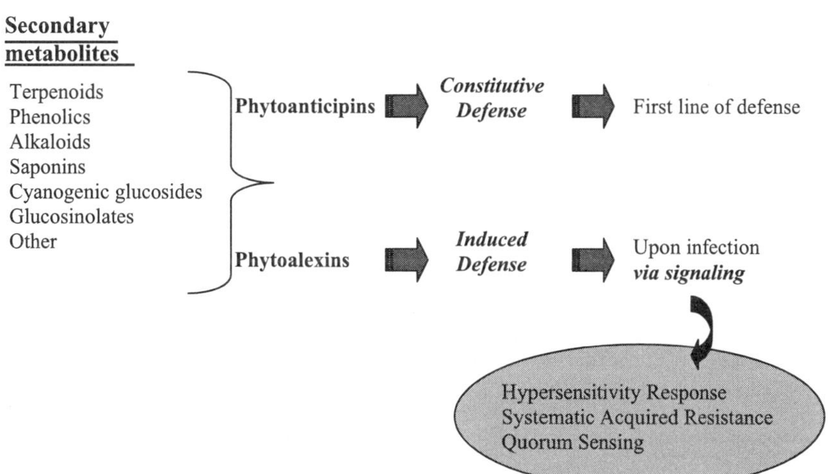

그림 1. 미생물에 대항하는 식물의 화학적 방어

다. Nagaoka 등은 1995년에 균독성의 화합물중 토양 유래 질병에 대항한 토마토의 저항과 관련된 것이 알칼로이드라는 것을 보고했다. Oliva 등은 2003년에 많은 균종에 대해서 *Ruta graveolens*로부터 분리된 quinolono와 quinoline는 알칼로이드의 활성을 완화시키는 것이라고 보고했다.

다양한 미생물들에 대한 수많은 식물 종에서 추출물의 효과를 연구하는 커다란 screening projects는 초기의 타감작용 조사들을 분류했다. 그러나 1974년 Rice에 의해 언급 되었듯이, 몇몇의 예를 제외하고 이런 연구나 분류하는 등의 노력은 인간이 할수 있는 병원균의 억제 주제에만 관심을 갖게 하는 것이 대부분이었다. 사실상 이 병원균은 생태학 내에서 의미 있는 것은 아니다. 논문 조사는 이런 초점에서 벗어난 조사가 계속 이뤄지고 있으며 우리 시대에도 계속 발간되고 있다는 것을 보여준다. 그러나 수평적으로 생각하면 많은 노력과 가설을 실험하는 연구는 식물이 병균의 공격으로부터 그들 스스로 보호하는 방법에 대한 우리의 이해를 촉진시켜왔다.

파이토안티시핀과 파이토알렉신

식물보호 역할을 하는 2차 대사산물은 병원균의 감염 이전에 혹은 이후에 형성된다. 다시 말해, 이들은 각각 구성적 혹은 유도적 방어 메카니즘의 일부라는 것이다. 구성적(constitutive) 방어 화학물질은 주로 파이토안티시핀(prohibitins 혹은 pre-infection metabolites)으로 표현되는 용어는 다른 물질대사 경로를 통하여 생산된 수많은 화합물들을 포함한다. 여기서 생산된 화합물들이 병원균에 대한 식물의 1차적 화학방어가 된다. 파이토알렉신은 병원균의 공격이나 감염 직후 상처받은 조직에 반응하여 합성된다. 그들의 생산은 새로운 효소 합성을 포함한다. 이렇게 구성적 항생물질들과 유도된 파이토알렉신은 같은 식물 내에서 발견된다.

Phytoanticipins와 phytoalexins 둘다 구조적으로 관계없는 다른 종류의 화합물(2차 대사물질의 3개의 주요 그룹에 속한다- 페놀류, 테르페노이드, 질소화합물들)을 포함한다. phytoanticipins는 주로 다목적 방어 인자로써 미생물들 뿐 아니라 다른 해충과 무생물적 스트레스에 대항하는 역할을 한다. phytoalexins의 합성은 주로 병원진균에 대항하기 위해 식물이 사용하는 방어전략이고, 겉씨식물과 속씨식물 모두에서 일어난다. 하지만 콩류와 같은 식물은 Rosaceae와 Curcubitaceae와 같은 식물들과는 달리 phytoalexins을 생산함으로써 훨씬 더 효과적이다[19, 30]. phytoalexins은 300개 이상의 화학구조로 이루어져 있다. 같은 종류의 식물 내에서 phytoalexins은 이미 구성적 방어 인자로 존재하는 물질들과 화학적으로 연관이 있다[21]. 구성적 혹은 유도적 방어 화학물질의 합성은 병원균 공격의 심각성 및 빈도와 관계가 있는 것처럼 보인다. 빈번하거나 심각한 피해로부터 고통 받는 식물은 주로 구성적 방어에 투자를 하고, 공격받는 일이 드문 경우에는 유도적 방어에 의지하는 경우가 많다. 같은 화합물이 어떤 종에서는 phytoanticipin으로 역할을 하지만 다른 종에서는

phytoalexin으로 역할을 하는 경우도 있다. 종 뿐만 아니라 식물의 각 부분에서도 방어 화학물질의 내용물은 다를 수 있다. 하나의 화합물이 주로 표적기관에 축적될 수 있고, 역할을 하기에 덜 적합한 기관에서는 없을 수도 있다.

거기에는 또한 복합적 전략이 있는데, 이 전략에 의하여 식물의 구성적 방어 부분을 형성하고, 건강한 식물조직에서 화합물들은 미생물의 공격 이후 그들의 농도를 급격하게 증가시키는 것이다.

유전적으로 변형된 식물은 phytoalexins나 phytoanticipins의 방어적 역할에 대한 통찰을 제공한다. 예를 들어, *Arabidopsis thaliana*의 몇가지 phytolaenxin 결핍 돌연변이체에 낮은 농도의 indole camalexin을 처치하여 그들의 질병 저항에 대한 조사를 하였다. 하나의 돌연변이체(pad-3)는 병원균인 *Cochliobolus carbonum*과 *Alternaria brassicola*에 민감하게 반응했지만, 다른 균류나 *Pseudomonas syringae*의 병원균에는 그렇지 않았다. 다른 돌연변이체는 이런 병원균에 의해 각각 다른 민감도를 보였다[18]. Novel phytoalexin resviratrol(포도덩굴나무로부터 유래)에 대한 노출은 *Phoma medicaginis*라는 병원균에 의한 잎에 반점병 증상을 감소시키는 결과를 가져왔지만[24], *P. medicaginis*의 감염 후에 같은 식물에서 isoflavone O-methylotransferase의 과발현은 phytoalexin medicarpin을 더 빠르고 많이 생산하였다[23]. 이러한 결과들은 2차 대사산물이 병원균에 대항한 식물의 방어 화합물로서 작용할 뿐만 아니라, phytoalexin 생산과 질병 저항간의 관계가 복잡하고 매우 병원균에 의존적이라는 사실도 보여주고 있다[12].

신호전달

Phytoalexin 합성은 병원균 공격에 따라 발생하는 일련의 현상들과 연관되어 있다. 이런 일련의 사건에서, 초기 방어반응은 침입지점에서의 급격한 세포 사멸, 질병발생 단백질과 관련된 유전자의 암호화 활성, 갈색 괴사세포의 안이나 혹은 근처에 분포된 phytoalexins의 발생, 그리고 구조적 방어벽의 강화이다[38]. 단단한 세포벽을 유지하는 화합물은 페놀 중합체로 구성되어 있는 리그닌(목질소)이다.

국소적인 저항반응과 더불어, 식물은 감염 부위에서 신호를 합성해 낼 수 있는데, 이 신호는 식물의 감염된 부위와 감염되지 않은 부위 안을 따라서 퍼지면서 증가되고, 장기간 지속되는 저항반응을 이끌어 낸다. 이때 살리실산은 신호분자로서 핵심적인 역할을 한다. 살리실산은 공격 받은 후에 급격하게 증가하고, 병원균 관련 단백질(PR proteins)과 또 다른 반응들을 발생시키며, 식물 전체를 통해 체계적인 면역이 형성되도록 한다. 이것은 전신획득저항성(SAR : systematic acquired resistance)으로 알려져 있다[14, 44].

이들의 구성적 그리고 유도적 방어에 대한 기여와는 별개로, 페놀류 화합물은 다른 고도로 특화되고 중요한 역할을 부여받는다. 그 역할은 바로 숙주와 병원균의 상호작용을 확립하는데 있어 중요한 단계인 숙주인식을 하는것 혹은 xenognosins이다. 발병과정과 공생을 조절하는 몇 가지 xenognostic 인자가 다양한 생물체에서 발견되었다. 방향족고리와 페놀류의 기능 그룹이 xenognostic 인자들과 공통된 특징이다[92]. xenognosins라고 인식되는 몇가지 분자들은 직접적으로 감지되지 않지만, 이들이 산화산물로 전환될 때 인지될 수 있다. 이것은 xenognosin A와 B의 경우로, 이들은 스스로 성장할 수 있는 상태에서 기생성장을 하는 상태로 전환하기 위하여 식물에게 신호를 보내지만, 이는 오직 xenognosin A와 B가 퀴논*으로 전환된 후 에만 가능하다.[*D2,6 dimethyl-1,4-benzoquinone = DMBQ].

다른 xenognostic 매개물은 종양형성의 *Agrobacterium tumefaciens*에서 병원성 형태로 전이를 유도하는 아세토시린곤과 같이 수용단백질에 의해 직접적으로 인식되는 것처럼 보인다. 숙주 특이적 콩과식물-*Rhizobium*의 상호작용을 개시하는 신호는 luteolin과 같은 플라보노이드이다[84, 92].

식물-미생물 상호작용을 매개하는 다른 종류의 2차 대사산물은 쿼럼센싱과 연관되어 있다[15]. 많은 박테리아는 개체군 크기와 연관지어 여러 과정을 조절한다. 세포 간 신호 체계는 퍼질 수 있는 신호 분자들의 도움에 의해서 작동하는데, 이런 분자들은 박테리아가 병원성, 유주(swarming), 항생 물질 생산 등의 중요한 특징을 나타내도록 한다. 이 체계는 신호분자들이 중요한 역치에 도달할때만 작동하는데, 이것은 박테리아의 큰 군집형성과 일치한다. 이런 신호들은 박테리아에 의해 생산되고 인지되는데, 그 개체군이 하나의 독립된 신호단위로서 행동하게 한다. 대개 그람 음성 세균에 의해 사용되는 신호를 인지하는 쿼럼은 N-acylhomoserine lactones(AHLs)이다. 어떤 식물이 furanones와 AHLs를 억제/촉진하는지 정의되지 않은 어떤 다른 화합물을 생성한다는 증거들은 계속해서 증가하고 있다. 또한, 높은 수준의 AHLs를 생산하도록 형질 변환된 식물은 병원성 *Erwinia* 종의 감염에 민감하도록 극적으로 변화했다[15]. 식물 2차 대사산물이 세균의 신호전달을 방해하는 것은 식물 방어기작의 또 다른 흥미로운 점이다.

식물 부분과 방어 전략

엽권(phyllosphere)은 모든 독립 미생물들의 퇴적으로 이루어진다. 이것은 대기에서 순환을 일으키고, 이 순환은 건조하거나 촉촉한 침전물을 통해서 또는 매개물처럼 행동하는 다른 생물에 의해서 일어난다. 보통 크기의 잎에서 박테리아를 기준으로 퇴적 속도는 1달에 10^4 cells 정도의 누적이입개체군으로 산출된다[45].

식물은 이들이 병원성이건 아니건 박테리아 덩어리라는 것 자체로 인해 부담에 직면하게 된다. 또한 다른 모든 생물에게도 나타나게 된다. 생물학적 검정 실험에서 잎에서 생성되는 다양한 구성적 대사산물이 식물병원체에 대해 항균활성을 나타내는 것을 보여줬다. 그런 생물검정은 미생물에 대한 식물의 실제적인 방어 작용을 증명할 수는 없지만, 식물의 방어에서 이런 대사산물의 잠재적인 효과에 대한 정보를 제공한다고 볼 수 있다.

화학적, 미생물적 2차 감염의 관련성을 파악하기 위해 우리는 지중해 지역에서 출현하는 4종의 방향성 식물 엽권에서 세균 군집화에 대한 2차 대사산물의 영향을 조사했다[33]. 이러한 목적에 의해서, 우리는 엽권의 총 박테리아 개체군과 빙핵활성 박테리아, 잎의 정유 함량과 정성적, 정량적 조성뿐만 아니라 표면 페놀류의 함량을 평가하였다. 우리는 나아가 이런 식물의 잎 2차 대사산물이 2종의 빙핵활성 박테리아 *Pseudomonas syringae*와 *Erwinia herbicola*에 미치는 영향도 연구하였다. 생물학적 검정실험에서의 결과와 같이, 우리는 엽권(phyllosphere)의 박테리아 군집화의 차이점이 식물의 2차 대사산물의 내용물과 항균 활성과 관계가 있다는 것을 발견했다. 미생물들은 항균 활성이 낮은 식물의 엽권에서는 자랄 수 있지만, 강한 활성이 이뤄지는 다른 곳에서는 자라지 못한다. 이런 비슷한 패턴이 지중해 지역의 비 방향성 식물들에서도 존재한다[32].

Talley 등은 2002년 미국 서부지역에 널리분포하는 산쑥(sagebrush:*Artemisia tridentata*)를 이용하여 2차 대사산물과 엽권 균 사이의 관계를 조사하였다. 저자는 다음의 3가지 가설을 검증하였다. a) 균이 선호하는 서식지에서 서식하는 식물 개체군이 건조한 서식지 식물보다 더 높은 항균 활성과, 더 많은 항균 활성 2차 대사산물을 가진다. b) 같은 항균 활성 대사산물은 선택적인 기능들을 가진다. c) 들판에서 관찰되는 진균성 질병은 산쑥(sagebrush) 서식지에서 진균성 질병의 존재율과, 산쑥 개체군에서 항진균성 방어의 수준을 나타내는 기능이 있다. 그들의 연구결과는 첫 번째 가설을 확증했다. 2번째 가설과 관련하여, 모든 선택적인 기능들을 배제하는 것은 불가능할 지라도, 그들은 UV나 산화로 부터의 보호에 대한 증거를 찾지 못했다. 3번째 가설은 확증되지 못했다, 진균성 질병의 가혹성과 발병률은 건조하거나 습한 서식지에서 비슷했다. 첫 번째 가설에서처럼, 더 많은 균이 있을수록 더 많은 2차대사산물이 있기 때문에, 아마 식물의 방어능력과 균의 공격능력이 거의 평형을 이루었다는 것을 반영할 수도 있다. 저자는 곰팡이는 산쑥의 방어적 화학물질을 만드는 중요한 선택적 인자로서의 역할을 하는 것같이 보인다고 결론을 지었다.

Monoterpenes는 침엽수의 감염에 저항하는 중요한 역할을 수행하는 것처럼 보인다. 여러 종의 나무에서, 나무좀과의 딱정벌레(Scolydidae beetles)와 그들과 관련된 곰팡이에 의한 공격이 실패함에 따라 monoterpenes의 농도가 증가하는 것이 관찰되었다[10, 67]. 이런 화합물들이 곤충들과 병원균들 모두에 대하여 방어적인 화학물질로서 역할을 하며, 또한 모노테르펜은 진균 번식체 발아, 균사체의 성장, 딱정벌레 신호전달의 억제를 증명한 Klepzig 등에 의해 1996년 제시되었다. 알파피넨(*a*-pinene)은 중요한 역할을 하는 것처럼 보이는데, 이는 아메리카 적송(*Pinus resinosa*)추출물을 사용한 생물분석에서, 더 낮은 알파피넨(*a*-pinene)의 농도는 딱정벌레와 진균의 밀도 증가에 매우 연관되어 있었기 때문이다[34].

Phytoanticipins와 phytoalexins 모두 잎에서 생산된다. 예를 들어 벼는 진균성 감염에 저항하는 넓은 다양한 화학물질을 생산한다. 규산염, alkylresorcinol, 다수의 지방산과 같은 몇몇의 화학물질은 phytoanticipins으로 작용한다. 플라보노이드와 디테리페노이드에 속한 다른 화학물질들은 phytoalexins으로 작용한다[21, 87]. Coumarin, scopoletin, ayapin은 강력한 항진균성 화합물이며, 이들은 담배에서 phytoalexins로 보고되었다. 해바라기에서, scopoletin과 ayapin농도는 *Helminthosporium carbonum*에 의한 병원균 공격 시 증가했다. 또한, 디테르펜산은 *Helianthus*의 다른 종들 사이에서 널리 퍼져있는데, 이것은 항진균적 특성을 갖고 있다. Angleloyl grandifloric 산과 kaur-16-en-19-oic 산의 혼합물은 지금 까지 보고된 물질 중에서 2종의 병원성 곰팡이인 *Verticilium dahliae*와 *Sclerotirum sclerotinium*에 대하여 가장 높은 억제 활성을 보였다[49].

엽권 뿐만 아니라 근권에서도 다양한 화학적 구조의 phytoalexins와 phytoanticipins 모두 발견되었다. 귀리의 사포닌 중 하나인 avenasins는 진균성 병원균인 *Gaeumannomyces graminis*가 식물에 병원성을 유도하는 것을 억제 하는 것으로 밝혀졌다[64](이 병원균은 밀과 보리의 생산량을 크게 감소시킨다). Avenasins는 주로 귀리 뿌리의 표피세포에 축적되어 있는 구성적 방어화학물질이다.

Chlorogenic산은 *Phytophthora parasitica*의 성장을 억제하는 항균 특성이 있다. 식물이 몇 종의 곰팡이 또는 극한의 추위에 의해서 영향을 받을 때 chlorogenic 산의 생산이 촉진되어, 담배 뿌리에 산을 농축시킨다[49].

뿌리 시스템에서 phytoalexins 유도를 위한 많은 연구들의 결과 다양한 화학물질들이 밝혀졌다. *Allium cepa*에 감염된 구근은 2종류의 aliphatic diones를 생산했는데, 이것은 대분의 *Allium* 2차 대사산물처럼 황을 기초로 하지 않았다[93]. phytoalexin 유도에 긍정적인 반응을 하는 장미과를 대표할 수 있는 오직 한 가지는 *Sanguisorba minor*으로, 단순한 페놀화합물이 뿌리에서 생성된다[37]. 국화과 중에서 *Polymnia sonchifolia*의 괴경은 *Pseudomonas cichorii*와 접붙임을 했을 때 3종류의 다른 acetophenones를 생산한다[21]. 다른 연구에서, *Fusarium oxysporum*에 감염된 바나나 뿌리줄기는 4종류의 다른 phytoalexins을 합성할 수 있으며, 이것은 특이적 phenalonone 타입의 구조로 된 musanolones이다[46]. 초기에 발견한 phytoalexin 중의 하나는 감자 덩이줄기(뿌리)는 sesquiterpenoid 구조로 된 최소 20종류의 phytoalexins를 합성한다[43] .

종자들은 2개의 주요 군으로 나눠질 수 있는데 쉽게 발아할 수 있는 것과, 휴면상태를 유지하는 것이다. 종자들이 부패에 대한 방어기작이 없으면, 후자는 분해될 것이다. 콩과식물, 쥐손이풀과, 장미과, Cistacae는 단단하고 물이 통과되지 않는 종자껍질을 가지고 있으므로 부패와 같은 문제를 해결할 수 있다. 메카니즘을 알 수는 없지만 토양환경에서 씨앗을 온전하게 보호하는 대안이 있을 것이다.

종자에 항생활성을 가진 2차 대사산물은 종자를 부패로부터 보호할 수 있는 방부제 기능을 한다. Rice는 1979년에 이 영역에서 제한적인 조사가 그 중요성을 반영하지 않는다고 할지라도, 2차 대사산물의 방부제 기능은 자연 생태계에서 생장하는 다년생 식물의 타감작용 중 가장 중요하고 보편적인 역할 중 하나라고 본다. 종자와 열매에서 항생활성을 갖는 페놀 화합물이 널리 퍼졌기 때문에(특히, 열매의 외층과 종피에서), 이런 증거가 종자의 부패 방어에 직접적으로 연관되지는 않지만, 아마도 중요한 간접적 관련이 있다고 결론지었다.

플라보노이드, terpenoids, 질소 대사산물들은 식물 종자의 주요 구성요소이다. 화합물의 결합형태는 물에 용해될 수 있고, 쉽게 분비되어 흡수될 수 있다. Ndakidemi와 Dakora가 2003년에 주장했듯이, 토양에서 이런 대사산물들은 상리공생 정착에 요구되는 적절한 근류균과 수지상체 근균 파트너들을 위한 첫번째 생태감지 신호(eco-sensing signals) 역할을 하며, 이 대사산물들은 병원균에 대한 방어 분자로 역할을 할 것이다. 종자화학에 대한 우리의 이해를 향상시키는 것은, 토양 근류균과 수지상체 근균의 공생을 통한 병원균의 효과적 조절과, 질소와 흡수 능력을 향상시키기 위한 분자들의 세밀한 조작을 가능하게 할 것이다.

사포닌은 항균성 triterpenoids와 스테로이드의 중요한 배당체이다. 이것은 5ppm 이하의 매우 낮은 농도에서도 항균 활성을 보인다[62]. 개자리 속의 종자에서 특정 사포닌의 분포는 상당한 변동을 보인다. 용혈성 종자의 비교적 높은 변동의 빈도가 *Sapirocapos, Lupularia*와 *Geocarpa*식물에서 나타난다. 저자는 이런 변동성을 고려해서, 높은 빈도는 미생물과 곤충으로부터 보호의 필요성이 증가될 때 일어나는 반응이라는 생태학적으로 의미 있고 좋은 설명을 제시했다. 그러나 더 나은 증거는 보이지 않는다. *Cenchrus setigerus*의 경우도 비슷하다. 이 식물은 인도의 건조하거나 반 건조한 지역에 서식하는 사료용 벼과식물로서 9~10월에 종자를 생산한다. 그 종자는 특히 환경조건이 좋지 않을 때, 오랜 기간동안 모래에 묻혀있다. 'spikelets(식물의 작은 수상화)'은 시아니딘 글리코시드가 풍부한데, 이런 화합물들은 씨앗을 성장 가능한 다음의 불규칙한 몬순까지 지키는 방어 체계를 구성한다'라고 저자는 설명했다[68].

전체적으로 볼 때, 종자와 미생물 사이의 타감작용의 사례는 매우 흥미 있는 것처럼 보이지만, 지금까지 연구는 거의 없다.

생태적 비용

방어 메커니즘은 식물의 생존을 위해서 필수적이지만, 영양과 에너지 측면에서는 비용을 수반한다. 예를 들어, 질소는 알칼로이드나 아미노산의 합성을 위해서 요구된다. 질소가 충분하지 않으면, 식물은 성장-생식 그리고 방어를 위한 요구를 충족시킬 수 있는 중간선택을 해야 한다[16]. 높은 에너지 손실 또한 요구된다. 방어물질의 생산과 관련된 물질대사 경로는 일반적으로 복잡하며 여러 효소를 포함한다. 에너지의 측면에서 terpenoid는 다른 1차나 2차 대사산물보다 고가이다. 에너지 비용은 식물이 심지어 자가 중독을 피하기 위한 방법도 찾아야 하기 때문에 더 높아진다. 한가지 전략은 조직이 손상될 때 분비되는 독성방어 화합물을 저장할 수 있는 분화된 세포를 발달시키는 것이다. 다른 전략은 활성 효소와는 별도로 글리코시드오 같은 불활성 화합물을 저장하는 것이다. 십자화목의 식물에서 발견되는 글루코시놀레이트는 활성효소와는 별도록 구분된다[107]. *Arabidopsis thaliana*에 대한 최근 연구는 많은 양의 글루코시놀레이트가 꽃자루의 체관부와 내피 사이의 황이 풍부한 세포에 저장되어 있다는 것을 밝혔다. 반면에 미로시나아제는 체관부 유조직세포 인근에 분포하고 있다[2, 39]. 조직 파괴에 대한 반응으로, 글루코시놀레이트는 미로시나아제와 결합하고, 불안정한 아글리콘으로 가수분해 된다. 아글리콘은 재배열되어 다양한 생물학적 활성을 띄는 화합물들로써, 대체된 isothiocyanate, nitrile, thiocyanates, oxazolidinethiones를 포함한다. 이런 생산물들은 살진균제와 살균제로 기능을 하며[64, 111], 아마도 *Brassica*에서 유도된 인도릴-파이토알렉신의 그룹에 대한 전구체로써도 기능할 것이다[83]. 주어진 이런 요구로부터 식물이 만약 자신들의 건강을 극대화하고자 한다면, 그들의 영양분과 에너지원으로 활용 가능한 자원들을 잘 할당해야 할 것이다.

식물-초식동물 관계에서 미생물 매개

식물-초식동물 상호작용에서 미생물적 매개는 널리 알려져있다. 미생물들은 식물의 영양과 방어화학물질을 전환함으로써 초식동물에게 식물의 적합성을 바꿀 수 있다. 예를 들어, 식물의 근균과 질소고정 상리공생 생물은 역으로 초식동물에 대한 식물의 저항성에 영향을 미칠 수 있다. 벼과식물은 전통적으로 화학적 방어가 거의 없다. 하지만 내부기생 진균에 감염된 벼과 식물은 진균이 유도한 알칼로이드를 포함하고 있으며, 초식동물로부터 식물을 방어해준다. 식물의 엽권과 근면에 있는 미생물들은 곤충의 행동과 성장을 변화시키는데, 이것은 곤충이 식물 화학물질을 무독화시키기 위해 미생물 공생체에 의존하기 때문이다[40].

많은 초식동물들은 음식물을 소화시키기 위해 미생물 발효를 사용한다. 식물을 구성하는 화학물질은 반추동물의 소화력과 영양수준에 지대한 영향을 미치는데, 이는 동물의 반추위에 있는 미생물에 어떤 식물독소가 영향을 미치기 때문이다. Murray 등은 1996에 낮은 산에서 발견되는 야생화 해더에서 발견된 단순 비탄닌 페놀화합물이 반추 혹위 미생물 활성에 역 효과를 갖는건 아닌지 조사했다. 그들은 알부틴이 긍정적인 효과인 반면에 오르시놀과 퀴놀은 부정적인 효과를 가진다는 것을 체외에서 진행되는 반추위 미생물의 소화를 통해 발견했고, 이것은 섭식 생태학에 영향을 미칠 것으로 예상됐다. 흰대극과 식물(*Euphorbia esula*)을 쉽게 뜯어먹는 염소와는 반대로, 소와 양은 그 식물을 피하거나 마지못해 먹는 모습을 보였다. 이것은 혐오감을 느끼는 화학물질 때문인데 흰대극에 있는 diterpenoid 특성 때문이다. Kronber와 Walker는 1993년에 이런 반추동물들 사이의 먹이 선택의 차이는 그들의 반추위 속에 있는 미생물의 다른 활성 때문이라고 주장했다.

미생물의 상호작용을 고려하지 않으면, 식물-동물 연관의 패턴은 이해될 수 없다. 많은 식물-식물 상호작용, 많은 식물-동물 상호작용에서 타감물질의 직접적인 표적은 미생물이다. 초식동물에 식물자원 적합성 그리고 식물자원을 이용하는 초식동물의 능력 모두가 미생물 활동과 관련이 되기 때문이다.

미생물 감염의 촉진

식물의 2차 대사물질들의 미생물 감염의 촉진은 식물생산에 이익을 줄 것이다. 예를 들어, cassava(*Manihot esculenta*) 분비물을 첨가하면 시험관에서 질소자급영양 박테리아의 성장이 촉진된다. 이런 박테리아는 근균 *Glomus clarum*을 자극한다. 유익효과는 근균 감염에 대한 식물 민감성을 촉진시키고, 포자발아 또는 균사와 식물의 접촉을 높일 수 있는 균사체의 생장을 자극하고, 근균의 군집화를 자극하도록 하는 생장촉진 화합물과 관련이 있다. 공생 미생물을 포함한 유익한 효과의 경우는 이 글의 다른 부분에서도 나타난다. 그러나 그것들은 이익이 명확하지 않은 것들이다.

뿌리에서 병원균의 침입에 관여하는 식물 타감물질에 대한 증거는 오래전부터 축적되어 왔다. 농작물의 연속재배 지역에서 식물 잔유물에서 분비되는 타감물질이나 타감식물로부터 분비되는 타감물질은 식물 분비물질을 이용하는 타감박테리아 발달을 유도하였다. 한 가지 예는 *Asparagus*에서 찾아볼 수 있다. 아스파라거스가 오래토록 연속재배되면 생산량은 적어지고, 품질도 나빠진 것으로 나타났다. 살균처리와 훈증처리로 *Asparagus*의 성장방해나 시듦을 막지 못하는 것은 자가중독이 한 가지 원인으로 제안되었다. 다양한 연구자들에 의한 실험들은 자신의 성장을 억제한 다양한 식물기관(뿌리를 포함)에서 생산된 타감물질(친수성 & 소수성) 관련 증거들을 제시했다. 뿌리 식물독소와 뿌리와 수관에 영양을 주는 일반적인 *Fusarium* 2종과의 상호작용이 보고되었다. *Fusarium* 독성은 식물독소들이 존재할 때 증가하였다. 그러므로 자가중독 물질이 *Asparagus* 자신에게 장기적인 유해한 영향을 미쳤을 뿐 아니라 식물이 *Fusarium*에 의해 쉽게 감염된 것처럼 보인다.

표 1. 여러 표적종과 경로(processes)에 대한 지중해 방향성 식물의 carcacrol이나 carvacrol이 풍부한 정유처리 반응

Compound/ aromatic plant	Target process	Target organism /target plant part	Response
Thymus capitatus, Satureja thymbra[98]	Essential oil seasonal yield	Leaves, branches, flowering buds, flowers, litter	Large variability among plant parts and seasons
T. capitatus, S. thymbra[97]	Seed germination	*Cucumis sativus, Citrullus lanatus*	Low inhibition
	Seedling elongation		Strong inhibition
T. capitatus, S. thymbra[97]	Seed germination	*Hymenocarpus circinatus, Astragalus hamosus, Medicago minima*	Low inhibition
	Seedling elongation		Moderate inhibition
T. capitatus, Carvacrol[99]	Seed germination	*T. capitatus*	Strong inhibition
	Seedling elongation		Strong inhibition
T. capitatus[99]	Spatial distribution	*T. capitatus*	Random or normal
Carvacrol[96]	Seed germination	*Lactuca sativa*	Moderate inhibition
	Seedling elongation		Strong inhibition
Carvacrol+ *p*-cymene[96]	Seed germination	*Lactuca sativa*	Synergistic effect
Carvacrol+ γ-terpinene	Seedling elongation		No synergism
Origanum onites[103]	Sprout emergence	Potato tubers	No effect
O. vulgare subsp. *hirtum*	Sprout elongation		No effect
T. capitatus S. thymbra[94, 101]	Soil respiration	Soil microbes	Manifold increase
Carvacrol[100]	Soil respiration	Soil microbes	Manifold increase
S. thymbra[101]	Growth	Soil bacteria	Manifold increase
S. thymbra[101]	Spore germination	*Penicillium citrinum*	Strong inhibition
S. thymbra[101]	Mycelial growth	*Mucor hiemalis*	Strong inhibition
O. vulgare subsp. *hirtum*[103]	Growth	Bacterial strains isolated from the surface of potato tubers	Strong inhibition
T. capitatus, S. thymbra, O. onites, O. vulgare subsp. *hirtum, O. dictamnus*[103]	Growth	*Erwinia carotovora*	Moderate to strong inhibition

Compound/ aromatic plant	Target process	Target organism /target plant part	Response
O. vulgare subsp. *hirtum*[33]	Colonization	Phyllosphere bacteria	Low
O. vulgare subsp. *hirtum*[33]	Colonization	Ice nucleation active bacteria	Absence
O. vulgare subsp. *hirtum*, Carvacrol[33]	Growth	*Erwinia herbicola, Pseudomonas syringae*	Strong inhibition
O. vulgare subsp *hirtum*[102]	Foraging behaviour Consumption	Snails (*Helix aspersa, H. lucorum, Eobania vermiculata)*	Repellence Very low
S. thymbra, T. capitatus[71]	Pollination	Bees and other pollinating insects	No apparent effect

결론

식물의 2차 대사산물에 의하여 매개되는 식물과 미생물간의 작용은 매우 폭넓게 일어나고 있다. 그중 일부는 타감작용으로 정의될 수 있지만, 넓은 범위로 타감작용을 정의 한다면 식물과 미생물간의 관계, 부정적 효과와 긍정적 효과가 포함된다. 이중 phytoanticipins, phytoalexins 혹은 신호물질을 포함하는 식물 방어와 관련된 몇몇 작용들은 넓은 의미에서 타감작용으로 생각될 수 있다. 다른 경우에는, 다른 종의 성장, 건강, 행동 또는 개체군 생물학에 영향을 미치는 하나의 생물체에 의해 생산되는 비영양적 화학물질이 타감물질이라고 Resses의 정의를 선택하더라도, 우리는 미생물에 대한 긍정적으로 타감작용을 하는 그 물질을 식물 대사산물이라 할 수 없다. 식물과 식물간의 간섭을 타감작용이라고 더 엄격하게 정의를 선택한다면, 우리는 식물에 의해서 환경속에 분비되는 화합물질들은 다른 식물체에 직접적으로 영향을 미치지 않다는 것을 깨닫게 될 것이다. 식물 분비 2차화합물은 토양의 생물과 비생물적 요소의 대사과정에 먼저 영향을 미친다. 이들의 변화는 식물 표적에 발현되어진다. 타감작용의 원인을 제공하는 물질과 영향을 받는 물질 사이의 연결고리는 주로 미생물이며, 간접효과를 나타낸다.

타감작용 연구의 방법과 결과를 고려하여, 우리는 다음과 같이 언급을 할 수 있다. 우리는 2차 대사산물에 의해 중재된 상호작용에 대하여 매우 많은 정황 증거를 갖고 있다. 우리가 분리된 유기체와 인자들을 연구할 때, 우리는 정확성, 예측가능성들을 가질 수 있다. 이것은 항생물질의 경우에 본보기가 될 만한 방법임이 증명되었다. 그러나 만약 복잡한 환경에서 일어나는 과정들에 흥미를 가진다면 우리는 이해하는데 어려움이 있으므로, 최종결론, 예측결론, 통제에 대해 신경쓰지 말아야 한다.

2차 대사산물은 단지 하나의 생물체나 하나의 표적 과정에만 영향을 미치지 않는다. 어떤 환경에서 경쟁관계는 타감작용 하나의 효과로서 변화시킬 수 있다. 그리고 추가적으로 활성 대사물질의 생산은 여러가지 생물적 및 비생물적 스트레스 환경에 좌우된다. 생물체간의 동시에 진행되는 과정과 상호작용의 결과는 매우 불확실하다[1, 74].

우리가 제시하는 하나의 예시는 carvacrol로서 산화된 모노테르페노이드이며, 이것의 타감작용과 다른 효과에 대해 심도있게 연구해 왔다(그림 1). 이 2차 대사산물은 지중해와 같은 건조/반건조 환경에서 방향성 식물에 의하여 대량 생산된다. 오레가노라는 상업적인 이름을 가지고 있으며, *Origanum*속 뿐 아니라 여러 분류군들이 꿀풀과보다는 다른 속과 다른 과로 불려진 이 식물은 그들의 정유속에 carvacrol을 많이 함유하고 있다. Cravacrol은 *Lactuca savita*와 같은 여러 시험 식물의 발아억제에 대해 낮은 활성을 나타내었고, 유식물 신장억제에 대해 높은 활성을 나타내었다. *p*-cymene 또는 γ-terpinene를 혼합할 때, 이들은 종자 발아에 상승작용의 효과를 내지만 유식물 신장에서는 상승작용을 나타내지 않았다. 다른 종의 종자 발아에 대한 중간 수준의 효과를 나타내었만, 반대로 *p*-cymene 또는 *g*-terpinene를 많이 생산하는 *Thymus capitatus*와 같은 방향성 식물의 종자발아나 유식물생육을 매우 억제시켰다. 그러나 지중해 생태계 연구는 비록 *T. capitus*의 종자 출현이 다른 목본식물 종들보다 현저히 낮을지라도, 유식물들 중 60%가 모체식물 아래에서 출현하였다. 감자의 덩이줄기에 대해서도 시험되었는데 cravacrol은 싹의 출현과 신장에 눈에 띌만한 영향을 보이지 않았다. 반면에 다른 산화된 모노테르페노이드는 매우 억제적이었다. 미생물들을 고려해 보았을 때, cravacrol은 ① 감자의 덩이줄기의 표면에서 분리된 박테리아 균주, ② *Erwinia carotovora*와 같은 질병유도 박테리아, ③ *Pseudomonas syringae*와 *Erwinia herbicola*와 같은 농업에서 광범위한 손해를 야기하는 빙핵활성 박테리아등의 성장을 억제하지만, 2~6배로 토양 호흡의 증가를 유발시키는 토양미생물을 강하게 활성화 시킨다. 결국 이것은 달팽이와 같은 포식자를 격퇴시키는 살충효과를 가지고 있다.

아주 많은 간섭 인자와 방해가 있는 지중해 환경에서 cravacrol이 풍부한 방향성 식물이 풍부한 것을 어떻게 설명할 수 있을 것인가? 우리실험을 위한 질문에 대해 부분적인 해답만 얻었을 뿐이다. 타감 활성은 야외 조건에서 종종 단일 타감물질보다 여러 타감물질의 결합으로 상승작용 또는 길항작용이 주된 역할을 수행하기 때문에 더 복잡해진다. 그러나 우리는 자연적인 상태에서, 단일 타감물질과 혼합물질 조사에서 뿌리와 잎의 분비물은 아마도 다른 화학물질 종류*에 속하는 많은 화합물을 포함하고 있을 것이라고 생각된다(*terpenoids, phenolics, alkaloids, polyacetylenes). 어떻게 이런 화합물들이 상호작용을 할까? 그리고 이런 상호작용의 최종 결과는 무엇일까? 다양한 인자들과 많은 과정을 독립적으로 조사하면서 우리는 여러 정보들을 제시했다. 그러나 우리는 각각의 중요성을 과대/과소평가하는 경향이 있거나 타감작용의 상승이나 방해를 무시하는 경향이 있었다.

Reigosa 등은 1999년에 타감작용은 특정 조건의 제한된 세트에서만 중요하다고 주장했다. Inderjit 등 2002년에 실시된 타감작용 연구에서 식물독성들의 상승 작용에 대한 이해가 어려운데, 이는 잘 정의된 참고 모델의 부족과 방법론적 문제 때문이다. 만약 그렇다면, 우리는 연구를 위한 더 좋은 도구를 찾을 뿐 아니라, 일차적인 개념상의 기초를 재점검해야 한다. 만약 식물의 2차 대사산물이 표적 식물 종에 간접적/직접적으로 영향을 미친다면 이 식물의 2차 대사산물은 타감물질이고, 그 결과는 타감작용이다. 미생물과 관련 있는 것도 역시 타감물질이다. 하지만 이때는 조건이 있는데 각각의 박테리아 균주 수준이 아닌, 미생물 군집의 수준이어야 한다. 우리는 타감작용을 단지 식물-식물사이의 직접적 방해작용으로만 보아서는 안 된다. 부수적으로 자연적 설정아래서 타감작용의 중요성을 증명하고 그것을 경쟁과 분리시키는 노력을 해야 한다.

참고문헌

1) Anaya AL (1999) Criti Rev Plant Sci 18: 697-739

2) Andréasson E, Jørgensen LB, Höglund AS, Rask L, Meijer J (2001) Plant Physiology 127: 1750-1763

3) Argyris JP (1977) *Seed ecology of phryganic species*. PhD Thesis (in Greek), University of Athens

4) Balota EL, Lopes ES, Hungria M, Dobereiner J (1995) Pesquisa Agropecuaria Blasileira 30: 1335-1345

5) Barazani O, Friedman J (2001) Crit Rev Microbiol 27: 41-55

6) Biavatti MW, Vieira PC, da Silva, MFDF, Fernandes JB, Victor SR, Pagnocca FC, Albuquerque S, Caracelli I, Zukerman-Schpector J (2002) Brazil Chemi Soc 13: 66-70

7) Blum U, Austin MF, Shafer SR (1999) *Recent Advances in Allelopathy. A Science for the Future*, Vol 1, 159-166, Servicio de Publicaciones-Universidad de Cadiz, Cadiz

8) Boufalis A, Pellissier F (1994) Chem Ecol 20: 2283-2289

9) Bremner JM, McCarty GW (1993) Soil Biochemistry 8: 181-218

10) Cook SP, Hain FP (1986) Chemi Ecol 12: 1397-1406

11) Dawson JO, Seymour PE (1983) J Chem Ecol 9: 1175-1183

12) Dixon RA (2001) Nature 411: 843-847

13) Einhellig FA (1995) *Allelopathy: organisms, processes and applications*, 1-24.

14) Feys BJ, Parker JE (2000) Trends in Genetics 16: 449-455

15) Fray RG (2002) Ann Bot 89: 245-253

16) Gershenzon J (1994) Chem Ecol 20: 1281-1328

17) Gitte RR, Rai PV, Patil RP (1978) Plant and Soil 50: 553-566

18) Glazebrook J, Ausubel FM (1994) Proceedings National Academy of Science USA 91: 8955-8959

19) Grayer RJ, Harborne JB (1994) Phytochemistry 37:19-42

20) Grayer RJ, Kokubun T (2001) Phytochemistry 56: 253-263

21) Harborne JB (1999) Biochem Syst Ecol 335-367

22) Harley JL, Smith SE (1983) *Mycorrhizal symbiosis*. Academic Press, London

23) He X-Z, Dixon RA (2000) Plant Cell 12: 1689-1702

24) Hipskind JD, Paiva NL (2000) Mol Plant-Microbe Interact 13: 551-562

25) Horton TR, Bruns TD, Parker VT (1999) Can J Bot 77: 93-102

26) Inderjit Duke SO (2003) Planta 217: 529-539

27) Inderjit Mallik AU (2002) Forest Ecol Manage 160: 75-84

28) Inderjit Streibig J, Olofsdotter M (2002) Physiologia Plantarum 114: 422–28

29) Inderjit Weiner J (2001) Perspectives in Plant Ecology Evolution and Systematics 4: 3-12

30) Ingham JL (1981) Adv Legume Syst 599-626, HMSO

31) Kalemba D, Kunicka A (2003) Cur Med Chem 10: 813-829

32) Karamanoli K, Menkissoglu-Spiroudi U, Bosabalidis AM, Vokou D, Constantinidou H-IA (in press) Chemoecology

33) Karamanoli K, Vokou D, Menkissoglu U, Constantinidou H.-I (2000) J Chem Ecol 26: 2035-2048

34) Klepzig KD, Kruger EL, Smalley EB, Raffa KF (1995) J Chem Ecol 21: 601-626
35) Klepzig KD, Smalley EB, Raffa KF (1996) J Chem Ecol 22: 1367-1388
36) Kokkini S, Vokou D (1989) Flavour and Fragrance J 4: 1-7
37) Kokubun T, Harborne JB, Eagles J (1994) Phytochemistry 35: 331-333
38) Kombrink E, Schmelzer E (2001) Euro J Phytopatho 107: 69-78
39) Koroleva OA, Davies A, Deeken R, Thorpe MR, Tomos AD, Hedrich R (2000) *Plant Physiology* 599-608
40) Krischik VA, Jones CG (1991) *Microbial mediation of plant-herbivore interactions*, 1-6.
41) Kronber SL, Walker JW (1993) J Chemi Ecol 19: 2007-2017
42) Krummel A, Harms H (1982) Arch Microbio 133: 50-54
43) Kuc J (1982) *Phytoalexins*, pp. 81-105, Blackie, Glasgow
44) Kunkel BN, Brooks DM (2002) Current Opinion in Plant Biology 5: 325-331
45) Lindow SE (1996) *Aerial Plant Surface Microbiology*, 155-168
46) Luis JG, Quinones W, Echeveri F, Grillo TA, Kishi MP, Garcia F, Torres F, Cardona G (1996) Phytochemistry 41: 753-757
47) Lydon J, Duke SO (1995) *Herbs, Spices and Medicinal Plants. Recent Advances in Botany, Horticulture, and Pharmacology*, Vol 4, 1-41
48) Lynch JM (1979) *Microbial Ecology.A conceptual approach*, 67-91
49) Macias FA, Molinillo JMG, Varela RM, Torres A, Galindo JCG (1999) *A Science for the Future*, Vol 1, 121-148
50) Mallik MAB (1999) *Allelopathy Update*, 178-200.
51) Mallik MAB, Tesfai K (1987) Am J Bot 59: 1033-1040
52) Mallik AU, Zhu H (1995) Allelopathy 582: 39-57
53) Mallik AU (1999) *Recent Advances in Allelopathy. A Science for the Future*, Vol 1, 313-324.
54) Murray AH, Iason GR, Stewart C (1996) J Chem Ecol 22: 1493-1504
55) Murthy MS, Nagodra MT (1977) J Appl Ecol 14: 279-282
56) Nagaoka T, Ohra J, Yoshihara T, Sakamura S (1995) Ann Phytopathol Soc Japan 61: 103-108
57) Ndakidemi PA, Dakora FD (2003) Funct Plant Biol 30: 729-745
58) Neal JLJr (1969) Can J Bot 15: 633-635
59) Newsham KK, Fitter AH, Watkinson AH (1994) J Ecol 82: 805-814
60) Nillsson MC, Hogberg P, Zackrisson O, Wang FY (1993) Can J Bot 71: 620-628
61) Nutman PS (1965) *Ecology of soil-borne plant pathogens*, pp. 231-247. University of California Press, Berkeley
62) Oleszek W (1999) *Recent Advances in Allelopathy. A Science for the Future*, Vol 1, pp. 167-178.
63) Oliva A, Meepagala KM, Wedge DE, Harries D, Hale AL, Aliotta G, Duke SO (2003) J Agricul Food Chem 51: 890-896
64) Osbourn AE (1996) Plant Cell 8: 1821-1831
65) Osbourn AE (1999) Fungal Genet Biol 26: 163-168
66) Paavolainen L, Kitunen V, Smolander A (1998) Plant and Soil 205: 147-154
67) Paine TD, Blanche TD, Nebeker TE, Stephen FM (1987) Can Forest Res 17: 1202-1206
68) Parihar SS, Mal B (1999) *Recent Advances in Allelopathy. A Science for the Future*, Vol 1, 347-350.

69) Park YG, Choi MS (1999) *Recent Advances in Allelopathy. A Science for the Future*, Vol 1, 81-88.
70) Pellissier F (1993) J Chem Ecol 19: 2105-2114
71) Petanidou T, Vokou D (1993) Am J Bot 80: 892-899
72) Pierce ML, Cover EC, Richardson PE, Scholes VE, Essenberg M (1996) Physiolo Mol Plant Pathol 48:305-324
73) Reese JC (1979) *Herbivores: their interaction with secondary plant metabolites*, pp. 309-330.
74) Reigosa MJ, Sanchez-Moreiras A, Gonzalez L (1999) Crit Rev Plant Sci 18: 577-608
75) Rice EL (1964) Ecology 45: 824-837
76) Rice EL (1965) Physio Plantarum 18: 255-268
77) Rice EL (1974) *Allelopathy.*
78) Rice EL (1979) The Bot Rev 45: 15-109
79) Rice EL, Pancholy SK (1972) Am J Bot 59: 1033-1040
80) Rice EL, Pancholy SK (1974) Plant and Soil 103: 227-231
81) Richardson HL (1938) J Agricul Sci 28: 73-121
82) Riddle RR, Taylor CA Jr, Kothmann MM, Huston JE (1996) J Range Manage 49: 35-41
83) Rouxel T, Sarniguet A, Kollman A, Bosquet J (1989) Physiolo Mol Plant Pathol 34: 507-517
84) Siqueira JO, Nair MG, Hammerschmidt R, Safir GR (1991) Crit Rev in Plant Scie 10: 63-121
85) Souto C, Pellissier F, Chiapusio G (2000) J Chem Ecol 26: 2015-2023
86) Strauss EA, Lamberti GA (2002) Freshwat Biol 47: 65-74
87) Susuki Y, Esumi Y, Hyakutake H, Kono Y, Sakurai A (1996) Phytochemistry 41: 1485-1489
88) Talley SM, Colley PD, Kursar TA (2002) J Chem Ecol 28: 2141-2168
89) Theron JJ (1951) J Agricul Sci 41: 289-296
90) Thevathasan NV, Gordon AM, Voroney RP (1998) Agroforestry Systems 44: 151-162
91) Timbal J, Gelpe J, Garbaye J (1990) Ann Sci Forest 47: 643-649
92) Tok JBH, Tzeng YL, Lee K, Zeng Z, Lynn DG (1997) *Phytochemicals for pest control*, ACS Symposium Series 658: 108-116
93) Tverskoy L, Dmitriev A, Kozlovsky A, Grodinsky J (1991) Phytochemistry 30: 799-800
94) Vokou D, Liotiri S (1999) Chemoecology 9: 41-45
95) Vokou D, Chalkos D, Karamanlidou G, Yiangou M (2002) J Chem Ecol 28: 755-768
96) Vokou D, Douvli P, Blionis GJ, Halley JM (2003) J Chem Ecol 29: 2281-2301
97) Vokou D, Margaris NS (1982) *Aromatic Plants: Basic and Applied Aspects*, 59-72, Martinus Nijhoff Publishers, The Hague
98) Vokou D, Margaris NS (1986a) Int J Biometeorol 30: 147-156
99) Vokou D, Margaris NS (1986b) Acta Oecologica 7: 157-163
100) Vokou D, Margaris NS (1988) Pedobiologia 31: 413-419
101) Vokou D, Margaris NS, Lynch JM (1984) Soil Biol Biochem 16: 509-513
102) Vokou D, Tziolas M, Bailey SER (1998) J Chem Ecol 24: 1187-1202
103) Vokou D, Vareltzidou S, Katinakis P (1993) Agricul Ecosyst Environ 47: 223-235
104) Ward BB, Courtney KJ, Langenheim JH (1997) J Chem Ecol 23: 2583-2598
105) Weston LA, Putnam AR (1985) Weed Science 34: 366-372
106) White CS (1986) Bio Fer Soils 2: 97-104
107) Wittstock U, Gershenzon J (2002) Curr Opin Plant Biol 5: 300-307

108) Yamasaki SH, Fyles JW, Egger KN, Titus BD (1998) Forest Ecol Manage 105: 197-207
109) Yu JQ (1999) *Allelopathy Update*, Vol 2, 149-162
110) Attiwill PM, Adams MA (1993) New Phytologist 124: 561-582
111) Mithen R, Margath R (1992) Plant Breeding 108: 60-68

16

CHAPTER

타감작용의 생태학적 작용

서론

다양한 타감물질의 배출

식물생태학은 식물과 다른 식물을 포함한 환경과의 관계를 연구하는 학문이다. 이런 관계들은 식물에 영향을 주는 비생물과 생물적 요소들과 이런 요소들이 식물에 미치는 영향으로 구성되어 있다. 생물과 비생물 요소 중에서 빛, 온도, 습도, 영양염, 토양성질 그리고 다른 생물들이 매우 중요한 요소이다[19]. 식물의 영향은 주변의 다양한 환경 요소들을 변화시키는 것을 포함한다. 한 식물은 나뭇잎 아래에서 빛 이용도를 변화시킴으로써 다른 식물이 이용 가능한 영양염의 양과 질에 영향을 미칠 뿐만 아니라 식물 주변에서 일어나는 다양한 다른 과정들도 변화시킬 수 있다. 특히, 어떤 식물은 자신 또는 주변 식생에 해를 끼치거나 이익을 줄 수 있는 다른 식물들, 병원체, 초식동물, 포식자와 경쟁하거나 상생할 수 있다. 이러한 과정들은 식물이 살고 있거나 혹은 죽은 후 분해가 진행될 때 일어날 수 있다. 화학적 복합물은 앞의 과정들이 일어나는 동안 생산되고 배출될 수 있으며, 식물과 식물간의 상호작용 중에 타감작용을 나타낼 수도 있다[62].

식물과 미생물간의 공진화

무척추동물과 미생물 군집들은 독립영양생물이 되기 전, 보통 새롭게 노출된 토양 표면에 대량으로 서식한다. 그래서 불모지에서 첫 군집 집합체를 형성하게 된다[30]. 이들 종속영양생물 군집들은 독립영양식물들의 생장을 가능하게 하는 영양염들을 보존한다. 그래서 수억 년 동안, 고등육상식물들은 토양 미생물들과 밀접한 관계를 가지고 지속적으로 살아왔다. 그러므로 식물조직으로부터 토양으로 식물 화학물질을 배출하는 모든 과정은 배출된 식물 화학물질이 미생물 활성을 쉽게 일으키면서 진화해 왔다. 미생물 분해는 다른 식물에 대해 특정 식물 독성효과를 중화시키거나

Aki Sinkkonen

University of Turku, Satakunta Environmental Research Institute, Konttorinkatu 1, 28900 Pori, Finland

감소 또는 증폭시켜왔다[86]. 그러나 토양 박테리아는 타감물질이나 영양염에 대한 강력한 경쟁자이다. 영양염을 나중에 사용하기 위해 식물은 저장할 수 있으나 박테리아는 저장할 수 없다. 그리고 토양 박테리아 개체군은 포식에 의해 효과적으로 조절된다. 이와 같은 이유로 생태학적으로 중요한 타감물질은 자연적으로 공진화한 군집 내에서 조차 표적식물의 뿌리 세포에 영향을 미칠 수 있다[40, 81, 86]. 식물과 토양 미생물의 이러한 공존의 결과로써, 타감물질을 배출하는 어떤 종은 원래 식물군집에서 배출한 타감물질이 박테리아에 의해 분해된 물질의 존재 하에 진화되어 왔음에 틀림없다. 더불어 그 식물은 표적식물종과 토양 미생물들이 배출된 화합물을 빠르게 해독할 수 있는 가능성을 최소화하도록 진화해왔다. 즉 다시 말해 식물 군집 내에 풍부한 미생물들은 그런 식으로 진화된 식물 종들로부터 배출된 타감물질을 지속시키고 이용하도록 진화하였다[65]. 비록 토양에서 미생물의 활성은 타감물질이 표적종에 대해 영향을 미치기 전에, 불가피하게 모든 타감작용 물질들을 비활성화 시킨다는 것에 대해 논란이 되어 왔지만, 오늘날 일부 연관성이 없는 식물 종들이 토양 - 뿌리 경계면에 식물이 생성한 타감물질을 해독하기 위해 진화되어 왔다고 제시하는 증거들이 존재한다.

두 가지의 다른 관점

타감작용의 증거

타감작용의 명백한 증거는 전통적으로 다음의 조건들이 고려된다[25, 10]:

1. 활성 화합물 또는 그 전구체는 공여식물의 생조직 또는 죽은 조직에서 환경으로 배출된다(=타감물질과 연관된 근원 식물).
2. 공여식물로부터 배출된 물질의 양은 표적식물의 성장을 변화시킬 만큼 충분하다.
3. 표적식물은 자신의 성장을 변화시킬 만큼 충분한 양의 타감물질을 받는다.
4. 공여식물에서 표적식물까지 타감물질의 이동은 자연상태에서 분명하게 추적이 가능하다.

생태학적, 진화적인 맥락에서 볼 때, 이 모든 단계를 한때 진화된 것과는 구별된다고 가정할 필요는 없다. 만약 타감작용이 상호작용을 하고 있는 양쪽 상대에게 진화적으로 중요하다면, 그리고 만약 공여종의 목적이 표적생물의 생장을 억제한다면, 진화의 무기 경쟁은 이들 두 종간에 지속적으로 진행될 것이다. 그 경쟁의 결과는 근본적으로 환경 조건에 달려있고 새로운 적응은 진화로 바뀐다. 그 경쟁의 단계에 따라, 표적종들은 생태학적으로 심각할 정도로 해를 입거나, 전혀 해를 입지 않을 수 있다. 그러므로 과정들은 두 가지로 분리되고 두 가지 다른 목적은 위에서 제시한 4단계로 구별할 수 있다.

흥미로운 주제는 공여종들을 연구하는 것에 관점을 두거나 또는 표적종들을 연구하는 것에 관점을 두고 접근하는 것이다[35, 61].

다른 관점의 목적

표적종의 관점에서 볼 때, 잠재적인 표적종들은 근처에 존재하는 잠재적인 타감물질의 표면이나 내부에서 반응하는지, 그리고 표적종들의 반응이 생태학적으로 중요한지의 여부를 시험하는 것과 연관이 있다(표 1). 표적종은 성장 변화나 다른 목적으로는 사용되지 않는 화학적 과정을 통한 화합물의 해독작용에 반응할 것이다[23, 66, 84]. 성장 반응은 타감물질이 최근에 생태학적으로 중요하다는 직접적인 증거를 제공하고, 반면에 화학물질을 해독하는 반응은 타감작용이 표적종들의 진화에 영향을 미친다는 사실을 강하게 제시한다. 더불어 후자의 반응은 다른 곳으로 배분될 수 없는 자원들을 필요로 하며, 이는 식물 생존 적합성에도 영향을 미친다[19]. 만약 이들 반응 중에 하나가 관찰이 되었다면, 오늘날 표적종들이 분포하는 범위 내에 효과적인 양의 타감물질을 배출할 수 있는 공여종들이 존재한다는 것을 반드시 보여줄 필요는 없다. 왜냐하면 표적종들의 내성, 성장환경, 종 분포는 그 반응들이 진화된 후에 바뀔 수 있기 때문이다. 이것은 과거에 일어났을 수 있는 것에 대한 비현실적인 추측을 명백히 증명하지는 못한다[64].

또 하나, 전적으로 독립된 과정은 공여종의 관점을 이용하는 것이다(표 1). 여기서 잠재적인 공여종은 아마도 표적종이기 때문에 타감물질을 배출하거나 또는 화학 화합물의 배출이 잠재적인 표적종의 존재 때문에 유도된다는 사실을 증명하는 것에 연관되어 있다. 공여식물은 표적식물들에 의해 생산되는 특이적 식물화학물질을 인식함으로써 표적식물의 존재를 알 수 있거나[38, 73], 보통 표적식물에 의해 일어날 수 있는 토양 pH와 같은 비생물적 환경변화에 대해 단순 반응을 나타낼 것이다. 많은 식물 종들은 그들 뿌리 주변의 비생물적 상태를 변화시키는 경향이 있다[77]. 대안적인 전략으로, 잠재적인 공여종은 지속적으로 또는 반복적으로 자연적인 환경에서 공여종을 간섭하는 표적종들에게 큰 영향을 미치는 화합물을 배출한다. 그런 경우에, 환경 조건의 비생물적인 변동은 배출물질의 독성을 조정한다[48, 51]. 표적종들의 진화는 배출된 화합물에 의해 표적종들이 진화하는 동안 타감물질에 의해 야기되는 선택적 압력이 얼마나 큰지에 따라서 영향을 받는다. 분명하게 타감작용은 공여종의 성공에 결정적으로 작용해 왔고, 그것은 표적종들의 성공과는 완전히 무관하다.

표 1. 공여종 또는 표적종들의 관점에서 잠재적 타감작용의 상호작용 입증에 필요한 질문들

공여종의 연구관점	목표종의 연구관점
-타감물질을 방출할 수 있나?	-목표종들은 얼마나 자주 타감물질을 다루나?
-그 방출이 자신에게 유리하나?	-방출물질이 목표종에게 해로운가?
-2차물질 방출에 대한 다른 설명이 있나?	-2차적인 효과에 대한 다른 설명이 있나?
-특이적 적응에 대한 징후가 있나? (방출시 목표확인, 공간적 변화 등)	-특이적 적응에 대한 징후가 있나? (성장시 해독작용, 공간적 변화 등)
-2차적 적응에 대한 다른 설명이 있나?	-2차적인 반응에 대한 징후가 있나?
→ **적절한 의문에 대한 증명이 필요**	

표적식물의 관점

공여식물 및 표적식물들과 연관된 생태학적 상관성과 실험적 설계의 차이를 구분하는 것은 중요하다. 전자의 관계는 최근 몇 년 동안 생태학적 문헌으로 탐구되어 왔다. 식물 생태학자들은 일부 종들이 자연 상태에서 타감작용에 대응하고 있음을 설명하고, 표적식물에 대한 타감작용의 영향을 평가하기 위해 뿌리, 활성 탄소, 다른 밀도의 표적식물들을 성공적으로 이용해왔다[39, 50, 70, 75]. Callaway와 Aschehoug[12]는 근처에서 자생종 수레국화(*C. diffusa*)의 생장보다 북아메리카산 초본 종의 생장이 더 억제되고 있음을 발견하였다. 뿐만 아니라 북아메리카산 표적종 [아이다호 김의털(*Festuca idahoensis* Elmer)]의 뿌리 생장은 *C. diffusa*의 뿌리와 접촉할 때 가장 느렸지만, 활성 탄소를 토양에 처리하였을 때 그 억제효과는 감소되었다[63]. 관찰된 현상의 가장 가능성 있는 해석은 억제 물질들의 농도가 접촉된 뿌리부터 거리가 멀어질수록 점차적으로 희석된다는 것이었다. 활성탄소 그 자체는 배출된 타감물질이 공여식물 뿌리의 근처에서 많은 양의 염양염을 이동하지 못하게 할 가능성이 있으며, 탄소가 제거되면 공여 뿌리로부터 거리가 멀수록 이동하지 못하는 영양염의 비율은 점차 감소한다는 것을 제시하고 있다. 타감작용의 존재를 입증할 다른 분명한 방법은 자연에서 발견되는 잠재적 타감물질이 일정한 농도로 유지되고 있는 토양에 표적식물을 다양한 밀도로 생장시키는 밀도 의존적 실험 설계를 계획하는 것이다.

표적종들과 연관된 생태학적 상관관계는 대체전략으로 접근할 수 있다. 초기 표적종들이 잠재적 타감물질을 해독할 수 있는지를 입증하는 전략과 다른 생태적 요인들 때문에 해독 능력이 진화되지 못했음을 설명하는 전략이 있다. 많은 쌍자엽 식물 종들에서 hydroxamic acids의 분해 산물들의 해독은 이 전략의 유용성을 입증하는 증거이다. hydroxamic acids는 벼과 식물에서 보편화된 방어물질이다[49]. 그들은 해충과 질병 저항에 대해 복합적인 역할과 다른 식물에 대한 타감작용 활성을 가

진 것으로 잘 알려져 있다[15, 24, 49]. Benzoxazolinone은 식물 독소인 hydroxamic acids로 부터 유래된 대사 산물이다. Benzoxazolinone의 해독 능력은 그 종의 진화적 역사에서 hydroxamic acids를 생산하는 초본류와 접촉 가능한 빈도에 따라 의존하는 쌍떡잎식물 종 사이에서 상당히 달라진다[66]. 몇몇 식물들은 벼과 식물이 방출하는 hydroxamic acids으로부터 유래된 타감물질을 해독하기 위해 아마도 공진화해 왔거나, 또는 타감물질을 해독하는 근권 미생물을 이용하기 위해 진화되어 왔을 것이다. Benzoxazolinone은 토양에서 식물이 생산하는 hydroxamic acids으로부터 독립적으로 발생하지 않기 때문에, 이러한 특별한 경우는 자연 상태에서 상호간 타감작용의 중요성을 입증할 수 있는 신뢰할 수 있는 증거를 제공한다.

공여식물의 관점

표적식물의 관계와 반대로, 공여식물의 생태학적 관계는 거의 연구되지 않았다. 타감작용이 진화적으로 중요하다는 사실을 증명하기 위해 식물이 다른 식물의 성장에 영향을 끼치는 타감물질을 배출하고, 합성하거나 또는 배분한다는 것을 보여줄 수 있어야 한다[69]. 단지 배출된 화합물들이 적합한 환경 상태에서 다른 식물들에게 해로운 영향을 끼친다는 것만으로는 인증이 부족하다[64, 67]. 만약 진화에 대한 인과관계가 분명하지 않을때, 공여종의 생태에서 잠재적인 타감물질이 동시에 발생하는 기능들을 가진다면, 타감작용의 기능이 진화적으로 중요한 역할을 한다는 것을 부인하기 쉽다[11, 56]. 이러한 이유들 때문에 타감물질 배출이 잠재적인 공여종에게 진화안정적전략(ESS)인지 아닌지 연구하는 것이 중요하다[41, 42]. ESS는 대부분의 개체군이 선택한 전략이고, 그것은 희귀 돌연변이체로 대신할 수 없다. 가설적인 예시는 영양분이 있는 패치로 뿌리 끝을 통한 특이적 타감물질을 변동없이 배출하는 것보다 특이적 타감물질의 배출을 증가시키는 것이다. 이와 같은 진화적인 접근은 다른 환경에서 생태학적 관계를 설명하기 위해 성공적으로 사용되었다. 예를 들어, 다른 조류종간의 상호 타감작용은 얼마나 다양한 종이 겉보기에 일정한 환경에서 공존할 수 있는 가를 설명하는 것이고[20], 그리고 두 개가 서로 간섭하는 육상식물 종에 의한 타감작용으로 상호 공존을 가능하게 한다[3, 22].

공여식물과 표적식물 사이의 차이점은 초식동물 연구 관점과 초식동물이 소비하는 식물의 연구 관점 사이의 차이 만큼이나 크다[35]. 최근 생태적 문헌에서 식물의 이차대사산물들과 식물-초식동물의 상호작용을 다루는 많은 연구들은 두 개의 관점 모두가 아니라 둘 중 하나의 관점을 이용한다는 목적 아래 문제점들을 조사했다[28]. 만약 동시에 접근한다면, 그 두 관점들은 의식적으로 나눠진다[2]. 그러나 어떤 이유 때문에, 식물의 이차대사산물들과 식물-식물간 상호작용에 대해 20세기경에는 일반적으로 2개의 다른 관점을 혼합한 방식을 이용했다. 이것은 비생태학적인 것으로 타감작용 연구에 대한 부분적인 편견을 야기시켰다[8, 14, 57, 83].

타감작용의 역사적 변화

3가지 가능성

식물로부터 생산된 이차 대사물질이 생태학적으로 중요한 상호간 타감작용은 공여종의 진화 역사를 기반으로 자연적 환경에서 3가지 범주로 나누어진다(그림 1). 첫째, 타감작용을 목적으로 하지 않은 상태에서 배출된 화학물질들은 의도하지 않은 표적식물들의 적응도를 감소시키거나 개선하고, 또는 의도하지 않은 타감물질의 배출(예를 들면, 물리적 손상)은 다른 식물의 생장을 변화시킨다. 이 범주를 비의도적 타감작용이라 한다. 둘째, 화학물질은 다른 식물에 대한 타감작용과 같은 몇몇 생태학적 목적을 위해 배출될 수도 있다. 이 범주를 평행 타감작용이라고 한다. 평행 타감작용은 공여종 내에서 적응할 수 있게 하는 반복된 비의도적 타감작용의 결과이다. 평행 타감작용은 공간적, 시간적으로 일어나며 동일한 화합물은 식물의 다른 부위, 다른 목적, 다른 시간대에 각각 사용된다. 셋째, 화학물질은 주로 다른 식물에 대한 타감작용 활성 때문에 배출된다. 이 일차 타감작용은 타감물질들은 종종 식물생태학에서 복합적인 역할을 갖고 있기 때문에, 다른 범주만큼 보편적이지 않다[28, 53, 68]. 3가지 범주와 연관된 생태학적 관계들은 서로 다르고, 다른 실험 설계를 통해 접

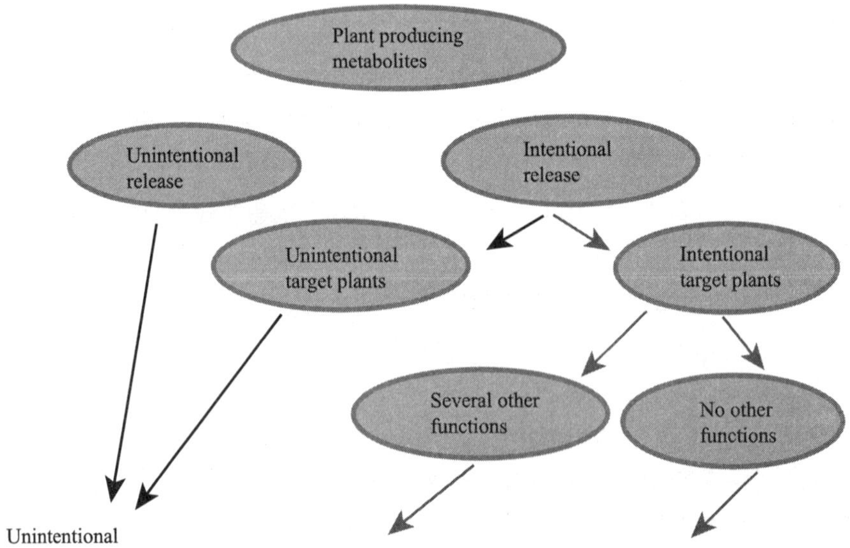

그림 1. 생태학적으로 다른 세 가지 범주의 타감작용

근할 수 있다. 모든 경우에서 표적 또는 공여식물 중 하나 또는 둘 다는 배출된 타감물질에 의해 야기된 선택적 압력에 적응해왔거나, 아마도 적응할 것이다.

비의도적 타감작용

비의도적 타감작용은 타감물질이 우연히 식물에 영향을 미쳤을 때 일어난다. 환경조건은 타감물질이 다량 배출되도록 하기 위해 변하며, 타감물질은 토양에 오랜 기간 동안 잔존하고, 느리게 분해되도록 한다[6]. 일련의 돌연변이들은 질적[예를 들어 시로미(*Empetrum nigrum* L.) 식물의 bibenzyl 골격에 메톡시 그룹의 첨가[52]]이나 양[예를 들어 평지씨(*Brassica napus* L.)의 isothiocyanates 양의 차이[16]]으로 변화시킨다. 그 결과, 타감물질은 다른 식물에 대해 효과적인 타감물질이 된다. 식물은 배출된 타감물질로 인해 원래의 환경과 다른 새로운 환경에서 생장하게 된다. 식물이 새로운 식물 군집[66]이나, 새로운 지역[12]에서 군집을 형성하면, 공여식물의 타감작용 관계는 변화된다. 토양 미생물들은 자생종 내에 분포할 때보다 효율성이 더 낮은 외래종으로부터 배출된 타감물질을 분해하고, 자생종 식생은 새로운 타감물질에 대해 내성력이 감소하게 된다. 비의도성 타감작용은 인간이 진화의 역사가 다른 농작물과 잡초를 도입한 농업 시스템에서 발생할 수 있다[66]. 만약 비의도성 타감작용이 공여식물의 적응도를 증가시킨다면, 이런 현상들은 반복적으로 일어나게 된다. 결국, 그 결과는 평행 또는 일차 타감작용이 될 것이다. 반대로, 만약 비의도적 표적종들이 어떤 이유로든지 다른 종이 배출한 타감물질에 의해 우발적으로 영향을 받는다면, 아마도 적응도는 감소될 것이다[27].

상추의 페트리접시 발아 실험은 잠재적인 화합물이 비의도적 타감작용을 일으키는지 알아보는 실험 설계의 고전적인 예시이다. 이 실험에서, 상추(*Lactuca sativa* L.) 종자들을 다른 비재배종으로부터 배출된 다른 농도의 식물화학물질이 있는 필터 종이 위에서 발아시켰다. 종자들의 발아는 규칙적으로 기록되었고, 유식물의 크기도 측정되었다. 그 결과 선택된 화합물은 특정 농도일 때 페트리접시 위에서 상추 발아와 유식물의 성장에 대한 타감작용의 가능성을 보여준 것으로 나타났다[32, 33].

타감작용은 자생종과 외래종과의 관계보다 공진화해 온 식물군집에서 효과가 더 은 것으로 라보노브의 공진화 가설에서 제시하고 있다[40, 60, 61]. 타감작용의 격렬한 효과는 의도적인 표적종보다 비의도적 타감작용에서 더 높거나 또는 토양 미생물의 도움을 받는 공여종과 표적종 간의 경쟁에서 표적종이 결국 이길 것이라고 라브노브 가설에서 제시하였다. 최근에 특정 식물군집에서 라브노브 가설을 반박하는 증거가 있거나 최소한 공여식물이 진화적으로 오랜 시간 동안 경쟁에서 성공했을 것이다 라고 제시하였다[40]. 이런 사실에도 불구하고, 외래 공여종 타감물질 배출패턴에 대해 새로운 지역에서 진화상의 안정적 전략을 확득하거나, 자생종과 미생물이 새로운 선택압에 적응하기 위해 많은 시간이 걸린다. 더불어 만약 외래종의 타감물질들이 종들의 원래 분포 지역 내에서 복합적인 방어 역할을 가졌다면, 외래종들이 새로운 구역에 들어왔을 때 그곳의 자생해충을 방지하였다면 타감작용 역할 이외의 중요성은 새로운 지역에서 감소된다.

병행적 타감작용

이 책의 앞 장들에서 잠재적으로 타감작용에 포함되는 여러 식물화학물질에 대해 설명했다. 설명된 화합물들은 종종 복합적인 역할을 하고, 많은 식물화학물질들의 중요한 다른 역할들은 여전히 밝혀지지 않았다. 예를 들어 식물의 페놀화합물 수준이 변하는 주요 원인이 무엇인지 아직 분명하지 않다. 과거에 페놀수준은 식물-초식동물간 상호작용에 의해 영향을 받았다고 생각해왔다. 그러나 페놀화합물은 광 손상으로부터 식물을 보호하고, 특정 식물 군집들에게 영양염 이용도에 영향을 줄 뿐만 아니라 잠재적인 타감물질의 주요 그룹 중에 하나이다[10, 17, 53, 54]. 저분자 유기산(LMWO)은 종종 식물의 영양염과 무기물 이용도와 특히 토양내의 철, 칼슘, 마그네슘의 용해도를 높여주고, 근권의 pH를 변화시킨다[34]. 시트르산이 많은 쌍자엽 식물 종은 뿌리로부터 배출되는 전형적인 저분자 유기산이고, 복합적인 방법으로 공여식물의 환경과 상호작용한다. 백색 루핀(*Lupinus albus* L.)의 뿌리는 인이 부족할 때 시트르산을 배출하는 것으로 알려져 있다[21]. 이 화합물은 몇 가지 저분자 유기산들의 혼합물 내에 아스파라거스(*Asparagus officinalis* L.)에 의한 식물 성장 억제와 관계가 있다[29]. 그럼에도 불구하고 시트르산의 타감효과가 공여종의 뿌리를 통한 화합물질의 생산과 배출을 바꿀 만큼 충분한지는 현재 알려져 있지 않다. 만약 그렇다면, 시트르산의 타감작용은 그 화합물의 다른 중요한 생태학적 기능과 병행할 것이다.

타감작용의 복합적 목적을 위한 식물의 2차 대사산물들의 배출에 대한 또 다른 예는, 아한대 또는 북반구의 식물 군집들 내에 있는 목본과 관목의 페놀화합물질이다[58]. 폴리페놀은 종종 식물 유체로부터 배출되는 질소를 조절한다. 그 현상은 비숍소나무(*Pinus muricata* D. Don)로부터 방출된 폴리페놀에서 처음 확립되었다[54]. 소나무 아래에서, 유기질 질소는 질소의 공급이 부족한 산성 환경에서 높은 농도로 존재하고, 무기질 형태는 영양분이 풍부한 환경에 고농도로 존재한다. 소나무의 근균은 효과적으로 용해된 유기 질소를 이용하도록 적응되어 있기 때문에, 이런 현상은 불모지 산성 토양에서 영양분 손실을 최소화하고 결국 세계적으로 탄닌이 풍부한 식물 군집들의 수렴 진화를 설명하는데 도움을 주었다[37, 44, 54]. 앞 장들에서 설명하였듯이, 탄닌과 다른 페놀화합물은 자연에서 발견되는 가장 많이 연구되어 온 잠재적인 타감물질 중 하나이다.

병행 타감작용을 설명할 때, 공여식물의 행동은 타감물질의 타감기능과 비타감기능을 절충한다는 것을 고려해야만 한다. 그러므로 표적식물의 존재하에 공여식물의 최적 반응은 항상 발견되지 않을 것이고, 표적식물들은 어느 정도 배출된 화합물에 대해 대처할 수 있을 것이다[66].

일차 타감작용

최근 증거들은 많은 식물의 2차 대사 산물들이 마치 복합적인 목적을 위해 진화해 온 다람쥐의 손과 같다고 강하게 제시하고 있다. 그럼에도 불구하고 일차 타감작용은 자연에서 발견된다. 단지 주로 다른 식물들에 영향을 미치기 위해 화합물이 생산되고 배출될 때 일차 타감작용이 일어난다(그림 1). 만약 화합물이 타감작용 이외의 다른 목적으로 사용되었다면, 이것은 식물 내에서 그리고 식물로부터 배출된 화합물의 농도, 양, 분배에 영향을 미치지 않는 2차적 역할인 것이다. 일차 타감작용은 갑작스런 돌연변이를 유발시키고, 화합물질의 다른 생태학적 역할의 중요성을 점차적으로 감소시키거나, 또는 단지 다른 식물들의 생장을 표적으로 하는 화학물질의 합성을 유도하는 선택압의 결과이다.

일차 타감작용은 기생식물들과 그들의 숙주간의 상호작용이 생태학적으로 중요하다[62]. 토양 - 뿌리 경계면을 통해서 식물독성이 영향을 준다는 일차 타감작용에 관련해 알려진 예는 없다. 그러나 북부의 시로미 [*Empetrum nigrum* ssp. *hermaphroditum* (Hagerup) Bocher]가 가지고 있는 bibenzyl batatasin-III는 일차적으로 타감물질로 작용을 한다. 첫째, 이 물질은 잎 표면의 특정 선에 축적된다. 만약 그 화합물의 일차적 기능이 햇빛과 저온으로부터의 보호하는 것이라면, 그 물질은 특정 선에 축적되는 대신에 균일하게 잎에 퍼져 있을 것이다. 둘째, 이들 선에서 물과 함께 누출된다. 만약 일차 기능이 초식동물로부터 방어라면, 자연선택은 활발한 성장이 일어나는 동안 batatasin-III 농도가 빠르게 감소하는 개체를 선호해야만 한다[51]. 시로미가 오래된 줄기 조직에 다른 독성 화합물을 고농도로 축적[46]시킬 수 있고 batatasin-III 농도가 녹색 잎에서 가장 높기 때문에, batatasin-III의 과잉생산을 설명하기 어려운 현상이다. 만약 영양분의 고정이 batatasin-III 생산의 주된 이유라면, 무기이온이 유출되는 위험이 높을 때 낮은 pKa 값을 갖는 화합물은 산성 조건에서 가장 높은 활성도를 갖기 때문에 자연선택은 batatasin-III가 pKa 10보다 더 낮은 값을 갖는 화합물의 배출을 선호하게 된다[36, 54, 78]. 더불어 시로미(*E.nigrum* ssp. *nigrum*)는 다른 물질을 생산하지만, 덜 유독한 비벤질 물질도 생산한다[52]. 북부의 아종과는 달리, 시로미(*E.nigrum* ssp. *nigrum*)는 북극의 삼림 지표 식생에서 우점하지 않는다[76]. 이러한 이유 때문에 batatasin-III은 일차적으로 타감물질의 후보 물질이다. 물론 이것은 시로미(*E. nigrum* ssp. *hermaphroditum*) 잎에서 배출된 다른 페놀화합물의 일차 기능이 타감작용이라는 것을 의미하지 않는다. 또한 토양 batatasin-III 수준은 그 선으로부터 배출된 다른 화합물질과 함께 상승작용 없이 식물 성장을 억제할 정도로 충분하다는 것을 의미하는 것도 아니다.

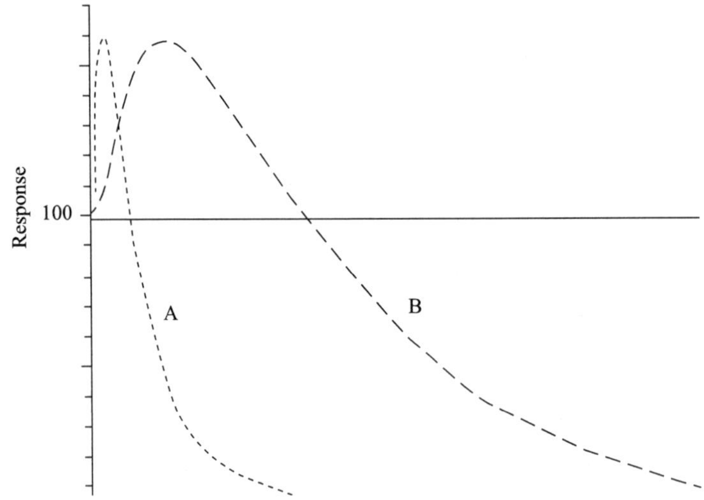

그림 2. 독성물질이 없는 상태에서 자란 동종의 두 개의 표적종이 다른 농도의 독성에 대한 반응. 만약 자연 상태에서 농도가 보통 낮다면, 종 A는 종 B보다 유리할 가능성이 높지만 반대로 높은 농도가 빈번하게 나타나면 상황은 반대가 됨

생태학적 관계와 진화

자연계에서 타감효과의 감소화

전형적으로, 독성물질에 대한 생물의 반응은 낮은 농도에서는 자극으로 나타나지만 (그림 2). 농도가 증가함에 따라 자극은 점차적으로 억제상태로 변화되며, 매우 높은 농도에서 생물은 죽을 수도 있다. 식물에 대한 타감물질의 영향은 보통 이런 패턴을 따른다[4, 13]. 어떤 경우에 자극은 낮은 농도에서도 관찰되지 않지만, 이론적으로 사용된 농도가 충분히 낮다면 그런 결과가 일어날 수 있다[4, 70].

화학적 간섭의 농도 의존성 때문에, 공여식물들은 변동하는 환경에 타감물질을 최적상태로 배출하려고 할 때 불가피한 문제에 직면한다. 미소환경의 내림 구배, 타감물질이 배출된 곳으로부터의 거리(그림 3), 표적식물들의 밀도는 하나의 표적식물에 의해 수용되는 농도를 급격하게 변하게 할 수 있다. 하나의 공여식물 주위에, 수용성 타감물질의 농도는 증가 기울기보다는 감소 기울기가 더 클 가능성이 있으며, 그것은 타감효과의 결과에 대해 전반적으로 영향을 주는 것이다[13]. 타감물질이 배출된 근원으로부터 가까워지면 성장이 억제되기도 하였지만[12, 31, 39, 79], 식물 성장 자극은 계속 관찰되어 왔다[74].

밀도 의존적인 타감작용의 방법론과 원리들은 5장에서 논의되었다. 이런 현상의 생태학적 결과들은 다양하고, 사용된 관점에 따라서 다르다. 타감작용 자극과 억제

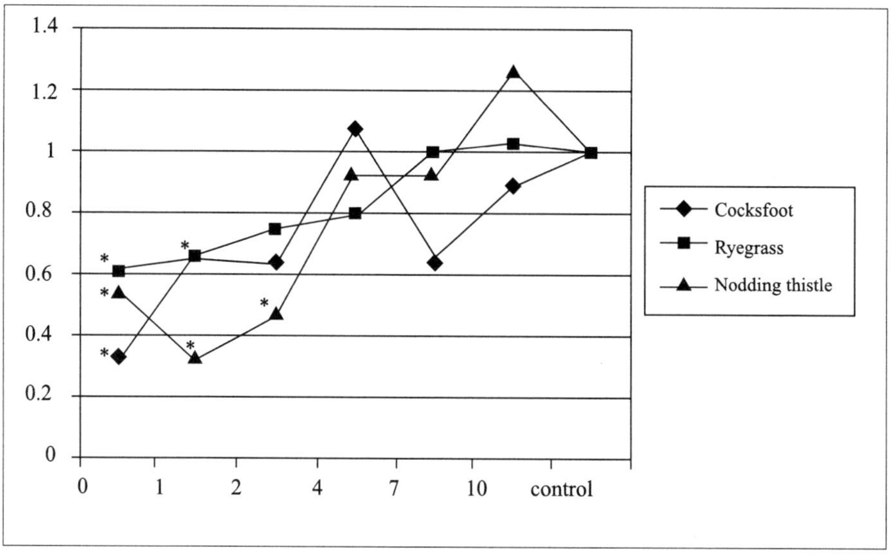

그림 3. 토양 중 궁노루엉겅퀴(*Carduus nutans* L.) 씨앗과의 거리에 따른 표적종의 상대적 발아(처리된 식물의 발아/통제된 식물의 발아). 대조군 식물은 궁노루엉겅퀴 없이 발아됨(*유의성 ($p<0.05$))[79]

사이의 균형은 표적식물의 밀도와 토양의 타감물질의 농도에 의존하기 때문에, 표적종들은 더 높은 타감물질 농도에 자극을 받는 방향으로 진화하려는 경향이 있다[70]. 그러나 이러한 경향으로 발생 가능한 비용은 낮은 농도와 높은 식물 밀도에서는 자극의 효과가 약하다. 그러므로 만약 식물 밀도가 영구적으로 높고, 타감물질의 농도가 낮다면, 표적종의 내성은 훨씬 감소된다(그림 2). 더불어 몇몇 종의 씨앗들은 자연 상태에서 서로 가까운 근처에서 발아하기 때문에, 민감한 표적종들은 높은 식물 밀도에서 대부분의 타감물질을 비활성화시키는 풍부한 이웃종과 그들의 무감각으로부터 이익을 얻게 될 것이다[75].

부패하고 있는 식물 물질의 타감효과 역시 밀도 의존적이다. 신선한 식물의 잔여물은 보통 잠재적인 타감물질을 포함하고, 공여종들은 심지어 자손의 생존을 보장하기 위해 자신의 잔여물의 독성 성질을 이용하도록 진화되어 왔다[82]. 미생물은 분해과정을 시작하고, 타감물질들은 죽은 식물 물질에서 배출되고, 나중에 강우에 의해 유출되거나 무생물적 상태에서 비활성적 화합물로 변화된다[5, 6]. 그 과정은 의도적이던 또는 비의도적으로 표적식물들의 성장을 계속 방해하지만, 몇몇 식물 종의 잔여물은 그 다음 식물들의 성장을 자극하기도 한다[5, 80]. 분해과정 초기에 짧은 자극 기간이 존재하고, 그 다음으로 잔유물 분해과정의 마지막에는 자극을 다시 점차 변화시키는 더 긴 방해 기간이 있다[5]. 그러나 밀도에 의존하는 표적식물들은 방해반응이 일어나지 않게 하기 위해 타감물질을 공유한다(그림 4).

표적식물 선택

모든 표적식물들은 단지 하나의 공여종으로부터 배출된 타감물질의 영향 하에서 성장할 수 있도록 비슷한 방향으로 진화하지 않기 때문에, 공여종들은 연속적이고 예상하지 못하는 환경 변동에서 가능한 한 효율적으로 식물성장에 부정적인 영향을 주기 위한 최적의 전략을 찾아야만 한다. 만약 진화안정적전략(ESS)이 단지 타감물질을 배출함으로써 이루진다면, 그것은 모든 풍부한 표적종들에 대한 최적 전략의 수단이지만, 공여종의 타감물질 배출에 표현형의 높은 가소성 수단 중에 하나가 된다. 다른 식물 종들은 다른 미소서식지를 이용하고[19, 44], 일부 식물들은 다른 식물 종보다 잠재적인 공여식물에 불리한 생장조건을 바꾸기 때문에[55], 고유 표적종은 공여식물 내에서 중요한 타감작용을 갖도록 한다. 결과적으로, 공여종들의 타감효과는 자연상태에서 공여종들의 적응도를 감소시키기 위해 높은 잠재력을 가지는 표적종들에 대해 가장 엄격하게 영향을 미칠 것으로 예상된다. 이것은 왜 단 하나의 공여종들이 어떤 종에게 치명적인 효과를 미치고, 다른 잠재적 표적종에 대해 약하거나 또는 타감효과를 주지 않는지를 설명해 준다[59, 82].

갑작스런 충격 대 지속적인 스트레스

식물들은 서로를 자극하나 그 반응은 예측불가능하다. 공여식물과 표적식물의 크기, 나이, 활력은 타감물질들의 배출량과 내성 정도를 결정한다. 복합적이고 동시다발적인 스트레스들은 식물의 반응을 변화시키고[28], 화학적 방해는 스트레스를 일으키는 다른 요소들과 상승작용을 한다. 종과 개체들 중에, 그리고 개체들 내에서 타감물질 배출 패턴의 실질적인 시, 공간적 변화가 있다(표 2).

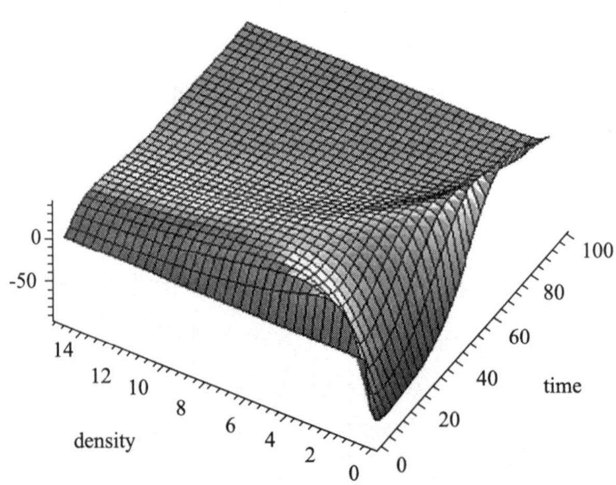

그림 4. 타감물질 잔여물의 분해시간, 표적식물 밀도, 표적식물의 무게간의 관계

표 2. 다른 종들에게 화합물들을 분비하는 공여종들의 타감작용에서 내재적, 외재적 변화의 예[28].

변화의 유형	참고문헌
개개의 공여식물들 내의 공간	Collantes et al. 1999[18]
개개의 공여식물들 내의 주행성	Ahman and Johansson 1994[1]
개개의 공여식물들로부터 공간	Zackrisson and Nilsson 1992[87]
개개의 공여식물들로부터 계절	Molina et al. 1991[45]
공여식물들로부터 비로 인해 유도된 방출	McPherson and Muller 1969[43]

이것 때문에 공여식물과 표적식물은 모두 같은 패치 환경에 살고 있다. 이런 자연적인 패치는 여러 가지 희석 메커니즘 또는 표적 선택의 중요성을 빼앗지 못한다. 그것은 단지 상호간 타감작용에 대한 평가를 더 복잡하게 만든다.

타감물질의 배출과 관계되는 변화는 몇 가지 이유를 선택할 수 있다. 첫째, 토양 미생물 군집들은 명백히 분해를 증가시키는 타감물질들의 만성 농도에 순화되고 적응할 수 있는 것처럼 보인다[9, 65, 72]. 둘째, 만약 독성 화합물질들이 계속적으로 또는 반복적으로 환경에 높은 농도로 존재하고 있다면, 식물해충제 연구로부터의 증거는 표적종들이 빠르게 높은 저항성을 가지는 것으로 진화한다고 말할 수 있다[27]. 만약 독성 물질이 덜 빈번하게, 다양한 농도로 배출된다면, 인공적인 식물독성에 대해 저항성의 진화는 지연되거나 일어나지 않는다[27]. 이런 전략은 독성물질을 생산하는 데 드는 비용을 최소화한다. 셋째, 다양하고, 동시다발적으로 영향을 미치는 독성물질들은 저항 유전자형의 확산을 지연시킬 수 있다[26]. 만약 질적, 양적으로 교대로 생기는 타감물질의 혼합물이 불규칙적으로 존재한다면, 타감물질에 대한 순응과 적응은 지연될지도 모른다. 그러므로 생물은 타감물질 배출에 따른 지속적인 스트레스를 주는 전략 대신에, 갑작스런 충격을 주는 전략을 선호하게 된다.

이해의 충돌

An 등[7]은 들묵새(*Vulpia myuros* L. C. C. Gmelin)의 잔유물 형태로 알려진 모든 타감물질의 생물학적 활성에 대해 연구했다. 대부분의 화합물들은 낮거나 중간정도의 농도에서 생물학적 활성을 가지고 있으며, 이들 화합물들은 들묵새의 대부분 식물독성의 원인이 되는 반면에, 높은 생물학적 활성을 갖는 화합물들은 소수이며 단지 낮은 농도로만 존재한다[7]. 그들은 만약 타감물질들이 잔여물에서 발견된 비율로 사용된다면, 표적종들에 대한 성장 저해는 같은 타감물질이 같은 비율로 사용되는 것보다 더 높을 것이다. 그래서 적어도 어떤 공여종들은 '최적의 칵테일'의 타감물질을 배출할 수 있을 것이다. 이것은 최고의 입력-출력 관계를 제공하고 가능한 가장 높은 저해작용을 야기할 수 있다. 더불어 자연선택은 토양에서 풍부하지 않은 화합물들에 대한 것 보다 풍부한 토양 식물화학물질에 대해 저항하기 위해 더욱 빠르게 작용한다.

타감물질을 생산하기 위해 자원을 분배하것과 같이, 종종 생장과 식물 방어 사이에 균형이 이루어 진다[28]. 다른 경우에는 이와 같은 균형은 존재하지 않을 수도 있다. 그리고 타감물질 생산의 증가는 식물의 경쟁능력을 개선시킨다[69]. 이 모든 경우에서, 공여종들은 배출을 최대화함으로써 그들의 타감작용을 최적화할 수 없을 것이다.

대신에 진화안정적전략(ESS)을 획득하기 위해, 공여종들은 타감작용 효과를 만드는 것으로 인한 이익과 비용간의 차이를 최대화해야만 한다. 표적식물들은 명백히, 그 반대를 목표로 한다. 타감효과에 저항하는 것에 대한 이익과 희생비용간의 차이를 최대화해야 한다. 사실 진화안정적전략(ESS)을 갖기 위해, 저항의 이익은 어떤 표적종들의 희생비용보다 높아야 한다.

결론

고의로 다른 식물들을 해치는 화합물을 배출하는 능력이 얼마나 식물에게 이익이 되는가는 쉽게 상상할 수 있다. 식물은 자신의 생장 제한을 하지 않도록 다른 식물들의 생육을 저해하거나 심지어 죽일 수도 있다[82]. 식물은 제한된 자원들을 효율적으로 소비할 수 없도록 다른 식물들의 성장을 막을 수 있다[85]. 식물은 다른 식물들에게 경고를 할 수 있고, 그들이 다른 곳에서 성장하도록 유도할 수도 있다[39]. 한 가지 목적을 위한 2차대사 산물의 생산은 다른 곳의 자원분배를 감소시키기 때문에, 만약 일시적이고 공간적으로 타감물질의 배출을 집중시킬 수 있다면 훨씬 더 식물에게 이익이 된다. 저해작용은 표적식물들이 가장 민감한 특별한 시기에 발생한다. 경쟁식물들이 효율적으로 영양분을 이용할 수 없도록 하기 위해서 저해작용은 영양염 분배에 전념할 수 있다. 그러나 최근, 대부분의 조사는 타감작용이 자연스러운 현상으로 존재하는지 아닌지를 고려하는데 집중되고 있다. 이것은 더 이상 중요한 것이 아니기 때문에, 생태학적으로 타감작용에 대한 현재의 연구방향은 식물에 영향을 주는 다른 진화적 과정과 비교하여 상호간 타감작용의 생태학적, 진화적으로 중요한 지를 결정하는 데 집중해야 한다. 그러므로 Muller[47]의 견해에 동의하는 것은 여전히 가치가 있다. 농학자와 원예학자들은 생태학자들보다 타감작용이 중요한 현상이라는 데 오랫동안 적극적으로 의견을 표시해 왔다. 이런 학자들 간의 견해 차이는 생태학자들이 타감효과에 대한 증거를 제시함으로써 감소하고 있다. 이런 발전의 주요 영향은 최근 강력하고 분석적인 화학 기술의 접근성을 뒷받침한다. 그래서 타감작용은 '생태학적 과정'이라 불리는 복잡한 형태를 이해하려는 어떠한 시도로 간주되는 자연스런 현상으로 보고 있다.

참고문헌

1) Ahman I, Johansson M (1994) Ann Appl Biol 124: 569-574
2) Alliotta G, Branca M (1996) *Contributions for the history of nutrition*, 19-39. La Cittá del Sole, Naples
3) Amarasekare P (2002) Proc R Soc Lond B 269: 2541-2550
4) An M, Johnson IR, Lovett JV (1993) J Chem Ecol 19: 2379-2388
5) An M, Johnson IR, Lovett JV (1996) Allelopathy J 3: 33-42
6) An M, Johnson IR, Lovett JV (2002) Plant Soil 246: 11-22
7) An M, Pratley JE, Haig T (2001) J Chem Ecol 2001, 27, 383-394
8) Bever J, Westover KM, Antonovics J (1998) Trend Ecol Evol 13: 407-408
9) Blum U (1996) J Nematol 28: 259-267
10) Blum U, Shafer SR, Lehman ME (1999) Crit Rev Plant Sci 18, 673-693
11) Brierley EDR, Wood M, Shaw PJA (2001) Plant Soil 229: 97-104
12) Callaway RM, Aschehoug ET (2000) Science 290: 521-523
13) Carballeira A, Carral E, Reigosa MJ (1988) J Chem Ecol 14: 1775-1786
14) Carral EV (2002) *Allelopathy from molecules to ecosystems*, 299-304.
15) Chiapusio G, Sanchez AM, Reigosa MJ, Gonzalez L, Pellissier F (1997) J Chem Ecol 23: 2445-2453
16) Choesin DN, Boerner REJ (1991) Am J Bot 78: 1083-1090
17) Close DC, McArthur C (2002) Oikos 99: 166-172
18) Collantes HG, Gianoli E, Niemeyer HM (1999) J Chem Ecol 25: 491-499
19) Crawley MJ (ed) (1997) *Plant Ecology*.
20) Czaran TL, Hoekstra RF, Pagie L (2002) Proc Nat Ac Sci 99: 786-790
21) Dinkelaker B, Romheld V, Marschner H (1989) Plant Cell Env 12: 285-292
22) Dubey B, Hussain J (2000) Ecol Model 129: 195-207
23) Einhellig FA (1996) Agron J 88: 886-893
24) Frey M, Chomet P, Glawischnig E, Stettner C, Grun S, Winklmair A, Eisenreich W, Bacher A, Meeley RB, Briggs SP, Simcox K, Gierl A (1997) Science 277: 696-699
25) Fuerst EP, Putnam AR (1983) J Chem Ecol 9: 937-943
26) Gardner SN (2002) J Theor Biol 214: 181-207
27) Gardner SN, Gressel J, Mangel M (1998) J Pest Man 44: 161-180
28) Hartley SE, Jones CG (1997) *Plant Ecology*, 284-325.
29) Hartung AC, Nair MG, Putnam AR (1990) J Chem Ecol 16: 1707-1718
30) Hodkinson ID, Webb NR, Coulson SJ (2002) J Ecol 90: 569-577
31) Huang Z, Liao L, Wang S, Cao G (2000) J Chem Ecol 26: 2211-2219
32) Inderjit, Dakshini KMM (1995) Bot Rev 61: 28-44
33) Inderjit, Weston LA (2000) J Chem Ecol 20: 2111-2118
34) Jungk AO (1996) *Plant roots: the hidden half*, 529-556.
35) Koricheva J, Shevtsova A (2002) *Chemical ecology of plants: Allelopathy in aquatic and terrestrial ecosystems*, 219-244.
36) Lehman ME, Blum U (1999) J Chem Ecol 25: 2585-2600
37) Lipson D, Nasholm T (2001) Oecologia 128: 305-316

38) Logan DC, Stewart GR (1992) Seed Sci Rev 2: 179-190
39) Mahall BE, Callaway RM (1992) Ecology 73: 2145-2151
40) Mallik AU (2002) *Allelopathy from molecules to ecosystems*, 289-297.
41) Maynard Smith J (1972) *On evolution*. Edinburgh University Press, Edinburgh.
42) Maynard Smith J (1989) *Evolutionary Genetics*. Oxford University Press, Oxford.
43) McPherson JK, Muller CH (1969) Ecol Monogr 39: 177-198
44) Miller AE, Bowman WD (2003) Plant Soil 250: 283-292
45) Molina A, Reigosa MJ, Carballeira A (1991) J Chem Ecol 17: 147-160
46) Monni S, Salemaa M, Millar N (2000) Environm Pollut 109: 221-229
47) Muller CH (1969) Vegetatio 18: 348-357
48) Muller CH, del Moral R (1966) Bull Torrey Bot Club 93: 130-137
49) Niemeyer HM (1988) Phytochemistry 27: 3349-3358
50) Nilsson M-C (1994) Oecologia 98: 1-7
51) Nilsson M-C, Gallet C, Wallstedt A (1998) Oikos 81: 6-16
52) Nilsson M-C, Zackrisson O, Sterner O, Wallstedt A (2000) Oecologia 123: 122-128
53) Nitao JK, Zangerl AR, Berenbaum MR (2002) Oikos 98: 540-546
54) Northup RR, Yu Z, Dahlgren RA, Vogt KA (1995) Nature 377: 227-229
55) Ohlson M, Halvorsen Økland R, Nordbakken J-F, Dahlberg B (2001) Oikos 94: 425-432
56) Pellissier F (1995) *Allelopathy: Field Observations and Methodology*, 65-79.
57) Pellissier F (1998) Trend Ecology Evol 13: 407
58) Pellissier F, Souto XC (1999) Crit Rev Plant Sci 18: 637-652
59) Quested HM, Press MC, Callaghan TV (2003) Oecologia 135: 606-614
60) Rabotnov TA (1974) Iso Akad Nauk SSR Ser Biol 6: 811-820
61) Reigosa MJ, Pedrol N, Sanchez-Moreiras AM, Gonzalez L (2002) *Allelopathy from molecules to ecosystems*, 231-256.
62) Rice EL (1984) *Allelopathy*, 2e.
63) Ridenour WM, Callaway RM (2001) Oecologia 126: 444-450
64) Romeo JT (2000) J Chem Ecol 26: 2011-2014
65) Schimdt SK, Lipson DA, Raab TK (2000) J Chem Ecol 26: 2049-2057
66) Schulz M, Wieland I (1999) Chemoecology 9: 133-141
67) Seigler DS (1996) Agron J 88: 876-885
68) Seigler D, Price PW (1976) Am Nat 110: 101–05
69) Siemens DH, Garner SH, Mitchell-Olds T, Callaway RM (2002) Ecology 83: 505-517
70) Sinkkonen A (2001) J Chem Ecol 27: 1513-1523
71) Sinkkonen A (2003) Plant Soil 250: 315-322
72) Staman K, Blum U, Louws F, Robertson D (2001) J Chem Ecol 27: 807-829
73) Sunderland N (1960) *The Biology of Weeds*, 83-93.
74) Søgaard B, Doll H (1992) Can J Bot 70: 1916-1919
75) Thijs H, Shann JR, Weidenhamer JD (1994) Ecology 75: 1959-1964
76) Tybirk K, Nilsson M-C, Michelsen A, Kristensen HL, Shevtsova A, Strandberg MT, Johansson M, Knud EN, Riis-Nielsen T, Strandberg B, Johnsen I (2000) Ambio 29: 90-97
77) Waisel, Y, Eshel A, Kafkafi U (eds) (1996) *Plant roots: the hidden half.*
78) Wallstedt A, Dubé SL, Nilsson MC (2002) *Allelopathy from molecules to ecosystems*, 45-58.
79) Wardle DA, Ahmed M, Nicholson KS (1991a) N Z J Agric Res 34: 185-191

80) Wardle DA, Nicholson KS, Ahmed M (1991b) 44th N Z Weed and Pest Control Conf, Vol. 1, 284-287

81) Wardle DA, Lavelle P (1997) *Driven by nature: Plant litter quality and decomposition*, 107-124. CAB International

82) Wardle DA, Nilsson M-C, Gallet C, Zackrisson O (1998) Biol Rev 73: 305-319

83) Watkinson AR (1998) Trend Ecol Evol 13: 407

84) Weidenhamer JD (1996) Agron J 88: 866-875

85) Weih M, Karlsson PS (1999) J Ecol 87: 211-219

86) Williamson GB, Weidenhamer JD (1990) J Chem Ecol 16: 1739-1742

87) Zackrisson O, Nilsson M-C (1992) Can J For Res 22: 1310-1319

17

CHAPTER

침입종에 대한 식물의 저항 및 감수성

서론

생태학에서 가장 이상한 현상 중 하나이지만 가장 흥미로운 현상은 사람에 의해 새로운 생태계가 도입될 때 몇몇 종에 대한 실험이 무척 많아지는 것이다[33]. 새로운 생태계에 도입된 대부분의 종이 큰 문제없이 자생종과 비슷하게 정착하지만 일부 종은 생태 교란종이 되어 자생종보다 훨씬 많이 번식하여 우점종이 된다. 위의 현상과 비슷하게 흥미로운 현상으로 새로운 종이 도입되었을 때 토착 생태계가 붕괴되는 현상이 있다[15, 34]. 종 다양성은 실제 단일 재배지의 생태계로 바뀔 수 있다[6, 7, 38, 42]. 침입종의 성공과 자생종의 파괴와 같은 극단적인 특징은 이상하면서 매우 강력한 생태적 과정이며 메커니즘이 작동 중임을 보여주는 것이다. 이번 단원의 목표는 정착지에서 적은 비율의 생태 구성종이 정착지로부터 떠나 경쟁적인 기형체가 된 외래 침입종이 어떻게 인상적인 변화를 일으키고, 이와 같은 변형이 어떻게 고유 식물군집을 파괴하는가에 대한 메커니즘을 면밀히 살펴보는 것이다[64].

정상적인 생명체로부터 침입종으로 기형적 전환이 이루어진 식물종의 목록은 주목할만 하다. 예를 들어, *Heracleum mantegazzianum*은 북아메리카에서 큰돼지풀(giant hogweed)이라고 불리는데 이 종은 러시아 남부 흑해에 위치하는 조지아(Republic of Georgia)의 Caucasus 산에 작고 멀리 떨어진 한정된 지역에 있는 자생종이다[31](Z. Kikvidze, pers. com.). 6 m 높이에 50 cm 꽃이 피기 때문에 정원용으로 도입되었던 종이 현재 유럽 대륙과 영국에서 큰 문제를 야기하고 있으며, 밀도 높은 단일 생태계를 이루고 있는 북미에서 유해한 잡초로 등록되어 있다. 캘리포니아의 황무지에 대부분의 침입종 중 하나인 도깨비부채류(*Centaurea solstitialis*)는[16, 28, 52] 불연속적으로 나타나며 터키 자생종에 대해 높은 방해종이다(Eren and Hierro, pers. obs.). 침입 지역에서 도깨비부채류(*C. solstitialis*)는 자생종에 대해 상당한 경쟁력을

Ragan M. Callaway and José L. Hierro

Division of Biological Sciences, The University of Montana, Missoula, Montana, 59812, USA

갖고 있으며 자생종보다 훨씬 높은 밀도로 자란다[17]. 양골담초(*Cytisus scoparius*)는 중부와 서부 유럽에서 토착하는 희귀 잡초이지만 뉴질랜드, 호주 그리고 미국에 도입되면서 해당 국가의 초원과 숲의 주요한 침입종으로서 생물학적 방제 프로그램의 목표종이 되었다[40, 48]. 이와 유사하게, 얼룩에키움(*Echium plantagineum*)은 지중해 지역에서 종종 자생종 잡초이지만, 1800년대 정원용으로 호주에 도입된 후에 농경지 등의 넓은 지역으로 확산되었고 우점을 하게 되었으며, 호주에서 최악의 잡초가 되었다[26]. 큰돼지풀(giant hogweed)과 비슷한 어원을 갖는 종인 남미의 희귀한 콩과 식물인 미모사(*Mimosa pigra*)는 인간에 의해 도입된 후 많은 열대 지방으로 확산되었다. 미모사는 특히 열대 호주에서 같은 묘목으로 구성된 하층 식생만을 가지는 밀도 높은 단일 생태계를 구성하였다[6, 43].

많은 외래종들이 자생 군집 내에 침입하여 확실한 군집 형성에 성공한 일차적 가설은 다음과 같다: 1) '천적설'(natural enemies hypothesis) – 기존의 개체군 생장을 조절하던 소비자로부터 탈피하는 것이다[13, 19, 66], 2) 자생종들이 이용하지 못하는 '틈새공간'의 장점을 얻는 침입종[17, 34, 54], 3) 인간과 함께 더 오래 된 역사를 갖게 되면서 침입종은 자생종보다 더 효율적으로 방해에 대한 유리함을 가지게 되거나 이익을 위해 방해되는 것[14, 34, 57], 4) 새로운 환경에 대해 빠른 자연선택을 거치며 공격적인 성향을 갖게 된다[5, 22, 34]. 하지만 많은 성공적인 침입종들이 위의 가설을 지지해주는 과정을 항상 거쳐 온 것은 아니다. 많은 성공적인 외래 침입종이 혼돈을 주는 행동은 군집의 하향식에 대한 상향식 조절의 상대적 중요성, 지위의 특성, 현지 적응의 중요성, 그리고 식물군집의 개체론적 특성에 대한 전체론적 특성을 포함한 기초적인 생태학적 이론을 조사하는데 대한 비평형적 기회를 제공하는 것이다. 이번 단원은 후자의 쟁점과 많은 외래종의 특유한 행동이 기존의 식물군집에 대한 개념적인 패러다임에 도전하는 것에 중점을 두고 있다.

군집의 개체주의적 패러다임과 침입종의 변형

대부분의 군집생태학자들은 군집들이 특정 일부 비생물적인 환경에 대한 생리적으로 적응한 확률적으로 분산된 종들 중에 자원 경쟁에 의해 기본적으로 조직된 것이며, 시간이 흐르면서 다른 영양 단계의 종들에게 소비된다라는 일반적인 관점을 갖고 있다[32]. Henry Gleason의 이론은[23] 다양한 곳에서 언급되었다:

> "앞서 언급된 요소들을 통해 얻을 수 있는 유일한 결론은 어떤 지역의 식생은 단지 2가지 요소에 의해 결정 된 것인데, 식물의 변동과 우연한 이주 그리고 그와 동일한 환

경의 변동과 가변 환경요인이다"... "연계는 생물체도 아니고 식생단위도 아니며, 단지 우연이다".

이 인용문은 군집 특성의 다양한 위치 중에 하나의 극단적인 입장이지만 최근의 개체적 개념을 이해하려는 일반적인 시도와도 맞닿아 있다.

> "Gleason이 개척한(Clements에 대한) 대안적 관점은 경쟁적 상호작용에 의해 강요되는 것으로서 각 식물의 생리적 요구에 따라 분포된 각 종과 다른 종들로 구성된 식물 개체의 집합을 식생으로 이해하는 것이다"[44].

이러한 강력한 개체주의적 전망이 시도되고 있으며[8, 32], 전체 또는 개체주의자도 아닌 많은 생태학자들을 위한 개념적 관점들은 최근 식물군집의 현대의 통합적이고 경험적 이해와도 일치하고 있다[8, 29, 32]. 이 단원에서 개체주의적 인식 체계에 대한 강조점은 개체주의적 이론이 자원 경쟁 연구에서 뚜렷한 발전을 위한 개념적 플랫폼을 제공하였다는 논리 전체를 부정하려고 준비하는 것이 아니라, 일부 도입 종의 변형과 같은 생태적 현상을 탐사하여 가설의 범위를 제한하는 정도에 대해 생태학자들의 생각을 우리가 이해하도록 돕는 이론을 제안하고자 하는 것이다. 우리가 개체주의적 안대를 쓸 수 있다는 가능성을 인식하는 것은 식물 침입을 연구하고, 군집에 대한 개념적인 패러다임을 수정하도록 제안하는 새로운 장을 여는 것이다[32]. 만약 식물군집이 실제 개체주의적이었다면 외래 침입자들이 변형시키는 방법들은 역시 개체주의적이어야 할 것이며, 그리고 자연 군집 내에 공존하는 식물 중에 공진화와 독특한 상호작용을 포함하지 않을 것이다.

다시 말해 군집이 개체주의적이라면 분산의 법칙, 자원에 대한 경쟁, 소비자의 상호작용, 그리고 생리학적 적응은 침입종의 변형과 피침된 군집의 붕괴를 반드시 설명해야 한다. 한편으로는 긴 시간 동안 군집 내에서 식물 사이의 상호작용은 항상성의 방향으로 자연선택을 유도하나 새로운 식물의 도입은 이러한 항상성을 교란시킬 것이며, 그 때부터 군집들은 충분히 개체주의적이지 않다.

천적설은 개체주의적인 패러다임과는 대립하지 않는다. 침입식물의 비정상적인 성공을 설명하는 가장 보편적인 설명에선 가장 동떨어진 가설이지만, 천적 가설이 외래 식물 침입을 대부분 혹은 모두 설명해주는 가설임을 의심해볼 여러 이유가 있다. 생물적 조절을 이용한 목표 식물의 일반적인 조절의 실패는 지금까지 가장 빈번한 결과이고[33, 49], 일부 침입자의 낙엽과 손상에 대한 강한 보상작용이며[11, 45, 58], 지속적이고 강력한 하향적 조절에 대한 증거의 부족은 천적 가설이 높은 비율의 침입적 변형을 명확하게 설명하지 못하였다. 결과적으로 개체주의에 대한 일관성은 큰 설득력을 얻지 못한다.

공지위 가설(empty niche hypothesis) 역시 식물군집에 대한 개체주의적 패러다임과 충돌하지 않는다. 일부 침입자가 공지위로부터 이익을 얻는 것은 자명하며 그 연장선으로 그들이 어떻게 수용군집(recipient community)에서 우점을 하게 되었는지를 설명해준다[17, 18]. 하지만 이것은 어떻게 가장 위험한 침입자가 다른 종의 지위를 적절하게 조절하는 지는 설명해 주지 못한다. 일부 식물이 침입한 후에 경쟁적으로 새로운 이웃들을 밀어내고, 단일 재배 환경을 조성하고 오랫동안 유지하도록 어떻게 변형시키는가가 중요한 의문점이다. 따라서 개체주의적인 이론과 적절하게 일치하는 가설은 변형에 대한 명확한 설명을 제공하지는 못한다.

인간의 영향으로 더 잘 적응하는 종이 인위적으로 교란된 서식처를 점령하는 것은 개체주의적 패러다임과 상충하지 않으며 대부분의 외래 침입자는 이러한 교란으로부터 엄청난 혜택을 누린다. 더 나아가 많은 수의 같은 외래종들은 원래의 고유생태계에서 만들었던 교란에 반응하지 않으며 근래 계승종에 의해 대체된 교란-적응 자생종과는 완전히 다르다. 교란 이후 많은 외래 침입자들은 안정적이고 반영구적인 단일 재배지를 만들어낸다.

새로운 지역에서 종의 불균형적인 성공에 대한 최근의 가설은 일부 종이 실제로 특별한 유전적 독립체를 이루며 새로운 환경에 대한 노후 유전자형의 노출 또는 이전에 유래된 유전자형과의 혼합에 의해 생성된다는 것이다. 매우 흥미롭고 확실하게 일어나는 우점 생물의 빠른 진화는 지역적 적응이 중요하지 않을 수 있음을 제시하고 있다[22, 27, 71]. 생태학자들은 생물종이 그들이 출현한 환경에 적응하기 위해 어떻게 진화해왔는지를 이해하기 위해 지난 백 년이상 노력해 왔다는 것을 고려했고, 따라서 빠른 진화에 의한 변형은 침입 성공에 대한 일반적인 현상으로 받아들여지기 어려웠다. 더 나아가 새롭게 진화된 유전자형은 고유종보다 온전한 군집에 대해 불균형이며, 일관되게 더 와해적이다라는 가설은 개체주의적 이론과는 충분히 일치하지 않는다. 만약 새로운 유전자형이 지역적으로 적응한 자생군집을 제거할 수 있는 독특한 능력이 있다면, 이 종과 함께 오랜 시간 동안 살아온 종은 어떤 특별한 무엇인가 있다고 제시하였다.

신무기 가설

어떤 종이 새로운 생태계를 침범할 때 상호 배타적인 것이 아닌 종의 변화에 대한 가설인 '신무기' 가설에 대한 가능성을 제시하고 논의하고자 한다[1, 10]. 특히 우리는 일부 침입식물이 자연 식물군집에 대해 일차적으로 화학적 영향을 주는 새로운 상호작용 기작을 이용하기 때문에 성공할 수 있다고 하였다. 이와 같은 가설을 고려하기에는 몇 가지 중요한 장애물이 있다. 첫째, 오히려 중요하지만, 실증적 증거가 없으며, 둘째, 위에서 언급된 것과 같이, 식물군집은 개체주의적이라고 생각되는데, 그것은 특별한 물리적 환경에 유사한 적응을 한 식물 종으로 구성되어 있기 때문이다. 신무기 가설은 자연 식물군집이 유대가 긴밀하고 아마도 공진화 했을 수 있는 독립체라는 것을 제기하기에 위의 가설과 상충된다.

신무기 가설에 대한 세 번째 논쟁은 실제 효과가 있으며 식물 종들 중에 급진적으로 다양하게 될 수 있는 신무기는 타감작용과, 자원-유도 상호작용에 유리한 식물군집 이론에 대한 신중한 생각이 묵살되고 있는 저속한 역사와의 상호작용을 형성하는 것이다[9].

신무기 가설은 어두운 역사를 가지고 있다. 모스크바 주립 대학의 생태학자 T.A. Rabotnov[51]는 확실히 비-개인주인적인 '타감작용 연구에 대한 진화학적 접근'을 제안하였다. 그는 식물이 주변 다른 식물의 뿌리에서 분비되거나 잎에서 씻겨 나온 화학물질에 반응하여 진화할 수 있음을 다음과 같이 주장하였다.

> "부생영양생물을 포함한 생물 군집의 다른 구성원의 필수적인 분비물에 대한 식물 종의 저항은 다른 식물의 분비물로부터의 유해 작용을 막기 위한 습득으로부터 생성되었거나 토양 부생영양생물과 분비영양생물(근권)에 의한 독성 물질의 해독으로부터 생성되었다."

비록 타감작용의 중요성은 독단적인 관점으로 생성되거나, 사실적인 실험적 증거가 없는 것에 기반하지만, Rabotnov는 식물군집(그와 관련된 미생물) 자체는 침입에 대한 몇 가지 답을 가지고 있다는 도발적인 아이디어를 제시하였다.

증거보다도 더 확신하는 Rabotnov는 '타감작용으로 중화 또는 타감작용으로 항상성적인' 생물 시스템이 오랜 진화기간을 통해 형성되는데 이러한 타감상호작용은 군집의 구성에 아무런 영향이 없을 정도로 전혀 중요하지 않다라고 주장하였다. 즉 식물과 미생물은 제초제와 같은 새로운 화학물질에 빠르게 적응하는 것과 같이 이웃 생물로부터 생성된 화학물질에 반응하므로 타감작용은 대부분의 자연 군집에 대해 매우 중요한 것이다. 항상성에 방해를 받는다는 반론에 대한 Rabotnov의 '이론적인' 결론은 상호작용이 진화의 역사 없이 종들 중에서 생긴다는 것이다. Rabotnov에 의하면 타감작용의 분비물에 적응하는 것은 군집 항상성에 기초하고 있으며 타감작용의 분비물에 적응하지 못하는 것은 이와 같은 항상성을 잃었기 때문이다. 일부 외래 침입식물은 고유생물이 결코 경험해 보지 못한 유해 화학물질을 생산하고 배출함으로써 고유식물군집을 대체시키고 퍼져나가는 것이 가능한가?라는 질문을 던져 준다. 만약 가능하다면 생태학은 군집 이론의 대대적인 수정을 대비해야 하고 침입종의 관리를 위해 새롭게 접근해야 한다.

Rabotnov는 소수의 정량적 성과와 일부 입증된 관측자료도 없이 다음과 같은 주장을 하였다. 첫째로 그는 캘리포니아와 서유럽에 도입된 유칼립투스(*Eucalyptus*) 나무는 캘리포니아와 서유럽의 자생 초본종에 대해 강한 부정적인 효과를 나타내는 반면에, 호주와 타스마니아의 야생지에서 자생 초본종에 대해 타감작용을 나타내지 않았다라고 지적하였다. 그가 후자의 것을 어떻게 알았는지는 미스테리하다. 그는 비슷한 사례로 호두나무(Juglans)가 전 세계에 농작물로 도입되었을 때 타감작용의 영향을 미치는 것으로 유명하지만 키르기스탄과 우즈베키스탄 야생에서 호두나무 아래에서는 잘 발달된 초본 식피를 형성한 것을 들었다. 우리는 다시 Rabotnov의 언급을 돌이켜 보아야 한다.

Bartholomew[4)]에 의해 제시된 깨꽃(Salvia)를 포함하는 초기 타감작용에 대한 커다란 충격을 분명히 인지하지 못했으며[9)], *Salvia leucophylla*는 깨꽃과 진화학적 이력을 갖고 있지 않은 일년생 초본에 중요한 타감적 영향력을 갖고 있다라고 Rabotnov는 지적하였다. 마지막으로, 진화적 이력을 가지고 있지 않은 일년생 초본에 대한 고사리 *Pteridium aquilnum*의 영향은 군집 항상성을 발달시키기 위해 타감적 손상을 일으킨 증거가 있다라고 제시하였다.

Rabotnov의 주장은 실증적인 증거는 약하지만, 우리는 타감작용과 그들이 생산한 화학물질과 침입자들의 영향으로 생물지리적 영역의 변화 그리고 Rabotnov의 추측도 더 이상 이상하지 않다는 것을 알고 있다.

종합하면 식물은 이차대사물질이라고 알려진 종 특이적인 100,000 종류의 저 분자량을 갖는 자연 물질을 만들어 내며, 이들 중의 많은 물질이 종 특이성을 나타낸다[1, 3, 21)]. 이처럼 풍부한 다양성은 자원 획득, 초식, 미생물적 상호작용, 그리고 아마도 다른 식물과의 상호작용을 위한 선택압에 의한 것이다. 이들 화학 산물 중 일부는 타감작용의 영향에 대한 증거를 증가시키고 있다. 뿌리 추출물은 다른 종의 뿌리간, 그리고 식물 뿌리와 토양 생물 사이의 생물학적 및 물리적 상호작용을 시작하고 조절하게 될 것이다. 더 나아가 많은 연구들은 타감작용은 침입식물군집에서 우점을 차지하고 있는 특별한 외래종이 발휘하는 것이라고 하였다[28)]. 하지만 가장 중요한 것으로 자연군집 내에서는 이웃 식물에 대해 비교적 효과가 없지만, 침입 군집 내에서는 식물에 대해 높은 억제 효과가 있다는 것을 최근의 실험자료를 바탕으로 설명하였다.

'신무기' 가설에 대한 증거

침입식물과 다른 식물간의 상호작용으로 생물 지리학적 변동을 구명하기 위해 수레국화속(*Cantaurea*)과 마늘냉이(*Alliaria petiolata*, garlic mustard)의 두 종을 대상으로 답사한 적이 있다. 자생군집 내에서는 비교적 희귀한 반점뻐국채류(*C. maculosa*, spotted knapweed), 확산수레국화(*C. diffusa*, difusse knapweed), 노란별엉겅퀴(*C. solstitialis*, yellow starthistle), *C. meliensis*와 같은 수레국화속(*Centaurea*)의 종들과 밀접한 연관성을 갖고 있는 러시아 수레국화(*Acroptilon repens*, Russian knapweed)는 세계에서 가장 많이 퍼져 있고 파괴적인 초지의 침입자이다[25, 35, 56, 65]. 더 나아가 수레국화속(*Centaurea*)의 종들과 다른 종들간의 화학적 상호작용은 많이 알려져 있다. 가장 흥미로운 것은 밀접하게 연관된 그룹의 종들조차도 그들의 타감작용 효과를 만들어 내는 화학물질이 전혀 다른 경로를 통해 유도된다는 것이다. 예를 들자면 (−)-catechin은 희귀한 대사 산물로서 지금까지 목화의 껍질에서만 발견되었고 플라보노이드 경로를 통해 생성되었으며, *C. maculosa*에 대한 무기로 선택된 것으로 보인다[1) 2)]. 한편 *Centaurea diffusa*는 이전에 자연적인 대사 산물로 기록 되지 않은 복합물로써 8-hydroxyquinoline을 사용한다[63]. *A. repens*의 뿌리 분비물은 다른 종에 연관성이 없고 이전에 자연산물로서 알려진 바가 없는 식물생성독성물질인 7,8-benzoflavone(I-naphthoflavone)을 함유하고 있다[59]. 실험적 환경에서 흥미롭게도 이러한 화학 물질 중에 각각은 해당 물질을 만들지 않는 두 식물에 강력한 제해효과를 갖고 있지만, 해당 물질을 생성하는 종에게는 효과가 없다. 이것은 타감작용에 대한 가장 강한 비판에 대한 좋은 답이다. 즉, 타감식물은 자기 자신이 만든 화학 물질에 의해 저해효과를 받을 수 있다[67]. 자가-저항은 *C. maculosa* 대해 세포 수준에서 이해되는 것이다[1]. 전체를 고려할 때 이들 산물은 매우 다른 대사의 부산물이며 합성물의 매우 다른 영향은 신무기 가설에 넓게 펼쳐진 가능성을 제시한다.

수레국화(*Centaurea*)종의 타감작용 기작은 *C. maculosa*를 가장 잘 이해하게 하였으며 생태학적, 생리학적, 생화학적 신호 전달과 게놈 접근을 통합함으로써 설명되어진다[1]. 주요 요점은 다음과 같다:

- *C. maculosa* 뿌리는 광학이성성 복합물질(enantiomeric), (±)-catechin을 생성하며 화학적으로 (−)-form인 식물독성 특성을 가지고 있는 것으로 분명하게 기록되어 있다.
- (±)-catechin은 자연 토양에 다른 식물에게 영향을 주는 농도 이상 존재하며 오직 *C. maculosa* 식물과 연관이 있다.
- 온실실험에서 *C. maculosa*의 뿌리가 아메리카 자생 초본의 뿌리를 억제하는 효과와 정제된 인자를 첨가한 활성탄소는 이들 억제 효과를 개선시킨다는 것을 증명하였다[53].
- (−)-catechin의 농도는 *C. maculosa*가 점유한 유럽의 유사한 서식처보다 북아메리카의 토양 내에서 약 2배 높았다(그림 1).

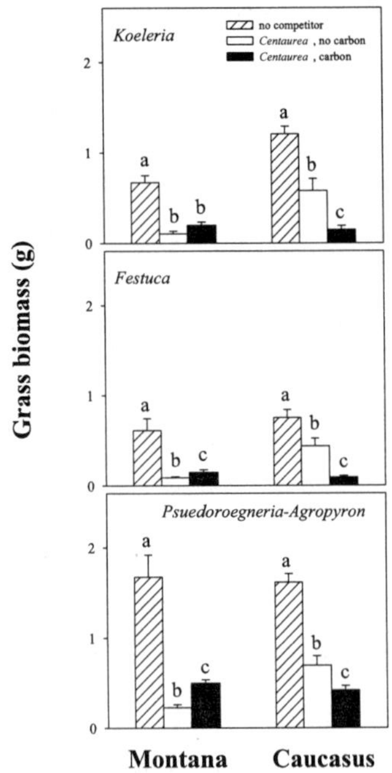

그림 1. 자연상태에서 수레국화(*Centaurea maculosa*) 뿌리근처와 본 식물의 토착지(유럽)와 *Centaurea maculosa*가 침입한 초지(북아메리카)에서 (−)-catechin 농도[1)]

- 실험을 통해 자연적인 타감물질 농도가 경작토양에서 자생종의 발아와 생장을 억제하는 것으로 나타났다.
- (−)-catechin은 표적식물의 뿌리에 분포하는 분열조직과 신장대 세포에 대해 세포 특이적 표적화를 나타내었다. 이것은 뿌리 중심주를 통해 역류하는 사세포의 케스케이드로 세포질에 농축되고, 활성산소(ROS)와 연관된 신호의 유도는 민감 식물의 뿌리 독성을 유도하고, 세포의 pH를 감소함으로써 유도되는 활성산소(ROS)를 개시하는 Ca^{2+}신호 케스케이드와 타감물질을 유도하는 유전체는 유전자 발현 패턴을 변화시키는 것으로 증명하였다.
- 유럽 초본류는 북미 대응 식물보다 (−)-catechin에 대해 발아와 성장에서 더 저항성을 보였다(그림 2).

비슷한 생물지리학적 패턴은 *Centaurea diffusa*의 영향에 밀접한 연관이 있음을 현실적인 환경에서 입증하였다. 위에서 언급한 것과 같이 *C. diffusa*는 (±)-catechin을 생성하지 않지만 뿌리 근처에 화학적 개요의 생물학적 정량 측정에서 8-hydroxyquinoline은 비슷한 타감적 공격성을 가지는 것으로 나타났다[63)]. 고도로 제어된 실내의 실험에서 *C. diffusa*를 제외한 모든 식물 종은 *C. diffusa*의 뿌

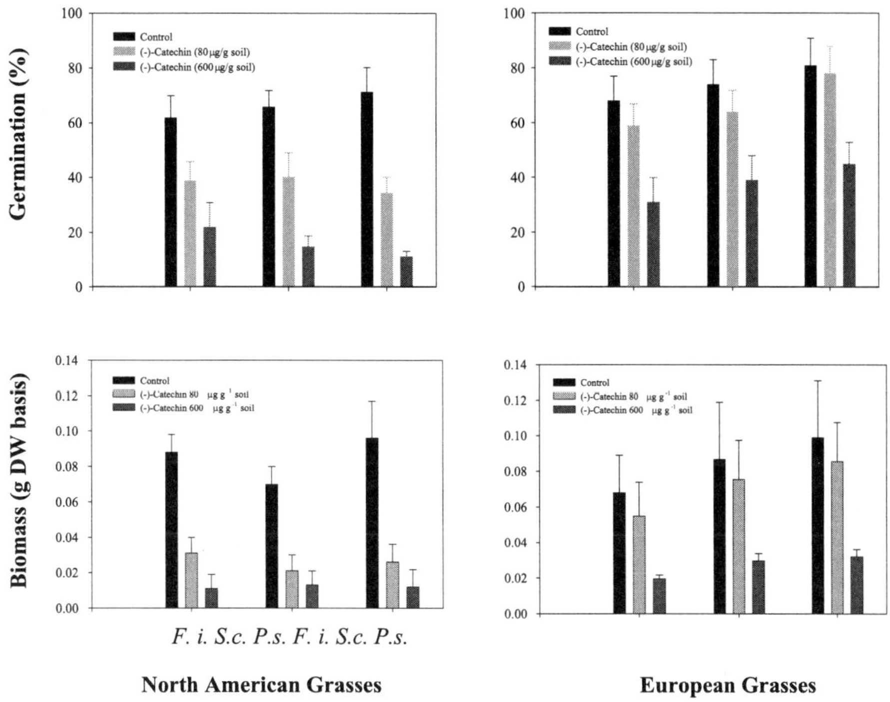

그림 2. 북아메리카와 유럽 초본의 총생물량과 발아에 대한 다른 농도의 (−)-catechin의 효과[1])

리 분비물에 노출 되었을 때 100%의 사망률을 보였다. *C. diffusa*의 분비물에서 식물 독성을 보인 것은 8-hydroxyquinoline 뿐이었다. 8-Hydroxyquinoline은 금속 킬레이트 특성을 갖고 있으며 제균제(fungistat)와 소독제로 잘 알려져 있다[41]). 하지만 8-hydroxyquinoline은 이전에 자연 물질로 알려진 바가 없었다.

*C. diffusa*의 뿌리 분비물은 잡초가 침입한 군집보다 자생종인 군집의 식물 종에 대해 더 큰 영향을 미쳤다. Rabotnov에 의해 20년 전에 제안되었던 것을 전혀 고려하지 않은 두 명의 북미 연구자 Callaway와 Aschehoug[10])는 Rabotnov의 추측과 매우 비슷한 실험결과를 얻었다. 그들은 북아메리카에서 3종류의 다발풀에 대한 *C. diffusa*의 효과와 유라시아에서 *C. diffusa*와 공존하는 3종류의 다발풀에 대한 *C. diffusa*의 억제 효과를 비교하였다. 북아메리카에 서식하는 3종류 각각에 대해 비슷한 크기와 형태의 유라시아산을 대응종(유사 종류)으로 하였다. *C. diffusa*는 유라시아의 종보다 북미종에 훨씬 더 강력하게 부정적인 영향을 미쳤다. 상대적으로 모든 북아메리카의 초본 종 중에 어느 종도(혹은 채집한 모든 종은) *C. diffusa*의 생물량에 경쟁적 영향을 나타내지는 않았지만, 채집되어 분석된 *K. laerssenii*를 포함한 모든 유라시아 종은 *C. diffusa*의 생물량을 감소시켰다. *C. diffusa*는 유라시아 초본에

의해 ^{32}P 획득량에 영향을 미치지 않았지만, 북아메리카의 모든 종의 ^{32}P 흡수량을 크게 감소시켰다. 마찬가지로 북아메리카의 식물은 *C. diffusa*의 ^{32}P 흡수에 영향을 주지 못했지만, 모든 유라시아 종은 *C. diffusa*의 ^{32}P 흡수를 강력히 저해하였다.

더 중요한 것은, 활성탄소가 생물지리적으로 다른 *C. diffusa*와 초본 종간의 상호작용에 뚜렷한 다른 영향을 미쳤다(그림 3). *C. diffusa*와 함께 생장하는 북아메리카 산 종은 탄소에 대해 긍정적 효과를 나타내었다. 반면에 유라시아 식물이 *C. diffusa*와 함께 성장할 때 활성탄소가 존재하면 생물량은 급격하게 줄어들었다. 마찬가지로 *C. diffusa*가 북아메리카 초본과 함께 생장할 때 활성탄소의 공급은 불리하게 작용했고(수레국화(*Centaurea*)의 생물량 감소됨), 유라시아 풀과 함께 생장할 때는 이점으로 작용하였다(수레국화속(*Centaurea*)의 생물량 증가). *C. diffusa*와 함께 생장하는 유라시아 초본에 의한 ^{32}P 흡수량은 활성탄소가 존재하면 감소하였다. 초본에 의해 흡수되는 ^{32}P에 대한 활성탄소의 영향은 *C. diffusa*의 ^{32}P 흡수에 대한 영향과 일치한다. 활성탄소는 유라시아 초본과 함께 생장하는 *C. diffusa*에 의한 흡수를 향

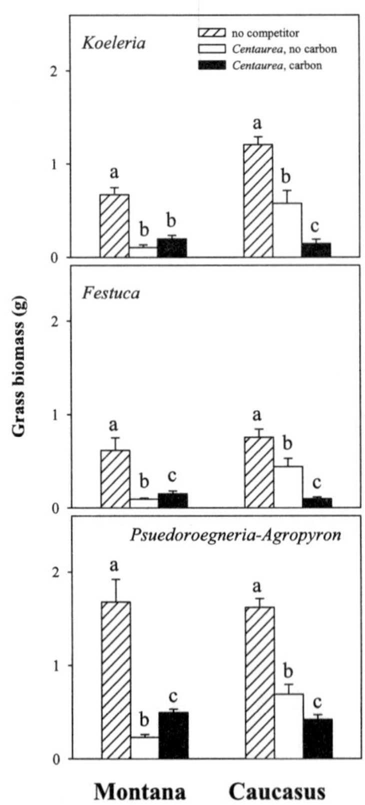

그림 3. 유라시아 산 초본과 북아메리카 산 초본의 단독생장과 *C. diffusa*와 공생시 총 생물량과 타감작용 영향개선을 위해 활성탄소 공급 여부에 따른 총생물량[10)]

상시키지만, 북아메리카 산 초본류가 존재하면 흡수량이 감소한다. 일반적으로 활성탄소의 개선효과는 타감작용의 증거이며[36, 37, 55] 원산지에 따라 *C. diffusa*에 대한 경쟁 능력에 강력한 영향력을 보였으며 활성탄소와 상반되는 효과는 *C. diffusa*가 생성하는 화학 물질이 장기적으로 유라시아의 초본이 적응한 물질이지만 북아메리카의 초본들은 적응하지 못한 새로운 물질임을 보여주었다.

*C. diffusa*에 대한 식물군집의 저항성 또는 민감성이 생물지리적으로 차이를 나타내는 것을 밝히고자 북아메리카와 유라시아 토양에 북아메리카와 유라시아 식물 군집을 만든 미소생태계를 이용해 조사하였다[63]. 이전의 실험을 전적으로 지지하는 것과 같이, 식물군집의 지역소스가 *C. diffusa*에 대한 저항의 가장 중요한 요인이며 유라시아산 군집은 침입종에 대해 훨씬 높은 저항성이 있다. 북아메리카 식물종은 유라시아 종보다 같은 농도의 8-hydroxyquinoline에 대해 훨씬 민감하였다[63].

비슷한 생물 지리학적 접근과 방법을 이용하여 Prati와 Bossdorf는 북미 삼림의 하층식생의 공격적인 침입자인 *A. petiolata*(마늘겨자 garlic mustard)가 함께 나타나는 같은 속의 두 종 – 북미의 *Geum lacinatum*(새로운 이웃종)과 *G. urbanum*(오래된 이웃종)의 발아에 미치는 타감작용의 영향을 실험하였다. 덧붙이자면 그들은 *A. petiolata*의 타감 잠재력이 유럽 고유종과 외래 북아메리카종 사이의 변화를 일으키는지를 조사하였다. '신무기' 가설의 지지로 Prati와 Bossdorf는 *A. petiolata*가 '토착' 종인 북아메리카 *G. laciniatum* 종자의 발아를 상당히 감소시켰지만, 실험 종인 유럽의 *G. urbanum* 종자에는 아무런 영향도 주지 못했다. 즉 고유종인 유럽의 *A. petiolata*는 북미의 *G. laciniatum*과 유럽의 *G. urbanum*의 발아를 상당히 감소시켰지만 이것은 '신무기' 가설을 완벽히 지지해주지는 못하는 결과이다. 유럽산 *G. urbanum*에 대한 유럽과 북아메리카의 *A. petiolata* 개체군들 사이에 대조적인 억제 효과는 북아메리카산 *A. petiolata*는 이전의 이웃에 대한 결정적 효과를 상실하게 되었을 뿐만 아니라 개체군의 기원(즉, 토착 대 도입 지역)에 따라 침입자의 타감작용 효과가 크게 변할 수 있다는 그 가능성을 나타내는 것이다.

침입성 수레국화(*Centaurea*) 종과 *A. petiolata*에 대한 연구로부터 나타난 일반적인 그림은 그들의 뿌리로부터 분비된 화학물질이 원래 그들의 군집에서 출현하지 못하게 하는 방법으로 고유 군집을 파괴한다는 것이다. 이들은 자연 생물 군집은 개체주의적은 아니지만, 기능적으로 조직화된 단위와 같은 방법으로 진화하며[24, 68], 일부 외래 침입식물은 자생종을 파괴하고, 오랜 시간 연관된 자생종들과는 공진화의 상호작용을 하는 것이라고 해석하였다. 이것은 다른 요인들과의 연속성에 따라 개체주의적인 것과 상호의존적 특성을 나타내는 온전한 것으로 식물군집을 인식하는 Loetie 등의 제안과 일치한다. 수레국화(*Centaurea*) 종과 *A. petiolata*의 타감작용 영향에 대한 생물 지리학적 차이는 진화의 역사 없이 종들간의 상호작용이 일어날 때 '불안정한 항상성'이 발생한다는 Rabotnov의 가설과 일치한다.

식물과 식물간의 상호작용에 대한 진화적 결과

식물 종이(또는 유전형질) 다른 것에 익숙해지거나 적어도 식물간 상호작용의 생태학적 영향이 진화의 결과라는 Rabotnov의 주장을 뒷받침하는 자료는 초원 군집의 경쟁에 대한 연구에서 찾을 수 있다[62]. 우리가 알고 있는 초기의 연구 자료에서 Martin과 Harding[39]은 공존의 역사는 이종간에 경쟁을 할 때 개체들의 적합함에 영향을 미칠 수 있다는 가설을 시험하였다. 그들은 공존하는 곳(동지역성 지점)의 초지와 공존하지 않는 곳(이소성 장소)의 초지에서 *Erodium circutarium*과 *E. obtusiplicatum*의 종자를 모아 '동지역성'이나 '이소성' 식물을 같은 곳에 심는 것으로 이 가설을 검증하였다. 동지역성 개체의 혼합이 이소성 지역의 개체의 혼합보다 더 좋은 결과를 만들어 냈고 이것은 경쟁자 간의 공진화를 뒷받침한다는 것을 보여주었다. 이 예측과 같이, 다른 지역에서 수집된 개체보다 같은 지역에서 수집된 개체의 총 종자 생산량과 생식률이 더 높았다. 유사하게 Evans 등[20]은 스위스, 이탈리아, 프랑스, 영국에서 채집 된 호밀풀(*Lolium perenne*)과 토끼풀(*Trifolium repens*)의 생태형('genets')이 공존 생태형 또는 멀리 떨어진 농장에서 온 유전자형을 함께 기르는 온실실험을 설계하였다. 각 종은 다른 종의 '익숙한' 유전자형, 같은 지역에서 자연적으로 함께 출현한 유전자형 종과 같이 길러졌을 때 더 크게 자랐다(그림 4). Joy과 Laitinen[30]은 큰조아재비(*Phleum pretense*)와 토끼풀(*T. pretense*)로부터 비슷한 실험 결과를 얻을 수 있었다.

Turkington과 Mehrhoff[62]는 더 자연적인 환경에서 경쟁 관계에 따른 진화학적 실험에서 0년, 8년, 46년의 다양한 연령의 토끼풀(*T. repens*)과 호밀풀(*L. perenne*)을 영국, 캐나다와 콜롬비아의 세 지역에 옮겨 심었다. 그들은 옮겨 심은지 46년 된 경작지의 *T. repens* 생태형은 오랜 시간 동안 경쟁 혹은 도태되어 경쟁종이 사라질 때 훨씬 더 잘 자란다는 것을 발견하였다. 이 같은 종의 범주에(오리새(*Dactylis glomerata*), 흰털새(*Holcus lanatus*), 호밀풀(*L. perenne*), 토끼풀(*T. repens*)이 포함되고 비슷한 연령을 기반으로 하는 다른 경작지 실험에서, 이들 저자들은 더 오래된 경작지의 생태형이 공존상태로 생장할 때 두 종 혼합 총 생산량은 지속적으로 더 높아진다는 것도 발견하였다.

덧붙이자면, 이웃 종과의 관계가 종 수준에서 개체군의 특성을 조절할 수 있음을 보여준다. Turkington과 Harper[61]는 다른 네 종 중에 한 종이 우점하고 있는 지점에서 토끼풀 개체들을 채집하였다. 개체들은 네 종류의 초본과 가능한 혼합하여 옮겨 심었을 때 각 클로버 '종류'는 원래 채집되었던 곳에 있던 초본과 함께 가장 잘 자랐으며, 다른 이웃 종에 의해 받는 다른 억제에 대한 반응으로 토기풀이 소진화의 변화가 일어난다고 제시하였다. Turkington과 Mehrhoff[62]은 비록 응용되지 않았지만

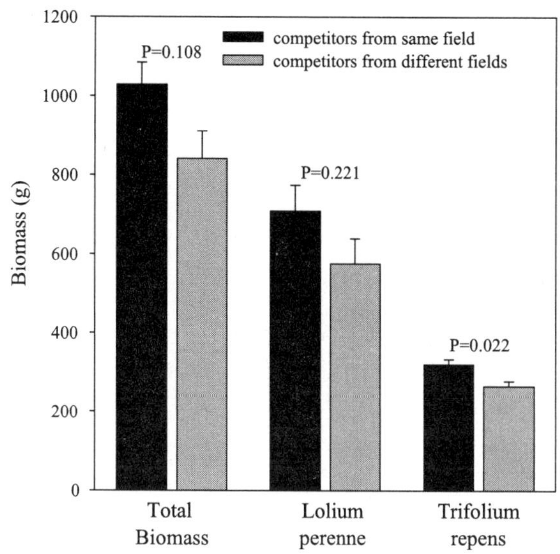

그림 4. 유럽의 다른 지역과 같은 지역에서 채집된 경쟁종과 함께 생장할 때 호밀과 토끼풀의 총 생물량[62)]

Joseph Connell[12)]에 의해 제안된 실험 설계를 이용하여 토기풀과 초본종들 간의 공진화의 상호작용 가능성을 조사하였다. 그들은 이전에 사용했던 호밀풀(*L. perenne*)과 클로버의 상호작용에 집중하였다. 결과들은 토기풀이 호밀풀과 과거에 경쟁으로 시작하여 매우 가까운 곳에서 생장하고 이것에 의해 개체를 분화시키고, 현재의 경쟁을 유지하게 하고, 유전적 기반이 된다라는 가설을 강력하게 지지한다. 이는 아마도 두 이웃 종간의 공진화 작용의 결과일 것이다.

진화학적 변화를 유도하는 분명한 메커니즘은 밝혀지지 않았고 화학 물질에 의해 자연선택이 일어났다는 직접적인 증거도 없다. 일부 증거자료들은 생태직위의 중복이 감소되었음을 암시하고 있다[47)]. 다른 실험은 미생물에 의해 유도된 변화라고 제기한다. 달구지풀(*Trifolium*)은 '질소 고정종'이며, 대기 중의 N_2를 유기물 질소로 바꾸어 숙주가 사용할 수 있게 하며, 뿌리혹박테리아(*Rhizobium*)와 상리 공생의 관계를 갖고 있지만 결국 다른 종들도 이용할 수 있게 된다. 일반적으로 다른 식물종의 뿌리에서 추출한 뿌리혹박테리아보다 자신의 뿌리혹에서 추출한 뿌리혹박테리아와 달구지풀과의 공생에서 생산성이 더 높다[46, 60)]. 더 나아가 달구지풀의 종들 간의 경쟁은 공생자인 뿌리혹 박테리아의 특정 종에 의해 영향을 받으며[69, 70)], 달구지풀 종은 다른 종에서 추출한 뿌리혹 박테리아 종과 같은 종의 다른 개체로부터 추출한 뿌리혹 박테리아를 공존시켰을 때 동종의 뿌리혹 박테리아 종을 선택하였다. 마지막으로 Turkington과 Mehrhoff[62)]은 초본류들은 토양미생물에 대한 그들의 효과 때문에 토끼풀에도 영향이 미치고, 또한 공진화도 유도한다는 결과를 발표했다. 종합하자면 많은 논문의 실질적인 증거는 토끼풀에서 관찰된 바와 같이 식물 종간의 상호작용이(아마도 미생물에 의해 유도된) 개체군 분화를 유도하고 이와 같은 분화는 현재의 경쟁에서도 유지되고 있다는 것을 나타내었다. 달구지풀-뿌리혹박테리아-초본의 상호작용의 중요한 경향과 진화적 선택에 대한 이들 상호작용의 명백한 결과는 어떻게 식물과 토양미생물, 식물과 식물들이 군집의 항상성을 유지하는 지에 대한 훌륭한 모델 시스템을 제공해 주는 것이다.

일부 침입종의 분명한 변형은 그들을 유도하는 매우 강력한 메커니즘을 요구하는 것과 같다. 우리는 일부 침입식물이 매우 강력한 신무기를 사용한 것을 간과한 메커니즘을 제시하였다. 그들의 뿌리에서 분비된 화학물질이 자연 발생한 군집내의 종들에 대해 같은 영향을 미치지 않는다. 증거자료는 수레국화 속 내의 종과 *A. petiolata*의 연구에 제한되어 있지만, 어떻게 이웃 종들과 장기간 관계가 상호작용을 변화시킬 수 있는 가를 조사한 이들 연구와 다른 연구들은 자연적이고, 공진화한 식물군집이 어느 정도 항상성을 가지고 있다는 Rabotnov의 기존 아이디어를 강력하게 지지하게 해준다. 더 나아가 일부 증거는 군집 항상성이 신 타감작용 무기로부터 획득한 경쟁의 유리함을 가진 외래 침입종에 의해 파괴될 수 있다는 것을 제시하였다.

신무기 가설은 식물군집이 개체주의적으로 만들어졌다고 하는 일반적인 인식에 대해 반박을 하고 있다. 토착과 침입 군집 내에서 침입 종과 토착 식물간의 대조적인 상호작용은 자연식물군집이 일반적으로 생각했던 것보다 더욱 단단하게 얽힌 독립체로서 작용하며, 기능적으로 조직화된 단위로 진화한다고 주장하였다.

참고문헌

1) Bais HP, Vepachedu R, Gilroy S, Callaway RM, Vivanco JM (2003) Science 301: 1377-1380.
2) Bais HP, Walker TS, Stermitz FR, Hufbauer RA, Vivanco JM (2002) Plant Physiol 128: 1173-1179.
3) Bais HP, Loyola Vargas VE, Flores HE, Vivanco JM (2001) *In Vitro Cellular and Developmental Biology – Plant* 37: 730-741.
4) Bartholomew B (1970) Science 170: 1210-1212.
5) Blossey B, Nötzold R (1995) J Ecol 83: 887-889.
6) Braithwaite RW, Lonsdale WM, Estbergs JA (1989) Biol Conserv 48: 189-210.
7) Bruce KA, Cameron GN, Harcombe PA, Jubinsky G (1997) Natural Areas J 17: 255-260.
8) Callaway RM (1997) Oecologia 112: 143-149.
9) Callaway RM (2002) Trends in Ecology and Evolution 17: 104-105.
10) Callaway RM, Aschehoug ET (2000) Science 290: 521-523.
11) Callaway RM, Newingham B, Zabinsky CA, Mahall BE (2001) Ecology Letters 4: 1-5.
12) Connell JH (1980) Oikos 35: 131-138.
13) Darwin C (1859) John Murray, London, UK.
14) D'Antonio CM, Dudley TL, Mack M (1999) Pages 413-452 *in* L.R. Walker, editor. *Ecosystems of disturbed ground.*
15) D'Antonio CM, Vitousek PM (1992) Ann Rev Ecol Syst 23: 63-87.
16) DiTomaso JM, Gerlach JD (2000) *Centaurea solstitialis* L. Pages 101-105 *in* C.C.
17) Dukes J (2001) Oecologia 126: 563-568.
18) Dyer AR, Rice KJ (1999) Ecol. 80: 2697-2710.
19) Elton CS (1958) *The Ecology of invasions by animals and plants.*
20) Evans DR, Hill J, Williams TA, Rhodes I (1985) Oecologia 66: 536-539.
21) Flores HE, Vivanco JM, Loyola-Vargas VM (1999) Trends in Plant Science 4: 220-226.
22) Gaskin JF, Schaal BA (2002) PNAS 99: 11256-11259.
23) Gleason HA (1926) Bull Torrey Botanical Club 53: 7-26.
24) Goodnight CJ (1990) Evolution 44: 1625-1636.
25) Griffith D, Lucey JR (1991) J Range Manage 44: 43-47.
26) Grigulis K, Sheppard AW, Ash JE, Groves RH (2001) J Appl Ecol 38:281-290.
27) Hänfling B, Kollman J (2002) Trends in Ecology and Evolution 17: 545-546.
28) Hierro JL, Callaway RM. *In press. Allelopathy and exotic plant invasion. Plant and Soil.* In Howald A, Randall J, Sigg J, Wagner E, Warner P (1999) California Exotic Pest Plant Council, October.
29) Inouye B, Stinchcombe JR (2001) Oikos 95: 353-360.
30) Joy P, Laitinen A (1980) *Breeding for co-adaptation between red clover and timothy.* Hankkija Plant Breeding Institute, Finland.
31) Kolakovsky AA (1961) *The flora and Vegetation of Colchida.* Publishing House of the Moscow University.
32) Lortie CJ, Brooker RW, Choler P, Kikvidze Z, Michalet R, Pugnaire FI, Callaway RM. In review. Oikos.
33) Louda SM, Pemberton RW, Johnson MT, Follett PA (2003) Ann Rev Entomol 48: 365–96.

34) Mack RN, Simberloff D, Lonsdale WM, Evans H, Clout M, Bazzaz FA (2000) Ecol Appl 10: 689-710.

35) Maddox DM, Mayfield A, Poritz NH (1985) Weed Science 33: 315-327.

36. Mahall BE, Callaway RM (1991) PNAS 88: 874-876.

37) Mahall BE, Callaway RM (1992) Ecology 73: 2145-2151.

38) Malecki RA, Blossey B, Hight SD, Schroeder D, Kok LT, Coulson JR (1993) BioScience 43: 680-687.

39) Martin MM, Harding J (1981) Evolution 35: 975-987.

40) Memmott J, Simon SV, Paynter Q, Sheppard AW, Syrett P (2000) Acta Oecologica 21: 213-222.

41) Merck Index. *8-Hydroxyquinoline* (1996) Merck & Co, Inc, Whitehouse, N. J, U.S.A, 4890.

42) Meyer J-Y, Florence J (1996) *Tahiti' native flora endangered by the invasion of Miconia calvescens* DC.

43) Miller I, Lonsdale WM (1987) Plant Protection Quarterly 2: 140-142.

44) Moore PD (1990) Nature 347-710.

45) Müller-Schärer H (1991) J App Eco 28:759-776.

46) Mytton LR (1975) Ann Appl Biol 80: 103-107.

47) Parrish JAD, Bazzaz FA (1982) Ecology 63:314-320.

48) Paynter Q, Fowler SV, Memmott J, Sheppard AW (1998) J Appl Ecol 35: 582-595.

49) Pearson DE, Callaway RM (2003) Trends in Ecology and Evolution 18: 456-461.

50) Prati D, Bossdorf O. *In press. Allelopathic inhibition of germination by Alliaria petiolata* (Brassicaceae).

51) Rabotnov TA (1982) Translated from Ékologia, No. 3, May-June:5-8.

52) Rejmánek M, Reichard S (2001) Trends in Ecology and Evolution 16: 545-546.

53) Ridenour WM, Callaway RM (2001) Oecologia 126: 444-450.

54) Sakai AK, Allendorf FW, Holt JS, Lodge DM, Molofsky J, With KA, Baughman S, Cabin RJ, Cohen JE, Ellstrand NC, McCauley DE, O'eil P, Parker IM, Thompson JN, Weller SG (2001) Ann Rev Ecol Syst 32: 305-332.

55) Schreiner O, Reed HS (1907) Bulletin Torrey Botanical Club 34: 279-303.

56) Sheley RL, Jacobs JS (1997) Weed Technology 11: 363-368.

57) Simberloff D, Von Holle B (1999) Biological Invasions 1: 21-32.

58) Steinger T, Müller-Schärer H (1992) Oecologia 91: 141-149.

59) Stermitz FR, Bais HP, Tommaso S, Foderaro A, Vivanco JM. *In press. 7,8-Benzoflavone, previously undescribed as a natural product, is a phytotoxic component found in the root exudates of the invasive weed Centaurea repens* L. Phytochemistry.

60) Turkington R, Holl FB, Chanway CP, Thompson JD (1988) *Plant Population Ecology*. 343-366.

61) Turkington R, Harper JL (1979) J Ecol 67: 245-254.

62) Turkington R, Mehrhoff LA (1990) *Perspectives on Plant Competition*. 308-366

63) Vivanco JM, Bais HP, Stermitz FR, Thelen GC, Callaway RM. Proceedings of the National Academy of Science.

64) Watterson B (1988) *Something Under the Bed is Drooling*. Andrews and McNeel. USA.

65) Whitson TD, Burrill LC, Dewey A, Cudney DW, Nelson BE, Lee RD, Parker R (1992) *Weeds of the West.* The Western Society of Weed Science, pp. 92-93.

66) Williams JR (1954) *The biological control of weeds*. In: Report of the Sixth Commonwealth Entomological Congress 95-98.
67) Williamson GB (1990) *Allelopathy, Koch's postulates, and the neck riddle*. In Grace JB, Tilman D (eds) *Perspectives on Plant Competition*. pp. 143-162.
68) Wilson DS (1992) Ecology 73: 1984-2000.
69) Young NR, Mytton LR (1983) Grass Forage Science 38: 13-39.
70) Young NR, Hughes DM, Mytton LR (1986) Plant and Soil 94: 277-284.
71) Lee CE (2002) Trends in Ecology and Evolution 17: 386-391.

18

CHAPTER

해양생태계에서 타감작용

서론

해양생물 간의 타감작용에 대한 연구논문은 육상생물에 비하여 매우 적다. 이와 같은 큰 차이는 이들 두 시스템에서 타감작용의 유형이나 생태학적 중요성에서 일부 근본적인 차이에 기인한다기 보다는 육지생태계와 해양생태계에서의 연구 습관의 차이 때문일 것이다. 경쟁하는 해양생물들 사이에서 화학적으로 중재하는 상호작용은 일반적인 것이고, 플랑크톤들과 해저생물들 모두 중요하다는 것이 새로운 증거로 제시되고 있다. 이 장은 해양 생물체 4가지 그룹인 식물플랑크톤, 해초, 해면, 산호 등의 상호간 타감작용에 대한 최신 정보를 소개하고자 한다.

식물플랑크톤의 타감작용

다양한 식물플랑크톤 그룹간의 타감작용

해양 식물플랑크톤의 타감물질 생산은 독성물질을 생성하는 남조류, 편모조류, 와편모조류 등으로 부터 배타적으로 발견된다. 남조류에서 배출되는 독성물질들은 돌말류의 성장을 억제하는 것으로 알려져 있다. 대부분 논문에서는 와편모조류와 편모조류가 배출한 물질이 다른 식물플랑크톤 종의 성장을 억제하는 것이라고 설명하고 있다. 타감물질을 생산하고 배출할 수 있는 대부분의 종들은 편모조류에서 발견된다. 이 종들은 대부분 어류를 죽일 수 있는 능력을 가진 것으로 알려져 있다. 예를 들어 와편모조류인 *Chrysochromulina polylepis*와 *Prymnesium parvum*이 있다. 1988년 *C. polylepis*의 대량증식은 스웨덴과 덴마크 사이의 Kattegat 해

Edna Granéli[1] and Henrik Pavia[2]

[1]Department of Marine Sciences, University of Kalmar, SE-391 82 Kalmar, Sweden
[2]Department of Marine Ecology, Tjärnö Marine Biological Laboratory, Göteborg University, SE-452 96 Strömstad

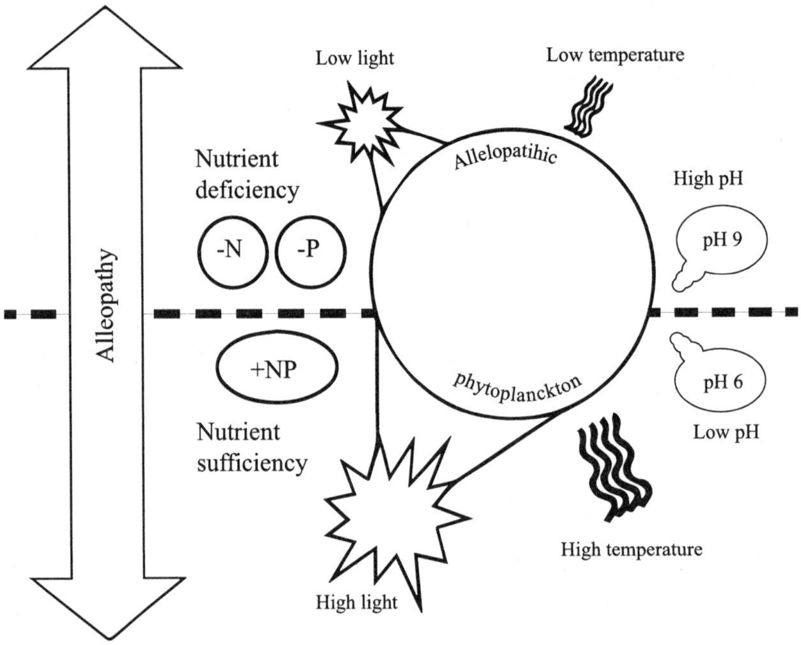

그림 1. 해양 식물플랑크톤의 타감물질 생성에 영향을 주는 물리, 화학적 요인들.
생성물 증가: 점선 위부분, 생성물 감소: 점선 아랫부분

협, Skagerrack, 남부 노르웨이 해안에 있는 야생, 양식 어패류 물고기들과 해초들, 불가사리들, 조개들, 식물플랑크톤을 모두 폐사시켰다[41)]. 이와 같은 현상에 대해서 Myklestad 등[49)]은 돌말류인 *Skeletonema costatum*의 대량증식에 의한 강한 억제 효과가 작용하였음을 보고하였다. 편모조류인 *P. parvum*은 오래전부터 어류에 대해 독성물질을 생산하는 것으로 알려져 있다[32)]. 심지어 와편모조류 종도 세포내부의 독성물질을 생성하는 것으로 알려져 있으며, 와편모조류의 내부 독성물질들은 용혈성활동을 하는 혼합물을 생성할 수 있는 것으로 보인다[3, 51)]. 이것은 10,000 dalton 이상의 분자량을 가진 단백질과 같은 용혈성 혼합물을 방출하는 *Alexandrium taylori*가 그 예이다[3, 14, 50)].

타감작용에 영향을 미치는 요인들

여러 연구에서 타감물질의 작용이 짧은 시간 동안 발생한다고 제시하고 있다. 예를 들어 Graneli와 Johansson[16)]은 *Thalassiosira weissflogii, Prorocentrum minimum, Rhodomonas* cf. *baltica*가 성장하고 있는 배지에 *P. parvum*의 세포가 없는 여과액을 공급함으로써 단시간의 억제 효과를 나타낸다는 것을 발견했다. 이 세 종들은 *P. parvum* 세포가 없는 여과액에 노출되었을 때, 처음에는 심각한 세포손실을 겪었다. 그러나 며칠 후 3개의 조류들은 다시 그들의 세포 수를 증가시킬 수 있었다. 이것은

타감작용 요인들의 영향이 사라졌음을 암시한다. 그러나 만약 식물플랑크톤들이 타감물질에 계속적으로 노출된다면, 회복이 불가능 했다. *P. parvum* 세포가 없는 새 여과액을 2일마다 위의 조류들에 첨가함으로써, 표적종들이 회복할 수 없게 죽일 수 있었고[13)], Graneli와 Johansson[16)]도 연구에서 증명하였다. *P. parvum* 독성물질/타감물질들은 강한 빛, 온도, 높은 pH, 질소와 인의 부족에 민감한 것으로 나타났다[19, 26, 59, 65)].

타감물질들은 광산화를 통해 빠르게 분해될 수 있다[13, 37)]. 독성물질들은 400~510nm 범위의 가시광선과 225nm 범위의 자외선에 의해서 빠르게 불활성화된다[6, 65)]. Simonsen과 Moestrup[61)]는 *Chrysochromulina polylepis* 배지로 부터 표면에 뜨는 *Artemia salina*의 독성 효과는 50μmol $m^{-2}s^{-1}$의 광도에 노출하였을 때 15시간 이내에 중지되는 것을 보여줬다. 반대로 Hagstron과 Graneli[18)]는 암실에서 *P. parvum*의 타감물질과 독성물질의 분해를 탐지할 수 없었지만 실험 72시간 이후에 같은 독성 수준을 발견할 수 있었다.

흥미롭게도, Graneli와 Johansson[16)]은 각 종들의 배지가 36시간 후에 타감작용의 영향이 중지되었을 때, 대조군보다 더 많이 성장하는 것을 보여주었다. 이 관찰에서 *P. parvum* 독소는 낮은 농도에서 다른 조류들의 성장을 촉진하였지만, 높은 농도에서는 조류 생장을 억제하였다. Pratt[53)]는 *Skeletonema costatum*과 *Olithodiscus luteus*의 대발생을 조사할 때 비슷한 결과를 발표했다. *Skeleronema*의 성장은 *Olithodiscus*의 현존량이 높을 때 감소되는 반면, 낮은 현존량일 때 증가되었다.

타감작용 효과는 높은 pH에서 증가한다. 와편모조류 *Heterocapsa triquetra*에 대한 편모조류 *C. polylepis* 여과액의 타감작용 효과는 pH가 높을 때 증가하고, pH가 낮을 때 감소한다.

외부 영양 조건에 따른 타감작용 의존도

외부 영양염 농도는 식물플랑크톤에 의해서 생성되는 타감물질의 양에 중요한 역할을 하는 것으로 보인다. 몇몇의 연구자들은[29, 45, 53, 58, 73)] 다양한 조류들의 배지 여과액에서 독성 대사물질이 존재한다는 것을 보고하였다. Myklestad 등[49)]은 인이 결핍된 *C. polyepsis* 배지의 세포가 제거된 여과액은 돌말류인 *S. costatum*의 성장을 강하게 억제한다는 것을 제시하였다. 영양염이 부족하지 않는 곳에 세포가 없는 여과액을 첨가했을 때 생장이 촉진되지만, 영양염이 부족한(질소 또는 인)곳에서 자라는 *P. parvum*의 여과액을 첨가하면 다른 식물플랑크톤 종의 생장이 억제되었다[13, 14, 16, 63, 72)]. 이들 *P. parvum* 또는 *C. polylepi* 여과액의 분석에서 영양염 결핍 배지의 여과액에 더 높은 독성이 있음을 나타내었다[26)]. 따라서 이런 여과액의 작용에 영향을 받기 쉬운 식물플랑크톤의 세포 밀도 감소는 배출된 독성물질의 수준에 의해 설명될 수 있다[13, 14, 16, 63, 64, 72)]. 만약 표적세포들의 영양이 부족하면, 이 효과는 더욱 두드러질 것이다. 이것은 동일한 영양 조건에서 타감작용 종과 표적 종들이 함께 성장하는 곳인 자연에서 일어날 것으로 예측된다.

*P. parvum*이 후자로부터 세포가 없는 여과액에 의해 억제되지 않은 것을 나타낸 것과 같은 방식으로 *Prymnesium patelliferum*은 prymnesins를 생산하는 것으로 알려져 있다. 대신에, *P. patelliferum*은 모든 처리구에 대해 촉진성장을 보였다. 배출된 prymnesins에 대한 *P. patelliferum*의 비민감성은 자신을 방어하기 위한 특이적 적응임을 시사하지만, 그러나 이 적응에 대한 기작은 아직 알려지지 않았다. 비슷한 맥락으로, Windust 등[76]은 와편모조류 독소인 오카다 산(OA)과 dinophysistoxin-1(DTX-1)의 μmol 농도가 효과적으로 몇몇 미세조류의 성장을 억제하지만, 그 독소를 생성하는 조류들의 성장에는 영향을 미치지 않는다는 것을 확인하였다. 이들 결과들은 독소 생성이 경쟁 조류들을 억제하거나 배제하기 위한 전략일 수 있고, 그래서 이것이 몇몇 식물플랑크톤 종에게 타감작용의 역할을 한다고 제시하였다.

그러나 미세조류의 타감작용 개념은 일반적으로 인정되는 현상이 아니다. 기존의 증거들에 대한 가장 일반적인 비판은 자연에서 함께 출현하지 않은 여러 종으로 구성된 부자연스럽고 밀집된 개체군을 배양에 사용것과 연관된다. 그러나 최근의 연구들은 *P. parvum* ml 당 $10-100\times10^3$ 세포사이 밀도로 대량증식은 자연에서 발견되는 것보다 더 높은 타감 조류들의 세포 밀도를 사용하지 않았다[10]. 부가적으로, 표적 종들은 항상 타감 조류들과 함께 발생하는 것으로 알려진 종들이다.

해양 식물플랑크톤에 대한 타감작용의 생태적 중요성

와편모조류 *P. parvum*과 *Chrysochromulina polylepis*와 같은 타감 식물플랑크톤은 세계 곳곳에서 심각한 생태적 영향을 미치는 독성사건의 원인이 되었다[10, 46]. 이들의 매우 강력한 외부생성독성들은[23, 60] 해양 생물들에게 어류독성, 신경독성, 세포독성, 간독성, 용혈성 활동들을 포함한 심각한 생물학적 효과를 나타낸 적이 있다. *P. parvum*의 대발생은 연해 지역과 기수역에서 발생하고, 종종 다른 식물플랑크톤보다 우세한 기작으로 제시되는 단일 특이성이 있다. *P. parvum*의 완벽한 우점은 *P. parvum*가 일정한 환경조건에서 적절한 성장률을 가진다는 자료만으로 설명이 안 된다[4, 21, 36]. 결국 어떤 대발생과 관련하여 공존하는 종들이 없는 것은 *P. parvum*의 높은 경쟁력이 생성되었기 때문이다.

육상식물에서 보여진 것처럼, 식물플랑크톤의 타감작용 능력은 이들 시스템에서 자원경쟁과 밀접하게 연관되어있다. 해양환경에서 영양염의 제한은 타감물질의 생산을 증가시킬 뿐 만 아니라 그 작용을 가속화시킨다[11]. 이것은 영양염 제한 조건에서 유기화합물이 세포바깥으로 많이 배출되는 것과 같은 행동양식이다[48, 49, 66, 75]. 해양과 연안 수계에서 질소와 인은 시간과 공간적으로 공존하는 식물플랑크톤의 성장을 유지시킬 수 있는 충분한 농도는 아니다. 조류가 요구하는 영양염 최저 농도(제한 영양염)는 그들의 생장을 멈추게 할 수 있다. 따라서 제한영양에 대한 경쟁력은 특별한 종의 증식을 위해서 중요한 것이다. 이용 가능한 생장 제한 영양염에 대해 성공적으로 경쟁할 수 있는 종은 그것의 생물량을 증가시키고 궁극적으로 대발생하는, 우점 잠재력을 갖는 것이다.

대형생물간 타감작용

특히 유광층에 있는 단단한 기질과 같은 공간은 대부분의 해양 생물 서식에서 제한 요소로 작용한다[7, 24]. 조류와 무척추동물과 같은 부착생물의 비율은 이와 같은 서식처에서 높으며, 많은 부착 해양 종들은 다양한 이차 대사산물을 생성하는 것으로 알려져 있다[20]. 경쟁하는 생물들 간의 상호 타감작용의 진화에 대한 잠재력은 매우 크다. 해양대형생물들의 타감작용에 대해 알려진 결과들은 별로 없다. 초식동물과 생물부착에 대한 화학적 방어 연구는 많지만, 해초와 해양 무척추생물과 같은 경쟁 종 사이의 화학적 상호작용의 실험은 매우 부족한 편이다. 부착생물에 대한 화학적 방어는 가끔 해양대형생물의 타감작용에 관한 논의를 포함하고 있다[17]. 그러나 해양의 타감작용의 관점에서 생물 표면의 화학적 매개를 포함하는 것에 대한 명확한 논의를 하기 위한 시도가 없으므로, 해양 생물 부착의 화학적 매개에 관한 최근의 우수한 리뷰에서 제외되었다[67]. 대부분의 부착생물은 비록 그들이 자원 이용을 감소시키지만[22], 그들의 숙주에 대한 주된 경쟁자는 아니다. 이런 의미에서 살아있는 해양 생물들의 표면 군락 형성의 화학적 매개는 초식동물들을 공격하는 것과 비슷하게, 경쟁자에 대한 화학적 매개 효과 보다는 공격자에 대한 보통의 화학적 방어로 간주될 수도 있다.

해양 화학생태학에서[12, 30, 70], 고착 무척추동물로부터의 대사산물의 배출은 그들의 잠재적인 경쟁자인 다른 무척추동물과 해초에게 모두 영향을 미치며, 이것은 본 주제에서 타감작용으로 정의되고 있다. 이것은 보통의 육상 생태학이나 더 좁은 범위에서 타감작용의 정의와는 일치하지 않는다. 예를 들어, 타감작용은 일차생산자가 다른 일차생산자에게 영향을 미치는 화합물을 배출하는 환경에만 제한된다[47, 54]. 그러나 많은 해양무척추생물들은 고착하고 있고, 타감작용 활동의 진화를 위한 전제조건이 식물과 비슷하다는 것이다. 그러므로 경쟁하는 생물들의 적합도(억제 효과에 한정)에 영향을 주는 방법과 같은 무척추동물에 의한 이차 대사산물의 이용을 타감작용으로 정의된다.

마지막으로 본 주제는 생태학적으로 관련된 해초, 해면, 산호 사이에서 상호 타

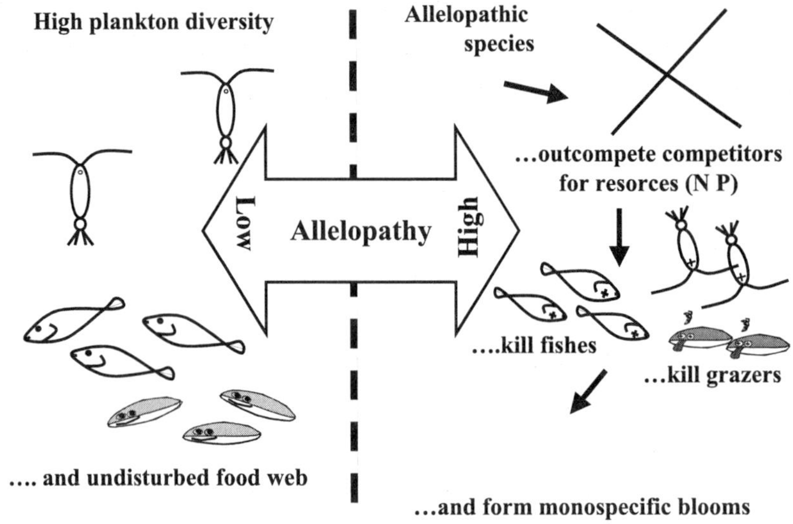

그림 2. 해양 먹이망을 변화시키는 식물플랑크톤 타감물질의 생산 경로(오른쪽 부위)

감작용, 억제의 연구만을 다루는 것으로 제한시킨다. 그 이유는 연구 종들이 동시에 출현하며, 자연의 개체군에서 잠재적인 경쟁자이기 때문이다. 여기서는 자극(긍정적) 효과와 미생물의 효과들은 포함되지 않는다. 더욱 중요한 것은, 우리는 해저 대형생물체들 사이에서 타감작용에 대한 미래실험의 좋은 예가 될 수 있다고 생각되는 몇 개의 발표된 연구들에 더욱 초점을 맞추기 위해 노력하고 있다. 이 연구들은 생태학적인 과정과 근원적인 화학적 기작 모두에 대한 생태학적 관련 실험 정보를 제공해준다.

해초

육지와 민물 시스템에서 타감작용을 하는 식물들에 대한 수많은 연구들과 비교해 보면, 해초와 그들의 잠재적인 경쟁자 사이의 상호 타감작용을 볼 수 있는 연구는 매우 적다[17]. 자연적인 경쟁자에게 화학적으로 영향을 미치는 해초의 능력을 정확하게 증명한 예는 단지 열대의 홍조류 *Plocamium hamatum*과 부드러운 산호 *Sinularia cruciata* 사이의 상호작용에 관한 de Nys 등[8]의 연구가 있다. 추출된 친유성 화합물로 코팅된 인공 해초 뿐만 아니라 온전한 생물체 모두를 사용한 관측과 실험의 훌륭한 조합을 통해서, *P. hamatum*이 산호의 조직 괴사를 일으키고, 이런 효과는 조류에 의해서 생성된 monoterpene chloromertensene에 의한 효과임을 밝히고 있다. 수체환경에서 chloromertensene의 농도는 매우 낮아서 주변의 생물에게 영향을 미칠 수 없고, 산호에게 조직괴사를 일으키기 위해서는 직접적으로 조류와의 접촉이 필요하다고 결론지었다. *P. hamatum*의 타감작용 잠재력은 2주 내에 조직괴사를 겪은 *P. hamatum*을 부드러운 산호 *Lobpphytim compactum*의 모든 군체에 직접 접촉시키는 Leone 등[38]에 의한 배치전환 실험으로 증명되었다. 이 후의 연구에서 *P. hamatum*로부터의 다양한 monoterpenes의 생물활성은 시험 생물로서 균류, 박테리아, 미세조류를 이용하여 분석되었다[33]. 비록 monoterpene 화합물 중 하나로서 비교적 강한 조류생장 억제 효과가 탐지되었지만, 이것은 실험 생물이 담수 녹조류 *Chlorella fusca*이기 때문에 해양의 타감작용의 예로 보기 힘들다.

*P. hamatum*보다 다른 해초 종들이 산호에 대해 타감작용을 하는 것으로 제시된 적이 있다. Littler과 Litter[40]은 홍조류인 *Dasyopsis spinuligera*가 타감물질을 사용해서 카리브해의 산호들을 죽였다는 징후를 보고했다. 오스트레일리아에서 많은 연구들은 사상체의 군락을 형성하는 홍조류들은 근처 산호들에게 심각한 조직 손상을 입힘으로써 산호들(*Porites* spp.)보다 우위에 있다는 것을 보여주었다[27, 28]. 산호조직의 죽음은 사상체 조류의 한 종인 *Corallophila huysmansii*으로부터 일정 거리 내에서 일어나며, 이러한 상호작용에 포함되는 타감물질은 친수성 화합물이라고 제시되었다. 그러나 한 경쟁자의 생장과 다른 것들의 감소 사이의 공간적 상관관계는 상호 타감작용의 강력한 인과 관계의 증거를 제공하지 않는다. 이것은 추출된 혼합물일 뿐만 아니라, 살아있는 생물체를 사용하는 조절 실험을 필요로 할 것이다. 후자의 예에서 타감 혼합물을 추출하고 확인된 것은 없다. 결론적으로 관찰된 효과들은 de Nys 등[8]이 시행한 것과 같이 조류의 타감물질의 생산에 의한 결과라는 가설을 실험적으로 확인하는 것은 불가능하다.

해면류

실험이나 현장에서 관찰을 통해, 또는 천연 추출물이나 정제한 화합물을 이용한 실험실에서의 생물학적 검정을 통해, 잠재적 경쟁자에 대한 해면류의 타감작용 활동을 의미하는 연구들은 매우 많다[15, 25, 68, 71, 74]. 이 많은 연구들은 상호작용하는 생물들과 다른 각각의 생물에 대한 그들의 적합 효과라는 관점에서 생태학적으로 관련성이 높다. 대신에, 그들은 실험실 조건에서 특별한 이차 대사산물의 흥미로운 생물활동을 설명하고 있다. 그러나 그들은 화학적 근거를 가지지 않은 경쟁적 상호작용을 반영하거나 또는 그들이 자연 상태의 흐르는 물이 아닌 정지된 물인 실험실에서 대생물활성에 관한 결과를 산출한 것이라는 데에 대한 비판을 시작하고 있다.

Porter와 Targett[52]에 의한 선구적 업적은 자연 상태에서 해면류의 타감물질의 효과를 설득력 있게 증명한 초기 연구들 중 하나였다. 비록 그들은 활성 화합물을 특징짓지 않지만, 해면동물 *Plakortis halichondroides*의 살아있는 조직과 직접 접촉함으로써 나타나는 반응이 화학적 근거에 의한 것과 같이, 산호 *Agaricia lamarcki*에서 발생한 조직괴사를 보여주기 위해서 셀룰로오스 패드를 씌운 해면 추출물로 현장 실험을 하였다. 최근, 해면동물들 사이의 상호 타감작용에 대한 몇 가지 연구들이 새로운 방법론의 개발과 가치있는 더 완벽한 실험적 접근의 예들을 제공함으로써 이 분야를 발전시키고 있다. Thacker 등[70)]은 해면류 *Dysidea*가 *Cacospongia*보다 우세한 생장을 하고 조직 괴사가 발생한 것을 타감작용 기작으로 설명할 수 있다는 것을 조사하기 위해 Porter와 Targett[52)]의 실험과 비슷한 접근방법을 사용하였다. Thacker 등[70)]은 현장 실험에서 천연 추출물과 정제 화합물 모두의 타감작용뿐만 아니라 포식작용에 대항하는 효과에 대한 검정을 하게 되었다. 더욱이 그들은 해면류가 갖는 유도성의 타감물질 생산성을 검정하기 위한 실험에서 천연 추출물과 *Dysidea* sp.의 정제 이차 화합물(7-deacetoxyolepupuane)이 해면동물인 *Cacospongia* 속의 세포 괴사를 유발시킨다는 사실을 보여주었다. 그 반응은 순수한 대사물질 보다 천연 추출물이 더 강했고, 이것은 다른 화합물이 7-deacetoxyolepupuane과 함께 상호 타감 효과를 나타내거나 타감 효과를 첨가한다는 것을 의미한다. 7-deacetoxyolepupuane의 생산은 경쟁자가 존재함으로써 유도되는 것이 아니라, 이 화합물이 포식자를 저지하고 해면류가 거의 항상 포식의 위협을 받기 때문일 것이다[70)]. *Dysidea*의 이차 대사물질의 량이 개체에 따라 다양하게 발견되었으나, 이 추론은 다른 연구자들로부터 지지받지 못했다. 이것은 또한 경쟁자가 존재하거나 또는 없는 상태에서 *Dysidea*의 화학물질의 양적 차이를 조사하기 위해 사용된 반복실험(n=4)에서 타감물질의 생성이 유도된다는 가설을 검정한 결과는 매우 설득력 없는 결과를 얻었다는 것을 의미한다. 적절한 대조군과 함께 해면류를 서로 상보적으로 이식시켜 완전하게 반복된 현장 실험은 타감물질 유도의 더욱 철저한 검증을 위해서 필요하다.

Engel과 Pawlik[12)]는 선행 연구에서 평가된 자연상의 농도에서 단단하고 안정적인 phytagel이 해면추출물에 의한 과대 성장을 억제함을 *in situ* 실험으로 입증하였다. 카리브해산 해면류의 20 종으로부터 추출한 추출물은 과대성장한 해면류 중에 3종을 사용해서 검증하였고, 잠재적인 경쟁자의 성장을 현저하게 억제하는 6종으로부터 추출물을 발견하였다. Engel과 Pawlik[12)]에 의해 사용된 방법은 해양 무척추동물들(그리고 해초들) 사이의 타감작용에 대한 실험적인 연구를 진보시켰다. 그러나 저자들에 의해 인정된 것으로서, 추출물과 혼합된 안정된 겔은 살아있는 해면류의 완벽한 모방은 아니었으며 그들은 아마도 해면류 타감작용 발생에 대한 보수적인 검증을 받고 있다.

Engel과 Pawlik[12)]에 의해 개발된 안정한 겔 처리 방법은 카리브해산 해면류인 *Erylus formosus*와 *Ectyoplasia ferox*로 부터의 트리테르펜 배당체(triterpene glycosides)의 방어적이고 타감작용의 역할에 대한 연구에도 사용되었다[34)]. 비록 기초적인 현장 관찰이 자연적 경쟁자에 대한 살아있는 *E. ferox*의 효과에 실험적인 자료로는 사용되지 않지만, 이 연구는 대체로 해양의 화학생태학의 처리 방법과 기법들의 초기 개발에 충분히 활용되었으며, 해면류 사이에서 타감작용의 설득력 있는 예를 제공하였다. Kubanek 등[34]은 *E. ferox*로부터 정제한 트리테르펜 배당체의 자연적인 농도 뿐만 아니라, 천연 추출물 모두 해면 *Tedania ignis*의 과대성장을 억제시킨다는 것을 발견하였다. 이 결과는 *E. ferox*의 천연 추출물이 *T. ignis*를 포함한 해면류 3종의 과대성장을 억제하는 것을 보여준 Engel과 Pawlik[12]의 실험결과와도 일치하였다. 저자들이 이 화합물의 타감작용 효과가 *E. ferox*와 그것의 경쟁자들 사이의 직접적인 접촉을 통해서 발생한다는 결론을 내릴 수 있게 하는 수체로 트리테르펜 배당체의 배출은 탐지되지 않았다. *Dysidea*에서 정제된 타감물질에 의해 발견된 것과는 반대로, 이들 화합물이 *E. ferox*의 증명된 타감작용 활성의 대부분 또는 모든 것들을 책임진다고 제시되고 있는 트리테르펜 배당체의 타감작용 효과는 천연해면 추출물보다 더 컸다. 그러나 이것을 엄격하게 증명하기 위해서 해면류 사이에 어떤 상호 타감작용도 이루어지지 않으므로 단계적으로 생물학적 검정이 요구될 수 있다.

산호류

연산호 alcyonacean과 경산호 scleractinian 사이의 공간적인 경쟁은 인도-서 태평양의 산호초들의 일반적이고 주요한 상호작용의 유형이다[55]. Alcyonacean와 scleractinian의 경쟁에서 사용된 다른 기작들은 등뼈, 전문화된 청소 촉수, 장간막 필라멘트, 타감작용이 포함되어 있다[31]. 초기에 사용된 잘 설계되고 조절된 현장실험은 산호들 사이의 경쟁이 타감작용 인자들에 의해 중재될 수 있는 확실한 정보를 이 분야의 연구에 제공하였다[35, 55, 56]. 특히 alcyonacean 산호는 가장 넓은 범위의 테르펜(terpenoids)인 주로 diterpenoids와 함께, 여러 가지 이차대사산물을 생산하는 것으로 알려져 있다. Coll 등[5]은 alcyonacean 산호 군체 근처의 깊은 해수에 테르펜이 배출되는 것을 보여주기 위해서 물속에 잠길 수 있는 샘플링 기구를 사용했으며, 이 화합물들은 직접적으로 산호에 접촉하지 않고 경쟁하는 생물들에게 타감작용 활성을 가질 수 있음을 제시하였다. Scleractinian 산호를 손상시킬 수 있는 연산호의 디테르펜의 능력은 연산호인 *Sinularia flexibilis*와 *Lobophytum hedleyi*로부터 정제한 화합물을 이용한 실험에서 증명되었다[1]. 일부 디테르펜은 가지세포의 배출에 의한 황색공생조류(주산셀러: zoothanthelae)의 배출, 폴립 활동의 억제, 폴립의 괴사와 죽음으로 시작하는 단계적 과정을 통해 scleractinian 산호인 *Acropora formosa*와 *Porites cylindrica*에 대해 심각한 조직손상을 유발할 수 있다는 것을 발견하였다.

결과는 일부 화합물이 경쟁 산호에 대해 효과가 없으며 활성 디테르펜(diterpenes)은 *P. cylindrica*보다 *A. formosa*에 더 강한 효과를 가지고 있기 때문에, sclerectinian 산호에 대한 타감작용 인자로서 산호 디테르펜이라고 일반화하는 것은 주의해야한다는 것을 보여주고 있다[1]. 산호 경쟁에 타감작용을 사용하는 것은 연산호에 한정되어 있지 않다. 그들 경쟁자들에게 괴사를 화학적으로 유도하는 scleractinian과 alcyonacean 산호의 상호능력은 호주의 Great Barrier Reef에서 Sammarco 등[55)]에 의해 시행된 자연 산호 개체군의 재배치 실험에서 이미 제시된 바 있다. 더욱이 최근의 연구에서는 잠재적인 산호 경쟁자들의 유충에 대한 타감작용은 연산호와 경산호에서 발생한다는 것을 나타내고 있다.

최근 몇 년 동안 보고된 바에 의하면 전 세계에서 산호초가 감소하는 중요한 과정으로써 scleractinian 산호와 해초사이의 경쟁적인 상호작용에 많은 초점이 맞춰지고 있다[69)]. 그럼에도 불구하고 산호와 조류가 경쟁한다는 증거는 한정되어 있으며, 그들의 상호작용 기작에 대해서도 거의 알려져 있지 않다[44)]. De Ruyter van Steveninck 등[9)]은 해초에 대한 산호의 간접적인 타감작용의 증거를 제공했다. 그들은 scleractinian 산호와 접촉 또는 가까이 분포한 결과로써 갈조류 *Lobophora variegata*의 성장률의 급격한 감소를 증명하였지만 그들은 이 효과가 화학적으로 유발된다는 직접적인 증거는 제시하지 못했다. 이것은 분명하게 실현가능성이 있지만, 더욱 엄격한 방법으로 해초에 대한 해면류의 타감작용 활성의 주제로 연구가 필요하다.

전반적으로 산호들이 경쟁자에 대한 타감작용의 활동이 보편적이고 중요하다는 것에 대한 좋은 실험 자료는 많이 있다. 또한 이미 설명한바와 같이, 산호들은 화학적으로 풍부한 그룹인 주로 테르펜과 함께 많은 이차대사산물을 가지고 있다. 많은 대사산물에 대한 생태학적으로 연관된 시험 생물체의 분석을 포함하는 실험실 생물검정이 진행되었다[1, 31)]. 해양생물로부터 배출된 수인성 이차대사산물의 첫 번째 직접적인 *in situ* 분리가 산호초로부터 잠재적인 타감물질을 위해 시행되었다[5)]. 결국 산호 타감작용의 연구에서 산호의 이차 대사산물이 자연 상태에서 상태학적으로 관련된 농도로 자연 경쟁자를 억제할 수 있다는 직접적인 증거가 제시되지 못하고 있다[8, 34, 70)].

결론

결론적으로 해양 식물플랑크톤이 타감작용 화합물을 생성하는 것에 대해 논의하고자 한다. (1) 대부분의 생산자들은 와편모조류, 편모조류, 남조류에 속하는 종들이다. (2) 타감작용 물질들은 이 조류들의 배출물에서 발견된다. (3) N 또는 P 결핍 조건에서 타감작용 물질의 생산은 세포가 N과 P가 충분한 조건에서 자랄 때보다 더 많다. 이는 영양 상태에 따라 독성의 생산이 변하는 것과 같은 방법이다. (4) 물고기를 죽이는 종들 사이의 타감작용 물질들은 독성물질로 알려진 것과 같은 것으로 보인다(예 *P. parvum, P. patelliferum*의 prymnesins). (5) 타감작용 물질들을 생산하는 종처럼 같은 속의 종들은 후자에 의해서 저해되지 않는 것으로 보이며, 표적생물은 밀접한 관계가 있는 종에 의해 배출되는 타감작용 물질들로부터 스스로를 보호하기 위해 특이적 적응을 한다는 것을 암시한다. 마지막으로, Graneli와 동료들은 *Prymnesium* 독성물질들은 몇몇 식물플랑크톤 종들의 생장을 억제한다는 것을 증명하였으며, 그리고 물 속에서 N 또는 P의 이용성이 낮을 때 다른 종을 사멸시킴으로서 *Prymnesium* 독성물질들은 *Prymnesium*이 부족한 영양염을 자유롭게 이용하도록 해준다는 가설을 지지하고 있다. 이것은 *Prymnesium parvum*이 우점하는 방향으로 식물플랑크톤 군집 구조를 변화시킬 것이다. *P. parvum*에 의한 타감작용 화합물의 생성은 연안지역에서 본 종의 단일 특이적 대발생을 하도록 하는 가장 중요한 요인들 중 하나인 것으로 보인다.

타감작용이 해초, 해면, 산호들 사이의 경쟁에서 중요한 영향을 미친다는 간접적이고, 실험적인 증거들은 많다. 더구나, 해양 대형저서생물들은 다양하고 독특한 이차 대사물들을 가지고 있는 것으로 보인다. 이 화합물들의 대부분은 실험적 정량분석에서 상당한 생물 활성을 갖고 있다. 그러나 대형저서생물들 사이의 타감작용을 정확하게 증명한 예들은 적다. 예를 들면 생태학적으로 관련된 경쟁자에게 미치는 효과와 화학적 근거의 기작으로 평가되는 연구들이 자연적인 조건에서 평가된 적이 있다. 이런 예들조차도 타감작용 화합물에 의해 영향을 받거나 또는 타감 화학물질의 생산과 방출을 조절하는 생리학적 과정들은 거의 알려져 있지 않다. 화학 생태학 분야인 해양 저서생물의 타감작용은 아직도 많이 연구되지 않았고 새로운 연구자와 흥미로운 발견들을 기대하고 있다.

참고문헌

1) Aceret TL, Sammarco PW, Coll JC (1995a) J Exp Mar Biol Ecol 188: 63-78
2) Aceret TL, Sammarco PW, Coll JC (1995b) Mar Biol 122: 317-323
3) Arzul G, Seguel M, Guzman L, Erard-Le Denn E (1999) J Exp Mar Biol Ecol 232: 285-295
4) Brand LE (1984) Est Coast Shelf Sci 18: 543-556
5) Coll JC, Bowden BF, Tapiolas DM, Dunlap WC (1982) J Exp Mar Biol Ecol 60: 293-299
6) Collins M (1978) Microbiol Rev 42: 725-746
7) Dayton PK (1971) Ecol Monogr 41: 351-389
8) de Nys R, Coll JC, Price IR (1991) Mar Biol 108: 315-320
9) De Ruyter van Steveninck ED, Van Mulekom LL, Breeman AM (1988) J Exp Mar Biol Ecol 115: 169-178
10) Edvardsen B, Paasche E (1998) *The Physiological Ecology of Harmful Algal Blooms, NATO ASI Series*, Vol 41, 193-208.
11) Einhellig FA (1995) *Allelopathy: organisms, processes, and applications*, Vol 582, 1-24.
12) Engel S, Pawlik JR (2000) Mar Ecol Prog Ser 207: 273-281
13) Fistarol GO, Legrand C, Graneli E (2003) Mar Ecol Prog Ser 255: 115-125
14) Fistarol GO, Legrand C, Selander E, Hummert C, Stolte W, Graneli E (2004) Aquat Microb Ecol 35:45-56
15) Goodbody I (1961) Nature 190: 282-283
16) Granéli E, Johansson N (2003) Harmful Algae 2: 1-11
17) Gross EM (2003) Crit Rev Plant Sci 22: 313-339
18) Hagström JA, Graneli E (2005) Harmful algae 4:249-260
19) Hansen PJ (2002) Aquat Microb Ecol 28: 279-288
20) Harper MK, Bugni TS, Copp BR, James RD, Lindsay BS, Richardson AD, Schnabel PC, Tasdemir D, Van Wagoner RM, Verbitski SM, Ireland CM (2001). *Introduction to the chemical ecology of marine natural products*. In JB McClintock, BJ Baker, eds, Marine Chemical Ecology, CRC Press, Boca Raton, Florida, pp. 3-69
21) Holdway PA, Watson RA, Moss B (1978) Freshwater Biol 8: 295-311
22) Hurd CL, Durante KM, Harrison PJ (2000) Phycologia 39: 435-440
23) Igarashi T, Satake M, Yasumoto T (1996) J Am Chem Soc 118: 479-480
24) Jackson JBC (1977) Am Nat 111: 743-767
25) Jackson JBC, Buss LW (1975) PNAS 72: 5160-5163
26) Johansson N, Graneli E (1999) J Exp Mar Biol Ecol 239: 243-258
27) Jompa J, McCook LJ (2003a) Mar Ecol Prog Ser 258: 79-86
28) Jompa J, McCook LJ (2003b) Mar Ecol Prog Ser 258: 87-95
29) Keating KI (1977) Science 196: 885-886
30) Kitteredge JS, Takahashi FT, Lindsey J, Lasker R (1974) Fish Bull 72: 1-11
31) Koh EGL, Sweatmean H (2000) J Exp Mar Biol Ecol 251: 141-160
32) Komarovsky B (1951) Ver Int Ver Theor Angew Limnol 11: 219-223
33) Konig GM, Wright AD, Linden A (1999) Phytochem 52: 1047-1053
34. Kubanek J, Whalen KE, Engel S, Kelly SR, Henkel TP, Fenical W, Pawlik JR (2002) Oecologia 131: 125-136

35) La Barre SC, Coll JC, Sammarco PW (1986) Mar Ecol Prog Ser 28: 147-156
36) Larsen A, Bryant S (1998) Sarsia 83: 409-418
37) Legrand C, Rengefors K, Fistarol GO, Graneli E (2003) Phycologia 42(4): 406-419
38) Leone PA, Bowden BF, Carroll AR, Coll JC (1995) Mar Biol 122: 675-679
39) Lewis WM (Jr) (1986) The American Naturalist 127: 184-194
40) Littler DS, Littler MM (1997) Coral Reefs 16: 168
41) Maestrini SY, Graneli E (1991) Oceanologica Acta 14: 397-413
42) Maida M, Samarco PW, Coll JC (1995a) Mar Ecol Prog Ser 121: 191-202
43) Maida M, Sammarco PW, Coll JC (1995b) Bull Mar Sci 56: 303-311
44) McCook LJ, Jompa J, Diaz-Pulido (2001) Coral Reefs 19: 400-417
45) McCrackan MD, Middaugh RE, Middaugh RS (1979) Hydrobiologia 70: 271-276
46) Moestrup Ø (1994) *The haptophyte algae*, Systematics Association Special Vol 51, 265-285.
47) Molisch H (1937) *Der Einfluss einer Phlanze auf die andere –Allelopathie*. Fischer, Jena
48) Myklestad SM (1977) J Exp Mar Biol 29: 161-179
49) Myklestad SM, Ramlo B, Hestmann S (1995) *Harmful marine algal blooms*, pp. 633-638.
50) Oda T (2003) *Proceedings of the eighth canadian workshop on harmful marine algae*, 89. Canadian Technical Report of Fisheries and Aquatic Sciences 2498
51) Ogata T, Kodama M (1986) Mar Biol 92: 31-34
52) Porter JW, Targett NM (1988) Biol Bull 175: 224-233
53) Pratt DM (1966) Limnol Oceanogr 11: 447-455
54) Romeo JT (2000) J Chem Ecol 26: 2011-2014
55) Sammarco PW, Coll JC, La Barre S (1985) J Exp Mar Biol Ecol 91: 199-215
56) Sammarco PW, Coll JC, La Barre S, Willis B (1983) Coral Reefs 1: 173-178
57) Schmidt LE, Hansen PJ (2001) Mar Ecol Prog Ser 216: 67-81
58) Sharp JH, Underhill PA, Hughes DJ (1979) J Phycol 15: 353-362
59) Shilo M(1967) Bacteriol Rev 31: 180-193
60) Shilo M (1981) *Algal toxins and health*, 37-47.
61) Simonsen S, Moestrup Ø (1997) Can J Bot 75: 129-136
62) Simonsen S, Møller BL, Larsen J, Ravn H (1995) *Harmful Marine Algal Blooms*, 513-517.
63) Skovgaard A, Hansen PJ (2003) Limnol Oceanogr 48(3):1161-1166
64) Skovgaard A, Legrand C, Hansen PJ, Graneli E (2003) Aquat Microb Ecol 31: 259-265
65) Skulberg OM, Aune T, Underdahl B (1993) Vatten 49: 155-160
66) Soeder CJ, Bolze A (1981) Physiol Plant 52: 233-238
67) Steinberg PD, de Nys R, Kjelleberg S (2001) Marine Chemical Ecology. 355-387
68) Sullivan B, Faulkner DJ, Webb L (1983) Science 221: 1175-1176
69) Szmant AM (2001) Coral Reefs 19: 299-302
70) Thacker RW, Becerro MA, Lumbang WA, Paul VJ (1998) Ecology 79: 1740-1750
71) Thompson JE, Walker RP, Faulkner DJ (1985) Mar Biol 88: 11-21
72) Tillmann U (2003) Aquat Microb Ecol 32: 73-84
73) Tillmann U, John U (2002) Mar Ecol Prog Ser 230: 47-58
74) Turon X, Becerro MA, Uriz MJ, Llopis J (1996) Oecologia 108: 351-360
75) von Elert E, Juttner F (1977) Limnol Oceanogr 42: 1796-1802
76) Windust AJ, Wright JLC, McLachlan JL (1996) Mar Biol 126: 19-25

19

CHAPTER

담수생태계에서 타감작용

서론

육상생태계와 같이 수서 서식지에서 1차 생산자들은 영양염, CO_2 그리고 빛과 같은 다른 자원들을 둘러싸고 경쟁을 한다. 이러한 자원들은 소비재이며 이것들을 어떻게 이용하느냐에 따라 전체 생태계의 구조와 조성이 영향을 받는다.

영양염은 서로 직접적으로 인접한 조류와 남세균 사이의 경쟁 및 식물플랑크톤 군집의 구성과 천이에 있어서 중요한 역할을 할 것이다. CO_2는 높은 광합성 활동과 수중에서 확산이 빠르게 감소하기 때문에 종종 수서대형식물 생장 제한요인으로 작용한다.

빛은 모든 광독립영양식물들이 의존하는 가장 중요한 자원이다. 실제 수서대형식물은 질소나 인과 같은 영양소를 침전물로부터 얻기 때문에 영양염보다는 주로 빛의 이용성에 의해 생장이 제한된다. 빛은 항상 수중에서 감소되며 대체될 수 없다. CO_2가 제한될 때 수초나 검정말같은 일부 식물들은 HCO_3^-(중탄산염)을 대체 자원으로 사용하지만, 빛은 다른 자원으로 대체될 수 대체될 수 없는 자원이다. 일부 조류나 남세균은 인을 저장할 수 있지만 빛은 저장되지 않으며, 주변에 빛이 없을 때에는 사용할 수도 없다. 수중의 빛 조건은 매우 독특하며 가장자리와는 극단적으로 다르다. 우선 PAR(광합성 유효광)의 세기는 수심이 증가할수록 지수적으로 감소한다. 빛 세기의 지수적 감소는 정상적인 현상이며 물이 깨끗하고 수심이 얕은 조건이라 할지라도 수표면보다 수심이 깊어질수록 빛 조건은 나빠진다는 것을 의미한다.

빛의 양적 감소 외에도 빛의 질(파장) 역시 변한다. 이러한 현상은 수서광독립영양식물들의 수직 분포를 유도하고 빛이 적은 환경에서 형태적 및 생리적 적응을 통한 진화를 유도한다. 예를 들어, 조류와 남세균은 특별한 색소를 생성하고, 수서대형식물의 특별한 적응은 가늘고 갈라진 잎을 생성하고, 얇은 표피층을 가지거나 표피층에 엽록체의 양을 증가시킨다. 낮은 광보상점 및 호흡률은 수표면에서 조사되

Daniela Erhard

Limnological Institute, University of Konstanz, P.O.Box M659, 78457 Konstanz, Germany.

는 빛의 1~3% 환경에서 효율적인 광합성을 할 수 있게 해준다. 그러나 빛이 경쟁관계의 다른 광독립영양식물에 의해 흡수되어 더욱 감소할 때, 이 식물들의 이와 같은 적응만으로는 충분하지 못할 수도 있다. 빛에 대한 경쟁은 수서 1차 생산자들에게 심각하고, 부정적인 결과를 초래할 것이다. 수중의 식물플랑크톤과 수서대형식물의 잎에 붙어사는 착생식물은 광조건을 더 악화시킨다. 여름철 Leven 호수의 수서대형식물인 가래의 감소는 식물플랑크톤의 증가에 기인한다. 실제로 식물플랑크톤이 최대 밀도에 도달했을 때, 광투과량은 70% 이상 감소한다. 수표면에서 자유롭게 떠다니는 부유생물은 수중에 서식하는 식물에 큰 그늘을 만들며, Den Hartog와 Van der Velde[20]에 의하면 오직 몇 종의 식물(*Potamogeton pecrinatus*, *Elodea nuttallii*, *Ceratophyllum*, *Utricularia*)만이 이러한 음지 조건에서 오랜시간 동안 내성이 있다고 한다. 착생식물은 광조사량을 81% 이상 감소시켜 수서식물의 빛 제한 현상을 야기한다. 이러한 제한적인 요소들 때문에 수서생물은 적은 빛에 대한 현재의 적응을 초월하는 또 다른 적응이 필요하다.

거머리말의 일종인 *Zostera marina*에서 관찰된 빠른 생장은 빛의 제한을 극복하기 위한 대응전략이다. *Z. marina*의 잎은 하루에 6cm 이상 자라며, 최대 광합성이 가능한 일주일 동안 잎을 덮지 않은 상태로 있다. 일부 식물들은 수관(canopy)을 형성하고 이 수관은 식물플랑크톤, 경쟁식물, 저서조류 그리고 남세균에게 빛을 차단한다. 그러나 수관은 빛 차단 뿐만이 아니라 수온 상승 현상도 발생시킨다. 경쟁하는 일차 생산자에 대한 강력한 전략은 조류와 남세균, 고등식물의 성장을 저해하는 화학물질을 배출하는 것이다. 빠른 성장은 완전한 환경에서만 가능하고, 타감작용은 대안적 또는 최소한의 보충작용이다.

수환경에서 타감작용

이러한 배경에서 타감작용이 수서 생태계에서 중요하게 다루어지고 있지만, 오랜 시간 동안 외면되어 왔다. 수서식물들사이의 타감작용을 증명하는 증거는 100년 전부터 존재했고, 초기에는 대부분 자가독성의 상호작용에 대해서 다루어졌다.

수서 일차 생산자 사이의 생화학적 상호작용에 관한 첫번째 보고는 Harder[35]가 남조류인 *Nostoc puncitiforme*의 세포사이 상호 저해작용을 가정한 것이다. 또한 *Chlorella* 배양에서도 유사한 자가 저해가 관찰되었으며, 비슷한 시기에 수생식물과 식물플랑크톤 사이의 상호 저해작용이 관찰되었다. 이러한 현상은 Hasler와 Jones의 메조코좀 실험에서 *Elodea*가 서식하지 않는 연못보다 서식하는 연못에서 식물플랑크톤의 밀도가 더 낮아진 것이 확인되었다. 낮은 식물플랑크톤의 밀도는 *Elodea* 뿐만 아니라 수서대형식물이 우점하는 호수에서도 종종 발견되었다. 그리고 일부 식물은 다른 식물에 비해 부착식물이 덜 덮혀 있었다.

최근에 수서 생태계에서 여러 종류의 미세 혹은 대형식물 사이의 타감작용에 대해 검토 또는 최소한 언급되는 문헌의 수가 증가하고 있고, 이와 같은 것은 수중 타감작용이 과학자들 사이에서 많은 주목을 끌어 왔다는 것을 반영하고 있다. 그리고 최근에 타감작용이 생화학적 및 수학적 모델로 다루어지고 있다. 이것은 타감작용에 대한 관심이 높아졌기 때문이며, 잡초나 조류 대발생을 조절하는 데 타감물질이나 타감식물을 적용 가능하기 때문이다. 이에 따라 많은 수서 일차 생산자들의 타감작용 잠재력이 조사되었고 타감활성이 발견되었다. 그러므로 연구 경향은 현상을 관찰하는 기재적 연구에서 활성 화합물의 분리와 분류에 초점을 둔 분석 연구로 변화되었다. 타감물질은 일부 조류와 대형식물에서 밝혀졌으며, 화학적 특성의 넓은 스펙트럼을 나타내었다. 그 중에는 황 화합물, 지방산 유동체, 폴리아세틸렌과 폴리페놀이 있다. 앞으로 많은 타감작용 연구를 통하여, 여러 종류의 타감활성 이차 대사산물이 발견될 수 있을 것이다.

이 책은 수생식물과 함께 담수 생태계에서 최근 타감작용의 개념을 제공하고, 생태학적 관점에서 타감작용을 논의하고자 하는 것이다. 더불어 타감작용의 효과뿐만 아니라 식물의 이차대사산물의 다른 기능도 제시하였다.

담수생태계에서 타감작용 생물

수서환경에서 대부분의 광독립영양생물들이 타감작용 연구의 대상이지만 가장 많이 조사된 생물은 조류, 남세균 그리고 수생식물이다. 수생식물은 피자식물과 이끼류로 구성되어 있으나 대형조류도 포함되어 있다. 해양 생태계에서는 대형조류가 넓게 분포하는 반면에 담수에는 대형조류가 드물다. 주로 윤조식물인 *Chara*, *Nitella*, *Nitellopsis*속이다. 일부 저자들은 대형식물의 정의 속에 *Cladophora*와 같은 대형 사상 녹조류를 포함시키지만, 이 책에서는 Cook[17]에 의한 담수 대형식물의 정의에 따라 조류로 분류했다.

습지식물도 역시 수서식물이다. 물과 육지의 경계면에서 생장함으로써, 습지식물은 육상식물들과 경쟁하며 특별한 경우에 수서 생태계에서도 나타난다. 습지식물을 고려하면 수서와 육상사이의 상호 타감작용 관계를 구별하기가 쉽지는 않다. 타감작용에 대한 조사는 가장 일반적인 습지식물들(부들, 갈대, 등심초와 같은 정수식물 그리고 동종의 식물들)을 대상으로 한다. 이와 같은 식물들은 이 책에서 수서식물로 간주되는 반면에, 습지에서 볼 수 있지만 일반적으로 수중에서 자라지 않는 잔디, 관목, 양치류는 수서식물에서 제외했다[17].

수생식물

오래 전에 이미 타감작용을 암시하는 첫 관찰이 있었음에도 불구하고 담수식물의 타감작용에 관한 연구는 1980년대에 시작되었다. 그때부터 많은 수서식물들이 타감작용의 잠재력을 가지고 있다는 것을 증명하는 다양한 연구들이 보고되었다. 대부분의 실험에서 표적생물에 대한 식물의 저해효과가 고려되었다.

Elakovich와 Wooten[22)]은 많은 타감종들이 바늘골속(*Eleocharis*)에서 발견된 적이 있다고 보고하였다. *Eleocharis coloradoensis*는 가래(*Potamogeton* spp.)와 나자스말(*Najas guadalupensis*), *Elodea* spp.와 같은 많은 다른 수서식물을 억제시킬 수 있으며, 식물독성 화합물(Dihydroactinidiolide)은 물냉이(*Nasturtium officinale*)의 어린 묘목의 뿌리 신장을 억제하며 무 씨앗의 발아를 저해 시키는 것으로 밝혀졌다[76)]. 이후에 Ashton 등은[7)] 검정말(*Hydrilla verticillata*)과 상추에 대한 *E. coloradoensis*의 배지 배양을 실험하였으며, 타감활성물질(예, 뿌리 생장 억제)이 배지에 존재해야만 한다는 결론을 내렸다. 다른 타감활성을 지닌 바늘골속의 종은 *E. acicularis, E. cellulosa, E. equisetoides, E. flavescens, E. interstincta, E. montana, E. obtusa, E. palustris, E. quadrangulata*와 *E. tuberculosa*이다[22, 78)].

*E. microcarpa*에서 트리히드록시사이클로펜테닐 지방산과 다른 지방산이 타감물질로 밝혀졌다[81)]. 다른 습지지중식물의 타감작용은 Szczepanski[78)]에 의해 연구되었다. 그의 연구에서 가장 활성이 높은 식물은 부들(*Typha latifolia*)로 애기부들(*T. angustifolia*)의 생장을 64%나 억제하였다. 연관된 다른 식물들은 덜 영향을 받았다. 이전에 관찰한 부들은 부들 종의 종자 발아를 억제하는 자가 억제 활성을 나타내었다[52)]. 부들 개체군이 외래 부들 유전자형의 침입을 억제한다는 주장[52)]은 Szczepanski[78)]의 연구결과에 의해 지지를 받았다.

부들은 세 종류의 스테로이드와 세 종류의 지방산을 함유하고 있으며, 그중 하나는 리놀렌산과 알파-리놀렌산으로 일부 대형조류의 생장을 저해한다[4)]. 대부분의 생물들은 알파-리놀렌산에 의해 영향을 받으며, 가장 민감한 생물은 남세균 *Synechococcus leopoliensis*와 *Anabaena flos-aquae*로서 이 두 종은 β-sitosterol을 제외한 모든 화합물에 취약할 수 있다. 다섯 개의 생물활성 화합물이 *T. domingensis*의 친유성 추출물에서 분리되었으며, 그 외에도 세 가지 보통 페놀산과 리놀렌산과 알파-리놀렌산이 포함되어 있다. 두 종류의 지방산 모두 *T. domingensis*의 침출액에서 발견된 것으로 뿌리를 통해 배출된 타감물질이다[27)]. 정수 대형식물에서 이러한 다른 종류의 타감물질이 생장을 저해하는지에 대하여 조사된 적은 없다.

타감작용 활성을 나타내는 지방산과 다른 친유성 타감물질(스테놀, phenylpropanoids, α-asarone)은 조류와 남세균에 대해 가장 활성이 높은 화합물인 α-asarone과 함께 물상추(*Pistia stratiotes*)로부터 추출되었다[6)]. 이 화학물질은 *Selenastrum capricornutum*의 미세구조와 생리적 특징을 변화시켰다[64)].

Elakovich와 Wooten은 수서 및 습식물의 17종류 추출물을 양배추와 좀개구리밥을 대상으로 실험을 하였다. 모든 식물들이 양배추의 묘목 생장을 상당히 억제하였으며 많은 식물들이 좀개구리밥 엽상체의 생장을 저해하였다. 향수련(*Nymphaea odorata*)과 순채수련(*Brasenia schreberi*)은 이 연구에서 가장 활성이 높은 식물로 밝혀졌다. 이보다 더욱 강력한 생장 억제 식물은 개연꽃이다[22]. 개연꽃(*Nuphar lutea*)의 묘목은 타감물질의 역할을 하는 것으로 알려진 레소시놀(resorcinol)을 상당량 배출하지만, 녹조류와 남세균에 대해 저해효과가 없다는 것이 관찰되었다. 대신에 레소시놀(resorcinol)은 동물플랑크톤을 억제하는 효과를 가지고 있었다[77]. 타감 잠재력이 있는 부엽식물은 가래속 수초인 큰가래(*Potamogeton natans*)이다. 본종은 항조류 활성을 가진 diterpene lactones을 함유하고 있다[13, 18]. 그러나 대부분 수서 가래속 수초는 *P. crispus*[56], *P. perfoliatus*와 *P. pectinatus*[46]와 같이 타감작용 활성이 없는 것으로 나타났다.

담수 피자식물 중에 타감작용에 대한 가장 두드러진 예로서는 물수세미(*Myriophyllum*)속이 있다. 타감작용 활성을 위해 실험된 물수세미속 중에 첫 번째 종은 물수세미(*M. verticillatum*)이지만, 그러나 수용성 추출물이 큰 다닥냉이(*Lepidium sativum*)에 적용되었을 때 어떤 효과도 관찰되지 않았다[45]. 효과가 없다는 것은 분석에 사용된 표적종 때문이며 효과가 과소평가되었을 지도 모른다. Aliotta[5] 등은 *Synechococcus leopoliensis*의 생장을 억제하는 물수세미로부터 3종류의 다른 phenylpropanoid glucoside를 추출했다. 주요 화합물의 가수분해물질(gallic, *p*-coumaric, sinapic acid)에 의해 나타나는 상승효과는 생물활성을 높여준다. 유사 화합물은 연관된 종인 이삭물수세미(*M. spicatum*)와 앵무새깃(*M. brasilense*)에 존재한다. 탄닌(Tellimagrandin II)은 주요 타감화합물이다[34, 70]. 이삭물수세미의 타감작용 활성은 이전에 제시되었다. 이삭물수세미는 다른 수서대형식물(*Najas marina*)의 성장을 억제하였지만[3], 추출된 물질은 없다. 이삭물수세미는 몇 가지 공존 분석과 식물 추출물로 조사한 것에서 나타난 것과 같이 조류와 남세균의 생장을 억제하였다[55, 56]. 탄닌은 한천 확산 분석에서 녹조류와 다른 남조류의 발생을 억제하였다[34]. 5 μg(5.3 nmol)의 탄닌은 *Anabaena* sp., *Synechococcus* sp., *Synechocyti s* sp., *Trichormus*(*Anabaena*) *variabilis*와 같은 균주에서는 높은 효과를 나타내었다. *Nannochloris* sp., *Scenedesmus falcatus*와 *Stigeoclonium tenue* 등등은 더 낮은 민감성을 나타내었다. 물수세미 추출물은 *Microcystis aeruginosa*의 생장을 감소시켰고[56], 4가지 생물활성 폴리페놀이 식물 성장 배지에서 발견되었다[57]. 배양배지에서 가수분해 가능한 폴리페놀들을 발견한 Gross 등[34]은 탄닌과 엘라그산(ellagic acid)을 이전에 발견 화합물을 구별하였다. 물수세미(*M. verticillatum*) 타감물질의 작용방법은 잘 분석되어 있으며 영향을 받은 생물의 단일 표적 위치에 제한되어 있지 않았다. 폴리페놀은 단백질과 상호작용을 하며 탄닌(Tellimagrandin

II)은 조류가 합성한 조효소 alkaline phosphatase를 불활성시킨다[34]. 더불어 식물의 추출물과 탄닌은 남세균과 조류의 광계 II에 영향을 미친다는 것을 발견하였고[46, 50] 작용의 부위는 Q_A와 Q_B 사이의 비헴철이온인 것으로 보인다[50]. 이것은 돌말류인 *Nitzchia palea*의 광합성을 저해하는 불안정한 황 화합물이거나 또는 기본요소인 황이 붕어마름으로부터 친유성 용매로 추출되어진 것으로 볼 수 있다[90].

표적종의 광합성 활성을 변화시키는 타감물질을 함유한 다른 수생식물은 붕어마름(*Ceratophyllum demersum*)이다. 붕어마름에서 소수성 용매로 추출된 불안정한 황화합물 또는 기본적인 황은 규조류 *Nitzchia palea*의 광합성을 저해한다. 붕어마름의 수용성 추출물은 자연 식물플랑크톤을 이용한 생장 분석에서 남세균을 녹조류로 천이 시켰으며,[39] 추출물에는 친지질성 황 화합물보다는 타감물질이 더 많이 포함되어 있는 것으로 나타났다. 남세균의 억제는 공존실험[56]과 투석막을 이용한 삼출분석에서 관찰되었다[39]. 광계 II 활성간섭이 식물플랑크톤의 생장을 억제시킨다는 것을 유사실험에서 밝혔다[46]. 이전 결과들은 붕어마름의 추출물과 삼출물에 남세균 억제활성이 있다는 것을 발견한 Gross[30] 등의 최근 연구에서 지지를 받았다. 그들은 주요 억제자를 밝히지 못했지만, 그것들은 더욱 친수성이고 약간의 친유성 화합물이었다. 비록 타감작용 활성이 있지만, 붕어마름속 자체는 타감물질에 의해 영향을 받았을 것이다. 이것은 왜 붕어마름과 *C. muricatum*이 같은 수계에서 검정말과 결코 공존하지 못하는가를 설명하는 것이다. 검정말과 *Hygrorhiza*의 식물 추출물은 붕어마름의 생물량을 매우 감소시키는 반면에, 다른 식물들은 촉진효과를 가지고 있거나 또는 감소효과가 없기 때문이다[48]. 검정말과 같이 *Elodea*는 자라풀과(Hydrocharitaceae)에 속한다.

*Elodea*종은 경쟁력이 높으며 유럽에서 외래침입 신종으로 종종 고유종 수서대형식물을 대체하기도 한다. 타감작용이 이 과정에서 하나의 요소이며, 설명되어야 하지만, *Elodea* spp.는 타감작용 활성으로 화학물질을 합성한다. *E. nuttallii*의 수용성 추출물은 알려진 여러 육상 지표식물의 발아를 저해하였다[23]. *E. nuttallii*의 Methanolic 추출물과 삼출물은 한천 확산 분석과 더불어 지질 배양 실험에서 남세균 억제와 항조류 특성을 나타내었다[24](Erhard and Gross, 준비중). *E. canadensis*는 조류와 남세균에 대해 동일한 타감 잠재력을 가진 것으로 보인다(Erhard and Gross, 준비중). *E. canadensis*의 추출물은 *Nitzchia palea*의 광합성에 영향을 미치지만[88], 불행히도 연구에서 사용된 추출 과정은 보고된 적이 없다. 그러나 광합성 활성에 효과가 없는 것은 Erhard[24]의 연구에 사용된 활성 추출물로 증명되어 질 수 있으며, 이것은 작용의 다른 방법을 제시하고 있다[49].

최근 Gross[30] 등은 처음으로 *Najas marina* spp. *intermedia*에 대한 타감작용 활성을 증명하였다. 그 외에도 *Najas*의 타감작용은 단지 연관된 *N. guadalupensis*와 에 대한 것만 보고되었다[22].

타감물질의 생태적 관계

많은 담수 독립영양식물들은 높은 타감작용 잠재력을 나타내며, 이것은 타감작용이 자연 생태계의 생물군집에 영향을 미침을 시사한다. 그러나 자연에서 타감작용이 정말 중요한지 아닌지에 대한 다양한 의견이 있다. 하나의 가설은 타감작용이 공진화를 하지 않는 식물 사이에서 발생하며 인위적인 집단에서 발생할 가능성이 높다는 것이다(Rabotnov 가설[67, 87]). 이와 같은 상호 타감작용은 새로운 종이 안정된 식물군집에 침입할 때와 같은 특별한 상황에서 제한될 수 있다는 것을 나타낸다[68]. 다시 말해, 타감작용이 모든 식물의 분포를 조절하는 역할을 하는 것으로 생각되며[69] (5장), 조류가 대발생하는 동안에 미세 조절요인으로 작용한다[42]. 수서환경 시스템의 관점에서, 종종 수체가 자연적인지 혹은 인위적이고 교란된 시스템인지를 결정하기가 어렵다. 부영양화와 같은 과정은 남세균 대발생과 함께 호수의 변화를 초래한다. 다른 시스템은 안정화되지 않았기 때문에 공진화가 일어날 가능성이 있다. 그러나 과학자의 세 번째 그룹은 방법론적인 어려움 때문에 그 현상에 대하여 의심을 가진다[66].

타감작용의 작용 여부를 검증하는 연구에서는 다음 6가지 관점이 고려된다: (1) 저해 패턴이 반드시 나타나야 한다. (2) 공격자로 추정되는 식물은 반드시 독성물질을 생산해야 한다. (3) 독성물질은 반드시 환경으로 방출되어야 한다. (4) 이 독성물질은 반드시 환경에서 수송되거나 축적되어야 한다. (5) 표적식물은 반드시 독성물질을 흡수하여야 하며, (6) 저해패턴은 물리적이거나 다른 생물적 요소 하나만으로 설명되어져선 안 된다[87]. 상호 타감작용을 자극하는데도 동일해야 한다. Willis는 아직도 이 기준을 완전히 만족시킨 연구가 있는가에 의문을 가지고 있다. 그들이 단순히 타감물질을 위한 식물을 조사하였을 때, 또는 육상식물을 표적생물로 사용하였을 때, 타감작용 연구의 초반 기준은 1-3번의 관점이지만, 그러나 많은 수생 타감작용 연구는 1번 관점을 충족시키는지 못했다. 인공실험 시스템에서 자연적으로 상호작용하는 생물로 결과들을 이전시키는 것은 어려운 일이다. (1) 이 충족되었음에도 불구하고, 관측된 저해효과는 예상한 바와 같이 타감작용의 결과가 아니라, 영양염의 경쟁 또는 빛을 가림으로 나타나는 결과일 것이다. 이것에 대한 예로서 자라풀과의 *Stratiotes aloides*가 있다. 이 식물에 의해 빛 제한을 받은 수중에서 식물플랑크톤 밀도는 낮아지지만, 이 현상은 타감효과보다 필수 영양분에 대한 경쟁이나 이온 조성의 변화 때문에 초래된 것이라고 제시되었다[10]. 사실은 *Stratiotes*는 물의 칼슘과 칼륨 농도를 감소시키고, 이것에 의해 식물플랑크톤의 개체수도 감소된다[11]. 타감작용의 생태적 관점과 관련되는 다른 측면은 타감물질이 표적생물과 접촉시에 주변의 물에 실제 존재 하는지 아닌지에 대한 의문점이 있다. 최소한의 연구는 이러한 중요한 필요조건을 다룬다. 비록 모든 타감물질은 알려지지 않았지만, 대부분의 연구에서 추출물이 표적생물에 적용됨으로써, 관점(2)가 가장 잘 충족된 척도이다.

잠재적 경쟁자에 대한 활성

많은 타감물질이나 수생식물의 추출물은 무나 양상추 묘와 같은 표준 표적생물을 대상으로 실험되어 왔다. 예를 들어 El-Ghazal와 Riemer[23]는 *Elodea nuttallii*의 추출물을 세 종류의 다른 육상식물 묘목과 상추을 통한 시험과 같이 많은 다른 수생식물에 적용했다[22]. 물론 이러한 실험은 실험 식물들이 확실한 타감작용 잠재력을 가지고 있다는 것을 나타내지만, 생태적 관점에서 이 결과는 의문점도 있다. 수서식물은 자연 서식지에서 절대로 양배추와 경쟁하지 않는다. 이것은 수생 1차 생산자와 같은 서식지의 생물에 대한 식물의 타감작용 잠재력(활성)을 조사하는 것이 타당하다. 수서 타감작용을 고려할 때, 잠재적 표적생물은 조류, 남세균과 수서대형식물이다. 대부분의 조류와 남세균은 배양 수거를 통해 상업적으로 이용할 수 있으며, 자연적으로 출현하는 경쟁자는 없다고 주장하고 있다. 그러나 이러한 배양체는 수생 서식처로부터 유도되었으며, 최소한의 표적생물이 있을 개연성이 있다. 이것은 좀개구리밥(*Lemna*)의 생물분석에서 확인할 수 있다. 인공적 시스템을 나타내며 좀개구리밥을 사용하는 이유는 항상 생태적이 아니라 기술적인 요인 때문이다. 그럼에도 불구하고 좀개구리밥은 수많은 저서생물종에 빛의 제한을 일으키는 것과 같이 잠재적 표적생물이다[20]. 많은 타감작용 연구는 대상 생물의 생태적 배경을 가지고 있지 않아서 결과를 해석할 때 주의가 필요하다. Elakovich와 Wooten[22]은 타감작용 잠재력이 있는 97개 종을 목록으로 작성하였고, 그것 중에 최소한 38종은 서식지가 무관한 생물에 대해 실험되었거나 또는 전혀 수생이 아닌 것도 있다. 가장 많이 사용된 표적식물은 상추로 52회 사용되었다. 다행히도 최근 담수고등식물의 타감작용 연구은 육상식물 대신에 표적생물로서 조류, 남세균 또는 수서대형식물을 고려하였다. Nakai와 그의 동료가 여러 수서식물을 대상으로 한 연구[55, 56]와 가장 최근 붕어마름(*C. demersum*)에 관한 문헌들[30, 46]이 그 예들이다.

타감물질의 배출

실험실 생물분석에서 표적생물에 대한 식물 추출물의 저해효과는 식물의 타감작용 활성에 대해 분명한 증거가 된다. 그러나 그것은 원래 환경에서의 타감작용을 증명하지 못한다. 타감작용은 활성물질이 환경으로 배출되고 표적생물에 도달할 때 자연 시스템에서 단지 연관성이 있다. 추출물이 발견되었던 타감물질을 수중이나 또는 주변의 배양 배지에서 검출하는 것이 필수적이다.

타감물질은 활발하게 분비되거나 수동적 방법으로 방출되며, 예를 들어 식물 조직이나 조류 세포로부터 삼출되는 타감물질은 식물조직에 상처를 주거나, 또는 부패하는 작용을 한다. 이러한 의미로써 공여 생물 근처의 착생식물이나 식물플랑크톤은 문제가 있을 수 있다. 타감물질이 직접적인 세포 간의 접촉으로 전이될 수 있도록 하기 위해, 다른 가능한 타감물질 배출이 세포 표면에 활성물질을 제공하는 것이다. 주로 부착식물이나 생물막을 가진 생물인 저서 남세균은 이것에 의해 영향을 받을 것이다. 그러나 그것은 부착기질로 작용할 수 있는 큐티클이 상당히 부족하기 때문에, 침수식물에서 보편적인 것으로 예측되지 않는다.

조류의 타감효과에 대한 많은 실험에서 추출물 보다 살아있는 세포, 세포가 배제된 배양 배지 또는 호수의 물이 실험 분석에 사용되어 왔다. 아직 많은 물질들이 밝혀지지 않았으나, 타감활성물질은 배지 주변에 배출되며 생태적으로 유의성이 있다. 이것은 수서대형식물에 대한 타감작용의 연구 사례는 아니다. 비록 수서대형식물에 의한 많은 잠재 타감물질이 밝혀졌지만, 타감물질의 방출에 대한 증거는 종종 누락되었다. Wium-Andersen 등[89]은 윤조속(*Chara*)로부터 두 종류의 황 화합물을 발견하였고, 이것은 부착 돌말류 *Nitzchia palea*에 대한 타감작용 활성이 있다고 하였다. 윤조류가 많은 호수와 윤조류가 없는 호수에서의 인과 관련된 생물량의 차이가 없는 것으로 관찰되었기 때문에, 이와 같은 타감물질의 실제 영향은 의심이 된다[26]. 더욱이 윤조류(Charaphytes)를 부착식물이 덮고 있다는 보고는 윤조류에 타감작용이 없다는 것을 제시하는 결과가 된다[26]. *Sium erectum*에서 생성된 소유성 타감물질은 배양 배지에서는 검출되지 않았다[88].

그럼에도 불구하고 상당수의 식생이 있는 서식처에 수생식물이 없는 수계 보다 더 투명하게 관찰된 것은 타감물질이 배출었다는 것을 나타내고 있다. 그리고 또한 윤조류에 대한 논의도 여전히 진행되고 있다[82]. 이런 특별한 사례의 요약도 찾을 수 있다[30]. 이삭물수세미(*M. spicatum*)는 타감물질의 배출이 증명된 유일한 수서대형식물이다. Gross 등[34]은 배양 배지에서 주요 타감물질로서 탄닌(tellimagrandin II)을 발견하였으나, 식물들은 타감작용 활성과 함께 더 많은 페놀 화합물을 배출하는 것 같다[57].

다른 연구들에서 더 많은 침수식물들이 각자의 타감물질을 방출하는 것으로 나타내고 있으나 아직 그것들이 분리되고 밝혀지지 않았다. 투석막을 통한 실험은 붕어마름에 의한 타감물질의 배출을 나타내는 것이다[39, 46]. Gross 등[30]은 붕어마름과 *Najas marina* spp. *intermedia*를 이용해 추출 분석을 하였고 고체상의 추출물을 농축시켰다. 두 식물의 삼출물은 모두 남세균의 생장을 억제 하였다. 물질 분석에 의하면 활성 화합물은 단지 약간의 친유성이지만, 아직 알려지지 않았다. 비슷한 결과는 배양액으로부터 획득할 수 있었으며, 남세균과 부착조류를 억제하는 *Elodea nuttallii*의 추출물은 수서대형식물로부터 이미 추출된 것이다[24](Erhard and Gross, 미발표 자료).

수중내 타감작용관계

수계 시스템에 존재하는 여러 종류의 타감물질은 표적생물에 다양한 효과를 일으키는 여러 작용 방법을 구별할 수 있는 광범위한 증거를 제공한다. 타감물질은 같은 생물체라도 다른 자리를 표적으로 삼는다. 붕어마름의 주요 타감작용 화합물인 탄닌은 두 가지 다른 효과로서 성장 저해를 유도할 수 있다. 그것은 낮은 인 농도의 조건에서 합성되는 많은 조류와 박테리아의 조효소인 alkaline phosphatase[34]를 불활성화시킨다. 타감물질을 통한 억제는 이들 표적생물의 인 공급을 방해하고 조류와 박테리아의 인 제한을 유도한다. 탄닌의 두 번째 표적 위치는 광계 II이다[50]. 타감작용은 하나 또는 몇 가지 물질을 합성함으로써 여러 잠재적 경쟁자들에게 즉시 도달할 수 있도록 기회를 제공한다.

침수식물에 대한 상호 타감작용이 미치는 영향은 매우 클 수 있다. 많은 침수식물들이 낮은 빛 조건에 적응하고 있으나, 부착식물이나 식물플랑크톤에 의한 그늘은 생장 억제를 유도한다. 예를 들어, *Najas marina*는 5μE/s·m^{2}의 매우 낮은 보상점을 가지고 있으나[1], 죽기 전에 종자를 생성하기에는 빛의 세기가 부족하다. Agami 등[2]에 의하면 생식에는 최소한 250μE/s·m^{2}의 광조건이 필요하다고 한다. *Najas*가 일년생 식물이기 때문에, 종자생산은 식물의 종족을 유지하면서 다음 계절로 되돌아가기 위해 필수적이다. 타감작용은 치명적인 음지생성을 막고 대사 활동과 생식에 충분한 에너지를 획득하기 위한 다른 적응일뿐만 아니라 성공적인 특성일수 있다[30]. 만약 타감작용이 수생식물의 경쟁력을 증가시키고 안정적 대형식물 군집을 형성하도록 한다면, 모든 연안지역 군집에 간접적인 영향을 미치는 것으로 예상된다[28]. 수서대형식물은 중요한 일차 생산자뿐만 아니라, 달팽이와 어류, 파충류의 알에 기질을 제공하거나 또는 치어와 무척추동물의 쉼터와 피난처로 이용된다[17]. 밀집된 대형식물의 줄기는 유속과 물의 와류를 낮춰주고[71] 침전물을 안정화시켜주며 그 장소에 저장되어 있는 영양염의 재부상을 감소시킨다. 그래서 식생은 수질에 긍정적 영향을 미치며 영양염 유입 감소는 식물플랑크톤과 부착조류의 음성 피드백을 조절하고 대형식물의 생장을 위한 양적으로 피드백을 한다. 이러한 긍정적 영향 때문에, 타감작용은 얕은 부영양 호수에서 안정적 상태를 변화시키는 모델에서 하나의 중요한 요인으로 고려되었다[73]. 이 모델은 호수에서 수서대형식물이 우점하거나 식물플랑크톤이 우점하는 두 가지 대체가능한 상태 사이에서 서로 전환할 수 있는지를 예측할 수 있다. 한 상태에서 다른 상태로 이동시 역치 값이 극복되어야 한다. 이러한 역치는 부영양화에 따른 조류 생장이나 또는 탁도를 증가시키는 다른 과정의 결과로 빛의 세기는 감소될 수 있다. 그런데 물 속으로 식물에 의한 항조류 화합물의 배출은 식물플랑크톤이 우점되고 대형식물이 쓰러짐으로서 감소될 수 있다[63]. 그러나 자연에는 더 복잡한 상황이 있다. Scheffer 등[73]은 다른 연구자에 의해 제시되었던 고등식물에 대한 조류와 남세균의 타감효과를 고려하지 않았던 것이다.

타감물질의 추가적 기능과 다른 식물의 이차대사물질

광독립영양생물들은 서로 경쟁할뿐만 아니라 많은 소비자들의 영양 공급원이기도 하다. 이것은 육상식물에서 잘 알려져 있다. 반대로 수서 생태계에서 무척추 초식동물들에 의한 대형식물의 생물량 감소와 식물 피해는 무시될 수 있는 수준으로 간주되어 왔다[37, 85]. 그러나 육상 생태계와 같이 수서 생태계의 범위가 넓다는 증거가 있다[59]. 담수 시스템의 무척추 초식동물 중에 인시목(lepidopterans), 바구미(weevils)와 딱정벌레(chrysomelid beetles)는 소비의 가장 직접적인 효과에 대한 가장 좋은 증거를 보여준다. 이 곤충들은 육상 생태계에서 보통의 해충인 초식동물이다. 다른 종류의 식물들사이의 직접 초식에 따른 손실 정도에는 차이가 존재한다. 예를 들어 *Potamogeton* spp.에 비해 *Elodea*가 잎에 대한 소비 선호와 섭식된 잎의 면적이 더 적다[59, 75]. 또한 붕어마름(*Myriophyllum spicatum*)은 초식동물의 선호도가 낮다[75]. 그는 이와 같은 수서대형식물들이 육상식물보다 질소와 단백질 함유량이 더 낮다는 어떠한 증거를 찾지 못하였고 구조적 방어나 물리적 저항 역시 있지 않기 때문에, Newman[59]은 담수 대형식물이 보호를 위해 방어적이거나 억제하는 이차 화합물을 가진다고 결론을 내렸다. 그렇지만 수생식물은 그들의 육상 조상 식물에 비하여 알칼로이드, 페놀산, 폴리페놀, 플라보노이드 등과 같은 이차 대사물질을 덜 가지고 있다[9, 51, 60]. 이 모든 화합물은 육상식물에서 초식동물과 병원체로부터 방어작용을 한다. 더불어 많은 수생식물들의 타감물질이 이들 화합물에 속한다. 이것은 담수 대형식물도 타감물질을 이용해서 실제 보호한다는 것을 의미한다.

담수대형식물을 섭식하는 주요 초식동물은 나방인 *Acentria ephemerella*의 유충이다. 이 유충은 가래속의 수초인 *Potamogeton perfoliatus, P. pectinatus*와 *P. lucens*뿐 아니라 붕어마름(*Ceratophyllum emersum*)과 물수세미(*Myriophyllum spicatum*)를 섭식하는 것으로 알려졌다[32]. 이 연구를 하는 동안, 유충인 *Chara* spp., *Najas marina* spp., *intermedia* 또는 *Elodea nuttallii*에서는 전혀 발견되지 않았다. 먹이 원으로 가래속 수초(*Potamogeton*)를 섭식한 유충은 잘 생장하였지만, 물수세미(*M. spicatum*)를 섭식한 유충은 생장이 더 느렸고 더 작았다[15]. 이것은 물수세미의 높은 폴리페놀 함유량(5~9%)이 수서 나방 유충 *Acentria* 내에 장 박테리아를 억제한 것으로 설명되었다[84].

반면에 물수세미의 생물량은 수서 나방 *Acentria*유충의 초식에 의해 많이 감소되었고, *Elodea* 생물량은 영향을 받지 않았던 것으로 보인다[33]. *Elodea*는 무척추 초식동물을 피할 수 있고[59], 또한 수서 나방 *Acentria*는 선택 실험에서 *Elodea canadensis*보다 물수세미를 더 선호하는 것으로 보고하였다[33]. 최근 실험실의 생장 실험에서 수서 나방 *Acentria*유충이 *Elodea*종인 *E. nuttallii*를 섭식할 때는 잘 자라지 못했지만, 먹이 원으로 *Potamogeton perfoliatus*를 섭식할 때 급격하게 생장하는 것으로 보고되었다(Erhard and Gross, 미발표 자료). 물수세미에 비해 *Elodea* spp.는 탄닌이 더 부족하지만 단순한 페놀산과 플라보노이드를 함유하고 있다[9, 51, 53]. 이러한 화합물이 초식동물에 대해 방어작용을 하는지 아닌지는 조사 중에 있다. 플라보노이드가 초식 달팽이와 올챙이에 대항하는 물고사리 *Azolla pinnata*의 방어물질인지에 대해서도 논의하고 있으며 본 종과 연관된 종 사이의 경쟁에 영향을 미치는 것에 대해서도 논의하고 있다. 공존 생장 실험에서 초식동물이 없을 때, *A. fliculoides*는 *A. pinnata*보다 더 잘 자란다. 달팽이와 올챙이 등 초식동물의 존재 하에 *A. filiculoides*는 선호되는 먹이 원이었으며 *A. pinnata*가 더 잘 자랐다[16]. 이 현상은 *A. filiculoides*에 deoxyanthocyanin의 함유량이 더 적었기 때문이다. 화학적 방어는 대형 섭식자에 대한 큰 대항을 하는 방법이다. 아메리카 삼백초(*Saururus cernuus*)가 생성하는 리그노이드 대사물질 중에 자연 생산물의 복합 혼합물은 많은 수서식물을 큰새우인 *Procambarus clarkii*가 섭식하지 못하도록 한다[47].

결론

타감작용은 육상생태뿐 아니라 수서 생태계에서도 널리 퍼져있는 현상이다. 생장억제 물질의 삼출은 수중 식생에 대한 빛 제한의 유해효과를 회피할 좋은 기회를 제공한다. 알려진 타감물질의 화학적 특성은 종종 그들이 다른 표적에 위치한다는 것을 나타낸다. 특정 화합물은 한 세포내 여러 다른 표적뿐 아니라 다른 생물에 동시에 영향을 미칠 수 있다. 침수식물인 물수세미가 다중 표적의 대표적 예이다. 이것은 광계 II와 조효소 alkaline phosphatase를 억제함으로써 조류와 남세균의 생장을 억제한다. 더구나 같은 타감물질인 탄닌(tellimagrandin II)은 초식동물에 대한 방어 역할을 한다. 타감작용과 섭식 억제는 다른 수서식물에서 관찰될 수 있다. 이것은 식물종과 그들의 경쟁자 사이의 상호작용은 현재 알려진 것보다 훨씬 더 복잡함을 보여주며, 타감작용이 수서 생태를 어떻게 만들어 가는지 이해하기 위해 더 많은 연구가 필요하다.

참고문헌

1) Agami M, Beer S, Waisel Y (1980) Aquat Bot 9: 285-289
2) Agami M, Beer S, Waisel Y (1984) Aquat Bot 19: 45-51
3) Agami M, Waisel Y (1985) Hydrobiologia 126: 169-173
4) Aliotta G, Della Greca M, Monaco P, Pinto G, Pollio A, Previtera L (1990) J Chem Ecol 16: 2637-2646
5) Aliotta G, Molinaro A, Monaco P, Pinto G, Previtera L (1992) Phytochemistry 31: 109-111
6) Aliotta G, Monaco P, Pinto G, Pollio A, Previtera L (1991) J Chem Ecol 17: 2223-2234
7) Ashton FM, Di Tomaso JM, Anderson LWJ (1985) *Biochemical interactions among plants.* 401-414
8) Barko JW, Smart RM (1981) Ecol Monogr 51: 219-235
9) Bate-Smith EC (1968) J Linn Soc (Bot) 60: 325-356
10) Brammer ES (1979) Freshw Biol 9: 233-249
11) Brammer ES, Wetzel RG (1984) Aquat Bot 19: 119-130
12) Bristow JM, Whitcombe M (1971) Am J Bot 58: 8-13
13) Cangiano T, Della Greca M, Fiorentino A, Isidori M, Monaco P, Zarrelli A (2001) Phytochemistry 56: 469-473
14) Carignan R, Kalff J (1980) Science 207: 987-989
15) Choi C, Bareiss C, Walenciak O, Gross EM (2002) J Chem Ecol 28: 2245-2256
16) Cohen MF, Meziane T, Tsuchiya M, Yamasaki H (2002) Aquat Bot 74: 181-187
17) Cook CDK (1974) *Water plants of the world: a manual for the identification of the genera of freshwater macrophytes*.
18) Della Greca M, Fiorentino A, Isidori M, Monaco P, Temussi F, Zarrelli A (2001) Phytochemistry 58: 299-304
19) Della Greca M, Monaco P, Previtera L, Aliotta G, Pinto G, Pollio A (1989) Phytochemistry 28: 2319-2322
20) den Hartog C, van der Velde G (1988) *Vegetation of inland waters*, Vol 15/1, 113-153
21) Elakovich SD, Wooten JW (1989) J Aquat Plant Manage 27: 78-84
22) Elakovich SD, Wooten JW (1995) *Allelopathy: Organisms, processes, and applications*. 58-73
23) El-Ghazal RAK, Riemer DN (1986) J Aquat Plant Manage 24: 76-79
24) Erhard D (2001) Diploma thesis. University of Konstanz, Konstanz
25) Fitzgerald GP (1969) J Phycol 5: 351-359
26) Forsberg C, Kleiven S, Willen T (1990) Aquat Bot 38: 289-294
27) Gallardo-Williams MT, Geiger CL, Pidala JA, Martin DF (2002) Phytochemistry 59: 305-308
28) Gopal B, Goel U (1993) Bot Rev 59: 155-210
29) Gross EM (1999) *Allelochemical interactions*, 179-199
30) Gross EM (2003) Crit Rev Plant Sci 22: 313-339
31) Gross EM, Erhard D, Ivanyi E (2003) Casper Hydrobiologia 506-509: 583-589
32) Gross EM, Feldbaum C, Choi C (2002) Arch Hydrobiol 155: 1-21
33) Gross EM, Johnson RL, Hairston JrNG (2001) Oecologia 127: 105-114
34) Gross EM, Meyer H, Schilling G (1996) Phytochemistry 41: 133-138

35) Harder R (1917) Z Bot 9: 145-242

36) Hasler AD, Jones E (1949) Ecology 30: 359-364

37) Hutchinson GE (1975) *A Treatise on Limnology,* Vol III: *Limnological Botany.*

38) Inderjit Dakshini KMM (1994) Bot Rev 60: 182-196

39) Jasser I (1995) Hydrobiologia 306: 21-32

40) Jeppesen E (1998) *The Ecology of Shallow Lakes –Trophic Interactions in the Pelagial.* Doctor's Dissertation.

41) Jupp BP, Spence DHN (1977) J Ecol 65: 175-186

42) Keating KI (1977) Science 196: 885-887

43) Keating KI (1978) Science 199: 971-973

44) Keating KI (1999) *Principles and practices in plant ecology: Allelochemical interactions.* 165-178

45) Kleiven S, Szczepanska W (1988) Aquat Bot 32: 193-198

46) Körner S, Nicklisch A (2002) J Phycol 38: 862-871

47) Kubanek J, Hay ME, Brown PJ, Lindquist N, Fenical W (2001) Chemoecology 11: 1-8

48) Kulshreshtha M, Gopal B (1983) Aquat Bot 16: 207-209

49) Leu E (2001) University of Freiburg, Freiburg

50) Leu E, Krieger-Liszkay A, Goussias C, Gross Elisabeth M (2002) Plant Physiol 130: 2011-2018

51) McClure JW (1970) *Phytochemical Phylogeny.* Academic Press, London, 233-268

52) McNaughton SJ (1968) Ecology 49: 367-369

53) Mues R (1983) Biochem Syst Ecol 11: 261-265

54) Mukhopadhyay A, Chattopadhyay SK, Tapaswi PK (1998) Math Biosc 149: 167-189

55) Nakai S, Hosomi M, Okada M, Murakami A (1996) Wat Sci Tech 34: 227-235

56) Nakai S, Inoue Y, Hosomi M, Murakami A (1999) Wat Sci Tech 39: 47-53

57) Nakai S, Inoue Y, Hosomi M, Murakami A (2000) Wat Res 34: 3026-3032

58) Neori A, Reddy KR, Ciskova-Koncalova H, Agami M (2000) Bot Rev 66: 350-378

59) Newman RM (1991) J N Am Benthol Soc 10: 89-114

60) Ostrofsky ML, Zettler ER (1986) J Ecol 74: 279-287

61) Ozimek T, van Donk E, Gulati RD (1993) Hydrobiologia 251: 13-18

62) Pflugmacher S (2002) Environ Toxicol 17: 407-413

63) Phillips GL, Eminson D, Moss B (1978) Aquat Bot 4: 103-126

64) Pollio A, Pinto G, Ligrone R, Aliotta G (1993) J Appl Phycol 5: 395-403

65) Pratt R, Fong J (1940) Am J Bot 27: 431-436

66) Qasem JR, Hill TA (1989) Weed Research 29: 345-347

67) Rabotnov TA (1974) *On the allelopathy in the phytocoenoses.* Izv Akad Nauk SSSR, ser Biol 6: 811-820

68) Reigosa MJ, Sanchez-Moreiras A, Gonzalez L (1999) Rev Plant Sci 18: 577-608

69) Rice EL (1984) *Allelopathy*, 2nd ed.

70) Saito K, Matsumoto M, Sekine T, Murakoshi I, Morisaki N, Iwasaki S (1989) J Nat Prod 52: 1221-1226

71) Sand-Jensen K, Pedersen O (1999) Freshw Biol 42: 315-328

72) Sand-Jensen K, Søndergaard M (1981) Int Revue ges Hydrobiol 66: 529-552

73) Scheffer M, Hosper SH, Meijer ML, Moss B, Jeppesen E (1993) TREE 8: 275-279

74) Schreiter T (1928) *Untersuchungen über den Einfluß einer Helodeawucherung auf das*

Netzplankton des Hirschberger Großteiches in Böhmen in den Jahren 1921-1925 incl. Sb. vyzk. Ust. Zemed R.C.S. 61:98 pp.

75) Soszka GJ (1975) Ekol pol 23: 371-391

76) Stevens KL, Merril GB (1980) J Agric Food Chem 28: 644-646

77) Sütfeld R, Petereit F, Nahrstedt A (1996) J Chem Ecol 22: 2221-2231

78) Szczepanski AJ (1977) Aquat Bot 3: 193-197

79) Tilzer M (1983) Limnol Oceanogr 28: 833-846

80) Toetz DW (1974) Ecology 55: 199-201

81) van Aller RT, Pessoney GF, Rogers VA, Watkins EJ, Leggett HG (1985) *Biochemical interactions among plants*. 387-400

82) Van Donk E, Van de Bund WJ (2002) Aquat Bot 72: 261-274

83) Van Vierssen W, Prins TC (1985) Bot 21: 165-179

84) Walenciak O, Zwisler W, Gross EM (2002) J Chem Ecol 28: 2045-2056

85) Wetzel RG (1983) *Limnology*, 2nd ed. Saunders, Philadelphia

86) Wetzel RG (2001) *Limnology - Lake and river ecosystems*, 3rd ed. Academic Press, San Diego

87) Willis RJ (1985) J Hist Biol 18: 71-102

88) Wium-Andersen S (1987) Hydrobiol Beih Ergebn Limnol 27: 167-172

89) Wium-Andersen S, Anthoni U, Christophersen C, Houen G (1982) Oikos 39: 187-190

90) Wium-Andersen S, Anthoni U, Houen G (1983) Phytochemistry 22: 2613

91) Wium-Andersen S, Borum J (1980) Ophelia 19: 49-55

92) Wium-Andersen S, Jorgensen KH, Christophersen C, Anthoni U (1987) Arch Hydrobiol 111: 317-320

20

CHAPTER

숲생태계에서 타감작용

서론

숲생태계는 생물체들의 역동적 활동이 있는 장소이다. 식물, 동물, 미생물 등이 있으며 특히 식물이 우점하고 있고 생물들간에 상호작용을 하며 그들이 사는 토양, 기후, 물, 빛 등의 환경은 생태학적인 순환(탄소, 에너지, 물, 영양분)과 매우 밀접하게 연관되어 있다. 식물은 자원을 얻기 위한 경쟁 관계를 가지고 있고, 이용 가능한 자원의 많은 부분을 획득하기 위해 화학물질을 이용하며 적응하여 왔다. 이런 관계 중 몇몇은 타감 작용을 포함하며, 고등 식물 같은 경우에는 발아 후 위치 이동을 할 수 없기 때문에 자신을 둘러싼 환경에 적응을 한 후 다양한 기작을 통해 자신의 성장을 증진시키고 있다. 이런 기작은 진화의 과정을 통해 획득되었으며 화학물질이 중요한 역할을 한다[54]. 외래식물의 침입, 나무의 재생산, 식물간의 화학 정보, 하층 식물 묘목의 억제, 토양의 물리, 화학, 생물학적 특성의 영향과 중요한 연관이 있으며 많은 연구가 되어왔다[32].

숲생태계에서 식물에 의해 생산되어 환경으로 방출되는 화학물질은 많은 조사가 되어왔는데[25, 27, 30, 60, 63, 75, 77, 80, 81], 특히 하층 식물에 악영향을 주는 나무들이 조명 되었다[46, 48, 49, 58]. 이 책에서는 숲생태계의 다른 생태학적인 전후 사정에 초점을 맞췄다.

외래식물의 침입

*Acacia, Ailanthus, Eucalyptus, Juglans, Leucaena*와 몇몇 *Quercus* 속 식물들의 강한 타감효과는 잘 알려져 있다. 다른 나무들은 앞의 종들 보다 더 깊게 연구되어 왔지만, 중간 정도의 효과를 나타낸다. 대부분 타감작용에는 외래종의 침입 또는 우점

Reigosa MJ and González L

Universidade de Vigo, Edificio de Ciencias Experimentais, As Lagoas-Marcosende, Vigo, E-36310, Spain

종이 되는 과정과 연관이 있다. 그 종들은 원래 서식지에서 경쟁력이 있지는 않다.

타감물질은 2차 대사산물이다. 이런 식물의 2차 산물의 농도와 분포는 중요한 데 그 이유는 경쟁에 필요한 물질이 아니면 생산하지 않기 때문이다[10]. 타감작용은 아마도 나무간의 특정한 경쟁을 위해 발전되어 온 것은 아닐 것이다. 만약, 나무로부터 추출된 2차 산물 대부분이 타감물질이라면 그 나무들은 토착집단의 경쟁에서 효과가 있어야 할 것이다[62, 64].

소개된 종들은 널리 퍼져 있지만, 토착종들이 있는 곳엔 서식하지 않는데, 그 집단의 비어있는 부분만 개척하기 때문이다[21]. 외래 종은 공격적인 침입자로 작용하며 종 다양성을 감소시킨다. 그리고 이런 종들이 어떻게 주변 종들을 제거하고 원래 지역에서 자신 주변에 살던 종들과 공존하는가는, 식물 환경생리학의 종 다양성 시스템에서 매우 중요한 미해결 과제로 남아있다[32].

몇 가지 가설이 이런 문제를 설명하기 위해 제시되었다[67]. 일반적으로 그들 모두는 침입자와 거주집단의 특정한 성질과 연관이 있다[45]. 가장 지지를 받는 가설은 침입하는 식물이 그들을 저지하는 원래 지역의 적으로부터 자유로워지기 때문에 궁극적으로 자원 경쟁에 모든 잠재능력을 사용할 수 있게 된다는 것이다[41]. 가끔 침입종과 거주종 사이에 복잡한 상호작용이 발생하기 때문에[73, 82] 식물의 침입에 대해 실험적으로 검사하거나 검사가 가능한지를 알아보는 연구의 필요성이 대두 되고 있다. 자연의 적으로부터의 탈출, 광범위한 허용이 제한된 자원의 더 효과적인 사용, 잡종강세와 타감 작용[90] 등에 대한 검증이 필요하다.

이런 가설들은 다른 가설들을 부정하지 않는다. 병원체로부터 탈출한다는 설[52], 외래종은 극한의 환경에서 비 침입종에 비해 더 잘 버틸 것[42]이라는 설, 외래종은 완벽한 빛과 영양분의 이용이 가능하기 때문에 더 경쟁적[43]이라는 설, 침입현상과 침입자들이 모체와 다른 종으로 보여지는 현상[20], 몇몇 식물이 생화학적인 물질 방출을 통하여 주변 종들 성장과 발아 저해를 이용한 이익을 얻는 것[6, 32]과 같은 다양한 현상과 긴밀하게 연관되어 있다.

농업생태계에서 타감작용에 중요한 역할을 한다는 더 큰 증거가 있음에도 불구하고[53] 여전히 몇몇 부정적인 견해가 남아 있다. 타감작용의 생태학적 중요성에 대한 평가에 대해 살펴보자. 이상한 타감물질 또는 고농도로 방출되는 화학물질에 의해 토착종의 집단이 파괴되는 것은 외래종이 오랜 시간 함께 구성되어온 토착종들의 공진화된 상호작용을 파괴했음을 의미한다. 만약 타감작용이 토착종의 집단 보다 외래 침입종에서 더 중요하게 작용한다면 토착종들 사이의 상호작용은 자연선택에 의해 형성되었다고 생각할 수 있다. 이런 주장은 자연적인 집단은 단계적으로(진화적인 시간에서) 바뀌고, 어떤 면에서는 기능적으로 구성된 단위로 작용할 수도 있음을 말해준다[86].

타감작용은 빈영양 토양에서 더 강하게 작용하는 것으로 보인다[9, 32, 82]. 이 가설은 타감작용은 이용할 수 있는 자원이 적을 때 자원의 증가를 기다리지 않고, 그 상황에서 외래종에 대한 침입 잠재력을 증가시킨다는 것이다[32]. 이 추정은 몇몇 식물이 침입종이 되어 도입된 지역에 타감물질을 내서 그 지역 종들의 성장과 발아를 저해할 수 있음을 예상할 수 있게 해준다. 하나의 식물에서 다른 개체에게 주는 전체적인 영향은 몇몇 상호작용의 결과이지만, 간섭의 관점에서 보면 외래종의 침입 시 타감작용이 중요한 역할을 하게 됨으로써 경쟁에 대한 균형을 변화시킨다.

숲의 복원

오늘날 환경생리학자들의 가장 큰 목표 중 하나는 자연과 목재삼림의 복원이다. 이런 복원에는 천이의 진행과 나무, 다른 식물사이의 생화학적 상호작용을 포함하는 복잡한 과정의 이해가 요구된다.

관목들은 때때로 빠르게 삼림에 침입하여 산림을 교란시키며[17] 하층 부분에 밀도 있게 성장하여 자연적인 수목의 재생산을 변화시킨다[48]. 이런 작용은 타감작용과 경쟁, 토양 영양의 불균형[49, 76]때문인 것으로 보이지만 이런 숲의 천이과정은 확실하지 않다[17].

보통 철쭉, 국화와 같은 몇몇 하층 식물은 스트레스에 강한 생존력 때문에 목재 채취와 연관되어 교란된 지역에서도 살아남는다. 생태계적인 관점에서 나무의 자연적인 재생산의 실패를 설명하기 위한[49] 다른 기작도 제시되어 왔지만 하층 종들에 의해 방출된 타감물질로 인한 서식지 감소가 지난 몇 년간 가장 중요한 요인으로 지지되어 왔다. 때때로, 이런 저해작용은 심어진 나무 묘목의 성장장애를 나타나게 하며[47, 58] 생태적, 경제적, 사회적으로 중요한 문제가 되기도 한다. 불행하게도 오늘날 숲 관리에 의한 산림 교란에 대한 연구는 일회적이며 일반화하기 어렵다.

공진화는 타감작용에서 역할을 한다[62, 64]. 게다가 유전적, 진화적인 역동성은 아마도 식물 종의 경쟁력 변화를 야기했을 것이다[20, 74]. 관목 삼출액과 부식토의 처리로 인한 발아 지연은 Rabotnov 가설을 지지한다. 만약 우리가 하층목의 생존시스템을 받아들이면 후에 내부의 안정성을 보호하기 위한 나무를 심을 수 있다[51]. 또한 외래 가문비나무의 발아와 뿌리의 성장은 토착 가문비나무보다 자신의 이종감응물질과 부식층에 더 영향을 받는 것으로 보아 타감작용은 공진화의 과정을 통해 형성되었다는 가설을 더 강하게 해준다.

타감작용이 교란 후 숲의 천이에 1차적인 역할을 한다는 것은 확실하지 않다. 몇몇 관목이 수목들 성장에 미치는 악영향은 영양분을 얻기 위한 뿌리 경쟁을 통해서보다 낙엽 추출액을 통한 타감작용에 의해 더 강하게 일어난다[48]. 목재 수확과 불충분한 관리는 오랜 기간 동안 비가역적인 서식처 감소와 함께 하층 종의 지역 점유로, 침엽수림이 철쭉과만 존재하는 황야로 변해버리는 문제를 일으킬 수 있다. 다른 실험은 이런 지역의 나무 제한 현상이 단지 영양분의 부족 때문만은 아닐 수 있다고 말한다[48]. 반대의 견해는 다양한 생태계에서 나무의 존재는 근처 토양에 있는 영양분의 양과 질적인 변화를 바탕으로 한 영양분의 이용가능성 양상이 작은 규모 정도의 영향으로만 미칠 수 있다는 것이다[15]. 이런 효과는 나무마다 낙엽의 양이나 화학조성이 다르기 때문에 종 특이적으로 나타난다. 철쭉과의 낙엽은 페놀류의 물질을 높은 비율로 가지고 있으며, 페놀류 물질은 토양을 통한 식물-식물간의 상호작용 조절에 우세한 역할을 하고, 특히 이 물질들은 유기물의 움직임과 영양분의 순환에 연관되어 있다[55]. 페놀류 물질의 가장 특징적인 성질은 단백질 복합체에 저항하는 능력이며, 이는 영양분의 이용가능성에 변화를 야기한다[31]. 페놀류 물질의 유효한 양은 녹색 잎사귀나 분해중인 낙엽에서 떨어지는 빗물에 녹아 있으므로[25] 영양분 순환에 영향을 미친다. 교란된 숲에서 페놀류 물질과 관련된 중대한 생태학적 문제는 높은 탄소기반의 2차 산물을 가지고 있는 성장이 느린 성장 종이 우점하는 아한대 지방과 같이 특별하게 느린 분해에 의해 질소가 제한된 계에서 특히 관심을 받는다[14]. 그러므로 몇몇 작물과 자연의 숲에서 관찰된 나무묘목의 빈약한 성장은 하층 낙엽에 의한 부정적인 영향과 타감작용, 영양분의 불균형에 의해서 일어난다. 하지만 이런 영향은 실험실에서 개개의 물질이나 토양 시료로 실험되었기 때문에 자연에서처럼 페놀류 물질과 연관된 질소순환이 발견될 수 있을 지는 불분명하다. Castells 등[14]은 타감작용의 효과를 배제할 수 없지만 식물간의 부정적인 상호작용이 잠재적으로 영양분 움직임의 변화에 의해 일어난다는 가설을 제시했다.

숲생태계에서 타감물질은 여러 가지 방법으로 토양에 유출된다. 잔류물의 부패가 대부분이지만 목재를 얻는 숲에서는 나무를 벤 후 남는 그루터기와 뿌리 부분의 생물량이 더 중요하다[12]. 그루터기-뿌리 부분에서 나온 페놀은 나무 종자의 발아와 묘목의 성장에 영향을 주기 때문이다[34].

식물간 화학정보의 교환

식물-식물 신호는 개체간 정보의 흐름이다. 이런 상호작용은 적은 양의 물질이나 에너지 교환을 통해 정보를 가질 수 있다고 생각된다[4]. 보통의 환경 상태를 최대 생장을 할 수 있는 환경으로 개선하기 위해, 생명체는 정보의 장점을 이용할 수 있고[16], 정보의 중요한 형태를 화학적 신호로 구성하였다[7]. 우리는 어떤 식물이 그들 주변의 식물에게 신호를 주는 기작과 그것을 통해 생리학적인 반응을 끌어내는 기작에 대해 생각한다.

식물이 환경자극에 반응하고 벌레나 병원체에 의한 손상을 포함하는 심각한 스트레스 상황에 반응하여 그들 내부의 생리를 어떻게 조절하는가에 대해서는 자세한 정보가 있다[35]. 식물은 그들 자연환경으로부터 많은 상호작용을 받고 종종 진화적인 과정과 2차 대사산물의 증가를 통한 유도 방어 경로로 반응하면서 적응을 증가시킬 수 있지만[56] 많은 2차 대사산물은 그것을 생산한 식물의 적응을 증가시키지는 않는다[23]. 최근의 분석을 보면 어떤 생물학적인 목표나 대부분의 화학물질은 고농도에서 실험하기 전까지는 비활성적이라는 증거를 제공했지만[22], 이는 부적합한 검사 방법론들의 사용에 기인한 것이다. 만약 적절한 목표종이 아닌 생리학적인 한도가 사용되었다면, 매우 높은 빈도의 생물학적인 활성이 관찰되었을 것이다[11]. 주요한 문제는 '생물학적인 활성'이다[23]. 분자적 수준에서 연구가 진행된다면 생물학적 활성은 생물 전체를 연구하는 수준과는 다른 의미를 가진다. 2차 대사산물의 진화는 생태계 수준의 연구에서 이해되는 것이 좋다.

식물이 생태적 이익을 그들과 연관된 토양 미생물로부터 얻는다는 증거들은 매우 잘 정립되어있다. 숲생태계에서 영구적인 조직화는 뿌리와 미생물 간의 의사 소통 능력에 달려있다. 식물과 박테리아, 곰팡이와의 연합은 종종 뿌리 삼출액으로 조절된다[7]. 어떤 단백질이 분비되는 기작은 완벽하게 이해되지 않았지만, 단백질이 뿌리 표피 세포로부터 왕성하게 분비된다는 결과가 계속적으로 제시되어 왔다[24].

식물간의 의사소통은 식물 생존에 필수적인 가소성과 연관되어 있다[4]. 우리는 가소성을 식물에 존재하는 2차 대사산물의 광범위한 안에서 인식할 수 있다. 하지만, 기계론적인 질문과 떨어져서 진화적인 관점에서 왜 식물이 이웃 정보와 물리적, 생물학적 이전의 경험에 영향을 받는 전략(발생학적인 계획의 변화)을 이용하는지에 대한 질문에 대한 답을 찾아야 한다.

하층 묘목의 억제

나무는 더 효과적인 간섭으로 그들의 환경을 변화시킨다. 나무와 subcanopy 종의 자원에 대한 경쟁은 지속된다. 이런 자원의 경쟁에 따라 많은 식물은 다른 종들보다 더 많은 이익을 얻기 위해 화학물질을 이용하는 전략을 취해왔다. 착취적이고 간섭적인 상호작용에서 경쟁은 역동적인 자원을 개척하는 종에서는 검토되지 않고 있다[3]. 이런 면에서 보면 숲의 나무와 하층식물과의 상호작용에서 타감작용의 역할은 매우 흥미롭다.

나무로부터 환경으로 방출된 타감물질은 생태학적으로 성장 지역을 바꾸어[72] 하층의 발전에 영향을 준다. 나무로부터 지상으로 유기 화학물질의 이동 경로는 뿌리 삼출액과 낙엽에서 토양 미생물작용을 통해 일어난다[27].

아래쪽의 타감작용 식물 다양성과 종 풍부도는 피복식물이 없는 인접한 땅보다 상당히 낮다[81]. 몇몇 나무들은 우점 나무 종이나 자연 삼림과 비교하여 하층 식물의 성장이 드물게 나타난다[79, 80]. 나뭇잎이 분해되는 과정에서 생기는 타감작용이 매우 중요한 역할을 할 것으로 생각되며 이 작용이 토양 미생물의 발생[77]과 목표 씨앗의 발아를 저해한다[80].

대부분의 실험과 숲에서의 상호작용은 terpenes, phenolics, alkaloids와 같은 다양한 유형의 유기화합물과 관련되어 있지만[1, 57], 상호작용의 화학적 성질은 매우 복잡하다. 나무로부터 방출된 타감물질이 식물의 성장[18], 물과 미네랄 영양분의 흡수[13], 이온 획득[89], 세포막 투과성과 세포주기[72], 식물과 물의 관계[8], 단백질 생합성[87], 잎 면적의 확장[29], 호흡[2], 그리고 광합성[40]과 같은 많은 다른 생리학적 작용에 영향을 준다는 것이 증명되었다.

대부분의 숲은 목재 생산으로 이용된다. 그런 숲에서 토착 하층 식물 군집의 운명과 일반적인 식물의 다양성은 산림학의 주요 기능이며 그것은 식물의 빠른 분해를 진행시키고[70], 우점종의 극대화를 1차적 목표로 삼는다[83]. 산림학적 실천은 토양의 물리화학적인 상태 또는 생물과 관련되어 토양 용액을 바꿀 수 있고[44], 나무-하층의 타감작용 관계를 변화시킨다. 이것은 만약 우리가 농장의 수입 다양화와 농업에 있어 환경의 영향 감소에 관심이 있다면 염두에 두어야 할 것이다.

토양의 물리, 화학, 생물학적 특성에 대한 영향

나무가 토양에 주는 영향에 대한 우리의 이해는 매우 빈약하다[5]. 상층부는 토양의 구조와 숲의 군집, 토양 환경에 영향을 주는데, 다양한 나무 종을 수관 안에 갖는 것이 매우 중요하다. 토양으로 들어간 2차 대사산물은 비생물적 생물적 토양 작용에 영향을 주고 이것은 다른 식물에게도 영향을 주지만, 직접적인 타감작용과 구분하는 것은 어렵다[37].

식물과 뿌리 사이에는 탄소를 포함하는 화학물질이 이동할 수 있는 거대한 접합 영역이 존재한다[84]. 타감작용은 나무-토양 접합 영역 생태계에 영향을 주고 숲 안 생물체 사이의 관계를 변화시킨다[12].

나무 생태계에서 생성된 뿌리 삼출액의 총 양은 나무 종, 품종, 나이, 스트레스 요소에 따라 다양하다[84]. 나무뿌리는 플라보노이드, 효소, 지방산, 성장조절인자, 뉴클레오티드, 탄닌, 탄수화물, 스테로이드, 터펜류, 알칼로이드, 폴리아세틸렌, 비타민과 같은 고 분자량의 유기물을 배출하며[71], 그것은 생성된 뿌리 분비물을 통해 미생물의 성장과 발생에 적절한 환경을 제공한다[12]. 토양 미소식물상은 생태계의 식물로부터 강한 영향을 받는 것으로 보이고, 타감물질이 직접적으로 미생물 콜로니의 성장에 영향을 준다[66]. 미생물은 그 지역의 타감물질의 총량에 의해 큰 영향을 받는다[63]. 그리고 곰팡이와 박테리아는 삼출액을 비활성화된 형태로 바꾸거나 타감작용 물질을 변형하는 과정을 진행하고 주변 곰팡이의 성장 조절 신호, 자원경쟁에 간접적으로 영향을 끼치는 균뿌리의 감염에 간섭한다[64]. 상호작용은 너무 복잡하기 때문에 일반화 하기 어렵다[59]. 나무 뿌리는 타감작용과 관계 있는 당과 다당, 아미노산, 유기산, 페놀류를 포함하는 저분자 물질도 분비한다[65, 66]. 그래서 뿌리 삼출액은 식물-미생물 숫자와의 관계[38]와 나무 뿌리권의 미생물 군집구조를 결정하는데 중요한 역할을 한다[28].

토양 용액에 도달한 타감물질은 생물적 미생물적 물질과 상호작용하여 그들의 토양환경의 생물 이용가능성 뿐만 아니라, 수송도 조절한다[12]. 이런 타감물질의 작용은 토양의 미소식물상을 변화시키고, 더 나아가 부식과 유기 물질의 미네랄화를 통한 영양분의 상태를 변화시키며, 토양의 유기물질 형성을 통해 영양분의 경합에도 영향을 준다[33].

나무의 조성은 표토의 물리적, 화학적, 생물학적인 특성에 매우 중요한 영향을 준다. 종들의 타감물질의 분비는 물질이나 에너지 유동의 변화를 통해 토양의 성질에 강하게 영향을 주는 잠재력을 가진다[5]. 유기물, 미네랄 표면의 반작용, 이온 교환 수용, 비유기물 이온과 특정 미생물에 미치는 타감물질의 효과를 이해하기 위해서는 더 많은 연구가 필요하다.

참고문헌

1) Abrahim D, Braguini WL, Kelmer-Bracht AM, Ishii-Iwamoto EL (2000) J Chem Ecol 26(3): 611-624.
2) Abrahim D, Takahashi L, Kelmer-Bracht AM, Ishii-Iwamoto EL (2003) Allelopathy J 11: 21-30.
3) Amarasekare P (2002) Pro Roy Soc London 269: 2541-2550.
4) Aphalo PJ, Ballare CL, Scopel AL (1999) J Exp Bot 50(340): 1629-1634.
5) Augusto L, Ranger J, Binkley D, Rothe A (2002) Ann Forest Sci 59: 233-253.
6) Bais HP, Vepachedu R, Gilroy S, Callaway RM, Vivanco JM (2003) Science 301: 1377-1380.
7) Bais HP, Park S-W, Weir TL, Callaway RM, Vivanco JM (2004) Trends Plant Sci 9(1): 26-32.
8) Barkosky RR, Einhellig FA (2003) Bull Acad Sinica 44: 53-58.
9) Belz RG, Hurle K (2004) J Chem Ecol 30(1): 175-198.
10) Berenbaum MR (1995) J Chem Ecol 21:925-941.
11) Berenbaum MR, Zangerl AR (1996) *Recent advances in phytochemistry*. Plenum Press. New York. USA. pp. 1-24.
12) Bertin C, Yang X, Weston LA (2003) Plant and Soil 256: 67-83.
13) Booker FL, Blum U, Fiscus EL (1992) J Exp Bot 93: 649-655.
14) Castells E, Penuelas J, Valentine DW (2003) Plant and Soil 251: 155-166.
15) Chen J, Stark JM (2000) Soil Bio Biochem 32: 47-57.
16) Dick M, Bruin J (2001) Biochemi Syst Ecol 29: 981-994.
17) Duncan RS, Chapman CA (2003) Restoration Ecol 11(2): 198-207.
18) Durán-Serantes B, Gonzalez L, Reigosa MJ (2002) Acta Physiologia Plantarum 24(4): 385-392.
19) El-Khawas SA, Saeta MM (2005) Plants Biotechnology 4(1): 23-34.
20) Ellstrand NC, Schierenbeck KA (2000) PNAS 97: 7043-7050.
21) Elton C (1958) Methuen London, UK.
22) Firn RD, Jones CG (1999) Nature 400: 13-14.
23) Firn RD, Jones CG (2000) Mol Microbiol 37(5): 989-994.
24) Flores HE, Vivanco JM, Loyola-Vargas VM (1999) Trends Plant Sci 4(6): 220-226.
25) Gallet C, Pellissier F (1997) J Chem Ecol 23: 2401-2412.
26) Gallet C, Nilsson MC, Zachrisson O (1999) Plant and Soil 210: 1-9.
27) Gonzalez L, Souto XC, Reigosa MJ (1995) Forest Ecol Manage 77: 53-63. 1995.
28) Grayston SJ, Campbell CD, Vaughan D (1994) *Soil biota: Management in sustainable farming systems*. CSIRO Press, Melburne, Asutralia pp. 155-157.
29) Hane EN, Hamburg SP, Barber AL, Plaut JA (2003) Can J Forest Res 33(5): 814-821.
30) Harris MR, Lamb D, Erskine PD (2003) Aust J Bot 18(51): 93-102
31) Hattenschwiler S, Vitousek PM (2000) Trends Ecol Evol 15: 238-243.
32) Hierro JL, Callaway RM (2003) Plant and Soil 256: 29-39.
33) Hodge A, Robinson D, Fitter AH (2000) Trends Plant Sci 5: 304-308.
34) Huang Z, Liao L, Wang S, Cao G (2000) J Chem Ecol 26(9): 2211-2219.
35) Hunter MD (2000) Agricu Forest Entomol 2: 155-160.
36) Inderjit, Callaway RM (2003) Plant and Soil 256: 1-11.
37) Inderjit, Weiner J (2001) Evol Syst 4(1): 3-12.

38) Inderjit, Weston LA (2003) Root ecology 235-255.
39) Jose S, Gillespie AR (1998) Plant and Soil 203: 191-197.
40) Kagan IA, Rimando AM, Dayan FE (2003) J Agricul Food Chem 51: 7589-7595.
41) Keane RM, Crawley MJ (2002) Trends Ecol Evol 17: 164-170.
42) Kercher SM, Zedler (2004a) Oecologia 138: 455-464.
43) Kercher SM, Zedler (2004b) Aquatic Bot 80: 89-102.
44) Leckie SE, Prescott CE, Grayston SJ (2004) Can J Rorest Res 34(7): 1426-1435.
45) Levine JM, vila M, D'Antonio CM, Dukes JS, Grigulis K, Lavorel S (2003) Series Biology-Science 270:775-781.
46) Mallik AU (1987) Forest Ecol Manage 20: 43-51.
47) Mallik AU (1992) *Allelopathy: basic and applied aspects* 321-340.
48) Mallik AU (2001) Agronomy Journal 93: 92-98.
49) Mallik AU (2003) Cri Rev Plant Sci 22(3-4): 341-366.
50) Mallik AU, Prescot CE (2001) Agronomy Journal 93:85-92.
51) Mallik AU, Pellissier F (2000) J Chem Ecol 26(9): 2197-2209.
52. Mitchel CE, Power AG (2003) Nature 421: 625-627.
53) Narwal SS, Tauro P (1994) *Allelopathy in Agriculture and Forestry.*
54) Nishimura H, Mizutani J (1995) *Allelopathy: organisms, processes and applications*. American Chemical Society, 75-85.
55) Northup RR, Dahlgren RA, McColl JG (1998) Biogeochemistry 42: 189-220.
56) O Reilly-Wapstra JM, McArthur C, Pptts BM (2004) Functional Ecology 18(5): 677-684.
57) Paavolainen L, Kitunen V, Smolander A (1998) Plant and Soil 205(2): 147-154.
58) Pellissier F (1993) Acta Oecologica 14:211-218.
59) Pellissier F, Souto XC (1999) Crit Rev Plant Sci 18: 637-652.
60) Penuelas J, Llusia J (1998) I Biologia Plantarum 41: 130-143.
61) Rawat SMS, Geeta P, Devi P, Joshi RK, Pnade CB, Pant G, Prasad D (1998) Biochem Syst Ecol 26: 13-23.
62) Rabotnov TA (1982) Soviet J Ecol 12: 127-130.
63) Reigosa MJ, Gonzalez L, Souto XC, Pastoriza JE (2000) *Allelopathy in ecological agriculture and forestry* 183-194.
64) Reigosa MJ, Sanchez-Moreiras A, Gonzalez L (1999) Cri Rev Plant Sci 18(5): 577-608.
65) Reigosa MJ, Souto XC, Gonzalez (1999b) Plant Growth Regulation 28: 83-88.
66) Reigosa MJ, Souto XC, Gonzalez L, Bolano JC (1998) Environ Forest Sci 293-300.
67) Rejmanek M (2000) Aust Ecol 25: 497-506.
68) Rich EL (2004) *Investigation of allelopathy in an invasive introduced tree species*, Norway maple (*Acer platanoides* L.).
69) Ridenour WM, Callaway RM (2001) Oecologia 126:444-450.
70) Roth CM, Shroyer JP, Paulsen GM (2000) Agronomy J 92: 855-860.
71) Rovira AD (1969) Bot Rev 35: 35-57.
72) Sanchez-Moreiras A, Gonzalez L, Reigosa MJ (2003) Allelopathy J 11(2): 185-194.
73) Shea K, Chesson P(2002) Trends Ecol Evol 17: 170-176.
74) Siemann E, Rogers WE (2001) Ecology Let 4: 514-518.
75) Sivagurunathan M, Devi GS, Ramasamy K (1997) Allelopathy J 4: 313-320.
76) Smith MW, Cheary BS, Carroll BL (2002) Hort Science 37(7): 1045-1048.

77) Souto XC, Bolano JC, Gonzalez L, Reigosa MJ (2001) Biologia Plantarum 44(2): 269-275.
78) Souto XC, Chiapusio G, Pellissier F (2000) J Chem Ecol 26(9): 2025-2034.
79) Souto XC, Gonzalez L, Pedrol N, Reigosa MJ (1992) Comp Physiol Ecol 18(3): 114-123.
80) Souto XC, Gonzalez L, Reigosa MJ (1994) J Chem Ecol 20(11): 3005-3015.
81) Souto XC, Gonzalez L, Reigosa MJ (1995) Allelopathy J 2(1): 67-78.
82) Suding KN, LeJeune KD, Seastedt TR (2004) Oecologia 141: 526-535.
83) Thomas SC, Halpern CB, Falk DA, Liguori DA, and Austin KA (1999) Ecol Appl 9(3): 864-879.
84) Uren NC (2000) *The rhizosphere: biochemistry and organic substances at the soil-plant interface*, Marcel Dekker, 19-40.
85) Wardle DA, Nilsson M-C, Gallet C, Zackrisson O (1988) Bio Rev 73: 301-319.
86) Wilson DS (1997) Ecology 78: 2018-2024.
87) Wink M (2003) *Allelopathy: chemistry and mode of action of allelochemicals*. 183-200.
88) Wink M, Latz-Bruning B (1995) *Allelopathy: Organisms, Processes and Applications*. American Chemical Society Symposium Series #582, 117-126.
89) Yu JQ, Matsui Y (1997) J Chem Ecol 23(3): 817-827.
90) Zedler JB, Kercher S (2004) Cri Rev Plant Sci 23(5): 431-452.

21

CHAPTER

농업생태계에서 타감작용

서론

타감작용은 작물, 잡초, 나무 사이의 넓은 상호작용에 관여하면서 농업생태계에서 중요한 역할을 한다. 보통 이러한 상호작용을 수용하는 식물에게는 해롭지만 기여 식물에게 상당한 이점을 제공한다. 농업생태계에서 이것은 토양악화의 문제점을 만들거나 작물과 그들의 산출량에 영향을 주는 자가독성을 야기한다. 타감물질은 식물로부터 방출되어 그 잔류물은 토양에 축적되어 더욱 심각한 문제를 야기한다. 그러나 만약 적절하게 관리된다면 타감작용과 타감물질(화학물질이 연관된)은 실용적 제초제와 살충제로 이용될 수 있다. 이들은 오늘날 지속가능한 농업에서 중요한 도구로 나타나고 있다. 이러한 방향에서 덮개, 억제제, 잡초 제거를 위한 녹비작물재배와 같은 수많은 전략이 있고 타감물질을 자연적 제초제와 살충제로 사용하고 있다. 품종선택과 다른 기술을 통한 유전자 이동에 의해 더 나은 경쟁 능력을 가지도록 현재의 작물 품종을 개선하기 위한 노력도 있다. 순수 분리된 타감물질 또는 그들의 변형체는 환경친화적 방식으로 지속 가능한 관리를 위해 직접적으로 농업화합물로 사용될 수 있다.

식물은 이차 대사물질로서 생성된 무수히 많은 화학물질의 저장고이다. 식물 내에서의 생리적 기능과는 별도로 이들은 타감작용을 포함한 식물 식물간 상호작용에도 역할을 한다. 비록 Hans Molish가 1937년에 처음으로 allelopathy라는 단어를 사용했지만 이 현상에 대한 지식은 오래된 것이다. 화학 물질 방출을 통하여 한 식물이 다른 식물을 억제한다는 것과 관련된 많은 문헌들이 있다[28, 38, 132, 171, 195]. 사실 처음 진술은 Theophrastus[171]와 관련이 깊다. 그는 chickpea 식물을 관찰하여 이것이 토양을 고갈시킴으로써 다른 것에게 영향을 준다는 것을 알아내었다. 19세기 초기에 잘 알려진 식물학자인 de Candolle[28]은 몇몇 식물의 뿌리 배출물이 토양 병약화의 원인이 되고 이것은 적합한 작물윤작에 의해 극복될 수 있다는 것을 관찰하였다. 그러나 모든 이러한 언급들은 과학적 증거가 부족한, 계획된 실험이 없는 진술이었

Kohli RK, Batish DR and Singh HP

Centre for Environment, Department of Botany, Punjab University, Chandigarh 160014, India

으며 20세기 초반까지 과학자들의 관심을 끌지 못했다. 이 시기 동안[149, 150] 미국에서 Schreiner와 그의 동료, 영국에서 Pickering과 그의 팀이 실험을 수행하였고 흥미있는 결과를 이끌어냈다[187].

타감작용의 현상이 화학물질을 통해 매개되기 때문에 이것은 일반적으로 allelochemical이나 allelochemics라고 언급된다. 이것들은 자연에서 독성이 있으며 일반적으로 지역화되어 있거나 분비선이나 표피하의 특정 기관에 격리되어 있다[50]. 타감물질은 스며 나오거나 휘발되거나 뿌리에서 삼투, 식물에서 떨어져 죽거나 썩은 부분에서 생물학적 또는 비생물학적인 방법으로 방출된다. 방출되면 그것들은 많은 대사작용, 생리 화학적 작용에 관련된다[54, 143]. 그러나 그들의 독성은 농도, 유동율, 식물의 나이, 대사 단계, 기후나 계절, 환경적 조건에 의존한다[54, 143]. 자연적 조건 아래에서 방출된 타감물질은 시너지 효과를 가지며 복합적 혼합물로써 억제 효과를 나타내므로 억제효과는 개체 억제 수준의 농도에서도 잘 관찰된다[20].

1960년대에 Muller와 그의 동료들은 몇 개의 전형적이고 개척적인 일들을 Californian Chaparral에서 수행하였고 이 분야에 큰 발자국을 남겼다[35, 46, 114, 115, 116]. 그 후에 Elroy Rice가 이 분야에서 선도적인 일을 수행하여 훌륭한 서문으로 남겼다[143, 144]. 현재, 나아진 기술과 방법론, 과학자들 사이의 공동 노력, 적합한 생물적 분석의 이용 결과로 이 분야는 최근 30년동안 급성장하였다. 1980년 이래 타감작용의 과학은 다양한 분야에서 많은 과학자들을 이끌어왔고 많은 연구논문, 보고서, 기사, 총설, 책 등이 출간되었다[93, 161].

농업생태계에서 타감작용

농업생태계는 생태학적 원칙에 의하여 조절되어 왔고 모든 생물학적 요소와 비생물학적 요소가 중요한 역할을 한다. 이러한 생태계는 외부의 유입 또는 비료, 살충제, 동물이나 인간의 노동력, 화석연료와 같은 보조의 에너지에 기반되어 있다. 추가로 보이지 않는 미생물의 다양성도 중요한 역할을 하고 있다. 농업생태계는 고대 단순하고 전통적인 것에서 높은 산출량의 작물 품종, 기회적인 잡초와 해충이 비료와 살충제가 잔존하는 환경으로 진화해왔다[86, 161, 184]. 사실 초기의 타감작용에 대한 몇 개의 보고서는 작물에서 관찰된 것이다[171]. 많은 작물들, 잡초, 나무들이 농업 생태계에서 타감작용의 중요한 역할을 하고 있다[15, 86, 138, 146].

타감작용성 잡초

잡초는 농업생태계에서 내부적이고 생태적인 중요한 요소이다. 하지만 잡초는 대규모의 제거에도 불구하고 진화를 계속해왔고 작물을 위협하고 있다. 사실 잡초는 작물과 공진화해왔다. 그들은 많은 생리학적, 작물학적, 생식적 특성을 가지고 있고 이것이 다른 식물보다 잘 생존하게 만들었다[88]. 농업생태계에서 그들은 작물과 자원을 경쟁하여 작물의 총생산량을 감소시키며 작물의 질에도 해를 끼쳐 경제적 손실의 결과를 가져온다. 작물 총 생산량의 약 12%는 잡초에 의해서 감소된다고 알려져 왔다[9]. 농업생태계에서 발견되는 많은 잡초들이 타감작용 특성을 가진 것으로 알려졌고 이런 특성이 그들을 경쟁적으로 더 강하게 만들고 작물에도 영향을 끼쳤다[86, 135, 184]. Qasem과 Foy는[138] 거의 240종의 잡초가 타감작용을 갖는다고 보고했다.

타감작용을 갖는 여러 잡초중에 *Parthenum hysterophorus*는 보통 congress grass나 ragweed parthenium으로 알려져왔고 인도, 오스트리아나 세계 다른 지역에서 많은 식물에 피해를 끼쳤다[56, 90]. 이들은 공격적인 잡초로 타감작용을 포함하여 빠르게 퍼질 수 있는 여러 특성을 가지고 있다[90]. 이 잡초의 말린 부분까지 포함한 모든 부분은 타감물질의 중요한 역할을 한다[16, 79, 85, 108, 165]. 여기서 타감물질은 작물과 성장 기간 동안 모든 환경과의 경계, 경로, 장소에 존재한다. *P. hysterophorus*의 어떤 타감물질은 수용성 또는 불용성이며 삼출, 미생물의 분해, 뿌리삼출을 통하여 방출된다. 화학적으로 이들은 둘 다 terpenoids 또는 phenolics이다[78, 79, 85]. Sesquiterpene lactones 사이에서 parthenin은 매우 흔하며 많은 양이 발견되고 아마도 trichomes(식물 내 독성을 피하기 위해 모든 잡초에서 발견되는 털 모양 구조) 안에 따로 남아있을 수 있다. 사실 parthenin은 타감작용을 포함하여 잡초에게 여러 특성을 제공하며 다른 잡초의 성장을 억제함으로써 잡초의 관리를 도울 수 있다[14, 16, 164]. 또한 phenolic acids, caffeic, ferulic, *p*-coumaric, *p*-hydroxybenzoic과 anisic acid들이 토양에 함유되어 있다고 보고되었다. 잡초는 인간과 소, 초원의 사료 같은 것에 있어 생리학적, 환경적 문제에 해를 주기도 하고 농업에서 작물 생산량에도 손실을 일으킨다[90].

Ageratum conyzoids L.—보통 billy-goat weed라고 알려진—은 또다른 잡초로 생태계에 골칫거리가 되었다. 이것은 해마다 급속히 퍼지는 잡초이며 열대 아메리카에 자연적으로 있었으나 지금은 인도를 포함해 다양한 동남 아시아까지도 침투했다. 이들은 농경지에서 작물의 성장을 심각하게 저해하여 생산량을 감소시켰다[84]. 또한 옥수수, 밀, 쌀에 영향을 미쳤다. 수용성 추출물은 잎, 줄기, 뿌리 또는 땅위 부분 전체와 잡초의 잔재물에서 유리되어 밀, 무, 겨자와 같은 작물의 발아와 성장을 저해한다[84]. 심지어 *Ageratum*이 자라는 토양에서는 작물에게 독성을 보였는데 이런 잡초로부터 배출된 수용성 phenolic의 존재로 인한 것이다[155]. 잡초의 allelopathic 특성은 phenolics뿐만 아니라 mono-와 sesquiterpenes이 풍부한 휘발성 지질 방출, 수용성 추출물에서 확인된 몇 가지 flavonoids가 관여하였다[94, 95, 121, 155].

타감작용적 농업

많은 작물들은 타감작용 효과를 다른 작물이나 잡초에게 나타내며 게다가 자가독성을 보이기도 한다[15, 160]. 이러한 상호작용 중에 농업생태계에서 작물의 자가독성은 매우 중요하다[15]. 이 문제는 토양의 병약화 또는 토양악화로서 잘 알려져 있다[197]. 작물 자가독성은 작물잔재물을 의도적으로 생산하거나 토양에서 식물독소를 방출하는 오래된 뿌리가 계속적으로 작물에 직접 영향을 주고 미생물 불균형을 야기하며, 토양중 유기물 함량의 변화, 이온의 유출 증가, 영양분 흡수와 부동화를 방해한다[199]. 자가독성이 높게 나타나는 작물로는 벼, 밀, 옥수수, 사탕수수, 알파파, 콩 등과 양배추 당근 수박, 토마토와 같은 채소이다[15, 160, 197]. 작물 자가독성의 문제는 경작이 시행되지 않는 농지에서 더욱 심하다.

게다가 작물의 잔재물은 타감물질을 통하여 다른 작물에도 영향을 준다. 다양한 수용성 또는 불용성 또는 휘발성 식물 독소/타감물질은 작물이나 그의 잔재물을 통해 방출된다[15, 161]. 이들이 토양에 축적되고 다른 작물의 번식체 발아에 영향을 주어 심각한 작물 산출량의 질과 양의 저하를 가져온다[15]. 이러한 이유 때문에 피복작물재배, 동반작물재배, 여러 방식의 혼합재배나 녹비재배와 같은 많은 전통적 경작법은 전적으로 새로이 고안되어야 한다. 게다가 작물은 타감작용을 이용하여 적합한 잡초관리를 통해 성장과 자리를 잡는데 영향을 줄 수 있다[163]. 사실, 많은 작물의 덮개와 억제재, 거름은 순환되거나 또는 미래 잡초관리체계도 점검하여 한다[57].

타감물질의 다양성은 환경에 그들을 방출하는 작물로부터 규명되었다(표 1). 타감물질의 농도는 나이, 품종, 식물의 기관에 따라 다양하며 그들의 양은 다양한 생물적 또는 비생물적 스트레스에 따라 보통 상승한다[54]. 작물에 대한 타감물질의 기작은 그들의 복합적 특성과 기원, 시너지 작용 때문에 이해하기 힘들다[141]. 그러나 sorgoleone(호흡을 억제하고 광합성의 PSII의 억제제로 작용하는)을 가지고 수행한 몇몇 연구가 있었다[63]. 하지만 현대 작물 품종은 타감물질의 양이 야생의 근연종과 함께 존재하는 잡초에 비교하여 낮고 이것은 그들이 방어를 목적으로 화학물을 개발하기 보다는 산출량 증대에 특화되어 있기 때문이다[103]. 따라서 재배를 위한 과정에서 allelopathic을 암호화하는 몇 개의 유용한 유전자들이 제거되었다[57]. 그러나 분자, 유전적 접근과 전통적인 육종기술이 그들의 재도입에 응용되었다. 작물 타감작용은 유용하며, 만약 작물-잡초 방해의 기작이 잘 이해된다면 전통적 실용적 방법들이 되살아나고 잡초의 선택적 관리를 위해 작물의 allelopathic 특성은 더욱 더 개선될 것이다[9, 15, 57].

산림농업에서 타감작용

잡초와 작물뿐만 아니라, 나무들도 다양한 내부적 외부적 산림농업 프로그램 아래

표 1. 타감능과 잡초억제능을 갖는 작물에서 확인된 타감물질

Cover crop	Allelochemicals
Avena sativa L. (Oat)[65, 143]	Scopoletin, Phenolic acids
Brassica sp. (Turnip, Mustard, Radish, Rape etc.)[4, 26]	Glucosinolates and their breakdown products like isothiocyanates, nitriles, epithinitriles, ionic thiocyanates
Fagopyrum esculentum Moench. (Buckwheat)[55, 73, 175]	Fatty acids (Palmitic, Stearic, Arachidic, and Behenic acid), Fagomine, 4-Pipedone and 2-piperdinemethanol
Hordeum vulgare L. (Barley)[67, 100, 101]	Gramine, Hordenine
Ipomoea tricolor Cav. (Pearly Gates Morning glory)[10]	Tricolorin A
Medicago sativa L. (Alfalfa)[47, 64, 109, 110, 180, 192]	Medicarpin, 4-methoxy medicarpin, sativan, 5-methoxy sativan, canavanine, saponins and phenolic acids like ferulic, chlorogenic and salicylic acid
Mucuna pruriens (L.) DC (Velvetbean)[59, 60]	L-DOPA (L-3,4-dihydroxyphenylalanine)
Secale cereale L. (Rye)[12, 36, 129, 152]	2,4-dihydroxy-1,4 (*2H*)-benzoxazin-3-one (DIBOA) and 2(*3H*)-benzoxazolinone (BOA), b-hydroxybutyric acid, b-phenyllactic acid, phenolics acids (ferulic, *p*-hydroxybenzoic, salicylic, *o*-coumaric, and succinic)
Sorghum sp. (Sorghum)[65, 118, 119, 183]	Sorgoleone (*p*-benzoquinone), dhurrin (cyanogenic glycoside), breakdown products such as *p*-hydroxybenzoic acid and *p*-hydroxybenzaldehyde
Trifolium sp. (Clover)[25, 120, 144]	Phenolics acids
Triticum aestivum L. (Wheat)[65, 102, 152, 189]	DIMBOA (2,4-dihydroxy-7- methoxy-1,4-benzoxazin-3-one) and phenolic acids like syringic, vanillic, *trans*-ferulic, *cis*-ferulic, *trans-p*-coumaric, *cis-p*-coumaric, and *p*-hydroxybenzoic acid
Vicia villosa Roth. (Hairy vetch)[59]	Cyanamide

에서 농업에 있어 필수적 부분이다. 사실 산림농업은 다양한 기후 조건에서 시행되고 있다[117, 196]. 여러 연구들은 이러한 시행이 많은 네가티브 상호작용(allelopathic을 포함한)을 통하여 생산성을 증가시키고 토양의 질을 개선하며 소규모 기후와 영양 순환, 토양의 보존, 잡초의 관리, 총체적 지속 가능성의 증가를 보여준다[86, 89, 125, 140]. 산림 농업 프로그램 아래의 80종의 나무들이 타감작용을 보이는 것으로 보고되

어 있다. 이러한 나무들은 *Acacia* spp., *Albizzia lebbeck, Eucalyptus* spp., *Grewia optiva, Glircidea sepium, Leucaena leucocephala, populus deltoides*이고 타감작용의 현상을 통하여 작물의 다양한 역할에 영향을 준다[86, 146, 161]. 대부분의 예에서 나무들의 잔존물이 작물의 입모와 성장을 방해한다. 불행히도 산림농업 시스템에서는 비록 이들이 나무의 성장을 결정하는데 아주 중요하다고 해도, allelopathic 작용에 대해서는 충분하게 설명되어 있지 않다. 예를 들어 *Eucalyptus* sp., *Populus deltoides, Leucaena leucocephala*는 광범위하게 인도의 산림토양에서 자란다. *Eucalyptus* sp.는 빠른 성장 때문에 다양한 환경조건에서 적응성이 강하여 인도를 포함해 세계적으로 상업적 가치가 크다. 그러나 인도에서는 크게 환영을 받지 못하고 있는데 이는 지역의 생태적 환경에 대해 불리하게 작용하기 때문이다.

여러 연구에서 *Eucalyptus*의 단일 재배농장에서는 나무 아래에는 초목이 거의 없는 현상이 나타났다[46, 83]. 타감작용이 이 나무 아래에서 식물 다양성 고갈의 원인이라는 결과도 제시되었다. 마찬가지로 농업생태계에서도 이 나무는 경계를 따라 바람벽이나 쉼터, 또는 적을 막는 것으로 사용되어 나무 근처의 작물 생산량에도 영향을 준다[72, 75, 83, 84, 126, 153].

Kohli와 그의 동료들은 나무 가까이 있는 작물의 입모와 성장에서 상당한 감소가 있다는 사실을 관찰했다. 그들은 *Eucalyptus*의 나무으로부터 남쪽으로 11m에 작물 밀도뿌리와 묘의 길이, 생물량에 상당한 감소를 보였으며 이것은 이 나무의 allelopathic 효과 때문이다[84, 153]라고 하였다. 많은 휘발성과 비휘발성 타감물질이 이 나무로부터 확인되었다[83]. 휘발성 오일에서는 다양한 cineole, limonene, citronellol citronellal grandinol pinene과 같은 monoterpenes들이 규명되었고 다른 작물의 성장과 발아에 있어 심한 독성을 가진 것으로 나타났다[83]. monoterpene이 풍부한 휘발성 오일은 잎을 통해 분산되며 공기보다 무겁기 때문에 아래로 내려가고 토양 입자로 흡수되어 재배에 영향을 준다. 비휘발성 타감물질은 다양한 phenolics acid로 규명되어 특이 나무의 수피(나무껍질)에서 나오는 식물 독소이다[83]. 자연적 조건아래 *Eucalyptus*의 타감물질은 지속적으로 환경에 추가되며 작물을 포함한 다른 식물에 영향을 준다.

포플러는 빠르게 자라는 나무이고 *Eucalyptus*의 논란 이후 인도에서 그 중요성을 알게 되었다. 그러나 다양한 포플러는 작물을 포함한 다른 식물에 allelopathic 효과를 주는 것으로 밝혀졌다[89]. *P. deltoides*의 종은 인도에서 자라며[139, 166, 167] 작물의 수확에 불리한 효과를 나타낸다는 여러 보고들이 있다[84, 154, 166, 167]. 타감작용이 관찰된 불리한 효과의 이유로 페놀류와 살리신을 포함한 많은 타감물질이 수용성 잎 추출물과 나무 아래 토양에서 탐지되었다[154].

*Leucaena leucocephala*의 또 다른 속성은 질소 고정이고 다양한 산림 농업에서 특별히 작물 시스템의 울타리로서 넓은 플랜테이션에서 추천되었다[33]. 그러나 *L.*

*leucocephala*의 플랜테이션은 매우 작은 그늘에서 자라는 식물이다. 이 나무의 잎에서 나오는 수용성 추출물과 토양의 물질은 수수, 잠두, 해바라기와 같은 작물을 포함한 많은 식물 종에 해로운 효과를 주는 것으로 관찰되었다[170]. Singh 등[159]은 나무 아래 지평선 상의 토양으로 뿌리를 덮어주었을 때 옥수수의 성장과 발육이 심하게 영향을 받는 것을 관찰했고 이를 이 식물의 타감작용 효과로 설명하였다. 여기에 관여하는 타감물질은 mimosine—단백질이 아닌 아미노산과 많은 phenolic acid이라는 결과를 보여주었다[33, 97].

앞의 결과들에서는 타감작용(특히 나무)이 산림농업 시스템에 중요한 역할을 한다는 것이 명확해졌다. 그러나 보다 기작이 정확하게 이해되고 화학물의 특성이 분명하게 밝혀지면 이런 기작을 이용하여 효과적으로 잡초, 병원균, 곤충, 기생충의 관리를 통해 작물의 생산성을 강화하는데도 사용될 수 있다[86, 146]. *Eucalypyus*의 휘발성 기름, *Leucaena*의 mimosine과 같은 타감물질은 산림농업에서 잡초를 조절하는데 이용될 수 있다.[86, 87] 그러므로 산림농업은 농업생태계를 보존 가능하게 만들고 적절한 관리와 나무의 성장을 통한 토양질 개선, 수분 보존, 냉각 효과를 줄 수 있다.

농업생태계에서 미생물과 타감작용

미생물은 그들이 특히 페놀류에서 타감물질의 양을 변화시키거나 모양을 바꾸기 때문에 고등 식물의 타감작용 활동에 큰 영향을 준다. 그러나 그들의 역할은 이용가능한 탄소원과 다른 환경적 요인에 의존되어 있다[21]. 미생물은 곁사슬의 추가나 결실, 중합, 다른 유기 분자의 생산, 다른 페놀류 화합물에서 미생물의 생물량으로 탄소의 통합을 통해 타감물질에 영향을 준다[21, 106]. 이러한 결과는 타감물질의 활성 변화를 가져온다. 더 나아가 토양에서 선호되는 탄소원의 이용가능성은 식물- 미생물- 토양 시스템은 물론 타감작용 현상에도 영향을 끼친다[133]. 미생물로부터의 타감물질은 보통 비 특이적이며 몇몇의 일년생이나 다년생 종의 성장을 저해시킨다[39, 69]. 그들은 매우 낮은 농도에서도 효과적이고 예를 들어 cycloheximide는 1μg/L[68]에서 다른 품종에 다양한 성장억제 효과를 나타내었다[7]. 타감물질은 미생물의 성장에 긍정적, 부정적 영향을 주고 간접적으로 토양에서 질소나 인과 같은 영양분의 이용을 방해하기도 한다[9, 21]. 게다가 분해물로부터 토양으로 방출된 페놀류 화합물은 미생물의 불균형을 야기한다[31]. 과수원의 미생물은 자가독성 외에도 새로 나무를 옮겨 심는 문제에도 중요한 역할을 한다. 사과 과수원의 *Penicillium expansum*의 존재는 타감물질의 방출을 촉진한다[17]. 내생근균도 근권 미생물의 변화를 돕고 사과 묘목의 생체량도 증가시킨다[29]. 복숭아 과수원에서는 선형동물이 amygdalin(자가독성과 이식 문제를 야기하는 cynogenic 화학물)의 방출과 가수분해에 중요한 역할을 한다는 것이 알려져 있다. *Asparagus*에서는 이것에서 관찰된 타감물질이 균류 병원균과 함께 질병이 일어날 가능성을 증가시킨다[130].

타감작용을 이용한 지속가능한 농업생태계 보전

피복식물과 질식작물의 이용

무분별한 합성 화학물의 사용이 현대 농업생태계의 질을 악화시키고 있다. 이는 단지 토양 환경에서 잔류 문제일뿐만 아니라 인간 건강에 있어서도 중요하다. 타감작용은 잡초와 해충을 지속가능한 방법으로 관리함으로 인해 자연적 균형을 되찾는데 중요한 역할을 한다[9, 15, 31, 161, 163, 183, 191)]. 잡초를 피복하거나 질식시키는 식물의 이용, 녹비작물의 사용, 해충과 잡초관리에 직접적인 타감물질의 사용과 같은 여러 방법이 제시되고 있다. 일부의 타감작용을 나타내는 중요한 피복식물과 질식식물은 타감물질과 함께 표 1에 나타내었다. 만약 적합하게 조정된다면 이러한 타감작용을 갖는 피복식물이나 질식식물은 잡초종을 농경지에서 상당히 감소시키고 비제초적 방법으로 잡초를 조절하게 할 것이다[15, 163, 183)]. 게다가 피복은 또한 생물량을 증대시키는 데도 도움이 된다. 그러므로 작물 개선을 위한 유전적 접근이 탐구될 것이고 분자마커의 발달이 잡초 억제를 가져오는 타감작용 특성과 함께 피복작물의 육종을 도울 것이다.

잡초관리용 녹비작물

예를 들어 legumes(콩과) cruciferous(십자화과)식물과 같은 녹비작물은 단지 유기물을 추가하여 토양을 개선할 뿐만 아니라 잡초관리의 목적으로도 사용될 수 있다[4)]. 타감작용은 녹비작물을 통한 잡초 억제에 중요한 역할을 한다고 알려져 있다. 콩과와 콩과에 속하지 않는 녹비작물이 둘 다 알려져 있지만 콩과의 식물은 추가적으로 토양에 질소를 공급해준다. 콩과 식물 중 *Trifolium* sp.는 녹비 작물로써 가장 잘 알려져 있다(표 2). 비 콩과 식물에서는 Brassecaceae 과(科) 중 여러 종이 있다. 겨자과 경작지에서 흰색과 노란색 겨자, 갈색/인도 겨자, 유채씨/오일씨, 흑색 겨자와 가든 크레스가 훌륭한 녹비 작물로서 효과적으로 잡초를 조절할 수 있다. 이 기작은 이들 식물들이 휘발성 glucosinolate(겨자과의 2차 대사산물)를 생산하는 한편, 분해되어 isothiocyanates, nitriles, epithinitriles, ionic thiocyanates 등의 물질들이 작용할 수 있다[4, 22)]. 이것들은 아주 흔한 발아 억제제이고 생물학적 제초제로 이용될 가능성이 있다[26, 27, 177)]. 그러나 십자화과 식물의 잡초 억제효과는 목표로 하는 작물의 품종, 씨앗 크기에 따라 결정된다[4)]. 한편 십자화과 식물이 생산하는 glucosinolate의 양도 식물의 종류와 품종에 따라 다양하다[53)].

타감작물 잔재물과 잡초조절

밀, 벼, 수수, 보리, 해바라기와 같은 여러 작물들의 잔재물은 타감작용을 통하여 잡초를 억제한다고 알려져 있다. 토양 표면에서의 작물 잔재물로 멀칭하면 잡초 발생을 억제하여 제초제에 대한 의존을 감소시킨다. 보통 잡초관리에 있어서 작물 잔재물의 효과는 4-6주 후에는 잔재물이 사라지면서 점차 감소된다[82, 168]. Jones 등은 보리, 밀, 유채와 같은 작물의 잔재물은 잡초의 발아, 성장, 생물양을 감소시키는데, 그 효과는 보리가 가장 뛰어났다고 보고했다.

밀 잔재물로 토양을 덮어주면 redroot pigweed, spiny amaranth(*Amaranthus spinosus* L.), tall morningglory(*Ipomoea purpurea* [L.] Roth.)와 그 다음 작기에서 피의 성장을 억제시킨다[6, 11, 172]. 그러나 밀의 잔재물에 의한 잡초 방제효과는 토양을 피복하는 잔재물의 양에 의존한다. 밀 잔재물로 토양의 60%가 덮혀 있으면 다른 계절의 잡초를 억제하는 데 최적의 조건이다[18]. 밀 짚의 멀칭에 의한 잡초의 억제 효과는 간섭적인 타감작용에 기인한다[188]. 그리고 잡초 억제의 효과는 6주간 유지된다[6]. DIMBOA와 phenolic acid와 같은 많은 수의 타감물질들이 밀밭에서 규명되어져 왔다. 마찬가지로 벼의 잔재물이 토양으로 침투되었을때 초본류와 광엽잡초의 발생을 감소시킨다[81, 99]. 벼 잔재물의 억제 효과는 그들로부터 나오는 타감물질의 방출에 기인한 것이다. 벼의 잔재물을 물에 펴지게 하거나, 땅위에 있거나, 물에 잠긴 조건에서 타감물질을 규명하였고[32, 34, 107] 뿌리의 산출물에서는 momilactone이나 phenolic acid를 포함한 많은 수의 타감물질이 규명되었다[80]. 심지어 수수(*Sorghum* spp.) 잔재물도 많은 잡초종의 발생과 성장을 시킨다[30, 71, 127, 134]. 수수(sorghum)의 잔재물에서는 sorgoleone, cyanogenic glycosides-dhurrin과 같은 타감물질이 나와 많은 수의 광엽 화본과 잡초를 방제한다(표 1). 알파파 잔재물과 그들의 수용성 방출물은 많은 수의 초기 광엽 잡초의 발아와 성장을 억제한다[37, 193, 194]. 비록 작물 잔재물이 잡초관

표 2. 잡초억제능을 갖는 녹비작물들

Green Manure Crop	Weeds
Brassica napus[5, 23]	Common lambsquarters (*Chenopodium album* L.), redroot pigweed (*Amaranthus retroflexus* L.), hairy nightshade (*Solanum sarrachoides* Sendtner), longspine sandbur (*Cenchrus longispinus* [Hack.] Fern.), shepherd's purse (*Capsella bursa-pastoris* [L.] edic.), kochia (*Kochia scoparia* [L.] Schrad.) and grassy weeds like barnyard grass (*Echinochloa crus- galli* [L.] P. Beauv.) and green foxtail (*Setaria viridis* [L.] Beauv.)
B. hirta and *B. juncea*[96]	Shepherd's purse, Kochia, redroot pigweed, and green foxtail
B. rapa, B. napus[131]	Scentless mayweed (*Matricaria inodora* L.) and spiny sowthistle (*Sonchus asper* [L.] Hill.)
Trifoliun incarnatum L. and *T. pratense* L.[52, 120, 186]	Common lambsquarters, pitted morning gglory (*Ipomoea lacunosa* L.) and wild mustard (*Sinapis alba* L.)

리 전략으로써 거대한 가능성을 가지지만 그러나 이들로부터 방출된 타감물질은 작물의 성장에도 효과를 준다는 많은 보고들도 있다[15, 143, 144].

제초제로서 고등식물의 타감물질

많은 식물과 미생물에서 발견된 타감물질은 직접적으로 제초제로써 사용될 가능성이 있고 간접적으로 새로운 제초제의 합성을 위한 선구 화합물로 기능할 수 있다[49, 163]. 가장 가능성이 높은 것은 휘발성 monoterpenes, sesquiterpene lactones, benzoxazinones와 sorholeone이다. 이것들 중 monoterpenes은 isoprenoid 고리를 가져서 잡초관리 프로그램에서 광범위하게 탐구되고 있다[156, 158, 162, 176, 163]. Cineoles와 작용기작은 다르지만, sicklepod와 피와 같은 잡초의 발아와 성장을 억제한다[147]. Cineole과 citronellal은 billy goat weed의 발아, 성장, 엽록소 양, 호흡 활동을 억제한다고 보고되었다[162]. Sesquiterpene lactones 중에서는 artimisinin, parthenin과 그 변이체들이 제초제 활성을 가지다고 보여지며 여러 잡초 종에 대해 식물 독성을 나타낸다[16, 41, 164]. Parthenin은 billy goat weed, weld oat hairy beggars tick과 같은 여러 잡초의 성장을 억제한다. Singh 등[164]은 잡초의 성장을 감소시키는 것에 더하여 다양한 거대 분자의 양에 영향을 주고 효소의 활성을 손상시킨다는 것을 보여주었다. 그래서 parthenin은 새로운 제초제의 합성 주형으로 제공될 수 있다.

Benzoxazinoids - DIBOA와 DIMBOA와 같은 고리형 hydroxamic acid는 밀, 옥수수와 같은 곡물 작물에 존재하며 피, 바랭이, 기장과 같은 잡초의 생육을 억제시킨다고 알려져 있다[12]. Sorgoleone은 *Sorghum* 종의 뿌리 삼출물에서 발견되며 benxoquinenes을 가지는 중요한 화학물이다. 이것은 잡초출현 이전과 이후 제초제로써 이용될 수 있고 많은 잡초 종에 대해 식물 독성을 보인다[185].

잡초억제능을 갖는 미생물의 식물독소

병원성과 비 병원성 미생물 둘 다 가능한 제초제의 원천이고 분리된 미생물의 대다수가 이러한 목적으로 선발된다. 미생물 기원의 식물 독소는 숙주 선택성과 비 숙주 선택성을 가진다. 불행히도 이들은 배양 문제와 숙주 특이성 때문에 연구자의 관심이 적다[70, 105, 163]. 몇 개의 제초제 활성을 가지는 미생물 유래 식물 독소의 잠재적인 원천은 *Streptomyces* spp., *Alternaria alternata, Fusarium* spp., *Dreschlera* spp.이다[70]. 제초제 가능성을 가진 미생물 산물의 가장 성공적인 예는 bialaphos와 그것의 분해 산물 또는 *Streptomyces*와 *S. hygroscopicus*에서 생산된 phosphinothricin이다. Bialaphos는 제초제이고 이것은 타겟 종에서 phosphinothricin으로 깨어진다. 단지 L형(phosphinothricin의 자연적 형태) 만 억제제로서 작용한다. Bialaphos와 phosphinothricin 둘 다 짧은 환경에서는 2~3일, 토양에서는 4~7일의 반감기를 가진다. Bialaphos의 제초제 활성은 질소 비료와의 혼합에서 더욱 강화된다. 연구는 phosphinothricin가 유전적 독성, 발암 또는 다른 비 타겟 종에 있어 독성을 가지지 않는다는 것을 보여준다[70]. Bialaphos는 쌍떡잎 식물과 외떡잎 식물의 잡초를 조절하는데 있어 glyphosate보다 빠르지만 paraquat보다는 느리다고 한다[48]. Phosphinothricin의 상업적 제초제 형태는 glufosinate로 알려져 있고 이것은 암모늄염이다. 이것은 여러 회사에 의해 세계적으로 생산되고 판매되며 가장 성공적인 자연적 제초제이다. 자연에서 비 선택적이기 때문에 여러 작물은 이것에 대해 유전자 변화를 통해 저항성이 생겼다. glufosinate를 잡초에 처리하면 약 3-5일 내에 위황병과 시들음증이 발생한다. phosphinothricin은 글루타민 합성효소의 가능한 억제제이다. Bialaphos와 phosphinothricin 둘 다 항생제와 제초제로서 기능을 한다.

수백 개의 가능한 미생물 식물 독소가 특허를 받아왔으나 아직 몇 개만이 포유동물에 대해 독성을 가지고 상업화되어 판매되고 있다. 예를 들어 AAL 독소는 숙주특이적이고 병원성으로 단지 토마토의 열성유전자형만 억제한다고 초기에 알려졌지만 나중에 여러 잡초종에 있어서도 강한 제초 활성을 보이며 효과적임을 발견하였다[1]. 그러나 이것은 동물에게도 독성을 나타내므로 제초제로 사용되지 않는다.

미생물이 아닌 지의류는 usnic acid, anthraquinones 같은 2차 대사물의 원천이다. 이것들은 독특한 화학물로 새로운 분자 타겟 사이트와 제초 활성을 보인다. usnic acid는 HPPD(카르테노이드 효소 생합성)을 억제한다[42]. usnic acid의 시험관 활성은 다른 분자 타겟 사이트보다 우수한 것으로 나타났다. 지의류에서는 비롯된 anthraquinones, emodin, rhodocladonic acid는 식물, 특히 잔디에 대해 높은 활성을 보였다. 이들의 단순한 화학 특성과 쉬운 합성 때문에 이들은 이상적인 새로운 제체제 후보군이다[42].

타감작용과 작물개량

위의 논의로부터 농업생태계에서 작물, 잡초, 나무, 미생물 사이에서 다양한 타감작용의 상호작용이 일어난다는 것이 명확하다. 많은 작물들이 피복/녹비/억제제 작물로 이용되어 잡초를 억제하고 다음 계절의 작물 생산에도 영향을 준다. 작물의 종류와 품종에 따라 타감물질 양이 다르며 잡초에 대해서도 다양한 수준의 선택적 이점을 보인다.

현재 품종의 야생형도 타감물질을 가졌지만 이것은 선택압으로 인해 소실되었다. 그러나 이것은 현대의 DNA 재조합 기술을 사용하여 재도입될 수 있다[163, 191]. 그 결과 야생형과 그 품종은 잡초를 억제하는 능력을 갖는 타감물질의 보유 관점에서 집중적으로 조사 되었다. 이런 일은 주로 벼에서 이루어졌다[163]. 미국에서는 Dilday 등[44]이 110개의 국가에서 모은 17,279 벼 품종의 주요 잡초 억제 능력을 조사하였다. 이들 중에 145 종이 redstem에 대하여, 412 종이 ducksalad에 대해서, 94 종이 피에 대해서 타감작용을 나타냈다. 높은 타감작용을 가진 종은 육종 목적으로 이용되었다. 밀의 수십종들은 특별히 ryegrass 잡초에 대한 활성이 조사되었고 잡초 억제 능력은 특히 페놀산과[190] 같은 타감물질의 양과 연관이 있었다[163]. 마찬가지로 Sorghum에서 sorgoleone 함량을, 보리에서 hordenine과 gramine의 함량이 조사되었다. 다양한 작물의 조사에 기초하여 작물 개선 프로그램은 분자 유전학적 기술을 이용하였지만 allelopathic 특성의 양적 성격과 그들의 유전에 있어 여러 유전자가 관련된 특성으로 인하여 약간의 성공을 거두었다. 이러한 방향에서 Duke 등[51]과 Scheffler 등[148]은 두 가지 접근을 제시하였다. 특정 작물에서 타감작용 가능성을 증가시키고 특정 타감물질을 암호화 하는 유전자의 삽입으로 타감작용을 갖는 형질전환체를 생산하는 것이다. 첫 번째 접근을 위하여 PCR, RFLP, AFLP와 같은 DNA 마커의 도움으로 특별한 유전형이 선택되었다[145]. 이를 통해 벼의 표현형 선택, 유채의 glucosinolate의 생산에 있어서는 성공을 거두었다[173]. 심지어 다양한 식물 유전학과 단백질학 기술이 그들의 잡초 억제 능력을 강화하는데 사용되고 있다[19].

타감작용과 해충관리

잡초관리 외에도 타감작용의 상호작용과 타감물질은 질병, 선충, 균, 곤충과 같은 다양한 해충의 관리에도 사용될 수 있다[40, 144, 146, 161]. 많은 야생 식물들과 잡초 종이 병원성 균에 대하여 항균 활성을 가진다고 보고되었다[2, 136, 137]. 사실, 자연적 식물 생산물과 타감물질은 식물 질병 관리에 환경적으로 지속 가능한 좋은 방법을 제공한다. 타감물질은 타감작용 식물의 잔재물로부터 방출되어 토양 병원균의 발생을 감소시킨다[198]. Gaspar 등[61]은 밀에서 방출되는 triterpenoids와 다른 타감물질이 신호 전달자로 작용하여 식물 방어에 중요한 역할을 한다고 보고했다.

DIMBOA와 DIBOA -밀, 옥수수, 호밀의 타감물질도 곤충, 균, 심지어 세균과 같은 해로운 포식자에 대해서도 중요한 역할을 한다[58]. *Ranunculus asiaticus*와 같은 잡초로부터의 타감물질은 많은 식물 병원균과 세균 종의 성장과 발달을 저해한다[136]. *Brassica* 종은 그들의 항병원균 특성으로 널리 알려져 있는 glucosinolates와 분해 산물의 존재가 토양의 병원성 균류의 성장과 발달을 저해한다. *Brassica* 종의 분해 산물은 자연에서 휘발성이기 때문에 그들은 가능한 생물항균제로 이용될 수 있다[123, 177]. 마찬가지로 alfalfa, 미국자리공의 미성숙 열매, snake bean과 같은 식물 뿌리에 존재하는 saponins은 병원성 균류에 대항하는 항균 특성을 가지고 있다[122, 179]. 마찬가지로 flavonoid의 항균 특성도 많은 씨앗 균류에 대해서 보고되었다[45, 181]. 더 나아가 많은 미생물로부터의 타감작용물질이 병원균에 대항하는 항균 가능성을 가지고 있다[70]. 세균의 이차 대사물은 뿌리의 질병을 억압하는 것으로 알려져 있다. 그러한 대사물을 합성하는 유전자를 DNA 재조합 기술을 통하여 식물로 옮겨 병원균에 대해 자연적 보호를 가지고 환경적으로 안전한 방법인 형질전환 식물체를 만들려는 시도가 있었다[182]. 가장 잘 알려진 인도의 나무인 Neem도 병원균을 죽일 수 있는 azadirachtin과 같은 많은 활성 원리를 가진다[62]. 이것의 씨앗과 씨앗, 열매 추출물, 씨앗 분말, 씨앗 기름은 곰팡이성 병원균의 넓은 범위를 조절하는 것으로 보고되었다[66, 76, 169]. 이것의 잎과 기름 추출물에 대한 물, 에탄올 추출물은 시험관 조건에서 벼의 질병을 야기하는 *Pyricularia oryzae*의 방사성 성장을 상당히 감소시켰고 그 효과는 *in vivo*에서 상업적 살충제 cabendazim의 0.1% 농도였다[8].

타감작용은 해로운 곤충을 조절하는데 이용될 수 있다[9]. 타감물질은 대사 독으로써 또는 곤충에게 먹이 섭취의 방해자로써 해를 준다[24]. 벼의 추출물은 벼멸구 *Nilaparvata lugens*에 대해 활성적이다[200]. Azaderachtin은 거의 300 종의 해충에 대해 효과가 있는 것으로 알려져 있다[43]. 이것은 파지(phage) 산란의 제지물, 방충제, 항 먹이제, 성장지연제와 작용을 한다[151]. 주목할 것은 이것은 인간을 포함하여 온혈동물에게는 상대적으로 독성을 가지지 않는다는 것이다.

마찬가지로 식물로부터의 타감물질은 선충과의 전투에 있어 아주 큰 가능성을 가진다. 이 같은 특성을 가진 식물로는 neem[3], coffea[174], *Leucaena leucocephala*[74], velvet bean[142]을 포함한 몇 개의 중요한 종이 있다. 녹비용 유채, 검은 겨자와 glucosinolates의 추출물(주로 AITC)은 *Meloidogyne chitwoodi, Caenorhabdtis elegans, Heterodera schachtii, H. rostochienses*와 같은 선충 방제에 효과적이라고 보고되었다[98, 111, 112, 177].

결론

위의 논의로부터 작물, 잡초, 나무, 미생물 사이의 타감작용이 농업생태계에서 중요한 역할을 하기 때문에 작물 생산성의 감소, 토양 약화, 종 다양성 소실등이 발생되었다. 그러나 이 기작이 잘 이해된다면 화합물 타감물질은 작물 생산성을 증대시키기 위해 조작되고 활용될 수 있을 것이다. 농업생태계에서 타감작용이 사용되는데 있어 몇가지 주요 접근이 있다.

- 작물 패턴과 경작 실행의 변화, 발산된 생활 순환을 가지는 작물을 선택하고, 선택적 타감작용 가능성을 갖는 잡초의 농경지 검사
- 더많은 타감작용 능력과 함량을 이용한 지속가능한 잡초관리용 피복 및 질식 작물의 육종
- 타감작용성을 갖는 작물의 개발에 대한 분자 유전학적 접근을 통해 사용과 효율을 확장하고[49, 57, 148, 163)] 이런 방향의 노력을 통해 유전자가 이동된 피복 작물을 만들어 제초제의 사용을 감소
- 타감물질을 제초제로서 직접 사용하는 것은 또 다른 유용한 전략이고 이것은 합성 제초제의 사용량을 줄이거나, 대체할 수 있다. 비록 이것은 수익성이 좋은 노력처럼 보여도 많은 어려움이 예상된다. 가장 중요한 사실은 자연에서 얻은 식물은 인간이 합성한 독성 화합물보다는 안전할 것이다는 것이다. 예를 들어 brevitoxin, AAL, *Tagetes*의 자연적 화합물은 비록 잡초 억제 특성을 갖고 있지만 사용이 안전하다. 계속 자연적 식물에 대해 조사가 수행되어야 한다. 더욱이 타감물질의 추출과 분리는 복잡한 일이다. 더 나은 기술에도 불구하고 타감물질에 대한 정보는 비용 발생이 많다. 게다가 타감물질은 반감기가 짧아서 바라는 효과를 얻지 못할 수도 있다. 생물적 분석과 투여 반응 곡선도 필요하다. 그럼에도 불구하고 이러한 문제들은 다양한 분자 유전학 기술을 사용함으로써 해결해 볼 수 있다. 마지막으로 판매, 특허, 지적 재산권의 사용에 있어서 어려움이 있으며 이는 다른 장소에서 가져온 희귀한 생명체의 사용과 이로 인해 거대한 비용이 발생하는 문제도 있다[49)].

참고문헌

1) Abbas HK, Tanaka T Duke SO, Boyette CD (1995) Weed Technol 9: 125-130.
2) Al-Abed AS, Qasem JR, Abu-Blan HA (1993) Dirasat 20: 149-158.
3) Alam MM, Khan AM (1974) Indian J Nemat 4: 239-240.
4) Al-Khatib K, Boydston R (1999) *Allelopathy Update. Vol. 2. Basic and Applied Aspects*, 255-270.
5) Al-Khatib K, Libbey C, Boydston R (1997) Weed Sci 45: 439-445.
6) Alsaadawi IS (2001) J Crop Prod 4(2): 185-196.
7) Alström B (1991) Plant Soil 133: 93-100.
8) Amadioha AC (2000) Crop Prot 19: 287-290.
9) Anaya, AL (1999) Crit Rev Plant Sci 18: 697-739.
10) Anaya AL, Calera MR, Mata R, Pereda-Miranda R (1990) J Chem Ecol 16: 2145-2152.
11) Banks PA, Robinson EL (1980) Weed Sci Soc 33: 286.
12) Barnes JP, Putnam AR (1987) J Chem Ecol 13: 889-906.
13) Barnes JP, Putnam AR, Burke BA, Aasen AJ (1987) Phytochemistry 26: 1385-1390.
14) Batish DR, Kohli RK, Singh HP, Saxena DB (1997) Curr Sci 73: 369-371
15) Batish DR, Singh HP, Kohli RK, Kaur S (2001) J Crop Prod 4: 121-161.
16) Batish DR, Singh HP, Kohli RK, Saxena DB, Kaur S (2002) Environ Exp Bot 47: 149-155.
17) Berestetsky OA (1972) *Physiological-Biochemical Basis of Plant Interactions in Phytocenoses*, Vol 3, 121-124.
18) Bilalis D, Sidiras N, Economou G, Vakali C (2003) J Agron Crop Sci 189: 233-241.
19) Birkett MA, Chamberlain K, Hooper AM, Pickett JA (2001) Plant Soil 232: 31-39.
20) Blum U (1996) J Nematol 28: 259-267.
21) Blum U, Shafer SR, Lehman ME (1999) Crit Rev Plant Sci 18: 673-693.
22) Boydston RA, Al-Khatib K, Hang A, Krishnan G, Nissen S (1994) Weed Sci Soc Am, Abst 34: 89.
23) Boydston RA, Hang A (1995) Weed Technol 9: 669-675.
24) Brattsten LB (1986) *Molecular Aspects of Insect-Plant Interactions*, 211.
25) Breland TA (1996) Nor J Agric Sci 10: 355-362.
26) Brown PD, Morra MJ (1995) J Agric Food Chem 43: 3070-3074.
27) Brown PD, Morra MJ (1999) *Allelopathy Update. Vol. 2. Basic and Applied Aspects*, 65-89.
28) de Candolle MAP (1832) *Physiologie Vegetale*. Tome-III. Béchet Jeune, Lib, Fac. Méd. Paris, 1474-1475.
29) Catska V (1994) Biol Plant 36: 99-104.
30) Cheema ZA, Khaliq A (2000) Agric Ecosyst Environ 79: 105-112.
31) Chou CH (1999) Crit Rev Plant Sci 18: 609-636.
32) Chou CH, Chiang YC, Cheng HH (1981) J Chem Ecol 7: 741-752.
33) Chou CH, Kuo YL (1986) J Chem Ecol 12: 1431-1438.
34) Chou CH, Lin HJ (1976) J Chem Ecol 2: 353-367.
35) Chou CH, Muller CH (1972) Amer Midl Nat 88: 324-347.
36) Chou CH, Patrick ZA (1976) J Chem Ecol 2: 369-387.
37) Chung IM, Miller DA (1995) Agron J 87: 920-925.

38) Culpepper N (1633) *English Physitian and Complete Herball*. Foulsham, London.
39) Cutler HG (1988) Weed Technol 2: 525-532.
40) Cutler HG (1999). *Recent Advances in Allelopathy Vol. 1. A Science for the Future*, 397-414.
41) Dayan FE, Hernández A, Allen SN, Moraes RM, Vroman JA, Avery MA, Duke SO (1999) Phytochemistry 50: 607-614.
42) Dayan FE, Romagni J (2001) *Lichens as a potential source of pesticides*. 229-232.
43) Devakumar C, Parmar BS (1993) *Botanical and Pesticides*, SPS Publication No. 4, pp. 1-73.
44) Dilday RH, Mattice JD, Moldenhauer KA, Yan W (2001) J Crop Prod 4(2): 287-301.
45) Dixon RA (1999). *Comprehensive Natural Products Chemistry*, Vol. 1, 773-823.
46) del Moral R, Muller CH (1969) Amer Midl Nat 83: 254-282.
47) Dornbos DL, Spencer GF, Miller R (1990) Crop Sci 30: 162-166.
48) Duke SO (1986) Rev Weed Sci 2: 15-44.
49) Duke SO, Dayan FE, Rimando AM, Schrader KK, Aliotta G, Oliva A, Romagni JG (2002) Weed Sci 50: 138-151.
50) Duke SO, Rimando AM, Duke MV, Paul RN, Ferreira JES, Smeda RJ (1999) *Biologically Active Natural Products: Agrochemicals*, 127-136.
51) Duke SO, Scheffler BE, Dayan FE, Weston LA, Ota E (2001) Weed Technol 15: 826-834.
52) Dyck E, Liebman M (1994) Plant Soil 167: 227-237.
53) Eberlein CV, Morra MJ, Guttieri MJ, Brown PD, Brown J (1998) Weed Technol 12: 712-718.
54) Einhellig FA (1996) Agron J 88: 886-893.
55) Eskelsen SR, Crabtree GD (1995) Weed Sci 43: 70-74.
56) Evans HC (1997) Biocont News Inform 18: 389-398.
57) Foley MC (1999) J Crop Prod 2: 77-93.
58) Friebe A (2001) J Crop Prod 4(2): 379-400.
59) Fujii Y (1999a) *Biodiversity and Allelopathy: From Organisms to Ecosystems in the Pacific*, pp. 289-300.
60) Fujii Y (1999b) *Biologically Active Natural Products*, 33-48.
61) Gaspar EMMSM, Neves HJC, Pereira MMA (1999) *Biologically Active Natural Products*, pp. 69-80.
62) Ghewande MP (1989) J Agric Sci 59: 133-134.
63) Gonzalez VM, Kazimir J, Nimbal C, Weston LA, Cheniae GM (1997) J Agric Food Chem 45: 1415-1421.
64) Gorski PM, Miersch J, Ploszynski M (1991) J Chem Ecol 17: 1135-1143.
65) Guenzi WD, McCalla TM (1966) Agron J 58: 303-304.
66) Gunasekaran M, Ramadoss N, Ramiajh M, Bhaskaran P, Ramananthan T (1986) Indian Coconut J 17: 7-12.
67) Hanson AD, Traynor PL, Ditz KM, Reicosky DA (1981) Crop Sci 21: 726-730.
68) Heisey RM, Mishra SK, Putnam AR, Miller JR, Whitenack CJ, Keller JE, Huang J (1988) *Biologically Active Natural Products*, 65-78.
69) Hoagland RE (1990) *Microbes and Microbial Products as Herbicides*, 2-52. ACS Symposium Series 439.
70) Hoagland RE (2001) Weed Technol 15: 835-857.
71) Hoffman ML, Weston LA, Snyder JC, Regnier EE (1996) Weed Sci 44: 579-584.
72) Igboanugo ABI (1988) Indian J Agr Sci 58: 317-319.

73) Iqbal Z, Hiradate S, Noda A, Isojima S-I, Fujii Y (2002) Weed Biol Manage 2: 110-115.
74) Jain RK, Hassan M (1985) Indian J Nematol 14: 179-189.
75) Jensen AM (1983) *Shelterbelt Effects in Tropical and Temperate Zones*. IDRC manuscript reports IDRC-MR80-e. Ottawa, Canada
76) Jeyarajan R, Doraiswamy S, Bhaskaran R, Jayaraj S (1987) *Natural Pesticides from the Neem Tree and Other Tropical Plants*, 635-644. GTZ.
77) Jones E, Jessop RS, Sindel BM, Hoult A (1999) *Proceedings* 12th *Australian Weed Conference*, 373-376.
78) Kanchan SD (1975) Curr Sci 44: 358-359.
79) Kanchan SD, Jayachandra (1980) Plant Soil 55: 61-66.
80) Kato-Noguchi H, Ino T, Sata N, Yamamura S (2002) Physiol Plant 115: 401-405.
81) Khan AH, Vaishaya RD (1992) *Proceedings of National Symposium Allelopathy in Agroecosystems*, 59-60.
82) Kimber RWL (1973) Plant Soil 38: 347-361.
83) Kohli RK (1990) *Allelopathic Potential of Eucalyptus*. Project Report, MAB-DOEn Project, India.
84) Kohli RK (1997) *Ageratum Caused Threat to Plant Diversity*. Project Report, MAB-DOEn Project, India.
85) Kohli RK, Batish DR (1994) Trop Ecol 35: 295-307.
86) Kohli RK, Batish D, Singh HP (1998a) J Crop Prod 1: 169-202.
87) Kohli RK, Batish DR, Singh HP (1998b) Crop Prot 17: 119-122
88) Kohli RK, Batish DR, Singh HP (2004) *Handbook of Sustainable Weed Management*, In Press. Haworth Press, Inc, USA,
89) Kohli RK Batish DR, Singh HP, Arora V (2000) *Man and Forests*, 135-154.
90) Kohli RK, Rani D (1994) Res Bull Sci, Panjab Univ 44: 105-149.
91) Kohli RK, Singh D, Verma RC (1990) Agric Ecosyst Environ 33: 23-31.
92) Kohli RK, Singh HP, Batish DR (1997) Indian J For 20:300-304.
93) Kohli RK, Singh HP, Batish DR (2001) *Allelopathy in Agroecosystems*.
94) Kong C, Hu F, Xu T, Lu Y (1999) J Chem Ecol 25: 2347-2356.
95) Kong C, Hu F, Xu X (2002) J Chem Ecol 28: 1173-1182.
96) Krishnan G, Holshouser DL, Nissen SJ (1998). Weed Technol 12: 97-102.
97) Kuo YL, Chou CH, Hu TW (1983) *Allelochemicals and Pheromones*, 107-119. Academia Sinica Monograph Series no. 5.
98) Lazzeri L, Tacconi R, Palmieri S (1993) J Agric Food Chem 41: 825-829.
99) Lin J, Smith RJ Jr, Dilday RH (1992) *Proceedings of 24th Rice Technical Working Group*, 127.
100) Liu DL, Lovett JV (1993a) J Chem Ecol 19: 2217-2230.
101) Liu DL, Lovett JV (1993b) J Chem Ecol 19: 2231-2244.
102) Lodhi MAK, Bilal R, Malik KA (1987). J Chem Ecol 13: 1881-1891.
103) Lovett JV (1985) Papers Proc Royal Soc Tasmania 119: 31-37.
104) Lynch JM (1976) Crit Rev Microbiol 5: 67-107.
105) Mallik MAB (2001) J Crop Prod 4(2): 219-236.
106) Martin JP, Haider K (1976) Soil Sci Soc Am J 40: 377-380.
107) Mattice J, Lavy T, Skulman B, Dilday R (1998) *Allelopathy in Rice - Proceedings of the Workshop on Allelopathy in Rice*, 81-98.

108) Mersie W, Singh M (1987) J Chem Ecol 13: 1739-1747.
109) Miller DA (1983) J Chem Ecol 9: 1059-1072.
110) Miller RW, Kleiman R, Powell RG, Putnam AR (1988) J Nat Prod 51: 328-330.
111) Mojtahedi H, Santo GS, Hang AN, Wilson JH (1991) J Nematol 23: 170-174.
112) Mojtahedi H, Santo GS, Wilson JH, Hang AN (1993) Plant Dis 77: 42-46.
113) Molisch H (1937) *Der Einfluss einer Pflanze auf die andere - Allelopathie*. Fischer, Jena.
114) Muller CH (1965) Bull Torr Bot Club 92: 38-45.
115) Muller CH (1966) Bull Torr Bot Club 93: 332-351.
116) Muller CH, Muller WH, Haines BL (1964) Science 143: 471-473.
117) Nair PKR (1993) *An Introduction to Agroforestry*. Kluwer Academic Publishers, The Netherlands.
118) Netzley DH, Reopel JL, Ejeta G, Butler L (1988) Weed Sci 36: 441-446.
119) Nicollier JF, Pope DF, Thompson AC (1983) J Agric Food Chem 31: 744-748.
120) Ohno T, Doolan K (2001) Appl Soil Ecol 16: 187-192.
121) Okunade AL (2002) Fitoterapia 73: 1-16.
122) Oleszek W (1999) *Recent Advances in Allelopathy Vol. 1. A Science for the Future*, 167-178.
123) Olivier C, Vaughn SF, Mizubuti ESG, Loria R (1999) J Chem Ecol 25: 2687-2701.
124) Omura, S (1986) Microbiol Rev 50: 259-279.
125) Ong CK (1991) *Tree-Crop Interactions*, 1-23.
126) Onyewotu LOZ (1985) *Shelterbelt effects on the yield of agricultural crops: a case study of a semi-arid environment in northern Nigeria*. Centre de Recherches pour le Development Internationale Rapport Manuscript IDRC-MR117ef, Ottawa, Canada.
127) Panasiuk O, Bills DD, Leather GR (1986) *J Chem Ecol* 12:1533-1543.
128) Pandey DK (1996) J Chem Ecol 22: 151-160.
129) Patrick ZA (1971) Soil Sci 111: 13-18.
130) Peirce LC, Colby LW (1987) J Amer Soc Hort Sci 112: 35-40.
131) Petersen J, Belz R, Walker F, Hurle K (2001) Agron J 93: 37-43.
132) Plinius Secundus C (1AD) *Natural History*. 10 Vols. 1938-1963. Translated to English by Rackam H, Jones WHS, Eichholz DE.
133) Pue KJ, Blum U, Gerig TM, Shafer R (1995) J Chem Ecol 21: 833-847.
134) Putnam AR, DeFrank J (1983) Crop Prot 2:173-181.
135) Putnam AR, Weston LA (1986) *The Science of Allelopathy*, 43-56.
136) Qasem JR (1996) Ann Appl Biol 128: 533-540.
137) Qasem JR, Abu Blan HA (1995) Ann Appl Biol 127: 215-219.
138) Qasem JR, Foy CL (2001) J Crop Prod 4: 43-119.
139) Ralhan PK, Singh A, Dhanda RS (1992) Agrofor Syst 19: 217-222.
140) Rao MR, Nair PKR, Ong CK (1997) Agrofor Syst 38: 3-50.
141) Rasmussen DA, Hejl AM, Einhellig FA, Thomas TA (1992) J Chem Ecol 18: 197-207.
142) Reddy KC, Soffes AR, Prine GM, Dunn RA (1986) Agron J 78: 5-10.
143) Rice EL (1984) *Allelopathy* 2nd ed.
144) Rice EL (1995) Biological *Control of Weeds and Plant Diseases - Advances in Applied Allelopathy*.
145) Rimando AM, Olofsdotter M, Dayan FE, Duke SO (2001) Agron J 93: 16-20.
146) Rizvi SJH, Tahir M, Rizvi V, Kohli RK, Ansari A (1999) Crit Rev Plant Sci 18: 773-796.

147) Romagni JG, Allen SN, Dayan FE (2000) J Chem Ecol 26: 303-313.
148) Scheffler BE, Duke SO, Dayan FE, Ota E (2001) Rec Adv Phytochem 35: 257-274.
149) Schreiner O, Reed HS (1907) Bull Torr Bot Club 34: 279-303.
150) Schreiner O, Reed HS (1908) Bot Gaz 45: 73-102.
151) Schumutterer H (ed) (1995) *The Neem Tree.* VCH Verlags-gesellschaft, Weinheim, FRG.
152) Shilling DG, Liebl RA, Worsham AD (1985) *The Chemistry of Allelopathy*, 243-271. ACS Symposium Series 268.
153) Singh D, Kohli RK (1992) Agrofor Syst 20: 253-266.
154) Singh HP (1996) *Phytotoxic Effects of Populus in Natural and Agroecosystems*. Ph.D. Thesis Panjab University, Chandigarh, India.
155) Singh HP, Batish DR, Kaur S, Kohli RK (2003a) J Agron Crop Sci 189: 341-346.
156) Singh HP, Batish DR, Kaur S, Ramezani H, Kohli RK (2002a) Ann Appl Biol 141: 111-116.
157) Singh HP, Batish DR, Kaur S, Ramezani H, Kohli RK (2002b) J Plant Dis Prot XVIII: 607-614.
158) Singh HP, Batish DR, Kaur S, Vaid, S, Kohli RK (2004) J Plant Dis Plant Prot XIX (In Press).
159) Singh HP, Batish DR, Kohli RK (1999a) J Trop For Sci 11: 801-808.
160) Singh HP, Batish DR, Kohli RK (1999b) Crit Rev Plant Sci 18: 757-772.
161) Singh HP, Batish DR, Kohli RK (2001) J Crop Prod 4(2): 1-41.
162) Singh HP, Batish DR, Kohli RK (2002c) Crop Prot 21: 347-350.
163) Singh HP, Batish DR, Kohli RK (2003b) Crit Rev Plant Sci 22: 239-311.
164) Singh HP, Batish DR, Kohli RK, Saxena DB, Arora V (2002d) J Chem Ecol 28: 2169-2179.
165) Singh HP, Batish DR, Pandher JK, Kohli RK (2003c) Agric Ecosyst Environ 95: 537-541.
166) Singh HP, Kohli RK Batish DR (1998) Agrofor Syst 40: 207-213.
167) Singh HP, Kohli RK Batish DR (1999c) Int Tree Crops J 10: 51-60.
168) Smeda RJ, Weller SC (1996) Weed Sci 44: 596-602.
169) Srivastava KK, Gupta PK, Tripathi YC, Sarvate R (1997) Ind For 122: 157-161.
170) Suresh KK, Rai RSV (1987) Int Tree Crops J 4: 109-115.
171) Theophrastus (ca 300BC) *Enquiry into Plants and Minor Works on Odours and Weather Signs*. 2 Vols. Translated to English by Hort A, Heinemann W. London, 1916.
172) Thilsted DE, Murray BS (1980) *Effect of wheat straw on weed control in no-tillage soybeans*. Proc South Weed Sci Soc 33: 42.
173) Toroser D, Thormann CE, Osborn TC, Mithen R (1995) Theor Appl Gen 91: 802-808.
174) Tronocorn NM, Ferraz S, Santos JM, Regazzy AJ (1986) Nematol Brasil 10: 85-102.
175) Tsuzuki E, Yamamoto Y, Shimizu T (1987) Ann Bot 60: 69-70.
176) Vaughan SF, Spencer GF (1993) Weed Sci 41: 114-119.
177) Vaughn SF (1999) *Biologically Active Natural Products: Agrochemicals*, pp. 81-94. CRC Press, Boca Raton, USA.
178) Vaughn SF, Boydston RA (1997) J Chem Ecol 23: 2107-2116.
179) Waller GR (1999) *Biologically Active Natural Products: Agrochemicals*, 243-274.
180) Waller GR, Jurzysta M, Thorne RLZ (1995) Allelopathy J 2: 21-30.
181) Weidenborner M, Hindorf H, Weltzien HC, Jha HC (1992) Seed Sci Technol 20: 447.
182) Weller DM, Thomashow LS (1999) *Recent Advances in Allelopathy Vol. 1. A Science for the Future*, 415-422.
183) Weston LA (1996) Agron J 88: 860-866.

184) Weston LA, Duke SO (2003) Crit Rev Plant Sci 22: 367-389.
185) Weston LA, Czarnota MA (2001) J Crop Prod 4(2): 363-377.
186) White RH, Worsham AD, Blum U (1989) Weed Sci 37: 674-679.
187) Willis RJ (1997) Allelopathy J 4: 7-56.
188) Worsham AD (1984) Crops and Soils 37: 18-20.
189) Wu H, Haig T, Pratley J, Lemerle D, An M (2000) J Chem Ecol 26: 2141-2154.
190) Wu H, Haig T, Pratley J, Lemerle D, An M (2002) J Agric Food Chem 50: 4567-4571.
191) Wu H, Pratley J, Lemerle D, Haig T (1999) Weed Res 39: 171-180.
192) Wyman-Simpson CL, Waller GR, Jurzysta M, McPherson JK, Young CC (1991) Plant Soil 135: 83-94.
193) Xuan TD, Tsuzuki E, Terao H, Mitsuo M, Khanh TD, Murayama S, Hong NH (2003) Weed Biol Manage 3: 137-144.
194) Xuan TD, Tsuzuki E, Uematsu H, Terao H (2001) Weed Biol Manage 1: 231-235.
195) Young A (1804) *The Farmers Calender*. London.
196) Young A (1989) *Agroforestry for Soil Conservation*. CAB International, Wallingford, UK and ICRAF, Nairobi.
197) Yu JQ (1999a) *Allelopathy Update: Basic and Applied Aspects*, 149-162.
198) Yu JQ (1999b) *Allelopathy Update: Basic and Applied Aspects*, 335-344.
199) Yu JQ, Matsui Y (1997) J Chem Ecol 23: 817-827.
200) Zhang G, Zhang W, Lian B, Gu L, Zhou Q, Liu T-X (1999) J Chem Ecol 25: 1843-1855.

22

CHAPTER

잡초 *Orobanche* 발아촉진의 화학적 해석

서론

1753년 Linnaeus에 의해 처음으로 기술되어진 *Orobanche* 속은 60여종이 있으며 지중해, 동아프리카, 아시아 지역에 분포한다[24]. 브롬레이프 (*Orobanche* spp.)는 많은 중요한 곡식들에 영향을 끼치는 흔한 기생성 잡초이다(표 1). 전기생체는 광합성을 통한 탄소고정을 할 수 없기 때문에 그들은 생활사 전반과 영양분을 얻기 위해 숙주에 의존한다. 숙주와 기생생물의 관계는 매우 특이적이고 인식기작은 아직까지 잘 이해되지 않고 있다. 그들의 생활사는 2개의 차별화된 단계로 구분된다. 독립적인 단계는 씨앗 분산으로 다뤄지며 씨앗조절기간은 잠재단계이다. 이 기간 동안 식물은 근처에 숙주의 존재를 필요로 하지 않는다. 그러나 씨앗의 발아와 식물의 생육기간 중에 숙주가 필요하다.

Broomrape 중에 *O. cernua*와 *O. cumana*는 생태학적으로 주요 관심종이다. *O. cernua*는 스페인에서 수집된 재료로서 1758년 Linnaeus에 의해 기술된 반면 *O. cumana*는 남동쪽 아시아와 남동쪽 유럽의 사막지역에서 수집된 식물로 한 세기 후인 1825년에 언급되었다. 처음에 *O. cumana*는 다양한 *O. cerna*로 여겨졌으며 그들의 주요 분포지역은 지중해 인근과 중앙아시아였다. 두 지역에서는 *Artemisia*속의 기생성식물이 가장 빈번하게 발견되었다. 유럽에서 해바라기가 재배된 이후 *O. cumana* 식물은 중앙 유럽에서 해바라기에 기생한다는 것이 밝혀졌으며[3] 다른 나라로 광범위하게 퍼져 1958년 이베리아 반도에서도 보고되었다[1]. 이 두 종은 최근에 각자의 씨앗 지방산 함량을 기초로 종간 차이가 설명되었다[21].

잡초 *O. cumana*는 해바라기 재배에 막대한 피해와 총 곡물 감소를 일으킨다. 사실 이베리아 반도에서 *O. cumana* 재배지에서는 오로지 해바라기에만 기생하는 현상이 발견되었다. 반면 *O. cernua*는 메마른 덤불지역의 대표식물이며 *Artemisia*에

Macías FA[1], García-Díaz MD[1], Jorrín J[2] and Galindo JCG[1]

[1]Grupo de Alelopatía, Departamento de Química Orgánica, Facultad de Ciencias, Universidad de Cádiz. Avda. República Saharaui s/n, Apdo. 40, 11510 – Puerto Real, Cádiz, Spain
[2]Departamento de Bioquímica y Biología Molecular, ETSIAM. Universidad de Córdoba, Apdo. 3048 – 1414080 Córdoba, Spain

기생한다. 현재에도 이 잡초를 제어하기 위해 이용할 수 있는 효과적인 방법은 없다. 다른 한편으로 그들의 분포지역이 매년 계속 늘어나고 있다. 특히 동유럽과 이베리아 반도, 그리고 다른 해바라기 경작지가 그렇다. 그러므로 broomrape 방제방법의 개발이 매우 필요하며 많은 연구 그룹에 있어서 흥미로운 주제가 되었다.

표 1. Broomrape 종들과 숙주들

Orobanche species		Host
O. cumana	Compositae	*Helianthus annuus* (sunflower)
O. cernua	Compositae	*Artemisia* spp.
	Solanaceae	*Lycopersicon esculentum* (tomato)
		Nicotiana tabacum (tobacco)
O. crenata	Compositae	*Carthamus tinctoris* (safflower)
	Leguminoseae	*Vicia faba* (broad bean)
		Pisum sativum (green pea)
		Lens culinaris (lentil)
		Cicer arietinum (chickpea)
	Umbelliferae	*Daucus carota* (carrot)
		Apium graveolens (celery)
O. ramosa/O. aegyptiaca	Alliaceae	*Allium cepa*
	Compositae	*Lactuca sativa* (lettuce)
		Helianthus annuus (sunflower)
	Cruciferae	*Brassica napus* (colza, canola)
	Cucurbitaceae	*Cucurbita pepo* (pumpkin)
		Cucumis melo (melon)
	Leguminoseae	*Vicia faba* (broad bean)
		Pisum sativum (green pea)
		Lens culinaris (lentil)
		Cicer arietinum (chickpea)
	Solanaceae	*Lycopersicon esculentum* (tomato)
		Nicotiana tabacum (tobacco)
		Solanum tuberosum (potato)
		Solanum melongena (eggplant)
	Umbelliferae	*Daucus carota* (carrot)
		Apium graveolens (celery)
O. minor	Compositae	*Carthamus tinctoris* (safflower)
		Lactuca sativa (lettuce)
	Leguminoseae	*Vicia faba* (broad bean)
	Solanaceae	*Nicotiana tabacum* (tobacco)
	Umbelliferae	*Daucus carota* (carrot)
		Apium graveolens (celery)

생활사

아마도 타감작용 연구자들에 있어서 기생잡초 생활사에서 가장 흥미로운 부분은 기생하는 단계이다. 이 기간 동안, 그리고 발아 이전에, 씨앗 주변에 이용 가능한 숙주가 있는지를 아는 것이 필요하다. 발아할 때 어린뿌리는 숙주뿌리에 접촉할 수 있도록 정확한 방향으로 자라야 한다. 그리고 기생뿌리(어린뿌리)가 숙주뿌리에 닿았을 때, Broomrape는 기생근으로 발달한다. 이 기관은 숙주뿌리에 부착할 수 있게 만들고 숙주의 관다발 조직과 연결하기 위해 침입을 시도한다. 이 과정이 성공적이면 숙주로부터 영양분을 얻기 시작하고 발달을 시작한다.

숙주와 기생식물의 상호작용에서 중요한 한 가지 특징은 높은 특이성이다. 각 기생식물은 자신의 숙주를 인식하며 기생식물의 성공은 기생식물이 인지하는 능력과 숙주식물의 공격 그리고 숙주식물의 방어기작을 부수는데 있다. 숙주와 기생식물 사이의 상호작용은 화학적으로 매개되고 명백한 타감작용의 예를 보여준다. 식물들은 몇 가지 목적을 위해(자기방어, 분비) 많은 다른 종류의 화합물을 배출한다. 기생식물은 이 pool로부터 화학적 단서로 이용되는 화학물질을 인식할지도 모른다. 결과적으로 발아는 씨앗 속 수용체가 어떤 화학물질을 탐지할 때 일어난다. 유근(어린뿌리)의 성장은 또 다른 주화성의 농도구배를 따른다[2, 20]. 어린뿌리가 숙주뿌리와 접촉하였을 때 기생식물은 새로운 기관인 기생뿌리로 발달한다. 이 새로운 구조의 역할은 숙주조직을 통한 침입을 촉진한다. 그리고 이것은 *Striga*의 경우처럼 화학적으로 조절되어지는 것으로 보인다[12, 23].

그러나 *Orobanche*경우에는 아직 입증되지 않았다. 가수분해효소와 다른 효소들의 분비는 피질을 통하여 침입하게 하고 뿌리 중심부의 관다발 조직과 연결된다[10, 11].

발아촉진물질

잡초 *Striga*와 *Orobanche*의 발아유도자가 최근 숙주 또는 비숙주로부터 분리되었다. 그들은 대체로 strigolactones, sessquiterpene lactones, quinones, jasmonates, other compounds 등의 5가지 구조의 그룹으로 분류되었다.

이 화합물 사이에 strigolactones와 sorgoleone-related quinones는 숙주로부터 분리되었고 특성도 밝혀졌다. 모든 strigolactones는 불분명하지만 *Orobanche*와 *Striga* 발아를 유도한다. GR로 이름붙은 합성된 strigolactones analogues를 포함한 나머지 화합물들은 숙주로부터 얻을 수 없었다. 그들 중 많은 것이 합성되었고, 특히 sesquiterpene lactones이 많이 합성되었다. 그 결과 그것은 strigolactones이 화학적 신호로서 타겟 단백질 요구에 맞아야 한다는 가설을 세우기에 좋은 시작점으로 보인다.

Strigolactones이 발아를 유도한다는 분자적 기작을 설명하기 위한 최고의 가설은 친핵성 마이클 첨가가 수용체 홈에서 lactone-enol-g-lactone moiety가(링 C와 링 D, 그림 1) Michael 반응으로 4-carboxy-2-methyl-2-butenoic acid로 나타난다는 것이다[17)](그림 2). 이 물질들이 발아로 이어지는 연속적인 사건의 역할을 수행할지 안할지는 아직 다루어지지 않았다.

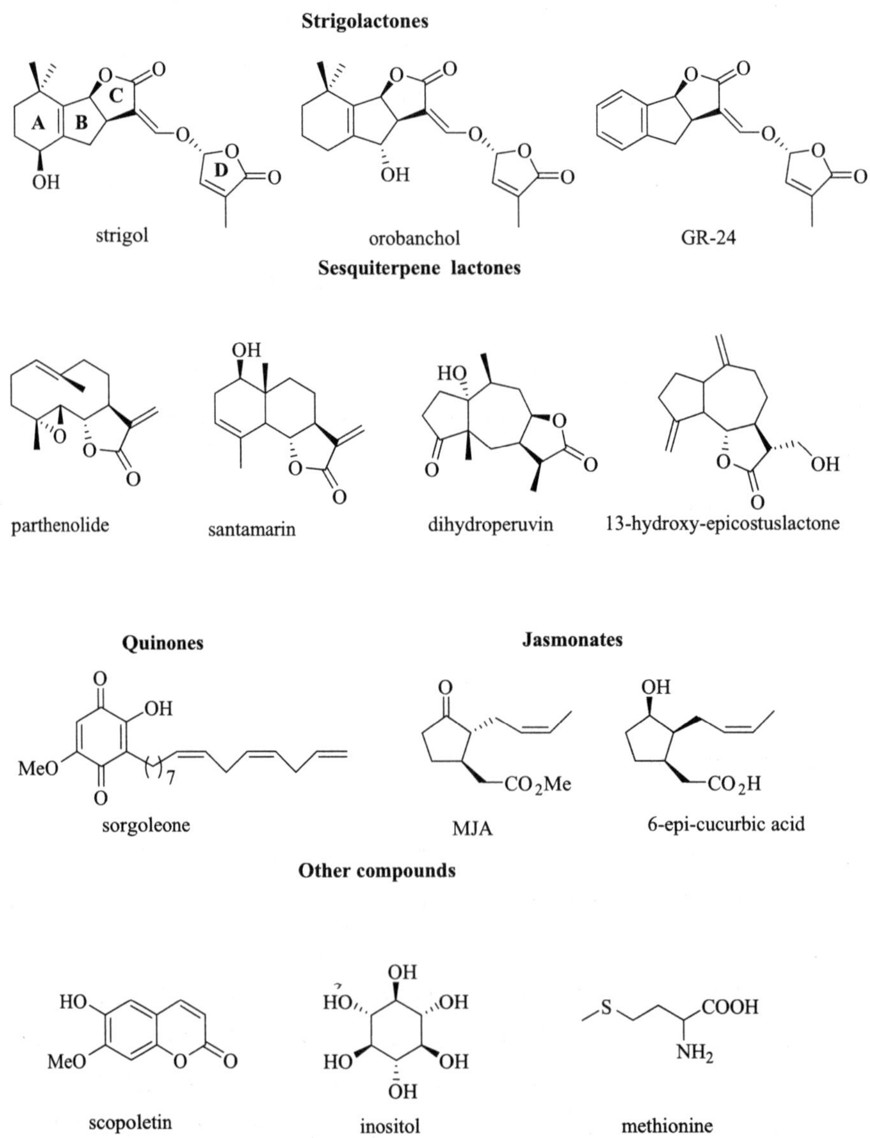

그림 1. Broomrape와 witchweed 유래 발아촉진물질

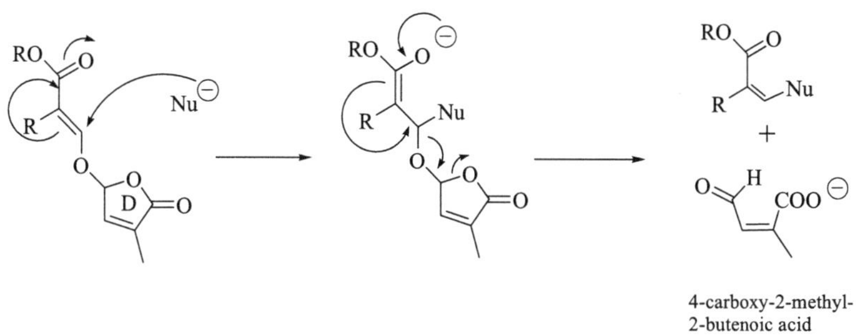

그림 2. Strigolactones의 활성 기전

그림 2에서 lactone-enol-γ-lactone절반은 bioactiphore로서 제안되었다. Structure-Activity Relationship(SAR)연구들은 활성에 대한 유용성으로서 이 화학적 시스템을 보여준다[16]. 탄소원자에 의한 enol system에서 산소원자의 치환으로서 변화의 도입은 활성의 손실로 이어진다[26]. 그러나 enol ether 절반이 유지된다면 이중결합에 대한 입체화학의 변화 또는 작은 그룹이 더해져도 활성에 악영향을 미치지 않는다[27].

화학작용: Sesquiterpene lactones과 *Orobanche*의 상호작용

풀리지 않고 남아있는 의문 중 하나는 숙주-기생식물 상호작용의 특이성이다. 오직 sorgoleone를 제외하고 지금까지 적은 수의 천연 발아 유도자가 숙주로부터 분리었다. 그들 모두는 strigolactone 유형의 sesquiterpens이다(그림 3). 거의 모든 경우에,

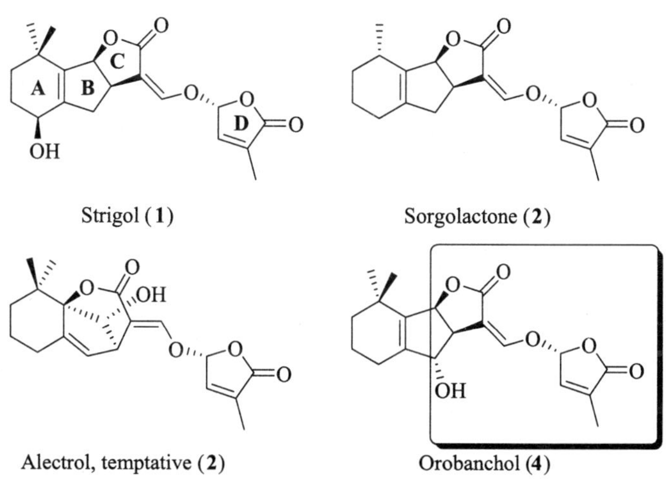

그림 3. 자연산 strigolactones. 락톤-에놀 γ-락톤 부분을 강조함.

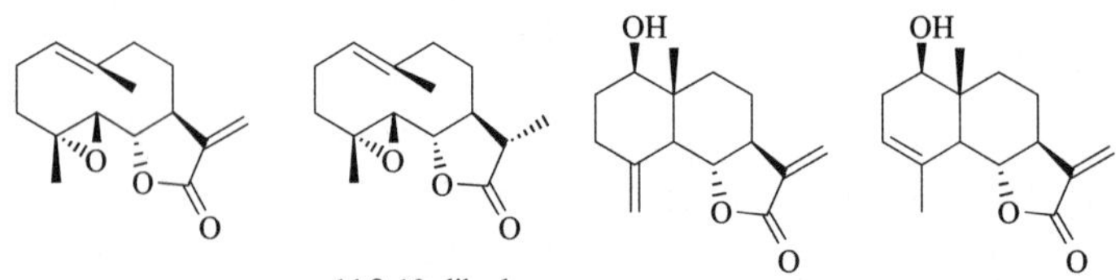

11β,13-dihydro-
parthenolide parthenolide Reynosin Santamarin

그림 4. 현삼과 기생체 발아를 촉진하는 Sesquiterpene lactones

연구된 기생성 잡초종은 *Striga*와 *Orobanche* 계열에 속하였다[6]. 다른 자연 또는 합성 화합물들이 *Striga*와 *Orobanche* 종들에서 발아 유도자로 명확한 활성을 나타내는 것 또한 사실이다(그림 1). 그러나 의문은 구조적 분자적 실마리가 발아의 연속적 사건을 일으키는가?이다. 과연 구조적 조건은 *Striga*와 *Orobanche* 종들에서 모두 같을까?

잡초(*Striga asiatica*)에 대한 모델연구들은 γ-butyrolactone(링 D, 그림 3)와 enol-g-lactone(링 C와 링 D, 그림 3) 반쪽들이 strigolactones 활동에 가장 중요하다고 보고되었다. 그러나 sesquiterpene lactone 연구는 이 화합물이 *S. hermonthica*과 *S.* asiatica 발아를 효과적으로 유도하는 것을 보여준다[4, 5, 22].

Sesquiterpene lactones는 두 번째 γ-butyrolactone 반쪽을 나타내지 않는다. 또한 많은 Sesquiterpene lactones는 lactone ring에 불포화된 carbonyl를 갖지 않고 분자

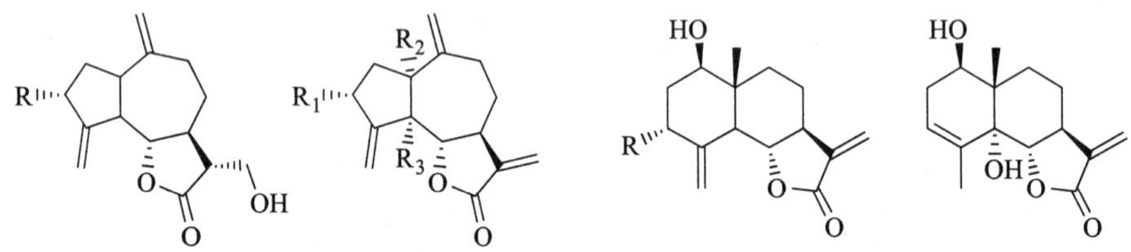

R = H (1)
R = OH (2)

R_1 = OH; $R_2 = R_3$ = H (3)
$R_1 = R_2$ = OH; R_3 = H (4)
$R_1 = R_2 = R_3$ = OH (5)

R = H (6)
R = OH (7)

8

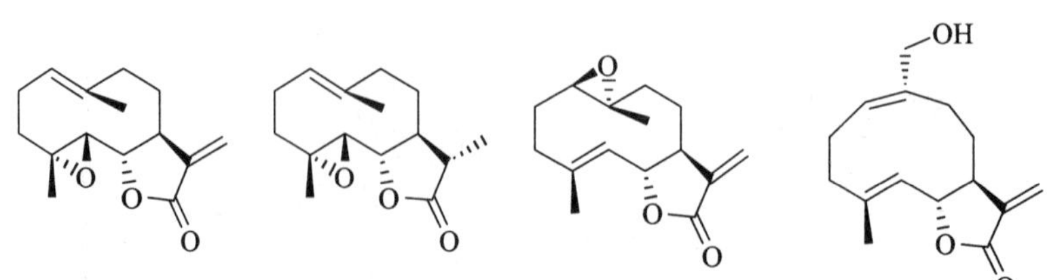

9 10 11 12

그림 5. *Orobanche cumana, O. ramosa, O. aegyptiaca, O. crenata*의 실험물질. 혼합물 1-6와 9-12는 *Orobanche cumana*에 활성을 가졌으나 다른 혼합물은 *Orobanche* 발아에 영향을 주지 않았음.

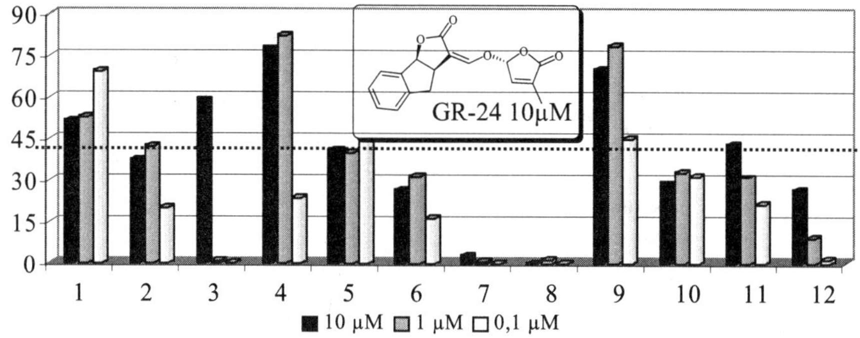

그림 6. Sesquiterpene lactones의 *Orobanche cumana* 21 발아율. 점선은 GR-24의 발아율을 나타냄. Guaianolides: 1-5;eudesmanolides: 6-8; trans,trans-germacranolides: 9-11; melampolides: 12.

내에 에스테르를 가진다. 이들의 차이로 인한 결과는 bionucleophile Michael 축합 모델이 이 경우에서는 적용되지 않는다. 그러나 parthenolide와 dihydroparthenolide는 epoxide moiety를 통하여 쉽게 통과고리화반응(transanular cyclization)이 진행된다. 이 경우에 최종 화합물은 발아유도자로 목표 단백질에 부착한다.

이 자료와 함께 처음으로 해바라기의 sesquiterpene lactones (*Orobanche cumana*) 그리고 tobacco(*O. ramosa*와 *O. aegyptiaca*) broomrape를 광범위하게 검정하였다. 테스트 화합물은 guaianolide(**1-5**), eudesmanolide(**6-8**), *trans*, *trans*-germacranolide(**9-11**) 그리고 melampolide(**12**) 등이었다. 놀랍게도 테스트된 화합물은 특히 해바라기 broomrape의 발아를 자극하지만 다른 두 종에 대해서는 불활성이었다.

그러한 높은 특이성은 해바라기에서 sesquiterpene lactones의 높은 함량과 관련되었다. 그리고 나서 우리는 해바라기-*O. cumana*에서 화학적 신호 인식이 sesquiterpene lactone이라는 가설을 세웠다. 이런 가설은 guaianolides, heliangolides, 그리고 *trans, trans*-germacranolides이 해바라기의 공통성분이라는 사실에 의해 더욱 지지되었다[8, 28]. 따라서 우리는 SAR 연구를 수행하기 위해 guaianolide와 germacranolide 백본에 몇 가지 수식을 도입하기로 결정했다. 우리 연구진에 의해 발달된 조건 아래서 hydroxyl 그룹의 Michael 축합은 화합물 **1**과 **2**를 야기한다. 통제된 조건 아래서 selenium dioxide를 이용한 allylic 산화는 화합물 **3-5**를 야기한다[14]. 약산성 조건아래서 costunolide의 cyclization은 reynosin을 이끈다(**6**). 그리고 SeO_2와 함께 결과물의 allylic 산화는 화합물 **7**을 제공한다. sodium borohydride와 함께 parthenolide에서 이중결합의 환원은 화합물 **10**을 생산한다. MCPBA와 버퍼 배양액에서 epoxidation은 **11**을 보였다. 그리고 costunolide의 allylic산화는 melampolide **12**를 야기한다[13]. 생물검정은 이 화합물들이 *O. cumana* 발아에 매우 활성적인 유도자이고 다른 검사된 broomrape종에서 불활성이라는 것

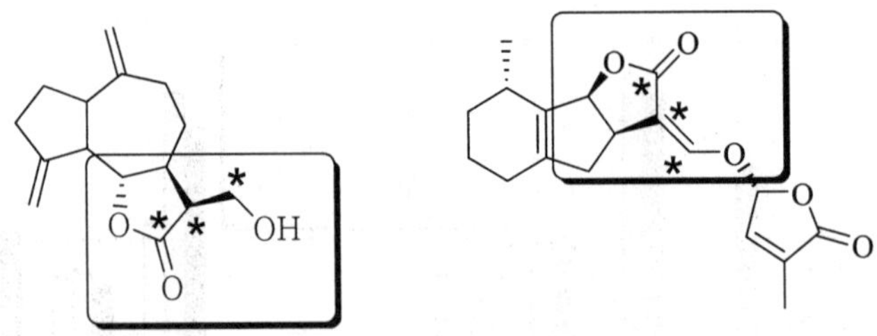

13-hydroxy*epi*costuslactone (**1**) $V=325.4 A^3$

sorgolactone $V=387.1 A^3$

그림 7. Sesquiterpene lactones와 strigolactones 중에서 구조적으로 유사한 sorgolactone과 혼합물 1

을 보여준다.

주목할 만한 것은 이 활성적인 화합물의 일부가 불포화 lactone 체계를 가지지 않는다(**1**, **2** 그리고 **9**). 그리고 다른 guaianolides **1** 그리고 **2**는 strigolactones의 링 C와 D보다 같은 배치인 lactone 링(C13)에서 산소원자를 나타낸다(그림 7). sesquiterpene lactones, 자연 strugolactones, 그리고 합성한 strigolactones의 분자 모델은 그들 모두에 대해서 몇 가지 이론적인 분자적 특징을 계산하도록 해준다. 계산된 총 부피값이 비슷하기 때문에 입체구조의 요구는 두 계열에서 대부분 같다(GR-24: 352.8$Å^3$; strigol: 435.6$Å^3$; 309.0$Å^3$ < $V_{sesq.lac}$ < 333.0$Å^3$). 결과적으로, sesquiterpene lactones는 strigolactones의 가설에 근거한 수용체의 홈에 맞다. 이와 같이 현삼과의 반기생 식물인 witchweed에서 Fisher 등에 의해 관찰된 활성을 설명한다[7].

쌍극자 모멘트의 크기는 strigolactone 그룹($\mu \approx 6$ Db)안에서 비슷하며 sesquiterpene lactones($2.6 < \mu < 5.6$ Db)보다 크다. Sesquiterpenolides는 strigolactones와 비슷한 활성을 보여주며 쌍극자 상호작용은 broomrape와 witchweed 수용체 부위의 극성과 비극성 지역 사이의 반데르발스 상호작용 차이와 닮아있다. 그러나 이러한 차이가 생기면 극성과 불포화 지역을 비슷한 퍼센트로 나타내는 것으로 전체표면보다 이 지역의 공간적 배열과 좀 더 관련되어야 한다. 그 결과로서, 분자 인식의 차이는 화학물질과 수용체의 활성 부위인 극성과 무극성 지역 사이에서 다른 상호작용의 차이로 생겨난다.

GR-24와 strigolactones는 모든 witchweed와 테스트된 broomrape종에서 발아를 유도할 수 있다. Nijmegen-1, 또 다른 합성된 발아 자극자 또한 마찬가지다. 그러나 비교연구는 broomrape 보다 witchweed에서 높은 수준의 발아를 보여준다[26, 27]. 이런 차이는 각종의 활성 부위의 특징들이 닮아야 한다.

한편, sesquiterpene lactones가 witchweed 발아를 유도할 수 있다는 것은 주목할 만한 일이다[4, 5]. 그러나 그들은 모든 broomrape종에서 활동적이지 않다. 사실, 그

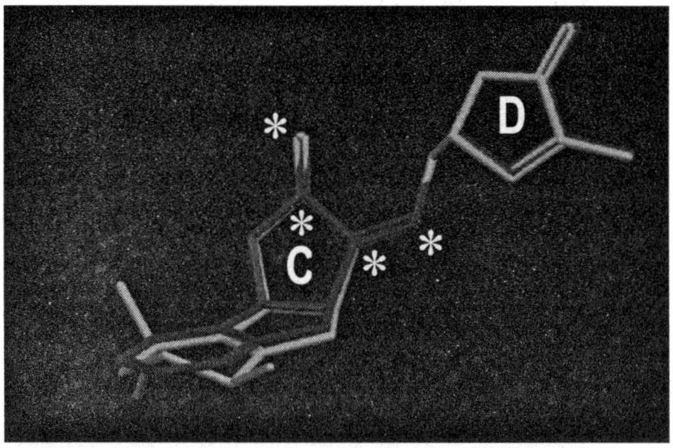

그림 8. GR-24와 strigol의 최소에너지 혼성화. 링 C와 D의 완전혼합.

들은 오직 해바라기에 특이적으로 기생하는 잡초인 *O. cumana*의 발아를 유도한다. 오늘날까지 해바라기에서 분리되거나 특징지어진 잡초성 기생식물의 자연 발아유도자는 아직 없다. 그러나 해바라기와 뿌리를 포함하는 식물의 몇몇 부위에 존재하는 sesquiterpene lactones의 높은 함량은 해바라기 broomrape에 대한 특이적인 화학적 신호로 그들의 역할에 대한 가설을 가능성이 있게 만든다. 분자 모델링은 모든 strigolactones의 비슷한 모양을 제시해주고 그들 골격에 링 C와 D를 완벽히 중첩시켜 lactone-enol-γ-lactone 반쪽과 부합한다는 것을 명백하게 보여준다. 동시에 탄소 스켈레톤 링의 나머지는 모든 strigolactones와 비슷하다. 이 공간적 배열의 유사성은 모든 broomrape와 witchweed 종들의 목표부위 사이의 유사성을 반영하며 왜 strigolactones이 모든 기생식물의 발아를 유도하는지를 설명할 수 있게 한다.

첫번째 질문은, *O. cumana*와 나머지 broomrape 종들의 목표부위 사이의 차이가 해바라기 broomrape에서 sesquiterpene lactones에 특이적 유도자를 만드는 것인가? 그리고 두 번째 질문은, sesquiterpene lactones 골격에 strigolactones의 링 C와 D를 합체시키면 어떤 일이 일어날까?

첫 번째 질문에 관해서 strigo와 lactone 링으로 연결되어 sesquiterpene lactone 5-hydroxyisozaluzanin C의 최소에너지를 따르게 하는 것은 sorgolactones와 비교하였을 때 sesquiterpene lactones의 링 A와 B의 공간적 배열 차이를 나타낸다(그림 9). 이것은 활성부위에서 각 화합물에 대한 다른 수용 그리고 링 A와 B사이의 반데르 발스 상호작용, 수용체의 홈 또는 각 화합물의 계열에 대한 다른 타겟 부위를 암시할 수 있다.

Sesquiterpene lactones가 발아를 유도하는 활성 기작에 대하여 화합물 **3-9**, **11** 그리고 **12**의 α,β-불포화된 cabonyl 시스템에 핵친화성 마이클첨가를 할 수 있었다(그림 5). 그러나 이 기작은 왜 lactone 링 그 자체의 교체가 아닌 한 guaianolides **1** 그리고 **2**는 활성적인지는 설명되지 않는다. 이 경우에, 반응은 lactone ring을 여는 것

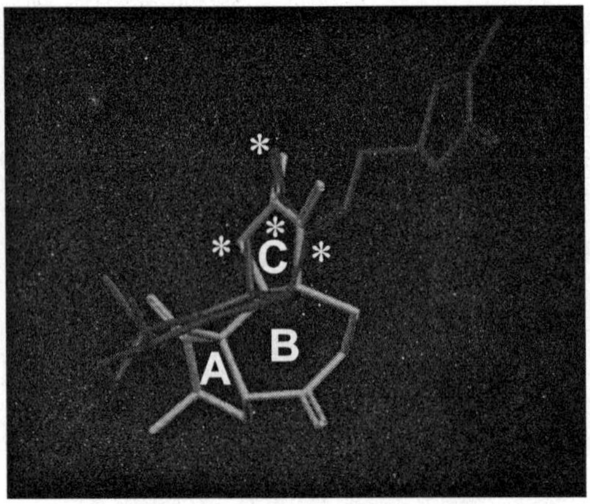

그림 9. Strigol와 5-hydroxyisozaluzanin C의 최소에너지 혼성화. Strigolactones와 sesquiterpene lactone에 있는 링 A, B 눈 서로 다른 공간위치를 갖음.

을 통해 진행되어야 한다(그림 10).

두 번째 질문에 대답하기 위해서 우리는 두 번째 lactone 링을 뼈대에 합체시키는 새로운 guaiane sesquiterpenolides를 합성하였다. 새로운 부분은 산소원자 다리를 통하여 나머지 분자에 결합되어지고 링 C와 D도 비슷한 방법으로 strigolactones에 연결된다(그림 11). 이 화합물은 테스트된 모든 broomrape 종들과 함께 *O. cumana*

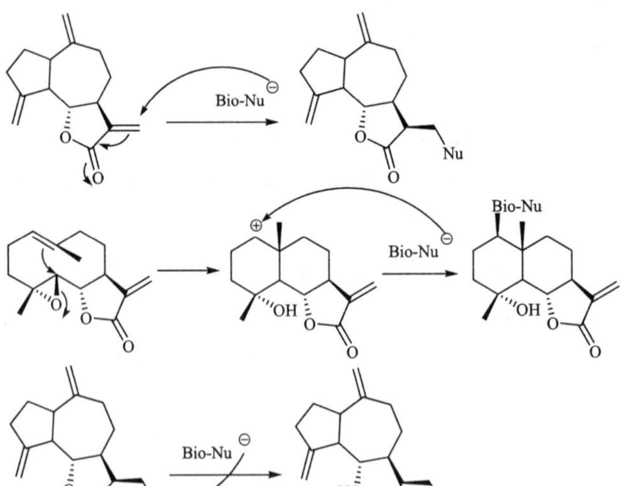

그림 10. SL이 strigolactones에 대응되는 bionucleophile와 반응할 경우 예상되는 활성경로.
A: lactone ring의 불포화된 carbonyl system에 Michael 첨가
B: transgermacranolides의 고리화반응으로부터 기인되는 탄소양이온트랩
C: lactone ring의 절단

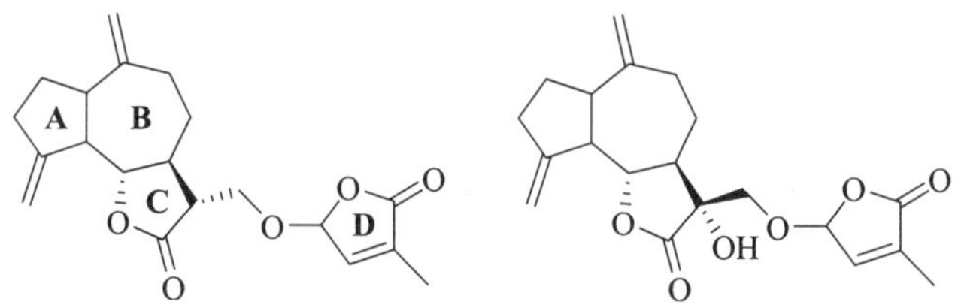

그림 11. 새로운 링 D를 결합한 Guaianolides. Strigolactone과 구조가 닮았음

에서 활성을 보여준다.

그들이 링 C와 D에서 적절한 기능을 보이기 때문에, 화합물은 strigolactones에 대해여 제안된 retro-Michael 반응같이 비슷한 방법으로 친핵성 공격을 받는다. 이 사실은 그들에게서 찾은 새로운 활성과 그들의 특이성의 손실을 설명해야 한다.

마지막으로, 우리는 해바라기 broomrape에 의한 SL 특이적 인식을 설명하기 위한 단서를 찾기 위해 용매화의 표면, 반데르발스 반경, 부분전하, 다른 이론적인 분자적 특징 같은 몇몇의 가능성을 검사해왔다. 주요 차이는 쌍극성의 모멘트에서 발견되었고 sesquiterpene lactones에서 낮았다. 또한 부분 전하를 비교했을 때 strigol과 GR-24는 링 C와 D에서 플러스 마이너스 부분 전하의 분포가 유사하다는 것이 나타났다(그림 12). 그러나, 전하의 분포는 SL이 의존하는 구성성분 차이 사이에서 너무 많이 다양했다. 그래서 그들 모두에 대해 인식되어지는 비슷한 패턴을 찾기가 어려웠다.

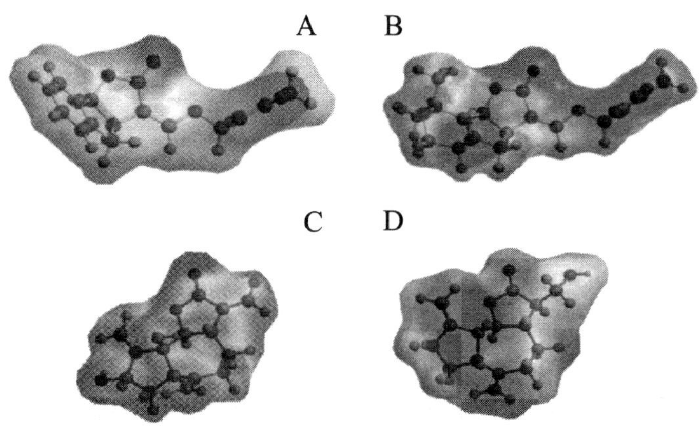

그림 12. 반데르발스힘과 부분표면전하

A: GR-24; **B**: strigol; **C**: 5-hydroxyisozaluzanin C; **D**: 13-hydroxyepicostuslactone.

결론

Sesquiterpene lactones는 해바라기 broomrape 발아에 특이적인 유도자이다. 하지만 그러한 특이성에 대한 이유는 풀리지 않고 있다. 우리의 발견이 lactone-enol-g-lactone 반쪽이 모든 broomrape와 witchweed종들에서 공통적인 반면에 해바라기 broomrape는 발아신호로서 오직 sesquiterpene lactones를 인식한다는 것을 보여주고 있다. 작은 차이를 가지는 두 계열 화합물에 대한 공통의 부위가 있다. 한 종이 sesquiterpene lactones을 인식하거나 한 종이 하는 것 혹은 아직 연구되어지지 않은 각 화합물의 유형에 대해서 분리된 타겟 부위를 점진적으로 진행되는 연구는 그러한 특이성의 실마리와 *O. cumana*- 해바라기 상호작용을 통제하는 분자적 기작을 설명할 수 있다. 이 결과가 broomrape 조절에 적용될 일은 의심할 여지가 없다.

참고문헌

1) Díaz-Celayeta F (1974) *Anales INIA, Serie Protección Vegetal*. 4: 143-160
2) Eastbroo EM, Yoder JI (1998) Plant Physiol 116: 1-7
3) Encheneva V, Sindrova P (1994) *Biology and Management of Orobanche. Proceedings of the Third International Workshop on Orobanche and related Striga research.* Amsterdam, 619-622
4) Fischer NH, Weidenhamer JD, Riopel JL, Quijano LO, Menelaou MA (1990) Phytochemistry 29: 2479-2483
5) Fischer NH, Widenhamer JD, Brasow JM (1989) Phytochemistry 28: 2315-2317
6) Galindo JCG, Macías FA, García-Díaz MD, Jorrín J (2003) *Allelopathy: Chemistry and Mode of Action of Allelochemicals*.
7) Galindo JCG, Pérez de Luque A, Jorrín J, Macías FA (2002) J Agr Food Chem 50: 1911-1917
8) Gershenzon J, Mabry T (1984) Phytochemistry 23: 1959-1966
9) Joel DM (ed) (2001) Book of Abstracts. Bary, Italy
10) Joel DM, Losner-Goshen D (1994) Can J Bot 72: 564-574
11) Loshner-Goseh D, Portnoy V, Mayer AM, Joel DM (1998) Ann Bot 88: 319-326
12) Lynn DG, Steffens JC, Kamat VS, Graden DW, Shabanowithz J, Riopel JL (1981) J Am Chem Soc 103: 1868-1870
13) Macías FA, Galindo JCG, Massanet G (1992) Phytochemistry 31: 1969-1977
14) Macías FA, Galindo JCG, Castellano D, Velasco RF (2000a) J Agr Food Chem 48: 5288-5296
15) Macías FA, Galindo JCG, Torres A, Galindo JLG, Massanet GM (2000b) Book of Abstracts. Benalmádena, Spain. pp. 124
16) Mangnus EM, Zwanenburg B (1992) Recl Trav Chim Pays-Bas 111:155-159
17) Mangnus EM, Zwanenburg B (1992) J Agric Food Chem 40: 1066-1070
18) MOPAC. CS Chem3D Ultra 2001. Ver. 7.0.0 CambridgeSoft
19) Pérez de Luque A, Galindo JCG, Macías FA, Jorrín J (2000) Phytochemistry 53: 45-50
20) Press MC, Graves JD (eds.) (1995) *Parasitic Plants*. Chapman & Hall, UK (1995)
21) Pujadas-Salvá AJ, Velasco L (2000) Bot J Linnean Soc 134: 513-527
22) Rugutt JK, Rugutt JK (1997) J Agric Food Chem 45: 4845-4849
23) Steffens JC, Lynn DG, Kamat VS, Riopel JL (1982) Ann Bot 50: 1-7
24) Thieret JW (1971) J Arnold Arboretum 52: 404-413
25) Thuring JF, Bitter HH, de Kok MM, Nefkens GHL, van Riel AMDA, Zwanenburg B (1997) J Agric Food Chem 45: 2284-2290
26) Thuring JF, Nefkens GHL, Zwanenburg B (1997*a*) J Agric Food Chem 45:507-513
27) Thuring JF, van Gaal AMA, Hornes SJ, de Kok MM, Nefkens GHL, Zwanenburg B (1997b) *Chem Soc Perkin Trans* I, 767-774
28) Vyvyan JR (2002) Tetrahedron 58: 1631-1646

23

CHAPTER

식물독소의 작용방식

서론

합성 제초제와 비교했을 때, 천연 식물독소의 활성방식은 비교적 잘 알려지지 않았다[33, 42]. 더불어 천연 식물독소의 작용방식에 관한 과학논문 대부분은 미생물 기원의 화합물에 초점이 맞춰져 있다. 상대적으로 식물과 식물과의 상호관계를 가지는 타감물질이나 식물이 생산하는 식물독소의 활성방식에 관한 연구는 빈약한 편이다.

여기에서는 심지어 지의류로부터의 식물독소의 일부가 곰팡이에 의해서 만들어질 수도 있음에도 불구하고, 고등식물 뿐만 아니라 조류와 지의류에 의해서 생산된 식물독소를 주로 다룰 것이다. 우리는 미생물과 지의류가 아닌 곰팡이로부터 만들어지는 물질들에 대해서는 취급하지 않을 것이다. 가능하다면 우리는 분자타겟지점들을 하겠지만 이 화합물들의 활성방식에 대한 대부분의 논문들은 그 지점에 대한 명확한 증거를 제공하지 못하고 있다. 알려진 분자타겟지점을 가진 그 화합물들은 활성방식 정보를 이용할 수 있는 몇몇 화합물들과 분리하여 논의하겠지만, 그 정확한 타겟지점은 알려져 있지 않다. 어떤 강력한 식물독소는 충분한 투입량으로 궁극적으로 대부분의 생리과정에 영향을 준다. 실제로 이러한 사실은 많은 결론지어지지 않은 논문들에 의해서 기반되어 오고있다. 우리는 주로 식물독소의 활성방식에 그들을 연결시킬 좋은 이론적 근거없이 선택된 생리적 반응 이상을 설명하는 논문의 결과들을 포함시키려 노력할 것이다.

또한 충분히 높은 농도에서 거의 모든 화합물이 효소의 *in vitro* 활성 또는 호흡같은 생리과정에 영향을 줄 것이다. 만약 어떤 화합물이 milimolar 농도에서만 *in vitro* 활성을 나타낸다면, 자연에서 식물독소로 행동한다고 보기 어렵다. 그래서 우리는 1 milimolar 미만 *in vitro*에서 영향을 주는 화합물들에 초점을 맞출 것이다.

이 장에서 타감물질이라는 단어대신 식물독소라는 용어를 사용한다. 여기서 논의하는 많은 화합물들이 자연에서 식물-식물 상호작용에 타감물질로서 행동한다는

Duke SO and Dayan FE

Natural Products Utilization Research Unit, United States Dept. of Agriculture, Agricultural Research Service, P.O. Box 8048, University, MS 38677, USA

근거가 적거나 없기 때문이다. 만약 자연환경에서 타감물질로 확실히 밝혀진 화합물들로만 제한했다면 이 장은 매우 짧았을 것이다.

식물독소 분자들이 몇 개의 분자타겟지점에 영향을 주는 경우가 있을 수 있다. 이것은 활성기작의 입증을 복잡하게 하며 몇몇 식물유래 독소의 기전이 밝혀지지 않는 이유이기도 하기때문이다. 이 장에서는 확실히 잘 이해된 생성물에 대한 활성지점에 따른 한 섹션과 그리고 나머지 한 섹션은 분자타겟지점들을 만족할 만큼 밝히지 못한 활성기작 연구들의 대상인 화합물에 대하여 논의하였다.

잘 알려진 활성지점

광계 II

PSII는 엽록체의 틸라코이드 막에 위치해 있고 광합성 전자전달(PET) 시스템에 포함되어 있다. 빛을 받았을 때 PSII의 물-산화 복합체는 $1H_2O$를 $½O_2$와 $2H^+$와 전자 2개로 변환시킨다. 이 전자들은 궁극적으로 NADPH의 생성을 이끄는 일련의 전자 운반체를 가로질러 전달된다. 또한 그 틸라코이드의 루멘 내에서 양자 농도구배의 동시다발적인 축적은 ATP의 생성을 유도한다. PSII의 대부분의 저해제는 PSII의 D1단백질 위의 플라스토퀴논(PQ)의 결합자리를 두고 경쟁한다. PQ는 지방친화성 벤조퀴논이다. 이것은 PSII의 D1으로부터 2개의 전자를 받고 스트로마에서 2개의 H^+를 받는다. 그때 PQ의 환원형은 틸라코이드 막을 가로지르고, 궁극적으로 PS1에 전자를 운반하는 시토크롬 b_6/f 복합체에 전자 2개를 준다. 그리고 루멘에 $2H^+$를 방출한다. 이 과정은 모든 식물에서 필수적이며, 전자전달 과정이 중단되면 치명적이다.

Triazines와 많은 상업용 제초제들은 D1 단백질 위의 PQ의 결합지점에서 경쟁적으로 PSII를 타겟으로 삼는다[35)]. PSII를 저해하는 *p*-quinones는 PSII의 동일한 지점(Q_B binding site)에 대해 경쟁하는 PQ의 구조적 유사체이다[36)]. 퀴논은 또한 PQ가 전자를 받는 기능도 모방한다. Q_B 결합지점에 결합한 상태로, 이들 저해제는 PQ를 결합으로부터 숨김으로써 정상적인 광계 전자 흐름을 방해한다. 광계 전자전달의 방해는 일정시간이 지난 후에 그 자체에 치명적인 해를 입혀 PSII저해제에 노출된 식물은 over-energized chlorophyll 분자들과 관련된 산화적 스트레스 때문에 상대적으로 빨리 죽는다. 빛 흡수가 많을수록 이 스트레스는 더욱 민감해진다.

식물유래의 다른 천연의 quinones도 PSII를 저해한다. *Sorghum*의 뿌리에서 생산된 타감물질인 Sorgoleone은 특히 효과적인 저해제이다(그림 1)[41, 47, 85)].

또한 Sorgoleone과 *Sorghum*에 의해 생성된 resorcinolic lipid(예, 1,3-dihydroxy-

4,6-dimethoxy-5-alkyl resorcinol) 동종들(congeners)은 PSII를 타겟으로 작용하는 것으로 나타난다. 또한 그들이 뿌리 삼출액의 일반적인 allelochemical potential에 모두 도움을 줄 수도 있다고 하였다(그림 1)[64, 98, 98].

*Sorghum*유래의 quinones의 구조적 특징과 저해능력은 그들이 PSII를 저해하는 quinones과 같은 동일한 활성메카니즘을 공유함을 암시한다[36]. Sorgoleone과

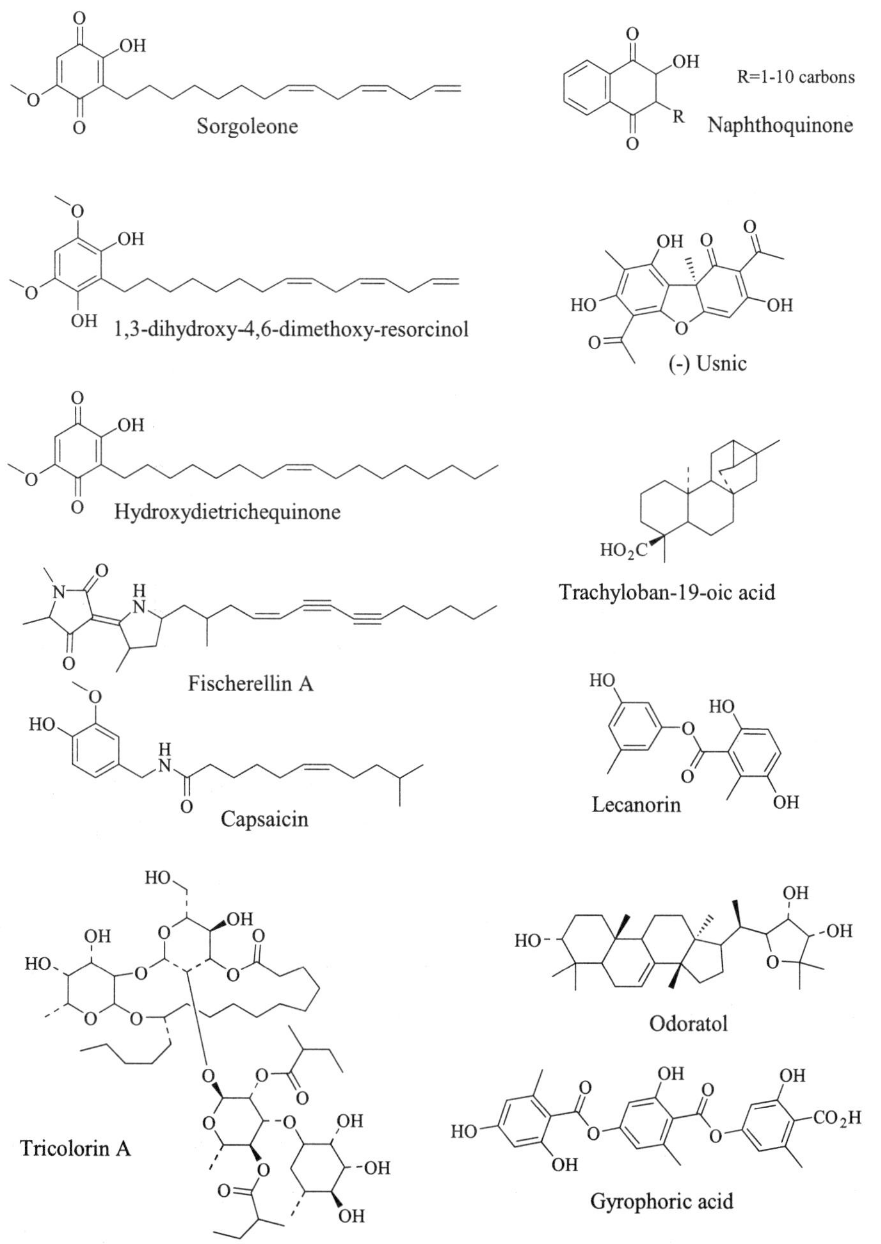

그림 1. 광합성 저해제들의 구조

atrazine은 PSII의 동일한 결합지점을 두고 경쟁한다[85]. 그러나 quinone-타입 저해제들에 대한 저항성은 His-215의 점 돌연변이에 의해 이뤄지지만, atrazine 같은 합성 triazine 저해제에의 저항성은 Ser-264의 치환으로 이뤄진다[36]. 그러므로 quinones는 합성화합물보다는 그 binding pocket의 다른 아미노산 잔기와 상호작용할 것이다.

*Cyperus javanicus*에서 분리된 herbicidal quinone hydroxydietrichequinone은 PET의 좋은 저해제이다(그림 1)[83]. PSII가 타겟인 다른 천연 quinones에 이어서 hydroxydietrichequinone는 틸라코이드 막안에 그들이 더 분산되기 쉽도록 긴 지방족 꼬리를 가진다.

PSII에서의 2-hydroxy-3-alkyl-*p*-naphthoquinone(그림 1)에 대한 연구결과가 발표되었다[63]. 탄소수가 9에서 12사이 범위의 사슬을 가진 3-alkyl 잔기의 길이와 지방친화성 사이의 관계는 *in vitro* 활성에서 최적조건을 나타낸다. 이 화합물은 6에서 8개 사이의 logP 값을 가졌다. 이렇게 상대적으로 큰 값은 그들의 타겟지점이 틸라코이드 막 안에 위치한다는 사실을 반영한다. 짧은 3-alkyl 꼬리를 가진 naphthoquinones는 덜 활동적인데 왜냐하면 아마도 그들의 지방친화성이 틸라코이드 막에 효과적으로 분산되지 않기 때문일 것이다. 반면, 최적의 제초활성은 탄소 4에서 8개인 범위의 3-alkyl 꼬리를 가진 화합물이 가진다. 이것은 아마도 더 긴 꼬리를 가진 좀 더 지방친화적인 화합물이 흡수하고 이동을 위해 적당한 물리화학적 특성을 가지지 않기 때문일 것이다. *In vivo*와 *in vitro* 자료 사이의 차이는 전체 식물 활성을 타겟지점의 활성에 맞게 조정하는 것이 어렵다는 것을 의미한다.

Quinones와 연관이 없는 천연 생성물들의 넓은 다양성이 PSII를 타겟으로 한다는 것 또한 발표되었다. 지의류 대사산물인 lecanorin, gyrophoric acid, usnic acid(그림 1)은 PET를 억제했다[58, 101]. 그들은 생산하는 지의류에 대한 경쟁적인 이득을 제공하면서, 이들 화합물들이 타감작용제로서 행동했을 것이라고 제안하였다.

홍고추에서 분리된 Fischerellin A(그림 1)는 *Fischerella muscicola*에 의해 생산된 타감작용성 캡사이신으로서 PSII에 효과적인 억제자이다[49, 111]. 이들 non-quinoid 화합물들은 앞에서 언급한 benzoquiniones와 naphthoquinone에서 발견된 것들과 크게 다르지 않은 긴 지방친화성 꼬리를 가진다. 그리고 그들 역시 틸라코이드 막에서 분산하는 능력을 갖는 것으로 보여진다. Limonoid terpene odoratol(*Cedrela odrata*에서 분리된)과 tetrasaccharide macrolactone tricolorin A(그림 1)(*Ipomoea tricolor*에서 분리된)와 같은 더 복잡한 복합분자들은 PQ의 결합지점에서 경쟁함으로써 PSII를 저해한다[3, 5]. 마지막으로 *Helianthus annuus*에 의해 생산된 trachyloban diterpene trachyloban-19-oic acid(그림 1)은 위에서 설명된 전형적인 Q_B 결합 도메인 대신에 Q_A와 Q_B수준에서 PSII를 저해한다는 것이 발견되었다[52].

Cyclic decapeptide인 cyanobacterium *Oscillatoria laetevirens*로부터의 oscillatorin{cyclo[L-arginylglycyl-L-tyrosylglycyl-L-leucyl-1,2,3,3a,8,8ahewahydro-3α-(3-methyl-2-butenyl)pyrrolo[2,3-b]indole-2-carbonyl-L-valyl-L-prolyl-L-asparaginyl-L-α-glutamyl]}은 PSII 저해제이다[109]. 우리는 이 화합물이 triazines보다 상업용 제초제 metribuzin처럼 작용한다고 결론내었다. Oscillatorin에 저항성인 선택된 조류는 atrazine에는 교차저항성이 없다[94]. Oscillatorin은 또한 효과있는 단백질분해효소 저해제이다[103]. 수중 피자식물 *Myriophyllum spicatum*에 의해 생산된 ellagitanin인 tellimagrandin II는 PSII 저해제이다[72]. 그것은 또한 효과적인 외생효소(exoenzymes)의 저해제이다. 활성의 마지막 기작은 더 실현가능할 지 모른다. 왜냐하면 이 화합물의 흡수와 이동이 그것의 물리화학적 특성들 때문에 제한되기 때문이다. *Cedrela salvadorensis* L.의 심재는 광합성형 전자 흐름을 저해하는 2개의 bioactive epimeric photogedunin acetates를 포함한다[21]. 빛에 대한 화합물들에 노출되면 저해가 된다. α-photogedunin acetate의 활성은 Q_B 수준에 위치해 있으나 β-phtogedunin acetate는 PSII 전자흐름에 영향을 미치지 않으면서 PSI 전자흐름을 저해한다. 그리고 이들은 b_6f 수준에서와 P700에서 F_x의 범위에서 상호작용한다.

Tephrosia spp.로부터의 biflavonoid인 crassifolin과 flavonoids인 tephrobotin과 glabranin은 PSII 저해제이다[23]. 마찬가지로 성장을 저해하는 2개의 dihydro-β-agarofuran sesquiterpenes(*Maytenus disticha*의 지상부로부터의 9β-benzoyloxy-1α,2α,6β,8α,15-penta-acetoxy-dihydro-β-agarofuran과 *Maytenus boaria*의 씨로부터의 9β-furoylowy-1α,6β,8α-triacetowy-dihydro-β-agrofuran)은 P680과 Q_A 사이의 엽록체 PET를 저해했다[22]. 이들 화합물 중에서 전자는 후자보다 10배 이상의 저해효과를 갖는다.

*Eucalyptus*의 구성물인 Grandinol, homograndinol, acylphloroglucinol은 PET의 저해제이다[127, 127]. 이들 화합물에서 PET 저해를 위한 구조적 필요조건들은 저해제의 페놀 타입의 필요조건들에 있어서 유사하지만 동일하지는 않다[33]. PSII 저해제들은 농업에서 잡초 억제에서 중요한 역할을 해왔다. 그러나 상업성 PSII 저해제에 대한 저항성을 가진 잡초의 계속되는 출현으로 인해 우려를 낳고 있다. quinone이 PQ 결합 도메인에 동일한 아미노산과 상호작용하지 않기 때문에, 제초제 저항성에 관한 문제에 대처하는데 도움을 줄지 모르는 quinone backbone에 기반한 PSII-저해하는 새로운 제초제들을 개발하는 것이 가능할지 모른다. 여기서 언급된 대부분의 천연 PSII 저해제들은 6 이상의 logP 값을 가지는데, 이것은 틸라코이드 막에서 분산하는 이들 화합물들을 위해 상대적으로 높은 지방친화적 조건들을 강조한다. 그러한 높은 지방친화적 특성들은 이동되어야만 하는 제초제들의 발달을 위해 매우 적합하지 않을 지도 모른다.

광계 I

식물의 보호기작을 압도하는 superoxide radical의 농도 수준에 도달하기 위해서는 만들기 위해 산소 분자와 상호작용하는 free radical을 만들어야 하며, 이같은 작용기작을 가진 합성 제초제들인 paraquat와 diquat는 PSI으로 부터 전자를 받는다[33]. 식물로부터의 몇몇 천연 생산물들은 외견상으로 동일한 방식으로 행동한다. 예를 들어 담수 남조 *Nostoc spongiaeforme* TISTR8169에 의해 생성된 보라색 색소는 식물에 유해효과가 크다[54]. PSI-reduced nostocine A가 합성 제초제 paraquat와 동일한 방식으로 superoxide를 만들어 낸다고 지적하면서, ESR 분석에 의해서 $NaBH_4$-reduced nostocine A는 공기에 의해 산화되는 것으로 밝혀졌고 이것은 superoxide radical을 만드는 것으로 끝난다.

광인산화

상업용 제초제 중에는 광인산화를 저해하여 영향을 미치는 것은 없다. ATP의 빛 유도 형성(light-driven formation) 광인산화는 PET의 저해, uncoupling 또는 CF_1ATPase에 의해 직접적으로 저해될 수 있다. PET 저해제가 PSII 저해제에서 논의되기 때문에 오직 후자의 두 가지만 여기서 논의될 것이다. 처음 발견된 CF_1ATPase의 식물유도(plant-driven) 저해제는 *Malus*종들의 특유의 화합물인 dihydrochalcone phlorizin이었다(그림 2)[61]. 이것은 CF1ATPase 에너지전달저해제이다[110]. Hydroxyl radical을 1개 덜 가진 유사물인 4,6′-dihydroxydihydrochalcone 2′-glucoside는 동일하게 특이적이지만 phlorizine보다 약 10배 이상 효과적이다[124].

Flavonoids인 quercitin과 naringinen은 에너지전달 저해제로서 강하게 CF_1ATPase를 저해한다(그림 2)[82, 108]. 이들 화합물들은 PET의 저해제로서의 영향력을 덜 가진다. 오직 높은 농도의 naringinen만이 Q_B 결합지점으로부터 ^{14}C-atrazine을 제거할 것이다. 상대적으로 높은 농도에서(ca. 0.2 mM), *Guarea grandiflora*로부터의 limonoid 7-oxo-7-deacetoxygedunin은 spinach 틸라코이드에서 proton uptake나 PET에 영향을 주지 않고서 광인산화를 저해한다[4]. 그리고 이것을 에너지전달 저해제라고 제안한다. Céspedes 등[23]은 flavonoids인 tephroleocarpin과 methylglabranin이 CF1ATPase의 에너지전달저해에 의해서 광인산화를 저해한다는 것을 발견했다. *Exostema caribaeum*(Rubiaceae)로부터 분리된 5-O-β-D-galactopyranosyl-7-methoxy-3′,4′-dihydroxy-4-phenylcoumarin은 CF_1ATPase의 기능적 결합지점에서 또는 가까이에 있는 소수성 영역에 위치한 운반 채널(CF_0)를 통한 양자의 운반을 막음으로써 엽록체에서 에너지-전달 저해제로서 행동한다[17].

Epigallocatechin과 epigallocatechin gallate는 낮은 농도에서 광인산화를 활성시킬 수 있고, 높은 농도에서도 저해할 수 있으며 그리고 이것은 몇몇 연구자들에게

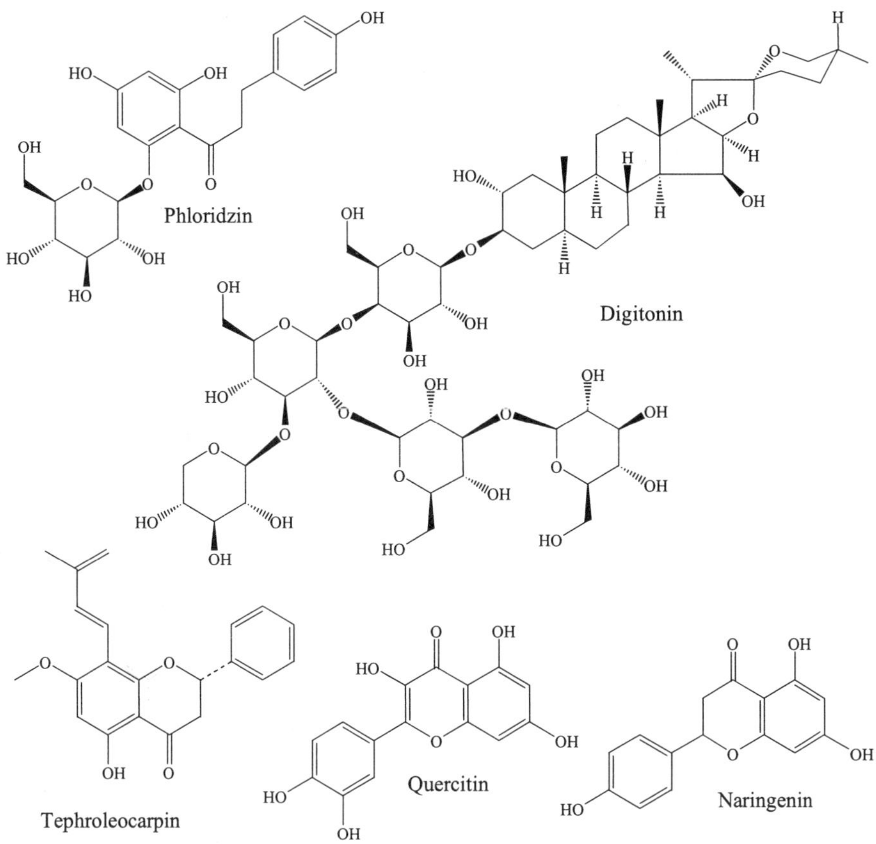

그림 2. 광인산화 저해제들의 구조

이들 화합물들이 이 프로세스의 조절에 필요할지 모른다는 추측을 하도록 이끈다[131]. 또한 그러한 역할은 일반적으로 quercitin과 flavonols이 수행하는 것으로 보고하였다[128].

ATP합성과 새롭게 용해된 완두콩 엽록체들의 인산화와 연결된 전자흐름은 piquerol A와 diacetyl piquerol에 의해 저해된다. H^+-uptake, 기저의 그리고 분리된 전자전달은 두 화합물에 의해서 영향받지 않는데, 이것은 그들이 CF_1복합체의 ATPase의 에너지전달 저해제로서 활동한다는 것을 지적한다(Mendoza 등, 1994). *Digitalis purpurea*에서 유래된 cardiac glycoside인 Digitonin(그림 2)은 protonophore로서 CF_1ATPase를 분리시킨다[125]. 다른 광인산화의 uncouplers은 4-phenylcoumarins를 포함한다[18].

Protoporphyrinogen oxidase(Protox)와 다른 엽록소 합성효소

Protox는 많은 수의 합성형의 상업용 제초제의 타겟지점이다[29]. 이 화합물들은 경쟁적으로 기질인 protoporphyrinogen IX(Protogen)의 반을 모방하여 그 효소를 저해한다[28]. Protox 저해제는 Protogen의 porphyrin 고리들(예, diphenyl ethers) 사이에서처럼 고리들 사이에 유사한 거리를 가진 두고리 화합물들인 경향이 있다. 빛과 산소분자의 존재에서 Proto에 의해 생성된 singlet oxygen을 처리하지 못하는 세포의 일부에서, Protox의 저해는 생성물인 protoporphyrin IX(Proto)이 축적되게 하고 빠른 광산화적 손상이 발생한다. Protox 저해제인 것으로 잘 알려진 단 하나의 식물유래 화합물은 usnic acid (그림 1)이다[100]. Usnic acid는 특별히 우수한 Protox 저해제는 아니며 그래서 식물독성의 대부분은 아마도 *p*-hydroxyphenyl pyruvate dioxygenase(HPPD)에 대해 usnic acid가 영향을 미치기 때문일 것이다. 합성 Protox 저해제들의 광범위한 구조적 다양성[29]을 고려해봤을 때, 아마도 usnic acid 보다 더 효과적인 식물유래 Protox 저해제들이 존재할 것이다.

수선화과의 인경에 의해서 생성된 phytotoxic alkaloid lycoricidinol(narciclasine으로도 불림)는 엽록소와 헴의 전구체인 δ-aminolevulinic(ALA)의 합성을 저해한다[81]. 이것은 효소의 기능장애와 헴에 의존적인 과정에 의해서 뿐만 아니라, 백화를 통해서도 식물독성을 야기한다.

일중항산소 생산자

식물은 산소분자와 빛의 존재로, 일중항산소를 생성하는 광역학적 화합물들의 집합체(array)를 생산한다. 이 화합물들은 일반적으로 세포독성이 있지만 그들이 식물/식물 상호작용에 관련되었다는 증거들이 있다. 많이 연구된 식물의 광역학적 화합물에는 hypericin, certain quinones, porphyrins, furanocoumarins, thiophenes 그리고 polyacetylenes이 있다[34, 117]. 식물 병원균(예, cercosporin)에 의해 생산된 유사한 화합물들은 자연에서 식물독소로서의 역할을 갖는다.

Porphyrin 대사과정 전구체인 ALA는 헴과 엽록소 합성 등 식물과 동물에서 아주 흔한 물질이다. 그것이 식물에 적용되었을 때, 특히 엽록소 합성 이후 단계에서 저해제를 처리하면, 광역학적 엽록소 합성 중간체가 축적되는 원인이 될 수 있다. 이들 광역학적 중간체의 축적은 Protox 저해제의 효과와 같은 제초효과를 나타낸다[95]. 이것은 활성기작이 알려진 식물독성이 있는 식물화학물질이지, 타감물질은 아니다.

HPPD-*p*-hydroxyphenylpyruvate dioxygenase

병솔나무(*Calispermon* spp.)[51, 68]에서 분리한 천연 triketone인 allelochemical leptospermones의 식물독성에 관한 연구는 궁극적으로 triketone 제초제들(예, Sulcotrione)의 합성을 이끌어냈다(그림 3). 이후의 연구들은 이들 화합물이 효소인

p-hydroxyphenylpyruvate dioxygenase(HPPD)의 효과적인 저해제임을 알아냈다[71, 88, 106].

HPPD의 저해는 나뭇잎의 카로티노이드와 엽록소의 탈색을 낳는다. 이 증상들은 phytoene desaturase(PDS) 저해제에 노출된 식물에 의해 보여진 증상과 동일하다[71]. 그러나 HPPD 저해제의 활성기작은 PDS 저해제의 활성기작과는 다르고 더 복잡하다. HPPD는 α-tocopherol과 plastoquinone의 전구체인 homogentisate(HGA)의 형성을 촉진시킨다. Plastoquinone은 PDS 활성에 필수적인 공동인자이기 때문에[86], HPPD의 저해는 간접적으로 plastoquinone의 세포 농도를 줄임으로써 PDS 활성에 영향을 미친다[88]. 카로티노이드 수준이 감소되면 나뭇잎은 퇴색되는데, 이는 광합성 조직이 더 이상 광파괴(photodestruction)를 막을 수 없기 때문이다. 실제로 카로티노이드는 강한 강광도 하에서 광합성 조직 내의 과량의 흥분 에너지를 없앤다[129]. 카로티노이드가 없을 시, 삼중항상태에서 엽록소로부터의 과량 에너지는 산소로 전환되며, 그리고 이것은 단일항산소의 형성을 야기한다. 단일항산소는 크게 반응을 하며 색소의 색바램과 지질막 과산화를 일으킨다.

대부분의 dioxygenases와는 다르게, HPPD는 non-heme, 철 함유, α-keto acid에 의존적인 효소이다[91]. HPPD에 의해 촉매된 복잡한 반응 메카니즘은 4-hydroxyphenylpyruvate(4-HPP)의 2-oxoacid 사슬의 oxidative decarboxylation을 포함하며, 그리고 방향족성 고리의 수산화와 carboxymethyl group의 이동을 동반한다[26, 89, 91]. 상업용 HPPD 저해제들은 반응 중간체를 모방하고 이 효소의 시간의존적인(밀착결합) 저해제인 경향이 있다. Triketone 제초제는 천천히 결합하지만 HPPD의 촉매지점과 매우 강하게 결합하고 4-HPP에 대해서 경쟁적으로 작용한다. 역학적

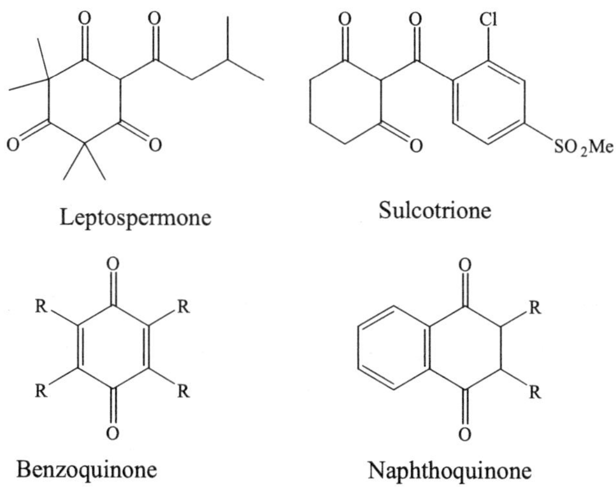

그림 3. ρ-hydroxyphenylpyruvate dioxygenase 저해제들의 구조

자료 분석을 혼란스럽게 하는 요소는 diketonitrile isoxaflutole과 같은 몇몇 HPPD 저해제들이 대사적으로 생활성이 되어 있어야 한다는 것이다[88]. 그리고 때때로 그 이합체의 한 촉매지점에의 결합이 완벽하게 그 효소를 저해하는 곳에서 반 지점 반응성(half-site reactivity)을 보이기도 한다[46].

HPPD 저해제의 발견은 leptospermone과 함께 이뤄진 연구에 전적으로 달려 있으나, 이 분자타겟지점에서 사용가능한 대부분의 정보는 합성화합물에 집중된다. 그러나 우리는 최근에 천연 lichen triketone, 일부 benzoquinones와 naphthoquinones 또한 HPPD를 저해한다는 것을 발표했다[77, 100]. Usnic acid(그림 1)은 합성 상업성 triketone HPPD 저해제의 구조 유사체이지만, benzo-와 naphthoquinones는 그 상업성 화합물(그림 3)과는 구조적으로 다르다.

(−)-usnic acid 는 가장 강한 HPPD 저해제이며, 70nM의 IC_{50}, 상업용 제초제 sulcotrione(그림 3)에서 얻어진 활성을 능가한다. usnic acid는 sulcotrione과 같은 많은 triketone 제초제에 흔한 2-keto-cyclohexane-1,3-dione을 가진다. 그것의 합성 구조 유사체처럼, usnic acid는 HPPD에 비가역적으로 결합한다.

Benzoquinones과 naphthoquinones는 HPPD를 억제할 수 있지만, 이 화합물에서 발견되는 결합 동역학(binding kinetics)은 천연물의 triketone류와 그들의 기원점(point of origin)에서 교차하는 lines에서 보여지는 것과는 다르며, 그리고 이것은 benzoquinone과 naphthoquinone이 시간의존적 밀착 결합 방식에서 HPPD와 상호작용을 하지 않는다는 것을 말한다[77].

(−)-usnic acid와 같은 triketone류의 천연물들이 HPPD에 강하게 결합한다는 사실은 합성 triketone에 관한 이전 연구에서 쉽게 설명될 수 있다. Trikirone 기능 억제자들은 4-HPP의 α-keto acid moiety를 모방하며 천연 기질의 결합자리를 두고 경쟁한다[46, 89]. 이들 중간체들은 촉매자리에서의 철이온의 결합으로 안정한 효소 복합 중간체들을 만든다. 한편 benzuquinine과 naphtoquineine은 구조적으로 triketones 보다 더 경직되어 있고 또한 4-HPP의 α-keto acid moiety를 모방하지 않는다. 대신에 그들의 골격은 HPPD 반응 기작에서 이후 중간 단계 중 하나의 구조와 닮았을지도 모른다. ρ-benzoquinones의 활성은 2-hydroxyl group의 존재로 긍정적인 영향을 받았고, methoxy derivatives에서 감소되었으며, 그리고 이것은 산소 원자가 HPPD의 금속 철과 여전히 상호작용할 지 모른다고 제시하였다.

많은 천연물들이 훌륭한 HPPD 억제자가 될 잠재력을 가진 것은 확실하지만, 그들의 *in vivo* 활성 기작이 HPPD의 억제자를 포함한다는 것은 아직 증명되지 않았다.

호흡

타감작용물질의 초기 활성 방식의 대부분은 호흡에서 다루었는데, 아마도 이것은 그러한 연구들을 위한 방법들이 쉽게 이용가능하기 때문이었을 것이다. 불행히도 이 연구들의 대부분은 처리된 식물, 조직, 기관에 의한 산소 흡수에서의 효과에 관한 간단한 실험이다[25]. 어떤 식물독소는 그 영향이 직접적이든 간접적이든 호흡에 큰 영향을 미칠 것이다. 몇몇 경우에는 호흡에의 영향을 간접적으로 보였다. 예를 들어 lycorine에 의한 감자 괴근 조직에서의 cyanide-insensitive 호흡 억제는 ascorbate 합성의 lycorine의 억제로 인한 간접적 영향으로 보여진다[7].

그러나 식물 미토콘드리아 호흡을 억제하는 tannic, gentisic, ρ-coumaric acid를 발견한 Demos 등[32]의 연구와 같이 초반 연구들 중 일부는 미토콘드리아 기능에 직접적인 효과를 제안했다. 그들은 이들 화합물들에 의한 식물 성장 억제가 호흡에 대한 그들의 영향과 연관되어있다고 예견했다. 그러한 연결(link)는 많은 연구들에서 명백하게 밝혀지지 않았었다. 일부 타감작용물질의 호흡에 미치는 영향에 관한 연구는 표 1에 제시되어 있다.

직접적으로 호흡은 하나이상의 활성방식에 의해 영향을 받을 수 있다. 예를 들어, α-pinene은 산화적 인산화를 분리시키고 미토콘드리아의 전자전달을 억제한다[2]. 두 영향 모두 미토콘드리아 내막의 방해로 추측되었다. 일반적으로 짝풀림제는 산소 흡수를 증가시킨다. 합성된 PSII 억제자들의 사례처럼, 많은 PET 억제자들은 미토콘드리아 전자전달을 억제하기 쉽다[33]. 이것은 sorgoleone의 사례이다[93, 97]. 이것은 또한 *Cyperus javanicus*로 부터의 hydroxydietrichequinone에 관한 예이다[83].

몇몇 식물유래 화합물들은 동물의 미토콘드리아 호흡을 억제하는 것으로 보이지만, 식물 미토콘드리아에 관한 연구는 되어있지 않다. 예를 들어, *Euphorbia obtusifolia*의 유액에 있는 여러 jatrophane diterpenes은 포유동물 미토콘드리아의 전자전달 사슬의 NADH 산화제를 억제한다[14]. *Calceolaria andina*의 두 naphthoquinones는 곤충 미토콘드리아 호흡을 억제하지만, 해충 조절과 관련한 실험에서 잎표면에 적용을 위한 식물에는 매우 안전하다[66]. Cyanamide는 초기 합성제초제 중 하나이다[114]. 이것은 확실히 호흡저해제이다[59]. 최근에 cyanamide는 bioassay-directed isolation에 의해 *Vicia villosa*의 식물독성 구성물질로 발견되었으며, 그리고 이 종의 타감작용을 갖는 특성들에 대한 설명을 가능하게 한다[65].

몇몇 사례에서, 강력한 식물독소들로부터 영향받은 조직은 산소 소모가 가속화된다[45]. Artemisinin은 뿌리 끝에 의한 산소 소모를 촉진시키지만, 이것은 *Lemna minor*의 호흡을 억제한다[113]. 몇몇의 면밀하게 수행된 연구들에서, 여러 물리적 요인들에서의 10,11-epoxy-4-hydroxy tremeton과 같은 몇몇 식물독소들의 작용을 비교한 결과 아마도 초기 활성기작이 호흡 저해임을 시사한다.

표 1. 호흡 또는 호흡작용에 대한 타감물질의 영향

Allelochemical	Conc. (μM)	Assay	Inhibition (%)	Reference
Butein	250	uncoupling of potato mitochondrial respiration	100	Ravanel et al. 1982[93)]
5,7-dihydroxy-isoflavone	30	ATP formation by cucumber	61	Stenlid, 1970[112)]
		mitochondria		
10,11-epoxy-4-hydroxy tremeton	17	O_2 uptake by isolated mitochondria	50	Céspedes et al. 2002[24)]
juglone	500	maize roots	〉90	Koeppe, 1972[69)]
kaempferol	243	plant mitochondrial electron transport	50	Tissut et al. 1980[116)]
quercitin	20	malate oxidation by mitochondria	50	Moreland & Novitzky, 1987[82)]
sorgoleone	0.5-5	soybean and maize mitochondrial respiration	50	Rasmussen et al. 1992[92)]
tannic acid	46	bean mitochondrial respiration	94	Demos et al. 1975[32)]

타감물질이 1mM 이상의 농도에서만 상당히 억제성이 있으므로 호흡에의 영향 때문에 식물독성을 띠기가 쉽지 않다는 많은 연구결과가 있다. 호흡에 영향을 주는 어떤 화합물들은 다른 물질대사 과정에서 더 많은 활성을 가진다는 것이 이후에 발견되었다. 예를 들어, Juglone은 호흡보다는 HPPD에 효과적인 저해제 역할을 한다[77)].

원형질과 액포막의 H^+-ATPase

원형질과 액포막의 H^+-ATPase은 식물세포의 적절한 물을 유지하는데 필수적이다. 몇몇 식물독소들은 이 효소를 저해한다. 예를 들어, 타감물질인 diacetyl piquerol은 원형질막과 액포막의 H^+-ATPase활성 둘 다 억제한다[27)]. Juglone은 H^+-ATPase의 억제를 통해 원형질막 기능에 매우 큰 영향을 준다는 것이 발견되었다[55)]. 저해는 호흡이나 다른 물리적 기능에 영향을 준다고 발표된 농도보다 낮은 값에서 나타났다.

유사분열 저해제

Trifluralin과 같은 몇몇 상업성 제초제들은 유사분열단계의 초반 구성물들을 목표로 삼는다[33]. 상당히 많은 수의 식물화학물질(phytochemical)들은 튜불린이나 다른 유사분열 기관의 다른 구성물들과의 상호작용을 통해서 유사분열에 직접적으로 영향을 준다[119]. 몇몇 식물유래 유사분열 저해제의 활성기작은 표 2에 제공되어 있다. 언급된 참고자료는 대개 동물 관련 논문들이지만, 식물조직에서 밝혀진 활성기작에 관한 모든 케이스에서, 비록 상대적인 민감성은 달랐으나, 이것은 동물에서의 경우와 같았다[119].

Taxol, vinblastine/vincristine, podophyllotoxin(그림 4)과 같은 몇몇 화합물은 동물세포의 유사분열에서 그들의 효과가 잘 알려진 덕분에 암치료제로서 사용된다. 그러나 식물세포는 적절한 연구가 완료된 그 케이스들과 유사하게 영향받은 것이 밝혀졌다. 예를 들어 podophyllotoxin은 인간 암세포[48]와 식물의 항-유사분열에 관여하는 물질[87]이다. Podophylloxin의 두 합성 파생물질들은 topoisomerase II의 억제자이다.

몇몇 유사분열 저해제는 하나 이상의 활성기작을 가진다. 예를 들어, narciclastine은 식물과 동물세포에서 콜히친과 유사한 유사분열 저해적인 특성을 가지는 것으로 알려졌지만[20], 몇몇 효소들과 진핵생물의 리보솜에서의 펩티드결합 형성에 큰 영향을 미친다. 리보솜에의 영향은 유사분열저해 활성과 관련이 있다[10]. 세포분열과 세포확장에 필요한 미세소관을 비안정화(destabilizing) 또는 과다안정화(hyperstabilizing)를 시키는 여러 식물유래 유사분열 저해물질(colchicine, taxol, vinblastine; 그림 4)들은 튜불린에 결합한다.

단백질합성과 비아미노산 대사길항물질

많은 수의 미생물-생산 물질들은 직접적으로 단백질 합성을 저해한다. 그러나 약간의 식물화학물질들도 그러한 활성기작을 가지는 것으로 밝혀졌다. *Lycoris radiata* 로부터 만들어진 Lycoricidinol은 박테리아가 아닌 식물의 단백질 합성을 저해한다[57]. 이것은 전사 초기를 저해하지 않지만, 폴리펩티드의 신장을 억제한다. 또한 Lycoricidinol은 옥신 전달을 억제한다[104]. 식물은 많은 독성을 가진 비단백질성 아미노산들을 생산한다. 이들 일부는 식물독성이 있으며, 단백질에 기질로 통합되거나 단백질 아미노산을 사용하는 효소를 저해함으로써 그들의 영향이 미치도록 할지도 모른다. 예를 들어, L-arginine의 구조적 유사체인 L-canavanine은 수많은 canavanine-free species의 arginyl-tRNA 합성효소에 의해 이용되는데, 이것은 필수 대사기능을 상실한 canavanine-포함 단백질이 된다[102]. Canavanine은 또한 arginine 대사의 조절과 촉매반응에 영향을 준다. Mimosine과 같은 다른 비단백질 아미노산

표 2. 유사분열을 저해하는 타감물질의 작용유형

Compound	Plant source	Mode of action	Reference
Betulin	several species	Inhibition of topoisomerase	Wada et al. 2001[121)]
Camptothecin	*Camptotheca acuminata*	Inhibition of topoisomerase I	Hsiang et al. 1985[56)]
Colchicine	*Colchicum autumnale*	Inhibited microtubule formation	Iwasaki, 1998[60)]
Podophyllotoxin	*Podophyllum peltatum*	Inhibited microtubule formation	Gordaliza, et al. 2000[48)]
Taxol	*Taxus* spp.	Hyperstablized microtubules	Leu, et al. 1994[73)]
Vinblastine	*Vinca* spp.	Inhibited microtubule formation	Iwasaki, 1998[60)]

은 상당한 식물독성이 있지만, 그들의 정확한 활성기작은 불확실하다[90)].

글루타민 합성효소

글루타민 합성효소(GS)는 아미노산 대사와 광호흡에 필수적인 효소이다[74)]. 많은 미생물성 물질들은 GS에 효과적인 저해제이며, 그것들 중 하나인 posphinothricin이 합성되었고, 매우 성공적인 제초제인 glufosinate로 팔린다. 유일한 식물유래 GS 저해제는 methionine sulfoximine이다[62)]. 이 물질은 자연에서 발견되기 전에는, 강한 효력이 있는 합성 GS 저해제로 알려졌었다.

Acetolactate 합성효소

Acetolactate synthase(ALS, acetohydroxy acid 합성효소로도 알려짐)은 가지친 사슬 아미노산 과정(pathway)(leucine, isoleucine, valine)의 주요 효소이다. 이것은 확실하게 vestigial quinone 결합지점에 결합하는[105)] 상업성 제초제들의 chemically diverse array의 타겟지점이다[107)]. 우리는 ALS 저해제로서 알려진 식물화학물질이 없다는 것을 알고 있지만, 최소한 미생물에서 만들어진 하나의 물질인 gliotoxin이 ALS를 저해한다는 것을 알고 있다[50)]. Flavonins(flavonoid 계열)은 ALS 저해제로 특허받았다[80)]. 좋은 활성을 얻기 위해서는 flavonon이 염소처리되어야 한다.

Asparagine 합성효소

Asparagine synthetase(AS)는 식물에서 asparagine 합성에 필요한 주효소이다. AS는 글루타민의 아미노그룹을 직접적으로 aspartate로 바꾸는 ATP-의존적 반응을 촉매한다[97]. AS의 외부공급이 천연 식물독소인 1,4-cineole에 의해 야기된 성장 저해가 역전된다는 것을 발견했을 때[99)], AS는 잠재적인 제초제 타겟지점으로 판명되었다. 그 저해제의 존재하에서 asparagine의 뿌리흡수는 증가했으나, asparate의 흡수는 영향받지 않았다. 1,4-cineole의 식물독성 효과는 AS 활성의 *in vivo* 저해로 추정되었

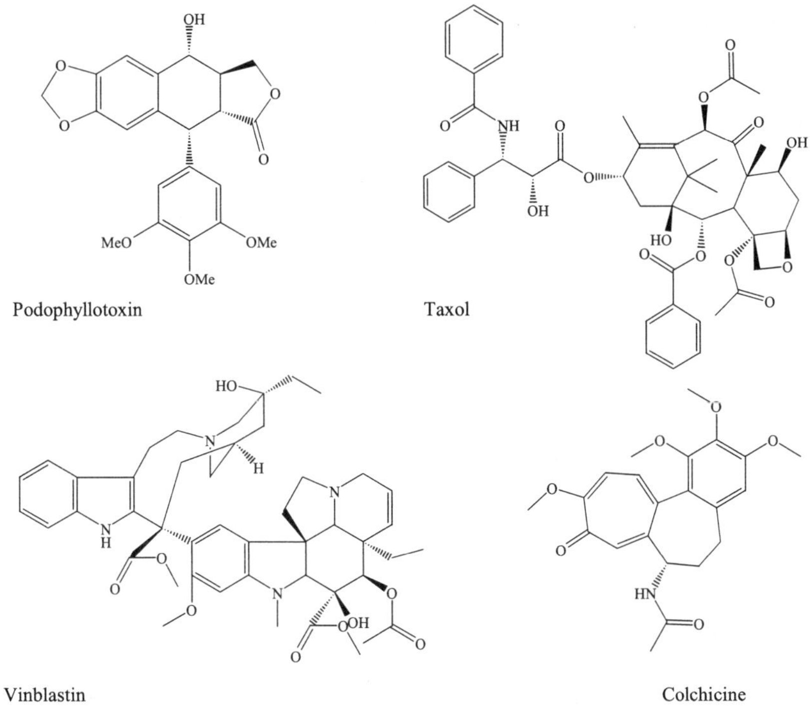

그림 4. 유사분열을 억제하는 타감물질들의 구조

는데 이것은 *in vitro*에서 효소활성을 심하게 저해했기 때문이다.

기타

수선화과의 생성물 alkaloid lycorine는 L-galactono-γ-lactone dehydrogenase의 저해에 의해서 식물에서의 ascorbate 합성을 저해한다[9]. 과산화적 손상을 막기 위해서 광합성을 하는 엽록체에서 높은 농도의 ascorbate가 필요하다. Lycorine은 또한 dehydroascorbate reductase의 *de novo* 합성을 향상시킴으로써 간접적으로 ascorbate 축적을 줄인다[31]. Arrigoni 등[8]은 lycorine과 성장에 의해 영향을 받았듯이, 식물 조직에서의 ascorbate 수준과 성장 사이의 상호의존관계를 발견했다.

유해잡초인 *Imperata cylindrica*에서 분리된 biphenyl ether 화합물인 cylindol A는 5-lipoxygenase의 저해제이다[76]. 이 식물은 타감작용을 하는 것으로 생각되지만, 이 활성이 cylindol A와 5-lipoxygenase의 활성과 관계가 있는 지는 알려져 있지 않다. 수선화 인경에 들어있는 점액물질인 Narciclasine은 강한 식물독성을 가진다[15]. 이것은 10 μM에서도 isocitrate lyase와 hydroxypyruvate reductase를 완전히 저해한다. 이 활성기작은 미생물체와 엽록체의 발달을 저해하는 것으로 설명된다. 이 물질은 또한 진핵생물의 리보솜에서 펩티드결합형성을 억제하는 것으로 알려졌다.

작용부위가 분명치 않은 타감물질

Artemisinin

상당수의 연구는 sesquiterpene endoperoxide lactone artemisinin의 활성기작에 관해 수행되었다(그림 5), 하지만 식물에 관한 연구결과는 명확하지 않다[38]. 이 물질은 식물과 malaria parasite(*Plasmodium* spp.)와 같은 apicoplexans 모두 강한 독성이 있다[67]. Apicoplexans는 퇴화한 색소체이며[70], 이것은 활성 분자지점(molecular site of action)이 주요 상업성 제초제의 분자타겟지점이기 때문에 활성 분자지점이 색소체의 국소부위임을 제시하고 있다.

Meshnick[79]는 artemisinin의 활성메카니즘이 탄소중심적 자유라디칼을 생성하기 위해 endoperoxide bridge의 헴-매개적 분해를 포함하는 것으로 나타난다고 추정했다. 그는 헴의 관여가 왜 말라리아 기생충에 선택적으로 독성을 띠게 되는지를 설명한다고 하였다. 그러나 그것은 말라리아 기생충에 선택적으로 독성이 있지 않다. 그것은 또한 색소체-포함 식물의 다른 카테고리에도 심한 독성을 띤다. 게다가 식물독소의 증상은 산화적 스트레스의 증상은 아니다.

Eckstein-Ludwig 등[40]은 artemisinin이 근소포체 ATPases(SERCA)를 타겟으로 한다고 발표했다. 활성화된 artemisinin가 다양한 단백질들과 부가생성물을 형성할 수 있으나, 특별한 단백질들과 상호작용하기가 더 쉬울지 모른다. 이 과학자들은 artemisinin이 thapsigargin(또다른 sesquiterpene lactone과 매우 특이적인 SERCA 저해제)에의 유사한 효능과 함께 SERCA를 저해한다는 것을 알았다. Thapsigargin은 artemisinin의 기생균 사멸작용과 길항적으로 작용한다. 그러나 artemisinin은 다른 단백질들과 함께 부가생성물들을 형성할 수 있고[79], glutathione과 같은 다른 화합물들과 반응할 수 있다[122](아래 dehydrozaluzanin C를 참조). Sulfhydryl groups, cysteines를 포함하는 또다른 화합물들은 artemisinin의 식물독성 활성에 대한 좋은 해독제이다[39]. 환원된 glutathione은 세포주기의 형성에 필수적이며, 그래서 artemisinin에 의한 glutathione 수준이 낮아지면 유사분열이 저해될 수 있다. 실제로 artemisinin는 식물 세포 분열의 모든 단계를 저해하며, 이것은 비정상적인 분열상의 발생을 낮게 한다[30]. Artemisinin와 11개 유사물들의 구조 활성 비교는 식물에서 활성기작이 *Plasmodium* spp.에서와는 다르다는 것을 제안했지만, 흡수, 구획화와 대사붕괴에서의 차이들은 그러한 비교가 틀렸음을 입증할 수 있다. 결과적으로 여전히 두 생물독성과 항말라리아성으로서의 artemisinin의 활성기작은 알려져 있지 않지만, 이 중요한 약에 대한 많은 연구들을 통해 약리학적인 활성기작을 밝혀야 한다. 이것은 식물에서 그것의 타겟지점 결정에 요구되는 단서를 제공할 수 있을 것이다.

(-)-Catechin

(−)-Catechin(그림 5)는 *Centaurea maculosa*의 뿌리에서 유래된 타감성 물질로 밝혀졌다[11, 12, 120]. 그 식물은 catechins((±)-catechin)의 라세믹 혼합물을 생성하지만, 오직 (−)-Catechin만 식물독성이 있는 것으로 알려졌다. 저자는 (−)-Catechin가 활성산소(reactive oxygen species, ROS)를 증가를 야기하고, ascorbate와 함께 ROS의 형성의 저해가 (−)-Catechin의 식물독성을 줄였다는 것을 발견했다[13]. 이것은 catechins이 강한 항산화물이라는 사실과는 다른 내용인 것처럼 보인다[53]. Bais 등[13]은 증가한 ROS가 Ca^{2+} 의존적 프로그램화된 세포사멸(apoptosis)을 야기한다는 증거를 제공했다. 이전에 ROS 손상은 apoptosis와 연결지어지고 있으나, 시물 간의 관계는 불확실하다. 제초제로 팔린 phytochemical[16]인 pelargonic acid는 몇몇 종류의 동물세포에서 세포사멸을 야기한다고 발표되었다[44]. 이것이 접촉하는 제초제 작용의 신속성을 고려해봤을 때, 이것이 식물에서의 활성기작인지는 의심의 여지가 있다.

10분 동안 식물세포의 노출시 gene transduction에서의 (−)-Catechin의 효과에 대한 microarray data는 명확하게 (−)-Catechin의 분자타겟지점 인지를 알아내지 못했다. 50 μM보다 더 높은 농도에서 catechins은 식물의 순환 또는 비순환적 광인산화 과정을 저해한다[84].

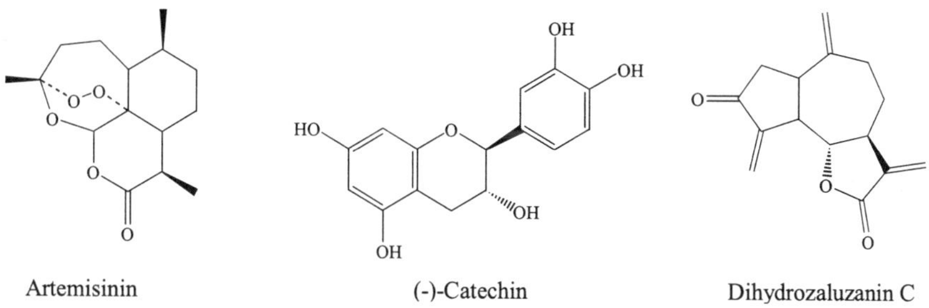

그림 5. 활성기전이 분명치 않은 식물독소들

Dehdrozaluzanin C

Dehdrozaluzanin C(DHZ)(그림 5)는 일반적으로 세포독성 있는 sesquiterpene lactone이며, 우수한 살진균제[123], 제초제[45, 75], antiprotozoal compound[43], 그리고 포유류 세포와 박테리아의 전반적인 독소(Galindo, per.communication)이다. 이것은 강한 성장 저해제이고 식물의 세포 유출의 유도자이다[45]. Glutathione의 sulfhydryl groups에 DMZ의 공유결합은 Glutathione 활성에 좋은 해독제로 작용한다[45]. 그러나 DHZ의 3α-hydroxy derivative인 *iso*zaluzaninC(IC)는 성장을 저해하지만, 막 유

출을 일으키지는 않는다.

성장 저해가 두 DHZ와 IC에 의해 보유된 exomethylene-γ-lactone moeity 때문이지만 막 기능에의 영향은 DHZ의 cyclopentanone portion의 α,β-unsaturated carbonyl 때문이라고 제안되었다. 또한 DHZ의 exomethylene-γ-lactone moeity가 막 붕괴에 필요한지는 알려져 있지 않다. DHZ는 plasma membrane enzyme NADH oxidase에 효과가 없었다[45]. DHZ가 여러 활성기작을 가질 지는 모르지만 분자지점은 아직 결정되지 않았다. 특별한 기능적 단백질들의 sulfhydryl groups와 함께 DHZ의 선택적인 반응은 둘 중의 하나의 효과를 일으킬 수 있다.

결론

식물유래 식물독소의 활성기작에 대한 많은 정보는 빠르게 증가하고 있으나, 더욱 다양한 정보를 수집할 필요가 있다. 모든 천연 생성물들로부터의 식물독소의 활성기작에 대한 이전 리뷰에서 천연 생성물과 합성제초제의 활성기작이 약간 중복된다고 주장하였다[37]. 그러나 만약 단지 독성 식물화학물질만 고려했다면, 식물로부터의 대부분 식물독소 화합물들이 상업적 제초제의 타겟이거나 타겟을 가지는 분자지점을 목표로 함을 의미한다. 식물유래의 대부분 식물독소들이 합성 제초제들과 유사한 활성기작을 가지는 것처럼 보인다는 사실이 시사하는 바는 화학적이고 생태적인 해석은 아니다. 식물이 생산하는 식물독소에 대한 저항성의 메카니즘을 이해하는 것은 왜 이 활성기작을 가진 화합물들이 발달되어왔는 가를 이해하는데 도움이 될지 모른다.

식물에서 생산된 대부분의 식물독소들의 활성기작은 여전히 잘 모르거나 명확하지 않다. 한 유독물에 대한 반응[6]으로 유전자-게놈의 전체적인 표현(transcriptional profiling with DNA microarrays)과 같은 활성기작을 조사하는 새로운 시도가 식물독소들이 어떻게 영향을 미치는지 설명해 줄 것이다.

참고문헌

1) Abdul-Rahman AA, Habib SA (1989) J Chem Ecol 15: 2289-2300
2) Abrahim D, Francischini AC, Pergo EM, Kelmer-Bracht AM, Ishii-Iwamoto EL (2003) Plant Physiol Biochem 41: 985-991
3) Achnine L, Mata R, Iglesias-Prieto R, Lotina-Hennsen B (1998) J Agric Food Chem 46: 5313-5317
4) Achnine L, Mata R, Lotina-Hennsen B (1999a) Pestic Biochem Physiol 63: 139-149
5) Achnine L, Pereda-Miranda R, Iglesias-Prieto R, Moreno-Sanchez R, Lotina-Hennsen B (1999b) Physiol Plant 106: 246-252
6) Agarwal AK, Baerson SR, Rogers PD, Jacob MR, Barker KS, Cleary JD, Walker LA, Nagle DG, Clark AM (2003) J Biol Chem 278:34998-35015
7) Arrogoni O, Arrigoni-Liso R, Calabrese G (1976) Science 194: 332-333
8) Arrigoni O, Calabrese G, De Gara L, Bitonit MB, Liso R (1997a) J Plant Physiol 150: 302-308
9) Arrigoni O, De Gara L, Paciolla C, Evidente A, De Pinto MC, Liso R (1997b) J Plant Physiol 150: 362-364
10) Baez A, Vazquez D (1978) Biochim Biophys Acta 518: 95-103
11) Bais PB, Walker TS, Stermitz FR, Ruh AH, Vivanco JM (2002) Plant Physiol 128: 1173-1179
12) Bais PB, Walker TS, Kennan AJ, Stermitz FR, Vivanco JM (2003a) J Agric Food Chem 51: 897-901
13) Bais PB, Vepachedu R, Gilroy S, Callaway RM, Vivanco JM (2003b) Science 301: 1377-1380
14) Betancur-Galvis L, Checa J, Marco JA, Estornell E (2003) Planta Medica 69: 177-178
15) Bi Y, Guo J, Zhang L, Wong Y (2003) J Plant Physiol 160: 1041-1049
16) Bradley KW, Hagood ES (2002) Weed Technol 16: 164-170
17) Calera MR, Mata R, Anaya AL, Lotina-Hennson B (1995) Photosyn Res 45: 105-110
18) Calera MR, Mata R, Lotina-Hennson B, Anaya AL (1996) J Agric Food Chem 44: 2966-2969
19) Carrasco L, Fresno M, Vazquez D (1975) FEBS Lett 52: 236-239
20) Ceriotti G (1967) Nature 213: 595-596
21) Céspedes CL, Calderon JS, King-Diaz B, Lotina-Hennsen B (1998) J Agric Food Chem 46: 2810-2816
22) Céspedes CL, Achnine L, Alarcon J, Becerra J, Lotina-Hennsen B (2000) Z Naturforsch 55C: 631-637
23) Céspedes CL, Achnine L, Lotina-Hennsen B, Salazar JR, Gomez-Garibay (2001) Pestic Biochem Physiol 69: 63-76
24) Céspedes CL, Uchoa A, Salazar JR, Perich F, Pardo F (2002) J Agric Food Chem 50: 2283-2292
25) Chiapusio G, Sanchez AM, Reigosa MJ, Gonzalez L, Pellissier F (2000) *Recent Advances in Allelopathy. Vol. I. A Science for the Future*. Servicio de Publicaciones –Univ. Cadiz, Spain, pp. 57-62
26) Crouch NP, Adlington RM, Baldwin JE, Lee M-H, Mackinnon CH (1997) Tetrahedron 53: 6993-7010
27) Cruz-Ortega R, Anaya AL, Gavilanes-Ruiz M, Sanchez NS, Jimenez-Esatrada M (1990) J Chem Ecol 16: 2253-2261

28) Dayan FE, Duke SO (1997) *Herbicide Activity: Toxicology, Biochemistry and Molecular Biology*, 11-35. IOS Press, Amsterdam
29) Dayan FE, Duke SO (2003) *Encyclopedia or Agrochemicals*, Vol. 2, pp. 850-863.
30) Dayan FE, Hernandez A, Allen SN, Moraes RM, Vroman JA, Avery MA, Duke SO (1999) Phytochemistry 50: 607-614
31) DeTullio MC, De Gara L, Paciolla C, Arrigoni O (1998) Plant Physiol Biochem 36: 433-440
32) Demos EK, Woolwine M, Wilson RH, McMillan C (1975) Am J Bot 62: 97-102
33) Devine MD, Duke SO, Fedtke K (1993) *Physiology of Herbicide Action.* P T R Prentice-Hall, Inc, Englewood Cliffs
34) Dodge AD, Knox JP (1986) Pestic Sci 17: 579-586
35) Draber W, Tietjen K, Kluth JF, Trebst A (1991) Angewandte Chem Internat Ed 30: 1621-1633
36) Draber W, Trebst A, Oettmeier W (1995) *Classical and Three-Dimensional QSARin Agrochemistry.* American Chemical Society Symposium Series, 186-198.
37) Duke SO, Dayan FE, Rimando AM (2000) *Herbicides and Their Mechanisms of Action*, 105-133.
38) Duke SO, Oliva A (2003) *Recent Advances in Allelopathy,* Vol. 2, 201-216.
39) Duke SO, Paul RN, Lee SM (1988) Amer Chem Soc Symp Ser 380: 318-334
40) Eckstein-Ludwig U, Webb RJ, van Goethem IDA, East JM, Lee AG, Kimura M, O'eill PM, Bray PG, Ward SA, Krishna S (2003) Nature 424: 957-96
41) Einhellig FA, Rasmussen JA, Hejl AM, Souza IF (1993) J Chem Ecol 19: 369-375
42) Fedtke K, Duke SO (2005) *Plant Toxicology.* 247-330.
43) Fournet A, Munoz V, Roblot F, Hocquemiller R, Cave A, Gantier JC (1993) Phytotherapy Res 7: 111-115
44) Fourey RJ, Shahidullah H, Sands C, McVittie E, Aldridge RD, Hunter JAA, Howie SEM (1998) Brit J Dermatol 139: 453-461
45) Galindo JCG, Hernandez A, Dayan FE, Tellez MR, Macías FA, Paul RN, Duke SO (1999) Phytochemistry 52: 805-813
46) Garcia I, Job D, Matringe M (2000) Biochemistry 39: 7501-7507
47) Gonzalez VM, Kazimir J, Nimbal CI, Weston LA, Cheniae GM (1997) J Agric Food Chem 45: 1415-1421
48) Gordaliza M, Castro MA, Miguel Del Corral JM, San Feliciano A (2000) Curr Pharm Design 6: 1811-1839
49) Hagmann L, Juettner F (1996) Tetrahedron Lett 37: 6539-6542
50) Haraguchi H, Hamatani Y, Shibata K, Hashimoto K (1992) Biosci Biotechnol Biochem 56: 2085-2086
51) Hellyer RO (1968) Austral J Chem 21: 2825-2828
52) Hernandez-Terrones MG, Aguilar MI, King-Diaz B, Lotina-Hennsen B (2003) Pestic Biochem Physiol 77: 12-17
53) Higdon JV, Frei B (2003) Crit Rev Food Sci Nutri. 43: 89-143
54) Hirata K, Yoshitomi S, Dwi S, Iwabe O, Mahakhant A, Polchai J, Miyamoto K (2003) J Biosci Bioeng 95: 512-517
55) Hejl AM, Koster KL (2004) J Chem Ecol 30: 453-471
56) Hsiang YH, Hertzberg R, Hecht S, Liu LF (1985) J Biol Chem 260: 14873-14878
57) Imaseki H, Kang BG (1984) Plant Cell Physiol 25: 309-314

58) Inoue H, Noguchi M, Kubo K (1987) Photosynthetica 21: 88-90
59) Inoue H, Higashi T, Yamasaki K (1971) Nippon Dojo Hiryogaku Zasshi 42: 157-162
60) Iwasaki S (1998) J Pharm Soc Japan 118: 112-126
61) Izawa S, Winget GD, Good NE (1966) Biochem Biophys Res Comm. 22: 223-226.
62) Jeannoda VLR, Valisolalao J, Creppy EE, Dirheimer G (1985) Phytochemistry 24: 854-855
63) Jewess, PJ, Higgins, J, Berry, KJ, Moss, SR, Boogaard, AB, Khambay, BPS (2002) Pest Manage Sci 58: 234-242
64) Kagan IA, Rimando AM, Dayan FE (2003) J Agric Food Chem 51: 7589-7595
65) Kamo T, Hiradate S, Fujii Y (2003) J Chem Ecol 29: 275-283
66) Khambay BP, Jewess P (2000) Crop Protect 19: 597-601
67) Klayman DL (1985) Science 228: 1049-1055
68) Knudsen CG, Lee DL, Michaely WJ, Chin H-L, Nguyen NH, Rusay RJ, Cromartie TH, Gray R, Lake BH, Fraser TEM, Cartwright D (2000) *Allelopathy in Ecological Agriculture and Forestry*, pp. 101-111. Kluwer Academic Publishers, The Netherlands
69) Koeppe DE (1972) Physiol Plant 27: 89-92
70) Lang-Unnasch N, Reith ME, Munholland J, Barta JR (1998) Int J Parasitol. 28: 1743-1754
71) Lee DL, Prisbylla MP, Cromartie TH, Dagarin DP, Howard SW, Provan WM, Ellis MK, Fraser T, Mutter LC (1997) Weed Sci 45: 601-609
72) Leu E, Krieger-Lszkay A, Goussias C, Grosss EM (2002) Plant Physiol 130: 2001-2018
73) Leu JG, Chen BX, Diamanduros AW, Erlanger BF (1994) PNAS 91: 10690-10694
74) Lydon J, Duke SO (1999) *Plant Amino Acids: Biochemistry and Biotechnology*, 445-464.
75) Macias FA, Galindo JCG, Molinillo JMG, Castellano D (2000) Phytochemistry 54: 165-171
76) Matsunaga K, Ikeda M, Shibuya M, Ohizumi Y (1994) J Nat Prod 57: 1290-1293
77) Meazza G, Scheffler BE, Tellez MR, Rimando AM, Nanayakkara NPD, Khan IA, Abourashed EA, Romagni JG, Duke SO, Dayan FE (2002) Phytochemistry 59: 281-288
78) Mendoza JL, Jimenez M, Lotina-Hennsen B (1994) Pestic Sci 40: 37-40
79) Meshnick SR (2002) Int J Parasitol 32:1655-1660.
80) Mido N, Yoshida S, Iwata M (1999) *Flavonins as aceltolactate synthase inihibitors and herbicides.Jpn. Kokai Tokkyo Koho*, JKXXAF JP 11035574 A2 19990209 Heisei. Patent written in Japanese. Application: JP 97-192378 19970717. CAN 130:193131 AN 1999:106970
81) Miller GW, Sasse JM, Lovelace CJ, Rowan KS (1984) Plant Cell Physiol 25: 635-642
82) Moreland DE, Novitzky WP (1987) Amer Chem Soc Symp Ser 330: 247-261
83) Morimoto M, Shimomura Y, Mizuno R, Komai K (2001) Biosci Biotechnol Biochem 65: 1849-1851
84) Muzafarov EN, Nazarova GN, Kozhokaru AF, Chertishchev VV (1986) *Svoistva Flavonoidov Ikh Funkts*, 76-95. Metab. Rastit. Kletki, Inst. Pochvoved. Fotosint. Moscow
85) Nimbal CI, Yerkes CN, Weston LA, Weller SC (1996) J Pestic Biochem Physiol 54: 73-83
86) Norris SR, Barrette TR, DellaPenna D (1995) The Plant Cell 7: 2139-2149
87) Oliva A, Moraes RM, Watson SB, Duke SO, Dayan FE (2002) Pestic Biochem Physiol 72: 45-54
88) Pallett KE, Little JP, Sheekey M, Veerasekaran P (1998) Pestic Biochem Physiol 62: 113-124
89) Pascal RA, Oliver MA, Chen Y–J (1985) Biochemistry 24: 3158-3165
90) Prasad MNV, Subhashini P (1994) J Chem Ecol 20: 1689-1696
91) Que L, Ho RYN (1996) Chem Rev 96: 2607-2624
92) Rasmussen JA, Hejl AM, Einhellig FA, Thomas JA (1992) J Chem Ecol 18: 197-207

93) Ravanel P, Tissut M, Douce R (1982) Phytochemistry 21: 2845-2850
94) Ray S, Shrivastava R, Bagchi SN (2003) Plant Sci 165: 785-791
95) Rebeiz CA, Amindari S, Reddy KN, Nandihalli UB, Moubarak MB, Velu JA (1994) Am Chem Soc Symp Ser 559: 48-64
96) Richards NG, Schuster SM (1998) *Mechanistic issues in asparagine synthetase catalysis in Advances in Enzymology and Related Areas of Molecular Biology: Amino Acid Metabolism* Part A, 145-198.
97) Rimando AM, Dayan FE, Czarnota MA, Weston LA, Duke SO (1998) J Nat Prod 61: 927-930
98) Rimando AM, Dayan FE, Streibig JC (2003) J Nat Prod 66: 42-45
99) Romagni JG, Duke SO, Dayan FE (2000a) Plant Physiol 123: 725-732
100) Romagni JG, Meazza G, Nanayakkara NPD, Dayan FE (2000b) FEBS Lett 480: 301-305
101) Rojas IS, Lotina-Hennsen B, Mata R (2000) J Nat Prod 63: 1396-1399
102) Rosenthal GA (1977) Quart Rev Biol 52: 155-178
103) Sano T, Kaya K (1996) Tetrahedron Lett 37: 6873-6876
104) Sasse JM, Wardrop JJ, Rowan KS, Aspinall D, Coombe BG, Paleg LG, Buta JG (1982) Physiol Plant 55: 51-59
105) Schloss JV, Ciskanid LM, Van Dyk DE (1988) Nature 331: 330-362
106) Schulz A, Ort O, Beyer P, Kleinig H (1993) FEBS Lett 318: 162-166
107) Shaner DL, Singh BK (1997) *Herbicide Activity: Toxicology, Biochemistry and Molecular Biology*, 69-110. IOS Press, Amsterdam.
108) Shoshan V, Shahak Y, Shavit N (1980) Biochem Biophys Acta 591: 421-433
109) Shrivastava R, Ray S, Bagchi SN (2001) Indian J Exp Biol 39: 1268-73
110) Spencer JG, Wimmer MJ (1985) Biochemistry 24: 3884-3890
111) Spyridaki A, Fritzsch G, Kouimtzoglou E, Baciou L, Ghanotakis D (2000) Biochim Biophys Acta 1459: 69-76
112) Stenlid G (1970) Phytochemistry 9: 2251-2256
113) Stiles LH, Leather GR, Chen PK (1994) J Chem Ecol 20: 969-978
114) Sturkie DG (1937) J Amer Soc Agron 29: 803-808
115) Tatarintsev NP, Lebedeva AI, Muzafarov EN, Nazarova GI, Makarov AD, Buzun GA(1984) Biokhimiya. 49: 924-927
116) Tissut M, Chevallier D, Douce R (1980) Phytochemistry 19: 495-500
117) Towers GHN, Arnason JT (1988) Weed Technol 2: 545-549
118) Vaughan MA, Vaughn KC (1988) Weed Technol 2: 533-539
119) Vaughn KC, Vaughan MA (1988) Amer Chem Soc Symp Ser 380: 273-293
120) Veluri R, Weir TL, Bais HP, Stermitz FR, Vivanco JM (2004) J Agric Food Chem 52: 1077-1082
121) Wada S, Lida A, Tanaka R (2001) J Nat Prod 64: 1545-1547
121) Wang D-Y, Wu Y-L (2000) Chem Commun 22: 2193-2194
123) Wedge DE, Galindo JCG, Macias FA (2000) Phytochemistry 53: 747-757
124) Winget GD, Izawa S, Good NE (1969) Biochemistry 8: 2067-2074
125) Yagi T, Mukohata Y (1980) J Biochem 88: 453-461
126) Yoneyama K, Asami T, Wilfrid D, Takahashi N, Yoshida S (1989) Agric Biol Chem 53: 471-475
127) Yoshida S, Asami T, Kawano T, Yoneyama K, Crow WD, Paton DM, Takahashi N (1988)

Phytochemistry 27: 1943-1946
128) Zhestkova IM, Molotkovskii YG, Timiryazev KA (1984) Fiziologiya Rastenii 31: 0-97
129) Zubay G (1993) *Biochemistry*, 3rd ed. 1104 pp. Wm C Brown Publishers, DuBuque, Iowa

24
CHAPTER

지속가능한 생태농업과 타감작용

서론

현대농업에서 비료, 살충제를 과다하게 사용하는 다모작 농업으로 인해 (a) 토양을 병들게 하고, (b) 환경오염을 일으켰으며, (c) 잡초, 곤충, 병원균 등에 대한 내성을 증가시켰고, (d) 우리가 먹는 음식에 독성물질을 남겨왔다. 35~40년 짧은 기간 동안 발전된 신기술은 이러한 문제점들을 더욱 심화시켜 왔으며, 이는 토양의 건강, 인간과 가축의 건강, 환경, 그리고 삶의 질 등을 심각하게 악화시켰다. 이는 새로운 기술이 장기간 지속가능하지 않다는 것을 의미한다. 현대농업은 자원의 착취이며, (a) 살충제와 질산염으로 인한 지하 수자원 오염, (b) 살충제, 질산염 및 항생제 잔여물로 인한 식품 오염, (c) ‘a’와 ‘b’로 인한 농부들이 입는 피해[108], (d) 척박한 토양과 생산성 (e) 전원생활의 질적 저하 등 다양한 문제들을 야기했다. 현대농업에서 벼와 밀의 윤작을 통해서는 곡물 수확량이 현재 수준에서 지속될 수 없다는 증거들이 계속 늘어나고 있다. 지난 16년간 필리핀, 인도네시아, 인도, 파키스탄에서는 권장되는 재배법의 이용에도 불구하고 벼와 밀의 수확량은 25~30% 감소하였다[108]. 따라서 최근 농업은 단기간에 최대 수확량을 달성하는 일차적인 목적에서, 장기간 지속가능한 생산성을 달성하는 방향으로 초점이 옮겨가고 있다. 농업생태계와 전체적인 시스템의 지속적인 기능안에서 일어나는 생태적인 상호작용에 대한 지식은 전반적으로 발전되어 왔다. 지속성은 생태적으로 온전하고, 자원이 보전되어 있으며 환경적으로 저하되지 않은 농업에서 획득할 수 있다. 따라서 지속적이고 생태적이며 친환경적 유기농에 대해서 몇 가지 정의가 내려질 수 있다. 이 장에서는 생태적으로 지속가능한 농업을 ‘농부가 농장에서 이용 가능한 자원을 이용하여 농작물을 기르고, 농장외부로부터의 투입에 대한 의존도를 줄이며, 토양의 생산성을 유지하고, 장기간에 걸쳐 환경을 깨끗이 하는 것’으로 정의하기로 한다. 그러므로 농부는 농장 외부로부터의 인공적인 투입을 최소화하고, 생태적인 원칙과 과정에 근거한 내부 조절 메커니

Narwal SS

Department of Agronomy CCS Haryana Agricultural University Hisar-125 004, India

즘을 통해 잡초, 곤충, 선충, 병원균을 관리하기 위해 자원을 보전해야 한다[134]. 따라서 생태적 지속가능한 농업은 광범위한 해충, 영양, 토양관리기술 등의 통합적인 이용을 위해 노력해야 한다[108]. 지난 몇 년간 비슷한 철학을 가지고 있는 자료들이 출간되었다[43, 47, 90, 93, 108].

모든 식물종과 그들의 잔해는 '타감물질(allelochemical)'이라고 불리는 이차 대사산물을 만들어낸다. 타감작용은 농업 및 생물학적 시스템의 성장과 발달에 영향을 주는 식물, 미생물, 바이러스, 곰팡이에 의해 발생되는 이차 대사산물들과 관련된 모든 과정을 의미한다[57]. 타감물질은 식물의 모든 부위에서 생산되는데, 특히 잎과 뿌리가 그들의 생산과 분비의 주요장소이다. 생태농업은 혼작, 윤작 등 다양한 형태의 다모작시스템을 통하여 농장의 식물 다양성을 유지하므로 타감작용은 큰 중요성을 가진다. 타감작용은 부정적 효과를 피하고, 자극 효과를 이용하며, 잡초, 곤충, 선충, 병원균 억제를 위한 타감작용 농작물과 변종을 개발하고, 타감물질을 살충제 또는 성장조절자로 사용함으로써 농작물의 생산성을 증진시킨다[38].

단일작물 재배는 해충과 토양 오염 발생 등으로 인해 몇 년 후 그 생산성이 감소된다. 이 문제는 윤작과 간작 시스템의 도입을 통해 극복될 수 있었는데, 이들은 다양한 화학반응(타감작용)을 통해 해충을 가해하고 이동을 제한하는 등 물리적인 장벽을 만든다. 또한 혼작에 의해 생기는 생물다양성은 해충과 병원균에 대한 억제효과를 가지기도 한다. 이러한 간접적인 시너지 효과는 윤작과 간작 시스템에서의 생산성을 높이는데 기여한다. 만약 이러한 효과들이 적절히 활용된다면 화학살충제나 제초제의 이용을 줄이는 것이 가능해질 것이다.

이 장에서는 농작물 생산성에 대한 타감작용 효과 생태적으로 지속가능한 농업에서 콩과식물(legume)에 의한 생물학적 질소고정 과정에서 발생하는 질소요구를 충족시키고 해충을 통제하는 타감물질이 풍부한 다양한 종, 식물, 식물의 잔해, 다모작 시스템의 이용가능성 등을 다룰 것이다.

토양비옥도

열대 및 아열대 지방에서 기후는 일 년 내내 농사를 짓는 데 적합하다. 그러므로 관개가 보장되거나 높은 강수량을 갖는 지역에선 농부들은 다모작 시스템을 통해 1년에 2~4번 농작물을 생산할 수 있다. 잘 계획된 윤작, 혼작, 간작은 생태적 지속가능한 농업을 목표로 하며, 환경에 거의 해를 끼치지 않으면서 장시간 동안 토양의 생산성을 유지시킨다. 그들은 토양비옥도를 유지하고 해충을 억제하며 토양이 병드는 것을 줄인다. 콩과식물의 도입을 통한 윤작, 간작 시스템 또는 혼작 방식은 토양비옥도를 향상시키거나 유지시킨다.

윤작

잘 계획된 윤작은 토양비옥도를 유지하거나 향상시키며, 일모작과 비교하여 해충 및 토양의 병해가 늘어나는 것을 방지한다[8]. 만약 과학적으로 잘 계획된 윤작이 실행된다면, 그들은 화학질소 비료의 요구를 줄이고 콩과식물에 의한 생물학적 질소고정이 그 역할을 대신함으로써 농업의 지속성을 유지시킬 수 있다.

생물학적 질소고정

콩과식물

과거 화학비료를 이용할 수 없었을 때 퇴비의 도입 및 적용을 통한 생물학적 질소고정이 토양의 비옥도를 유지하고 농작물에 필수 영양소를 제공하는 유일한 방법이었다. 심지어 오늘날 300mm 미만의 강수량을 갖는 건조지역에서 농부들은 농작물 생산의 불확실성 때문에 화학비료나 퇴비를 사용하지 않는다. 그러한 지역에서 콩과식물은 생물학적 질소고정을 통해 토양을 비옥하게 하고 단백질이 풍부한 식단을 인간에게 제공하며 가축들에게 영양소가 풍부한 먹이를 제공하는 중요한 농업생산 시스템이다. 관개지역에서 계속적으로 곡물을 생산하는 것은 막대한 양의 질소 비료를 필요로 하는데, 과다하게 사용하면 토양의 성질을 악화시키고 지하 수자원을 오염시킨다. 그러한 조건에서 생물학적으로 고정된 질소에서 유래한 유기질소는 미생물활동 및 식물성장에 좋은 환경이 제공되어 농작물에 서서히 공급시켜 주므로 농작물 생산 시스템에 콩과식물이나 남조류(Azolla)을 이용하는 것이 좋다. 생태적으로 지속가능한 농경지에서 콩과식물은 농작물들에게 질소를 공급시켜 주는데, 그들은 이상적으로 최고 450kg N/ha/yr까지 질소를 고정함으로써[103] 잘 계획된 윤작을 통해 농경지 질소요구도의 충족을 가능하게 한다[67]. 후작작물로서 콩과식물은 일반적으로 녹비와 사료, 식용으로 이용된다. 이들의 질소 기여도는 다양하며 생물학적 질소고정에 영향을 끼치는 요소가 모두 동등하게 주어졌을 때 녹비 > 사료용 콩과작물 > 곡실용 콩과작물 순서로 나열될 수 있다. 그러나 타감작용을 하는 잡초들은 콩과식물의 질소고정을 감소시키므로 생물학적 질소고정에 의해 잡초가 잘 조절되는 것이다.

연속적으로 비콩과식물을 재배하는 것과 비교해서 콩과식물을 재배하면 질소와 다른 영양소를 얻을 수 있어서 유익하다. 윤작에서 질소의 이동은 콩과식물 잔류물의 분해와 유기 질소의 무기화를 통해 일어난다. 무기화된 질소는 그 뒤에 심어지는 작물에 의해 흡수된다. 옮겨진 질소의 양은 총 고정된 양과 콩과식물에 의해 소비된 양(녹비, 사료, 곡식, 토양에 제거 및 첨가된 잔해, 다른 요소들)에 의해 결정된다.

열대 및 아열대 지방에서 녹비작물 재배는 농부들에게 잘 알려져 있으며 시설이 갖춰진 곳에서는 어디든지 사용된다. 그러나 녹비작물 재배는 현대 농업의 도래로 인해 점점 그 인기를 잃어가고 있다. 인도의 관개지역의 경우, 곡물의 후작은 이뤄지지만, 녹비 곡물은 좀처럼 찾아볼 수가 없다. 이것은 심각한 토양문제를 일으켜왔다. 녹비를 위해서는, 식물 영양소의 더 빠른 분해와 무기화를 위해 빠르게 자라는 콩과작물들이, 꽃이 피기전 *in situ*에서 길러지고 혼화되어야 하며, 그렇게 함으로써 이들은 뒷그루 작물의 영양소로서 쉽게 이용될 수 있다. 여기에는 두 가지 형태가 있다 : (a) 특히 녹비를 위해서 콩과식물을 재배하는 것 (b) 완전히 자란 씨를 거둬들인 후에 콩과식물의 잔사를 모으는 것인데, 이 차이는 녹비의 유익한 효과를 더해줄 수 있다.

그러므로 질소가 함유된 화학비료로부터 발생되는 환경오염을 줄이기 위해서는 윤작용 작물로서 1년생에 콩과식물(곡실용 콩과작물, 사료용 콩과작물, 녹비 작물)들을 도입하는 것이 좋다. 사료용과 녹비용 콩과식물들은 곡식용 콩과작물보다 더 많은 질소를 작물에 제공하기 때문에 윤작용으로 보다 적합하다.

남조류

논에서 남조류 *Anabena azollae*는 azolla라 불리는 작은 양치식물과 공생관계를 가지며, 수면 위를 뒤덮지만 농작물의 성장을 방해하지는 않는다. 그것은 잎에 ha당 최고 120kg의 대기질소를 고정할 수 있으며, 이 질소는 토양 혼화 및 분해 이후 벼에서 유용하게 쓰인다. 필리핀에서, 100일 된 azolla는 ha당 57톤의 생물체를 생산하는데 이것은 120kg N/ha 이상의 양에 달한다[66]. 일 년을 통틀어서 보면 ha당 최대 400kg의 질소를 고정할 수 있는데, 이는 열대, 아열대 지방의 콩과식물보다 많은 양으로 유기비료를 생산할 수 있게 한다.

혼작 및 간작

토지 사용에 관하여, 혼합 농작물 재배는 그들을 따로 재배하는 것보다 더 생산성이 높았다[147]. 이는 전통적으로 아시아, 아프리카, 라틴아메리카 지방에서 이뤄져왔다. 곡물-콩과식물 간작시스템에 대한 관심은 오스트레일리아와 미국 온대의 따뜻한 지역에서도 나타나는데, 이는 높은 곡물수확량과 단위면적당 높은 토지 이용효율, 그리고 생물학적 질소고정과 콩과식물로부터의 질소 공급에 의한 토양비옥도 가 향상되기 때문이다. 멕시코와 같은 남미에서는 같은 밭에 옥수수, 콩, 호박을 간작하는 것이 매우 오래된 전통이다[48]. 그러한 비옥도가 좋지 않은 토양에서 곡류+콩과식물을 함께 경작하는 것은 둘의 총 수확량을 모두 증가시키며 곡물류의 질소요구도를 감소시킨다. 옥수수+동부콩의 혼작에서 옥수수에 의해 흡수되는 30%의 질소는 콩과식물로부터 공급받을 수 있다[2]. 게다가 콩과식물의 생물량은 멀칭과 녹비원으로서 사용될 수 있다. 벨벳콩(*Mucuna pruriens*), *Sesbania*, *Tephrosia*와 같은 많은 콩과식물 종들은 많은 나라에서 녹비작물로 사용되어 토양을 보호하고 토양의 비옥도를 증가시키기 위해 사용된다. 그러므로 그것은 또한 에너지 효율적인 생태학적 농업을 개발할 수 있는 기회를 제공한다[97].

질소전이

질소고정이 질소전이의 근본이라고 알려져 왔다. 간작시스템에서 콩과식물로부터 비콩과식물로의 질소운반은 뿌리 분비물, VAM(vesicle-arbuscular mycorrhizae), 떨어진 잎과 죽은 뿌리, 뿌리혹으로부터 나온 질소의 분해 및 무기화 등을 통하여 일어난다. 콩과식물의 뿌리 분비물은 비콩과식물의 뿌리와 섞임으로써 근권으로부터 직접적으로 흡수되는 다양한 질소 함유물들을 포함한다. 잔유물의 무기화는 간작시스템에서 일어나는데, 비 콩과 식물이 콩과식물의 수확 이후 80일간 재배됨으로써, 콩과식물의 잔해로부터 질소가 무기화된다. 예를 들어 '동부/녹두/clusterbean/검은 녹두+사탕수수' 간작이 있다.

콩과 사료작물로부터 함께 심어진 잔디로의 직접적이고 즉각적인 질소이동은 혼작되는 목초지 잔디밭에서 일어난다[95]. Eaglesham[37]과 그의 동료들은 N^{15}를 이용하여 '동부콩+옥수수' 간작 시스템에서의 동부콩에서 옥수수로의 질소이동을 확인하였다. Patra[99]와 동료들은 이 체계를 조금 변화시킴으로써 온실과 경작지 연구 모두에서, '밀+병아리콩'과 '옥수수+동부콩' 간작 시스템의, 콩과식물로부터 연관된 곡류들로의 질소이동을 보고하였다. '콩과식물+사탕수수' 간작으로부터의 질소 잔유물의 질소무기화의 측정은 이용 불가능하다. 하지만 이어 심는 '콩과식물+곡류' 간작의 잔유물의 질소무기화의 효과에 대한 연구 결과는 유용하다. Nair[87]외 몇 명은 옥수수만 재배되었을 때보다 '옥수수+콩'의 간작 이후 30% 가량 밀의 수확량이 증가하고, '옥수수+동부콩' 간작 이후에는 수확량이 34% 가량 증가하는 것을 확인하였다. Singh[129]와 그의 동료들은 다양한 콩과식물들의 간작을 통한 밀의 질소 수득량을 측정하였다. 사탕수수만 재배된 이후의 밀과 비교해보았을 때, 콩, 녹두, 완두(곡물), 땅콩, 동부(사료용) 간작후 밀을 재배하면 각각 질소 비료를 3, 31, 46, 40, 54kg/ha을 공급한 효과를 얻을 수 있었다. 또한 VAM이 비콩과식물로부터 콩과 작물로 인의 이동을 중재한다는 것도 밝혀졌다.

생물량

생태적으로 지속가능한 농업에서 토양의 비옥도 관리는 토양의 유기물질을 유지하고, 작물의 영양 요구도를 충족시키기 위하여 생물량(작물의 잔해와 다른 유기 잔해물) 이용에 많이 의존하였다. 작물잔사는 증산, 여과, 미생물 분해를 통하여 타감물질들을 분비한다. 토양에서 타감물질의 생산은 식물잔사의 유형, 양, 투여 깊이, 분해 기간의 길이 등에 따라서 작물의 발아, 생장, 수확에 영향을 미친다. 타감물질들은 이어서 재배되는 작물에 억제자로서 작용할 수도 있고 촉진제로 작용할 수도 있다[116, 142].

작물잔사

식물잔사들이 재활용되면, 토양의 물리적, 화학적, 생물적 성질을 향상시킨다. 식물잔사의 멀칭은 미기후(microclimate)를 개선하고, 영양염 유출이나 토양유실을 줄이며, 경작을 더 용이하게 한다. 아시아에서 식물잔사의 이용은 최근 다모작, 감소경운, 피복경작법, 곡물의 콤바인 수확 등에 따라 증가하고 있다.

콩과 식물의 생육 촉진 효과에 대한 몇몇 연구가 발표되어 왔다. 예를 들어 토양에 첨가된 알팔파는 토마토, 오이, 상추, 그 외의 몇몇 식물들의 생장을 촉진하였다[117]. 이 자극성 타감물질은 triacontanol로 밝혀졌다. Gill과 그의 동료들[45]은 또한 밀과 이집트콩, lentil에서 낮은 농도의 녹두, 참깨, 콩 잔해물의 촉진 효과를 보고하기도 하였다. 콩과 작물의 도입으로 인해 옥수수 수확량이 향상되었다는 보고도 있었다[105, 136].

나무 잔가지

나무는 통합적인 생태농업의 주요 구성성분을 형성한다. 그들은 농업생태계에서 생산과 보호의 역할을 수행한다. 대부분의 성숙한 나무들은 상당한 양의 잔가지를 생산해내는데 이것의 적절한 관리는 유기농업에서 필수적이다. 나무들은 그들의 깊은 뿌리체계 때문에 토양의 물리화학적 상태를 향상시키며, 낙엽을 통하여 깊은 층으로부터 뽑아낸 영양분을 지표면으로 돌려준다. 일반적으로 대부분의 잔가지들은 나무 수관 아래로 떨어진다.

작물잔사들처럼 몇몇 나무들의 잔가지는 또한 연관된 작물들의 생장을 촉진한다. 예를 들어, 옥수수, 콩, black raspberry, quince(*Cydonia oblonga*)는 호두나무의 뿌리가 뻗어있는 영역 안에서 더 잘 자란다[28]. *P. roxburghii* 토양은 검은 녹두의 생장을 증가시키고[132], *Glyricidea maculata*의 건조된 잔해는 토마토 유묘의 성장을 촉진한다[20]. 마찬가지로, leucaena 나무 아래의 나무콩, 참깨, 피마자, 수수 생산량의 뚜렷한 증가, 수수에 대한 *Euclayptus*의 유익한 효과[56]도 보고되었다.

잡초관리

농업에는 약 250종의 주요 잡초들이 존재하는데, 그들 중 많은 수는 타감작용의 성질을 가지고 있으며, 이것이 작물의 성장과 수확량을 감소시킨다[102]. 잡초제어를 위한 제초제의 꾸준한 사용은 토양에서의 잡초 영속화와 환경오염, 작물의 피해, 제초제 내성 잡초의 증가 등 많은 문제들을 발생시켰다. 따라서 생태적 농업에서는 비화학적인 잡초 억제법이 선호된다. 여러 비화학적 잡초억제 방법들 중에서, 윤작의 타감 식물을 이용하는 타감적 잡초 억제법과 토양비옥도 관리에서 식물독소의 멀칭법이 매우 효과적이다[89].

피복작물과 잔유물의 멀칭

생태적 지속가능 농업에서 잡초관리를 위한 식물독소 멀칭법과 피복작물은 매우 효과적이다. 타감물질들은 피복작물의 잔해나 앞선 작물의 잔해를 남겨 무경운을 할 때 잡초 억제에 상당한 기여를 한다. 밀, 보리, 귀리, 호밀, 곡물 수수, 수단 그래스 등의 피복작물들은 활엽형 잡초들을 억제하는데 매우 효과적으로 사용되어 왔다[73, 125, 126].

경작지의 잡초에 대한 호밀 수확물의 멀칭에 의한 타감작용 효과는 뛰어나다. Chou와 Patrick[22]은 토양에서 썩어가는 호밀 잔해의 추출물로부터 9가지 산성 물질을 분리해냈다. Phenylacetic, 4-phenylbutyric, vanillic, ferulic, *p*-coumaric, *p*-hydroxybenzoic, *o*-coumaric, salicylic acids 등인데, 이 모두는 bioassay식물의 성장을 억제시킨다. Shilling과 그의 동료들[125, 127]은 호밀 잔해물로부터 나온 β-phenyllacetic acid(PLA)와 β-hydroxybutyric acid(HBA)가 콩, 해바라기, 담배의 무경운에서 lambsquarter와 털비름(Redroot pigweed) 억제의 20~60%를 담당한다는 것을 발견했다. Barnes 등[12]은 많은 잡초 테스트 식물의 식물독소로부터 2-4 dihydroxy-1,4(2H)-benzoxaine-3-one(DIBOA)와 2(3H)-benzoxazolinone(BOA), 이 두 가지 hydroxamic acid를 분리해냈다. 더 나아가서 그들은 또한 봄에 심어진 40일 된 호밀로 멀칭했을 때 잡초 생물량의 69%가 감소되었음을 보고하였다. Murleedharan 등은[86] 2($3H^+$)-benzoxazolinone(BOA)가 첨가된 토양으로부터 미생물적으로 변형된 타감물질인 2-2-epidoxy-1와 I-azobenzene(2, '2-oxo-1-1' azobenzene)(AZOB)를 분리해냈다. AZOB는 DIBOA나 BOA보다 유채와 피에 더 강한 독성을 가지고 있다. 비록 호밀 잔재물의 존재에서 토양에 생물변형 생산물질의 양을 탐지할 수는 없었지만, 그러한 식물독성 타감물질의 생물농축은 경작지 조건에서 잡초억제의 타감효과를 설명해줄 것이다.

밀과 호밀의 잔재로부터 몇몇 타감물질의 미생물적 변형에 관련된 발견은 그러한 물질의 잡초에 대한 식물독성을 증가시키는데 매우 중요하다. Liebel과 Worsham[73]은 prickly sida의 종자 심피의 존재에서 밀이나 호밀 잔해의 분해과정에 분비된 ferulic acid가 종자에 살고 있는 박테리아에 의해 styrene 유도체인 2-methoxy-4-ethenylphenol로 탈카복실화되었음을 보고하였다. Styrene은 ferulic acid보다 prickly sida에 더 강한 독성을 갖으며 밀과 호밀 하의 자연적 조건에서 이러한 잡초들을 제어한다.

경작지 실험에서 ha 당 5 톤의 수수, 해바라기, 유채, 밀, 완두의 잔해들은 활엽형 또는 초본형의 잡초들에 대해 선택적으로 독성화시켰다. 야생귀리(wild oat)의 반응은 특히 흥미롭다. 경협종완두(Field pea)와 밀 잔해는 확실히 야생귀리의 발아와 생장을 자극했다. 그러나 다른 초본성 잡초의 발아와 성장은 모든 타입의 잔해들에 의해 억제되었다(1985). 호밀 잔해로부터 생산된 자극성 화합물이 야생귀리의 발아를 중단시키기 위해 적용될 수 있으며, 후에 적절한 재배법의 도입을 통해 완전히 죽게 하는 것이 가능하다.

Putnam과 DeFrank[112]은 미국의 Michigan에서 가을과 봄에 재배된 몇몇 작물 잔해들의 잡초 억제 능력을 테스트 해본 결과 밀과 호밀잔해 처리로 잡초 성장이 최고 88%까지 감소되었다. 초봄에 사과와 체리 과수원에 적용된 사탕수수나 수단 그래스의 멀칭은 잡초량을 각각 90%, 85% 가량 감소시켰다. 3년 동안 계속된 경작지 실험에서 수수 잔해는 pulslane 개체수를 약 70%까지 줄이고 부드러운 왕바랭이를 98%까지 감소시켰다.

해바라기는 다른 많은 식물의 발아와 성장에서 분명하게 타감효과를 보인다. 결과적으로 그것은 주위 식물들의 패턴에 강하게 영향을 끼친다[116]. 해바라기 잔해의 분해가 잡초, 특히 쌍떡잎 잡초의 수를 줄인다는 것이 관찰되었다. 5년간의 귀리와 해바라기의 윤작 재배 연구에서 잡초의 밀도는 귀리만 재배된 통제군과 비교했을 때 현저히 줄어들었다[70]. 해바라기-밀윤작에서, 해바라기는 야생귀리의 밀도와 건중량을 감소시키고 밀에서의 *Cirsium arvense*을 감소시켰다[18]. 유사하게 해바라기는 관련 잡초인 *Trianthema portulacastrum*의 개체수를 개화시기에 75%, 성숙단계에서 96%까지 줄이고, *Parthenium hysterophorus*도 각각 56, 84%씩 감소시켰다. 이것은 타감물질이 해바라기의 뿌리로부터 분비된다는 것을 의미한다. 최대 억제효과는 BSH-1 종에서 나타났으며, MSFH-1, Co-2, EC-68415순이었다[32]. 비슷하게 해바라기에 앞서 심었던 작물은 후작물에서 *Cleome viscosa*와 *Corchorus trilocularis* 등의 활엽형의 잡초들과 *Cyperus iria*와 같은 사초들의 개체수를 감소시켰다[109].

Narwal과 그의 동료들[91]은 후작물인 수수에서 pearlmillet에 의한 잡초 밀도 및 성장의 억제를 관찰했다. 배추(*Brassica campestris*)는 또한 같은 경작지에서 그 다음 해에, 그 잔해와 다른 식물의 발아 및 성장과정에서 잎으로부터 분비되는 휘발성 물질의 억제 효과를 통해 잡초 밀도를 감소시켰다. 이 작물은 북부 멕시코의 Tarahuma Indian에 의하여 잡초 억제제로서 이용된다[19].

잡초에 대한 잔류물 처리 효과는 *Tagetes patula* L., 콩, 옥수수, 카사바[6], 해바라기, 고구마, 수수, 콩[39] 사료용 사탕수수, 수단그래스 잡종[42], 수수, 보리, 귀리, 밀, 호밀[111], 크림손콜로버 헤어리베치[145], fescue[104], 알파파[1], 오이[76] 등에서 보고되었다.

간작

다른 생장습성과 형태를 갖는 작물들을 혼작하거나 간작하는 것은(예를 들어, 메론+바나나의 일종) 효과적인 잡초제어 방법이다[94]. 유사하게, 옥수수와 같은 작물들의 씨를 토기풀이나 다른 종과 함께 넓은 열로 뿌리면 잡초가 제어된다[143]. Bantilan과 그의 동료들[11]은 옥수수 재배지에서 녹두가 땅콩보다 더 강한 잡초 억제작용을 하는데, 그 이유는 녹두의 더 빠른 생장과 canopy 구조에 있다고 보고했다. 녹두 품종 중, 포복형일수록 억제효과가 더 크게 나타났다고 한다.

남동부 멕시코의 농부들은 효과적인 잡초 억제를 위해 국수호박을 옥수수, 잠두콩과 함께 간작한다[71]. 국수호박은 그늘 효과와 선택적 타감물질 억제작용을 통하여 잡초를 억제한다. 농부들은 또한 *Stizolobium pruriens* 콩과식물을 옥수수와 함께 키워 잡초를 제어하기도 한다[49]. Grechkanov와 Rodionov[53]는 헥타르 당 1-2kg의 야생 헬리오트로프(*Heliotropeum europeum* L.) 종자를 몇몇 콩과식물과 함께 재배함으로써 잡초를 30~70%까지 줄여줄 뿐만 아니라 다른 해충들도 억제하는 효과를 거둘 수 있다고 보고하였다.

재배지에서 식물간의 상호작용을 통한 타감작용이 관찰되어 왔다. Joshi와 Mahadevappa[62], Mahadevappa와 Kulkami[78]는 콩과식물 *Cassia sericea*가 재배지에서 parthenium 잡초를 타감작용을 통하여 효과적으로 억제하는 것을 발견하였다. Bansal[10]은 인도 Himachal Pradesh 중턱의 환경에서 밀에 발생하여 밀생육을 억제시키는 미나리아재비(*Ranunculus* sp.)라는 잡초는 아마와 밀을 같이 재배함으로써 효과적으로 제어될 수 있음을 보여주었다.

3년간의 재배지 연구에서 보리와 호밀, *Vicia faba*는 여름작물 수확 이후에 단일경작으로 심어졌다. 이러한 작물들은 겨울 동안 자라면서 3월과 4월 초 사이에 토양에서 갈아엎어진 다음 여름 채소가 5월 말에 심어진다. 보리, *V. faba*, 호밀+*V. faba*는 거의 완벽한 잡초제어능력을 제공하며 그 중에서도 후자가 가장 효과적이다. 그것은 작물이 성장하는 동안 작물잔사가 분해되면서 뿌리 분비물로부터 나오는 타감물질이 분비되기 때문이다[46].

윤작

몇몇 작물에 특이적인 잡초 종들에는 밀에서의 야생귀리와 솜털 브롬; 옥수수나 수수에서의 피, 까마중, 왕바랭이, 미국개기장, 콩에서의 도꼬마리, 어저귀 목화에서의 서양메꽃, prickly sida, spurred amoda, sicklepod, silvershade 등이 있다[141]. 이러한 경우, 윤작은 가장 효과적이고 경제적인 잡초제어법이다. 오로지 이러한 잡초들에 대항하여 효과적으로 경쟁할 수 있는 작물들만이 윤작에 포함된다. 해마다 여름에 잡초 문제가 나타나는 경작지는 겨울작물과 함께 윤작하면 되고, 반대로, 매년 겨울

마다 잡초가 나타나는 경작지는 봄이나 여름 작물들과 함께 윤작하면 된다[146]. 일반적으로 양귀비가 많이 나타나는 재배지에서 밀과 함께 윤작하는 것은 덜 효과적이지만, 귀리와의 윤작은 귀리의 타감효과 때문에 효과적으로 개체수를 제어할 수 있다. 양귀비의 종자가 귀리 재배지에서 발아하였지만 성숙하는 데에는 실패하였다[67].

식물독성을 지닌 종

다양한 작물에서 타감물질의 함량은 다양하게 나타난다. 또한 작물의 다양성은 잡초의 생육 억제 정도에 영향을 미칠 수 있는 타감물질의 분비에서도 차이를 보인다. Fay와 Duke(1988)는 3000개 귀리 유전자원에 대해서 생장 억제 물질 scopoletin을 분비하는 능력을 선별하였다. 이 중 25개는 표준 귀리 품종인 'Garry'보다 뿌리에서 더 많은 scopoletin을 배출하였고, 4개는 Garry의 최고 3배에 달하는 scopoletin을 분비하였다. 이들 중 하나가 16일 동안 야생겨자와 사경 재배될 때, 겨자의 생장은 이 잡초가 'Garry' 귀리와 재배될 때보다 현저히 감소되었다. 더욱이, 연관성이 큰 독성 품종과 재배된 식물들은 경쟁이라기보다 화학적 작용의 결과 심각한 백화, 위축, 비틀림 등의 현상을 나타냈다.

Dilday[34]는 99개국의 16134개 품종 중 347개 벼가 5가지 수생잡초인 ducksalad, signal grass, 사철쑥, 방동사니, 피에 대하여 타감작용을 나타낸다고 보고하였다. 몇몇은 그들의 근거지로부터 잡초를 억제하고 최고 반경 12-25cm까지 잡초가 없는 영역을 유지하였다. 벼가 10-25cm 간격으로 심어지기 때문에, 타감효과는 벼마다, 벼가 심어진 열의 간격마다 중첩되어 잡초 발생을 조절한다. Dilday[35]와 연구진들은 검사된 품종에서 347, 161, 6개의 품종이 각각 ducksalad, purple ammannia, broadleaf signal grass에 대한 타감효과를 보인다고 보고하였다. 인도나 방글라데시의 몇몇 품종들은 피와 *Cyperus iria*에 대한 타감효과를 보이기도 한다.

Narwal과 동료들[92]은 13가지 pearlmillet 유전자타입을 선별하고, HHB-67과 8800 4A×833-2가 잡초, 특히 인도 Haryana에서 관개작물의 주요 잡초인 *T. portulacastrum* 억제에 큰 효과를 가진다는 것을 발견하였다. Sarmah[122] 등 재배지 환경에서 인도 북서부의 겨울 잡초에 대한 갓(*Brassica juncea*) 11품종, 유채(*B. napus*), 10품종 겨자(*B. carinata*) 8품종의 억제효과를 규명하였다. 그들은 *B. juncea*의 RH-8689, RH8605, RH-8693과 유채(*B. napus*)의 HNS-8902, HNS-11-1, 그리고 겨자(*B. carinata*)의 BCCN-5유전자 형이 다른 유전자형과 비교해서 더 높은 억제 효과를 가진다는 것을 관찰하였다. 잡초 억제에 우수한 유전자형은 오이[113], 귀리[41, 70], 해바라기[70], 콩[80]에서도 보고되었다. 따라서 타감효과를 가지는 유전자를 표준 품종에 삽입하면 잡초방제가 가능할 것으로 보인다.

천연제초제

농업에서 작물 보호용 화학물질의 과다사용과 관련하여 증가하고 있는 환경 및 대중 건강 문제에 대한 관심으로 인해 연구자들은 선택적이고, 쉽게 분해되며, 환경적으로 안전한 새로운 제초제를 찾는 데에 많은 노력을 기우려 왔다. 자연적인 몇몇 식물의 화합물들이, 다른 식물 발달을 효과적으로 억제하여 제초제로 사용될 수 있음을 암시한다. 또한 최근 미생물 및 식물생화학의 발전은 식물의 이차 대사산물과 미생물 독소가 제초제로서 역할을 할 수 있을 것이라는 과학적인 관심을 자극해왔다.

제초제로서 식물의 산물 중, 호두나무로부터 분리된 juglone은 털비름, 어저귀, 피의 방제에 효과적인 것으로 알려졌다[124, 133, 144]. 커피로부터 유도된 Caffein은 검은 녹두에 영향을 주지 않는 농도 내에서 *Amaranthus spinosus* L.의 발아를 억제하는 데에 뛰어난 선택성을 보여준다[118, 119]. 목화 뿌리에서 나온 sesquiterpenoid 유도체인 strigol은 *Striga asiatica* L. Kuntz, 옥수수, 수수의 기생생물[24], *Orobanche minor*[133]의 잠재적인 발아 촉진 물질이다.

Dhurrin(sorghum), gallic acid(spurge), Phlorizin(apple root), trimethylxanthene(coffee), cinch(eucalyptus)는 제초제 능력을 가지는 몇몇 다른 중요한 식물의 생산물이다. 일본에서 미생물의 자연적인 산물인 bialaphos로부터 나오는 제초제 'Herbiacae'의[54] 상업화 및 마케팅은 잡초관리에 있어 새로운 시대를 열었다. 잡초의 생장을 억제하는 것으로 알려진 미생물과 식물독소에는 anisomycin, tentoxin, biopoloroxin, herbimycin 등이 있다.

나무 재배

이 분야에서 이용가능한 정보는 많치 않지만, 이것은 잎이 떨어지는 시기에 거대한 양의 나무 낙엽들을 이용할 수 있다는 여지를 제공한다. 그것은 혼농임업(agroforestry) 시스템에서 매우 중요한 역할을 한다. 포플러(*Populus deltoides*)에 기반한 임간재배(林間栽培) 시스템에서 겨울동안 관찰되었다. 그것은 겨울 잡초의 종자가 발아하는 시기에 떨어지는 낙엽에 의한 물리적인 장벽과 낙엽의 빠른 분해에 의해 분비되는 catechol과 benzoic acid 등의 억제물질 때문이다. 대조군과 비교하였을 때 약 30%나 감소된 잡초 개체수가 *Dalbergia sissoo* 길목에서 자라는 밀에서 기록되었다[88].

*Eucalyptus*로부터 나오는 타감물질들은 유해한 잡초를 억제하는 데에 성공적으로 이용될 수 있다. *Eucalyptus citriodora*와 *E. globulus*의 기름은 *Parthenum hysterophorus* 씨앗의 발아를 완전히 감소시키고, 성숙한 잡초의 성장에 영향을 미친다. 유사하게 eucalyptus의 기름과 다른 화학물질들은 *Lantana camara* 잡초 뿌리

의 번식능력을 억제한다[65].

선충관리

뿌리혹선충(*Meloidogyne*)은 10가지 주요 식물에 기생하는 선충 중 넓은 분포, 초식을 하는 습성, 그리고 2200종이 넘는 식물들을 감염시키는 영향이 큰 종이다[123]. 그 이용에 있어 환경, 그리고 건강 위험성 뿐만 아니라 많은 비용과 불확실한 이용가능성, 적용 문제, 식물보호물질의 독성 문제 등을 가지고 있기 때문에 생태적 농업에서 타감작용 등 선충관리에 있어 다른 접근법이 잠재적 대안으로 떠오르고 있다.

살선충제로서 식물성 물질

*Meloidogyne incongnita*로 감염된 경작지에 잘게 다져서 숙성, 건조된 칡, 알팔파, 귀리, 아마의 잔사를 25 톤/ha 투입하였을 때, 토마토에 근류 선충병의 감염을 뚜렷이 감소시켰다[60]. 선충이 많이 살고 있는 토양에서 호밀을 경작하면 *Pratylenchus penetrans*을 효과적으로 억제하였고, 그 효과는 D.D. 훈증소독의 효과와 동일하였다[85]. 솜 찌꺼기, 자주개자리의 건초와 알갱이를 함께 처리한 토양은 *Tylenchulus semipenetrans* 발생을 감소시켰다[79]. 볏짚을 ha당 22.5 또는 44.75톤을 사용하면 *Belonolaimus longicaudatus*와 다른 식물기생 선충의 개체수를 감소시켰다[138]. Johnson[59]은 아마, 자주개자리, 오차드그래스의 잔해물로 덮인 토양에서의 토마토 화분 재배에서 뿌리썩음병 발생이 75~90% 감소되었음을 관찰하였다. Prasad[107]와 그의 동료들은 NPK와 함께 처리한 밀짚과 neem cake(neem의 씨앗에서 기름을 짜내고 남은 찌꺼기)가 밀과 녹두 등의 식물에 기생하는 선충이 최대 감소되었음을 발견하였다. Mishra와 Prasad[83]는 밀짚과 쌀겨의 도입을 통한 토마토에서의 *M. incognita* 감소를 보고하였다.

Argemone mexicana 잡초의 씨앗으로부터 추출된 기름을 0.2% 농도로 토양관주와 엽면살포를 하면 오크라의 뿌리혹 선충의 발생을 감소시키고 식물생장을 증가시켰다. 이 기름은 조직적인 효과를 보여 주었으며, 엽면살포 방식이 토양관주보다 훨씬 더 효과적이라는 것도 증명되었다[26]. 생물비료인 *Azolla pinnata*는 okra에서의 *M.incognita*의 발생을 억제하였다[137]. 이삭마리풀도 선충을 통제하는데 효과적임이 밝혀졌다[120].

Sukul[135]은 *Anthocephalus cadamba* Mig., *Azadirachta indica* A. Juss., *Eucalyptus*, *Tectona grandis* L., *Pongamia glabra* Vent. 등의 나무들을 심어서, 그들의 모아진 잎을 통한 선충방제법을 권장하였다. Mishra와 Mojumdar[82]은 님

(*Azadirachta indica*) 종자과육은 종실과 종피 다음으로 높은 독성을 가지고 있다고 보고하였다. 그들은 분해된 *A. indica*의 종자, 종자육, 종피의 첨가가 토양에서 뿌리혹선충의 개체수를 급격히 감소시키고 녹두의 수확량을 증가시킨다. 오디나무(mulberry)의 실내 실험에서 *Pongamia*와 *A. indica*의 잎으로 멀칭을 하면 뿌리혹선충 발생이 감소된다고 하였다[52]. Ieucaena와 *A. indica*의 잎 또한 일정기간 분해를 거친 후에 뿌리혹선충을 억제할 수 있다고 한다[58, 98].

착유박(搾油泊)과 부산물

식물 영양분공급과 선충의 억제를 위하여 착유박을 이용하는 것은 채소와 과일을 재배하는 사람들에게 있어 일반적인 방법이다. 님, 아주까리, 겨자, rocket salad oil seed cakes는 okra의 뿌리혹선충과 reniform 선충(*Rotylenchulus reniformis*)의 수를 억제하고, 식물의 생장 및 뿌리의 수분 흡수 능력을 향상시켰다[7]. 카사바 전분 생산 과정에서 생기는 부산물인 Mainpueira는 경작지에서 뿐만 아니라 온실 조건에서도 *M. incognita*에 대한 효과를 가진다[43, 106]. 토양 개량제로 이용되는 감귤류 과일 통조림 공장의 폐기물들은 토마토 선충을 조절하는데 효과적이다[9]. 카사바 뿌리를 벗긴 껍질과 구주콩나무의 겉껍질 또한 토양 개량제로서 사탕수수의 뿌리썩음병 발생을 줄이고 생장을 돕는 역할을 한다[121].

선충을 죽이는 타감물질

Bhatti와 Nandal[88]은 선충을 죽이는 타감작용물질에 대한 정보를 재검토 해왔다. 단지 식물성 선충에 대한 몇몇 타감물질만이 동정되고, 설명되고 특징지어졌다. Marigold로부터 얻어진 Terthienyl은 실험실 조건하에서 강한 살선충제의 성격을 가지고 있다. 그러나 이는 경작지 조건에서는 무려 200ppm의 양에도 불구하고 선충의 개체수를 억제하지 못하였다[140]. 쓴오이 유전자형에서 축적되는 Cucurbitacin 라는 물질은 *M. incognita*의 유충에 감염되는 것을 잘 막아준다[55].

담배(nicotine), jackbean(phytolectins), *Ocimum sanctum*(eugenol)로부터 분리된 화합물은 토마토나 okra와 같은 숙주식물에서의 *M. incognita* 발생을 줄여주는 것으로 밝혀졌다[3, 4, 26, 29]. 다양한 식물 또는 그들의 일부분에서 얻어진 액과 유기용매 및 뿌리의 삼출액으로부터 얻어진 추출물은 선충을 죽이는 성분을 포함한다[30, 51, 116].

해충관리

대부분의 해충들은 자연적으로 다양한 생태적 과정, 즉 먹이를 위한 경쟁, 포식과 기생, 천적에 의해 조절된다. 그들의 개체수는 안정적이며 대부분 손실은 비교적 미미하다. 반대로 현대의 인공 투입량이 많은 경작지는 단일 종이 경작되며, 물과 비료의 공급이 잘 이루어진다. 즉 해충의 공격에 대한 이상적인 조건을 제시하고 있으며, 농부들은 이를 막기 위해 살충제를 사용한다. 살충제는 인간이나 가축의 건강에도 위험할 수 있으며 자원의 손실, 표적 해충의 천적까지 죽임으로써 야기되는 해충의 재발, 목화의 가루이와 같이 과거에는 해충으로 여겨지지 않았던 새로운 해충의 출현 등을 불러올지도 모른다. 해충들은 살충제에 대해 내성을 가지게 되는데, 이는 더 많은 살충제의 살포를 요구하게 되며, 결국 지속적인 억제효과를 보이지 못하고 반복적으로 살포될 수밖에 없게 된다. 이러한 문제를 극복하기 위하여 농부들은 좀 더 효율적인 해충 억제를 위하여 살충제만이 아닌, 포식, 경쟁, 기생 등의 생태적 과정에 기초한 광범위한 기술을 이용할 것을 권장하고 있다. 게다가 통합적인 해충관리법의 실시는 적정 수치까지의 해충 개체수 감소뿐만 아니라 지속가능하며 자연을 오염시키지 않는 관리를 가능하게 한다. 생태적 지속가능한 농업에서 비화학물질을 이용한 곤충의 억제는 경작 시스템, 곤충에 대한 내성을 가지는 종, 식물에서 유래한 항생제의 특성을 가지는 타감물질 등의 이용을 통해 성취될 수 있다.

경작 시스템

윤작

윤작을 통해 해충의 발생을 줄이는 작물을 이용하는 것은 최대한으로 권장되어야 한다. 접근법은 해충의 숙주가 아닌 작물(non-host)을 해충에 잘 감염되는(host) 작물과 함께 차례대로 돌려 짓는 것이다. 비숙주 작물은 해충의 개체수를 매우 낮은 수준까지 떨어뜨릴 수 있으며, 그로 인해 숙주 작물은 자랄 수 있는 것이다. 비숙주 작물은 휴식을 제공하는 동시에 해충이나 병원균과 그들의 숙주 개체 사이의 관계를 파괴한다.

윤작에서 최고의 성과는 식물학적 연관성이 없는 작물들이 윤작될 때 얻어진다. 예를 들어, '밭벼 - 옥수수 - 동부 - 휴경'의 순서로 돌려짓기를 할 때, 옥수수와 동부는 서로 연관성이 없으며, 서로 다른 생장 패턴을 가지고, 서로 다른 해충을 불러들인다. 방아벌레(*Elateridae*), 굼벵이 같은 토양의 곤충들은 보통 넓은 범위의 숙주를 갖지만, 이는 같은 농지에서 윤작을 할 때, 작물의 선택에 많은 제한을 준다. 허용 한계까지 해충의 개체수를 줄이기 위해서는 숙주가 없는 환경에서 약 4년 동안 지속적인 윤작이 요구된다[44].

혼작/간작

서로 다른 작물을 함께 혼작 또는 간작할 때, 해충들은 시각이나 냄새를 이용하여 적합한 작물을 인지한다. 그러한 상황에서, 작물 구성을 적절히 선택함으로써 해충들을 혼란시키는 것이 가능하다.

혼작/간작은 또한 (a) 휘발성의 억제성 타감물질을 분비하고, (b) 다른 종의 식물들이 해충들을 혼란시키고, (c) 다양한 식물 종들이 해충의 움직임에 물리적 장벽을 만들어냄으로써, 해충을 억제하는데 매우 유용하다. 열대 또는 아열대 지방의 많은 소농들은 이러한 시스템에 의존하고 있다. 라틴아메리카에서, 60%의 옥수수가 콩과 함께 재배되며, 대부분의 벼, 목화, 콩, 카사바는 함께 혼작된다. 일반적으로, 농업생태계의 다양성이 증가할수록, 초식성 해충의 수는 줄어든다. '양배추+토마토'의 혼작은 diamond backmoth의 군체 형성을 줄이는 반면, '옥수수+콩/국수호박'의 혼작은 chrysomelid beetles에서 동일한 효과를 가진다. 게다가, 몇몇 식물들의 냄새는 해충의 '수색 행동'을 방해할 수 있다. 잔디밭 경계는 콩으로부터 매미충을 쫓아내며, 양파로부터의 화학적 자극은 carrot fly가 당근을 찾지 못하게 방해한다. 혼작에서 한 작물은 '덫'으로서의 역할을 하거나 '끈끈이 효과'를 작물에 부여할 수 있다. California의 목화 재배지에 뿌려진 알팔파는 lygus bugs를 끌어들여서 잡는다. 알팔파 수확량의 감소는 면의 해충 억제대안법의 비용을 상쇄시킨다. 유사하게 콩, 잔디, 토끼풀, 시금치와 함께 심어진 crucifer는 양배추 구더기나 양배추가루진딧물에 의한 피해를 더 받는다. Crucifer에 알을 더 적게 낳으면 해충들은 포식을 더 많이 받기 쉽다[108].

저항성 품종

일부 식물에서 항생제성을 가지는 대사산물의 존재는 그들이 해충에 대한 더 강한 저항성을 갖게 한다. 벼, 밀, 옥수수, 수수, 알팔파에서 내성의 다양성은 상업적인 다양성을 만들어내기 위하여 이용된다. Pathak과 Dale[100]은 saponins, phenolic acids, 6-MBOA, DIMBOA, gossypol, quercetin, 2054idecanone 등과 같은 몇몇 항생성 대사산물을 분리했다. Rao[115]는 17가지의 chilli 유전자 타입을 살펴보면서, 'Tetraold'나 'Lanka-1'와 같이 나방(pod borer)에 대한 저항성이 약한 종들이 가장 적은 양의 페놀(0.31%)을 가지는 반면 나방에 대한 저항성을 가지는 'Loc'이라는 종은 가장 높은 수치의 페놀(0.61%)을 가진다는 것을 알아냈다.

살충제 타감물질

많은 식물들은 살충 능력을 가지고 있으며, 살충제 타감물질로써 해충을 쫓아내거나 막거나 또는 독살하는데 이용된다. 이러한 많은 종들은 단지 해충만 죽이며, 포식자에게는 피해를 주지 않아 환경을 오염시키지 않는다. 과학자들은 이러한 기작을 잘 밝혀내고 있다. 식물-해충의 관계 속에서 식물의 타감물질의 역할은 최근 몇 년 사이에 많은 관심을 받고 있다. 타감물질들은 해충접근 방지제, 섭식저해물질, 성장 저해제, 독성물질 등의 해충 조절자로서 이용된다. 식물에서 공통적으로 발견되는 타감물질들은 독성 amino acids, protease 억제제, alkaloids, cyanogenic glycosides, phenols, tannins, lignins, flvonoids, 독성 지질, glucosinolates, terpenoids, saponins, phytohaemagglutinins 등이 있다.

나무 종들 중에서, 님(*A. indica*)은 해충 조절자로서 지난 십년동안 각광을 받아왔다. 곤충들을 쫓아내기 위하여 건조된 님 잎을 저장된 곡류 낟알들과 섞거나 따뜻한 옷 속에 넣어두는 것은 인도의 농촌에서 오랫동안 이루어져온 관습이다. Butterwoth와 Morgan[16)]은 님 씨앗으로부터 사막 환경에서 포식을 억제하는 'azadirachtin'이라는 물질을 분리해냈다. 그때 이후로 살충제 성분에 기초한 많은 azadirachtin이 정제되었고 해충에 효과적이다는 것이 밝혀졌다. Azadirachtin, Neemark, Achook, Margoside, Nimbicidine, Repellin, Parasmani, Jawan, Sukrima, Neem oil, Neem gold, Nocilneem, Neemata-2100, Neemrich-1과 2 등과 같은 성분으로 조제된 제제들은 cotton bollworm에 대해 castor semilooper[63)]; cotton의 white fly[128)]와 rice hispa(*Dicladispa armigera*)[31)]에 대해 효과적인 것으로 알려졌다[34, 96)].

병해관리

경작 시스템

같은 작물이나 연관되어있는 작물을 연속하여 경작하는 것은 토양 병원균을 증가시키거나 영속화시킬 수 있으며, 점차 병해의 강도도 증가시킨다. 윤작은 서로 다른 병원균에 의해 영향을 받는 식물학적으로 연관성이 없는 작물들이 함께 포함되도록 하여 병해를 예방하는 자연적인 방법 중 하나이다. 윤작은 모자이크병, 콩과작물(pigeonpea, pea, chickpea)이나 아마씨의 시듦, 사탕수수에서의 적변병과 시듦, pearlmillet의 맥각(麥角)과 검댕, 벼 잎에서의 smut과 bunt, 밀과 보리에서의 bunt, molya disease, 야채 작물에서의 뿌리썩음병 등 토양에서 유래하는 많은 병해들의 방제를 돕는다. Chohan[21)]은 윤작이 특히 토양 유래 병원균들의 개체수를 줄이는데 효과적이라는 것을 발견하였다.

다른 작물 종들을 혼합하는 것은, 병해의 증상이 나타나는 것을 지연시키고, 포자의 분산을 감소시키며, 미세 환경조건을 변화시킴으로써 병해에 의한 손실에 대해 완충작용을 할 수 있게 한다. 토양에서 유래한 병원체들에서 몇몇의 식물상태는 토양의 유기물질 함량에 간접적인 영향을 미침으로써 균류생장 저지작용과 항생작용을 강화시킬 수도 있다. 혼작시스템에서 면역이나 내성을 가지는 식물의 존재는 병원균의 전파를 막고, 병해에 걸리기 쉬운 식물사이의 분리를 증가시킬 수 있다. Larios와 Moreno[68]는 다양한 간작 시스템에서 병해 완충작용의 증거를 제시하였다.

작물잔사

많은 식물들은 어떤 병원체에 감염되기 전 · 후에 화학물질을 생산해내는데, 이 물질은 식물이 병해에 대한 내성을 가지게 한다[116]. 병해관리에서 식물이나 다른 유기물질들의 효과에 대한 첫 번째 과학적 보고서는 지금으로부터 50년 전에 발표되었다. 그들은 다양한 유기물질을 이용한, 감자 반점병, wheat take all, 목화의 뿌리 썩음병 등의 조절에 대한 보고서를 포함하고 있다[25]. Texas에서 곡실용 수수는 목화와 함께 인기 있는 대체 작물이다. Sorghum은 헥타르당 20~25 톤의 작물잔사를 공급한다. 토양에 혼합되는 이 잔사들은 목화후작으로 심어지는 작물들에서 뿌리 썩음병의 발생을 억제시킨다. 토끼풀과 함께 녹비는 또한 이러한 균류들을 억제한다[77]. 콩의 잔해들은 감자를 심기 전에 토양에 혼합되어, 감자의 반점병을 억제하는데 이는 감자 반점병을 일으키는 *Streptomyces scabies*에 대해 길항작용을 하는 *Bacillus subtilis* 균으로부터 만들어지는 항생물질 때문이다. 작물의 잔해가 분해되는 동안 분비되는 휘발성의 화합물들은 또한 식물의 병원체에 대한 영향을 가지고 있다는 점에서 관심을 받을만하다[74]. 알팔파가 분해될 때 나오는 다양한 aldehyde는 미세균핵인 *Veticillium dahliae*와 *Sclerotium rolfsii*의 발아를 자극하는데, 이후에 이는 용균(lysis)과정을 거쳐 두 균류의 개체수를 줄이게 된다. 배추과의 잔사는 분해될 때, 휘발성을 포함하는 황을 방출하여 *Aphanomyces euteicches*에 대한 억제자로서 역할을 하며, 이 균에 의해 발생하는 완두콩의 뿌리 썩음병 발생을 줄인다[72].

비록 일반적으로 적정량과 적절한 시기에 맞춰서 혼합된 작물잔사들이 뿌리에 발생하는 병해들을 억제한다고 하더라도, 그들은 몇몇 병해들을 오히려 증가시킬 수 있다. 식물잔사들은 병원체들에 의해 균체화되어 그들의 에너지원으로 쓰일 수 있다. 잔사들은 또한 몇몇 식물독성을 가지는 분해 산물들을 발생시켜 뿌리가 감염되게 한다. 그러한 식물독소들은 일부 담배 품종들의 검은뿌리 썩음병에 대한 감염성을 증가시키는 것으로 보고되어 왔다[101]. *Theilaviopsis basicola*에 의해 발생하는 목화의 뿌리썩음병[75], 콩의 뿌리썩음병[139], 사탕수수의 pythium root-rot[114]도 이같은 사례에 속한다. 또한 식물독소는 식물 뿌리에 상처를 유발하여 이차적으로 뿌리 썩음이 시작되게 한다[17, 23].

기타 유기개량제

일반적인 유기개량제 중에서 neem의 씨앗과 깻묵(cake)은 균에 의한 벼(rice)의 병충해 등 많은 식물병해에 대해 효과적인 것으로 밝혀졌다[40]; 생강의 뿌리썩음[36]과 *Rhizoctonia salani, Macrophomina phaseolina, Fusarium solani, Phytophthora capsici*에 의한 병해[131]. 목화의 깻묵을 ha 당 159kg 토양에 첨가하면 억제성 화학물질을 분비함으로써 *eucalyptus*의 묘종불상 발생률을 80%에서 27%으로 줄인다.

Neemta-2100, Neemark, Nimbicidine, Sukrima, Neemoil, Jawan 등의 몇몇 neem 유도체들은 horsegram의 yellow mosaic virus에 매우 효과적인 것으로 알려졌다. 파우더곰팡이 균은 또한 Neemta-2100과 Neema, Nimbicidine에 민감성을 보인다[61].

성장조절자로서 타감물질

성장조절 물질들은 내인성 식물 호르몬 그룹과의 상호작용을 통해 식물의 성장, 발달, 구성, 기능 등을 조절하는 외인성의 비 영양물질이다. 그들의 작용은 성장 지연, 개화 유도, 성숙 및 노화의 촉진, 생물량 생산 자극 등을 모두 포함한다. 타감물질은 새로운 성장 조절물질인 agrostemin, triacontanol, brassinolide 등이 기대되는 자원이며 최고의 관심을 받고 있다.

Bioprodukt[15]는 헥타르 당 100g의 agrostemin을 종자처리 또는 엽면 살포처리하는 것이 발아를 촉진시키고, 밀, 옥수수, 해바라기, 사탕무의 수확량을 각각 10, 15, 15, 10%씩 증가시킨다는 유고슬라비아의 연구를 요약했다. 그것은 채소, 꽃, 과일, 목초지, 숲의 종들에게 유리하게 작용한다.

30개의 탄소로 이루어진 1차 알코올 Triacontanol은 알팔파로부터 얻은 성장촉진 물질이다. 그것의 엽면 살포는 오이, 당근, 쌀, 옥수수, 콩, 그 외의 작물들의 수확량을 증가시켰다. Triacontanol 축적 문제와 적용법, 비율, 시간으로 인해 일관되지 못한 결과는 그것의 효율성을 감소시켰다[69]. 더 광범위한 연구는 수확 촉진제로 유채(*Brassica napus* L.)의 화분으로부터 얻어진 스테로이드인 brassinolide에서 이루어졌다. Brassinolide와 몇몇 유사체들은 합성되어 왔지만[81], 경작지에서 이용하기에는 너무 비용이 많이 든다.

모든 생물 조절제들은 주요 작물의 수확량의 증가를 보여주었다. 그러나 위치, 유전자 타입, 살포 날짜의 비일관성과 제조의 어려움 등이 그들의 상업적인 이용을 막고 있다.

결론

작물, 잡초, 나무잔사는 토양에서 유기물질의 주요 근원이다. 그들은 또한 토양에 다양한 유기, 무기 화합물을 분비한다. 이러한 타감물질들은 일반적으로 잔해의 양, 분해기간과 잔사의 유형에 따라 다른 작물이나 나무의 생장을 막는 억제제로 작용한다. 그러나 몇몇 식물들, 특히 알팔파, 녹두, 콩, leucaena와 같은 콩과 잔사들은 작물의 생장을 촉진시킨다. 게다가, 식물잔사들은 타감물질과 생체 변환 산물의 분비를 통하여 잡초, 선충, 해충, 병원체로 부터의 감염을 줄인다. 간작과 식물독성을 갖는 종의 작물이나 자연적인 제초제를 이용하는 것은 생태적으로 지속가능한 농업에서 비화학적으로 잡초를 억제하는 효과적인 방법이다. 농업에서 선충과 해충의 감염으로 인해 발생하는 것들을 포함하여 식물병해는 유기개량제, 타감물질, 타감물질이 풍부한 종의 이용을 통해 성공적으로 제어될 수 있다. 생태적 지속가능 농업에서 타감작용의 실용적인 중요성을 고려했을 때, 식물의 억제성 타감작용 효과를 작물의 해충 및 병해의 자연적 관리를 위하여 사용할 수 있도록 많은 연구가 요구된다.

참고문헌

1) Abdul-Rahman AA, Habib SA (1989) J Chem Ecol 15: 2289-2301.
2) Aggarwal PK, Garrity (1987) Proceedings International Symposium *Nutrient Management for Crop Production in Tropical Farming Systems.* Makang, Indonesia.
3) Al-Sayed AA, Montasser SA (1986) Egypt J Phytopathol 18: 143-138.
4) Al-Sayed AA, Thomson IJ (1988) J Nematol 20: 451-456.
5) Altieri MA (1987) *Agroecology : The Scientific Basis of Alternative Agriculture.* London: Intermediate Technology, 227.
6) Altieri MA, Doll JD (1978) PNAS 24: 495-502.
7) Anver S, Alam MM (1994) Proceedings of International Symposium. 109, Hisar, India: Indian Society of Allelopathy.
8) Arnon I (1972) *Crop Production in Dry regions.* Vol. I. *Background and Principles.*pp. 458-478.
9) Babatola JO (1989) Pakistan J Nematol 7: 39-46.
10) Bansal GL (1994) *See Reference* No.7, pp. 16.
11) Bantilan RT, Palada MC, Harwood RK (1974) Philip Weed Sci Bull 1(2): 14-36.
12) Barnes JP, Putnarn AR, Burke BA (1986) *Allelopathic activity of rye* (*Secale cereale* L.) In: *The Science of Allelopathy* (Eds, A.R. Putnam and C.S. Tang) 217-286.
13) Bhatt BP, Todaria NP (1992) Proceedings First National Symposium, *Allelopathy in Agroecosystems.* 129, Hisar, India: Indian Society of Allelopathy.
14) Bhatti DS, Nandal SN (1994) *Nematode Pest Management in Crops.*
15) Biprodukt (1984) *Agrostemin-Gift of Nature.* Beograd, Yogoslvia: Novi Dani.
16) Butterworth JH, Morgan ED (1968) *Chemical Communications.* 23: 4.
17) Carley HE, Watson RD (1967) Phytopathology 57: 401-404.
18) Cernusko K, Borkey V (1992) Rostlinna Vyroba 38: 608-09.
19) Chacon JC, Gliessman SR (1982) Agroecosystems 8: 1-11.
20) Chandersena JPNR, Hemalal KDP, Tillekeratne IMV (1989) Proceedings 12th *Asian Pacific Weed Science Conference* 452-431.
21) Chohan JS (1968) *Proceeding of Symposium on Cropping Systems in India.* 562-564.
22) Chou CH, Patrick ZA (1976) J Chem Ecol 2: 353-367.
23) Cochrane VW (1948) Phytopathology 38: 185-196.
24) Cock CE, Whichard LP, Turner B, Well ME, Egley GH (1966) Science 154: 1189-1190.
25) Cook RJ, Watson RD (1969) *Washington Agricultural Experiment Station Bullettin*, 32.
26) Das S, Sukul NC (1988) Environ Ecol 6: 194-197.
27) Davis E, Rich JR (1987) J Nematol 19: 23-29.
28) Davis EF (1928) J Bot 15: 620-632.
29) Davis EL, Kaplan DT, Dickson DW, Mitchell DJ (1989) Rev Nematol 12: 257-263.
30) Devakaumar C (1994) *See Reference No.14,* pp. 165-189.
31) Dhaliwal GS, Singh J, Dilawari VK (1994) *See Reference No.7,* pp. 97.
32) Dharamraj, Sheriff M (1994) *See Reference No.7,* pp. 38.
33) Dhawan AK, Simwat GS (1994) *See Reference No.7,* pp. 101.
34) Dilday RH (1992) Agricul Res 40: 10-11.

35) Dilday RH, Frans RE, Semiday N, Smith RJ, Oliver LR (1992) Arkansas Farm Research 41: 14-15.
36) Dohroo NP (1994) *See Reference No.7,* pp.11 0.
37) Eaglesham ART, Ayanaba A, Rao VR (1981) Soil Biol Biochem 13: 169-171.
38) Einhellig FA (1985) *Bioregulators for Pest Control* (Ed Hedin PA) ACS Symp. Series No. 276: 110-130.
39) Einhellig FA, Leather GR (1988) J Chem Ecol 14: 1829-1844.
40) Eswaramurthy S, Algianagalingam MN, Marippan V, Muthusamy M (1994) *See Reference No.7,* pp. 112.
41) Fay PK, Duke WB (1977) Weed Sci 25: 224-228.
42) Forncy RD, Roy CL, Wolf DD (1985) Weed Sci 33: 460-467.
43) Franco A, Ponte JJDA (1988) Nematologica Brasil 12: 35-45.
44) Gibson KE, Kane MC, Jones EW (1958) *USDA Technical Bulletin* 1: 219 pp.
45) Gill DS, Bhatia RK, Sandhu KS (1994) *See Reference No.7,* pp. 43.
46) Gliessman SR (1989) *Phytochemical Ecology : Alleochemicals, Mycotoxins, Insect Pheromones and Allomones* (Eds, Chou CH and Walter GR) Monograph No. 9: 69-80.
47) Gliessman SR (1990a) *Agroecolog*: The *Basic Research for Sustainable Agriculture.* 380.
48) Gliessman SR (1990b) *Sustainable Agriculture Systems* Ankeny, Iowa, USA: Soil and water Conservation Society.
49) Gliessman SR, Garcia ER (1979) *Tropical legumes: Resources For the Future.* Publication No. 27: 292-293.
50) Gliessman SR, Garcia ER, Amador MA (1981) Agroecosystem 7:173-185.
51) Gommers EJ (1973) M.Sc. Dissertation. Netherlands 73.
52) Govindaialu N, Suryanarayana DD, Sharma G (1989) Ind J Nematol 19: 25-28.
53) Grechkanev OM, Rodionov VI (1971) *Physiological-Biochemical Basis of Plant Interactions in Phytocenosis* 2: 88-100. Kiev: Naukova Dumka.
54) Hatzios KK (1987) Adv Agron 41: 325-375.
55) Haynes RL, Jores CM (1976) J Am Horticul Sci 101: 422-424.
56) Igboanugo ABI (1988) Agricul Ecosyst Environ 24: 453-58.
57) International Allelopathy Society (1996) Department of Biochemistry.
58) Jain RK, Bhatti DS (1988) International Nematol Network Newsletter 5: 7-9.
59) Johnson LF (1972) Phytopathology 62: 767.
60) Johnson LF, Chambers AY, Reed HE (1967) Plant Diseases Reporter 51: 219-222.
61) Joshi MS, Devakar MP, Mandokhot AM, Sardeshpande JS (1994) *See Reference No.7,* pp. 133.
62) Joshi S, Mahdevappa M (1986) Current Sci 55: 261-262.
63) Ivani DB, Bharpoda TM, Patel JR (1994) *See Reference No.7* pp. 129.
64) Kaushik JC, Gupta VK, Kaushik N (1994) *See Reference No.7* pp. 113.
65) Kolhe RK (1994) *Allelopathy in Agriculture and Forestry,* (Eds, Narwal SS and Tauro P), 65-91.
66) Kohli SS, Mitra BN (1987) J Agro Crop Sci 159: 212-215.
67) Lampkin N (1992) Organic Farming 125-160.
68) Larios JE, Moreno RA (1977) Turriabla 27: 151-156.
69) Laughlin RG, Munyon RL, Ries SK, Wert VF (1983) Science 219: 1219-1220.
70) Leather GR (1983) Weed Sci 31: 37-42.

71) Letourneau D, Falies GD, Heggeness HG (1956) Weeds 4: 363-368.
72) Lewis JA, Papavizas GC (1975) *Biol and Control of Soil-borne Plant Pathogens* 216.
73) Liebl RA, Worsham AD (1983) J Chem Ecol 9: 1027-1043.
74) Linderman RG, Gilbert RG (1975) *Biology and Control of Soil-borne Plant Pathogens* (Ed, G.W. Bruehl), 84-89.
75) Linderman RG, Toussoun TA (1968) Phytopathology 58: 1571-1574.
76) Lockerman RH, Putnam AR (1979) Weed Sci 27: 54-57.
77) Lyle RW, Dunlop AA, Hill HO, Hargrove BH (1948) *Texas Agriculutral Experiment Station Bulletin* 699: 621.
78) Mahadevappa M, Kulkami RS (1995) *Allelopathy in Pest Management for Sustainable Agriculture* (Eds, Narwal SS and Tauro P) 67-76. Jodhpur, India: Scientific Publishers.
79) Mankau R, Minteri RJ (1962) Plant Diseases Reporter 46: 376-378.
80) Massantini F, Caporali F, Zellini G (1977) *EWRS Symposium on Different Methods of Weed Control and Their Integration* 1: 23-30.
81) Maugh TH (1981) Science 212: 33-34.
82) Mishra SD, Mojumder V (1994) *See Reference No.7*, pp. 130.
83) Mishra SD, Prasad SK (1978) Ind J Entomol 40: 42-53.
84) Mishustin BN, Naumov AN (1955) Biologia 6: 3-9.
85) Mountain WB, Ellliott JM (1962) Can J Plant Sci 42: 642-645.
86) Murleedharan GN, Whitenack CJ, Putnam AR (1989) J Chem Ecol 15: 2415-2429.
87) Nair KPP, Patel UK, Singh RP (1979) J Agricul Sci 93: 189-194.
88) Nandal DPS, Bisla SS (1994) Van Anusandhan 11: 33-35.
89) Narwal SS (1994) *Allelopathy in Crop Production* (Ed, Narwal SS) 19-75.
90) Narwal SS (1998) *Abstracts,* III *International Congress on Allelopathy in Ecological Agriculture and Forestry* 142.
91) Narwal SS, Sarmah MK (1992) *See Reference No.* 14, pp. 111-113.
92) Narwal SS, Sarmah MK, Dahiya DS, Kapoor RL (1992) *See Reference No.14,* pp 49-50.
93) National Research Council (1989) *Alternative Agriculture.* 448.
94) Obiefuna JC (1989) Biological Agriculture and Horticulture 6: 221-228.
95) Ofori F, Stern WR (1987) Adv Agron 41: 41-90.
96) Panchabhavi KS, Lingappa S, Sudhindra M (1994) *See Reference No.7,* 172.
97) Papendick I, Sanches PA, Triplett GB (1976) *Multiple Cropping.* Publication No. 27: 378.
98) Pruthi IJ, Jain RK, Gupta DC (1987) Ind J Nematol 17: 30-32.
99) Patra DP, Sachdev MS, Subbiash BV (1986) Fertilizer News 31 (10): 21-27.
100) Pathak MD, Dale D (1983) In *Chemistry and World Food Supplies: The New Frontiers* (Ed, Schienit LW) 129-141.
101) Patric ZA, Koch LW (1963) Can J Bot 41: 754-758.
102) Patterson DT (1986) *Research Methods in Weed Science* (Ed, Camper ND) 111-134.
103) Peoples MB, Herridge DF (1990) Adv Agron 44: 156-225.
104) Peters EJ (1968) Crop Sci 8: 650-653.
105) Phetchawee S, Vibulsukh N, Theppoolpon M, Masarugson W (1985) *Thailand National Corn and Sorghum Program* 1985 *Annual Report.* Kasetsart University and CIMMYT 204-212.
106) Ponte JJ, Franko A, Ponte AEL (1987) Nematologia Brasil 11: 42-47.
107) Prasad SK, Mishra SD, Gaur AC (1972) Ind J Entomol 34: 407-311.

108) Pretty IN (1995) *Regenerating Agriculture.* 320.
109) Prusty lC, Mohanty SK, Behera B (1994) *See Reference No.7* pp. 39.
110) Purvis CE, Jessop RS, Lovett JV (1985) Weed Res 25: 415-421.
111) Putnam AR (1988) *Weed Management in Agroecosystems: Ecological Approaches* 77-78.
112) Putnam AR, DeFrank J (1983) Crop Protection 2: 173-181.
113) Putnam AR, Duke WB (1974) Science 185: 370-372.
114) Rands RD, Doppe E (1938) J Agricul Res 56: 63-67.
115) Rao SV (1994) *See Reference No. 7,* pp. 103.
116) Rice EL (1984) *Allelopathy.* 2nd. Ed.
117) Ries SK, Wert V, Sweeley CC, Leavitt RA (1977) Science 175: 1339-1341.
118) Rizvi SJH, Mukerjee D, Mathur SN (1980) J Exp Biol 18: 77-78.
119) Rizvi SHJ, Mukerjee D, Mathur SN (1981) Agricul Biol Chem 45: 1255-1256.
120) Ruelo JS (1983) Plant Diseases Reporter 67: 671-673.
121) Salawu EO (1988) Plant Protection in Tropics 5: 11-15.
122) Sarmah MK, Narwal SS, Yadav JS (1992) *See Reference No.7,* pp. 51-55.
123) Sasser JN (1989) *Plant Pathology and the Consortium for International Crop Protection* 115.
124) Shettel NL, Balke NE (1983) Weed Sci 31: 293-298.
125) Shilling DG, Jones LA, Worsham AD, Parker CE, Wilson RF (1986) J Agricul Food Chem 34: 633-638.
126) Shilling DG, Liebl RA, Worsham AD (1985) *Chemistry of Allelopathy* ACS Symposium Series No. 268: 243-471.
127) Shilling DG, Worsham AD, Danehower DA (1986) Weed Sci 34: 738-744.
128) Simawat GS, Dhawan AK (1994) *See Reference No.7,* pp. 128.
129) Singh GB (1983a) Indian Farming 35: 15-19.
130) Singh K, Malik AS, Narwal SS (1983b) J Res 13: 587-592.
131) Singh RS (1994) *See Reference No.7,* pp.116-117.
132) Singh SK, Verma KR (1988) Ind J Agricul Sci 58: 412-413.
133) Spelce DL, Muselman LJ (1981) Zeitschrift Pflanzenphysiologie 104: 281-283.
134) Stinner BR, House GJ (1987) Am J Altern Agricul 2: 146-147.
135) Sukul NC (1994) *Allelopathy in Agriculture and Forestry* (Eds, Narwal SS and Tauro P) 183-211.
136) Sukhthumrong A, Chotechaungmanirat S, Chancharoensuk J, Veerasan V (1985) *International Seminar on Yield Maximization of Food Grains Through Soil and Fertility Management.*
137) Thakar NA, Patel HR, Patel CC (1987) Ind J Nematol 17: 136-137.
138) Tomerlin AH, Smart GC Jr (1969) J Nematol 1: 29-30.
139) Toussoun TA, Patrick ZA (1963) Phytopathol 53: 265-270.
140) Uhlenbroek JH, Bijloo JD (1960) Recueil Trav Chim 79: 1181-1196.
141) Unger PW, McCalla TM (1980) Adv Agron 33: 38-39.
142) Waller GR (1987) *Allelochemicals, Role in Agriculture and Forestry.* ACS Symposium Series No. 330.
143) Werner A (1988) *Global Perspective in Agroecology and Sustainable Agricultural Systems.* Santacruz: University of California.
144) Weston LA, Burke BA, Putnam AR (1987) J Chem Ecol 13: 304-431.
145) White RL, Worsham AD, Blum U (1989) Weed Sci 37: 674-679.

146) Wiese AF, Staniforth DW (1973) *Conservation Tillage: Proceeding of National Conference,* 108-114.

147) Willey RW (1979) Field crops Abstracts 32: 1-10, 73-85.

25
CHAPTER

기생잡초와 타감작용

서론

기생잡초는 농업에 직면한 주요 잡초문제를 대표하며 농업생태계와 환경에 부정적인 영향을 미친다. 기생잡초는 각기 다른 식물과에 속하며 반뿌리, 전뿌리, 또는 줄기 기생식물이다. 그들은 세계 여러 지역의 각기 다른 식물과의 다른 생육형을 가진 식물종을 공격하며, 상당한 곡물생산 감소를 야기하고 극심한 오염 아래 곡물 생산의 완전한 손실을 일으킨다. 기생잡초는 환경의 내 · 외부 변화 모두에 잘 견디는 고도로 생태적이며, 생물적이고, 생리적인 종이다. 그들은 여러 흔한 매개물을 통해 확산되기 위해, 그리고 주로 숙주식물의 유용성인 발아에 적합한 조건이 없는 많은 기생식물종에 생태생리학적 휴면의 장기화가 나타나고 발달된 극심한 환경조건에서 살아남기 위해 스스로를 적응시킨다. 이 기생체들과 그들 숙주 사이의 관계는 매우 복잡한데, 때때로 성공적인 부착과 완전한 기생을 위해 협력하여 작용하기도 하지만, 둘 사이에 가장 흔히 일어나는 것은 적대적인 상호작용이다. 그 상호작용에서 여러 기전이 기생체의 부착, 발아, 침투 그리고 발달에 대한 숙주의 저항에 수반될 수 있으며, 이 기전은 내성/저항 기전이라 칭해지거나 때때로 방어 기전이라 불린다. 또한, 기생체는 숙주의 신호에 긍정적인 반응을 보일 준비가 매우 잘 되어 있을 것이며, 숙주세포 표면에 스스로 부착하고 숙주세포의 용해와 분리를 가능하게 하는 효소와 다른 화학 분비물의 도움으로 침투를 해내는 능력을 보였다. 기생체와 숙주식물 사이에서 일어나는 복잡한 화학 반응의 중심에는 타감물질이 관여되어 있다. 기생체와 숙주 모두 성장을 촉진시킴으로써 서로의 영향을 무력화시키기 위해 이 물질을 사용할 수 있고, 따라서 일부 경우 이 유대를 촉진시키거나, 또는 각자 이 타감물질을 그들의 목적 달성을 위한 유해성 천연물질로 사용할 수 있다.

기생잡초는 독특한 생활형과 생장습성, 그리고 서식지를 가진 식물집단을 대표한다. 이들은 거의 전 생애주기 동안 부분적으로 또는 완전히 숙주식물에 의존한다. 일반적으로, 이 종들은 정상적인 근계가 결여되어 있거나, 일부 종에 있어서는 뿌리

Qasem JR

Plant Protection Department, Faculty of Agriculture, University of Jordan, Amman, Jordan

의 발생 직후 손실되었다. 이 기생종들은 과학자들 뿐만 아니라 농업 전문가와 생태학자들에게도 큰 문제를 가져다주는데, 이는 그들이 숙주로부터 양분이나 수분, 또는 둘 모두를 직접적으로 흡수하여 상당한 수확의 손실을 야기하기 때문이며, 그러한 특성은 극심한 만연으로 완전한 곡물 수확의 감소로 이어진다. 기생잡초는 여러 생육형의 식물들과 여러 식물들을 공격한다. 선택적 공진화 과정에 의존하면서[191], 숙주대상의 범위 차이는 분명하며[206], 반면 동일 종 또는 같거나 다른 속에 속하는 종 사이에 대한 숙주 선호 현상 또한 기록된 바 있다[120, 206, 215]. 기생종은 대부분의 채소류, 사료작물, 관목, 과수와 임목을 공격한다고 보고되었다. 이것은 높은 생리학적/화학적 내성과, 또는 식물조직과 양분을 용해하고 침투를 촉진시키며 수분과 양분의 이용 가능성을 보장하기 위해 택한 기전의 폭넓은 변화를 반영한다.

기생습성은 속씨식물들 가운데 널리 퍼진 현상이다. Kuijt[151]은 기생종을 포함하는 17개의 식물과를 발표했고, 이후 Musselman[189]이 20개의 식물과에 독자적으로 발달한 기생식물에 적어도 다섯 목(目)이 존재한다고 언급했으며[191], 그 기생식물이 3000~5000종을 구성한다고 밝혔다[191, 247]. 하지만 현삼과, 열당과, 단향과, 새삼과, 겨우살이과, 꼬리겨우살이과를 포함하는 경제적인 중요성을 가진 여섯 과의 식물들만이 고려되었다. 약 30가지 속의 기생속씨식물이 재배작물에 부정적인 영향을 미친다고 보고된 반면, 모든 속의 약 11%만이 식물병원성이라 여겨질 수 있는 요인을 가진 것으로 알려졌다. 일반적으로 *Cuscuta*, *Arceuthobium*, *Orobanche* 그리고 *Striga*가 경제성이 있는 숙주 작물에 가장 큰 손상을 입히는 것으로 여겨지고 있다.

기생종은 뿌리나 줄기에 기생하는데, 숙주식물에 대한 이들의 의존도는 매우 다양하다. 완전기생식물은 엽록소가 완전히 결여되어 있거나 거의 결여되어 있다. 따라서 숙주에 완전히 의존하며 이들 대부분은 뿌리기생식물이다. 반면, *C. europaea*와 같은 일부 줄기기생식물은 루비스코, 틸라코이드, 엽록소, 그리고 광의존 이산화탄소 고정을 모두 잃었다[177]. 다른 한편으로 반기생체는 적어도 생애 주기의 몇몇 부분에서 광합성을 하며, 다만 이에 더해 다른 식물종에 기생한다. 기생종들은 나아가 두 집단으로 분류될 수 있는데, 하나는 생애 주기를 마치는 데 숙주를 필요로 하지 않는 조건적 기생종, 다른 하나는 숙주에 완전히 의존하는 절대기생종이다.

기생체가 숙주식물과 접촉되고 나면, 기생체는 숙주조직으로 삽입되어지는 빨판과 같은 구조(흡기)를 형성하고 발달하기 시작한다.

흡기는 크기와 길이, 그리고 개개의 기생식물 당 숫자는 다양하며 *Orobanche*, *Striga*, *Viscum*과 같은 단일접속점부터 *Cuscuta*와 *Loranthus*에서 나타나는 다접속점까지 그 수와 범위 또한 다양하다. 흡기는 숙주와 기생체를 연결하는 조직의 다리이고, 대개 숙주와 기생체 모두로 구성되는 부풀어 오른 물질이며, 숙주로부터 기생체에 물과 양분의 흐름을 전달하는 도관 역할을 한다.

종자생산, 장수 기간, 발아, 분산과 분산제, 숙주식물로의 부착, 형태학과 생장 습성, 기생체와 그들의 숙주 사이의 생리학적 · 해부학적 관계에서 기생종 간의 차이는 모두 방제 수단을 요구한다. 기생종은 짧은 분산 거리와 긴 분산 거리 모두에 아주 잘 맞춰져 있다. 제초제를 이용한 선택적인 화학 방제는 대부분의 경우 효과를 얻기 어렵고, 기생체와 숙주식물 사이의 저항력 차이에 달려 있다. 숙주식물로 기생체의 직접적인 내부 접촉은 대부분의 경우 농작물에 심각한 손상을 입히지 않고 제초제 처리를 상당한 정도로 한정시킨다. 덧붙여, 일부 기생종(뿌리기생식물)은 숙주식물에 대부분의 손상이 일어나는 발생 단계 이전에는 눈에 보이지 않는다. 그러나 여러 기생종들에 대한 방제법들이 권고되고 처리되었으며, 그러는 동안 타감작용과 같은 일부 다른 유망한 방법들이 최근 강조되어 왔다.

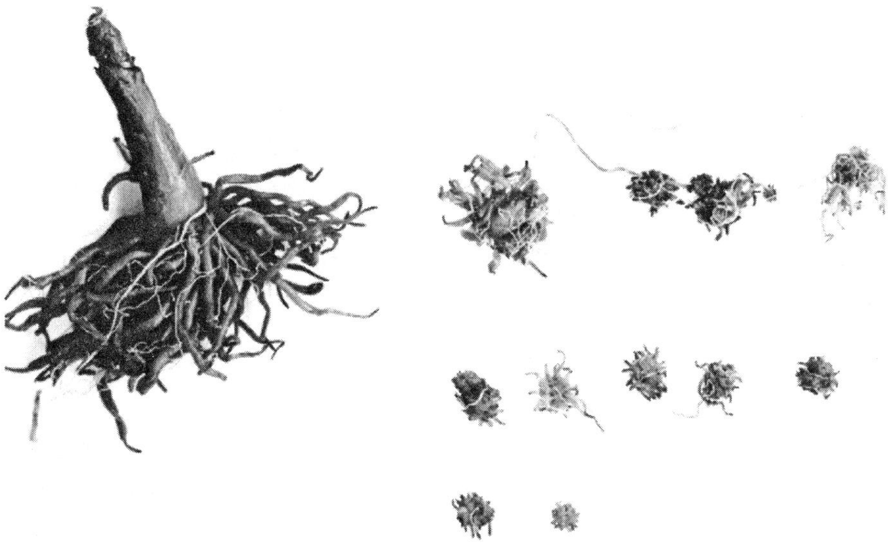

그림 1. 여러 발달 단계에서 *Orobanche ramosa* 흡기

기생체와 숙주

기생체와 그들의 숙주 사이의 관계는 화합 혹은 적대의 유형으로서 묘사될 수 있다. 이는 둘 모두 발아와 부착을 촉진시키는 화학물질을 포함하는 동시에 불화합 식물 독소 화학물질을 함유해 발아, 부착, 성장 또는 기생식물의 발달을 저해하기 때문이다. 첫 번째 집단은 상승물질 또는 촉진물질이라 분류되는 반면, 두 번째 집단은 적대 혹은 억제물질이라 칭해진다. Mallet[178]은 잠두의 뿌리 추출물이 *Orobanche*

그림 2. *Cistanche tubulosa* (A, 단일연결)와 *Loranthus acacea* (B, 복수연결)

crenata 종자발아에 있어 억제와 촉진 물질 모두를 함유하고 있다고 주장했으며, Whitney[304]는 같은 결론으로 도달하여 적정한 촉진제가 있음에도 특정 *O. crenata*에 대한 일부 비숙주종이 기생식물의 발아를 억제하는 합성물질을 방출하고, 같은 기생식물의 종자발아를 유도함에 있어 각기 다른 촉진물질이 상호작용할 가능성이 있다고 명시했다. 그러나 이 두 종류의 화학물질들은 국제타감작용협회(IAS)에 의해 제시된 타감작용의 가장 최근의 정의에 기반을 둔 타감물질로 간주되었고, 따라서 촉진과 억제 두 과정 모두 식물대 식물간의 상호작용에 포함되었으며 이 현상의 전체가 타감작용이라는 용어 아래에서 분류되었다[227]. 그들이 공격하는 숙주 범위에 속하는 종들 사이의 큰 차이는 각기 다른 조직 용해 효소를 생산하는 능력의 차이, 또는 기생식물의 공격과 침투에 대항하는 방어 기전으로서 파이토알렉신의 형태로 숙주에게서 분비되는 고유의 화학물질에 대한 적합성과 적응 능력에서의 차이를 보여주고 있다. 방어물질의 생산이나 조직 표면으로의 기생종 부착 촉진에 있어 숙주식물이 보이는 차이는 이 종이나 재배종이 기생식물의 공격에 대한 반응으로 보인 민감성이나 내성 수치를 부분적으로 설명한다. Joel과 Goldman-Guez[125]

는 숙주의 세포벽에 있는 펙틴이 짐작건대 숙주 자신에게서 분비되는 효소로 인해 반에스테르화한다고 보고했으며, 침투의 몇몇 단계는 숙주식물에 의해 유도된 기제를 통하여 가능해진다고 명시했다. 또한, *Striga*의 락타아제 활성이 흡기의 개시를 촉진하는 숙주뿌리의 퀴논을 방출한다고 보고된 바 있다[265]. 이 점과 관련된 많은 연구들이 숙주식물과 그들의 기생종 사이의 관계와 그들의 일반적인 생태학적 반응에 대한 설명을 수치화하려고 노력했다. *Cuscuta epithymum*과 그의 숙주식물인 *Hormathophylla spinosa* 사이의 상호작용에 대한 연구에서, Gomez[98]는 기생당한 식물이 기생종의 영향을 받지 않은 식물보다 꽃가루 매개자가 적게 방문했고, 매개자 집단의 다양성에서도 차이가 있었다고 한다. 숙주식물 번식 과정의 연속 단계에서 *C. epithymum*과 *H. spinosa* 사이에서 나타나는 직 · 간접적이고, 긍정 · 부정적인 효과 때문에 하나의 실새삼과 하나의 숙주식물 간의 관계마저도 중립적이다. 숙주와 기생체 사이의 화학물질 교환도 기록된 바 있고, 이는 기생체와 기생체의 희생양 간의 강력한 관계에 대한 좋은 증거이며, 이것은 마찬가지로 고려되어져야 한다. 아브시스산(ABA)이 흡기에 의해 빠르게 축적된다고 알려진 동안, Bock과 Fer[36]에 의해 *Pelargoniym zonale*의 잎자루로부터 *Cuscuta reflexa*의 어린 싹으로의 ABA가 수송된다고 보고되었다. 그들은 매우 빠른 속도의 ABA 흡수가 해리되지 않은 산의 확산을 능하게 하고, *C. reflexa*, 특히 흡기에서의 ABA 농도가 숙주조직으로부터 받아들여진 ABA으로써 설명될 수 있다고 하였다. 그들은 ABA이 자당의 전달을 향상시킴으로써 숙주-기생 관계에서 중추적인 역할을 할 수도 있다고 결론을 맺었다. Kumar 등[154]은 숙주작물과 함께 각기 화분에서 자란 *Cuscuta* 종을 관찰하였고, 숙주식물이 발아를 위한 어떠한 자극제도 필요로 하지 않는다는 것을 보여 주었다. 숙주특이성을 위해 시험된 작물들 가운데, 일반 콩류는 유지작물에 비해 더 심한 정도로 오염되었다. 반면에 곡류작물은 기생체에 의해 전혀 오염되지 않았는데, 이는 아마도 기계적 저항성 때문이다. Baumel[27] 등은 여러 콩과의 숙주와 이에 기생하는 *Cuscuta* 종 사이의 알칼로이드 교환에 대해 보고했다.

타감물질은 적어도 발아 단계에서 숙주/기생체 상호작용에 있어 대단히 중요한 역할을 한다고 보고되었다[208]. 많은 숙주식물이 화학물질을 생산하고 분비한다고 알려져 있고, 그 물질들은 기생체의 종자발아를 유도한다. 반면, 다른 물질들은 종자발아를 억제하거나 발아된 종자를 죽이기도 한다. 그러나 기생체와 숙주 모두 상호식물독소물질을 분비할 수 있다. 기생체는 이 물질들을 숙주식물이 보인 방어기제를 무너뜨리기 위해 사용하거나, 숙주가 분비한 물질의 효과를 상쇄하기 위해, 그리고 숙주의 세포와 조직의 용해나 분리를 가능하게 한다. 따라서 기생체의 부착을 강화시키고 숙주의 기관에 흡기를 꽂아 넣기 위해 이 물질들을 사용할 수 있다. 이에 반해 숙주의 식물독소물질은 기생체의 부착을 억제하고 기피제로 작용하거나, 기생체 스스로 숙주에 성공적으로 달라붙지 못하게 하거나 기생체의 발달을 방지하기 위해 분비될 수 있다. Sinebo와 Drennann[260]은 수수가 침투를 감지하고 나서 *Striga hermonthica*의 침투점으로 저항물질을 분비한다고 하였다. 침투점이 완전히 감염된 수수와 함께 넓게 분포되어 있는 상태에서는 물질이 더 적게 분비되어 숙주를 더 취약하게 만든다. Mohamed[186] 등은 뿌리 주변의 *Striga* 종자가 에틸렌 처리 이후 페트리디시에서 보다 낮은 발아율을 보인 이후 수수의 유전자형 P78에서부터 발아 저해물질이 분비될 잠재력이 있다고 제시했다. *Orobanche* 종에 대한 트랩식물종인 나무콩(*Cajanuscajan*)은 타감작용기제를 통해 여러 잡초종에 영향을 미친다고 보고되었다[255]. 이에 반해, Bell-Lelong[30] 등은 *Striga*가 독소를 이용해 숙주에 타감작용의 활성을 보인다고 하였고, 이것은 *Striga hermonthica* 싹의 추출물에 있는 높은 농도의 산화 가능한 페놀과 산화 효소로 증명되었다. 반면, Perez-de-Luque[208] 등은 *O. cumana*까지 이르는 해바라기의 여러 민감종이 저항종이나 더 특수적인 화합물에 비해 기생체의 발아를 유도하는 이차 대사산물을 더 많이 분비한다는 것을 발견했다.

유전학은 타감물질 생산에 필수적인 역할을 하고, 타감물질로 통제된 유전자는 대개 이 과정에 수반된다. Yoder[316] 등에 의해 수행된 연구에서 기생식물이 숙주식물의 뿌리 삼출물에 노출되면 타감물질의 해독과 발달신호 둘 모두에게 유전적 경로가 작동된다고 하였다. 제노그노신의 기관형성기작이 작동되면 기생식물은 주변의 식물에 대항해 작용하는 숙주의 방어분자를 사용할 능력을 진화시켰을 것이다. 다양한 기생식물, 특히 *Orobanche*와 *Striga* 발아는 그들의 숙주식물의 뿌리 삼출물로부터 받은 화학적 신호에 의존한다. 그러나 이것은 몇몇 기생체 유전자의 표출을 시사한다[21]. 기생이 되기까지 *Striga*의 적응은 발달 신호에 대한 의존을 포함하고, 그렇기에 기생체와 숙주의 발달은 고도로 통합된다. *Striga*가 필요로 하는 숙주에서 유도된 초기의 화학 신호는 주로 토양 속의 숙주식물의 뿌리로부터 흘러나온다[43].

숙주식물은 기생체의 공격에 여러 방식으로 반응한다고 알려졌다[233]. 그 방법들 중 기생체의 침투 상황에서 기생체 혹은 숙주의 세포벽에 대한 목질화가 많은 연구자들에 의해 보고된 바 있다[19, 117]. 식물들이 사용하는 방어기작 반응 중에는 이소플라브노이드 생합성 경로의 변경된 통제라고 부분적으로 여겨지며 일반적인 신진대사와 성장에 필요한 많은 화합물의 생산으로 이끄는 파이토알렉신이 있다. 이에 반해, 여러 기생종은 다양한 저해성을 가진 각기 다른 형태의 타감물질을 포함한다고 보고되었다. Dini 등[74]은 기생종에게 항균성을 제공하는 *Orobanche speciosa*의 건조한 지상부로부터 나온 페놀 대사산물에 대해 보고했다. Saadoun 등[238]은 다양한 *Orobanche* 종의 스파이크 조직이 페놀과 마니톨 모두를 함유하며 박테리아 감염에 대한 이 기생종의 방어기전에 작용할 수 있음을 보여 주었다. 연구자들은 *Orobanche* 조직이 비병원성 박테리아 병인에 대한 잠재적 원천이 될 수 있다고 끝맺었다. 이 타감물질들은 기생체의 침투를 가능하게 하기 위해 숙주식물에 대항하여 사용되어진다. 그러나 방어 관련 유전자의 유도에도 불구하고 기생체로부터 스스로를 방어하는 데 실패한 숙주식물은 Bell-Lelong[30] 등에 의해 부분적으로 다루어지는데, 이로 인해 생산된 방어 화합물은 기생체에 의해 분해되었거나, 숙주식물이 생산한 파이토알렉신이 기생체에 특별한 독성으로 작용하지 않았다는 것이다.

기생잡초와 타감작용

다른 연구자들은 종자의 발아에서부터 부착까지의 단계가 기생잡초의 생애 주기에서 가장 민감한 단계이며 이 시기 동안 방제가 적용될 필요가 있다고 언급했다[69, 244]. 종자발아를 위한 화학적 자극물질에 대한 기생종의 필요조건은 각기 다르다. 일부 종(*Orobanche, Striga, Cistanche*)이 발아를 시작하기 위해 종자 전처리과정과 숙주 식물에 자극물질이 필요한 반면, 다른 종(*Cuscuta, Thesium, Osyris, Viscum*와 *Loranthus*)은 그렇지 않다. 조절기는 숙주종의 발아 자극 물질에 대한 휴면기의 기생 종자의 반응을 증가시키지만, 기생종이 필요로 하는 각기 다른 화학 자극 물질은 그들의 숙주에 현격한 차이를 발생시켰다. 일부 기생체(*Loranthus, Viscum, Osyris, Cistanche*)는 특정한 숙주의 생육형에 국한되어 관목, 과목, 혹은 산림종에 고도로 전문화되어 나타난다. 다른 종(*Thesium, Striga*)은 초본과 농작물에 한정되어 있고, 그 반면 일부(*Orobanche, Cistanche*와 *Custa*의 일부)는 관목과 초본 모두를 공격할 수 있다. 동일한 속의 종에서 숙주 범위 간의 차이는 이미 언급되었다[206]. 일부 종의 종자는 전처리과정을 거치지 않고 숙주의 자극물질이 없으면 발아할 수 없다. 다른 종은 그러한 조건을 필요로 하지는 않지만 특정 숙주 범위에 한정되어 나타나며 다른 식물종을 공격할 수 없다. 이것은 숙주에 대한 선호도 또는 특수성을 반영하거나 비숙주종의 일부가 숙주와 같은 기계적, 생리학적, 화학적 저항을 발휘할 수도 있다.

어떤 식물종을 공격하는데 실패한 이 기생체들의 배후에 있는 화학기전은 일반적으로 알려지지 않았으며 그들이 조절하는 또 다른 방법으로 활용될 수 있다. 그러나 여러 연구자들은 *Striga* 종의 숙주 선호는 숙주의 뿌리 삼출물에 있는 여러 발아 촉진제 때문이라고 언급했다[34, 35]. 기생체의 종자발아를 촉진하는 숙주와 비숙주 식물종의 능력은 기생체의 침입을 감소시키기 위해 이들을 트랩식물종으로 이용할 수 있음에 대한 연구를 유도하였다. 뿌리 기생체의 촉진제는 주로 숙주의 뿌리 체계를 통해 주변의 자연환경으로 흘러 나가고 기생 종자에의해 받아들여지는 천연타감물질이다. 이 천연물질은 내부의 호르몬 균형에 영향을 미침으로써 기생체 종자의 발아를 촉진할 수 있고 따라서 특별한 종자의 화학 기반 휴면을 타파시킬 수 있다. 그들은 또한 배아, 발아, 그리고 기생체의 발아관 성장에 영향을 미치는 호르몬

(strigols 그리고 GA 유사 화합물 유사체)의 역할을 할 수 있다. 숙주식물에서 생산된 다른 화학 촉진물질은 줄기 기생체가 숙주의 조직에 침투하고 내부에서 자라도록 촉진할 수 있었다[125]. 민감종과 내성종 또는 저항종이 발아 촉진제를 생산하지만 이들의 차이가 주로 기생체의 종자에서 얻은 촉진제의 양에 있다는 사실은 언급할 가치가 있다. 그러나 저항종, 내성종 혹은 비숙주종의 뿌리에서 분비된 일부 화학물질들은 종자발아를 저지하거나, 발아한 기생 묘를 손상시키거나 부착을 막는 독소물질을 함유하고 있을 수 있다. 이 점에서 흡기 발달을 유도하는 제노그노신 타감물질은 보통 퀴논, 페놀산, 혹은 페닐프로파노이드 경로로부터 나온 플라보노이드이다[7, 229].

Orobanche

Orobanche 종은 절대기생뿌리식물로 엽록소가 결핍되어 있으며 물과 영양분을 숙주식물에게 전적으로 의존한다. 그들은 다양한 종들 사이에서 많은 수의 종자를 생산하고, 휴면이 나타나며, 발아 촉진제에 반응하기 전에 성숙된 이후, 일반적으로 따뜻하고 건조한 저장조건을 거친 다음 따뜻하고 습윤한 환경 처리기간을 필요로 한다. 특히 *O. crenata*와 같은 일부 *Orobanche* 종의 종자는 성숙 휴면 이후의 기간을 겪어야 하고, 그 저장 기간은 18개월에서 24개월까지이다. 그러나 성숙기 이후의 기간과 그 효과는 온도, 습도, 그리고 다른 환경적 요인에 따라 변할 수 있다. 성숙기 이후 동안 종자에 발생하는 변화의 유형은 알려지지 않았다. 종피와 배아에서 다양한 구조적, 대사적 변화가 발생할 수 있고, 호흡기질에서의 변화 또한 수반된다. 완전히 자란 종자는 종피의 삼투성이 증가하고, 수분 흡수가 발생하거나 수치가 변하며, 내생 발아 촉진제 또는 저해제 활성이 일어날 수 있는 1~3주 사이의 처리기간을 필요로 한다. Joel 등[127]은 이 기간 동안 지베렐린의 합성이 일어나고 호르몬이 종자발아를 촉진시킨다는 증거를 제시했다. 처리의 지속기간은 온도, 계통, 그리고 종자의 나이와 같은 특정 요인에 달려 있다. 처리에 필요한 기간은 일반적으로 며칠부터 몇 주까지에 이른다. 그러나 화학적 인식에 의해 야기된 숙주뿌리와의 접촉이 있을 때 종자는 발아하며, 이런 이유로 종자는 숙주식물의 뿌리 삼출물로부터 발아 촉진제를 받아야 한다. 그러는 동안 숙주의 뿌리는 발아된 종자의 몇 mm 이내에 있어야 하고 일반적으로 발아는 숙주뿌리의 바로 인근에서 발생한다. 숙주의 뿌리 체계에서 분비된 화학 촉진물질은 뿌리로부터 1cm 거리까지 발아를 일으킬 수 있지만 사실상 뿌리에서 2~3mm 이내에 있는 종자들만이 숙주에 기생할 수 있다. 반면, pH의 변화나 pH의 영향을 조정하는 칼슘 또는 인산 이온의 존재는 발아 촉진제에 중대한 영향을 미쳤다. 그러는 동안 토양에서의 발아 촉진제 비활성화의 원인이 미생물인 것이 밝혀졌고 그 영향은 토양 유형에 따라 다양하였다. 삼출물의 농도는 발아에 영향을 미치는 또 다른 요인이며, 촉진제보다는 그 구성성분으로 인해 높은 농

도의 삼출물이 발아를 감소시킨다. 이것은 여러 *Romance* 종의 숙주 대상 범위의 변화를 설명하며, 같은 종이지만 다른 계통의 종자에 의해 나타난 특수성 정도를 설명한다. 숙주의 뿌리 체계를 향한 어린뿌리의 이동은 주화성 반응이나, 숙주식물의 뿌리 삼출물에서 나온 저해성 화학물질에 대한 반응인 굴절 이동에 의한 것이다. 이 발아 특성은 아마 고도로 발달되어 있으며 유묘의 생존력을 향상시키는 데 작용한다.

여러 물질들이 *Orobanche* 종자발아를 촉진시킨다고 확인되었고, 이것은 후반에 검토될 것이다. 그러나 *Orobanche* 종의 생애 주기는 두 가지 주요 단계로 구성되어 있는데 땅 속에서 발생하는 지하단계와 기생식물이 땅 위에 모습을 드러내는 지상단계가 있다. 지하단계는 기생식물이 숙주식물에 일으키는 대부분의 손상 원인이며, 반면 지상단계는 주로 개화와 종자 생산에 발생하고 그 기간이 비교적 짧다.

Striga

Striga 종은 모습을 드러낸 이후 녹색으로 변해 광합성을 하는 전뿌리기생식물이며 이 때문에 때때로 여러 연구자들에 의해 반-기생식물종으로 간주되기도 한다. 그러나 종들 사이에서의 숙주 대상 범위 차이가 분명함에도 불구하고 이들 종 대다수는 절대기생식물이며, 특정 숙주에만 기생한다[206]. *Striga* 종은 주로 세계의 열대와 아열대 지방에서 널리 퍼져 자란다. 이들 종 모두는 발아의 시작을 위해 숙주로부터의 촉진제, 또는 별도의 촉진제들을 필요로 한다. 한 식물체당 많은 수가 생산되는 *Striga* 종자는 한 꼬투리당 *S. hermonthica*에서는 700개, *S. asiatica*에서는 800개 등으로 각기 달랐다. 포자낭의 수 또한 식물마다 달랐지만 *S. hermonthica*와 *S. asiatica*에서 평균 60~70개였다. 그러나 건강하게 잘 자란 식물은 종자를 500,000개까지 생산할 수 있고 10~14년 동안 토양에 휴면 상태로 머무를 수 있다. 종자는 0.15~0.31mm 정도로 극히 작으며 무게는 3~15μg로, 발아 촉진제의 흡수에 역할을 할 수 있는 종피 표면이 거칠다. *Orobanche*처럼 *Striga*의 종자도 *S. asiatica*와 *S. hermonthica*에 대해 발아이전 최소 6개월의 후숙기간을 필요로 하며, 그 기간 동안의 발아율은 아주 낮거나 없다. 이 종자들은 생리학적 휴면기를 가진 것으로 알려져 있고 건조과정에서 휴면이 타파된다[206]. 후숙된 종자를 발아시키기 위해서는 10~21일 동안 기간을 거치지 않은 이상은 발아 촉진제가 있음에도 불구하고 발아할 수 없다. 처리온도는 20~40℃ 사이에 이르지만 적정 온도는 25~35℃이며 이는 종에 따라 다르다. 이 단계의 또 다른 필요조건은 발아의 정확한 시간에 대한 기생식물의 적응이다. 그러나 처리기간은 2~3주로 엄격하게 지켜져야 하고, 그렇지 않으면 발아율은 0까지 감소된다. 종자들을 오래 처리하면 이차휴면(wet dormancy)에 들어가게 만든다. 처리과정 동안 주요 대사 변화는 호흡의 독특한 패턴과 DNA 단백질과 호르몬의 합성과 함께 발생한다. 이 기간은 발아를 억제하는 페놀화합물의 제거도

필요하다고도 여겨졌다[190]. 이에 반해 과잉세정 또는 처리기간의 장기화는 알려지지 않는 미지의 수용성 발아 촉진제를 유출시켰다[130].

조절된 *S. asiatica* 종자가 발아를 유도하는 에틸렌을 분비한다는 것도 보고된 바 있다. 비휴면 종자는 12일의 처리기간 이후 24시간 동안 종자 600개에서 3000 etaL 에틸렌이 생산되었다는 사실이 밝혀졌다. *Striga* 종자발아에서 에틸렌 합성의 관여는 잘 기록되어 있으며[23], 에틸렌은 종자발아로 이어진 생화학적인 반응을 시작시켰다[170]. 하지만 종자의 발아는 숙주식물과 뿌리 전단부의 3~6mm 부분에서 흘러나온 특수한 발아 촉진제에 대한 반응으로 일어난다. 뿐만 아니라, *Striga* 종자의 발아는 뿌리 표면으로부터 2cm 이하의 거리에 있었을 때만 일어났다[152]. 거의 일주일간의 적정 환경 조건 기간은 종자가 숙주의 발아 촉진제를 받아들이기 전과 후 모두에 이용될 수 있어야 한다.

Striga 종자는 발아하고 나면, 기생을 위해 숙주의 뿌리와 접촉해야 한다. 기생체의 유묘는 발아 이후 제한적으로 저장된 식량이 고갈되기 전 며칠 내로 숙주의 뿌리에 자리를 잡지 못하면 곧 죽게 된다. 성공적인 부착을 위해서 기생종은 복잡한 숙주 인식 전략을 발달시켜 왔으며[44, 190], *Striga*의 어린뿌리가 2~4mm까지만 자랄 수 있으므로 발아는 숙주의 뿌리에서 3~4mm 이내에서 일어나야 한다[217]. *Striga*의 어린뿌리 성장은 화학굴성 반응으로 인해 숙주의 뿌리를 향해 움직이며 숙주의 뿌리와 만나자마자 뿌리 표면에 부착된다. 이것은 기생체가 접착물질을 분비함으로써 가능해진다. 발아관이 숙주의 뿌리와 접촉할 때 어린뿌리의 신장이 멈추고 이른바 흡기의 발달이 시작된다. 기생체의 유묘는 스스로 숙주의 뿌리로 부착하는 흡기를 발달시키고, 숙주와 기생체 사이의 생리학적 결합을 나타낸다. 그후, 흡기는 발달에 필요한 물, 무기질, 당질의 흡수를 가능케 하는 결합이 완성되면 숙주의 관다발 조직으로 침투한다[200]. 숙주조직으로의 침투는 뿌리끝에서 형성된 침입세포에 의해 발생하며, 뿌리끝은 숙주뿌리의 피층에 침투한다. 침투 직후 곧이어 기생체의 목질부와 숙주의 목질부 사이에 개방형 연결이 형성되어 물과 영양분의 흡수가 가능하게 한다. 유묘가 자라남에 따라 부정근이 줄기 신장부의 하단에서부터 자라나며, 이 부정근이 다른 숙주의 뿌리와 접촉하여 이차 흡기가 형성된다. 이것은 보통 *Striga*가 숙주뿌리에 부착한 이후 2주 이내에 이미 일어나며, 따라서 이차흡기는 기생체에 양분을 공급하는 데 있어 매우 중요하다고 추정할 수 있다[152, 206]. 가장 유해한 효과가 숙주식물에 발생하고, 그동안 기생체는 여전히 땅의 표면 아래 숨어 있으면서 약 4~5주간 뻗어나가며 그 기간 동안 숙주식물에게 대부분의 생리학적, 형태학적으로 방해를 일으킨다. 생물학, 생리학 그리고 속씨기생식물의 성장에 대한 더 자세한 정보는 다른 곳에서 확인할 수 있다[140, 191].

Cuscuta

Cuscuta 종은 절대기생 줄기식물로, 형태학적 측면과 대상 숙주 범위가 대단히 다양하지만 이들 종 모두가 발아를 위해 어떠한 숙주의 촉진제도 필요로 하지 않는다. 엽록소와 기타 색소가 존재하지만 그들의 광합성 기능은 매우 제한적이며 이 기생종이 실제 필요한 만큼 충족시키지 못한다. *Cuscuta* 종은 일반적으로 종자를 많이 생산하며 종자 꼬투리는 지름 1/8인치로, 종이 같은 얇은 벽과 노란색에서 갈색 혹은 검정색의 종자를 1~4개 가지고 있으며, 종자는 거의 원형에 가깝고, 한 면이 둥글고 두 면이 얇은 거친 표면을 가지고 있다.

Cuscuta 종자의 휴면은 주로 종피 그 자체 때문이다. 그러나 종자의 일부분은 모주가 완전히 자란 직후 발아할 수 있다. 경피종자라 불리는 휴면기의 종자는 휴면의 타파에 황산을 필요로 한다[251]. 덧붙여, 질산칼륨과 흡수촉진법 또한 모든 종의 휴면을 타파하는 데 효과적이다. 종자의 경피를 황산과 종자 처리로 제거하는 것은 *C. trifolii* 발아를 촉진시킨다[160].

근적외선과 자외선 또한 종자를 발아시키는 중요한 처리요법이다. Furuhashi 등[87]은 근적외선이 *Cuscuta japonica*의 상호 그리고 자기 기생을 유도했고, *Vigna radiata*와 자란 *C. japonica*의 근적외선 또는 자외선을 유묘에 투사하여 숙주의 유묘에 기생하게 했음을 발견했다[271]. 그러나 두 물리적 신호의 협력적 효과인 근적외선과 적절한 촉각적 압박이 이 기생종의 기생을 통제했으며, *C. trifolii*와 *C. campestris*의 종자 처리요법은 발아율을 높이는 데 효과적이었다. 하지만 다른 *Cuscuta* 종의 부드러운 종자는 유리한 환경조건에 있다면 언제든 발아할 준비가 되어 있다. 이 기생체는 종자의 발아를 일으키기 위해 어떠한 숙주의 자극이나 숙주의 존재조차도 필요로 하지 않으며, 이것은 녹두(*Vigna radiata*), *Vigna mungo*, 나무콩(*Caianus cajan*), 해바라기(*H. annuus*), 참깨(*Sesamum indicum*), 아주까리(*Ricinus communis*), 쌀(*Oryza sativa*), 수수(*Sorghum bicolor*) 그리고 옥수수(*Zea mays*)와 같은 숙주작물과 함께 화분에 분리되어 자란 *Cuscuta* 종에 대한 해부학적 연구를 통해 입증되었다[154]. 종피가 삼투성이 있을 때 발아는 온도와 수분 조건이 유리할 때 발생하며, 심지어 수확 직후에도 일어난다. 그러나 *Cuscuta* 종의 유묘 발생은 온도, 강우, 잡초 개체수, 재배와 작부 체계에 달려 있다. 적정온도는 20~26℃이다. 충분한 수분을 머금은 사토와 산성 조건은 발아에 중요하지만, 종들 사이에서 pH에 반응하는 정도에는 차이가 있다. *C. chinenesis*의 발생은 온도, 강우, 잡초 개체수, 재배와 작부 체계에 따라 달라진다. 조절된 조건에서 페트리 디시에 담긴 *C. trifolii*의 발아를 위한 적정 온도는 20~26℃이었다. 이 종은 더 높은 발아율은 5.5 pH 부근에서 발아율이 더 높은 반면 *C. campestris*는 pH의 변화가 아무런 영향을 미치지 못했다[160]. 그러나 종자발아를 위한 최적의 조건은 식토보다 사토에서 더 잘 발견되었다[251].

*Cuscuta*는 물과 영양분을 얻기 위해 숙주식물의 조직에 침투하는 것 만으로 성장한다. 유묘는 대개 낮은 토양의 깊이에서 끝이 뭉뚝하고 부풀어 오른 부속지의 잎이 없는 순으로 자라난다. 발아시기에 뿌리는 정단분열조직을 가지고 있지 않으며 관다발 조직은 묘목의 꼭대기에 노출된다. 마디와 작은 비늘 같은 잎도 있으며 마디로부터 가지가 뻗어 나온다. 발생한 지 사흘이 되면, 관다발 조직을 제외한 뿌리 세포 다수는 벽의 느슨해짐, 그리고 주변의 세포의 물러짐으로 인해 세포질 구성물이 부풀어짐으로 인해 세포 원래의 모습을 잃기 시작한다. 면역세포학적 연구는 세포벽에 있는 셀룰로오스와 자일로글루칸이 세포를 결합시키는 중간 박막층만 남기면서 분해되고 있음을 보여 주었다. 성장 5일째 세포의 원래 모습을 어린뿌리의 끝에서 발달해 나오면서 더 급격히 감소한다. 그러나 식물 순의 끝부분은 정상적인 성장을 유지한다. *Cuscuta* 뿌리는 줄기끝에 대사물질을 이동시키고 성공적인 기생이 일어날 때까지 성장을 유지하면서 급격한 노쇠 또는 세포자살을 겪는다.

유묘는 숙주에 부착하기 전에 수직으로 2~4cm 정도 자란다[230]. 그것은 아치형으로 발생하며 모습을 드러낸 이후에는 위로 꼿꼿하게 뻗는다. 유묘 전체는 줄기와 뿌리의 차이가 없이 노란색 실처럼 생겼다. 생존을 위해 *Cuscuta* 유묘는 발아 며칠 이내에 적당히 숙주에 부착해야 한다. 신장 이후 상배축(길이 3~6cm)의 숙주 탐색은 반시계방향으로 느리게 일어나며, 숙주에 닿고 자리를 잡기 위해 더 먼 거리까지도 움직일 수 있다. 줄기는 유묘의 2.5~7.5cm 이내에 있는 어떠한 긴 물체도 휘감을 수 있다. 줄기는 매일 7.5cm까지 자라난다. 그 촉감은 예민하며, 노르스름한 줄기는 다른 식물과 접촉할 때까지 공기를 더듬으며 나아간다. 접촉은 줄기에 하나 또는 그 이상의 고리가 감김으로써 견고해진다. 덩굴의 감김, 가지의 분기 그리고 부착의 정도는 종마다 다르다. 일부 종은 초기 성장과 부착을 억제할 수 있는 그늘 아래에서도 덩굴을 감기 위한 덩굴손을 가지고 있다[230]. 노란색이나 주황색의 덩굴식물대는 식물의 줄기와 잎을 둘러싸고 휘감는다. 자라나는 끝부분이 주변의 식물들로 뻗어 공격하고, 점차적으로 확대되는 침입 반경을 형성해 나간다. *Cuscuta* 단일 식물은 반경 3m를 형성할 수 있다. 개화기에는 흰색, 분홍색 또는 노르스름한 꽃송이들이 만들어지고, 이들은 곧 많은 양의 종자를 만들어 낸다.

이 기생체는 높은 영양 수준의 숙주에 더 잘 감기고 영양분이 낮은 숙주로부터는 떨어져서 자란다. 그들은 숙주로부터 양분을 받아쓰기 전 부정적인 성장 효과와 죽음의 가능성으로부터 스스로를 분리시킨다. 숙주가 *Cuscuta*에 적합한 양분을 함유하고 있으면 뿌리처럼 생긴 가지(흡기)를 형성하여 줄기에 침투하게 하는 이차 촉진이 일어난다. Ihl과 Wiese[122]는 *Cuscuta reflexa*에서의 흡기 형성 유도가 적합한 잠재력을 가진 숙주의 존재와는 관계가 없음을 증명했다. 기계적 압력으로 일어난 유도는 어떠한 외생 성장 통제 물질도 적용되지 않은 분리된 기생체의 덩굴 감기를 하지 않는 줄기에서도 가능했다. 그들은 인돌아세트산과 시토키닌의 상호작용이 이 과정들의 조절에 아마 관여했을 것이라고 주장했다.

기생체의 하부는 이내 쪼그라들고 따라서 토양과의 연결이 더 이상 존재하지 않으며[270], 이후 *Cuscuta*가 퍼져감에 따라 숙주 위로 빽빽하게 엉키는 현상이 생길 것이다. *Cuscuta*는 하나의 종보다 각기 다른 종에 속하는 두 숙주를 동시에 감염시킬 때 더 거대하게 성장하며, 이것은 기생식물이 숙주와 만나는 순서에 달려 있다. 이 관계는 기생이며, 공생은 아니다.

숙주와 *Cuscuta* 사이의 목질부 연결다리는 흡기의 근처까지 늘어난다. 숙주다발과 접촉한 흡기의 배반 성분은 흡기 전면으로부터 뻗어난 세포가 검사된 모든 쌍떡잎식물의 목질부 조직과 작은 관다발간조직에 부착된 후에 형성된다[275]. Chatterjee와 Sanwal[52]가 *Cuscuta reflexa*에서 셀룰로오스 촉진제(Cs)로서의 *Lantana camara* 잎과 엽병으로 부터의 고분자 단백질 분자를 발견했고 당화작용과 액화작용에 관하여 활성 효과를 보여 줬다는 점에서, 부착과정에 있어서 타감작용의 역할은 고려되어져야 한다.

*Cuscuta*의 줄기는 물론 마디, 덩굴손, 흡기까지도 재생세포를 가지고 있다. 이 세포들은 새로운 순을 발달시키는 능력이 있다. 숙주에 달라붙은 하나의 덩굴손으로부터 20개 이상의 순이 발달할 수 있다. 심지어 모든 줄기들이 숙주로부터 제거되었을 때에도 흡기는 숙주조직에서 침입을 재개할 수 있다. *Cuscuta*는 종자에 의해 퍼져 나가며 주로 오염된 작물 종자, 토양, 건초, 기계, 물, 동물 그리고 인간에 의해서까지 확산되어진다. 하나의 식물이 수천 개의 경피 종자를 생산하고, 이것은 종자의 단단한 종피로 인해 수년간 땅속에 휴면 상태로 머무를 수 있다.

*Loranthus*과 *Viscum*(겨우살이)

겨우살이 식물은 광합성을 수행할 수 있는 반절대기생식물이지만 숙주식물이 존재하지 않는 상태에서는 발아하거나 성장할 수 없다. 이 식물들은 암그루이거나 수그루이다. 암그루의 열매는 작고 끈적끈적하며 *V. album*는 약간 흰색을 띠지만 *V. cruciatum*과 *Loranthus acacea*는 붉게 변한다. 이들의 열매는 새들에게 매우 인기가 많으며, 새들은 이를 먹고 과육을 소화시켜 그들이 앉는 어떤 가지에 단단히 들러붙는 살아 있는 종자를 배설한다. 그러나 이 기생체는 침입당한 지역 인근의 어떤 식물종은 공격할 수 없다. 이 숙주 특이성은 그들이 취한 복잡한 고급 숙주 인식 전략을 반영하는 이 기생체와 그 숙주 사이의 화합 또는 불화합 때문일 것이다. 대부분의 경우 초기 침입은 크거나 오래된 나무에서 발생한다. 겨우살이의 많은 확산은 침입당한 나무 내부에서 종종 일어난다. 게다가, 겨우살이 종자는 나무의 상부에 있는 겨우살이 식물로부터 떨어질 낮은 가지에서 새로운 침입을 한다. 겨우살이가 확산하는 속도는 자리를 잡은 침입의 근접성과 심각도와 직접적으로 관련되어 있고, 새롭게 심겨지는 나무가 오래되고 심하게 오염된 나무 근처에서 자란다면 빠르게 감염될 수 있다. Hawksworth 등[114]은 *V. album*이 매년 약 0.35km의 속도로 번진다고 보고했다.

다른 기생속과는 대조적으로 겨우살이와 꼬리겨우살이 종자는 숙주로부터 어떤 특별한 발아 촉진제도 필요로 하지 않는다. 종자가 발아한 후 기생체의 어린뿌리는 가지를 통해 형성층으로 자라나며, 흡기라 불리는 뿌리와 유사한 구조가 나무의 물통로조직으로 자라난다. 겨우살이가 성장함에 따라 흡기는 가지 내부에서 점차적으로 늘어났다 줄어들었다 한다. 이 겨우살이는 끝이 갈라진 목질의 줄기에 억센 녹색 잎을 생산하며, 일반적인 식물이 뿌리를 통해 빨아들이는 물과 염분을 그의 숙주식물에 의존하는 것으로 보인다.

발아에 있어서는 원판과 유사한 구조가 먼저 형성되고, 이 구조로부터 바늘 같은 구조가 자라 나와 가지의 틈을 통해 침투하고 나무의 표면에 도달할 때까지 숙주의 조직을 뚫고 자란다. 원판 구조에서도 무성한 순이 생산되지만 이것은 초반에 극히 미미한 성장을 보인다. 흡지에 의해 형성된 바늘은 목질화된 나무 속에 발달되어, 이듬해 숙주 줄기가 반경방향으로 성장됨에 따라 숙주 나무에 파묻힌다. 그리고 기존에 있던 흡지의 목으로부터 일정 거리까지 나무의 표면을 따라 늘어뜨려지는 다른 가지들이 형성되며, 숙주의 반경방향 성장에 의해 파묻혀진다. 흡지의 목 그 자체는 파묻히지 않고, 숙주의 형성층과 같은 정도로 활동적인 생장부를 가지고 있다. 기존에 있던 흡지에서 겨우살이는 숙주의 나무와 계속적으로 새로운 결합을 만들어 낸다. 따라서 기존의 흡지가 위치하는 곳에 일종의 '나무 왕관'이 세워지고, 그곳에서 목질의 순이 내·외부로 발달하기 시작한다[136].

초기에 기생식물은 천천히 자라며 식물이 꽃을 피우고 종자를 생산하는 데까지 수년이 걸릴 수 있다. 광엽겨우살이는 그 근원부에서 목질화되는 약한 다육성의 줄기를 가지고 있다. 오래되고 완전히 자란 겨우살이 식물은 그 지름이 몇 피트 정도 된다. 몇몇 숙주종에 있어서는, 겨우살이가 침투해 가지가 감염된 그 부착 지점에서 부분적으로 거대하게 팽창된다. 팽창 지점은 보통의 팽창으로부터 혹의 형성까지 각기 다른 모습을 띤다. 겨우살이의 일부는 눈에 보이는 부분이 제거되더라도, 흡기로부터 종종 새로운 식물이 다시 자라난다.

난쟁이겨우살이는 광엽겨우살이보다 작은 크기의 식물로 완전히 자란 줄기가 6~8인치보다 짧다. 이들의 싹은 목질이 아니며, 분절되어 있고, 작은 비늘과 같은 잎을 가진다. 새들이 광엽겨우살이의 종자를 확산시키는 반면, 난쟁이겨우살이의 종자는 대부분 열매로부터 그들의 강제적 배출에 의해 퍼지며, 이 배출은 종자를 다른 나무들로 수평 30~40피트 거리까지 나아가게 할 수 있다. 난쟁이겨우살이는 자원을 고갈시키고 나무좀과 같은 곤충류의 쉬운 약탈 대상으로 되어 나무를 약하게 하거나 죽일 수 있다.

겨우살이는 숙주 나무로부터 물과 무기영양소를 흡수하며, 약간의 광합성 산물

그림 3. *Casuarina equisetifolia*에 심하게 퍼진 겨우살이 *Loaranthus acacea*

도 흡수할 수 있다. 수분결핍 상황에서는 물에 대한 숙주와 기생체의 경쟁으로 인해 숙주식물에 심각한 손상이 발생될 수 있다. 그러나 건강한 숙주는 약간의 겨우살이 가지들로 인한 감염을 견딜 수 있으며, 다만 각각의 가지는 약해지거나 때때로 죽을 수 있다. 심각하게 침입당한 나무는 활력이 줄고(그림 3), 심지어는 죽게되는데, 특히 가뭄이나 질병과 같은 다른 요인에 스트레스를 받는 상황에서 그렇다.

겨우살이 식물은 일 년 내내 광합성을 할 수 있지만, 그 양은 숙주식물보다는 낮다[91]. 덧붙여 겨우살이는 다른 온대 상록식물이 그러하듯이 기상 조건에 의존하면서 매일 그들의 광화학적 효율을 바꿀 수 있다[4].

기생체에 대한 숙주의 타감작용

타감물질은 식물세포에서 생산되는 이차대사물질이며 식물에서의 특별한 작용은 인식되지 않는다. 그러나 이러한 부산물들은 상처, 부상, 스트레스와 같은 외부적 요인에 반응하여 생산된다고 알려져 있다. 부산물들 다수가 식물 병원균, 선충류, 곤충류, 식물류 그리고 심지어 동물과 같은 여러 생물들에게 저해제 역할을 하기 때문에 천연 산물로서의 이들의 역할은 타감작용 기작을 처리할 때 매우 잘 이해되어 진다. 이들 중 다수는 스트레스 상태에서 식물이 표출하는 방어 기작에 개입하고, 동물들에게 방충제 역할을 하거나, 같은 환경에 있는 다른 식물들에게 부정적인 영향을 미치거나 해를 입힐 만큼 충분한 양으로 생산되고 분비된다. 따라서 자연에 있는 식물들 사이에서 타감작용을 하는 종에게 다른 화학물질보다 이점을 부여하는 일이 발생한다. 반면, 이 물질들 중 다수가 다른 종에 촉진 작용을 보였고 종자발아, 식물성장 그리고 생리적 반응을 향상시켰다. 그러나 이 작용을 조절하는 주된 요인은 그들의 농도, 처리시간 그리고 효과적인 환경 조건이다. 환경오염과 보호에 대한 우려가 증대되면서 이들 다수는 안전하고 잔여물이 남지 않는 천연 산물로서, 그리고 제약과 농약 분야에서 합성 화학물질의 훌륭한 대체물로서 과학 실험실과 산업에서 활용되었다. 아래 숙주작물 또는 기생잡초가 서로에게 반응하며 보인 방어 기제에서 이 타감물질들의 역할에 대한 연구 보고가 있다.

Neumann 등[198]은 민감성 숙주종과 관련 재배종에도 방어기작이 존재할 수 있지만, 그들이 아종 세포의 침투를 막지는 못한다고 지적했다. 그러나 일부 숙주식물은 *Striga*에 저항하는 동부콩(*Vigna unguiculata*)[161], *Cuscuta lupuliformis*에 저항하는 목화(*Gossypium hirsutum*)[45], *Viscum album*에 저항하는 사시나무[245], *O. cumana*에 저항하는 해바라기(*Helianthus annuus*)[76] 그리고 *O. aegyptiaca*에 저항하는 *Vicia athropurpurea*[95]와 같이 다양한 기생식물의 흡기의 침투를 저지하는 과민 반응을 발달시킨다. 이 저항 기작의 생리학적 근거는 Osbourn[202]에 의해 이 기작에서 세포분해가 액포에 저장되어 있는 독성물질의 분비를 일으킬 수 있기 때문이라고 설명되었다. 그렇지 않으면, 식물세포에 있는 유도 파이토알렉신이 주로 급격히 뒤바뀌는 수치가 저해 가능한 농도로 축적될 수도 있다. 보고된 또 다른 반응은 싹의 발달 시작 이전에 숙주식물로 침투한 *Orobanche* 결절의 죽음[76] 혹은 괴사이다. *Striga*의 침입에 대한 수수 식물의 불화합성 반응은 부착된 *Striga* 유묘의 적색화와 시듦으로 특징지어졌다. 숙주는 부착에 따른 발아와 흡기 생성에 필수적인 신호를 생산해 내지만, 아마 추가적인 성장과 발달로부터 기생체를 막는 일부 대사 저해제를 가지고 있는 것으로 보인다[81].

여러 연구자들은 페놀 화합물, 수베린, 리그닌과 같은 숙주로부터 나온 방어물질의 축적을 인정한[208] 반면, 다른 연구자들은 숙주의 목질부에서 발견된 적어도 몇몇 물질들이 기생체에서 비롯되었고 저항성 숙주로의 침투의 어려움에 대한 반응으로 그 물질들을 분비할 수도 있다는 가능성을 제시했다[129]. 기생식물은 더 나은 정착과 주변의 숙주세포 사이의 중간 박막층을 용해하기 위해 이 물질들을 더 많이 분비하는 경향이 있다.

Orobanche

*Orobanche*에 대한 작물의 저항에 대한 연구는 큰 주목을 받지 못했다[62]. 그러나 지난 십 년간 이 분야에 대한 수많은 연구가 수행되었다. 적당한 저항수준은 해바라기와 *O. cernua*, 동부콩 · 살갈퀴와 *O. crenata*, 가지와 *O. aegyptiaca*, 그리고 일부 조롱박류와 *O. ramosa* · *O. aegyptiaca* 등 일부 숙주/기생 구조에서 발견되었다. 완두

와 병아리콩 집단에 대한 관찰에서도 작물의 강한 저항이 있다는 것이 보고되었다[13]. 일단 기생체가 숙주의 뿌리에 접촉하여 부착되면, 펙틴 메틸 에스테라아제와 폴리갈락투로나아제 같은 용해 효소가 숙주세포 사이의 접착을 느슨하게 하는 역할을 한다고 보고된 바 있다[31, 128]. 이에 대한 반응으로 숙주식물은 자신의 조직 표면에 기생식물이 부착하는 것을 방지하기 위한 반대작용을 보일 수 있다. Antonova와 Borg[16]는 *O. cumana* 품종 C와 D의 세포 외 페록시다아제가 저항을 위한 Or3 유전자를 가진 해바라기 식물의 리그닌층의 형성으로 인한 숙주의 저항을 야기하는 숙주식물인 해바라기의 리그닌 전구체인 페놀 화합물에 반응을 보인다고 밝혔다. 그러나 기생 품종 D에서 세포 외 페록시다아제의 부재는 리그닌 형성을 방지하고 기생체가 숙주의 관다발계에 부착할 수 있게 한다. Wegmann 등[302]은 파이토알렉신이 *Orobanche cumana*에 대한 저항 반응에 거의 확실히 관여되고, 민감성 Giganta 해바라기 계통이 그랬듯이 cv. 81-14가 그들의 뿌리에 두 배의 스콜렙틴 수치를 나타냈다고 보고했다. 그러나 연구자들은 파이토알렉신이 잠두의 저항성에 역할을 했는지는 확증하지 못했다. Ish-Shalom-Godrdon 등[123]은 흡기의 침투에 대한 해바라기의 저항 반응에서 해바라기 뿌리에 페놀이 있다는 것을 발견했다. *Orobanche cumana* 침입에 대한 저항성 해바라기 재배종에 의한 저해제(파이토알렉신)의 분비 또한 Jorrin 등[133]에 의해 보고되었다. Eizenberg 등[79]은 저항 작용에서 파이토알렉신의 관여 가능성을 명시하면서, 여름철 *O. cumana*가 저항성 재배종의 뿌리에 부착하고 침투한다고 하였다. 연구자들은 천연 메탄올 추출물이 가장 강한 식물 독소 활성을 나타냈다고 보고했다. 그들은 저항성 Amber 재배종의 저항 기작은 숙주식물에 의해 생산된 식물 독소 물질과 관련되어 있으며, 저온에서 생산된 양은 기생을 방지하기에 충분치 않을 것이라 추정했다. 나아가 그들은 이 식물 독소 물질들이 이후 숙주식물의 뿌리로 침투하고 자리를 잡은 초종의 발달을 억제한다는 가설을 세웠다.

여러 잡초종은 *Anagallis arvensis*와 *Solanum nigrum*의 내배엽 벽, 피막층, 숙주 물관의 굵어짐, 물관 폐쇄 그리고 세포벽의 폴리페놀 포화를 포함하는 각기 다른 저항 단계를 나타냈고[39], *Orobanche ramosa*를 죽게 했다. 다른 연구자들은 숙주식물의 물관이 LRI 해바라기/O. *cumana* 그리고 Palaiseau 당근/*O. ramosa*의 결합에서 젤이나 껌과 유사한 물질인 페놀 화합물에 의해 완전히 채워졌다고 보고했다[158]. Sillero 등[259]은 *Vicia*, *Pisum*, *Lathyrus*, *Cicer* 그리고 Lens 등의 야생 콩이 민감한 조절을 통하여 *O. crenata* 종자의 발아를 낮추었으며, 특히 Cicer와 Lathyrus에서 발아율이 낮았다고 보고했다. 연구자들은 기생체의 낮은 발아율이 발아 저해제 때문이 아니라 발아 촉진제의 낮은 분비 때문이라고 제시했다. 그러나 야생종이 타감물질의 좋은 원천이며 이 기작을 통해 재배종보다 훨씬 더 큰 효과를 가진다는 것은 잘 확립되어 있다.

Cuscuta

비록 *Cuscuta* 종자는 발아를 위해 어떤 숙주로부터도 촉진제를 필요로 하지 않음에도 불구하고 이 기생식물은 일부 숙주식물을 선호하는 양상을 보였고, 모든 식물종이 공격을 당한 것은 아니었다. 덧붙여 *Cuscuta* 종이 숙주로 삼는 식물의 범위는 넓고 각각 달랐으며, 몇몇 식물은 선호되는 숙주로 일부 *Cuscuta*에게 심하게 공격당하는 반면 다른 종은 덜 선호되어지거나 다른 기생종에 의해 선호되어, 대다수가 적게 침입되고 감염되거나 아예 공격당하지 않는다. 하나 또는 그 이상의 *Cuscuta*에 내성과 저항을 보인 콩 재배종은 Bulgarian과 Tenderette였고, 이들은 *C. campestris*에 매우 강한 저항을 나타냈다[276]. *Vigna mungo* cv. T9와 *V. radiata* cv. M2는 그들의 초기 활력과 단단한 목질의 줄기로써 *Cuscuta* 침입에 잘 견디는 것으로 밝혀졌다[154]. *V. radiata* cv. PDM-8-182, PDM-85-186, RMG-131, RMG-146 그리고 Lam-M2가 *C. chinensis*에 상당한 저항을 나타낸 데 반해 *V. mungo*(cv. LBG-628과 AKU-3)의 다른 두 재배종은 약간의 내성 만을 보였다[219].

*Cuscuta*에 대한 저항에 있어 식물종이나 재배종 사이의 차이는 그들의 방어기작의 차이를 반영하면서 이 기생종에 맞서 택해졌다. *Cuscuta*의 공격에 대한 저항성이나 민감성 차이는 모든 식물의 수준에서 발견되었다. Mishra와 Sanwal[185]은 *Cuscuta reflexa*에 대한 *Brassica juncea* 재배종들 사이의 민감성 차이에 대해 보고했다. 폴리갈락투로나아제의 발생은 숙주조직에 있는 펙틴을 분해하기 위해 *C. campestris*의 조직에서 일어난다고 보고되었다[26]. 이 효소 활성은 적은 분자량의 펩티드로 보이는 cofactor 인자의 존재를 필요로 한다. Al-Menoufi와 Ashton[12]은 *Cuscuta campestris*에 대한 일부 *Lycopersicon* 종의 취약성과 저항에 대해 조사했고, *L. chmielewskii*와 *L. hirsutum*은 이 기생체에 덜 취약한 데 비해, *L. chilense*와 *L. esculentum* cv. VF 14578 × 79의 식물들은 매우 취약하다고 밝혔다. 감염된 숙주식물의 표피, 내층, 속 세포는 크기가 증가했고 일부는 그들의 분열 조직력을 제한했다. *L. esculentum*는 *C. campestris*의 실줄기가 줄기를 둘러싸며 휘감은 직후 발생한 숙주세포의 괴사와 함께 이 기생체에 과민 반응을 보였다. 이러한 반응은 저항의 한 유형으로 간주된다. Kelly와 Horning[139]에 의한 포장 관찰 결과는 *Cuscuta attenuata*가 단일특이성 숙주가 자란 지역보다 여러 숙주가 혼합된 지역에서 더 활발하게 자란다는 것을 보여 주었다. 자연적으로 발생하는 숙주 개체로 실시한 포장 실험에서 기생체는 같은 종의 두 숙주보다 다른 종에 속하는 두 숙주를 동시에 침입할 때 더 많은 부피를 차지했고, 이 효과는 기생체가 숙주와 접촉하는 순서에 달려 있다고 증명되었다. Goldwasser 등[96]은 *Cuscuta* 속 중에서 *Cuscuta pentagona*가 가장 다양하고 많은 숙주 범위를 가지며, 일부 지역에서는 토마토 생산에 있어 문제를 일으키는 주요 잡초라고 보고했다. 그들은 상업용 잡종 토마토의 Heinz 품종인

'9492', '9593', '9992' 등이 *Cuscuta pentagona*에 내성을 나타냈고, 대부분의 경우 흡기가 줄기로 침투하는 데 실패해 결국 기생체의 죽음으로 이어진다는 것을 발견했다. 포장 조건에서, *Cuscuta pentagona*의 부착률은 내성 품종에서 75% 낮았으며, 실새삼의 성장은 70% 이상 감소되었다. *C. campestris*에 대한 Graminae와 토마토의 방어 기작은 다르게 나타났다. Graminae에서는 기계적 장애물이 있었지만 토마토 감염은 부분적으로 성공적이었다. 반면, *C. campestris* 감염에 대해 토마토와 콩류의 반작용이 존재했다. 토마토에서는 기생체의 흡기가 손상되지 않은 피층의 외층에 침투를 하면 이동 요소와의 기능적 연결이 이루어지지만, 콩류에서는 흡기 세포가 기생체의 줄기 내부를 손상시켜 숙주의 이동 요소와의 결합은 이루어지지 않았다[276]. 두 그룹의 비닐기 화합물은 녹두 추출물에 존재하는 것으로 확인되었다. *Cuscuta*의 흡기는 콩류에 삽입해 들어가는 데 성공하지 못했고 결국 죽었다[251].

여러 식물종과 *Cuscuta* 종에 대한 그들의 반응을 연구하는 많은 연구자들은 다양한 저항 기작을 제시했다. Rao와 Rao[219]는 *Cuscuta chinensis*에 대한 흑녹두와 녹두의 내성을 연구했고 흑녹두보다 녹두에서 *C. chinensis*에 대한 저항력이 더 잘 나타났다고 하였다. 이 저항성은 기생체의 침입에 대한 숙주세포의 과민반응 때문일 수 있으며, 숙주의 관다발계로부터 흡기를 분리시키는 결과를 낳는다. Nagar 등[192]은 고구마와 감자의 비민감 품종에서 저해 기작은 숙주식물의 세포벽에서 발견되는 여러 양이온과 관계가 있다고 보고했다. 시험된 2가 이온들 중 Ca^{2++}가 *Cuscuta* 셀룰라아제의 가장 강력한 저해제였고, Mg^{2++}, Mn^{2++}, Fe^{2++}가 그 뒤를 이었다. 비민감 식물에서 5~10배의 칼슘 성분이 발견되었다[192]. 기생체의 셀룰라아제 활성은 감염으로 인해 감소한 데 반해 숙주의 자일라나아제와 셀룰라아제 활성은 증가했다. Tsiovion[277]은 숙주로부터 생산된 공유 광합성 산물을 위한 숙주의 수용부와 *C. campestris* 간의 경쟁과 이 경쟁이 숙주식물의 싹의 길이를 감소시켰다고 보고했다. 이러한 경쟁 조건에서 덜 효율적인 수용부는 약해진다. 그는 기생체가 목질부를 통해 숙주에 영향을 미친다고 결론 지었다. 엽록소는 속씨기생식물의 경우에 숙주-기생의 상호작용의 반응 위치로 작용한다고 제시되었다. Loffler 등[167]은 *Cuscuta reflexa*로 감염되어지는 동안, 불화합 숙주식물인 *Lycopersicon esculentum*이 감염부위에서 숙주의 진피와 후각조직에서 관찰되어지는 기생체를 공격하는 세포의 신장에 따른 해부학적 조직 변이를 보고했다. 그들은 접착분비 상피의 형성을 일으키는 *C. reflexa* 조직의 세포 신장과 숙주식물의 조직 변형 둘다 각 조직에서 증가하는 인돌아세트산 수치와 관련성이 있다는 것을 발견했다. 또한, 두 해부학적 변형에서 조절 조직으로 인돌아세트산을 주입함으로써 인위적으로 유도될 수 있다고 하였다. 그들은 기생체의 공격 동안에 IAA가 *C. reflexa*의 흡기 포함부에 축적되고 상피세포로부터 흘러나온다고 제기했다. 숙주와 기생체 사이의 밀접한 접촉으로 인해, 인돌아세트산은 아마 관찰된 해부학적 반응을 일으키면서 숙주식물조직에 들어갈 것이다. *C. reflexa*의 흡기 포함부에 있는 사이토키닌의 농도는 높았으며, 이는 해당 부분에서의 높은 RN아제 활동 때문이거나 숙주로부터 기생체로, 또는 기생체에서 숙주로의 RN아제가 이동되기 때문일 수 있다. *C. reflexa*에서의 흡기 형성 유도는 적합한 숙주의 존재와는 관계가 없었다. 흡기가 발달되는 동안 기생체의 성장은 느려졌고, 인돌아세트산과 사이토키닌의 상호작용이 이 과정의 조절에 관여되었을 것이다[122]. *Cuscuta* 종의 흡기는 *Digitalis purura*의 관다발과 융합되었고, 그러나 두 종 모두 감염될 수 있었음에도 불구하고 숙주인 *Digitalis dalanta*와의 접촉을 막았으며 *Cardonolia*의 농도는 흡기 포함부에서 싹의 끝으로까지 감소했다[233].

목질화와 코르크화는 여러 연구자들에 의해 보고된 또다른 저항 기작들이다. *Gossypium hirsutum*에서 저항은 이차 분열조직으로부터 나온 코르크화된 세포층 형성에 기반하며 2차 유조직으로부터 발달된 흡기의 분리와 기생식물의 축출을 일으킨다[45]. *Abelmoschus esculentus, Beta vulgaris subsp. Cicla, Clitoria ternatea, Cucumis melo, Gossypium barbadense, Lathyrus sativus*, *Lycopersicon esculentum, Mentha piperita, Phaseolus vulgaris* 그리고 *Solanum tuberosum*을 포함한 여러 작물종은 *C. campestris*에 저항한다고 보고된 바 있다[85]. 목질소와 코르크 모두는 타감물질로 여겨지며 숙주식물의 외부 영향에 대한 반응으로 생산된다. 그러므로 이러한 저항 기간은 숙주와 기생체 사이의 반응에서 타감작용의 역할에 포함되어 있다. Singh와 Singh[261]은 *Cuscuta reflexa* 감염에 대한 숙주의 저항이 숙주의 표면과 기생근의 파열과정 그리고 숙주와 관다발의 접합점에서 일어난다고 보고했다. 두 저항 숙주종인 고구마(*Ipomoea batatas*)와 토마토(*Lycopersicon esculentum*) 껍질은 강력한 저해제인 세포벽 분해 효소(셀룰라아제, 폴리갈락투로나아제 그리고 자일라아제를 함유하고 있었고, 흡기를 포함한 *C. reflexa*의 일부분과 저항 숙주종의 줄기나 벗겨지거나 벗겨지지 않은 껍질에 대해서도 연구가 되었다. 껍질에서는 감지할 수 있는 활성을 나타내지 않았고, 벗겨진 부분은 높은 활성을 보였으며, 반면 벗겨지지 않은 조직은 중간 수준을 나타냈다. *C. reflexa*의 흡기 포함부, 그리고 저항 숙주종의 줄기나 잎자루에 있는 여러 부분의 혼합 효소제는 숙주에게 흡기의 침투에 대한 방어 기작을 제공하면서 껍질이 *C. reflexa*의 세포벽 분해 효소의 강력한 저해제를 함유하고 있었다고 제시했다. 껍질이 벗겨진 숙주조직으로의 흡기의 침투가 비교적 쉬워졌음에도 불구하고, 숙주조직 내부로의 흡기의 침입과 이후 숙주의 관다발과의 결합이 저지되었다. 따라서 방어 기제는 저항성 숙주의 조직 도처에 퍼지는 것으로 나타난다. 이 결과는 Archana와 Madhav에 의해서도 증명되었다[17].

타감물질의 직접적인 역할은 여러 연구들을 통해 잘 입증되어 있다. Sahm 등[241]은 *C. reflexa*를 향한 토마토의 두드러진 저항에서 페닐프로파노이드 파생물질의 역할을 조사했다. 토마토 줄기의 감염 장소는 흡기를 둘러싼 괴사 조직의 형성과 괴사 조직 인근의 생세포 세포벽의 코르크화를 나타냈다. 토마토 줄기의 감염 장소로부터 나온 추출물은 클로로겐산과 타감물질로 알려진 이름없는 하이드록신나믹산 파생물질의 축적을 증가시켰다. 또 다른 연구에서, Sahm 등[242]은 *Cuscuta reflexa*에 대한 *Lycopersicon esculentum*의 불화합 반응 동안 해부학적, 화학적 방어 반응이 나타났다고 보고했다. 토마토 줄기는 기생체의 흡기 아래에 표피세포, 피하세포 그리고 후각조직세포가 신장되었다. 신장된 세포는 토마토 줄기에 눈에 보이는 갈색의 용균반을 형성하고 이후 붕괴되었으며, 뒤이어 목질화되고 코르크화된 세포벽을 가진 나선형의 조직이 생겨났다. 부수적으로, 페록시다아제의 촉진뿐만 아니라 용해 가능한 페놀 화합물(클로로겐산과 명명되지 않은 하이드록신나믹산 파생물질)의 축적이 증가되었다. Arnaud 등[19]은 뿌리기생종(*Striga hermonthica*)과 줄기기생종(*Cuscuta reflexa*) 모두를 이용하는 기생잡초에 대한 작물의 저항을 연구했고, 두 경우 모두에서 저항은 몇몇 기작에 의해 늦게 일어났다. 그들은 *Phaseolus vulgaris*에 기생하는 *Cuscuta*에 의해 발달된 흡기의 내부와 주변에 세포 증식과 폴리페놀 화합물의 축적이 일어났다는 것을 발견했다. *Cuscuta*의 공격에 대한 반응인 에틸렌 생산은 숙주의 방어를 유도하는 비상 신호가 될 수 있고, 신호를 울리는 기간 동안 폴리아세토락타아제(PAL)와 페록시다아제 활성이 관찰되었으나, 형태학적 차이를 보이지는 않았다. 폴리페놀 화합물의 축적 지연은 *Sorghum* cv. Framida에 기생하는 *Striga*의 흡기 주변 조직에서도 관찰되었다. Dhopte[72]은 *Cuscuta* 종이 *Parthenium hysterophorus*에서 성장이 저해된다고 보고했으며 이 기생식물은 해당 종에서 생존할 수 없었다. 그는 *Cuscuta*의 죽음이 *P. hysterophorus*에 있는 독성 sesquiterpene lactones 때문이라고 주장했다. 감염된 *P. hysterophorus*는 일주일 이후 개화를 재개했고, *Cuscuta* 종에 대한 *P. hysterophorus*의 타감작용을 나타냈다. 또한, 기생덩굴풀인 *Cuscuta reflexa*가 줄기 조직에 침입하고 숙주의 관다발에 침투하는 흡기를 형성시킴으로써 *Ancistrocladus heyneanus*를 공격할 수 있다고 보고된 바 있다. phytoalexin 생산과 과민 반응을 포함하는 숙주의 이후 반응은 기생체의 아종을 악화시키고 결국 기생 조직을 흡수했다[40]. 숙주에 의해 생산된 아세트산 이차대사물질과 나프토퀴논 플럼바긴(naphthoquinone plumbagin)이 불화합 관계에 연관된 주요 항병원균성 요인으로 증명되었다.

Striga

기생식물과 숙주식물에 대한 기생식물의 반응에 관하여 대단히 많고 폭넓은 연구들이 수행되었고, 여러 *Striga* 종과 그들의 숙주 사이의 생리학적, 해부학적 그리고 화학적 내부 관계를 분석하려고 노력해 왔다. *Striga* 종이 발아를 위해 숙주식물의 뿌리 삼출물에 있는 촉진제를 필요로 한다는 사실은 잘 알려져 있다. Erickson 등[84]은 지방산과 레조르시놀 그리고 구조적으로 관련된 히드로퀴논 계열로 이루어진 수수의 뿌리 삼출물 분석 결과를 보고했다. 히드로퀴논 계열 중 적어도 하나는 *Striga* *asiatica*에서의 발아를 유도했으며, resorcinol은 토양에 있는 히드로퀴논을 안정시킨다고 추정된다. 이전에 알려지지 않았던 히드로퀴논 계열은 추출물을 구성하는 성분들의 생합성과 *Striga*의 발아를 시작하는 데 있어 그들이 가지는 중요성에 대한 견해를 제공한다.

기생식물에 맞서는 숙주작물의 방어기작을 연구하면서, Lane 등[162)]은 *Zea diploperennis* 야생종의 *Striga hermonthica*에 대한 저항성에 관해 보고한 바 있다. *S. hermonthica*에 대한 후대의 저항 정도는 그것의 파생 계통에서 미미하게 증가했으며, 이 저항성의 유전적 배경이 복잡함을 시사했다. 그러나 *Sorghum bicolor*로써 *Striga*에 작용하는 잘 알려진 저항 기작들 중 하나는 바로 *Striga* 종자가 발아의 촉진제로서 필요로 하는 화합물은 숙주식물의 뿌리에서 적게 생성되었으며[300)], 이는 Reda 등[223)]에 의해 이미 제시된 바 있다. 그리고 이는 *Striga hermonthica*와 *Striga asiatica*에 대한 연구를 통해 *Sorghum* × *Striga asatica* 상호작용에서 단일 열성 유전자가 그 형질을 조정하는 것을 발견한 Haussmann 등[113)]에 의해 증명되었지만, 여전히 *Striga hermonthica*에 대한 정보는 부족한 실정이다.

수수의 몇몇 야생종은 낮은 수준의 발아 촉진을 포함하여 *Striga*에 대한 저항 기작을 내포하고 있는 것으로 확인되었다. 그러나 일부는 그들의 뿌리로부터 1mm 밖에서 어떠한 *Striga*의 혹도 보이지 않았다. 발아의 촉진이나 흡기 개시 활성을 아예 또는 거의 보이지 않은 수집종 또한 *Striga* 발아에 있어 하나 이하의 저해 효과를 나타내는 발아 지수를 가지고 있었다[228)]. 몇몇 아프리카 사바나 토착 초종은 *Striga hermonthica*, *Striga aspera* 그리고 이 두 *Striga* 종의 종간 잡종에 높은 수준의 저항력을 가진 것으로 보고되었다[153)]. 시험된 14개 초종의 뿌리 삼출물은 *Striga* 종자의 발아를 유도했고 숙주식물의 뿌리에 부착되는 것이 항상 관찰되었다. 그러나 이후 *Striga* 묘는 발달하지 않았거나 저항 초종에 의해 심각하게 손상되었다. 예비 단계의 관찰은 기생식물이 뿌리의 내배엽 벽을 찢지 못한 것으로 나타났다.

상당히 많은 연구들이 숙주식물과 기생식물 사이의 상호작용에 있어 타감작용과 타감물질의 역할에 집중했다. Neumann 등[199)]은 숙주뿌리의 피층과 기생식물 세포의 접속부 끝에서 펙틴은 공격당한 숙주의 기관으로 기생체를 삽입하는 데 개입했다고 보고했다. 페놀과 리그닌, 또는 둘 중 한 물질은 숙주뿌리의 흡기 접속점에서 발견될 수 있으며, 이는 침입당한 숙주뿌리조직에서 적어도 부분적인 방어 반응이 있음을 시사한다. 또 다른 연구에서, Neumann 등[198)]은 페놀과 리그닌, 또는 둘 중 한 물질이 숙주의 뿌리로 삽입된 흡기의 접속점에서 발견될 수 있다고 보고했다. 이 관찰 결과와 항 히드록시프롤린이 풍부한 당단백 항체가 그 접점의 양쪽에서 축적된다는 사실은 침입당한 숙주뿌리 조직이 적어도 부분적인 방어 반응을 한다는 견해를 뒷받침한다. *Striga*에 대한 *Sorghum bicolor* cv. Framida 저항은 Arnaud 등[20)]에 의해 연구되었고 흡기의 형성 동안 발생한다고 확인되었다. 침입 후기 단계에서,

페놀 화합물에 풍부할 것 같은 유색 물질이 Framida 통도 조직 내부와 주변에서 두드러진 축적이 관찰되었다. 연구자들은 Framida 뿌리의 저항성 발달는 적어도 세 가지 단계가 수반된다고 말했다. 그 단계는 첫째 흡기 발달의 부분적 억제, 둘째 흡기를 향한 양분 수송을 감소시키는 생리 반응과 페놀과 유사한 유색 물질의 축적이며 셋째는 옥수수-*S. hermonthica* 접점에서 발견된 것과 비교하여, 감염되지 않은 *Pennisetum setosum*(*S. hermonthica*에 대한 저항종)의 뿌리에서 발견된 두꺼운 내배엽 세포벽과 강력한 폴리페놀 및 리그닌 층에 의해 확인되었다[181]. Mohamed 등[187]은 *Striga* 종에 대한 *Sorghum bicolor*의 저항기제가 적어도 네 가지는 존재하며, 그들 중 발아 저해제와 흡기 개시 요인의 적은 생산이 포함되어 있을 가능성을 시사했다. 에틸렌 처리 이후, 수수의 뿌리 부근의 *Striga* 종자가 뿌리에서 멀리 떨어진 종자보다 지속적으로 발아율이 낮았으므로, *Striga* 발아에 있어 발아 저해제와 숙주 묘목의 억제 효과가 존재할 가능성이 있다.

다른 기생종

다른 기생식물과 그들의 숙주 사이의 상호작용, 그리고 숙주종의 방어 기제에 관여하는 타감물질에 관한 문헌은 많지 않다. Salle 등[245]에 의해 실시된 한 연구에서, 연구자들은 일부 수종이 광엽 겨우살이에 대한 저항성을 가지고 있음을 지적했다. Bradford 꽃배, 난심목, 배롱나무, 유칼립투스, 은행나무, 모감주나무, 풍나무, 플라타너스, 그리고 삼나무, 향나무와 같은 침엽수들은 거의 감염을 당하지 않는다. 연구자들은 이들 종이나 다른 저항종이 수종갱신 시 고려되어야 한다고 하였다[209]. 더욱이, 변종내성은 일부 *Populus nigra*와 *Quercus* 종으로 유명하다. 그러나 저항기제와 타감작용의 역할은 연구되어져야 할 대상이다. *Osyris* 식물을 조사하면서, Woldemichael과 Wink[239]는 *Osyris alba*의 알칼로이드 추출물에서 pyrrolizidine과 quinolizidine alkaloids를 발견했고, 두 종류의 알칼로이드가 단일 기생체에 동시에 존재한다는 것을 입증했다. 이 알칼로이드들이 동일한 숙주식물에 나타나지 않음에 따라, 연구결과는 *Osyris*가 하나 이상의 숙주식물을 부수적으로 트랩화한 것이 틀림없다고 명시했다. 연구는 두 알칼로이드 모두 초식동물에 맞서는 방어 화합물의 역할을 하며 따라서 초식동물에 대항하는 반기생식물의 새로운 방어 방식을 제공할 수 있다고 밝혔다. 기생체의 숙주조직 침입에 있어 이 알칼로이드들의 역할은 명확히 밝혀질 필요가 있다.

타감작용과 기생잡초 방제

Orobanche 종

트랩종

일부 기생잡초의 종자발아를 촉진하는 강한 잠재력을 가진 에틸렌과 스트리골을 생산하는 식물을 포함한 여러 재배종 혹은 야생종이 보고된 바 있으며, 이들은 *Orobanche*와 *Striga* 여러 종을 포함한다. 여러 *Orobanche* 종에 대한 트랩종은 표 1에 있다.

Chabrolin[48]에 의해 수행된 연구에서 *Orobanche* 종자발아를 촉진시킬 수 있는 65개의 비숙주종이 발견되었다. 보고된 다른 *Orobanche* 촉진 종은 *O. crenata*의 수수(*Sorghum vulgare* L.), 보리(*Hordeum vulgare* L.), 그리고 벳치류(*Vicia dasycarpa* spp. villosa)[137, 166], *O. ramosa*의 콩, 수수, 옥수수, 그리고 오이[157], *O. cernua*의 수수, 동부콩, 칠리, 삼, 녹두, 아마, 자주개자리, 대두 그리고 병아리콩이었다[149, 150]. 그러나 아마가 가장 강력한 트랩작물이었다. Linke 등[166]은 *Vicia dasycarpa* 종인 villosa이 3년간의 성장 이후 *O. crenata* 침입이 현저히 감소되었음을 보여 주었다. 콩과의 사료작물은 토양에 있는 초종용의 종자저장을 감소시키기 위해[165]과 Saxena 등[251], 그리고 다른 콩과 열매의 경작이 불가능한 지역의 휴경을 대체하기 위한 트랩작물로 권고되었다. Sillero 등[258]은 *Lathyrus choranthus*가 토양 속에 있는 초종용 종자은행을 감소시키는 트랩작물로서 사용될 수 있으며, 초종용 싹의 발생률이 매우 낮았지만 *Orobanche*에 대한 민감성이 낮아 기생체의 정착이 비교적 수월했다고 보고했다.

표 1. *Orobanche* 종에 대한 트랩작물

Scientific name	Common name	Scientific name	Common name
Orobanche ramosa		*Cucumis sativus*[157]	Cucumber
Allium sativum[333]	Garlic	*Glycine max*[333]	Soybean
Arabidopsis thaliana[97]	Thale cress	*Lablab purpureus*[333]	Hyacinth bean
Brassica sp.[137]	Mustard	*Lathyrus ochrus*[333]	Ochrus vetch
Brassica napus[138]	Rape	*Linum usitatissimum*[83, 141]	Linseed
Brassica rapa[11]	Turnip	*Lupinus termis*[11]	Lupine
Capsicum spp.[138, 246]	Capsicums	*Mediacago sativa*[333]	Lucerne
Carum ajowan[333]	Caraway	*Pennisetum* sp.[138]	Fountain
Coriandrum sativum[11]	Coriander	*Phaseolus aureus*[145]	Green gram

Scientific name	Common name
Phaseolus vulgaris[157) 333)]	French bean
Pisum sativum.[333)]	Pea
Ricinus communis[138) 333)]	Castor bean
Sesamum indicum[138) 333)]	Sesame
Setaria sp.[138)]	Millets
Sorghum bicolor[157)]	Sorghum
Trifolium sp.[138)]	Clover
Trigonella foenum graecum[11)]	Fenugreek
Vigna radiata[333)]	Green gram
Vigna unguiculata spp. unguiculata[333)]	Cowpea
Zea mays[138, 157)]	Maize
Orobanche aegyptiaca	
Allium sativum[333)]	Garlic
Arabidopsis thaliana[97)]	Thale cress
Capsicum annuum[115)]	Sweet pepper
Carum ajowan[333)]	Caraway
Glycine max[333)]	Soybean
Lablab purpureus[333)]	Hyacinth bean
Lathyrus ochrus[333)]	Ochrus vetch
Linum usitatissimum[146)]	Linseed
Medicago sativa[333)]	Alfalfa
Phaseolus vulgaris[333)]	French bean
Pisum sativum[333)]	Pea
Ricinus communis[333)]	Castor bean
Sesamum indicum[333)]	Sesame
Vigna radiata[146)]	Green gram
Vigna unguiculata spp. unguiculata[333)]	Cowpea
Orobanche cernua	
Amaranthus spp.[220)]	Pigweeds
Bidens pilosa [333)]	Spanish needle
Cajanus cajan[148)]	Pigeon pea
Capsicum annuum[138) 333)]	Sweet chillies
Cicer arientinum[149, 150)]	Chickpeas
Cichorium intybus[333)]	Chicory
Colocasia sp.[220)]	Elephant's-ear
Crotalaria juncea[68, 69)]	Sunhemp
Curcuma domestica[220)]	Turmeric
Glycine max[149, 150)]	Soybean
Gossypium spp.[333)]	Cotton
Guizotia abyssinica[333)]	Nugcoat buttons
Hibiscus sabdariffa[220)]	Hibiscus
Illacrotvloma uniflorum[333)]	Horsegram
Linum usitatissimum[333)]	Linseed
Medicago sativa[333)]	Alfalfa
Pennisetum typhoides[220)]	Millet
Phaseolus aureus[68)]	Green gram
Phaseolus aconitifolius[220)]	Moth bean
Ricinus communis[220) 333)]	Castor bean
Sesamum indicum[220)]	Sesame
Setaria indica[220)]	Foxtail millet
Sinapis alba[138)]	Wild mustard
Solanum melongena[220)]	Eggplant
Sorghum sp.[148, 149, 150)]	Sorghum
Tridax procumbens[333)]	Buttons
Vigna mungo[333)]	Black gram
Vigna radiatia[69)]	Green gram
Cannabis sativa[149, 150)]	Hemp
Vigna radiata[149, 150)]	Mung bean
Medicago sativa[149, 150)]	Lucerne
Vigna acontifolia[333)]	Moth bean
Vigna unguiculata[149, 150)]	Cowpea
Vicia dasycarpa spp. *villosa*[166)]	Vetch
Orobanche cumana	
Bidens pilosa[333)]	Spanish needle
Capsicum annuum[333)]	Sweet chillies
Cichorium intybus[333)]	Chirory
Crotalaria juncea[333)]	Sunhemp
Gossypium spp.[333)]	Cotton
Guizotia abyssinica[333)]	Nugcoat
Illacrotvloma uniflorum[333)]	Horsegram
Linum usitatissimum[333)]	Linseed
Medicago sativa[333)]	Alfalfa
Ricinus communis[333)]	Castor bean
Tridax procumbens[333)]	Buttons
Vigna acontifolia[333)]	Moth bean
Vigna mungo[333)]	Black gram
Vigna radiatia[333)]	Green gram

Scientific name	Common name
Orobanche crenata	
Allium sativum[111]	Garlic
Astragalus boeticus[253]	Vetch
Brassica rapa[11]	Turnip
Capsicum annuum[11]	Pepper
Coriandrum sativum[11, 254]	Coriander
Glycine max[253]	Soybean
Hedysarum coronarium[253]	Sulla
Helianthus annuus[333]	Sunflower
Hordeum vulgare[137) 166) 333]	Barley
Lablab purpureus[253]	Hyacinth bean
Lathyrus ochrus[253]	Ochrus vetch
Linum usitatissimum[1, 141]	Linseed
Lupinus termis[11]	Lupine
Phaseolus vulgaris[253]	French bean
Pisum sativum[111]	Pea
Saccharum officinarum[1]	Sugarcane
Sesamum indicum[10]	Sesame
Trifolium alexandrinum[11, 253]	Berseem
Trigonella foenum-graecum[11, 254]	Fenugreek
Vicia dasycarpa spp. *villosa*[137, 166]	Vetch
Vicia narbonensis[253]	Narbonne vetch
Vigna radiata[253]	Green gram
Vigna unguiculata[253]	Cowpea
Orobanche minor	
Allium sativum[111]	Garlic
Arabidopsis thaliana[97]	Thale cress
Linum usitatissimum[41]	Linseed
Pisum sativum[111]	Pea
Sorghum bicolor[41]	Sorghum
Zea mays[41]	Corn

수수, 동부콩, *Phaseolus aconitifolius* 그리고 *Hibiscus sabdarifffa*를 포함하는 *O. cerenua*과 같은 부적합한 숙주작물은 높은 수치에서 기생식물의 발아를 촉진시켰고, 참깨는 추가적인 성장과 발육을 허용하지는 않으면서 발아를 촉진시켰다[148]. 여러 연구들이 *Linum usitatissimum*, *Capsicum annuum*, *Sesamum indicum* 그리고 *Trifolium alexandrinum*의 뿌리 삼출물 모두가 *Orobanche* 종자발아를 향상시켰음을 보여 줬지만, 발아된 종자는 이 작물들의 근계에 정상적으로 부착하는 데 실패했다[2, 10, 149, 190]. 발아 유도된 *O. cernua*의 종자들은 트랩작물, 특히 *Vigna radiata*와 *Crotalaria juncea*를 이용하여 얻어졌다[70]. 게다가, 여러 잡초종에 대한 *Orobanche*의 침입에 적절한 억제와 저항 수치가 확인되었다. Boulet 등[39]에 의해 수행된 한 연구에서, *O. ramosa*에 대한 30가지 잡초의 민감성이 시험되었다. 연구자들은 *Avena sativa* sp. *sterilis*, *Ammi majus*, *Solanum nigrum*, 그리고 *Anagallis arvensis*가 기생식물을 죽음에 이르게 하는 각기 다른 저항 수치를 가지고 있다고 보고했다. 그들은 이 식물종을 트랩식물로 사용할 것을 제안했다. Rodriguez-Ojeda 등[232]에 의해 시험된 21가지의 작물들 가운데 옥수수, 수수, 조, 목화, 쌀, 가지 그리고 꽃양배추만이 *Orobanche cumana* 종자의 발아를 촉진하는 것으로 확인되었다.

기생종이 고갈되는 토양 종자저장에서 트랩작물의 성공적 재배는 극심한 침입 아래 매우 불확실할 수 있고, 일부 성장 체계 아래에서는 경제적으로 실현 불가능할 수도 있어서 효과적인 방제를 위해 꽤 오랜 기간을 필요로 할지도 모른다. 그러나 한 숙주 당 부착된 기생체의 수를 감소시키고 기생체의 발달을 방해했다고 Zemrag과 Bajja[324)]가 발견했듯이 단기 작부 체계에서는 곡물 생산량이 늘어날 수도 있다. 그들은 이 트랩작물들이 잠두의 생산을 각각 18.37%와 14.82%나 증가시켰다고 하였다. 일반적으로, 트랩작물의 사용은 *Orobanche*의 종자 은행을 효과적으로 감소시킬 수 있지만, 이 작물들은 특정 수준까지 통합 *Orobanche* 방제에 부분적으로 사용될 수도 있다. 단일작물재배로는 문제를 해결할 수 없으나 윤작을 통한 방제법을 사용하면 어느 정도 침입을 감소시킬 수 있다. 여러 기생잡초들을 위해 종자은행을 감소시키는 중요한 트랩작물이 이용되지는 못하더라도, 잡초에서의 기생체의 발달은 제거될 필요가 있다.

흡비종

흡비작물이나 *Orobanche* 식물종은 발아를 유도하고 기생하는 잡초의 숙주식물이다. 그들은 감염되거나 강화된 발아와 부착에서 실질적 숙주식물이지만 기계적, 생리적 또는 화학적 요인에 의해 기생식물의 발달을 저해한다. 그러나 이 숙주식물들은 6~8주 이후 기생체가 토양위로 모습을 드러내기 전, 또는 적어도 개화하고 씨를 맺기 전에 수확되고, 토양으로 전환되거나 제거되어야 한다. 이 방법은 토양에 있는 기생체의 종자저장을 고갈시킬 수 있고 장기적인 효과를 기대할 수 있다. Acharya 등[3)]은 *O. aegyptiaca*의 종자저장을 감소시키는 흡비작물로써의 야생 양배추 품종인 Toria(*Brassica campestris* var. *toria*)의 효과성을 검토했다. 그들은 Toria를 연속 두번 재배함에 따라 *O. aegyptiaca*의 종자저장이 각각 20.9%와 26.2%만큼 감소되었음을 발견했다. *O. aegyptiaca*의 종자저장의 현저한 감소를 위해 필요한 toria 식물의 최적 밀도는 140/m^2 정도였다. 그러나 흡비작물 또는 식물종은 앞그루로 사용되기 쉬우며, 고밀도로 심겨져야 한다. 하지만 이 방제법은 추가적인 노동으로 인해 많은 비용이 들고 생육기가 짧으면 사용될 수 없으며, 생육기에 일어날 수 있는 손실 때문에 적절한 기계화가 필요하다. 반면, 모든 숙주식물의 경작은 쉽고 저렴한 비용이어야 하며, 발아 촉진은 높은 수준이어야 하고, 그들의 제거에 문제가 없어야 하며, 사료와 녹비로서 생산량이 높아야 한다.

타감작용을 활용하는 다른 방법들

식물 추출물

*Orobanche*의 종자발아와 유묘의 부착을 촉진하거나 저해하는 식물 추출물들의 효과는 여러 연구자들에 의해 조사되었다. Eizenberg 등[79)]은 메탄올 조추출물이 가장 강한 식물독소 활성을 보이는 동안, 해바라기 저항종의 뿌리 추출물은 *O. cumana*의

발달을 억제한다고 보고했다. 이러한 결과는 저항 반응에서의 파이토알렉신이 관여된다는 것을 시사한다[80]. 해바라기의 쿠마린(아야핀과 스코폴레틴)은 *O. cumana* 종자발아와 묘 발육을 억제시키는 타감물질로 작용하는 것으로 나타났다[208]. Lopez-Granados와 Garcia-Torres[171]는 *Orobanche crenata* 종자의 휴면과 발아에 잠두식물의 뿌리 추출 촉진물질의 효과를 연구했고, 여러 계절 동안 자란 잠두식물로부터 나온 뿌리 추출물의 발아촉진 활성에 상당히 변화가 많으며 가을에서 여름까지 점차적으로 감소되는 것을 발견했다. 이것은 자신의 주요 숙주에 대한 *O. crenata*의 생태학적 적응을 시사한다. 이집트 토끼풀는 *O. crenata*의 종자발아를 촉진시키는 데 있어 효과적인 종으로 보고되었다. 이 작물의 추출물에서 기생체는 98% 발아했고 병아리콩 추출물에서는 95%, 루핀 추출물에서는 91% 발아했으며, 종자의 발아는 사토보다 식토에서 더 잘 되었다.

유인종 또는 흡비종의 간작

간작은 *Trigonella foenum-graecum*과 간작된 잠두에서 *O. crenata* 침입이 현저하게 감소했음을 발견한 Al-Menoufi[8, 10]와 Al-Menoufi 등[11]에 의해 제시되었다. 이후의 연구에서, Al-Menoufi와 Adam[9]은 잠두나 토마토와의 간작에서 *Trigonella foenum-graecum, Lupinus termis, Coriandrum sativum* 그리고 *Brassica rapa*가 숙주의 근계에 부착된 *Orobanche*의 감염 수치를 감소시키는 데 사용될 수 있다고 결론을 내렸다. 여러 혼합 사용은 식물종의 일부 숙주 식물과 다른 민감성 수치를 결합함으로써 *Orobanche*와 숙주의 상호작용에 영향을 미치는 전략으로 간주된다[37].

콩이 양파와 함께 간작되었을 때 더 많은 종자를 얻을 수 있었으며, 마늘과의 혼작에서 자란 콩은 *O. crenata*와 *O. minor*가 조절되었고, 이는 콩 근계의 최적화와 *Orobanche* 발생을 최소화하는 결과를 가져왔다. 그러나 *Orobanche* 발생체의 완전한 제거는 블랙 쿠민과의 혼합에서 이루어졌다[111]. *O. cernua*의 최대 발아율은 기생체의 종자가 인큐베이터와 온실조건 모두에서 녹두, *sunhemp* 그리고 참깨, 뒤이어 흑녹두와 해바라기에 노출되었을 때 관찰되었다[70]. *Arabidopsis thaliana* 또한 *O. aegyptiaca*, *O. minor* 그리고 *O. ramosa*의 최대 종자발아를 각각 87%, 72% 그리고 67%로 유도한다고 보고되었다[97]. 옥수수, 수수, 조, 목화, 쌀, 가지 그리고 꽃양배추의 뿌리 삼출물은 실험실 조건 하에서 *O. cumana*의 종자발아를 유도했고, 일부 작물들을 유인종으로 사용할 수 있음을 제시하면서 언급된 작물들은 이 기생식물에 감염되지 않았음이 밝혀졌다[232]. *Avena sterilis, Conyza canadense, Ammi majus, Datura stramonium, Cichorium endiia, Anagallis arvensis* 그리고 *Solanum nigrum*을 포함하는 일부 잡초들은 *O. ramosa* 부착을 돕는다고 언급되었지만, 여러 저항 수치가 관찰되었고 이후 기생식물을 죽게 하였다[39]. 연구자들은 이 잡초들을 *O. ramosa* 방제를 위한 유인종으로 사용할 것을 제안했다.

유인종 또는 흡비종 윤작

Orobanche 개체수의 극심한 증가는 숙주로 단작물이 계속적으로 경작될 때나 민감성 작물이 짧은 간격으로 교대로 자주 나타날 때 발생한다. 그러므로 비숙주 작물, 특히 유인작물종과의 교대는 매우 유리하다[82]. *Orobanche* 종자가 그러한 종들의 뿌리 가까이에서 발견되어지면, 이 종자들의 13~15%는 발아하지만 흡기와는 연결되지는 않는다. 성장하는 유인작물에 의해 일어나는 기생식물 종자의 자살성 발아는 잡초 개체수를 감소시켰고, 숙주식물의 성장은 유인작물의 녹비효과로 인해 가속화되었다. 따라서 작물 교대에 유인작물을 포함시키는 것으로 그 문제를 경감시킬 수 있다. 잘 알려진 예는 토양에서 *Orobanche* 종자의 침입을 줄일 수 있는 *Capsicum annuum*으로, 담배와 교대로 재배된다(http://www.wssa.net/subpages/weed/larrymitich/*Orobanche*/html). Hershenhorn 등[115]에 의해 수행된 한 연구에서, 부착되었으나 발달되지 않은 *O. aegyptiaca*의 싹이 단 피망에서 발견되었다. 피망(*Capsicum annuum*) 뿌리는 *Orobanche* 종자의 발아를 22~26% 촉진시켰지만 기생체를 부착하지는 않았다. 피망과 간작되는 토마토 뿌리에서는 그렇지 않은 토마토 뿌리에서와 비교했을 때 *Orobanche* 개체수가 4배 이상 상승되었다.

체외에서, 아마의 종자 삼출물은 *O. crenata*와 *O. romosa*의 발아를 유도했고 유사한 결과가 아마의 뿌리 삼출물을 가진 *O. aegyptiaca*에서도 얻어졌다(Matthews 등, 1991). 아마와 사탕수수를 잠두와의 교대 재배하면 *O. crenata*를 현저하게 감소시켰다[1]. 연속되는 두 겨울 동안 자라거나, *Phaseolus aureus*(*Vigna radiata*)와 함께 여름에 재배되는 아마는 *O. aegyptiaca*의 초기 침입을 감소시켰고 토마토 성장과 생산을 현저하게 증가시켰다[141]. 보고된 다른 유인식물종들은 *Tidax procumbens*와 *Bidense pilosa*였다(http://www.wssa.net/subpages/weed/larrymitich/Orobanche.html). Sunhemp(*Crotalaria juncea* L.)와 녹두(*Vigna radiata* L.)도 담배가 긴 생육기 동안 담배를 포함한 작물 체계에서 유망한 유인작물이 보고되었다. 작물의 교대 재배는 이미 현재 그 지역에 있는 농부의 선택권이며 민감성 작물들은 매년 같은 밭에 경작되지 않는다. 그러나 다른 연구자들은 이 방식을 따르는 여러 *Orobanche* 종의 성공적인 방제에 대해 보고했다. Schnell 등[253]은 콩과 식물이 *O. crenata* 종자 은행의 현저한 감소를 가져온다고 언급했으며, *O. crenata*에 대한 저항이 재배종과 경작종 콩과식물 모두에게서 발견되었다고 말했다[234, 259]. 동일 기생식물에 대한 저항은 포장 조건 하에서 유인작물로 권고된 Lathyrus의 여러 품종에서 증명되었다[258]. 렌즈콩, 병아리콩 그리고 잠두와 교대로 경작되는 *Vicia villosa*의 아종인 *Dasycarpa*는 *O. crenata* 침입을 낮은 수준으로 유지시켰다[252].

식물성기름

생장하는 *O. cernua*의 상부에 2~3 방울 정도로 도포된 식물성기름(gigelly, 땅콩,

종려나무, 해바라기, 잇꽃, niger, 피마자, 아마씨, 멀구슬나무, 코코넛 또는 담배 종자 기름을 처리하면)는 2~4일 안으로 어린 싹이 죽었다[147]. 그러나 이같은 식물성 기름처리는 4~5일마다 반복되어야 하고 발아한 싹에 3~4회 처리해야 한다. *O. cernua*가 발생되면 멀구슬나무(*Azadirachta indica*), *Pongamia*, *Nicotiana gossei* 그리고 니코틴 황산 또한 식물성기름의 도포처리가 권장되었다[70]. 또 다른 연구에서, *Azadirachta indica*, 코코넛 그리고 해바라기씨 기름은 사흘 안에 *O. cernua*의 새싹에 영향을 미쳤고, *R. communis*와 *G. abyssiniaca* 기름은 3~4일 내 새싹을 죽였으며, 겨자씨 기름은 새싹을 죽이는 데 5일이 걸렸다. 코코넛과 해바라기씨 기름은 담배에는 식물 독성이 관찰되지 않았지만 아주까리씨 기름보다 *Orobanche* 줄기를 더 빠르게 죽였다[70]. 여러 식물종의 휘발성 기름과 천연 아세톤 추출물들 또한 온실 조건 하에서 *O. ramosa*에 맞서 효과를 보였다고 확인되었다[262].

식물잔해

토양에 남아 있는 식물잔사는 여러 *Orobanche* 종에 맞서 효과적일 수 있는 타감물질을 생산할 수 있었다. 다른 비율로 사용된 밀과 보리짚 잔여물의 표면과 재식전 결합된 뿌리 덮개는 *O. ramosa* 침입과 감자의 생장을 현저하게 감소시켰다[106]. 콩이 자라는 토양에 더해진 *Olive jift*(Pomace)는 이 작물에 대한 *O. crenata*의 침입을 방지했고 잠두와 토마토의 감염을 감소시켰다[94]. Qasem과 Foy[214]는 온실 조건에서 자란 토마토에 있는 *Orobanche ramosa*의 종자발아에 있어 일부 잡초종의 건조된 싹 혼합물의 높은 타감작용 활성을 보고했고, Qasem[213]은 토마토 식물에 *O. ramosa* 침입에 대한 여러 잡초와 작물종의 건조된 싹 잔여물과 뿌리 삼출물의 저해 효과에 관해 보고했다.

Striga 종

유인식물종

Striga 종자발아는 이 기생식물에 대해 숙주의 역할을 하지 않으면서 *Striga asatica* 종자의 발아를 촉진하는 목화를 포함한 몇몇 비숙주식물들의 뿌리 삼출물에 의해 유도될 수 있다. 표 2는 여러 *Striga* 종의 유인식물종을 나타내며, 아래에는 보고된 일부 종들의 효능에 대한 몇몇 세부사항이다.

Sugimoto 등[208]은 흡기 유도물질을 생산하는 높은 잠재력을 가진 일부 비숙주식물조직에 의한 *Striga hermonthica* 흡기의 유도에 관해 논의했다. 비숙주 목화 품종인 STAM 18-A와 FK 290은 *Striga hermonthica*의 종자발아를 강력하게 촉진시킨다고 보고하였다[73]. 이 연구자들은 위의 목화품종들을 이용한 실험실과 야외 화분 연구를 통해 유인작물이 *Striga* 침입과 촉진제의 높은 잠재 생산력에 의해 야

표 2. 다양한 Striga 종의 유인효과를 갖는 식물들

Scientific name	Common name	References
Striga asiatica		
Arachis hypogaea	Peanut	211)
Cajanus cajan	Pigeon pea	211)
Gossypium hirsutum	Cotton	211)
Crotalaria juncea	Sunhemp	211)
Phaseolus aureus	Green gram	211)
Medicago sativa	Lucerne	211)
Helianthus annuus	Sunflower	211)
Sesamum indicum	Sesame	211)
Striga hermonthica		
Lablab purpureus	Hyacinth bean, Egyptian kidney bean	29)
Gossypium hirsutum	Cotton	29, 134)
Cyamopsis tetragonoloba	Cluster bean	29)
Sesamum indicum	Sesame	29, 120)
Helianthus annuus	Sunflower	29, 120)
Menispermum dauricum	Koumorikazura	176)
Vigna unguiculata	Cowpea	254)
Glycine max	Soybean	134, 156, 254)
Aeschynomene histrix	Porcupine jointvetch	183)
Vigna subterranea	Bambara groundnut	120)
Abelmoschus esculentus	Okra	120)
Corchorus olitrius	Jute	206)
Cajanus cajan	Pigeon pea	206)
Cicer arientinum	Chickpea	206)
Hibiscus cannabinus	Kenaf	206)
Arachis hypogaea	Groundnut	206)
Striga gesneriodes		
Vigna unguiculata	Cowpea	307)
Lablab purpureus	Hyacinth bean, Egyptian kidney bean	33)
Sphenostylis stenocarpa	African yam bean	33)
Cajanus cajan	Pigeon pea	307)
Mucuna pruriens	Velvet bean	75, 307)
Striga spp.		
Gossypium hirsutum	Cotton	75)
Helianthus annuus	Sunflower	75)
Vigna radiata	Mungbean	75)
Pennisetum glaucum	Pearl millet	231)
Pisum sativum	Pea	231)
Glycine max	Soybean	231)

기된 생산량 감소를 막는 특징을 갖고 있음을 증명했다. *Faidherbia albida*는 조(*Pennisetum glaucum*)에 기반을 둔 작물 체계에서 *Striga hermonthica*를 효과적으로 방제하는 것으로 보고되었다[105]. 이 혼농림업은 가지로 우거진 수관 아래의 조를 공격하는 기생체를 완전히 방제할 수 있었고, 조사된 나무들 아래에서 *Striga* 식물은 하나도 관찰되지 않았다. 이에 반해 나무로 우거진 수관 아래에 있지 않았던 인근의 조 작물들은 심하게 감염되었다. 이러한 경우 타감물질 또한 고려되어야 함에도 불구하고 연구자들은 기생체의 발아에 대한 효과를 나무에 의한 높은 비옥도에 기인한다고 주장했다. 한 화분 연구에서, Khan 등[143]은 *Desmodium uncinatum*에 의한 *Striga hermonthica* 억제에서 타감작용의 역할과 그러한 효과에 있어 타감작용 기작의 개입을 연구했다. 그들은 옥수수에 더해진 *D. uncinatum*의 뿌리 삼출물이 *Striga hermonthica*를 억제한다는 것을 발견했다.

흡비종

조, 옥수수, 수수 그리고 수단 그래스는 *Striga*에 대한 흡비작물로 언급되었다[28, 203]. Sprich[264]는 몇몇 흡비작물에 의한 *S. hermonthica* 종자 은행의 감소에 관해 보고했다. *Striga*는 옥수수와 수수에 의해 43%, 해바라기와 대두, 목화에 의해 약 30%, 그리고 동부콩과 땅콩에 의해 20%가 감소했는데, 이는 휴한지에서 평균 12%인 것과 비교하여 매우 높은 것이었다. 그는 유인종과 다수의 흡비종으로 구성된 다음 수년 이상의 작물 교대가 기생식물을 효과적으로 방제할 수 있다고 결론 내렸다. Cardwell과 Lane[46]은 *Striga gesnerioides* 침입이 발생하는 지배적인 작물 체계가 조, 그리고 수수와 간작되는 동부콩이라는 것을 발견했다. 이에 반해, 목화와 교대로 재배되거나 채소류와 콩과 간작되는 동부콩 밭은 항시 *Striga*의 영향을 받지 않고 자유로웠다.

타감작용을 활용하는 다른 방법들

유인작물과 흡비작물의 간작

간작 체계는 *Striga*의 침입에 큰 영향을 주었다[18]. 동부콩과 간작된 수수 계통인 P9405는 P9405 또는 민감성 check Pato의 순림에서 관찰된 *Striga* 개체수와 비교하여 그 수를 더 감소시켰다[182]. Tenebe와 Kamara[273]는 간작된 수수의 성장률이 단일재배된 수수보다 높다고 보고했다. 수수와 땅콩 RMP-12 간작은 다른 땅콩 품종과 비교하여 *Striga*를 현저하게 억제시키는 결과를 낳았다. 땅콩과 간작된 수수의 건물수량은 단일재배 수수의 건물수량보다 훨씬 높았으며 RMP-12 품종에서 가장 높았다. 옥수수와 콩의 간작은 곡물생산량을 51.2%나 증가시켰다. 옥수수 순림 생산의 78.6% 이상이나 되는 가장 높은 생산량은 옥수수와 네 종류의 콩을 같은 공간에서 간작했을 때 얻어졌다. Reda와 Bayou[222]는 콩과 작물에 이은 수수재배는 화학적 방제로 수수 재배보다도 생산량이 현저히 증가되었다고 보고했다. 가장 높은 곡물 생산량은 이전 년도의 동부콩과 강낭콩 재배지에서 얻어졌다. 이 연구자들은 작물 윤작과 비료 사용으로 *Striga*의 침입이 많았음에도 불구하고 수수의 곡물 생산이 대폭 향상되었다고 하였다. Gworgwor 등[105]은 단일재배된 조와 비교하여, 참깨와 1:1로 재배한 조와 ICMV-IS-91116 조 품종과 참깨를 함께 재배하는 것이 *Striga hermonthica*의 침입에 방지효과가 있다고 보고했다. 옥수수 속에서 간작되어 30일이나 50일 흡비작물로 재배되는 수단그래스(*Sorghum sudanense*)가 뿌리채 뽑히면 다수의 *Striga* 종자발아가 촉진되었다[203]. 옥수수와 교대 재배되거나 간작되는 이용되는 벨벳콩[*Mucuna pruriens*], sunhemp [*Crotalaria juncea*], 동부콩 [*Vigna unguiculata*] 그리고 제비콩류[*Lablab purpureus*]는 토양의 비옥도를 증가시킬 수 있었고, *Striga* 종의 발생을 감소시켰으며, 반대로 옥수수 생산량은 증가시켰다[53]. 최근의 한 연구에서, Chivinge 등[56]은 옥수수/동부콩 간작체계에서 *Striga asiatica*의 발생에 대한 동부콩 품종의 유효성을 조사했고, 모든 품종이 *S. asiatica* 발생을 적어도 40% 이상 감소시켰으며 특히 IT82D-849가 가장 높은 효과를 보였음을 보고했다. 동부콩 재배는 옥수수 곡물 생산량을 150~290% 증가시켰다. 그래서 연구자들은 *S. asiatica*가 침입한 땅에서 옥수수를 재배한다면 어떤 동부콩 품종과 간작시키는 것이 좋다고 하였다. 땅콩, 콩, 녹황두, 밤바라 콩 그리고 대두와 옥수수의 간작이 좋다고 보고된 바도 있다[204]. 이 조합은 많은 양의 곡물을 생산하였고 작물체계의 전반적인 생산성도 증가시켰다. 녹황두가 필적할 수 있는 가장 안정적으로 *Striga*를 방제하였다. 땅콩, 밤바라 콩, 콩 그리고 대두는 옥수수에서의 *Striga* 방제는 특정 농생태학적 조건에 의존하며 그 효과도 일정하지 않았다.

윤작

Jost[134]은 *Calopogonium mucunoides*와 *Pueraria phaseoloides*의 개선된 휴경지가 자연 휴경지(27%)에 비해 수수 종자은행의 *Striga hermonthica*를 48%나 줄였다고 보고했다. 대두와 윤작으로 옥수수 생산은 약 90% 증가되었다[47]. 그러나 증가한 대두 식물의 밀도는 발생한 *S. hermonthica*를 감소시키지 못했으며, 다만 높은 대두의 밀도와 관련된 인의 처리가 옥수수에서 발생한 *S. hermonthica*의 감소와 옥수수 생산을 증대시켰다.

식물잔사

타감물질의 생산을 통한 *Striga* 종에 있어 식물잔해의 효과에 대한 문헌이 한정되어 있음에도 불구하고, 여러 연구자들은 기생식물들에 있어 여러 식물종의 잔사가 가진 효과에 대해 보고한 바 있다. Gacheru와 Rao[89]는 분해율과 질소 무기화에 의존적인 여러 식물 종의 유기성잔재를 이용한 *Striga hermonthica*의 침입 감소에 관해 보고했다. 식물의 조직내 높은 질소농도, 그리고 낮은 리그닌과 폴리페놀과 함께, *Tithonia diversifolia*의 생물량은 질소를 급격히 무기화시키고 *Striga hermonthica* 생육을 감소시켰다. 그러나 *Croton megalocarpus*와 *Lantana camara*의 생물량이 제한적인 영향을 미친 반면 *Sesbania sesban*의 생물량은 그것의 네 번째 작기의 잔사 분해기간에서만 *Striga hermonthica*를 감소시켰다. 그래서 *T. diversifolia*의 유기성잔재와 같은 양질의 유기성 잔재만이 *Striga hermonthica* 침입을 억제할 수 있다고 결론지어졌다. 다른 연구자들은 수수와 함께 성장한 *Sesbania sesban*의 토양으로 침입한 *Striga* 발생과 생물량을 감소시켰다고 보고했다. *Gliricidia sepium* 또는 *Vitellaria paradoxa*의 잔여물 이용은 기생체의 발생을 감소시켰고, *G. sepium*의 잔여물은 수수 생산량을 증가시켰다[163]. *Striga* 종에 대한 식물잔해의 효과에 대한 보고로부터, 연구자들은 향상된 토양 비옥도의 영향을 기생식물의 억제에 대한 타감작용의 관여 가능성과 염두에 두고 있음을 분명히 알 수 있고 따라서 이러한 연구에서 타감작용의 역할은 매우 중요할 수 있다.

뿌리잔해

Ma 등[175]은 변형된 B5 배지에 배양된 *Menispermum dauricum*의 뿌리가 합성 스트리골 유사체 GR24의 활성에 필적하는 배양액 화합물을 생산하고 분비한다고 보고했다. 유효성분은 에틸렌 생합성을 유도함으로써 *Striga hermonthica*의 발아를 촉진시켰다. 이 활성에 의해 시사되었듯 뿌리와 배양배지에서의 유효 성분의 축적은 계대 배양 6~8주 이후 최대였고 뿌리 성장과 긍정적으로 관련되었다. 분석연구는 스트리골과 일치하는 색층 분석 특성을 가지지 않는 최소 두세 가지의 화합물이 있음을 밝혀냈다. 연구결과는 새로운 *Striga* 발아 촉진제의 원료로서의 뿌리 배양균의 잠재력을 시사했다. Ma 등[176]은 *Striga hermonthica*의 발아가 숙주식물과 일부 비숙주식물종의 뿌리에서 생산된 외생 촉진제를 필요로 한다고 보고했다. 비숙주 광엽 초본식물인 *Menispermum dauricum*의 뿌리 배양균은 기생체의 발아를 유도한 일련의 물질을 생산했다. 수수 재배종 Haygrazer와 동부콩 재배종 Saunders Upright의 뿌리 삼출물은 식물을 통해 흐르는 배양액으로 분비되었을 때 *S. gesnerioides*와 *S. asiatica*의 종자발아를 촉진한다고 판명되었다. 그러나 발아 촉진제와 저해제 모두 이 식물종의 삼출물에서 발견되었다[188]. *Striga*나 *Orobanche*에 민감한 몇몇 작물들의 뿌리 삼출물은 *Orobanche* 종자발아에 두드러진 활성을 나타냈다. 특히, 토마토, 완두콩, 해바라기 그리고 대두의 뿌리 삼출물은 강하게 종자발아를 유도하 였다. 이 삼출물들에 있는 모든 촉진제들은 스트리골에 구조적으로 관련되어 있을 가능성이 있으며, 완두콩을 포함하는 일부 작물들은 새로운 발아 촉진제인 스트리골락톤을 생산할 수도 있다[320].

타감작용의 영향은 옥수수 기반 농업체계에서 *Striga hermonthica*에 맞서 *Desmodium uncinatum*을 사용함으로써 분명히 입증되었다. 뿌리 용출액에서 *D. uncinatum*의 농도가 높을 때 기생체의 침입이 극적으로 감소된 결과를 얻었다. 기생잡초의 성장은 거의 완전히 억제되었지만 *D. uncinatum*이 용출되면 침입은 강력해졌다. 타감작용 기전은 *S. hermonthica* 흡기발달의 억제에 관여하는 것으로 확인되었다[143]. Khan 등[144]은 *Desmodium uncinatum*과 *D. intortum* 모두가 타감작용 기제로 추정되는 방법을 통해 *Striga hermonthica*의 옥수수 침입을 감소시켰다. 이같은 결과는 *D. uncinatum* 식물의 화분으로부터 용출된 수용액을 *S. hermonthica*가 침입한 토양에 심겨진 옥수수의 화분에 공급했을 때 얻어졌으며 기생체의 성장도 거의 완전히 억제되었다.

Cuscuta 종

식물잔사

일반적으로 *Cuscuta* 종은 어떠한 숙주에 대해 발아 촉진제를 필요로 하지 않기 때문에 이에 대한 타감작용의 효과에 관한 보고는 매우 제한적이다. 그러나 *Cuscuta trifolii*와 *C. campestris*에 대항하는 식물 추출물의 영향을 다룬 한 연구에서 Lados[159]는 숙주 식물(*Medicago sativa* bv. Verko [lucerne])의 추출물은 이 식물의 종자발아에 거의 영향을 미치지 않는다고 보고했다. 이에 반해 Zaki 등[321]은 다른 식물 추출물이 촉진작용을 보인 반면 녹두(*Phaseolus vulgaris*) 추출물은 여러 *Cuscuta* 종의 종자발아를 강하게 억제하였다고 보고했다. 연구자들은 비닐기 화합물에서 두 개의 그룹을 발견했고 역사적 연구는 기생체의 흡기가 콩과식물에 침입하는 데 성공하지 못했고 이에 따라 기생식물이 죽게 되었다고 밝혔다.

제초제로 작용하는 타감물질

타감물질이 기생잡초 문제에 중요한 역할을 하며 이 종들을 방제하는 유망하고 효과적인 자연적 도구로 활용될 수 있다는 점은 이제 분명해졌다. 이 타감물질의 일부는 숙주식물에서 기생체의 발아나 부착을 억제하기 위해 토양에 적용되는 전처리 과정에 사용될 수 있는 발아 저해제인 반면에 다른 일부는 기생체의 종자발아를 촉진하기에는 유사한 방식이지만 숙주식물종이 없는 조건에서 사용될 수 있다. 타감물질의 양, 농도, 그리고 환경 조건은 이 화학물질의 유효성을 결정하는 중요한 요인이다. Sugimoto[267]는 목화에서 나온 스트리골, 수수에서 나온 사탕수수 솔골락톤, 동부콩에서 나온 알렉트롤, 붉은 토끼풀에서 나온 오로반콜(*Trifolium pratense*)

을 포함하는 여러 기생종에 대한 다양한 천연 촉진제에 대해 보고했다. 그러는 동안 Chittapur 등[55]은 통합 잡초관리에서의 흡비작물과 트랩작물을 검토했으며 타감작용 기제를 통해 경제적 중요성을 가지는 여러 기생종들의 방제에서 그들의 역할을 강조했다.

Orobanche 종

촉진제

몇몇 천연 발아 촉진제가 *Orobanche*의 숙주종과 비숙주종으로부터 분리되었다. *Striga*와 *Orobanche* 종자의 발아를 유도하는 천연 촉진제들과 그들의 합성 유사체에 관한 구조 활성연구는 수용체 매개 기작을 통해 진행되고[328], 뿌리기생식물의 발아는 발아 촉진제로 알려진 숙주식물의 뿌리로부터 분비된 화학 생산물질에 의존한다. 물질들은 주로 세스퀴테르펜 락톤에 속한다[43, 66]. Yokota 등[317]은 자신의 숙주인 *Trifolium pratense*의 뿌리 삼출물로부터 *Orobanche minor*의 세 가지 종자발아 촉진제를 분리해 냈다. 하나는 알렉트롤, 다른 하나는 오로반콜이라 명명된 새로운 스트리골 연관 화합물이었고, 다른 하나는 시험적으로 스트리골 이성질체라 발표되었다. Yoneyama 등[250]은 붉은 토끼풀에서 스트리골락톤이 *Orobanche* 종의 천연 발아 촉진제가 되기 쉽다고 하면서 이 밖에도 *O. minor*와 *Striga* 종에 오로반콜과 스트리골락톤을 세 종류의 다른 발아 촉진제를 보고하였다.

그러나 알려진 화학 구조를 가진 숙주식물의 뿌리 삼출물로 부터 식별된 천연 발아 촉진제들은 옥수수에서 나온 스트리골, 동부콩에서 나온 알렉트롤, 그리고 수수에서 나온 솔골락톤이며 모두 *Striga*의 숙주식물에서 생산된다[301]. 스트리골은 목화(비숙주 작물)의 뿌리 삼출물로부터 처음 분리되고 확인되어진 *Striga* 종자(추후 *Orobanche* 종자)의 강력한 발아 촉진제이며, 10^{-4}에서 10^{-6} M의 농도에서 *Striga*의 종자가 85~100% 발아되도록 하였다[118]. *Striga*의 다른 합성 발아 촉진제와 천연 발아 촉진제는 락톤과 연관되거나 한 가지 이상의 불포화 락톤 고리를 함유한다[131, 190, 243]. 일부 세스퀴테르펜 락톤은 Perez-de-Luque 등[208]에 의해 시험되었고, 일부는 낮은 농도의 GR24보다 *O. cunana* 종자발아를 더 잘 유도하는 것으로 밝혀졌으며 그들은 이 기생종에서 특수성을 띠었다. 그러나 쿠마린형 화합물과 같은 몇몇 물질들은 완전한 타감물질이다[227, 244]. 반면 다른 종들은 여러 *Orobanche* 종자발아를 90% 이상 촉진하는 능력을 보였다. 그러나 현재 제노그노신 A & B를 포함한 몇몇 흡기 유도화합물이 특징지어지고, *Astragalus gummifer*의 뿌리 삼출물도 확인되고, *Lespedeza sericea*의 뿌리로부터 밝혀 소야사포게놀 B가 확인되었지만, 이들의 숙주식물로 부터 삼출된 발아 촉진제의 구조는 밝혀지지 않았다. 최근의 연구에서는 *Orobanche cumana*의 종자발아를 촉진하는 필수적인 역할을 하는 물질로 세스퀴테르펜 락톤 그룹이 보고되었다[208]. 에틸렌은 GR24로 방제된 종자발아 유도에 관여하는 것으로 최근 Zehhar 등[253]에 의해 보고되었다. 보고에 의하면 에틸렌은 *Orobanche ramosa*의 합성이나 활성의 저해제로서 방제된 종자에 적용되며, 또한 GR24에 의해 발아의 유도를 강력하게 감소시켰다. 그러나 외생 에틸렌은 방제된 종자의 발아를 유도하지 않았으며, 클로로에틸포스폰산이 발아를 유도하였다. 지베렐린의 생합성 저해제가 GR24가 있는 상태에서 방제된 종자에 적용되었을 때, 기생체의 발아는 억제되었다. 동일한 화학물질들은 또한 GR24에 대한 방제된 *Striga hermonthica* 종자의 발아를 억제했다. 이 저해효과는 클로로에틸포스폰산의 첨가로 역전되었다. 에틸렌을 GR24에 의한 발아유도에 필요한 물질로 하는 *S. hermonthica*에 작용하는 이 저해제들의 효과는 에틸렌 합성이 GR24에 의한 *O. ramosa* 종자발아의 유도에도 필요함을 강력하게 시사한다. *O. ramosa*에서 발아의 두 단계를 억제하는 이 성장조절 물질들은 이 기생체의 조기 방제법 발달을 위해 유용하게 이용될 수 있다.

저해제

저해성 타감물질은 발아로부터 성장과 발달에 이르는 기생식물의 여러 단계의 생활사에 작용할 수 있다. 그러나 기생식물로부터 받아들인 낮은 농도에서 역작용이 얻어질 수도 있다. Sauerborn[247]은 식물독소가 기생잡초관리의 개선에 일조할 수 있음을 시사했다. Serghini 등[256]은 *O. cernua*에 내성을 가진, 그리고 *O. cernua*에 민감한 해바라기 종 간의 차이가 반으로 줄었으며, 발아된 종자가 강한 해바라기 뿌리가 있는 장소에서 갈변 증상을 촉진시킨다고 보고했다. 어린뿌리기생체 혹은 접점 주변의 숙주조직은 *O. cernua*가 특히 저항종의 뿌리에 부착한 이후 갈색으로 변했다. 그들은 저항성 해바라기 종에서 방어기작으로서의 중독성 화합물 축적이 있을 수 있다고 제시했다. Serghini 등[256]은 쿠마린이 *Orobanche cumana* 유묘의 정상적인 성장과 발달에 영향을 미치며, 그 효과는 민감종보다 저항종에서 더 강력하다고 보고했다. 해바라기류에서 나온 쿠마린(아야핀과 스코폴레틴)은 *O. cumana*의 발아, 성장, 그리고 발달에 있어서 저해성 타감물질로 제시되었고[208], 두 물질 모두 해바라기 뿌리에 의해 자연적으로 분비되었으며, 기생체에 대해서는 중독성 타감물질로 작용할 수 있었다[105]. 해바라기의 7-hydroxylated 단순 쿠마린은 성공적인 발아, 침투, 그리고/또는 숙주의 관다발계로의 연결을 막음으로써 *O. cernua*의 기생에 대항하는 방어적 역할을 할 수도 있다는 가설은 쿠마린이 스트리골 유사체인 GR24에 의해 유도된 *O. cernua* 종자의 체외 발아를 억제하고 발아된 종자에 갈변작용을 일으켰으며, 저항성 해바라기에 의해 뿌리에 높은 수치의 쿠마린을 축적하고 *O. cernua* 감염에 대응해 민감종보다 더 많은 양을 분비했다는 증거에 의해 타당성이 인정되었다. Bar-Nun과 Mayer[25]는 *O. aegyptiaca* 종자에 있는 많은 양의 올레인산과 리놀레산 그리고 적은 양의 스테아르산과 팔미트산의 존재에 대해 보고했다. 연구자들은 이 산들이 당의 신진대사를 방해하고 따라서 전처리기간 동안 기생체의 종자발아를 막을 것으로 기대했다. 이 저해제들을 가진 작물 종자의 전처리과정은 기생체의 침입을 방지할 수도 있고, 기생잡초 방제의 효과적인 기술로 간주될 수 있다. 농도 40ppm의 benzo(1,2,3) thiadiazole-7-carbothioic acid S-methyl ester(BTH)에 36시간 동안 해바라기 종자를 처리하면 뿌리에서 *Orobanche cumana*에 의한 감염을 완전히 예방할 수 있었다[249]. 화분연구에서는, *O. cumana* 종자의 많은 접종원에서 기생체 싹의 총 개수가 60 ppm 농도의 BTH 처리로 거의 90%까지 감소되었다. 저해제인 BTH는 해바라기 뿌리에 *O. cumana*의 부착과 침투 모두를 방지했다. 연구결과는 BTH로 처리된 해바라기 뿌리의 파이토알렉신 스코폴레틴과 과산화수소의 합성을 나타냈고, 장래의 식물 생산 체계의 효과적인 요소로서의 타감작용 기작의 중요성을 입증했다.

Orobanche 종자발아에 있어 스트렙토미세스속과 같은 미생물의 역할 또한 제시되어 있다. Christeva와 Naumova[58]는 여러 계통의 스트렙토미세스속이 *O. ramosa*의 발아를 유도한다고 보고했고, 미생물이 *O. ramosa*의 발아 과정에 가담했을 가능성이 있다고 결론을 내렸다. 또 다른 연구에서 Yoneyama 등[318]은 10^{-5} M 정도로 낮은 농도의 코틸레닌과 푸시콕신을 포함한 일부 진균성 대사물질에 의해 *O. minor* 종자발아가 50% 이상 촉진된다는 것을 보고했다. 여러 *Fusarium* 종은 *Orobanche*와 *Striga* 종자와 식물을 감염시키는 것으로 Sauerborn[247]에 의해 보고되었고, 그는 이 과정에서 식물독소의 역할을 강조했다. 그는 *Fusarium* 속의 구성원들이 넓은 범위의 생물학적 활성과 대사 효과를 가지는 에니아틴, 푸모니신, 푸사린산, 모닐리포르민 그리고 트리코테센과 같은 독소를 생산한다고 덧붙였다. 그러나 이 화합물들 중 일부는 이미 천연 제초제로 사용되는 것으로 밝혀졌고[266], 이후의 연구들은 종자의 발아를 감소시키는 데 있어 푸사린산과 9,10-dehydrofusaric 산이 *Striga*가 적은 양일 때 활성을 나타낸다는 것을 보여 주었다[325, 327].

Khalaf 등[142]은 기생식물의 발아 휴면을 깨기 위해 *Azotobacter* 종과 *Escherichia coli* 형질전환체를 이용한 *Orobanche crenata* 방제에 관해 연구했다. *Azotobacter* 종과 *Escherichia coli* 형질전환체를 준비하기 위해 *Vicia faba* 뿌리로부터 취한 그대로의 DNA 조제 물질을 사용하여, 형질전환체들은 기생체의 종자발아를 촉진하는 *Vicia faba*와 유사한 촉진제를 생산했다. *A. chroococcum*과 *E. coli*의 형질전환체가 가장 활성을 띠었다. 연구자들은 이러한 형질전환체들이 기생잡초 종자의 비숙주 발아를 일으키면서 생물농약과 같은 잠재력을 가진다고 제시했다. Zonno와 Vurro[325]는 *Fusarium* 종에서 나온 T-2 독소가 시험된 14개의 진균성 독소 가운데 가장 활성을 띠며, 농도 10^{-5} M에서 발아를 100% 억제하고 농도 10^{-7} M까지 활성을 띤다(19% 발아 억제)는 사실을 발견했다. *Fusarium* 종에 의해 생산된 디옥시니발레놀 [보미톡신] 또한 매우 유효하며, 10^{-5} M과 10^{-4} M의 농도일 때 각각 100%와 69%의 발아 감소를 일으킨다고 밝혀졌다. *Aspergillus clavatus*, *Alternaria alternata*, *Fusarium moniliforme* [*Gibberella fujikuroi*], 미생물원과 *Fusarium nivale* [*Monographella nivalis*]에 의해 생산된 사이토칼라신 E, 테누아진산, 푸모니신 B1, 에니아틴과 리발레놀은 각각 모두 농도 10^{-4} M에서 50% 정도의 억제 효과를 가졌다. 다른 독소들은 낮은 활성 정도를 보였거나, 아예 활성을 띠지 않았다. 몇몇 진균성 독소가 보인 높은 활성은 *S. hermonthica* 종자의 발아를 억제하기 위해 더 천연적이며 안전한 제초제로서의 잠재력을 가졌을 가능성을 제시한다. Amsellem 등[14]은 여러 후사리움속과 다른 균종으로부터 분리된 진균독소가 *Orobanche*를 죽였고, 진균독소가 직접 이용되기 위해 혹은 다른 방제법을 보완하는 것으로 간주된다고 언급했다. 이용된 *Fusarium* 종은 자연환경에서 그들의 움직임을 추적하는 것을 허락하고 장래 지나친 독성으로의 변형 방식을 열면서 gus 유전자와 gtp 유전자, 또는 둘 중 하나를 통해 변형되었다.

최근의 더 많은 연구들 중 하나에서 Zonno와 Vurro[326]는 *O. ramosa*의 종자발아에 있어 *Fusarium* 종에 의해 생산된 독소의 효과를 시험했고 그 중 다수가 높은 농도로 이용되었을 때 활성을 띤다 것을 발견했다. 푸사레논-X, 니발레놀, 디옥시니발레놀, T-2 독소, HT-2 독소, 디아세톡시시르페놀 그리고 네오솔라니올은 농도 10 uM에서 종자의 발아를 100% 저해하면서 높은 활성을 띠었다. T-2, HT-2, 니발레놀, 네오솔라니올 등 시험된 독소들 다수가 10배 낮은 농도였을 때 활성을 띠었고, 디아세톡시시르페놀은 여전히 완전한 저해를 일으킬 수 있었다. 디아세톡시시르페놀은 또한 농도 0.1 μM에서 매우 활성을 띠었으며, 90% 이상 저해를 일으켰다. 연구결과가 밝힌 바, 독성을 가진 이차대사산물의 사용은 유도된 발아 과정을 방해함으로써 기생잡초의 관리에 유용한 대체법을 대표할 수도 있다. 그리고 배양균 추출물은 이 기생식물들에 대해 천연적이고 고유한 제초제로 작용하는 새로운 화합물의 흥미로운 원료가 될 수 있다.

Striga 종

촉진제

*Striga*의 종자발아를 촉진시키는 화학물질은 식물의 뿌리 삼출물, 여러 합성 식물 호르몬, 그리고 다양한 합성 화합물에서 자연스럽게 발생하는 물질을 포함한다. 스트리골은 특징지어진 첫 발아 촉진제이고[60, 61], 비숙주 트랩종인 목화 뿌리에서 분리되었다. 그것은 *Striga asiatica*에 대항하여 낮은 농도에서도 활성을 띠었고, *Striga*의 기생종의 자살성 발아를 촉발시키는 천연물질로 언급되었다[135]. 그러나 *Striga*에 대해 보고된 천연 발아 촉진제는 대부분이 세스퀴테르펜의 여러 화학물질 집단

에 속한다. 벤조퀴논 구조를 가진 총칭 스트리골락톤이라 명명된 가장 큰 집단[43]은 수수의 뿌리로부터 분리되었고[50, 197] *S. asiatica*에 매우 효과적인 것으로 드러났다. 수수로부터 나온 천연 촉진제는 스트리골과 밀접한 관련이 있는 것으로 드러났고 *S. asiatica*, *S. hermonthica*, *Orobanche aegyptiaca* 그리고 *Alectra vogelii*를 포함하는 여러 기생종에 대항하여 활성을 띠는 물질은 솔골락톤이라고 명명되었다[112]. 소골리온은 이들 중 첫 번째 촉진제로, *Sorghum bicolor*의 뿌리 삼출물로부터 분리되었다[50, 197]. Wigchert와 Zwanenburg[305]의 발견은 스트리골락톤이 수용체매개 기제 통해 기생잡초 종자의 발아를 유도한다는 주장을 뒷받침했다. *S. asiatica*에 작용하는 세 종류의 활성 화합물 또한 옥수수, 수수 그리고 *Panicum miliaceum*의 뿌리 삼출물로부터 분리되었고, 네 번째 화합물 또한 수수의 삼출물에서 발견을 하였다[257]. 연구자들은 스트리골이 이 기생종의 종자발아의 주요 촉진제라고 결론 지었다.

각기 다른 숙주종을 이용하는 기생체의 종자발아에 책임이 있는 화학물질을 분리하고 확인하기 위해 더 많은 연구가 여러 숙주식물을 대상으로 실시되었다. 수많은 세스퀴테르펜락톤이 해바라기 식물체에서 분리되었다. 또한 *Ambrosia artemisiifolia*에서 유래된 세스퀴테르펜락톤이 *Striga hermonthica*의 발아가 유도된 곳에서 발견되었다. 이 결과로 말미암아 DHP의 호르몬 제어작용이 암시되었다[90]. 이러한 화학물질들의 일부는 *O. cumana*종자의 발아촉진능력이 GR24화학물보다 우수하다[208]는 것을 나타낸다.

자스몬, 그리고 이와 연관된 화합물은 Yoneyama 등[318, 319]에 의해 *Orobanche minor*와 *Striga hermonthica*의 종자발아를 이끌어낸다고 보고되었다. 에스테르는 상응하는 유리산보다 더 효과적이었다. 시험된 화합물들 가운데, 메틸 자스몬산(MJA)이 가장 활성을 띠는 촉진제였다. Rugutt 등[237]은 *Harrisonia abyssinica*의 뿌리 껍질로부터 분리한 디옥시오바쿠논, 리모노이드 오바쿠논, 해리소닌 그리고 12beta-acetoxyharrisonin 10^{-3}~10^{-5} M의 농도에서 *S. hermonthica* 종자의 발아가 12~98% 촉진된다는 것을 발견했다. *Striga*에서 보고된 다른 발아 촉진제로서 수수 뿌리 잔해가 있고[54], 높은 농도에서 저해성을 띠는 *E. acalyphoides*와 *E. pilulifera*를 포함한 다양한 다른 *Euphorbia* 종의 수용성 추출물도 있다. *E. pilulifera*, *E. aegyptiaca* 그리고 *E. hirta*의 추출물이 흡수 개시를 유도한 반면, *E. aegyptiaca*의 추출물은 다양한 *Striga* 종과 그 계통 품종에서 종자발아와 흡수 개시를 촉진시켰다[121]. 또 다른 연구에서, Rugutt과 Berner[235]는 디클로로메탄과 여러 콩과 식물 품종의 잎과 줄기, 그리고 뿌리의 물 추출물이 각각 다른 농도에서 *Striga hermonthica* 종자 발아를 촉진 시켰다고 보고되었다. 각기 다른 품종에서 발생하는 활성의 차이 또한 발견되었다. 보고된 다른 화학물질들 중에는 실험실 조건 하에서 효과적이라고 밝혀진 제아틴을 포함한 식물호르몬들도 있었다[245].

틀림없이, 다른 촉진제들도 *Striga* 종자발아와 흡기의 발달에 관여할 수 있지만,

안정성 부족[179]과 효과 없는 화학물질들이 급속히 변화함으로써 이들을 분리하고 특징짓는 것은 어렵다.

저해제

Reiss 등(1995)은 사이토키닌, 디메틸알리야미노푸린이 추가적인 혹의 발달없이 *Striga gesnerioides* 싹의 성장을 시작시켰다고 보고했다. 필수 생리학적 과정의 부재는 저항성 동부콩 계통 B301에서의 기생체 성장 장애의 원인이라고 여겨졌다. 그러나 사이토키닌과 L-메티오닌이 이미 *Striga*의 발아 촉진을 일으키는 물질로 언급된 반면[243], 사이토키닌은 흡기 발달의 저해제로 잘 알려져 있다[24]. 소골리온은 제초제로서의 활성을 일부 보였으며, 타감물질로 기능할 수도 있다.

Striga 종자의 발아 억제에 대한 대부분의 연구는 식물병원체들이나 그들의 화학적 동화물질을 사용하며 수행되었다. Ciotoia 등[59]은 수수 짚에서 자라고 화분에 심겨진 *Fusarium oxysporum*(M12-4A)의 분리는 *S. hermonthica*의 발생을 성공적으로 예방했으며 수수의 건조 중량을 400% 증가시키는 결과를 가져왔다고 보고했다. 균류는 뿌리원에 있는 수수 뿌리에 *S. hermonthica*의 발아와 부착을 억제했다. 덧붙여, 균류를 접종한 수수를 포함하는 몇몇 작물종은 어떠한 발병 증상도 나타내지 않았을 뿐더러 생물량의 감소 또한 없었다. 높은 수준의 *S. hermonthica*의 생물량 감소는 상응하는 옥수수 활력을 상승시켜왔다. Zonno 등[327]은 푸사린산과 9,10-dehydrofusaric 산, 그리고 그들의 상응하는 메틸에스테르가 *Striga hermonthica*의 방제제인 *Fusarium nygamai*에 의해 생산된 주요 식물독소라고 보고했다. 매우 낮은 농도(10^{-6} M)의 독소 처리는 종자발아를 극적으로 감소시켰다. 대사물질들의 독성효과는 처리된(바늘을 찌른) 잎에서 분명하게 나타났고, 크기가 큰 괴저성 점들의 출현을 야기했다. 연구자들은 대사물질들의 사용은 아마 다른 재배적 그리고 생물학적 방법과 결합되어 유해 기생식물을 조절하는 데 도움이 될 것이라고 제시했다. *Fusarium oxysporum*(M12-4A) 품종에 의해 생산된 푸사린산과 탈수소푸사린산 독소는 모두 *Striga hermonthica*의 방제에 이용되고[250], 진균성 *Fusarium nygamai*에 의해 생산된 네 가지 독소 중 하나인 푸사리산의 메틸 에스테르는 동일 기생체에 대한 천연 제초제로 사용될 수 있었다[299]. 모든 토양과 배양 조건에서 천연제초제들의 지속은 성장 첫 주 동안 작물을 보호하기에 충분했다.

Czerwenka-Wenkstetten 등[63]은 *Myrothecium roridum*, *Curvularia eragrostidis* [*Cochliobolus eragrostidis*] 그리고 *Curvularia lunata*[*C. lunatus*]을 *Striga hermonthica* 종자로부터 분리해 내는 데 성공했고, *Myrothecium roridum*에 의한 기생체의 종자발아를 완전히 억제시키고 *Curvularia eragrostidis*와 *Curvularia lunatus*에 의해 기생체 종자의 발아를 48% 억제시켰다고 보고하였다. Ahmed 등[5]은 수단에서 자란 감염된 *Striga hermonthica* 식물에서 얻은 푸사리움 솔라니(Sud

96)의 분리가 기생체의 종자발아를 크게 억제시켰다고 하였다. GR24와 혼합된 진균 부유액뿐만 아니라 수용 그리고 유기 용제 배양 추출물도 방제된 *S. hermonthica* 종자의 발아를 억제했다. 다른 성장 배양액에서 자란 동일한 분리물질의 여과 장치는 오토클레이브 처리된 쌀, 수수 낟알, 그리고 감자 포도당 우무(PDA)와 더불어 기생체의 발아에 각각 다른 저해 효과를 나타냈고, 밀짚보다도 더 효과적이었다. 화학적 분석은 높은 억제 활성을 보이는 몇몇 화합물들의 존재를 시사했다. Sugimoto 등[268]은 푸사리움 솔라니(Sud 96)의 대사물질과 함께 발아 촉진제인 GR24에 의해 유도된 *S. hermonthica*의 발아 억제에 대해 보고했다. 확인된 활성 화합물들은 트리코테센, 아쿠미나틴, 네오솔라니올, 8-아세틸네오솔라니올, 그리고 테트라아세톡시 T-2 테트라올(네오솔라니올 아세트초산염)이었다. 기생체의 발아에 대한 네 트리코테센의 저해성 활성은 수산기 모이어티의 아세틸화와 함께 증가했다. 그러나 저해제인 8-아세틸네오솔라니올은 농도 24 μM에서 *S. hermonthica* 발아를 완전히 억제했다.

다른 박테리아 또한 *Striga* 발아의 억제에 중요한 역할을 하는 것으로 보고되었다. Bouillant 등[38]은 함유된 네 가지 품종 중 아조스피릴룸 브라실렌스의 두 품종이 *Striga hermonthica* 종자의 발아를 현저하게 억제했다고 보고했다. 그러나 한 품종은 다른 활동을 지시하는 식물 성장 촉진 효과를 보여 주었다. 동일한 박테리아종과 *S. hermonthica* 사이의 유사한 상호작용은 수수 뿌리에 촉진 작용을 나타냈음에도 불구하고 *Striga* 종자발아가 억제된 아프리카 수수 근권으로부터 분리된 두 종의 박테리아가 보고되었다[184]. 그러나 합성 발아촉진제(GR24)에 부유하는 아조스피릴룸 세포는 *Striga* 종자의 발아를 억제하지 않았고, 다만 어린뿌리의 신장을 막은 반면, 느리고 고정된 생장상에서의 박테리아 물질로부터 추출된 지방 친화성 화합물은 *Striga* 종자의 발아를 막았다. Berner 등[32]은 *Striga aspera*, *S. gesnerioides* 그리고 *S. hermonthica*의 발아를 촉진시키기 위해 *Pseudomonas syringae* pv. *glycinea* 8/83, 16/83 그리고 19/84 에틸렌 생산 품종과 다른 발아 촉진제 [스트리골 유사체 GR24, 동부콩의 뿌리(*Vigna unguiculata* bv. IT84S-2246-4) 그리고 에틸렌 가스]를 비교했고, 박테리아 품종이 동부콩 뿌리나 에틸렌 가스보다 발아에 더 효과적인 촉진제라고 보고했다. 그리고 GR24에 의해 생산된 수치와 유사한 *S. aspera*와 *S. gesnerioides*의 발아율을 제시했다.

반면, 여러 *Striga*종의 자식물독소와 타식물독소의 효과들 또한 기록되었다. Parker와 Riches[206]는 조절기 동안 걸러지고 분해되어야 할 *Striga* 종자에서 저해제의 개입을 시사했고, Rugutt 등[236]은 *Striga hermonthica*, *S. aspera* 그리고 *S. gesnerioides*의 추출물이 2,6-dimethoxy-p-benzoquinone(2,6-DMBQ) 그리고 몇몇 *Striga* 추출물에서 감지된 일부 긴사슬 알데하이드와 n-탄화수소에 더하여 테트라데칸산, cis, cis-9,12-octadecadienoic 산, cis-9-octadecenoic 산과 시토스테롤

을 함유한 것으로 보고했다. 2,6-DMBQ는 수수 뿌리 추출물에도 존재했으나 *Striga*의 뿌리삼출물에는 존재하지 않았다[49]. Ransom 등[218]은 *Striga*가 숙주와 수분의 관계를 방해하고, 순전히 성장 요인에 대한 경쟁에 의해 기대된 탄소 고정을 감소시키면서, 효소와 식물 호르몬 변화를 유도함으로써 숙주에 강력한 식물독소 영향을 가한다고 강조했다. 이 결과는 이러한 반응에서의 타감물질의 관여 가능성을 시사한다. *Striga lutea*(*S. asiatica*) 식물 추출물의 항균 효과는 *Escherichia coli*, *Staphylococcus citreus*, *Pseudomonas aeruginosa*, *Proteus vulgaris*, *Aspergillus niger* 그리고 *Candida albicans*에 대항해서 일어나는 것으로 보고되었다[116]. 대조적으로, Reizelman과 Zwanenburg[225]는 Nijmegen-1((+)-strigol의 합성 유사체)를 *Striga asiatica* 종자로부터 유출된 발아 촉진제로 보고했다.

Cuscuta 종

타감물질이 이 기생종의 발아에 영향을 미치지 못할지는 몰라도, 그들은 부착, 흡기 삽입, 발달, 그리고 일반적으로 기생식물과 숙주식물 사이의 상호작용에 중요한 역할을 할 수도 있다. Huang과 Li[119]는 *Salix purpurea* cv. *multinervis*에서 자란 *Cuscuta japonica*의 흡기가 칼모듈린을 다량 함유했으며, 사이토키닌 처리에 의해 유도된 원기의 형성이 칼모듈린 활성화의 특정 저해제인 트리플러페라진에 의해 억제될 수 있다고 보고했다. 얻어진 결과에 근거하여, 칼모듈린은 흡기의 형성에 관여할 수 있다고 볼 수 있다. Frolisek과 Novotny[86]는 *C. epithymum*의 아종인 *trifolii*의 화학 조성이 주로 단백질과 유리 아미노산을 포함한다고 보고했다. Nair와 Thirupurasundari[194]는 *Bougainvillea spectabilis*에 기생하는 *Cuscuta reflexa*로부터 쿠마린과 플라보노이드를 발견했다. 스코파론(6,7-dimethyloxycoumarin)과 멜라네틴(6-hydroxy-7-methoxy-4-(4-hydroxyphenyl)-coumarin)은 퀘르세틴과 히페로사이드와 함께 식물 전체로부터 분리되었다. 보고된 다른 물질들 중에서는 *C. songaricum* 식물 전체에서 분리된 세 종류의 ursane형 트리테르펜, 3 스테로이드 화합물, 팔미트산 그리고 수크라아제가 있었다[174]. 트리테르펜은 아세틸우르솔릭산, 우르솔릭산과 새로운 화합물, ursa-12-ene-28-oic 산, 3 베타프로판다이오익산 모노에스테르로 확인되었다. 스테로이드 화합물은 베타시토스테롤 팔미테이트, 베타시토스테롤 그리고 베타시토스테롤 글루코사이드(다우코스테롤, 6)이었다.

일부 잘 알려진 타감물질들이 여러 *Cuscuta* 종에서 발견되었다. Loffler 등[169]은 여러 숙주식물에 기생하는 *Cuscuta reflexa*와 *Cuscuta platyloba*로부터 여덟 가지의 주요 페놀 성분을 발견했고, 이들은 모두가 활성 타감물질인 kaempferol-3-O-beta-galactoside와 kaempferol-3-O-beta-glucoside뿐만 아니라 클로로겐산, 3,5-dicaffeoyl-quinic 산, 4,5-dicaffeoyl-quinic 산, 퀘르세틴, O-glycosides quercetin-3-O-beta-galactoside 그리고 quercetin-3-O-beta-glucoside였다. 온실에서 경작된

*C. reflexa*는 주로 하이드록신나믹산 파생물을 생산한 데 반해, 밭에서 자란 식물들은 플라보노이드를 합성하는 능력을 나타냈다. *C. platyloba*가 플라보노이드의 축적으로 특징지어진 데 반하여, *C. reflexa*는 주로 카페인산 디스파이드를 함유했다. 두 *Cuscuta* 종 모두의 페놀 화합물 구조는 숙주식물과는 관계없었다. 또 다른 연구에서, *Cuscuta* 속의 9개 종의 식물 화학 분석은 숙주식물과 지역에 상관없이 모든 *Cuscuta* 종에서 안정성을 띠는 용해 가능한 페놀 구성성분의 독특한 패턴을 산출해 냈다[168].

Perez-Amador 등[207]은 *Cuscuta americana*, *C. arvensis* [*C. campestris*], *C. corymbosa* var. *stylosa* 그리고 *C. tinctoria*의 줄기를 분석했고 모든 표본에서 글리코레신과 카우라노인 글루코사이드가 각각의 종에 다른 분포 패턴을 보이며 모든 계절 동안 생산된 것에 비해 우기일 때만 에르골린 알칼로이드가 발견되었다. Oleane 연쇄의 긴사슬 에스테르, 3-BETA-hydroxyolean-12(13)-ene tridecanoate 그리고 헵타데카노에이트는 *Cuscuta reflexa*[15]와 분생자 발아에 대항하는 *C. reflexa* 잎 추출물의 강력한 항진균성 활성에서 발견되었고, *Fusarium pallidoroseum*의 균사체 성장도 보고된 바 있다[110]. *C. reflexa*의 잎 추출물은 포장 조건 하에서 균류 조절에 매우 효과적이었다.

Haidar 등[107]은 *Cuscuta campestris*와 *Cuscuta indecora* 4일 유묘에 1분간의 적외선을 조사하고 48시간 어둠에서 제아틴을 처리하면 잘라진 유묘의 상부 4cm에서 나선과 가흡기 형성이 촉진된 것을 발견했다. 나선과 가흡기의 발달은 적외선 조사 직후 2분간 근적외선을 쬐었을 때 완전히 반전되었다. 높은 자외선 조도와 기계적 자극를 대신한 제아틴은 나선과 가흡기 형성을 일으켰다. Haidar 등[108]은 또 다른 연구에서 나선과 잘라진 비황화 실새삼 묘목의 유도에서 식물 호르몬의 변화에 미치는, 제아틴과 근적외선(700–800 nm)의 공동 작용 효과를 관찰했다. 자외선(400–500 nm)과 적외선, 근적외선의 혼합 하에서 에틸렌이 아무 효과도 보이지 않은 데 반해, IAA 처리는 제아틴에 의해 유도된 나선과 가흡기의 발달을 억제했다. 연구자들은 제아틴에 의해 유도된 나선과 가흡기 발달은 피토크롬에 의해 이루어질 수도 있음을 제시했다. *Cuscuta reflexa*와 *Cuscuta platyloba*의 식물 화학 분석은 용해 가능한 페놀 구성성분의 독특한 패턴을 산출해 냈다. 페놀 패턴은 이용된 여러 숙주식물에 관계없이 두 품종 모두에 대해 안정적이라고 증명되었다[169]. 성장하는 *Cuscuta* 싹의 분절들은 각기 다른 페놀 화합물의 농도를 보여 주었다. 분열 조직의 끝에서 흡기로까지 점차적으로 감소한 플라보노이드에 반해 하이드록신나믹산 변이는 줄기 꼭대기뿐만 아니라 흡기부에서도 풍부한 것으로 나타났다. 흡기부의 카페인산 뎁시드의 축적뿐 아니라 꼭대기의 페닐프로파노이드의 높은 농도는 각 부분에서 강화된 PAL 활동과 상관관계가 있었다.

Paliyath 등[205]은 *C. chinensis*의 줄기와 꼭대기의 1cm 아래를 둘러싼 고리 처리의 6-benzylaminopurine(BA) 혹은 리놀린에 있는 0.5%의 키네틴이 사이토키닌의 처리 72시간 이후 신장을 감소시켰고, 나선 형성의 유도가 줄기의 반지름 확대와 흡기의 발생보다 앞서 일어났다고 보고했다. *C. reflexa*의 생중량이 줄었고, 유묘는 지베렐린산 처리 이후 더 가늘어 보였다. 에틸렌, 사이토키닌 그리고 높은 농도의 옥신(IAA)은 기생체의 줄기 팽창과 동반되어 매우 두드러진 성장 억제를 보였다고 보고하였다[216].

Loranthus 종

WonYung[242]은 *Camellia japonica*에 기생하는 *Korthalsella*와 *Quercus acutissima*에 기생하는 *Viscum album* var. *coloratum*, 그리고 *Neolitsea sericea*에 기생하는 *Loranthus yadoriki*의 한국 토종의 겨우살이에 트리테르페노이드가 존재함을 보고했다. 올레아놀릭산과 우르솔산 유도체는 *K. japonica*에서 가장 높은 수치로 발견되었다. 잎에 있는 올레아놀릭산 성분과 *V. album*의 잔가지에 있는 olean-12-en-3beta-ol과 lup-20(29)-en-3-one이 가장 두드러졌다. *L. yadoriko*에서는 잎에 있는 olean-12-en-3beta-ol, lup-20(29)-en-3-one 그리고 urs-12-en-3beta-ol과 잔가지에 있는 lupp-20(29)-en-3-one이 풍부했다. 그는 시험된 겨우살이는 숙주와 표본의 위치, 품종에는 관계없이 세 가지 유형의 트리테르페노이드, 올레아난, 루펜 그리고 ursane을 가지고 있다고 언급했다. WonSil과 WonYung[311]은 갈산을 포함하는 페놀 화합물이 *Loranthus yadoriki*, *Pseudixus japonicus* 그리고 *Viscum album* var. *coloratum*의 항산화성을 설명할 수 있다고 생각했다. *Pseudixus japonicus*는 가장 많은 트리페노이드를 함유했고 가장 높은 생물학적 활동을 보였다.

Viscum 종

여러 타감물질들은 다양한 *Viscum* 종과 아종 혹은 변종의 조직으로부터 분리되고 확인되었다. *Quercus acutissima*에서 자란 *Viscum album* var. *coloratum*에 있는 트리테르페노이드의 존재는 이미 언급되었다[312]. 이 종들의 잎에서 올레아놀릭산이 두드러지게 검출되었다. 비스쿠민 독소와 겨우살이 렉틴은 *V. album* 식물의 추출물로서 이전에 보고된 바 있다[274].

페닐프로파노이드 글리코사이드(시린진, 코니페린 그리고 칼로파나신 D)는 *V. album*의 아종의 잎, 줄기 그리고 잔가지에서 발견되었다[65]. 시린진은 초산 에틸과 n-부탄올 추출물에 있는 주요 화합물이었고, *V. album*의 아종인 *album*에서 가장 높은 함량을 보였다. 가장 높은 함량의 칼로파나신 D는 동일 아종의 n-부탄올 추출물에서도 발견되었지만 아종 abietis에서는 발견되지 않았다. 그것의 표피 왁스는 알카인, 에스테르, 1차 알코올과 같은 지방성 화합물과 동반하는 올레아놀산을 주 구성성분으로 포함한다. 다량의 플라보놀 아글리콘(케르세틴과 캠페

롤의 메틸 에스테르) 또한 발견되었다[310]. Bussing[42]은 *Viscum album* 조직으로부터 렉틴, 비스코톡신, 소당·다당류, 플라보노이드 그리고 알칼로이드를 분리해 냈고, Deliorman 등[64]은 *V. album*의 아종인 *album*의 잎과 줄기에서 새로운 모노테르펜 배당체 2,6-Dimethylocta-2, 7-diene-1, 6-diol 6-O-[6′-O-beta-D-apiofuranosyl]-beta-D-glucoptran oxide를 발견했다. 최근 새로운 두 플라보노이드 배당체와 5,7-dimethoxyflavanone-4′-O-[2”-O-(5”’-I-trans-cinnamoyl)-beta-D-apiofuranosyl]-beta-D-glucopyranoside와 2′-hydroxy-4′,6′-dimethoxy-chalcone-4-O-2″′-O-(5″′-O-trans-cinnamoyl)-beta-D-iofuranosyl]-beta-D-glucopyranoside와, 그밖에 시린진, 코니페린, 칼로파나신 D, 2′hydroxy-4′,6′dimethoxy-chalcone-4-O-beta-D-glucopyranoside, 5,7-dimethoxy-flavanone-4′-O-[beta-D-apiofuranosyl(1 right arrow 2)]-beta-D-glucopyranoside 또한 보고되었다[201].

*Viscum cruciatum*의 타감 활동은 *Allium cepa*의 분열조직세포에 mitodepressive 효과를 보인 이 종의 메탄올 추출물을 이용하여 입증되었다[99]. 이 효과는 세포 분열이 완전히 억제되기 전까지의 농도와 시간에 따라 증가했다. 분열 조직의 유사 분열 활성을 재개시키기 위한 시도는 *V. cruciatum*의 메탄올 추출물의 이용으로는 효과가 없었지만, 기생 혹은 비기생 *C. monogyna*의 메탄올 추출물을 통해 완전히 회복되었다. 이 결과는 길항작용을 하는 여러 타감물질들의 생산을 통한 기생체와 숙주 사이의 길항작용을 확증한다. Ahumada 등[6]은 *Crateagus monogyna* 숙주에 기생하는 *Viscum cruciatum*의 식물화학 연구를 수행했고, 연구는 기생체와 숙주의 핵산 추출물로 구성되었다. 우르솔산, 베타시토스테롤 그리고 트리테르펜 일부는 주로 butyrospermol(3beta-lanost 8, 24-dien, 3-ol), 24-methylene-24-dihydrolanosterol (24-methylene-5alpha-lanost-8-en-3beta-ol), 시클로아르테놀(9beta, 19-cyclo-6alpha, 9beta-lanost-24-en-3beta-ol), 베타아미린(olean-12-en-3beta-ol) 그리고 다수가 타감물질인 몇몇 지방성 알코올을 함유한다고 밝혀졌다. 베타아미린 초산염은 *V. cruciatum*에서만 분리되었고 *C. monogyna*에서는 발견되지 않았다.

다른 *Viscum* 종들도 연구되었고 그들 조직에 타감물질이 함유되는 것으로 확인되었다. Chou 등[57]은 *Viscum alniformosanae*로부터 두 종류의 새로운 플라보노이드 글리코사이드와 (2S)-5-hydroxy-7, 3′-dimethoxyflavanone-4′-O-beta-[apiosyl(1 right arrow 2)] glucoside 그리고 rhamnazin-4′-O-beta-[apiosyl(1 right arrow 2)]를 분리해 냈고, Lin 등[164]은 *Viscum angulatum*에서 나온 글리코사이드, 그리고 *Viscum naringenin*에서 나온 viscumneoside와 homoeriodictyol을 보고했다.

잡초방제를 위한 타감물질과 유사화합물

촉진제

다수의 합성물질이 *Striga* 종을 자극하는 것으로 보고되었고, 그들 중에는 쿠마린 파생물질, scopoletin, thiourea, allythiourea, 황산, 차아염소나트륨 그리고 inositol이 있다[313, 315]. 티디아주론 제초제나 에틸렌 분비를 활성화시키며[24], 같은 연구자에 의해 흡기발달의 저해제로 여겨졌음에도 불구하고 *Striga* 종자의 발아를 간접적으로 촉진시킨다고 보고되었다. Gabbar 등[88]은 cytokinin-1-aminocyclopropane-1-carboxylic acid(ACC) 결합과 처리된 *S. asiatica*의 종자가 63~71%의 높은 발아율을 보였으며, 이것은 에틸렌 생산과 분명히 연관성이 있다. 에틸렌은 여러 연구자들에 의해 *Striga* asiatica와 *Striga hermonthica* 종자의 발아 촉진제로 일찍부터 언급되었다[78, 118]. 에틸렌과 에테폰 분비 합성물은 *S. asiatica*를 촉진시키는 데 효과적이었고[77, 78], 포장조건 하에서는 *S. hermothica*에 대항함에 있어서 높은 효율을 보였다[22]. 몇몇 성장 호르몬과 키네틴을 포함하는 다른 화학물질들은 체외에서 진행되는 *Striga* 발아를 촉진시킨다고 밝혀졌다[245].

Willem 등[308]은 demethylsorgolactone의 두 부분 입체이성질체를 합성하였다. 이 화합물의 발아 촉진 활동은 스트리골의 발아 촉진 활성, 그리고 독립적인 입체이성체 사이의 활성과 유사하다. 새롭게 구성된 스트리골 유사체 Nijmegen 1은 N-phthaloylglycine에서부터 시작하여 준비되었고[196], 낮은 농도에서 *Striga*와 *Orobanche* 둘 모두에게 자살성 발아 물질로서 효과를 나타내는 것으로 밝혀졌다[305, 306]. 비교적 단순한 이 유사체는 기생잡초인 *Striga ermonthica*와 *Orobanche crenata* 종자의 발아 촉진 작용을 나타냈다. Nijmegen 1은 발아 활동에 있어 두드러진 차이를 보이는 것으로 밝혀진 rac과 entenantiomers로 분해되었다. 하이포염소산칼슘과 GA는 둘의 합성물로 혹은 각기 *O. crenata* 종자의 발아를 촉진시켰다[210]. 1~20분 동안 0.5~5.0 N의 H_2SO_4 용액에 담가진 6~12개월 된 *O. crenata* 종자는 발아율이 20%나 증가되었다[171]와 Garcia Torres[171]. Yoneyama 등[249]은 자스몬, 그리고 이와 관련된 화합물들이 *O. minor* 종자발아를 이끌어냈으며, 메틸 자스몬이 *Striga*와 *Orobanche* 일부 종에 가장 활성을 띠는 촉진제라고 보고했다. 합성 발아 촉진제인 스트리골 유사체(CR 화합물)는 다른 *Striga*와 *Orobanche* 종자발아를 촉진시키는 것으로 밝혀졌다. 스트리골은 *Orobanche*를 자극한다고 보고된 바 있고[278], 그리고 스트리골의 유사체인 GR7과 GR45는 *O. minor*의 발아를 촉진시켰다. GR7은 10^{-10}g/seed에서, GR45는 10^{-6} g/seed에서 효과를 보이는 것으로 나타났다[263]. 그러나 가장 높은 활성은 0.1~1ppm의 농도에서 일어났다. 체외에서 진행되는 *O. ramosa* 종자발아를 유도함에 있어 GR7, GR24 그리고 GR28 화합물이 1ppm의 농도에서 가장 높은 활성을 나타내었다.

여러 토양에서 다양한 스트리골 유사체 활동에 관한 연구에서 GR7, GR24 그리고 GR45가 1ppm의 농도에서 가장 활성을 띤다는 것이 밝혀졌다. 화분 연구에서, 토마토를 옮겨심기 6주 전 1~3ppm GR7의 처리는 건조 중량과 *O. ramosa* 식물의 싹 개수를 현저히 감소시켰고, 토마토의 수확량도 증가시켰다[240]. 포장조건 하에서 0.3 Kg/ha의 GR7은 산성 토양에서 자란 잠두에 있는 *O. crenata*를 적절히 조절하게 했고, 1.5 Kg/ha의 촉진제 처리는 알칼리성 토양에서의 *O. crenata*를 방제했다[239]. 스트리골과 솔골락톤은 매우 강력한 *Orobanche* 종자의 발아 촉진제로 잘 알려져 있다[238]. Luque 등[173]은 파테놀리드와 3,5-dihydroxydehydrocostus-lactone이 *O. cumana*의 발아를 현저히 증가시켰고 CR24보다 높은 활성을 나타냈다고 보고했다. Dhanapal[69]은 담배에 있는 *O. cernua*의 종자 은행에서 발아 가능성과 감소에 대한 GR 24의 기준 농도를 1.0ppm과 0.1ppm으로 언급했다. 그러나 일반적으로 스트리골 유사체는 토양에서 안정성 문제를 가진다고 언급된 바 있으며[206], 포장조건 하에서 그것을 사용하는 것은 또 다른 문제를 발생시킬 것이다.

여러 *Orobanche* 종의 종자발아를 자극하는 다양한 농약들의 능력을 시험하기 위해 수행된 Georgieva와 Bozoukov[93]의 실험 결과는 농도 50ppm의 Topsin-M [thiophanatemethyl](97%)과 농도 100ppm의 Ambis(90%) 살균제, 농도 100ppm의 Thiodan [endosulfan](80%)과 농도 10ppm의 Thiofanox(70%) 농약, 농도 30ppm의 Ditrapex [dichloropropane + methyl isothiocyanate](90%) 생물 농약, 그리고 농도 200ppm의 Vernam 6E(97.7%) 제초제가 고도로 높은 촉진 효과를 나타냈다.

보고된 다른 화학물질들 가운데, 농도 10ppm과 20ppm의 지베렐린산이 가장 큰 효과를 나타냈다. GR24가 처리되었을 때 조차도 숙주의 촉진 효과는 두드러졌다. 이 호르몬의 긍정적 역할은 Joel[126]에 의해 보다 더 분명하게 확인되었는데, 그는 해바라기의 재식전처리에 있어 지베렐린 합성의 저해제인 유니코나졸을 사용하면 *O. cumana*에 의한 감염 횟수를 현저히 감소시켰으며 정상적인 해바라기 꽃송이의 발달을 가능하게 했다고 보고한 바 있다. NAA와 IBA의 적용은 *Solanum melongenaml*의 뿌리 성장을 증가시켰고, *O. cernua*가 성공적으로 살아남는 것을 가능하게 했다. 농도 60ppm의 NAA는 최상의 결과를 가져다 주었고[221], Harb[109]에 의해 수행된 최근의 연구는 토마토 뿌리의 *Orobanche* 유지에 IAA의 역할을 입증했다. 그러나 포장조건 하에서의 *Orobanche* 종자의 자살성 발아를 위한 발아 촉진제의 활동은 brassinolide(2a, 3a, 22R, 23R-tetrahydroxy-24S-methyl-B-homo-7-oxa-5-a-cholesten-6-ono)와 관련 화합물을 감염토양에 적용함으로써 상당히 향상될 수 있었다[272].

저해제

Ancymidol, uniconazole 그리고 paclobutrazol은 *Orobanche ramosa* 발아와 CCC의 강력한 저해제로 보고되었고, 다미노자이드와 10^{-5}M의 프로헥사디온도 유사한 효과를 보였다[322) paclobutrazol과 uniconazole의 저해 효과는 높아진 수치의 아브시스산(ABA)로부터 나온 결과라 추측된다. 파세인산 및 외생 아브시산으로 작용하는 ABA의 산화적 대사는 *O. ramosa* 발아를 강하게 억제시킨다[252, 322)].

*S. asiatica*의 발아는 실버티오황산염과 $CoCl_2$ 그리고 ACC 산화물의 에틸렌 작용 저해제에 의해 감소되었다[88)]. 아미노에톤시비닐글리신은 기생체의 발아를 유도하는 사이토키닌 티디아주론을 감소시켰다. 연구자들은 사이토키닌이 에틸렌으로의 ACC 전환을 촉진시켰고, ACC 활동 그리고 합성을 향상시킨 결과 기생체의 발아를 촉진시켰다고 결론을 내렸다.

결론

숙주-기생 관계에서 타감작용의 역할에 대한 연구는 타감물질이 이들의 관계에 필수적인 역할을 한다는 사실을 분명히 입증했다. 타감물질 중 다수가 숙주 종자의 발아, 부착 그리고 발달을 촉진시킬 수 있는 데 반해, 다수는 숙주식물이 기생식물에 맞서 방어기작의 원인으로 여겨지기도 한다. 반면, 타감물질의 일부 집단은 기생체의 종자발아와 숙주식물의 성장을 저해시킨다. 타감물질은 많은 종의 숙주식물과 기생체의 조직에서 발견되었으며 둘 사이에서 교환이 가능할 것이라 추측된다. 그러나 기생체와 숙주간의 화학적 상호작용은 한쪽이 다른 쪽에 의해 타감물질의 생산을 촉진시킬 수 있다는 점에서 매우 복잡하다. 지금까지는 기생잡초 문제를 조절하는 데 있어서 타감물질의 유망한 역할이 이 종의 관리 전략에 대한 유익한 방법으로 보인다. 다른 기술들은 기생체의 종자발아, 부착, 성장 또는 발달의 촉진/저해 화합물과 같은 숙주종의 재식후처리와 재식전처리에서 발생하는 자연 화학물질의 사용을 통해 활용되고 이행될 것이다. 다른 화학물질은 기생식물의 발아후처리에 사용되어질 수 있으며, 그들은 발아 후 기생식물의 성장이나 씨뿌림을 통제하기 위한 성장 저해제 혹은 자연 제초제로서 기생식물의 지상부에 직접적으로 뿌려진다. 식물이 생산한 타감물질은 기생잡초의 침입을 관리하는 데 사용되어질 수 있는 가장 실용적인 도구이다. 재배되거나 야생의 유인식물이나 포장조건 아래 기능하는 타감작용의 유망한 해결책이며, 좋은 예이자 증거이다. 그들의 추출물, 잔여물, 혹은 기름은 기생잡초관리 전략에서 유용하게 사용되어진다. 기생잡초의 발아나 발달의 타감물질, 자극물질 또는 저해제를 구분하고 확인할 수 있는 더 많은 기능과 더불어,

보다 좋고 저렴한 화학적 방제법을 위한 이러한 자연 타감물질, 또는 그들의 합성 유사 화합물을 다루는 대규모 산업을 향한 문은 넓게 열려 있다. 하나 혹은 그 이상의 기생종에 잘 견디는 작물로 유전자를 조작하는 데 있어 장차 타감물질이 맡을 역할은 이 분야에서 여전히 철저히 연구되어야 할 대상으로 남아 있다.

참고문헌

1) Abou-Salama AM (1995) Assiut J Agricul Sci 26: 245-252.

2) Abu-Shakra S, Miah AA, Saghir AR (1970) Hortic Res 10: 119-124.

3) Acharya BD, Khattri GB, Chettri MK, Srivastava SC (2002) Crop Prot 21: 533-537.

4) Adams WW, Demming-Adams B (1995) Plant Cell Environ 18: 117-127.

5) Ahmed NE, Sugimoto Y, Babiker AGT, Mohamed OE, Ma Yong Qing, Inanaga S, Nakajima H (2001) Weed Sci 49: 354-358.

6))Ahumada C, Garcia D, Saenz T, Gomez A, Cert A (2001) Biosciences 56: 1091-1094.

7) Albrecht H, Yoder JI, Phillips DA (1999) Plant Physiol; 199(2): 585-592.

8) Al-Menoufi AO (1992) Final Report, Project Financed by Alexandria University, Egypt.

9) Al-Menoufi AO, Adam MA (1998) *Current Problems of Orobanche Researches*. 259-266. Proceedings of the 4th International *Orobanche* Workshop, Sep. 23-26, 1998, Institute for wheat and sunflower "obroudja" Albena, Bulgaria.

10) Al-Menoufi OA (1991) *Progress in Orobanche Research*. 241-247. Proceedings, International Workshop on *Orobanche* Research, Obermarchtal, 1989.

11) Al-Menoufi OA, Adam MA (1996) *Advances in Parasitic Plant Research*, pp. 418-423. Sixth International Parasitic Weed Symposium, April 16-17-18, 1996.

12) Al-Menoufi OA, Ashton FM (1991) *Proceedings of the 5th International Symposium of Parasitic Weeds*, 293-297. 24-30.

13) Alonso LC (1998) *Current Problems of Orobanche Researches*, 233-257.

14) Amsellem Z, Barghouthi S, Cohen B, Goldwasser Y, Gressel J, Hornok L, Kerenyi Z, Kleifeld Y, Klein O, Kroschel J, Sauerborn J, Muller-Stover D, Thomas H, Vurro M, Zonno MC (2001) Bio Control 46: 211-228.

15) Anis E, Ahmed Z, Mustafa G, Ullah N, Nadeem RZ, Malik A, Aeza N (1998) Fitoterapia 69: 474-475.

16) Antonova TS, Borg SJ Ter (1996) Weed Res 36: 113-121.

17) Archana S, Madhav S (1997) J Plant Physiol 150: 592-596.

18) Ariga ES, Odhiambo GD, Friesen D (2001) *Proceedings of the 7th International Parasitic Weed Symposium*, p. 303. Nantes, France.

19) Arnaud MC, Thalouarn P, Fer A (1998) Comptes Rendus des Seances de la Societe de Biologie et de ses Filiales, 192: 101-119.

20) Arnaud MC, Veronesi C, Thalouarn P (1999) Aust J Plant Physiol 26: 63-70.

21) Atanasova S, Hoefsloot G, Verkleij JAC (2001) *Proceedings of the 7th International Parasitic Weed Symposium*, 92-95 Nantes, France.

22) Babiker AGT, Hamdoun M (1983) Weed Res 23:125-131.

23) Babiker AGT, Ma Y, Sugimoto Y, Inanaga S (2000) Physiol Plantarum 109: 75-80.

24) Babiker AGT, Parker C, Suttle JC (1992) Weed Res 32: 243-28.

25) Bar-Nun N, Mayer AM (2002) J Plant Sci 50: 277-279.

26) Bar-Nun N, Mor A, Mayer AM (1999) Phytochemistry 52:1217-1221.

27) Baumel P, Witte L, Czygan FC, Proksch P (1994) Biochem System Ecol 22: 647-656.

28) Bebawi FF (1987) *Cultural practices in witchweed management*. In *Parasitic Weeds in* Agriculture, Volume 1, *Striga*, pp. 159-171. CRC Press, BOCA Raton, FL, USA.

29) Bebawi FF, Mutwali EM (1991) Agron J 83: 781-786.
30) Bell-Lelong D, Butler LG, Ejeta G, Hess D (1994) Acta Horticulturae 381: 683-686.
31) Ben-Hod G, Losner D, Joel DM, Mayer M (1993) Phytochemistry 32:1399-1402.
32) Berner DK, Schaad NW, Volksch B (1999) Biol Control 15: 274-282.
33) Berner DK, Williams OA (1998) Plant Dis 82: 1242-1247.
34) Bharathalakshmi, Jayachandra (1984) *Proceedings, 3rd International Symposium on Parasitic Weeds*, 108-117. ICARDA, Aleppo, Syria.
35) Bharathalakshmi, Werth CR, Musselman LJ (1990) Plant Syst Evol 172: 1-12.
36) Bock F, Fer A (1992) Aust J Plant Physiol 19: 679-691.
37) Bouhatous B, Jacquard P (1994) *Biology and Management of Orobanche*, pp. 320-333. *Proceedings of the Third International Workshop on Orobanche and Related Striga Research.* Royal Tropical Institute, Amsterdam, The Netherlands.
38) Bouillant ML, Miche L, Ouedraogo O, Alexandre G, Jacoud C, Salle G, Bally R (1997) CR Acad Sci III-Vie 320: 159-162.
39) Boulet C, Labrousse P, Arnaud MC, Zehhar N, Fer A (2001) *Proceedings of the 7th International Parasitic Weed Symposium*, p. 237.
40) Bringmann G, Schlauer J, Ruckert M, Wiesen B, Ehrenfeld K, Proksch P, Czygan FC (1999) Plant Biology 1: 581-584.
41) Brown R, Greenwood AD, Johnson AW, Long AG, Lansdowne AR, Sunderland N (1952) Biochem J 52: 557-574.
42) Bussing A (2000) *Mistletoe: the genus* Viscum. Harwood Academic Publishers, Reading, UK. 265.
43) Butler LG (1995) *Allelopathy: organisms, processes, and applications*, pp. 158-168.
44) Calder M, Berhardt P (eds) (1983) *The Biology of Mistletoes.*
45) Capdepon M, Fer A, Ozenda P (1985) CR Acad Sci 6: 227-232.
46) Cardwell KF, Lane JA (1995) Agr Ecosyst Environ 53: 253-262.
47) Carsky RJ, Berner DK, Oyewole BD, Dashiell K, Schulz S (2000) Int J Pest Manage 46: 115-120.
48) Chabrolin C (1935) CR Acad Sci 200: 1974-1976.
49) Chang M, Lynn DG (1986) J Chem Ecol 12: 561-579.
50) Chang M, Netzley DH, Buttler LC, Lynn DC (1986) J Am Chem Soc 108: 7858-7860.
51) Chari MS, Prabhu SR, Ramaprasad G (1993) In *Botanical Pesticides in Integrated Pest Management*, pp. 128-133.
52) Chatterjee U, Sanwal GG (1999) Phytochemistry 52: 361-366.
53) Chibudu C (1998) *Proceedings of the Soil Fertility Network Results and Planning Workshop, Soil Fertility Research for Maize-Based Farming Systems in Malawi and Zimbabwe*, 87-90.
54) Chidley VL, Drennan DSH (1987) In Weber HC, Forstreuter W (eds) *Proceedings, 4th International Symposium on Parasitic Flowering Plants*, 829-831.
55) Chittapur BM, Hunshal CS, Shenoy H (2001) Allelopathy J 8: 147-160.
56) Chivinge OA, Kasembe E, Mariga IK, Mabasa S (2001) *Proceedings the BCPC Conference – Weeds*, 163-168.
57) Chou Cheng Jen, Ko Han Chieh, Lin Lie Chwen (1999) J Nat Prod 62: 1421-1422.
58) Christeva T, Naumova S (1998) *Proceedings of the Fourth International Workshop on Orobanche,* 73-77. Albena, Bulgaria.

59) Ciotoia M, Watson AK, Hallett SG (1995) Weed Res 35: 303-309.

60) Cook CE, Whichard LP, Turner B, Wall ME, Egley GH (1966) Science 154: 1189-1190.

61) Cook CE, Whichard LP, Wall ME, Egley GM, Coggan P, Lubban PA, McPhall AT (1972) J Am Chem Soc 94: 6198-6199.

62) Cubero JI (1991) *Progress in Orobanche Research. Proceedings, International Workshop on Orobanche Research*, 257-277.

63) Czerwenka-Wenkstetten IM, Berner DK, Schilder A, Gretzmacher R (1997) Plant Dis 81:832.

64) Deliorman D, Calis I, Ergun F (2001) Fitoterapia 72: 101-105.

65) Deliorman D, Calis I, Ergun F, Tamer U (1999) J Liq Chromatogr R T 22: 3101-3114.

66) Denev I, Pereira A, Verstappen F, Bouwmeester H (2001) *Proceedings of the 7th International Parasitic Weed Symposium*, 110-113.

67) Dhanapal GN (1996) Dissertation, Wageningen Agricultural University, Wageningen, The Netherlands. 183 pp.

68) Dhanapal GN, Mallory-Smith PC, Ter Borg SJ (2001) *Parasitic Weed Symposium*, 42.

69) Dhanapal GN, Struik PC (1996) Neth J Agr Sci 44: 279-291.

70) Dhanapal GN, Struik PC (1998) Wegmann LJ, Musselman DM Joel, 23-26 September, Bulgaria (1998), 177-180.

71) Dhanapal GN, Struik PC, Borg SJ (1998) *Current Problems of* Orobanche *Research*. Proceedings of the Fourth International Workshop on *Orobanche*, 51-57. Albena, Bulgaria.

72) Dhopte AM (1998) Ann Plant Physiol 12: 80-81.

73) Diarra C, Traore D (2001) *Proceedings of the 7th International Parasitic Weed Symposium*, 278-28.

74) Dini I, Iodice C, Ramundo E (1995) Planta Med 61: 389-390.

75) Doggett H (1965) J Agr Sci 65: 183-194.

76) Dorr I, Staack A, Kollmann R (1994) *Proceedings 3rd International Workshop on Orobanche and related Striga Research*, 276-289.

77) Egley GH (1982) Agriculture and Forestry Bulletin 5: 13-18.

78) Egley GH, Dale JE (1970) Weed Sci 18: 586-589.

79) Eizenberg H, Plakhine D, Dor E, Hershenhorn J, Kleifeld Y, Rubin B (2001) *Proceedings of the 7th International Parasitic Weed Symposium*, 190-191.

80) Eizenberg H, Plakhine D, Hershenhorn Y, Kleifeld Y, Rubin B (1999) Resistance mechanism of sunflower (*Helianthus annuus*) cv. Amber to *Orobanche cumana*. In *XIVth International Plant Protection Congress (IPPC)*, 77.

81) Ejeta G, Mohamed A, Rich P, Melake-Berhan A, Housley TL, Hess DE (2000). Hausmann et al. IITA, Abadan, Nigeria, Agust 1999, 29-40.

82) Eltayeb DM, Thalouran P, Fer A, Babiker AGT, Mohamed YF, Hamdoun AM, Dafalla GA (2000) *Proceedings of the First Near East Conference on Improved Weed Management*, 194-198. Khartoum, Sudan.

83) Eplee RE (1984) *Proceedings of the Third International Symposium on Parasitic Weed*, 40-42. International Center for Agricultural Research in the Dry Areas, Aleppo, Syria.

84) Erickson J, Schott D, Reverri T, Muhsin W, Ruttledge T (2001) J Agr Food Chem 49: 5537-5542.

85) Farah AF (2001) *Proceedings of the 7th International Parasitic Weed Symposium*, pp. 186-189. Nantes, France.

86) Frolisek M, Novotny F (1992) Ochrana Rostlin 28: 299-311.
87) Furuhashi K, Kanno M, Morita J (1995) Plant Cell Physiol 36: 533-536.
88) Gabbar A, Babiker T, Buttler LG, Ejeta G, Woodson WR (1993) Physiol Plantarum 89: 21-26.
89) Gacheru E, Rao MR (2001) Int J Pest Manage 47: 233-239.
90) Galindo JCG (1993) Ph.D. Thesis, University of Cadiz, Spain.
91) Garcia-Plazaola JI, Hernandez A, Becerril JM (2001) *Proceedings of the 7th International Parasitic Weed Symposium*, pp. 135-138. Nantes, France.
92) Geils B (undated) *Forest Service' Rocky Mountain Research Station at Flagstaff. Ariz. He' one of the editors of a guide to dwarf mistletoes*, Agriculture Handbook 709 (http://www.rms.nau.edu/mistletoe).
93) Georgieva IG, Bozoukov HG (1995) Bulgarian J Agricul Sci 1: 13-17.
94) Ghosheh HZ, Hameed KM, Turk MA, Al-Jamali AF (1999) Weed Technol 13: 457-460.
95) Goldwasser Y, Kleifeld Y, Plakhine D, Robin B (1997) Weed Sci 45: 756-762.
96) Goldwasser Y, Lanini WH, Worbel RT (2001) Weed Sci 49: 520-523.
97) Goldwasser Y, Plakhine D, Yoder JI (2000) Weed Sci 48: 342-346.
98) Gomez JM (1994) Oikos 71: 97-106.
99) Gomez MA, Saenz MT, Garcia MD, Puerta R de la, Ahumada MC (1996) Cytobios 85: 59-63.
100) Griffitts AA, Gramer CL, Westwood JH (2001) *Proceedings of the 7th International Parasitic Weed Symposium*, 178-181. Nantes.
101) Guitierrez-Mellado MC, Edwards R, Tena M, Cabello F, Serghini K, Jorrin J (1995) J Plant Physiol 149: 261-266.
102) Gupta A, Singh M (1985) Physiol Plantarum 63: 76-78.
103) Gurney AL, Press MC, Ransom JK (1995) J Exp Bot 46: 1817-1823.
104) Gworgwor NA, Anaso AB, Turaki ZG, Ndahi WB (2001) *Proceedings of the 7th International Parasitic Weed Symposium*, pp. 306. Nantes, France.
105) Gworgwor NA, Weber HChr (2001). *Proceedings of the 7th International Parasitic Weed Symposium*, pp. 286-289. Nantes, France.
106) Haidar MA, Bibi W, Abdel-Khalek N (1995) British Crop Protection Council 3: 871-876.
107) Haidar MA, Orr GL, Westra P (1997) Weed Res 37: 219-228.
108) Haidar MA, Orr GL, Westra P (1998) Ann Appl Biol 132: 331-338.
109) Harb A (2002) *The Role of Indol-3-Acetic Acid in Host/Orobanche Interaction*. M.Sc. Thesis, Jordan University of Science and Technology, Irbid, Jordan. 104 pp.
110) Harsh NSK (1998) Indian Forester 124: 962-966.
111) Hassan EA (1998) *Broomrape species in Egypt, a recent survey in relation to geographical distribution*. In Maillet J (ed.) *6th EWRS Mediterranean Symposium*, 155. Montpellier, France.
112) Hauck C, Muller S, Schilknecht HA (1992) J Plant Physiol 139: 474-478.
113) Haussmann BIG, Hess DE, Omanya GO, Reddy BVS, Welz HG, Geiger HH (2001) Crop Sci 41: 1507-1512.
114) Hawksworth FG, Scharpf RF, Marosy M (1991) Calif Agr 45: 39-40.
115) Hershenhorn J, Goldwasser Y, Plakhine D, Herzlinger G, Golan S, Russo R, Kleifeld Y (1996) Weed Sci 44: 948-951.
116) Hiremath SP, Swamy HKS, Sharishailappa B, Purohit MG (1994) Fitoterapia 65: 372-374.
117) Hood ME, Condon JM, Timko MP, Riopel JL (1998) Phytopathology 88: 70-75.

118) Hsiao AI, Worsham AD, Moreland DE (1981) Weed Sci 29: 101-104.

119) Huang JZ, Li YH (1991) *Proceedings of the 5th International Symposium of Parasitic Weeds*, pp. 14-16. Nairobi, Kenya.

120) Hudu AI, Gworgwor NA (1998) Internat Sorghum Millets Newsletter 39: 118-121.

121) Ibrahim NE, Babiker AGT, Edwards WG, Parker C (1985) Weed Res 25: 135-140.

122) Ihl B, Wiese K (2000) Flora (Jena) 195: 1-8.

123) Ish-Shalom-Gordon N, Jacobsohn R, Cohen Y (1993) Phytopathology 83: 1250-1252.

124) Jeschke WD, Baig A, Hilpert A (1997) J Exp Bot 48: 915-925.

125) Joel D, Goldman-Guez T (2001) *Proceedings of the 7th International Parasitic Weed Symposium*, pp. 32-35. Nantes, France.

126) Joel DM (1998) *Comptes-rendus 6eme Symposium Mediterraneen EWRS*, pp. 135-140. Montpellier, France.

127) Joel DM, Kleifeld Y, Losner-Goshen D, Herzlinger G, Gressel J (1995a) Nature 374: 220-221.

128) Joel DM, Losner-Goshen D (1994) Can J Bot 72: 564-574.

129. Joel DM, Losner-Goshen D, Hershenhorn J, Goldwasser Y, Assayag M (1996) *Advances in Parasitic Plant Research.* Sixth International Parasitic Weed Symposium, pp. 531-541. Cordoba, Spain.

130) Joel DM, Steffens JC, Matthews DE (1995b) *Seed Development and Germination.*

131) Johnson AW, Roseberry G, Parker C (1976) Weed Res 16: 223-227.

132) Jorrin J, Perez-de-Luque A, Serghini K (1999) *Resistance to Orobanche: The state of art*, pp. 163-177. Cordoba, Spain.

133) Jorrin J, Ruck ED, Seghini K, Perez De-Luque A, Munoz-Garcia J (1996) *Advances in Parasitic Plant Research.* Sixth International Parasitic Weed Symposium, 551-558.

134) Jost A (1997) *Integrated cereal cropping in north Ghana with special attention for Striga problems. Integrierter Getreideanbau in Nord-Ghana unter besonderer Berucksichtigung der Striga-Problematik.* Ghana. 127 pp.

135) Kadas I, Arvai G, Miklo K, Horvath G, Toke L, Toth G, Szollosy A, Bihari M (1996) J Environ Sci Heal B 31: 561-566.

136) Karim FM (1978) *Flowering Parasitic Plants of Iraq*. Ministry of Agriculture and Agrarian Reform, Republic of Iraq.

137) Kasasian L (1973) *Miscellaneous observations on the biology of Orobanche crenata and O. aegyptiaca.* In Proceedings Symposium on Parasitic Weeds (Malta), 68-75.

138) Kasasian L (1971) Pest Article and News Summaries 17:35-37.

139) Kelly CK, Horning K (1999) PNAS 96: 13219-13222.

140) Keyes WJ, Taylor JV, Apkarian RP, Lynn DG (2001) Plant Physiol 127: 1508-1512.

141) Khalaf KA (1992) Trop Agr 69: 35-38.

142) Khalaf KA, Ali AM, Youssef KA, Abd-Alaziz SA (1997) FABIS Newsletter 40: 25-30.

143) Khan ZR, Hassanali A, Khamis TM, Pickett JA, Wadhams LJ (2001) *Proceedings of the 7th International Parasitic Weed Symposium*, pp. 307. Nantes, France.

144) Khan ZR, Hassanali A, Overholt W, Khamis TM, Hooper AM, Pickett JA, Wadhams LJ, Woodcock CM (2002) J Chem Ecol 28: 1871-1885.

145) Kleifeld Y (1996) Weed Sci 44: 948-951.

146) Kleifeld Y, Goldwasser Y, Herzlinger G, Joel DM, Golan S, Kahana D (1994) Weed Res 34:

37-44.
147) Krishna-Murthy GVG (1992) Indian Farming 42: 7-8.
148) Krishnamurthy GVG, Chandwani GH (1975) Pest Article and News Summaries 21: 64-66.
149) Krishnamurthy GVG, Lal R, Nagarajan K (1977) Pest Article and News Summaries 23: 206-208.
150) Krishnamurthy GVG, Rao M (1976) Indian Farming 25: 23.
151) Kuijt J (1969). *The Biology of Parasitic Flowering Plants*. University of California Press, 346.
152) Kuiper E (1997) *Comparative Studies on the Parasitism of Striga aspera and Striga hermonthica on Tropical Grasses*. PhD Thesis, Vrije Universiteit, Amsterdam, The Netherlands.
153) Kuiper E, Groot A, Noordover ECM, Pieterse AH, Verkleu JAC (1998) Can J Bot 76: 2131-2144.
154) Kumar RM, Kondap SM (1993) Ind J Plant Protect 21: 167-171.
155) Kumar RM, Kondap SM, Madhav Rao N, Ramakrishna A (1993) *Proceedings of an Indian Society of Weed Science International Symposium* Vol II, pp. 61-63. Hisar, India.
156) Kureh I, Chiezey UF, Tarfa BD (2000) Afri Crop Sci J 8: 295-300.
157) Labrada R, Perez R (1988) Agrotecnica de Cuba 20: 35-40.
158) Labrousse P, Zehhar N, Arnaud MC, Boulet C, Fer A, Thalouan P (2001) *Proceedings of the 7th International Parasitic Weed Symposium*, pp. 237. Nantes, France.
159) Lados M (1999) Novenytermeles 48: 367-376.
160) Lados M (1998) Acta Agron Hung 46: 317-325.
161) Lane JA, Bailey JI (1992) Euphytica 63: 85-93.
162) Lane JA, Child DV, Moore THM, Arnold GM, Bailey JA (1997) Maydica 42: 45-51.
163) Letourneau A, Dube MP, Ciotola M, Olivier A (2001) *Proceedings of the 7th International Parasitic Weed Symposium*, 305.
164) Lin JerHuei, Chiou YiNing, Lin YunLian (2002) J Nat Prod 65: 638-640.
165) Linke KH, Abd El-Moneim AM, Saxena MC (1993) Field Crop Res 32: 277-285.
166) Linke KH, Schnell H, Saxena MC (1991) *Proceedings of the 5th International Symposium of Parasitic Weeds*. Nairobi,Kenya.
167) Loffler C, Czygan FC, Proksch P (1999) Plant Biol 1: 613-617.
168) Loffler C, Czygan FC, Proksch P (1997) Biochem Syst Ecol 25: 297-303.
169) Loffler C, Sahm A, Czygan FC, Proksch P, Wray V (1995) Biochem Syst Ecol 23: 121-128.
170) Logan DC, Stewart GR (1991) Plant Physiol 97: 1435-1438.
171) Lopez-Granados F, Garcia-Torres L (1996) Weed Sci 44: 284-289.
172) Lovett JV, Fraser SA, Duffield AM (1982) *Proceedings 10th International Sunflower Conference*, Surfers'Paradise, 198-201.
173) Luque AP de, Galindo JCG, Macias FA, Jorrin J (2000) Phytochemistry 53: 45-50.
174) Ma CM, Jia SS, Sun T, Zhang YW (1993) Acta Pharm Sinic 28: 152-155.
175) Ma Y, Babiker AGT, Ali IA, Sugimoto Y, Inanaga S (1996) J Agr Food Chem 44: 3355-3359.
176) Ma Y, Babiker AGT, Sugimoto Y, Inanaga S (1998) J Agr Food Chem 46:1587-1592.
177) Machado MA, Zetsche K (1990) Planta 181: 91-96.
178) Mallet AI (1973) *Studies in the chemistry of the Orobanche crenata germination factor present in the roots of Vicia faba and other host plants*. In *Proceedings Symposium on*

Parasitic Weeds (Malta), pp. 89-97. European Weed Research Council, Wageningen, The Netherlands.
179) Mangnus E (1992) *Strigol Analogues: Design, Synthesis and Biological Activity*.
180) Matthews DE, Joel DM, Steffens JC (1991) *Proceedings of the 5th International Symposium of Parasitic Weeds*. Nairobi, Kenya.
181) Mayer MJ, Steel J, Child DV, Haroreaves JA, Bailey JA (1997) Eur J Plant Pathol 103: 815-827.
182) Mbwaga AM, Riches C, Massawe C, Lamboll RI (2001) *Proceedings of the 7th International Parasitic Weed Symposium*, pp. 246. Nantes, France.
183) Merkel U, Peters M, Tarawali SA, Schultze-Kraft R, Berner DK (2000) J Agr Sci 134: 293-304.
184) Miche L, Bouillant ML, Rohr R, Salle G, Bally R (2000) Eur J Plant Pathol 106: 347-351.
185) Mishra S, Sanwal GG (1992) J Agr Food Chem 40: 52-55.
186) Mohamed A, Rich PJ, Housley TL, Ejeta G (2001) *Proceedings of the 7th International Parasitic Weed Symposium*, pp. 96-99. Nantes, France.
187) Mohamed AH, Ejeta G, Housley TL (2001) Weed Res 41:165-176.
188) Muller S, Merwe A, van der Schildkecht H, Visser JH (1993) Weed Sci 41: 138-143.
189) Musselman LJ (1982) *Biology and Ecology of Weeds*, pp. 175-185. Dr. W. Junk, The Hague, The Netherlands.
190) Musselman LJ (1980) Annu Rev Phytopathol 18: 463-489.
191) Musselman LJ (ed.) (1987) *Parasitic Weeds in Agriculture*. Vol I. *Striga*.
192) Nagar N, Sanwal GC (1984) *Proceedings of the Third International Symposium on Parasitic Weeds*, 175-183. ICARDA, Aleppo, Syria.
193) Nagar N, Singh M, Sanwal GG (1984) J Exp Bot 35: 1104-1112.
194) Nair AGR, Thirupurasundari G (1992) Fitoterapia 63: 381-382.
195) Nefkens GH, Thuring JWJF, Beenakkers MFM, Zwanenburg B (1997) J Agr Food Chem 45: 2273-2277.
196) Nefkens GH, Zwanenburg B (1997) J Agr Food Chem 45: 507-513.
197) Netzly DH, Riopel JL, Ejeta G, Butler LG (1988) Weed Sci 36: 441-446.
198) Neumann U, Vian B, Weber HC, Salle G (2001) *Proceedings of the 7th International Parasitic Weed Symposium*, pp. 1-4. Nantes, France.
199) Neumann U, Vian B, Weber HC, Salle G (1999) Protoplasma 207: 84-97.
200) Oliver A (1995) Agronomie 15: 517-525.
201) Orhan DD, Calis I, Ergun F (2002) Pharm Biol 40: 380-383.
202) Osbourn AE (1996) Trends Plant Sci 1: 4-9.
203) Oswald A, Abayo G, Ransom JK, Kroschel J, Sauerborn J (1997) *Brighton International Crop Protection conference: Weeds*. Vol I, pp. 227-232. Brighton, UK.
204) Oswald A, Ransom JK, Kroschel J, Sauerborn J (2002) Crop Prot 21: 367-374.
205) Paliyath G, Maheshwari R, Mahadevan S (1978) Curr Sci India 47: 427-429.
206) Parker C, Riches C.R (1993) *Parasitic Weeds of the World, Biology and Control*. CAB International, Wallingford, UK. 350 pp.
207) Perez-Amador MC, Bernal R, Amor-Prats D, Arreola L (1996) Phyton (Buenos Aires) 59: 51-54.
208) Perez-de-Luque A, Rubiales D, Galindo GC, Macias FA, Jorrin J (2001) *Proceedings of the*

7th *International Parasitic Weed Symposium*, pp. 196-199. Nantes, France.

209) Perry EJ, Elmore CL (Undated) Pest Notes: Mistletoe. In Ohlendorf B (ed.) UC DANR Publication 7437. Statewide IPM Project. IPM Education and Publications, University of California, USA.

210) Pieterse AH (1981) Weed Res 21: 279-287.

211) Prabhakarasetty TK (1980) *Studies on the Control of Broomrape* (O. papaveris) *a Root Parasitic Menace on* Papaver somniferum (L.) Kuntze. Ph.D. Thesis. University of Agricultural Sciences, Bangalore, India.

212) Putnam AR, Duke WB (1978) Annu Rev Phytopathol 16: 431-457.

213) Qasem JR (2002) *Alleopathy: From Molecule to Ecosystem*, pp. 153-182. Science Publisher, Inc. Enfield, USA.

214) Qasem JR, Foy CL (2001) J Crop Prod 4: 43-119.

215) Qasem JR, Kasrawi MA (1995) Euphytica 81: 109-114.

216) Rajput BS, Bharti S, Laloraya MM (1990) Indian J Plant Physi 23: 300-305.

217) Ramaiah KV, Chidley VL, House LR (1991) Ann Appl Biol 118: 403-410.

218) Ransom JK, Odhiambo GD, Eplee RE, Diallo AO (1996) *Advances in Parasitic Plant Research.* Sixth International Parasitic Weed Symposium, pp. 327-333. Cordoba, Spain.

219) Rao KN, Rao RSN (1991) *Proceedings of the 5th International Symposium of Parasitic Weeds*, 170-175. Nairobi, Kenya.

220) Rao PG (1955) Science and Culture 21: 258-262.

221) Rao R, Joshi BG, Sarma CB (1982) Indian J Agr Sci 52: 764-767.

222) Reda F, Bayou W (2001) *Proceedings of the* 7th *International Parasitic Weed Symposium*, pp. 304. Nantes, France.

223) Reda F, Butler LG, Ejeta G, Ransom JK (1994) Afr Crop Sci J 2: 173-177.

224) Reiss G, Pring RJ, Lane JA, Bailey JA (1995) Aspects Appl Biol 42: 301-306.

225) Reizelman A, Zwanenburg B (2002) Eur J Org Chem 5: 810-814.

226) Rice EL (1974) *Allelopathy*.

227) Rice EL (1984) *Alleopathy*, 2nd ed.

228) Rich PJ, Mohamed A, Ellicott A, Grenier C, Ejeta G (2001) *Proceedings of the* 7th *International Parasitic Weed Symposium*, 239. Nantes, France.

229) Riopel JL, Timko MP (1991) *Molecular signals in plant-microbe communications*, 493-507.

230) Ristau RJ (2001) *Dodder*. Colorado State University Cooperative Extension 1995-2001. USA.

231) Robinson EL, Dowler CC (1966) Weeds 14: 275-276.

232) Rodriguez-Ojeda MI, Alonso LC, Fernandez-Escobar J (2001) *Proceedings of the* 7th *International Parasitic Weed Symposium*, pp. 124. Nantes, France.

233) Rothe K, Diettrich B, Rahfeld B, Luckner M (1999) Phytochemistry 51: 357-361.

234) Rubiales D, Sillero JC, Cubero JI (1998) *Broomrape (Orobanche crenata Forsk.) resistance in peas (Pisum sativum* L.). In *3rd European Conference on grain legumes. Opportunity for high quality, healthy and added-value crops to meet European demands*. Valladolid, Spain.

235) Rugutt JK, Berner DK (1998) Phytomedicine 5: 293-299.

236) Rugutt JK, Rugutt JK, Irani RJ, Fischer NH, Berner DK, McCarley TD (1996) J Agr Food Chem 45: 4845-4849.

237) Rugutt JK, Rugutt KJ, Berner DK (2001) J Nat Prod 64: 1434-1438.

238) Saadoun I, Hameed KM, Al-Momani F, Foy CL (2001) *Proceedings of the 7th International Parasitic Weed Symposium*, 41. Nantes, France.

239) Saghir AR (1994) Plant Protection Quarterly 9: 77-80.

240) Saghir AR, Janudi A, Shafyuddin M (1983) In *10th International Congress of Plant Protection*, 283. British Crop Protection Council, UK.

241) Sahm A, Czygan FC, Proksch P (1994) Acta Horticulture 381: 650-653.

242) Sahm A, Pfanz H, Grunsfelder M, Czygan FC, Proksch P (1995) Bot Acta 108: 358-364.

243) Salim H (2000) *Proceedings of the First Near East Conference on Improved Weed Management*, 278-293. Khartoum, Sudan.

244) Salle G, Aber M, Le-Coz S (1984) *Proceedings of the Third International Symposium on Parasitic Weeds*, 10-21. ICARDA, Aleppo, Syria.

245) Salle G, Hariri EB, Andry C (1991) *Proceedings of the 5th International Symposium of Parasitic Weeds*, 525-526.

246) Sand PF (1983) *Orobanche ramosa in Taxas. In Meeting of Weed Science Society of America* (Abstract no. 47) *Animal and Plant Health Inspection Survey, Plant Protection and Quarantine*, Hyattsville, Maryland, USA.

247) Sauerborn J (2001) *Proceedings of the 7th International Parasitic Weed Symposium*, 248-251.

248) Sauerborn J, Abbasher AA, Kroschel J, Cornes DW, Zoschke A, Hine KT (1996) *Proceedings of the 9th International Symposium on Biological Control of Weeds*, 461-466.

249) Sauerborn J, Buschmann H, Ghiasi KG, Kogel KH (2002) Phytopathology 92:59-64.

250) Savard ME, Miller JD, Ciotoia M, Watson AK (1997) Biocontrol Sci Techn 7: 61-64.

251) Saxena MC, Linke KH, Saurborn, J (1994) *Biology and Management of Orobanche*, 419-431.

252) Schnell H, Kunisch M, Saxena MC, Sauerborn J (1996) Exp Agr 32: 395-403.

253) Schnell H, Linke KH, Sauerborn J (1994) Trop Sci 34: 306-314.

254) Schulz S, Hussaini MA, Kling JG, Berner DK, Ikie FO (2003) Exp Agr 39: 99-108.

255) Semidey N, Bosques-Vega A (1999) J Agr U Puerto Rico 83: 55-64.

256) Serghini K, Perez de Luque A, Castejon-Munoz M, Garcia-Torres L, Jorrin JV (2001) J Exp Bot 52: 2227-2234.

257) Siame BA, Weerasuriya Y, Wood K, Ejeta G, Butler LG (1993) J Agr Food Chem 41: 1486-1491.

258) Sillero JC, Cubero JI, Rubiales D (2001a) *Proceedings of the 7th International Parasitic Weed Symposium*, pp. 224-227. Nantes, France.

259) Sillero JC, Moreno MT, Rubiales D (2001b) *Proceedings of the 7th International Parasitic Weed Symposium*, pp. 234. Nantes, France.

260) Sinebo W, Drennan DSH (2001) Eur J Plant Pathol 107: 849-860.

261) Singh A, Singh M (1997) J Plant Physiol 150: 592-596.

262) Solymosi P (1998) Novenyvedelem 34: 469-475.

263) Spelce DL, Musselman LJ (1981) Z Pflanzenphysiol 104: 281-283.

264) Sprich H (1994) *Significance of rotation for securing the yield in predominantly cereal production systems of the Guinea savanna, with particular regard to the parasitic weed Striga hermonthica (Del.) Benth.* Guinea. 150.

265) Stewart GR, Press MC (1990) Annu Rev Plant Phys 41:127-151.

266) Strobel GA, Kenfield D, Bunkers G, Sugawara F, Clardy J (1991) Experientia 47: 819-826.

267) Sugimoto Y (2000) J Pestic Sci 25: 438-440.

268) Sugimoto Y, Ahmed NE, Yasuda N, Inanaga S (2002) Weed Sci 50: 658-661.
269) Sugimoto Y, Miyamoto M, Inanaga S, Ahmed NE (2001) Recent Research Developments in Phytochemistry 5:1-10.
270) Swift CE (2001) Colorado State University Cooperative Extension, TRI River Area, USA.
271) Tada Y, Suqai M, Furuhashi K (1996) Plant Cell Physiol 37: 1049-1053.
272) Takeuchi Y, Omigawa Y, Ogasawara M, Yoneyama K, Konnai M, Wosham AD (1995) Plant Growth Regul 16: 153-160.
273) Tenebe VA, Kamara HM (2002) J Agron Crop Sci 188: 376-381.
274) Tonevitskii AG, Rakhmanova VA, Agapov II, Shamshiev AT, Usacheva EA, Prokofe'v SS, Pfueller U, Eifler R, Pfueller K (1994) Russian Biotechnology 6: 38-42.
275) Tsiovion Y (1980) Weed Abstracts 2578: 285.
276) Tsiovion Y (1979) Phytoparasitica 7: 141.
277) Tsiovion Y (1981) New Phytol 87: 91-99.
278) Vail SL, Dailey OD Jr, Connik WJ, Pepperman AB (1985) *The Chemistry of Allelopathy. Biochemical Interactions among Plants*. American Chemical Society Symposium Series 268: 445-456. Washington, D.C, USA.
299) Vischetti C, Esposito A (1999) J Agr Food Chem 47: 3901-3904.
300) Vogler RK, Ejeta G, Butler LG (1996) Crop Sci 36: 1185-1191.
301) Wegmann K (1998) *Current Problems of* Orobanche *Research*. Proceedings of the Fourth International Workshop on *Orobanche*, 21-24. Albena, Bulgaria.
302) Wegmann K, von Elert E, Harloff HJ, Stadler M (1991) *Progress in Orobanche Research. Proceedings International Workshop on Orobanche Research*, 318-321. Eberhard-Karls-Universitat, Tubingen, Germany.
303) Westwood JH, Yu X, Foy CL, Cramer CL (1996) *Advances in Parasitic Plant Research*. Sixth International Parasitic Weed Symposium, 543-550. Cordoba, Spain.
304) Whitney PJ (1978) Ann Appl Biol 89: 475-478.
305) Wigchert SCM, Zwanenburg B (1999) J Agr Food Chem 47: 1320-1325.
306) Wigchert SCM, Kuiper E, Boelhouwer GJ, Nefkense GHL, Verkleij JA, Zwanenburg B (1999) J Agr Food Chem 47: 1705-1710.
307) Wild H (1948) Rhodesia Agricul J 51: 330-341.
308) Willem J, Thuring JWJF, Heinsman NWJT, Jacobs RWAWM, Nefkens GHL, Zwanenburg B (1997) J Agr Food Chem 45: 507-513.
309) Woldemichael GM, Wink M (2002) Biochem Syst Ecol 30: 139-149.
310) Wollenweber E, Wieland A, Haas K (2000) Z Naturforsch C 55: 314-317.
311) Won Sil C, Won Yung A (2000) J Kor Wood Sci Technol 28: 1-9.
312) Won Yung A (1996) J Kor Wood Sci Technol 24: 27-33.
313) Worsham AD, Egley GH (1990) *Witchweed Research and Control in the United States*, 11-26. Weed Science Society of America, Champaign, USA.
314) Worsham AD, Klingman GC, Moreland DE (1962) Nature 195: 199-200.
315) Worsham AD (1987) *Parasitic Weeds in Agriculture*, Vol. I, *Striga*, pp. 45-61. CRC Press, Boca Raton, FL.
316) Yoder JI, Matvienko M, Jamison D, Torres M, Ngo Q, Nava AJ, Nava A, Goldwasser Y, Wojtowicz A, Wrobel R (2001) *Proceedings of the 7th International Parasitic Weed Symposium*, 5-10. Nantes, France.

317) Yokota T, Sakai H, Okuno K, Yoneyama K, Takeuchi Y (1998) Phytochemistry 49: 1967-1973.

318) Yoneyama K, Ogasawara M, Takeuchi Y, Konnal M, Sugimoto Y, Sassa T, Yoshida S (1998a) Biosci Biotech Bioch 62: 1448-1450.

319) Yoneyama K, Takeuchi Y, Ogasawara M, Konnal M, Sugimoto Y, Sassa T (1998b) J Agr Food Chem 46: 1583-1586.

320) Yoneyama K, Takeuchi Y, Yokota T (2001) *Proceedings of the 7th International Parasitic Weed Symposium*, 123.

321) Zaki MA, El-Metwaly HS, Hassan RA (1998). *Studies on dodder (Cuscuta spp.) control*, ed. J. Maillet, In: Comptes-rendus 6eme Symposium Mediterranean EWRS, Montpellier, France, 13-15 mai 1998, 147-150.

322) Zehar N, Fer A (2001) *Proceedings of the 7th International Parasitic Weed Symposium*, pp. 122. Nantes, France.

323) Zehhar N, Ingouff M, Bouya D, Fer A (2002) Weed Res 42: 464-469.

324) Zemrag A, Bajja M (2001) *Proceedings of the 7th International Parasitic Weed Symposium*, pp. 300. Nantes, France.

325) Zonno MC, Vurro M (1999) Weed Res 39: 15-20.

326) Zonno MC, Vurro M (2002) Phytoparasitica 30: 519-524.

327) Zonno MC, Vurro M, Capasso R, Evidente A, Cutignano A, Sauerborn J, Thomas H (1996) *Proceedings of the 9th International Symposium on Biological Control of Weeds*, 223-226. Stellenbosch, South Africa.

328) Zwanenburg B, Reizelman A (2001) *Proceedings of the 7th International Parasitic Weed Symposium*, 102-105. Nantes, France.

Websites:

329) http://ext.agn.uiuc.edu/wssa/subpages/weed/WT72.htm</span>

330) http://plants usdago4/plants/cgibin/sedralnoxious.cgi.

331) http://winghopfung/cisthanche.html

332) http://www.unex.es/botanica/rosidae/rosid-tl.html

333) http://www.uni-hohenheim.de/~www380/parasite/oro_path.htm

334) http://www.wssa.net/subpages/weed/larrymitich/orobanche.html

335) http://www-aes.tamu.edu/mary/brmrape/brmrape.htm

336) http://www-biol.paisley.ac.uk/bioref/Plantae/Orobanche.html

337) http://yahoo.com/winghop

찾아보기

국문색인

ㅈ

ㅊ

ㅋ

ㅎ

영문색인

A

D

E

H

I

J